W9-ADE-710

BEILSTEINS HANDBUCH DER ORGANISCHEN CHEMIE

BEILSTEINS HANDBUCH
DER ORGANISCHEN CHEMIE

VIERTE AUFLAGE

DRITTES ERGÄNZUNGSWERK

DIE LITERATUR VON 1930 BIS 1949 UMFASSEND

HERAUSGEGEBEN VOM
BEILSTEIN-INSTITUT FÜR LITERATUR DER ORGANISCHEN CHEMIE

BEARBEITET VON

HANS-G. BOIT

UNTER MITWIRKUNG VON

OSKAR WEISSBACH
MARIE-ELISABETH FERNHOLZ · VOLKER GUTH · HANS HÄRTER
IRMGARD HAGEL · URSULA JACOBSHAGEN · ROTRAUD KAYSER
MARIA KOBEL · KLAUS KOULEN · BRUNO LANGHAMMER
DIETER LIEBEGOTT · RICHARD MEISTER · ANNEROSE NAUMANN
WILMA NICKEL · BURKHARD POLENSKI · ANNEMARIE REICHARD
ELEONORE SCHIEBER · EBERHARD SCHWARZ · ILSE SÖLKEN
ACHIM TREDE

ZWÖLFTER BAND
ERSTER TEIL

SPRINGER-VERLAG
BERLIN · HEIDELBERG · NEW YORK
1972

ISBN 3-540-05884-2 Springer-Verlag, Berlin · Heidelberg · New York
ISBN 0-387-05884-2 Springer-Verlag, New York · Heidelberg · Berlin

Library of Congress Catalog Card Number: 22—79
Printed in Germany.

Druck der Universitätsdruckerei H. Stürtz AG, Würzburg

Mitarbeiter der Redaktion

Erich Bayer
Elise Blazek
Kurt Bohg
Kurt Bohle
Reinhard Bollwan
Jörg Bräutigam
Ruth Brandt
Eberhard Breither
Liselotte Cauer
Edgar Deuring
Ingeborg Deuring
Walter Eggersglüss
Irene Eigen
Adolf Fahrmeir
Hellmut Fiedler
Franz Heinz Flock
Ingeborg Geibler
Friedo Giese
Libuse Goebels
Gerhard Grimm
Karl Grimm
Friedhelm Gundlach
Maria Haag
Alfred Haltmeier
Franz-Josef Heinen
Erika Henseleit
Karl-Heinz Herbst
Heidrun Hinse
Ruth Hintz-Kowalski
Guido Höffer
Eva Hoffmann
Werner Hoffmann
Brigitte Hornischer
Hans Hummel
Gerhard Jooss
Ludwig Klenk
Heinz Klute
Ernst Heinrich Koetter
Irene Kowol
Christine Krasa
Gisela Lange
Lothar Mähler
Gerhard Maleck
Kurt Michels
Ingeborg Mischon
Klaus-Diether Möhle
Gerhard Mühle
Heinz-Harald Müller
Ulrich Müller
Peter Otto
Hella Rabien
Peter Raig
Walter Reinhard
Gerhard Richter
Hans Richter
Evemarie Ritter
Lutz Rogge
Günter Roth
Heide Lore Saiko
Joachim Schmidt
Gerhard Schmitt
Peter Schomann
Wolfgang Schütt
Wolfgang Schurek
Wolfgang Staehle
Hans Tarrach
Elisabeth Tauchert
Otto Unger
Mathilde Urban
Paul Vincke
Rüdiger Walentowski
Hartmut Wehrt
Hedi Weissmann
Ulrich Winckler
Günter Winkmann
Renate Wittrock

Inhalt

Zweite Abteilung

Isocyclische Verbindungen

(Fortsetzung)

IX. Amine

A. Monoamine

Stereochemische Bezeichnungsweisen

Übersicht

Präfix	Definition in §	Symbol	Definition in §
anti	9	c	4
allo	5c, 6c	c_F	7a
altro	5c, 6c	D	6
arabino	5c	D_g	6b
cat_F	7a	D_r	7b
cis	2	D_s	6b
endo	8	L	6
ent	10d	L_g	6b
erythro	5a	L_r	7b
exo	8	L_s	6b
galacto	5c, 6c	r	4c, d, e
gluco	5c, 6c	(r)	1a
glycero	6c	(R)	1a
gulo	5c, 6c	(R_a)	1b
ido	5c, 6c	(R_p)	1b
lyxo	5c	(s)	1a
manno	5c, 6c	(S)	1a
meso	5b	(S_a)	1b
rac	10d	(S_p)	1b
racem.	5b	t	4
ribo	5c	t_F	7a
seqcis	3	α	10a, c
seqtrans	3	α_F	10b, c
syn	9	β	10a, c
talo	5c, 6c	β_F	10b, c
threo	5a	ξ	11a
trans	2	(Ξ)	1c
xylo	5c	(Ξ_a)	1c
		(Ξ_p)	1c
		Ξ	11b

§ 1. a) Die Symbole (***R***) und (***S***) bzw. (***r***) und (***s***) kennzeichnen die absolute Konfiguration an Chiralitätszentren (Asymmetriezentren) bzw. „Pseudoasymmetriezentren" gemäss der „Sequenzregel" und ihren Anwendungsvorschriften (*Cahn, Ingold, Prelog,* Experientia **12** [1956] 81; Ang. Ch. **78** [1966] 413, 419; Ang. Ch. internat. Ed. **5** [1966] 385, 390; *Cahn, Ingold,* Soc. **1951** 612; s. a. *Cahn,* J. chem. Educ. **41** [1964] 116, 508). Zur Kennzeichnung der Konfiguration von Racematen aus Verbindungen mit mehreren Chiralitätszentren dienen die Buchstabenpaare (***RS***) und (***SR***), wobei z. B. durch das Symbol (1*RS*:2*SR*) das aus dem (1*R*:2*S*)-Enantiomeren und dem (1*S*:2*R*)-Enantiomeren bestehende Racemat spezifiziert wird (vgl. *Cahn, Ingold, Prelog,* Ang. Ch. **78** 435; Ang. Ch. internat. Ed. **5** 404).

Beispiele:

(*S*)-3-Benzyloxy-1.2-dibutyryloxy-propan [E III **6** 1473]
(1*R*:2*S*:3*S*)-Pinanol-(3) [E III **6** 281]
(3a*R*:4*S*:8*R*:8a*S*:9*s*)-9-Hydroxy-2.2.4.8-tetramethyl-decahydro-4.8-methano-azulen [E III **6** 425]
(1*RS*:2*SR*)-1-Phenyl-butandiol-(1.2) [E III **6** 4663]

b) Die Symbole (R_a) und (S_a) bzw. (R_p) und (S_p) werden in Anlehnung an den Vorschlag von *Cahn, Ingold* und *Prelog* (Ang. Ch. **78** 437; Ang. Ch. internat. Ed. **5** 406) zur Kennzeichnung der Konfiguration von Elementen der axialen bzw. planaren Chiralität verwendet.

Beispiele:

(R_a)-5.5′-Dimethoxy-6′-acetoxy-2-äthyl-2′-phenäthyl-biphenyl [E III **6** 6597]
(R_a:S_a)-3.3′.6′.3″-Tetrabrom-2′.5′-bis-[((1*R*)-menthyloxy)-acetoxy]-2.4.6.2″.4″.6″-hexamethyl-*p*-terphenyl [E III **6** 5820]
(R_p)-Cyclohexanhexol-(1*r*.2*c*.3*t*.4*c*.5*t*.6*t*) [E III **6** 6925]

c) Die Symbole (*Ξ*), ($Ξ_a$) und ($Ξ_p$) zeigen unbekannte Konfiguration von Elementen der zentralen, axialen bzw. planaren Chiralität an; das Symbol (*ξ*) kennzeichnet unbekannte Konfiguration eines Pseudoasymmetriezentrums.

Beispiele:

(*Ξ*)-1-Acetoxy-2-methyl-5-[(*R*)-2.3-dimethyl-2.6-cyclo-norbornyl-(3)]-pentanol-(2) [E III **6** 4183]
(14*Ξ*:18*Ξ*)-Ambranol-(8) [E III **6** 431]
($Ξ_a$)-3*β*.3′*β*-Dihydroxy-(7*ξH*.7′*ξH*)-[7.7′]bi[ergostatrien-(5.8.22*t*)-yl] [E III **6** 5897]
(3*ξ*)-5-Methyl-spiro[2.5]octan-dicarbonsäure-(1*r*.2*c*) [E III **9** 4002]

§ 2. Die Präfixe ***cis*** und ***trans*** geben an, dass sich in (oder an) der Bezifferungseinheit [1]), deren Namen diese Präfixe vorangestellt sind, die beiden Bezugsliganden [2]) auf der gleichen Seite (***cis***) bzw. auf den entgegengesetzten Seiten (***trans***) der (durch die beiden doppeltgebundenen Atome verlaufenden) Bezugsgeraden (bei Spezifizierung der Konfiguration an einer Doppelbindung) oder der (durch die Ringatome festgelegten) Bezugsfläche (bei Spezifizierung der Konfiguration an einem Ring oder einem Ringsystem) befinden. Bezugsliganden sind

1) bei Verbindungen mit konfigurativ relevanten Doppelbindungen die von Wasserstoff verschiedenen Liganden an den doppelt-gebundenen Atomen,
2) bei Verbindungen mit konfigurativ relevanten angularen Ringatomen die exocyclischen Liganden an diesen Atomen,

---

[1]) Eine Bezifferungseinheit ist ein durch die Wahl des Namens abgegrenztes cyclisches, acyclisches oder cyclisch-acyclisches Gerüst (von endständigen Heteroatomen oder Heteroatom-Gruppen befreites Molekül oder Molekül-Bruchstück), in dem jedes Atom eine andere Stellungsziffer erhält; z. B. liegt im Namen Stilben nur eine Bezifferungseinheit vor, während der Name 3-Phenyl-penten-(2) aus zwei, der Name [1-Äthyl-propenyl]-benzol aus drei Bezifferungseinheiten besteht.

[2]) Als „Ligand“ wird hier ein einfach kovalent gebundenes Atom oder eine einfach kovalent gebundene Atomgruppe verstanden.

3) bei Verbindungen mit konfigurativ relevanten peripheren Ringatomen die von Wasserstoff verschiedenen Liganden an diesen Atomen.

Beispiele:
β-Brom-*cis*-zimtsäure [E III **9** 2732]
trans-β-Nitro-4-methoxy-styrol [E III **6** 2388]
5-Oxo-*cis*-decahydro-azulen [E III **7** 360]
cis-Bicyclohexyl-carbonsäure-(4) [E III **9** 261]

§ 3. Die Bezeichnungen *seqcis* bzw. *seqtrans*, die der Stellungsziffer einer Doppelbindung, der Präfix-Bezeichnung eines doppelt-gebundenen Substituenten oder einem zweiwertigen Funktionsabwandlungssuffix (z. B. -oxim) beigegeben sind, kennzeichnen die cis-Orientierung bzw. trans-Orientierung der zu beiden Seiten der jeweils betroffenen Doppelbindung befindlichen Bezugsliganden [2]), die in diesem Fall mit Hilfe der Sequenz-Regel und ihrer Anwendungsvorschriften (s. § 1) ermittelt werden.

Beispiele:
(3*S*)-9.10-Seco-cholestadien-(5(10).7*seqtrans*)-ol-(3) [E III **6** 2602]
Methyl-[4-chlor-benzyliden-(*seqcis*)]-aminoxyd [E III **7** 873]
1.1.3-Trimethyl-cyclohexen-(3)-on-(5)-*seqcis*-oxim [E III **7** 285]

§ 4. a) Die Symbole *c* bzw. *t* hinter der Stellungsziffer einer C,C-Doppelbindung sowie die der Bezeichnung eines doppelt-gebundenen Radikals (z. B. der Endung „yliden") nachgestellten Symbole -(*c*) bzw. -(*t*) geben an, dass die jeweiligen „Bezugsliganden" [2]) an den beiden doppelt-gebundenen Kohlenstoff-Atomen cis-ständig (*c*) bzw. trans-ständig (*t*) sind (vgl. § 2). Als Bezugsligand gilt auf jeder der beiden Seiten der Doppelbindung derjenige Ligand, der der gleichen Bezifferungseinheit [1]) angehört wie das mit ihm verknüpfte doppelt-gebundene Atom; gehören beide Liganden eines der doppelt-gebundenen Atome der gleichen Bezifferungseinheit an, so gilt der niedrigerbezifferte als Bezugsligand.

Beispiele:
3-Methyl-1-[2.2.6-trimethyl-cyclohexen-(6)-yl]-hexen-(2*t*)-ol-(4) [E III **6** 426]
(1*S*:9*R*)-6.10.10-Trimethyl-2-methylen-bicyclo[7.2.0]undecen-(5*t*) [E III **5** 1083]
5α-Ergostadien-(7.22*t*) [E III **5** 1435]
5α-Pregnen-(17(20)*t*)-ol-(3β) [E III **6** 2591]
(3*S*)-9.10-Seco-ergostatrien-(5*t*.7*c*.10(19))-ol-(3) [E III **6** 2832]
1-[2-Cyclohexyliden-äthyliden-(*t*)]-cyclohexanon-(2) [E III **7** 1231]

b) Die Symbole *c* bzw. *t* hinter der Stellungsziffer eines Substituenten an einem doppelt-gebundenen endständigen Kohlenstoff-Atom eines acyclischen Gerüstes (oder Teilgerüstes) geben an, dass dieser Substituent cis-ständig (*c*) bzw. trans-ständig (*t*) (vgl. § 2) zum „Bezugsliganden" ist. Als Bezugsligand gilt derjenige Ligand [2]) an der nicht-endständigen Seite der Doppelbindung, der der gleichen Bezifferungseinheit angehört wie die doppelt-gebundenen Atome; liegt eine an der Doppelbindung verzweigte Bezifferungseinheit vor, so gilt der niedriger bezifferte Ligand des nicht-endständigen doppelt-gebundenen Atoms als Bezugsligand.

Beispiele:

1*c*.2-Diphenyl-propen-(1) [E III **5** 1995]
1*t*.6*t*-Diphenyl-hexatrien-(1.3*t*.5) [E III **5** 2243]

c) Die Symbole ***c*** bzw. ***t*** hinter der Stellungsziffer 2 eines Substituenten am Äthylen-System (Äthylen oder Vinyl) geben die cis-Stellung (*c*) bzw. die trans-Stellung (*t*) (vgl. § 2) dieses Substituenten zu dem durch das Symbol ***r*** gekennzeichneten Bezugsliganden an dem mit 1 bezifferten Kohlenstoff-Atom an.

Beispiele:

1.2*t*-Diphenyl-1*r*-[4-chlor-phenyl]-äthylen [E III **5** 2399]
4-[2*t*-Nitro-vinyl-(*r*)]-benzoesäure-methylester [E III **9** 2756]

d) Die mit der Stellungsziffer eines Substituenten oder den Stellungsziffern einer im Namen durch ein Präfix bezeichneten Brücke eines Ringsystems kombinierten Symbole ***c*** bzw. ***t*** geben an, dass sich der Substituent oder die mit dem Stamm-Ringsystem verknüpften Brückenatome auf der gleichen Seite (*c*) bzw. der entgegengesetzten Seite (*t*) der „Bezugsfläche" befinden wie der Bezugsligand [2]) (der auch aus einem Brückenzweig bestehen kann), der seinerseits durch Hinzufügen des Symbols ***r*** zu seiner Stellungsziffer kenntlich gemacht ist. Die „Bezugsfläche" ist durch die Atome desjenigen Ringes (oder Systems von ortho/peri-anellierten Ringen) bestimmt, an dem alle Liganden gebunden sind, deren Stellungsziffern die Symbole *r*, *c* oder *t* aufweisen. Bei einer aus mehreren isolierten Ringen oder Ringsystemen bestehenden Verbindung kann jeder Ring bzw. jedes Ringsystem als gesonderte Bezugsfläche für Konfigurationskennzeichen fungieren; die zusammengehörigen (d. h. auf die gleichen Bezugsflächen bezogenen) Sätze von Konfigurationssymbolen *r*, *c* und *t* sind dann im Namen der Verbindung durch Klammerung voneinandergetrennt oder durch Strichelung unterschieden (s. Beispiele 3 und 4 unter Abschnitt e).

Beispiele:

1*r*.2*t*.3*c*.4*t*-Tetrabrom-cyclohexan [E III **5** 51]
1*r*-Äthyl-cyclopentanol-(2*c*) [E III **6** 79]
1*r*.2*c*-Dimethyl-cyclopentanol-(1) [E III **6** 80]

e) Die mit einem (gegebenenfalls mit hochgestellter Stellungsziffer ausgestatteten) Atomsymbol kombinierten Symbole ***r***, ***c*** oder ***t*** beziehen sich auf die räumliche Orientierung des indizierten Atoms (das sich in diesem Fall in einem weder durch Präfix noch durch Suffix benannten Teil des Moleküls befindet). Die Bezugsfläche ist dabei durch die Atome desjenigen Ringsystems bestimmt, an das alle indizierten Atome und gegebenenfalls alle weiteren Liganden gebunden sind, deren Stellungsziffern die Symbole *r*, *c* oder *t* aufweisen. Gehört ein indiziertes Atom dem gleichen Ringsystem an wie das Ringatom, zu dessen konfigurativer Kennzeichnung es dient (wie z. B. bei Spiro-Atomen), so umfasst die Bezugsfläche nur denjenigen Teil des Ringsystems [3]), dem das indizierte Atom nicht angehört.

---

[3]) Bei Spiran-Systemen erfolgt die Unterteilung des Ringsystems in getrennte Bezugssysteme jeweils am Spiro-Atom.

Beispiele:
2t-Chlor-(4a*rH*.8a*tH*)-decalin [E III **5** 250]
(3a*rH*.7a*cH*)-3a.4.7.7a-Tetrahydro-4*c*.7*c*-methano-inden [E III **5** 1232]
1-[(4a*R*)-6*t*-Hydroxy-2*c*.5.5.8a*t*-tetramethyl-(4a*rH*)-decahydro-naphthyl-(1*t*)]-2-[(4a*R*)-6*t*-hydroxy-2*t*.5.5.8a*t*-tetramethyl-(4a*rH*)-decahydro-naphthyl-(1*t*)]-äthan [E III **6** 4829]
4*c*.4'*t*'-Dihydroxy-(1*rH*.1'*r*'*H*)-bicyclohexyl [E III **6** 4153]
6*c*.10*c*-Dimethyl-2-isopropyl-(5*rC*[1])-spiro[4.5]decanon-(8) [E III **7** 514]

§ 5. a) Die Präfixe ***erythro*** bzw. ***threo*** zeigen an, dass sich die jeweiligen „Bezugsliganden" an zwei Chiralitätszentren, die einer acyclischen Bezifferungseinheit [1]) (oder dem unverzweigten acyclischen Teil einer komplexen Bezifferungseinheit) angehören, in der Projektionsebene auf der gleichen Seite (*erythro*) bzw. auf den entgegengesetzten Seiten (*threo*) der „Bezugsgeraden" befinden. Bezugsgerade ist dabei die in „gerader Fischer-Projektion" [4]) wiedergegebene Kohlenstoffkette der Bezifferungseinheit, der die beiden Chiralitätszentren angehören. Als Bezugsliganden dienen jeweils die von Wasserstoff verschiedenen extracatenalen (d. h. nicht der Kette der Bezifferungseinheit angehörenden) Liganden [2]) der in den Chiralitätszentren befindlichen Atome.

Beispiele:
threo-Pentandiol-(2.3) [E III **1** 2194]
threo-2-Amino-3-methyl-pentansäure-(1) [E III **4** 1463]
threo-3-Methyl-asparaginsäure [E III **4** 1554]
erythro-2.4'.α.α'-Tetrabrom-bibenzyl [E III **5** 1819]

b) Das Präfix ***meso*** gibt an, dass ein mit 2n Chiralitätszentren (n = 1, 2, 3 usw.) ausgestattetes Molekül eine Symmetrieebene aufweist. Das Präfix ***racem.*** kennzeichnet ein Gemisch gleicher Mengen von Enantiomeren, die zwei identische Chiralitätszentren oder zwei identische Sätze von Chiralitätszentren enthalten.

Beispiele:
meso-1.2-Dibrom-1.2-diphenyl-äthan [E III **5** 1817]
racem.-1.2-Dicyclohexyl-äthandiol-(1.2) [E III **6** 4156]
racem.-(1*rH*.1'*r*'*H*)-Bicyclohexyl-dicarbonsäure-(2*c*.2'*c*') [E III **9** 4020]

c) Die „Kohlenhydrat-Präfixe" ***ribo, lyxo, xylo*** und ***arabino*** bzw. ***allo, talo, gulo, manno, gluco, ido, galacto*** und ***altro*** kennzeichnen die relative Konfiguration von Molekülen mit drei Chiralitätszentren (deren mittleres ein „Pseudoasymmetriezentrum" sein kann) bzw. vier Chiralitätszentren, die sich jeweils in einer unverzweigten acyclischen Bezifferungseinheit [1]) befinden. In den nachstehend abgebildeten „Leiter-Mustern" geben die horizontalen Striche die Orientierung der wie unter a) definierten Bezugsliganden an der jeweils in „abwärts

---

[4]) Bei „gerader Fischer-Projektion" erscheint eine Kohlenstoffkette als vertikale oder horizontale Gerade; in dem der Projektion zugrunde liegenden räumlichen Modell des Moleküls sind an jedem Chiralitätszentrum (sowie an einem Zentrum der Pseudoasymmetrie) die catenalen (d. h. der Kette angehörenden) Bindungen nach der dem Betrachter abgewandten Seite der Projektionsebene, die extracatenalen (d. h. nicht der Kette angehörenden) Bindungen nach der dem Betrachter zugewandten Seite der Projektionsebene hin gerichtet.

bezifferter vertikaler Fischer-Projektion“ [5]) wiedergegebenen Kohlenstoffkette an.

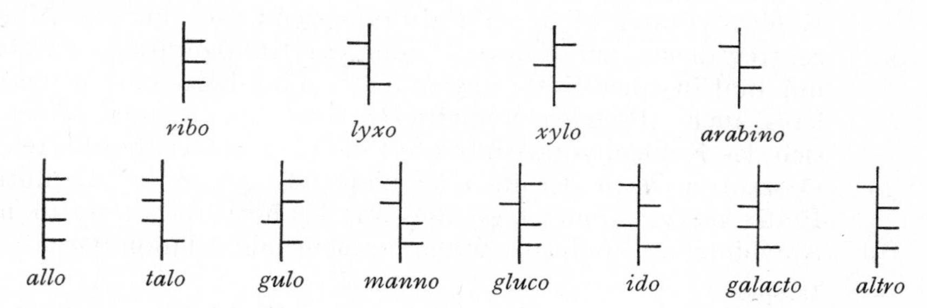

Beispiele:

1.5-Bis-triphenylmethoxy-*ribo*-pentantriol-(2.3.4) [E III **6** 3662]
galacto-2.5-Dibenzyloxy-hexantetrol-(1.3.4.6) [E III **6** 1474]

§ 6. a) Die „Fischer-Symbole“ D bzw. L im Namen einer Verbindung mit einem Chiralitätszentrum geben an, dass sich der Bezugsligand (der von Wasserstoff verschiedene extracatenale Ligand; vgl. § 5a) am Chiralitätszentrum in der „abwärts-bezifferten vertikalen Fischer-Projektion“ [5]) der betreffenden Bezifferungseinheit [1]) auf der rechten Seite (D) bzw. auf der linken Seite (L) der das Chiralitätszentrum enthaltenden Kette befindet.

Beispiele:

L-4-Hydroxy-valeriansäure [E III **3** 612]
D-Pantoinsäure [E III **3** 866]

b) In Kombination mit dem Präfix *erythro* geben die Symbole D und L an, dass sich die beiden Bezugsliganden (s. § 5a) auf der rechten Seite (D) bzw. auf der linken Seite (L) der Bezugsgeraden in der „abwärts-bezifferten vertikalen Fischer-Projektion“ der betreffenden Bezifferungseinheit befinden. Die mit dem Präfix *threo* kombinierten Symbole D_g und D_s geben an, dass sich der höherbezifferte (D_g) bzw. der niedrigerbezifferte (D_s) Bezugsligand auf der rechten Seite der „abwärts-bezifferten vertikalen Fischer-Projektion“ befindet; linksseitige Position des jeweiligen Bezugsliganden wird entsprechend durch die Symbole L_g bzw. L_s angezeigt.
In Kombination mit den in § 5c aufgeführten konfigurationsbestimmenden Präfixen werden die Symbole D und L ohne Index verwendet; sie beziehen sich dabei jeweils auf die Orientierung des höchstbezifferten (d. h. des in der Abbildung am weitesten unten erscheinenden) Bezugsliganden (die in § 5c abgebildeten „Leiter-Muster“ repräsentieren jeweils das D-Enantiomere).

Beispiele:

D-*erythro*-2-Phenyl-butanol-(3) [E III **6** 1855]
D_s-*threo*-2.3-Diamino-bernsteinsäure [E III **4** 1528]
L_g-*threo*-3-Phenyl-hexanol-(4) [E III **6** 2000]
1-Triphenylmethoxy-L-*manno*-hexantetrol-(2.3.4.5) [E III **6** 3664]
1.1-Diphenyl-D-*xylo*-pentantetrol-(2.3.4.5) [E III **6** 6729]

[5]) Eine „abwärts-bezifferte vertikale Fischer-Projektion“ ist eine vertikal orientierte „gerade Fischer-Projektion“ (s. Anm. 4), bei der sich das niedrigstbezifferte Atom am oberen Ende der Kette befindet.

c) Kombinationen der Präfixe **D-*glycero*** oder **L-*glycero*** mit einem der in § 5c aufgeführten, jeweils mit einem Fischer-Symbol versehenen Kohlenhydrat-Präfixe für Bezifferungseinheiten mit vier Chiralitätszentren dienen zur Kennzeichnung der Konfiguration von Molekülen mit fünf in einer Kette angeordneten Chiralitätszentren (deren mittleres auch „Pseudoasymmetriezentrum" sein kann). Dabei bezieht sich das Kohlenhydrat-Präfix auf die vier niedrigstbezifferten Chiralitätszentren nach der in § 5c und § 6b gegebenen Definition, das Präfix D-*glycero* oder L-*glycero* auf das höchstbezifferte (d. h. in der Abbildung am weitesten unten erscheinende) Chiralitätszentrum.

Beispiel:
Hepta-*O*-benzoyl-D-*glycero*-L-*gulo*-heptit [E III **9** 715]

§ 7. a) Die Symbole c_F bzw. t_F hinter der Stellungsziffer eines Substituenten an einer mehrere Chiralitätszentren aufweisenden unverzweigten acyclischen Bezifferungseinheit [1]) geben an, dass sich dieser Substituent und der Bezugssubstituent, der seinerseits durch das Symbol r_F gekennzeichnet wird, auf der gleichen Seite (c_F) bzw. auf den entgegengesetzten Seiten (t_F) der wie in § 5a definierten Bezugsgeraden befinden. Ist eines der endständigen Atome der Bezifferungseinheit Chiralitätszentrum, so wird der Stellungsziffer des „catenoiden" Substituenten (d. h. des Substituenten, der in der Fischer-Projektion als Verlängerung der Kette erscheint) das Symbol cat_F beigefügt.

b) Die Symbole D_r bzw. L_r am Anfang eines mit dem Kennzeichen r_F ausgestatteten Namens geben an, dass sich der Bezugssubstituent auf der rechten Seite (D_r) bzw. auf der linken Seite (L_r) der in „abwärtsbezifferter vertikaler Fischer-Projektion" wiedergegebenen Kette der Bezifferungseinheit befindet.

Beispiele:
1.7-Bis-triphenylmethoxy-heptanpentol-($2r_F.3c_F.4t_F.5c_F.6c_F$) [E III **6** 3666]
D_r-$1cat_F.2cat_F$-Diphenyl-$1r_F$-[4-methoxy-phenyl]-äthandiol-($1.2c_F$) [E III **6** 6589]

§ 8. Die Symbole ***exo*** bzw. ***endo*** hinter der Stellungsziffer eines Substituenten an einem dem Hauptring [6]) angehörenden Atom eines Bicycloalkan-Systems geben an, dass der Substituent der Brücke [6]) zugewandt (*exo*) bzw. abgewandt (*endo*) ist.

Beispiele:
2*endo*-Phenyl-norbornen-(5) [E III **5** 1666]
(±)-1.2*endo*.3*exo*-Trimethyl-norbornandiol-(2*exo*.3*endo*) [E III **6** 4146]
Bicyclo[2.2.2]octen-(5)-dicarbonsäure-(2*exo*.3*exo*) [E III **9** 4054]

---

[6]) Ein Brücken-System besteht aus drei „Zweigen", die zwei „Brückenkopf-Atome" miteinander verbinden; von den drei Zweigen bilden die beiden „Hauptzweige" den „Hauptring", während der dritte Zweig als „Brücke" bezeichnet wird. Als Hauptzweige gelten

1. die Zweige, die einem ortho- oder ortho/peri-anellierten Ringsystem angehören (und zwar a) dem Ringsystem mit der grössten Anzahl von Ringen, b) dem Ringsystem mit der grössten Anzahl von Ringgliedern),
2. die gliedreichsten Zweige (z. B. bei Bicycloalkan-Systemen),
3. die Zweige, denen auf Grund vorhandener Substituenten oder Mehrfachbindungen Bezifferungsvorrang einzuräumen ist.

§ 9. a) Die Symbole *syn* bzw. *anti* hinter der Stellungsziffer eines Substituenten an einem Atom der Brücke[6]) eines Bicycloalkan-Systems oder einer Brücke über einem ortho- oder ortho/peri-anellierten Ringsystem geben an, dass der Substituent demjenigen Hauptzweig[6]) zugewandt (*syn*) bzw. abgewandt (*anti*) ist, der das niedrigstbezifferte aller in den Hauptzweigen enthaltenen Ringatome aufweist.

Beispiele:
1.7*syn*-Dimethyl-norbornanol-(2*endo*) [E III **6** 236]
(3a*S*)-3*c*.9*anti*-Dihydroxy-1*c*.5.5.8a*c*-tetramethyl-(3a*rH*)-decahydro-1*t*.4*t*-methano-azulen [E III **6** 4183]
(3a*R*)-2*c*.8*t*.11*c*.11a*c*.12*anti*-Pentahydroxy-1.1.8*c*-trimethyl-4-methylen-(3a*rH*.4a*cH*)-tetradecahydro-7*t*.9a*t*-methano-cyclopenta[*b*]heptalen [E III **6** 6892]

b) In Verbindung mit einem stickstoffhaltigen Funktionsabwandlungssuffix an einem auf „-aldehyd" oder „-al" endenden Namen kennzeichnen *syn* bzw. *anti* die cis-Orientierung bzw. trans-Orientierung des Wasserstoff-Atoms der Aldehyd-Gruppe zum Substituenten X der abwandelnden Gruppe =N-X, bezogen auf die durch die doppeltgebundenen Atome verlaufende Gerade.

Beispiel:
Perillaaldehyd-*anti*-oxim [E III **7** 567]

§ 10. a) Die Symbole α bzw. β hinter der Stellungsziffer eines ringständigen Substituenten im halbrationalen Namen einer Verbindung mit einer dem Cholestan [E III **5** 1132] entsprechenden Bezifferung und Projektionslage geben an, dass sich der Substituent auf der dem Betrachter abgewandten (α) bzw. zugewandten (β) Seite der Fläche des Ringgerüstes befindet.

Beispiele:
3β-Chlor-7α-brom-cholesten-(5) [E III **5** 1328]
Phyllocladandiol-(15α.16α) [E III **6** 4770]
Lupanol-(1β) [E III **6** 2730]
Onocerandiol-(3β.21α) [E III **6** 4829]

b) Die Symbole α_F bzw. β_F hinter der Stellungsziffer eines an der Seitenkette befindlichen Substituenten im halbrationalen Namen einer Verbindung der unter a) erläuterten Art geben an, dass sich der Substituent auf der rechten (α_F) bzw. linken (β_F) Seite der in „aufwärtsbezifferter vertikaler Fischer-Projektion" [7]) dargestellten Seitenkette befindet.

Beispiele:
3β-Chlor-24α_F-äthyl-cholestadien-(5.22*t*) [E III **5** 1436]
24β_F-Äthyl-cholesten-(5) [E III **5** 1336]

c) Sind die Symbole α, β, α_F oder β_F nicht mit der Stellungsziffer eines Substituenten kombiniert, sondern zusammen mit der Stellungsziffer eines angularen Chiralitätszentrums oder eines Wasserstoff-Atoms — in diesem Fall mit dem Atomsymbol *H* versehen

[7]) Eine „aufwärts-bezifferte vertikale Fischer-Projektion" ist eine vertikal orientierte „gerade Fischer-Projektion" (s. Anm. 4), bei der sich das niedrigstbezifferte Atom am unteren Ende der Kette befindet.

(αH, βH, $\alpha_F H$ bzw. $\beta_F H$) — unmittelbar vor dem Namensstamm einer Verbindung mit halbrationalem Namen angeordnet, so kennzeichnen sie entweder die Orientierung einer angularen exocyclischen Bindung, deren Lage durch den Namen nicht festgelegt ist, oder sie zeigen an, dass die Orientierung des betreffenden exocyclischen Liganden oder Wasserstoff-Atoms (das — wie durch Suffix oder Präfix ausgedrückt — auch substituiert sein kann) in der angegebenen Weise von der mit dem Namensstamm festgelegten Orientierung abweicht.

Beispiele:

5-Chlor-5α-cholestan [E III **5** 1135]
5*β*.14*β*.17*βH*-Pregnan [E III **5** 1120]
18α.19*βH*-Ursen-(20(30)) [E III **5** 1444]
(13*R*)-8*βH*-Labden-(14)-diol-(8.13) [E III **6** 4186]
5α.20$\beta_F H$.24$\beta_F H$-Ergostanol-(3*β*) [E III **6** 2161]

d) Das Präfix *ent* vor dem Namen einer Verbindung mit mehreren Chiralitätszentren, deren Konfiguration mit dem Namen festgelegt ist, dient zur Kennzeichnung des Enantiomeren der betreffenden Verbindung. Das Präfix *rac* wird zur Kennzeichnung des einer solchen Verbindung entsprechenden Racemats verwendet.

Beispiele:

ent-7*βH*-Eudesmen-(4)-on-(3) [E III **7** 692]
rac-Östrapentaen-(1.3.5.7.9) [E III **5** 2043]

§11. a) Das Symbol ξ tritt an die Stelle von *seqcis, seqtrans, c, t*, c_F, t_F, cat_F, *endo, exo, syn, anti*, α, *β*, α_F oder β_F, wenn die Konfiguration an der betreffenden Doppelbindung bzw. an dem betreffenden Chiralitätszentrum ungewiss ist.

Beispiele:

(*Ξ*)-3.6-Dimethyl-1-[(1*Ξ*)-2.2.6*c*-trimethyl-cyclohexyl-(*r*)]-octen-(6ξ)-in-(4)-ol-(3) [E III **6** 2097]
10*t*-Methyl-(8ξ*H*.10aξ*H*)-1.2.3.4.5.6.7.8.8a.9.10.10a-dodecahydro-phenanthren-carbonsäure-(9*r*) [E III **9** 2626]
D_r-1ξ-Phenyl-1ξ-*p*-tolyl-hexanpentol-(2r_F.3t_F.4c_F.5c_F.6) [E III **6** 6904]
(1*S*)-1.2ξ.3.3-Tetramethyl-norbornanol-(2ξ) [E III **6** 331]
3ξ-Acetoxy-5ξ.17ξ-pregnen-(20) [E III **6** 2592]
28-Nor-17ξ-oleanen-(12) [E III **5** 1438]
5.6*β*.22ξ.23ξ-Tetrabrom-3*β*-acetoxy-24β_F-äthyl-5α-cholestan [E III **6** 2179]

b) Das Symbol *Ξ* tritt an die Stelle von D oder L, wenn die Konfiguration des betreffenden Chiralitätszentrums ungewiss ist.

Beispiel:

N-{-*N*-[*N*-(Toluol-sulfonyl-(4))-glycyl]-*Ξ*-seryl-}-L-glutaminsäure [E III **11** 280].

Abkürzungen

A.	Äthanol
Acn.	Aceton
Ae.	Diäthyläther
Anm.	Anmerkung
B.	Bildung, Bildungsweise(n)
Bd.	Band
ber.	berechnet
Bzl.	Benzol
Bzn.	Benzin
bzw.	beziehungsweise
C. I.	Coulour Index, 2. Aufl.
D:	Dichte (z. B. D_4^{20}: Dichte bei 20°, bezogen auf Wasser von 4°)
Diss.	Dissertation
E	BEILSTEIN-Ergänzungswerk
E.	Äthylacetat (Essigsäure-äthylester)
E:	Erstarrungspunkt
Eg.	Essigsäure, Eisessig
F:	Schmelzpunkt
Gew.-%	Gewichtsprozent
h	Stunde(n)
H	BEILSTEIN-Hauptwerk
konz.	konzentriert
korr.	korrigiert
Kp:	Siedepunkt (z. B. Kp_{760}: Siedepunkt bei 760 Torr)
Me.	Methanol
n:	Brechungsindex (z. B. $n_{656,1}^{20}$: Brechungsindex für Licht der Wellenlänge 656,1 mμ bei 20°)
PAe.	Petroläther
Py.	Pyridin
RRI	The Ring Index, 2. Aufl. [1960]
RIS	The Ring Index, Supplement
s.	siehe
S.	Seite
s. a.	siehe auch
s. o.	siehe oben
sog.	sogenannt
Spl.	Supplement
stdg.	stündig
s. u.	siehe unten
Syst. Nr.	BEILSTEIN-System-Nummer
Tl.	Teil
unkorr.	unkorrigiert
unverd.	unverdünnt
verd.	verdünnt
vgl.	vergleiche
W.	Wasser
wss.	wässrig
z. B.	zum Beispiel
Zers.	Zersetzung
ε	Dielektrizitätskonstante

In den Seitenüberschriften sind die Seiten des Beilstein-Hauptwerks angegeben, zu denen der auf der betreffenden Seite des Dritten Ergänzungswerks befindliche Text gehört.

Transliteration von russischen Autorennamen

Russisches Schrift-zeichen		Deutsches Äquivalent (Beilstein)	Englisches Äquivalent (Chemical Abstracts)	Russisches Schrift-zeichen		Deutsches Äquivalent (Beilstein)	Englisches Äquivalent (Chemical Abstracts)
А	а	a	a	Р	р	r	r
Б	б	b	b	С	с	s̄	s
В	в	w	v	Т	т	t	t
Г	г	g	g	У	у	u	u
Д	д	d	d	Ф	ф	f	f
Е	е	e	e	Х	х	ch	kh
Ж	ж	sh	zh	Ц	ц	z	ts
З	з	s	z	Ч	ч	tsch	ch
И	и	i	i	Ш	ш	sch	sh
Й	й	ĭ	ĭ	Щ	щ	schtsch	shch
К	к	k	k	Ы	ы	y	y
Л	л	l	l		ь	'	'
М	м	m	m	Э	э	ė	e
Н	н	n	n	Ю	ю	ju	yu
О	о	o	o	Я	я	ja	ya
П	п	p	p				

Verzeichnis der Kürzungen für die Literatur-Quellen

Kürzung	Titel
A.	Liebigs Annalen der Chemie
Abh. Braunschweig. wiss. Ges.	Abhandlungen der Braunschweigischen Wissenschaftlichen Gesellschaft
Abh. Gesamtgebiete Hyg.	Abhandlungen aus dem Gesamtgebiete der Hygiene. Leipzig
Abh. Kenntnis Kohle	Gesammelte Abhandlungen zur Kenntnis der Kohle
Abh. Preuss. Akad.	Abhandlungen der Preussischen Akademie der Wissenschaften. Mathematisch-naturwissenschaftliche Klasse
Acad. romîne Bulet. ştiinţ.	Academia Republicii Populare Romîne Buletin ştiinţific
Acad. sinica Mem. Res. Inst. Chem.	Academia Sinica, Memoir of the National Research Institute of Chemistry
Acetylen	Acetylen in Wissenschaft und Industrie
A. ch.	Annales de Chimie
Acta Acad. Åbo	Acta Academiae Aboensis. Ser. B. Mathematica et Physica
Acta bot. fenn.	Acta Botanica Fennica
Acta brevia neerl. Physiol.	Acta Brevia Neerlandica de Physiologia, Pharmacologia, Microbiologia E. A.
Acta chem. scand.	Acta Chemica Scandinavica
Acta chim. hung.	Acta Chimica Academiae Scientiarum Hungaricae
Acta chim. sinica	Acta Chimica Sinica [Hua Hsueh Hsueh Pao]
Acta chirurg. scand.	Acta Chirurgica Scandinavica
Acta chirurg. scand. Spl.	Acta Chirurgica Scandinavica Supplementum
Acta Comment. Univ. Tartu	Acta et Commentationes Universitatis Tartuensis (Dorpatensis)
Acta cryst.	Acta Crystallographica. London (ab Bd. 5 Kopenhagen)
Acta endocrin.	Acta Endocrinologica. Kopenhagen
Acta forest. fenn.	Acta Forestalia Fennica
Acta latviens. Chem.	Acta Universitatis Latviensis, Chemicorum Ordinis Series [Latvijas Universitates Raksti, Kimijas Fakultates Serija]. Riga
Acta med. Nagasaki	Acta Medica Nagasakiensia
Acta med. scand.	Acta Medica Scandinavica
Acta med. scand. Spl.	Acta Medica Scandinavica Supplementum
Acta path. microbiol. scand. Spl.	Acta Pathologica et Microbiologica Scandinavica, Supplementum
Acta pharmacol. toxicol.	Acta Pharmacologica et Toxicologica. Kopenhagen
Acta phys. austriaca	Acta Physica Austriaca
Acta physicoch. U.R.S.S.	Acta Physicochimica U.R.S.S.
Acta physiol. scand.	Acta Physiologica Scandinavica
Acta physiol. scand. Spl.	Acta Physiologica Scandinavica Supplementum
Acta phys. polon.	Acta Physica Polonica
Acta phytoch. Tokyo	Acta Phytochimica. Tokyo
Acta Polon. pharm.	Acta Poloniae Pharmaceutica (Beilage zu Farmacja Współczesna)
Acta polytech. scand.	Acta Polytechnica Scandinavica
Acta salmantic.	Acta Salmanticensia Serie de Ciencias
Acta Sch. med. Univ. Kioto	Acta Scholae Medicinalis Universitatis Imperialis in Kioto

Kürzung	Titel
Acta Soc. Med. fenn. Duodecim	Acta Societatis Medicorum Fennicae „Duodecim"
Acta Soc. Med. upsal.	Acta Societatis Medicorum Upsaliensis
Acta Univ. Asiae mediae	s. Trudy sredneaziatskogo gosudarstvennogo Universiteta. Taschkent
Acta Univ. Lund	Acta Universitatis Lundensis
Acta Univ. Szeged	Acta Universitatis Szegediensis. Sectio Scientiarum Naturalium (1928–1939 Acta Chemica, Mineralogica et Physica; 1942–1950 Acta Chemica et Physica; ab **1955** Acta Physica et Chemica)
Actes Congr. Froid	Actes du Congrès International du Froid (Proceedings of the International Congress of Refrigeration)
Adv. Cancer Res.	Advances in Cancer Research. New York
Adv. Carbohydrate Chem.	Advances in Carbohydrate Chemistry. New York
Adv. Catalysis	Advances in Catalysis and Related Subjects. New York
Adv. Chemistry Ser.	Advances in Chemistry Series. Washington, D.C.
Adv. clin. Chem.	Advances in Clinical Chemistry. New York
Adv. Colloid Sci.	Advances in Colloid Science. New York
Adv. Enzymol.	Advances in Enzymology and Related Subjects of Biochemistry. New York
Adv. Food Res.	Advances in Food Research. New York
Adv. inorg. Chem. Radiochem.	Advances in Inorganic Chemistry and Radiochemistry. New York
Adv. Lipid Res.	Advances in Lipid Research. New York
Adv. org. Chem.	Advances in Organic Chemistry: Methods and Results. New York
Adv. Petr. Chem.	Advances in Petroleum Chemistry and Refining. New York
Adv. Protein Chem.	Advances in Protein Chemistry. New York
Aero Digest	Aero Digest. New York
Afinidad	Afinidad. Barcelona
Agra Univ. J. Res.	Agra University Journal of Research. Teil **1**: Science
Agric. biol. Chem.	Agricultural and Biological Chemistry. Tokyo
Agric. Chemicals	Agricultural Chemicals. Baltimore, Md.
Agricultura Louvain	Agricultura. Louvain
Akust. Z.	Akustische Zeitschrift. Leipzig
Allg. Öl Fett Ztg.	Allgemeine Öl- und Fett-Zeitung
Aluminium	Aluminium. Berlin
Am.	American Chemical Journal
Am. Doc. Inst.	American Documentation (Institute). Washington, D.C.
Am. Dyest. Rep.	American Dyestuff Reporter
Am. Fertilizer	American Fertilizer (ab **113** Nr. 6 [1950]) & Allied Chemicals
Am. Fruit Grower	American Fruit Grower
Am. Gas Assoc. Monthly	American Gas Association Monthly
Am. Gas Assoc. Pr.	American Gas Association, Proceedings of the Annual Convention
Am. Gas J.	American Gas Journal
Am. Heart J.	American Heart Journal
Am. Inst. min. met. Eng. tech. Publ.	American Institute of Mining and Metallurgical Engineers, Technical Publications
Am. J. Bot.	American Journal of Botany
Am. J. Cancer	American Journal of Cancer
Am. J. clin. Path.	American Journal of Clinical Pathology
Am. J. Hyg.	American Journal of Hygiene
Am. J. med. Sci.	American Journal of the Medical Sciences
Am. J. Obstet. Gynecol.	American Journal of Obstetrics and Gynecology
Am. J. Ophthalmol.	American Journal of Ophthalmology

Kürzung	Titel
Am. J. Path.	American Journal of Pathology
Am. J. Pharm.	American Journal of Pharmacy (ab **109** [1937]) and the Sciences Supporting Public Health
Am. J. Physiol.	American Journal of Physiology
Am. J. publ. Health	American Journal of Public Health (ab 1928) and the Nation's Health
Am. J. Roentgenol. Radium Therapy	American Journal of Roentgenology and Radium Therapy
Am. J. Sci.	American Journal of Science
Am. J. Syphilis	American Journal of Syphilis (ab **18** [1934]) and Neurology bzw. (ab **20** [1936]) Gonorrhoea and Venereal Diseases
Am. Mineralogist	American Mineralogist
Am. Paint J.	American Paint Journal
Am. Perfumer	American Perfumer and Essential Oil Review
Am. Petr. Inst.	s. A.P.I.
Am. Rev. Tuberculosis	American Review of Tuberculosis
Am. Soc.	Journal of the American Chemical Society
An. Acad. Farm.	Anales de la Real Academia de Farmacia. Madrid
Anais Acad. brasil. Cienc.	Anais da Academia Brasileira de Ciencias
Anais Assoc. quim. Brasil	Anais da Associação química do Brasil
Anais Fac. Farm. Odont. Univ. São Paulo	Anais da Faculdade de Farmácia e Odontologia da Universidade de São Paulo
Anal. Biochem.	Analytical Biochemistry. Baltimore, Md.
Anal. Chem.	Analytical Chemistry (Forts. von Ind. eng. Chem. anal.)
Anal. chim. Acta	Analytica Chimica Acta. Amsterdam
Anal. Min. România	Analele Minelor din România (Annales des Mines de Roumanie)
Analyst	Analyst. Cambridge
An. Asoc. quim. arg.	Anales de la Asociación Química Argentina
An. Asoc. Quim. Farm. Uruguay	Anales de la Asociación de Química y Farmacia del Uruguay
An. Bromatol.	Anales de Bromatologia. Madrid
Anesthesiol.	Anesthesiology. Philadelphia, Pa.
An. Farm. Bioquim. Buenos Aires	Anales de Farmacia y Bioquímica. Buenos Aires
Ang. Ch.	Angewandte Chemie (Forts. von Z. ang. Ch. bzw. Chemie)
Anilinokr. Promyšl.	Anilinokrasočnaja Promyšlennost
An. Inst. Invest. Univ. Santa Fé	Anales del Instituto de Investigaciones Científicas y Tecnológicas. Universidad Nacional del Litoral, Santa Fé, Argentinien
Ann. Acad. Sci. fenn.	Annales Academiae Scientiarum Fennicae
Ann. Acad. Sci. tech. Varsovie	Annales de l'Académie des Sciences techniques à Varsovie
Ann. ACFAS	Annales de l'Association canadienne-française pour l'Avancement des Sciences. Montreal
Ann. agron.	Annales Agronomiques
Ann. appl. Biol.	Annals of Applied Biology. London
Ann. Biochem. exp. Med. India	Annals of Biochemistry and Experimental Medicine. India
Ann. Biol. clin.	Annales de Biologie clinique
Ann. Bot.	Annals of Botany. London
Ann. Chim. anal.	Annales de Chimie analytique (ab **24** [1942]) Fortsetzung von:
Ann. Chim. anal. appl.	Annales de Chimie analytique et de Chimie appliquée
Ann. Chimica	Annali di Chimica (ab **40** [1950]). Fortsetzung von:
Ann. Chimica applic.	Annali di Chimica applicata

Kürzung	Titel
Ann. Chimica farm.	Annali di Chimica farmaceutica (1938—1940 Beilage zu Farmacista Italiano)
Ann. entomol. Soc. Am.	Annals of the Entomological Society of America
Ann. Fac. Sci. Marseille	Annales de la Faculté des Sciences de Marseille
Ann. Fac. Sci. Toulouse	Annales de la Faculté des Sciences de l'Université de Toulouse pour les Sciences mathématiques et les Sciences physiques. Paris
Ann. Falsificat.	Annales des Falsifications et des Fraudes
Ann. Fermentat.	Annales des Fermentations
Ann. Hyg. publ.	Annales d'Hygiène Publique, Industrielle et Sociale
Ann. Inst. Pasteur	Annales de l'Institut Pasteur
Ann. Ist. super. agrar. Portici	Annali del regio Istituto superiore agrario di Portici
Ann. Méd.	Annales de Médecine
Ann. Mines	Annales des Mines (von Bd. **132—135** [1943—1946]) et des Carburants
Ann. Mines Belg.	Annales des Mines de Belgique
Ann. N. Y. Acad. Sci.	Annals of the New York Academy of Sciences
Ann. Off. Combust. liq.	Annales de l'Office National des Combustibles Liquides
Ann. paediatrici	Annales paediatrici (Jahrbuch für Kinderheilkunde). Basel
Ann. pharm. franç.	Annales pharmaceutiques françaises
Ann. Physik	Annalen der Physik
Ann. Physiol. Physicoch. biol.	Annales de Physiologie et de Physicochimie biologique
Ann. Physique	Annales de Physique
Ann. Rep. ITSUU Labor.	Annual Report of ITSUU Laboratory. Tokyo [Itsuu Kenkyusho Nempo]
Ann. Rep. Low Temp. Res. Labor. Capetown	Union of South Africa, Department of Agriculture and Forestry, Annual Report of the Low Temperature Research Laboratory, Capetown
Ann. Rep. Progr. Chem.	Annual Reports on the Progress of Chemistry. London
Ann. Rep. Shionogi Res. Labor.	Annual Report of Shionogi Research Laboratory. Japan
Ann. Rep. Takeda Res. Labor.	Annual Reports of the Takeda Research Laboratories [Takeda Kenkyusho Nempo]
Ann. Rev. Biochem.	Annual Review of Biochemistry. Stanford, Calif.
Ann. Rev. Microbiol.	Annual Review of Microbiology. Stanford, Calif.
Ann. Rev. phys. Chem.	Annual Review of Physical Chemistry. Palo Alto, Calif.
Ann. Rev. Plant Physiol.	Annual Review of Plant Physiology. Palo Alto, Calif.
Ann. Sci.	Annals of Science. London
Ann. scient. Univ. Jassy	Annales scientifiques de l'Université de Jassy. Sect. I. Mathématiques, Physique, Chimie. Rumänien
Ann. Soc. scient. Bruxelles	Annales de la Société Scientifique de Bruxelles
Ann. Sperim. agrar.	Annali della Sperimentazione agraria
Ann. Staz. chim. agrar. Torino	Annuario della regia Stazione chimica agraria in Torino
Ann. trop. Med. Parasitol.	Annals of Tropical Medicine and Parasitology. Liverpool
Ann. Univ. Åbo	Annales Universitatis (Fennicae) Aboensis. Ser. A. Physicomathematica, Biologica
Ann. Univ. Ferrara	Annali dell' Università di Ferrara
Ann. Univ. Lublin	Annales Universitatis Mariae Curie-Skłodowska, Lublin-Polonia [Roczniki Uniwersytetu Marii Curie-Skłodowskiej w Lublinie. Sectio AA. Fizyka i Chemia]
Ann. Univ. Pisa Fac. agrar.	Annali dell' Università di Pisa, Facoltà agraria

Kürzung	Titel
Ann. Zymol.	Annales de Zymologie. Gent
An. Quim.	Anales de Química
An. Soc. cient. arg.	Anales de la Sociedad Cientifica Argentina
An. Soc. españ.	Anales de la Real Sociedad Española de Física y Química; 1940—1947 Anales de Física y Química
Antigaz	Antigaz. Bukarest
Anz. Akad. Wien	Anzeiger der Akademie der Wissenschaften in Wien. Mathematisch-naturwissenschaftliche Klasse
A.P.	s. U.S.P.
A.P.I. Res. Project	A.P.I. (American Petroleum Institute) Research Project
A.P.I. Toxicol. Rev.	A.P.I. (American Petroleum Institute) Toxicological Review
Apoth.-Ztg.	Apotheker-Zeitung
Appl. scient. Res.	Applied Scientific Research. den Haag
Appl. Spectr.	Applied Spectroscopy. New York
Ar.	Archiv der Pharmazie [und Berichte der Deutschen Pharmazeutischen Gesellschaft]
Arb. Archangelsk. Forsch. Inst. Algen	Arbeiten des Archangelsker wissenschaftlichen Forschungsinstituts für Algen
Arbeitsphysiol.	Arbeitsphysiologie
Arbeitsschutz	Arbeitsschutz
Arb. Inst. exp. Therap. Frankfurt/M.	Arbeiten aus dem Staatlichen Institut für Experimentelle Therapie und dem Forschungsinstitut für Chemotherapie zu Frankfurt/Main
Arb. med. Fak. Okayama	Arbeiten aus der medizinischen Fakultät Okayama
Arb. physiol. angew. Entomol.	Arbeiten über physiologische und angewandte Entomologie aus Berlin-Dahlem
Arch. Biochem.	Archives of Biochemistry and Biophysics. New York
Arch. biol. hung.	Archiva Biologica Hungarica
Arch. biol. Nauk	Archiv Biologičeskich Nauk
Arch. Dermatol. Syphilis	Archiv für Dermatologie und Syphilis
Arch. Elektrotech.	Archiv für Elektrotechnik
Arch. exp. Zellf.	Archiv für experimentelle Zellforschung, besonders Gewebezüchtung
Arch. Farmacol. sperim.	Archivio di Farmacologia sperimentale e Scienze affini
Arch. Gewerbepath.	Archiv für Gewerbepathologie und Gewerbehygiene
Arch. Gynäkol.	Archiv für Gynäkologie
Arch. Hyg. Bakt.	Archiv für Hygiene und Bakteriologie
Arch. internal Med.	Archives of Internal Medicine. Chicago, Ill.
Arch. int. Pharmacod.	Archives internationales de Pharmacodynamie et de Thérapie
Arch. int. Physiol.	Archives internationales de Physiologie
Arch. Ist. biochim. ital.	Archivio dell' Istituto Biochimico Italiano
Arch. ital. Biol.	Archives Italiennes de Biologie
Archiwum Chem. Farm.	Archiwum Chemji i Farmacji. Warschau
Archiwum mineral.	Archiwum Mineralogiczne. Warschau
Arch. Maladies profess.	Archives des Maladies professionnelles, de Médecine du Travail et de Sécurité sociale
Arch. Math. Naturvid.	Archiv for Mathematik og Naturvidenskab. Oslo
Arch. Mikrobiol.	Archiv für Mikrobiologie
Arch. Muséum Histoire natur.	Archives du Muséum national d'Histoire naturelle
Arch. néerl. Physiol.	Archives Néerlandaises de Physiologie de l'Homme et des Animaux
Arch. Neurol. Psychiatry	Archives of Neurology and Psychiatry. Chicago, Ill.

Kürzung	Titel
Arch. Ophthalmol. Chicago	Archives of Ophthalmology. Chicago, Ill.
Arch. Path.	Archives of Pathology. Chicago, Ill.
Arch. Pflanzenbau	Archiv für Pflanzenbau (= Wissenschaftliches Archiv für Landwirtschaft, Abt. A)
Arch. Pharm. Chemi	Archiv for Pharmaci og Chemi. Kopenhagen
Arch. Phys. biol.	Archives de Physique biologique (ab **8** [1930]) et de Chimie-physique des Corps organisés
Arch. Sci.	Archives des Sciences. Genf
Arch. Sci. biol.	Archivio di Scienze biologiche
Arch. Sci. med.	Archivio per le Science mediche
Arch. Sci. physiol.	Archives des Sciences physiologiques
Arch. Sci. phys. nat.	Archives des Sciences physiques et naturelles. Genf
Arch. Soc. Biol. Montevideo	Archivos de la Sociedad de Biologia de Montevideo
Arch. Wärmewirtsch.	Archiv für Wärmewirtschaft und Dampfkesselwesen
Arh. Hem. Farm.	Arhiv za Hemiju i Farmaciju. Zagreb; ab **12** [1938]:
Arh. Hem. Tehn.	Arhiv za Hemiju i Tehnologiju. Zagreb; ab **13** Nr. 3/6 [1939]:
Arh. Kemiju	Arhiv za Kemiju. Zagreb; ab **28** [1956] Croatica chemica Acta
Ark. Fysik	Arkiv för Fysik. Stockholm
Ark. Kemi	Arkiv för Kemi, Mineralogi och Geologi; ab 1949 Arkiv för Kemi
Ark. Mat. Astron. Fysik	Arkiv för Matematik, Astronomi och Fysik. Stockholm
Army Ordonance	Army Ordonance. Washington, D.C.
Ar. Pth.	Naunyn-Schmiedeberg's Archiv für experimentelle Pathologie und Pharmakologie
Arquivos Biol. São Paulo	Arquivos de Biologia. São Paulo
Arquivos Inst. biol. São Paulo	Arquivos do Instituto biologico. São Paulo
Arzneimittel-Forsch.	Arzneimittel-Forschung
ASTM Bl.	ASTM (American Society for Testing and Materials) Bulletin
ASTM Proc.	Amerian Society for Testing and Materials. Proceedings
Astrophys. J.	Astrophysical Journal. Chicago, Ill.
Ateneo parmense	Ateneo parmense. Parma
Atti Accad. Ferrara	Atti della Accademia delle Scienze di Ferrara
Atti Accad. Gioenia Catania	Atti dell' Accademia Gioenia di Scienze Naturali in Catania
Atti Accad. peloritana	Atti della Reale Accademia Peloritana
Atti Accad. pugliese	Atti e Relazioni dell' Accademia Pugliese delle Scienze. Bari
Atti Accad. Torino	Atti della Reale Accademia delle Scienze di Torino. I = Classe di Scienze Fisiche, Matematiche e Naturali
Atti X. Congr. int. Chim. Rom 1938	Atti del X. Congresso Internationale di Chimica. Rom 1938
Atti Congr. naz. Chim. ind.	Atti del Congresso Nazionale di Chimica Industriale
Atti Congr. naz. Chim. pura appl.	Atti del Congresso Nazionale di Chimica Pura ed Applicata
Atti Ist. veneto	Atti del Reale Istituto Veneto di Scienze, Lettere ed Arti. Parte II: Classe di Scienze Matematiche e Naturali
Atti Mem. Accad. Padova	Atti e Memorie della Reale Accademia di Scienze, Lettere ed Arti in Padova. Memorie della Classe di Scienze Fisico-matematiche
Atti Soc. ital. Progr. Sci.	Atti della Società Italiana per il Progresso delle Scienze
Atti Soc. Nat. Mat. Modena	Atti della Società dei Naturalisti e Matematici di Modena
Atti Soc. toscana Sci. nat.	Atti della Società Toscana di Scienze naturali
Australas. J. Pharm.	Australasian Journal of Pharmacy
Austral. chem. Inst. J. Pr.	Australian Chemical Institute Journal and Proceedings

Kürzung	Titel
Austral. J. Chem.	Australian Journal of Chemistry
Austral. J. exp. Biol. med. Sci.	Australian Journal of Experimental Biology and Medical Science
Austral. J. Sci.	Australian Journal of Science
Austral. J. scient. Res.	Australian Journal of Scientific Research
Austral. P.	Australisches Patent
Austral. veterin. J.	Australian Veterinary Journal
Autog. Metallbearb.	Autogene Metallbearbeitung
Avtog. Delo	Avtogennoe Delo (Autogene Industrie; Acetylene Welding)
Azerbajdžansk. neft. Chozjajstvo	Azerbajdžanskoe Neftjanoe Chozjajstvo (Petroleum-Wirtschaft von Aserbaidshan)
B.	Berichte der Deutschen Chemischen Gesellschaft; ab **80** [1947] Chemische Berichte
Bacteriol. Rev.	Bacteriological Reviews. USA
Beitr. Biol. Pflanzen	Beiträge zur Biologie der Pflanzen
Beitr. Klin. Tuberkulose	Beiträge zur Klinik der Tuberkulose und spezifischen Tuberkulose-Forschung
Beitr. Physiol.	Beiträge zur Physiologie
Belg. P.	Belgisches Patent
Bell Labor. Rec.	Bell Laboratories Record. New York
Ber. Dtsch. Bot. Ges.	Berichte der Deutschen Botanischen Gesellschaft
Ber. Ges. Kohlentech.	Berichte der Gesellschaft für Kohlentechnik
Ber. ges. Physiol.	Berichte über die gesamte Physiologie (ab Bd. 3) und experimentelle Pharmakologie
Ber. Ohara-Inst.	Berichte des Ohara-Instituts für landwirtschaftliche Forschungen in Kurashiki, Provinz Okayama, Japan
Ber. Sächs. Akad.	Berichte über die Verhandlungen der Sächsischen Akademie der Wissenschaften zu Leipzig, Mathematisch-physische Klasse
Ber. Sächs. Ges. Wiss.	Berichte über die Verhandlungen der Sächsischen Gesellschaft der Wissenschaften zu Leipzig
Ber. Schimmel	Bericht der Schimmel & Co. A.G., Miltitz b. Leipzig, über Ätherische Öle, Riechstoffe usw.
Ber. Schweiz. bot. Ges.	Berichte der Schweizerischen Botanischen Gesellschaft (Bulletin de la Société botanique suisse)
Biochemistry	Biochemistry. Washington, D.C.
Biochem. biophys. Res. Commun.	Biochemical and Biophysical Research Communications. New York
Biochem. J.	Biochemical Journal. London
Biochem. Prepar.	Biochemical Preparations. New York
Biochim. biophys. Acta	Biochimica et Biophysica Acta. Amsterdam
Biochimija	Biochimija
Biochim. Terap. sperim.	Biochimica e Terapia sperimentale
Biodynamica	Biodynamica. St. Louis, Mo.
Biol. Bl.	Biological Bulletin. Lancaster, Pa.
Biol. Rev. Cambridge	Biological Reviews (bis **9** [1934]: and Biological Proceedings) of the Cambridge Philosophical Society
Biol. Symp.	Biological Symposia. Lancaster, Pa.
Biol. Zbl.	Biologisches Zentralblatt
BIOS Final Rep.	British Intelligence Objectives Subcommittee. Final Report
Bio. Z.	Biochemische Zeitschrift
Bjull. chim. farm. Inst.	Bjulleten Naučno-issledovatelskogo Chimiko-farmacevtičeskogo Instituta
Bjull. chim. Obšč. Mendeleev	Bjulleten Vsesojuznogo Chimičeskogo Obščestva im Mendeleeva

Kürzung	Titel
Bjull. eksp. Biol. Med.	Bjulleten eksperimentalnoj Biologii i Mediciny
Bl.	Bulletin de la Société Chimique de France
Bl. Acad. Belgique	Bulletin de la Classe des Sciences, Académie Royale de Belgique
Bl. Acad. Méd.	Bulletin de l'Académie de Médecine. Paris
Bl. Acad. Méd. Belgique	Bulletin de l'Académie royale de Médecine de Belgique
Bl. Acad. Méd. Roum.	Bulletin de l'Académie de Médecine de Roumanie
Bl. Acad. polon.	Bulletin International de l'Académie Polonaise des Sciences et des Lettres, Classe des Sciences Mathematiques [A] et Naturelles [B]
Bl. Acad. Sci. Agra Oudh	Bulletin of the Academy of Sciences of the United Provinces of Agra and Oudh. Allahabad, Indien
Bl. Acad. Sci. U.S.S.R. Chem. Div.	Bulletin of the Academy of Sciences of the U.S.S.R., Division of Chemical Science. Englische Übersetzung von Izvestija Akademii Nauk S.S.S.R., Otdelenie Chimičeskich Nauk
Bl. agric. chem. Soc. Japan	Bulletin of the Agricultural Chemical Society of Japan
Bl. Am. Assoc. Petr. Geol.	Bulletin of the American Association of Petroleum Geologists
Bl. Am. phys. Soc.	Bulletin of the American Physical Society
Bl. Assoc. Chimistes	Bulletin de l'Association des Chimistes
Bl. Assoc. Chimistes Sucr. Dist.	Bulletin de l'Association des Chimistes de Sucrerie et de Distillerie de France et des Colonies
Blast Furnace Steel Plant	Blast Furnace and Steel Plant. Pittsburgh, Pa.
Bl. Bur. Mines	s. Bur. Mines Bl.
Bl. chem. Soc. Japan	Bulletin of the Chemical Society of Japan
Bl. Coun. scient. ind. Res. Australia	Commonwealth of Australia. Council for Scientific and Industrial Research. Bulletin
Bl. entomol. Res.	Bulletin of Entomological Research. London
Bl. Forestry exp. Sta. Tokyo	Bulletin of the Imperial Forestry Experimental Station. Tokyo
Bl. imp. Inst.	Bulletin of the Imperial Institute. London
Bl. Inst. Insect Control Kyoto	Scientific Insect Control [Botyu Kagaku] = Bulletin of the Institute of Insect Control. Kyoto University
Bl. Inst. phys. chem. Res. Abstr. Tokyo	Bulletin of the Institute of Physical and Chemical Research, Abstracts. Tokyo
Bl. Inst. phys. chem. Res. Tokyo	Bulletin of the Institute of Physical and Chemical Research. Tokyo [Rikwagaku Kenkyujo Iho]
Bl. Inst. Pin	Bulletin de l'Institut de Pin
Bl. int. Acad. yougosl.	Bulletin International de l'Académie Yougoslave des Sciences et des Beaux Arts [Jugoslavenska Akademija Znanosti i Umjetnosti], Classe des Sciences mathématiques et naturelles
Bl. int. Inst. Refrig.	Bulletin of the International Institute of Refrigeration (Bulletin de l'Institut International du Froid). Paris
Bl. Johns Hopkins Hosp.	Bulletin of the Johns Hopkins Hospital. Baltimore, Md.
Bl. Mat. grasses Marseille	Bulletin des Matières grasses de l'Institut colonial de Marseille
Bl. mens. Soc. linné. Lyon	Bulletin mensuel de la Société Linnéenne de Lyon
Bl. Nagoya City Univ. pharm. School	Bulletin of the Nagoya City University Pharmaceutical School [Nagoya Shiritsu Daigaku Yakugakubu Kiyo]
Bl. nation. Inst. Sci. India	Bulletin of the National Institute of Sciences of India
Bl. nation. Formul. Comm.	Bulletin of the National Formulary Committee. Washington, D. C.
Bl. Orto bot. Univ. Napoli	Bulletino dell'Orto botanico della Reale Università di Napoli
Bl. Patna Sci. Coll. phil. Soc.	Bulletin of the Patna Science College Philosophical Society. Indien
Bl. Res. Coun. Israel	Bulletin of the Research Council of Israel

Kürzung	Titel
Bl. scient. Univ. Kiev	Bulletin Scientifique de l'Université d'État de Kiev, Série Chimique
Bl. Sci. pharmacol.	Bulletin des Sciences pharmacologiques
Bl. Sect. scient. Acad. roum.	Bulletin de la Section Scientifique de l'Académie Roumaine
Bl. Soc. bot. France	Bulletin de la Société Botanique de France
Bl. Soc. chim. Belg.	Bulletin de la Société Chimique de Belgique; ab 1945 Bulletin des Sociétés Chimiques Belges
Bl. Soc. Chim. biol.	Bulletin de la Société de Chimie Biologique
Bl. Soc. Encour. Ind. nation.	Bulletin de la Société d'Encouragement pour l'Industrie Nationale
Bl. Soc. franç. Min.	Bulletin de la Société française de Minéralogie (ab **72** [1949]: et de Cristallographie)
Bl. Soc. franç. Phot.	Bulletin de la Société française de Photographie (ab **16** [1929]: et de Cinématographie)
Bl. Soc. ind. Mulh.	Bulletin de la Société Industrielle de Mulhouse
Bl. Soc. neuchatel. Sci. nat.	Bulletin de la Société Neuchateloise des Sciences naturalles
Bl. Soc. Path. exot.	Bulletin de la Société de Pathologie exotique
Bl. Soc. Pharm. Bordeaux	Bulletin de la Société de Pharmacie de Bordeaux (ab **89** [1951] Fortsetzung von Bulletin des Travaux de la Société de Pharmacie de Bordeaux)
Bl. Soc. Pharm. Lille	Bulletin de la Société de Pharmacie de Lille
Bl. Soc. roum. Phys.	Bulletin de la Société Roumaine de Physique
Bl. Soc. scient. Bretagne	Bulletin de la Société Scientifique de Bretagne. Sciences Mathématiques, Physiques et Naturelles
Bl. Soc. Sci. Liège	Bulletin de la Société Royale des Sciences de Liège
Bl. Soc. vaud. Sci. nat.	Bulletin de la Société vaudoise des Sciences naturelles
Bl. Tokyo Univ. Eng.	Bulletin of the Tokyo University of Engineering [Tokyo Kogyo Daigaku Gakuho]
Bl. Trav. Pharm. Bordeaux	Bulletin des Travaux de la Société de Pharmacie de Bordeaux
Bl. Univ. Asie centrale	Bulletin de l'Université d'Etat de l'Asie centrale. Taschkent
Bl. Univ. Osaka Prefect.	Bulletin of the University of Osaka Prefecture
Bl. Wagner Free Inst.	Bulletin of the Wagner Free Institute of Science. Philadelphia, Pa.
Bodenk. Pflanzenernähr.	Bodenkunde und Pflanzenernährung
Bol. Acad. Cienc. exact. fis. nat. Madrid	Boletin de la Academia de Ciencias Exactas, Fisicas y Naturales Madrid
Bol. Inform. petr.	Boletín de Informaciones petroleras. Buenos Aires
Bol. Inst. Med. exp. Cáncer	Boletin del Instituto de Medicina experimental para el Estudio y Tratamiento del Cáncer. Buenos Aires
Bol. Inst. Quim. Univ. Mexico	Boletin del Instituto de Química de la Universidad Nacional Autónoma de México
Boll. Accad. Gioenia Catania	Bollettino delle Sedute dell' Accademia Gioenia di Scienze Naturali in Catania
Boll. chim. farm.	Bollettino chimico farmaceutico
Boll. Ist. sieroterap. milanese	Bollettino dell'Istituto Sieroterapico Milanese
Boll. scient. Fac. Chim. ind. Bologna	Bollettino Scientifico della Facoltà di Chimica Industriale dell'Università di Bologna
Boll. Sez. ital. Soc. int. Microbiol.	Bolletino della Sezione Italiana della Società Internazionale di Microbiologia
Boll. Soc. eustach. Camerino	Bollettino della Società Eustachiana degli Istituti Scientifici dell'Università di Camerino

Kürzung	Titel
Boll. Soc. ital. Biol.	Bollettino della Società Italiana di Biologia sperimentale
Boll. Zool. agrar. Bachicoltura	Bollettino di Zoologia agraria e Bachicoltura, Università degli Studi di Milano
Bol. Minist. Agric. Brazil	Boletim do Ministério da Agricultura, Brazil
Bol. Minist. Sanidad Asist. soc.	Boletin del Ministerio de Sanidad y Asistencia Social. Venezuela
Bol. ofic. Asoc. Quim. Puerto Rico	Boletin oficial de la Asociación de Químicos de Puerto Rico
Bol. Soc. Biol. Santiago Chile	Boletin de la Sociedad de Biologia de Santiago de Chile
Bol. Soc. quim. Peru	Boletin de la Sociedad química del Peru
Bot. Arch.	Botanisches Archiv
Bot. Gaz.	Botanical Gazette. Chicago, Ill.
Bot. Rev.	Botanical Review. Lancaster, Pa.
Bräuer-D'Ans	Fortschritte in der Anorganisch-chemischen Industrie. Herausg. von *A. Bräuer* u. *J. D'Ans*
Braunkohlenarch.	Braunkohlenarchiv. Halle/Saale
Brennerei-Ztg.	Brennerei-Zeitung
Brennstoffch.	Brennstoff-Chemie
Brit. Abstr.	British Abstracts
Brit. ind. Finish.	British Industrial Finishing
Brit. J. exp. Path.	British Journal of Experimental Pathology
Brit. J. ind. Med.	British Journal of Industrial Medicine
Brit. J. Pharmacol. Chemotherapy	British Journal of Pharmacology and Chemotherapy
Brit. J. Phot.	British Journal of Photography
Brit. med. Bl.	British Medical Bulletin
Brit. med. J.	British Medical Journal
Brit. P.	Britisches Patent
Brit. Plastics	British Plastics
Brown Boveri Rev.	Brown Boveri Review. Bern
Bulet.	Buletinul de Chimie Pură si Aplicată al Societăţii Române de Chimie
Bulet. Cernăuţi	Buletinul Facultăţii de Ştiinţe din Cernăuţi
Bulet. Cluj	Buletinul Societăţii de Ştiinţe din Cluj
Bulet. Inst. Cerc. tehnol.	Buletinul Institutului National de Cercetări Tehnologice
Bulet. Inst. politehn. Iaşi	Buletinul Institutului politehnic din Iaşi
Bulet. Soc. Chim. România	Buletinul Societăţii de Chimie din România
Bulet. Soc. Şti. farm. România	Buletinul Societăţii de Ştiinţe farmaceutice din România
Bur. Mines Bl.	U. S. Bureau of Mines. Bulletins. Washington, D. C.
Bur. Mines Informat. Circ.	U. S. Bureau of Mines. Information Circulars
Bur. Mines Rep. Invest.	U. S. Bureau of Mines. Report of Investigations
Bur. Mines tech. Pap.	U. S. Bureau of Mines, Technical Papers
Bur. Stand. Circ.	Bureau of Standards Circulars. Washinton, D.C.
C.	Chemisches Zentralblatt
C. A.	Chemical Abstracts
Calif. Agric. Exp. Sta. Bl.	California Agricultural Experiment Station Bulletin
Calif. Citrograph	The California Citrograph
Calif. Oil Wd.	California Oil World
Canad. Chem. Met.	Canadian Chemistry and Metallurgy (ab **22** [1938]):
Canad. Chem. Process Ind.	Canadian Chemistry and Process Industries

Kürzung	Titel
Canad. J. Biochem. Physiol.	Canadian Journal of Biochemistry and Physiology
Canad. J. Chem.	Canadian Journal of Chemistry
Canad. J. med. Technol.	Canadian Journal of Medical Technology
Canad. J. Physics	Canadian Journal of Physics
Canad. J. Res.	Canadian Journal of Research
Canad. med. Assoc. J.	Canadian Medical Association Journal
Canad. P.	Canadisches Patent
Canad. Textile J.	Canadian Textile Journal
Cancer Res.	Cancer Research. Chicago, Ill.
Carbohydrate Res.	Carbohydrate Research. Amsterdam
Caryologia	Caryologia. Giornale di Citologia, Citosistematica e Citogenetica. Florenz
Č. čsl. Lékárn.	Časopis Československého (ab **V.** 1939 Českého) Lékárnictva (Zeitschrift des tschechoslowakischen Apothekenwesens)
Cellulosech.	Cellulosechemie
Cellulose Ind. Tokyo	Cellulose Industry. Tokyo [Sen-i-so Kogyo]
Cereal Chem.	Cereal Chemistry. St. Paul, Minn.
Chaleur Ind.	Chaleur et Industrie
Chalmers Handl.	Chalmers Tekniska Högskolas Handlingar. Göteborg
Ch. Apparatur	Chemische Apparatur
Chem. Age India	Chemical Age of India
Chem. Age London	Chemical Age. London
Chem. and Ind.	Chemistry and Industry. London
Chem. Commun.	Chemical Communications. London
Chem. Eng.	Chemical Engineering. New York
Chem. eng. mining Rev.	Chemical Engineering and Mining Review. Melbourne
Chem. eng. News	Chemical and Engineering News. Washington, D.C.
Chem. eng. Progr.	Chemical Engineering Progress. Philadelphia, Pa.
Chem. eng. Progr. Symp. Ser.	Chemical Engineering Progress Symposium Series
Chem. eng. Sci.	Chemical Engineering Science. London
Chem. High Polymers Japan	Chemistry of High Polymers. Tokyo [Kobunshi Kagaku]
Chemia	Chemia. Revista de Centro Estudiantes universitarios de Química Buenos Aires
Chemie	Chemie
Chem. Industries	Chemical Industries. New York
Chemist-Analyst	Chemist-Analyst. Phillipsburg, N. J.
Chemist Druggist	Chemist and Druggist. London
Chemistry Taipei	Chemistry. Taipei
Chem. Listy	Chemické Listy pro Vědu a Průmysl (Chemische Blätter für Wissenschaft und Industrie). Prag
Chem. met. Eng.	Chemical and Metallurgical Engineering. New York
Chem. News	Chemical News and Journal of Industrial Science. London
Chem. Obzor	Chemicky Obzor (Chemische Rundschau). Prag
Chem. Penicillin 1949	The Chemistry of Penicillin. Herausg. von *H. T. Clarke, J. R. Johnson, R. Robinson.* Princeton, N. J. 1949
Chem. pharm. Bl.	Chemical and Pharmaceutical Bulletin. Tokyo
Chem. Products	Chemical Products and the Chemical News. London
Chem. Reviews	Chemical Reviews. Baltimore, Md.
Chem. Soc. Symp. Bristol 1958	Chemical Society Symposia Bristol 1958
Chem. tech. Rdsch.	Chemisch-Technische Rundschau. Berlin
Chem. Trade J.	Chemical Trade Journal and Chemical Engineer. London

Kürzung	Titel
Chem. Weekb.	Chemisch Weekblad
Chem. Zvesti	Chemické Zvesti (Chemische Nachrichten). Pressburg
Ch. Fab.	Chemische Fabrik
Chim. anal.	Chimie analytique. Paris
Chim. et Ind.	Chimie et Industrie
Chim. farm. Promyšl.	Chimiko-farmacevtičeskaja Promyšlennost
Chimia	Chimia. Zürich
Chimica e Ind.	Chimica e l'Industria. Mailand
Chimija chim. Technol.	Izvestija vysšich učebnych Zavedenij (IVUZ) (Nachrichten von Hochschulen und Lehranstalten); Chimija i chimičeskaja Technologija
Chimis. socialist. Seml.	Chimisacija Socialističeskogo Semledelija (Chemisation of Socialistic Agriculture)
Chim. Mašinostr.	Chimičeskoe Mašinostroenie
Chim. Promyšl.	Chimičeskaja Promyšlennost (Chemische Industrie)
Chimstroi	Chimstroi (Journal for Projecting and Construction of the Chemical Industry in U.S.S.R.)
Chim. tverd. Topl.	Chimija Tverdogo Topliva (Chemie der festen Brennstoffe)
Ch. Ing. Tech.	Chemie-Ingenieur-Technik
Chin. J. Physics	Chinese Journal of Physics
Chin. J. Physiol.	Chinese Journal of Physiology [Chung Kuo Sheng Li Hsueh Tsa Chih]
Chromatogr. Rev.	Chromatographic Reviews
Ch. Tech.	Chemische Technik
Ch. Umschau Fette	Chemische Umschau auf dem Gebiet der Fette, Öle, Wachse und Harze
Ch. Z.	Chemiker-Zeitung
Ciencia	Ciencia. Mexico
Ciencia e Invest.	Ciencia e Investigación. Buenos Aires
CIOS Rep.	Combined Intelligence Objectives Subcommittee Report
Citrus Leaves	Citrus Leaves. Los Angeles, Calif.
Č. Lékářu Českych	Časopis Lékářu Českych (Zeitschrift der tschechischen Ärzte)
Clin. Med.	Clinical Medicine (von **34** [1927] bis **47** Nr. 8 [1940]) and Surgery. Wilmette, Ill.
Clin. veterin.	Clinica Veterinaria e Rassegna di Polizia Sanitaria i Igiene
Coke and Gas	Coke and Gas. London
Cold Spring Harbor Symp. quant. Biol.	Cold Spring Harbor Symposia on Quantitative Biology
Collect.	Collection des Travaux chimiques de Tchécoslovaquie; ab **16/17** [1951/52]: Collection of Czechoslovak Chemical Communications
Collegium	Collegium (Zeitschrift des Internationalen Vereins der Leder-Industrie-Chemiker). Darmstadt
Colliery Guardian	Colliery Guardian. London
Colloid Symp. Monogr.	Colloid Symposium Monograph
Colloques int. Centre nation. Rech. scient.	Colloques Internationaux du Centre National de la Recherche Scientifique
Combustibles	Combustibles. Zaragoza
Comment. biol. Helsingfors	Societas Scientiarum Fennica. Commentationes Biologicae. Helsingfors
Comment. phys. math. Helsingfors	Societas Scientiarum Fennica. Commentationes Physico-mathematicae. Helsingfors
Commun. Kamerlingh-Onnes Lab. Leiden	Communications from the Kamerlingh-Onnes Laboratory of the University of Leiden
Congr. int. Ind. Ferment. Gent 1947	Congres International des Industries de Fermentation, Conferences et Communications, Gent 1947

Kürzung	Titel
IX. Congr. int. Quim. Madrid 1934	IX. Congreso Internacional de Química Pura y Aplicada. Madrid 1934
II. Congr. mondial Pétr. Paris 1937	II. Congrès Mondial du Pétrole. Paris 1937
Contrib. Biol. Labor. Sci. Soc. China Zool. Ser.	Contributions from the Biological Laboratories of the Science Society of China Zoological Series
Contrib. Boyce Thompson Inst.	Contributions from Boyce Thompson Institute. Yonkers, N.Y.
Contrib. Inst. Chem. Acad. Peiping	Contributions from the Institute of Chemistry, National Academy of Peiping
C. r.	Comptes Rendus Hebdomadaires des Séances de l'Académie des Sciences
C. r. Acad. Agric. France	Comptes Rendus Hebdomadaires des Séances de l'Académie d'Agriculture de France
C. r. Acad. Roum.	Comptes rendus des Séances de l'Académie des Sciences de Roumanie
C. r. 66. Congr. Ind. Gaz Lyon 1949	Compte Rendu du 66me Congrès de l'Industrie du Gaz, Lyon 1949
C. r. V. Congr. int. Ind. agric. Scheveningen 1937	Comptes Rendus du V. Congrès international des Industries agricoles, Scheveningen 1937
C. r. Doklady	Comptes Rendus (Doklady) de l'Académie des Sciences de l'U.R.S.S.
Croat. chem. Acta	Croatica Chemica Acta
C. r. Soc. Biol.	Comptes Rendus des Séances de la Société de Biologie et de ses Filiales
C. r. Soc. Phys. Genève	Compte Rendu des Séances de la Société de Physique et d'Histoire naturelle de Genève
C. r. Trav. Carlsberg	Comptes Rendus des Travaux du Laboratoire Carlsberg, Kopenhagen
C. r. Trav. Fac. Sci. Marseille	Comptes Rendus des Travaux de la Faculté des Sciences de Marseille
Cuir tech.	Cuir Technique
Curierul farm.	Curierul Farmaceutic. Bukarest
Curr. Res. Anesth. Analg.	Current Researches in Anesthesia and Analgesia. Cleveland, Ohio
Curr. Sci.	Current Science. Bangalore
Cvetnye Metally	Cvetnye Metally (Nichteisenmetalle)
Dän. P.	Dänisches Patent
Danske Vid. Selsk. Biol. Skr.	Kongelige Danske Videnskabernes Selskab. Biologiske Skrifter
Danske Vid. Selsk. Math. fys. Medd.	Kongelige Danske Videnskabernes Selskab. Mathematisk-Fysiske Meddelelser
Danske Vid. Selsk. Mat. fys. Skr.	Kongelige Danske Videnskabernes Selskab. Matematisk-fysiske Skrifter
Danske Vid. Selsk. Skr.	Kongelige Danske Videnskabernes Selskabs Skrifter, Naturvidenskabelig og Mathematisk Afdeling
Dansk Tidsskr. Farm.	Dansk Tidsskrift for Farmaci
D.A.S.	Deutsche Auslegeschrift
D.B.P.	Deutsches Bundespatent
Dental Cosmos	Dental Cosmos. Chicago, Ill.
Destrukt. Gidr. Topl.	Destruktivnaja Gidrogenizacija Topliv
Discuss. Faraday Soc.	Discussions of the Faraday Society
Diss. Abstr.	Dissertation Abstracts (Microfilm Abstracts). Ann Arbor, Mich.

Kürzung	Titel
Diss. pharm.	Dissertationes Pharmaceuticae. Warschau
Doklady Akad. Armjansk. S.S.R.	Doklady Akademii Nauk Armjanskoj S.S.R.
Doklady Akad. S.S.S.R.	Doklady Akademii Nauk S.S.S.R. (Comptes Rendus de l'Académie des Sciences de l'Union des Républiques Soviétiques Socialistes)
Doklady Bolgarsk. Akad.	Doklady Bolgarskoi Akademii Nauk (Comptes Rendus de l'Académie bulgare des Sciences)
Doklady Chem. N.Y.	Doklady Chemistry New York (ab Bd. **148** [1963]). Englische Übersetzung von Doklady Akademii Nauk U.S. S.R.
Dragoco Rep.	Dragoco Report. Holzminden
D.R.B.P. Org. Chem. 1950—1951	Deutsche Reichs- und Bundespatente aus dem Gebiet der Organischen Chemie 1950—1951
D.R.P.	Deutsches Reichspatent
D.R.P. Org. Chem.	Deutsche Reichspatente aus dem Gebiete der Organischen Chemie 1939—1945. Herausg. von Farbenfabriken Bayer, Leverkusen
Drug cosmet. Ind.	Drug and Cosmetic Industry. New York
Drugs Oils Paints	Drugs, Oils & Paints. Philadelphia, Pa.
Dtsch. Apoth.-Ztg.	Deutsche Apotheker-Zeitung
Dtsch. Arch. klin. Med.	Deutsches Archiv für klinische Medizin
Dtsch. Essigind.	Deutsche Essigindustrie
Dtsch. Färber-Ztg.	Deutsche Färber-Zeitung
Dtsch. Lebensm.-Rdsch.	Deutsche Lebensmittel-Rundschau
Dtsch. med. Wschr.	Deutsche medizinische Wochenschrift
Dtsch. Molkerei-Ztg.	Deutsche Molkerei-Zeitung
Dtsch. Parf.-Ztg.	Deutsche Parfümerie-Zeitung
Dtsch. Z. ges. ger. Med.	Deutsche Zeitschrift für die gesamte gerichtliche Medizin
Dyer Calico Printer	Dyer and Calico Printer, Bleacher, Finisher and Textile Review; ab **71** Nr. 8 [1934]:
Dyer Textile Printer	Dyer, Textile Printer, Bleacher and Finisher. London
East Malling Res. Station ann. Rep.	East Malling Research Station, Annual Report. Kent
Econ. Bot.	Economic Botany. New York
Edinburgh med. J.	Edinburgh Medical Journal
Elektrochimica Acta.	Oxford
Electrotech. J. Tokyo	Electrotechnical Journal. Tokyo
Electrotechnics	Electrotechnics. Bangalore
Elektr. Nachr.-Tech.	Elektrische Nachrichten-Technik
Empire J. exp. Agric.	Empire Journal of Experimental Agriculture. London
Endeavour	Endeavour. London
Endocrinology	Endocrinology. Boston bzw. Springfield, Ill.
Energia term.	Energia Termica. Mailand
Énergie	Énergie. Paris
Eng.	Engineering. London
Eng. Mining J.	Engineering and Mining Journal. New York
Enzymol.	Enzymologia. Holland
E. P.	s. Brit. P.
Erdöl Kohle	Erdöl und Kohle
Erdöl Teer	Erdöl und Teer
Ergebn. Biol.	Ergebnisse der Biologie
Ergebn. Enzymf.	Ergebnisse der Enzymforschung
Ergebn. exakt. Naturwiss.	Ergebnisse der Exakten Naturwissenschaften
Ergebn. Physiol.	Ergebnisse der Physiologie
Ernährung	Ernährung. Leipzig

Kürzung	Titel
Ernährungsf.	Ernährungsforschung. Berlin
Experientia	Experientia. Basel
Exp. Med. Surgery	Experimental Medicine and Surgery. New York
Exposés ann. Biochim. méd.	Exposés annules de Biochimie médicale
Fachl. Mitt. Öst. Tabakregie	Fachliche Mitteilungen der Österreichischen Tabakregie
Farbe Lack	Farbe und Lack
Farben Lacke Anstrichst.	Farben, Lacke, Anstrichstoffe
Farben-Ztg.	Farben-Zeitung
Farmacija Moskau	Farmacija. Moskau
Farmacija Sofia	Farmacija. Sofia
Farmaco	Il Farmaco Scienza e Tecnica. Pavia
Farmacognosia	Farmacognosia. Madrid
Farmacoterap. actual	Farmacoterapia actual. Madrid
Farmakol. Toksikol.	Farmakologija i Toksikologija
Farm. chilena	Farmacia Chilena
Farm. Farmakol.	Farmacija i Farmakologija
Farm. Glasnik	Farmaceutski Glasnik. Zagreb
Farm. ital.	Farmacista italiano
Farm. Notisblad	Farmaceutiskt Notisblad. Helsingfors
Farmacia nueva	Farmacia nueva. Madrid
Farm. Revy	Farmacevtisk Revy. Stockholm
Farm. Ž.	Farmacevtičnij Žurnal
Faserforsch. Textiltech.	Faserforschung und Textiltechnik. Berlin
Federal Register	Federal Register. Washington, D. C.
Federation Proc.	Federation Proceedings. Washington, D.C.
Fermentf.	Fermentforschung
Fettch. Umschau	Fettchemische Umschau (ab **43** [1936]):
Fette Seifen	Fette und Seifen (ab **55** [1953]: Fette, Seifen, Anstrichmittel)
Feuerungstech.	Feuerungstechnik
FIAT Final Rep.	Field Information Agency, Technical, United States Group Control Council for Germany. Final Report
Finska Kemistsamf. Medd.	Finska Kemistsamfundets Meddelanden [Suomen Kemistiseuran Tiedonantoja]
Fischwirtsch.	Fischwirtschaft
Fish. Res. Board Canada Progr. Rep. Pacific Sta.	Fisheries Research Board of Canada, Progress Reports of the Pacific Coast Stations
Fisiol. Med.	Fisiologia e Medicina. Rom
Fiziol. Ž.	Fiziologičeskij Žurnal S.S.S.R.
Fiz. Sbornik Lvovsk. Univ.	Fizičeskij Sbornik, Lvovskij Gosudarstvennyj Universitet imeni I. Franko
Flora	Flora oder Allgemeine Botanische Zeitung
Folia pharmacol. japon.	Folia pharmacologica japonica
Food	Food. London
Food Manuf.	Food Manufacture. London
Food Res.	Food Research. Champaign, Ill.
Food Technol.	Food Technology. Champaign, Ill.
Foreign Petr. Technol.	Foreign Petroleum Technology
Forest Res. Inst. Dehra-Dun Bl.	Forest Research Institute Dehra-Dun Indian Forest Bulletin
Forschg. Fortschr.	Forschungen und Fortschritte
Forschg. Ingenieurw.	Forschung auf dem Gebiete des Ingenieurwesens
Forschungsd.	Forschungsdienst. Zentralorgan der Landwirtschaftswissenschaft

Kürzung	Titel
Fortschr. chem. Forsch.	Fortschritte der Chemischen Forschung
Fortschr. Ch. org. Naturst.	Fortschritte der Chemie Organischer Naturstoffe
Fortschr. Hochpolymeren-Forsch.	Fortschritte der Hochpolymeren-Forschung. Berlin
Fortschr. Min.	Fortschritte der Mineralogie. Stuttgart
Fortschr. Röntgenstr.	Fortschritte auf dem Gebiete der Röntgenstrahlen
Fortschr. Therap.	Fortschritte der Therapie
F.P.	Französisches Patent
Fr.	s. Z. anal. Chem.
France Parf.	France et ses Parfums
Frdl.	Fortschritte der Teerfarbenfabrikation und verwandter Industriezweige. Begonnen von *P. Friedländer*, fortgeführt von *H. E. Fierz-David*
Fruit Prod. J.	Fruit Products Journal and American Vinegar Industry (ab **23** [1943]) and American Food Manufacturer
Fuel	Fuel in Science and Practice. London
Fuel Economist	Fuel Economist. London
Fukuoka Acta med.	Fukuoka Acta Medica [Fukuoka Igaku Zassi]
Furman Stud. Bl.	Furman Studies, Bulletin of Furman University
Fysiograf. Sällsk. Lund Förh.	Kungliga Fysiografiska Sällskapets i Lund Förhandlingar
Fysiograf. Sällsk. Lund Handl.	Kungliga Fysiografiska Sällskapets i Lund Handlingar
G.	Gazzetta Chimica Italiana
Gas Age Rec.	Gas Age Record (ab **80** [1937]: Gas Age). New York
Gas J.	Gas Journal. London
Gas Los Angeles	Gas. Los Angeles, Calif.
Gasschutz Luftschutz	Gasschutz und Luftschutz
Gas-Wasserfach	Gas- und Wasserfach
Gas Wd.	Gas World. London
Gen. Electric Rev.	General Electric Review. Schenectady, N.Y.
Gigiena Sanit.	Gigiena i Sanitarija
Giorn. Batteriol. Immunol.	Giornale di Batteriologia e Immunologia
Giorn. Biol. ind.	Giornale di Biologia industriale, agraria ed alimentare
Giorn. Chimici	Giornale dei Chimici
Giorn. Chim. ind. appl.	Giornale di Chimica industriale ed applicata
Giorn. Farm. Chim.	Giornale di Farmacia, di Chimica e di Scienze affini
Glasnik chem. Društva Beograd	Glasnik Chemiskog Društva Beograd; mit Bd. **11** [1940/46] Fortsetzung von
Glasnik chem. Društva Jugosl.	Glasnik Chemiskog Društva Kral'evine Jugoslavije (Bulletin de la Société Chimique du Royaume de Yougoslavie)
Glasnik šumarskog Fak. Univ. Beograd	Glasnik Šumarskog Fakulteta, Univerzitet u Beogradu
Glückauf	Glückauf
Glutathione Symp.	Glutathione Symposium Ridgefield 1953; London 1958
Gmelin	Gmelins Handbuch der Anorganischen Chemie. 8. Aufl. Herausg. vom Gmelin-Institut
Godišnik Univ. Sofia	Godišnik na Sofijskija Universitet. II. Fiziko-matematičeski Fakultet (Annuaire de l'Université de Sofia. II. Faculté Physico-mathématique)
Gornyj Ž.	Gornyj Žurnal (Mining Journal). Moskau
Group. franç. Rech. aéronaut.	Groupement Français pour le Développement des Recherches Aéronautiques.
Gummi Ztg.	Gummi-Zeitung

Kürzung	Titel
Gynaecologia	Gynaecologia. Basel
H.	s. Z. physiol. Chem.
Helv.	Helvetica Chimica Acta
Helv. med. Acta	Helvetica Medica Acta
Helv. phys. Acta	Helvetica Physica Acta
Helv. physiol. Acta	Helvetica Physiologica et Pharmacologica Acta
Het Gas	Het Gas. den Haag
Hilgardia	Hilgardia. A Journal of Agricultural Science. Berkeley, Calif.
Hochfrequenztech. Elektroakustik	Hochfrequenztechnik und Elektroakustik
Holz Roh- u. Werkst.	Holz als Roh- und Werkstoff. Berlin
Houben-Weyl	*Houben-Weyl*, Methoden der Organischen Chemie. 3. Aufl. bzw. 4. Aufl. Herausg. von *E. Müller*
Hung. Acta chim.	Hungarica Acta Chimica
Ind. agric. aliment.	Industries agricoles et alimentaires
Ind. Chemist	Industrial Chemist and Chemical Manufacturer. London
Ind. chim. belge	Industrie Chimique Belge
Ind. chimica	L'Industria Chimica. Il Notiziario Chimico-industriale
Ind. chimique	Industrie Chimique
Ind. Corps gras	Industries des Corps gras
Ind. eng. Chem.	Industrial and Engineering Chemistry. Industrial Edition. Washington, D.C.
Ind. eng. Chem. Anal.	Industrial and Engineering Chemistry. Analytical Edition
Ind. eng. Chem. News	Industrial and Engineering Chemistry. News Edition
Ind. eng. Chem. Process Design. Devel.	Industrial and Engineering Chemistry, Process Design and Development
Indian Forest Rec.	Indian Forest Records
Indian J. agric. Sci.	Indian Journal of Agricultural Science
Indian J. Chem.	Indian Journal of Chemistry
Indian J. med. Res.	Indian Journal of Medical Research
Indian J. Physics	Indian Journal of Physics and Proceedings of the Indian Association for the Cultivation of Science
Indian J. veterin. Sci.	Indian Journal of Veterinary Science and Animal Husbandry
Indian Lac Res. Inst. Bl.	Indian Lac Research Institute, Bulletin
Indian Soap J.	Indian Soap Journal
Indian Sugar	Indian Sugar
India Rubber J.	India Rubber Journal. London
India Rubber Wd.	India Rubber World. New York
Ind. Med.	Industrial Medicine. Chicago, Ill.
Ind. Parfum.	Industrie de la Parfumerie
Ind. Plastiques	Industries des Plastiques
Ind. Química	Industria y Química. Buenos Aires
Ind. saccar. ital.	Industria saccarifera Italiana
Ind. textile	Industrie textile. Paris
Informe Estación exp. Puerto Rico	Informe de la Estación experimental de Puerto Rico
Inform. Quim. anal.	Información de Química analitica. Madrid
Ing. Chimiste Brüssel	Ingénieur Chimiste. Brüssel
Ing. Nederl.-Indië	Ingenieur in Nederlandsch-Indië
Ing. Vet. Akad. Handl.	Ingeniörs vetenskaps akademiens Handlingar. Stockholm
Inorg. Chem.	Inorganic Chemistry. Washington, D.C.
Inorg. Synth.	Inorganic Syntheses. New York
Inst. Gas Technol. Res. Bl.	Institute of Gas Technology, Research Bulletin. Chicago, Ill.

Kürzung	Titel
Inst. nacion. Tec. aeronaut. Madrid Comun.	I.N.T.A. = Instituto Nacional de Técnica Aeronáutica. Madrid. Comunicadó
2. Int. Conf. Biochem. Probl. Lipids Gent 1955	Biochemical Problems of Lipids, Proceedings of the 2. International Conference Gent 1955
Int. Congr. Microbiol. ... Abstr.	International Congress for Microbiology (III. New York 1939; IV. Kopenhagen 1947), Abstracts bzw. Report of Proceedings
Int. J. Air Pollution	International Journal of Air Pollution
XIV. Int. Kongr. Chemie Zürich 1955	XIV. Internationaler Kongress für Chemie, Zürich 1955
Int. landwirtsch. Rdsch.	Internationale landwirtschaftliche Rundschau
Int. Sugar J.	International Sugar Journal. London
Ion	Ion. Madrid
Iowa Coll. agric. Exp. Station Res. Bl.	Iowa State College of Agriculture and Mechanic Arts, Agricultura Experiment Station, Research Bulletin
Iowa Coll. J.	Iowa State College Journal of Science
Israel J. Chem.	Israel Journal of Chemistry
Ital. P.	Italienisches Patent
I.V.A.	Ingeniörsvetenskapsakademien. Tidskrift för teknisk-vetenskaplig Forskning. Stockholm
Izv. Akad. Kazachsk. S.S.R.	Izvestija Akademii Nauk Kazachskoi S.S.R.
Izv. Akad. S.S.S.R.	Izvestija Akademii Nauk S.S.S.R. (Bulletin de l'Académie des Sciences de l'U.R.S.S.)
Izv. Armjansk. Akad.	Izvestija Armjanskogo Filiala Akademii Nauk S.S.S.R.; ab 1944 Izvestija Akademii Nauk Armjanskoj S.S.R.
Izv. biol. Inst. Permsk. Univ.	Izvestija Biologičeskogo Naučno-issledovatelskogo Instituta pri Permskom Gosudarstvennom Universitete (Bulletin de l'Institut des Recherches Biologiques de Perm)
Izv. Inst. fiz. chim. Anal.	Izvestija Instituta Fiziko-chimičeskogo Analiza
Izv. Inst. koll. Chim.	Izvestija Gosudarstvennogo Naučno-issledovatelskogo Instituta Kolloidnoj Chimii (Bulletin de l'Institut des Recherches scientifiques de Chimie colloidale à Voronège)
Izv. Inst. Platiny	Izvestija Instituta po Izučeniju Platiny (Annales de l'Institut du Platine)
Izv. Sektora fiz. chim. Anal.	Akademija Nauk S.S.S.R., Institut Obščej i Neorganičeskoj Chimii: Izvestija Sektora Fiziko-chimičeskogo Analiza (Institut de Chimie Générale: Annales du Secteur d'Analyse Physico-chimique)
Izv. Sektora Platiny	Izvestija Sektora Platiny i Drugich Blagorodnich Metallov, Institut Obščej i Neorganičeskoj Chimii
Izv. Sibirsk. Otd. Akad. S.S.S.R.	Izvestija Sibirskogo Otdelenija Akademii Nauk S.S.S.R.
Izv. Tomsk. ind. Inst.	Izvestija Tomskogo industrialnogo Instituta
Izv. Tomsk. politech. Inst.	Izvestija Tomskogo Politechničeskogo Instituta
Izv. Univ. Armenii	Izvestija Gosudarstvennogo Universiteta S.S.R. Armenii
Izv. Uralsk. politech. Inst.	Izvestija Uralskogo Politechničeskogo Instituta
J.	Liebig-Kopps Jahresbericht über die Fortschritte der Chemie
J. acoust. Soc. Am.	Journal of the Acoustical Society of America
J. agric. chem. Soc. Japan	Journal of the Agricultural Chemical Society of Japan
J. Agric. prat.	Journal d'Agriculture pratique et Journal d'Agriculture
J. agric. Res.	Journal of Agricultural Research. Washington, D.C.

Kürzung	Titel
J. agric. Sci.	Journal of Agricultural Science. London
J. Am. Leather Chemists Assoc.	Journal of the American Leather Chemists' Association
J. Am. med. Assoc.	Journal of the American Medical Association
J. Am. Oil Chemists Soc.	Journal of the American Oil Chemists' Society
J. Am. pharm. Assoc.	Journal of the American Pharmaceutical Association. Scientific Edition
J. Am. Soc. Agron.	Journal of the American Society of Agronomy
J. Am. Water Works Assoc.	Journal of the American Water Works Association
J. Annamalai Univ.	Journal of the Annamalai University. Indien
Japan. J. Bot.	Japanese Journal of Botany
Japan. J. exp. Med.	Japanese Journal of Experimental Medicine
Japan. J. med. Sci.	Japanese Journal of Medical Sciences
Japan. J. Obstet. Gynecol.	Japanese Journal of Obstetrics and Gynecology
Japan. J. Physics	Japanese Journal of Physics
Japan. P.	Japanisches Patent
J. appl. Chem.	Journal of Applied Chemistry. London
J. appl. Chem. U.S.S.R.	Journal of Applied Chemistry of the U.S.S.R. Englische Übersetzung von Žurnal Prikladnoj Chimii
J. appl. Mechanics	Journal of Applied Mechanics. Easton, Pa.
J. appl. Physics	Journal of Applied Physics. New York
J. appl. Polymer Sci.	Journal of Applied Polymer Science. New York
J. Assoc. agric. Chemists	Journal of the Association of Official Agricultural Chemists. Washington, D.C.
J. Assoc. Eng. Architects Palestine	Journal of the Association of Engineers and Architects in Palestine
J. Austral. Inst. agric. Sci.	Journal of the Australian Institute of Agricultural Science
J. Bacteriol.	Journal of Bacteriology. Baltimore, Md.
Jb. brennkrafttech. Ges.	Jahrbuch der Brennkrafttechnischen Gesellschaft
Jber. chem.-tech. Reichsanst.	Jahresbericht der Chemisch-technischen Reichsanstalt
Jber. Pharm.	Jahresbericht der Pharmazie
J. Biochem. Tokyo	Journal of Biochemistry. Tokyo [Seikagaku]
J. biol. Chem.	Journal of Biological Chemistry. Baltimore, Md.
J. Biophysics Tokyo	Journal of Biophysics. Tokyo
Jb. phil. Fak. II Univ. Bern	Jahrbuch der philosophischen Fakultät II der Universität Bern
Jb. Radioakt. Elektronik	Jahrbuch der Radioaktivität und Elektronik
Jb. wiss. Bot.	Jahrbücher für wissenschaftliche Botanik
J. cellular compar. Physiol.	Journal of Cellular and Comparative Physiology
J. chem. Educ.	Journal of Chemical Education. Easton, Pa.
J. chem. Eng. China	Journal of Chemical Engineering. China
J. chem. eng. Data	Journal of Chemical and Engineering Data
J. chem. met. min. Soc. S. Africa	Journal of the Chemical, Metallurgical and Mining Society of South Africa
J. Chemotherapy	Journal of Chemotherapy and Advanced Therapeutics
J. chem. Physics	Journal of Chemical Physics. New York
J. chem. Soc. Japan	Journal of the Chemical Society of Japan;
Ind. Chem. Sect.	ab 1948 Industrial Chemistry Section [Kogyo Kagaku Zasshi]
Pure Chem. Sect.	und Pure Chemistry Section [Nippon Kagaku Zasshi]
J. Chim. phys.	Journal de Chimie Physique
J. Chin. agric. chem. Soc.	Journal of the Chinese Agricultural Chemical Society

Kürzung	Titel
J. Chin. chem. Soc.	Journal of the Chinese Chemical Society. Peking; II Taiwan
J. clin. Endocrin.	Journal of Clinical Endocrinology (ab **12** [1952]) and Metabolism. Springfield, Ill.
J. clin. Invest.	Journal of Clinical Investigation. Cincinnati, Ohio
J. Colloid Sci.	Journal of Colloid Science. New York
J. Coun. scient. ind. Res. Australia	Commonwealth of Australia. Council for Scientific and Industrial Research. Journal
J. C. S. Chem. Commun.	Aufteilung ab 1972 des Journal of the Chemical Society. London
J. C. S. Dalton	
J. C. S. Faraday I	
J. C. S. Faraday II	
J. C. S. Perkin I	
J. C. S. Perkin II	
J. Dairy Res.	Journal of Dairy Research. London
J. Dairy Sci.	Journal of Dairy Science. Columbus, Ohio
J. dental Res.	Journal of Dental Research. Columbus, Ohio
J. Dep. Agric. Kyushu Univ.	Journal of the Department of Agriculture, Kyushu Imperial University
J. Dep. Agric. S. Australia	Journal of the Department of Agriculture of South Australia
J. econ. Entomol.	Journal of Economic Entomology. Menasha, Wis.
J. electroch. Assoc. Japan	Journal of the Electrochemical Association of Japan
J. E. Mitchell scient. Soc.	Journal of the Elisha Mitchell Scientific Society. Chapel Hill, N.C.
J. Endocrin.	Journal of Endocrinology
Jernkontor. Ann.	Jernkontorets Annaler
J. exp. Biol.	Journal of Experimental Biology. London
J. exp. Med.	Journal of Experimental Medicine. Baltimore, Md.
J. Fac. Agric. Hokkaido	Journal of the Faculty of Agriculture, Hokkaido University
J. Fac. Sci. Hokkaido	Journal of the Faculty of Science, Hokkaido University
J. Fac. Sci. Univ. Tokyo	Journal of the Faculty of Science, Imperial University of Tokyo
J. Fermentat. Technol. Japan	Journal of Fermentation Technology. Japan [Hakko Kogaku Zasshi]
J. Fish. Res. Board Canada	Journal of the Fisheries Research Board of Canada
J. Four électr.	Journal du Four électrique et des Industries électrochimiques
J. Franklin Inst.	Journal of the Franklin Institute. Lancaster, Pa.
J. Fuel Soc. Japan	Journal of the Fuel Society of Japan [Nenryo Kyokaishi]
J. gen. Chem. U.S.S.R.	Journal of General Chemistry of the U.S.S.R. Englische Übersetzung von Žurnal Obščej Chimii
J. gen. Microbiol.	Journal of General Microbiology. London
J. gen. Physiol.	Journal of General Physiology. Baltimore, Md.
J. heterocycl. Chem.	Journal of Heterocyclic Chemistry. Albuquerque, N. Mex.
J. Hyg.	Journal of Hygiene. London
J. Immunol.	Journal of Immunology. Baltimore, Md.
J. ind. Hyg.	Journal of Industrial Hygiene and Toxicology. Baltimore, Md.
J. Indian chem. Soc.	Journal of the Indian Chemical Society
J. Indian chem. Soc. News	Journal of the Indian Chemical Society; Industrial and News Edition
J. Indian Inst. Sci.	Journal of the Indian Institute of Science
J. inorg. nuclear Chem.	Journal of Inorganic and Nuclear Chemistry. London
J. Inst. Brewing	Journal of the Institute of Brewing. London
J. Inst. electr. Eng. Japan	Journal of the Institute of the Electrical Engineers. Japan
J. Inst. Fuel	Journal of the Institute Fuel. London

Kürzung	Titel
J. Inst. Petr.	Journal of the Institute of Petroleum. London (ab **25** [1939]) Fortsetzung von:
J. Inst. Petr. Technol.	Journal of the Institution of Petroleum Technologists. London
J. int. Soc. Leather Trades Chemists	Journal of the International Society of Leather Trades' Chemists
J. Iowa State med. Soc.	Journal of the Iowa State Medical Society
J. Japan. biochem. Soc.	Journal of Japanese Biochemical Society [Nippon Seikagaku Kaishi]
J. Japan. Bot.	Journal of Japanese Botany [Shokubutsu Kenkyu Zasshi]
J. Japan. Soc. Food Nutrit.	Journal of the Japanese Society of Food and Nutrition [Eiyo to Shokuryo]
J. Labor. clin. Med.	Journal of Laboratory and Clinical Medicine. St. Louis, Mo.
J. Lipid Res.	Journal of Lipid Research. New York
J. makromol. Ch.	Journal für Makromolekulare Chemie
J. Marine Res.	Journal of Marine Research. New Haven, Conn.
J. med. Chem.	Journal of Medicinal Chemistry. Easton, Pa. Fortsetzung von:
J. med. pharm. Chem.	Journal of Medicinal and Pharmaceutical Chemistry. Easton, Pa.
J. Missouri State med. Assoc.	Journal of the Missouri State Medical Association
J. mol. Spectr.	Journal of Molecular Spectroscopy. New York
J. Mysore Univ.	Journal of the Mysore University; ab 1940 unterteilt in A. Arts und B. Science incl. Medicine and Engineering
J. nation. Cancer Inst.	Journal of the National Cancer Institute, Washington, D.C.
J. nerv. mental Disease	Journal of Nervous and Mental Disease. New York
J. New Zealand Inst. Chem.	Journal of the New Zealand Institute of Chemistry
J. Nutrit.	Journal of Nutrition. Philadelphia, Pa.
J. Oil Chemists Soc. Japan	Journal of the Oil Chemists' Society. Japan [Yushi Kagaku Kyokaishi]
J. Oil Colour Chemists Assoc.	Journal of the Oil & Colour Chemists' Association. London
J. Okayama med. Soc.	Journal of the Okayama Medical Society [Okayama-Igakkai-Zasshi]
J. opt. Soc. Am.	Journal of the Optical Society of America
J. org. Chem.	Journal of Organic Chemistry. Baltimore, Md.
J. org. Chem. U.S.S.R.	Journal of Organic Chemistry of the U.S.S.R. Englische Übersetzung von Žurnal organičeskoi Chimii
J. oriental Med.	Journal of Oriental Medicine. Manchu
J. Osmania Univ.	Journal of the Osmania University. Heiderabad
Journée Vinicole-Export	Journée Vinicole-Export
J. Path. Bact.	Journal of Pathology and Bacteriology. Edinburgh
J. Penicillin Tokyo	Journal of Penicillin. Tokyo
J. Petr. Technol.	Journal of Petroleum Technology. New York
J. Pharmacol. exp. Therap.	Journal of Pharmacology and Experimental Therapeutics. Baltimore, Md.
J. pharm. Assoc. Siam	Journal of the Pharmaceutical Association of Siam
J. Pharm. Belg.	Journal de Pharmacie de Belgique
J. Pharm. Chim.	Journal de Pharmacie et de Chimie
J. Pharm. Pharmacol.	Journal of Pharmacy and Pharmacology. London
J. pharm. Sci.	Journal of Pharmaceutical Sciences. Washington, D.C.
J. pharm. Soc. Japan	Journal of the Pharmaceutical Society of Japan [Yakugaku Zasshi]

Kürzung	Titel
J. phys. Chem.	Journal of Physical (1947—51 & Colloid) Chemistry. Baltimore, Md.
J. Physics U.S.S.R.	Journal of Physics Academy of Sciences of the U.S.S.R.
J. Physiol. London	Journal of Physiology. London
J. physiol. Soc. Japan	Journal of the Physiological Society of Japan [Nippon Seirigaku Zasshi]
J. Phys. Rad.	Journal de Physique et le Radium
J. phys. Soc. Japan	Journal of the Physical Society of Japan
J. Polymer Sci.	Journal of Polymer Science. New York
J. pr.	Journal für Praktische Chemie
J. Pr. Inst. Chemists India	Journal and Proceedings of the Institution of Chemists, India
J. Pr. Soc. N.S. Wales	Journal and Proceedings of the Royal Society of New South Wales
J. Recherches Centre nation.	Journal des Recherches du Centre national de la Recherche scientifique, Laboratoires de Bellevue
J. Res. Bur. Stand.	Bureau of Standards Journal of Research; ab **13** [1934] Journal of Research of the National Bureau of Standards. Washington, D.C.
J. Rheol.	Journal of Rheology
J. roy. tech. Coll.	Journal of the Royal Technical College. Glasgow
J. Rubber Res.	Journal of Rubber Research. Croydon, Surrey
J. S. African chem. Inst.	Journal of the South African Chemical Institute
J. S. African veterin. med. Assoc.	Journal of the South African Veterinary Medical Association
J. scient. ind. Res. India	Journal of Scientific and Industrial Research, India
J. scient. Instruments	Journal of Scientifics Instruments. London
J. scient. Res. Inst. Tokyo	Journal of the Scientific Research Institute. Tokyo
J. Sci. Food Agric.	Journal of the Science of Food and Agriculture. London
J. Sci. Hiroshima	Journal of Science of the Hiroshima University
J. Sci. Soil Manure Japan	Journal of the Science of Soil and Manure, Japan [Nippon Dojo Hiryogaku Zasshi]
J. Sci. Technol. India	Journal of Science and Technology, India
J. Shanghai Sci. Inst.	Journal of the Shanghai Science Institute
J. Soc. chem. Ind.	Journal of the Society of Chemical Industry. London
J. Soc. chem. Ind. Japan	Journal of the Society of Chemical Industry, Japan [Kogyo Kwagaku Zasshi]
J. Soc. chem. Ind. Japan Spl.	Journal of the Society of Chemical Industry, Japan. Supplemental Binding
J. Soc. cosmet. Chemists	Journal of the Society of Cosmetic Chemists. London
J. Soc. Dyers Col.	Journal of the Society of Dyers and Colourists. Bradford, Yorkshire
J. Soc. Leather Trades Chemists	Journal of the (von **9** Nr. 10 [1925]—**31** [1947] International) Society of Leather Trades' Chemists
J. Soc. org. synth. Chem. Japan	Journal of the Society of Organic Synthetic Chemistry, Japan [Yuki Gosei Kagaku Kyokaishi]
J. Soc. Rubber Ind. Japan	Journal of the Society of Rubber Industry of Japan [Nippon Gomu Kyokaishi]
J. Soc. trop. Agric. Taihoku Univ.	Journal of the Society of Tropical Agriculture Taihoku University
J. Soc. west. Australia	Journal of the Royal Society of Western Australia
J. State Med.	Journal of State Medicine. London
J. Tennessee Acad.	Journal of the Tennessee Academy of Science
J. trop. Med. Hyg.	Journal of Tropical Medicine and Hygiene. London
Jugosl. P.	Jugoslawisches Patent
J. Univ. Bombay	Journal of the University of Bombay

Kürzung	Titel
J. Urol.	Journal of Urology. Baltimore, Md.
J. Usines Gaz	Journal des Usines à Gaz
J. Vitaminol. Japan	Journal of Vitaminology. Osaka bzw. Kyoto
J. Washington Acad.	Journal of the Washington Academy of Sciences
Kali	Kali, verwandte Salze und Erdöl
Kaučuk Rez.	Kaučuk i Rezina (Kautschuk und Gummi)
Kautschuk	Kautschuk. Berlin
Keemia Teated	Keemia Teated (Chemie-Nachrichten). Tartu
Kem. Maanedsb.	Kemisk Maanedsblad og Nordisk Handelsblad for Kemisk Industri. Kopenhagen
Kimya Ann.	Kimya Annali. Istanbul
Kirk-Othmer	Encyclopedia of Chemical Technology. 1. Aufl. herausg. von *R. E. Kirk* u. *D. F. Othmer*; 2. Aufl. von *A. Standen, H. F. Mark, J. M. McKetta, D. F. Othmer*
Klepzigs Textil-Z.	Klepzigs Textil-Zeitschrift
Klin. Med. S.S.S.R.	Kliničeskaja Medicina S.S.S.R.
Klin. Wschr.	Klinische Wochenschrift
Koks Chimija	Koks i Chimija
Koll. Beih.	Kolloidchemische Beihefte; ab **33** [1931] Kolloid-Beihefte
Koll. Z.	Kolloid-Zeitschrift
Koll. Žurnal	Kolloidnyi Žurnal
Konserv. Plod. Promyšl.	Konservnaja i Plodoovoščnaja Promyšlennost (Konserven, Früchte- und Gemüse-Industrie)
Korros. Metallschutz	Korrosion und Metallschutz
Kraftst.	Kraftstoff
Kulturpflanze	Die Kulturpflanze. Berlin
Kunstsd.	Kunstseide
Kunstsd. Zellw.	Kunstseide und Zellwolle
Kunstst.	Kunststoffe
Kunstst.-Tech.	Kunststoff-Technik und Kunststoff-Anwendung
Labor. Praktika	Laboratornaja Praktika (La Pratique du Laboratoire)
Lait	Lait. Paris
Lancet	Lancet. London
Landolt-Börnstein	*Landolt-Börnstein*. 5. Aufl.: Physikalisch-chemische Tabellen. Herausg. von *W. A. Roth* und *K. Scheel*. — 6. Aufl.: Zahlenwerte und Funktionen aus Physik, Chemie, Astronomie, Geophysik und Technik. Herausg. von *A. Eucken*
Landw. Jb.	Landwirtschaftliche Jahrbücher
Landw. Jb. Schweiz	Landwirtschaftliches Jahrbuch der Schweiz
Landw. Versuchsstat.	Die landwirtschaftlichen Versuchs-Stationen
Lantbruks Högskol. Ann.	Kungliga Lantbrusk-Högskolans Annaler
Latvijas Akad. Vēstis	Latvijas P.S.R. Zinatņu Akademijas Vēstis
Lesochim. Promyšl.	Lesochimičeskaja Promyšlennost (Holzchemische Industrie)
Lietuvos TSR Mokslu Darbai	Lietuvos TSR Mokslų Akademijos Darbai
Listy cukrovar.	Listy Cukrovarnické (Blätter für die Zuckerindustrie). Prag
M.	Monatshefte für Chemie. Wien
Machinery New York	Machinery. New York
Magyar biol. Kutatointezet Munkai	Magyar Biologiai Kutatóintézet Munkái (Arbeiten des ungarischen biologischen Forschungs-Instituts in Tihany)
Magyar chem. Folyoirat	Magyar Chemiai Folyóirat (Ungarische Zeitschrift für Chemie)
Magyar gyogysz. Tars. Ert.	Magyar Gyógyszerésztudományi Társaság Értesitöje (Berichte der Ungarischen Pharmazeutischen Gesellschaft)

Kürzung	Titel
Magyar kem. Lapja	Magyar kemikusok Lapja (Zeitschrift des Vereins Ungarischer Chemiker)
Magyar orvosi Arch.	Magyar Orvosi Archiwum (Ungarisches medizinisches Archiv)
Makromol. Ch.	Makromolekulare Chemie
Manuf. Chemist	Manufacturing Chemist and Pharmaceutical and Fine Chemical Trade Journal. London
Margarine-Ind.	Margarine-Industrie
Maslob. žir. Delo	Maslobojno-žirovoe Delo (Öl- und Fett-Industrie)
Materials chem. Ind. Tokyo	Materials for Chemical Industry. Tokyo [Kagaku Kogyo Shiryo]
Mat. grasses	Les Matières Grasses. — Le Pétrole et ses Dérivés
Math. nat. Ber. Ungarn	Mathematische und naturwissenschaftliche Berichte aus Ungarn
Mat. termeszettud. Ertesitö	Matematikai és Természettudományi Értesitö. A Magyar Tudományos Akadémia III. Osztályának Folyóirata (Mathematischer und naturwissenschaftlicher Anzeiger der Ungarischen Akademie der Wissenschaften)
Mech. Eng.	Mechanical Engineering. Easton, Pa.
Med. Ch.I.G.	Medizin und Chemie. Abhandlungen aus den Medizinisch-chemischen Forschungsstätten der I.G. Farbenindustrie AG.
Medd. norsk farm. Selsk.	Meddelelser fra Norsk Farmaceutisk Selskap
Meded. vlaam. Acad.	Mededeelingen van de Koninklijke Vlaamsche Academie voor Wetenschappen, Letteren en Schoone Kunsten van Belgie, Klasse der Wetenschappen
Medicina Buenos Aires	Medicina. Buenos Aires
Med. J. Australia	Medical Journal of Australia
Med. Klin.	Medizinische Klinik
Med. Promyšl.	Medicinskaja Promyšlennost S.S.S.R.
Med. sperim. Arch. ital.	Medicina sperimentale Archivio italiano
Med. Welt	Medizinische Welt
Melliand Textilber.	Melliand Textilberichte
Mem. Acad. Barcelona	Memorias de la real Academia de Ciencias y Artes de Barcelona
Mém. Acad. Belg. 8°	Académie Royale de Belgique, Classe des Sciences: Mémoires. Collection in 8°
Mem. Accad. Bologna	Memorie della Reale Accademia delle Scienze dell'Istituto di Bologna. Classe di Scienze Fisiche
Mem. Accad. Italia	Memorie della Reale Accademia d'Italia. Classe di Scienze Fisiche, Matematiche e Naturali
Mem. Accad. Lincei	Memorie della Reale Accademia Nazionale dei Lincei. Classe di Scienze Fisiche, Matematiche e Naturali. Sezione II: Fisica, Chimica, Geologia, Palaeontologia, Mineralogia
Mém. Artillerie franç.	Mémorial de l'Artillerie française. Sciences et Techniques de l'Armament
Mem. Asoc. Técn. azucar. Cuba	Memoria de la Asociación de Técnicos Azucareros de Cuba
Mem. Coll. Agric. Kyoto	Memoirs of the College of Agriculture, Kyoto Imperial University
Mem. Coll. Eng. Kyushu	Memoirs of the College of Engineering, Kyushu Imperial University
Mem. Coll. Sci. Kyoto	Memoirs of the College of Science, Kyoto Imperial University
Mem. Fac. Sci. Eng. Waseda Univ.	Memoirs of the Faculty of Science and Engineering. Waseda University, Tokyo

Kürzung	Titel
Mém. Inst. colon. belge 8°	Institut Royal Colonial Belge, Section des Sciences naturelles et médicales, Mémoires, Collection in 8°
Mem. Inst. O. Cruz	Memórias do Instituto Oswaldo Cruz. Rio de Janeiro
Mem. Inst. scient. ind. Res. Osaka Univ.	Memoirs of the Institute of Scientific and Industrial Research, Osaka University
Mem. N.Y. State agric. Exp. Sta.	Memoirs of the N.Y. State Agricultural Experiment Station
Mém. Poudres	Mémorial des Poudres
Mem. Ryojun Coll. Eng.	Memoirs of the Ryojun College of Engineering. Mandschurei
Mém. Services chim.	Mémorial des Services Chimiques de l'État
Mém. Soc. Sci. Liège	Mémoires de la Société royale des Sciences de Liège
Mercks Jber.	E. Mercks Jahresbericht über Neuerungen auf den Gebieten der Pharmakotherapie und Pharmazie
Metal Ind. London	Metal Industry. London
Metal Ind. New York	Metal Industry. New York
Metall Erz	Metall und Erz
Metallurgia ital.	Metallurgia italiana
Metals Alloys	Metals and Alloys. New York
Mich. Coll. Agric. eng. Exp. Sta. Bl.	Michigan State College of Agriculture and Applied Science, Engineering Experiment Station, Bulletin
Microchem. J.	Microchemical Journal. New York
Mikrobiologija	Mikrobiologija
Mikroch.	Mikrochemie. Wien (ab **25** [1938]):
Mikroch. Acta	Mikrochimica Acta. Wien
Milchwirtsch. Forsch.	Milchwirtschaftliche Forschungen
Mineração	Mineração e Metalurgia. Rio de Janeiro
Mineral. Syrje	Mineral'noe Syrje (Mineralische Rohstoffe)
Minicam Phot.	Minicam Photography. New York
Mining Met.	Mining and Metallurgy. New York
Mitt. kältetech. Inst. Karlsruhe	Mitteilungen des Kältetechnischen Instituts und der Reichsforschungs-Anstalt für Lebensmittelfrischhaltung an der Technischen Hochschule Karlsruhe
Mitt. Kohlenforschungsinst. Prag	Mitteilungen des Kohlenforschungsinstituts in Prag
Mitt. Lebensmittelunters. Hyg.	Mitteilungen aus dem Gebiete der Lebensmitteluntersuchung und Hygiene. Bern
Mitt. med. Akad. Kioto	Mitteilungen aus der Medizinischen Akademie zu Kioto
Mitt. Physiol.-chem. Inst. Berlin	Mitteilungen des Physiologisch-chemischen Instituts der Universität Berlin
Mod. Plastics	Modern Plastics. New York
Mol. Physics	Molecular Physics. New York
Monats-Bl. Schweiz. Ver. Gas-Wasserf.	Monats-Bulletin des Schweizerischen Vereins von Gas- und Wasserfachmännern
Monatsschr. Psychiatrie	Monatsschrift für Psychiatrie und Neurologie
Monatsschr. Textilind.	Monatsschrift für Textil-Industrie
Monit. Farm.	Monitor de la Farmacia y de la Terapéutica. Madrid
Monit. Prod. chim.	Moniteur des Produits chimiques
Monthly Bl. agric. Sci. Pract.	Monthly Bulletin of Agricultural Science and Practice. Rom
Mühlenlab.	Mühlenlaboratorium
Münch. med. Wschr.	Münchener Medizinische Wochenschrift
Nachr. Akad. Göttingen	Nachrichten von der Akademie der Wissenschaften zu Göttingen. Mathematisch-physikalische Klasse
Nachr. Ges. Wiss. Göttingen	Nachrichten von der Gesellschaft der Wissenschaften zu Göttingen. Mathematisch-physikalische Klasse

Kürzung	Titel
Nahrung	Nahrung. Berlin
Nation. Advis. Comm. Aeronautics	National Advisory Committee for Aeronautics. Washington, D.C.
Nation. Centr. Univ. Sci. Rep. Nanking	National Central University Science Reports. Nanking
Nation. Inst. Health Bl.	National Institutes of Health Bulletin. Washington, D.C.
Nation. nuclear Energy Ser.	National Nuclear Energy Series
Nation. Petr. News	National Petroleum News. Cleveland, Ohio
Nation. Res. Coun. Conf. electric Insulation	National Research Council, Conference on Electric Insulation
Nation. Stand. Lab. Australia Tech. Pap.	Commonwealth Scientific and Industrial Research Organisation, Australia. National Standards Laboratory Technical Paper
Nature	Nature. London
Naturf. Med. Dtschld. 1939—1946	Naturforschung und Medizin in Deutschland 1939—1946
Naturwiss.	Naturwissenschaften
Natuurw. Tijdschr.	Natuurwetenschappelijk Tijdschrift
Naučno-issledov. Trudy Moskovsk. tekstil. Inst.	Naučno-issledovatelskie Trudy Moskovskij Tekstilnyj Institut
Naučn. Bjull. Leningradsk. Univ.	Naučnyj Bjulleten Leningradskogo Gosudarstvennogo Ordena Lenina Universiteta
Naučn. Zap. Dnepropetrovsk. Univ.	Naučnye Zapiski Dnepropetrovskij Gosudarstvennyj Universitet
Naval Res. Labor. Rep.	Naval Research Laboratories. Reports
Nederl. Tijdschr. Geneesk.	Nederlandsch Tijdschrift voor Geneeskunde
Nederl. Tijdschr. Pharm. Chem. Toxicol.	Nederlandsch Tijdschrift voor Pharmacie, Chemie en Toxicologie
Neft. Chozjajstvo	Neftjanoe Chozjajstvo (Petroleum-Wirtschaft); **21** [1940] — **22** [1941] Neftjanaja Promyšlennost
Neftechimija	Neftechimija
Netherlands Milk Dairy J.	Netherlands Milk and Dairy Journal
New England J. Med.	New England Journal of Medicine. Boston, Mass.
New Phytologist	New Phytologist. Cambridge
New Zealand J. Agric.	New Zealand Journal of Agriculture
New Zealand J. Sci. Technol.	New Zealand Journal of Science and Technology
Niederl. P.	Niederländisches Patent
Nitrocell.	Nitrocellulose
N. Jb. Min. Geol.	Neues Jahrbuch für Mineralogie, Geologie und Paläontologie
Nordisk Med.	Nordisk Medicin. Stockholm
Norges Apotekerforen. Tidsskr.	Norges Apotekerforenings Tidsskrift
Norske Vid. Akad. Avh.	Norske Videnskaps-Akademi i Oslo. Avhandlinger. I. Matematisk-naturvidenskapelig Klasse
Norske Vid. Selsk. Forh.	Kongelige Norske Videnskabers Selskab. Forhandlinger
Norske Vid. Selsk. Skr.	Kongelige Norske Videnskabers Selskab. Skrifter
Norsk Veterin.-Tidsskr.	Norsk Veterinär-Tidsskrift
North Carolina med. J.	North Carolina Medical Journal
Noticias farm.	Noticias Farmaceuticas. Portugal
Nova Acta Leopoldina	Nova Acta Leopoldina. Halle/Saale
Nova Acta Soc. Sci. upsal.	Nova Acta Regiae Societatis Scientiarum Upsaliensis
Novosti tech.	Novosti Techniki (Neuheiten der Technik)
Nucleonics	Nucleonics. New York

Kürzung	Titel
Nucleus	Nucleus. Cambridge, Mass.
Nuovo Cimento	Nuovo Cimento
N. Y. State Agric. Exp. Sta.	New York State Agricultural Experiment Station. Technical Bulletin
N. Y. State Dep. Labor monthly Rev.	New York State Department of Labor; Monthly Review. Division of Industrial Hygiene
Obščestv. Pitanie	Obščestvennoc Pitanie (Gemeinschaftsverpflegung)
Obstet. Ginecol.	Obstetricía y Ginecología latino-americanas
Occupat. Med.	Occupational Medicine. Chicago, Ill.
Öle Fette Wachse	Öle, Fette, Wachse (ab 1936 Nr. 7), Seife, Kosmetik
Öl Kohle	Öl und Kohle
Ö. P.	Österreichisches Patent
Öst. bot. Z.	Österreichische botanische Zeitschrift
Öst. Chemiker-Ztg.	Österreichische Chemiker-Zeitung; Bd. **45** Nr. 18/20 [1942] — Bd. **47** [1946] Wiener Chemiker-Zeitung
Offic. Digest Federation Paint Varnish Prod. Clubs	Official Digest of the Federation of Paint & Varnish Production Clubs. Philadelphia, Pa.
Ohio J. Sci.	Ohio Journal of Science
Oil Colour Trades J.	Oil and Colour Trades Journal. London
Oil Fat Ind.	Oil an Fat Industries
Oil Gas J.	Oil and Gas Journal. Tulsa, Okla.
Oil Soap	Oil and Soap. Chicago, Ill.
Oil Weekly	Oil Weekly. Houston, Texas
Oléagineux	Oléagineux
Onderstepoort J. veterin. Sci.	Onderstepoort Journal of Veterinary Science and Animal Industry
Optics Spectr.	Optics and Spectroscopy. Englische Übersetzung von Optika i Spektroskopija
Optika Spektr.	Optika i Spektroskopija
Org. Reactions	Organic Reactions. New York
Org. Synth.	Organic Syntheses. New York
Org. Synth. Isotopes	Organic Syntheses with Isotopes. New York
Paint Manuf.	Paint Incorporating Paint Manufacture. London
Paint Oil chem. Rev.	Paint, Oil and Chemical Review. Chicago, Ill.
Paint Technol.	Paint Technology. Pinner, Middlesex, England
Pakistan J. scient. ind. Res.	Pakistan Journal of Scientific and Industrial Research
Paliva	Paliva a Voda (Brennstoffe und Wasser). Prag
Paperi ja Puu	Paperi ja Puu. Helsinki
Paper Ind.	Paper Industry. Chicago, Ill.
Paper Trade J.	Paper Trade Journal. New York
Papeterie	Papeterie. Paris
Papierf.	Papierfabrikant. Technischer Teil
Parf. France	Parfums de France
Parf. Kosmet.	Parfümerie und Kosmetik
Parf. moderne	Parfumerie moderne
Parfumerie	Parfumerie. Paris
Peintures	Peintures, Pigments, Vernis
Perfum. essent. Oil Rec.	Perfumery and Essential Oil Record. London
Period. Min.	Periodico di Mineralogia. Rom
Petr. Berlin	Petroleum. Berlin
Petr. Eng.	Petroleum Engineer. Dallas, Texas
Petr. London	Petroleum. London
Petr. Processing	Petroleum Processing. Cleveland, Ohio

Kürzung	Titel
Petr. Refiner	Petroleum Refiner. Houston, Texas
Petr. Technol.	Petroleum Technology. New York
Petr. Times	Petroleum Times. London
Pflanzenschutz Ber.	Pflanzenschutz Berichte. Wien
Pflügers Arch. Physiol.	Pflügers Archiv für die gesamte Physiologie der Menschen und Tiere
Pharmacia	Pharmacia. Tallinn (Reval), Estland
Pharmacol. Rev.	Pharmacological Reviews. Baltimore, Md.
Pharm. Acta Helv.	Pharmaceutica Acta Helvetiae
Pharm. Arch.	Pharmaceutical Archives. Madison, Wisc.
Pharmazie	Pharmazie
Pharm. Bl.	Pharmaceutical Bulletin. Tokyo
Pharm. Ind.	Pharmazeutische Industrie
Pharm. J.	Pharmaceutical Journal. London
Pharm. Monatsh.	Pharmazeutische Monatshefte. Wien
Pharm. Presse	Pharmazeutische Presse
Pharm. Tijdschr. Nederl.-Indië	Pharmaceutisch Tijdschrift voor Nederlandsch-Indië
Pharm. Weekb.	Pharmaceutisch Weekblad
Pharm. Zentralhalle	Pharmazeutische Zentralhalle für Deutschland
Pharm. Ztg.	Pharmazeutische Zeitung
Ph. Ch.	s. Z. physik. Chem.
Philippine Agriculturist	Philippine Agriculturist
Philippine J. Agric.	Philippine Journal of Agriculture
Philippine J. Sci.	Philippine Journal of Science
Phil. Mag.	Philosophical Magazine. London
Phil. Trans.	Philosophical Transactions of the Royal Society of London
Phot. Ind.	Photographische Industrie
Phot. J.	Photographic Journal. London
Phot. Korresp.	Photographische Korrespondenz
Photochem. Photobiol.	Photochemistry and Photobiology. London
Phys. Ber.	Physikalische Berichte
Physica	Physica. Nederlandsch Tijdschrift voor Natuurkunde; ab 1934 Archives Néerlandaises des Sciences Exactes et Naturelles Ser. IV A
Physics	Physics. New York
Physiol. Plantarum	Physiologia Plantarum. Kopenhagen
Physiol. Rev.	Physiological Reviews. Washington, D.C.
Phys. Rev.	Physical Review. New York
Phys. Z.	Physikalische Zeitschrift. Leipzig
Phys. Z. Sowjet.	Physikalische Zeitschrift der Sowjetunion
Phytochemistry	Phytochemistry. London
Phytopath.	Phytopathology. Lancaster, Pa.
Pitture Vernici	Pitture e Vernici
Planta	Planta. Archiv für wissenschaftliche Botanik (= Zeitschrift für wissenschaftliche Biologie, Abt. E)
Planta med.	Planta Medica
Plant Disease Rep. Spl.	The Plant Disease Reporter, Supplement (United States Department of Agriculture)
Plant Physiol.	Plant Physiology. Lancaster, Pa.
Plant Soil	Plant and Soil. den Haag
Plastic Prod.	Plastic Products. New York
Plast. Massy	Plastičeskie Massy
Polymer Bl.	Polymer Bulletin

Kürzung	Titel
Polythem. collect. Rep. med. Fac. Univ. Olomouc	Polythematical Collected Reports of the Medical Faculty of the Palacký University Olomouc (Olmütz)
Portugaliae Physica	Portugaliae Physica
Power	Power. New York
Pr. Acad. Sci. Agra Oudh	Proceedings of the Academy of Sciences of the United Provinces of Agra Oudh. Allahabad, India
Pr. Acad. Sci. U.S.S.R. Chem. Sect.	Proceedings of the Academy of Sciences of the U.S.S.R., Chemistry Section. Englische Übersetzung von Doklady Akademii Nauk S.S.S.R.
Pr. Acad. Tokyo	Proceedings of the Imperial Academy of Japan; ab **21** [1945] Proceedings of the Japan Academy
Pr. Akad. Amsterdam	Koninklijke Nederlandse Akademie van Wetenschappen, Proceedings
Prakt. Desinf.	Der Praktische Desinfektor
Praktika Akad. Athen.	Praktika tes Akademias Athenon
Pr. Am. Acad. Arts Sci.	Proceedings of the American Academy of Arts and Sciences
Pr. Am. Petr. Inst.	Proceedings of the Annual Meeting, American Petroleum Institute. New York
Pr. Am. Soc. hort. Sci.	Proceedings of the American Society for Horticultural Science
Pr. ann. Conv. Sugar Technol. Assoc. India	Proceedings of the Annual Convention of the Sugar Technologists' Association. India
Pr. Cambridge phil. Soc.	Proceedings of the Cambridge Philosophical Society
Pr. chem. Soc.	Proceedings of the Chemical Society. London
Presse méd.	Presse médicale
Pr. Florida Acad.	Proceedings of the Florida Academy of Sciences
Pr. Indiana Acad.	Proceedings of the Indiana Academy of Science
Pr. Indian Acad.	Proceedings of the Indian Academy of Sciences
Pr. Inst. Food Technol.	Proceedings of Institute of Food Technologists
Pr. Inst. Radio Eng.	Proc. I.R.E. = Proceedings of the Institute of Radio Engineers and Waves and Electrons. Menasha, Wisc.
Pr. int. Conf. bitum. Coal	Proceedings of the International Conference on Bituminous Coal. Pittsburgh, Pa.
Pr. IV. int. Congr. Biochem. Wien 1958	Proceedings of the IV. International Congress of Biochemistry. Wien 1958
Pr. XI. int. Congr. pure appl. Chem. London 1947	Proceedings of the XI. International Congress of Pure and Applied Chemistry. London 1947
Pr. Iowa Acad.	Proceedings of the Iowa Academy of Science
Pr. Irish Acad.	Proceedings of the Royal Irish Academy
Priroda	Priroda (Natur). Leningrad
Pr. Leeds phil. lit. Soc.	Proceedings of the Leeds Philosophical and Literary Society, Scientific Section
Pr. Louisiana Acad.	Proceedings of the Louisiana Academy of Sciences
Pr. Minnesota Acad.	Proceedings of the Minnesota Academy of Science
Pr. nation. Acad. India	Proceedings of the National Academy of Sciences, India
Pr. nation. Acad. U.S.A.	Proceedings of the National Academy of Sciences of the United States of America
Pr. nation. Inst. Sci. India	Proceedings of the National Institute of Sciences of India
Pr. N. Dakota Acad.	Proceedings of the North Dakota Academy of Science
Pr. Nova Scotian Inst. Sci.	Proceedings of the Nova Scotian Institute of Science
Procès-Verbaux Soc. Sci. phys. nat. Bordeaux	Procès-Verbaux des Séances de la Société des Sciences Physiques et Naturalles de Bordeaux
Prod. Finish.	Products Finishing. Cincinnati, Ohio

Kürzung	Titel
Progr. Chem. Fats Lipids	Progress in the Chemistry of Fats and other Lipids. Herausg. von *R. T. Holman*, *W. O. Lundberg* und *T. Malkin*
Progr. org. Chem.	Progress in Organic Chemistry. London
Pr. Oklahoma Acad.	Proceedings of the Oklahoma Academy of Science
Promyšl. org. Chim.	Promyšlennost' Organičeskoj Chimii (Industrie der organischen Chemie)
Protar	Protar. Schweizerische Zeitschrift für Zivilschutz
Protoplasma	Protoplasma. Wien
Pr. phys. math. Soc. Japan	Proceedings of the Physico-Mathematical Society of Japan [Nippon Suugaku-Buturigakkwai Kizi]
Pr. phys. Soc. London	Proceedings of the Physical Society. London
Pr. roy. Soc.	Proceedings of the Royal Society of London
Pr. roy. Soc. Edinburgh	Proceedings of the Royal Society of Edinburgh
Pr. roy. Soc. Queensland	Proceedings of the Royal Society of Queensland
Pr. Rubber Technol. Conf.	Proceedings of the Rubber Technology Conference. London 1948
Pr. scient. Sect. Toilet Goods Assoc.	Proceedings of the Scientific Section of the Toilet Goods Association. New York
Pr. S. Dakota Acad.	Proceedings of the South Dakota Academy of Science
Pr. Soc. chem. Ind. Chem. eng. Group	Society of Chemical Industry, London, Chemical Engineering Group, Proceedings
Pr. Soc. exp. Biol. Med.	Proceedings of the Society for Experimental Biology and Medicine. New York
Pr. Trans. Nova Scotian Inst. Sci.	Proceedings and Transactions of the Nova Scotian Institute of Science
Pr. Univ. Durham phil. Soc.	Proceedings of the University of Durham Philosophical Society. Newcastle upon Tyne
Pr. Utah Acad.	Proceedings of the Utah Academy of Sciences, Arts and Letters
Pr. Virginia Acad.	Proceedings of the Virginia Academy of Science
Przeg. chem.	Przeglad Chemiczny (Chemische Rundschau). Lwów
Przem. chem.	Przemýsł Chemiczny (Chemische Industrie). Warschau
Publ. Am. Assoc. Adv. Sci.	Publication of the American Association for the Advancement of Science. Washington
Publ. Centro Invest. tisiol.	Publicaciones del Centro de Investigaciones tisiológicas. Buenos Aires
Public Health Bl.	Public Health Bulletin
Public Health Rep.	U. S. Public Health Service: Public Health Reports
Public Health Service	U. S. Public Health Service
Publ. scient. tech. Minist. Air	Publications Scientifiques et Techniques du Ministère de l'Air
Publ. tech. Univ. Tallinn	Publications from the Technical University of Estonia at Tallinn [Tallinna Tehnikaülikooli Toimetused]
Publ. Wagner Free Inst.	Publications of the Wagner Free Institute of Science. Philadelphia, Pa.
Pure appl. Chem.	Pure and Applied Chemistry. London
Pyrethrum Post	Pyrethrum Post. Nakuru, Kenia
Quaderni Nutriz.	Quaderni della Nutrizione
Quart. J. exp. Physiol.	Quarterly Journal of Experimental Physiology. London
Quart. J. Indian Inst. Sci.	Quarterly Journal of the Indian Institute of Science
Quart. J. Med.	Quarterly Journal of Medicine. Oxford
Quart. J. Pharm. Pharmacol.	Quarterly Journal of Pharmacy and Pharmacology. London
Quart. J. Studies Alcohol	Quarterly Journal of Studies on Alcohol. New Haven, Conn.

Kürzung	Titel
Quart. Rev.	Quarterly Reviews. London
Queensland agric. J.	Queensland Agricultural Journal
Química Mexico	Química. Mexico
R.	Recueil des Travaux Chimiques des Pays-Bas
Radiologica	Radiologica. Berlin
Radiology	Radiology. Syracuse, N.Y.
Rad. jugosl. Akad.	Radovi Jugoslavenske Akademije Znanosti i Umjetnosti. Razreda Matematicko-Priridoslovnoga (Mitteilungen der Jugoslawischen Akademie der Wissenschaften und Künste. Mathematisch-naturwissenschaftliche Reihe)
R.A.L.	Atti della Reale Accademia Nazionale dei Lincei, Classe di Scienze Fisiche, Matematiche e Naturali: Rendiconti
Rasayanam	Rasayanam (Journal for the Progress of Chemical Science). Indien
Rass. clin. Terap.	Rassegna di clinica Terapia e Scienze affini
Rass. Med. ind.	Rassegna di Medicina industriale
Rec. chem. Progr.	Record of Chemical Progress. Kresge-Hooker Scientific Library. Detroit, Mich.
Recent Progr. Hormone Res.	Recent Progress in Hormone Research
Recherches	Recherches. Herausg. von Soc. Anon. Roure-Bertrand Fils & Justin Dupont
Refiner	Refiner and Natural Gasoline Manufacturer. Houston, Texas
Refrig. Eng.	Refrigerating Engineering. New York
Reichsamt Wirtschaftsausbau Chem. Ber.	Reichsamt für Wirtschaftsausbau. Chemische Berichte
Reichsber. Physik	Reichsberichte für Physik (Beihefte zur Physikalischen Zeitschrift)
Rend. Accad. Sci. fis. mat. Napoli	Rendiconto dell'Accademia delle Scienze fisiche e matematiche. Napoli
Rend. Fac. Sci. Cagliari	Rendiconti del Seminario della Facoltà di Scienze della Università di Cagliari
Rend. Ist. lomb.	Rendiconti dell'Istituto Lombardo di Science e Lettere. Classe di Scienze Matematiche e Naturali.
Rend. Ist. super. Sanità	Rendiconti Istituto superiore di Sanità
Rend. Soc. chim. ital.	Rendiconti della Società Chimica Italiana
Rensselaer polytech. Inst. Bl.	Rensselaer Polytechnic Institute Buletin. Troy, N. Y.
Rep. Connecticut agric. Exp. Sta.	Report of the Connecticut Agricultural Experiment Station
Rep. Food Res. Inst. Tokyo	Report of the Food Research Institute. Tokyo [Shokuryo Kenkyusho Kenkyu Hokoku]
Rep. Gov. chem. ind. Res. Inst. Tokyo	Reports of the Government Chemical Industrial Research Institute. Tokyo [Tokyo Kogyo Shikensho Hokoku]
Rep. Inst. chem. Res. Kyoto Univ.	Reports of the Institute for Chemical Research, Kyoto University
Rep. Inst. Sci. Technol. Tokyo	Reports of the Institute of Science and Technology of the University of Tokyo [Tokyo Daigaku Rikogaku Kenkyusho Hokoku]
Rep. Osaka ind. Res. Inst.	Reports of the Osaka Industrial Research Institute [Osaka Kogyo Gijutsu Shikenjo Hokoku]
Rep. Osaka munic. Inst. domestic Sci.	Report of the Osaka Municipal Institute for Domestic Science [Osaka Shiritsu Seikatsu Kagaku Konkyusho Kenkyu Hokoku]

Kürzung	Titel
Rep. Radiat. Chem. Res. Inst. Tokyo Univ.	Reports of the Radiation Chemistry Research Institute, Tokyo University
Rep. Tokyo ind. Testing Lab.	Reports of the Tokyo Industrial Testing Laboratory
Res. Bl. Gifu Coll. Agric.	Research Bulletin of the Gifu Imperial College of Agriculture [Gifu Koto Norin Gakko Kagami Kenkyu Hokoku]
Research	Research. London
Res. Electrotech. Labor. Tokyo	Researches of the Electrotechnical Laboratory Tokyo [Denki Shikensho Kenkyu Hokoku]
Res. Rep. Fac. Eng. Chiba Univ.	Research Reports of the Faculty of Engineering, Chiba University
Rev. alimentar	Revista alimentar. Rio de Janeiro
Rev. appl. Entomol.	Review of Applied Entomology. London
Rev. Asoc. bioquim. arg.	Revista de la Asociación Bioquímica Argentina
Rev. Asoc. Ing. agron.	Revista de la Asociación de Ingenieros agronomicos. Montevideo
Rev. Assoc. brasil. Farm.	Revista da Associação brasileira de Farmacêuticos
Rev. belge Sci. méd.	Revue Belge des Sciences médicales
Rev. brasil. Biol.	Revista Brasileira de Biologia
Rev. brasil. Quim.	Revista Brasileira de Química
Rev. canad. Biol.	Revue Canadienne de Biologie
Rev. Centro Estud. Farm. Bioquim.	Revista del Centro Estudiantes de Farmacia y Bioquímica. Buenos Aires
Rev. Chimica ind.	Revista de Chimica industrial. Rio de Janeiro
Rev. Chim. ind.	Revue de Chimie industrielle. Paris
Rev. Ciencias	Revista de Ciencias. Lima
Rev. Colegio Farm. nacion.	Revista del Colegio de Farmaceuticos nacionales. Rosario, Argentinien
Rev. Fac. Cienc. quim.	Revista de la Facultad de Ciencias Químicas, Universidad Nacional de La Plata
Rev. Fac. Farm. Bioquim. Univ. San Marcos	Revista de la Faculted de Farmacia y Bioquimica, Universidad Nacional Mayor de San Marcos de Lima, Peru
Rev. Fac. Med. veterin. Univ. São Paulo	Revista da Faculdade de Medicina Veterinaria, Universidade de São Paulo
Rev. Fac. Quim. Santa Fé	Revista de la Facultad de Química Industrial y Agricola. Santa Fé, Argentinien
Rev. Fac. Sci. Istanbul	Revue de la Faculté des Sciences de l'Université d'Istanbul
Rev. farm. Buenos Aires	Revista Farmaceutica. Buenos Aires
Rev. franç. Phot.	Revue française de Photographie et de Cinématographie
Rev. Gastroenterol.	Review of Gastroenterology. New York
Rev. gén. Bot.	Revue générale de Botanique
Rev. gén. Caoutchouc	Revue générale du Caoutchouc
Rev. gén. Colloides	Revue générale des Colloides
Rev. gén. Froid	Revue générale du Froid
Rev. gén. Mat. col.	Revue générale des Matières colorantes de la Teinture, de l'Impression, du Blanchiment et des Apprêts
Rev. gén. Mat. plast.	Revue générale des Matières plastiques
Rev. gén. Sci.	Revue générale des Sciences pures et appliquées (ab 1948) et Bulletin de la Société Philomatique
Rev. gén. Teinture	Revue générale de Teinture, Impression, Blanchiment, Apprêt (Tiba)
Rev. Immunol.	Revue d'Immunologie (ab Bd. **10** [1946]) et de Thérapie antimicrobienne
Rev. Inst. A. Lutz	Revista do Instituto Adolfo Lutz. São Paulo

Kürzung	Titel
Rev. Inst. franç. Pétr.	Revue de l'Institut Français du Pétrole et Annales des Combustibles liquides
Rev. Inst. Salubridad	Revista del Instituto de Salubridad y Enfermedades tropicales. Mexico
Rev. Marques Parf. France	Revue des Marques — Parfums de France
Rev. Marques Parf. Savonn.	Revue des Marques de la Parfumerie et de la Savonnerie
Rev. mod. Physics	Reviews of Modern Physics. New York
Rev. Opt.	Revue d'Optique Théorique et Instrumentale
Rev. Parf.	Revue de la Parfumerie et des Industries s'y Rattachant
Rev. petrolif.	Revue pétrolifère
Rev. phys. Chem. Japan	Review of Physical Chemistry of Japan
Rev. Prod. chim.	Revue des Produits Chimiques
Rev. pure appl. Chem.	Reviews of Pure and Applied Chemistry. Melbourne, Australien
Rev. Quim. Farm.	Revista de Química e Farmácia. Rio de Janeiro
Rev. quim. farm. Chile	Revista químico farmacéutica. Santiago, Chile
Rev. Quim. ind.	Revista de Química industrial. Rio de Janeiro
Rev. roum. Chim.	Revue Roumaine de Chimie
Rev. scient.	Revue scientifique. Paris
Rev. scient. Instruments	Review of Scientific Instruments. New York
Rev. Soc. arg. Biol.	Revista de la Sociedad Argentina de Biologia
Rev. Soc. brasil. Quim.	Revista da Sociedade Brasileira de Química
Rev. ştiinţ. Adamachi	Revista Ştiinţifică ,,V. Adamachi"
Rev. sud-am. Endocrin.	Revista sud-americana de Endocrinologia, Immunologia, Quimioterapia
Rev. univ. Mines	Revue universelle des Mines
Rev. Viticult.	Revue de Viticulture
Rhodora	Rhodora (Journal of the New England Botanical Club). Lancaster, Pa.
Ric. scient.	Ricerca Scientifica ed il Progresso Tecnico nell'Economia Nazionale; ab 1945 Ricerca Scientifica e Ricostruzione; ab 1948 Ricerca Scientifica
Riechstoffind.	Riechstoffindustrie und Kosmetik
Riforma med.	Riforma medica
Riv. Combust.	Rivista dei Combustibili
Riv. ital. Essenze Prof.	Rivista Italiana Essenze, Profumi, Pianti Offizinali, Olii Vegetali, Saponi
Riv. ital. Petr.	Rivista Italiano del Petrolio
Riv. Med. aeronaut.	Rivista di Medicina aeronautica
Riv. Patol. sperim.	Rivista di Patologia sperimentale
Riv. Viticolt.	Rivista di Viticoltura e di Enologia
Rocky Mountain med. J.	Rocky Montain Medical Journal. Denver, Colorado
Roczniki Chem.	Roczniki Chemji (Annales Societatis Chimicae Polonorum)
Roczniki Farm.	Roczniki Farmacji. Warschau
Rossini, Selected Values 1953	Selected Values of Physical and Thermodynamic Properties of Hydrocarbons and Related Compounds. Herausg. von *F. D. Rossini, K. S. Pitzer, R. L. Arnett, R. M. Braun, G. C. Pimentel.* Pittsburgh 1953. Comprising the Tables of the A. P. I. Res. Project 44
Roy. Inst. Chem.	Royal Institute of Chemistry, London, Lectures, Monographs, and Reports
Rubber Age N. Y.	Rubber Age. New York
Rubber Chem. Technol.	Rubber Chemistry and Technology. Lancaster, Pa.

Kürzung	Titel
Russ. chem. Rev.	Russian Chemical Reviews. Englische Übersetzung von Uspechi Chimii
Russ. P.	Russisches Patent
Safety in Mines Res. Board	Safety in Mines Research Board. London
S. African J. med. Sci.	South African Journal of Medical Sciences
S. African J. Sci.	South African Journal of Science
Sammlg. Vergiftungsf.	Führer-Wielands Sammlung von Vergiftungsfällen
Sber. Akad. Wien	Sitzungsberichte der Akademie der Wissenschaften Wien. Mathematisch-naturwissenschaftliche Klasse
Sber. Bayer. Akad.	Sitzungsberichte der Bayerischen Akademie der Wissenschaften, Mathematisch-naturwissenschaftliche Klasse
Sber. finn. Akad.	Sitzungsberichte der Finnischen Akademie der Wissenschaften
Sber. Ges. Naturwiss. Marburg	Sitzungsberichte der Gesellschaft zur Beförderung der gesamten Naturwissenschaften zu Marburg
Sber. Heidelb. Akad.	Sitzungsberichte der Heidelberger Akademie der Wissenschaften. Mathematisch-naturwissenschaftliche Klasse
Sber. naturf. Ges. Rostock	Sitzungsberichte der Naturforschenden Gesellschaft zu Rostock
Sber. Naturf. Ges. Tartu	Sitzungsberichte der Naturforscher-Gesellschaft bei der Universität Tartu
Sber. phys. med. Soz. Erlangen	Sitzungsberichte der physikalisch-medizinischen Sozietät zu Erlangen
Sber. Preuss. Akad.	Sitzungsberichte der Preussischen Akademie der Wissenschaften, Physikalisch-mathematische Klasse
Sbornik čsl. Akad. zeměd.	Sbornik Československé Akademie Zemědělské (Annalen der Tschechoslowakischen Akademie der Landwirtschaft)
Sbornik Statei obšč. Chim.	Sbornik Statei po Obščei Chimii, Akademija Nauk S.S.S.R.
Sbornik Trudov Armjansk. Akad.	Sbornik Trudov Armjanskogo Filial Akademija Nauk
Sbornik Trudov opytnogo Zavoda Lebedeva	Sbornik Trudov opytnogo Zavoda imeni *S. V. Lebedeva* (Gesammelte Arbeiten aus dem Versuchsbetrieb *S. V. Lebedew*)
Schmerz	Schmerz, Narkose, Anaesthesie
Schwed. P.	Schwedisches Patent
Schweiz. Apoth. Ztg.	Schweizerische Apotheker-Zeitung
Schweiz. Arch. angew. Wiss. Tech.	Schweizer Archiv für Angewandte Wissenschaft und Technik
Schweiz. med. Wschr.	Schweizerische medizinische Wochenschrift
Schweiz. P.	Schweizer Patent
Schweiz. Wschr. Chem. Pharm.	Schweizerische Wochenschrift für Chemie und Pharmacie
Schweiz. Z. allg. Path.	Schweizerische Zeitschrift für allgemeine Pathologie und Bakteriologie
Sci.	Science. New York/Washington
Sci. Bl. Fac. Agric. Kyushu Univ.	La Bulteno Scienca de la Facultato Tercultura, Kjusu Imperia Universitato; Fukuoka, Japanujo; nach **11** Nr. 2/3 [1945]: Science Bulletin of the Faculty of Agriculture, Kyushu University
Sci. Culture	Science and Culture. Calcutta
Scientia pharm.	Scientia Pharmaceutica. Wien

Kürzung	Titel
Scientia Valparaiso	Scientia Valparaiso. Chile
Scient. J. roy. Coll. Sci.	Scientific Journal of the Royal College of Science
Scient. Pap. Inst. phys. chem. Res.	Scientific Papers of the Institute of Physical and Chemical Research. Tokyo
Scient. Pap. Osaka Univ.	Scientific Papers from the Osaka University
Scient. Pr. roy. Dublin Soc.	Scientific Proceedings of the Royal Dublin Society
Sci. Ind. Osaka	Science & Industry. Osaka [Kagaku to Kogyo]
Sci. Ind. phot.	Science et Industries photographiques
Sci. Progr.	Science Progress. London
Sci. Quart. Univ. Peking	Science Quarterly of the National University of Peking
Sci. Rep. Tohoku Univ.	Science Reports of the Tohoku Imperial University
Sci. Rep. Tokyo Bunrika Daigaku	Science Reports of the Tokyo Bunrika Daigaku (Tokyo University of Literature and Science)
Sci. Rep. Tsing Hua Univ.	Science Reports of the National Tsing Hua University
Sci. Rep. Univ. Peking	Science Reports of the National University of Peking
Sci. Technol. China	Science and Technology. Sian, China [K'o Hsueh Yu Chi Shu]
Sci. Tokyo	Science. Tokyo [Kagaku Tokyo]
Securitas	Securitas. Mailand
Seifens.-Ztg.	Seifensieder-Zeitung
Sei-i-kai-med. J.	Sei-i-kai Medical Journal. Tokyo [Sei-i-kai Zassi]
Semana med.	Semana médica. Buenos Aires
Sint. Kaučuk	Sintetičeskij Kaučuk
Skand. Arch. Physiol.	Skandinavisches Archiv für Physiologie
Skand. Arch. Physiol. Spl.	Skandinavisches Archiv für Physiologie. Supplementum
Soap	Soap. New York
Soap Perfum. Cosmet.	Soap, Perfumery and Cosmetics. London
Soap sanit. Chemicals	Soap and Sanitary Chemicals. New York
Soc.	Journal of the Chemical Society. London
Soc. Sci. Lodz. Acta chim.	Societatis Scientiarum Lodziensis Acta Chimica
Soil Sci.	Soil Science. Baltimore, Md.
Soobšč. Akad. Gruzinsk. S.S.R.	Soobščenija Akademii Nauk Gruzinskoj S.S.R. (Mitteilungen der Akademie der Wissenschaften der Georgischen Republik)
Soobšč. Rabot Kievsk. ind. Inst.	Soobščenija naučn-issledovatelskij Rabot Kievskogo industrialnogo Instituta
Sovešč. sint. Prod. Kanifoli Skipidara Gorki 1963	Soveščanija sintetičeskich Produktov i Kanifoli i Skipidara Gorki 1963
Sovešč. Stroenie židkom Sost. Kiew 1953	Stroenie i fizičeskie Svoistva Veščestva v Židkom Sostojanie (Struktur und physikalische Eigenschaften der Materie im flüssigen Zustand; Konferenz Kiew 1953)
Sovet. Farm.	Sovetskaja Farmacija
Sovet. Sachar	Sovetskaja Sachar
Spectrochim. Acta	Spectrochimica Acta. Berlin; Bd. 3 Città del Vaticano; ab **4** London
Spisy přírodov. Mas. Univ.	Spisy vydávané Přírodovědeckou Fakultou Masarykovy University (Publications de la Faculté des Sciences de l'Université Masaryk. Brno)
Spisy přírodov. Univ. Brno	Spisy Přírodovedecké Fakulty J. E. Purkyne University v Brnj
Sprawozd. Tow. fiz.	Sprawozdania i Prace Polskiego Towarzystwa Fizycznego (Comptes Rendus des Séances de la Société Polonaise de Physique)

Kürzung	Titel
Steroids	Steroids. San Francisco, Calif.
Strahlentherapie	Strahlentherapie
Structure Reports	Structure Reports. Herausg. von *A. J. C. Wilson*. Utrecht
Stud. Inst. med. Chem. Univ. Szeged	Studies from the Institute of Medical Chemistry, University of Szeged
Südd. Apoth.-Ztg.	Süddeutsche Apotheker-Zeitung
Sugar	Sugar. New York
Sugar J.	Sugar Journal. New Orleans, La.
Suomen Kem.	Suomen Kemistilehti (Acta Chemica Fennica)
Suomen Paperi ja Puu.	Suomen Paperi- ja Puutavaralehti
Superphosphate	Superphosphate. Hamburg
Svenska Mejeritidn.	Svenska Mejeritidningen
Svensk farm. Tidskr.	Svensk Farmaceutisk Tidskrift
Svensk kem. Tidskr.	Svensk Kemisk Tidskrift
Svensk Papperstidn.	Svensk Papperstidning
Symp. Soc. exp. Biol.	Symposia of the Society for Experimental Biology. New York
Synth. appl. Finishes	Synthetic and Applied Finishes. London
Synth. org. Verb.	Synthesen Organischer Verbindungen. Deutsche Übersetzung von Sintezy Organičeskich Soedimenii
Tech. Ind. Schweiz. Chemiker Ztg.	Technik-Industrie und Schweizer Chemiker-Zeitung
Tech. Mitt. Krupp	Technische Mitteilungen Krupp
Technika Budapest	Technika. Budapest
Technol. Chem. Papier-Zellstoff-Fabr.	Technologie und Chemie der Papier- und Zellstoff-Fabrikation
Technol. Museum Sydney Bl.	Technological Museum Sydney. Bulletin
Technol. Rep. Osaka Univ.	Technology Reports of the Osaka University
Technol. Rep. Tohoku Univ.	Technology Reports of the Tohoku Imperial University
Tech. Physics U.S.S.R.	Technical Physics of the U.S.S.R. (Forts. J. Physics U.S.S.R.)
Teer Bitumen	Teer und Bitumen
Tekn. Tidskr.	Teknisk Tidskrift. Stockholm
Tekn. Ukeblad	Teknisk Ukeblad. Oslo
Tetrahedron	Tetrahedron. London
Tetrahedron Letters	Tetrahedron Letters
Textile Colorist	Textile Colorist. New York
Textile Res. J.	Textile Research Journal. New York
Textile Wd.	Textile World. New York
Teysmannia	Teysmannia. Batavia
Theoret. chim. Acta	Theoretica chimica Acta. Berlin
Therap. Gegenw.	Therapie der Gegenwart
Tidsskr. Hermetikind.	Tidsskrift for Hermetikindustri. Stavanger
Tidsskr. Kjemi Bergv.	Tidsskrift för Kjemi og Bergvesen. Oslo
Tidsskr. Kjemi Bergv. Met.	Tidsskrift för Kjemi, Bergvesen og Metallurgi. Oslo
Tijdschr. Artsenijk.	Tijdschrift voor Artsenijkunde
Tijdschr. Plantenz.	Tijdschrift over Plantenziekten
Tohoku J. agric. Res.	Tohoku Journal of Agricultural Research
Tohoku J. exp. Med.	Tohoku Journal of Experimental Medicine
Trab. Lab. Bioquim. Quim. apl.	Trabajos del Laboratorio de Bioquímica y Química aplicada, Instituto ,,Alonso Barba", Universidad de Zaragoza
Trans. Am. electroch. Soc.	Transactions of the American Electrochemical Society

Kürzung	Titel
Trans. Am. Inst. chem. Eng.	Transactions of the American Institute of Chemical Engineers
Trans. Am. Inst. min. met. Eng.	Transactions of the American Institute of Mining and Metallurgical Engineers
Trans. Am. Soc. mech. Eng.	Transactions of the American Society of Mechanical Engineers
Trans. Bose Res. Inst. Calcutta	Transactions of the Bose Research Institute, Calcutta
Trans. Brit. ceram. Soc.	Transactions of the British Ceramic Society
Trans. ... Conf. biol. Antioxidants New York ...	Transactions of the ... Conference on Biological Antioxidants, New York (1. 1946, 2. 1947, 3. 1948)
Trans. electroch. Soc.	Transactions of the Electrochemical Society. New York
Trans. Faraday Soc.	Transactions of the Faraday Society. Aberdeen, Schottland
Trans. Illinois Acad.	Transactions of the Illinois State Academy of Science
Trans. Inst. chem. Eng.	Transactions of the Institution of Chemical Engineers. London
Trans. Inst. min. Eng.	Transactions of the Institution of Mining Engineers. London
Trans. Inst. Rubber Ind.	Transactions of the Institution of the Rubber Industry (= I.R.I.-Transactions). London
Trans. Kansas Acad.	Transactions of the Kansas Academy of Science
Trans. Kentucky Acad.	Transactions of the Kentucky Academy of Science
Trans. nation. Inst. Sci. India	Transactions of the National Institute of Science of India
Trans. N.Y. Acad. Sci.	Transactions of the New York Academy of Sciences
Trans. Pr. roy. Soc. New Zealand	Transactions and Proceedings of the Royal Society of New Zealand
Trans. roy. Soc. Canada	Transactions of the Royal Society of Canada
Trans. roy. Soc. S. Africa	Transactions of the Royal Society of South Africa
Trans. roy. Soc. trop. Med. Hyg.	Transactions of the Royal Society of Tropical Medicine and Hygiene. London
Trans. third Comm. int. Soc. Soil Sci.	Transactions of the Third Commission of the International Society of Soil Science
Trav. Labor. Chim. gén. Univ. Louvain	Travaux du Laboratoire de Chimie génerale, Université Louvain
Trav. Soc. Chim. biol.	Travaux des Membres de la Société de Chimie biologique
Trav. Soc. Pharm. Montpellier	Travaux de la Societé de Pharmacie de Montpellier
Trudy Akad. Belorussk. S.S.R.	Trudy Akademii Nauk Belorusskoj S.S.R.
Trudy Azerbajdžansk. Univ.	Trudy Azerbajdžanskogo Gosudarstvennogo Universiteta
Trudy central. biochim. Inst.	Trudy centralnogo naučno-issledovatelskogo biochimičeskogo Instituta Piščevoj i Vkusovoj Promyšlennosti (Schriften des zentralen biochemischen Forschungsinstituts der Nahrungs- und Genußmittelindustrie)
Trudy Charkovsk. chim. technol. Inst.	Trudy Charkovskogo Chimiko-technologičeskogo Instituta
Trudy chim. farm. Inst.	Trudy Naučnogo Chimiko-farmacevtičeskogo Instituta
Trudy Gorkovsk. pedagog. Inst.	Trudy Gorkovskogo Gosudarstvennogo Pedagogičeskogo Instituta
Trudy Inst. č. chim. Reakt.	Trudy Instituta Čistych Chimičeskich Reaktivov (Arbeiten des Instituts für reine chemische Reagentien)
Trudy Inst. efirno-masli̇č. Promyšl.	Trudy Vsesojuznogo Instituta efirno-masličnoj Promyšlennosti

Kürzung	Titel
Trudy Inst. Fiz. Mat. Akad. Azerbajdžansk. S.S.R.	Trudy Instituta Fiziki i Matematiki, Akademija Nauk Azerbajdžanskoj S.S.R. Serija Fizičeskaja
Trudy Inst. Krist. Akad. S.S.S.R.	Trudy Instituta Kristallografii, Akademija Nauk S.S.S.R.
Trudy Inst. Nefti Akad. S.S.S.R.	Trudy Instituta Nefti, Akademija Nauk S.S.S.R.
Trudy Ivanovsk. chim. technol. Inst.	Trudy Ivanovskogo Chimiko-technologičeskogo Instituta
Trudy Kazansk. chim. technol. Inst.	Trudy Kazanskogo Chimiko-technologičeskogo Instituta
Trudy Leningradsk. ind. Inst.	Trudy Leningradskogo Industrialnogo Instituta
Trudy Lvovsk. med. Inst.	Trudy Lvovskogo Medicinskogo Instituta
Trudy Mendeleevsk. S.	Trudy (VI.) Vsesojuznogo Mendeleevskogo Sezda po teoretičeskoj i prikladnoj Chimii (Charkow 1932)
Trudy Molotovsk. med. Inst.	Trudy Molotovskogo Medicinskogo Instituta
Trudy Moskovsk. zootech. Inst. Konevod.	Trudy Moskovskogo Zootechničeskogo Instituta Konevodstva
Trudy opytno-issledovatelsk. Zavoda Chimgaz	Trudy opytno-issledovatelskogo Zavoda Chimgaz
Trudy radiev. Inst.	Trudy gosudarstvennogo Radievogo Instituta
Trudy Sessii Akad. Nauk org. Chim.	Trudy Sessii Akademii Nauk po Organičeskoj Chimii
Trudy sredneaziatsk. Univ. Taschkent	Trudy sredneaziatskogo gosudarstvennogo Universiteta. Taschkent [Acta Universitatis Asiae Mediae]
Trudy Uzbeksk. Univ. Sbornik Rabot Chim.	Trudy Uzbekskogo Gosudarstvennogo Universiteta. Sbornik Rabot Chimii (Sammlung chemischer Arbeiten)
Trudy Vopr. Chim. Terpenov Terpenoidov Wilna 1959	Trudy Vsesoj uznogo Soveščanija po Voprosi Chimji Terpenov i Terpenoidov Akademija Nauk Litovskoi S.S.R. Wilna 1959
Trudy Voronežsk. Univ.	Trudy Voronežskogo Gosudarstvennogo Universiteta; Chimičeskij Otdelenie (Acta Universitatis Voronegiensis; Sectio chemica)
Uč. Zap. Gorki Univ.	Učenye Zapiski Gorkovskogo Gosudarstvennogo Universiteta
Uč. Zap. Kazansk. Univ.	Učenye Zapiski Kazanskij Gosudarstvennyj Universitet
Uč. Zap. Leningradsk. Univ.	Učenye Zapiski Leningradskogo Gosudarstvennogo Universiteta (Gelehrte Berichte der Staatlichen Universität Leningrad)
Uč. Zap. Molotovsk Univ.	Učenye Zapiski Molotovskogo Gosudarstvennogo Universiteta
Uč. Zap. Moskovsk. Univ.	Učenye Zapiski Moskovskogo Gosudarstvennogo Universiteta: Chimija (Gelehrte Berichte der Moskauer Staatlichen Universität: Chemie)
Uč. Zap. Saratovsk. Univ.	Učenye Zapiski Saratovskogo Gosudarstvennogo Universiteta
Udobr.	Udobrenie i Urožaj (Düngung und Ernte)
Ugol	Ugol (Kohle)
Ukr. biochim. Ž.	Ukrainskij Biochimičnij Žurnal (Ukrainian Biochemical Journal)
Ukr. chim. Ž.	Ukrainskij Chimičnij Žurnal, Naukova Častina (Journal Chimique de l'Ukraine, Partie Scientifique)
Ullmann	Ullmanns Encyklopädie der Technischen Chemie, 3. Aufl. Herausg. von *W. Foerst*

Kürzung	Titel
Underwriter's Lab. Bl.	Underwriters' Laboratories, Inc., Bulletin of Research. Chicago, Ill.
Ung. P.	Ungarisches Patent
Union pharm.	Union pharmaceutique
Union S. Africa Dep. Agric. Sci. Bl.	Union South Africa Department of Agriculture, Science Bulletin
Univ. Allahabad Studies	University of Allahabad Studies
Univ. California Publ. Pharmacol.	University of California Publications. Pharmacology
Univ. California Publ. Physiol.	University of California Publications. Physiology
Univ. Illinois eng. Exp. Sta. Bl.	University of Illinois Bulletin. Engineering Experiment Station. Bulletin Series
Univ. Kansas Sci. Bl.	University of Kansas Science Bulletin
Univ. Philippines Sci. Bl.	University of the Philippines Natural and Applied Science Bulletin
Univ. Queensland Pap. Dep. Chem.	University of Queensland Papers, Department of Chemistry
Univ. São Paulo Fac. Fil.	Universidade de São Paulo, Faculdade de Filosofia, Ciencias e Letras
Univ. Texas Publ.	University of Texas Publication
U.S. Dep. Agric. Bur. Chem. Circ.	U.S. Department of Agriculture. Bureau of Chemistry Circular
U. S. Dep. Agric. Bur. Entomol.	U. S. Department of Agriculture Bureau of Entomology and Plant Quarantine, Entomological Technic
U. S. Dep. Agric. misc. Publ.	U. S. Department of Agriculture. Miscellaneous Publications
U. S. Dep. Agric. tech. Bl.	U. S. Department of Agriculture. Technical Bulletin
U. S. Dep. Comm. Off. Tech. Serv. Rep.	U. S. Department of Commerce, Office of Technical Services, Publication Board Report
U. S. Naval med. Bl.	United States Naval Medical Bulletin
U. S. P.	Patent der Vereinigten Staaten von Amerika
Uspechi Chim.	Uspechi Chimii (Fortschritte der Chemie); englische Übersetzung: Russian Chemical Reviews (ab 1960)
Uspechi fiz. Nauk	Uspechi fizičeskich Nauk
V.D.I.-Forschungsh.	V.D.I.-Forschungsheft. Supplement zu Forschung auf dem Gebiete des Ingenieurwesens
Verh. naturf. Ges. Basel	Verhandlungen der Naturforschenden Gesellschaft in Basel
Verh. Schweiz. Ver. Physiol. Pharmakol.	Verhandlungen des Schweizerischen Vereins der Physiologen und Pharmakologen
Verh. Vlaam. Acad. Belg.	Verhandelingen van de Koninklijke Vlaamsche Academie voor Wetenschappen, Letteren en Schone Kunsten van België. Klasse der Wetenschappen
Vernici	Vernici
Veröff. K.W.I. Silikatf.	Veröffentlichungen aus dem K.W.I. für Silikatforschung
Verre Silicates ind.	Verre et Silicates Industriels, Céramique, Émail, Ciment
Versl. Akad. Amsterdam	Verslag van de Gewone Vergadering der Afdeeling Natuurkunde, Nederlandsche Akademie van Wetenschappen
Vestnik kožev. Promyšl.	Vestnik koževennoj Promyšlennosti i Torgovli (Nachrichten aus Lederindustrie und -handel)
Vestnik Leningradsk. Univ.	Vestnik Leningradskogo Universiteta (Bulletin of the Leningrad University)
Vestnik Moskovsk. Univ.	Vestnik Moskovskogo Universiteta (Bulletin of Moscow University)

Kürzung	Titel
Vestnik Oftalmol.	Vestnik Oftalmologii. Moskau
Veterin. J.	Veterinary Journal. London
Virch. Arch. path. Anat.	Virchows Archiv für pathologische Anatomie und Physiologie und für klinische Medizin
Virginia Fruit	Virginia Fruit
Virginia J. Sci.	Virginia Journal of Science
Virology	Virology. New York
Visti Inst. fiz. Chim. Ukr.	Visti Institutu Fizičnoj Chimii Akademija Nauk U.R.S.R. Institut Fizičnoj Chimii
Vitamine Hormone	Vitamine und Hormone. Leipzig
Vitamin Res. News U.S.S.R.	Vitamin Research News U.S.S.R.
Vitamins Hormones	Vitamins and Hormones. New York
Vjschr. naturf. Ges. Zürich	Vierteljahresschrift der Naturforschenden Gesellschaft in Zürich
Voeding	Voeding (Ernährung). den Haag
Voenn. Chim.	Voennaja Chimija
Vopr. Pitanija	Voprosy Pitanija (Ernährungsfragen)
Vorratspflege Lebensmittelf.	Vorratspflege und Lebensmittelforschung
Waseda appl. chem. Soc. Bl.	Waseda Appl$_i$ed Chemical Society Bulletin. Tokyo [Waseda O yo Kagaku Kaiho]
Wasmann Collector	Wasmann Collector. San Francisco, Calif.
Wd. Health Organ.	World Health Organization. New York
Wd. Petr. Congr. London 1933	World Petroleum Congress. London 1933. Proceedings
Wd. Rev. Pest Control	World Review of Pest Control
Wiadom. farm.	Wiadomości Farmaceutyczne. Warschau
Wien. klin. Wschr.	Wiener Klinische Wochenschrift
Wien. med. Wschr.	Wiener medizinische Wochenschrift
Wis- en natuurk. Tijdschr.	Wis- en Natuurkundig Tijdschrift. Gent
Wiss. Mitt. Öst. Heilmittelst.	Wissenschaftliche Mitteilungen der Österreichischen Heilmittelstelle
Wiss. Veröff. Dtsch. Ges. Ernähr.	Wissenschaftliche Veröffentlichungen der Deutschen Gesellschaft für Ernährung
Wiss. Veröff. Siemens	Wissenschaftliche Veröffentlichungen aus dem Siemens-Konzern bzw. (ab 1935) den Siemens-Werken
Wochenbl. Papierf.	Wochenblatt für Papierfabrikation
Wool Rec. Textile Wd.	Wool Record and Textile World. Bradford
Wschr. Brauerei	Wochenschrift für Brauerei
X-Sen	X-Sen (Röntgen-Strahlen). Japan
Yale J. Biol. Med.	Yale Journal of Biology and Medicine
Yonago Acta med.	Yonago Acta Medica. Japan
Z. anal. Chem.	Zeitschrift für analytische Chemie
Ž. anal. Chim.	Žurnal Analitičeskoj Chimii
Z. ang. Ch.	Zeitschrift für angewandte Chemie
Z. angew. Entomol.	Zeitschrift für angewandte Entomologie
Z. angew. Math. Phys.	Zeitschrift für angewandte Mathematik und Physik
Z. angew. Phot.	Zeitschrift für angewandte Photographie in Wissenschaft und Technik
Z. ang. Phys.	Zeitschrift für angewandte Physik

Kürzung	Titel
Z. anorg. Ch.	Zeitschrift für Anorganische und Allgemeine Chemie
Zap. Inst. Chim. Ukr.	Ukrainska Akademija Nauk. Zapiski Institutu Chimii bzw. Zapiski Institutu Chimii Akademija Nauk U.R.S.R.
Zavod. Labor.	Zavodskaja Laboratorija (Betriebslaboratorium)
Z. Berg-, Hütten-Salinenw.	Zeitschrift für das Berg-, Hütten- und Salinenwesen im Deutschen Reich
Z. Biol.	Zeitschrift für Biologie
Zbl. Bakt. Parasitenk.	Zentralblatt für Bakteriologie, Parasitenkunde, Infektionskrankheiten und Hygiene [I] Orig. bzw. [II]
Zbl. Gewerbehyg.	Zentralblatt für Gewerbehygiene und Unfallverhütung
Zbl. inn. Med.	Zentralblatt für Innere Medizin
Zbl. Min.	Zentralblatt für Mineralogie
Zbl. Zuckerind.	Zentralblatt für die Zuckerindustrie
Z. Bot.	Zeitschrift für Botanik
Z. Chem.	Zeitschrift für Chemie. Leipzig
Ž. chim. Promyšl.	Žurnal Chimičeskoj Promyšlennosti (Journal der Chemischen Industrie)
Z. Desinf.	Zeitschrift für Desinfektions- und Gesundheitswesen
Ž. eksp. Biol. Med.	Žurnal eksperimentalnoj Biologii i Mediciny
Ž. eksp. teor. Fiz.	Žurnal eksperimentalnoj i teoretičeskoj Fiziki
Z. El. Ch.	Zeitschrift für Elektrochemie und angewandte Physikalische Chemie
Zellst. Papier	Zellstoff und Papier
Zesz. Politech. Śląsk.	Zeszyty Naukowe Politechniki Śląskiej. Chemia
Z. Farben Textil Ind.	Zeitschrift für Farben- und Textil-Industrie
Ž. fiz. Chim.	Žurnal fizičeskoj Chimii
Z. ges. Brauw.	Zeitschrift für das gesamte Brauwesen
Z. ges. exp. Med.	Zeitschrift für die gesamte experimentelle Medizin
Z. ges. Getreidew.	Zeitschrift für das gesamte Getreidewesen
Z. ges. innere Med.	Zeitschrift für die gesamte Innere Medizin
Z. ges. Kälteind.	Zeitschrift für die gesamte Kälteindustrie
Z. ges. Naturwiss.	Zeitschrift für die gesamte Naturwissenschaft
Z. ges. Schiess-Sprengstoffw.	Zeitschrift für das gesamte Schiess- und Sprengstoffwesen
Z. Hyg. Inf.-Kr.	Zeitschrift für Hygiene und Infektionskrankheiten
Z. hyg. Zool.	Zeitschrift für hygienische Zoologie und Schädlingsbekämpfung
Z. Immunitätsf.	Zeitschrift für Immunitätsforschung und experimentelle Therapie
Zinatn. Raksti Rigas politehn. Inst.	Zinatniskie Raksti, Rigas Politehniskais Instituts, Kimijas Fakultate (Wissenschaftliche Berichte des Politechnischen Instituts Riga)
Z. Kinderheilk.	Zeitschrift für Kinderheilkunde
Z. klin. Med.	Zeitschrift für klinische Medizin
Z. kompr. flüss. Gase	Zeitschrift für komprimierte und flüssige Gase
Z. Kr.	Zeitschrift für Kristallographie, Kristallgeometrie, Kristallphysik, Kristallchemie
Z. Krebsf.	Zeitschrift für Krebsforschung
Z. Lebensm. Unters.	Zeitschrift für Lebensmittel-Untersuchung und -Forschung
Z. Naturf.	Zeitschrift für Naturforschung
Ž. obšč. Chim.	Žurnal Obščej Chimii (Journal für Allgemeine Chemie); englische Übersetzung: Journal of General Chemistry of the U.S.S.R. (ab **1949**)
Ž. org. Chim.	Žurnal Organičeskoi Chimii; englische Übersetzung: Journal of Organic Chemistry of the U.S.S.R.
Z. Pflanzenernähr.	Zeitschrift für Pflanzenernährung, Düngung und Bodenkunde

Kürzung	Titel
Z. Phys.	Zeitschrift für Physik
Z. phys. chem. Unterr.	Zeitschrift für den physikalischen und chemischen Unterricht
Z. physik. Chem.	Zeitschrift für Physikalische Chemie
Z. physiol. Chem.	Hoppe-Seylers Zeitschrift für Physiologische Chemie
Ž. prikl. Chim.	Žurnal Prikladnoj Chimii (Journal für Angewandte Chemie); englische Übersetzung: Journal of Applied Chemistry of the U.S.S.R.
Z. psych. Hyg.	Zeitschrift für psychische Hygiene
Ž. rezin. Promyšl.	Žurnal Rezinovoj Promyšlennosti (Journal of the Rubber Industry)
Ž. russ. fiz.-chim. Obšč.	Žurnal Russkogo Fiziko-chimičeskogo Obščestva. Čast Chimičeskaja (= Chem. Teil)
Z. Spiritusind.	Zeitschrift für Spiritusindustrie
Ž. struktur. Chim.	Žurnal Strukturnoj Chimii
Ž. tech. Fiz.	Žurnal Techničeskoj Fiziki
Z. tech. Phys.	Zeitschrift für Technische Physik
Z. Tierernähr.	Zeitschrift für Tierernährung und Futtermittelkunde
Z. Tuberkulose	Zeitschrift für Tuberkulose
Z. Unters. Lebensm.	Zeitschrift für Untersuchung der Lebensmittel
Z. Unters. Nahrungs- u. Genussm.	Zeitschrift für Untersuchung der Nahrungs- und Genussmittel sowie der Gebrauchsgegenstände. Berlin
Z.V.D.I.	Zeitschrift des Vereins Deutscher Ingenieure
Z.V.D.I. Beih. Verfahrenstech.	Zeitschrift des Vereins Deutscher Ingenieure. Beiheft Verfahrenstechnik
Z. Verein dtsch. Zuckerind.	Zeitschrift des Vereins der Deutschen Zuckerindustrie
Z. Vitaminf.	Zeitschrift für Vitaminforschung. Bern
Z. Vitamin-Hormon-Fermentf.	Zeitschrift für Vitamin-, Hormon- und Fermentforschung. Wien
Z. Wirtschaftsgr. Zuckerind.	Zeitschrift der Wirtschaftsgruppe Zuckerindustrie
Z. wiss. Phot.	Zeitschrift für wissenschaftliche Photographie, Photophysik und Photochemie
Z. Zuckerind. Čsl.	Zeitschrift für die Zuckerindustrie der Čechoslovakischen Republik
Zymol. Chim. Colloidi	Zymologica e Chimica dei Colloidi
Ж.	s. Ž. russ. fiz.-chim. Obšč.

ZWEITE ABTEILUNG

ISOCYCLISCHE VERBINDUNGEN

(Fortsetzung)

IX. Amine

A. Monoamine

Monoamine $C_nH_{2n+1}N$

Amine C_3H_7N

Cyclopropylamin, *cyclopropylamine* C_3H_7N, Formel I (R = X = H) (H 3; E II 3).

B. Aus Cyclopropancarbonsäure beim Behandeln mit Schwefelsäure und mit Stickstoffwasserstoffsäure in Chloroform (*Schlatter*, Am. Soc. **63** [1941] 1733, 1735). Aus Cyclopropylcarbamidsäure-methylester beim Erhitzen mit wss. Kalilauge (*Lipp, Buchkremer, Seeles*, A. **499** [1932] 1, 14; s. a. *Sch.*).

Kp: 49—49,5° (*Jones*, J. org. Chem. **9** [1944] 484, 492); Kp_{750}: 49—50° (*Sch.*). n_D^{20}: 1,4195 (*Jo.*).

Beim Behandeln einer wss. oder äther. Lösung mit Sauerstoff in Gegenwart von Kupfer-Pulver oder Osmium(VIII)-oxid ist Acrylaldehyd erhalten worden (*Dem'janow, Schuikina*, Ž. obšč. Chim. **6** [1936] 350, 353; C. **1936** II 1905).

Hydrochlorid $C_3H_7N \cdot HCl$ (H 3). F: 85—86° (*Jo.*).

Pikrat. Orangefarbene Krystalle (aus A. + PAe.); F: 149° [korr.] (*Sch.*).

Dimethyl-cyclopropyl-amin, N,N-*dimethylcyclopropylamine* $C_5H_{11}N$, Formel I (R = X = CH_3) (E II 3).

Kp_{748}: 60,1° (*Schlatter*, Am. Soc. **63** [1941] 1733, 1736). D_4^{25}: 0,7607. n_D^{20}: 1,3999.

Pikrat. Gelbe Krystalle (aus A.); F: 196,5° [korr.; Zers.].

Trimethyl-cyclopropyl-ammonium, *cyclopropyltrimethylammonium* $[C_6H_{14}N]^{\oplus}$, Formel II (E II 3).

Jodid $[C_6H_{14}N]I$. Krystalle (aus A.); F: 274° [korr.; Zers.] (*Schlatter*, Am. Soc. **63** [1941] 1733, 1736).

***N*-Cyclopropyl-benzamid,** N-*cyclopropylbenzamide* $C_{10}H_{11}NO$, Formel I (R = CO-C_6H_5, X = H) (H 3).

Krystalle (aus wss. Me.); F: 99° (*Schlatter*, Am. Soc. **63** [1941] 1733, 1735).

Cyclopropylcarbamidsäure-methylester, *cyclopropylcarbamic acid methyl ester* $C_5H_9NO_2$, Formel I (R = CO-OCH_3, X = H).

B. Aus Cyclopropancarbamid beim Behandeln mit methanol. Natriummethylat und Brom (*Lipp, Buchkremer, Seeles*, A. **499** [1932] 1, 13, s. a. *Schlatter*, Am. Soc. **63** [1941] 1733, 1735).

Krystalle; F: 30—31° [aus PAe. + Bzl.] (*Lipp, Bu., See.*), 30° (*Skrabal*, M. **70** [1937] 420, 423). Kp_{10}: 82,2—83,6° (*Sk.*). Raman-Spektrum: *Sk.*

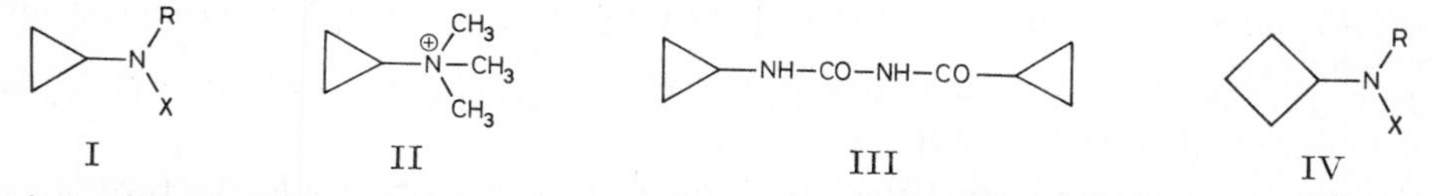

I II III IV

Cyclopropylharnstoff, *cyclopropylurea* $C_4H_8N_2O$, Formel I (R = CO-NH_2, X = H).

B. Aus Cyclopropylamin-hydrochlorid beim Erwärmen mit Kaliumcyanat in Wasser (*Gol'mow*, Ž. obšč. Chim. **5** [1935] 1562, 1563; C. **1936** II 1905).

Krystalle (aus E. oder $CHCl_3$); F: 123—124°. In Äthanol und Wasser leicht löslich, in Äther mässig löslich, in Benzol und Benzin fast unlöslich.

***N*-Cyclopropyl-*N'*-cyclopropancarbonyl-harnstoff,** *1-cyclopropyl-3-(cyclopropylcarbonyl)urea* $C_8H_{12}N_2O_2$, Formel III.

Diese Konstitution kommt wahrscheinlich der nachstehend beschriebenen Verbindung zu (*Schlatter*, Am. Soc. **63** [1941] 1733, 1735).

B. In geringer Menge neben Cyclopropylcarbamidsäure-methylester beim Behandeln von Cyclopropancarbamid mit methanol. Natriummethylat und Brom (*Sch.*).

Krystalle (aus A.); F: 100° [korr.].

***N*-Nitroso-*N*-cyclopropyl-harnstoff,** *1-cyclopropyl-1-nitrosourea* $C_4H_7N_3O_2$, Formel I (R = CO-NH_2, X = NO).

B. Aus Cyclopropylharnstoff beim Behandeln mit Natriumnitrit und wss. Schwefelsäure (*Gol'mow*, Ž. obšč. Chim. **5** [1935] 1562, 1564; C. **1936** II 1905).

Gelbe Krystalle (aus Bzl.); F: 92° [geschlossene Kapillare], 86° [Zers.]. In Äthanol, Äther und Chloroform leicht löslich, in Benzol und Wasser schwer löslich.

Beim Aufbewahren, beim Erwärmen einer Lösung in Benzol oder beim Behandeln mit wss. Kalilauge erfolgt Zersetzung unter Bildung von Allylalkohol.

Amine C_4H_9N

Cyclobutylamin, *cyclobutylamine* C_4H_9N, Formel IV (R = X = H) (H 4; E I 113).

B. Aus Cyclobutancarbonsäure beim Behandeln mit Chloroform, Natriumazid und Schwefelsäure (*Heisig*, Am. Soc. **63** [1941] 1698; *Werner, Casanova*, Org. Synth. **47** [1967] 28).

Kp_{760}: 83,2—84,2°; Kp_{728}: 82—83° (*Skrabal*, M. **70** [1937] 420, 423); Kp: 80,5—81,5°; n_D^{25}: 1,4356 (*We.*, *Ca.*). Raman-Spektrum: *Sk.*

Beim Behandeln einer wss. Lösung mit Sauerstoff in Gegenwart von Kupfer-Pulver sind Bernsteinsäure, Cyclobutanon und eine bei 54—56° schmelzende Substanz, in der Cyclobutanon-oxim[1]) vorgelegen haben könnte, erhalten worden (*Dem'janow, Schuïkina*, Ž. obšč. Chim. **5** [1935] 1213, 1222; C. **1936** I 3319).

Methyl-cyclobutyl-amin, *N-methylcyclobutylamine* $C_5H_{11}N$, Formel IV (R = CH_3, X = H).

B. Bei der Behandlung von Cyclobutanon mit Methylamin in 1-Methoxy-äthanol-(2) und anschliessenden Hydrierung an Platin (*Roberts, Sauer*, Am. Soc. **71** [1949] 3925, 3928).

Hydrat $C_5H_{11}N \cdot H_2O$. Kp: 84,5—88°.

Dimethyl-cyclobutyl-amin, *N,N-dimethylcyclobutylamine* $C_6H_{13}N$, Formel IV (R = X = CH_3) (H 4).

B. Beim Behandeln von Cyclobutanon mit Methylamin (Überschuss), anschliessenden Hydrieren an Platin und Erhitzen des Reaktionsprodukts mit Ameisensäure und wss. Formaldehyd (*Roberts, Sauer*, Am. Soc. **71** [1949] 3925, 3928).

Kp_{760}: 98—98,3°; Kp_{732}: 96,9—97,2° (*Skrabal*, M. **70** [1937] 420, 423). Raman-Spektrum: *Sk.*

Pikrat $C_6H_{13}N \cdot C_6H_3N_3O_7$. Krystalle; F: 193,5—195° [Zers.; aus Isopropylalkohol] (*Ro.*, *Sauer*).

2.4.6-Trinitro-benzol-sulfonat-(1) $C_6H_{13}N \cdot C_6H_3N_3O_9S$. Krystalle (aus wss. A.); F: 194,5—195° [Zers.] (*Ro.*, *Sauer*).

Dimethyl-cyclobutyl-aminoxid, *N,N-dimethylcyclobutylamine oxide* $C_6H_{13}NO$, Formel V.

B. Aus Dimethyl-cyclobutyl-amin beim Behandeln mit wss. Wasserstoffperoxid (*Roberts, Sauer*, Am. Soc. **71** [1949] 3925, 3929).

Beim Erhitzen unter 50 Torr auf 160° sind Cyclobuten und Dimethyl-cyclobutyl-amin erhalten worden.

2.4.6-Trinitro-benzol-sulfonat-(1) $C_6H_{13}NO \cdot C_6H_3N_3O_9S$. Krystalle (aus Isopropylalkohol); F: 168,8—169,5°.

Cyclobutylcarbamidsäure-methylester, *cyclobutylcarbamic acid methyl ester* $C_6H_{11}NO_2$, Formel IV (R = CO-OCH_3, X = H) (H 4).

Kp_{12}: 104—105° (*Skrabal*, M. **70** [1937] 420, 423). Raman-Spektrum: *Sk.*

2-[Nitroso-cyclobutyl-amino]-2-methyl-pentanon-(4), *4-(cyclobutylnitrosoamino)-4-methylpentan-2-one* $C_{10}H_{18}N_2O_2$, Formel IV (R = $C(CH_3)_2$-CH_2-CO-CH_3, X = NO).

B. Beim Behandeln von Cyclobutylamin mit 2-Methyl-penten-(2)-on-(4) und Essigsäure

---

[1]) Über Cyclobutanon-oxim (Krystalle [aus PAe.]; F: 84—85°) s. *Iffland et al.*, Am. Soc. **75** [1953] 4044.

und anschliessend mit wss. Natriumnitrit-Lösung (*Adamson, Kenner*, Soc. **1935** 286, 288).

$Kp_{0,8}$: 177°.

Aminomethyl-cyclopropan, C-Cyclopropyl-methylamin, *1-cyclopropylmethylamine* C_4H_9N, Formel VI (R = X = H) (H 4; dort als [Cyclopropylmethyl]-amin bezeichnet).

Beim Behandeln einer wss. Lösung mit Sauerstoff in Gegenwart von Kupfer-Pulver ist Cyclopropancarbaldehyd erhalten worden (*Schuĭkina*, Ž. obšč. Chim. **7** [1937] 983, 984; C. **1937** II 3152; *Wenuš-Danilowa, Kasimirowa*, Ž. obšč. Chim. **8** [1938] 1438, 1443; C. **1940** I 1490).

2-[Nitroso-cyclopropylmethyl-amino]-2-methyl-pentanon-(4), *4-[(cyclopropylmethyl)nitrosoamino]-4-methylpentan-2-one* $C_{10}H_{18}N_2O_2$, Formel VI (R = $C(CH_3)_2$-CH_2-CO-CH_3, X = NO).

B. Beim Behandeln von *C*-Cyclopropyl-methylamin mit 2-Methyl-penten-(2)-on-(4) und Essigsäure und anschliessend mit wss. Natriumnitrit-Lösung (*Adamson, Kenner*, Soc. **1935** 286, 288).

$Kp_{0,7}$: 136°.

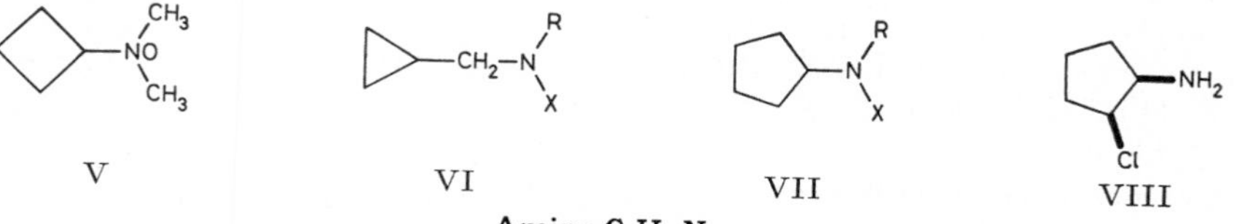

V VI VII VIII

Amine $C_5H_{11}N$

Cyclopentylamin, *cyclopentylamine* $C_5H_{11}N$, Formel VII (R = X = H) (H 4; E I 113).

Kp: 106,9—108,3° (*Kohlrausch, Reitz, Stockmair*, Z. physik. Chem. [B] **32** [1936] 229, 234). Raman-Spektrum: *Ko., Reitz, St.*

Beim Behandeln einer wss. Lösung mit Sauerstoff in Gegenwart von Kupfer-Pulver oder Osmium(VIII)-oxid ist Cyclopentanon erhalten worden (*Dem'janow, Schuĭkina*, Ž. obšč. Chim. **6** [1936] 350; C. **1936** II 1905). Bildung von Cyclopenten und Cyclopentanol beim Erwärmen mit wss. Essigsäure und Natriumnitrit: *Hückel*, A. **533** [1938] 1, 13. Bildung von 1-Cyclopentyl-pyrrolidin beim Leiten mit Tetrahydrofuran über Aluminiumoxid bei 400° im Stickstoff-Strom: *Jur'ew et al.*, Ž. obšč. Chim. **19** [1949] 1730, 1732; C. A. **1950** 1482.

Thiocyanat $C_5H_{11}N \cdot HSCN$. Krystalle (aus $CHCl_3$); F: 93—94° (*Mathes, Stewart, Swedish*, Am. Soc. **70** [1948] 3455).

Methyl-cyclopentyl-amin, N-*methylcyclopentylamine* $C_6H_{13}N$, Formel VII (R = CH_3, X = H).

B. Beim Behandeln von Cyclopentanon mit wss. Methylamin, Nickel(II)-sulfat und Zink (*Mousseron, Froger*, Bl. **1947** 843, 846).

Kp: 124°. D^{25}: 0,840. n_D^{25}: 1,445. Dissoziationskonstante: *Mou., Fr.*, l. c. S. 848.

Äthyl-cyclopentyl-amin, N-*ethylcyclopentylamine* $C_7H_{15}N$, Formel VII (R = C_2H_5, X = H).

B. Bei der Hydrierung eines Gemisches von Cyclopentanon und Äthylamin an Raney-Nickel bei 100°/105 at (*E. Lilly & Co.*, U.S.P. 2424063 [1944]).

Kp_{29}: 119—120°.

(±)-2-Cyclopentylamino-octan, (±)-[1-Methyl-heptyl]-cyclopentyl-amin, (±)-N-*cyclopentyl-1-methylheptylamine* $C_{13}H_{27}N$, Formel VII (R = $CH(CH_3)$-$[CH_2]_5$-CH_3, X = H).

B. Beim Erwärmen von Cyclopentanon mit (±)-2-Amino-octan und Erwärmen des Reaktionsprodukts in wss. Äthanol mit aktiviertem Aluminium (*Knoll A.G.*, D.R.P. 767192 [1937]; D.R.P. Org. Chem. **3** 135; *Bilhuber Corp.*, U.S.P. 2230752 [1938]).

Kp_9: 120° (*Knoll A.G.*; *Bilhuber Corp.*).

Hydrochlorid. Krystalle (aus A. + Ae.); F: 125° (*Knoll A.G.*), 105° (*Bilhuber Corp.*).

2-Cyclopentylamino-äthanol-(1), *2-(cyclopentylamino)ethanol* $C_7H_{15}NO$, Formel VII (R = CH_2-CH_2OH, X = H).

B. Bei der Behandlung von Cyclopentanon mit 2-Amino-äthanol-(1) in Äthanol und anschliessenden Hydrierung an Raney-Nickel in Gegenwart von Hexachloroplatin(IV)-säure

bei 60—80° (*Reasenberg, Goldberg*, Am. Soc. **67** [1945] 933, 935).
Kp_5: 101°.
Pikrat $C_7H_{15}NO \cdot C_6H_3N_3O_7$. F: 116—117°.

2-Cyclopentylamino-1-benzoyloxy-äthan, Benzoesäure-[2-cyclopentylamino-äthylester], *1-(benzoyloxy)-2-(cyclopentylamino)ethane* $C_{14}H_{19}NO_2$, Formel VII (R = CH_2-CH_2-O-CO-C_6H_5, X = H).
B. Beim Behandeln von 2-Cyclopentylamino-äthanol-(1) mit wss. Natronlauge und mit Benzoylchlorid in Äther und Erwärmen des Reaktionsprodukts mit konz. wss. Salzsäure (*Reasenberg, Goldberg*, Am. Soc. **67** [1945] 933, 937).
Hydrochlorid $C_{14}H_{19}NO_2 \cdot HCl$. Krystalle (aus Isopropylalkohol); F: 144—145°.

***N*-Cyclopentyl-laurinamid,** N-*cyclopentyllauramide* $C_{17}H_{33}NO$, Formel VII (R = CO-$[CH_2]_{10}$-CH_3, X = H).
B. Aus Cyclopentylamin und Lauroylchlorid in Petroläther (*Du Pont de Nemours & Co.*, U.S.P. 2151369 [1937]).
Krystalle (aus wss. A.); F: 55—56°.

***N*-Cyclopentyl-stearinamid,** N-*cyclopentylstearamide* $C_{23}H_{45}NO$, Formel VII (R = CO-$[CH_2]_{16}$-CH_3, X = H).
B. Aus Cyclopentylamin und Stearoylchlorid in Äther (*Du Pont de Nemours & Co.*, U.S.P. 2151369 [1937]).
Krystalle (aus A.); F: 67—68°.

***N*-Cyclopentyl-undecen-(10)-amid,** N-*cyclopentylundec-10-enamide* $C_{16}H_{29}NO$, Formel VII (R = CO-$[CH_2]_8$-CH=CH_2, X = H).
B. Beim Behandeln von Undecen-(10)-oylchlorid („Undecylensäure-chlorid") mit Cyclopentylamin und Pyridin (*Du Pont de Nemours & Co.*, U.S.P. 2151369 [1937]).
Hellgelbes Öl; Kp_4: 175—181°. n_D^{20}: 1,4796.

***N*-Methyl-*N*-cyclopentyl-glycin-nitril, *N*-Cyclopentyl-sarkosin-nitril,** N-*cyclopentyl=sarcosinonitrile* $C_8H_{14}N_2$, Formel VII (R = CH_2-CN, X = CH_3).
B. Aus Methyl-cyclopentyl-amin beim Erwärmen mit Formaldehyd, Kaliumcyanid und Natriumhydrogensulfit in Wasser (*Corse, Bryant, Shonle*, Am. Soc. **68** [1946] 1905, 1906, 1908).
Kp_{32}: 105—108°.
Flavianat $C_8H_{14}N_2 \cdot C_{10}H_6N_2O_8S$. F: 164—168° [Block].

***N*-Äthyl-*N*-cyclopentyl-glycin-nitril,** N-*cyclopentyl*-N-*ethylglycinonitrile* $C_9H_{16}N_2$, Formel VII (R = CH_2-CN, X = C_2H_5).
B. Aus Äthyl-cyclopentyl-amin analog *N*-Methyl-*N*-cyclopentyl-glycin-nitril [s. o.] (*Corse, Bryant, Shonle*, Am. Soc. **68** [1946] 1905, 1906, 1908).
Kp_{29}: 119—120°.
Flavianat $C_9H_{16}N_2 \cdot C_{10}H_6N_2O_8S$. F: 184—185° [Block].

***N*-Propyl-*N*-cyclopentyl-glycin-nitril,** N-*cyclopentyl*-N-*propylglycinonitrile* $C_{10}H_{18}N_2$, Formel VII (R = CH_2-CN, X = CH_2-CH_2-CH_3).
B. Aus Propyl-cyclopentyl-amin (nicht näher beschrieben) analog *N*-Methyl-*N*-cyclo=pentyl-glycin-nitril [s. o.] (*Corse, Bryant, Shonle*, Am. Soc. **68** [1946] 1905, 1906, 1908).
Kp_{20}: 130—133°.
Flavianat $C_{10}H_{18}N_2 \cdot C_{10}H_6N_2O_8S$. F: 150—155° [Block].

(±)-*N*-*sec*-Butyl-*N*-cyclopentyl-glycin-nitril, (±)-N-sec-*butyl*-N-*cyclopentylglycinonitrile* $C_{11}H_{20}N_2$, Formel VII (R = CH_2-CN, X = $CH(CH_3)$-CH_2-CH_3).
B. Aus (±)-*sec*-Butyl-cyclopentyl-amin (nicht näher beschrieben) analog *N*-Methyl-*N*-cyclopentyl-glycin-nitril [s. o.] (*Corse, Bryant, Shonle*, Am. Soc. **68** [1946] 1905, 1906, 1908).
Kp_{33}: 140—143°.
Flavianat $C_{11}H_{20}N_2 \cdot C_{10}H_6N_2O_8S$. F: 150—158° [unter Sublimation; Block].

***N.N*-Dimethyl-*N'*-[diäthylcarbamoyl-methyl]-*N'*-cyclopentyl-oxamid,** N-*cyclopentyl*-N-[*(diethylcarbamoyl)methyl*]-N',N'-*dimethyloxamide* $C_{15}H_{27}N_3O_3$, Formel VII (R = CO-CO-N$(CH_3)_2$, X = CH_2-CO-N$(C_2H_5)_2$).
B. Beim Behandeln von *N*-Cyclopentyl-glycin-diäthylamid (aus Cyclopentylamin und

C-Chlor-*N*.*N*-diäthyl-acetamid hergestellt) mit Oxalsäure-chlorid-dimethylamid (E III **4** 132) in Äther (*Geigy A. G.*, U.S.P. 2447587 [1944]).

$Kp_{0,1}$: 175–176°.

N-Cyclopentyl-β-alanin-nitril, N-*cyclopentyl-β-alaninonitrile* $C_8H_{14}N_2$, Formel VII (R = CH_2-CH_2-CN, X = H) auf S. 5.

B. Aus Cyclopentylamin und Acrylonitril (*Surrey*, Am. Soc. **71** [1949] 3354).

Kp_7: 115–116°. n_D^{25}: 1,4685.

N-Methyl-N-cyclopentyl-β-alanin-nitril, N-*cyclopentyl*-N-*methyl-β-alaninonitrile* $C_9H_{16}N_2$, Formel VII (R = CH_2-CH_2-CN, X = CH_3) auf S. 5.

B. Beim Erwärmen von Methyl-cyclopentyl-amin mit Acrylonitril unter Zusatz von wss. Trimethyl-benzyl-ammonium-hydroxid-Lösung (*Corse, Bryant, Shonle*, Am. Soc. **68** [1946] 1905, 1906, 1908).

Kp_{33}: 134–135°.

N-Äthyl-N-cyclopentyl-β-alanin-nitril, N-*cyclopentyl*-N-*ethyl-β-alaninonitrile* $C_{10}H_{18}N_2$, Formel VII (R = CH_2-CH_2-CN, X = C_2H_5) auf S. 5.

B. Aus Äthyl-cyclopentyl-amin und Acrylonitril (*Corse, Bryant, Shonle*, Am. Soc. **68** [1946] 1905, 1906, 1908).

Kp_{20}: 130–133°.

N-Butyl-N-cyclopentyl-β-alanin-nitril, N-*butyl*-N-*cyclopentyl-β-alaninonitrile* $C_{12}H_{22}N_2$, Formel VII (R = CH_2-CH_2-CN, X = $[CH_2]_3$-CH_3) auf S. 5.

B. Beim Erwärmen von Butyl-cyclopentyl-amin (nicht näher beschrieben) mit Acrylo= nitril unter Zusatz von wss. Trimethyl-benzyl-ammonium-hydroxid-Lösung (*Corse, Bryant, Shonle*, Am. Soc. **68** [1946] 1905, 1906, 1908).

Kp_{17}: 142–143°.

N-Methyl-N-cyclopentyl-äthylendiamin, N-*cyclopentyl*-N-*methylethylenediamine* $C_8H_{18}N_2$, Formel VII (R = CH_2-CH_2-NH_2, X = CH_3) auf S. 5.

B. Aus *N*-Methyl-*N*-cyclopentyl-glycin-nitril bei der Hydrierung an Raney-Nickel in Äther und Ammoniak bei 125°/100–125 at (*Corse, Bryant, Shonle*, Am. Soc. **68** [1946] 1905, 1907, 1908).

Kp_{37}: 106–108°.

Dipikrat $C_8H_{18}N_2 \cdot 2C_6H_3N_3O_7$. F: 106–110° [Block].

N-Äthyl-N-cyclopentyl-äthylendiamin, N-*cyclopentyl*-N-*ethylethylenediamine* $C_9H_{20}N_2$, Formel VII (R = CH_2-CH_2-NH_2, X = C_2H_5) auf S. 5.

B. Aus *N*-Äthyl-*N*-cyclopentyl-glycin-nitril beim Behandeln mit Natrium und Äthanol (*Corse, Bryant, Shonle*, Am. Soc. **68** [1946] 1905, 1907, 1908).

Kp_{33}: 112–113°.

Dipikrat $C_9H_{20}N_2 \cdot 2C_6H_3N_3O_7$. F: 183° [Block].

N-Propyl-N-cyclopentyl-äthylendiamin, N-*cyclopentyl*-N-*propylethylenediamine* $C_{10}H_{22}N_2$, Formel VII (R = CH_2-CH_2-NH_2, X = CH_2-CH_2-CH_3) auf S. 5.

B. Aus *N*-Propyl-*N*-cyclopentyl-glycin-nitril beim Behandeln mit Natrium und Äthanol (*Corse, Bryant, Shonle*, Am. Soc. **68** [1946] 1905, 1907, 1908).

Kp_{28}: 121–123°.

Dipikrat $C_{10}H_{22}N_2 \cdot 2C_6H_3N_3O_7$. F: 183° [Block].

(±)-N-sec-Butyl-N-cyclopentyl-äthylendiamin, (±)-N-sec-*butyl*-N-*cyclopentylethylene= diamine* $C_{11}H_{24}N_2$, Formel VII (R = CH_2-CH_2-NH_2, X = $CH(CH_3)$-CH_2-CH_3) auf S. 5.

B. Aus (±)-*N*-*sec*-Butyl-*N*-cyclopentyl-glycin-nitril bei der Hydrierung an Raney-Nickel in Äther und Ammoniak bei 125°/100–125 at (*Corse, Bryant, Shonle*, Am. Soc. **68** [1946] 1905, 1907, 1908).

Kp_{37}: 120–145°.

Dipikrat $C_{11}H_{24}N_2 \cdot 2C_6H_3N_3O_7$. F: 127–135° [Block].

N-Cyclopentyl-propandiyldiamin, N-*cyclopentylpropane-1,3-diamine* $C_8H_{18}N_2$, Formel VII (R = CH_2-CH_2-CH_2-NH_2, X = H) auf S. 5.

B. Aus *N*-Cyclopentyl-*β*-alanin-nitril bei der Hydrierung an Raney-Nickel in mit Ammoniak gesättigtem Äthanol bei 120°/175 at (*Surrey*, Am. Soc. **71** [1949] 3354).

Kp_8: 90–95°. n_D^{25}: 1,4757.

N-Methyl-N-cyclopentyl-propandiyldiamin, *N-cyclopentyl-N-methylpropane-1,3-diamine* $C_9H_{20}N_2$, Formel VII (R = CH_2-CH_2-CH_2-NH_2, X = CH_3) auf S. 5.

B. Aus *N*-Methyl-*N*-cyclopentyl-β-alanin-nitril bei der Hydrierung an Raney-Nickel in Äther und Ammoniak bei 100°/100—125 at (*Corse, Bryant, Shonle,* Am. Soc. **68** [1946] 1905, 1907, 1910).

Kp_{43}: 126—127°.

Dipikrat $C_9H_{20}N_2 \cdot 2C_6H_3N_3O_7$. F: 164—171° [Block].

N-Äthyl-N-cyclopentyl-propandiyldiamin, *N-cyclopentyl-N-ethylpropane-1,3-diamine* $C_{10}H_{22}N_2$, Formel VII (R = CH_2-CH_2-CH_2-NH_2, X = C_2H_5) auf S. 5.

B. Aus *N*-Äthyl-*N*-cyclopentyl-β-alanin-nitril beim Behandeln mit Natrium und Äthanol (*Corse, Bryant, Shonle,* Am. Soc. **68** [1946] 1905, 1907, 1910).

Kp_{28}: 122—126°.

Charakterisierung durch Überführung in *N*-[3-(Äthyl-cyclopentyl-amino)-propyl]-*N'*-phenyl-thioharnstoff (F: 78°): *Co., Br., Sh.*

N-Butyl-N-cyclopentyl-propandiyldiamin, *N-butyl-N-cyclopentylpropane-1,3-diamine* $C_{12}H_{26}N_2$, Formel VII (R = CH_2-CH_2-CH_2-NH_2, X = $[CH_2]_3$-CH_3) auf S. 5.

B. Aus *N*-Butyl-*N*-cyclopentyl-β-alanin-nitril bei der Hydrierung an Raney-Nickel in Äther und Ammoniak bei 125°/100—125 at (*Corse, Bryant, Shonle,* Am. Soc. **68** [1946] 1905, 1907, 1910).

Kp_{24}: 145—148°.

Dipikrat $C_{12}H_{26}N_2 \cdot 2C_6H_3N_3O_7$. F: 195—196° [Block].

Schwefelsäure-dimethylamid-cyclopentylamid, N.N-Dimethyl-N'-cyclopentyl-sulfamid, *N'-cyclopentyl-N,N-dimethylsulfamide* $C_7H_{16}N_2O_2S$, Formel VII (R = H, X = SO_2-$N(CH_3)_2$) auf S. 5.

B. Aus Cyclopentylamin und Dimethylsulfamoylchlorid [E III **4** 166] (*Wheeler, Degering,* Am. Soc. **66** [1944] 1242).

Krystalle (aus CCl_4); F: 55,5—56,2°.

2-Chlor-1-amino-cyclopentan, 2-Chlor-cyclopentylamin, *2-chlorocyclopentylamine* $C_5H_{10}ClN$. Über die Konfiguration der folgenden Stereoisomeren s. *van Tamelen, Wilson,* Am. Soc. **74** [1952] 6299.

a) **(−)-*cis*-2-Chlor-1-amino-cyclopentan,** Formel VIII (auf S. 5) oder Spiegelbild.

B. Aus (+)-*trans*-2-Amino-cyclopentanol-(1)-hydrochlorid beim Behandeln mit Phosphor(V)-chlorid in Chloroform (*Godchot, Mousseron,* Bl. [4] **51** [1932] 1270, 1276).

Kp_{12}: 61—62°. $[\alpha]_D$: −45,0° [Lösungsmittel nicht angegeben].

Beim Behandeln mit Silbernitrat und Natriumcarbonat in Wasser ist (−)-2-Amino-cyclopentanol-(1) (Hydrochlorid: F: 155—156°; $[\alpha]_D$: −28,9° [Lösungsmittel nicht angegeben]) erhalten worden.

b) **(±)-*cis*-2-Chlor-1-amino-cyclopentan,** Formel VIII (auf S. 5) + Spiegelbild.

B. Aus (±)-*trans*-2-Amino-cyclopentanol-(1)-hydrochlorid beim Behandeln mit Phosphor(V)-chlorid in Chloroform oder in Benzol (*Godchot, Mousseron,* Bl. [4] **51** [1932] 1270, 1272; *van Tamelen, Wilson,* Am. Soc. **74** [1952] 6299).

Kp_{12}: 63—64°; D^{15}: 1,1026; n_D^{15}: 1,4885 (*Go., Mou.*).

Geschwindigkeit der Hydrolyse in Wasser (Bildung von Cyclopentanon) bei 50° in Gegenwart von Zinkoxid: *Mousseron et al.,* Bl. **1946** 610, 617, 621.

Hydrochlorid $C_5H_{10}ClN \cdot HCl$. Krystalle; F: 169—170° (*Go., Mou.*), 168—170,5° [korr.; aus Bzl. + A.] (*v. Ta., Wi.*).

2-Methyl-cyclobutylamin $C_5H_{11}N$.

Trimethyl-[2-methyl-cyclobutyl]-ammonium, *trimethyl(2-methylcyclobutyl)ammonium* $[C_8H_{18}N]^{\oplus}$, Formel IX (X = H).

Opt.-inakt. Trimethyl-[2-methyl-cyclobutyl]-ammonium, dessen Bromid bei 270° schmilzt.

Bromid $[C_8H_{18}N]Br$. *B.* Aus (±)-Trimethyl-[2-methylen-cyclobutyl]-ammonium-bromid oder aus opt.-inakt. Trimethyl-[2-brom-2-brommethyl-cyclobutyl]-ammonium-bromid (F: 195,5° [Zers.]) bei der Hydrierung an Palladium/Bariumsulfat in Wasser (*Buchman, Howton,* Am. Soc. **70** [1948] 2517). — Krystalle (aus Acn. + Me.); F: 270° [korr.; Zers.].

Pikrat $[C_8H_{18}N]C_6H_2N_3O_7$. Gelbe Krystalle (aus A.); F: 244,6—244,8° [korr.] (*Bu.*, *Ho.*).

Trimethyl-[2-brom-2-brommethyl-cyclobutyl]-ammonium, *[2-bromo-2-(bromomethyl)cyclobutyl]trimethylammonium* $[C_8H_{16}Br_2N]^{\oplus}$, Formel IX (X = Br).

Opt.-inakt. Trimethyl-[2-brom-2-brommethyl-cyclobutyl]-ammonium, dessen Bromid bei 195° schmilzt.

Bromid $[C_8H_{16}Br_2N]Br$. *B.* Neben Trimethyl-[(1.2-dibrom-cyclobutyl)-methyl]-ammonium-bromid (F: 163—164° [Zers.]) beim Behandeln von (±)-Trimethyl-[2-methylen-cyclobutyl]-ammonium-bromid mit Brom in Chloroform (*Buchman, Howton*, Am. Soc. **70** [1948] 2517). — Krystalle (aus wss. A.); F: 195,5° [korr.; Zers.].

Pikrat $[C_8H_{16}Br_2N]C_6H_2N_3O_7$. Gelbe Krystalle (aus wss. A.); F: 173° [korr.; Zers.].

Aminomethyl-cyclobutan, *C*-Cyclobutyl-methylamin, *1-cyclobutylmethylamine* $C_5H_{11}N$, Formel X (H 5; E II 4; dort als [Cyclobutylmethyl]-amin bezeichnet).

B. Aus Cyclobutancarbonitril bei der Hydrierung an Palladium/Kohle in wss.-äthanol. Salzsäure (*Buchman, Howton*, Am. Soc. **70** [1948] 2517).

Kp: 108—112° (*Schuĭkina*, Ž. obšč. Chim. **7** [1937] 989, 990; C. **1937** II 3152).

Beim Behandeln einer Lösung in Wasser mit Sauerstoff unter Zusatz von Kupfer-Pulver ist Cyclobutylmethyl-cyclobutylmethylen-amin erhalten worden (*Sch.*).

Hydrochlorid $C_5H_{11}N \cdot HCl$ (H 5). Krystalle (aus A. + Acn.); F: 235,5° [korr.] (*Bu.*, *Ho.*).

Hexachloroplatinat(IV) $2C_5H_{11}N \cdot H_2PtCl_6$ (H 5). Gelbe Krystalle [aus wss. A.] (*Sch.*).

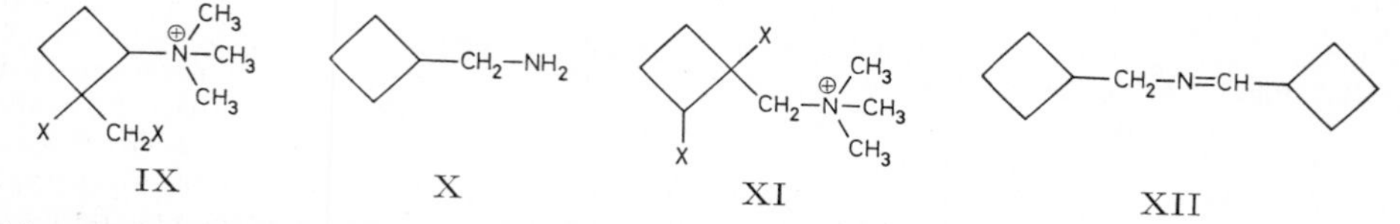

IX X XI XII

Trimethyl-cyclobutylmethyl-ammonium, *(cyclobutylmethyl)trimethylammonium* $[C_8H_{18}N]^{\oplus}$, Formel XI (X = H) (E I 113; E II 4).

Bromid $[C_8H_{18}N]Br$ (E II 4). *B.* Aus opt.-inakt. Trimethyl-[(1.2-dibrom-cyclobutyl)-methyl]-ammonium-bromid (F: 163—164° [Zers.]) bei der Hydrierung an Palladium/Bariumsulfat in Wasser (*Buchman, Howton*, Am. Soc. **70** [1948] 2517, 2520). — Krystalle (aus Acn. + Me.), F: 219,6—220,2° [korr.]; die Schmelze erstarrt beim Abkühlen zu Krystallen vom F: 226° [korr.].

Jodid $[C_8H_{18}N]I$ (E I 113). Krystalle (aus A. + Acn.); F: 205,6—206,5° [korr.] (*Bu.*, *Ho.*, l. c. S. 2519).

Pikrat $[C_8H_{18}N]C_6H_2N_3O_7$. Gelborangefarbene Krystalle (aus A.); F: 116,5—117,1° [korr.] (*Bu.*, *Ho.*, l. c. S. 2520). — Verbindung des Pikrats mit Natriumpikrat $[C_8H_{18}N]C_6H_2N_3O_7 \cdot NaC_6H_2N_3O_7 \cdot 0{,}5H_2O$. Gelbe Krystalle (aus A.); F: 164,4—164,7° [korr.].

Cyclobutylmethyl-cyclobutylmethylen-amin, Cyclobutancarbaldehyd-cyclobutylmethylimin, *1-cyclobutyl-*N*-(cyclobutylmethylene)methylamine* $C_{10}H_{17}N$, Formel XII.

B. Beim Behandeln von *C*-Cyclobutyl-methylamin in Wasser mit Sauerstoff in Gegenwart von Kupfer-Pulver (*Schuĭkina*, Ž. obšč. Chim. **7** [1937] 989, 990; C. **1937** II 3152).

Kp_{15}: 88—90°. D_4^{25}: 0,9546. n_D^{25}: 1,4890.

Beim Erhitzen des Hexachloroplatinats(IV) in wss. Äthanol ist *C*-Cyclobutyl-methylamin-hexachloroplatinat(IV) erhalten worden. Bildung von Cyclobutancarbonsäure-cyclobutylmethylester und Cyclobutylmethanol beim Erhitzen mit wss. Schwefelsäure: *Sch.*

Hexachloroplatinat(IV) $2C_{10}H_{17}N \cdot H_2PtCl_6$. Orangefarben; nicht rein erhalten.

Trimethyl-[(1.2-dibrom-cyclobutyl)-methyl]-ammonium, *[(1,2-dibromocyclobutyl)methyl]trimethylammonium* $[C_8H_{16}Br_2N]^{\oplus}$, Formel XI (X = Br).

Opt.-inakt. Trimethyl-[(1.2-dibrom-cyclobutyl)-methyl]-ammonium, dessen Bromid bei 164° schmilzt.

Bromid $[C_8H_{16}Br_2N]Br$. *B.* Beim Behandeln von Trimethyl-[cyclobuten-(1)-yl-methyl]-

ammonium-bromid oder von (±)-Trimethyl-[2-methylen-cyclobutyl]-ammonium-bromid mit Brom in Chloroform, im zweiten Fall neben Trimethyl-[2-brom-2-brommethyl-cyclobutyl]-ammonium-bromid (F: 195,5° [Zers.]) (*Buchman*, *Howton*, Am. Soc. **70** [1948] 2517). — Krystalle (aus Me. + Acn.); F: 163—164° [korr.; Zers.].

Pikrat $[C_8H_{16}Br_2N]C_6H_2N_3O_7$. Orangegelbe Krystalle (aus wss. A.); F: 172° [korr.; Zers.] (*Bu.*, *Ho.*).

[*Reinhard*]

Amine $C_6H_{13}N$

Cyclohexylamin, *cyclohexylamine* $C_6H_{13}N$, Formel I (R = X = H) auf S. 17 (H 5; E I 114; E II 4).

Bildungsweisen.

Aus Cyclohexanon beim Leiten eines Gemisches mit Ammoniak und Wasserstoff über einen Nickel-Katalysator bei 130—140° (*I.G. Farbenind.*, D.R.P. 489551 [1926]; Frdl. **16** 706). Neben Dicyclohexylamin beim Erhitzen von Cyclohexanon mit Formamid und Ameisensäure bis auf 185° und anschliessenden Erhitzen mit wss. Salzsäure (*Wegler*, *Frank*, B. **70** [1937] 1279, 1283) sowie bei der Hydrierung von Cyclohexanon in Ammoniak und Ammoniumchlorid enthaltender wss.-methanol. Lösung an Platin (*Alexander*, *Misegades*, Am. Soc. **70** [1948] 1315; vgl. E II 4, 5). Aus Cyclohexanon beim Behandeln mit wss.-äthanol. Ammoniak und vernickeltem Zink (*Harlay*, C. r. **213** [1941] 304). Neben anderen Substanzen bei der Hydrierung von Cyclohexanon-oxim an Raney-Nickel in Äthanol bei 75°/60 at (*Paul*, Bl. [5] **4** [1937] 1121, 1125) oder in äthanol. Ammoniak bei 90—130°/80 at (*Crum*, *Robinson*, Soc. **1943** 561, 563; vgl. E I 114). Neben geringen Mengen Dicyclohexylamin beim Behandeln von Cyclohexanon-oxim mit amalgamiertem Aluminium und wss. Äthanol (*Tseng*, *Chang*, Sci. Rep. Univ. Peking **1** Nr. 3 [1936] 19, 27). Aus Nitrobenzol beim Erhitzen mit Ameisensäure in Gegenwart von Nickel/Kieselgur auf 200° (*Davies*, *Hodgson*, Soc. **1943** 281). Aus 3-Brom-1-nitro-benzol bei der Hydrierung an Palladium in wss. Äthanol (*Rampino*, *Nord*, Am. Soc. **63** [1941] 3268). Aus Cyclohexylisocyanat beim Erhitzen mit Kaliumhydroxid (*Olsen*, *Enkemeyer*, B. **81** [1948] 359). Aus Anilin bei der Hydrierung an einem Mangan enthaltendem Kobalt-Katalysator bei 195°/200 at (*Deutsche Hydrierwerke*, D.R.P. 765846 [1940]; D.R.P. Org. Chem. **6** 1550). Neben Dicyclohexylamin bei der Hydrierung von Anilin an einem Kobalt-Katalysator bei 280°/100 at (*Winans*, Ind. eng. Chem. **32** [1940] 1215) sowie an Nickel-Katalysatoren bei 280°/150 at (*Mugishima*, J. Soc. chem. Ind. Japan **42** [1939] 16, 18; J. Soc. chem. Ind. Japan Spl. **42** [1939] 17), bei 230°/60 at (*Monsanto Chem. Co.*, U.S.P. 2184070 [1936]) oder bei 175°/200 at (*Diwoky*, *Adkins*, Am. Soc. **53** [1931] 1868, 1869; s. a. *Adkins*, *Cramer*, Am. Soc. **52** [1930] 4349, 4355). Beim Leiten eines Gemisches von Dicyclohexylamin, Ammoniak und Wasserstoff über einen mit Chromoxid aktivierten Nickel-Katalysator bei 140° (*I.G. Farbenind.*, D.R.P. 626923 [1933]; Frdl. **22** 169). Aus Cyclohexancarbonsäure mit Hilfe von Natriumazid und Schwefelsäure (*Oesterlin*, Ang. Ch. **45** [1932] 536). Beim Behandeln von *O*-Benzyl-hydroxylamin mit Cyclohexylmagnesiumbromid in Äther bei —10° (*Schewerdina*, *Kotscheschkow*, Izv. Akad. S.S.S.R. Otd. chim. **1941** 75, 77; C. **1942** I 1872).

Physikalische Eigenschaften.

E: —17,7° (*Carswell*, *Morrill*, Ind. eng. Chem. **29** [1937] 1247), —17,6° (*van de Vloed*, Bl. Soc. chim. Belg. **48** [1939] 229, 254). Kp_{760}: 134,5° (*Ca.*, *Mo.*); Kp_{757}: 134,65° (*v. d. Vl.*). Siedepunkt bei Drucken von 760 Torr (134,5°) bis 15 Torr (30,5°): *Ca.*, *Mo.* Latente Schmelzwärme: 4175 cal/mol (*v. d. Vl.*, l. c. S. 232). D_4^0: 0,8851 (*v. d. Vl.*); D_4^{20}: 0,8671 (*Vogel*, Soc. **1948** 1825, 1830); D_4^{25}: 0,8625 (*Lewis*, *Smyth*, Am. Soc. **61** [1939] 3067); D_{25}^{25}: 0,8647 (*Ca.*, *Mo.*); $D_4^{40,6}$: 0,8498; $D_4^{62,3}$: 0,8307; $D_4^{85,3}$: 0,8106 (*Vo.*). Dichte bei Temperaturen von 15,1° (0,8722) bis 125,8° (0,7718): *Friend*, *Hargreaves*, Phil. Mag. [7] **35** [1944] 57, 63. Viscosität bei Temperaturen von 15,1° (0,02472 g/cmsec) bis 125,8° (0,00427 g/cmsec): *Fr.*, *Ha.*, l. c. S. 59, 63. Oberflächenspannung bei Temperaturen von 16,2° (32,27 dyn/cm) bis 87° (23,94 dyn/cm): *Vo.* $n_{656,3}^{20}$: 1,45665; n_D^{20}: 1,45926; $n_{486,1}^{20}$: 1,46539; $n_{434,0}^{20}$: 1,47001 (*Vo.*); n_D^{25}: 1,4565 (*Ca.*, *Mo.*).

Strömungsdoppelbrechung: *Vorländer*, *Specht*, Z. physik. Chem. [A] **178** [1936] 93, 97. Beugung von Röntgen-Strahlen in flüssigem Cyclohexylamin: *Ishino*, *Tanaka*, *Tsuji*, Mem. Coll. Sci. Kyoto [A] **13** [1930] 1, 16. IR-Absorption von flüssigem Cyclohexylamin bei ca. 1 μ: *Freymann*, A. ch. [11] **11** [1939] 19; bei ca. 0,8 μ: *Barchewitz*, Ann.

Physique [11] **11** [1939] 261, 295, 296; einer Lösung in Tetrachlormethan bei ca. 1,5 μ: *Wulf, Liddel*, Am. Soc. **57** [1935] 1464, 1466. Raman-Spektrum: *Kohlrausch, Stockmair*, Z. physik. Chem. [B] **31** [1936] 382, 385, 399. UV-Absorption der Base (Hexan bzw. A.): *Grunfeld*, C. r. **194** [1932] 1083; A. ch. [10] **20** [1933] 304, 321, 322; des Hydrochlorids (W.): *Gr.*, A. ch. [10] **20** 322.

Dipolmoment (ε; Bzl.): 1,32 D (*Lewis, Smyth*, Am. Soc. **61** [1939] 3067). Dielektrizitätskonstante von festem und flüssigem Cyclohexylamin bei −21°: *White, Bishop*, Am. Soc. **62** [1940] 8, 10. Dissoziationsexponent pK_a [Cyclohexylammonium-Ion] (Wasser; potentiometrisch ermittelt) bei 24°: 10,66 (*Hall, Sprinkle*, Am. Soc. **54** [1932] 3469, 3473); bei 16°: 11,05 (*Vexlearschi*, C. r. **228** [1949] 1655). Dissoziationskonstante K_b (Wasser; potentiometrisch ermittelt) bei 20°: $1{,}58 \cdot 10^{-4}$ (*Waksmundzki*, Roczniki Chem. **18** [1938] 865, 868). Relative Basizität in Benzol (spektrometrisch ermittelt): *Davis, Schuhmann*, J. Res. Bur. Stand. **39** [1947] 221, 238.

Lösungsvermögen für Dichlormethan: *Copley, Zellhoefer, Marvel*, Am. Soc. **60** [1938] 2714; für Fluor-dichlor-methan: *Copley, Zellhoefer, Marvel*, Am. Soc. **60** [1938] 2666, 2668, 2669; für Difluor-dichlor-methan: *Copley, Zellhoefer, Marvel*, Am. Soc. **61** [1939] 3550. Mischungsenthalpie im System mit Chloroform: *Spence*, J. phys. Chem. **45** [1941] 304, 306; im System mit Phenylacetylen: *Copley, Holley*, Am. Soc. **61** [1939] 1599. Eutektika sind in den binären Systemen mit Triäthylamin und Piperidin nachgewiesen worden (*van de Vloed*, Bl. Soc. chim. Belg. **48** [1939] 229, 260, 261). Siedepunkt und Zusammensetzung des Azeotrops mit Wasser (vgl. E II 5) bei 40–760 Torr: *Carswell, Morrill*, Ind. eng. Chem. **29** [1937] 1247, 1248; s. a. *Brand, Rosenkranz*, Pharm. Zentralhalle **78** [1937] 685, 690.

Chemisches Verhalten.

Bildung von Methylcyclopentan, Cyclohexen, Ammoniak, Anilin und Carbazol beim Leiten über Bleicherde bei 350°: *Inoue, Ishimura*, Bl. chem. Soc. Japan **9** [1934] 423, 424. Bildung von 2-Methyl-pyridin beim Leiten im Gemisch mit Ammoniak über mit Zinkchlorid imprägnierten Bimsstein bei 350°: *I.G. Farbenind.*, zit. bei *Delfs* in *K. Ziegler*, Präparative Organische Chemie, Tl. I (= Naturf. Med. Dtschld. 1939–1946, Bd. 36) [Wiesbaden 1948] S. 280.

Flammpunkt und Brennpunkt: *Carswell, Morrill*, Ind. eng. Chem. **29** [1937] 1247. Überführung in Cyclohexanon durch Behandlung mit Wasser und Sauerstoff in Gegenwart von Kupfer-Pulver: *Šmirnow*, Ž. obšč. Chim. **8** [1938] 1727; C. **1939** II 4211. Beim Erwärmen mit Natriumnitrit und wss. Essigsäure sind Cyclohexanol, Cyclohexen und Essigsäure-cyclohexylester, nach Zusatz von Äthanol bzw. Methanol ist daneben Äthyl-cyclohexyl-äther bzw. Methyl-cyclohexyl-äther erhalten worden (*Hückel, Wilip*, J. pr. [2] **158** [1941] 21–27; vgl. *Hückel*, A. **533** [1938] 1, 13). Reaktion mit Phosphorigsäure-dibenzylester und Tetrachlormethan oder anderen Polyhalogenkohlenwasserstoffen unter Bildung von Cyclohexylamidophosphorsäure-dibenzylester: *Atherton, Openshaw, Todd*, Soc. **1945** 660, 662; *Atherton, Todd*, Soc. **1947** 674, 676. Beim Erhitzen mit Wasser in Gegenwart eines Nickel-Katalysators auf 180° ist Cyclohexanol, beim Erhitzen mit Wasser in Gegenwart eines Kupfer-Katalysators auf 285° ist Cyclohexanon als Hauptprodukt erhalten worden (*I.G. Farbenind.*, D.R.P. 727626 [1939]; D.R.P. Org. Chem. **6** 1556; *Schmidt, Seydel*, U.S.P. 2387617 [1940]).

Kinetik der Reaktionen mit Chlor-hexadecanen und Brom-hexadecanen bei 90°: *Asinger, Eckoldt*, B. **76** [1943] 579, 583. Reaktion mit Butandiol-(1.4) in Gegenwart von Aluminiumoxid-Thoriumoxid bei 300° unter Bildung von 1-Cyclohexyl-pyrrolidin: *I.G. Farbenind.*, D.R.P. 701825 [1938]; D.R.P. Org. Chem. **6** 2388; *Gen. Aniline & Film Corp.*, U.S.P. 2421650 [1939]. Beim Erwärmen mit 9.10-Dihydroxy-2.3.5.6.7.8-hexahydro-anthracen-chinon-(1.4) (E III **6** 6719) in Butanol-(1) und anschliessenden Behandeln mit Luft in Gegenwart von Piperidin sind 8-Cyclohexylamino-5-hydroxy-1.2.3.4-tetrahydro-anthrachinon und 5.8-Bis-cyclohexylamino-1.2.3.4-tetrahydro-anthrachinon erhalten worden (*I.G. Farbenind.*, D.R.P. 712599 [1937]; D.R.P. Org. Chem. **1**, Tl. 2, S. 216; *Gen. Aniline & Film Corp.*, U.S.P. 2276637 [1938]). Bildung von 5-Nitro-1.3-dicyclohexyl-hexahydro-[1.3.5]triazin beim Behandeln mit Formaldehyd und Nitramid in Wasser: *Chute et al.*, Canad. J. Res. [B] **27** [1949] 218, 233. Beim Behandeln mit 1 Mol Formaldehyd in wss. Dioxan und anschliessenden Erwärmen mit 4-*tert*-Butyl-phenol entsteht 2-[Cyclohexylamino-methyl]-4-*tert*-butyl-phenol; bei Anwendung von 2 Mol Formaldehyd bildet sich 6-*tert*-Butyl-3-cyclohexyl-3.4-dihydro-2*H*-benz[1.3]oxazin(*Burke*,

Am. Soc. **71** [1949] 609, 610, 611). Bei der Hydrierung eines Gemisches mit 1-Phenyl-propandion-(1.2) an Palladium in Wasser ist 2-Cyclohexylamino-1-phenyl-propanon-(1) erhalten worden (*Skita, Keil, Baesler*, B. **66** [1933] 858, 863). Reaktion mit Dibenzoylmethan in Gegenwart von wss. Salzsäure unter Bildung von β-Cyclohexylamino-chalkon (F: 78° [S. 34]): *Cromwell, Babson, Harris*, Am. Soc. **65** [1943] 312, 314. Geschwindigkeit der Reaktionen mit Essigsäure-äthylester, Phenylessigsäure-äthylester, Malonsäure-diäthylester und Milchsäure-äthylester bei 25°: *Glasoe, Audrieth*, J. org. Chem. **4** [1939] 54, 56; der Reaktion mit Malonsäure-diäthylester in Äthanol bei 100°: *Grunfeld*, A. ch. [10] **20** [1933] 304, 355; der Reaktion mit Phthalsäure-anhydrid in Essigsäure bei Siedetemperatur: *Wanag*, Acta latviens. Chem. **4** [1938] 405, 413.

Physiologie.

Cyclohexylamin erzeugt Dermatitis (*Carswell, Morrill*, Ind. eng. Chem. **29** [1937] 1247, 1249).

Nachweis und Bestimmung.

Charakterisierung als Pikrat s. S. 13. Charakterisierung durch Überführung in *N'*-Cyclohexyl-*N*-[4-chlor-phenyl]-harnstoff (F: 228° [korr.]): *Sah*, J. Chin. chem. Soc. **13** [1946] 22, 40; in *N'*-Cyclohexyl-*N*-[4-brom-phenyl]-harnstoff (F: 233° [korr.]): *Sah*, l. c. S. 47; in *N'*-Cyclohexyl-*N*-[3-jod-phenyl]-harnstoff (F: 144—146° [korr.]): *Sah, Chen*, J. Chin. chem. Soc. **14** [1946] 74, 77; in *N*-Cyclohexyl-*N'*-[3-nitro-4-methyl-phenyl]-harnstoff (F: 151° [korr.]): *Sah et al.*, J. Chin. chem. Soc. **14** [1946] 84, 88; in 5-Cyclohexyl-1-phenyl-biuret (F: 205—206° [korr.]): *Sah et al.*, J. Chin. chem. Soc. **14** [1946] 52, 57; in 2.4-Dinitro-*N*-cyclohexyl-benzolsulfenamid-(1) (F: 109,5—110°): *Billman et al.*, Am. Soc. **63** [1941] 1920; in *N*-Cyclohexyl-*N'*-[biphenylyl-(4)]-thioharnstoff (F: 180°): *Brown, Campbell*, Soc. **1937** 1699; in *N*-Cyclohexyl-*N'*-[naphthyl-(2)]-thioharnstoff (F: 172°): *Br., Ca.*

Quantitative Bestimmung mit Hilfe von Acetanhydrid: *Mitchell, Hawkins, Smith*, Am. Soc. **66** [1944] 782; mit Hilfe von Benzaldehyd: *Hawkins, Smith, Mitchell*, Am. Soc. **66** [1944] 1662. Acidimetrische Bestimmung mit Hilfe von Toluol-sulfonsäure-(4): *Dietzel, Paul*, Ar. **276** [1938] 408, 414.

Salze und Additionsverbindungen.

Hydrochlorid $C_6H_{13}N \cdot HCl$ (H 6; E II 5). Krystalle; F: 204—205° (*Braun*, Am. Soc. **55** [1933] 1280, 1281; *Fujita*, Mem. Coll. Sci. Kyoto [A] **23** [1941] 421, 428), 202—203° [aus A. + Ae.] (*Wieland, Dorrer*, B. **63** [1930] 404, 410).

Hydrobromid $C_6H_{13}N \cdot HBr$ (H 6; E II 5). F: 196—197° (*Glasoe, Audrieth*, J. org. Chem. **4** [1939] 54, 55).

Hydrojodid $C_6H_{13}N \cdot HI$ (H 6). Krystalle (aus Bzl. bzw. A.); F: 193—194° (*Breuer, Schnitzer*, M. **68** [1936] 301, 307; *Glasoe, Audrieth*, J. org. Chem. **4** [1939] 54, 55). — Verbindung mit Cyclohexylamin $2\,C_6H_{13}N \cdot HI$. F: 185—187° (*Gl., Au.*).

Azid $C_6H_{13}N \cdot HN_3$. Gelbliche Krystalle, F: 112—113°; leicht flüchtig (*Cīrulis, Straumanis*, J. pr. [2] **161** [1942] 65, 74). In Wasser, Äthanol und Äther leicht löslich (*Cī,. St.*, J. pr. [2] **161** 74). — Tetraazido-cuprat(II) $2\,C_6H_{13}N \cdot H_2Cu(N_3)_4$. Grüne Krystalle, F: 146—147°; in Wasser mit rotbrauner Farbe löslich (*Cīrulis, Straumanis*, B. **76** [1943] 825, 827).

Sulfate. a) $2\,C_6H_{13}N \cdot H_2SO_4$. Krystalle (aus W. + Acn.); F: 338° [unkorr.] (*Breuer, Schnitzer*, M. **68** [1936] 301, 306). — b) $C_6H_{13}N \cdot H_2SO_4$. Krystalle (aus Acn.); F: 117—118° (*Br., Sch.*).

Amidosulfat $C_6H_{13}N \cdot NH_2SO_3H$. F: 157—158° [unkorr.] (*Butler, Audrieth*, Am. Soc. **61** [1939] 914).

Nitrat $C_6H_{13}N \cdot HNO_3$. Krystalle; F: 156° [unkorr.] (*Glasoe, Audrieth*, J. org. Chem. **4** [1939] 54, 55), 153—154° [Zers.; aus A. + Ae.] (*Chapman, Owston, Woodcock*, Soc. **1949** 1647). D_4^{25}: 1,204 (*Campbell, Campbell*, Canad. J. Res. [B] **25** [1947] 90, 98).

Salz des Phosphorsäure-monophenylesters $C_6H_{13}N \cdot C_6H_7O_4P$. Krystalle (aus A.); F: 214—215° (*Baddiley et al.*, Soc. **1949** 815, 819).

Salz des Phosphorsäure-isopentylester-benzylesters $C_6H_{13}N \cdot C_{12}H_{19}O_4P$. Krystalle (aus Acn.); F: 131—132° (*Baddiley et al.*, Soc. **1949** 815, 818).

Salz des Phosphorsäure-phenylester-benzylesters $C_6H_{13}N \cdot C_{13}H_{13}O_4P$. Krystalle (aus A. + Acn.); F: 145° (*Baddiley et al.*, Soc. **1949** 815, 819).

Salz des Phosphorsäure-dibenzylesters $C_6H_{13}N \cdot C_{14}H_{15}O_4P$. Krystalle (aus A.); F: 173° (*Baddiley et al.*, Soc. **1949** 815, 818).

1.4-Diphosphonooxy-naphthalin-Salz $4C_6H_{13}N \cdot C_{10}H_{10}O_8P_2$. Krystalle (aus Me.) mit 2 Mol H_2O; F: 193,5—194° [Zers.; nach Sintern bei 192°] (*Friedmann, Marrian, Simon-Reuss*, Brit. J. Pharmacol. Chemotherapy **3** [1948] 263, 268).

Metaarsenite $C_6H_{13}N \cdot HAsO_2$ und $C_6H_{13}N \cdot 2HAsO_2$: *Brand, Rosenkranz*, Pharm. Zentralhalle **78** [1937] 685, 688, 689.

Verbindung mit Kupfer(II)-azid $2C_6H_{13}N \cdot Cu(N_3)_2$. Grüne Krystalle; F: 134° (*Cīrulis, Straumanis*, J. pr. [2] **162** [1943] 307, 312).

Verbindungen mit 0,5 Mol Zinkchlorid (F: 210°), mit Zinknitrat (F: 158—165°), mit 1 Mol Zinksulfat (F: > 230°), mit Zinkcarbonat (F: 158—165°), mit 0,5 Mol Zinkacetat (F: 164—166°), mit Zinkstearat (F: < 100°), mit Zinkcrotonat (F: 110—125°), mit 0,5 Mol Zinkphthalat (F: > 295°) und mit 1 Mol Zinkcitrat (F: > 295°): *Wingfoot Corp.*, U.S.P. 2184238 [1936].

Verbindung mit Cyclohexanol $C_6H_{13}N \cdot C_6H_{12}O$. Unterhalb Raumtemperatur schmelzend (*Winans*, Am. Soc. **61** [1939] 3591).

Pikrat $C_6H_{13}N \cdot C_6H_3N_3O_7$. Gelbe Krystalle; F: 159—160° (*Ney et al.*, Am. Soc. **65** [1943] 770, 775), 158—159° [korr.] (*Wagner*, J. chem. Educ. **10** [1933] 113, 117), 157° bis 158° [aus A.] (*Breuer, Schnitzer*, M. **68** [1936] 301, 307).

4.6-Dinitro-2-cyclohexyl-phenolat. Orangegelbe Krystalle, F: 218—219°; in 100 g Wasser lösen sich bei 25° 0,022 g (*Dow Chem. Co.*, U.S.P. 2225618 [1939]).

Salz des 3.4.5-Trichlor-biphenylols-(2) oder 3.5.6-Trichlor-biphenylols-(2) (F: 117—118,5° [E III **6** 3303]). F: 137,5—138,5° (*Dow Chem. Co.*, U.S.P. 2417809 [1941], 2427658 [1943]).

Biphenylolat-(4). Krystalle; F: 108—109° (*Wingfoot Corp.*, U.S.P. 2004914 [1930]).

N.N'-Dinitro-methylendiamin-Salz (Methylendinitramin-Salz) $2C_6H_{13}N \cdot CH_4N_4O_4$. Krystalle (aus Me.); F: 99—100° [Zers.] (*Chapman, Owston, Woodcock*, Soc. **1949** 1638, 1641).

2-Nitro-indandion-(1.3)-Salz $C_6H_{13}N \cdot C_9H_5NO_4$. Krystalle; F: 221—222° [korr.; Zers.; Block] (*Christensen et al.*, Anal. Chem. **21** [1949] 1573), 213° [aus A.] (*Wanag, Lode*, B. **70** [1937] 547, 553).

Oxalat $2C_6H_{13}N \cdot C_2H_2O_4$. F: 245° [Zers.] (*Ney et al.*, Am. Soc. **65** [1943] 770, 775).

Thiocyanat $C_6H_{13}N \cdot HSCN$. Krystalle (aus $CHCl_3$); F: 93—94° (*Mathes, Stewart, Swedish*, Am. Soc. **70** [1948] 3455).

Thiocyanatoacetat. F: 110,5—111,5° [korr.] (*Weiss*, Am. Soc. **69** [1947] 2682).

DL-Mandelat. Krystalle; F: 208° [korr.] (*E. Lilly & Co.*, U.S.P. 2140461 [1938]).

2-Hydroxy-dithionaphthoat-(1) $C_6H_{13}N \cdot C_{11}H_8OS_2$. Gelb; F: 119° (*Wingfoot Corp.*, U.S.P. 2289649 [1939]).

Salz der [2-Hydroxy-thionaphthoyl-(1)-mercapto]-essigsäure oder 2-Carboxymethoxy-dithionaphthoesäure-(1) (F: 174° [E III **10** 1068]). Gelbe Krystalle; F: 116—117° (*Wingfoot Corp.*, U.S.P. 2289649 [1939]).

2.5-Dihydroxy-benzol-disulfonat-(1.4) $2C_6H_{13}N \cdot C_6H_6O_8S_2$. Krystalle [aus W.] (*Garreau*, A. ch. [11] **10** [1938] 485, 550).

[*Unger*]

Methyl-cyclohexyl-amin, N-*methylcyclohexylamine* $C_7H_{15}N$, Formel I (R = CH_3, X = H) auf S. 17 (H 6; E I 114; E II 5).

B. Beim Behandeln von Cyclohexanon mit wss. Methylamin unter Zusatz von verkupfertem Zink (*Mousseron, Froger*, Bl. **1947** 843, 845). Aus *N*-Methyl-anilin bei der Hydrierung an Nickel bei 280°/100 at (*I.G. Farbenind.*, D.R.P. 519518 [1926]; Frdl. **17** 811) oder bei 200°/230 at (*Magee, Henze*, Am. Soc. **62** [1940] 910; vgl. H 6).

Kp: 145°; D^{23}: 0,868; n_D^{23}: 1,4530 (*Mou., Fr.*). Dissoziationskonstante: *Mou., Fr.*, l. c. S. 848.

Charakterisierung als Benzoyl-Derivat (F: 170—171°): *Mou., Fr.*; durch Überführung in 2.4-Dinitro-*N*-methyl-*N*-cyclohexyl-benzolsulfenamid-(1) (F: 95,5—96°): *Billman et al.*, Am. Soc. **63** [1941] 1920.

Dimethyl-cyclohexyl-amin, N,N-*dimethylcyclohexylamine* $C_8H_{17}N$, Formel I (R = CH_3, X = CH_3) auf S. 17 (H 6; E I 114; E II 6).

B. Aus Cyclohexylchlorid und Dimethylamin bei 150—160° (*I.G. Farbenind.*, D.R.P. 676331 [1935]; Frdl. **24** 130). Aus *N.N*-Dimethyl-anilin bei der Hydrierung an Nickel bei 300°/100—150 at (*I.G. Farbenind.*, U.S.P. 1782729 [1926]) oder bei 185°/100 at (*Covert, Connor, Adkins*, Am. Soc. **54** [1932] 1651, 1658). Aus Dimethyl-phenyl-benzyl-ammonium-chlorid bei der Hydrierung an Palladium in Äthanol (*Birkofer*, B. **75** [1942] 429, 436) oder an Platin in Essigsäure (*Emde, Kull*, Ar. **274** [1936] 173, 178).

Kp_{15}: 50,8–51,5° (*Cov., Con., Ad.*). Dissoziationskonstante: *Mousseron, Froger*, Bl. **1947** 843, 848. Wärmetönung beim Vermischen mit Chloroform: *Marvel, Copley, Ginsberg*, Am. Soc. **62** [1940] 3109; mit Benzotrichlorid und mit Benzotrifluorid: *Marvel, Copley, Ginsberg*, Am. Soc. **62** [1940] 3263. Lösungsvermögen für Difluor-dichlor-methan, Fluor-dichlor-methan und Fluor-trichlor-methan bei 32°: *Copley, Zellhoefer, Marvel*, Am. Soc. **60** [1938] 2666, 2668, **61** [1939] 3550.

Beim Behandeln einer äther. Lösung mit Schwefelsäure ist Cyclohexylamin erhalten worden (*Breuer, Schnitzer*, M. **68** [1936] 301, 305).

Tetrachloroaurat(III) $C_8H_{17}N \cdot HAuCl_4$. F: 105° (*Emde, Kull*).

Hexachloroplatinat(IV) $2C_8H_{17}N \cdot H_2PtCl_6$. F: 158° (*Emde, Kull*).

Phthalat $2C_8H_{17}N \cdot C_8H_6O_4$. Krystalle; F: 136–139° (*Monsanto Chem. Co.*, U.S.P. 2335059 [1940]).

Verbindung mit Schwefeltrioxid. *B.* Aus Dimethyl-cyclohexyl-amin und Chloroschwefelsäure (*Am. Cyanamid Co.*, U.S.P. 2403226 [1944]). — Krystalle; F: 86–88°.

Trimethyl-cyclohexyl-ammonium, *cyclohexyltrimethylammonium* $[C_9H_{20}N]^{\oplus}$, Formel II ($R = CH_3$) auf S. 17.

Bromid $[C_9H_{20}N]Br$. *B.* Aus opt.-inakt. Trimethyl-[2.3-dibrom-cyclohexyl]-ammoniumbromid (F: 152°) bei der Hydrierung an Palladium/Bariumsulfat in Wasser (*Howton*, Am. Soc. **69** [1947] 2555). — Krystalle (aus Acn. + Me.); F: 281° [korr.; Zers.] (*Ho.*).

Jodid $[C_9H_{20}N]I$ (H 6; E II 6). Aus Cyclohexylamin und Methyljodid in Äther (*Breuer, Schnitzer*, M. **68** [1936] 301, 308). — Krystalle; F: 271,5–271,8° [korr.; Zers.; aus Acn. + Me.] (*Ho.*), 263° [aus Me. + Ae.] (*Br., Sch.*).

Pikrat $[C_9H_{20}N]C_6H_2N_3O_7$. Krystalle; F: 125,4° [korr.; aus A.] (*Ho.*). — Verbindung des Pikrats mit Natriumpikrat $[C_9H_{20}N]C_6H_2N_3O_7 \cdot NaC_6H_2N_3O_7$. Krystalle (aus A.) mit 1,5 Mol H_2O; F: 188,2–188,5° [korr.] (*Ho.*).

Äthyl-cyclohexyl-amin, N-*ethylcyclohexylamine* $C_8H_{17}N$, Formel I ($R = C_2H_5$, $X = H$) auf S. 17 (H 6; E I 114; E II 6).

B. Als Hauptprodukt beim Behandeln von Cyclohexylamin mit Äthanol in Gegenwart von Nickel unter Wasserstoff bei 200°/75 at (*Winans, Adkins*, Am. Soc. **54** [1932] 306, 310). Bei der Hydrierung eines Gemisches von Anilin und Äthanol an Nickel bei 200°/250 at (*Adkins, Cramer*, Am. Soc. **52** [1930] 4349, 4355). Aus *N*-Äthyl-anilin bei der Hydrierung an Nickel bei 200–300°/100–150 at (*I.G. Farbenind.*, U.S.P. 1782729 [1926]; D.R.P. 528465 [1927]; Frdl. **17** 810).

Bei der Hydrierung eines Gemisches mit Acetaldehyd an Platin ist Diäthyl-cyclohexyl-amin erhalten worden (*Skita, Keil*, B. **63** [1930] 34, 41).

Pikrat $C_8H_{17}N \cdot C_6H_3N_3O_7$ (vgl. E II 6). F: 231° [aus A.] (*Skita, Pfeil*, A. **485** [1931] 152, 159).

2-Chlor-1-cyclohexylamino-äthan, [2-Chlor-äthyl]-cyclohexyl-amin, N-*(2-chloroethyl)cyclohexylamine* $C_8H_{16}ClN$, Formel I ($R = CH_2\text{-}CH_2Cl$, $X = H$) auf S. 17.

B. Aus 2-Cyclohexylamino-äthanol-(1)-hydrochlorid beim Erwärmen mit Thionylchlorid in Chloroform (*Cope et al.*, Am. Soc. **71** [1949] 554, 555, 557).

Hydrochlorid $C_8H_{16}ClN \cdot HCl$. Krystalle; F: 219,5–220° [korr.; aus A.] (*Cope et al.*), 219–219,5° [unkorr.] (*Cheney, Smith, Binkley*, Am. Soc. **71** [1949] 60, 61).

Methyl-[2-chlor-äthyl]-cyclohexyl-amin, N-*(2-chloroethyl)*-N-*methylcyclohexylamine* $C_9H_{18}ClN$, Formel I ($R = CH_2\text{-}CH_2Cl$, $X = CH_3$) auf S. 17.

B. Aus 2-[Methyl-cyclohexyl-amino]-äthanol-(1) beim Behandeln mit Thionylchlorid in Chloroform (*Blicke, Maxwell*, Am. Soc. **64** [1942] 428, 429).

Kp_{11}: 99–100°.

Diäthyl-cyclohexyl-amin, N,N-*diethylcyclohexylamine* $C_{10}H_{21}N$, Formel I ($R = X = C_2H_5$) auf S. 17 (H 6; E I 114; E II 6).

B. Bei der Hydrierung eines Gemisches von Cyclohexanon und Diäthylamin an Platin in Methanol (*Wegler, Frank*, B. **69** [1936] 2071, 2075). Aus Cyclohexylamin und Diäthylsulfat (*Bain, Pollard*, Am. Soc. **61** [1939] 2704). Bei der Hydrierung eines Gemisches von Äthyl-cyclohexyl-amin und Acetaldehyd an Platin (*Skita, Keil*, B. **63** [1930] 34, 41).

Kp_{760}: 193–195° (*Sk., Keil*); Kp_{15}: 80° (*We., Fr.*); Kp_{10}: 68,5–69° (*Bain, Po.*);

Kp_5: 56—57° (*Coleman, Adams*, Am. Soc. **54** [1932] 1982). D_{25}^{25}: 0,8445 (*Co., Ad.*). n_D^{25}: 1,4560 (*Co., Ad.*).

Beim Erhitzen mit Kupferoxid-Chromoxid in wss. Dioxan auf 280° sind Cyclohexanol und Äthyl-cyclohexyl-amin erhalten worden (*Bain, Po.*). Bildung von Nitroso-äthyl-cyclohexyl-amin beim Behandeln mit Natriumnitrit in wss. Essigsäure und anschliessenden Erwärmen: *We., Fr.*, l. c. S. 2077.

Charakterisierung als Pikrolonat (F: 147°): *Sk., Keil.*

Hydrochlorid (vgl. E II 6). F: 152—153° [aus Bzl. + PAe.] (*Co., Ad.*).

Bis-[2-chlor-äthyl]-cyclohexyl-amin, N,N-*bis(2-chloroethyl)cyclohexylamine* $C_{10}H_{19}Cl_2N$, Formel I ($R = X = CH_2\text{-}CH_2Cl$) auf S. 17.

B. Aus Bis-[2-hydroxy-äthyl]-cyclohexyl-amin und Thionylchlorid (*I.G. Farbenind.*, D.R.P. 679281 [1937]; D.R.P. Org. Chem. **3** 112).

F: —3° (*Redemann, Chaikin, Fearing*, Am. Soc. **70** [1948] 1648). Kp_1: 103° (*Re., Ch., Fea.*). Flüchtigkeit sowie Verdampfungsenthalpie bei 0° bis 60°: *Re., Ch., Fea.* D^{21}: 1,0964 (*Re., Ch., Fea.*). n_D^{25}: 1,4944 (*Re., Ch., Fea.*).

Beim Erwärmen mit Phenylacetonitril und Natriumamid in Toluol ist 1-Cyclohexyl-4-phenyl-piperidin-carbonitril-(4) erhalten worden (*I.G. Farbenind.*).

(±)-2-Chlor-1-cyclohexylamino-propan, (±)-[2-Chlor-propyl]-cyclohexyl-amin, (±)-N-*(2-chloropropyl)cyclohexylamine* $C_9H_{18}ClN$, Formel I ($R = CH_2\text{-}CHCl\text{-}CH_3$, $X = H$) auf S. 17.

B. Aus (±)-1-Cyclohexylamino-propanol-(2)-hydrochlorid und Thionylchlorid in Dichlormethan (*Hancock et al.*, Am. Soc. **66** [1944] 1747, 1751) oder in Chloroform (*Cope et al.*, Am. Soc. **71** [1949] 554, 557).

Hydrochlorid $C_9H_{18}ClN \cdot HCl$. Krystalle; F: 220—222° [unkorr.; aus A.] (*Cope et al.*, l. c. S. 555), 219—220° [unkorr.; Zers.] (*Ha., et al.*).

Isopropyl-cyclohexyl-amin, N-*isopropylcyclohexylamine* $C_9H_{19}N$, Formel I ($R = CH(CH_3)_2$, $X = H$) auf S. 17 (E II 6).

B. Beim Erhitzen von Cyclohexylamin mit Aceton und Ameisensäure-methylester auf 260° (*I.G. Farbenind.*, D.R.P. 620510 [1934]; Frdl. **22** 183).

$Kp_{64,5}$: 93—94°.

Butyl-cyclohexyl-amin, N-*butylcyclohexylamine* $C_{10}H_{21}N$, Formel I ($R = [CH_2]_3\text{-}CH_3$, $X = H$) auf S. 17 (E II 7).

B. Beim Erhitzen von Cyclohexylamin mit Butylchlorid (*Monsanto Chem. Co.*, U.S.P. 2126019 [1935]). Bei der Hydrierung eines Gemisches von Cyclohexylamin und Butyr= aldehyd an Nickel bei 125°/100 at (*Winans, Adkins*, Am. Soc. **54** [1932] 306, 311). Aus Cyclohexyl-butyliden-amin bei der Hydrierung an Platin in Äthanol (*Campbell, Sommers, Campbell*, Am. Soc. **66** [1944] 82). Neben anderen Verbindungen bei der Hydrierung von Cyclohexyl-äthyliden-amin oder von Cyclohexyl-[buten-(2)-yliden]-amin (Kp_{15}: 90—91°) an Platin in Essigsäure enthaltendem Äthanol (*Skita, Pfeil*, A. **485** [1931] 152, 159).

Kp: 202—204° (*Sk., Pf.*); Kp_{12}: 84—85° (*Monsanto Chem. Co.*).

Charakterisierung durch Überführung in *N*-Butyl-*N*-cyclohexyl-*N'*-[naphthyl-(1)]-thioharnstoff (F: 107—108°): *Ca., So., Ca.*

Hydrochlorid $C_{10}H_{21}N \cdot HCl$ (E II 7). Krystalle (aus A. + Ae.); F: 290° (*Sk., Pf.*).

Dibutyl-cyclohexyl-amin, N,N-*dibutylcyclohexylamine* $C_{14}H_{29}N$, Formel I ($R = X = [CH_2]_3\text{-}CH_3$) auf S. 17.

B. Beim Erhitzen von Cyclohexanol mit Tributylamin in Gegenwart von Bleicherde auf 300° (*I.G. Farbenind.*, D.R.P. 611283 [1933]; Frdl. **21** 203). Bei der Hydrierung eines Gemisches von Phenol und Tributylamin an Kobalt bei 230°/130 at (*I.G. Farbenind.*).

Kp_{11}: 123—126°.

(±)-*sec*-Butyl-cyclohexyl-amin, (±)-N-sec-*butylcyclohexylamine* $C_{10}H_{21}N$, Formel I ($R = CH(CH_3)\text{-}CH_2\text{-}CH_3$, $X = H$) auf S. 17 (E II 7).

B. Aus (±)-3-Cyclohexylamino-butin-(1) bei der Hydrierung an Raney-Nickel in Methanol unter 100 at (*Batty, Weedon*, Soc. **1949** 786, 789).

Kp_{25}: 86—88°. n_D^{16}: 1,4350.

Hydrochlorid $C_{10}H_{21}N \cdot HCl$ (E II 7). Krystalle (aus wss. Acn.); F: 210°.

(±)-1-Chlor-2-cyclohexylamino-butan, (±)-[1-Chlormethyl-propyl]-cyclohexyl-amin, (±)-N-[*1-(chloromethyl)propyl*]*cyclohexylamine* $C_{10}H_{20}ClN$, Formel I ($R = CH(C_2H_5)$-CH_2Cl, $X = H$).

B. Aus (±)-2-Cyclohexylamino-butanol-(1)-hydrochlorid beim Behandeln mit Thionylchlorid in Chloroform (*Cope et al.*, Am. Soc. **71** [1949] 554, 555, 557).

Hydrochlorid $C_{10}H_{20}ClN \cdot HCl$. Krystalle (aus CCl_4 + PAe.); F: 155—156° [korr.; bei schnellem Erhitzen].

(±)-Methyl-*sec*-butyl-cyclohexyl-amin, (±)-N-sec-*butyl*-N-*methylcyclohexylamine* $C_{11}H_{23}N$, Formel I ($R = CH(CH_3)$-CH_2-CH_3, $X = CH_3$).

B. Bei der Hydrierung eines Gemisches von Cyclohexanon und (±)-Methyl-*sec*-butylamin an Platin in Wasser (*Skita, Keil, Havemann*, B. **66** [1933] 1400, 1409). Aus (±)-*sec*-Butyl-cyclohexyl-amin beim Erwärmen mit Methyljodid und Kaliumhydroxid (*Batty, Weedon*, Soc. **1949** 786, 789).

Kp: 208—209° (*Sk., Keil, Ha.*); Kp_{22}: 90—93° (*Ba., Wee.*).

Pikrat $C_{11}H_{23}N \cdot C_6H_3N_3O_7$. Krystalle (aus Butanol-(1)); F: 110—111° (*Sk., Keil*).

(±)-Dimethyl-*sec*-butyl-cyclohexyl-ammonium, (±)-sec-*butylcyclohexyldimethylammonium* $[C_{12}H_{26}N]^{\oplus}$, Formel II ($R = CH(CH_3)$-CH_2-CH_3).

Jodid $[C_{12}H_{26}N]I$. *B.* Aus (±)-Methyl-*sec*-butyl-cyclohexyl-amin und Methyljodid (*Batty, Weedon*, Soc. **1949** 786, 789). — Krystalle (aus A. + Ae.); F: 174—176°.

2-Nitro-1-cyclohexylamino-2-methyl-propan, [β-Nitro-isobutyl]-cyclohexyl-amin, N-(*2-methyl-2-nitropropyl*)*cyclohexylamine* $C_{10}H_{20}N_2O_2$, Formel I ($R = CH_2$-$C(CH_3)_2$-NO_2, $X = H$).

B. Beim Erwärmen von Cyclohexylamin mit 2-Nitro-propan und Paraformaldehyd in Wasser (*Jones, Urbanski*, Soc. **1949** 1766). Aus Cyclohexylamin und 2-Nitro-2-methyl-propanol-(1) (*Comm. Solv. Corp.*, U.S.P. 2447821 [1945]).

F: 24° (*Comm. Solv. Corp.*). Kp_2: 106—108° (*Comm. Solv. Corp.*).

Hydrochlorid $C_{10}H_{20}N_2O_2 \cdot HCl$. Krystalle (aus wss. A.); F: 201° (*Jo., Ur.*).

Pentyl-cyclohexyl-amin, N-*pentylcyclohexylamine* $C_{11}H_{23}N$, Formel I ($R = [CH_2]_4$-CH_3, $X = H$).

B. Beim Behandeln von Cyclohexanol mit Pentylamin in Dioxan in Gegenwart von Kupferoxid-Chromoxid unter Wasserstoff bei 180°/125 at (*Schwoegler, Adkins*, Am. Soc. **61** [1939] 3499).

Kp_{30}: 118°. n_D^{25}: 1,4500.

5-Chlor-1-cyclohexylamino-pentan, [5-Chlor-pentyl]-cyclohexyl-amin, N-(*5-chloropentyl*)*cyclohexylamine* $C_{11}H_{22}ClN$, Formel I ($R = [CH_2]_5$-Cl, $X = H$).

B. Aus 5-Cyclohexylamino-pentanol-(1) beim Erwärmen mit Thionylchlorid in Petroläther (*Drake et al.*, Am. Soc. **71** [1949] 455).

Hydrochlorid $C_{11}H_{22}ClN \cdot HCl$. Krystalle; F: 221—223° [korr.; aus A. + Ae.].

Methyl-pentyl-cyclohexyl-amin, N-*methyl*-N-*pentylcyclohexylamine* $C_{12}H_{25}N$, Formel I ($R = [CH_2]_4$-CH_3, $X = CH_3$).

B. Aus Methyl-[penten-(4)-yl]-cyclohexyl-amin (Kp_{14}: 108—110°) bei der Hydrierung an Platin in Äthanol (*Mannich, Davidsen*, B. **69** [1936] 2106, 2112).

Kp_{14}: 113—114°.

(±)-1-Cyclohexylamino-2-methyl-butan, (±)-[2-Methyl-butyl]-cyclohexyl-amin, (±)-N-(*2-methylbutyl*)*cyclohexylamine* $C_{11}H_{23}N$, Formel I ($R = CH_2$-$CH(CH_3)$-CH_2-CH_3, $X = H$).

B. Aus Cyclohexyl-[2-methyl-buten-(2)-yliden]-amin (Kp_{15}: 100—105°) bei der Hydrierung an Platin in Essigsäure enthaltendem Äthanol (*Skita, Pfeil*, A. **485** [1931] 152, 168).

Kp_{15}: 97—99°.

Hydrochlorid $C_{11}H_{23}N \cdot HCl$. F: 234° [aus W.].

Isopentyl-cyclohexyl-amin, N-*isopentylcyclohexylamine* $C_{11}H_{23}N$, Formel I ($R = CH_2$-CH_2-$CH(CH_3)_2$, $X = H$).

B. Neben anderen Verbindungen bei der Hydrierung von Cyclohexyl-isopentyliden-amin (E II 10) an Platin in Essigsäure enthaltendem Äthanol (*Skita, Pfeil*, A. **485** [1931] 152, 162).

Kp_{11}: 89—93°.
Hydrochlorid $C_{11}H_{23}N \cdot HCl$. F: 279—280° [aus W.].

Hexyl-cyclohexyl-amin, *N-hexylcyclohexylamine* $C_{12}H_{25}N$, Formel I (R = $[CH_2]_5$-CH_3, X = H).

B. Beim Erhitzen von Cyclohexylamin mit Hexylbromid und Natriumcarbonat in Äthanol auf 160° (*Borrows et al.*, Soc. **1947** 197, 201) oder mit Hexyljodid bis auf 150° (*Breuer, Schnitzer*, M. **68** [1936] 301, 309).

Kp_{750}: 243—245° (*Br.*, *Sch.*).

Beim Behandeln einer äther. Lösung mit Schwefelsäure ist Cyclohexylamin erhalten worden (*Br.*, *Sch.*).

Hydrochlorid $C_{12}H_{25}N \cdot HCl$. Krystalle (aus W.); F: 240° (*Bo. et al.*).

Hydrojodid $C_{12}H_{25}N \cdot HI$. Krystalle (aus Bzl.) mit 0,5 Mol H_2O; F: 246° [Zers.] (*Br.*, *Sch.*).

(±)-1-Cyclohexylamino-2-methyl-pentan, (±)-[2-Methyl-pentyl]-cyclohexyl-amin, (±)-*N-(2-methylpentyl)cyclohexylamine* $C_{12}H_{25}N$, Formel I (R = CH_2-$CH(CH_3)$-CH_2-CH_2-CH_3, X = H).

B. Bei der Hydrierung eines Gemisches von Cyclohexyl-propyliden-amin und Propionaldehyd an Platin in Essigsäure enthaltendem Äthanol (*Skita, Pfeil*, A. **485** [1931] 152, 161).

Kp_{17}: 115°; Kp_{15}: 110—112°.

Charakterisierung als Phenylcarbamoyl-Derivat (F: 99°): *Sk.*, *Pf.*

Hydrochlorid $C_{12}H_{25}N \cdot HCl$. F: 139° [aus W.].

(±)-4-Cyclohexylamino-2-methyl-pentan, (±)-[1.3-Dimethyl-butyl]-cyclohexyl-amin, (±)-*N-(1,3-dimethylbutyl)cyclohexylamine* $C_{12}H_{25}N$, Formel I (R = $CH(CH_3)$-CH_2-$CH(CH_3)_2$, X = H).

B. Beim Behandeln von (±)-4-Amino-2-methyl-pentan mit Cyclohexanol in Dioxan in Gegenwart von Kupferoxid-Chromoxid unter Wasserstoff bei 200°/125 at (*Schwoegler, Adkins*, Am. Soc. **61** [1939] 3499).

Kp_{21}: 106°. n_D^{25}: 1,4530.

Hydrochlorid $C_{12}H_{25}N \cdot HCl$. F: 198—199°.

Heptyl-cyclohexyl-amin, *N-cyclohexylheptylamine* $C_{13}H_{27}N$, Formel I (R = $[CH_2]_6$-CH_3, X = H).

B. Neben anderen Verbindungen bei der Hydrierung von Cyclohexyl-heptyliden-amin (aus Cyclohexylamin und Heptanal hergestellt) an Platin in Essigsäure enthaltendem Äthanol (*Skita, Pfeil*, A. **485** [1931] 152, 164).

Kp_{15}: 132—135°.

Hydrochlorid $C_{13}H_{27}N \cdot HCl$. F: 211—212° [aus W.].

Octyl-cyclohexyl-amin, *N-cyclohexyloctylamine* $C_{14}H_{29}N$, Formel I (R = $[CH_2]_7$-CH_3, X = H).

B. Beim Erwärmen von Cyclohexylamin mit Octylbromid und Pyridin (*Borrows et al.*, Soc. **1947** 197, 201).

Kp_{13}: 145—150°.

Hydrochlorid $C_{14}H_{29}N \cdot HCl$. Krystalle (aus Acetonitril oder Dioxan); F: 212°.

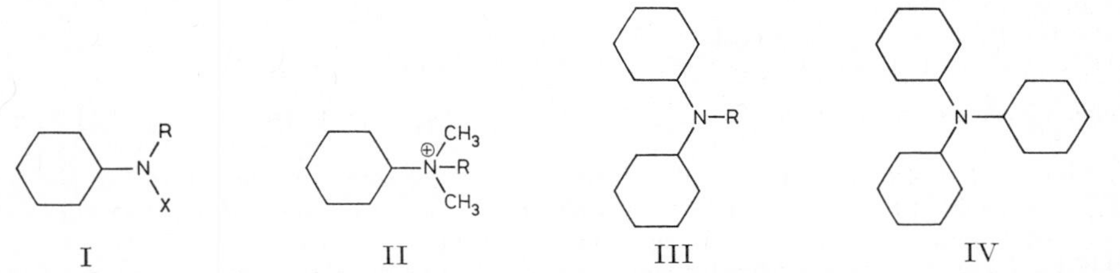

I II III IV

(±)-6-Cyclohexylamino-2-methyl-heptan, (±)-[1.5-Dimethyl-hexyl]-cyclohexyl-amin, (±)-*N-cyclohexyl-1,5-dimethylhexylamine* $C_{14}H_{29}N$, Formel I (R = $CH(CH_3)$-$[CH_2]_3$-$CH(CH_3)_2$, X = H).

B. Beim Erwärmen von Cyclohexylamin mit (±)-2-Methyl-heptanon-(6) und anschlies-

send mit Natrium und Äthanol (*Knoll A.G.*, D.R.P. 767192 [1937]; D.R.P. Org. Chem. **3** 135).
Kp_8: 125–127°.
Hydrochlorid. Krystalle (aus W.); F: 188°.

(±)-1-Cyclohexylamino-2-äthyl-hexan, (±)-[2-Äthyl-hexyl]-cyclohexyl-amin, (±)-N-*cyclohexyl-2-ethylhexylamine* $C_{14}H_{29}N$, Formel I (R = CH_2-$CH(C_2H_5)$-$[CH_2]_3$-CH_3, X = H).
B. Als Hauptprodukt neben anderen Verbindungen bei der Hydrierung von Cyclohexyl-butyliden-amin oder von Cyclohexyl-[2-äthyl-hexen-(2)-yliden]-amin (Kp_{13}: 139° bis 143°) an Platin in Essigsäure und Äthanol (*Skita, Pfeil*, A. **485** [1931] 152, 161, 162).
Kp_{14}: 140–144°.
Charakterisierung als Pikrolonat (F: 225–226° [Zers.]): *Sk., Pf.*
Hydrochlorid $C_{14}H_{29}N \cdot HCl$. F: 95° [aus W.].

Nonyl-cyclohexyl-amin, N-*cyclohexylnonylamine* $C_{15}H_{31}N$, Formel I (R = $[CH_2]_8$-CH_3, X = H).
B. Bei der Hydrierung eines Gemisches von Cyclohexanon und Nonylamin an Raney-Nickel in Äthanol bei 140°/100 at (*Borrows et al.*, Soc. **1947** 197, 201).
Kp_{12}: 160°.
Hydrochlorid $C_{15}H_{31}N \cdot HCl$. Krystalle (aus Acn. + PAe.); F: 216°.

Decyl-cyclohexyl-amin, N-*cyclohexyldecylamine* $C_{16}H_{33}N$, Formel I (R = $[CH_2]_9$-CH_3, X = H).
B. Beim Erwärmen von Cyclohexylamin mit Decylbromid und Pyridin (*Borrows et al.*, Soc. **1947** 197, 201). Neben anderen Verbindungen bei der Hydrierung eines Gemisches von Anilin und Decansäure an einem Kobalt-Aluminiumoxid-Bariumcarbonat-Katalysator bei 270°/200 at (*I.G. Farbenind.*, D.R.P. 599103 [1932]; Frdl. **21** 186; U.S.P. 2166971 [1933]).
Kp_{16}: 155–160° (*Bo. et al.*).
Hydrobromid $C_{16}H_{33}N \cdot HBr$. Krystalle (aus Acn.); F: 228–230° (*Bo. et al.*).

(±)-8-Cyclohexylamino-2.6-dimethyl-octan, (±)-[3.7-Dimethyl-octyl]-cyclohexyl-amin, (±)-N-*cyclohexyl-3,7-dimethyloctylamine* $C_{16}H_{33}N$, Formel I (R = CH_2-CH_2-$CH(CH_3)$-$[CH_2]_3$-$CH(CH_3)_2$, X = H) (E II 7).
B. Aus (±)-[3.7-Dimethyl-octen-(6)-yl]-cyclohexyl-amin oder aus Cyclohexyl-[3.7-dimethyl-octadien-(2.6)-yliden]-amin (Kp_4: 125°) bei der Hydrierung an Raney-Nickel in Methanol bei 100° bzw. 120°/140 at (*Caldwell, Jones*, Soc. **1946** 597).
Kp_4: 103°. n_D^{20}: 1,4612.
Hydrochlorid $C_{16}H_{33}N \cdot HCl$ (E II 7). F: 153–153,5°.

(±)-6-Cyclohexylamino-2-methyl-5-isopropyl-hexan, (±)-[5-Methyl-2-isopropyl-hexyl]-cyclohexyl-amin, (±)-N-*cyclohexyl-2-isopropyl-5-methylhexylamine* $C_{16}H_{33}N$, Formel I (R = CH_2-$CH[CH(CH_3)_2]$-CH_2-CH_2-$CH(CH_3)_2$, X = H).
B. Als Hauptprodukt bei der Hydrierung von Cyclohexyl-[5-methyl-2-isopropyl-hexen-(2)-yliden]-amin (Kp_{16}: 146–152°) an Platin in Essigsäure enthaltendem Äthanol (*Skita, Pfeil*, A. **485** [1931] 152, 163).
Kp_{11}: 143–145°.
Hydrochlorid $C_{16}H_{33}N \cdot HCl$. F: 105° [aus W.].
Hydrogenoxalat $C_{16}H_{33}N \cdot C_2H_2O_4$. F: 193,5–194,5° [aus A.].

Dodecyl-cyclohexyl-amin, N-*cyclohexyldodecylamine* $C_{18}H_{37}N$, Formel I (R = $[CH_2]_{11}$-CH_3, X = H).
B. Beim Erwärmen von Cyclohexylamin mit Dodecyljodid und Pyridin (*Borrows et al.*, Soc. **1947** 197, 201). Bei der Hydrierung eines Gemisches von Cyclohexanol und Lauronitril an einem Kobalt-Katalysator bei 230°/250 at (*I.G. Farbenind.*, U.S.P. 2165515 [1937]). Neben anderen Verbindungen bei der Hydrierung eines Gemisches von Cyclohexylamin und Lauronitril an einem Chrom-Nickel-Katalysator bei 180°/200 at (*I.G. Farbenind.*, D.R.P. 637431 [1933]; Frdl. **22** 176). Beim Erhitzen von Dodecylamin mit Cyclohexanon und Ameisensäure-methylester auf 240° (*I.G. Farbenind.*, D.R.P. 620510 [1934]; Frdl. **22** 183). Neben anderen Verbindungen bei der Hydrierung eines

Gemisches von Laurinsäure-methylester, Cyclohexanol und Ammoniak an einem Kobalt-Katalysator bei 270°/250 at (*I.G. Farbenind.*, D.R.P. 618109 [1934]; Frdl. **22** 160). Als Hauptprodukt bei der Hydrierung von *N*-Cyclohexyl-laurinamid an Kupferoxid-Chromoxid in Dioxan bei 250°/200—300 at (*Wojcik, Adkins*, Am. Soc. **56** [1934] 2419, 2422).

Kp_{12}: 180—181° (*I.G. Farbenind.*, D.R.P. 618109); Kp_2: 158—159° (*Wo., Ad.*, l. c. S. 2424). D_4^{25}: 0,8420 (*Wo., Ad.*). n_D^{25}: 1,4588 (*Wo., Ad.*).

Hydrochlorid $C_{18}H_{37}N \cdot HCl$. Krystalle; F: 204—205° (*Wo., Ad.*), 202° [aus Acn.] (*Bo. et al.*).

(±)-1-Cyclohexylamino-2-pentyl-nonan, (±)-[2-Pentyl-nonyl]-cyclohexyl-amin, (±)-N-*cyclohexyl-2-pentylnonylamine* $C_{20}H_{41}N$, Formel I (R = CH_2-$CH([CH_2]_4$-$CH_3)$-$[CH_2]_6$-CH_3, X = H) auf S. 17.

B. Neben anderen Verbindungen bei der Hydrierung von Cyclohexyl-heptyliden-amin (aus Cyclohexylamin und Heptanal hergestellt) oder von Cyclohexyl-[2-pentyl-nonen-(2)-yliden]-amin (Kp_{11}: 208—211°) an Platin in Essigsäure enthaltendem Äthanol (*Skita, Pfeil*, A. **485** [1931] 152, 164, 165).

Kp_{17}: 208—210°.

Hydrochlorid $C_{20}H_{41}N \cdot HCl$. F: 90° [aus wss. A.].

Hydrogenoxalat $C_{20}H_{41}N \cdot C_2H_2O_4$. F: 153° [aus A.].

(±)-8-Cyclohexylamino-hexadecan, (±)-[1-Heptyl-nonyl]-cyclohexyl-amin, (±)-N-*cyclohexyl-1-heptylnonylamine* $C_{22}H_{45}N$, Formel I (R = $CH([CH_2]_6$-$CH_3)$-$[CH_2]_7$-CH_3, X = H) auf S. 17.

B. Bei mehrtägigem Erwärmen von Cyclohexylamin mit (±)-8-Brom-hexadecan (*Asinger, Eckoldt*, B. **76** [1943] 579, 583).

Hydrochlorid $C_{22}H_{45}N \cdot HCl$. Krystalle; F: 167° (aus Me. + HCl).

Methyl-[penten-(4)-yl]-cyclohexyl-amin, N-*methyl*-N-(*pent-4-enyl*)*cyclohexylamine* $C_{12}H_{23}N$, Formel I (R = $[CH_2]_3$-CH=CH_2, X = CH_3) auf S. 17.

B. Beim Behandeln von 1-Methyl-1-cyclohexyl-piperidinium-jodid mit Silberoxid und Wasser und Erhitzen der Reaktionslösung unter Eindampfen bis auf 200° (*Mannich, Davidsen*, B. **69** [1936] 2106, 2112).

Kp_{14}: 108—110°.

Dicyclohexylamin, *dicyclohexylamine* $C_{12}H_{23}N$, Formel III (R = H) auf S. 17 (H 6; E I 114; E II 7).

B. Aus Cyclohexanon beim Erhitzen mit Formamid (*Métayer*, Bl. **1948** 1097). Bei der Hydrierung eines Gemisches von Phenol und Anilin oder eines Gemisches von Cyclohexanol und Anilin an Nickel bei 170—200° (*I.G. Farbenind.*, D.R.P. 544291 [1928]; Frdl. **18** 347; s. a. *Diwoky, Adkins*, Am. Soc. **53** [1931] 1868, 1870). Neben geringeren Mengen Cyclohexanol bei der Hydrierung eines Gemisches von Cyclohexanon und Cyclohexylamin an Nickel bei 125°/100 at (*Winans, Adkins*, Am. Soc. **54** [1932] 306, 311; vgl. E II 7). Beim Erhitzen von Cyclohexylamin mit Cyclohexanon und Ameisensäure-methylester auf 240° (*I. G. Farbenind.*, D.R.P. 620510 [1934]; Frdl. **22** 183). Aus Cyclohexylamin beim Erhitzen in Gegenwart eines Nickel-Katalysators in Wasserstoff-Atmosphäre unter 100 at auf 200° (*Wi., Ad.*, l. c. S. 310). Neben Cyclohexylamin bei der Hydrierung von Anilin an einem Nickel-Katalysator bei 250°/100—150 at (*Adkins, Cramer*, U.S.P. 2092525 [1932]; vgl. H 6; E I 114). Aus Diphenylamin bei der Hydrierung an Nickel ohne Lösungsmittel bei 150°/125—200 at (*Di., Ad.*, l. c. S. 1869) oder in Methylcyclohexan bei 175°/200—220 at (*Adkins, Cramer*, Am. Soc. **52** [1930] 4349, 4355; vgl. H 6).

E: —0,1° (*Carswell, Morrill*, Ind. eng. Chem. **29** [1937] 1247, 1248). Kp_{760}: 255,8° (*Ca., Mo.*), 252° (*Métayer*, Bl. **1948** 1097), 251,5° (*Vogel*, Soc. **1948** 1825, 1828); Kp_{30}: 144—145° (*Adkins, Cramer*, Am. Soc. **52** [1930] 4349, 4355); Kp_{17}: 125° (*Wegler, Frank*, B. **70** [1937] 1279, 1284); Kp_9: 113,5° (*Vogel*, Soc. **1948** 1825, 1831). Dampfdruck bei Temperaturen von 81,8° (0,7 Torr) bis 255,8° (760 Torr): *Ca., Mo.* D_{25}^{25}: 0,9104 (*Ca., Mo.*); Dichte D_4 bei Temperaturen von 15,1° (0,9157) bis 87,9° (0,8644): *Vo.* Oberflächenspannung bei Temperaturen von 15,1° (34,22 dyn/cm) bis 87,9° (27,20 dyn/cm): *Vo.* n_D^{20}: 1,4845 (*Vo.*); n_D^{25}: 1,4823 (*Ca., Mo.*); n_D^{25}: 1,4830 (*Me.*), $n_{656,3}^{20}$: 1,4819, $n_{486,2}^{20}$: 1,4908, $n_{434,0}^{20}$: 1,4956 (*Vo.*).

Flammpunkt: *Carswell, Morrill*, Ind. eng. Chem. **29** [1937] 1247, 1248. Beim Leiten eines Gemisches mit Wasserdampf über einen Nickel-Katalysator bei 200° sind Cyclohexanol, Cyclohexanon und *N*-Cyclohexyl-anilin sowie geringe Mengen Benzol und Phenol erhalten worden (*I. G. Farbenind.*, D.R.P. 727626 [1939]; D.R.P. Org. Chem. **6** 1556). Bildung von Cyclohexylamin beim Leiten eines Gemisches mit Ammoniak und Wasserstoff über einen mit Chromoxid aktivierten Nickel-Katalysator bei 140°: *I. G. Farbenind.*, D.R.P. 626923 [1933]; Frdl. **22** 169. Bildung von Chlor-dicyclohexyl-amin bei der Umsetzung mit Acetylhypochlorit: *MacKenzie et al.*, Canad. J. Res. [B] **26** [1948] 138, 152; vgl. E II 7). Beim Behandeln mit Salpetersäure, Essigsäure und Acetanhydrid sind Nitro-dicyclohexyl-amin und Nitroso-dicyclohexyl-amin erhalten worden (*Chute et al.*, Canad. J. Res. [B] **26** [1948] 114, 135).

Hydrochlorid $C_{12}H_{23}N \cdot HCl$ (H 6; E I 115; E II 8). Krystalle; F: 333° (*Winans, Adkins*, Am. Soc. **54** [1932] 306, 311), 326–327° [aus A.] (*Blicke, Zienty*, Am. Soc. **61** [1939] 771), 327° [aus A.] (*Skita, Faust*, B. **64** [1931] 2878, 2887; *Labriola, Dorronsoro, Verruno*, An. Asoc. quim. arg. **37** [1949] 79, 93).

Nitrit $C_{12}H_{23}N \cdot HNO_2$. Krystalle; F: 200–201° [Zers.] (*Shell Devel. Co.*, U.S.P. 2449962 [1946]), 178–180° [korr.; Zers.; aus Me.] (*Wolfe, Temple*, Am. Soc. **70** [1948] 1414). Dampfdruck bei 75°: *Shell Devel. Co.* Löslichkeit in Wasser und in organischen Lösungsmitteln: *Shell Devel. Co.*

Trithionat. *B.* Aus Bis-cyclohexylamino-sulfid und Schwefeldioxid in Wasser (*I. G. Farbenind.*, D.R.P. 517995 [1927]; Frdl. **17** 630). — F: 174–175° [Zers.].

Amidosulfat $C_{12}H_{23}N \cdot NH_2SO_3H$. F: 160–162° [unkorr.] (*Butler, Audrieth*, Am. Soc. **61** [1939] 914).

Verbindung mit Zinknitrat. F: 155–160° (*Wingfoot Corp.*, U.S.P. 2184238 [1936]).

Verbindung mit Cyclohexanol $C_{12}H_{23}N \cdot C_6H_{12}O$. Krystalle (aus PAe.); F: 47–48° (*Winans*, Am. Soc. **61** [1939] 3591).

2.4.5-Trichlor-phenolat. Krystalle; F: 145° (*Dow Chem. Co.*, U.S.P. 2363561 [1940]).

2.4.6-Trichlor-phenolat. Krystalle; F: 164,5–165,5° (*Dow Chem. Co.*, U.S.P. 2363561 [1940]).

2.3.4.6-Tetrachlor-phenolat. Krystalle; F: 194–195° (*Dow Chem. Co.*, U.S.P. 2363561 [1940]).

Pentachlorphenolat. Krystalle; F: 221–222° (*Dow Chem. Co.*, U.S.P. 363561 [1940]).

2.4-Dinitro-phenolat. Gelbe Krystalle; F: 163–164° (*Dow Chem. Co.*, U.S.P. 2225618 [1939]).

6-Chlor-2.4-dinitro-phenolat. Orangefarbene Krystalle; F: 135–136° (*Dow Chem. Co.*, U.S.P. 2225618 [1939]).

Pikrat $C_{12}H_{23}N \cdot C_6H_3N_3O_7$. Gelbe Krystalle (aus W. oder wss. A.); F: 172° [Zers.] (*Blanksma, Wilmink*, R. **66** [1947] 445, 452). In Aceton leicht löslich, in Äthanol und Benzol schwer löslich (*Bl., Wi.*).

4.6-Dinitro-2-methyl-phenolat. Krystalle; F: 166–167° (*Dow Chem. Co.*, U.S.P. 2225618 [1939]).

Verbindung mit Benzylalkohol $C_{12}H_{23}N \cdot C_7H_8O$. Krystalle, die unterhalb Raumtemperatur schmelzen (*Winans*, Am. Soc. **61** [1939] 3591).

4.6-Dinitro-2-äthyl-phenolat. Orangefarbene Krystalle; F: 179–180° (*Dow Chem. Co.*, U.S.P. 2225618 [1939]).

Verbindung mit Phenäthylalkohol $C_{12}H_{23}N \cdot C_8H_{10}O$. Krystalle, die unterhalb Raumtemperatur schmelzen (*Winans*, Am. Soc. **61** [1939] 3591).

4.6-Dinitro-2-hexyl-phenolat. Orangefarbene Krystalle; F: 151–152° (*Dow Chem. Co.*, U.S.P. 2225618 [1939]).

4.6-Dinitro-2-cyclohexyl-phenolat. Orangefarbene Krystalle; F: 197–198° (*Dow Chem. Co.*, U.S.P. 2225618 [1939]), ca. 197° (*Kagy, McCall*, J. econ. Entomol. **34** [1941] 119).

2.4-Dinitro-naphtholat-(1). Gelbe Krystalle; F: 204–205° (*Dow Chem. Co.* U.S.P. 2225618 [1939]).

4.6-Dinitro-2-phenyl-phenolat. Orangefarbene Krystalle; F: 167–168° (*Dow Chem. Co.*, U.S.P. 2225618 [1939]).

Verbindung mit (±)-Butandiol-(1.3) $C_{12}H_{23}N \cdot C_4H_{10}O_2$. Krystalle, die unterhalb

Raumtemperatur schmelzen (*Winans*, Am. Soc. **61** [1939] 3591).
Verbindung mit 2-Nitro-indandion-(1.3) $C_{12}H_{23}N \cdot C_9H_5NO_4$. Krystalle; F: 222° [korr.; Zers.] (*Christensen et al.*, Anal. Chem. **21** [1949] 1573).
Formiat $C_{12}H_{23}N \cdot CH_2O_2$. Krystalle (aus Me. + Acn.), F: 166—167°; in Methanol, Äthanol und Äther leicht löslich (*Métayer*, Bl. **1948** 1097).
Thiocyanat $C_{12}H_{23}N \cdot HSCN$. Krystalle (aus $CHCl_3$); F: 238° [unkorr.] (*Mathes, Stewart, Swedish*, Am. Soc. **70** [1948] 3455).

Methyl-dicyclohexyl-amin, *N-methyldicyclohexylamine* $C_{13}H_{25}N$, Formel III (R = CH_3) auf S. 17 (E I 115; E II 8).
B. Aus Dicyclohexylamin beim Erwärmen mit wss. Formaldehyd (*Blicke, Zienty*, Am. Soc. **61** [1939] 93).
Kp_{13}: 131—133°.
Hydrochlorid $C_{13}H_{25}N \cdot HCl$. Krystalle (aus E.); F: 193—194°.

2-Chlor-1-dicyclohexylamino-äthan, [2-Chlor-äthyl]-dicyclohexyl-amin, *N-(2-chloro≈ethyl)dicyclohexylamine* $C_{14}H_{26}ClN$, Formel III (R = CH_2-CH_2Cl) auf S. 17.
B. Aus 2-Dicyclohexylamino-äthanol-(1) und Thionylchlorid (*Blicke, Maxwell*, Am. Soc. **64** [1942] 428, 429; *CIBA*, D.R.P. 556324 [1930]; Frdl. **18** 2752).
Hydrochlorid. Krystalle; F: 186° (*CIBA*), 185—186° [aus A. + Ae.] (*Bl., Ma.*).

3-Chlor-1-dicyclohexylamino-propan, [3-Chlor-propyl]-dicyclohexyl-amin, *N-(3-chloro≈propyl)dicyclohexylamine* $C_{15}H_{28}ClN$, Formel III (R = CH_2-CH_2-CH_2Cl) auf S. 17.
B. Aus 3-Dicyclohexylamino-propanol-(1) und Thionylchlorid in Chloroform (*Yanko, Mosher, Whitmore*, Am. Soc. **67** [1945] 664, 666).
Pikrat $C_{15}H_{28}ClN \cdot C_6H_3N_3O_7$. Krystalle; F: 139—140°.

Pentyl-dicyclohexyl-amin, *N-pentyldicyclohexylamine* $C_{17}H_{33}N$, Formel III (R = $[CH_2]_4$-CH_3) auf S. 17.
B. Aus Dicyclohexylamin und Pentylbromid (*Blicke, Zienty*, Am. Soc. **61** [1939] 93).
Kp_{20}: 178—181°.
Hydrochlorid $C_{17}H_{33}N \cdot HCl$. Krystalle (aus Acn. + PAe.); F: 113—114°.

Tricyclohexylamin, *tricyclohexylamine* $C_{18}H_{33}N$, Formel IV auf S. 17.
Das E II 8 beschriebene Präparat ist vermutlich nicht einheitlich gewesen (*Adkins, Zartman, Cramer*, Am. Soc. **53** [1931] 1425).
B. Aus Triphenylamin bei der Hydrierung in Methylcyclohexan an Nickel bei 175° bis 200°/100—200 at (*Ad., Za., Cr.*).
F: 160—161° (*Ad., Za., Cr.*). Kp_7: 188—189° (*Ad., Za., Cr.*).
Beim Erwärmen mit Tetranitromethan in Äthanol unter Zusatz von Essigsäure oder Pyridin ist Nitroso-dicyclohexyl-amin erhalten worden (*Labriola, Dorronsoro, Verruno*, An. Asoc. quim. arg. **37** [1949] 79, 84, 93).
Hydrochlorid $C_{18}H_{33}N \cdot HCl$. F: 264° (*Ad., Za., Cr.*).
Hydrobromid $C_{18}H_{33}N \cdot HBr$ (vgl. H 8). F: 267—268° (*Ad., Za., Cr.*).
Pikrat (E II 8). F: 172,5—173° (*Ad., Za., Cr.*).

(±)-8-Cyclohexylamino-2.6-dimethyl-octen-(2), (±)-[3.7-Dimethyl-octen-(6)-yl]-cyclo≈hexyl-amin, *N-cyclohexyl-3,7-dimethyloct-6-enylamine* $C_{16}H_{31}N$, Formel I (R = CH_2-CH_2-$CH(CH_3)$-CH_2-CH_2-$CH{=}C(CH_3)_2$, X = H) auf S. 17.
B. Aus Cyclohexyl-[3.7-dimethyl-octadien-(2.6)-yliden]-amin (Kp_4: 125°) bei der Hydrierung an Raney-Nickel in Cyclohexan bei 100°/90 at (*Caldwell, Jones*, Soc. **1946** 597).
Kp_4: 112—113°. n_D^{16}: 1,4780.
Hydrochlorid $C_{16}H_{31}N \cdot HCl$. Krystalle (aus Acn. + PAe.); F: 125—126°.

(±)-3-Cyclohexylamino-butin-(1), (±)-[1-Methyl-propin-(2)-yl]-cyclohexyl-amin, (±)-*N-(1-methylprop-2-ynyl)cyclohexylamine* $C_{10}H_{17}N$, Formel I (R = $CH(CH_3)$-$C{\equiv}CH$, X = H) auf S. 17.
B. Beim Behandeln von Cyclohexylamin in Benzol mit Kupfer(I)-chlorid und einem Acetylen-Stickstoff-Gemisch bei 100°/20 at (*Reppe et al.*, A. **596** [1955] 1, 22; vgl. *Gardner et al.*, Soc. **1949** 780).
Krystalle; F: 44° [aus PAe.] (*Re. et al.*), 43° (*Ga. et al.*).
Charakterisierung als Naphthyl-(1)-carbamoyl-Derivat (F: 132—133°): *Ga. et al.*

Hydrochlorid $C_{10}H_{17}N \cdot HCl$. Krystalle (aus Ae. + A.); F: 181° (*Ga. et al.*).
Pikrat $C_{10}H_{17}N \cdot C_6H_3N_3O_7$. Krystalle (aus Bzl.); F: 156° (*Ga. et al.*).

5-Dicyclohexylamino-penten-(1)-in-(3), [Penten-(4)-in-(2)-yl]-dicyclohexyl-amin, *N-(pent-4-en-2-ynyl)dicyclohexylamine* $C_{17}H_{27}N$, Formel III (R = CH_2-C≡C-CH=CH_2)

B. Beim Erwärmen von Dicyclohexylamin mit Paraformaldehyd und Butenin in Dioxan (*Coffman*, Am. Soc. **57** [1935] 1978).

$Kp_{0,5}$: 138–140°. D_4^{20}: 0,9492. n_D^{20}: 1,5191. [*Bohg*]

2-Cyclohexylamino-äthanol-(1), *2-(cyclohexylamino)ethanol* $C_8H_{17}NO$, Formel V (R = X = H) (E II 8).

B. Bei der Hydrierung eines Gemisches von Cyclohexanon und 2-Amino-äthanol-(1) an Platin in Äthanol (*Cope, Hancock*, Am. Soc. **64** [1942] 1503, 1504) oder an Nickel in Äthanol bei 130–140°/35 at (*I. G. Farbenind.*, D.R.P. 562713 [1926]; Frdl. **18** 349; U.S.P. 1845563 [1927]). Beim Erhitzen von Cyclohexanon mit 2-Amino-äthanol-(1) und Formamid bis auf 215° (*I. G. Farbenind.*, D.R.P. 724761 [1938]; D.R.P. Org. Chem. **6** 613; *Gen. Aniline & Film Corp.*, U.S.P. 2251245 [1939]). Neben Bis-[2-hydroxy-äthyl]-cyclohexyl-amin beim Behandeln von Cyclohexylamin mit Äthylenoxid in Wasser (*I. G. Farbenind.*, D.R.P. 562713, D.R.P. 535049 [1927]; Frdl. **18** 346; *Blicke, Maxwell*, Am. Soc. **64** [1942] 428, 429) oder in Methanol (*Bain, Pollard*, Am. Soc. **61** [1939] 2704). Aus Cyclohexylamin und 2-Chlor-äthanol-(1) (*I. G. Farbenind.*, D.R.P. 562713; vgl. E II 8). Aus *N*-Phenyl-glycin-äthylester bei der Hydrierung an Raney-Nickel in Äthanol bei 100°/340 at (*Adkins, Billica*, Am. Soc. **70** [1948] 3121, 3122).

F: ca. 50° (*I. G. Farbenind.*, D.R.P. 562713), 40–41° (*Cope, Ha.*). Kp_{16}: 128–129° (*Ad., Bi.*); Kp_{15}: 127–130° (*Bl., Ma.*); Kp_{13}: 122–123,5° [unkorr.] (*Cope, Ha.*); Kp_{10}: 118° (*Bain, Po.*); Kp_3: 96,5–97° (*Ad., Bi.*). Die folgenden Angaben beziehen sich auf flüssige Präparate. D^{20}: 0,9788 (*Ad., Bi.*); D_{25}^{25}: 0,9811 (*Cope, Ha.*). n_D^{20}: 1,4862; n_D^{25}: 1,4859 (*Ad., Bi.*), 1,4843 (*Cope, Ha.*), 1,4842 (*Bain, Po.*).

Beim Erhitzen mit Kupferoxid-Chromoxid in Dioxan in Wasserstoff-Atmosphäre unter 35 at bis auf 270° sind 1.4-Dicyclohexyl-piperazin und Cyclohexanol erhalten worden (*Bain, Po.*). Überführung in [2-Nitryloxy-äthyl]-cyclohexyl-amin mit Hilfe von Salpetersäure: *Barbière*, Bl. [5] **11** [1944] 470, 472. Bildung von 4-Nitro-*N*-[2-hydroxy-äthyl]-*N*-cyclohexyl-benzamid beim Erwärmen einer Suspension in wss. Natronlauge mit 4-Nitro-benzoylchlorid in Dichlormethan bzw. Äther: *Hancock, Cope*, Am. Soc. **66** [1944] 1738, 1745; *Reasenberg, Goldberg*, Am. Soc. **67** [1945] 933, 936. Reaktion mit Formaldehyd in wss. Lösung unter Bildung von 2-[Methyl-cyclohexyl-amino]-äthanol-(1): *Bl., Ma.*

Nitrat $C_8H_{17}NO \cdot HNO_3$. Krystalle (aus A.); F: 118–120° (*Bar.*).

Pikrat $C_8H_{17}NO \cdot C_6H_3N_3O_7$ (E II 9). Krystalle; F: 129–130° (*Ad., Bi.*), 128–129° [unkorr.; aus A. oder aus wss. A.] (*Cope, Ha.*).

4.6-Dinitro-2-cyclohexyl-phenolat. Orangefarbene Krystalle; F: 132–135° (*Dow Chem. Co.*, U.S.P. 2385795 [1941]).

2-Cyclohexylamino-1-[4-chlor-phenoxy]-äthan, [2-(4-Chlor-phenoxy)-äthyl]-cyclohexyl-amin, *N-[2-(p-chlorophenoxy)ethyl]cyclohexylamine* $C_{14}H_{20}ClNO$, Formel VI.

4.6-Dinitro-2-cyclohexyl-phenolat. Orangefarbene Krystalle; F: 166–168° (*Dow Chem. Co.*, U.S.P. 2365056 [1943]). In Aceton und Äthanol löslich.

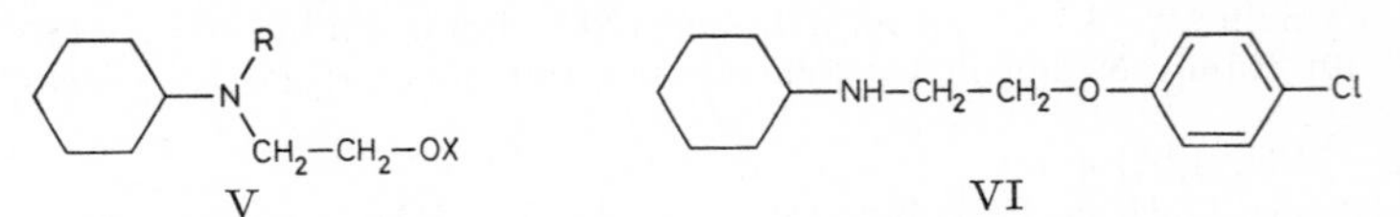

2-Cyclohexylamino-1-[2-benzyl-phenoxy]-äthan, [2-(2-Benzyl-phenoxy)-äthyl]-cyclohexyl-amin, *N-[2-(o-benzylphenoxy)ethyl]cyclohexylamine* $C_{21}H_{27}NO$, Formel VII.

B. Neben anderen Verbindungen beim Erhitzen von Natrium-[2-benzyl-phenolat] mit [2-Chlor-äthyl]-cyclohexyl-amin in Toluol unter Stickstoff (*Cheney, Smith, Binkley*, Am. Soc. **71** [1949] 60, 61).

Kp_1: 165–171°.

Hydrochlorid $C_{21}H_{27}NO \cdot HCl$. Krystalle (aus Isopropylalkohol); F: 182–183,5° [unkorr.].

2-Cyclohexylamino-1-benzhydryloxy-äthan, [2-Benzhydryloxy-äthyl]-cyclohexyl-amin, N-*[2-(benzhydryloxy)ethyl]cyclohexylamine* $C_{21}H_{27}NO$, Formel V (R = H, X = $CH(C_6H_5)_2$).

B. Bei 3-tägigem Erhitzen von 2-Benzhydryloxy-äthylbromid mit Cyclohexylamin (*Parke, Davis & Co.*, U.S.P. 2437711 [1946]).

Kp_1: 186—198°.

Hydrochlorid. Krystalle (aus A. + PAe.); F: 168—169°.

2-Cyclohexylamino-1-[2-phenoxy-äthoxy]-äthan, [2-(2-Phenoxy-äthoxy)-äthyl]-cyclohexyl-amin, N-*[2-(2-phenoxyethoxy)ethyl]cyclohexylamine* $C_{16}H_{25}NO_2$, Formel VIII (X = H).

(±)-4.6-Dinitro-2-*sec*-butyl-phenolat. Gelbe Krystalle; F: 106—108° (*Dow Chem. Co.*, U.S.P. 2365056 [1943]).

4.6-Dinitro-2-cyclohexyl-phenolat. Gelbe Krystalle; F: 126—127°.

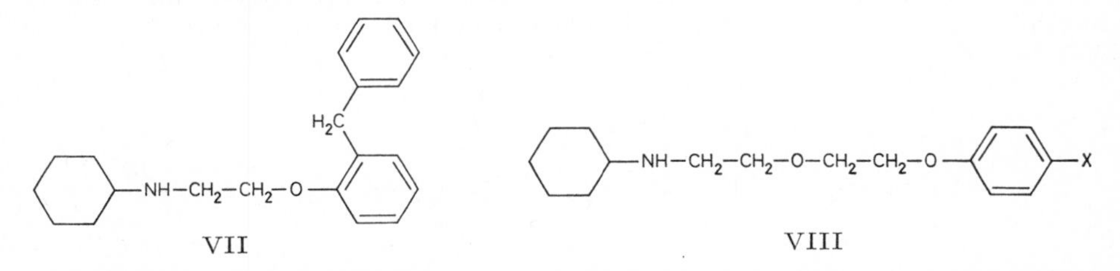

VII VIII

2-[2-Cyclohexylamino-äthoxy]-1-[4-chlor-phenoxy]-äthan, N-*{2-[2-(p-chlorophenoxy)ethoxy]ethyl}cyclohexylamine* $C_{16}H_{24}ClNO_2$, Formel VIII (X = Cl).

(±)-4.6-Dinitro-2-*sec*-butyl-phenolat. Gelbe Krystalle; F: 110—112° (*Dow Chem. Co.*, U.S.P. 2365056 [1943]).

4.6-Dinitro-2-cyclohexyl-phenolat. Gelbe Krystalle; F: 111—113°.

2-[2-Cyclohexylamino-äthoxy]-1-[4-cyclohexyl-phenoxy]-äthan, N-*{2-[2-(p-cyclohexylphenoxy)ethoxy]ethyl}cyclohexylamine* $C_{22}H_{35}NO_2$, Formel IX.

4.6-Dinitro-2-cyclohexyl-phenolat. Orangefarbene Krystalle; F: 101—103,5° (*Dow Chem. Co.*, U.S.P. 2365056 [1943]).

2-Cyclohexylamino-1-benzoyloxy-äthan, Benzoesäure-[2-cyclohexylamino-äthylester], *1-(benzoyloxy)-2-(cyclohexylamino)ethane* $C_{15}H_{21}NO_2$, Formel X (R = X = H).

B. Bei 60-stdg. Behandeln von 2-Cyclohexylamino-äthanol-(1) mit Benzoylchlorid in Chlorwasserstoff enthaltendem Chloroform (*Cope, Hancock*, Am. Soc. **66** [1944] 1448, 1451).

Kp_1: 146—147° [unkorr.]; n_D^{25}: 1,5219 (*Cope, Ha.*).

Hydrochlorid $C_{15}H_{21}NO_2 \cdot HCl$. Krystalle; F: 190—191° [unkorr.; aus Acn. + A.] (*Cope, Ha.*), 189—191° [aus A.] (*Reasenberg, Goldberg*, Am. Soc. **67** [1945] 933, 937).

4-Nitro-benzoesäure-[2-cyclohexylamino-äthylester], p-*nitrobenzoic acid 2-(cyclohexylamino)ethyl ester* $C_{15}H_{20}N_2O_4$, Formel X (R = H, X = NO_2).

B. Bei mehrtägigem Behandeln von 2-Cyclohexylamino-äthanol-(1) mit 4-Nitrobenzoylchlorid in Chlorwasserstoff enthaltendem Chloroform (*Cope, Hancock*, Am. Soc. **66** [1944] 1448, 1451).

Hydrochlorid $C_{15}H_{20}N_2O_4 \cdot HCl$. Krystalle; F: 232—235° [aus A.] (*Reasenberg, Goldberg*, Am. Soc. **67** [1945] 933, 936), 231—232° [unkorr.; Zers.; aus wss. A.] (*Cope, Ha.*, l. c. S. 1449).

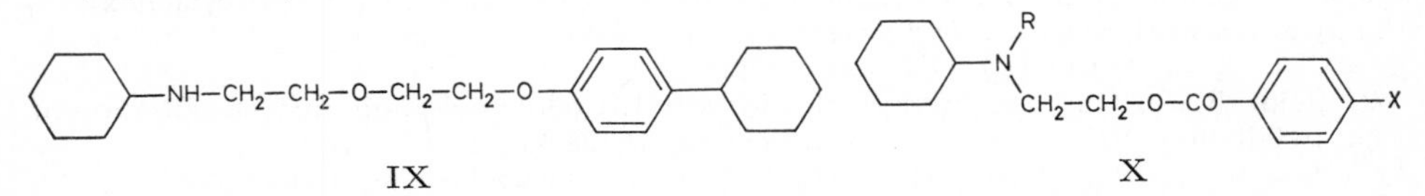

IX X

(±)-2-Phenyl-buttersäure-[2-cyclohexylamino-äthylester], (±)-*2-phenylbutyric acid 2-(cyclohexylamino)ethyl ester* $C_{18}H_{27}NO_2$, Formel V (R = H, X = CO-CH(C_2H_5)-C_6H_5).

B. Bei mehrtägigem Erwärmen von 2-Cyclohexylamino-äthanol-(1) mit (±)-2-Phenyl-butyrylchlorid in Chlorwasserstoff enthaltendem Chloroform (*Sharp & Dohme Inc.*, U.S.P. 2456555 [1945]).

Hydrochlorid. F: 119—120°.

Zimtsäure-[2-cyclohexylamino-äthylester], *cinnamic acid 2-(cyclohexylamino)ethyl ester* $C_{17}H_{23}NO_2$.

***trans*-Zimtsäure-[2-cyclohexylamino-äthylester]**, Formel XI.

B. Aus *N*-[2-Hydroxy-äthyl]-*N*-cyclohexyl-*trans*-cinnamamid bei kurzem Erwärmen mit wss. Salzsäure (*Reasenberg, Goldberg*, Am. Soc. **67** [1945] 933, 937).

Hydrochlorid $C_{17}H_{23}NO_2 \cdot HCl$. Krystalle (aus W.); F: 182—183° und (nach Wiedererstarren) F: 193—194°.

Diphenylessigsäure-[2-cyclohexylamino-äthylester], *diphenylacetic acid 2-(cyclohexyl=amino)ethyl ester* $C_{22}H_{27}NO_2$, Formel V (R = H, X = CO-CH(C_6H_5)$_2$) auf S. 22.

B. Bei mehrtägigem Erwärmen von 2-Cyclohexylamino-äthanol-(1) mit Diphenyl=acetylchlorid in Chlorwasserstoff enthaltendem Chloroform (*Sharp & Dohme Inc.*, U.S.P. 2456555 [1945]).

Hydrochlorid. F: 176—177°.

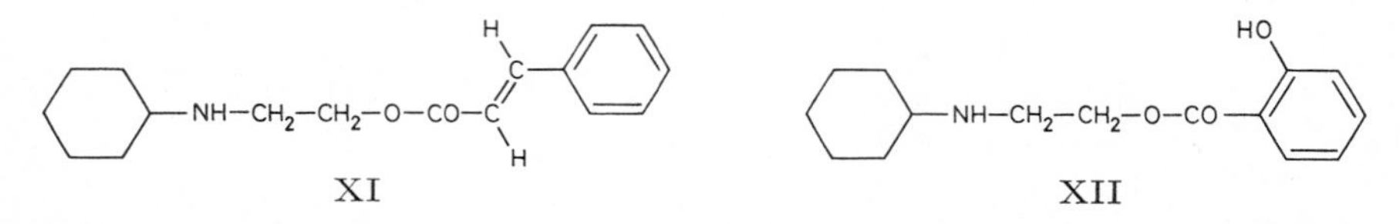

XI XII

Salicylsäure-[2-cyclohexylamino-äthylester], *salicylic acid 2-(cyclohexylamino)ethyl ester* $C_{15}H_{21}NO_3$, Formel XII.

B. Beim Behandeln von 2-Cyclohexylamino-äthanol-(1)-hydrochlorid mit Salicyloyl=chlorid in Chloroform (*Cope, Hancock*, Am. Soc. **66** [1944] 1448, 1452).

Hydrochlorid $C_{15}H_{21}NO_3 \cdot HCl$. Krystalle (aus A.); F: 200—201,5° [unkorr.].

2-Cyclohexylamino-1-nitryloxy-äthan, [2-Nitryloxy-äthyl]-cyclohexyl-amin, N-*[2-(nitryl=oxy)ethyl]cyclohexylamine* $C_8H_{16}N_2O_3$, Formel V (R = H, X = NO_2) auf S. 22.

B. Aus 2-Cyclohexylamino-äthanol-(1)-nitrat beim Behandeln mit Salpetersäure bei —5° (*Barbière*, Bl. [5] **11** [1944] 470, 472).

Nitrat $C_8H_{16}N_2O_3 \cdot HNO_3$. Krystalle (aus Butanol-(1)); F: 135°.

2-[Methyl-cyclohexyl-amino]-äthanol-(1), *2-(cyclohexylmethylamino)ethanol* $C_9H_{19}NO$, Formel V (R = CH_3, X = H) auf S. 22 (E II 9).

B. Aus 2-Cyclohexylamino-äthanol-(1) beim Erhitzen mit wss. Formaldehyd (*Blicke, Maxwell*, Am. Soc. **64** [1942] 428, 429).

Kp_{26}: 127—129° [unkorr.] (*Hancock et al.*, Am. Soc. **66** [1944] 1747, 1749, 1751); Kp_{13}: 115—116° (*Bl., Ma.*). D_{25}^{25}: 0,9606; n_D^{25}: 1,4786 (*Ha. et al.*).

Pikrat $C_9H_{19}NO \cdot C_6H_3N_3O_7$. Krystalle; F: 115,5—116° [unkorr.; aus wss. A.] (*Ha. et al.*), 100—101° [aus A. oder Acn.] (*Métayer*, Bl. **1948** 1093, 1095).

2-[Methyl-cyclohexyl-amino]-1-[4-nitro-benzoyloxy]-äthan, *1-(cyclohexylmethylamino)-2-(4-nitrobenzoyloxy)ethane* $C_{16}H_{22}N_2O_4$, Formel X (R = CH_3, X = NO_2).

B. Beim Erwärmen von 2-[Methyl-cyclohexyl-amino]-äthanol-(1) mit 4-Nitro-benzoyl=chlorid in Benzol (*Hancock et al.*, Am. Soc. **66** [1944] 1747, 1749, 1751).

Hydrochlorid $C_{16}H_{22}N_2O_4 \cdot HCl$. Krystalle (aus A.); F: 193—194° [Zers.; unkorr.] (*Ha. et al.*, l. c. S. 1749).

2-[Methyl-cyclohexyl-amino]-1-benziloyloxy-äthan, Benzilsäure-[2-(methyl-cyclohexyl-amino)-äthylester], *benzilic acid 2-(cyclohexylmethylamino)ethyl ester* $C_{23}H_{29}NO_3$, Formel V (R = CH_3, X = CO-C(C_6H_5)$_2$-OH) auf S. 22.

B. Beim Erwärmen von Methyl-[2-chlor-äthyl]-cyclohexyl-amin mit Benzilsäure in Isopropylalkohol (*Blicke, Maxwell*, Am. Soc. **64** [1942] 428, 430).

Hydrochlorid $C_{23}H_{29}NO_3 \cdot HCl$. Krystalle (aus Amylacetat); F: 154—155°.

Dimethyl-[2-benziloyloxy-äthyl]-cyclohexyl-ammonium, *[2-(benziloyloxy)ethyl]cyclo=hexyldimethylammonium* $[C_{24}H_{32}NO_3]^{\oplus}$, Formel XIII (X = O-CO-C(C_6H_5)$_2$-OH).

Bromid $[C_{24}H_{32}NO_3]Br$. *B.* Aus Benzilsäure-[2-(methyl-cyclohexyl-amino)-äthylester] und Methylbromid in Äthanol (*Blicke, Maxwell,* Am. Soc. **64** [1942] 428, 430). — Krystalle (aus A. + Ae.); F: 153—154°.

Dimethyl-[2-thiocyanato-äthyl]-cyclohexyl-ammonium, *cyclohexyldimethyl[2-(thiocyanato)ethyl]ammonium* $[C_{11}H_{21}N_2S]^{\oplus}$, Formel XIII (X = SCN).

Chlorid $[C_{11}H_{21}N_2S]Cl$. *B.* Aus Dimethyl-cyclohexyl-amin und 2-Chlor-äthylthiocyanat in Benzol (*Geigy A.G.,* D.R.P. 723275 [1938]; D.R.P. Org. Chem. **3** 1181; U.S.P. 2214971 [1938]). — Krystalle. In Wasser löslich.

2-[Äthyl-cyclohexyl-amino]-äthanol-(1), *2-(cyclohexylethylamino)ethanol* $C_{10}H_{21}NO$, Formel V (R = C_2H_5, X = H) auf S. 22 (E II 9).

B. Aus Äthyl-cyclohexyl-amin und Äthylenoxid in Methanol (*Rohrmann, Shonle,* Am. Soc. **66** [1944] 1640). Aus 2-Cyclohexylamino-äthanol-(1) und Diäthylsulfat (*Hancock et al.,* Am. Soc. **66** [1944] 1747, 1749, 1751).

Kp_{20}: 127—130° [unkorr.]; D_{25}^{25}: 0,9372; n_D^{25}: 1,4727 (*Ha. et al.*).

2-[Äthyl-cyclohexyl-amino]-1-[4-nitro-benzoyloxy]-äthan, *1-(cyclohexylethylamino)-2-(4-nitrobenzoyloxy)ethane* $C_{17}H_{24}N_2O_4$, Formel X (R = C_2H_5, X = NO_2).

B. Beim Erwärmen von 2-[Äthyl-cyclohexyl-amino]-äthanol-(1) mit 4-Nitro-benzoylchlorid in Benzol (*Hancock et al.,* Am. Soc. **66** [1944] 1747, 1749, 1751).

Hydrochlorid $C_{17}H_{24}N_2O_4 \cdot HCl$. Krystalle (aus Ae. + A.); F: 143,5—144,5° [unkorr.].

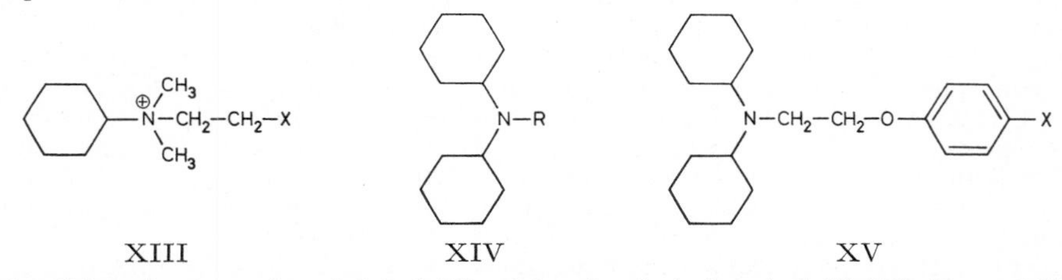

XIII XIV XV

2-Dicyclohexylamino-äthanol-(1), *2-(dicyclohexylamino)ethanol* $C_{14}H_{27}NO$, Formel XIV (R = CH_2-CH_2OH).

B. Aus Dicyclohexylamin beim Erhitzen mit 2-Chlor-äthanol-(1) auf 140° (*Du Pont de Nemours & Co.,* U.S.P. 2138763 [1935]; *I.G. Farbenind.,* D.R.P. 593192 [1931]; Frdl. **20** 757; *Blicke, Maxwell,* Am. Soc. **64** [1942] 428), beim Erhitzen mit 2-Brom-äthanol-(1) (*Blicke, Jenner,* Am. Soc. **64** [1942] 1721) sowie beim Erhitzen mit Äthylenoxid auf 150° (*I.G. Farbenind.,* D.R.P. 562713 [1926]; Frdl. **18** 349).

Kp_{9-10}: 164—167° (*I.G. Farbenind.,* D.R.P. 562713); Kp_6: 165—167° (*Bl., Ma.*); Kp_6: 156—163° (*Du Pont*); Kp_4: 145—150° (*I.G. Farbenind.,* D.R.P. 593192); Kp_2: 135° (*CIBA,* D.R.P. 556324 [1930]; Frdl. **18** 2752; U.S.P. 1949046 [1930]).

4.6-Dinitro-2-cyclohexyl-phenolat. Gelbe Krystalle (aus Bzl.); F: 140—142° (*Dow Chem. Co.,* U.S.P. 2385795 [1941]). In Wasser schwer löslich.

2-Dicyclohexylamino-1-[4-chlor-phenoxy]-äthan, [2-(4-Chlor-phenoxy)-äthyl]-dicyclohexyl-amin, N-*[2-(*p*-chlorophenoxy)ethyl]dicyclohexylamine* $C_{20}H_{30}ClNO$, Formel XV (X = Cl).

B. Aus [2-Chlor-äthyl]-dicyclohexyl-amin-hydrochlorid und 4-Chlor-phenol (*CIBA,* D.R.P. 556324 [1930]; Frdl. **18** 2752; U.S.P. 1949046 [1930]).

Hydrochlorid. Krystalle; F: 198—199°.

4-[2-Dicyclohexylamino-äthoxy]-benzophenon, *4-[2-(dicyclohexylamino)ethoxy]benzophenone* $C_{27}H_{35}NO_2$, Formel XV (X = CO-C_6H_5).

B. Beim Erwärmen von 4-Hydroxy-benzophenon mit [2-Chlor-äthyl]-dicyclohexyl-amin und äthanol. Natriumäthylat (*CIBA,* D.R.P. 558647 [1930]; Frdl. **19** 1515; U.S.P. 1894865 [1931]).

Pikrat. Krystalle (aus A.); F: 157—158°.

2-Dicyclohexylamino-1-methacryloyloxy-äthan, Methacrylsäure-[2-dicyclohexylamino-äthylester], *methacrylic acid 2-(dicyclohexylamino)ethyl ester* $C_{18}H_{31}NO_2$, Formel XIV (R = CH_2-CH_2-O-CO-C(CH_3)=CH_2).

B. Beim Erwärmen von 2-Dicyclohexylamino-äthanol-(1) mit Methacrylsäure-methyl-

ester in Benzol unter Zusatz von *p*-Phenylendiamin (*Du Pont de Nemours & Co.*, U.S.P. 2138762 [1935], 2138763 [1938]).
Kp_2: 156—157° (*Du Pont*, U.S.P. 2138763).

Benzilsäure-[2-dicyclohexylamino-äthylester], *benzilic acid 2-(dicyclohexylamino)ethyl ester* $C_{28}H_{37}NO_3$, Formel XIV (R = CH_2-CH_2-O-CO-C(C_6H_5)$_2$-OH).
B. Beim Erwärmen von Benzilsäure mit [2-Chlor-äthyl]-dicyclohexyl-amin in Isopropylalkohol (*Blicke, Maxwell*, Am. Soc. **64** [1942] 428).
Hydrochlorid $C_{28}H_{37}NO_3 \cdot HCl$. Krystalle (aus A. + E.); F: 197—198°.

Bis-[2-hydroxy-äthyl]-cyclohexyl-amin, *2,2'-(cyclohexylimino)diethanol* $C_{10}H_{21}NO_2$, Formel I (R = X = CH_2-CH_2OH).
B. Beim Behandeln von Cyclohexylamin mit 2-Chlor-äthanol-(1) und Natronlauge (*I. G. Farbenind.*, D.R.P. 679281 [1937]; D.R.P. Org. Chem. **3** 112; *Winthrop Chem. Co.*, U.S.P. 2167351 [1938]). Neben 2-Cyclohexylamino-äthanol-(1) beim Behandeln einer Lösung von Cyclohexylamin in Wasser (*I. G. Farbenind.*, D.R.P. 562713 [1926]; Frdl. **18** 349; *Blicke, Maxwell*, Am. Soc. **64** [1942] 428) oder in Methanol (*Bain, Pollard*, Am. Soc. **61** [1939] 2704) mit Äthylenoxid. Neben anderen Verbindungen bei der Hydrierung von *N.N*-Bis-[2-hydroxy-äthyl]-anilin an Raney-Nickel in Äthanol bei 150°/65 at (*Métayer*, Bl. **1948** 1093, 1096).
Kp_{17}: 190—191° (*Mé.*); Kp_{14}: 180—184° (*I. G. Farbenind.*, D.R.P. 562713); Kp_{12}: 175—178° (*Bl., Ma.*); Kp_{10}: 175° (*Bain, Po.*); Kp_3: 150° (*I. G. Farbenind.*, D.R.P. 679281). n_D^{23}: 1,4980 (*Mé.*); n_D^{25}: 1,4927 (*Bain, Po.*). Hygroskopisch (*Mé.*).
Beim Erhitzen mit Cyclohexylamin und Kupferoxid-Chromoxid in Dioxan in Wasserstoff-Atmosphäre unter 35 at bis auf 270° sind 1.4-Dicyclohexyl-piperazin und Cyclohexanol erhalten worden (*Bain, Po.*). Bildung von [2-Hydroxy-äthyl]-[2-(2-hydroxy-äthoxy)-äthyl]-cyclohexyl-amin $C_{12}H_{25}NO_3$ (Flüssigkeit; bei 200—230°/10 Torr destillierbar) und Bis-[2-(2-hydroxy-äthoxy)-äthyl]-cyclohexyl-amin $C_{14}H_{29}NO_4$ (Flüssigkeit; bei 240—260°/12 Torr destillierbar) beim Einleiten von Äthylenoxid in eine wss. Lösung: *I. G. Farbenind.*, U.S.P. 1923178 [1931].
Pikrat $C_{10}H_{21}NO_2 \cdot C_6H_3N_3O_7$. Krystalle (aus E. + Ae.); F: 91—92° (*Mé.*).

Bis-[2-(4-chlor-phenoxy)-äthyl]-cyclohexyl-amin, *N,N-bis[2-(p-chlorophenoxy)ethyl]cyclohexylamine* $C_{22}H_{27}Cl_2NO_2$, Formel II.
4.6-Dinitro-2-cyclohexyl-phenolat. Gelbe Krystalle; F: 178—182° (*Dow Chem. Co.*, U.S.P. 2365056 [1943]).

(±)-1-Cyclohexylamino-propanol-(2), *(±)-1-(cyclohexylamino)propan-2-ol* $C_9H_{19}NO$, Formel I (R = CH_2-CH(OH)-CH_3, X = H).
B. Bei der Hydrierung eines Gemisches von Cyclohexanon und (±)-1-Amino-propanol-(2) an Platin in Äthanol (*Cope, Hancock*, Am. Soc. **66** [1944] 1453, 1455). Aus Cyclohexylamin und (±)-Propylenoxid in Wasser (*I. G. Farbenind.*, D.R.P. 562713 [1926]; Frdl. **18** 349). Aus (±)-[2-Chlor-propyl]-cyclohexyl-amin-hydrochlorid beim Erhitzen mit Silbernitrat in Wasser (*Cope et al.*, Am. Soc. **71** [1949] 554, 557).
F: 44—47° (*Cope, Ha.*), 37—42° (*I. G. Farbenind.*). Kp_{22}: 168—170° (*I. G. Farbenind.*); Kp_{20}: 126—126,5° [unkorr.] (*Cope, Ha.*). n_D^{25}: 1,4752 [unterkühlte Schmelze] (*Cope, Ha.*). In kaltem Wasser löslich, in heissem Wasser schwer löslich (*I. G. Farbenind.*).
Hydrochlorid $C_9H_{19}NO \cdot HCl$. Krystalle; F: 162,5—164° [korr.] (*Cope et al.*), 161° bis 163° [unkorr.; aus Acn. + Ae.] (*Cope, Ha.*).
Pikrat $C_9H_{19}NO \cdot C_6H_3N_3O_7$. Krystalle; F: 139,5—140,5° [unkorr.] (*Cope, Ha.*).

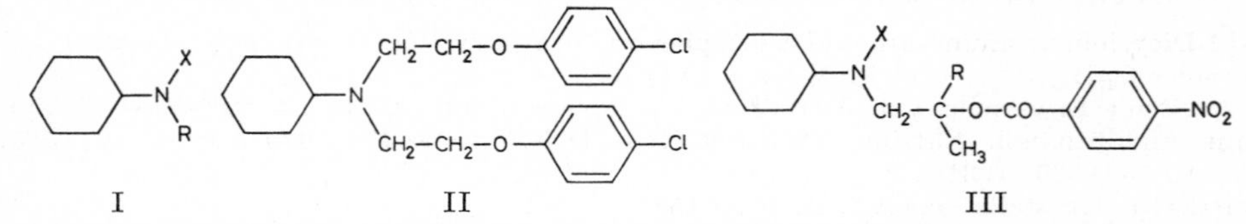

(±)-2-Cyclohexylamino-propanol-(1), *(±)-2-(cyclohexylamino)propan-1-ol* $C_9H_{19}NO$, Formel I (R = $CH(CH_3)$-CH_2OH, X = H) (E II 9).
B. Bei der Hydrierung eines Gemisches von Cyclohexanon und (±)-2-Amino-propanol-(1) an Platin in Äthanol (*Hancock, Cope*, Am. Soc. **66** [1944] 1738, 1740, 1742).

Krystalle; F: 57—59°. Kp_{15}: 123—124° [unkorr.]. n_D^{25}: 1,4803 [unterkühlte Schmelze].
Pikrat $C_9H_{19}NO \cdot C_6H_3N_3O_7$. Krystalle (aus A.); F: 163—165° [unkorr.].

(±)-1-Cyclohexylamino-2-[4-nitro-benzoyloxy]-propan, (±)-4-Nitro-benzoesäure-[β-cyclohexylamino-isopropylester], (±)-*1-(cyclohexylamino)-2-(4-nitrobenzoyloxy)propane* $C_{16}H_{22}N_2O_4$, Formel III (R = X = H).

B. Bei mehrtägigem Erwärmen von (±)-1-Cyclohexylamino-propanol-(2) mit 4-Nitrobenzoylchlorid in Chlorwasserstoff enthaltendem Chloroform (*Cope, Hancock*, Am. Soc. **66** [1944] 1453, 1455).

Hydrochlorid $C_{16}H_{22}N_2O_4 \cdot HCl$. Krystalle (aus A.); F: 208—210° [unkorr.].

(±)-4-Nitro-benzoesäure-[2-cyclohexylamino-propylester], (±)-p-*nitrobenzoic acid 2-(cyclohexylamino)propyl ester* $C_{16}H_{22}N_2O_4$, Formel IV (R = CH_3, X = H).

B. Bei 2-tägigem Erwärmen von (±)-2-Cyclohexylamino-propanol-(1) mit 4-Nitrobenzoylchlorid in Chlorwasserstoff enthaltendem Chloroform (*Hancock, Cope*, Am. Soc. **66** [1944] 1738, 1743, 1744).

Hydrochlorid $C_{16}H_{22}N_2O_4 \cdot HCl$. Krystalle (aus A.); F: 207—208° [Zers.; unkorr.].

(±)-1-Cyclohexylamino-2-diphenylacetoxy-propan, (±)-Diphenylessigsäure-[β-cyclohexylamino-isopropylester], (±)-*1-(cyclohexylamino)-2-(diphenylacetoxy)propane* $C_{23}H_{29}NO_2$, Formel I (R = CH_2-$CH(CH_3)$-O-CO-$CH(C_6H_5)_2$, X = H).

B. Bei mehrtägigem Erwärmen von (±)-1-Cyclohexylamino-propanol-(2) mit Diphenylacetylchlorid in Chlorwasserstoff enthaltendem Chloroform (*Sharp & Dohme Inc.*, U.S.P. 2456555 [1945]).

Hydrochlorid. F: 183—184°.

(±)-2-Cyclohexylamino-propanthiol-(1), (±)-*2-(cyclohexylamino)propane-1-thiol* $C_9H_{19}NS$, Formel I (R = $CH(CH_3)$-CH_2SH, X = H).

Eine unter dieser Konstitution beschriebene Verbindung (Kp_1: 66—68°), für die jedoch eher die Formulierung als (±)-1-Cyclohexylamino-propanthiol-(2) ($C_9H_{19}NS$; Formel I [R = CH_2-$CH(CH_3)$-SH, X = H]) in Betracht kommt, ist neben grösseren Mengen Bis-[β-mercapto-isopropyl]-cyclohexyl-amin (Kp_1: 127° [s. u.]) beim Erhitzen von Cyclohexylamin mit (±)-Propylensulfid auf 150° erhalten worden (*I. G. Farbenind.*, D.R.P. 631016 [1934]; Frdl. **23**, 244; *Reppe et al.*, A. **601** [1956] 81, 128).

(±)-1-[Methyl-cyclohexyl-amino]-propanol-(2), (±)-*1-(cyclohexylmethylamino)propan-2-ol* $C_{10}H_{21}NO$, Formel I (R = CH_2-$CH(OH)$-CH_3, X = CH_3).

B. Aus (±)-1-Cyclohexylamino-propanol-(2) und Methyljodid (*Hancock et al.*, Am. Soc. **66** [1944] 1747, 1749, 1751).

Kp_{28}: 130—131° [unkorr.]. D_{25}^{25}: 0,9283. n_D^{25}: 1,4658.

Pikrat $C_{10}H_{21}NO \cdot C_6H_3N_3O_7$. Krystalle (aus A.); F: 105—106° [unkorr.].

(±)-1-[Methyl-cyclohexyl-amino]-2-[4-nitro-benzoyloxy]-propan, (±)-*1-(cyclohexylmethylamino)-2-(4-nitrobenzoyloxy)propane* $C_{17}H_{24}N_2O_4$, Formel III (R = H, X = CH_3).

B. Beim Erwärmen von (±)-1-[Methyl-cyclohexyl-amino]-propanol-(2) mit 4-Nitrobenzoylchlorid in Benzol (*Hancock et al.*, Am. Soc. **66** [1944] 1747, 1749, 1751).

Hydrochlorid $C_{17}H_{24}N_2O_4 \cdot HCl$. Krystalle (aus A. + Ae.); F: 179,5—180,5° [unkorr.].

(±)-1-[Äthyl-cyclohexyl-amino]-propanol-(2), (±)-*1-(cyclohexylethylamino)propan-2-ol* $C_{11}H_{23}NO$, Formel I (R = CH_2-$CH(OH)$-CH_3, X = C_2H_5).

B. Aus (±)-1-Cyclohexylamino-propanol-(2) und Diäthylsulfat (*Hancock et al.*, Am. Soc. **66** [1944] 1747, 1749, 1751).

Kp_{22}: 128—129° [unkorr.]. D_{25}^{25}: 0,9148. n_D^{24}: 1,4624.

Pikrat $C_{11}H_{23}NO \cdot C_6H_3N_3O_7$. Krystalle (aus wss. A.); F: 92—94°.

(±)-1-[Äthyl-cyclohexyl-amino]-2-[4-nitro-benzoyloxy]-propan, (±)-*1-(cyclohexylethylamino)-2-(4-nitrobenzoyloxy)propane* $C_{18}H_{26}N_2O_4$, Formel III (R = H, X = C_2H_5).

B. Beim Erwärmen von (±)-1-[Äthyl-cyclohexyl-amino]-propanol-(2) mit 4-Nitrobenzoylchlorid in Benzol (*Hancock et al.*, Am. Soc. **66** [1944] 1747, 1749, 1751).

Hydrochlorid $C_{18}H_{26}N_2O_4 \cdot HCl$. Krystalle (aus Acn. + Ae.); F: 109—111° [unkorr.].

Bis-[β-mercapto-isopropyl]-cyclohexyl-amin, *2,2'-(cyclohexylimino)bispropane-1-thiol* $C_{12}H_{25}NS_2$, Formel I (R = X = $CH(CH_3)$-CH_2SH).

Eine unter dieser Konstitution beschriebene opt.-inakt. (Kp_1: 127°), für die jedoch eher die Formulierung als Bis-[2-mercapto-propyl]-cyclohexyl-amin ($C_{12}H_{25}NS_2$; Formel I [R = X = CH_2-CH(CH_3)-SH]) in Betracht kommt, ist neben 2-Cyclohexyl-amino-propanthiol-(1) (S. 27) beim Erhitzen von Cyclohexylamin mit (±)-Propylensulfid auf 150° erhalten worden (*I. G. Farbenind.*, D.R.P. 631016 [1934]; Frdl. **23** 244; *Reppe et al.*, A. **601** [1956] 81, 128).

3-Cyclohexylamino-propanol-(1), *3-(cyclohexylamino)propan-1-ol* $C_9H_{19}NO$, Formel I (R = CH_2-CH_2-CH_2OH, X = H) auf S. 26.

B. Bei der Hydrierung eines Gemisches von 3-Amino-propanol-(1) und Cyclohexanon an Platin in Äthanol (*Hancock et al.*, Am. Soc. **66** [1944] 1747, 1748, 1750).

Krystalle; F: 71–72°. Kp_{19}: 144–145 [unkorr.].

Pikrat $C_9H_{19}NO \cdot C_6H_3N_3O_7$. Krystalle (aus A. oder wss. A.); F: 121–122° [unkorr.].

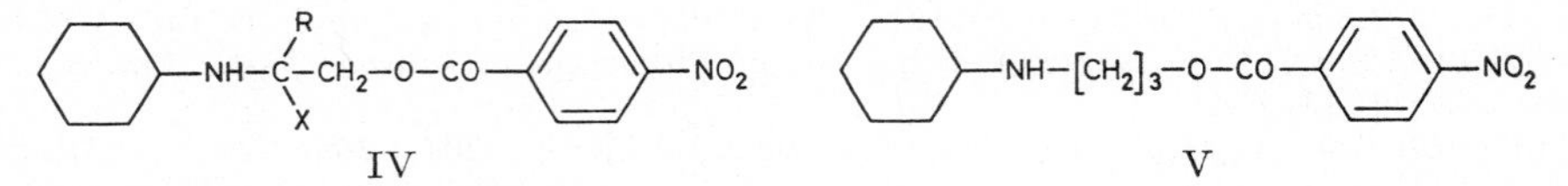

4-Nitro-benzoesäure-[3-cyclohexylamino-propylester], p-*nitrobenzoic acid 3-(cyclohexyl-amino)propyl ester* $C_{16}H_{22}N_2O_4$, Formel V.

B. Bei mehrtägigem Erwärmen von 3-Cyclohexylamino-propanol-(1) mit 4-Nitro-benzoylchlorid in Chlorwasserstoff enthaltendem Chloroform (*Hancock et al.*, Am. Soc. **66** [1944] 1747, 1748, 1751).

Hydrochlorid $C_{16}H_{22}N_2O_4 \cdot HCl$. Krystalle (aus A.); F: 237–238,5° [unkorr.].

3-Dicyclohexylamino-propanol-(1), *3-(dicyclohexylamino)propan-1-ol* $C_{15}H_{29}NO$, Formel VI (R = CH_2-CH_2-CH_2OH).

B. Beim Erhitzen von Dicyclohexylamin mit 3-Chlor-propanol-(1) in Toluol (*Yanko, Mosher, Whitmore*, Am. Soc. **67** [1945] 664, 666).

Kp_5: 160–167°. n_D^{20}: 1,5006.

Pikrat $C_{15}H_{29}NO \cdot C_6H_3N_3O_7$. Krystalle (aus A.); F: 68–69°.

(±)-2-Cyclohexylamino-butanol-(1), *(±)-2-(cyclohexylamino)butan-1-ol* $C_{10}H_{21}NO$, Formel I (R = CH(C_2H_5)-CH_2OH, X = H) auf S. 26.

B. Bei der Hydrierung eines Gemisches von Cyclohexanon und (±)-2-Amino-butanol-(1) an Platin in Äthanol bei 50–60° (*Hancock, Cope*, Am. Soc. **66** [1944] 1738, 1740, 1742).

Krystalle; F: 50–52° (*Ha., Cope*). Kp_{25}: 128–129° [unkorr.] (*Cope et al.*, Am. Soc. **71** [1949] 554, 557); Kp_{12}: 128–129° [unkorr.] (*Ha., Cope*). n_D^{25}: 1,4785 (*Ha., Cope*).

Hydrochlorid $C_{10}H_{21}NO \cdot HCl$. Krystalle (aus A. + Ae.); F: 161–162° [korr.] (*Cope et al.*).

Pikrat $C_{10}H_{21}NO \cdot C_6H_3N_3O_7$. Krystalle (aus A.); F: 142–143° [unkorr.] (*Ha., Cope*).

(±)-4-Nitro-benzoesäure-[2-cyclohexylamino-butylester], (±)-p-*nitrobenzoic acid 2-(cyclohexylamino)butyl ester* $C_{17}H_{24}N_2O_4$, Formel IV (R = C_2H_5, X = H).

B. Bei 2-tägigem Erwärmen von (±)-2-Cyclohexylamino-butanol-(1) mit 4-Nitro-benzoylchlorid in Chlorwasserstoff enthaltendem Chloroform (*Hancock, Cope*, Am. Soc. **66** [1944] 1738, 1744).

Hydrochlorid $C_{17}H_{24}N_2O_4 \cdot HCl$. Krystalle (aus A.); F: 168–170° [unkorr.].

(±)-Diphenylessigsäure-[2-cyclohexylamino-butylester], *(±)-diphenylacetic acid 2-(cyclohexylamino)butyl ester* $C_{24}H_{31}NO_2$, Formel I (R = CH(C_2H_5)-CH_2-O-CO-CH(C_6H_5)$_2$, X = H) auf S. 26.

B. Bei mehrtägigem Erwärmen von (±)-2-Cyclohexylamino-butanol-(1) mit Diphenyl-acetylchlorid in Chlorwasserstoff enthaltendem Chloroform (*Sharp & Dohme Inc.*, U.S.P. 2456555 [1945]).

Hydrochlorid. Krystalle; F: 127–128°.

1-Cyclohexylamino-2-methyl-propanol-(2), *1-(cyclohexylamino)-2-methylpropan-2-ol* $C_{10}H_{21}NO$, Formel I (R = CH_2-C(CH_3)$_2$-OH, X = H) auf S. 26.

B. Bei der Hydrierung eines Gemisches von Cyclohexanon und 1-Amino-2-methyl-propanol-(2) an Platin in Äthanol (*Hancock, Cope*, Am. Soc. **66** [1944] 1738, 1740, 1742).

Kp_8: 103,5–104° [unkorr.]. D_{25}^{25}: 0,9263. n_D^{25}: 1,4645.

Beim Erwärmen mit Phenylisocyanat in Dichlormethan ist *N*-[β-Hydroxy-isobutyl]-

N-cyclohexyl-*N'*-phenyl-harnstoff erhalten worden (*Ha.*, *Cope*, l. c. S. 1744, 1745).

Pikrat $C_{10}H_{21}NO \cdot C_6H_3N_3O_7$. Krystalle (aus A.); F: 195—196° [Zers.; unkorr.].

2-Cyclohexylamino-2-methyl-propanol-(1), *2-(cyclohexylamino)-2-methylpropan-1-ol* $C_{10}H_{21}NO$, Formel I (R = $C(CH_3)_2$-CH_2OH, X = H) auf S. 26.

B. Aus 3.3-Dimethyl-1-oxa-4-aza-spiro[4.5]decan bei der Hydrierung an Raney-Nickel in Cyclohexan bei 140—160°/100—150 at (*Hancock*, *Cope*, Am. Soc. **66** [1944] 1738, 1740, 1744) oder an Platin in Essigsäure bei 20°/2 at (*Reasenberg*, *Goldberg*, Am. Soc. **67** [1945] 933, 935).

F: 78—78,5° (*Ha.*, *Cope*), 77—78° (*Rea.*, *Go.*). Kp_{760}: 238° (*Rea.*, *Go.*); Kp_{12}: 116—118° [unkorr.] (*Ha.*, *Cope*).

Überführung in 2-Cyclohexylamino-1-benzoyloxy-2-methyl-propan-hydrochlorid $C_{17}H_{25}NO_2 \cdot HCl$ [Krystalle (aus wss. A.), F: 213—214°): *Rea.*, *Go.*

Pikrat $C_{10}H_{21}NO \cdot C_6H_3N_3O_7$. Krystalle; F: 169—170° [unkorr.; aus A.] (*Ha.*, *Cope*), 167—169° (*Rea.*, *Go.*).

1-Cyclohexylamino-2-benzoyloxy-2-methyl-propan, Benzoesäure-[cyclohexylamino-*tert*-butylester], *2-(benzoyloxy)-1-(cyclohexylamino)-2-methylpropane* $C_{17}H_{25}NO_2$, Formel I (R = CH_2-$C(CH_3)_2$-O-CO-C_6H_5, X = H) auf S. 26.

B. Aus *N*-[β-Hydroxy-isobutyl]-*N*-cyclohexyl-benzamid bei kurzem Erwärmen mit Äthanol und wss. Salzsäure (*Hancock*, *Cope*, Am. Soc. **66** [1944] 1738, 1744, 1745).

Hydrochlorid $C_{17}H_{25}NO_2 \cdot HCl$. Krystalle (aus Acn.); F: 162—163° [unkorr.].

1-Cyclohexylamino-2-[4-nitro-benzoyloxy]-2-methyl-propan, 4-Nitro-benzoesäure-[cyclohexylamino-*tert*-butylester], *1-(cyclohexylamino)-2-methyl-2-(4-nitrobenzoyloxy)propane* $C_{17}H_{24}N_2O_4$, Formel III (R = CH_3, X = H) auf S. 26.

B. Aus 4-Nitro-*N*-[β-hydroxy-isobutyl]-*N*-cyclohexyl-benzamid bei kurzem Erhitzen mit Äthanol und wss. Salzsäure (*Hancock*, *Cope*, Am. Soc. **66** [1944] 1738, 1743, 1745).

Hydrochlorid $C_{17}H_{24}N_2O_4 \cdot HCl$. Krystalle (aus Butanon); F: 130—132° [unkorr.; Zers.] (*Ha.*, *Cope*).

2-Cyclohexylamino-1-[4-nitro-benzoyloxy]-2-methyl-propan, 4-Nitro-benzoesäure-[β-cyclohexylamino-isobutylester], *2-(cyclohexylamino)-2-methyl-1-(4-nitrobenzoyloxy)propane* $C_{17}H_{24}N_2O_4$, Formel IV (R = X = CH_3).

B. Bei mehrtägigem Erwärmen von 2-Cyclohexylamino-2-methyl-propanol-(1) mit 4-Nitro-benzoylchlorid in Chlorwasserstoff enthaltenden Chloroform (*Hancock*, *Cope*, Am. Soc. **66** [1944] 1738, 1742, 1744).

Hydrochlorid $C_{17}H_{24}N_2O_4 \cdot HCl$. Krystalle (aus A.); F: 209—211° (*Reasenberg*, *Goldberg*, Am. Soc. **67** [1945] 933, 936), 192—194° [unkorr.] (*Ha.*, *Cope*).

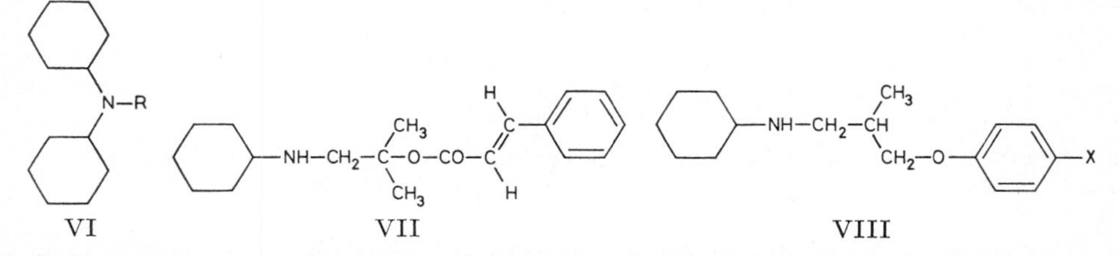

VI VII VIII

1-Cyclohexylamino-2-cinnamoyloxy-2-methyl-propan, Zimtsäure-[cyclohexylamino-*tert*-butylester], *2-(cinnamoyloxy)-1-(cyclohexylamino)-2-methylpropane* $C_{19}H_{27}NO_2$.

***trans*-Zimtsäure-[cyclohexylamino-*tert*-butylester]**, Formel VII.

B. Aus *N*-[β-Hydroxy-isobutyl]-*N*-cyclohexyl-*trans*-cinnamamid bei kurzem Erwärmen mit Äthanol und wss. Salzsäure (*Hancock*, *Cope*, Am. Soc. **66** [1944] 1738, 1744, 1745).

Hydrochlorid $C_{19}H_{27}NO_2 \cdot HCl$. Krystalle (aus Acn.); F: 161—163° [unkorr.].

1-Cyclohexylamino-2-diphenylacetoxy-2-methyl-propan, Diphenylessigsäure-[cyclohexylamino-*tert*-butylester], *1-(cyclohexylamino)-2-(diphenylacetoxy)-2-methylpropane* $C_{24}H_{31}NO_2$, Formel I (R = CH_2-$C(CH_3)_2$-O-CO-$CH(C_6H_5)_2$, X = H) auf S. 26.

B. Aus *N*-[β-Hydroxy-isobutyl]-*N*-cyclohexyl-*C.C*-diphenyl-acetamid beim Erwärmen mit Äthanol und wss. Salzsäure (*Hancock*, *Cope*, Am. Soc. **66** [1944] 1738, 1744, 1745).

Hydrochlorid $C_{24}H_{31}NO_2 \cdot HCl$. Krystalle (aus Acn. + Ae.); F: 172—174° [unkorr.] (*Ha., Cope*, l. c. S. 1744).

(±)-3-Cyclohexylamino-1-[4-chlor-phenoxy]-2-methyl-propan, (±)-[γ-(4-Chlor-phenoxy)-isobutyl]-cyclohexyl-amin, (±)-N-[*3-(p-chlorophenoxy)-2-methylpropyl]cyclohexylamine* $C_{16}H_{24}ClNO$, Formel VIII (X = Cl).

(±)-4.6-Dinitro-2-*sec*-butyl-phenolat. Orangefarbene Krystalle; F: 120—122° (*Dow Chem. Co.*, U.S.P. 2365056 [1943]).

4.6-Dinitro-2-cyclohexyl-phenolat. Gelbe Krystalle; F: 130—133°.

(±)-3-Cyclohexylamino-1-[4-*tert*-butyl-phenoxy]-2-methyl-propan, (±)-[γ-(4-*tert*-Butyl-phenoxy)-isobutyl]-cyclohexyl-amin, (±)-N-[*3-(p-tert-butylphenoxy)-2-methylpropyl]cyclohexylamine* $C_{20}H_{33}NO$, Formel VIII (X = $C(CH_3)_3$).

(±)-4.6-Dinitro-2-*sec*-butyl-phenolat. Orangefarbene Krystalle; F: 129—132° (*Dow Chem. Co.*, U.S.P. 2365056 [1943]).

4.6-Dinitro-2-cyclohexyl-phenolat. Orangefarbene Krystalle; F: 136,5—138,5°.

(±)-5-Dicyclohexylamino-pentanol-(2), (±)-*5-(dicyclohexylamino)pentan-2-ol* $C_{17}H_{33}NO$, Formel VI (R = $[CH_2]_3$-CH(OH)-CH_3).

B. Aus 5-Dicyclohexylamino-pentanon-(2) bei der Hydrierung an Nickel bei 100°/50 at (*I. G. Farbenind.*, D.R.P. 593192 [1931]; Frdl. **20** 757).

Kp_5: 167—173°.

5-Cyclohexylamino-pentanol-(1), *5-(cyclohexylamino)pentan-1-ol* $C_{11}H_{23}NO$, Formel I (R = $[CH_2]_5$-OH, X = H) auf S. 26.

B. Bei der Hydrierung eines Gemisches von Cyclohexylamin und 5-Hydroxy-valeraldehyd (aus 3.4-Dihydro-2*H*-pyran hergestellt) an Platin in wss. Salzsäure unter 140 at (*Drake et al.*, Am. Soc. **71** [1949] 455, 456, 457).

Krystalle (aus PAe.); F: 79—80,5°.

4-Cyclohexylamino-2-benzoyloxy-pentan, Benzoesäure-[3-cyclohexylamino-1-methyl-butylester], *2-(benzoyloxy)-4-(cyclohexylamino)pentane* $C_{18}H_{27}NO_2$, Formel I (R = $CH(CH_3)$-CH_2-$CH(CH_3)$-O-CO-C_6H_5, X = H) auf S. 26.

Opt.-inakt. 4-Cyclohexylamino-2-benzoyloxy-pentan, dessen Hydrochlorid bei 212° schmilzt.

B. Beim Behandeln von opt.-inakt. 4-Cyclohexylamino-pentanol-(2) (E II 9) mit Benzoylchlorid in Benzol (*Skita, Keil*, D.R.P. 550766 [1929]; Frdl. **19** 1502).

Kp_{14}: 205—207°.

Hydrochlorid. Krystalle (aus Acn. + A.); F: 212°.

4-[Methyl-cyclohexyl-amino]-pentanol-(2), *4-(cyclohexylmethylamino)pentan-2-ol* $C_{12}H_{25}NO$, Formel I (R = $CH(CH_3)$-CH_2-CH(OH)-CH_3, X = CH_3) auf S. 26.

Ein opt.-inakt. Präparat vom Kp_{16}: 143—144° ist bei der Hydrierung eines Gemisches von opt.-inakt. 4-Cyclohexylamino-pentanol-(2) (E II 9) und Formaldehyd in Wasser an Platin erhalten worden (*Skita, Keil*, D.R.P. 550766 [1929]; Frdl. **19** 1502).

4-[Methyl-cyclohexyl-amino]-2-benzoyloxy-pentan, *2-(benzoyloxy)-4-(cyclohexylmethylamino)pentane* $C_{19}H_{29}NO_2$, Formel I (R = $CH(CH_3)$-CH_2-$CH(CH_3)$-O-CO-C_6H_5, X = CH_3) auf S. 26.

Opt.-inakt. 4-[Methyl-cyclohexyl-amino]-2-benzoyloxy-pentan, dessen Pikrat bei 177° schmilzt.

B. Aus opt.-inakt. 4-[Methyl-cyclohexyl-amino]-pentanol-(2) (Kp_{16}: 143—144°) und Benzoylchlorid (*Skita, Keil*, D.R.P. 550766 [1929]; Frdl. **19** 1502). Bei der Hydrierung eines Gemisches von opt.-inakt. 4-Cyclohexylamino-2-benzoyloxy-pentan (Kp_{14}: 207°) und Formaldehyd in Wasser an Platin (*Sk., Keil*).

Kp_{16}: 209—211°.

Pikrat. Krystalle (aus A.); F: 176—177°.

3-Cyclohexylamino-2.2-dimethyl-propanol-(1), *3-(cyclohexylamino)-2,2-dimethylpropan-1-ol* $C_{11}H_{23}NO$, Formel I (R = CH_2-$C(CH_3)_2$-CH_2OH, X = H) auf S. 26.

B. Bei der Hydrierung eines Gemisches von Cyclohexyl-isobutyliden-amin und Formaldehyd in Wasser, Essigsäure und Äthanol an Platin (*Skita, Pfeil*, A. **485** [1931] 152, 172). Aus 3-Hydroxy-2.2-dimethyl-propionaldehyd-cyclohexylimin bei der Hydrierung

an Platin in Äthanol und Essigsäure (*Sk.*, *Pf.*).
Krystalle; F: 38°. Kp_{12}: 123—125°.
Hydrochlorid $C_{11}H_{23}NO\cdot HCl$. Krystalle (aus A. + Ae.); F: 224°.

(±)-6-Cyclohexylamino-2-methyl-heptanol-(2), *(±)-6-(cyclohexylamino)-2-methyl-heptan-2-ol* $C_{14}H_{29}NO$, Formel I (R = $CH(CH_3)$-$[CH_2]_3$-$C(CH_3)_2$-OH, X = H) auf S. 26.
B. Beim Behandeln von 2-Hydroxy-2-methyl-heptanon-(6) mit Cyclohexylamin in wss. Äthanol und Behandeln des Reaktionsgemisches mit amalgamiertem Aluminium (*Bilhuber Inc.*, U.S.P. 2457656 [1945]).
Kp_9: 141—142°.

2-Cyclohexylamino-2-methyl-propandiol-(1.3), *2-(cyclohexylamino)-2-methylpropane-1,3-diol* $C_{10}H_{21}NO_2$, Formel I (R = $C(CH_2OH)_2$-CH_3, X = H) auf S. 26.
B. Aus [3-Methyl-1-oxa-4-aza-spiro[4.5]decyl-(3)]-methanol bei der Hydrierung an Raney-Nickel in Äthanol bei 150°/100—130 at (*Hancock et al.*, Am. Soc. **66** [1944] 1747, 1751).
Krystalle (aus A. + Ae.); F: 123—125° [unkorr.].

2-Cyclohexylamino-1.3-bis-[4-nitro-benzoyloxy]-2-methyl-propan, *2-(cyclohexylamino)-2-methyl-1,3-bis(4-nitrobenzoyloxy)propane* $C_{24}H_{27}N_3O_8$, Formel IX.
B. Bei mehrtägigem Erwärmen von 2-Cyclohexylamino-2-methyl-propandiol-(1.3) mit 4-Nitro-benzoylchlorid in Chlorwasserstoff enthaltendem Chloroform (*Hancock et al.*, Am. Soc. **66** [1944] 1747, 1751).
Hydrochlorid $C_{24}H_{27}N_3O_8\cdot HCl$. Krystalle (aus wss. A.); F: 177—178° [Zers.; unkorr.].

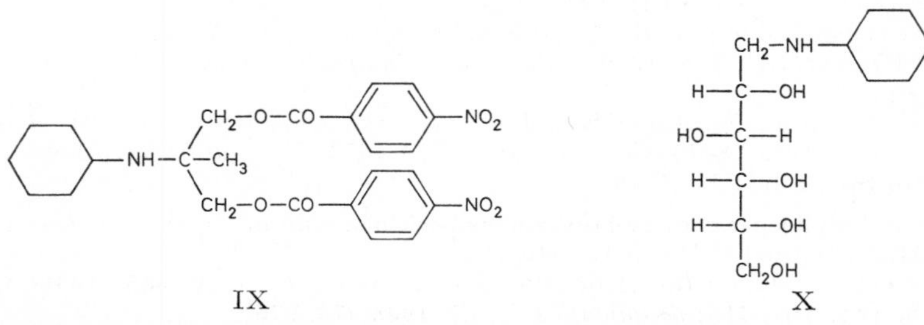

IX X

6-Cyclohexylamino-hexanpentol-(1.2.3.4.5), *6-(cyclohexylamino)hexane-1,2,3,4,5-pentol* $C_{12}H_{25}NO_5$.

6-Cyclohexylamino-L-*gulo*-hexanpentol-(1.2.3.4.5), 1-Cyclohexylamino-1-desoxy-D-glucit, *N*-Cyclohexyl-D-glucamin, Formel X.
B. Bei der Hydrierung des *N*-Cyclohexyl-D-glucopyranosylamin-Cyclohexylamin-Addukts (s. diesbezüglich *Ishikawa*, J. chem. Soc. Japan Pure Chem. Sect. **85** [1964] 697, 700; C. A. **63** [1965] 1853) an Raney-Nickel in Methanol, Äthanol oder wss. Äthanol bei 70—83°/55—90 at (*Mitts, Hixon*, Am. Soc. **66** [1944] 483, 484, 485).
Krystalle (aus Me.); F: 145—146° [unkorr.]; $[\alpha]_D^{25}$: —11° [wss. A.; c = 1] (*Mi., Hi.*).

Cyclohexyl-methylen-amin, Formaldehyd-cyclohexylimin, *N-methylenecyclohexylamine* $C_7H_{13}N$, Formel I (R = CH_2) auf S. 26.
B. Beim Behandeln von Cyclohexylamin mit wss. Formaldehyd (*Graymore*, Soc. **1947** 1116, 1118).
Krystalle (aus A.); F: 75° (*Gr.*).
Beim Erhitzen mit Schwefel ist *N.N'*-Dicyclohexyl-thioharnstoff erhalten worden (*Scott, Watt*, J. org. Chem. **2** [1937] 148, 150).

Cyclohexyl-äthyliden-amin, Acetaldehyd-cyclohexylimin, *N-ethylidenecyclohexylamine* $C_8H_{15}N$, Formel I (R = CH-CH_3) auf S. 26 (E II 10).
Kp_{18}: 54° (*Tiollais*, Bl. **1947** 708, 715); Kp_{17}: 48° (*Kirrmann, Laurent*, Bl. [5] **6** [1939] 1657, 1661). D_4^0: 0,8716; D_4^{15}: 0,8583 (*Tio.*); D^{19}: 0,855 (*Ki., Lau.*). n_D^{15}: 1,4647 (*Tio.*). Raman-Spektrum: *Ki., Lau.*
Bei der Hydrierung an Platin in Äthanol und Essigsäure sind Cyclohexylamin, Butyl-cyclohexyl-amin und geringe Mengen Äthyl-cyclohexyl-amin erhalten worden (*Skita, Pfeil*, A. **485** [1931] 152, 158).

Cyclohexyl-propyliden-amin, Propionaldehyd-cyclohexylimin, N-*propylidenecyclohexylamine* $C_9H_{17}N$, Formel I (R = $CH-CH_2-CH_3$) auf S. 26 (E II 10).

Hydrierung an Platin in Essigsäure enthaltendem Äthanol unter Bildung von [2-Methyl-pentyl]-cyclohexyl-amin und Cyclohexylamin: *Skita, Pfeil*, A. **485** [1931] 152, 160. Bei der Hydrierung eines Gemisches mit Acetaldehyd an Platin in Äthanol und Essigsäure sind [2-Methyl-butyl]-cyclohexyl-amin, [2-Methyl-pentyl]-cyclohexyl-amin, Butyl-cyclohexyl-amin, Äthyl-cyclohexyl-amin und Cyclohexylamin, bei der Hydrierung eines Gemisches mit Benzaldehyd sind [2-Methyl-pentyl]-cyclohexyl-amin, Cyclohexyl-benzyl-amin, [2-Methyl-3-phenyl-propyl]-cyclohexyl-amin und Cyclohexylamin, bei der Hydrierung eines Gemisches mit Furfural sind [2-Methyl-pentyl]-cyclohexyl-amin, Cyclohexyl-furfuryl-amin, eine als [2-Methyl-3-(furyl-(2))-propenyl]-cyclohexyl-amin oder [2-Methyl-3-(furyl-(2))-allyl]-cyclohexyl-amin zu formulierende Verbindung $C_{14}H_{21}NO$ (Kp_{18}: 167—175°; Kp_{12}: 166—172°; Hydrochlorid $C_{14}H_{21}NO \cdot HCl$: F: 180°), eine Verbindung $C_{14}H_{23}NO$ (Kp_{18}: 156—161°), eine Verbindung $C_{14}H_{25}NO$ (Kp_{18}: 143—150°; Kp_{12}: 144—149°; Hydrogenoxalat $C_{14}H_{25}NO \cdot C_2H_2O_4$: F: 165°) und Cyclohexylamin erhalten worden.

[α-Cyclohexylamino-isopropyl]-phosphinsäure, [*1-(cyclohexylamino)-1-methylethyl*]*phosphinic acid* $C_9H_{20}NO_2P$, Formel II (R = $C(CH_3)_2$-PHO(OH), X = H).

B. Aus Cyclohexylamin, Phosphinsäure (Hypophosphorigsäure) und Aceton (*Schmidt*, B. **81** [1948] 477, 480).

Krystalle; F: ca. 217° [Zers.].

Cyclohexyl-butyliden-amin, Butyraldehyd-cyclohexylimin, N-*butylidenecyclohexylamine* $C_{10}H_{19}N$, Formel I (R = $CH-CH_2-CH_2-CH_3$).

B. Aus Cyclohexylamin und Butyraldehyd (*Skita, Pfeil*, A. **485** [1931] 152, 161; *Kirrmann, Laurent*, Bl. [5] **6** [1939] 1657, 1662; *Campbell, Sommers, Campbell*, Am. Soc. **66** [1944] 82).

Kp_{20}: 78—88° (*Ca., So., Ca.*); Kp_{16}: 85—87° (*Sk., Pf.*); Kp_{13}: 73° (*Ki., Lau.*). D^{18}: 0,846 (*Ki., Lau.*); D_4^{20}: 0,8475 (*Ca., So., Ca.*). n_D^{18}: 1,4572 (*Ki., Lau.*); n_D^{20}: 1,4564 (*Ca., So., Ca.*). Raman-Spektrum: *Ki., Lau.*

Cyclohexyl-isobutyliden-amin, Isobutyraldehyd-cyclohexylimin, N-*isobutylidenecyclohexylamine* $C_{10}H_{19}N$, Formel I (R = $CH-CH(CH_3)_2$).

B. Aus Cyclohexylamin und Isobutyraldehyd (*Skita, Pfeil*, A. **485** [1931] 152, 172; *Tiollais*, Bl. **1947** 708, 715; *Grammaticakis*, Bl. **1948** 973, 978).

Kp_{26}: 82° (*Ti.*); Kp_{12}: 69—70° (*Gr.*). D_4^0: 0,8516; D_4^{14}: 0,8400 (*Ti.*). n_D^{14}: 1,4592 (*Ti.*). UV-Spektrum: *Gr.* In Wasser schwer löslich (*Gr.*).

Cyclohexyl-[buten-(2)-yliden]-amin, Crotonaldehyd-cyclohexylimin, N-(*but-2-enylidene*)*cyclohexylamine* $C_{10}H_{17}N$, Formel I (R = $CH-CH=CH-CH_3$).

Ein Amin (Kp_{15}: 90—91°) dieser Konstitution ist aus Cyclohexylamin und Crotonaldehyd (nicht charakterisiert) in Äther erhalten worden (*Skita, Pfeil*, A. **485** [1931] 152, 159).

Cyclohexyl-[2-methyl-buten-(2)-yliden]-amin, 2-Methyl-crotonaldehyd-cyclohexylimin, N-(*2-methylbut-2-enylidene*)*cyclohexylamine* $C_{11}H_{19}N$, Formel I (R = $CH-C(CH_3)=CH-CH_3$).

Ein Amin (Kp_{15}: 100—105°) dieser Konstitution ist aus Cyclohexylamin und 2-Methyl-crotonaldehyd (2.3-Dimethyl-acrolein; nicht charakterisiert) erhalten worden (*Skita, Pfeil*, A. **485** [1931] 152, 168).

Cyclohexyl-[2-methyl-penten-(2)-yliden]-amin, 2-Methyl-penten-(2)-al-(1)-cyclohexylimin, N-(*2-methylpent-2-enylidene*)*cyclohexylamine* $C_{12}H_{21}N$ Formel I (R = $CH-C(CH_3)=CH-CH_2-CH_3$).

Ein Amin (Kp_{15}: 118—119,5°) dieser Konstitution ist aus Cyclohexylamin und 2-Methyl-penten-(2)-al-(1) (2-Methyl-3-äthyl-acrolein; nicht charakterisiert) in Äther erhalten worden (*Skita, Pfeil*, A. **485** [1931] 152, 160).

Cyclohexyl-cyclohexyliden-amin, Cyclohexanon-cyclohexylimin, N-*cyclohexylidenecyclohexylamine* $C_{12}H_{21}N$, Formel III (E II 10).

B. Aus Cyclohexylamin und Cyclohexanon (*Wingfoot Corp.*, U.S.P. 2217622 [1937]; *Shell Devel. Co.*, U.S.P. 2418173 [1944]).

Kp_{37}: 144—147° (*Wingfoot Corp.*); Kp_{20}: 135—137° (*Shell Devel. Co.*).

Beim Behandeln mit Keten und Erhitzen des Reaktionsgemisches mit wss. Schwefelsäure ist 1-Acetyl-cyclohexanon-(2) erhalten worden (*Shell Devel. Co.*).

Cyclohexyl-[2-äthyl-hexen-(2)-yliden]-amin, 2-Äthyl-hexen-(2)-al-(1)-cyclohexylimin, N-(*2-ethylhex-2-enylidene*)*cyclohexylamine* $C_{14}H_{25}N$, Formel I (R = $CH\text{-}C(C_2H_5)\text{=}CH\text{-}CH_2\text{-}CH_2\text{-}CH_3$).

Zwei Präparate (Kp_{760}: ca. 252° bzw. Kp_{13}: 139—143°), in denen ein Amin dieser Konstitution vorgelegen hat, sind aus Cyclohexylamin und 2-Äthyl-hexen-(2)-al-(1) (aus Butyraldehyd hergestellt) in Wasser erhalten worden (*Paquin*, B. **82** [1949] 316, 321, 323; s. a. *Skita, Pfeil*, A. **485** [1931] 152, 162).

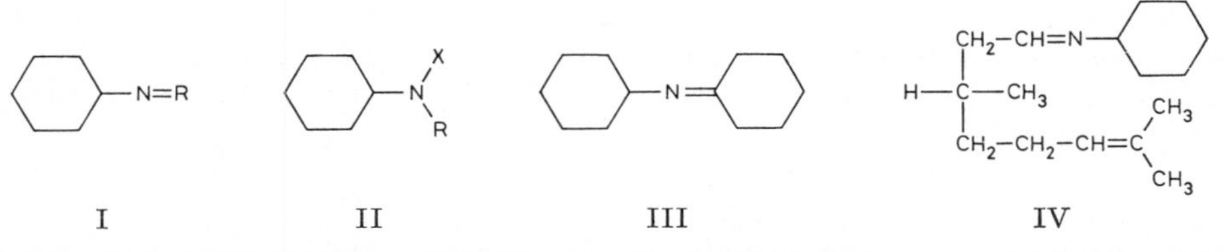

Cyclohexyl-[3.7-dimethyl-octen-(6)-yliden]-amin, 2.6-Dimethyl-octen-(2)-al-(8)-cyclohexylimin, N-(*3,7-dimethyloct-6-enylidene*)*cyclohexylamine* $C_{16}H_{29}N$.

Cyclohexyl-[(*R*)-3.7-dimethyl-octen-(6)-yliden]-amin, (*R*)-Citronellal-cyclohexylimin, Formel IV.

B. Aus (*R*)-Citronellal ((*R*)-2.6-Dimethyl-octen-(2)-al-(8)) und Cyclohexylamin (*West*, J. Soc. chem. Ind. **61** [1942] 158).

Kp_2: 137—139°. D_{15}^{15}: 0,8732. n_D^{25}: 1,4759. α_D: +3,3° [Rohrlänge nicht angegeben].

Cyclohexyl-[5-methyl-2-isopropyl-hexen-(2)-yliden]-amin, 2-Methyl-5-isopropyl-hexen-(4)-al-(6)-cyclohexylimin, N-(*2-isopropyl-5-methylhex-2-enylidene*)*cyclohexylamine* $C_{16}H_{29}N$, Formel I (R = $CH\text{-}C[CH(CH_3)_2]\text{=}CH\text{-}CH_2\text{-}CH(CH_3)_2$).

Ein Amin (Kp_{16}: 146—152°) dieser Konstitution ist aus Cyclohexylamin und 2-Methyl-5-isopropyl-hexen-(4)-al-(6) (2-Isopropyl-3-isobutyl-acrolein; nicht charakterisiert) erhalten worden (*Skita, Pfeil*, A. **485** [1931] 152, 163).

Cyclohexyl-[2-pentyl-nonen-(2)-yliden]-amin, 2-Pentyl-nonen-(2)-al-(1)-cyclohexylimin, N-(*2-pentylnon-2-enylidene*)*cyclohexylamine* $C_{20}H_{37}N$, Formel I (R = $CH\text{-}C([CH_2]_4\text{-}CH_3)\text{=}CH\text{-}[CH_2]_5\text{-}CH_3$).

Ein Amin (Kp_{11}: 208—211°) dieser Konstitution ist aus Cyclohexylamin und 2-Pentyl-nonen-(2)-al-(1) (nicht charakterisiert) erhalten worden (*Skita, Pfeil*, A. **485** [1931] 152, 165).

Cyclohexyl-[3.7-dimethyl-octadien-(2.6)-yliden]-amin, 2.6-Dimethyl-octadien-(2.6)-al-(8)-cyclohexylimin, N-(*3,7-dimethylocta-2,6-dienylidene*)*cyclohexylamine* $C_{16}H_{27}N$, Formel I (R = $CH\text{-}CH\text{=}C(CH_3)\text{-}CH_2\text{-}CH_2\text{-}CH\text{=}C(CH_3)_2$) (vgl. E II 10).

Ein Amin (Kp_4: 125°; n_D^{15}: 1,5101; λ_{max}: 239 mμ und 249 mμ) dieser Konstitution ist aus 2.6-Dimethyl-octadien-(2.6)-al-(8) (nicht charakterisiert) und Cyclohexylamin erhalten und durch Hydrierung an Raney-Nickel in Cyclohexan bei 100°/90 at in [3.7-Dimethyl-octen-(6)-yl]-cyclohexyl-amin, durch Hydrierung an Raney-Nickel in Methanol bei 120°/140 at in [3.7-Dimethyl-octyl]-cyclohexyl-amin übergeführt worden (*Caldwell, Jones*, Soc. **1946** 597).

Cyclohexyl-benzyliden-amin, Benzaldehyd-cyclohexylimin, N-*benzylidenecyclohexylamine* $C_{13}H_{17}N$, Formel I (R = $CH\text{-}C_6H_5$) (E II 10).

B. Aus Benzaldehyd und Cyclohexylamin in wss. Äthanol (*West*, J. Soc. chem. Ind. **61** [1942] 158) oder in Benzol (*Labriola, Dorronsoro, Verruno*, An. Asoc. quim. arg. **37** [1949] 79, 88).

Kp_{20}: 157° (*La., Do., Ve.*); Kp_2: 117—120° (*West*). D_{15}^{15}: 0,9810; n_D^{25}: 1,5502 (*West*).

Cyclohexyl-[2-methyl-3-phenyl-allyliden]-amin, 2-Methyl-3-phenyl-acrylaldehyd-cyclohexylimin, N-(*β-methylcinnamylidene*)*cyclohexylamine* $C_{16}H_{21}N$, Formel I (R = $CH\text{-}C(CH_3)\text{=}CH\text{-}C_6H_5$).

Ein Präparat (Kp_{14}: 168—176°) von ungewisser Einheitlichkeit ist aus Cyclohexylamin und 2-Methyl-3-phenyl-acrylaldehyd (nicht charakterisiert) erhalten worden (*Skita, Pfeil*, A. **485** [1931] 152, 169).

Cyclohexyl-benzhydryliden-amin, Benzophenon-cyclohexylimin, N-*benzhydrylidenecyclohexylamine* $C_{19}H_{21}N$, Formel I ($R = C(C_6H_5)_2$) (E II 10).

B. Aus Benzophenon-imin und Cyclohexylamin (*Cantarel*, C. r. **210** [1940] 403).

Krystalle (aus A.); F: 49°.

Cyclohexyl-[5-phenyl-2-benzyl-penten-(2)-yliden]-amin, 1-Phenyl-4-benzyl-penten-(3)-al-(5)-cyclohexylimin, N-*(2-benzyl-5-phenylpent-2-enylidene)cyclohexylamine* $C_{24}H_{29}N$, Formel I ($R = CH\text{-}C(CH_2\text{-}C_6H_5)\text{=}CH\text{-}CH_2\text{-}CH_2\text{-}C_6H_5$).

Ein Amin (Kp_{16}: 265—270° [partielle Zers.]) dieser Konstitution ist aus Cyclohexylamin und 3-Phenyl-propionaldehyd erhalten worden (*Skita, Pfeil*, A. **485** [1931] 152, 166).

3-Cyclohexylimino-1-phenyl-butanon-(1), *3-(cyclohexylimino)butyrophenone* $C_{16}H_{21}NO$, Formel I ($R = C(CH_3)\text{-}CH_2\text{-}CO\text{-}C_6H_5$), und **3-Cyclohexylamino-1-phenyl-buten-(2)-on-(1),** *3-(cyclohexylamino)crotonophenone* $C_{16}H_{21}NO$, Formel II ($R = C(CH_3)\text{=}CH\text{-}CO\text{-}C_6H_5$, $X = H$).

B. Beim Erhitzen von Benzoylaceton mit Cyclohexylamin und geringen Mengen wss. Salzsäure (*Cromwell, Babson, Harris*, Am. Soc. **65** [1943] 312, 314).

Krystalle (aus PAe. + Ae.); F: 54°.

1-Cyclohexylimino-1.3-diphenyl-propanon-(3), *3-(cyclohexylimino)-1,3-diphenylpropan-1-one* $C_{21}H_{23}NO$, Formel I ($R = C(C_6H_5)\text{-}CH_2\text{-}CO\text{-}C_6H_5$), und **1-Cyclohexylamino-1.3-diphenyl-propen-(1)-on-(3), β-Cyclohexylamino-chalkon,** *β-(cyclohexylamino)chalcone* $C_{21}H_{23}NO$, Formel II ($R = C(C_6H_5)\text{=}CH\text{-}CO\text{-}C_6H_5$, $X = H$).

B. Beim Erhitzen von Dibenzoylmethan mit Cyclohexylamin und geringen Mengen wss. Salzsäure (*Cromwell, Babson, Harris*, Am. Soc. **65** [1943] 312, 314).

Krystalle (aus PAe. + Ae.); F: 78° (*Cr., Ba., Ha.*). IR-Spektrum: *Cromwell et al.*, Am. Soc. **71** [1949] 3337, 3340.

[2.2-Dimethoxy-äthyl]-cyclohexyl-amin, N-*(2,2-dimethoxyethyl)cyclohexylamine* $C_{10}H_{21}NO_2$, Formel II ($R = CH_2\text{-}CH(OCH_3)_2$, $X = H$).

B. Aus Cyclohexylamin und Chloracetaldehyd-dimethylacetal (*Kaye, Minsky*, Am. Soc. **71** [1949] 2272).

Kp_{17}: 118—119°.

Hydrochlorid $C_{10}H_{21}NO_2\cdot HCl$. Krystalle (aus Me. + Ae.); F: 139—140°.

[2.2-Diäthoxy-äthyl]-cyclohexyl-amin, N-*(2,2-diethoxyethyl)cyclohexylamine* $C_{12}H_{25}NO_2$, Formel II ($R = CH_2\text{-}CH(OC_2H_5)_2$, $X = H$).

B. Aus Cyclohexylamin und Chloracetaldehyd-diäthylacetal (*Kaye, Minsky*, Am. Soc. **71** [1949] 2272).

Kp_{23}: 141—145°.

Hydrochlorid $C_{12}H_{25}NO_2\cdot HCl$. Krystalle (aus Me. + Ae.); F: 120,5—121° [Zers.].

[Methyl-cyclohexyl-amino]-aceton, *1-(cyclohexylmethylamino)propan-2-one* $C_{10}H_{19}NO$, Formel II ($R = CH_2\text{-}CO\text{-}CH_3$, $X = CH_3$) (E II 10).

B. Beim Behandeln von Methyl-cyclohexyl-amin mit Bromaceton und wss. Natriumcarbonat (*Magee, Henze*, Am. Soc. **62** [1940] 910).

Kp_4: 93,2°. D_4^{20}: 0,9387. Oberflächenspannung bei 20°: 32,54 dyn/cm. n_D^{20}: 1,4673.

Semicarbazon $C_{11}H_{22}N_4O$. Krystalle (aus wss. A.); F: 171° [korr.].

5-Dicyclohexylamino-pentanon-(2), *5-(dicyclohexylamino)pentan-2-one* $C_{17}H_{31}NO$, Formel V.

B. Beim Erwärmen von Acetessigsäure-äthylester mit [2-Chlor-äthyl]-dicyclohexylamin und äthanol. Natriumäthylat und Erhitzen des Reaktionsprodukts mit Essigsäure (*I. G. Farbenind.*, D.R.P. 593192 [1931]; Frdl. **20** 757).

Kp_2: 158—165°.

(±)-2-Cyclohexylamino-pentanon-(3), *(±)-2-(cyclohexylamino)pentan-3-one* $C_{11}H_{21}NO$, Formel II ($R = CH(CH_3)\text{-}CO\text{-}CH_2\text{-}CH_3$, $X = H$).

B. Bei der Hydrierung eines Gemisches von Cyclohexylamin und Pentandion-(2.3) an Palladium bei 50° (*Skita, Keil, Baesler*, B. **66** [1933] 858, 866).

Kp_{12}: 118°. Wenig beständig.

Hydrochlorid $C_{11}H_{21}NO \cdot HCl$. Krystalle (aus Acn.); F: 157—158°.

1-Cyclohexylimino-2.2-dimethyl-propanol-(3), 3-Hydroxy-2.2-dimethyl-propionaldehyd-cyclohexylimin, *3-(cyclohexylimino)-2,2-dimethylpropan-1-ol* $C_{11}H_{21}NO$, Formel I (R = CH-C(CH_3)$_2$-CH_2OH) auf S. 33.

B. Aus Cyclohexylamin und 3-Hydroxy-2.2-dimethyl-propionaldehyd (*Skita, Pfeil,* A. **485** [1931] 152, 172).

Kp_{12}: 108—110°.

(±)-2-Cyclohexylamino-hexanon-(3), *(±)-2-(cyclohexylamino)hexan-3-one* $C_{12}H_{23}NO$, Formel II (R = CH(CH_3)-CO-CH_2-CH_2-CH_3, X = H) auf S. 33.

B. Bei der Hydrierung eines Gemisches von Cyclohexylamin und Hexandion-(2.3) an Palladium bei 50° (*Skita, Keil, Baesler,* B. **66** [1933] 858, 865).

Kp_{13}: 128—130°. Wenig beständig.

Hydrochlorid $C_{12}H_{23}NO \cdot HCl$. Krystalle (aus Acn. + A.); F: 176°.

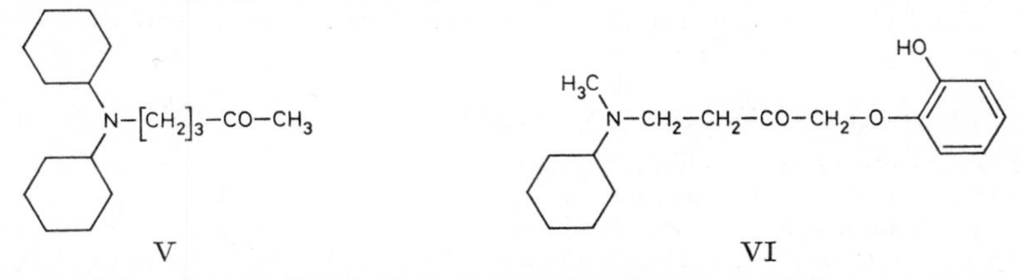

4-[Methyl-cyclohexyl-amino]-1-[2-hydroxy-phenoxy]-butanon-(2), *4-(cyclohexylmethyl-amino)-1-(o-hydroxyphenoxy)butan-2-one* $C_{17}H_{25}NO_3$, Formel VI.

B. Beim Behandeln von [Methyl-cyclohexyl-amino]-methanol (aus Methyl-cyclohexyl-amin und Formaldehyd hergestellt) mit [2-Benzyloxy-phenoxy]-aceton in Benzol und Erhitzen des erhaltenen 4-[Methyl-cyclohexyl-amino]-1-[2-benzyloxy-phenoxy]-butanons-(2) mit wss. Salzsäure (*Geigy A. G.,* U.S.P. 2344814 [1941]).

Rotgelbes Öl; bei 160—170°/0,3 Torr unter partieller Zersetzung destillierbar.

[*Kowol*]

***N*-Cyclohexyl-formamid,** *N-cyclohexylformamide* $C_7H_{13}NO$, Formel VII (R = H) (E II 11).

B. Beim Erhitzen von Cyclohexylamin mit Ameisensäure unter Entfernen des entstehenden Wassers (*Hromatka, Eiles,* M. **78** [1948] 129, 136). Beim Erhitzen von Cyclohexylamin-hydrochlorid mit Natriumformiat und Ameisensäure (*Métayer,* A. ch. [12] **4** [1949] 196, 208).

Krystalle; F: 39° (*Wieland, Dorrer,* B. **63** [1930] 404, 409), 35° (*Mé.*). Kp_{750}: 260° (*Hr., Ei.*); Kp_{20}: 152—153° (*Mé.*); Kp_{11}: 135—136° (*Hr., Ei.*). n_D^{23}: 1,4870 [flüssiges Präparat] (*Mé.*). Hygroskopisch (*Wie., Do.*).

Beim Erhitzen mit Raney-Nickel auf 210° sind Cyclohexanon und eine durch Erwärmen mit wss. Salzsäure in Cyclohexylamin überführbare Verbindung $C_{12}H_{23}N_3$ (F: 222°) erhalten worden (*Mé.,* l. c. S. 243).

***N*-Butyl-*N*-cyclohexyl-formamid,** *N-butyl-N-cyclohexylformamide* $C_{11}H_{21}NO$, Formel VII (R = [CH_2]$_3$-CH_3).

B. Beim Erwärmen von Butyl-cyclohexyl-amin mit wasserhaltiger Ameisensäure (*Monsanto Chem. Co.,* U.S.P. 2192894 [1936]).

Kp_{10}: 118—123°.

***N*-Methallyl-*N*-cyclohexyl-formamid,** *N-cyclohexyl-N-(2-methylallyl)formamide* $C_{11}H_{19}NO$, Formel VII (R = CH_2-C(CH_3)=CH_2).

B. Beim Erwärmen von Methallyl-cyclohexyl-amin mit Ameisensäure unter Entfernen des entstehenden Wassers (*BASF,* D.R.P. 812376 [1948]; D.R.B.P. Org. Chem. 1950—1951 **5** 1).

Kp_{10}: 140—145°.

***N.N*-Dicyclohexyl-formamid,** *N,N-dicyclohexylformamide* $C_{13}H_{23}NO$, Formel VIII (R = H) (E II 11).

B. Beim Erwärmen von Dicyclohexylamin mit wasserhaltiger Ameisensäure (*Maglio,* Am. Soc. **71** [1949] 2949).

F: 62,5—63,5° [aus Isopropylalkohol].

N-Cyclohexyl-acetamid, *N-cyclohexylacetamide* $C_8H_{15}NO$, Formel IX (R = X = H) (H 6; E I 115; E II 11).

B. Aus Acetanilid bei der Hydrierung an Nickel in Äthanol bei 175°/180 at (*Adkins, Cramer*, Am. Soc. **52** [1930] 4349, 4355).

Krystalle; F: 108—109° [aus PAe.] (*Tchitchibabine*, Bl. [5] **6** [1939] 522, 529), 107° bis 107,5° [aus Bzn.] (*Olsen, Enkemeyer*, B. **81** [1948] 359), 106—107° (*Ad., Cr.*), 104,5—105° (*Smith, Adkins*, Am. Soc. **60** [1938] 657, 661). Kp_7: 137,5—138° (*Sm., Ad.*). IR-Absorption (CCl_4): *Buswell, Rodebush, Roy*, Am. Soc. **60** [1938] 2444, 2445.

Bildung von geringen Mengen Cyclohexanon beim Erhitzen mit Raney-Nickel in inerter Atmosphäre auf 230°: *Métayer*, A. ch. [12] **4** [1949] 196, 240, 248. Beim Erhitzen mit Phosphor(V)-oxid in Xylol auf 135° sind Cyclohexen und Acetonitril erhalten worden (*Cook et al.*, Soc. **1949** 1074, 1078). Reaktion mit Pentylamin in Gegenwart von Zinkchlorid in wasserhaltigem 1-Dodecyl-piperidin bei 260° unter Bildung von N-Pentylacetamid (Gleichgewicht): *Sm., Ad.* Überführung in N''-Cyclohexyl-N-isovaleryl-acetamidrazon durch Behandlung mit Benzolsulfonylchlorid, Pyridin und Chloroform und anschliessend mit Isovaleriansäure-hydrazid: *C. H. Boehringer Sohn*, U.S.P. 1796403 [1929].

Hexachloroplatinat(IV) $2C_8H_{15}NO \cdot H_2PtCl_6$. Krystalle mit 2 Mol H_2O (*Tch.*).

N-Methyl-N'-cyclohexyl-acetamidin, *N-cyclohexyl-N'-methylacetamidine* $C_9H_{18}N_2$, Formel X (R = CH_3, X = CH_3) und Tautomeres.

B. Beim Erwärmen von Cyclohexylamin mit Aceton-[O-benzolsulfonyl-oxim] in Benzol (*Oxley, Short*, Soc. **1948** 1514, 1521). Beim Behandeln von Cyclohexylamin mit N-Methylacetimidsäure-p-tolylester-hydrochlorid in Äthanol (*Ox., Sh.*, l. c. S. 1522).

F: 111°.

Hydrochlorid $C_9H_{18}N_2 \cdot HCl$. Krystalle (aus Isopropylalkohol); F: 263—264° [Zers.].

Pikrat $C_9H_{18}N_2 \cdot C_6H_3N_3O_7$. F: 119°.

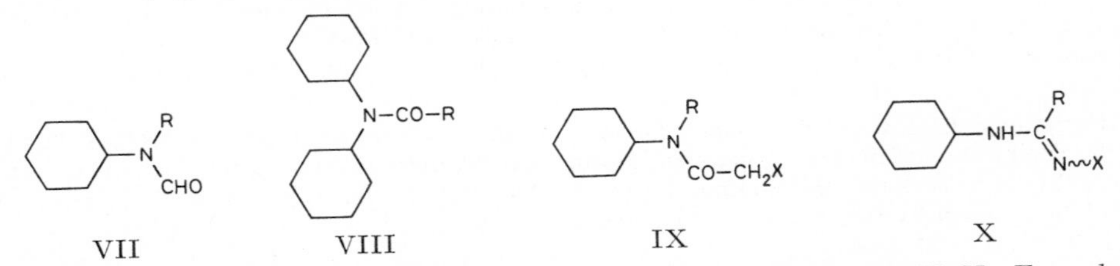

VII VIII IX X

N-Äthyl-N'-cyclohexyl-acetamidin, *N-cyclohexyl-N'-ethylacetamidine* $C_{10}H_{20}N_2$, Formel X (R = CH_3, X = C_2H_5) und Tautomeres.

B. Beim Erwärmen von Cyclohexylamin mit Butanon-[O-benzolsulfonyl-oxim] in Benzol (*Oxley, Short*, Soc. **1948** 1514, 1521).

F: 71°. $Kp_{1,5}$: 82—85°.

Hydrochlorid $C_{10}H_{20}N_2 \cdot HCl$. F: 130—131° [aus Isopropylalkohol + Ae.].

Pikrat $C_{10}H_{20}N_2 \cdot C_6H_3N_3O_7$. F: 103—104°.

N''-Cyclohexyl-N-isovaleryl-acetamidrazon, *N''-cyclohexyl-N-isovalerylacetamidrazone* $C_{13}H_{25}N_3O$, Formel X (R = CH_3, X = NH-CO-CH_2-CH(CH_3)$_2$) und Tautomeres.

B. Beim Behandeln von N-Cyclohexyl-acetamid mit Benzolsulfonylchlorid, Pyridin und Chloroform und anschliessend mit Isovaleriansäure-hydrazid (*C. H. Boehringer Sohn*, U.S.P. 1796403 [1929]).

F: 196°.

Beim Erhitzen erfolgt Umwandlung in 3-Methyl-5-isobutyl-4-cyclohexyl-[1.2.4]triazol.

C-Fluor-N-cyclohexyl-acetamid, *N-cyclohexyl-2-fluoroacetamide* $C_8H_{14}FNO$, Formel IX (R = H, X = F).

B. Beim Erhitzen von Cyclohexylamin mit Fluoressigsäure-äthylester bis auf 160° (*Bacon et al.*, Am. Soc. **70** [1948] 2653).

Krystalle (aus Heptan); F: 99—100°.

C-Chlor-N-cyclohexyl-acetamid, *2-chloro-N-cyclohexylacetamide* $C_8H_{14}ClNO$, Formel IX (R = H, X = Cl).

B. Aus Cyclohexylamin und Chloracetylchlorid in Benzol (*Harvill, Herbst, Schreiner*,

J. org. Chem. **17** [1952] 1597, 1602).
F: 108—109° [korr.; aus Isopropylalkohol] (*Ha.*, *He.*, *Sch.*).
Beim Behandeln mit Phosphor(V)-chlorid in Benzol und anschliessenden Erwärmen mit Stickstoffwasserstoffsäure ist 5-Chlormethyl-1-cyclohexyl-tetrazol erhalten worden (*Bilhuber Corp.*, U.S.P. 2470084 [1945]; *Ha.*, *He.*, *Sch.*, l. c. S. 1604).

***N*-Butyl-*N*-cyclohexyl-acetamid,** *N-butyl-N-cyclohexylacetamide* $C_{12}H_{23}NO$, Formel IX (R = $[CH_2]_3$-CH_3, X = H).
B. Aus Butyl-cyclohexyl-amin und Acetanhydrid (*Monsanto Chem. Co.*, U.S.P. 2126019 [1935]).
Kp_8: ca. 145°.

***N*-[2-Chlor-allyl]-*N*-cyclohexyl-acetamid,** *N-(2-chloroallyl)-N-cyclohexylacetamide* $C_{11}H_{18}ClNO$, Formel IX (R = CH_2-CCl=CH_2, X = H).
B. Aus [2-Chlor-allyl]-cyclohexyl-amin und Acetanhydrid (*Dow Chem. Co.*, U.S.P. 2384811 [1942]).
Kp: 119°. D^{25}: 1,089.

3-[Cyclohexyl-acetyl-amino]-1-acetoxy-2.2-dimethyl-propan, *N*-[3-Acetoxy-2.2-dimethyl-propyl]-*N*-cyclohexyl-acetamid, *N-(3-acetoxy-2,2-dimethylpropyl)-N-cyclohexylacetamide* $C_{15}H_{27}NO_3$, Formel IX (R = CH_2-$C(CH_3)_2$-CH_2-O-CO-CH_3, X = H).
B. Aus 3-Cyclohexylamino-2.2-dimethyl-propanol-(1) beim Erhitzen mit Acetanhydrid und Natriumacetat (*Skita*, *Pfeil*, A. **485** [1931] 152, 173).
Kp_{16}: 198—199°.

***N*-Äthyl-*N'*-cyclohexyl-propionamidin,** *N-cyclohexyl-N'-ethylpropionamidine* $C_{11}H_{22}N_2$, Formel X (R = C_2H_5, X = C_2H_5) und Tautomeres.
B. Beim Erwärmen von Cyclohexylamin mit Pentanon-(3)-[*O*-benzolsulfonyl-oxim] in Benzol (*Oxley*, *Short*, Soc. **1948** 1514, 1521).
$Kp_{1,5}$: 84—85°.
Hydrochlorid $C_{11}H_{22}N_2 \cdot HCl$. F: 113°.

3-Chlor-*N*-cyclohexyl-propionamid, *3-chloro-N-cyclohexylpropionamide* $C_9H_{16}ClNO$, Formel XI (R = CH_2-CH_2-Cl, X = H).
B. Aus Cyclohexylamin und 3-Chlor-propionylchlorid in Äther (*Knunjanz*, *Gambarjan*, Izv. Akad. S.S.S.R. Otd. chim. **1958** 1219, 1223; C. A. **1959** 4193).
Krystalle; F: 110° (*I. G. Farbenind.*, D.R.P. 752481 [1939]; D.R.P. Org. Chem. **6** 1289, 1290), 109—110° [aus CCl_4] (*Kn.*, *Ga.*, l. c. S. 1221).

***N*-Cyclohexyl-pivalinamid,** *N-cyclohexylpivalamide* $C_{11}H_{21}NO$, Formel XI (R = $C(CH_3)_3$, X = H).
B. Aus Cyclohexylamin und Pivaloylchlorid (*Degnan*, *Shoemaker*, Am. Soc. **68** [1946] 104).
F: 122,5° [korr.].

2-Äthyl-*N*-cyclohexyl-butyramidin, *N-cyclohexyl-2-ethylbutyramidine* $C_{12}H_{24}N_2$, Formel X (R = $CH(C_2H_5)_2$, X = H) und Tautomeres.
B. Beim Behandeln von Cyclohexylamin mit 2-Äthyl-butyronitril unter Zusatz von Aluminiumchlorid (*Oxley*, *Partridge*, *Short*, Soc. **1947** 1110, 1114) oder mit Phenyllithium in Äther und anschliessend mit 2-Äthyl-butyronitril (*Ziegler*, *Ohlinger*, A. **495** [1932] 84, 104).
Krystalle (aus Bzn.); F: 119° (*Zie.*, *Oh.*).
Hydrochlorid $C_{12}H_{24}N_2 \cdot HCl$. Krystalle; F: 240—242° [aus wss. Salzsäure] (*Ox.*, *Pa.*, *Sh.*), 235° [aus W.] (*Zie.*, *Oh.*).

2.2-Dimethyl-*N*-cyclohexyl-butyramid, *N-cyclohexyl-2,2-dimethylbutyramide* $C_{12}H_{23}NO$, Formel XI (R = $C(CH_3)_2$-CH_2-CH_3, X = H).
B. Aus Cyclohexylamin und 2.2-Dimethyl-butyrylchlorid (*Degnan*, *Shoemaker*, Am. Soc. **68** [1946] 104).
F: 115° [korr.].

3.3-Dimethyl-*N*-cyclohexyl-butyramid, *N-cyclohexyl-3,3-dimethylbutyramide* $C_{12}H_{23}NO$, Formel XI (R = CH_2-$C(CH_3)_3$, X = H).
B. Aus Cyclohexylamin und 3.3-Dimethyl-butyrylchlorid (*Mallinckrodt Chem. Works*,

U.S.P. 2060154 [1934]).
Krystalle; F: 146—147°.

(±)-2-Brom-3.3-dimethyl-*N*-cyclohexyl-butyramid, (±)-*2-bromo-*N*-cyclohexyl-3,3-dimethylbutyramide* $C_{12}H_{22}BrNO$, Formel XI (R = CHBr-C(CH_3)$_3$, X = H).
B. Aus Cyclohexylamin und (±)-2-Brom-3.3-dimethyl-butyrylchlorid (*Mallinckrodt Chem. Works*, U.S.P. 2060154 [1934]).
Krystalle; F: 183—184°.

***N*-Cyclohexyl-octanamidin,** *N-cyclohexyloctanamidine* $C_{14}H_{28}N_2$, Formel X (R = [CH_2]$_6$-CH_3, X = H) [auf S. 36] und Tautomeres.
B. Beim Behandeln von Cyclohexylamin mit Octannitril unter Zusatz von Aluminiumchlorid (*Oxley, Partridge, Short,* Soc. **1947** 1110, 1115) oder unter Zusatz von Cyclohexylamin-[toluol-sulfonat-(4)] bei 190° (*Oxley, Partridge, Short,* Soc. **1948** 303, 308).
Hydrochlorid $C_{14}H_{28}N_2 \cdot HCl$. Krystalle (aus W.); F: 200°.
Pikrat $C_{14}H_{28}N_2 \cdot C_6H_3N_3O_7$. F: 102° (*Ox., Pa., Sh.,* Soc. **1947** 1115).

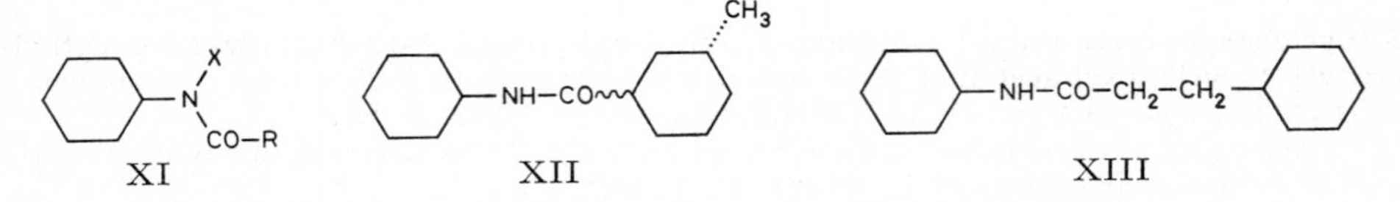

XI XII XIII

***N*-Cyclohexyl-laurinamid,** *N-cyclohexyllauramide* $C_{18}H_{35}NO$, Formel XI (R = [CH_2]$_{10}$-CH_3, X = H).
B. Aus Cyclohexylamin und Lauroylchlorid (*Imp. Chem. Ind.,* U.S.P. 2303191 [1938]). Beim Erhitzen von Cyclohexylamin mit Laurinsäure (in Dioxan) oder mit Laurinsäure-äthylester unter Wasserstoff (50—100 at) auf 250° (*Wojcik, Adkins,* Am. Soc. **56** [1934] 2419, 2421).
F: 85° (*Woj., Ad.,* l. c. S. 2423), 75—76° (*Imp. Chem. Ind.*).
Bei der Hydrierung an Kupferoxid-Chromoxid bei 250°/200—300 at sind Dodecyl-cyclohexyl-amin sowie geringe Mengen Cyclohexylamin, Dicyclohexylamin, Dodecylamin und Didodecylamin erhalten worden (*Woj., Ad.,* l. c. S. 2422).

***N*-Cyclohexyl-palmitinamid,** *N-cyclohexylpalmitamide* $C_{22}H_{43}NO$, Formel XI (R = [CH_2]$_{14}$-CH_3, X = H).
B. Aus Cyclohexylamin und Palmitoylchlorid (*Bowen, Smith,* Am. Soc. **62** [1940] 3522).
F: 94—95°.

***N*-Cyclohexyl-acrylamid,** *N-cyclohexylacrylamide* $C_9H_{15}NO$, Formel XI (R = CH=CH_2, X = H).
B. Aus 3-Chlor-*N*-cyclohexyl-propionamid mit Hilfe von wss. Kalilauge (*I.G. Farbenind.,* D.R.P. 752481 [1939]; D.R.P. Org. Chem. **6** 1289, 1290).
Krystalle (aus W.); F: 116°.

***N.N*-Dicyclohexyl-acrylamid,** *N,N-dicyclohexylacrylamide* $C_{15}H_{25}NO$, Formel VIII (R = CH=CH_2) auf S. 36.
B. Beim Erwärmen von Dicyclohexylamin mit Acetylen und Tetracarbonylnickel in Xylol unter Zusatz von Essigsäure (*Reppe,* A. **582** [1953] 1, 32; s. a. *J. W. Reppe,* Acetylene Chemistry [New York 1949] S. 159).
Kp_{15}: 196—206°.

***N*-[2-Chlor-allyl]-*N*-cyclohexyl-crotonamid,** *N-(2-chloroallyl)-N-cyclohexylcrotonamide* $C_{13}H_{20}ClNO$, Formel XI (R = CH=CH-CH_3, X = CH_2-CCl=CH_2).
Ein Säureamid ($Kp_{1,5}$: 131—135°; D_{25}^{25}: 1,084) dieser Konstitution ist beim Erhitzen von [2-Chlor-allyl]-cyclohexyl-amin mit Crotonsäure (nicht charakterisiert) und Phosphor(III)-chlorid in Toluol erhalten worden (*Dow Chem. Co.,* U.S.P. 2384811 [1942]).

***N*-Cyclohexyl-methacrylamid,** *N-cyclohexylmethacrylamide* $C_{10}H_{17}NO$, Formel XI (R = C(CH_3)=CH_2, X = H).
B. Aus β-Chlor-*N*-cyclohexyl-isobutyramid (nicht näher beschrieben) beim Erwärmen

mit wss. Natronlauge (*I.G. Farbenind.*, D.R.P. 752481 [1939]; D.R.P. Org. Chem. **6** 1289, 1292).

F: 111°.

3-Methyl-*N*-cyclohexyl-cyclohexancarbamid-(1), *N-cyclohexyl-3-methylcyclohexanecarboxamide* $C_{14}H_{25}NO$.

(−)(1Ξ:3*R*)-3-Methyl-*N*-cyclohexyl-cyclohexancarbamid-(1), Formel XII, vom F: 195°.

B. Aus (−)(1Ξ:3*R*)-3-Methyl-cyclohexan-carbonylchlorid-(1) ($[\alpha]_{546}$: −7,7° [unverd.?]; Einheitlichkeit ungewiss [E III **9** 53]) und Cyclohexylamin (*Mousseron, Granger, Claret*, Bl. **1947** 868, 869).

Krystalle (aus Bzl. oder aus Bzl. + PAe.); F: 195°. $[\alpha]_{546}^{20}$: −12° [Bzl.; c = 1]; $[\alpha]_{546}^{20}$: −11,4° [A.; c = 1]; $[M]_{546}^{20}$: −31,2° [Py.] (*Mou., Gr., Cl.*, l. c. S. 876).

3.*N*-Dicyclohexyl-propionamid, *3,N-dicyclohexylpropionamide* $C_{15}H_{27}NO$, Formel XIII.

B. Aus 3-Cyclohexyl-propionylchlorid und Cyclohexylamin in Äther (*Métayer*, A. ch. [12] **4** [1949] 196, 217).

Krystalle (aus Me.); F: 109°.

***N*-Cyclohexyl-6-[cyclohexen-1-yl]-hexanamid**, *6-(cyclohex-1-en-1-yl)-N-cyclohexylhexanamide* $C_{18}H_{31}NO$, Formel I.

B. Aus 1-[Cyclohexen-(1)-yl]-hexansäure-(6) (E III **9** 249) beim Erhitzen mit Cyclohexylamin und Acetanhydrid (*Dow Chem. Co.*, U.S.P. 2350324 [1941]).

F: 50−53°. Kp_2: 222,5−224°.

***N*-Cyclohexyl-benzamid**, *N-cyclohexylbenzamide* $C_{13}H_{17}NO$, Formel II (R = X = H) (H 7; E I 115).

B. Beim Erhitzen von Cyclohexylamin mit Phosphor(III)-chlorid in Toluol und anschliessend mit Benzoesäure (*Grimmel, Guenther, Morgan*, Am. Soc. **68** [1946] 539). Aus Cyclohexylamin und 2.2.2-Trichlor-1-phenyl-äthanon-(1) in Hexan (*Atherton, Openshaw, Todd*, Soc. **1945** 660, 663).

Krystalle; F: 148−149° (*Gr., Gue., Mo.*; *Ath., Op., Todd*), 148° [aus A.] (*Wieland, Dorrer*, B. **63** [1930] 404, 410).

Beim Erhitzen mit Raney-Nickel auf 215° sind geringe Mengen Cyclohexanon erhalten worden (*Métayer*, A. ch. [12] **4** [1949] 248).

***N*-Cyclohexyl-benzamidin**, *N-cyclohexylbenzamidine* $C_{13}H_{18}N_2$, Formel III (R = C_6H_5) und Tautomeres.

B. Beim Behandeln von Cyclohexylamin mit Benzonitril und Aluminiumchlorid (*Oxley, Short*, Soc. **1949** 449, 452).

Krystalle (aus PAe.); F: 116−116,5°.

Hydrochlorid $C_{13}H_{18}N_2 \cdot HCl$. Krystalle (aus W.); F: 282°.

Pikrat $C_{13}H_{18}N_2 \cdot C_6H_3N_3O_7$. F: 143°.

4-Nitro-*N*-cyclohexyl-benzamid, *N-cyclohexyl-p-nitrobenzamide* $C_{13}H_{16}N_2O_3$, Formel II (R = H, X = NO_2).

B. Beim Behandeln von Cyclohexylamin mit 4-Nitro-benzoylchlorid und Pyridin (*Siebenmann, Schnitzer*, Am. Soc. **65** [1943] 2126).

Krystalle (aus wss. A.); F: 203−204° [unkorr.].

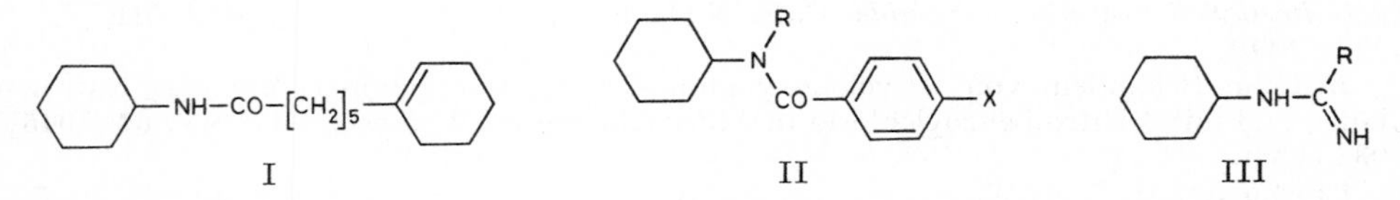

I II III

***N*-Cyclohexyl-thiobenzamid**, *N-cyclohexylthiobenzamide* $C_{13}H_{17}NS$, Formel IV (R = H).

B. Beim Behandeln von Cyclohexylisothiocyanat mit Phenylmagnesiumbromid in Äther (*Alliger et al.*, J. org. Chem. **14** [1949] 962, 964). Beim Behandeln von Natriumdithiobenzoat mit Cyclohexylamin unter Zusatz einer wss. Lösung von Jod und Kaliumjodid oder unter Zusatz von Chlor-cyclohexyl-amin (*All. et al.*).

Krystalle (aus PAe.); F: 91−92°.

N-[2-Chlor-allyl]-N-cyclohexyl-benzamid, N-*(2-chloroallyl)*-N-*cyclohexylbenzamide* $C_{16}H_{20}ClNO$, Formel II (R = CH_2-CCl=CH_2, X = H).

B. Aus [2-Chlor-allyl]-cyclohexyl-amin und Benzoylchlorid (*Dow Chem. Co.*, U.S.P. 2384811 [1942]).

Krystalle (aus Cyclohexan); F: 63—64°.

N.N-Dicyclohexyl-benzamid, N,N-*dicyclohexylbenzamide* $C_{19}H_{27}NO$, Formel V (E II 11).

Krystalle (aus Hexan); F: 96—99,5° (*Cohen, Lipowitz*, Am. Soc. **86** [1964] 5611, 5614).

4-Nitro-N-[2-hydroxy-äthyl]-N-cyclohexyl-benzamid, N-*cyclohexyl*-N-*(2-hydroxyethyl)*-p-*nitrobenzamide* $C_{15}H_{20}N_2O_4$, Formel II (R = CH_2-CH_2OH, X = NO_2).

B. Beim Erwärmen von 2-Cyclohexylamino-äthanol-(1) mit wss. Natronlauge und mit 4-Nitro-benzoylchlorid in Dichlormethan bzw. Äther (*Hancock, Cope*, Am. Soc. **66** [1944] 1738, 1745; *Reasenberg, Goldberg*, Am. Soc. **67** [1945] 933, 936).

Krystalle; F: 121° (*Rea., Go.*, l. c. S. 936 Anm. r), 113,5—115,5° [unkorr.; aus Bzl.] (*Ha., Cope*).

Beim Erwärmen mit wss. Salzsäure (*Rea., Go.*) oder mit wss.-äthanol. Salzsäure (*Ha., Cope*) ist 4-Nitro-benzoesäure-[2-cyclohexylamino-äthylester] erhalten worden.

(±)-4-Nitro-N-[2-hydroxy-propyl]-N-cyclohexyl-benzamid, (±)-N-*cyclohexyl*-N-*(2-hydroxypropyl)*-p-*nitrobenzamide* $C_{16}H_{22}N_2O_4$, Formel II (R = CH_2-CH(OH)-CH_3, X = NO_2).

B. Beim Erwärmen von (±)-1-Cyclohexylamino-propanol-(2) mit wss. Natronlauge und mit 4-Nitro-benzoylchlorid in Dichlormethan (*Hancock, Cope*, Am. Soc. **66** [1944] 1738, 1745).

Krystalle (aus Ae. + Pentan); F: 88,5—90,5°.

Beim Erwärmen mit wss.-äthanol. Salzsäure ist 4-Nitro-benzoesäure-[β-cyclohexylamino-isopropylester] erhalten worden.

1-[Cyclohexyl-benzoyl-amino]-2-methyl-propanol-(2), N-[β-Hydroxy-isobutyl]-N-cyclohexyl-benzamid, N-*cyclohexyl*-N-*(2-hydroxy-2-methylpropyl)benzamide* $C_{17}H_{25}NO_2$, Formel II (R = CH_2-$C(CH_3)_2$-OH, X = H).

B. Beim Erwärmen von 1-Cyclohexylamino-2-methyl-propanol-(2) mit wss. Natronlauge und mit Benzoylchlorid in Dichlormethan (*Hancock, Cope*, Am. Soc. **66** [1944] 1738, 1744, 1745).

Krystalle (aus Ae. + Pentan); F: 77,5—78°.

Beim Erwärmen mit wss.-äthanol. Salzsäure ist Benzoesäure-[cyclohexylamino-*tert*-butylester] erhalten worden.

4-Nitro-N-[β-hydroxy-isobutyl]-N-cyclohexyl-benzamid, N-*cyclohexyl*-N-*(2-hydroxy-2-methylpropyl)*-p-*nitrobenzamide* $C_{17}H_{24}N_2O_4$, Formel II (R = CH_2-$C(CH_3)_2$-OH, X = NO_2).

B. Beim Erwärmen von 1-Cyclohexylamino-2-methyl-propanol-(2) mit wss. Natronlauge und mit 4-Nitro-benzoylchlorid in Dichlormethan (*Hancock, Cope*, Am. Soc. **66** [1944] 1738, 1743, 1745).

Krystalle (aus Bzl.); F: 150,5—152,5° [unkorr.].

Beim Erwärmen mit wss.-äthanol. Salzsäure ist 4-Nitro-benzoesäure-[cyclohexylamino-*tert*-butylester] erhalten worden.

4-Nitro-N-[hydroxy-*tert*-butyl]-N-cyclohexyl-benzamid, N-*cyclohexyl*-N-*(2-hydroxy-1,1-dimethylethyl)*-p-*nitrobenzamide* $C_{17}H_{24}N_2O_4$, Formel II (R = $C(CH_3)_2$-CH_2OH, X = NO_2).

B. Beim Behandeln von 2-Cyclohexylamino-2-methyl-propanol-(1) mit wss. Natronlauge und mit 4-Nitro-benzoylchlorid in Äther (*Reasenberg, Goldberg*, Am. Soc. **67** [1945] 933, 936).

F: 64,5°.

Beim Erwärmen mit wss. Salzsäure ist 4-Nitro-benzoesäure-[β-cyclohexylamino-isobutylester] erhalten worden.

N-Cyclohexyl-benzimidoylchlorid, N-*cyclohexylbenzimidoyl chloride* $C_{13}H_{16}ClN$, Formel VI (X = Cl).

B. Aus N-Cyclohexyl-benzamid beim Erwärmen mit Thionylchlorid (*Geigy A.G.*, D.R.P. 715543 [1938]; D.R.P. Org. Chem. **3** 1194, 1196; *Ugi, Beck, Fetzer*, B. **95** [1962] 126,

133, 134).

Krystalle (aus Bzl. + PAe.); F: 66—67° (*Ugi, Beck, Fe.*). Kp_1: 110—112° (*Ugi, Beck, Fe.*).

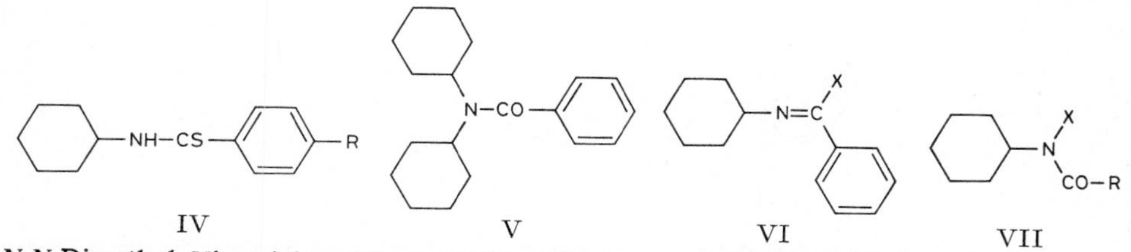

N.N-Dimethyl-N'-cyclohexyl-benzamidin, *N'-cyclohexyl-N,N-dimethylbenzamidine* $C_{15}H_{22}N_2$, Formel VI (X = $N(CH_3)_2$).

B. Beim Einleiten von Dimethylamin in eine Lösung von *N*-Cyclohexyl-benzimidoyl=chlorid in Benzol (*Geigy A.G.*, D.R.P. 715543 [1938]; D.R.P. Org. Chem. **3** 1194, 1196).

Kp_2: 125—130°.

N-Cyclohexyl-C-phenyl-acetamid, *N-cyclohexyl-2-phenylacetamide* $C_{14}H_{19}NO$, Formel VII (R = CH_2-C_6H_5, X = H).

B. Beim Behandeln von Phenylessigsäure-äthylester mit Cyclohexylamin unter Zusatz von Cyclohexylamin-hydrojodid (*Glasoe, Audrieth*, J. org. Chem. **4** [1939] 54, 56, 58).

Krystalle (aus wss. A.); F: 134° [unkorr.] (*Gl., Au.*). IR-Spektrum (Nujol sowie $CHCl_3$ bzw. Dioxan; 2,9—3,2 μ bzw. 5,9—6,8 μ): *Richards, Thompson*, Soc. **1947** 1248, 1249, 1251, 1255.

N-Cyclohexyl-C-phenyl-acetamidin, *N-cyclohexyl-2-phenylacetamidine* $C_{14}H_{20}N_2$, Formel III (R = CH_2-C_6H_5) [auf S. 39] und Tautomeres.

B. Beim Behandeln eines Gemisches von Phenylacetonitril und Cyclohexylamin mit Ammoniumchlorid oder Cyclohexylamin-hydrochlorid bei 180° (*Oxley, Partridge, Short*, Soc. **1948** 303, 308) sowie mit Aluminiumchlorid bei 140° (*Oxley, Partridge, Short*, Soc. **1947** 1110, 1115).

Krystalle (aus PAe.); F: 122,5° (*Ox., Pa., Sh.*, Soc. **1947** 1115).

Hydrochlorid $C_{14}H_{20}N_2 \cdot HCl$. Krystalle (aus A.); F: 303—304° [Zers.] (*Ox., Pa., Sh.*, Soc. **1948** 308).

Pikrat $C_{14}H_{20}N_2 \cdot C_6H_3N_3O_7$. F: 103—105° (*Ox., Pa., Sh.*, Soc. **1947** 1115).

N-Cyclohexyl-C-phenyl-thioacetamid, *N-cyclohexyl-2-phenylthioacetamide* $C_{14}H_{19}NS$, Formel VIII.

B. Beim Erhitzen von Styrol mit Cyclohexylamin und Schwefel (*King, McMillan*, Am. Soc. **68** [1946] 2335, 2339).

Krystalle (aus PAe.); F: 79—80°.

N-Cyclohexyl-thio-p-toluamid, *N-cyclohexylthio-*p*-toluamide* $C_{14}H_{19}NS$, Formel IV (R = CH_3).

B. Beim Behandeln von Natrium-[4-methyl-dithiobenzoat] mit Cyclohexylamin und einer wss. Lösung von Jod und Kaliumjodid (*Alliger et al.*, J. org. Chem. **14** [1949] 962, 965).

Krystalle (aus Ae. + PAe.); F: 104—105°.

(±)-N-[β-Hydroxy-isobutyl]-N-cyclohexyl-2-phenyl-butyramid, *(±)-N-cyclohexyl-N-(2-hydroxy-2-methylpropyl)-2-phenylbutyramide* $C_{20}H_{31}NO_2$, Formel VII (R = $CH(C_2H_5)$-C_6H_5, X = CH_2-$C(CH_3)_2$-OH).

B. Beim Erwärmen von 1-Cyclohexylamino-2-methyl-propanol-(2) mit wss. Natron=lauge und mit (±)-2-Phenyl-butyrylchlorid in Dichlormethan (*Hancock, Cope*, Am. Soc. **66** [1944] 1738, 1744, 1745).

Krystalle (aus Ae. + Pentan); F: 66,5—68°.

N-[2-Hydroxy-äthyl]-N-cyclohexyl-cinnamamid, *N-cyclohexyl-N-(2-hydroxyethyl)-cinnamamide* $C_{17}H_{23}NO_2$.

N-[2-Hydroxy-äthyl]-N-cyclohexyl-*trans*-cinnamamid, Formel IX (R = CH_2-CH_2OH).

B. Beim Behandeln von 2-Cyclohexylamino-äthanol-(1) mit wss. Natronlauge und mit

trans-Cinnamoylchlorid in Äther (*Reasenberg*, *Goldberg*, Am. Soc. **67** [1945] 933, 937).
F: 148—149°.

Beim Erwärmen mit wss. Salzsäure ist *trans*-Zimtsäure-[2-cyclohexylamino-äthyl-ester] erhalten worden.

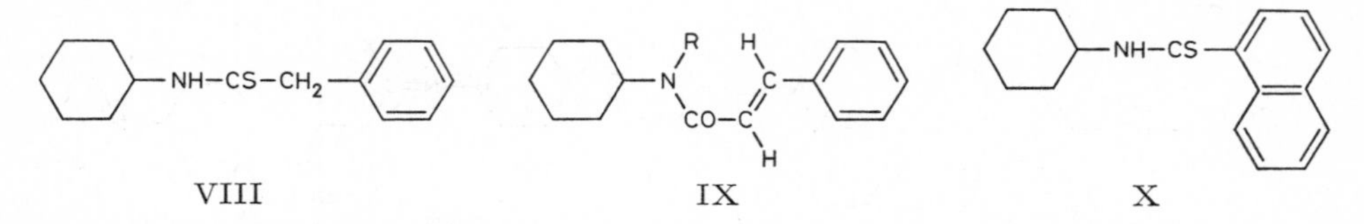

***N*-[β-Hydroxy-isobutyl]-*N*-cyclohexyl-cinnamamid,** N-*cyclohexyl*-N-*(2-hydroxy-2-methyl-propyl)cinnamamide* $C_{19}H_{27}NO_2$.

***N*-[β-Hydroxy-isobutyl]-*N*-cyclohexyl-*trans*-cinnamamid,** Formel IX ($R = CH_2\text{-}C(CH_3)_2\text{-}OH$).

B. Beim Erwärmen von 1-Cyclohexylamino-2-methyl-propanol-(2) mit wss. Natronlauge und mit *trans*-Cinnamoylchlorid in Dichlormethan (*Hancock*, *Cope*, Am. Soc. **66** [1944] 1738, 1744, 1745).

Öl; nicht näher beschrieben.

Beim Erwärmen mit wss.-äthanol. Salzsäure ist *trans*-Zimtsäure-[cyclohexylamino-*tert*-butylester] erhalten worden.

***N*-Cyclohexyl-thionaphthamid-(1),** N-*cyclohexylthio-1-naphthamide* $C_{17}H_{19}NS$, Formel X.

B. Beim Behandeln von Cyclohexylamin mit einer alkal. wss. Lösung von Natrium-dithionaphthoat-(1) und einer wss. Lösung von Jod und Kaliumjodid (*Alliger et al.*, J. org. Chem. **14** [1949] 962, 965). Beim Behandeln von Cyclohexylisothiocyanat mit Naphthyl-(1)-magnesiumbromid in Äther (*All. et al.*).

Krystalle (aus Ae.); F: 97—98°.

***N*-[β-Hydroxy-isobutyl]-*N*-cyclohexyl-*C.C*-diphenyl-acetamid,** N-*cyclohexyl*-N-*(2-hydroxy-2-methylpropyl)-2,2-diphenylacetamide* $C_{24}H_{31}NO_2$, Formel VII ($R = CH(C_6H_5)_2$, $X = CH_2\text{-}C(CH_3)_2\text{-}OH$).

B. Beim Behandeln von 1-Cyclohexylamino-2-methyl-propanol-(2) mit wss. Natronlauge und mit Diphenylacetylchlorid in Dichlormethan (*Hancock*, *Cope*, Am. Soc. **66** [1944] 1738, 1744, 1745).

Krystalle (aus A.); F: 154—155,5° [unkorr.].

Beim Erwärmen mit wss.-äthanol. Salzsäure ist Diphenylessigsäure-[cyclohexylamino-*tert*-butylester] erhalten worden.

Cyclohexyloxamidsäure, *cyclohexyloxamic acid* $C_8H_{13}NO_3$, Formel XI ($X = OH$).

B. In geringer Menge beim Behandeln von Cyclohexylamin mit Oxalsäure-dimethylester in Methanol oder mit Oxalsäure-diäthylester in Äthanol und Versetzen der Reaktionsgemische mit Wasser (*deVries*, R. **61** [1942] 223, 228).

F: 166°.

Cyclohexyloxamidsäure-methylester, *cyclohexyloxamic acid methyl ester* $C_9H_{15}NO_3$, Formel XI ($X = OCH_3$).

B. Neben anderen Verbindungen beim Behandeln von Cyclohexylamin mit Oxalsäure-dimethylester (1 Mol) in Methanol (*de Vries*, R. **61** [1942] 223, 228).

F: 73°.

Cyclohexyloxamidsäure-äthylester, *cyclohexyloxamic acid ethyl ester* $C_{10}H_{17}NO_3$, Formel XI ($X = OC_2H_5$).

B. Neben anderen Verbindungen beim Behandeln von Cyclohexylamin mit Oxalsäure-diäthylester (1 Mol) in Äthanol (*de Vries*, R. **61** [1942] 223, 228).

F: 60°.

Cyclohexyloxamid, *cyclohexyloxamide* $C_8H_{14}N_2O_2$, Formel XI ($X = NH_2$).

B. Aus Cyclohexyloxamidsäure-äthylester beim Behandeln mit Ammoniak in Äthanol (*de Vries*, R. **61** [1942] 223, 228, 231).

Krystalle (aus W.); F: 234°.

N-Methyl-N'-cyclohexyl-oxamid, *N-cyclohexyl-N'-methyloxamide* $C_9H_{16}N_2O_2$, Formel XI (X = NH-CH_3).

B. Aus Cyclohexyloxamidsäure-äthylester beim Behandeln mit Methylamin in Äthanol (*de Vries*, R. **61** [1942] 223, 228, 231).

Krystalle (aus W.); F: 212°.

N-Äthyl-N'-cyclohexyl-oxamid, *N-cyclohexyl-N'-ethyloxamide* $C_{10}H_{18}N_2O_2$, Formel XI (X = NH-C_2H_5).

B. Aus Cyclohexyloxamidsäure-äthylester beim Behandeln mit Äthylamin in Äthanol (*de Vries*, R. **61** [1942] 223, 228, 231).

Krystalle (aus A.); F: 184°.

N-Propyl-N'-cyclohexyl-oxamid, *N-cyclohexyl-N'-propyloxamide* $C_{11}H_{20}N_2O_2$, Formel XI (X = NH-CH_2-CH_2-CH_3).

B. Aus Cyclohexyloxamidsäure-äthylester beim Behandeln mit Propylamin in Äthanol (*de Vries*, R. **61** [1942] 223, 228, 231).

Krystalle (aus A.); F: 179°.

N-Isopropyl-N'-cyclohexyl-oxamid, *N-cyclohexyl-N'-isopropyloxamide* $C_{11}H_{20}N_2O_2$, Formel XI (X = NH-CH(CH_3)$_2$).

B. Aus Cyclohexyloxamidsäure-äthylester beim Behandeln mit Isopropylamin in Äthanol (*de Vries*, R. **61** [1942] 223, 228, 231).

Krystalle (aus A.); F: 196°.

N-Butyl-N'-cyclohexyl-oxamid, *N-butyl-N'-cyclohexyloxamide* $C_{12}H_{22}N_2O_2$, Formel XI (X = NH-[CH_2]$_3$-CH_3).

B. Aus Cyclohexyloxamidsäure-äthylester beim Behandeln mit Butylamin in Äthanol (*de Vries*, R. **61** [1942] 223, 228, 231).

Krystalle (aus A.); F: 180°.

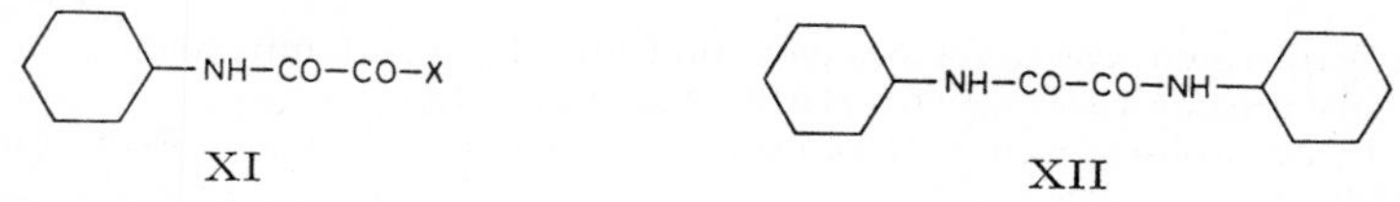

N-Isobutyl-N'-cyclohexyl-oxamid, *N-cyclohexyl-N'-isobutyloxamide* $C_{12}H_{22}N_2O_2$, Formel XI (X = NH-CH_2-CH(CH_3)$_2$).

B. Aus Cyclohexyloxamidsäure-äthylester beim Behandeln mit Isobutylamin in Äthanol (*de Vries*, R. **61** [1942] 223, 228, 231).

Krystalle (aus A.); F: 192°.

N-Pentyl-N'-cyclohexyl-oxamid, *N-cyclohexyl-N'-pentyloxamide* $C_{13}H_{24}N_2O_2$, Formel XI (X = NH-[CH_2]$_4$-CH_3).

B. Aus Cyclohexyloxamidsäure-äthylester beim Behandeln mit Pentylamin in Äthanol (*de Vries*, R. **61** [1942] 223, 228, 231).

Krystalle (aus A.); F: 156°.

N-Isopentyl-N'-cyclohexyl-oxamid, *N-cyclohexyl-N'-isopentyloxamide* $C_{13}H_{24}N_2O_2$, Formel XI (X = NH-CH_2-CH_2-CH(CH_3)$_2$).

B. Aus Cyclohexyloxamidsäure-äthylester beim Behandeln mit Isopentylamin in Äthanol (*de Vries*, R. **61** [1942] 223, 228, 231).

Krystalle (aus A.); F: 185°.

N-Isohexyl-N'-cyclohexyl-oxamid, *N-cyclohexyl-N'-isohexyloxamide* $C_{14}H_{26}N_2O_2$, Formel XI (X = NH-[CH_2]$_3$-CH(CH_3)$_2$).

B. Aus Cyclohexyloxamidsäure-äthylester beim Behandeln mit Isohexylamin in Äthanol (*de Vries*, R. **61** [1942] 223, 228, 231).

Krystalle (aus A.); F: 165°.

N.N'-Dicyclohexyl-oxamid, *N,N'-dicyclohexyloxamide* $C_{14}H_{24}N_2O_2$, Formel XII.

B. Beim Erwärmen von Cyclohexylamin mit Oxalsäure-diäthylester (*Grunfeld*, A. ch. [10] **20** [1933] 304, 360; *de Vries*, R. **61** [1942] 223, 224).

Krystalle; F: 273° [Block; aus Bzl. + Ae.] (*Gr.*), 273° [aus A.] (*de Vr.*). In Chloroform leicht löslich, in Wasser, Petroläther, Aceton und Essigsäure schwer löslich (*de Vr.*).

N.N'-Bis-cyclohexyloxamoyl-äthylendiamin, N'.N'''-Dicyclohexyl-N.N''-äthylen-bis-oxamid, *N',N'''-dicyclohexyl-N,N''-ethylenebisoxamide* $C_{18}H_{30}N_4O_4$, Formel XIII.

B. Aus Cyclohexyloxamidsäure-äthylester beim Behandeln mit Äthylendiamin in Äthanol (*de Vries*, R. **61** [1942] 223, 230).

F: 358° [Block].

Oxalsäure-cyclohexylamid-hydrazid, Cyclohexyloxamidsäure-hydrazid, *cyclohexyloxamic acid hydrazide* $C_8H_{15}N_3O_2$, Formel XI (X = NH-NH$_2$).

B. Aus Cyclohexyloxamidsäure-äthylester beim Behandeln mit Hydrazin-sulfat in Äthanol (*de Vries*, R. **61** [1942] 223, 239).

Krystalle (aus W.); F: 238°.

Cyclohexyloxamidsäure-methylenhydrazid, Formaldehyd-[cyclohexyloxamoyl-hydrazon], *cyclohexyloxamic acid methylenehydrazide* $C_9H_{15}N_3O_2$, Formel XI (X = NH-N=CH$_2$).

B. Beim Erwärmen von Cyclohexyloxamidsäure-hydrazid mit Formaldehyd in Wasser unter Zusatz von Schwefelsäure (*de Vries*, R. **61** [1942] 223, 241, 243).

F: 225°. In Chloroform und Essigsäure löslich, in Äthanol, Äther, Aceton und Wasser schwer löslich.

Cyclohexyloxamidsäure-äthylidenhydrazid, Acetaldehyd-[cyclohexyloxamoyl-hydrazon], *cyclohexyloxamic acid ethylidenehydrazide* $C_{10}H_{17}N_3O_2$, Formel XI (X = NH-N=CH-CH$_3$).

B. Beim Erwärmen von Cyclohexyloxamidsäure-hydrazid mit Acetaldehyd in Wasser unter Zusatz von Schwefelsäure (*de Vries*, R. **61** [1942] 223, 241, 243).

F: 213. In Chloroform und Essigsäure löslich, in Äthanol, Äther, Aceton und Wasser schwer löslich.

Cyclohexyloxamidsäure-isopropylidenhydrazid, Aceton-[cyclohexyloxamoyl-hydrazon], *cyclohexyloxamic acid isopropylidenehydrazide* $C_{11}H_{19}N_3O_2$, Formel XI (X = NH-N=C(CH$_3$)$_2$).

B. Beim Erwärmen von Cyclohexyloxamidsäure-hydrazid mit Aceton unter Zusatz von Schwefelsäure (*de Vries*, R. **61** [1942] 223, 241, 243).

F: 188°. In Chloroform und Essigsäure löslich, in Äthanol, Äther, Aceton und Wasser schwer löslich.

Cyclohexyloxamidsäure-benzylidenhydrazid, Benzaldehyd-[cyclohexyloxamoyl-hydrazon], *cyclohexyloxamic acid benzylidenehydrazide* $C_{15}H_{19}N_3O_2$, Formel XI (X = NH-N=CH-C$_6$H$_5$).

B. Beim Erwärmen von Cyclohexyloxamidsäure-hydrazid mit Benzaldehyd in Wasser unter Zusatz von Schwefelsäure (*de Vries*, R. **61** [1942] 223, 241, 243).

F: 255°. In Chloroform und Essigsäure löslich, in Äthanol, Äther, Aceton und Wasser schwer löslich.

Cyclohexyloxamidsäure-[1-phenyl-äthylidenhydrazid], Acetophenon-[cyclohexyloxamoyl-hydrazon], *cyclohexyloxamic acid (α-methylbenzylidene)hydrazide* $C_{16}H_{21}N_3O_2$, Formel XI (X = NH-N=C(CH$_3$)-C$_6$H$_5$).

B. Beim Erwärmen von Cyclohexyloxamidsäure-hydrazid mit Acetophenon in Wasser unter Zusatz von Schwefelsäure (*de Vries*, R. **61** [1942] 223, 241, 243).

F: 210°. In Chloroform und Essigsäure löslich, in Äthanol, Äther, Aceton und Wasser schwer löslich.

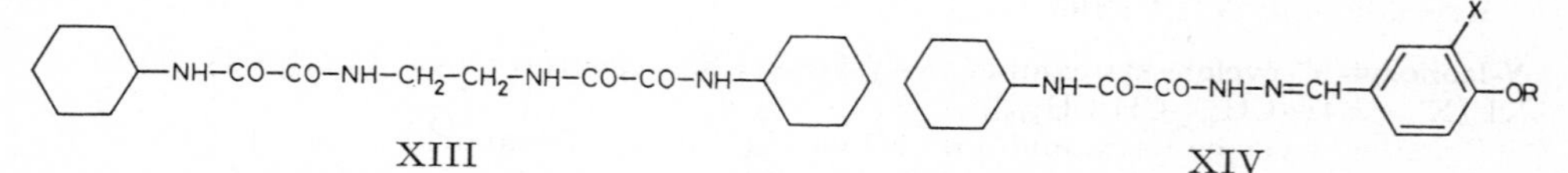

XIII XIV

Cyclohexyloxamidsäure-[4-methoxy-benzylidenhydrazid], 4-Methoxy-benzaldehyd-[cyclohexyloxamoyl-hydrazon], *cyclohexyloxamic acid (4-methoxybenzylidene)hydrazide* $C_{16}H_{21}N_3O_3$, Formel XIV (R = CH$_3$, X = H).

B. Beim Erwärmen von Cyclohexyloxamidsäure-hydrazid mit 4-Methoxy-benzaldehyd in Wasser unter Zusatz von Schwefelsäure (*de Vries*, R. **61** [1942] 223, 241, 243).

F: 266°. In Chloroform und Essigsäure löslich, in Äthanol, Äther, Aceton und Wasser schwer löslich.

Cyclohexyloxamidsäure-[4-hydroxy-3-methoxy-benzylidenhydrazid], Vanillin-[cyclohexyl-oxamoyl-hydrazon], *cyclohexyloxamic acid vanillylidenehydrazide* $C_{16}H_{21}N_3O_4$, Formel XIV (R = H, X = OCH_3).

B. Beim Erwärmen von Cyclohexyloxamidsäure-hydrazid mit Vanillin in Wasser unter Zusatz von Schwefelsäure (*de Vries*, R. **61** [1942] 223, 241, 243).

F: 248°. In Chloroform und Essigsäure löslich, in Äthanol, Äther, Aceton und Wasser schwer löslich.

***N'*-Acetyl-*N*-cyclohexyloxamoyl-hydrazin, Cyclohexyloxamidsäure-[*N'*-acetyl-hydrazid]**, N-*acetyl*-N'-(*cyclohexyloxamoyl*)*hydrazine* $C_{10}H_{17}N_3O_3$, Formel XI (X = NH-NH-CO-CH_3) auf S. 43.

B. Aus Cyclohexyloxamidsäure-hydrazid und Acetanhydrid (*de Vries*, R. **61** [1942] 223, 240).

F: 207°. In Äthanol, Chloroform, Aceton und Wasser löslich, in Äther, Benzol und Petroläther schwer löslich.

***N'*-Benzoyl-*N*-cyclohexyloxamoyl-hydrazin, Cyclohexyloxamidsäure-[*N'*-benzoyl-hydrazid]**, N-*benzoyl*-N'-(*cyclohexyloxamoyl*)*hydrazine* $C_{15}H_{19}N_3O_3$, Formel XI (X = NH-NH-CO-C_6H_5) auf S. 43.

B. Beim Behandeln von Cyclohexyloxamidsäure-hydrazid mit Benzoylchlorid und Pyridin (*de Vries*, R. **61** [1942] 223, 240).

F: 225°. In Äthanol, Chloroform und Aceton löslich, in Wasser, Äther und Benzol schwer löslich.

***N.N'*-Dicyclohexyl-malonamid**, N,N'-*dicyclohexylmalonamide* $C_{15}H_{26}N_2O_2$, Formel I.

B. Beim Behandeln von Malonsäure-diäthylester mit Cyclohexylamin in Gegenwart von Cyclohexylamin-hydrojodid (*Glasoe, Audrieth*, J. org. Chem. **4** [1939] 54, 56, 58). Beim Erhitzen von Malonsäure-diäthylester mit Cyclohexylamin auf 170° (*Grunfeld*, A. ch. [10] **20** [1933] 304, 362). Beim Erwärmen von *N.N'*-Bis-äthoxycarbonyl-malonamid mit Cyclohexylamin in Wasser (*Basterfield, Dyck*, Canad. J. Res. [B] **20** [1942] 240, 245).

Krystalle; F: 175° [unkorr.; aus wss. A.] (*Gl., Au.*), 174° [unkorr.] (*Ba., Dyck*), 167,5° [Block; aus Bzl. + PAe.] (*Gr.*).

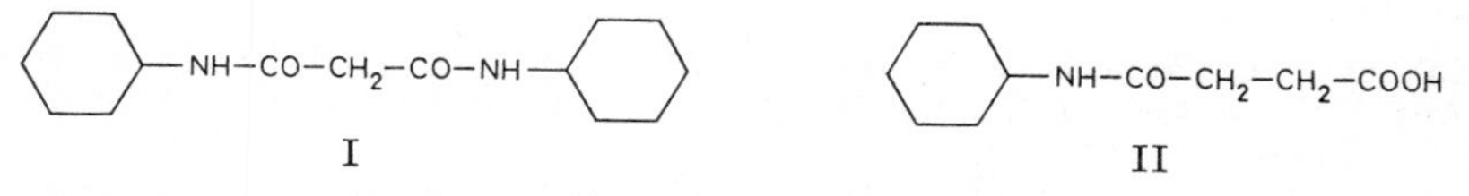

I II

***N*-Cyclohexyl-succinamidsäure**, N-*cyclohexylsuccinamic acid* $C_{10}H_{17}NO_3$, Formel II.

B. Beim Behandeln von Bernsteinsäure-anhydrid mit Cyclohexylamin in Chloroform (*Pressman, Bryden, Pauling*, Am. Soc. **70** [1948] 1352, 1354).

F: 166,5—167°.

1.6-Dithio-adipinsäure-bis-cyclohexylamid, *N.N'*-Dicyclohexyl-dithioadipinamid, N,N'-*di-cyclohexyldithioadipamide* $C_{18}H_{32}N_2S_2$, Formel III.

B. Beim Erwärmen von Adiponitril mit Cyclohexylamin und Schwefelwasserstoff in Äthanol (*Du Pont de Nemours & Co.*, U.S.P. 2280578 [1938]).

Krystalle (aus Me.); F: 168—168,5°.

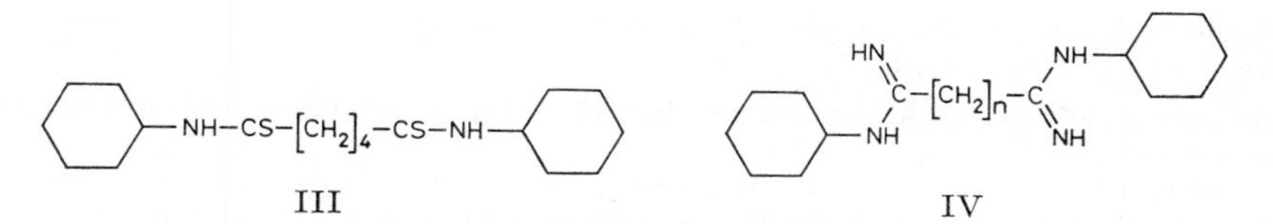

III IV

***N.N''*-Dicyclohexyl-decandiamidin, *N.N''*-Dicyclohexyl-sebacinamidin**, N,N''-*dicyclohexyl-sebacamidine* $C_{22}H_{42}N_4$, Formel IV (n = 8) und Tautomere.

B. Aus Sebacindiimidsäure-dimethylester-dihydrochlorid (nicht näher beschrieben) und Cyclohexylamin in Methanol (*Du Pont de Nemours & Co.*, U.S.P. 2364074 [1942]).

Dihydrochlorid $C_{22}H_{42}N_4 \cdot 2HCl$. Krystalle (aus A. + E.); F: 143°.

N.N″-Dicyclohexyl-dodecandiamidin, N,N″-*dicyclohexyldodecandiamidine* $C_{24}H_{46}N_4$, Formel IV (n = 10) und Tautomere.

B. Beim Behandeln von Dodecandinitril mit Chlorwasserstoff enthaltendem Äthanol und anschliessenden Erwärmen mit Cyclohexylamin in Äthanol (*Lamb, White*, Soc. **1939** 1253, 1256).

Krystalle (aus A. + Acn.); F: 122° [unkorr.].

Dihydrochlorid $C_{24}H_{46}N_4 \cdot 2HCl$. Krystalle (aus A. + Acn.); F: 273° [unkorr.].

N-Cyclohexyl-butenamidsäure $C_{10}H_{15}NO_3$.

N-Cyclohexyl-maleinamidsäure, N-*cyclohexylmaleamic acid* $C_{10}H_{15}NO_3$, Formel V.

B. Aus Cyclohexylamin und Maleinsäure-anhydrid in Äther (*Liwschitz, Edlitz-Pfeffermann, Lapidoth*, Am. Soc. **78** [1956] 3069, 3070) oder in Toluol (*Nation. Aniline & Chem. Co.*, U.S.P. 2205558 [1939]).

Krystalle (aus $CHCl_3$ + Ae.); F: 150° (*Li., Ed.-Pf., La.*).

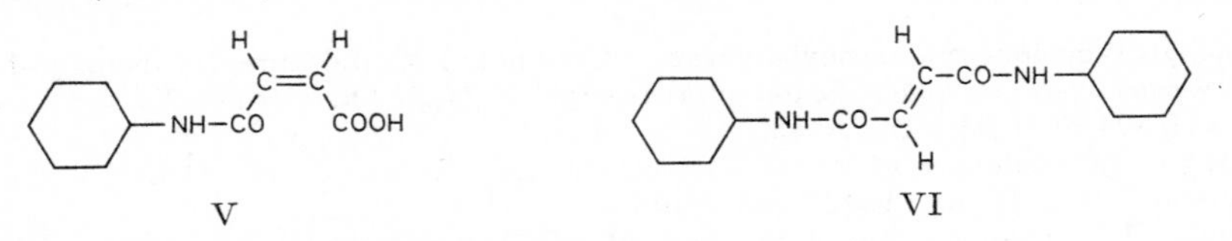

N.N′-Dicyclohexyl-butendiamid $C_{16}H_{26}N_2O_2$.

N.N′-Dicyclohexyl-fumaramid, N,N′-*dicyclohexylfumaramide* $C_{16}H_{26}N_2O_2$, Formel VI.

B. Beim Behandeln von Fumaronitril mit Schwefelsäure und mit Cyclohexanol (*Benson, Ritter*, Am. Soc. **71** [1949] 4128).

Krystalle (aus Eg.); F: 320° [Zers.].

Äthyl-allyl-malonsäure-bis-dicyclohexylamid, C-Äthyl-C-allyl-tetra-N-cyclohexyl-malonamid, *2-allyl*-N,N,N′,N′-*tetracyclohexyl-2-ethylmalonamide* $C_{32}H_{54}N_2O_2$, Formel VII.

B. Beim Behandeln des aus Äthyl-allyl-malonsäure mit Hilfe von Phosphor(V)-chlorid hergestellten Säurechlorids mit Dicyclohexylamin in Äther (*Geigy A.G.*, U.S.P. 2447196 [1947]).

$Kp_{0,1}$: 150−151°.

N-Cyclohexyl-phthalamidsäure, N-*cyclohexylphthalamic acid* $C_{14}H_{17}NO_3$, Formel VIII.

B. Aus N-Cyclohexyl-phthalimid beim Erwärmen mit methanol. Kalilauge (*Human, Mills*, Soc. **1949** Spl. 77, 80).

Krystalle (aus wss. A.); F: 160−161° [geschlossene Kapillare].

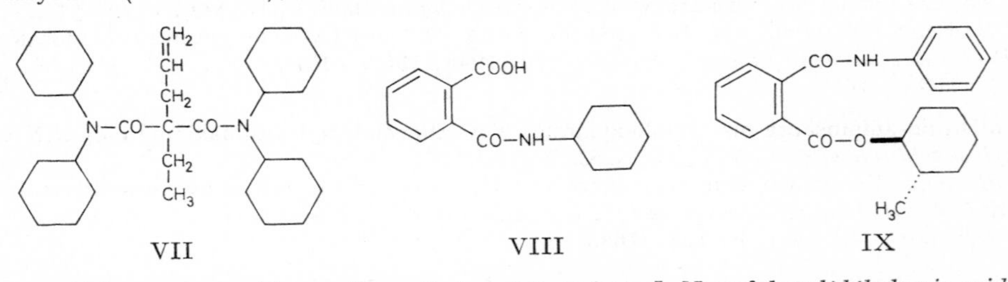

N-Cyclohexyl-phthalamidsäure-[2-methyl-cyclohexylester], N-*cyclohexylphthalamic acid 2-methylcyclohexyl ester* $C_{21}H_{29}NO_3$.

(±)-N-Cyclohexyl-phthalamidsäure-[*trans*-2-methyl-cyclohexylester], Formel IX + Spiegelbild.

B. Beim Behandeln von (±)-Phthalsäure-mono-[*trans*-2-methyl-cyclohexylester] in Äther mit Thionylchlorid und Pyridin und anschliessend mit Cyclohexylamin (*Human, Mills*, Soc. **1949** Spl. 77, 79). Beim Behandeln von N-Cyclohexyl-phthalamidsäure in Chloroform mit Thionylchlorid und Pyridin und anschliessend mit (±)-*trans*-1-Methyl-cyclohexanol-(2) (*Hu., Mi.*).

Krystalle (aus PAe.); F: 147−148°.

N.N′-Dicyclohexyl-phthalamid, N,N′-*dicyclohexylphthalamide* $C_{20}H_{28}N_2O_2$, Formel X.

B. In geringer Menge bei mehrmonatigem Behandeln von Phthalsäure-diäthylester mit Cyclohexylamin (*Cornwell*, Am. Soc. **70** [1948] 3962).

Krystalle, die unterhalb 300° nicht schmelzen. In Methanol, Äthanol, Benzol, Chloro⸗form und Aceton löslich, in Wasser und Äther fast unlöslich.

N.N-Dicyclohexyl-phthalamidsäure, N,N-*dicyclohexylphthalamic acid* $C_{20}H_{27}NO_3$, Formel XI.

B. Beim Erwärmen von Phthalsäure-anhydrid mit Dicyclohexylamin (*I.G. Farbenind.*, D.R.P. 708349 [1934]; D.R.P. Org. Chem. **2** 5; *Du Pont de Nemours & Co.*, U.S.P. 2072770 [1934]).

Krystalle [aus A.] (*Du Pont*). F: 189° (*Throdahl, Zerbe, Beaver*, Ind. eng. Chem. **43** [1951] 926, 928), 176° (*Horák, Novotný*, Chem. Listy **46** [1952] 57; C. A. **1953** 6906).

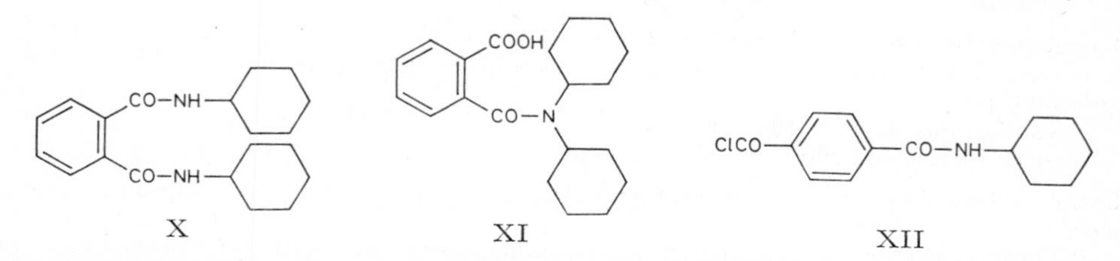

X XI XII

Terephthalsäure-chlorid-cyclohexylamid, N-Cyclohexyl-terephthalamoylchlorid, N-*cyclo⸗hexylterephthalamoyl chloride* $C_{14}H_{16}ClNO_2$, Formel XII.

B. Neben geringen Mengen *N.N′*-Dicyclohexyl-terephthalamid (nicht näher beschrieben) beim Erhitzen von Cyclohexylamin-hydrochlorid mit Terephthaloylchlorid (1 Mol) in Xylol (*I.G. Farbenind.*, D.R.P. 711540 [1936]; D.R.P. Org. Chem. **6** 2092).

Krystalle (aus Xylol); F: 174° und F: 228—229° [Zers.].

Cyclohexylcarbamidsäure-methylester, *cyclohexylcarbamic acid methyl ester* $C_8H_{15}NO_2$, Formel XIII (X = OCH_3).

B. Beim Erwärmen von Cyclohexylamin mit Chlorameisensäure-methylester in Tetra⸗chlormethan (*Barker, Hunter, Reynolds*, Soc. **1948** 874, 881). Aus Cyclohexancarbamid beim Behandeln mit Brom und methanol. Natriummethylat (*Chaleil*, Bl. [5] **1** [1934] 738, 740).

Krystalle [aus A.] (*Ba., Hu., Rey.*). F: 75° (*Ch.*; *Ba., Hu., Rey.*). Kryoskopie in Benzol (Assoziation): *Ba., Hu., Rey.*

Cyclohexylcarbamidsäure-äthylester, *cyclohexylcarbamic acid ethyl ester* $C_9H_{17}NO_2$, Formel XIII (X = OC_2H_5) (E II 11).

B. Beim Erwärmen von Cyclohexylamin mit Chlorameisensäure-äthylester unter Zusatz von wss. Natronlauge (*Gillibrand, Lamberton*, Soc. **1949** 1883, 1887) oder mit Chlorameisensäure-äthylester in Tetrachlormethan (*Barker, Hunter, Reynolds*, Soc. **1948** 874, 881).

Krystalle; F: 60° (*Métayer*, Bl. **1951** 802, 803), 58—59° (*Olsen, Enkemeyer*, B. **81** [1948] 359), 56° [nach Destillation] (*Gi., La.*), 55—56° [aus A.] (*Ba., Hu., Rey.*). Kp_{11}: 123° (*Gi., La.*). Kryoskopie in Benzol (Assoziation): *Ba., Hu., Rey.*

2-Cyclohexylcarbamoyloxy-1-[cyclohexylcarbamoyloxy-methyl]-cyclohexan, *1-(cyclo⸗hexylcarbamoyloxy)-2-[(cyclohexylcarbamoyloxy)methyl]cyclohexane* $C_{21}H_{36}N_2O_4$.

(±)-*trans*-2-Cyclohexylcarbamoyloxy-1-[cyclohexylcarbamoyloxy-methyl]-cyclo⸗hexan, Formel XIV + Spiegelbild.

B. Beim Erwärmen von (±)-*trans*-1-Hydroxymethyl-cyclohexanol-(2) mit Cyclohexyl⸗isocyanat in Benzol (*Olsen, Enkemeyer*, B. **81** [1948] 359).

Krystalle (aus A.); F: 168—169° [unkorr.].

Cyclohexylharnstoff, *cyclohexylurea* $C_7H_{14}N_2O$, Formel XIII (X = NH_2) (H 7; E II 11).

B. Aus Cyclohexylisocyanat beim Behandeln mit wss. Ammoniak (*Olsen, Enkemeyer*, B. **81** [1948] 359). Aus 1-Cyclohexyl-biuret beim Erhitzen auf 200° (*Bougault, Leboucq*, Bl. [4] **47** [1930] 594, 602).

Krystalle; F: 196° (*Bou., Le.*), 192—194° [unkorr.; aus W.] (*Ol., En.*).

N.N'-Dicyclohexyl-harnstoff, *1,3-dicyclohexylurea* $C_{13}H_{24}N_2O$, Formel XV (E II 11).

B. Aus Dicyclohexyl-carbodiimid beim Behandeln mit Buttersäure in Petroläther (*Zetzsche, Fredrich*, B. **72** [1939] 1477, 1479).

Krystalle; F: 235° [aus A.] (*Foster, Stacey, Vardheim*, Acta chem. scand. **13** [1959] 281, 287), F: 223° und F: 233,5° [aus wss. Me.] (*Walter, Randau*, A. **722** [1969] 80, 97), 229—230° [aus A.] (*Scott, Watt*, J. org. Chem. **2** [1937] 148, 153).

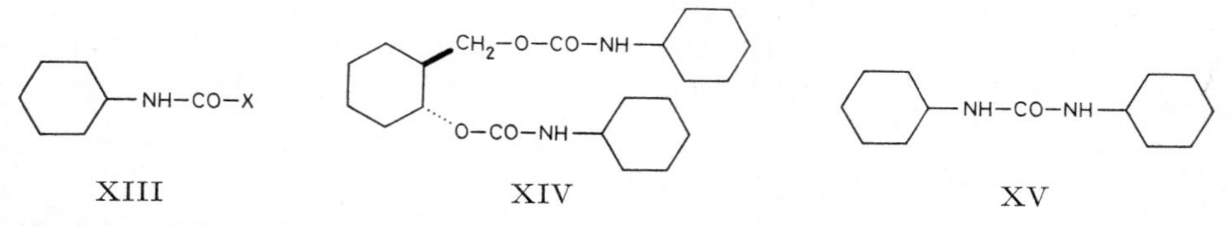

1-Cyclohexyl-biuret, *1-cyclohexylbiuret* $C_8H_{15}N_3O_2$, Formel XIII (X = NH-CO-NH_2).

B. Aus Allophanoylchlorid und Cyclohexylamin (*Bougault, Leboucq*, Bl. [4] **47** [1930] 594, 596, 601).

Krystalle (aus A.); F: 195° [Block].

Beim Erhitzen auf 200° entsteht Cyclohexylharnstoff.

Cyclohexylguanidin, *cyclohexylguanidine* $C_7H_{15}N_3$, Formel I (R = X = H) und Tautomeres.

B. Beim Erhitzen von Cyclohexylamin-hydrochlorid mit Cyanamid in Butanol-(1) (*King, Tonkin*, Soc. **1946** 1063, 1065; s. a. *Braun*, Am. Soc. **55** [1933] 1280). Beim Erwärmen von Cyclohexylamin mit *S*-Methyl-isothiuronium-sulfat in Wasser (*Ainley, Curd, Rose*, Soc. **1949** 98, 102).

Hydrochlorid $C_7H_{15}N_3 \cdot HCl$. Krystalle; F: 227° (*King, To.*), 226° [aus A.] (*Ai., Curd, Rose*), 224—226° [aus A.] (*Br.*).

N.N'-Dicyclohexyl-guanidin, N,N'-*dicyclohexylguanidine* $C_{13}H_{25}N_3$, Formel II (R = H) und Tautomeres.

B. Beim Erwärmen von Cyclohexylamin mit Chlorcyan in Heptan (*Am. Cyanamid Co.*, U.S.P. 2289543 [1940]).

Krystalle (aus Bzl. + PAe.); F: 182° (*Am. Cyanamid Co.*). Relative Basizität in Benzol: *Davis, Schuhmann*, J. Res. Bur. Stand. **39** [1947] 221, 250, 251.

N'-Cyclohexyl-N-cyan-guanidin, N-*cyano*-N'-*cyclohexylguanidine* $C_8H_{14}N_4$, Formel I (R = H, X = CN) und Tautomere.

B. Beim Erhitzen von Cyclohexylamin-hydrochlorid mit der Natrium-Verbindung des Dicyanamids in Butanol-(1) (*Curd et al.*, Soc. **1948** 1630, 1633).

Krystalle; F: 166° [aus W.] (*Curd et al.*), 158—160° [aus wss. A.] (*Am. Cyanamid Co.*, U.S.P. 2455896 [1945]).

1-Cyclohexyl-biguanid, *1-cyclohexylbiguanide* $C_8H_{17}N_5$, Formel I (R = H, X = C(NH_2)=NH) und Tautomere.

B. Beim Erwärmen von Cyclohexylamin-hydrochlorid mit Cyanguanidin in Methanol (*I.G. Farbenind.*, U.S.P. 2149709 [1936]). Beim Erhitzen von Cyclohexylamin-[toluol-sulfonat-(4)] mit Cyanguanidin auf 140° (*Boots Pure Drug Co.*, U.S.P. 2473112 [1947]).

Krystalle mit 2 Mol H_2O; F: 196—205° [Zers.] (*Cockburn, Bannard*, Canad. J. Chem. **35** [1957] 1285, 1288).

Dihydrochlorid $C_8H_{17}N_5 \cdot 2HCl$. F: 225° [korr.; Zers.] (*Co., Ba.*).

Toluol-sulfonat-(4) $C_8H_{17}N_5 \cdot C_7H_8O_3S$. Krystalle (aus W.); F: 158° (*Boots Pure Drug Co.*).

N'-Isopropyl-N''-cyclohexyl-N-cyan-guanidin, N-*cyano*-N'-*cyclohexyl*-N''-*isopropyl-guanidine* $C_{11}H_{20}N_4$, Formel I (R = CH(CH_3)$_2$, X = CN) und Tautomere.

B. Beim Erhitzen von Cyclohexylamin mit *S*-Methyl-*N'*-isopropyl-*N*-cyan-isothioharnstoff in Äthanol auf 120° (*Birtwell et al.*, Soc. **1948** 1645, 1650).

Krystalle (aus A.); F: 192°.

N'.N''-Dicyclohexyl-N-cyan-guanidin, N-*cyano*-N',N''-*dicyclohexylguanidine* $C_{14}H_{24}N_4$, Formel II (R = CN) und Tautomeres.

B. Beim Erwärmen von *N.N'*-Dicyclohexyl-thioharnstoff mit Blei(II)-cyanamid in

Äthanol (*Am. Cyanamid Co.*, U.S.P. 2455894 [1946]).
Krystalle (aus A. oder Toluol); F: 191—192,6°.

N'-Nitro-N-cyclohexyl-guanidin, N-*cyclohexyl*-N'-*nitroguanidine* $C_7H_{14}N_4O_2$, Formel I (R = H, X = NO_2) und Tautomere.
B. Beim Behandeln von Cyclohexylamin mit *N*-Nitroso-*N'*-nitro-*N*-methyl-guanidin in wss. Äthanol (*McKay*, Am. Soc. **71** [1949] 1968).
Krystalle (aus A.); F: 197—198° [unkorr.].

Cyclohexylthiocarbamidsäure-O-äthylester, *cyclohexylthiocarbamic acid* O-*ethyl ester* $C_9H_{17}NOS$, Formel III (R = H, X = OC_2H_5) (E II 11).
B. Beim Behandeln von Cyclohexylamin mit Bis-äthoxythiocarbonyl-disulfid in Äther (*Alliger et al.*, J. org. Chem. **14** [1949] 962, 966).
Krystalle (aus PAe.); F: 49—50°.

N-Propyl-N'-cyclohexyl-thioharnstoff, *1-cyclohexyl-3-propylthiourea* $C_{10}H_{20}N_2S$, Formel III (R = H, X = NH-CH_2-CH_2-CH_3).
B. Beim Behandeln von Cyclohexylisothiocyanat mit Propylamin in Äther (*Schmidt, Striewsky*, B. **74** [1941] 1285, 1290).
Krystalle (aus Bzl.); F: 88,5—89,5°.

N-Isopropyl-N'-cyclohexyl-thioharnstoff, *1-cyclohexyl-3-isopropylthiourea* $C_{10}H_{20}N_2S$, Formel III (R = H, X = NH-CH(CH_3)$_2$).
B. Beim Behandeln von Cyclohexylisothiocyanat mit Isopropylamin in Benzol (*Schmidt, Striewsky*, B. **74** [1941] 1285, 1291).
Krystalle (aus Bzl.); F: 139—140°.

N-tert-Butyl-N'-cyclohexyl-thioharnstoff, *1-*tert-*butyl-3-cyclohexylthiourea* $C_{11}H_{22}N_2S$, Formel III (R = H, X = NH-C(CH_3)$_3$).
B. Beim Behandeln von Cyclohexylamin mit *tert*-Butylisothiocyanat in Petroläther (*Schmidt, Striewsky, Hitzler*, A. **560** [1948] 222, 226).
F: 156—157° [Zers.; bei schnellem Erhitzen].

N-Allyl-N'-cyclohexyl-thioharnstoff, *1-allyl-3-cyclohexylthiourea* $C_{10}H_{18}N_2S$, Formel III (R = H, X = NH-CH_2-CH=CH_2).
B. Aus Cyclohexylamin und Allylisothiocyanat (*Schmidt, Hitzler, Lahde*, B. **71** [1938] 1933, 1936).
F: 71—72°.

N-[2-Brom-allyl]-N'-cyclohexyl-thioharnstoff, *1-(2-bromoallyl)-3-cyclohexylthiourea* $C_{10}H_{17}BrN_2S$, Formel III (R = H, X = NH-CH_2-CBr=CH_2).
B. Beim Behandeln von Cyclohexylamin mit 2-Brom-allylisothiocyanat in Äther (*Schmidt, Striewsky, Hitzler*, A. **560** [1948] 222, 230).
Krystalle (aus Bzl.); F: 91,5—92,5°.

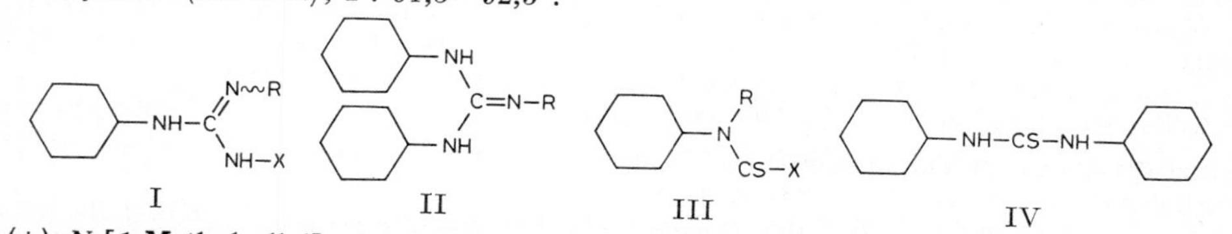

(±)-N-[1-Methyl-allyl]-N'-cyclohexyl-thioharnstoff, (±)-*1-cyclohexyl-3-(1-methylallyl)thiourea* $C_{11}H_{20}N_2S$, Formel III (R = H, X = NH-CH(CH_3)-CH=CH_2).
Diese Konstitution kommt der nachstehend beschriebenen, von *Schmidt, Hitzler, Lahde* (B. **71** [1938] 1933, 1936) als *N*-[Buten-(2)-yl]-*N'*-cyclohexyl-thioharnstoff angesehenen Verbindung $C_{11}H_{20}N_2S$ zu (vgl. diesbezüglich *Mumm, Richter*, B. **73** [1940] 843, 846; *Krueger, Schwarcz*, Am. Soc. **63** [1941] 2512).
B. Aus Cyclohexylamin und (±)-1-Methyl-allylisothiocyanat [E III **4** 459] (*Sch., Hi., La.*).
F: 111—112,5° (*Sch., Hi., La.*).

N.N'-Dicyclohexyl-thioharnstoff, *1,3-dicyclohexylthiourea* $C_{13}H_{24}N_2S$, Formel IV (E II 11).
B. Beim Behandeln von Cyclohexylamin mit Schwefelkohlenstoff in Toluol (*Zetzsche*,

Fredrich, B. **73** [1940] 1114, 1121) oder Äthanol (*Lowenstein*, Biochem. Prepar. **7** [1960] 6; vgl. E II 11). Beim Behandeln von Cyclohexylamin mit Kalium-trithiocarbonat und anschliessend mit einer wss. Lösung von Jod und Kaliumjodid (*Alliger et al.*, J. org. Chem. **14** [1949] 962, 966). Aus Cyclohexyl-methylen-amin beim Erwärmen mit Schwefel (*Scott, Watt*, J. org. Chem. **2** [1937] 148, 150).

Krystalle (aus A.); F: 180–181° (*Ze., Fr.*), 179–180° (*Sc., Watt*).

Beim Erwärmen mit 2-Chlor-6-nitro-benzothiazol in äthanol. Lösung sind 6-Nitro-2-mercapto-benzothiazol und *N.N'*-Dicyclohexyl-harnstoff erhalten worden (*Sc., Watt*, l. c. S. 153).

N-Methoxymethyl-N'-cyclohexyl-thioharnstoff, *1-cyclohexyl-3-(methoxymethyl)thiourea* $C_9H_{18}N_2OS$, Formel III (R = H, X = $NH\text{-}CH_2\text{-}OCH_3$).

B. Beim Behandeln von Cyclohexylamin mit Methoxymethylisothiocyanat in Äther (*Schmidt, Striewsky*, B. **73** [1940] 286, 292).

Krystalle (aus Bzl.); F: 103–104°.

N-Äthoxymethyl-N'-cyclohexyl-thioharnstoff, *1-cyclohexyl-3-(ethoxymethyl)thiourea* $C_{10}H_{20}N_2OS$, Formel III (R = H, X = $NH\text{-}CH_2\text{-}OC_2H_5$).

B. Beim Behandeln von Cyclohexylamin mit Äthoxymethylisothiocyanat in Äthanol (*Schmidt, Striewsky*, B. **73** [1940] 286, 293).

Krystalle (aus Bzl.); F: 109–110°.

N.N'-Dicyclohexyl-selenoharnstoff, *1,3-dicyclohexylselenourea* $C_{13}H_{24}N_2Se$, Formel V.

B. Beim Einleiten von Selenwasserstoff in eine äther. Lösung von Dicyclohexylcarbodiimid (*Zetzsche, Pinske*, B. **74** [1941] 1022).

Krystalle (aus E.); Zers. bei 194°.

Methyl-cyclohexyl-dithiocarbamidsäure, *cyclohexylmethyldithiocarbamic acid* $C_8H_{15}NS_2$, Formel III (R = CH_3, X = SH) (E II 11).

Kalium-Salz. Krystalle; F: 120° (*I.G. Farbenind.*, U.S.P. 1863572 [1927]).

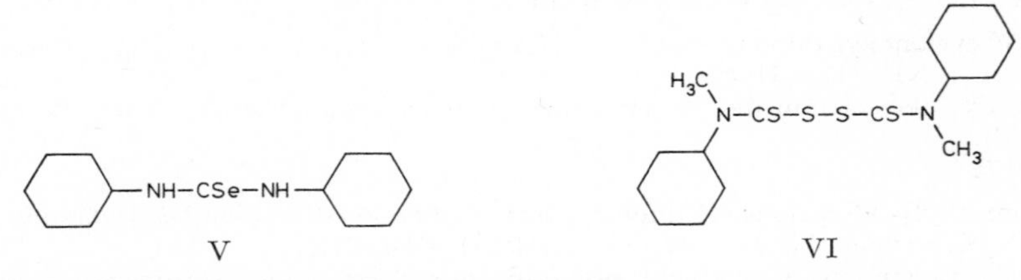

Bis-[methyl-cyclohexyl-thiocarbamoyl]-disulfid, *bis(cyclohexylmethylthiocarbamoyl) disulfide* $C_{16}H_{28}N_2S_4$, Formel VI.

B. Aus Natrium-[methyl-cyclohexyl-dithiocarbamat] beim Behandeln mit wss. Natronlauge und mit Chlor (*Monsanto Chem. Co.*, U.S.P. 2375083 [1943]) oder mit alkal. wss. Natriumhypochlorit-Lösung (*Monsanto Chem. Co.*, U.S.P. 2286690 [1940]).

Gelbe Krystalle (aus A.); F: 103–106° (*Monsanto Chem. Co.*, U.S.P. 2375083).

Äthyl-cyclohexyl-dithiocarbamidsäure, *cyclohexylethyldithiocarbamic acid* $C_9H_{17}NS_2$, Formel III (R = C_2H_5, X = SH) (E II 12).

Magnetische Susceptibilität des Kupfer(II)-Salzes $Cu(C_9H_{16}NS_2)_2$ (Krystalle [aus Ae. + PAe.]): *Cambi, Coriselli*, G. **66** [1936] 779, 781, 783; des Eisen(III)-Salzes $Fe(C_9H_{16}NS_2)_3$: *Cambi, Szegö*, B. **64** [1931] 2591, 2595; des Nickel(II)-Salzes $Ni(C_9H_{16}NS_2)_2$: *Ca., Co.*

Äthyl-cyclohexyl-amin-Salz $C_8H_{17}N \cdot C_9H_{17}NS_2$ (E II 12). Gelbe Krystalle; F: 93° (*Herrmann-Gurfinkel*, Bl. Soc. chim. Belg. **48** [1939] 94). Fällungsreaktionen mit Schwermetall-Ionen: *He.-G.*, l. c. S. 97; *Schaefer*, Kautschuk **1** [1948] **149**.

[2-Nitro-phenyl]-[äthyl-cyclohexyl-thiocarbamoyl]-disulfid, *cyclohexylethylthiocarbamoyl o-nitrophenyl disulfide* $C_{15}H_{20}N_2O_2S_3$, Formel VII.

B. Beim Behandeln von Natrium-[äthyl-cyclohexyl-dithiocarbamat] in Äthanol mit 2-Nitro-benzol-sulfenylchlorid-(1) (E III **6** 1062) in Benzol (*I.G. Farbenind.*, D.R.P. 607985 [1931]; Frdl. **21** 344).

Gelbe Krystalle (aus Bzl.); F: 125°.

Dicyclohexylcarbamidsäure-äthylester, *dicyclohexylcarbamic acid diethyl ester* $C_{15}H_{27}NO_2$, Formel VIII (R = CO-OC$_2$H$_5$).

B. Beim Behandeln von Dicyclohexylamin mit Chlorameisensäure-äthylester in Äther (*Métayer*, Bl. **1951** 802, 803, 804).

Kp: 304–306° (*Barker, Hunter, Reynolds*, Soc. **1948** 874, 878). Kryoskopie in Benzol: *Ba., Hu., Re.*, l. c. S. 879.

Dicyclohexylcarbamonitril, Dicyclohexylcyanamid, *dicyclohexylcarbamonitrile* $C_{13}H_{22}N_2$, Formel VIII (R = CN).

B. Beim Behandeln von Dicyclohexylamin mit Bromcyan in Äther (*Satzinger*, A. **638** [1960] 159, 171).

F: 45–47° [aus wss. Me.] (*Sa.*). IR-Spektrum (5,9–10 μ): *Barnes, Liddel, Williams*, Ind. eng. Chem. Anal. **15** [1943] 659, 698.

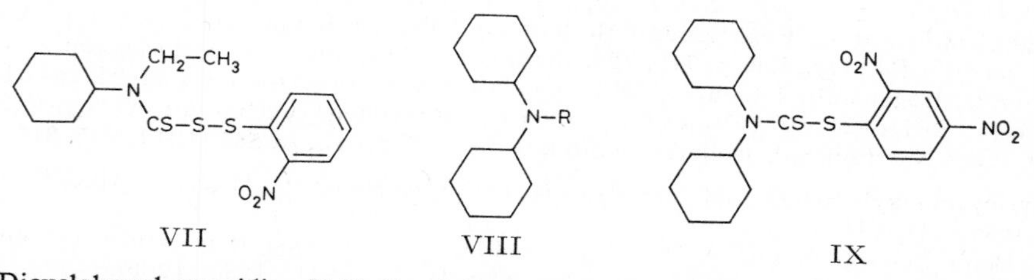

VII VIII IX

***N.N*-Dicyclohexyl-guanidin**, *N,N-dicyclohexylguanidine* $C_{13}H_{25}N_3$, Formel VIII (R = C(NH$_2$)=NH).

B. Aus Dicyclohexylamin und *S*-Methyl-isothioharnstoff (*Buck, Baltzly, Ferry*, Am. Soc. **64** [1942] 2231).

Sulfat $2\,C_{13}H_{25}N_3 \cdot H_2SO_4$. Krystalle (aus A. + Ae.); F: 195°.

Dicyclohexyldithiocarbamidsäure-[2.4-dinitro-phenylester], *dicyclohexyldithiocarbamic acid 2,4-dinitrophenyl ester* $C_{19}H_{25}N_3O_4S_2$, Formel IX.

B. Beim Behandeln von Dicyclohexylamin mit Äthanol, Schwefelkohlenstoff und wss. Natronlauge und anschliessend mit 4-Chlor-1.3-dinitro-benzol (*Naugatuck Chem. Co.*, U.S.P. 1726646 [1928]).

Krystalle (aus A.); F: 127°.

(±)-[1-Methyl-propin-(2)-yl]-cyclohexyl-carbamidsäure-[naphthyl-(1)-ester], *(±)-cyclohexyl-(1-methylprop-2-ynyl)carbamic acid 1-naphthyl ester* $C_{21}H_{23}NO_2$, Formel X.

B. Aus (±)-3-Cyclohexylamino-butin-(1) (*Gardner et al.*, Soc. **1949** 780).

Krystalle (aus Me.); F: 132–133°.

***N.N'*-Dicyclohexyl-*N*-butyryl-harnstoff**, *1-butyryl-1,3-dicyclohexylurea* $C_{17}H_{30}N_2O_2$, Formel XI (R = CH$_2$-CH$_2$-CH$_3$).

B. Beim Erwärmen von Dicyclohexylcarbodiimid mit Buttersäure in Methanol (*Zetzsche, Fredrich*, B. **72** [1939] 1735, 1738).

Krystalle (aus Me.); F: 144–145°.

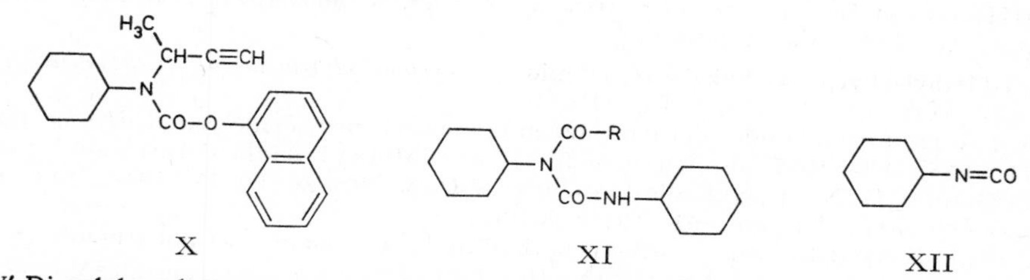

X XI XII

***N.N'*-Dicyclohexyl-*N*-stearoyl-harnstoff**, *1,3-dicyclohexyl-1-stearoylurea* $C_{31}H_{58}N_2O_2$, Formel XI (R = [CH$_2$]$_{16}$-CH$_3$).

B. Beim Erhitzen von Dicyclohexylcarbodiimid mit Stearinsäure und Pyridin (*Zetzsche, Fredrich*, B. **72** [1939] 1735, 1737).

Krystalle (aus Ae.); F: 73–75°.

N.N'-Dicyclohexyl-N-benzoyl-harnstoff, *1-benzoyl-1,3-dicyclohexylurea* $C_{20}H_{28}N_2O_2$, Formel XI (R = C_6H_5).

B. Beim Erhitzen von Dicyclohexylcarbodiimid mit Benzoesäure und Pyridin (*Zetzsche, Fredrich*, B. **72** [1939] 1735, 1737).

Krystalle (aus Me.); F: 160—161°. In Äthanol und Benzol leicht löslich.

Cyclohexylisocyanat, *isocyanic acid cyclohexyl ester* $C_7H_{11}NO$, Formel XII (E II 12).

B. Beim Erhitzen von Cyclohexylamin-hydrochlorid mit Phosgen in Toluol auf 125° (*Gen. Aniline & Film Corp.*, U.S.P. 2326501 [1936]; s. a. *Siefken*, A. **562** [1949] 75, 100, 111). Beim Behandeln von Cyclohexancarbonsäure-hydrazid mit wss. Salzsäure und Natriumnitrit und Erhitzen des Reaktionsprodukts unter vermindertem Druck (*Olsen, Enkemeyer*, B. **81** [1948] 359).

Kp_{746}: 166° (*Ol., En.*); $Kp_{16,5}$: 59° (*Baker, Holdsworth*, Soc. **1947** 713, 723); Kp_{11}: 54° (*Gen. Aniline & Film Corp.*; *Sie.*); Kp_{10}: 54° (*Ol., En.*).

Geschwindigkeit der Reaktion mit Methanol in Dibutyläther in Gegenwart von Triäthylamin bei 20°: *Ba., Ho.*, l. c. S. 716, 726. Beim Behandeln einer Lösung in Dioxan mit wss. Natriumhydrogensulfit-Lösung ist eine als Cyclohexylamino-oxo-methansulfonsäure (*C*-Sulfo-*N*-cyclohexyl-formamid) angesehene Verbindung $C_7H_{13}NO_4S$ (als krystallines Natrium-Salz isoliert) erhalten worden (*Petersen*, A. **562** [1949] 205, 216, 227).

Propyl-cyclohexyl-carbodiimid, *cyclohexylpropylcarbodiimide* $C_{10}H_{18}N_2$, Formel I (R = CH_2-CH_2-CH_3).

B. Beim Behandeln von *N*-Propyl-*N'*-cyclohexyl-thioharnstoff in Äther mit Quecksilber(II)-oxid und Wasser (*Schmidt, Striewsky*, B. **74** [1941] 1285, 1289).

Kp_{10}: 105—106°.

Isopropyl-cyclohexyl-carbodiimid, *cyclohexylisopropylcarbodiimide* $C_{10}H_{18}N_2$, Formel I (R = $CH(CH_3)_2$).

B. Beim Behandeln von *N*-Isopropyl-*N'*-cyclohexyl-thioharnstoff in Äther mit Quecksilber(II)-oxid und Wasser (*Schmidt, Striewsky*, B. **74** [1941] 1285, 1290).

Kp_{10}: 97—98°.

***tert*-Butyl-cyclohexyl-carbodiimid,** tert-*butylcyclohexylcarbodiimide* $C_{11}H_{20}N_2$, Formel I (R = $C(CH_3)_3$).

B. Beim Behandeln von *N-tert*-Butyl-*N'*-cyclohexyl-thioharnstoff in Äther mit Quecksilber(II)-oxid und Wasser (*Schmidt, Striewsky, Hitzler*, A. **560** [1948] 222, 226).

F: 6—7°. Kp_{10}: 101—102°.

Allyl-cyclohexyl-carbodiimid, *allylcyclohexylcarbodiimide* $C_{10}H_{16}N_2$, Formel I (R = CH_2-CH=CH_2).

B. Beim Behandeln von *N*-Allyl-*N'*-cyclohexyl-thioharnstoff mit Quecksilber(II)-oxid in Äther (*Schmidt, Hitzler, Lahde*, B. **71** [1938] 1933, 1936).

Kp_{10}: 104—105°. Wenig beständig.

[2-Brom-allyl]-cyclohexyl-carbodiimid, *(2-bromoallyl)cyclohexylcarbodiimide* $C_{10}H_{15}BrN_2$, Formel I (R = CH_2-CBr=CH_2).

B. Beim Behandeln von *N*-[2-Brom-allyl]-*N'*-cyclohexyl-thioharnstoff mit Quecksilber(II)-oxid in Benzol (*Schmidt, Striewsky, Hitzler*, A. **560** [1948] 222, 230).

Kp_{10}: 141—142°. Wenig beständig.

(±)-[1-Methyl-allyl]-cyclohexyl-carbodiimid, (±)-*cyclohexyl(1-methylallyl)carbodiimide* $C_{11}H_{18}N_2$, Formel I (R = $CH(CH_3)$-CH=CH_2).

Diese Konstitution kommt der nachstehend beschriebenen, von *Schmidt, Hitzler, Lahde* (B. **71** [1938] 1933, 1937) als [Buten-(2)-yl]-cyclohexyl-carbodiimid angesehenen Verbindung $C_{11}H_{18}N_2$ zu (vgl. diesbezüglich *Mumm, Richter*, B. **73** [1940] 843, 846; *Krueger, Schwarcz*, Am. Soc. **63** [1941] 2512).

B. Beim Behandeln von (±)-*N*-[1-Methyl-allyl]-*N'*-cyclohexyl-thioharnstoff (S. 49) mit Quecksilber(II)-oxid in Äther (*Sch., Hi., La.*).

Kp_{10}: 110,5—111,5° (*Sch., Hi., La.*). Wenig beständig (*Sch., Hi., La.*).

Dicyclohexylcarbodiimid, *dicyclohexylcarbodiimide* $C_{13}H_{22}N_2$, Formel II.

B. Beim Behandeln von *N.N'*-Dicyclohexyl-thioharnstoff mit Quecksilber(II)-oxid in Schwefelkohlenstoff (*Schmidt, Hitzler, Lahde*, B. **71** [1938] 1933, 1938).

Krystalle; F: 29—30° (*Zetzsche, Pinske*, B. **74** [1941] 1022, 1023 Anm. 6). Kp_{11}: 154°

bis 156° (*Sch.*, *Hi.*, *La.*).

Beim Behandeln mit Buttersäure in Petroläther ist *N.N'*-Dicyclohexyl-harnstoff (*Zetzsche, Fredrich*, B. **72** [1939] 1477, 1479), beim Erwärmen mit Buttersäure in Methanol ist *N.N'*-Dicyclohexyl-*N*-butyryl-harnstoff als Hauptprodukt (*Zetzsche, Fredrich*, B. **72** [1939] 1735, 1738) erhalten worden; Reaktionen mit weiteren Carbonsäuren: *Ze.*, *Fr.*, l. c. S. 1479, 1481, 1737.

Methoxymethyl-cyclohexyl-carbodiimid, *cyclohexyl(methoxymethyl)carbodiimide* $C_9H_{16}N_2O$, Formel I (R = CH_2-OCH_3).

B. Beim Behandeln von *N*-Methoxymethyl-*N'*-cyclohexyl-thioharnstoff mit Queck=silber(II)-oxid in Benzol (*Schmidt, Striewsky*, B. **73** [1940] 286, 292).

Kp_{10}: 109—110°. Wenig beständig.

Äthoxymethyl-cyclohexyl-carbodiimid, *cyclohexyl(ethoxymethyl)carbodiimide* $C_{10}H_{18}N_2O$, Formel I (R = CH_2-OC_2H_5).

B. Beim Behandeln von *N*-Äthoxymethyl-*N'*-cyclohexyl-thioharnstoff mit Queck=silber(II)-oxid in Benzol (*Schmidt, Striewsky*, B. **73** [1940] 286, 292).

Kp_{10}: 117,5—118,5°. Wenig beständig.

Cyclohexylisothiocyanat, *isothiocyanic acid cyclohexyl ester* $C_7H_{11}NS$, Formel III (E II 12).

B. Aus *N*-Cyclohexyl-benzothiazolsulfenamid-(2) beim Behandeln mit Schwefel=kohlenstoff (*Carr, Smith, Alliger*, J. org. Chem. **14** [1949] 921, 932; vgl. *Blake*, Am. Soc. **65** [1943] 1267).

Kp_{749}: 222°; Kp_{11-12}: 97—98° (*Bl.*); Kp_3: 81—83° (*Carr, Sm., All.*). n_D^{20}: 1,5384 (*Carr, Sm., All.*).

***N*-Methyl-*N*-cyclohexyl-glycin-nitril, *N*-Cyclohexyl-sarkosin-nitril,** N-*cyclohexylsarcosino=nitrile* $C_9H_{16}N_2$, Formel IV (R = CH_2-CN, X = CH_3).

B. Beim Erwärmen von Methyl-cyclohexyl-amin mit Natriumhydrogensulfit und Form=aldehyd in Wasser und anschliessend mit Kaliumcyanid (*Corse, Bryant, Shonle*, Am. Soc. **68** [1946] 1905, 1906, 1908).

Kp_{33}: 132—134°.

Flavianat $C_9H_{16}N_2 \cdot C_{10}H_6N_2O_8S$. F: 140—150° [Block].

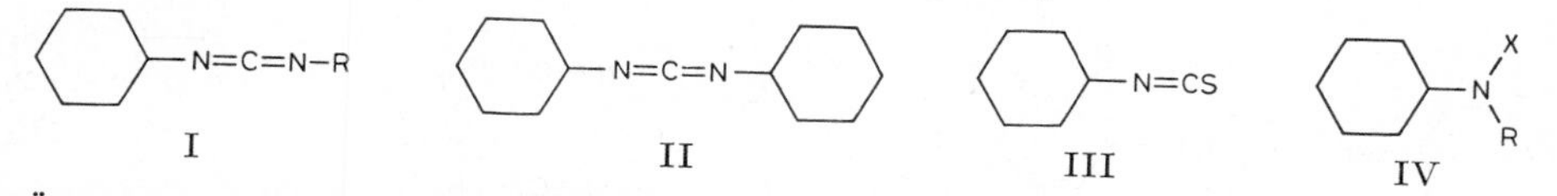

***N*-Äthyl-*N*-cyclohexyl-glycin-nitril,** N-*cyclohexyl*-N-*ethylglycinonitrile* $C_{10}H_{18}N_2$, Formel IV (R = CH_2-CN, X = C_2H_5).

B. Beim Erwärmen von Äthyl-cyclohexyl-amin mit Natriumhydrogensulfit und Formaldehyd in Wasser und anschliessend mit Kaliumcyanid (*Corse, Bryant, Shonle*, Am. Soc. **68** [1946] 1905, 1906, 1908; s. a. *CIBA*, D.R.P. 559500 [1928]; Frdl. **18** 1625).

Kp_{33}: 128—132° (*Co.*, *Br.*, *Sh.*); Kp_{11}: 118—120° (*CIBA*).

Flavianat $C_{10}H_{18}N_2 \cdot C_{10}H_6N_2O_8S$. F: 140—148° [Block] (*Co.*, *Br.*, *Sh.*).

***N*-Cyclohexyl-*N*-formyl-glycin-methylester,** N-*cyclohexyl*-N-*formylglycine methyl ester* $C_{10}H_{17}NO_3$, Formel IV (R = CH_2-CO-OCH_3, X = CHO).

B. Beim Erwärmen von *N*-Cyclohexyl-glycin-nitril mit Chlorwasserstoff enthaltendem Methanol und Erwärmen des Reaktionsprodukts mit Natriumformiat und Ameisensäure und anschliessend mit Acetanhydrid (*Jones*, Am. Soc. **71** [1949] 644, 645).

$Kp_{1,5}$: 138—140°. n_D^{25}: 1,4808.

Beim Behandeln mit Ameisensäure-methylester und Natriummethylat in Benzol und Behandeln des Reaktionsprodukts mit wss. Salzsäure und anschliessend mit Kalium=cyanat ist 2-Hydroxy-1-cyclohexyl-imidazol-carbonsäure-(5)-methylester erhalten worden.

***N*-[Diäthylcarbamoyl-methyl]-*N'*.*N'*-diäthyl-*N*-cyclohexyl-oxamid,** N-*cyclohexyl*-N-[(*di=ethylcarbamoyl)methyl*]-N',N'-*diethyloxamide* $C_{18}H_{33}N_3O_3$, Formel IV (R = CO-CO-N$(C_2H_5)_2$, X = CH_2-CO-N$(C_2H_5)_2$).

B. Beim Behandeln von *N*-Cyclohexyl-glycin-diäthylamid (nicht näher beschrieben) mit Diäthyloxamoylchlorid in Äther (*Geigy A.G.*, U.S.P. 2447587 [1944]).

F: 80—81°. $Kp_{0,1}$: 200—203°.

Bis-pentyloxycarbonylmethyl-cyclohexyl-amin, Cyclohexylimino-diessigsäure-dipentylester, *(cyclohexylimino)diacetic acid dipentyl ester* $C_{20}H_{37}NO_4$, Formel IV ($R = X = CH_2$-CO-O-$[CH_2]_4$-CH_3).

B. Beim Erwärmen von Bis-cyanmethyl-cyclohexyl-amin (nicht näher beschrieben) mit Pentanol-(1) in Gegenwart von Chlorwasserstoff (*Am. Cyanamid Co.*, U.S.P. 2293034 [1941]).

$Kp_{0,5}$: 160°.

Bis-[diäthylcarbamoyl-methyl]-cyclohexyl-amin, N,N,N',N'-*tetraethyl-2,2'-(cyclohexylimino)bisacetamide* $C_{18}H_{35}N_3O_2$, Formel IV ($R = X = CH_2$-CO-N$(C_2H_5)_2$).

B. Beim Erhitzen von Cyclohexylamin mit *C*-Chlor-*N.N*-diäthyl-acetamid in Anisol (*Geigy A.G.*, U.S.P. 2411662 [1944]).

$Kp_{0,2}$: 175—177°.

***C*-Butyloxy-*N*-cyclohexyl-acetamid,** *2-butoxy-*N*-cyclohexylacetamide* $C_{12}H_{23}NO_2$, Formel IV (R = CO-CH_2-O-$[CH_2]_3$-CH_3, X = H).

B. Beim Erhitzen von Cyclohexylamin mit Butyloxyessigsäure-methylester (nicht näher beschrieben) (*Kilgore, Kilgore*, U.S.P. 2426885 [1942]).

Kp_5: 135—140°.

***C*-[2.3.4.6-Tetrachlor-phenoxy]-*N*-cyclohexyl-acetamid,** N-*cyclohexyl-2-(2,3,4,6-tetrachlorophenoxy)acetamide* $C_{14}H_{15}Cl_4NO_2$, Formel V.

B. Beim Erwärmen von *C*-Chlor-*N*-cyclohexyl-acetamid mit Natrium-[2.3.4.6-tetrachlor-phenolat] in Benzol (*Kilgore, Kilgore*, U.S.P. 2426885 [1942]).

Krystalle (aus Bzl.); F: 105—106°.

Bis-[cyclohexylcarbamoyl-methyl]-sulfon, *N.N'*-Dicyclohexyl-*C.C'*-sulfonyl-bis-acetamid, N,N'-*dicyclohexyl-2,2'-sulfonylbisacetamide* $C_{16}H_{28}N_2O_4S$, Formel VI.

B. Aus Cyclohexylamin und Bis-äthoxycarbonylmethyl-sulfon [„Dimethylsulfon-α.α'-dicarbonsäure-diäthylester"] (*Alden, Houston*, Am. Soc. **56** [1934] 413).

Krystalle (aus W.); F: 170°.

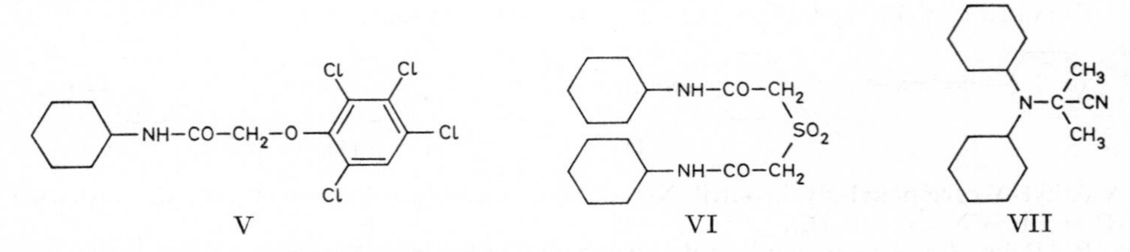

V VI VII

***N*-Cyclohexyl-DL-alanin-dimethylamid,** (±)-*2-(cyclohexylamino)*-N,N-*dimethylpropionamide* $C_{11}H_{22}N_2O$, Formel IV (R = CH(CH_3)-CO-N$(CH_3)_2$, X = H).

B. Beim Erhitzen von Cyclohexylamin mit (±)-2-Chlor-*N.N*-dimethyl-propionamid (nicht näher beschrieben) in Benzol auf 120° (*Geigy A.G.*, U.S.P. 2447587 [1944]).

Kp_{12}: 162—164°.

***N*-[Diäthylcarbamoyl-methyl]-*N*-cyclohexyl-DL-alanin-diäthylamid,** (±)-*2-{cyclohexyl[(diethylcarbamoyl)methyl]amino}*-N,N-*diethylpropionamide* $C_{19}H_{37}N_3O_2$, Formel IV (R = CH(CH_3)-CO-N$(C_2H_5)_2$, X = CH_2-CO-N$(C_2H_5)_2$).

B. Beim Erwärmen von *N*-Cyclohexyl-glycin-diäthylamid (nicht näher beschrieben) mit (±)-2-Brom-*N.N*-diäthyl-propionamid oder von *N*-Cyclohexyl-DL-alanin-diäthylamid (nicht näher beschrieben) mit *C*-Chlor-*N.N*-diäthyl-acetamid in Anisol (*Geigy A. G.*, U.S.P. 2411662 [1944]).

$Kp_{0,02}$: 168—171°.

DL-Milchsäure-cyclohexylamid, *N*-Cyclohexyl-DL-lactamid, N-*cyclohexyl-DL-lactamide* $C_9H_{17}NO_2$, Formel IV (R = CO-CH(OH)-CH_3, X = H).

B. Beim Behandeln von Cyclohexylamin mit DL-Milchsäure-äthylester unter Zusatz von Cyclohexylamin-hydrojodid oder Cyclohexylamin-nitrat (*Glasoe, Audrieth*, J. org. Chem. **4** [1939] 54, 56, 58).

Krystalle (aus Acn.); F: 59°.

N-Cyclohexyl-β-alanin-äthylester, *N-cyclohexyl-β-alanine ethyl ester* $C_{11}H_{21}NO_2$, Formel IV ($R = CH_2$-CH_2-CO-OC_2H_5, X = H) auf S. 53.

B. Aus N-Cyclohexyl-N-formyl-β-alanin-äthylester beim Erwärmen mit Chlorwasserstoff enthaltendem Äthanol (*Hromatka, Eiles*, M. **78** [1948] 129, 136).

Kp_{11}: 115–120°.

Pikrat $C_{11}H_{21}NO_2 \cdot C_6H_3N_3O_7$. Krystalle; F: 109–111,5°.

N-Cyclohexyl-β-alanin-nitril, *N-cyclohexyl-β-alaninonitrile* $C_9H_{16}N_2$, Formel IV ($R = CH_2$-CH_2-CN, X = H) auf S. 53.

B. Aus Cyclohexylamin und Acrylonitril (*Tarbell et al.*, Am. Soc. **68** [1946] 1217; s. a. *I.G. Farbenind.*, D.R.P. 598185 [1931]; Frdl. **20** 346).

Kp_{11}: 149–151° (*I.G. Farbenind.*); Kp_7: 125–127° (*Monsanto Chem. Co.*, U.S.P. 2372895 [1943]); Kp_4: 122–124° (*Ta. et al.*). n_D^{20}: 1,4764 (*Ta. et al.*).

N-Methyl-N-cyclohexyl-β-alanin-nitril, *N-cyclohexyl-N-methyl-β-alaninonitrile* $C_{10}H_{18}N_2$, Formel IV ($R = CH_2$-CH_2-CN, $X = CH_3$) auf S. 53.

B. Aus Methyl-cyclohexyl-amin und Acrylonitril in Gegenwart von Trimethyl-benzyl-ammonium-hydroxid-Lösung (*Corse, Bryant, Shonle*, Am. Soc. **68** [1946] 1905, 1906).

Kp_{40}: 145–148°.

Flavianat $C_{10}H_{18}N_2 \cdot C_{10}H_6N_2O_8S$. F: 157–160° [Block].

N-[2-Hydroxy-äthyl]-N-cyclohexyl-β-alanin-äthylester, *N-cyclohexyl-N-(2-hydroxyethyl)-β-alanine ethyl ester* $C_{13}H_{25}NO_3$, Formel IV ($R = CH_2$-CH_2-CO-OC_2H_5, $X = CH_2$-CH_2OH) auf S. 53.

B. Beim Erwärmen von 2-Cyclohexylamino-äthanol-(1) mit Acrylsäure-äthylester (*I.G. Farbenind.*, D.R.P. 570677 [1931]; Frdl. **19** 498).

Kp_{22}: 138–140°.

N-Cyclohexyl-N-formyl-β-alanin-äthylester, *N-cyclohexyl-N-formyl-β-alanine ethyl ester* $C_{12}H_{21}NO_3$, Formel IV ($R = CH_2$-CH_2-CO-OC_2H_5, X = CHO) auf S. 53.

B. Beim Erhitzen von N-Cyclohexyl-formamid mit Acrylsäure-äthylester in Gegenwart von Hydrochinon auf 200° (*Hromatka, Eiles*, M. **78** [1948] 129, 136).

Kp_{11}: 175–178°.

[2-Cyan-äthyl]-cyclohexyl-dithiocarbamidsäure, *(2-cyanoethyl)cyclohexyldithiocarbamic acid* $C_{10}H_{16}N_2S_2$, Formel IV ($R = CH_2$-CH_2-CN, X = CSSH) auf S. 53.

B. Beim Behandeln von N-Cyclohexyl-β-alanin-nitril mit wss. Natronlauge und Schwefelkohlenstoff (*Monsanto Chem. Co.*, U.S.P. 2372895 [1943]).

Dimethyl-cyclohexyl-amin-Salz $C_8H_{17}N \cdot C_{10}H_{16}N_2S_2$. *B.* Beim Behandeln einer Lösung von N-Cyclohexyl-β-alanin-nitril und Dimethyl-cyclohexyl-amin in Äther mit Schwefelkohlenstoff (*Monsanto Chem. Co.*). — Krystalle; F: 103–104°.

α-Cyclohexylamino-isobutyronitril, *2-(cyclohexylamino)-2-methylpropionitrile* $C_{10}H_{18}N_2$, Formel IV ($R = C(CH_3)_2$-CN, X = H) auf S. 53.

B. Aus Cyclohexylamin und α-Hydroxy-isobutyronitril (*Ainley, Sexton*, Biochem. J. **43** [1948] 468, 469).

F: 52–53°.

α-Dicyclohexylamino-isobutyronitril, *2-(dicyclohexylamino)-2-methylpropionitrile* $C_{16}H_{28}N_2$, Formel VII.

B. Aus Dicyclohexylamin und α-Hydroxy-isobutyronitril (*Jacobson*, Am. Soc. **67** [1945] 1996).

F: 92–94°.

(±)-2-Cyclohexylamino-octannitril, *(±)-2-(cyclohexylamino)octanenitrile* $C_{14}H_{26}N_2$, Formel IV (R = CH(CN)-$[CH_2]_5$-CH_3, X = H) auf S. 53.

B. Aus Cyclohexylamin und (±)-2-Hydroxy-octannitril (*Ainley, Sexton*, Biochem. J. **43** [1948] 468, 469).

Kp_{16}: 150°.

N-Cyclohexyl-salicylamid, *N-cyclohexylsalicylamide* $C_{13}H_{17}NO_2$, Formel VIII.

B. Beim Erhitzen von Cyclohexylamin mit Salicylsäure-phenylester in 1.2.4-Trichlorbenzol oder in 1-Methyl-naphthalin (*Van Allan*, Am. Soc. **69** [1947] 2913).

F: 85–86°.

4-Methoxy-*N*-cyclohexyl-benzamidin, N-*cyclohexyl*-p-*anisamidine* $C_{14}H_{20}N_2O$, Formel IX und Tautomeres.

B. Beim Behandeln von Cyclohexylamin mit 4-Methoxy-benzonitril und Aluminium= chlorid (*Oxley, Partridge, Short*, Soc. **1947** 1110, 1115).

Krystalle (nach Sublimation); F: 100°.

Hydrochlorid $C_{14}H_{20}N_2O \cdot HCl$. F: 275–276° [Zers.; aus W.].

Pikrat $C_{14}H_{20}N_2O \cdot C_6H_3N_3O_7$. Krystalle (aus A.); F: 141°.

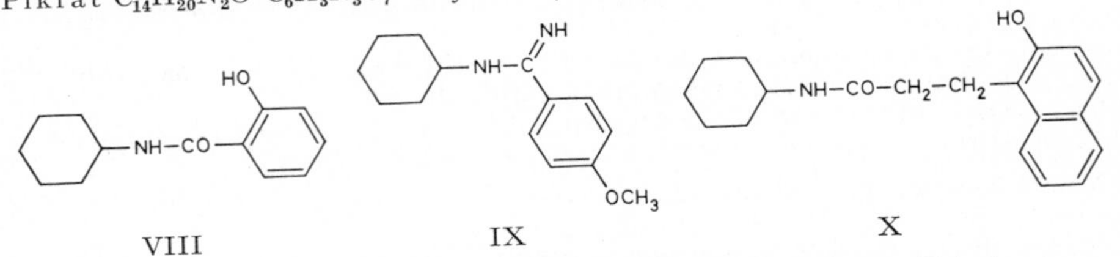

N-Cyclohexyl-3-[2-hydroxy-naphthyl-(1)]-propionamid, N-*cyclohexyl-3-(2-hydroxy-1-naphthyl)propionamide* $C_{19}H_{23}NO_2$, Formel X.

B. Beim Behandeln von 3-[2-Hydroxy-naphthyl-(1)]-propionsäure-lacton mit Cyclo= hexylamin in Benzol (*Hardman*, Am. Soc. **70** [1948] 2119).

Krystalle; F: 172–173° [unkorr.].

***N*-Cyclohexyl-DL-asparaginsäure,** N-*cyclohexyl*-DL-*aspartic acid* $C_{10}H_{17}NO_4$, Formel IV (R = CH(COOH)-CH_2-COOH, X = H) auf S. 53.

B. Beim Erhitzen von Cyclohexylamin mit Maleinsäure-anhydrid in Wasser und anschliessend mit wss. Natronlauge auf 150° (*I.G. Farbenind.*, D.R.P. 697802 [1936]; D.R.P. Org. Chem. **6** 1722).

Krystalle (aus wss. A.); F: 216° (*Zilkha, Bachi*, J. org. Chem. **24** [1959] 1096).

***N*-Cyclohexyl-acetoacetamid,** N-*cyclohexylacetoacetamide* $C_{10}H_{17}NO_2$, Formel IV (R = CO-CH_2-CO-CH_3, X = H) [auf S. 53] und Tautomeres.

B. Beim Behandeln von Cyclohexylamin in Wasser mit Diketen (*Carbide & Carbon Chem. Corp.*, U.S.P. 2152132 [1936]).

Krystalle (aus PAe.); F: 72–73°. [*Reinhard*]

***N*-Methyl-1-cyclohexylcarbamimidoyl-benzolsulfonamid-(4), 4-Methylsulfamoyl-*N*-cyclo= hexyl-benzamidin,** p-(*cyclohexylcarbamimidoyl*)-N-*methylbenzenesulfonamide* $C_{14}H_{21}N_3O_2S$, Formel I und Tautomeres.

B. Aus 4-Methylsulfamoyl-benzimidsäure-äthylester-hydrochlorid (nicht näher beschrieben) und Cyclohexylamin in Äther und Äthanol (*Delaby, Harispe, Bonhomme*, Bl. [5] **12** [1945] 152, 158).

Hydrochlorid $C_{14}H_{21}N_3O_2S \cdot HCl$. Krystalle; F: 200,5° [korr.].

***N*-Cyclohexyl-äthylendiamin,** N-*cyclohexylethylenediamine* $C_8H_{18}N_2$, Formel II (R = X = H).

B. Bei der Hydrierung eines Gemisches von Cyclohexanon und Äthylendiamin in Äthanol an Platin (*Pearson, Jones, Cope*, Am. Soc. **68** [1946] 1225, 1227).

Kp_{14}: 101–102°; D_4^{25}: 0,9153; n_D^{25}: 1,4800.

***N.N'*-Dicyclohexyl-äthylendiamin,** N,N'-*dicyclohexylethylenediamine* $C_{14}H_{28}N_2$, Formel III (R = X = H).

B. Aus Cyclohexylamin und 1.2-Dichlor-äthan (*Monsanto Chem. Co.*, U.S.P. 2126560 [1935]; *Donia et al.*, J. org. Chem. **14** [1949] 946, 948, 949; *Wingfoot Corp.*, U.S.P. 2126620 [1934]). Aus Cyclohexylamin und 1.2-Dibrom-äthan (*Boon*, Soc. **1947** 307, 313, 314).

Krystalle mit 1 Mol H_2O; F: 102–103° [aus A.] (*Zienty, Thielke*, Am. Soc. **67** [1945] 1040), 96–98° [aus Bzl.] (*Wingfoot Corp.*). Kp: 318–319° (*Monsanto Chem. Co.*); Kp: 312° (*Boon*); Kp_{25}: 184–186° (*Monsanto Chem. Co.*); Kp_3: 134–136° (*Do. et al.*).

Bis-phenylcarbamoyl-Derivat (F: 206°): *Frost, Chaberek, Martell*, Am. Soc. **71** [1949] 3842.

Dihydrochlorid $C_{14}H_{28}N_2 \cdot 2HCl$. Krystalle (aus A.); F: 265° (*Boon*).

Dipikrat $C_{14}H_{28}N_2 \cdot 2C_6H_3N_3O_7$. F: 210° [Zers.] (*Fr., Ch., Ma.*).

N'-Cyclohexyl-N-acetyl-äthylendiamin, N-[2-Cyclohexylamino-äthyl]-acetamid, N-*[2-(cyclohexylamino)ethyl]acetamide* $C_{10}H_{20}N_2O$, Formel II (R = H, X = CO-CH_3).

B. Bei der Hydrierung eines Gemisches von Cyclohexanon und *N*-Acetyl-äthylendiamin (*Byk-Guldenwerke*, D.R.P. 596190 [1929]; Frdl. **20** 945; *Rosenmund*, U.S.P. 1926014 [1931]). Beim Erhitzen von *N*-Cyclohexyl-äthylendiamin mit Äthylacetat auf 110° (*Rosenmund*, U.S.P. 1926015 [1931]).

$Kp_{2,5}$: 168—173° (*Byk-Guldenwerke*; *Rosenmund*, U.S.P. 1926014); $Kp_{2,2}$: 168° (*Rosenmund*, U.S.P. 1926015).

Hydrochlorid. F: 186° (*Rosenmund*, U.S.P. 1926015).

N-Methyl-N-cyclohexyl-äthylendiamin, N-*cyclohexyl*-N-*methylethylenediamine* $C_9H_{20}N_2$, Formel II (R = CH_3, X = H).

B. Aus *N*-Methyl-*N*-cyclohexyl-glycin-nitril bei der Hydrierung an Raney-Nickel in einem Gemisch von Äther und Ammoniak bei 125°/100—125 at (*Corse, Bryant, Shonle*, Am. Soc. **68** [1946] 1905, 1907, 1908).

Kp_{43}: 126—129°.

Dipikrat $C_9H_{20}N_2 \cdot 2C_6H_3N_3O_7$. F: 199—200° [Block].

N-Äthyl-N-cyclohexyl-äthylendiamin, N-*cyclohexyl*-N-*ethylethylenediamine* $C_{10}H_{22}N_2$, Formel II (R = C_2H_5, X = H).

B. Aus *N*-Äthyl-*N*-cyclohexyl-glycin-nitril beim Behandeln mit Äthanol und Natrium (*CIBA*, D.R.P. 559500 [1928]; Frdl. **18** 1625).

Kp_8: 98—101°.

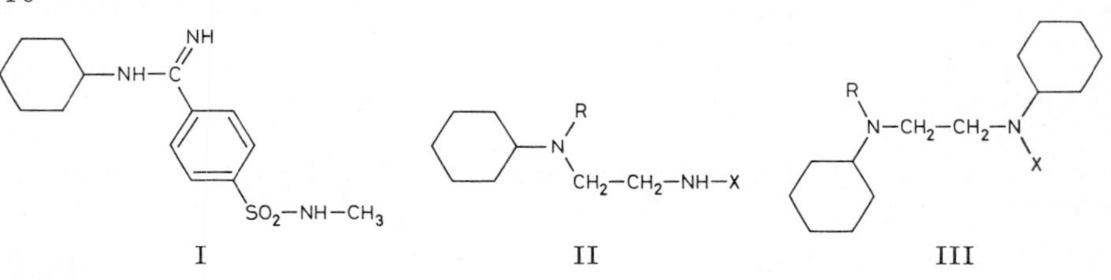

I II III

N.N.N'-Triäthyl-N'-cyclohexyl-äthylendiamin, N-*cyclohexyl*-N,N',N'-*triethylethylenediamine* $C_{14}H_{30}N_2$, Formel IV.

B. Beim Erhitzen von Äthyl-cyclohexyl-amin mit Diäthyl-[2-chlor-äthyl]-amin-hydrochlorid auf 170° (*I.G. Farbenind.*, D.R.P. 518207 [1927]; Frdl. **17** 2546).

Kp_4: 104—106°.

N.N'-Dicyclohexyl-N-formyl-äthylendiamin, N-[2-Cyclohexylamino-äthyl]-N-cyclohexyl-formamid, N-*cyclohexyl*-N-*[2-(cyclohexylamino)ethyl]formamide* $C_{15}H_{28}N_2O$, Formel III (R = CHO, X = H).

B. Beim Eintragen von *N.N'*-Dicyclohexyl-äthylendiamin in wasserhaltige Ameisensäure bei 130° (*Zienty, Thielke*, Am. Soc. **67** [1945] 1040).

Kp_8: 200—205°.

Beim Erhitzen mit Schwefel auf 135° ist 1.3-Dicyclohexyl-imidazolidinthion-(2) erhalten worden.

N.N'-Dicyclohexyl-N.N'-diformyl-äthylendiamin, N.N'-Dicyclohexyl-N.N'-äthylen-bis-formamid, N,N'-*dicyclohexyl*-N,N'-*ethylenebisformamide* $C_{16}H_{28}N_2O_2$, Formel III (R = X = CHO).

B. Beim Eintragen von wasserhaltiger Ameisensäure in *N.N'*-Dicyclohexyl-äthylendiamin bei 60° und anschliessenden Erhitzen bis auf 140° (*Monsanto Chem. Co.*, U.S.P. 2267685 [1938]). In geringer Menge neben *N.N'*-Dicyclohexyl-*N*-formyl-äthylendiamin beim Eintragen von *N.N'*-Dicyclohexyl-äthylendiamin in wasserhaltige Ameisensäure bei 130° (*Zienty, Thielke*, Am. Soc. **67** [1945] 1040).

Krystalle; F: 165—166° [korr.] (*Zie., Th.*), 162—163° [aus A.] (*Monsanto Chem. Co.*).

N.N'-Dicyclohexyl-N.N'-diacetyl-äthylendiamin, N.N'-Dicyclohexyl-N.N'-äthylen-bis-acetamid, N,N'-*dicyclohexyl*-N,N'-*ethylenebisacetamide* $C_{18}H_{32}N_2O_2$, Formel III (R = X = CO-CH_3).

B. Beim Erhitzen von *N.N'*-Dicyclohexyl-äthylendiamin mit Acetanhydrid bis auf

140° (*Monsanto Chem. Co.*, U.S.P. 2126560 [1935]).
Krystalle (aus wss. A.); F: 152—153,5°.

***N.N'*-Dicyclohexyl-*N.N'*-dipropionyl-äthylendiamin, *N.N'*-Dicyclohexyl-*N.N'*-äthylen-bis-propionamid**, N,N'-*dicyclohexyl*-N,N'-*ethylenebispropionamide* $C_{20}H_{36}N_2O_2$, Formel III (R = X = CO-CH_2-CH_3).
B. Aus *N.N'*-Dicyclohexyl-äthylendiamin (*Zienty, Thielke*, Am. Soc. **67** [1945] 1040).
F: 114—115° [korr.].

***N.N'*-Dicyclohexyl-*N.N'*-dibutyryl-äthylendiamin, *N.N'*-Dicyclohexyl-*N.N'*-äthylen-bis-butyramid**, N,N'-*dicyclohexyl*-N,N'-*ethylenebisbutyramide* $C_{22}H_{40}N_2O_2$, Formel III (R = X = CO-CH_2-CH_2-CH_3).
B. Aus *N.N'*-Dicyclohexyl-äthylendiamin (*Zienty, Thielke*, Am. Soc. **67** [1945] 1040).
F: 98—99°.

***N'*-Cyclohexyl-*N*-acetyl-*N'*-[2-brom-2-äthyl-butyryl]-äthylendiamin, 2-Brom-2-äthyl-*N*-[2-acetamino-äthyl]-*N*-cyclohexyl-butyramid**, N-(*2-acetamidoethyl*)-*2-bromo*-N-*cyclohexyl-2-ethylbutyramide* $C_{16}H_{29}BrN_2O_2$, Formel II (R = CO-C(C_2H_5)$_2$-Br, X = CO-CH_3).
B. Beim Behandeln von *N'*-Cyclohexyl-*N*-acetyl-äthylendiamin mit 2-Brom-2-äthyl-butyrylchlorid und wss. Natriumcarbonat-Lösung (*Byk-Guldenwerke*, D.R.P. 596190 [1929]; Frdl. **20** 945; *Rosenmund*, U.S.P. 1926014 [1931]).
Krystalle (aus A.); F: 104°.

***N.N'*-Dicyclohexyl-*N*-formyl-*N'*-benzoyl-äthylendiamin, *N*-[2-(Cyclohexyl-formyl-amino)-äthyl]-*N*-cyclohexyl-benzamid**, N-*cyclohexyl*-N-[*2*-(N-*cyclohexylformamido*)*ethyl*]*benzamide* $C_{22}H_{32}N_2O_2$, Formel III (R = CO-C_6H_5, X = CHO).
B. Aus *N.N'*-Dicyclohexyl-*N*-formyl-äthylendiamin und Benzoylchlorid (*Zienty, Thielke*, Am. Soc. **67** [1945] 1040).
F: 121—122° [korr.].

***N.N'*-Dicyclohexyl-*N.N'*-dibenzoyl-äthylendiamin, *N.N'*-Dicyclohexyl-*N.N'*-äthylen-bis-benzamid**, N,N'-*dicyclohexyl*-N,N'-*ethylenebisbenzamide* $C_{28}H_{36}N_2O_2$, Formel III (R = X = CO-C_6H_5).
B. Aus *N.N'*-Dicyclohexyl-äthylendiamin (*Zienty, Thielke*, Am. Soc. **67** [1945] 1040).
F: 226—227° [korr.].

[2-Cyclohexylamino-äthyl]-cyclohexyl-dithiocarbamidsäure, *cyclohexyl*[*2*-(*cyclohexylamino*)*ethyl*]*dithiocarbamic acid* $C_{15}H_{28}N_2S_2$, Formel III (R = CSSH, X = H).
B. Aus *N.N'*-Dicyclohexyl-äthylendiamin und Schwefelkohlenstoff in Aceton oder Benzol (*Donia et al.*, J. org. Chem. **14** [1949] 946, 949, 950).
F: 167—168° [korr.; Zers.] (*Zienty, Thielke*, Am. Soc. **67** [1945] 1040), 166,5—169° (*Do. et al.*).
Beim Erhitzen auf 160° sind 1.3-Dicyclohexyl-imidazolidinthion-(2) und *N.N'*-Dicyclohexyl-äthylendiamin erhalten worden (*Zie., Th.*; *Do. et al.*). Bildung von 6-Thioxo-2.5-dicyclohexyl-tetrahydro-2*H*-[1.2.5]thiadiazin beim Behandeln einer alkal. Lösung mit einer wss. Lösung von Jod und Kaliumjodid: *Do. et al.*

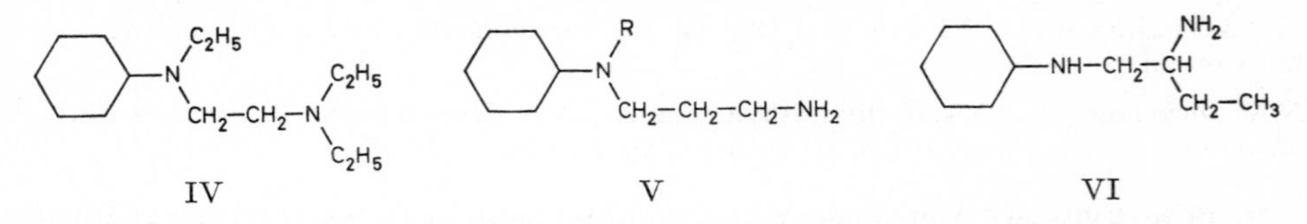

***N*-Cyclohexyl-propandiyldiamin**, N-*cyclohexylpropane-1,3-diamine* $C_9H_{20}N_2$, Formel V (R = H).
B. Aus *N*-Cyclohexyl-*β*-alanin-nitril bei der Hydrierung an Raney-Nickel in äthanol. Ammoniak bei 120°/175 at (*Tarbell et al.*, Am. Soc. **68** [1946] 1217).
$Kp_{0,5}$: 80°. n_D^{20}: 1,4820.
Dipikrat $C_9H_{20}N_2 \cdot 2C_6H_3N_3O_7$. F: 182,5—183,5° [korr.].

***N*-Methyl-*N*-cyclohexyl-propandiyldiamin**, N-*cyclohexyl*-N-*methylpropane-1,3-diamine* $C_{10}H_{22}N_2$, Formel V (R = CH_3).
B. Aus *N*-Methyl-*N*-cyclohexyl-*β*-alanin-nitril bei der Hydrierung an Raney-Nickel

in Äther und Ammoniak bei 125°/100—125 at (*Corse, Bryant, Shonle*, Am. Soc. **68** [1946] 1905, 1907).
Kp$_{24}$: 122—124°.
Dipikrat $C_{10}H_{22}N_2 \cdot 2C_6H_3N_3O_7$. F: 192—193° [Block].
Diflavianat $C_{10}H_{22}N_2 \cdot 2C_{10}H_6N_2O_8S$. F: 210—213° [Block].

***N*-Äthyl-*N*-cyclohexyl-propandiyldiamin**, N-*cyclohexyl*-N-*ethylpropane-1,3-diamine* $C_{11}H_{24}N_2$, Formel V (R = C_2H_5).
B. Aus *N*-Äthyl-*N*-cyclohexyl-β-alanin-nitril (nicht näher beschrieben) beim Erwärmen mit Äthanol und Natrium (*Corse, Bryant, Shonle*, Am. Soc. **68** [1946] 1905, 1907).
Kp$_{32}$: 135—141°.
Dipikrat $C_{11}H_{24}N_2 \cdot 2C_6H_3N_3O_7$. F: 200—202° [Block].

(±)-2-Amino-1-cyclohexylamino-butan, (±)-1-Äthyl-*N*^{2}-cyclohexyl-äthylendiamin, (±)-N^1-*cyclohexylbutane-1,2-diamine* $C_{10}H_{22}N_2$, Formel VI.
B. Neben geringeren Mengen 1-Amino-2-cyclohexylamino-butan beim Erwärmen von (±)-2-Äthyl-aziridin mit Cyclohexylamin unter Zusatz von Ammoniumchlorid (*Clapp*, Am. Soc. **70** [1948] 184).
Kp: 242—244°. n_D^{20}: 1,4711.
Phenylthiocarbamoyl-Derivat $C_{17}H_{27}N_3S$. F: 108—109,5°.
4-Brom-benzol-sulfonyl-(1)-Derivat $C_{16}H_{25}BrN_2O_2S$. F: 82—83°.

(±)-1-Amino-2-cyclohexylamino-butan, (±)-1-Äthyl-*N*^{1}-cyclohexyl-äthylendiamin, (±)-N^2-*cyclohexylbutane-1,2-diamine* $C_{10}H_{22}N_2$, Formel VII.
B. s. im vorangehenden Artikel.
Kp: 265—270°. n_D^{20}: 1,4832 (*Clapp*, Am. Soc. **70** [1948] 184).
Bis-phenylthiocarbamoyl-Derivat (F: 148—148,5°): *Cl.*

2-Amino-1-cyclohexylamino-2-methyl-propan, 1.1-Dimethyl-*N*^{2}-cyclohexyl-äthylendiamin, N^1-*cyclohexyl-2-methylpropane-1,2-diamine* $C_{10}H_{22}N_2$, Formel VIII (R = H).
B. Beim Erwärmen von 2.2-Dimethyl-aziridin mit Cyclohexylamin unter Zusatz von Ammoniumchlorid (*Clapp*, Am. Soc. **70** [1948] 184). Aus 2-Nitro-1-cyclohexylamino-2-methyl-propan bei der Hydrierung an Raney-Nickel in Methanol bei 35°/35 at (*Comm. Solv. Corp.*, U.S.P. 2393825 [1942]).
Kp: 230—230,5°; n_D^{20}: 1,4672 (*Cl.*). Kp$_{3,5}$: 80°; D_{20}^{20}: 0,8857; n_D^{20}: 1,4663 (*Comm. Solv. Corp.*).
Phenylthiocarbamoyl-Derivat $C_{17}H_{27}N_3S$. F: 116—117° (*Cl.*).

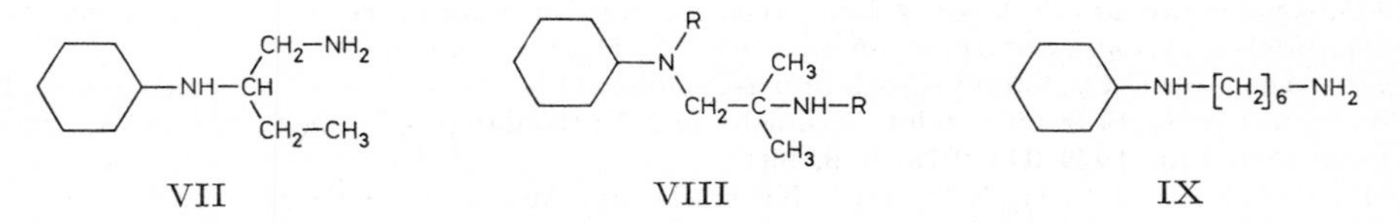

VII VIII IX

2-Benzamino-1-[cyclohexyl-benzoyl-amino]-2-methyl-propan, 1.1-Dimethyl-*N*^{2}-cyclohexyl-*N*^{1}.*N*^{2}-dibenzoyl-äthylendiamin, N'-*cyclohexyl*-N,N'-(*1,1-dimethylethylene*)*bisbenzamide* $C_{24}H_{30}N_2O_2$, Formel VIII (R = CO-C_6H_5).
B. Aus 2-Amino-1-cyclohexylamino-2-methyl-propan (*Clapp*, Am. Soc. **70** [1948] 184).
F: 176—177°.

***N*-Cyclohexyl-hexandiyldiamin**, N-*cyclohexylhexane-1,6-diamine* $C_{12}H_{26}N_2$, Formel IX.
B. Bei der Hydrierung eines Gemisches von Cyclohexanon und Hexandiyldiamin in Äther an Platin (*Surrey*, Am. Soc. **71** [1949] 3354).
Kp$_{0,7-0,8}$: 115—118°. n_D^{25}: 1,4756.

***N.N'*-Dicyclohexyl-octandiyldiamin**, N,N'-*dicyclohexyloctane-1,8-diamine* $C_{20}H_{40}N_2$, Formel X (n = 8).
B. Aus 1.8-Dibrom-octan und Cyclohexylamin (*Goodson et al.*, Brit. J. Pharmacol. Chemotherapy **3** [1948] 49, 60).
F: 27—28° [nach Destillation].
Dihydrochlorid $C_{20}H_{40}N_2 \cdot 2HCl$. Krystalle (aus A.); F: 284—285°.

***N.N'*-Dicyclohexyl-decandiyldiamin,** N,N'-*dicyclohexyldecane-1,10-diamine* $C_{22}H_{44}N_2$, Formel X (n = 10).

B. Aus 1.10-Dibrom-decan und Cyclohexylamin (*Goodson et al.*, Brit. J. Pharmacol. Chemotherapy **3** [1948] 49, 60).

F: 35,5—36,5° [nach Destillation].

Dihydrochlorid $C_{22}H_{44}N_2 \cdot 2HCl$. Krystalle (aus A.); F: 322° [Zers.].

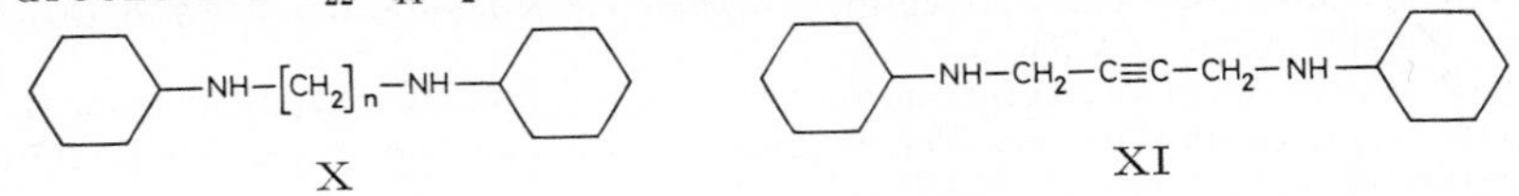

X XI

***N.N'*-Dicyclohexyl-butin-(2)-diyldiamin,** N,N'-*dicyclohexylbut-2-yne-1,4-diamine* $C_{16}H_{28}N_2$, Formel XI.

B. Aus Cyclohexylamin und 1.4-Dichlor-butin-(2) in Benzol (*Johnson*, Soc. **1946** 1009, 1012).

Krystalle (aus PAe.); F: 83—84°.

(±)-3-Amino-1-cyclohexylamino-propanol-(2), (±)-*1-amino-3-(cyclohexylamino)propan-2-ol* $C_9H_{20}N_2O$, Formel XII.

B. Bei der Hydrierung eines Gemisches von Cyclohexanon und 1.3-Diamino-propanol-(2) in Äthanol an Platin bei 60° (*Pearson, Jones, Cope*, Am. Soc. **68** [1946] 1225, 1227).

F: 29—32° [nach Destillation]. Kp_2: 126—128°. D_4^{25}: 1,0135. n_D^{25}: 1,4997.

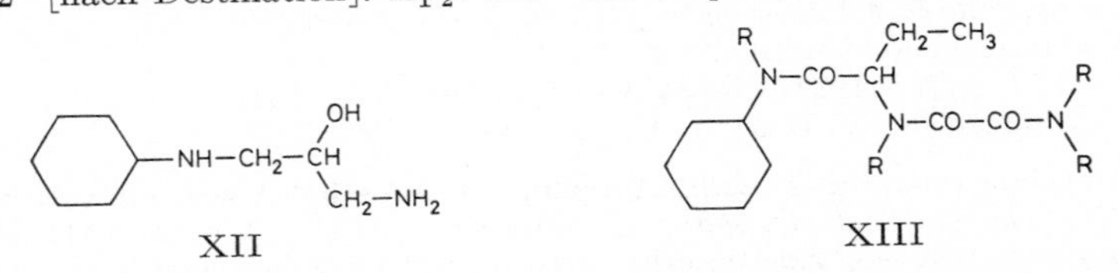

XII XIII

(±)-*N.N.N'*-Triäthyl-*N'*-[1-(äthyl-cyclohexyl-carbamoyl)-propyl]-oxamid, (±)-2-[Äthyl-diäthyloxamoyl-amino]-*N*-äthyl-*N*-cyclohexyl-butyramid, (±)-N-[*1-(cyclohexylethylcarbamoyl)propyl*]-N,N',N'-*triethyloxamide* $C_{20}H_{37}N_3O_3$, Formel XIII (R = C_2H_5).

B. Aus (±)-2-Äthylamino-*N*-äthyl-*N*-cyclohexyl-butyramid (nicht näher beschrieben) und *N.N*-Diäthyl-oxamoylchlorid in Äther (*Geigy A.G.*, U.S.P. 2447587 [1944]).

$Kp_{0,05}$: 188—190°.

(±)-3-Cyclohexylamino-2-[*C*-cyclohexyl-acetamino]-propionsäure, (±)-*2-(2-cyclohexylacetamido)-3-(cyclohexylamino)propionic acid* $C_{17}H_{30}N_2O_3$, Formel I.

B. Aus (±)-*C*-Cyclohexyl-*N*-[2-oxo-1-cyclohexyl-azetidinyl-(3)]-acetamid beim Erhitzen mit wss. Salzsäure oder wss.-äthanol. Natronlauge (*Ballard, Melstrom, Smith*, Chem. Penicillin **1949** 974, 978, 979, 994).

Hydrochlorid $C_{17}H_{30}N_2O_3 \cdot HCl$. Krystalle (aus Me. + Ae.); F: 211—212°.

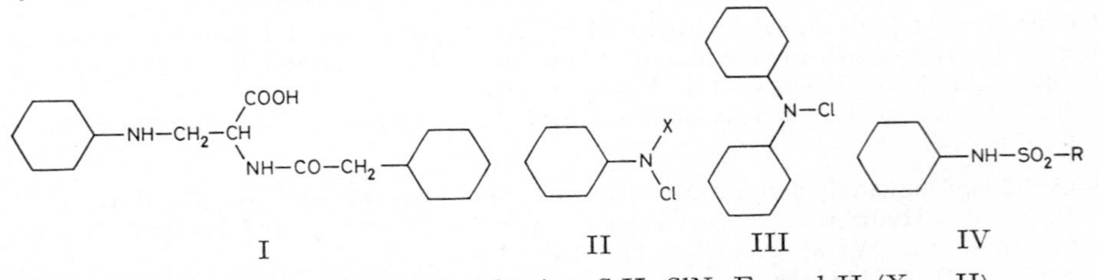

I II III IV

Chlor-cyclohexyl-amin, N-*chlorocyclohexylamine* $C_6H_{12}ClN$, Formel II (X = H).

B. Aus Cyclohexylamin beim Behandeln mit wss. Natriumhypochlorit-Lösung (*Firestone Tire & Rubber Co.*, U.S.P. 2459759 [1946]; *Smith et al.*, J. org. Chem. **14** [1949] 935, 943).

F: 24—25° (*Firestone Tire & Rubber Co.*).

Chlor-dicyclohexyl-amin, N-*chlorodicyclohexylamine* $C_{12}H_{22}ClN$, Formel III (E II 13).

B. Aus Dicyclohexylamin beim Behandeln mit Essigsäure und mit Acetylhypochlorit in Acetanhydrid (*McKenzie et al.*, Canad. J. Res. [B] **26** [1948] 138, 152) sowie beim Behandeln des Hydrochlorids mit wss. Natriumhypochlorit-Lösung und Äther (*Myers, Wright*, Canad. J. Res. [B] **26** [1948] 257, 265).

Krystalle (aus A.); F: 25—26°.

Dichlor-cyclohexyl-amin, N,N-*dichlorocyclohexylamine* $C_6H_{11}Cl_2N$, Formel II (X = Cl).

B. Beim Einleiten von Chlor in ein Gemisch von Cyclohexylamin und wss. Natrium=hydrogencarbonat-Lösung (*Jackson, Smart, Wright*, Am. Soc. **69** [1947] 1539).

Kp_{17}: 89—90° [bei der Destillation ist Vorsicht geboten]. D_4^{20}: 1,199.

***N*-Cyclohexyl-butansulfonamid-(1),** N-*cyclohexylbutane-1-sulfonamide* $C_{10}H_{21}NO_2S$, Formel IV (R = $[CH_2]_3$-CH_3).

B. Aus Butan-sulfonylchlorid-(1) und Cyclohexylamin in Äther (*Asinger, Ebeneder, Böck*, B. **75** [1942] 42, 47).

Krystalle (aus Me. oder CCl_4 + PAe.); F: 71,8°. Schmelzdiagramm des Systems mit (±)-*N*-Cyclohexyl-butansulfonamid-(2) (Eutektikum): *As., Eb., Böck*, l. c. S. 44.

(±)-*N*-Cyclohexyl-butansulfonamid-(2), (±)-N-*cyclohexylbutane-2-sulfonamide* $C_{10}H_{21}NO_2S$, Formel IV (R = $CH(CH_3)$-CH_2-CH_3).

B. Aus (±)-Butan-sulfonylchlorid-(2) und Cyclohexylamin in Äther (*Asinger, Ebeneder, Böck*, B. **75** [1942] 42, 47).

Krystalle (aus Me. oder PAe.); F: 58°. Schmelzdiagramm des Systems mit *N*-Cyclo=hexyl-butansulfonamid-(1) (Eutektikum): *As., Eb., Böck*, l. c. S. 44.

2-Methyl-*N*-cyclohexyl-propansulfonamid-(1), N-*cyclohexyl-2-methylpropane-1-sulfon=amide* $C_{10}H_{21}NO_2S$, Formel IV (R = CH_2-$CH(CH_3)_2$).

B. Aus 2-Methyl-propan-sulfonylchlorid-(1) und Cyclohexylamin (*Asinger, Ebeneder*, B. **75** [1942] 344, 346).

F: 45°.

***N*-Cyclohexyl-benzolsulfonamid,** N-*cyclohexylbenzenesulfonamide* $C_{12}H_{17}NO_2S$, Formel V (R = X = H).

B. Aus Cyclohexylamin (*Winans, Adkins*, Am. Soc. **55** [1933] 2051, 2057).

F: 91° (*Bergen, Craver*, Ind. eng. Chem. **39** [1947] 1082, 1083), 88—89° (*Wi., Ad.*). IR-Spektrum (CCl_4; 2,8—3,5 μ): *Buswell, Downing, Rodebush*, Am. Soc. **61** [1939] 3252, 3256.

3.4-Dichlor-*N*-cyclohexyl-benzolsulfonamid-(1), *3,4-dichloro-*N-*cyclohexylbenzenesulfon=amide* $C_{12}H_{15}Cl_2NO_2S$, Formel V (R = X = Cl).

F: 110° (*Bergen, Craver*, Ind. eng. Chem. **39** [1947] 1082, 1083).

***N*-Cyclohexyl-toluolsulfonamid-(4),** N-*cyclohexyl-*p-*toluenesulfonamide* $C_{13}H_{19}NO_2S$, Formel V (R = CH_3, X = H) (E II 13).

Krystalle; F: 86—87° [aus wss. A.] (*Hall, Turner*, Soc. **1945** 694, 696), 86° (*Fordyce, Meyer*, Ind. eng. Chem. **32** [1940] 1053, 1054; *Bergen, Craver*, Ind. eng. Chem. **39** [1947] 1082, 1083).

***N*-Cyclohexyl-toluolsulfonamid-(α),** N-*cyclohexyltoluene-α-sulfonamide* $C_{13}H_{19}NO_2S$, Formel IV (R = CH_2-C_6H_5).

B. Aus Cyclohexylamin und Toluol-sulfonylchlorid-(α) in Benzol (*Heyden Chem. Corp.*, U.S.P. 2373299 [1943]).

Krystalle (aus Me.); F: 128—130°.

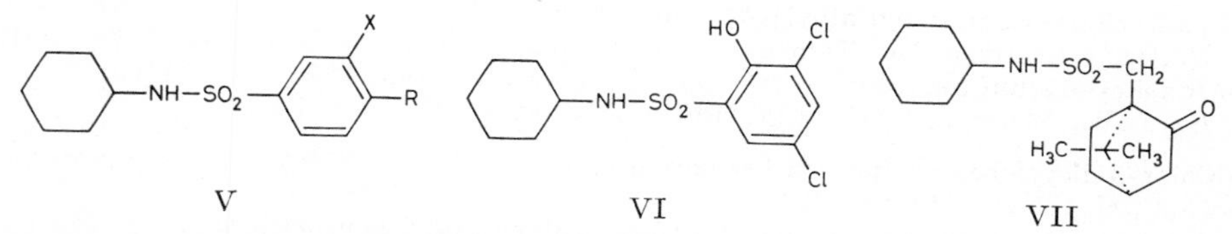

3.5-Dichlor-2-hydroxy-*N*-cyclohexyl-benzolsulfonamid-(1), *3,5-dichloro-*N-*cyclohexyl-2-hydroxybenzenesulfonamide* $C_{12}H_{15}Cl_2NO_3S$, Formel VI.

B. Beim Erhitzen von 2.4.8.10-Tetrachlor-dibenzo[1.5.2.6]dioxadithiocin-6.6.12.12-tetraoxid mit Cyclohexylamin auf 120° (*I.G. Farbenind.*, D.R.P. 733514 [1939];

D.R.P. Org. Chem. **6** 1961).
Krystalle.

2-Oxo-*N*-cyclohexyl-bornansulfonamid-(10), N-*cyclohexyl-2-oxobornane-10-sulfonamide* $C_{16}H_{27}NO_3S$.

(1*S*)-2-Oxo-*N*-cyclohexyl-bornansulfonamid-(10), Formel VII.
B. Aus Cyclohexylamin und (1*S*)-2-Oxo-bornan-sulfonylchlorid-(10) (*Mousseron, Granger, Claret*, Bl. **1947** 868, 874).
Krystalle (aus A.); F: 113°. $[M]_{579}$: +93,9° [A.]; $[M]_{579}$: +89,5° [Bzl.]; $[M]_{546}$: +109,5° [A.]; $[M]_{546}$: +104,5° [Bzl.].

***N*-Cyclohexyl-1-cyan-benzolsulfonamid-(3)**, m-*cyano*-N-*cyclohexylbenzenesulfonamide* $C_{13}H_{16}N_2O_2S$, Formel V (R = H, X = CN).
B. Aus Cyclohexylamin und 1-Cyan-benzol-sulfonylchlorid-(3) in Äthanol (*Delaby, Harispe, Paris*, Bl. [5] **12** [1945] 954, 962).
Krystalle; F: 83° [Block].

***N*-Cyclohexyl-1-carbamimidoyl-benzolsulfonamid-(3), 3-Cyclohexylsulfamoyl-benzamidin**, m-*carbamimidoyl*-N-*cyclohexylbenzenesulfonamide* $C_{13}H_{19}N_3O_2S$, Formel V (R = H, X = C(NH$_2$)=NH).
B. Beim Behandeln des aus *N*-Cyclohexyl-1-cyan-benzolsulfonamid-(3) mit Hilfe von Chlorwasserstoff enthaltendem Äthanol hergestellten 3-Cyclohexylsulfamoyl-benzimidsäure-äthylester-hydrochlorids mit äthanol. Ammoniak (*Delaby, Harispe, Paris*, Bl. [5] **12** [1945] 954, 965).
Hydrochlorid $C_{13}H_{19}N_3O_2S \cdot HCl$. Krystalle; F: 185° [Block].

Taurin-cyclohexylamid, *2-amino*-N-*cyclohexylethanesulfonamide* $C_8H_{18}N_2O_2S$, Formel IV (R = CH_2-CH_2-NH_2) auf S. 60.
B. Aus 2-Phthalimido-*N*-cyclohexyl-äthansulfonamid-(1) beim Erwärmen mit Hydrazin-hydrat in Äthanol (*Mead et al.*, J. biol. Chem. **163** [1946] 465, 471).
Krystalle (aus A.); F: 92–93°.

***N*-Cyclohexyl-taurin-cyclohexylamid**, N-*cyclohexyl-2-(cyclohexylamino)ethanesulfonamide* $C_{14}H_{28}N_2O_2S$, Formel VIII.
B. Beim Erhitzen von Cyclohexylamin mit 2-Chlor-äthan-sulfonylchlorid-(1) unter Zusatz von Kupfer-Pulver in Xylol (*Goldberg*, Soc. **1945** 464, 466).
Krystalle (aus A.); F: 250–252°.

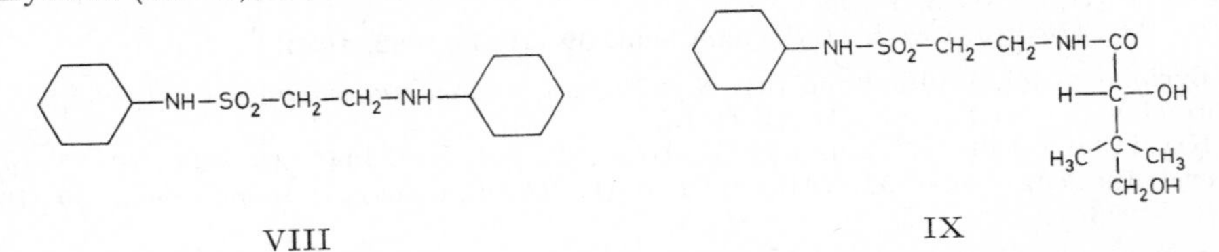

2.4-Dihydroxy-3.3-dimethyl-*N*-[2-cyclohexylsulfamoyl-äthyl]-butyramid, *N*-[2.4-Dihydroxy-3.3-dimethyl-butyryl]-taurin-cyclohexylamid, N-[*2-(cyclohexylsulfamoyl)ethyl*]-*2,4-dihydroxy-3,3-dimethylbutyramide* $C_{14}H_{28}N_2O_5S$.

(*R*)-2.4-Dihydroxy-3.3-dimethyl-*N*-[2-cyclohexylsulfamoyl-äthyl]-butyramid, *N*-[2-Cyclohexylsulfamoyl-äthyl]-D-pantamid, Formel IX.
B. Beim Erhitzen von Taurin-cyclohexylamid mit (*R*)-2.4-Dihydroxy-3.3-dimethylbuttersäure-lacton auf 120° (*Mead et al.*, J. biol. Chem. **163** [1946] 465, 471).
Krystalle (aus wss. A.); F: 125–126°. $[\alpha]_D^{23}$: +2,7° [W.; c = 3,4].

6-Chlor-3-dicyclohexylsulfamoyl-benzoesäure, *2-chloro-5-(dicyclohexylsulfamoyl)benzoic acid* $C_{19}H_{26}ClNO_4S$, Formel X.
B. Aus Dicyclohexylamin und 6-Chlor-3-chlorsulfonyl-benzoesäure in Benzol (*Gen. Aniline & Film Corp.*, U.S.P. 2273444 [1939]).
F: ca. 150° [Zers.].
Beim Erhitzen mit Kupfer(II)-cyanid in Pyridin auf 170° ist 4-Dicyclohexylsulfamoylphthalimid erhalten worden.

N.N'-Di-[toluol-sulfonyl-(4)]-N.N'-dicyclohexyl-äthylendiamin, N.N'-Dicyclohexyl-N.N'-äthylen-bis-toluolsulfonamid-(4), N,N'-*dicyclohexyl*-N,N'-*ethylenebis*-p-*toluenesulfonamide* $C_{28}H_{40}N_2O_4S_2$, Formel XI.

B. Aus *N.N'*-Dicyclohexyl-äthylendiamin (*Zienty, Thielke*, Am. Soc. **67** [1945] 1040). F: 190—191° [korr.].

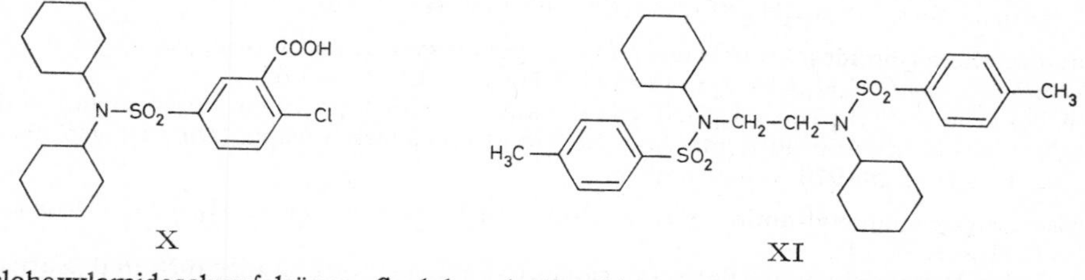

X XI

Cyclohexylamidoschwefelsäure, Cyclohexylsulfamidsäure, *cyclohexylsulfamic acid* $C_6H_{13}NO_3S$, Formel XII (R = H, X = OH).

B. Beim Behandeln einer Lösung von Cyclohexylamin in Chloroform mit Chloroschwefelsäure (*Audrieth, Sveda*, J. org. Chem. **9** [1944] 89, 95). Aus Nitrocyclohexan beim Behandeln mit wss. Natriumdithionit-Lösung unter Zusatz von Trinatriumphosphat (*Au., Sv.*).

F: 169—170° [unkorr.].

Ammonium-Salz $[NH_4]C_6H_{12}NO_3S$, Natrium-Salz $NaC_6H_{12}NO_3S$, Silber-Salz $AgC_6H_{12}NO_3S$, Barium-Salz $Ba(C_6H_{12}NO_3S)_2 \cdot 1,5\,H_2O$ und Cyclohexylamin-Salz $C_6H_{13}N \cdot C_6H_{13}NO_3S$: *Au., Sv.*

Cyclohexylsulfamid, *cyclohexylsulfamide* $C_6H_{14}N_2O_2S$, Formel XII (R = H, X = NH_2).

B. Aus Cyclohexylamin und Sulfamid in Wasser (*Paquin*, Ang. Ch. **60** [1948] 316, 319).

Krystalle (aus A.); F: 87—88°.

N-Butyl-N'-cyclohexyl-sulfamid, N-*butyl*-N'-*cyclohexylsulfamide* $C_{10}H_{22}N_2O_2S$, Formel XII (R = H, X = NH-$[CH_2]_3$-CH_3).

B. Beim Erhitzen von Cyclohexylamin mit Butylsulfamid bis auf 145° (*Paquin*, Ang. Ch. **60** [1948] 316, 319).

Krystalle (aus A.); F: 100—101°.

N.N'-Dicyclohexyl-sulfamid, N,N'-*dicyclohexylsulfamide* $C_{12}H_{24}N_2O_2S$, Formel XIII.

B. Beim Erhitzen von Cyclohexylamin mit Sulfamid bis auf 160° (*Paquin*, Ang. Ch. **60** [1948] 316, 319).

Krystalle (aus A.); F: 153—154°.

Methyl-cyclohexyl-amidoschwefelsäure, Methyl-cyclohexyl-sulfamidsäure, *cyclohexylmethylsulfamic acid* $C_7H_{15}NO_3S$, Formel XII (R = CH_3, X = OH).

B. Beim Behandeln von Methyl-cyclohexyl-amin in Chloroform mit Chloroschwefelsäure (*Audrieth, Sveda*, J. org. Chem. **9** [1944] 89, 96).

Natrium-Salz $NaC_7H_{14}NO_3S$. Krystalle (aus A.).

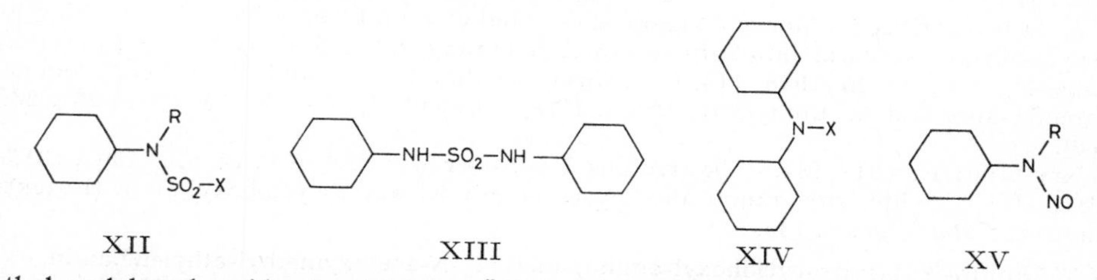

XII XIII XIV XV

Äthyl-cyclohexyl-amidoschwefelsäure, Äthyl-cyclohexyl-sulfamidsäure, *cyclohexylethylsulfamic acid* $C_8H_{17}NO_3S$, Formel XII (R = C_2H_5, X = OH).

B. Beim Behandeln von Äthyl-cyclohexyl-amin in Chloroform mit Chloroschwefelsäure (*Audrieth, Sveda*, J. org. Chem. **9** [1944] 89, 96).

Natrium-Salz $NaC_8H_{16}NO_3S$. Krystalle (aus A. + Ae.).

Dicyclohexylamidoschwefelsäure, Dicyclohexylsulfamidsäure, *dicyclohexylsulfamic acid* $C_{12}H_{23}NO_3S$, Formel XIV (X = SO_2OH).

B. Beim Behandeln von Dicyclohexylamin in Chloroform mit Chloroschwefelsäure (*Audrieth, Sveda,* J. org. Chem. **9** [1944] 89, 96).

F: 161° [unkorr.].

Natrium-Salz $NaC_{12}H_{22}NO_3S$. Krystalle [aus A. + Ae.].

Chlor-cyclohexyl-amidoschwefelsäure, Chlor-cyclohexyl-sulfamidsäure, *chlorocyclohexylsulfamic acid* $C_6H_{12}ClNO_3S$, Formel XII (R = Cl, X = OH).

Als Natrium-Salz $NaC_6H_{11}ClNO_3S$ (Krystalle) beim Erwärmen des Natrium-Salzes der Cyclohexylsulfamidsäure mit wss. Natriumhypochlorit-Lösung (*Du Pont de Nemours & Co.,* U.S.P. 2288976 [1940]).

Nitroso-äthyl-cyclohexyl-amin, N-*ethyl*-N-*nitrosocyclohexylamine* $C_8H_{16}N_2O$, Formel XV (R = C_2H_5) (E II 14).

B. Beim Behandeln von Diäthyl-cyclohexyl-amin mit wss. Essigsäure und Natriumnitrit (*Wegler, Frank,* B. **69** [1936] 2071, 2077). Beim Behandeln von Äthyl-cyclohexylamin mit wss. Salzsäure und Natriumnitrit (*Bain, Pollard,* Am. Soc. **61** [1939] 2704).

Kp_{17}: 140° (*We., Fr.*); $Kp_{12,5}$: 127–128° (*Bain, Po.*).

Nitroso-dicyclohexyl-amin, N-*nitrosodicyclohexylamine* $C_{12}H_{22}N_2O$, Formel XIV (X = NO) (H 7; E II 14).

B. Aus Dicyclohexylamin beim Erwärmen mit wss. Essigsäure und Natriumnitrit (*Wolfe, Temple,* Am. Soc. **70** [1948] 1414). Aus Tricyclohexylamin beim Erwärmen mit Tetranitromethan in Äthanol unter Zusatz von Essigsäure oder Pyridin (*Labriola, Dorronsoro, Verruno,* An. Asoc. quim. arg. **37** [1949] 79, 84, 93–95).

Krystalle; F: 108° (*La., Do., Ve.*), 104–105° [korr.; aus Acn.] (*Wo., Te.*). Schmelzdiagramm des Systems mit Nitro-dicyclohexyl-amin (Eutektikum): *Chute et al.,* Canad. J. Res. [B] **26** [1948] 114, 136.

***N*-Nitroso-*N*-cyclohexyl-acetamid,** N-*cyclohexyl*-N-*nitrosoacetamide* $C_8H_{14}N_2O_2$, Formel XV (R = CO-CH_3).

B. Aus *N*-Cyclohexyl-acetamid und Nitrosylchlorid (*Peck, Folkers,* Chem. Penicillin **1949** 144, 176).

F: 40° (*Peck, Fo.*). IR-Absorption: *Peck, Fo.* UV-Spektrum (A.): *Peck, Fo.*; *Woodward, Neuberger, Trenner,* Chem. Penicillin **1949** 415, 435.

***N*-Nitroso-*N*-cyclohexyl-glycin,** N-*cyclohexyl*-N-*nitrosoglycine* $C_8H_{14}N_2O_3$, Formel XV (R = CH_2-COOH) (H 7).

B. Aus *N*-Cyclohexyl-glycin-hydrochlorid beim Behandeln mit Natriumnitrit in Wasser (*Eade, Earl,* Soc. **1948** 2307, 2309; *Baker, Ollis, Poole,* Soc. **1949** 307, 313; vgl. H 7).

Krystalle (aus W.); F: 117° [Zers.] (*Baker, Ollis, Poole*).

Beim Behandeln mit Acetanhydrid ist 3-Cyclohexyl-sydnon (Syst. Nr. 4544) erhalten worden (*Eade, Earl*; *Baker, Ollis, Poole*).

Nitro-dicyclohexyl-amin, N-*nitrodicyclohexylamine* $C_{12}H_{22}N_2O_2$, Formel XIV (X = NO_2).

B. Neben geringeren Mengen Nitroso-dicyclohexyl-amin beim Behandeln von Dicyclohexylamin-hydrochlorid mit Salpetersäure, Acetanhydrid und Essigsäure (*Chute et al.,* Canad. J. Res. [B] **26** [1948] 114, 135). Aus Chlor-dicyclohexyl-amin beim Behandeln mit Salpetersäure und Acetanhydrid (*Myers, Wright,* Canad. J. Res. [B] **26** [1948] 257, 260, 266).

Krystalle; F: 134–134,5° [korr.; aus PAe. oder wss. A.] (*Ch. et al.*), 130–131,5° (*My., Wr.*). Schmelzdiagramm des Systems mit Nitroso-dicyclohexyl-amin (Eutektikum): *Ch. et al.,* l. c. S. 136.

***N.N'*-Dinitro-*N'*-[(nitro-cyclohexyl-amino)-methyl]-*N*-acetoxymethyl-äthylendiamin,** N-(*acetoxymethyl*)-N,N'-*dinitro*-N'-(*cyclohexylnitroamino*)*ethylenediamine* $C_{12}H_{22}N_6O_8$, Formel I.

B. Aus 1.5-Dinitro-3-cyclohexyl-hexahydro-1*H*-[1.3.5]triazepin beim Erwärmen mit Salpetersäure und Acetanhydrid (*Chapman, Owston, Woodcock,* Soc. **1949** 1647).

Krystalle (aus Acn. + Me. + W.); F: 63–65°.

$N.N'$-Dinitro-N-methyl-N'-cyclohexyl-oxamid, N-*cyclohexyl*-N'-*methyl*-N,N'-*dinitrooxamide* $C_9H_{14}N_4O_6$, Formel II (R = CH_3).

B. Aus N-Methyl-N'-cyclohexyl-oxamid (*de Vries*, R. **61** [1942] 223, 232).

F: 72°.

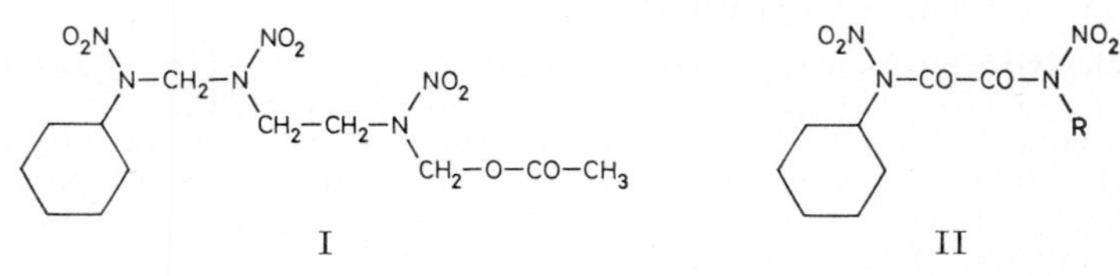

$N.N'$-Dinitro-N-äthyl-N'-cyclohexyl-oxamid, N-*cyclohexyl*-N'-*ethyl*-N,N'-*dinitrooxamide* $C_{10}H_{16}N_4O_6$, Formel II (R = C_2H_5).

B. Aus N-Äthyl-N'-cyclohexyl-oxamid (*de Vries*, R. **61** [1942] 223, 232).

F: 43°.

$N.N'$-Dinitro-$N.N'$-dicyclohexyl-oxamid, N,N'-*dicyclohexyl*-N,N'-*dinitrooxamide* $C_{14}H_{22}N_4O_6$, Formel III.

B. Aus $N.N'$-Dicyclohexyl-oxamid beim Erwärmen mit Salpetersäure (*de Vries*, R. **61** [1942] 223, 224).

Krystalle (aus A.); F: 130°.

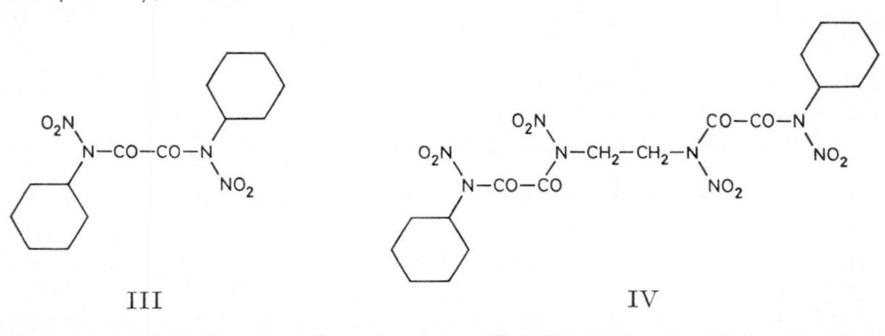

$N.N'$-Dinitro-$N.N'$-bis-[nitro-cyclohexyl-oxamoyl]-äthylendiamin, Tetra-N-nitro-$N'.N'''$-dicyclohexyl-$N.N''$-äthylen-bis-oxamid, N',N'''-*dicyclohexyl*-N,N',N'',N'''-*tetranitro*-N,N''-*ethylenebisoxamide* $C_{18}H_{26}N_8O_{12}$, Formel IV.

B. Aus $N.N'$-Bis-cyclohexyloxamoyl-äthylendiamin (*de Vries*, R. **61** [1942] 223, 238).

F: 161° [Monohydrat?].

Cyclohexylamidophosphorsäure-diphenylester, N-*cyclohexylphosphoramidic acid diphenyl ester* $C_{18}H_{22}NO_3P$, Formel V (R = C_6H_5).

B. Aus Cyclohexylamin und Chlorophosphorsäure-diphenylester in Tetrachlormethan bei 0° (*Audrieth, Toy*, Am. Soc. **64** [1942] 1337).

Krystalle (aus wss. A.); F: 104–105°.

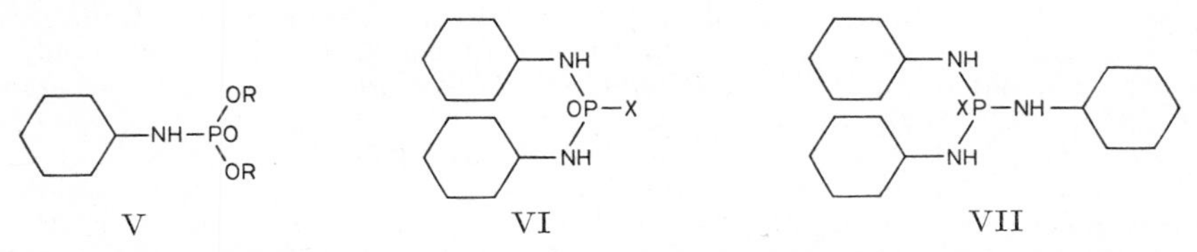

Cyclohexylamidophosphorsäure-dibenzylester, N-*cyclohexylphosphoramidic acid dibenzyl ester* $C_{20}H_{26}NO_3P$, Formel V (R = CH_2-C_6H_5).

B. Aus Cyclohexylamin und Chlorophosphorsäure-dibenzylester in Tetrachlormethan bei –10° (*Atherton, Openshaw, Todd*, Soc. **1945** 382, 384). Aus Cyclohexylamin und Phosphorigsäure-dibenzylester in Tetrachlormethan (*Atherton, Openshaw, Todd*, Soc. **1945** 660, 662) oder in 1.1.2.2-Tetrachlor-1.2-dibrom-äthan (*Atherton, Todd*, Soc. **1947** 674, 676, 677).

Krystalle (aus Hexan); F: 79–80° (*At., Op., Todd*).

Cyclohexylamidophosphorsäure-dibenzhydrylester, *N-cyclohexylphosphoramidic acid dibenzhydryl ester* $C_{32}H_{34}NO_3P$, Formel V (R = $CH(C_6H_5)_2$).

B. Aus Cyclohexylamin und Phosphorigsäure-dibenzhydrylester in Tetrachlormethan (*Atherton, Howard, Todd,* Soc. **1948** 1106, 1110).

Krystalle (aus Cyclohexan); F: 101–102°.

***N.N'*-Dicyclohexyl-diamidophosphorsäure-phenylester,** *N,N'-dicyclohexylphosphorodiamidic acid phenyl ester* $C_{18}H_{29}N_2O_2P$, Formel VI (X = OC_6H_5).

B. Beim Behandeln von Phosphoroxychlorid in Chloroform mit Phenol und Pyridin und anschliessend mit Cyclohexylamin (*Audrieth, Toy,* Am. Soc. **64** [1942] 1337). Aus Cyclohexylamin und Dichlorophosphorsäure-phenylester in Chloroform (*Au., Toy*).

Krystalle (aus A.); F: 124–125°.

***N.N'*-Dicyclohexyl-diamidophosphorsäure-fluorid,** *N,N'-dicyclohexylphosphorodiamidic fluoride* $C_{12}H_{24}FN_2OP$, Formel VI (X = F).

B. Aus Cyclohexylamin und Phosphorsäure-fluorid-dichlorid in Benzol (*Heap, Saunders,* Soc. **1948** 1313, 1315).

Krystalle (aus wss. A.); F: 127°.

Phosphorsäure-tris-cyclohexylamid, *N,N',N''-tricyclohexylphosphoric triamide* $C_{18}H_{36}N_3OP$, Formel VII (X = O).

B. Aus Cyclohexylamin und Phosphoroxychlorid (*Audrieth, Toy,* Am. Soc. **64** [1942] 1553, 1554).

Krystalle (aus PAe.); F: 245–246° [Zers.]. Löslichkeit in Chloroform (68,1 g/100 g) und in Tetrachlormethan (6,05 g/100 g) bei 25°: *Au., Toy.*

Thiophosphorsäure-tris-cyclohexylamid, *N,N',N''-tricyclohexylphosphorothioic triamide* $C_{18}H_{36}N_3PS$, Formel VII (X = S).

B. Aus Cyclohexylamin und Thiophosphorylchlorid (*Audrieth, Toy,* Am. Soc. **64** [1942] 1553, 1554).

Krystalle (aus A.); F: 143,5–144,5°. Löslichkeit in Chloroform (28,2 g/100 g) und in Tetrachlormethan (2,25 g/100 g) bei 25°: *Au., Toy.*

***N.N*-Dimethyl-*N'*-äthyl-*N'*-cyclohexyl-diamidophosphorsäure-fluorid,** *N-cyclohexyl-N-ethyl-N',N'-dimethylphosphorodiamidic fluoride* $C_{10}H_{22}FN_2OP$, Formel VIII.

B. Beim Behandeln eines Gemisches von Phosphoroxychlorid, Chloroform und Methyl-dibutyl-amin mit Äthyl-cyclohexyl-amin und anschliessend mit Dimethylamin und Behandeln des Reaktionsgemisches mit wss. Kaliumfluorid-Lösung (*Pest Control Ltd.*, Brit.P. 688760 [1949]).

Kp_4: 110–115° (*Schrader,* BIOS Final. Rep. Nr. 714, S. 45); Kp_2: 100° (*Pest Control Ltd.*).

2-Chlor-1-amino-cyclohexan, 2-Chlor-cyclohexylamin, *2-chlorocyclohexylamine* $C_6H_{12}ClN$.

a) **(1*R*)-*cis*-2-Chlor-1-amino-cyclohexan,** Formel IX (R = H).

Diese Konfiguration kommt vermutlich dem nachstehend beschriebenen (+)-2-Chlor-cyclohexylamin zu.

B. Aus (1*R*)-*trans*-2-Amino-cyclohexanol-(1)-hydrochlorid (über die Konfiguration dieser Verbindung s. *Umezawa, Tsuchiya, Tatsuta,* Bl. chem. Soc. Japan **39** [1966] 1235, 1238) beim Behandeln mit Phosphor(V)-chlorid in Chloroform (*Godchot, Mousseron,* Bl. [4] **51** [1932] 1277, 1282).

Kp_{15}: 82–83°; $[\alpha]_D$: +48,3° (*Go., Mou.*, Bl. [4] **51** 1282).

Beim Behandeln mit Silberoxid in Wasser ist eine als (1*S*)-*trans*-2-Amino-cyclohexanol-(1) angesehene Verbindung (F: 83–84°; $[\alpha]_D$: +39,7° [Lösungsmittel nicht angegeben]) erhalten worden (*Godchot, Mousseron,* Bl. [4] **51** 1282, **53** [1933] 864; s. dagegen *McCasland, Clark, Carter,* Am. Soc. **71** [1949] 637, 641).

b) **(1*S*)-*cis*-2-Chlor-1-amino-cyclohexan,** Formel X (R = H).

Diese Konfiguration kommt vermutlich dem nachstehend beschriebenen (–)-2-Chlor-cyclohexylamin zu.

Gewinnung aus dem unter c) beschriebenen Racemat mit Hilfe von L_g-Weinsäure: *Mousseron, Froger,* Bl. **1947** 843, 847.

Kp_{18}: 84°. D^{25}: 1,082. n_D^{25}: 1,4920. $[\alpha]_{579}$: –49,9° [unverd.]; $[\alpha]_{579}$: –46,0° [Bzl.;

c = 1]; $[\alpha]_{579}$: −61,6° [A.; c = 1]; $[\alpha]_{546}$: −56,3° [unverd.]; $[\alpha]_{546}$: −52° [Bzl.; c = 1]; $[\alpha]_{546}$: −69,0° [A.; c = 1].

L_g-Tartrat $2\,C_6H_{12}ClN \cdot C_4H_6O_6$. Krystalle (aus wss. A.); F: 169−170°. $[\alpha]_{579}$: −17,4°; $[\alpha]_{546}$: −19,8° [Lösungsmittel nicht angegeben].

c) **(±)-*cis*-2-Chlor-1-amino-cyclohexan**, Formel X (R = H) + Spiegelbild.

Diese Verbindung hat auch in dem E II **14** beschriebenen, aus (±)-*trans*-2-Amino-cyclohexanol-(1)-hydrochlorid mit Hilfe von Phosphor(V)-chlorid in Chloroform erhaltenen 2-Chlor-cyclohexylamin-Präparat vorgelegen; über die Konfiguration s. *Mousseron, Winternitz*, C. r. **221** [1945] 701; *McCasland, Clark, Carter*, Am. Soc. **71** [1949] 637, 639, 641; *van Tamelen, Wilson*, Am. Soc. **74** [1952] 6299.

Dissoziationskonstante: *Mousseron, Froger*, Bl. **1947** 843, 848.

Geschwindigkeit der Reaktion mit Wasser bei 80° (Bildung von Cyclohexanon): *Mou., Wi.*

Beim Erwärmen mit Dinatriumdisulfid in wss. Äthanol sind Cyclohexanon, Bis-[*trans*-2-amino-cyclohexyl]-disulfid (Hydrochlorid: F: 272−273°); und *trans*-Hexahydro-3*H*-spiro[benzothiazol-2.1'-cyclohexan] erhalten worden (*Taguchi, Kojima, Muro*, Am. Soc. **81** [1959] 4322, 4324; s. a. *Mousseron et al.*, Bl. **1948** 84, 89).

Charakterisierung als Benzoyl-Derivat (F: 153−154° [S. 68]): *McC., Cl., Ca.*; als 4-Nitro-benzoyl-Derivat (F: 156−157°): *Leffler, Adams*, Am. Soc. **59** [1937] 2252, 2255.

Hydrochlorid. Krystalle (aus Bzl. + A.); F: 185−186° [korr.; Zers.] (*McC., Cl., Ca.*).

L_g-Tartrat $2\,C_6H_{12}ClN \cdot C_4H_6O_6$. F: 165−166° $[\alpha]_{579}$: +14,6°; $[\alpha]_{546}$: +16,4° [W.; c = 5] (*Mou., Fr.*, l. c. S. 847).

d) **(±)-*trans*-2-Chlor-1-amino-cyclohexan**, Formel XI (R = H) + Spiegelbild.

Diese Konfiguration kommt dem E II **14** beschriebenen, aus 2-Chlor-1-dichloramino-cyclohexan beim Behandeln mit Chlorwasserstoff in Tetrachlormethan erhaltenen 2-Chlor-cyclohexylamin (Benzoyl-Derivat: F: 162−163° [E II 14]) zu (vgl. *Mousseron, Jacquier*, Bl. **1950** 238, 241).

Über das Hydrochlorid (F: 213−214°) s. *Cairns et al.*, J. org. Chem. **17** [1952] 751, 756; Benzoyl-Derivat s. S. 68.

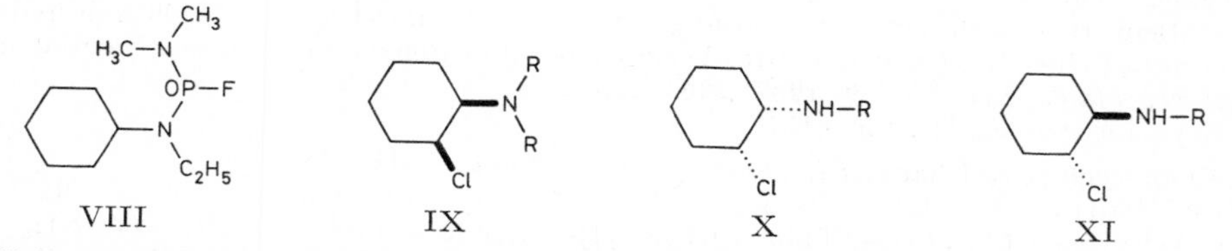

VIII IX X XI

2-Chlor-1-methylamino-cyclohexan, Methyl-[2-chlor-cyclohexyl]-amin, *2-chloro-N-methylcyclohexylamine* $C_7H_{14}ClN$.

(±)-*cis*-2-Chlor-1-methylamino-cyclohexan, Formel X (R = CH_3) + Spiegelbild.

B. Aus (±)-*trans*-2-Methylamino-cyclohexanol-(1) beim Behandeln mit Phosphor(V)-chlorid in Benzol (*Mousseron, Froger*, Bl. **1947** 843, 847).

Kp_{20}: 84°. D^{25}: 1,051. n_D^{25}: 1,4814. Dissoziationskonstante: *Mou., Fr.*, l. c. S. 848.

Hydrochlorid. F: 210−211°.

Benzoyl-Derivat $C_{13}H_{18}ClNO$. Krystalle (aus Bzl. + Bzn.); F: 54−55°.

2-Chlor-1-[2-chlor-äthylamino]-cyclohexan, [2-Chlor-äthyl]-[2-chlor-cyclohexyl]-amin, *2-chloro-N-(2-chloroethyl)cyclohexylamine* $C_8H_{15}Cl_2N$.

(±)-*cis*-2-Chlor-1-[2-chlor-äthylamino]-cyclohexan, Formel X (R = CH_2-CH_2Cl) + Spiegelbild.

B. Aus (±)-*trans*-2-[2-Hydroxy-äthylamino]-cyclohexanol-(1) beim Behandeln mit Phosphor(V)-chlorid in Benzol (*Mousseron, Combes*, Bl. **1947** 82; *Mousseron, Granger*, Bl. **1947** 850, 863).

Kp_1: 95°. D^{25}: 1,152. n_D^{25}: 1,4961.

2-Chlor-1-diäthylamino-cyclohexan, Diäthyl-[2-chlor-cyclohexyl]-amin, *2-chloro-N,N-diethylcyclohexylamine* $C_{10}H_{20}ClN$.

(±)-*cis*-2-Chlor-1-diäthylamino-cyclohexan, Formel IX (R = C_2H_5) + Spiegelbild.

B. Aus (±)-*trans*-2-Diäthylamino-cyclohexanol-(1) beim Behandeln mit Thionylchlorid ohne Lösungsmittel (*Hall, Turner*, Soc. **1945** 694, 696) oder in Benzol (*Řeřicha*, Chem. Listy **43** [1949] 109, 111; C. A. **1951** 576).

Kp_{13}: 108° (*Hall, Tu.*); Kp_9: 102—106° (*Ře.*).

Pikrat $C_{10}H_{20}ClN \cdot C_6H_3N_3O_7$. Gelbe Krystalle (aus wss. A.); F: 121° (*Hall, Tu.*, l. c. S. 696).

2-Chlor-1-[*C.C.C*-trichlor-acetamino]-cyclohexan, *C.C.C*-Trichlor-*N*-[2-chlor-cyclohexyl]-acetamid, *2,2,2-trichloro-*N*-(2-chlorocyclohexyl)acetamide* $C_8H_{11}Cl_4NO$.

Ein Präparat (Krystalle [aus Eg.]; F: 84°), in dem vermutlich (±)-*C.C.C*-Trichlor-*N*-[*trans*-2-chlor-cyclohexyl]-acetamid (Formel XI [R = CO-CCl_3] + Spiegelbild) vorgelegen hat, ist neben 3-Chlor-cyclohexen-(1) beim Erwärmen von Cyclohexen mit *C.C.C.N*-Tetrachlor-acetamid (E III **2** 477) in Tetrachlormethan erhalten worden (*Ziegler et al.*, A. **551** [1942] 80, 107).

2-Chlor-1-benzamino-cyclohexan, *N*-[2-Chlor-cyclohexyl]-benzamid, N-(*2-chlorocyclohexyl)benzamide* $C_{13}H_{16}ClNO$.

a) **(±)-*cis*-2-Chlor-1-benzamino-cyclohexan,** Formel X (R = CO-C_6H_5) + Spiegelbild.

B. Beim Behandeln von (±)-*cis*-2-Chlor-1-amino-cyclohexan-hydrochlorid mit Benzoylchlorid und wss. Natronlauge (*McCasland, Clark, Carter*, Am. Soc. **71** [1949] 637, 641).

Krystalle (aus A.); F: 153—154° [korr.].

b) **(±)-*trans*-2-Chlor-1-benzamino-cyclohexan,** Formel XI (R = CO-C_6H_5) + Spiegelbild.

Diese Konfiguration kommt dem E II 14 beschriebenen 2-Chlor-1-benzamino-cyclohexan (F: 162—163°) zu; als Schmelzpunkt wird 163,5—164,5° [korr.] angegeben (*Johnson, Schubert*, Am. Soc. **72** [1950] 2187, 2189).

4-Nitro-*N*-[2-chlor-cyclohexyl]-benzamid, N-(*2-chlorocyclohexyl*)-p-*nitrobenzamide* $C_{13}H_{15}ClNO_3$.

(±)-4-Nitro-*N*-[*cis*-2-chlor-cyclohexyl]-benzamid, Formel X (R = CO-C_6H_4-NO_2) + Spiegelbild.

B. Beim Behandeln einer wss. Lösung von (±)-*cis*-2-Chlor-1-amino-cyclohexan-hydrochlorid mit einer Lösung von 4-Nitro-benzoylchlorid in Benzol und mit wss. Natronlauge (*Leffler, Adams*, Am. Soc. **59** [1937] 2252, 2255).

Krystalle (aus E.); F: 156—157°.

[2-Chlor-cyclohexyl]-harnstoff, *(2-chlorocyclohexyl)urea* $C_7H_{13}ClN_2O$.

Ein Präparat (Krystalle [aus A.]; F: 185° oder [bei schnellem Erhitzen] F: 192°), in dem vermutlich **(±)-[*trans*-2-Chlor-cyclohexyl]-harnstoff** (Formel XI [R = CO-NH_2] + Spiegelbild) vorgelegen hat, ist neben anderen Verbindungen beim Behandeln von Cyclohexen mit Chlorharnstoff in Wasser erhalten und durch Erhitzen mit Wasser in 2-Amino-(3a*rH*.7a*cH*)-3a.4.5.6.7.7a-hexahydro-benzoxazol (über die Konfiguration dieser Verbindung s. *Wittekind, Rosenau, Poos*, J. org. Chem. **26** [1961] 444) übergeführt worden (*Ribas, Tapia, Caño*, An. Soc. españ. **34** [1936] 501, 504).

4-Brom-1-amino-cyclohexan, 4-Brom-cyclohexylamin, *4-bromocyclohexylamine* $C_6H_{12}BrN$, Formel XII (R = H).

Ein als Hydrobromid $C_6H_{12}BrN \cdot HBr$ (Krystalle [aus A. + Ae.]; Zers. bei 203—205°) und als Pikrat $C_6H_{12}BrN \cdot C_6H_3N_3O_7$ (braune Krystalle [aus A.]; F: 181°) charakterisiertes Amin dieser Konstitution ist beim Erwärmen von 4-Isopentyloxy-cyclohexylamin (Kp_{10}: 119—120°) mit wss. Bromwasserstoffsäure erhalten und durch Erwärmen mit wss. Alkalilauge in ein Gemisch von Cyclohexen-(3)-ylamin und 7-Aza-norbornan übergeführt worden (*v. Braun, Schwarz*, A. **481** [1930] 56, 62).

4-Brom-1-dimethylamino-cyclohexan, Dimethyl-[4-brom-cyclohexyl]-amin, *4-bromo-N,N-dimethylcyclohexylamine* $C_8H_{16}BrN$, Formel XII (R = CH_3).

Ein als Hydrobromid $C_8H_{16}BrN \cdot HBr$ (Krystalle [aus A. + Ae.]; F: 149—150°) und als Pikrat $C_8H_{16}BrN \cdot C_6H_3N_3O_7$ (Krystalle [aus A.], F: 156°) charakterisiertes Amin dieser Konstitution ist beim Erwärmen von Dimethyl-[4-isopentyloxy-cyclohexyl]-amin (Kp_{10}: 122—124°) mit wss. Bromwasserstoffsäure erhalten und durch Erwärmen in 7.7-Dimethyl-7-azonia-norbornan-bromid übergeführt worden (*v. Braun, Schwarz*, A. **481** [1930] 56, 66).

Trimethyl-[2.3-dibrom-cyclohexyl]-ammonium, *(2,3-dibromocyclohexyl)trimethylammonium* $[C_9H_{18}Br_2N]^{\oplus}$, Formel XIII.

Opt.-inakt. Trimethyl-[2.3-dibrom-cyclohexyl]-ammonium, dessen Bromid bei 152° schmilzt.

Bromid $[C_9H_{18}Br_2N]Br$. *B.* Aus (±)-Trimethyl-[cyclohexen-(2)-yl]-ammonium-bromid und Brom in Chloroform (*Howton*, Am. Soc. **69** [1947] 2555). — Krystalle (aus Me. + Acn.); F: 152° [korr.; Zers.].

Pikrat $[C_9H_{18}Br_2N]C_6H_2N_3O_7$. Gelbe Krystalle (aus wss. A.); F: 148,9—149,2° [korr.].

2-Jod-1-amino-cyclohexan, 2-Jod-cyclohexylamin, *2-iodocyclohexylamine* $C_6H_{12}IN$.

(±)-*trans*-2-Jod-1-amino-cyclohexan, Formel XIV (R = H) + Spiegelbild.

B. Aus (±)-*trans*-2-Jod-cyclohexylisocyanat (S. 70) beim Erwärmen mit wss. Salzsäure (*Birckenbach, Linhard*, B. **64** [1931] 1076, 1083).

Als Hydrochlorid isoliert.

Reaktion mit Salpetrigsäure unter Bildung von *trans*-2-Jod-cyclohexanol-(1): *Mousseron, Jacquier*, C. r. **229** [1949] 216. Beim Erwärmen mit wss. Silbernitrat-Lösung sind *trans*-2-Amino-cyclohexanol-(1) (*Bi., Li.*; *Mou., Ja.*) und Cyclopentancarbaldehyd (*Mou., Ja.*) erhalten worden.

Hydrochlorid $C_6H_{12}IN \cdot HCl$. Krystalle (aus Me. + Ae.); F: 157—159° (*Bi., Li.*).

[2-Jod-cyclohexyl]-carbamidsäure-methylester, *(2-iodocyclohexyl)carbamic acid methyl ester* $C_8H_{14}INO_2$.

(±)-[*trans*-2-Jod-cyclohexyl]-carbamidsäure-methylester, Formel XIV (R = CO-OCH$_3$) + Spiegelbild.

B. Aus (±)-*trans*-2-Jod-cyclohexylisocyanat (S. 70) und Methanol (*Birckenbach, Linhard*, B. **64** [1931] 1076, 1081). Bildung beim Behandeln von Cyclohexen mit Silberisocyanat, Jod und Methanol unter starker Kühlung: *Birckenbach, Kolb*, B. **68** [1935] 895, 907.

Krystalle; F: 136° (*Bi., Kolb*, l. c. S. 906), 135° [aus A. + W.] (*Bi., Li.*).

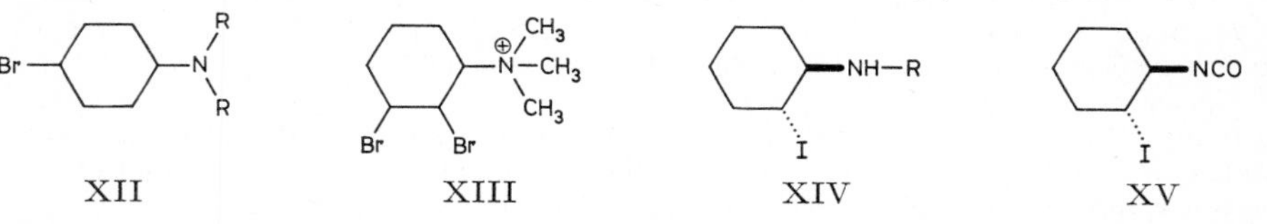

[2-Jod-cyclohexyl]-carbamidsäure-äthylester, *(2-iodocyclohexyl)carbamic acid ethyl ester* $C_9H_{16}INO_2$.

(±)-[*trans*-2-Jod-cyclohexyl]-carbamidsäure-äthylester, Formel XIV (R = CO-OC$_2$H$_5$) + Spiegelbild.

B. Aus (±)-*trans*-2-Jod-cyclohexylisocyanat (S. 70) und Äthanol (*Birckenbach, Linhard*, B. **64** [1931] 1076, 1081).

Krystalle (aus A. + W.); F: 120°.

[2-Jod-cyclohexyl]-carbamidsäure-butylester, *(2-iodocyclohexyl)carbamic acid butyl ester* $C_{11}H_{20}INO_2$.

(±)-[*trans*-2-Jod-cyclohexyl]-carbamidsäure-butylester, Formel XIV (R = CO-O-[CH$_2$]$_3$-CH$_3$) + Spiegelbild.

B. Aus (±)-*trans*-2-Jod-cyclohexylisocyanat (S. 70) und Butanol-(1) (*Birckenbach, Linhard*, B. **64** [1931] 1076, 1081).

Krystalle (aus A. + W.); F: 84°.

[2-Jod-cyclohexyl]-harnstoff, *(2-iodocyclohexyl)urea* $C_7H_{13}IN_2O$.

(±)-[*trans*-2-Jod-cyclohexyl]-harnstoff, Formel XIV (R = CO-NH$_2$) + Spiegelbild.

B. Aus (±)-*trans*-2-Jod-cyclohexylisocyanat (S. 70) und Ammoniak in Äther (*Birckenbach, Linhard*, B. **64** [1931] 961, 965). Beim Behandeln von Cyclohexen mit Silberisocyanat und Jod in Äther und anschliessenden Einleiten von Ammoniak (*Bi., Li.*, l. c. S. 965).

Krystalle (aus A.); F: 155° (*Bi., Li.*, l. c. S. 965).

Beim Erwärmen mit Wasser ist 2-Amino-(3a*rH*.7a*cH*)-3a.4.5.6.7.7a-hexahydro-benz=

oxazol erhalten worden (*Birckenbach, Linhard*, B. **64** [1931] 1076, 1081; *Wittekind, Rosenau, Poos*, J. org. Chem. **26** [1961] 444).

4-[2-Jod-cyclohexyl]-allophansäure-methylester, *4-(2-iodocyclohexyl)allophanic acid methyl ester* $C_9H_{15}IN_2O_3$.

(±)-4-[*trans*-2-Jod-cyclohexyl]-allophansäure-methylester, Formel XIV (R = CO-NH-CO-OCH_3) + Spiegelbild.

B. In mässiger Ausbeute bei der Elektrolyse eines Gemisches von Cyclohexen, Kaliumcyanat, Jod und Methanol bei −15° (*Birckenbach, Kolb*, B. **66** [1933] 1571, 1573), beim Behandeln von Cyclohexen mit Quecksilber(II)-cyanat, Kaliumcyanat, Kaliumacetat, Methanol und Jod unter starker Kühlung (*Birckenbach, Kolb*, B. **66** 1574, **68** [1935] 895, 907) sowie beim Erwärmen von (±)-[*trans*-2-Jod-cyclohexyl]-harnstoff mit Äthylmagnesiumbromid in Äther und anschliessend mit Chlorameisensäure-methylester (*Bi., Kolb*, B. **66** 1575).

Krystalle (aus Me. + W.); F: 160,5° (*Bi., Kolb*, B. **66** 1574).

Beim Erwärmen mit Wasser ist 4-[2-Hydroxy-cyclohexyl]-allophansäure-methylester (F: 173,5°) erhalten worden (*Bi., Kolb*, B. **66** 1576).

4-[2-Jod-cyclohexyl]-allophansäure-äthylester, *4-(2-iodocyclohexyl)allophanic acid ethyl ester* $C_{10}H_{17}IN_2O_3$.

(±)-4-[*trans*-2-Jod-cyclohexyl]-allophansäure-äthylester, Formel XIV (R = CO-NH-CO-OC_2H_5) + Spiegelbild.

B. Beim Erwärmen von (±)-[*trans*-2-Jod-cyclohexyl]-harnstoff mit Äthylmagnesiumbromid in Äther und anschliessend mit Chlorameisensäure-äthylester (*Birckenbach, Kolb*, B. **66** [1933] 1571, 1575).

Krystalle (aus A.); F: 171°.

2-Jod-cyclohexylisocyanat, *isocyanic acid 2-iodocyclohexyl ester* $C_7H_{10}INO$.

(±)-*trans*-2-Jod-cyclohexylisocyanat, Formel XV + Spiegelbild.

Konfiguration: *Mousseron, Jacquier*, C. r. **229** [1949] 216; *Wittekind, Rosenau, Poos*, J. org. Chem. **26** [1961] 444.

B. Beim Behandeln von Cyclohexen mit Jodisocyanat oder Silberisocyanat und Jod in Äther (*Birckenbach, Linhard*, B. **64** [1931] 961, 965, 966).

Kp_2: 94° (*Bi., Li.*).

Beim Behandeln mit Cyansäure und Methanol sind [*trans*-2-Jod-cyclohexyl]-carbamidsäure-methylester und 4-[*trans*-2-Jod-cyclohexyl]-allophansäure-methylester erhalten worden (*Birckenbach, Kolb*, B. **68** [1935] 895, 908). [*Unger*]

1-Amino-1-methyl-cyclopentan, 1-Methyl-cyclopentylamin, *1-methylcyclopentylamine* $C_6H_{13}N$, Formel I (H 7).

B. Aus 1-Methyl-cyclopentylisothiocyanat mit Hilfe von Schwefelsäure (*Lutz et al.*, Am. Soc. **70** [1948] 4135, 4137).

Charakterisierung als *N*-[4-Nitro-benzoyl]-Derivat $C_{13}H_{16}N_2O_3$ (F: 112−113°): *Lutz et al.*

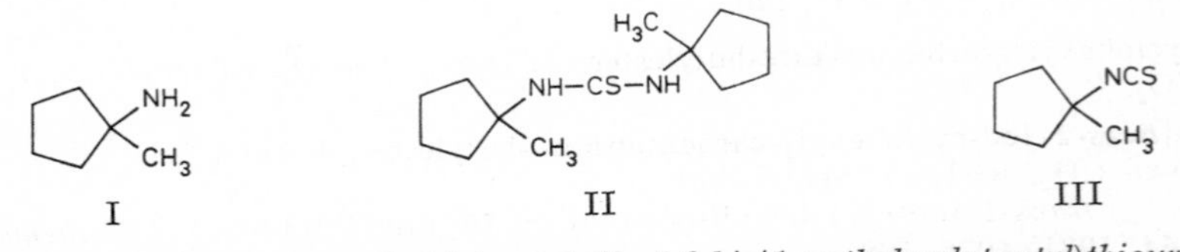

***N.N'*-Bis-[1-methyl-cyclopentyl]-thioharnstoff,** *1,3-bis(1-methylcyclopentyl)thiourea* $C_{13}H_{24}N_2S$, Formel II.

B. Aus 1-Methyl-cyclopentylamin und 1-Methyl-cyclopentylisothiocyanat (*Lutz et al.*, Am. Soc. **70** [1948] 4135, 4137).

Krystalle (aus A.); F: 120° [unkorr.].

1-Methyl-cyclopentylisothiocyanat, *isothiocyanic acid 1-methylcyclopentyl ester* $C_7H_{11}NS$, Formel III.

B. Aus 1-Chlor-1-methyl-cyclopentan beim Erwärmen mit Ammoniumthiocyanat in Wasser (*Lutz et al.*, Am. Soc. **70** [1948] 4135, 4137). Aus 1-Methyl-cyclopenten-(1) beim

Erhitzen mit Ammoniumthiocyanat in Wasser unter Zusatz von wss. Salzsäure (*Lutz et al.*, Am. Soc. **70** [1948] 4139, 4141).

Kp_{30}: 99—101°; D_4^{20}: 1,005; n_D^{20}: 1,5200 (*Lutz et al.*, l. c. S. 4137).

Aminomethyl-cyclopentan, *C*-Cyclopentyl-methylamin, *1-cyclopentylmethylamine* $C_6H_{13}N$, Formel IV (R = H) (H 8; dort als [Cyclopentylmethyl]-amin bezeichnet).

B. Aus Cyclopentylessigsäure beim Behandeln mit Stickstoffwasserstoffsäure in Chloroform (*v. Braun, Anton*, B. **66** [1933] 1373, 1375; s. a. *Ney et al.*, Am. Soc. **65** [1943] 770, 775).

Kp_{743}: 137—138°; n_D^{20}: 1,4560 (*Ney et al.*).

Pikrat. F: 168,5—169,5° (*Ney et al.*).

Hydrogenoxalat $C_6H_{13}N \cdot C_2H_2O_4$. Krystalle mit 0,5 Mol H_2O; F: 171,5—172,5° (*Ney et al.*).

***N*-Cyclopentylmethyl-benzamid,** N-*(cyclopentylmethyl)benzamide* $C_{13}H_{17}NO$, Formel IV (R = CO-C_6H_5).

F: 75° (*v. Braun, Anton*, B. **66** [1933] 1373, 1375). $Kp_{0,7}$: 185°.

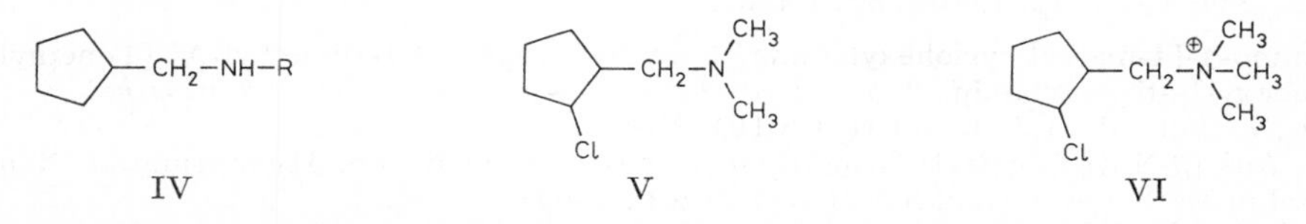

IV V VI

2-Chlor-1-[dimethylamino-methyl]-cyclopentan, Dimethyl-[(2-chlor-cyclopentyl)-methyl]-amin, *1-(2-chlorocyclopentyl)trimethylamine* $C_8H_{16}ClN$, Formel V.

Opt.-inakt. 2-Chlor-1-[dimethylamino-methyl]-cyclopentan, dessen Hydrochlorid bei 177° schmilzt.

B. Aus opt.-inakt. 1-[Dimethylamino-methyl]-cyclopentanol-(2) (Hydrochlorid: F: 144° bis 145°) beim Erwärmen mit Thionylchlorid in Chloroform (*Mannich, Schaller*, Ar. **276** [1938] 575, 582).

Kp: 180—183°; Kp_{14}: 80—82° [über das Hydrochlorid gereinigtes Präparat].

Hydrochlorid $C_8H_{16}ClN \cdot HCl$. Krystalle (aus Acn.); F: 176—177°. In Äthanol und Wasser leicht löslich.

Trimethyl-[(2-chlor-cyclopentyl)-methyl]-ammonium, *[(2-chlorocyclopentyl)methyl]trimethylammonium* $[C_9H_{19}ClN]^{\oplus}$, Formel VI.

Opt.-inakt. Trimethyl-[(2-chlor-cyclopentyl)-methyl]-ammonium, dessen Jodid bei 165° schmilzt.

Chlorid $[C_9H_{19}ClN]Cl$. *B.* Aus dem Jodid [s. u.] (*Mannich, Schaller*, Ar. **276** [1938] 575, 582). — Krystalle (aus A. + Ae.); F: 144—146°.

Jodid $[C_9H_{19}ClN]I$. *B.* Aus dem im vorangehenden Artikel beschriebenen Amin (*Ma., Sch.*). — Krystalle (aus Ae.); F: 164—165° [Zers.].

Amine $C_7H_{15}N$

Cycloheptylamin, *cycloheptylamine* $C_7H_{15}N$, Formel VII (X = H) (H 8).

B. Aus Cycloheptanon-oxim beim Erwärmen mit Natrium und Äthanol (*Šmirnow*, Ž. obšč. Chim. **9** [1939] 1283; C. **1940** I 1646).

Kp: 165—169°.

Beim Behandeln einer wss. Lösung mit Sauerstoff in Gegenwart von Kupfer ist Cycloheptanon erhalten worden (*Šm.*, l. c. S. 1294).

Hydrochlorid $C_7H_{15}N \cdot HCl$. Krystalle. In Wasser leicht löslich.

Hexachloroplatinat(IV) $2\,C_7H_{15}N \cdot H_2PtCl_6$. Orangegelbe Krystalle. In Äthanol löslich.

2-Chlor-1-amino-cycloheptan, 2-Chlor-cycloheptylamin, *2-chlorocycloheptylamine* $C_7H_{14}ClN$, Formel VII (X = Cl).

Ein opt.-inakt. Amin (Kp_{16}: 97—98°) dieser Konstitution ist beim Behandeln von (±)-*trans*-2-Amino-cycloheptanol-(1) mit Phosphor(V)-chlorid in Chloroform erhalten worden (*Godchot, Mousseron*, C. r. **196** [1933] 1680).

1-Amino-1-methyl-cyclohexan, 1-Methyl-cyclohexylamin, *1-methylcyclohexylamine* $C_7H_{15}N$, Formel VIII (R = H) (H 9; E I 116).

B. Aus 1-Methyl-cyclohexan-carbonsäure-(1) beim Erwärmen mit Natriumazid und Schwefelsäure (*Schuerch, Huntress,* Am. Soc. **71** [1949] 2233, 2237).

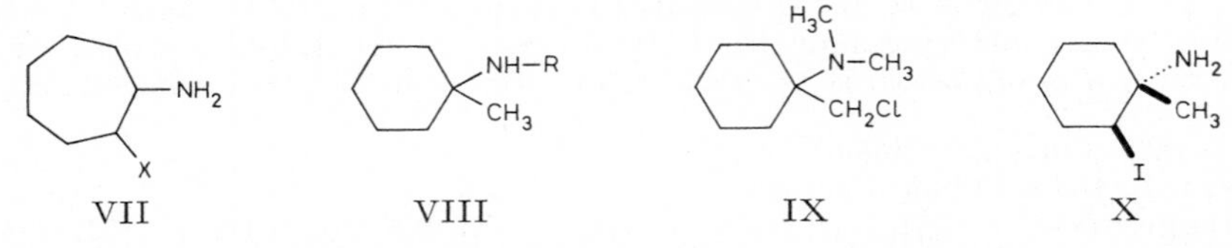

[β-Nitro-isobutyl]-[1-methyl-cyclohexyl]-amin, *1-methyl-*N-*(2-methyl-2-nitropropyl)cyclohexylamine* $C_{11}H_{22}N_2O_2$, Formel VIII (R = CH_2-$C(CH_3)_2$-NO_2).

B. Aus 1-Methyl-cyclohexylamin und 2-Nitro-2-methyl-propanol-(1) (*Comm. Solv. Corp.*, U.S.P. 2447821 [1945]).

$Kp_{1,5}$: 96—97°. D_{20}^{20}: 1,0043. n_D^{20}: 1,4707.

2-Amino-1-[1-methyl-cyclohexylamino]-2-methyl-propan, 1.1-Dimethyl-*N'*-[1-methyl-cyclohexyl]-äthylendiamin, *2-methyl-*N^1*-(1-methylcyclohexyl)propane-1,2-diamine* $C_{11}H_{24}N_2$, Formel VIII (R = CH_2-$C(CH_3)_2$-NH_2).

B. Aus [β-Nitro-isobutyl]-[1-methyl-cyclohexyl]-amin bei der Hydrierung an Raney-Nickel in Methanol (*Comm. Solv. Corp.*, U.S.P. 2393825 [1942]).

$Kp_{3,5}$: 85°. D_{20}^{20}: 0,8842. n_D^{20}: 1,4659.

1-Dimethylamino-1-chlormethyl-cyclohexan, Dimethyl-[1-chlormethyl-cyclohexyl]-amin, *1-(chloromethyl)-*N,N*-dimethylcyclohexylamine* $C_9H_{18}ClN$, Formel IX.

B. Aus [1-Dimethylamino-cyclohexyl]-methanol (nicht näher beschrieben) und Thionylchlorid in Benzol (*Bockmühl, Ehrhart,* A. **561** [1949] 52, 71).

Kp_{25}: 106—108°.

Beim Erwärmen mit Diphenylacetonitril und Natriumamid in Benzol sind 3-[1-Dimethylamino-cyclohexyl]-2.2-diphenyl-propionitril und [1-(Dimethylamino-methyl)-cyclohexyl]-diphenyl-acetonitril erhalten worden (*Bo., Eh.*, l. c. S. 57, 69, 70).

2-Jod-1-amino-1-methyl-cyclohexan, 2-Jod-1-methyl-cyclohexylamin, *2-iodo-1-methylcyclohexylamine* $C_7H_{14}IN$.

(±)-2*c*-Jod-1-amino-1*r*-methyl-cyclohexan, Formel X + Spiegelbild.

Ein unter dieser Konstitution und Konfiguration beschriebenes Amin (Kp_1: 94°) ist beim Behandeln von 1-Methyl-cyclohexen-(1) mit Jod und Silbercyanat und anschliessend mit wss. Salzsäure erhalten und mit Hilfe von Silberoxid oder Silbernitrat in ein Gemisch von 2*c*-Amino-1*r*-methyl-cyclohexanol-(1) und 1-Cyclopentyl-äthanon-(1) übergeführt worden (*Mousseron, Jacquier,* C. r. **229** [1949] 216, 218).

2-Amino-1-methyl-cyclohexan, 2-Methyl-cyclohexylamin, *2-methylcyclohexylamine* $C_7H_{15}N$.

a) **(±)-*cis*-2-Amino-1-methyl-cyclohexan,** Formel XI (R = X = H) + Spiegelbild (E I 116; E II 15).

B. Aus (±)-1-Methyl-cyclohexanon-(2)-oxim (F: 43°) bei der Hydrierung an Platin in Essigsäure (*Anziani, Cornubert,* Bl. **1948** 857, 859).

Kp_{20}: 52—54° (*An., Co.*).

Beim Erhitzen mit Natriumnitrit und wss. Essigsäure sind *trans*-1-Methyl-cyclohexanol-(2) sowie geringe Mengen *cis*-1-Methyl-cyclohexanol-(2) und 1-Methyl-cyclohexanol-(1) erhalten worden (*Claudon, Anziani, Cornubert,* Bl. **1956** 150; s. a. *An., Co.*).

Benzoyl-Derivat s. S. 74.

b) **(1*R*)-*trans*-2-Amino-1-methyl-cyclohexan,** Formel XII (R = X = H).

Über die Konfiguration s. *Nohira, Ehara, Miyashita,* Bl. chem. Soc. Japan **43** [1970] 2230.

Gewinnung aus dem unter c) beschriebenen Racemat mit Hilfe von (1*R*)-3-Oxo-4.7.7-trimethyl-norbornan-carbonsäure-(2ξ): *Mousseron,* Bl. **1947** 598.

Kp: 151°; D_4^{20}: 0,8690; n_D^{20}: 1,4651 (*Mou.*). $[\alpha]_{579}$: −26,6°; $[\alpha]_{546}$: −30° [jeweils in A.; c = 6] (*Mou.*). Dissoziationskonstante: *Mousseron, Froger,* Bl. **1947** 843, 848.

Benzoyl-Derivat s. S. 74.

Hydrochlorid $C_7H_{15}N \cdot HCl$. F: 250° [aus A. + Ae.]; $[\alpha]_{546}$: −26,4° [W.; c = 2] (*Mou.*).

(1*R*)-3-Oxo-4.7.7-trimethyl-norbornan-carbonat-(2ξ) $C_7H_{15}N \cdot C_{11}H_{16}O_3$. Krystalle (aus A.); F: 167—168°; $[\alpha]_{579}$: +49,4°; $[\alpha]_{546}$: +56,8° [jeweils in W.; c = 4] (*Mou.*).

c) **(±)-*trans*-2-Amino-1-methyl-cyclohexan,** Formel XII (R = X = H) + Spiegelbild (H 9; E I 116; E II 15).

B. Aus (±)-1-Methyl-cyclohexanon-(2)-oxim (F: 43°) beim Behandeln mit Natrium und Äthanol (*Anziani, Cornubert,* Bl. **1948** 857; vgl. E II 15).

D_4^{14}: 0,8639; n_D^{16}: 1,4592 (*Inoue, Ishimura,* Bl. chem. Soc. Japan **9** [1934] 423, 425). UV-Spektren von Lösungen der Base in Äthanol und in Hexan sowie einer Lösung des Hydrochlorids in Wasser: *Grunfeld,* A. ch. [10] **20** [1933] 304, 321, 322.

Beim Leiten über Bleicherde bei 350° sind 1-Methyl-cyclohexen-(1), 1-Methyl-cyclohexen-(2), 1-Methyl-cyclohexen-(3), Methylcyclopentan, 1.2-Dimethyl-cyclopentan, Äthylcyclopentan, Toluol und *o*-Toluidin erhalten worden (*Inoue, Ishi.*).

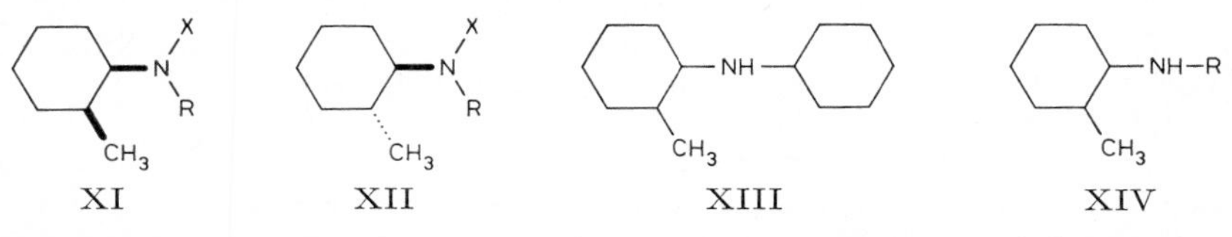

XI XII XIII XIV

2-Dimethylamino-1-methyl-cyclohexan, Dimethyl-[2-methyl-cyclohexyl]-amin, *2,N,N-trimethylcyclohexylamine* $C_9H_{19}N$.

Über die Konfiguration der beiden folgenden Stereoisomeren s. *Booth, Gidley, Franklin,* Tetrahedron **23** [1967] 2421.

a) **(±)-*cis*-2-Dimethylamino-1-methyl-cyclohexan,** Formel XI (R = X = CH_3) + Spiegelbild.

B. Neben 6-Dimethylamino-1-methyl-cyclohexen-(1) bei der elektrochemischen Reduktion von 1-Methyl-cyclohexen-(1)-on-(6)-oxim in schwefelsaurer Lösung und anschliessenden Methylierung (*Gutman,* C. r. **207** [1938] 1103). Aus einem als (±)-*cis*-2-Dimethylamino-1-methyl-cyclohexen-(3) angesehenen Präparat (Kp_{60}: 102°; D^{28}: 0,874; Pikrat: F: 201°; hergestellt aus opt.-inakt. 2.3-Dibrom-1-methyl-cyclohexan [E III **5** 77]) bei der Hydrierung mit Hilfe von Raney-Nickel (*Berlande,* Bl. **1947** 33). Neben dem unter b) beschriebenen Stereoisomeren bei der Hydrierung von (±)-6-Dimethylamino-1-methyl-cyclohexen-(1) an einem Nickel-Chrom-Katalysator unter Druck (*Gu.*).

Kp_{40}: 80°; D^{26}: 0,856 (*Be.*).

Pikrat $C_9H_{19}N \cdot C_6H_3N_3O_7$. F: 218° (*Gu.*; *Be.*), 211—213° (*Booth, Gidley, Franklin,* Tetrahedron **23** [1967] 2421, 2425).

b) **(±)-*trans*-2-Dimethylamino-1-methyl-cyclohexan,** Formel XII (R = X = CH_3) + Spiegelbild.

B. Aus (±)-*trans*-2-Amino-1-methyl-cyclohexan (*Gutman,* C. r. **207** [1938] 1103). Weitere Bildungsweise s. im vorangehenden Artikel.

Pikrat $C_9H_{19}N \cdot C_6H_3N_3O_7$. F: 156° (*Gu.*), 154—155° (*Booth, Gidley, Franklin,* Tetrahedron **23** [1967] 2421, 2426).

2-Cyclohexylamino-1-methyl-cyclohexan, Cyclohexyl-[2-methyl-cyclohexyl]-amin, *2-methyldicyclohexylamine* $C_{13}H_{25}N$, Formel XIII (vgl. E I 116).

Opt.-inakt. Cyclohexyl-[2-methyl-cyclohexyl]-amin, dessen Pikrat bei 149° schmilzt.

B. Beim Erhitzen von (±)-1-Methyl-cyclohexanon-(2) mit Cyclohexylamin und Ameisensäure auf 150° (*Skita, Faust,* B. **64** [1931] 2878, 2887). Neben *cis*-1-Methyl-cyclohexanol-(2) (Hauptprodukt), *trans*-1-Methyl-cyclohexanol-(2) und einem Cyclohexyl-[2-methyl-cyclohexyl]-amin-Präparat (Kp_{16}: 128—129° [korr.]; D_4^{18}: 0,9095; n_D^{18}: 1,4826; $n_{656,3}^{18}$: 1,4801; Pikrat $C_{13}H_{25}N \cdot C_6H_3N_3O_7$: F: 157—158° [aus A.]) bei der Hydrierung eines Gemisches von (±)-1-Methyl-cyclohexanon-(2) und Cyclohexylamin an Platin in

Wasser (*Sk.*, *Faust*, l. c. S. 2886, 2887).

Kp_{17}: 128—129° [korr.]. D_4^{18}: 0,9124. n_D^{18}: 1,4836; $n_{656,3}^{18}$: 1,4812.

Hydrochlorid $C_{13}H_{25}N \cdot HCl$. F: 258—259°.

Pikrat $C_{13}H_{25}N \cdot C_6H_3N_3O_7$. Krystalle (aus A.); F: 149°.

2-[2-Methyl-cyclohexylamino]-äthanol-(1), *2-(2-methylcyclohexylamino)ethanol* $C_9H_{19}NO$, Formel XIV (R = CH_2-CH_2OH).

Opt.-inakt. 2-[2-Methyl-cyclohexylamino]-äthanol-(1), dessen Pikrat bei 122° schmilzt.

B. Bei der Hydrierung eines Gemisches von (±)-1-Methyl-cyclohexanon-(2) und 2-Amino-äthanol-(1) in Äthanol an Platin (*Cope*, *Hancock*, Am. Soc. **64** [1942] 1503, 1504) oder an mit Platin(IV)-chlorid aktiviertem Raney-Nickel bei 60—80° (*Reasenberg*, *Goldberg*, Am. Soc. **67** [1945] 933, 935).

Kp_{13}: 123,5—124° [unkorr.]; D_{25}^{25}: 0,9714; n_D^{25}: 1,4827 (*Cope*, *Ha.*, Am. Soc. **64** 1504).

Überführung in 2-[2-Methyl-cyclohexylamino]-1-benzoyloxy-äthan $C_{16}H_{23}NO_2$ (Hydrochlorid $C_{16}H_{23}NO_2 \cdot HCl$: F: 193—194° [aus Acn.]) mit Hilfe von Benzoylchlorid: *Rea.*, *Go.*; in 2-[2-Methyl-cyclohexylamino]-1-[4-nitro-benz= oyloxy]-äthan $C_{16}H_{22}N_2O_4$ (Hydrochlorid $C_{16}H_{22}N_2O_4 \cdot HCl$: F: 227—229° [aus A.] bzw. F: 223—224° [unkorr.; Zers.; aus A. + W.]) mit Hilfe von 4-Nitro-benzoyl= chlorid: *Rea.*, *Go.*; *Cope*, *Hancock*, Am. Soc. **66** [1944] 1448, 1449, 1451.

Pikrat $C_9H_{19}NO \cdot C_6H_3N_3O_7$. Krystalle (aus A. oder aus A. + W.); F: 120—122° [unkorr.] (*Cope*, *Ha.*, Am. Soc. **64** 1504).

2-Benzamino-1-methyl-cyclohexan, *N*-[2-Methyl-cyclohexyl]-benzamid, N-(*2-methyl= cyclohexyl)benzamide* $C_{14}H_{19}NO$.

a) **(±)-*cis*-2-Benzamino-1-methyl-cyclohexan**, Formel XI (R = CO-C_6H_5, X = H) + Spiegelbild (E I 116; E II 16).

Krystalle; F: 113,4—114,6° [aus Me.] (*Hückel*, *Thomas*, A. **645** [1961] 177, 189), 108—110° (*Anziani*, *Cornubert*, Bl. **1948** 857, 859).

Geschwindigkeit der Hydrolyse in wss.-äthanol. Natronlauge bei 25°: *Mousseron*, *Froger*, Bl. **1947** 843, 849.

b) **(±)-*trans*-2-Benzamino-1-methyl-cyclohexan**, Formel XII (R = CO-C_6H_5, X = H) + Spiegelbild (E I 116; E II 15).

Krystalle; F: 152,5—153° [korr.; aus Me.] (*Hückel*, *Thomas*, A. **645** [1961] 177, 189), 151—151,5° (*Anziani*, *Cornubert*, Bl. **1948** 857, 859).

Geschwindigkeit der Hydrolyse in wss.-äthanol. Natronlauge bei 25°: *Mousseron*, *Froger*, Bl. **1947** 843, 849.

***N.N'*-Bis-[2-methyl-cyclohexyl]-oxamid**, N,N'-*bis(2-methylcyclohexyl)oxamide* $C_{16}H_{28}N_2O_2$.

Opt.-inakt. *N.N'*-Bis-[*trans*-2-methyl-cyclohexyl]-oxamid, Formel I oder Formel II + Spiegelbild, **vom F: 265°**.

B. Aus (±)-*trans*-2-Methyl-cyclohexylamin und Oxalsäure-diäthylester (*Grunfeld*, A. ch. [10] **20** [1933] 304, 360).

F: 265° [Block; aus Bzl. + Ae.].

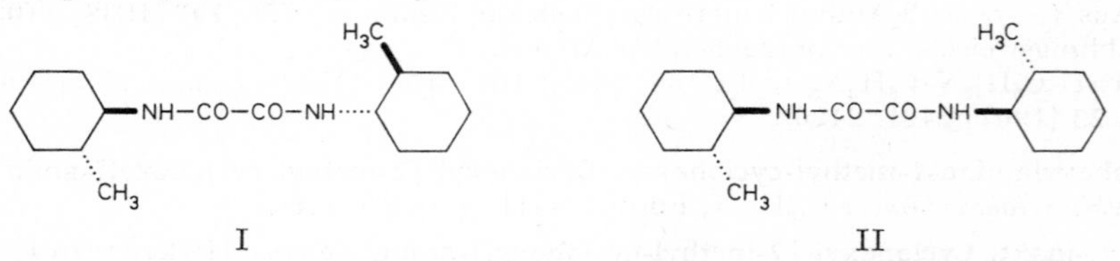

***N.N'*-Bis-[2-methyl-cyclohexyl]-malonamid**, N,N'-*bis(2-methylcyclohexyl)malonamide* $C_{17}H_{30}N_2O_2$.

Opt.-inakt. *N.N'*-Bis-[*trans*-2-methyl-cyclohexyl]-malonamid, Formel III oder Formel IV + Spiegelbild, **vom F: 210°**.

B. Beim Erhitzen von (±)-*trans*-2-Methyl-cyclohexylamin mit Malonsäure-diäthylester auf 170° (*Grunfeld*, A. ch. [10] **20** [1933] 304, 362).

Krystalle (aus Bzl. + PAe.); F: 210,5° [Block]. UV-Spektrum (A.): *Gr.*, l. c. S. 325.

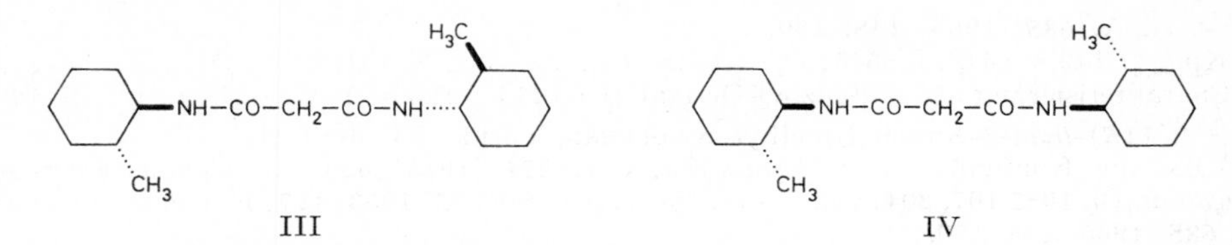

***N.N'*-Bis-[2-methyl-cyclohexyl]-äthylendiamin,** N,N'-*bis(2-methylcyclohexyl)ethylenediamine* $C_{16}H_{32}N_2$, Formel V.

Ein opt.-inakt. Amin (Kp_8: 165°; D_4^{20}: 0,92; 4.6-Dinitro-2-methyl-phenolat $C_{16}H_{32}N_2 \cdot 2\, C_7H_6N_2O_5$: Krystalle, F: ca. 176°; 4.6-Dinitro-2-cyclohexyl-phenolat $C_{16}H_{32}N_2 \cdot 2\, C_{12}H_{14}N_2O_5$: gelbe Krystalle, F: 205–207°) dieser Konstitution ist beim Erhitzen von opt.-inakt. 2-Methyl-cyclohexylamin (aus *o*-Toluidin durch Hydrierung hergestellt) mit 1.2-Dibrom-äthan und wss. Natronlauge erhalten und durch Erhitzen mit opt.-inakt. 2-Methyl-cyclohexylamin (aus *o*-Toluidin hergestellt) und 1.2-Dibrom-äthan unter Zusatz von Wasser und anschliessend mit wss. Natronlauge in Bis-[2-(2-methyl-cyclohexylamino)-äthyl]-[2-methyl-cyclohexyl]-amin $C_{25}H_{49}N_3$ (Formel VI; $Kp_{2,5}$: ca. 205°) übergeführt worden (*Dow Chem. Co.*, U.S.P. 2313988 [1941], 2362464 [1941], 2385848 [1941]).

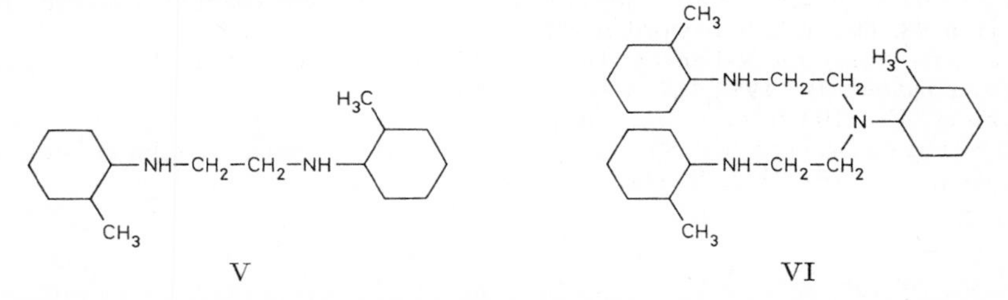

2-Oxo-*N*-[2-methyl-cyclohexyl]-bornansulfonamid-(10), N-(*2-methylcyclohexyl)-2-oxobornane-10-sulfonamide* $C_{17}H_{29}NO_3S$.

(1*S*)-2-Oxo-*N*-[(1Ξ:2Ξ)-2-methyl-cyclohexyl]-bornansulfonamid-(10), Formel VII, vom **F: 82°.**

B. Aus (1*S*)-2-Oxo-bornan-sulfonylchlorid-(10) und nicht näher bezeichnetem [2-Methyl-cyclohexyl]-amin (*Mousseron, Granger, Claret*, Bl. **1947** 868, 874).

Krystalle (aus A.); F: 82°. $[M]_{579}$: +81,7° [A.]; $[M]_{579}$: +65,6° [Bzl.]; $[M]_{546}$: +96,8° [A.]; $[M]_{546}$: +77,2° [Bzl.].

3-Amino-1-methyl-cyclohexan, 3-Methyl-cyclohexylamin, *3-methylcyclohexylamine* $C_7H_{15}N$.

a) **(1*R*)-*cis*-3-Amino-1-methyl-cyclohexan,** Formel VIII (R = H).

Über die Konfiguration s. *Mousseron*, C. r. **221** [1945] 626; *Mousseron, Jacquier, Zagdoun*, Bl. **1952** 197, 204; vgl. *Noyce, Nagle*, Am. Soc. **75** [1953] 127; *Feltkamp, Thomas*, A. **685** [1965] 148, 150.

B. s. bei dem unter c) beschriebenen Stereoisomeren.

Kp: 145°; D_{25}^{25}: 0,842; $[\alpha]_{579}$: −1,10° [unverd.]; $[\alpha]_{546}$: −1,35° [unverd.] (*Mou., Ja., Za.*). Kp_{16}: 44–45°; $D_4^{16,5}$: 0,8565; $n_D^{16,5}$: 1,4587; Viscosität bei 21°: 0,0217 g/cm sec; $[\alpha]_{546}$: −1,40° [unverd.] (*Cauquil, Guizard, Calas*, Bl. [5] **9** [1942] 252). $[\alpha]_{546}$: −1,40° [unverd.] (*Mousseron, Froger*, Bl. **1947** 843, 844). Dissoziationskonstante: *Mou., Fr.*, l. c. S. 848.

Charakterisierung als *N*-Benzoyl-Derivat (F: 124–125°): *Mou., Ja., Za.*

Benzoat. Krystalle (aus Acn.); F: 165° (*Mou., Ja., Za.*), 160° (*Cau., Gui., Ca.*; *Mou., Fr.*, l. c. S. 844).

Naphthoat-(2). F: 162°; $[\alpha]_{546}$: −3,45° [in A.; c = 1,33] (*Mou., Fr.*, l. c. S. 844).

L_g-Hydrogentartrat. F: 165° (*Cau., Gui., Ca.*).

b) **(±)-*cis*-3-Amino-1-methyl-cyclohexan,** Formel VIII (R = H) + Spiegelbild (E I 116; E II 16; dort als *trans*-3-Methyl-cyclohexylamin bezeichnet).

Über die Konfiguration s. *Noyce, Nagle*, Am. Soc. **75** [1953] 127, 128; *Feltkamp*,

Thomas, A. **685** [1965] 148, 150.

$Kp_{730,3}$: 149,8°; D_4^{20}: 0,8545; n_D^{20}: 1,4518 (*Fe.*, *Th.*, l. c. S. 151).

Charakterisierung als *N*-Benzoyl-Derivat (F: 124,5—125,8°): *Noyce*, *Na.*, l. c. S. 129.

c) **(1*R*)-*trans*-3-Amino-1-methyl-cyclohexan**, Formel IX (R = H).

Über die Konfiguration s. *Mousseron*, C. r. **221** [1945] 626; *Mousseron, Jacquier, Zagdoun*, Bl. **1952** 197, 204; vgl. *Noyce, Nagle*, Am. Soc. **75** [1953] 127; *Feltkamp, Thomas*, A. **685** [1965] 148, 150.

B. Neben geringeren Mengen des unter a) beschriebenen Stereoisomeren beim Behandeln von (*R*)-1-Methyl-cyclohexanon-(3) (E III **7** 55) mit wss. Ammoniak und vernickeltem Zink (*Mousseron, Froger*, Bl. **1947** 843, 844) sowie beim Behandeln (*R*)-1-Methyl-cyclohexanon-(3)-oxim (Gemisch der Stereoisomeren) mit Natrium und Äthanol (*Cauquil, Guizard, Calas*, Bl. [5] **9** [1942] 252; *Mou.*, *Fr.*; s. a. *Mousseron, Granger*, Bl. [5] **7** [1940] 59).

Kp_{16}: 47,5°; $D_4^{16,5}$: 0,8507; $n_D^{16,5}$: 1,4539; Viscosität bei 21°: 0,0146 g/cmsec; $[\alpha]_{546}$: —2,94° [unverd.] (*Cau.*, *Gui.*, *Ca.*). Kp_{760}: 143°; D^{25}: 0,8434; n_D^{25}: 1,4495; $[\alpha]_{579}$: —2,37°; $[\alpha]_{546}$: —2,65° [jeweils unverd.] (*Mou.*, *Gr.*; *Mou.*; *Mou.*, *Fr.*). $[\alpha]_{579}$: —2,0°; $[\alpha]_{546}$: —2,40° [jeweils in A.; c = 5] (*Mou.*, *Fr.*). Dissoziationskonstante: *Mou.*, *Fr.*, l. c. S. 848.

Beim Behandeln mit wss. Säure und Natriumnitrit ist (1*R*)-1*r*-Methyl-cyclohexanol-(3*t*) ($[\alpha]_{546}$: —9,04°; $[\alpha]_{579}$: —8,10° [jeweils unverd.]; Phenylcarbamoyl-Derivat: F: 90° [s. E III **6** 68, 69]) erhalten worden (*Mou.*, *Gr.*).

Charakterisierung als *N*-Benzoyl-Derivat (F: 160° bzw. F: 155—156°): *Mousseron, Jacquier, Zagdoun*, Bl. **1952** 197, 204; *Mou.*, *Gr.*

Benzoat. F: 110° (*Cau.*, *Gui.*, *Ca.*).

L_g-Hydrogentartrat. F: 183—184°; $[\alpha]_{546}$: +17,1° [Lösungsmittel nicht angegeben] (*Mou.*, *Gr.*; *Mou.*, *Fr.*, l. c. S. 844).

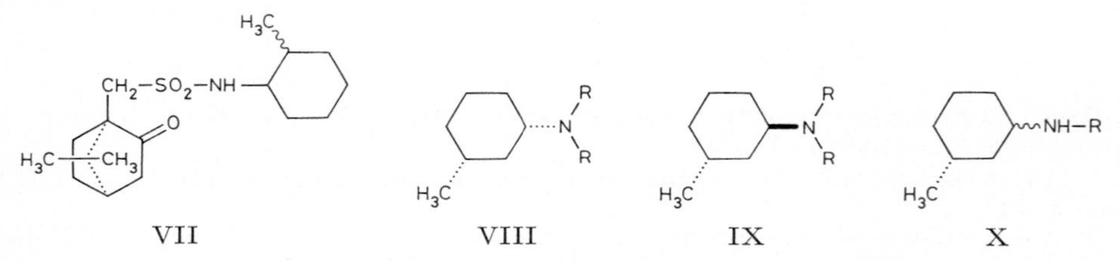

VII VIII IX X

d) **(±)-*trans*-3-Amino-1-methyl-cyclohexan**, Formel IX (R = H) + Spiegelbild (E I 116; E II 16; dort als *cis*-3-Methyl-cyclohexylamin bezeichnet).

Über die Konfiguration s. *Noyce, Nagle*, Am. Soc. **75** [1953] 127, 128; *Feltkamp, Thomas*, A. **685** [1965] 148, 150.

Kp_{767}: 150,5—151°; D_4^{15}: 0,8760; n_D^{16}: 1,4610 (*Hewgill, Jefferies, Macbeth*, Soc. **1954** 699, 701). $Kp_{730,3}$: 151,1°; D_4^{20}: 0,8646; n_D^{20}: 1,4569 (*Fe.*, *Th.*, l. c. S. 151).

3-Methylamino-1-methyl-cyclohexan, Methyl-[3-methyl-cyclohexyl]-amin, *3,*N*-dimethylcyclohexylamine* $C_8H_{17}N$.

(1*R*:3Ξ)-3-Methylamino-1-methyl-cyclohexan, Formel X (R = CH_3), dessen Hydrochlorid bei 119° schmilzt.

B. Aus (*R*)-1-Methyl-cyclohexanon-(3) (E III **7** 55) beim Behandeln mit Methylamin in Wasser unter Zusatz von vernickeltem Zink; Reinigung über das Hydrochlorid [s. u.] (*Mousseron*, C. r. **221** [1945] 626; *Mousseron, Froger*, Bl. **1947** 843, 845).

Kp: 162°; D^{22}: 0,843; n_D^{22}: 1,4502; $[\alpha]_{546}$: —7,6° [unverd.]; $[\alpha]_{579}$: —6,6° [unverd.] (*Mou.*; *Mou.*, *Fr.*). $[\alpha]_{546}$: —4,6° [A.]; $[\alpha]_{579}$: —4,1° [A.] (*Mou.*, *Fr.*).

Hydrochlorid. Krystalle (aus Ae. + Acn.); F: 118—119° (*Mou.*, *Fr.*), 118° (*Mou.*). $[\alpha]_{546}$: —5° [W.]; $[\alpha]_{579}$: —4,35° [W.] (*Mou.*, *Fr.*).

3-Dimethylamino-1-methyl-cyclohexan, Dimethyl-[3-methyl-cyclohexyl]-amin, *3,N,N-trimethylcyclohexylamine* $C_9H_{19}N$.

a) **(1*R*)-*cis*-3-Dimethylamino-1-methyl-cyclohexan**, Formel VIII (R = CH_3).

B. Aus (1*R*)-*cis*-3-Amino-1-methyl-cyclohexan (S. 75) beim Erhitzen mit wss. Formaldehyd und Ameisensäure auf 120° (*Mousseron*, C. r. **221** [1945] 626, 627; *Mousseron*,

Froger, Bl. **1947** 843, 846).

Kp: 177°. D^{25}: 0,830. n_D^{25}: 1,4510. $[\alpha]_{579}$: —3,7° [unverd.]; $[\alpha]_{546}$: —4,2° [unverd.].

b) **(1*R*)-*trans*-3-Dimethylamino-1-methyl-cyclohexan,** Formel IX (R = CH_3).

B. Aus (1*R*)-*trans*-3-Amino-1-methyl-cyclohexan (S. 76) beim Erhitzen mit wss. Formaldehyd und Ameisensäure auf 120° (*Mousseron*, C. r. **221** [1945] 626; *Mousseron, Froger*, Bl. **1947** 843, 846).

Kp: 175°. D^{20}: 0,840. n_D^{20}: 1,4530. $[\alpha]_{579}$: —6,5° [unverd.]; $[\alpha]_{546}$: —7,35° [unverd.].

Trimethyl-[3-methyl-cyclohexyl]-ammonium, *trimethyl(3-methylcyclohexyl)ammonium* $[C_{10}H_{22}N]^{\oplus}$.

a) **Trimethyl-[(1*S*)-*cis*-3-methyl-cyclohexyl]-ammonium,** Formel XI.

Jodid $[C_{10}H_{22}N]I$. *B.* Aus (1*R*)-*cis*-3-Dimethylamino-1-methyl-cyclohexan und Methyl≈jodid in Äthanol (*Mousseron, Froger*, Bl. **1947** 843, 846). — Krystalle (aus A.); F: 230° [Zers.].

b) **Trimethyl-[(1*R*)-*trans*-3-methyl-cyclohexyl]-ammonium,** Formel XII.

Jodid $[C_{10}H_{22}N]I$. *B.* Aus (1*R*)-*trans*-3-Dimethylamino-1-methyl-cyclohexan und Methyljodid in Äthanol (*Mousseron, Froger*, Bl. **1947** 843, 846). — Krystalle (aus A.); F: 240°. $[\alpha]_{579}$: —2,75° [A.]; $[\alpha]_{546}$: —3,25° [A.].

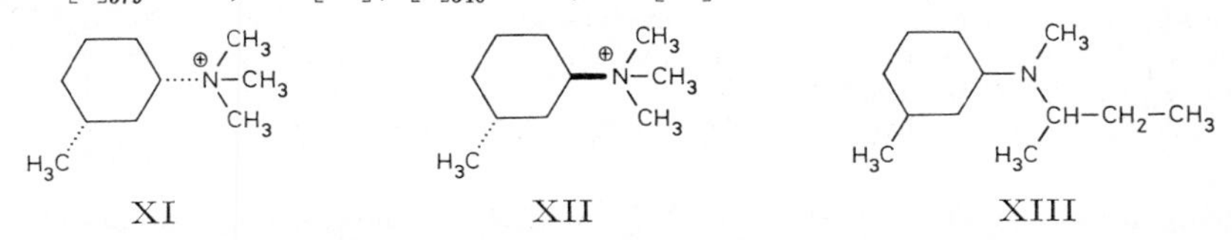

XI XII XIII

3-Äthylamino-1-methyl-cyclohexan, Äthyl-[3-methyl-cyclohexyl]-amin, N-*ethyl-3-methyl≈cyclohexylamine* $C_9H_{19}N$.

(1*R*:3*Ξ*)-3-Äthylamino-1-methyl-cyclohexan, Formel X (R = C_2H_5), dessen Hydrochlorid bei 195° schmilzt.

B. Aus (*R*)-1-Methyl-cyclohexanon-(3) (E III **7** 55) beim Behandeln mit Äthylamin in Wasser unter Zusatz von vernickeltem Zink; Reinigung über das Hydrochlorid [s. u.] (*Mousseron, Froger*, Bl. **1947** 843, 845).

Kp: 175°. D^{22}: 0,829. n_D^{22}: 1,4480. $[\alpha]_{579}$: —7,1° [unverd.]; $[\alpha]_{546}$: —8° [unverd.]. $[\alpha]_{579}$: —4,3° [A.]; $[\alpha]_{546}$: —4,9° [A.].

Hydrochlorid $C_9H_{19}N \cdot HCl$. Krystalle (aus Ae. + Acn.); F: 194—195°. $[\alpha]_{579}$: —5° [W.]; $[\alpha]_{546}$: —5,6° [W.].

Methyl-*sec*-butyl-[3-methyl-cyclohexyl]-amin, N-sec-*butyl-3,*N-*dimethylcyclohexylamine* $C_{12}H_{25}N$, Formel XIII.

Ein als Pikrat $C_{12}H_{25}N \cdot C_6H_3N_3O_7$ (Krystalle [aus A.]; F: 92—93°) charakterisiertes opt.-inakt. Amin (Kp: 218—219°) dieser Konstitution ist bei der Hydrierung eines Gemisches von (±)-Methyl-*sec*-butyl-amin und (±)-1-Methyl-cyclohexanon-(3) an Platin in Wasser erhalten worden (*Skita, Keil, Havemann*, B. **66** [1933] 1400, 1409).

Bis-[3-methyl-cyclohexyl]-amin, *3,3'-dimethyldicyclohexylamine* $C_{14}H_{27}N$.

Bis-[(1*Ξ*:3*R*)-3-methyl-cyclohexyl]-amin, Formel I (vgl. H 10).

Ein Präparat (Kp: 265°; D^{25}: 0,890; n_D^{25}: 1,4752; $[\alpha]_{579}$: —17,6° [unverd.]; $[\alpha]_{546}$: —19,5° [unverd.]), von zweifelhafter konfigurativer Einheitlichkeit ist aus (1*R*)-1-Methyl-cyclohexanon-(3)-oxim bei der Hydrierung an Platin in Essigsäure erhalten worden (*Mousseron, Granger*, Bl. [5] **7** [1940] 59; *Mousseron, Froger*, Bl. **1947** 843, 844).

3-Formamino-1-methyl-cyclohexan, *N*-[3-Methyl-cyclohexyl]-formamid, N-(*3-methyl≈cyclohexyl)formamide* $C_8H_{15}NO$.

Bezüglich der Konfiguration der beiden folgenden Stereoisomeren s. *Mousseron, Jacquier, Zagdoun*, Bl. **1952** 197, 204 Anm.; vgl. *Noyce, Nagle*, Am. Soc. **75** [1953] 127; *Feltkamp, Thomas*, A. **685** [1965] 148, 150.

a) **(1*R*)-*cis*-3-Formamino-1-methyl-cyclohexan,** Formel II (R = CHO).

B. Aus (1*R*)-*cis*-3-Amino-1-methyl-cyclohexan (S. 75) beim Behandeln einer äthanol. Lösung mit Ameisensäure (*Mousseron, Granger, Claret*, Bl. **1947** 868, 869).

$[\alpha]_{546}^{20}$: —3° [A.; c = 1]; $[\alpha]_{546}^{20}$: —3,4° [Bzl.; c = 1].

b) **(1*R*)-*trans*-3-Formamino-1-methyl-cyclohexan**, Formel III (R = CHO).

B. Aus (1*R*)-*trans*-3-Amino-1-methyl-cyclohexan (S. 76) beim Behandeln einer äthanol. Lösung mit Ameisensäure (*Mousseron, Granger, Claret*, Bl. **1947** 868, 870).

Kp_{15}: 141°. $[\alpha]_{546}^{20}$: −14,8° [A.; c = 1]; $[\alpha]_{546}^{20}$: −23,6° [Bzl.; c = 1].

3-Acetamino-1-methyl-cyclohexan, *N*-[3-Methyl-cyclohexyl]-acetamid, N-(*3-methylcyclohexyl)acetamide* $C_9H_{17}NO$.

Die E II 17 als (±)-*cis*-3-Acetamino-1-methyl-cyclohexan beschriebene Verbindung (F: 74−75°) ist als (±)-*trans*-3-Acetamino-1-methyl-cyclohexan, die E II 16 als (±)-*trans*-3-Acetamino-1-methyl-cyclohexan beschriebene Verbindung (F: 63°) ist als (±)-*cis*-3-Acetamino-1-methyl-cyclohexan zu formulieren (s. diesbezüglich *Noyce, Nagle*, Am. Soc. **75** [1953] 127, 128; *Feltkamp, Thomas*, A. **685** [1965] 148, 150). Über die Konfiguration der beiden folgenden Stereoisomeren s. *Mousseron, Jacquier, Zagdoun*, Bl. **1952** 197, 204 Anm.; vgl. *Noyce, Na.*; *Fe., Th.*

a) **(1*R*)-*cis*-3-Acetamino-1-methyl-cyclohexan**, Formel II (R = $CO-CH_3$).

B. Aus (1*R*)-*cis*-3-Amino-1-methyl-cyclohexan (S. 75) und Acetylchlorid (*Mousseron, Granger, Claret*, Bl. **1947** 868, 870).

$[\alpha]_{546}^{20}$: −3° [A.; c = 1]; $[\alpha]_{546}^{20}$: −2,6° [Bzl.; c = 1].

b) **(1*R*)-*trans*-3-Acetamino-1-methyl-cyclohexan**, Formel III (R = $CO-CH_3$).

B. Aus (1*R*)-*trans*-3-Amino-1-methyl-cyclohexan (S. 76) und Acetylchlorid (*Mousseron, Granger, Claret*, Bl. **1947** 868, 871).

Krystalle (aus Bzl. + PAe.); F: 122°. $[\alpha]_{546}^{20}$: −51° [A.; c = 1]; $[\alpha]_{546}^{20}$: −51,2° [Bzl.; c = 1].

3-Propionylamino-1-methyl-cyclohexan, *N*-[3-Methyl-cyclohexyl]-propionamid, N-(*3-methylcyclohexyl)propionamide* $C_{10}H_{19}NO$.

(1*R*)-*trans*-3-Propionylamino-1-methyl-cyclohexan, Formel III (R = $CO-CH_2-CH_3$).

B. Aus (1*R*)-*trans*-3-Amino-1-methyl-cyclohexan (S. 76) und Propionylchlorid (*Mousseron, Granger, Claret*, Bl. **1947** 868, 870).

Krystalle (aus PAe.); F: 108°. $[\alpha]_{546}^{20}$: −50,8° [A.; c = 1]; $[\alpha]_{546}^{20}$: −49,4° [Bzl.; c = 1].

3-Butyrylamino-1-methyl-cyclohexan, *N*-[3-Methyl-cyclohexyl]-butyramid, N-(*3-methylcyclohexyl)butyramide* $C_{11}H_{21}NO$.

(1*R*)-*trans*-3-Butyrylamino-1-methyl-cyclohexan, Formel III (R = $CO-CH_2-CH_2-CH_3$).

B. Aus (1*R*)-*trans*-3-Amino-1-methyl-cyclohexan (S. 76) und Butyrylchlorid (*Mousseron, Granger, Claret*, Bl. **1947** 868, 870).

Krystalle; F: 91°. $[\alpha]_{546}^{20}$: −44,7° [A.; c = 1]; $[\alpha]_{546}^{20}$: −45° [Bzl.; c = 1].

3-Valerylamino-1-methyl-cyclohexan, *N*-[3-Methyl-cyclohexyl]-valeramid, N-(*3-methylcyclohexyl)valeramide* $C_{12}H_{23}NO$.

(1*R*)-*trans*-3-Valerylamino-1-methyl-cyclohexan, Formel III (R = $CO-[CH_2]_3-CH_3$).

B. Aus (1*R*)-*trans*-3-Amino-1-methyl-cyclohexan (S. 76) und Valerylchlorid (*Mousseron, Granger, Claret*, Bl. **1947** 868, 870).

Krystalle; F: 81°. $[\alpha]_{546}^{20}$: −40° [A.; c = 1]; $[\alpha]_{546}^{20}$: −41° [Bzl.; c = 1].

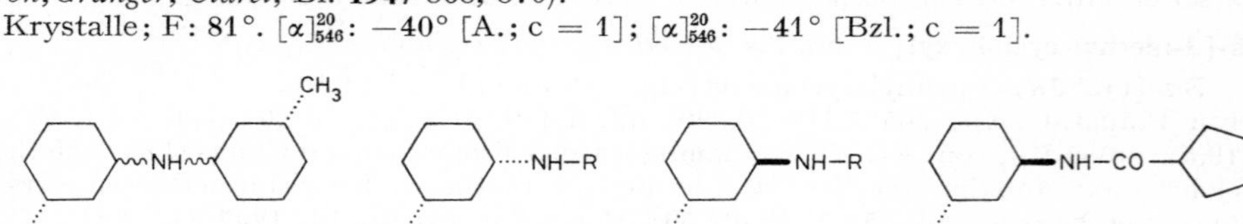

3-Hexanoylamino-1-methyl-cyclohexan, *N*-[3-Methyl-cyclohexyl]-hexanamid, N-(*3-methylcyclohexyl)hexanamide* $C_{13}H_{25}NO$.

(1*R*)-*trans*-3-Hexanoylamino-1-methyl-cyclohexan, Formel III (R = $CO-[CH_2]_4-CH_3$).

B. Aus (1*R*)-*trans*-3-Amino-1-methyl-cyclohexan (S. 76) und Hexanoylchlorid (*Mousseron, Granger, Claret*, Bl. **1947** 868, 870).

Krystalle; F: 83°. $[\alpha]_{546}^{20}$: −36,8° [A.; c = 1]; $[\alpha]_{546}^{20}$: −37,4° [Bzl.; c = 1].

3-Heptanoylamino-1-methyl-cyclohexan, *N*-[3-Methyl-cyclohexyl]-heptanamid, N-*(3-methylcyclohexyl)heptanamide* $C_{14}H_{27}NO$.

(1*R*)-*trans*-3-Heptanoylamino-1-methyl-cyclohexan, Formel III (R=CO-[CH_2]$_5$-CH_3).

B. Aus (1*R*)-*trans*-3-Amino-1-methyl-cyclohexan (S. 76) und Heptanoylchlorid (*Mousseron, Granger, Claret,* Bl. **1947** 868, 870).

Krystalle; F: 72° (*Mou., Gr., Cl.*). $[\alpha]_{546}^{20}$: −35,2° [A.; c = 1]; $[\alpha]_{546}^{20}$: −36° [Bzl.; c = 1]. $[M]_{546}$: −62,1° [Py.] (*Mou., Gr., Cl.*).

Geschwindigkeit der Hydrolyse in wss.-äthanol. Natronlauge bei 25°: *Mousseron, Froger,* Bl. **1947** 843, 849.

3-Nonanoylamino-1-methyl-cyclohexan, *N*-[3-Methyl-cyclohexyl]-nonanamid, N-*(3-methylcyclohexyl)nonanamide* $C_{16}H_{31}NO$.

(1*R*)-*trans*-3-Nonanoylamino-1-methyl-cyclohexan, Formel III (R = CO-[CH_2]$_7$-CH_3).

B. Aus (1*R*)-*trans*-3-Amino-1-methyl-cyclohexan (S. 76) und Nonanoylchlorid (*Mousseron, Granger, Claret,* Bl. **1947** 868, 870).

Krystalle; F: 64°. $[\alpha]_{546}^{20}$: −31,8° [A.; c = 1]; $[\alpha]_{546}^{20}$: −34° [Bzl.; c = 1].

3-Undecanoylamino-1-methyl-cyclohexan, *N*-[3-Methyl-cyclohexyl]-undecanamid, N-*(3-methylcyclohexyl)undecanamide* $C_{18}H_{35}NO$.

a) **(1*R*)-*cis*-3-Undecanoylamino-1-methyl-cyclohexan,** Formel II (R = CO-[CH_2]$_9$-CH_3).

B. Aus (1*R*)-*cis*-3-Amino-1-methyl-cyclohexan (S. 75) und Undecanoylchlorid bei 100° (*Mousseron, Granger, Claret,* Bl. **1947** 868, 871).

Krystalle; F: 24°. $[\alpha]_{546}^{20}$: −1,6° [A.; c = 1]; $[\alpha]_{546}^{20}$: −1,4° [Bzl.; c = 1].

b) **(1*R*)-*trans*-3-Undecanoylamino-1-methyl-cyclohexan,** Formel III (R = CO-[CH_2]$_9$-CH_3).

B. Aus (1*R*)-*trans*-3-Amino-1-methyl-cyclohexan (S. 76) und Undecanoylchlorid bei 100° (*Mousseron, Granger, Claret,* Bl. **1947** 868, 870).

Krystalle (aus A.); F: 84°. $[\alpha]_{546}^{20}$: −27,8° [A.; c = 1]; $[\alpha]_{546}^{20}$: −29,8° [Bzl.; c = 1].

3-Lauroylamino-1-methyl-cyclohexan, *N*-[3-Methyl-cyclohexyl]-laurinamid, N-*(3-methylcyclohexyl)lauramide* $C_{19}H_{37}NO$.

(1*R*)-*trans*-3-Lauroylamino-1-methyl-cyclohexan, Formel III (R = CO-[CH_2]$_{10}$-CH_3).

B. Aus (1*R*)-*trans*-3-Amino-1-methyl-cyclohexan (S. 76) und Lauroylchlorid bei 100° (*Mousseron, Granger, Claret,* Bl. **1947** 868, 870).

Krystalle (aus A.); F: 87°. $[\alpha]_{546}^{20}$: −27° [A.; c = 1]; $[\alpha]_{546}^{20}$: −28,8° [Bzl.; c = 1].

3-Myristoylamino-1-methyl-cyclohexan, *N*-[3-Methyl-cyclohexyl]-myristinamid, N-*(3-methylcyclohexyl)myristamide* $C_{21}H_{41}NO$.

(1*R*)-*trans*-3-Myristoylamino-1-methyl-cyclohexan, Formel III (R = CO-[CH_2]$_{12}$-CH_3).

B. Aus (1*R*)-*trans*-3-Amino-1-methyl-cyclohexan (S. 76) und Myristoylchlorid bei 100° (*Mousseron, Granger, Claret,* Bl. **1947** 868, 870).

Krystalle (aus A.); F: 91°. $[\alpha]_{546}^{20}$: −25,2° [A.; c = 1]; $[\alpha]_{546}^{20}$: −27,2° [Bzl.; c = 1].

3-Palmitoylamino-1-methyl-cyclohexan, *N*-[3-Methyl-cyclohexyl]-palmitinamid, N-*(3-methylcyclohexyl)palmitamide* $C_{23}H_{45}NO$.

a) **(1*R*)-*cis*-3-Palmitoylamino-1-methyl-cyclohexan,** Formel II (R = CO-[CH_2]$_{14}$-CH_3).

B. Aus (1*R*)-*cis*-3-Amino-1-methyl-cyclohexan (S. 75) und Palmitoylchlorid bei 100° (*Mousseron, Granger, Claret,* Bl. **1947** 868, 871).

Krystalle (aus A.); F: 65°. $[\alpha]_{546}^{20}$: −4,6° [A.; c = 1]; $[\alpha]_{546}^{20}$: −3,8° [Bzl.; c = 1].

b) **(1*R*)-*trans*-3-Palmitoylamino-1-methyl-cyclohexan,** Formel III (R = CO-[CH_2]$_{14}$-CH_3).

B. Aus (1*R*)-*trans*-3-Amino-1-methyl-cyclohexan (S. 76) und Palmitoylchlorid bei 100° (*Mousseron, Granger, Claret,* Bl. **1947** 868, 870).

Krystalle (aus A.); F: 97°. $[\alpha]_{546}^{20}$: −24,8° [A.; c = 0,5]; $[\alpha]_{546}^{20}$: −27° [Bzl.; c = 0,5].

3-Stearoylamino-1-methyl-cyclohexan, *N*-[3-Methyl-cyclohexyl]-stearinamid, N-(*3-methylcyclohexyl*)*stearamide* $C_{25}H_{49}NO$.

a) **(1*R*)-*cis*-3-Stearoylamino-1-methyl-cyclohexan,** Formel II (R = CO-$[CH_2]_{16}$-CH_3) auf S. 78.

B. Aus (1*R*)-*cis*-3-Amino-1-methyl-cyclohexan (S. 75) und Stearoylchlorid bei 100° (*Mousseron, Granger, Claret,* Bl. **1947** 868, 871).

Krystalle (aus A.); F: 50° (*Mou., Gr., Cl.*). $[\alpha]_{546}^{20}$: −3,2° [A.; c = 1]; $[\alpha]_{546}^{20}$: −1,4° (Bzl.; c = 1] (*Mou., Gr., Cl.*).

Geschwindigkeit der Hydrolyse in wss.-äthanol. Natronlauge bei 25°: *Mousseron, Froger,* Bl. **1947** 843, 849.

b) **(1*R*)-*trans*-3-Stearoylamino-1-methyl-cyclohexan,** Formel III (R = CO-$[CH_2]_{16}$-CH_3) auf S. 78.

B. Aus (1*R*)-*trans*-3-Amino-1-methyl-cyclohexan (S. 76) und Stearoylchlorid bei 100° (*Mousseron, Granger, Claret,* Bl. **1947** 868, 870).

Krystalle (aus A.); F: 91° (*Mou., Gr., Cl.*). $[\alpha]_{546}^{20}$: −22,4° [A.; c = 1]; $[\alpha]_{546}^{20}$: −24,6° [Bzl.; c = 1] (*Mou., Gr., Cl.*).

Geschwindigkeit der Hydrolyse in wss.-äthanol. Natronlauge bei 25°: *Mousseron, Froger,* Bl. **1947** 843, 849.

3-Eicosanoylamino-1-methyl-cyclohexan, *N*-[3-Methyl-cyclohexyl]-eicosanamid, Arachinsäure-[3-methyl-cyclohexylamid], N-(*3-methylcyclohexyl*)*eicosanamide* $C_{27}H_{53}NO$.

(1*R*)-*trans*-3-Eicosanoylamino-1-methyl-cyclohexan, Formel III (R = CO-$[CH_2]_{18}$-CH_3) auf S. 78.

B. Aus (1*R*)-*trans*-3-Amino-1-methyl-cyclohexan (S. 76) und Eicosanoylchlorid bei 100° (*Mousseron, Granger, Claret,* Bl. **1947** 868, 870).

Krystalle (aus A.); F: 69°. $[\alpha]_{546}^{20}$: −21,2° [A.; c = 0,5]; $[\alpha]_{546}^{20}$: −22,8° [Bzl.; c = 0,5].

***N*-[3-Methyl-cyclohexyl]-cyclopentancarbamid,** N-(*3-methylcyclohexyl*)*cyclopentane=carboxamide* $C_{13}H_{23}NO$.

***N*-[(1*R*)-*trans*-3-Methyl-cyclohexyl]-cyclopentancarbamid,** Formel IV auf S. 78.

B. Aus (1*R*)-*trans*-3-Amino-1-methyl-cyclohexan (S. 76) und Cyclopentancarbonyl=chlorid (*Mousseron, Granger, Claret,* Bl. **1947** 868, 872).

Krystalle (aus Bzl.); F: 158°. $[\alpha]_{546}^{20}$: −41,2° [A.; c = 1]; $[\alpha]_{546}^{20}$: −45,6° [Bzl.; c = 1].

***N*-[3-Methyl-cyclohexyl]-cyclohexancarbamid,** N-(*3-methylcyclohexyl*)*cyclohexanecarbox=amide* $C_{14}H_{25}NO$.

***N*-[(1*R*)-*trans*-3-Methyl-cyclohexyl]-cyclohexancarbamid,** Formel V.

B. Aus (1*R*)-*trans*-3-Amino-1-methyl-cyclohexan (S. 76) und Cyclohexancarbonyl=chlorid (*Mousseron, Granger, Claret,* Bl. **1947** 868, 872).

Krystalle (aus Bzl.); F: 192°. $[\alpha]_{546}^{20}$: −37° [A.; c = 1]; $[\alpha]_{546}^{20}$: −42,8° [Bzl.; c = 1]; $[M]_{546}$: −73,6° [Py.] (*Mou., Gr., Cl.,* l. c. S. 872, 876).

***C*-Cyclohexyl-*N*-[3-methyl-cyclohexyl]-acetamid,** *2-cyclohexyl*-N-(*3-methylcyclohexyl*)=*acetamide* $C_{15}H_{27}NO$.

***C*-Cyclohexyl-*N*-[(1*R*)-*trans*-3-methyl-cyclohexyl]-acetamid,** Formel VI.

B. Aus (1*R*)-*trans*-3-Amino-1-methyl-cyclohexan (S. 76) und Cyclohexylacetyl=chlorid (*Mousseron, Granger, Claret,* Bl. **1947** 868, 872).

Krystalle (aus A.); F: 156°. $[\alpha]_{546}^{20}$: −41° [A.; c = 1]; $[\alpha]_{546}^{20}$: −45,2° [Bzl.; c = 1].

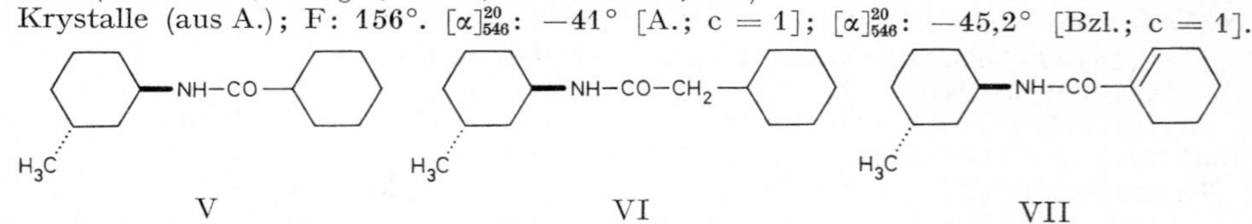

***N*-[3-Methyl-cyclohexyl]-octadecen-(9)-amid** $C_{25}H_{47}NO$.

***N*-[(1*R*)-*trans*-3-Methyl-cyclohexyl]-octadecen-(9*t*)-amid, *N*-[(1*R*)-*trans*-3-Methyl-cyclohexyl]-elaidinamid,** N-((1R)-trans-*3-methylcyclohexyl*)*elaidamide,* Formel III (R = CO-$[CH_2]_7$-CH$\overset{t}{=}$CH-$[CH_2]_7$-CH_3) auf S. 78.

B. Aus (1*R*)-*trans*-3-Amino-1-methyl-cyclohexan (S. 76) und Elaidoylchlorid bei 100°

(*Mousseron, Granger, Claret*, Bl. **1947** 868, 870).

Krystalle (aus A.); F: 74°. $[\alpha]_{546}^{20}$: −21,8° [A.; c = 1]; $[\alpha]_{546}^{20}$: −23,2° [Bzl.; c = 1].

***N*-[3-Methyl-cyclohexyl]-cyclohexen-(1)-carbamid-(1)**, N-(*3-methylcyclohexyl*)*cyclohex-1-ene-1-carboxamide* $C_{14}H_{23}NO$.

***N*-[(1*R*)-*trans*-3-Methyl-cyclohexyl]-cyclohexen-(1)-carbamid-(1)**, Formel VII.

B. Aus (1*R*)-*trans*-3-Amino-1-methyl-cyclohexan (S. 76) und Cyclohexen-(1)-carbonylchlorid-(1) (*Mousseron, Granger, Claret*, Bl. **1947** 868, 872).

Krystalle (aus PAe. + Bzl.); F: 111°. $[\alpha]_{546}^{20}$: −24,6° [A.; c = 1]; $[\alpha]_{546}^{20}$: −27,4° [Bzl.; c = 1].

***N*-[3-Methyl-cyclohexyl]-*C*-[cyclohexen-(2)-yl]-acetamid**, *2-*(*cyclohex-2-en-1-yl*)*-*N-(*3-methylcyclohexyl*)*acetamide* $C_{15}H_{25}NO$.

***N*-[(1*R*)-*trans*-3-Methyl-cyclohexyl]-*C*-[(Ξ)-cyclohexen-(2)-yl]-acetamid**, Formel VIII, **vom F: 114°.**

B. Aus (1*R*)-*trans*-3-Amino-1-methyl-cyclohexan (S. 76) und (±)-Cyclohexen-(2)-yl-acetylchlorid [nicht näher beschrieben] (*Mousseron, Granger, Claret*, Bl. **1947** 868, 872).

Krystalle (aus PAe.); F: 114°. $[\alpha]_{546}^{20}$: −35,2° [A.; c = 1]; $[\alpha]_{546}^{20}$: −32,1° [Bzl.; c = 1].

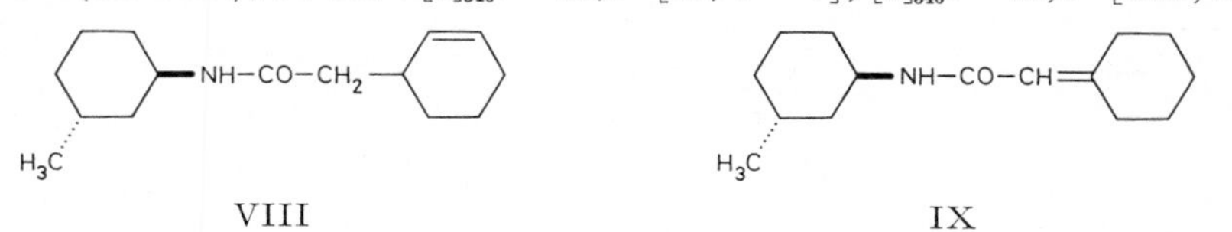

VIII IX

***N*-[3-Methyl-cyclohexyl]-*C*-cyclohexyliden-acetamid**, *2-cyclohexylidene-*N-(*3-methylcyclohexyl*)*acetamide* $C_{15}H_{25}NO$.

***N*-[(1*R*)-*trans*-3-Methyl-cyclohexyl]-*C*-cyclohexyliden-acetamid**, Formel IX.

B. Aus (1*R*)-*trans*-3-Amino-1-methyl-cyclohexan (S. 76) und Cyclohexylidenacetylchlorid (*Mousseron, Granger, Claret*, Bl. **1947** 868, 872).

Krystalle (aus PAe.); F: 123°. $[\alpha]_{546}^{20}$: −36,4° [A.; c = 1]; $[\alpha]_{546}^{20}$: −38,2° [Bzl.; c = 1].

3-Benzamino-1-methyl-cyclohexan, *N*-[3-Methyl-cyclohexyl]-benzamid, N-(*3-methylcyclohexyl*)*benzamide* $C_{14}H_{19}NO$.

Die E I 117 und E II 17 als (±)-*cis*-3-Benzamino-1-methyl-cyclohexan beschriebenen Präparate sind nicht einheitlich gewesen (*Mousseron, Jacquier, Zagdoun*, Bl. **1952** 197, 204); die E I 117 und E II 16 als (±)-*trans*-3-Benzamino-1-methyl-cyclohexan beschriebene Verbindung (F: 127°) ist als (±)-*cis*-3-Benzamino-1-methyl-cyclohexan zu formulieren (*Noyce, Nagle*, Am. Soc. **75** [1953] 127, 128; *Feltkamp, Thomas*, A. **685** [1965] 148, 150).

a) **(1*R*)-*cis*-3-Benzamino-1-methyl-cyclohexan**, Formel II (R = CO-C_6H_5) auf S. 78.

B. Aus (1*R*)-*cis*-3-Amino-1-methyl-cyclohexan [S. 75] (*Mousseron, Jacquier, Zagdoun*, Bl. **1952** 197, 204).

Krystalle (aus Bzl. + PAe.); F: 124−125°.

b) **(1*R*)-*trans*-3-Benzamino-1-methyl-cyclohexan**, Formel X (R = H).

Diese Verbindung hat vermutlich auch in dem H 11 beschriebenen Präparat vom F: 163,5° vorgelegen.

B. Aus (1*R*)-*trans*-3-Amino-1-methyl-cyclohexan (S. 76) und Benzoylchlorid (*Mousseron, Granger, Claret*, Bl. **1947** 868, 872; *Mousseron, Jacquier, Zagdoun*, Bl. **1952** 197, 204).

Krystalle (aus Bzl.); F: 160° (*Mou., Gr., Cl.*; *Mou., Ja., Za.*), 155−156° (*Mousseron, Granger*, Bl. [5] **7** [1940] 59). $[\alpha]_{546}^{20}$: −31,8° [Bzl.; c = 1]; $[\alpha]_{546}^{20}$: −25,2° [A.; c = 1] (*Mou., Gr., Cl.*); $[\alpha]_{546}$: −24,6°; $[\alpha]_{579}$: −21,5° [jeweils in A.; c = 4] (*Mou., Gr.*).

Geschwindigkeit der Hydrolyse in wss.-äthanol. Natronlauge bei 25°: *Mousseron, Froger*, Bl. **1947** 843, 849.

***N*-[3-Methyl-cyclohexyl]-*C*-phenyl-acetamid**, N-(*3-methylcyclohexyl*)*-2-phenylacetamide* $C_{15}H_{21}NO$.

***N*-[(1*R*)-*trans*-3-Methyl-cyclohexyl]-*C*-phenyl-acetamid**, Formel III (R = CO-CH_2-C_6H_5) auf S. 78.

B. Aus (1*R*)-*trans*-3-Amino-1-methyl-cyclohexan (S. 76) und Phenylacetylchlorid

(*Mousseron, Granger, Claret,* Bl. **1947** 868, 872).

Krystalle; F: 130° (*Mousseron, Granger,* C. r. **220** [1945] 607), 129° [aus Bzl.] (*Mou., Gr., Cl.*). $[\alpha]_{546}^{20}$: −37,2° [A.; c = 1]; $[\alpha]_{546}^{20}$: −23,2° [Bzl.; c = 1] (*Mou., Gr.; Mou., Gr., Cl.*).

Geschwindigkeit der Hydrolyse in wss.-äthanol. Natronlauge bei 25°: *Mousseron, Froger,* Bl. **1947** 843, 849.

3-*o*-Toluoylamino-1-methyl-cyclohexan, *N*-[3-Methyl-cyclohexyl]-*o*-toluamid, N-(*3-methylcyclohexyl*)-o-*toluamide* $C_{15}H_{21}NO$.

(1*R*)-*trans*-3-*o*-Toluoylamino-1-methyl-cyclohexan, Formel X (R = CH_3).

B. Aus (1*R*)-*trans*-3-Amino-1-methyl-cyclohexan (S. 76) und *o*-Toluoylchlorid (*Mousseron, Granger, Claret,* Bl. **1947** 868, 872).

Krystalle (aus Bzl.); F: 162° (*Mou., Gr., Cl.*). $[\alpha]_{546}^{20}$: −26,4° [A.; c = 1]; $[\alpha]_{546}^{20}$: −33,2° [Bzl.; c = 1] (*Mou., Gr., Cl.*).

Geschwindigkeit der Hydrolyse in wss.-äthanol. Natronlauge bei 25°: *Mousseron, Froger,* Bl. **1947** 849.

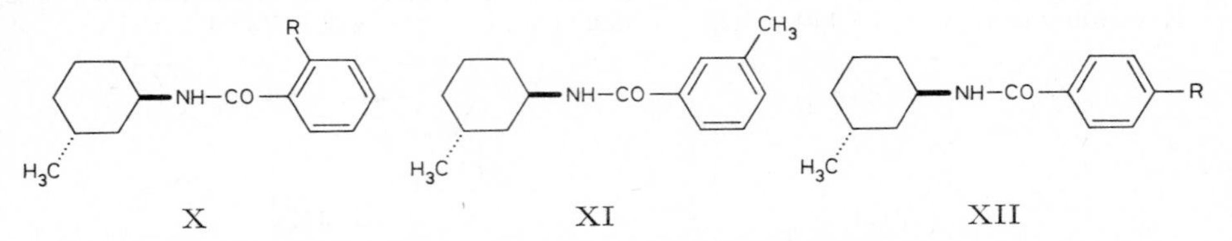

X XI XII

3-*m*-Toluoylamino-1-methyl-cyclohexan, *N*-[3-Methyl-cyclohexyl]-*m*-toluamid, N-(*3-methylcyclohexyl*)-m-*toluamide* $C_{15}H_{21}NO$.

(1*R*)-*trans*-3-*m*-Toluoylamino-1-methyl-cyclohexan, Formel XI.

B. Aus (1*R*)-*trans*-3-Amino-1-methyl-cyclohexan (S. 76) und *m*-Toluoylchlorid (*Mousseron, Granger, Claret,* Bl. **1947** 868, 872).

Krystalle (aus Bzl.); F: 145°. $[\alpha]_{546}^{20}$: −30,6° [A.; c = 1]; $[\alpha]_{546}^{20}$: −39,0° [Bzl.; c = 1].

3-*p*-Toluoylamino-1-methyl-cyclohexan, *N*-[3-Methyl-cyclohexyl]-*p*-toluamid, N-(*3-methylcyclohexyl*)-p-*toluamide* $C_{15}H_{21}NO$.

(1*R*)-*trans*-3-*p*-Toluoylamino-1-methyl-cyclohexan, Formel XII (R = CH_3).

B. Aus (1*R*)-*trans*-3-Amino-1-methyl-cyclohexan (S. 76) und *p*-Toluoylchlorid (*Mousseron, Granger, Claret,* Bl. **1947** 868, 872).

Krystalle (aus Bzl.); F: 172°. $[\alpha]_{546}^{20}$: − 22,6° [A.; c = 1]; $[\alpha]_{546}^{20}$: −26,8° [Bzl.; c = 1]. $[M]_{546}$: − 30,5° [Py.] (*Mou., Gr., Cl.,* l. c. S. 876).

***N*-[3-Methyl-cyclohexyl]-3-phenyl-propionamid,** N-(*3-methylcyclohexyl*)-*3-phenylpropion*=*amide* $C_{16}H_{23}NO$.

***N*-[(1*R*)-*trans*-3-Methyl-cyclohexyl]-3-phenyl-propionamid,** Formel III (R = $CO\text{-}CH_2\text{-}CH_2\text{-}C_6H_5$) auf S. 78.

B. Aus (1*R*)-*trans*-3-Amino-1-methyl-cyclohexan (S. 76) und 3-Phenyl-propionyl=chlorid (*Mousseron, Granger, Claret,* Bl. **1947** 868, 872).

Krystalle (aus PAe. + Bzl.); F: 106°. $[\alpha]_{546}^{20}$: −26,6° [A.; c = 1]; $[\alpha]_{546}^{20}$: −30,6° [Bzl.; c = 1].

4-Isopropyl-*N*-[3-methyl-cyclohexyl]-benzamid, p-*isopropyl*-N-(*3-methylcyclohexyl*)=*benzamide* $C_{17}H_{25}NO$.

4-Isopropyl-*N*-[(1*R*)-*trans*-3-methyl-cyclohexyl]-benzamid, Formel XII (R = $CH(CH_3)_2$).

B. Aus (1*R*)-*trans*-3-Amino-1-methyl-cyclohexan (S. 76) und 4-Isopropyl-benzoyl=chlorid (*Mousseron, Granger, Claret,* Bl. **1947** 868, 872).

Krystalle (aus Bzl.); F: 205°. $[\alpha]_{546}^{20}$: −21,6° [A.; c = 0,2].

3-Cinnamoylamino-1-methyl-cyclohexan, *N*-[3-Methyl-cyclohexyl]-cinnamamid, N-(*3-methylcyclohexyl*)*cinnamamide* $C_{16}H_{21}NO$.

(1*R*)-*trans*-3-[*trans*-Cinnamoylamino]-1-methyl-cyclohexan, Formel XIII.

B. Aus (1*R*)-*trans*-3-Amino-1-methyl-cyclohexan (S. 76) und *trans*-Cinnamoyl=

chlorid (*Mousseron, Granger, Claret*, Bl. **1947** 868, 872).

Krystalle (aus PAe.); F: 114°. $[\alpha]_{546}^{20}$: −30,6° [A.; c = 1]; $[\alpha]_{546}^{20}$: −36,8° [Bzl.; c = 1].

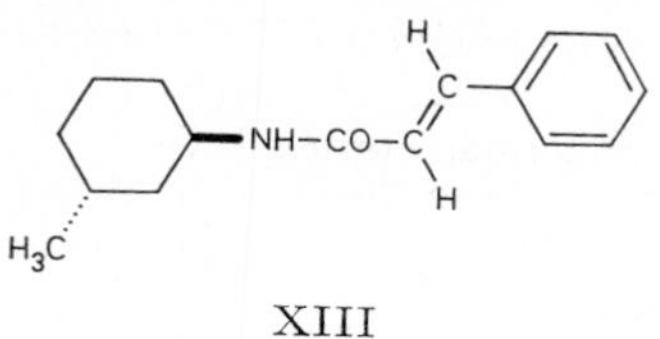

XIII

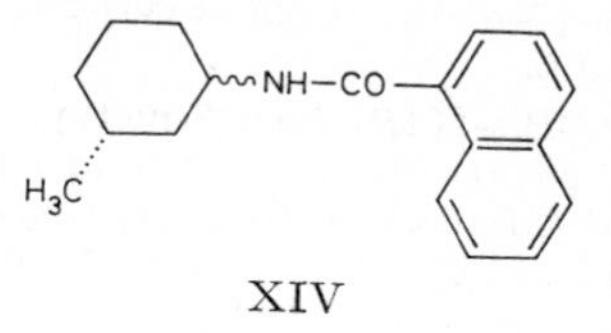

XIV

***N*-[3-Methyl-cyclohexyl]-3-phenyl-propiolamid**, N-(*3-methylcyclohexyl)-3-phenylpropiolamide* $C_{16}H_{19}NO$.

***N*-[(1*R*)-*trans*-3-Methyl-cyclohexyl]-3-phenyl-propiolamid**, Formel III (R = CO-C≡C-C_6H_5) auf S. 78.

B. Aus (1*R*)-*trans*-3-Amino-1-methyl-cyclohexan (S. 76) und Phenylpropioloylchlorid (*Mousseron, Granger, Claret*, Bl. **1947** 868, 872).

Krystalle (aus PAe.); F: 118°. $[\alpha]_{546}^{20}$: −21,4° [A.; c = 1]; $[\alpha]_{546}^{20}$: −25° [Bzl.; c = 1].

***N*-[3-Methyl-cyclohexyl]-naphthamid-(1)**, N-(*3-methylcyclohexyl)-1-naphthamide* $C_{18}H_{21}NO$.

a) ***N*-[(1Ξ:3*R*)-3-Methyl-cyclohexyl]-naphthamid-(1)**, Formel XIV, **vom F: 190°**.

B. Neben dem unter b) beschriebenen Stereoisomeren beim Behandeln von (1*R*:3Ξ)-3-Amino-1-methyl-cyclohexan (Gemisch der Stereoisomeren; aus (*R*)-1-Methyl-cyclohexanon-(3) [E III **7** 55] hergestellt) mit Naphthoylchlorid-(1) (*Mousseron, Granger, Claret*, Bl. **1947** 868, 872, 873).

Krystalle (aus Bzl.); F: 190°. $[\alpha]_{546}^{20}$: −26,6° [A.; c = 1]; $[\alpha]_{546}^{20}$: −28° [Bzl.; c = 1]. Bei 26° lösen sich in 100 ml Äthanol 1,0 g, in 100 ml Benzol 1,6 g.

b) ***N*-[(1Ξ:3*R*)-3-Methyl-cyclohexyl]-naphthamid-(1)**, Formel XIV, **vom F: 134°**.

B. s. bei dem unter a) beschriebenen Stereoisomeren.

Krystalle (aus Bzl.); F: 134° (*Mousseron, Granger, Claret*, Bl. **1947** 868, 872, 873). $[\alpha]_{546}^{20}$: −12,6° [A.; c = 1]; $[\alpha]_{546}^{20}$: −16° [Bzl.; c = 1]. Bei 26° lösen sich in 100 ml Äthanol 10,3 g, in 100 ml Benzol 10,5 g.

***N*-[3-Methyl-cyclohexyl]-naphthamid-(2)**, N-(*3-methylcyclohexyl)-2-naphthamide* $C_{18}H_{21}NO$.

a) ***N*-[(1Ξ:3*R*)-3-Methyl-cyclohexyl]-naphthamid-(2)**, Formel I, **vom F: 173°**.

B. Neben dem unter b) beschriebenen Stereoisomeren beim Behandeln von (1*R*:3Ξ)-3-Amino-1-methyl-cyclohexan (Gemisch der Stereoisomeren; aus (*R*)-1-Methyl-cyclohexanon-(3) [E III **7** 55] hergestellt) mit Naphthoylchlorid-(2) (*Mousseron, Granger, Claret*, Bl. **1947** 868, 872, 873).

Krystalle (aus Bzl.); F: 173°. $[\alpha]_{546}^{20}$: −11,6° [A.; c = 1]; $[\alpha]_{546}^{20}$: −20° [Bzl.; c = 0,5] Bei 26° lösen sich in 100 ml Äthanol 1,7 g, in 100 ml Benzol 0,5 g.

b) ***N*-[(1Ξ:3*R*)-3-Methyl-cyclohexyl]-naphthamid-(2)**, Formel I, **vom F: 118°**.

B. s. bei dem unter a) beschriebenen Stereoisomeren.

Krystalle (aus Bzl.); F: 118° (*Mousseron, Granger, Claret*, Bl. **1947** 868, 873). $[\alpha]_{546}^{20}$: −21° [A.; c = 1]; $[\alpha]_{546}^{20}$: −29,6° [Bzl.; c = 1]. Bei 26° lösen sich in 100 ml Äthanol 13,4 g, in 100 ml Benzol 12,0 g.

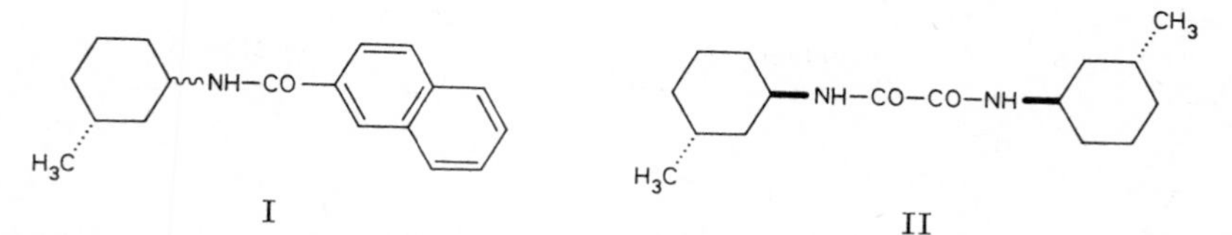

I II

***N.N'*-Bis-[3-methyl-cyclohexyl]-oxamid**, N,N'-*bis(3-methylcyclohexyl)oxamide* $C_{16}H_{28}N_2O_2$.

***N.N'*-Bis-[(1*R*)-*trans*-3-methyl-cyclohexyl]-oxamid**, Formel II.

B. Aus (1*R*)-*trans*-3-Amino-1-methyl-cyclohexan (S. 76) und Oxalsäure-dichlorid

(*Mousseron, Granger, Claret*, Bl. **1947** 868, 871).
F: 255°. $[\alpha]_{546}^{20}$: −90° [A.; c = 1]; $[\alpha]_{546}^{20}$: −72° [Bzl.; c = 1].

N.N'-Bis-[3-methyl-cyclohexyl]-succinamid, N,N'-*bis(3-methylcyclohexyl)succinamide* $C_{18}H_{32}N_2O_2$.

N.N'-Bis-[(1R)-*trans*-3-methyl-cyclohexyl]-succinamid, Formel III.
B. Aus (1*R*)-*trans*-3-Amino-1-methyl-cyclohexan (S. 76) und Bernsteinsäure-dichlorid (*Mousseron, Granger, Claret*, Bl. **1947** 868, 871).
F: 246°. $[\alpha]_{546}^{20}$: −70° [A.; c = 0,3].

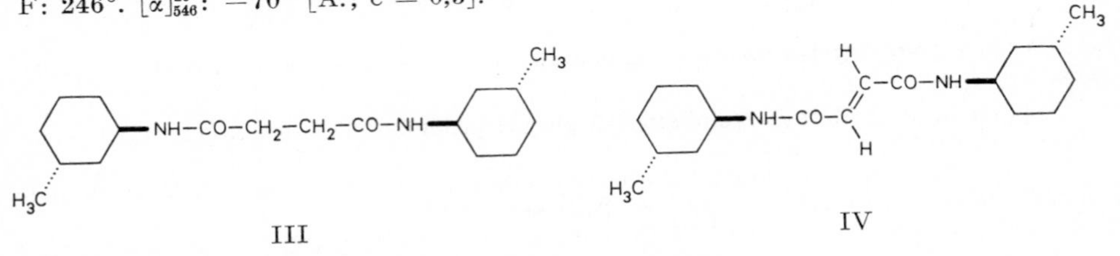

III IV

N.N'-Bis-[3-methyl-cyclohexyl]-butendiamid $C_{18}H_{30}N_2O_2$.

N.N'-Bis-[(1R)-*trans*-3-methyl-cyclohexyl]-fumaramid, N,N'-*bis*((1R)-trans-*3-methylcyclohexyl)fumaramide* $C_{18}H_{30}N_2O_2$, Formel IV.
B. Aus (1*R*)-*trans*-3-Amino-1-methyl-cyclohexan (S. 76) und Fumarsäure-dichlorid (*Mousseron, Granger, Claret*, Bl. **1947** 868, 871).
F: 220°. $[\alpha]_{546}^{20}$: −60° [A.; c = 0,3].

3-Methyl-cyclohexylisothiocyanat, *isothiocyanic acid 3-methylcyclohexyl ester* $C_8H_{13}NS$, Formel V.
In dem E II 17 als (±)-*cis*-3-Methyl-cyclohexylisothiocyanat beschriebenen Präparat (Einheitlichkeit ungewiss) hat (±)-*trans*-3-Methyl-cyclohexylisothiocyanat, in dem E II 16 als (±)-*trans*-3-Methyl-cyclohexylisothiocyanat beschriebenen Präparat (Einheitlichkeit ungewiss) hat (±)-*cis*-3-Methyl-cyclohexylisothiocyanat vorgelegen (s. die entsprechende Bemerkung im Artikel (±)-*cis*-3-Amino-1-methyl-cyclohexan [S. 75]).

N-[3-Methyl-cyclohexyl]-benzolsulfonamid, N-(*3-methylcyclohexyl)benzenesulfonamide* $C_{13}H_{19}NO_2S$.

a) **N-[(1Ξ:3R)-3-Methyl-cyclohexyl]-benzolsulfonamid**, Formel VI (R = H), **vom F: 98°**.
B. Neben dem unter b) beschriebenen Stereoisomeren beim Behandeln von (1*R*:3*Ξ*)-3-Amino-1-methyl-cyclohexan (Gemisch der Stereoisomeren; aus (1*R*)-1-Methyl-cyclohexanon-(3) [E III 7 55] hergestellt) mit Benzolsulfonylchlorid (*Mousseron, Granger, Claret*, Bl. **1947** 868, 873).
Krystalle (aus PAe. + Bzl.); F: 98°. $[\alpha]_{546}^{20}$: −32,7° [A.; c = 4]; $[\alpha]_{546}^{20}$: −31,6° [Bzl.; c = 1]. $[M]_{546}$: − 69,6° [Py.] (*Mou., Gr., Cl.*, l. c. S. 876).

b) **N-[(1Ξ:3R)-3-Methyl-cyclohexyl]-benzolsulfonamid**, Formel VI (R = H), **vom F: 92°**.
B. s. bei dem unter a) beschriebenen Stereoisomeren.
Krystalle (aus PAe. + Bzl.), F: 92°; $[\alpha]_{546}^{20}$: −16,6° [A.; c = 4] (*Mousseron, Granger, Claret*, Bl. **1947** 868, 873).

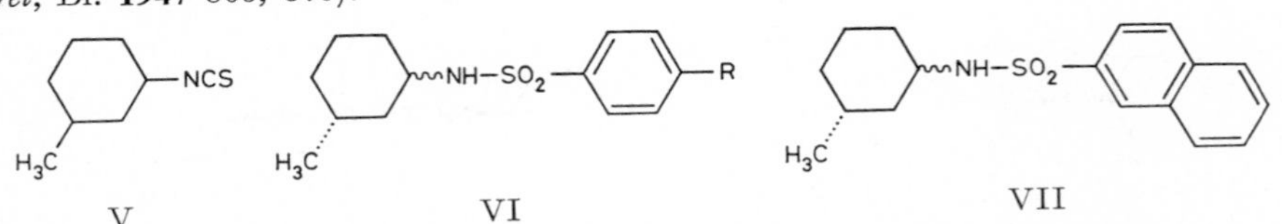

V VI VII

N-[3-Methyl-cyclohexyl]-toluolsulfonamid-(4), N-(*3-methylcyclohexyl)*-p-*toluolsulfonamide* $C_{14}H_{21}NO_2S$.

a) **N-[(1Ξ:3R)-3-Methyl-cyclohexyl]-toluolsulfonamid-(4)**, Formel VI (R = CH_3), **vom F: 94°**.
B. Neben dem unter b) beschriebenen Stereoisomeren beim Behandeln von (1*R*:3*Ξ*)-

3-Amino-1-methyl-cyclohexan (Gemisch der Stereoisomeren; aus (1*R*)-1-Methyl-cyclohexanon-(3) [E III **7** 55] hergestellt) mit Toluol-sulfonylchlorid-(4) (*Mousseron, Granger, Claret*, Bl. **1947** 868, 873, 874).

Krystalle (aus PAe. + Bzl.); F: 94°. $[\alpha]_{546}^{20}$: −38,2° [A.; c = 4,2]; $[\alpha]_{546}^{20}$: −32,8° [Bzl.; c = 1]. Optisches Drehungsvermögen $[\alpha]_{546}$ in weiteren Lösungsmitteln: *Mou., Gr., Cl.*, l. c. S. 875.

b) ***N*-[(1Ξ:3*R*)-3-Methyl-cyclohexyl]-toluolsulfonamid-(4)**, Formel VI (R = CH_3), **vom F: 68°**.

B. Aus (1*R*:3Ξ)-3-Amino-1-methyl-cyclohexan s. bei dem unter a) beschriebenen Stereoisomeren.

Krystalle (aus PAe. + Bzl.), F: 68°; $[\alpha]_{546}^{20}$: −11,5° [A.; c = 4] (*Mousseron, Granger, Claret*, Bl. **1947** 868, 874).

***N*-[3-Methyl-cyclohexyl]-naphthalinsulfonamide-(2)**, N-(*3-methylcyclohexyl*)*naphthalene-2-sulfonamide* $C_{17}H_{21}NO_2S$.

***N*-[(1Ξ:3*R*)-3-Methyl-cyclohexyl]-naphthalinsulfonamid-(2)**, Formel VII.

Ein Präparat (F: 72°; $[\alpha]_{546}^{20}$: −25,2° [A.]; $[\alpha]_{546}^{20}$: −36,8° [Bzl.]), in dem ein Gemisch der beiden dieser Formel entsprechenden Stereoisomeren vorgelegen hat, ist aus (1*R*:3Ξ)-3-Amino-1-methyl-cyclohexan (Gemisch der Stereoisomeren; aus (1*R*)-1-Methyl-cyclohexanon-(3) [E III **7** 55] hergestellt) und Naphthalin-sulfonylchlorid-(2) erhalten worden (*Mousseron, Granger, Claret*, Bl. **1947** 868, 873, 874).

2-Oxo-*N*-[3-methyl-cyclohexyl]-bornansulfonamid-(10), N-(*3-methylcyclohexyl*)*-2-oxobornane-10-sulfonamide* $C_{17}H_{29}NO_3S$.

(1*S*)-2-Oxo-*N*-[(1*R*)-*trans*-3-methyl-cyclohexyl]-bornansulfonamid-(10) $C_{17}H_{29}NO_3S$, Formel VIII.

B. Aus (1*R*)-*trans*-3-Amino-1-methyl-cyclohexan (S. 76) und (1*S*)-2-Oxo-bornan-sulfonylchlorid-(10) (*Mousseron, Granger, Claret*, Bl. **1947** 868, 874).

Krystalle (aus A.); F: 54°. $[M]_{579}$: +55,6° [A.]; $[M]_{579}$: +49° [Bzl.]; $[M]_{546}$: +63,4° [A.], $[M]_{546}$: +56,2° [Bzl.].

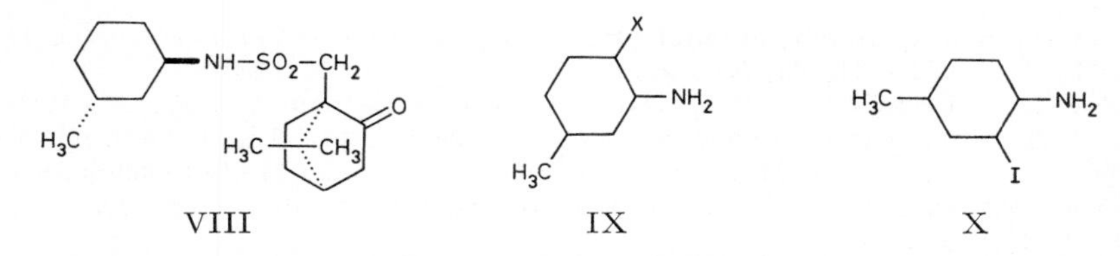

VIII IX X

4-Chlor-3-amino-1-methyl-cyclohexan, 6-Chlor-3-methyl-cyclohexylamin, *2-chloro-5-methylcyclohexylamine* $C_7H_{14}ClN$, Formel IX (X = Cl).

Ein opt.-inakt. Präparat (Kp_{15}: 66—67°; D^{15}: 1,103; Hydrochlorid: F: 153—154°) von ungewisser Einheitlichkeit ist beim Behandeln von (±)-3*r*-Amino-1ξ-methyl-cyclohexanol-(4*t*) (F: 27°) mit Phosphor(V)-chlorid in Benzol erhalten worden (*Mousseron, Granger*, Bl. **1947** 850, 857).

6-Jod-3-methyl-cyclohexylamin, *2-iodo-5-methylcyclohexylamine* $C_7H_{14}IN$, Formel IX (X = I), und **2-Jod-4-methyl-cyclohexylamin**, *2-iodo-4-methylcyclohexylamine* $C_7H_{14}IN$, Formel X.

Ein opt.-inakt. Amin (Kp_1: 95—97°), für das diese beiden Konstitutionsformeln in Betracht gezogen werden, ist bei der Umsetzung von (±)-1-Methyl-cyclohexen-(3) mit Jodisocyanat und anschliessenden Hydrolyse (wss. Salzsäure) erhalten und mit Hilfe von Silbernitrat in ein Gemisch von 3*r*-Amino-1ξ-methyl-cyclohexanol-(4*t*) (L_g-Hydrogentartrat: F: 129—130°) und (±)-*cis*-3-Methyl-cyclopentan-carbaldehyd-(1) (E III **7** 75) übergeführt worden (*Mousseron, Jacquier*, C. r. **229** [1949] 216, 218).

4-Amino-1-methyl-cyclohexan, 4-Methyl-cyclohexylamin, *4-methylcyclohexylamine* $C_7H_{15}N$.

Ein Gemisch von *cis*-4-Amino-1-methyl-cyclohexan (Formel I [R = X = H]; E I 117; E II 18) und *trans*-4-Amino-1-methyl-cyclohexan (S. 86) hat wahrscheinlich in einem beim Behandeln von (1*R*)-Menthol (E III **6** 133) mit konz. Schwefelsäure und einer

Lösung von Stickstoffwasserstoffsäure in Benzol als Hauptprodukt erhaltenen, ursprünglich (*Knoll A.G.*, D.R.P. 583565 [1929]; Frdl. **20** 947, 951) als 4-Methyl-hexahydro-1*H*-azepin angesehenen Präparat (Kp_{759}: 153,3–155,3°; Hydrochlorid: F: 229,5°; Pikrat: F: 104°) vorgelegen (*Boyer, Canter*, Am. Soc. **77** [1955] 3289).

***trans*-4-Amino-1-methyl-cyclohexan**, Formel II (R = X = H) (H 12; E I 117; E II 17).

Kp: 149–151°; D_4^{20}: 0,8470; n_D^{20}: 1,4516 (*Inoue, Ishimura*, Bl. chem. Soc. Japan **9** [1934] 423, 429). Dissoziationskonstante: *Mousseron, Froger*, Bl. **1947** 843, 848.

Bildung von 1-Methyl-cyclohexen-(1), 1-Methyl-cyclohexen-(2), 1-Methyl-cyclohexen-(3), 1.2-Dimethyl-cyclopentan, Toluol und *p*-Toluidin beim Leiten über Aluminiumoxid bei 350°: *In., Ishi.*

4-Dimethylamino-1-methyl-cyclohexan, Dimethyl-[4-methyl-cyclohexyl]-amin, *4,N,N-trimethylcyclohexylamine* $C_9H_{19}N$.

a) ***cis*-4-Dimethylamino-1-methyl-cyclohexan**, Formel I (R = X = CH_3) (E II 18).

Pikrat $C_9H_{19}N \cdot C_6H_3N_3O_7$. F: 193° (*Gutman*, C. r. **208** [1939] 524).

b) ***trans*-4-Dimethylamino-1-methyl-cyclohexan**, Formel II (R = X = CH_3) (E II 17).

Pikrat $C_9H_{19}N \cdot C_6H_3N_3O_7$. F: 194° (*Gutman*, C. r. **208** [1939] 524).

Methyl-*sec*-butyl-[4-methyl-cyclohexyl]-amin, N-sec-*butyl-4,N-dimethylcyclohexylamine* $C_{12}H_{25}N$, Formel III (R = $CH(CH_3)$-CH_2-CH_3, X = CH_3).

Ein als Pikrolonat $C_{12}H_{25}N \cdot C_{10}H_8N_4O_5$ (F: 138–139°) charakterisiertes opt.-inakt. Amin (Kp: 221–222°) dieser Konstitution ist bei der Hydrierung eines Gemisches von (±)-Methyl-*sec*-butyl-amin und 1-Methyl-cyclohexanon-(4) an Platin in Wasser erhalten worden (*Skita, Keil, Havemann*, B. **66** [1933] 1400, 1409).

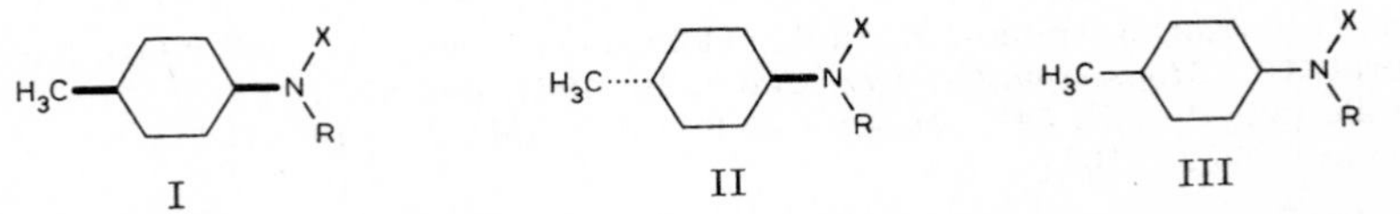

2-[4-Methyl-cyclohexylamino]-äthanol-(1), *2-(4-methylcyclohexylamino)ethanol* $C_9H_{19}NO$, Formel III (R = CH_2-CH_2OH, X = H).

Ein als Pikrat $C_9H_{19}NO_4 \cdot C_6H_3N_3O_7$ (Krystalle [aus A. oder aus A. + W.]; F: 116–117° [unkorr.]) charakterisierter Aminoalkohol (Kp_{14}: 129,5–130°; D_{25}^{25}: 0,9607; n_D^{25}: 1,4792) dieser Konstitution ist bei der Hydrierung eines Gemisches von 1-Methyl-cyclohexanon-(4) und 2-Amino-äthanol-(1) an Platin in Äthanol erhalten worden (*Cope, Hancock*, Am. Soc. **64** [1942] 1504).

2-[4-Methyl-cyclohexylamino]-1-benzoyloxy-äthan, [2-Benzoyloxy-äthyl]-[4-methyl-cyclohexyl]-amin, *1-(benzoyloxy)-2-(4-methylcyclohexylamino)ethane* $C_{16}H_{23}NO_2$, Formel IV (R = X = H).

Ein als Hydrochlorid $C_{16}H_{23}NO_2 \cdot HCl$ (Krystalle [aus Acn.]; F: 145–146°) isoliertes Amin dieser Konstitution ist bei der Hydrierung eines Gemisches von 1-Methyl-cyclohexanon-(4) und 2-Amino-äthanol an Platin in Äthanol, Behandlung des danach isolierten 2-[4-Methyl-cyclohexylamino]-äthanols-(1) mit wss. Natronlauge und mit Benzoylchlorid in Äther und Erwärmen des Reaktionsprodukts mit wss. Salzsäure erhalten worden (*Reasenberg, Goldberg*, Am. Soc. **67** [1945] 933, 937).

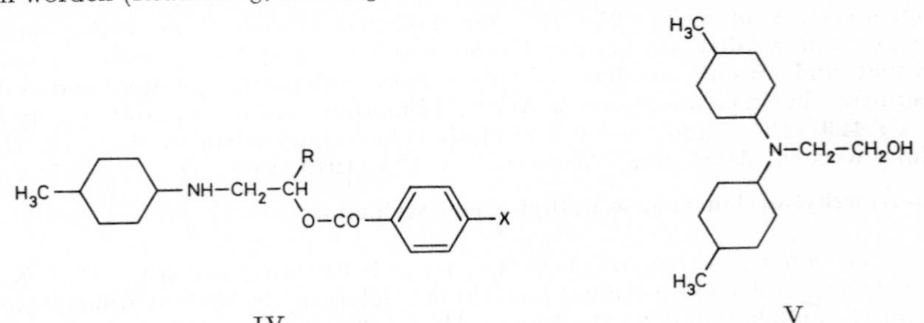

2-[4-Methyl-cyclohexylamino]-1-[4-nitro-benzoyloxy]-äthan, *1-(4-methylcyclohexyl=amino)-2-(4-nitrobenzoyloxy)ethane* $C_{16}H_{22}N_2O_4$, Formel IV (R = H, X = NO_2).

Ein als Hydrochlorid $C_{16}H_{22}N_2O_4 \cdot HCl$ (F: 195—196° [unkorr.; aus A.]) isoliertes Amin dieser Konstitution ist bei mehrtägigem Behandeln einer mit Chlorwasserstoff gesättigten Lösung von 2-[4-Methyl-cyclohexylamino]-äthanol-(1) (Pikrat: F: 116—117° [S. 86]) in Chloroform mit 4-Nitro-benzoylchlorid erhalten worden (*Cope, Hancock*, Am. Soc. **66** [1944] 1448, 1449, 1451).

Über ein nach dem gleichen Verfahren hergestelltes Hydrochlorid vom F: 202—204° s. *Reasenberg, Goldberg*, Am. Soc. **67** [1945] 933, 936.

2-[Bis-(4-methyl-cyclohexyl)-amino]-äthanol-(1), *2-[bis(4-methylcyclohexyl)amino]=ethanol* $C_{16}H_{31}NO$, Formel V.

Ein Aminoalkohol (Kp_5: 165°) dieser Konstitution von ungewisser konfigurativer Einheitlichkeit ist beim Erhitzen von nicht näher bezeichnetem 4-Methyl-cyclohexylbro=mid mit 2-Amino-äthanol-(1) unter Zusatz von Kaliumcarbonat auf 160° erhalten worden (*I.G. Farbenind.*, D.R.P. 593192 [1931]; Frdl. **20** 757, 761).

1-[4-Methyl-cyclohexylamino]-propanol-(2), *1-(4-methylcyclohexylamino)propan-2-ol* $C_{10}H_{21}NO$, Formel III (R = CH_2-CH(OH)-CH_3, X = H).

Ein als Pikrat $C_{10}H_{21}NO \cdot C_6H_3N_3O_7$ (F: 123—125°) charakterisierter opt.-inakt. Aminoalkohol (Kp_{21}: 133—133,5°; D_{25}^{25}: 0,9388; n_D^{25}: 1,4710) dieser Konstitution ist bei der Hydrierung eines Gemisches von 1-Methyl-cyclohexanon-(4) und (±)-1-Amino-propan=ol-(2) an Platin in Äthanol erhalten worden (*Cope, Hancock*, Am. Soc. **66** [1944] 1453, 1454, 1455).

1-[4-Methyl-cyclohexylamino]-2-[4-nitro-benzoyloxy]-propan, *1-(4-methylcyclohexyl=amino)-2-(4-nitrobenzoyloxy)propane* $C_{17}H_{24}N_2O_4$, Formel IV (R = CH_3, X = NO_2).

Ein als Hydrochlorid $C_{17}H_{24}N_2O_4 \cdot HCl$ (F: 171—173° [unkorr.; aus A. + Ae.]) isoliertes opt. inakt. Amin dieser Konstitution ist aus dem im vorangehenden Artikel beschriebenen Amin beim Erwärmen des Hydrochlorids mit 4-Nitro-benzoylchlorid in Chloroform erhalten worden (*Cope, Hancock*, Am. Soc. **66** [1944] 1453, 1454, 1455).

2-[4-Methyl-cyclohexylamino]-2-methyl-propanol-(1), *2-methyl-2-(4-methylcyclohexyl=amino)propan-1-ol* $C_{11}H_{23}NO$, Formel III (R = C$(CH_3)_2$-CH_2OH, X = H).

Ein Aminoalkohol (F: 95—96°; Kp_{763}: 253°; Pikrat $C_{11}H_{23}NO \cdot C_6H_3N_3O_7$: F: 136—137°) dieser Konstitution ist beim Erhitzen von 1-Methyl-cyclohexanon-(4) mit 2-Amino-2-methyl-propanol-(1) in Toluol unter Abdestillieren von 1 Mol Wasser und Hydrieren des Reaktionsprodukts an Platin in Essigsäure erhalten worden (*Reasenberg, Goldberg*, Am. Soc. **67** [1945] 933, 935).

Überführung in 2-[4-Methyl-cyclohexylamino]-1-benzoyloxy-2-methyl-propan $C_{18}H_{27}NO_2$ (Formel VI [X = H]; Hydrochlorid $C_{18}H_{27}NO_2 \cdot HCl$: F: 213° bis 214° [aus Isopropylalkohol]) und in 2-[4-Metyl-cyclohexylamino]-1-[4-nitro-benzoyloxy]-2-methyl-propan $C_{18}H_{26}N_2O_4$ (Formel VI [X = NO_2]; Hydrochlorid $C_{18}H_{26}N_2O_4 \cdot HCl$: F: 200—201° [aus Isopropylalkohol]) mit Hilfe von Benzoylchlorid bzw. 4-Nitro-benzoylchlorid: *Rea., Go.*, l. c. S. 936, 937.

4-Acetamino-1-methyl-cyclohexan, *N*-[4-Methyl-cyclohexyl]-acetamid, *N-(4-methyl=cyclohexyl)acetamide* $C_9H_{17}NO$.

In den E II 18 als *cis*-4-Acetamino-1-methyl-cyclohexan und *trans*-4-Acetamino-1-methyl-cyclohexan beschriebenen Präparaten haben Gemische der beiden Stereoisomeren vorgelegen (*Tichý, Jonáš, Sicher*, Collect. **24** [1959] 3434, 3435).

Über *cis*-4-Acetamino-1-methyl-cyclohexan (Formel I [R = CO-CH_3, X = H]; Krystalle [aus Bzl.], F: 98,5—99,5° [Kofler-App.]) und *trans*-4-Acetamino-1-methyl-cyclohexan (Formel II [R = CO-CH_3, X = H]; Krystalle [aus Bzl.], F: 140,5—141° [Kofler-App.]) s. *Ti., Jo., Si.*

4-Benzamino-1-methyl-cyclohexan, *N*-[4-Methyl-cyclohexyl]-benzamid, N-*(4-methyl=cyclohexyl)benzamide* $C_{14}H_{19}NO$.

a) ***cis*-4-Benzamino-1-methyl-cyclohexan,** Formel I (R = CO-C_6H_5, X = H) (E I 118; E II 18).

In den E I 118 und E II 18 beschriebenen Präparaten sowie in einem von *Ferber, Brückner* (B. **76** [1943] 1019, 1027) beschriebenen Präparat (F: 116°) haben Gemische mit *trans*-4-Benzamino-1-methyl-cyclohexan vorgelegen (*Tichý, Jonáš, Sicher*, Collect. **24** [1959] 3434, 3437).

Krystalle (aus A.); F: 130—130,5° [Kofler-App.] (*Ti., Jo., Si.*).

b) ***trans*-4-Benzamino-1-methyl-cyclohexan**, Formel II (R = CO-C_6H_5, X = H) auf S. 86 (E I 118; E II 18).

B. Neben dem unter a) beschriebenen Stereoisomeren beim Behandeln von 4-Amino-1-methyl-cyclohexan-hydrochlorid (Gemisch der Stereoisomeren) mit wss. Natriumcar=bonat-Lösung und mit Benzoylchlorid (*Ferber, Brückner*, B. **76** [1943] 1019, 1027).

Krystalle (aus A.); F: 181°.

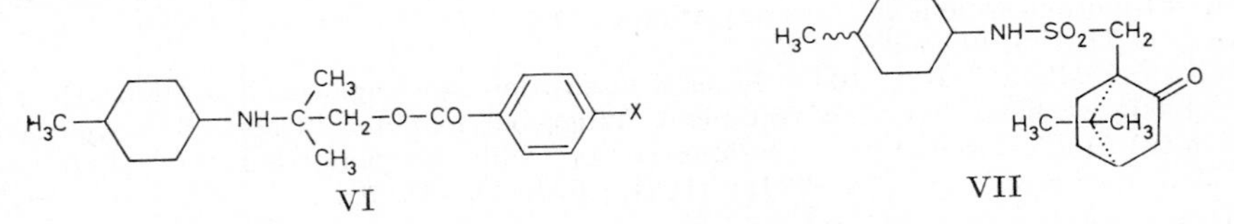

2-Oxo-*N*-[4-methyl-cyclohexyl]-bornansulfonamid-(10), N-(*4-methylcyclohexyl*)-*2-oxo=bornane-10-sulfonamide* $C_{17}H_{29}NO_3S$.

(1*S*)-2-Oxo-*N*-[(1*Ξ*:4*Ξ*)-4-methyl-cyclohexyl]-bornansulfonamid-(10), Formel VII, **vom F: 45°.**

B. Aus (1*S*)-2-Oxo-bornan-sulfonylchlorid-(10) und nicht näher bezeichnetem 4-Amino-1-methyl-cyclohexan (*Mousseron, Granger, Claret*, Bl. **1947** 868, 874).

Krystalle (aus A.); F: 45°. $[M]_{579}$: +88,3° [A.]; $[M]_{579}$: +85° [Bzl.]; $[M]_{546}$: +109,8° [A.]; $[M]_{579}$: +100,6° [Bzl.].

Aminomethyl-cyclohexan, *C*-Cyclohexyl-methylamin, *1-cyclohexylmethylamine* $C_7H_{15}N$, Formel VIII (R = X = H) (H 12; E I 118; E II 18; dort auch als Hexahydrobenzyl=amin und als [Cyclohexylmethyl]-amin bezeichnet).

B. Beim Leiten eines Gemisches von Cyclohexylmethanol und Ammoniak über einen Nickel-Katalysator bei 185° (*Lenarškiĭ*, Ž. obšč. Chim. **9** [1939] 99, 100; C. **1939** II 1266). Bei der Hydrierung eines Gemisches von Diacetoxymethyl-cyclohexan und methanol. Ammoniak an Raney-Nickel bei 100°/140 at (*Du Pont de Nemours & Co.*, U.S.P. 2456315 [1946]). Neben Bis-cyclohexylmethyl-amin bei der Umsetzung von Cyclohexancarbaldehyd mit Ammoniak und Hydrierung des Reaktionsprodukts an Nickel in Äther, Äthanol oder Methylcyclohexan bei 100—125°/100—150 at (*Winans, Adkins*, Am. Soc. **55** [1933] 2051, 2056, 2057, 2058). Aus Cyclohexen-(1)-carbonitril-(1) bei der Hydrierung an Raney-Nickel in äthanol. Ammoniak bei 100—110°/125 at (*Attenburrow, Elliott, Penny*, Soc. **1948** 310, 316; vgl. E II 18).

Kp_{756}: 162—163°; Kp_{25}: 70° (*Braun, Randall*, Am. Soc. **56** [1934] 2134, 2135), 64—65° (*Du Pont*). D_4^{25}: 0,8682; n_D^{30}: 1,4579 (*Du Pont*). Dissoziationskonstante: *Mousseron, Froger*, Bl. **1947** 843, 848.

Beim Behandeln einer wss. Lösung mit Sauerstoff in Gegenwart von Kupfer-Pulver sind Cyclohexancarbaldehyd und geringe Mengen Cyclohexancarbonsäure erhalten worden (*Le.*, l. c. S. 101, 102).

N-Benzoyl-Derivat (F: 106—106,5° bzw. F: 105—106°) s. S. 90.

Hydrochlorid $C_7H_{15}N \cdot HCl$ (vgl. H 12). Krystalle (aus $CHCl_3$ + PAe.); F: 252° bis 253° (*Coleman, Adams*, Am. Soc. **54** [1932] 1982, 1983).

Methyl-cyclohexylmethyl-amin, *1-cyclohexyldimethylamine* $C_8H_{17}N$, Formel VIII (R = CH_3, X = H).

Aus Cyclohexylmethylbromid und Methylamin in Äthanol (*Blicke, Zienty*, Am. Soc. **61** [1947] 93, 94).

Kp_{13}: 65—66°.

Hydrochlorid $C_8H_{17}N \cdot HCl$. Krystalle (aus A. + Acn.); F: 193—194°.

Dimethyl-cyclohexylmethyl-amin, *1-cyclohexyltrimethylamine* $C_9H_{19}N$, Formel VIII (R = X = CH_3).

B. Aus Cyclohexylmethylbromid und Dimethylamin in wss. Äthanol (*Dunn, Stevens*, Soc. **1934** 279, 282). Aus *N.N*-Dimethyl-cyclohexancarbamid beim Erwärmen mit Lithi=umaluminiumhydrid in Äther (*Cope, Ciganek*, Org. Synth. Coll. Vol. IV [1963] 339).

Kp_{29}: 76°; n_D^{25}: 1,4463 (*Cope, Ci.*).

Pikrat $C_9H_{19}N \cdot C_6H_3N_3O_7$. Gelbe Krystalle (aus Me.; bei schneller Krystallisation), F: 136—137°; orangefarbene Krystalle (aus Me.; bei langsamer Krystallisation), F: 136° bis 137° (*Dunn, St.*).

Cyclohexylmethyl-äthyl-amin, *1-cyclohexyl-*N*-ethylmethylamine* $C_9H_{19}N$, Formel VIII ($R = C_2H_5$, $X = H$).

B. Aus Cyclohexylmethylbromid und Äthylamin in Äthanol (*Blicke, Zienty,* Am. Soc. **61** [1939] 93, 94). Bei der Hydrierung eines Gemisches von Diacetoxymethyl-cyclohexan und Äthylamin in Methanol an Raney-Nickel bei 75—100°/140 at (*Du Pont de Nemours & Co.,* U.S.P. 2456315 [1946]).

Kp_{37}: 91—94° (*Du Pont*); Kp_{12}: 72—73° (*Bl., Zie.*).

Hydrochlorid $C_9H_{19}N \cdot HCl$. Krystalle (aus A. + Acn.); F: 249—250° (*Bl., Zie.*).

Cyclohexylmethyl-diäthyl-amin, *1-cyclohexyl-*N,N*-diethylmethylamine* $C_{11}H_{23}N$, Formel VIII ($R = X = C_2H_5$).

B. Aus Cyclohexylmethylbromid und Diäthylamin (*Coleman, Adams,* Am. Soc. **54** [1932] 1982, 1984). Bei der Hydrierung eines Gemisches von Diacetoxymethyl-cyclohexan und Diäthylamin in Methanol an einem Nickel-Katalysator bei 85°/140 at (*Du Pont de Nemours & Co.,* U.S.P. 2456315 [1946]).

Kp_{37}: 101—104° (*Du Pont*); $Kp_{3,5}$: 73—75° (*Co., Ad.*). D_{25}^{25}: 0,8361 (*Co., Ad.*). n_D^{25}: 1,4551 (*Co., Ad.*), 1,4565 (*Du Pont*).

Hydrochlorid $C_{11}H_{23}N \cdot HCl$. Krystalle (aus Bzl. + Ae.); F: 168—168,5° (*Co., Ad.*).

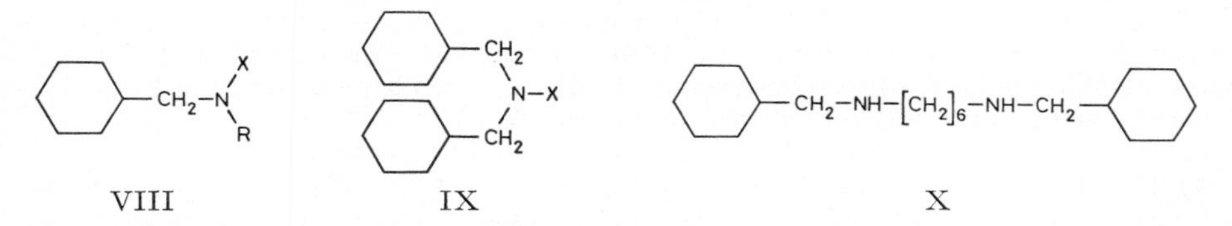

VIII IX X

Cyclohexylmethyl-dodecyl-amin, *N-(cyclohexylmethyl)dodecylamine* $C_{19}H_{39}N$, Formel VIII ($R = [CH_2]_{11}\text{-}CH_3$, $X = H$).

B. Aus Dodecyl-dibenzyl-amin bei der Hydrierung an Platin in Essigsäure (*Birkofer,* B. **75** [1942] 429, 435).

Hydrochlorid $C_{19}H_{39}N \cdot HCl$. Krystalle (aus W.); F: 218°.

Bis-cyclohexylmethyl-amin, *1,1'-dicyclohexyldimethylamine* $C_{14}H_{27}N$, Formel IX ($X = H$).

B. Aus 1-Acetoxy-cyclohexan-carbonitril-(1) bei der Hydrierung an Platin in Essigsäure (*Goldberg, Kirchensteiner,* Helv. **26** [1943] 288, 293). Bildung aus Cyclohexancarbaldehyd s. S. 88 im Artikel *C*-Cyclohexyl-methylamin.

Kp_{14}: 150—155° (*Winans, Adkins,* Am. Soc. **55** [1933] 2051, 2056); Kp_3: 115—120° (*I.G. Farbenind.,* D.R.P. 593192 [1931]; Frdl. **20** 757, 758).

Hydrochlorid $C_{14}H_{27}N \cdot HCl$. F: 298—299° (*Wi., Ad.*).

Methyl-bis-cyclohexylmethyl-amin, *1,1'-dicyclohexyltrimethylamine* $C_{15}H_{29}N$, Formel IX ($X = CH_3$).

B. Beim Erhitzen von Cyclohexylmethylbromid mit Methylamin und Natriumcarbonat in Äthanol auf 140° (*Blicke,* U.S.P. 2180344 [1937]; *Blicke, Zienty,* Am. Soc. **61** [1939] 93, 94).

Kp_{11}: 144—147° (*Bl.*); Kp_4: 124—125° (*Bl., Zie.*).

Hydrochlorid $C_{15}H_{29}N \cdot HCl$. Krystalle (aus Dioxan); F: 240—241° (*Bl., Zie.*), 240—240,5° (*Bl.*).

Bis-cyclohexylmethyl-äthyl-amin, *1,1'-dicyclohexyl-*N*-ethyldimethylamine* $C_{16}H_{31}N$, Formel IX ($X = C_2H_5$).

B. Beim Erhitzen von Cyclohexylmethylbromid mit Äthylamin und Natriumcarbonat in Äthanol auf 140° (*Blicke,* U.S.P. 2180344 [1937]; *Blicke, Zienty,* Am. Soc. **61** [1939] 93, 94).

Kp_{12}: 149—153° (*Bl.; Bl., Zie.*).

Hydrochlorid $C_{16}H_{31}N \cdot HCl$. Krystalle (aus CCl_4 + Ae.); F: 137—138° (*Bl.*; *Bl.*, *Zie.*).

2-[Bis-cyclohexylmethyl-amino]-äthanol-(1), *2-[bis(cyclohexylmethyl)amino]ethanol* $C_{16}H_{31}NO$, Formel IX (X = CH_2-CH_2OH).

B. Aus Bis-cyclohexylmethyl-amin und 2-Chlor-äthanol-(1) (*I.G. Farbenind.*, D.R.P. 593192 [1931]; Frdl. **20** 757, 759).

Kp_4: 153—159°.

***N*-Cyclohexylmethyl-benzamid**, N-*(cyclohexylmethyl)benzamide* $C_{14}H_{19}NO$, Formel VIII (R = CO-C_6H_5, X = H) (E II 18).

F: 106—106,5° [korr.] (*Attenburrow, Elliott, Penny*, Soc. **1948** 310, 316), 105—106° (*Winans, Adkins*, Am. Soc. **55** [1933] 2051, 2057).

Cyclohexylmethyl-harnstoff, *(cyclohexylmethyl)urea* $C_8H_{16}N_2O$, Formel VIII (R = CO-NH_2, X = H) (H 12).

F: 173,5° [korr.] (*Attenburrow, Elliott, Penny*, Soc. **1948** 310, 316).

Cyclohexylmethyl-guanidin, *(cyclohexylmethyl)guanidine* $C_8H_{17}N_3$, Formel VIII (R = C(NH_2)=NH, X = H).

B. Beim Erwärmen von *C*-Cyclohexyl-methylamin mit *S*-Methyl-isothiuronium-sulfat in Äthanol (*Braun, Randall*, Am. Soc. **56** [1934] 2134, 2135).

Sulfat $2C_8H_{17}N_3 \cdot H_2SO_4$. Krystalle (aus A.); F: 275—276°.

(±)-2-[*C*-Cyclohexyl-methylamino]-buttersäure, *(±)-2-[(cyclohexylmethyl)amino]butyric acid* $C_{11}H_{21}NO_2$, Formel VIII (R = CH(C_2H_5)-COOH, X = H).

B. Beim Erwärmen von *C*-Cyclohexyl-methylamin mit (±)-2-Brom-buttersäure in Wasser (*Attenburrow, Elliott, Penny*, Soc. **1948** 310, 312, 316). Aus opt.-inakt. 2-[*C*-Cyclo= hexyl-methylamino]-3-hydroxy-buttersäure (F: 270°; [s. u.]) beim Erhitzen mit wss. Jod= wasserstoffsäure und Phosphor auf 160° (*Att., Ell., Pe.*).

Krystalle (aus Eg.); F: 300—302° [korr.; Zers.]. Sublimierbar.

Hydrochlorid $C_{11}H_{21}NO_2 \cdot HCl$. Krystalle (aus A. + Ae.); F: 211—213° [korr.; Zers.].

(±)-2-[*C*-Cyclohexyl-methylamino]-buttersäure-äthylester, *(±)-2-[(cyclohexylmethyl)= amino]butyric acid ethyl ester* $C_{13}H_{25}NO_2$, Formel VIII (R = CH(C_2H_5)-CO-OC_2H_5, X = H).

B. Aus (±)-2-[*C*-Cyclohexyl-methylamino]-buttersäure beim Erwärmen mit Äthanol unter Einleiten von Chlorwasserstoff (*Attenburrow, Elliott, Penny*, Soc. **1948** 310, 316).

Hydrochlorid $C_{13}H_{25}NO_2 \cdot HCl$. Krystalle (aus A. + Ae.); F: 118—120° [korr.].

2-[*C*-Cyclohexyl-methylamino]-3-hydroxy-buttersäure, *2-[(cyclohexylmethyl)amino]-3-hydroxybutyric acid* $C_{11}H_{21}NO_3$, Formel VIII (R = CH(COOH)-CH(OH)-CH_3, X = H).

Eine opt.-inakt. Säure (Krystalle [aus Eg.]; F: 270° [korr.; Zers.]) dieser Konstitution ist bei der Hydrierung von 2-Phenyl-4-[1-hydroxy-äthyliden]-Δ^2-oxazolinon-(5) (F: 198° bis 199° [Zers.]) in wss. Natronlauge an Raney-Nickel bei 100—110°/125 at erhalten worden (*Attenburrow, Elliott, Penny*, Soc. **1948** 310, 312, 316).

***N.N'*-Bis-cyclohexylmethyl-hexandiyldiamin**, N,N'-*bis(cyclohexylmethyl)hexane-1,6-diamine* $C_{20}H_{40}N_2$, Formel X.

B. Bei der Behandlung von nicht näher bezeichnetem Cyclohexen-(x)-carbaldehyd-(1) mit Hexandiyldiamin in Wasser bei 50° und anschliessenden Hydrierung an Platin in Äthanol (*Wittbecker, Houtz, Watkins*, Am. Soc. **69** [1947] 579, 580).

Kp_3: 195°.

***N*-Cyclohexylacetyl-DL-serin-[cyclohexylmethyl-amid]**, *(±)-2-(2-cyclohexylacetamido)-*N-*(cyclohexylmethyl)-3-hydroxypropionamide* $C_{18}H_{32}N_2O_3$, Formel XI.

B. Aus *N*-Phenylacetyl-DL-serin-benzylamid bei der Hydrierung an Platin in wss.-methanol. Salzsäure (*Peck, Folkers*, Chem. Penicillin **1949** 52, 71; *Brown*, Chem. Penicillin **1949** 473, 505).

Krystalle (aus Me. oder aus Me. + PAe.); F: 192—194° (*Peck, Fo.*; *Br.*).

Nitroso-bis-cyclohexylmethyl-amin, *1,1'-dicyclohexyl-*N-*nitrosodimethylamine* $C_{14}H_{26}N_2O$, Formel IX (X = NO).

B. Aus Bis-cyclohexylmethyl-amin beim Behandeln mit wss. Essigsäure und Natrium=

nitrit (*Goldberg*, *Kirchensteiner*, Helv. **26** [1943] 288, 293).

Krystalle (aus wss. A.); F: 100—101° [korr.]. UV-Absorptionsmaxima: 240 mμ und 355 mμ (*Go.*, *Ki.*, l. c. S. 289).

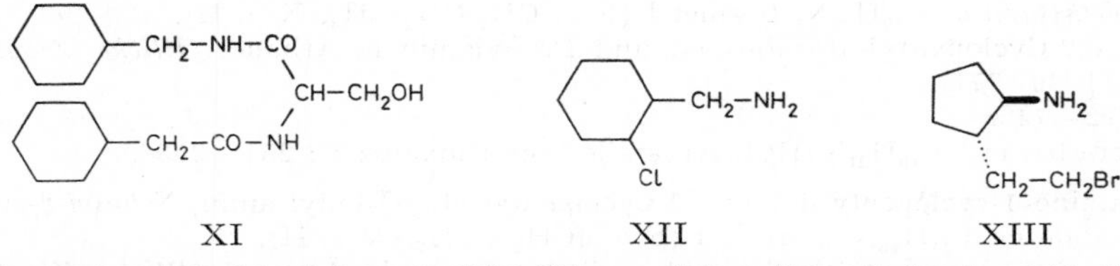

XI XII XIII

2-Chlor-1-aminomethyl-cyclohexan, *C*-[2-Chlor-cyclohexyl]-methylamin, *1-(2-chloro=cyclohexyl)methylamine* $C_7H_{14}ClN$, Formel XII.

Ein opt.-inakt. Amin (Kp_{25}: 105—107°; D_{25}^{25}: 1,055; n_D^{25}: 1,4940) dieser Konstitution ist aus (±)-*trans*-1-Aminomethyl-cyclohexanol-(2)-hydrochlorid beim Erwärmen mit Phosphor(V)-chlorid in Benzol erhalten worden (*Mousseron*, *Jullien*, *Winternitz*, Bl. **1948** 878, 884; *Mousseron*, *Winternitz*, *Jullien*, C. r. **226** [1948] 91).

2-Äthyl-cyclopentylamin $C_7H_{15}N$.

2-Amino-1-[2-brom-äthyl]-cyclopentan, 2-[2-Brom-äthyl]-cyclopentylamin, *2-(2-bromo=ethyl)cyclopentylamine* $C_7H_{14}BrN$.

(±)-*trans*-2-Amino-1-[2-brom-äthyl]-cyclopentan, Formel XIII + Spiegelbild.

Konfiguration: *Booth et al.*, Soc. **1959** 1050.

B. Aus (±)-*trans*-2-Amino-1-[2-phenoxy-äthyl]-cyclopentan-hydrobromid beim Erhitzen mit wss. Bromwasserstoffsäure bis auf 130° (*Prelog*, *Szpilfogel*, Helv. **28** [1945] 178, 181).

Hydrobromid $C_7H_{14}NBr \cdot HBr$. Krystalle (aus E.); F: 148—149° [korr.] (*Booth et al.*), 140,5° [korr.] (*Pr.*, *Sz.*).

Beim Erwärmen mit wss. Natronlauge ist *trans*-Octahydro-cyclopenta[*b*]pyrrol erhalten worden (*Pr.*, *Sz.*).

2-Cyclopentyl-äthylamin, *2-cyclopentylethylamine* $C_7H_{15}N$, Formel I (R = X = H).

B. Aus Cyclopentylacetonitril beim Behandeln mit Natrium und Äthanol (*v. Braun*, *Anton*, B. **66** [1933] 1373, 1375).

Kp: 158—159°.

N-Benzoyl-Derivat (F: 62°) s. S. 93.

Hydrochlorid. F: 195°.

Pikrat. F: 142°.

2-Methylamino-1-cyclopentyl-äthan, Methyl-[2-cyclopentyl-äthyl]-amin, *2-cyclopentyl-N-methylethylamine* $C_8H_{17}N$, Formel I (R = CH_3, X = H).

B. Aus 2-Cyclopentyl-äthylbromid und Methylamin in Äthanol (*Blicke*, *Monroe*, Am. Soc. **61** [1939] 91).

Hydrochlorid $C_8H_{17}N \cdot HCl$. Krystalle (aus E.); F: 159—160°.

2-Dimethylamino-1-cyclopentyl-äthan, Dimethyl-[2-cyclopentyl-äthyl]-amin, *2-cyclo=pentyl-N,N-dimethylethylamine* $C_9H_{19}N$, Formel I (R = X = CH_3).

B. Aus 2-Cyclopentyl-äthylbromid und Dimethylamin in Äthanol (*Blicke*, *Monroe*, Am. Soc. **61** [1939] 91).

Kp_{32}: 79—81°.

Hydrochlorid $C_9H_{19}N \cdot HCl$. Krystalle (aus E.); F: 219—220°.

2-Äthylamino-1-cyclopentyl-äthan, Äthyl-[2-cyclopentyl-äthyl]-amin, *2-cyclopentyl=diethylamine* $C_9H_{19}N$, Formel I (R = C_2H_5, X = H).

B. Aus 2-Cyclopentyl-äthylbromid und Äthylamin in Äthanol (*Blicke*, *Zienty*, Am. Soc. **61** [1939] 771).

Kp_{13}: 73—74°.

Hydrochlorid $C_9H_{19}N \cdot HCl$. F: 197—198°.

2-Diäthylamino-1-cyclopentyl-äthan, Diäthyl-[2-cyclopentyl-äthyl]-amin, *2-cyclopentyl=triethylamine* $C_{11}H_{23}N$, Formel I (R = X = C_2H_5).

B. Beim Behandeln von 2-Cyclopentyl-äthylbromid mit Diäthylamin (1 Mol) in Äthanol (*Blicke*, *Monroe*, Am. Soc. **61** [1939] 91).

Kp_{37}: 108—110°.
Hydrochlorid $C_{11}H_{23}N \cdot HCl$. Krystalle (aus E. + Ae.); F: 121—122°.

2-Propylamino-1-cyclopentyl-äthan, [2-Cyclopentyl-äthyl]-propyl-amin, *2-cyclopentyl-N-propylethylamine* $C_{10}H_{21}N$, Formel I (R = CH_2-CH_2-CH_3, X = H).
B. Aus 2-Cyclopentyl-äthylbromid und Propylamin in Äthanol (*Blicke, Zienty,* Am. Soc. **61** [1939] 771).
Kp_5: 72—74°.
Hydrochlorid $C_{10}H_{21}N \cdot HCl$. Krystalle (aus Dioxan); F: 251—253°.

2-Butylamino-1-cyclopentyl-äthan, [2-Cyclopentyl-äthyl]-butyl-amin, *N-butyl-2-cyclopentylethylamine* $C_{11}H_{23}N$, Formel I (R = $[CH_2]_3$-CH_3, X = H).
B. Aus 2-Cyclopentyl-äthylbromid und Butylamin in Äthanol (*Blicke, Zienty,* Am. Soc. **61** [1939] 771).
Kp_{13}: 106—107°.
Hydrochlorid $C_{11}H_{23}N \cdot HCl$. F: 278—279°.

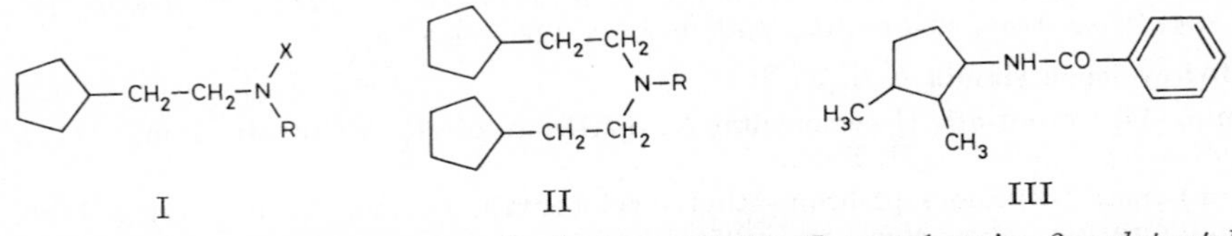

I II III

2-Pentylamino-1-cyclopentyl-äthan, [2-Cyclopentyl-äthyl]-pentyl-amin, *2-cyclopentyl-N-pentylethylamine* $C_{12}H_{25}N$, Formel I (R = $[CH_2]_4$-CH_3, X = H).
B. Aus 2-Cyclopentyl-äthylbromid und Pentylamin in Äthanol (*Blicke, Zienty,* Am. Soc. **61** [1939] 771).
Kp_4: 98—100°.
Hydrochlorid $C_{12}H_{25}N \cdot HCl$. F: 284—285°.

Methyl-bis-[2-cyclopentyl-äthyl]-amin, *2,2'-dicyclopentyl-N-methyldiethylamine* $C_{15}H_{29}N$, Formel II (R = CH_3).
B. Aus 2-Cyclopentyl-äthylbromid bei mehrtägigem Behandeln mit Methylamin in Benzol (*Blicke,* U.S.P. 2180344 [1937]) oder in Äthanol (*Blicke, Monroe,* Am. Soc. **61** [1939] 91).
Hydrochlorid $C_{15}H_{29}N \cdot HCl$. Krystalle (aus E.); F: 240—242° (*Bl.*), 240—241° (*Bl., Mo.*).

Äthyl-bis-[2-cyclopentyl-äthyl]-amin, *2,2'-dicyclopentyltriethylamine* $C_{16}H_{31}N$, Formel II (R = C_2H_5).
B. Beim Erwärmen von 2-Cyclopentyl-äthylbromid mit Äthylamin (0,5 Mol) in Äthanol (*Blicke, Zienty,* Am. Soc. **61** [1939] 771).
Kp_7: 140—145°.
Hydrochlorid $C_{16}H_{31}N \cdot HCl$. Krystalle (aus Acn. + Ae.); F: 115—116°.

Bis-[2-cyclopentyl-äthyl]-propyl-amin, *2,2'-dicyclopentyl-N-propyldiethylamine* $C_{17}H_{33}N$, Formel II (R = CH_2-CH_2-CH_3).
B. Beim Erwärmen von 2-Cyclopentyl-äthylbromid mit Propylamin (0,5 Mol) in Äthanol (*Blicke, Zienty,* Am. Soc. **61** [1939] 771).
Kp_7: 147—150°.
Tetrachloroaurat(III) $C_{17}H_{33}N \cdot HAuCl_4$. Krystalle (aus wss. A.); F: 145—146°.

Bis-[2-cyclopentyl-äthyl]-butyl-amin, *N-butyl-2,2'-dicyclopentyldiethylamine* $C_{18}H_{35}N$, Formel II (R = $[CH_2]_3$-CH_3).
B. Aus 2-Cyclopentyl-äthylbromid und Butylamin in Äthanol (*Blicke, Zienty,* Am. Soc. **61** [1939] 771).
Kp_6: 153—158°.
Tetrachloroaurat(III) $C_{18}H_{35}N \cdot HAuCl_4$. Krystalle (aus wss. A.); F: 133—134°.

Bis-[2-cyclopentyl-äthyl]-pentyl-amin, *2,2'-dicyclopentyl-N-pentyldiethylamine* $C_{19}H_{37}N$, Formel II (R = $[CH_2]_4$-CH_3).
B. Aus 2-Cyclopentyl-äthylbromid und Pentylamin in Äthanol (*Blicke, Zienty,* Am. Soc.

61 [1939] 771).
Kp$_5$: 163—168°.

2-Benzamino-1-cyclopentyl-äthan, *N*-[2-Cyclopentyl-äthyl]-benzamid, N-(*2-cyclopentylethyl*)*benzamide* $C_{14}H_{19}NO$, Formel I (R = CO-C_6H_5, X = H).
B. Aus 2-Cyclopentyl-äthylamin (*v. Braun, Anton,* B. **66** [1933] 1373, 1375).
Krystalle; F: 62°. Kp$_{0,2}$: 184°.
Beim Erhitzen mit Phosphor(V)-chlorid ist 2-Cyclopentyl-äthylchlorid erhalten worden.

2.3-Dimethyl-cyclopentylamin $C_7H_{15}N$.

3-Benzamino-1.2-dimethyl-cyclopentan, *N*-[2.3-Dimethyl-cyclopentyl]-benzamid, N-(*2,3-dimethylcyclopentyl*)*benzamide* $C_{14}H_{19}NO$, Formel III.
Ein opt.-inakt. Amin (Krystalle [aus A.], F: 113°) dieser Konstitution ist beim Behandeln einer Lösung von opt.-inakt. 2.3-Dimethyl-cyclopentan-carbonsäure-(1) (Kp$_{18}$: 131° [E III **9** 61]) in Schwefelsäure mit Stickstoffwasserstoffsäure in Benzol und Behandeln des Reaktionsprodukts mit wss. Natronlauge und Benzoylchlorid erhalten worden (*Nenitzescu, Cioranescu, Cantuniari,* B. **70** [1937] 277, 281).

[*Rabien*]

Amine $C_8H_{17}N$

Cyclooctylamin, *cyclooctylamine* $C_8H_{17}N$, Formel IV (R = X = H).
B. Aus Cyclooctanon-oxim beim Behandeln einer warmen Lösung in Äthanol mit Natrium (*Ruzicka, Goldberg, Hürbin,* Helv. **16** [1933] 1339, 1340).
Kp$_{10}$: ca. 80°.
Hydrochlorid $C_8H_{17}N\cdot HCl$. Krystalle (aus E. + A.); F: 244—245° [Zers.; unter partieller Sublimation].

Dimethyl-cyclooctyl-amin, N,N-*dimethylcyclooctylamine* $C_{10}H_{21}N$, Formel IV (R = X = CH_3) (E I 118).
B. Aus (±)-Dimethyl-[cyclooctadien-(2.4)-yl]-amin (*Cope, Overberger,* Am. Soc. **70** [1948] 1433, 1436) sowie aus (±)-Dimethyl-[cyclooctadien-(2.5)-yl]-amin und/oder (±)-Dimethyl-[cyclooctadien-(2.6)-yl]-amin [Kp$_{1,2}$: 58—60° (S. 213)] (*Cope, Bailey,* Am. Soc. **70** [1948] 2305, 2309) bei der Hydrierung an Platin in Äthanol.
Kp$_{40}$: 110° (*Cope, Ov.*). D_4^{25}: 0,877 (*Cope, Ov.*). n_D^{25}: 1,4717 (*Cope, Bai.*), 1,4707 (*Cope, Ov.*).

Trimethyl-cyclooctyl-ammonium, *cyclooctyltrimethylammonium* $[C_{11}H_{24}N]^{\oplus}$, Formel V.
Jodid $[C_{11}H_{24}N]I$ (E I 118). *B.* Aus Dimethyl-cyclooctyl-amin und Methyljodid in Cyclohexan (*Cope, Overberger,* Am. Soc. **70** [1948] 1433, 1436; *Cope, Bailey,* Am. Soc. **70** [1948] 2305, 2309). — Krystalle; F: 274—275° [korr.; Zers.; aus Acn. + Hexan] (*Cope, Ov.*), 273—274° [korr; Zers.; aus A.] (*Cope, Bai.*).

Cyclooctylharnstoff, *cyclooctylurea* $C_9H_{18}N_2O$, Formel IV (R = CO-NH_2, X = H).
B. Beim Erhitzen von Cyclooctylamin-hydrochlorid mit Kaliumcyanat in Wasser (*Ruzicka, Goldberg, Hürbin,* Helv. **16** [1933] 1339, 1340).
Krystalle (aus W. + A.); F: 179—180° [korr.].

1-Äthyl-cyclohexylamin $C_8H_{17}N$.

2-Jod-1-amino-1-äthyl-cyclohexan, 2-Jod-1-äthyl-cyclohexylamin, *1-ethyl-2-iodocyclohexylamine* $C_8H_{16}IN$.
Ein als (±)-2*c*-Jod-1-amino-1*r*-äthyl-cyclohexan (Formel VI + Spiegelbild) beschriebenes opt.-inakt. Amin (Kp$_1$: 105°; Hydrochlorid: F: 175—180°) dieser Konstitution (bezüglich der Konstitution und Konfiguration vgl. a. *Drefahl, Ponsold, Köllner,* J. pr. [4] **23** [1964] 136, 138) ist aus 1-Äthyl-cyclohexen-(1) bei der Umsetzung mit Silbercyanat und Jod und anschliessenden Hydrolyse (wss. Salzsäure) erhalten und mit Hilfe von Silbernitrat in ein Gemisch von 2*c*-Amino-1*r*-äthyl-cyclohexanol-(1) und 1-Cyclopentyl-propanon-(1) übergeführt worden (*Mousseron, Jacquier,* C. r. **229** [1949] 216).

2-Amino-1-äthyl-cyclohexan, 2-Äthyl-cyclohexylamin, *2-ethylcyclohexylamine* $C_8H_{17}N$.
Über die Konfiguration der beiden folgenden Stereoisomeren s. *King, Barltrop, Walley,* Soc. **1945** 277, 278; *Booth, Franklin, Gidley,* Tetrahedron **21** [1965] 1077, 1083.

a) **(±)-*cis*-2-Amino-1-äthyl-cyclohexan,** Formel VII (R = X = H) + Spiegelbild.
Diese Verbindung hat wahrscheinlich auch in dem E II 19 beschriebenen Präparat (Pikrat: F: 189—190°) vorgelegen (*King, Barltrop, Walley,* Soc. **1945** 277, 278).

B. Aus (±)-1-Äthyl-cyclohexanon-(2)-oxim bei der Hydrierung an Palladium in mit wss. Salzsäure versetztem Äthanol (*King, Ba., Wa.,* l. c. S. 279). Beim Erhitzen von (±)-1-Äthyl-cyclohexanon-(2) mit Ammoniumformiat auf 210° und Erwärmen des danach isolierten Reaktionsprodukts (Kp_{12}: 145—155°) mit äthanol. Kalilauge (*King, Ba., Wa.,* l. c. S. 279).

Kp_{20}: 69—73°; Kp_{16}: 64°.

Pikrat $C_8H_{17}N \cdot C_6H_3N_3O_7$ (E II 19). Gelbe Krystalle (aus W.); F: 189°.

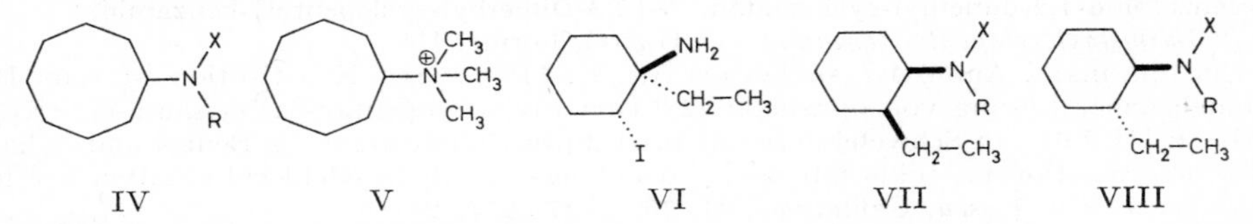

b) **(±)-*trans*-2-Amino-1-äthyl-cyclohexan,** Formel VIII (R = X = H) + Spiegelbild.

B. Aus (±)-1-Äthyl-cyclohexanon-(2)-oxim bei der Hydrierung an Raney-Nickel in äthanol. Ammoniak bei 130°/83 at sowie beim Erwärmen mit Äthanol und Natrium (*King, Barltrop, Walley,* Soc. **1945** 277, 279).

Kp_{745}: 149—151°; Kp_{17}: 65°.

Pikrat $C_8H_{17}N \cdot C_6H_3N_3O_7$. Gelbe Krystalle (aus A.); F: 198—199° [Zers.].

2-Dimethylamino-1-äthyl-cyclohexan, Dimethyl-[2-äthyl-cyclohexyl]-amin, *2-ethyl-N,N-dimethylcyclohexylamine* $C_{10}H_{21}N$.

a) **(±)-*cis*-2-Dimethylamino-1-äthyl-cyclohexan,** Formel VII (R = X = CH_3) + Spiegelbild.

B. Aus (±)-*cis*-2-Amino-1-äthyl-cyclohexan beim Erwärmen mit wss. Formaldehyd und Ameisensäure (*King, Barltrop, Walley,* Soc. **1945** 277, 279).

Kp_{20}: 82—83°; D^{23}: 0,8657; n_D^{20}: 1,4585 (*King, Ba., Wa.*).

Pikrat $C_{10}H_{21}N \cdot C_6H_3N_3O_7$. Gelbe Krystalle (aus A.); F: 159° (*King et al.,* Soc. **1953** 250, 254).

b) **(±)-*trans*-2-Dimethylamino-1-äthyl-cyclohexan,** Formel VIII (R = X = CH_3) + Spiegelbild.

B. Aus (±)-*trans*-2-Amino-1-äthyl-cyclohexan beim Erwärmen mit wss. Formaldehyd und Ameisensäure (*King, Barltrop, Walley,* Soc. **1945** 277, 279).

Kp_{745}: 187,5—188,5°; D^{26}: 0,8464; n_D^{20}: 1,4573 (*King, Ba., Wa.*).

Hydrojodid $C_{10}H_{21}N \cdot HI$. Dieses Salz hat in der nachstehend beschriebenen, ursprünglich (*King, Ba., Wa.,* l. c. S. 279) als (±)-Trimethyl-[*trans*-2-äthyl-cyclohexyl]-ammonium-jodid formulierten Verbindung vorgelegen (*King et al.,* Soc. **1953** 250, 254). — *B.* Aus (±)-*trans*-2-Amino-1-äthyl-cyclohexan und Methyljodid (*King, Ba., Wa.*). Aus (±)-*trans*-2-Dimethylamino-1-äthyl-cyclohexan mit Hilfe von Methyljodid (*King, Ba., Wa.*) oder wss. Jodwasserstoffsäure (*King et al.*). — Krystalle (aus E.); F: 182° (*King et al.*).

Pikrat $C_{10}H_{21}N \cdot C_6H_3N_3O_7$. Gelbe Krystalle (aus A.); F: 126° (*King et al.*).

Trimethyl-[2-äthyl-cyclohexyl]-ammonium, *(2-ethylcyclohexyl)trimethylammonium* $[C_{11}H_{24}N]^{\oplus}$.

(±)-Trimethyl-[*cis*-2-äthyl-cyclohexyl]-ammonium, Formel IX + Spiegelbild.

Jodid $[C_{11}H_{24}N]I$ (vgl. E II 19). *B.* Aus (±)-*cis*-2-Dimethylamino-1-äthyl-cyclohexan und Methyljodid in Äther (*King, Barltrop, Walley,* Soc. **1945** 277, 279).

Krystalle (aus Acn. + Ae.); F: 231° [Zers.].

2-Benzolsulfonylamino-1-äthyl-cyclohexan, *N*-[2-Äthyl-cyclohexyl]-benzolsulfonamid, *N-(2-ethylcyclohexyl)benzenesulfonamide* $C_{14}H_{21}NO_2S$ (E II 19).

a) **(±)-*cis*-2-Benzolsulfonylamino-1-äthyl-cyclohexan,** Formel VII (R = H, X = SO_2-C_6H_5) + Spiegelbild.

B. Beim Erhitzen von (±)-*cis*-2-Amino-1-äthyl-cyclohexan mit Benzolsulfonylchlorid

und Pyridin (*King, Barltrop, Walley*, Soc. **1945** 277, 279).
Krystalle (aus A.); F: 161°.

b) **(±)-*trans*-2-Benzolsulfonylamino-1-äthyl-cyclohexan,** Formel VIII (R = H, X = SO_2-C_6H_5) + Spiegelbild.

B. Beim Behandeln von (±)-*trans*-2-Amino-1-äthyl-cyclohexan mit Benzolsulfonyl= chlorid und Pyridin (*King, Barltrop, Walley*, Soc. **1945** 277, 279).
Krystalle; F: 131°.

1-Cyclohexyl-äthylamin, *1-cyclohexylethylamine* $C_8H_{17}N$.

a) **(*R*)-1-Cyclohexyl-äthylamin,** Formel X (R = X = H).

B. Aus (*R*)-1-Phenyl-äthylamin bei der Hydrierung des L-Hydrogenmaleats an Platin in wss. Salzsäure bei 60° (*Reihlen, Knöpfle, Sapper*, A. **534** [1938] 247, 272). Gewinnung aus dem unter c) beschriebenen Racemat mit Hilfe von (1*S*)-2-Oxo-bornan-sulfon= säure-(10): *Rei., Kn., Sa.*

(1*S*)-2-Oxo-bornan-sulfonat-(10). $[M]_D^{20}$: +60,5° [W.; c = 3].

b) **(*S*)-1-Cyclohexyl-äthylamin,** Formel XI (R = X = H).

B. Aus (*S*)-1-Phenyl-äthylamin bei der Hydrierung an Platin in wss. Essigsäure (*Leithe*, B. **65** [1932] 660, 665).

Flüssigkeit; D^{15}: 0,875; $[\alpha]_D^{15}$: +3,2° [unverd.] (*Lei.*).

Hydrochlorid $C_8H_{17}N \cdot HCl$. Krystalle (aus A. + Ae.); F: 242°; $[\alpha]_D^{15}$: −5,0° [W.; c = 10] (*Lei.*).

Oxalat. Krystalle (aus W.); F: 132° (*Lei.*).

L_g-Hydrogentartrat. F: 172° (*Lei.*).

Ein partiell racemisches Präparat (Hydrochlorid: $[\alpha]_{546}^{25}$: −3,1° [W.; c = 13]) ist beim Erhitzen von partiell racemischem [(*R*)-1-Amino-1-cyclohexyl-äthanol-(2)]-acetat ($[\alpha]_D^{25}$: −7,6° [$CHCl_3$]) mit Jodwasserstoff in Essigsäure auf 125° und Hydrieren des Reaktionsprodukts an Raney-Nickel erhalten worden (*Kuna, Ovakimian, Levene*, J. biol. Chem. **137** [1941] 337, 339).

c) **(±)-1-Cyclohexyl-äthylamin,** Formel X + XI (R = X = H) (E I 118).

B. Neben Bis-[1-cyclohexyl-äthyl]-amin (Kp_4: 140−142°) beim Erhitzen von 1-Cyclo= hexyl-äthanon-(1) mit Ammoniumformiat bis auf 185° (*Blicke, Zienty*, Am. Soc. **61** [1939] 93). Aus (±)-1-Phenyl-äthylamin bei der Hydrierung an Platin in wss. Salzsäure bei 60° (*Reihlen, Knöpfle, Sapper*, A. **534** [1938] 247, 272) oder an Raney-Nickel in Dioxan bei 150−160°/72 at (*Métayer*, A. ch. [12] **4** [1949] 196, 226). Neben anderen Verbindungen bei der Hydrierung von (±)-1-Formamino-1-phenyl-äthan an Raney-Nickel in Äthanol bei 190°/75 at (*Métayer*, Bl. **1948** 1093, 1095; A. ch. [12] **4** 234).

Kp_{760}: 176−178° (*Mé.*, A. ch. [12] **4** 226); Kp_{14}: 66−67° (*Bl., Zie.*). n_D^{24}: 1,4625 (*Mé.*, A. ch. [12] **4** 226). Dissoziationskonstante: *Bardinet, Métayer*, C. r. **226** [1948] 490.

Hydrochlorid $C_8H_{17}N \cdot HCl$. F: 237−238° (*Bl., Zie.*), 230° (*Mé.*, A. ch. [12] **4** 226).

(±)-1-Dimethylamino-1-cyclohexyl-äthan, (±)-Dimethyl-[1-cyclohexyl-äthyl]-amin, (±)-*1-cyclohexyl*-N,N-*dimethylethylamine* $C_{10}H_{21}N$, Formel X + XI (R = X = CH_3).

B. Neben anderen Verbindungen bei der Hydrierung von (±)-Amino-phenyl-essigsäure-methylester an Raney-Nickel in Methanol bei 185°/155 at (*Ovakimian, Kuna, Levene*, J. biol. Chem. **135** [1940] 91, 95).

Kp: 80°.

Pikrat $C_{10}H_{21}N \cdot C_6H_3N_3O_7$. Krystalle (aus Me. + Ae.); F: 131°.

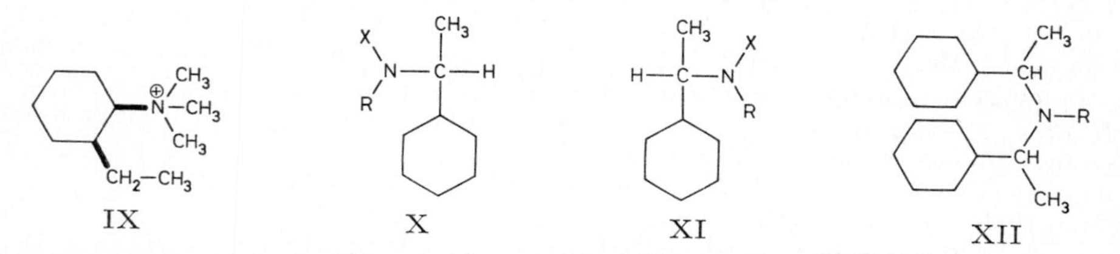

(±)-Methyl-äthyl-[1-cyclohexyl-äthyl]-amin, (±)-*1-cyclohexyl*-N-*methyldiethylamine* $C_{11}H_{23}N$, Formel X + XI (R = C_2H_5, X = CH_3).

B. Neben anderen Verbindungen bei der Hydrierung von (±)-1-Formamino-1-phenyl-äthan an Raney-Nickel in Äthanol bei 190°/75 at (*Métayer*, Bl. **1948** 1093, 1095; A. ch. [12] **4** [1949] 196, 234).

Kp_{13}: 93–94°. n_D^{21}: 1,4585 (*Mé.*, Bl. **1948** 1095); n_D^{28}: 1,4585 (*Mé.*, A. ch. [12] **4** 234).

Hydrochlorid. F: 190°.

Bis-[1-cyclohexyl-äthyl]-amin, *1,1'-dicyclohexyldiethylamine* $C_{16}H_{31}N$, Formel XII (R = H).

Ein opt.-inakt. Amin (Kp_4: 140–142°; Hydrochlorid $C_{16}H_{31}N \cdot HCl$: Krystalle [aus A.], F: 304–305°) dieser Konstitution ist neben 1-Cyclohexyl-äthylamin beim Erhitzen von 1-Cyclohexyl-äthanon-(1) mit Ammoniumformiat bis auf 185° erhalten worden (*Blicke, Zienty*, Am. Soc. **61** [1939] 93).

Methyl-bis-[1-cyclohexyl-äthyl]-amin, *1,1'-dicyclohexyl-N-methyldiethylamine* $C_{17}H_{33}N$, Formel XII (R = CH_3).

Ein opt.-inakt. Amin (Kp_{12}: 167–169°; Hydrochlorid $C_{17}H_{33}N \cdot HCl$: Krystalle [aus A. + Ae.], F: 179–180°) dieser Konstitution ist aus dem im vorangehenden Artikel beschriebenen Hydrochlorid beim Behandeln mit wss. Formaldehyd unter Zusatz von wss. Salzsäure erhalten worden (*Blicke, Zienty*, Am. Soc. **61** [1939] 93).

(±)-1-Formamino-1-cyclohexyl-äthan, (±)-*N*-[1-Cyclohexyl-äthyl]-formamid, (±)-N-*(1-cyclohexylethyl)formamide* $C_9H_{17}NO$, Formel X + XI (R = CHO, X = H).

B. Beim Erhitzen von 1-Cyclohexyl-äthanon-(1) mit Formamid auf 150° (*Métayer*, A. ch. [12] **4** [1949] 196, 204, 205). Beim Erhitzen von (±)-1-Cyclohexyl-äthylamin mit Ameisensäure (*Métayer*, C. r. **226** [1948] 500). Neben anderen Verbindungen bei der Hydrierung von (±)-1-Formamino-1-phenyl-äthan an Raney-Nickel in Äthanol bei 190°/75 at (*Métayer*, A. ch. [12] **4** 235; Bl. **1948** 1093, 1095).

F: 51° (*Mé.*, A. ch. [12] **4** 205). Kp_{45}: 193–196° (*Mé.*, Bl. **1948** 1095; A. ch. [12] **4** 234); Kp_{15}: 170–175° (*Mé.*, A. ch. [12] **4** 205). n_D^{21}: 1,4875 (*Mé.*, A. ch. [12] **4** 205); n_D^{27}: 1,4875 (*Mé.*, Bl. **1948** 1095; A. ch. [12] **4** 234).

Beim Erhitzen mit Raney-Nickel auf 200° ist 1-Cyclohexyl-äthanon-(1) erhalten worden (*Mé.*, A. ch. [12] **4** 243).

1-Acetamino-1-cyclohexyl-äthan, *N*-[1-Cyclohexyl-äthyl]-acetamid, N-*(1-cyclohexylethyl)acetamide* $C_{10}H_{19}NO$.

a) **(*R*)-1-Acetamino-1-cyclohexyl-äthan,** Formel X (R = CO-CH_3, X = H).

B. Aus (*R*)-1-Cyclohexyl-äthylamin und Acetanhydrid (*Reihlen, Knöpfle, Sapper*, A. **534** [1938] 247, 272). $[M]_D^{20}$: +32° [$CHCl_3$; c = 1]; $[M]_D^{20}$: +9° [Acn.; c = 1]; $[M]_D^{20}$: +44° [A.; c = 1]; $[M]_D^{20}$: +49° [Me.; c = 1]; $[M]_D^{20}$: +10° [Chinolin; c = 1] (*Rei., Kn., Sa.*, l. c. S. 253).

b) **(*S*)-1-Acetamino-1-cyclohexyl-äthan,** Formel XI (R = CO-CH_3, X = H).

B. Aus (*S*)-1-Cyclohexyl-äthylamin mit wss. Natronlauge und Acetanhydrid (*Reihlen, Knöpfle, Sapper*, A. **534** [1938] 247, 272).

Krystalle (aus Bzl. + Bzn.); F: 122°.

1-Benzamino-1-cyclohexyl-äthan, *N*-[1-Cyclohexyl-äthyl]-benzamid, N-*(1-cyclohexylethyl)benzamide* $C_{15}H_{21}NO$.

a) **(*R*)-1-Benzamino-1-cyclohexyl-äthan,** Formel X (R = CO-C_6H_5, X = H).

B. Aus (*R*)-1-Cyclohexyl-äthylamin und Benzoylchlorid (*Reihlen, Knöpfle, Sapper*, A. **534** [1938] 247, 273).

$[M]_D^{20}$: −38° [$CHCl_3$; c = 1]; $[M]_D^{20}$: −29° [Acn.; c = 1]; $[M]_D^{20}$: −50° [A.; c = 1]; $[M]_D^{20}$: −47° [Me.; c = 1]; $[M]_D^{20}$: −132° [Chinolin; c = 1] (*Rei., Kn., Sa.*, l. c. S. 253).

b) **(*S*)-1-Benzamino-1-cyclohexyl-äthan,** Formel XI (R = CO-C_6H_5, X = H).

B. Aus (*S*)-1-Cyclohexyl-äthylamin beim Behandeln mit Benzoylchlorid und wss. Kalilauge (*Leithe*, B. **65** [1932] 660, 665).

Krystalle (aus A.); F: 162°. $[\alpha]_D^{15}$: +16,8° [$CHCl_3$; c = 9]; $[\alpha]_D^{15}$: + 21,4° [A.; c = 3,6]; $[\alpha]_D^{15}$: +19,2° [Me.; c = 3,5].

c) **(±)-1-Benzamino-1-cyclohexyl-äthan,** Formel X + XI (R = CO-C_6H_5, X = H).

B. Aus (±)-1-Cyclohexyl-äthylamin und Benzoylchlorid (*Métayer*, A. ch. [12] **4** [1949] 196, 227).

Krystalle; F: 120,5°.

(±)-Nitroso-methyl-[1-cyclohexyl-äthyl]-amin, *(±)-1-cyclohexyl-*N*-methyl-*N*-nitroso-ethylamine* $C_9H_{18}N_2O$, Formel X + XI (R = CH_3, X = NO) auf S. 95.

Ein Präparat (Kp_{20}: 155—156°; $n_D^{22,5}$: 1,4702), in dem wahrscheinlich diese Verbindung vorgelegen hat, ist bei der Hydrierung von (±)-1-Formamino-1-phenyl-äthan an Raney-Nickel in Äthanol bei 190°/75 at und Behandlung der bei 198—203° siedenden Fraktion des Reaktionsprodukts mit wss. Natriumnitrit-Lösung und wss. Salzsäure erhalten worden (*Métayer*, A. ch. [12] **4** [1949] 196, 234).

2-Cyclohexyl-äthylamin, *2-cyclohexylethylamine* $C_8H_{17}N$, Formel I (R = X = H) (H 13; E I 118; E II 19).

B. Beim Erhitzen von 2-Cyclohexyl-äthylbromid mit Kalium-phthalimid bis auf 250° und Erhitzen des Reaktionsprodukts mit wss. Kalilauge und anschliessend mit wss. Salzsäure (*Coleman, Adams*, Am. Soc. **54** [1932] 1982, 1983). Aus β-Nitro-styrol (nicht näher bezeichnet) bei der Hydrierung an Palladium in Essigsäure in Gegenwart von Perchlorsäure, zuletzt bei 105° (*Kindler, Hedemann, Schärfe*, A. **560** [1948] 215, 220). Aus (±)-Acetoxy-phenyl-acetonitril bei der Hydrierung an Palladium in Essigsäure in Gegenwart von Perchlorsäure, zuletzt bei 110° (*Ki., He., Sch.*, l. c. S. 221). Aus 2-Phenyl-äthylamin bei der Hydrierung an Platin in Essigsäure (*Zenitz, Macks, Moore*, Am. Soc. **69** [1947] 1117, 1118, 1119) oder an Palladium in Essigsäure in Gegenwart von Perchlorsäure bei 95° (*Ki., He., Sch.*, l. c. S. 221; vgl. E I 118; E II 19).

Kp: 180—183° (*Ki., He., Sch.*); Kp_{25}: 83—85° (*Ze., Ma., Moore*); Kp_{20-25}: 80—85° (*Braun, Randall*, Am. Soc. **56** [1934] 2134, 2136). n_D^{20}: 1,4656 (*Ze., Ma., Moore*).

Hydrochlorid $C_8H_{17}N \cdot HCl$ (H 13; E I 118). Krystalle; F: 254—256° [unkorr.; aus Isopropylalkohol + Diisopropyläther] (*Ze., Ma., Moore*), 245—246° (*Co., Ad.*).

2-Methylamino-1-cyclohexyl-äthan, Methyl-[2-cyclohexyl-äthyl]-amin, *2-cyclohexyl-*N*-methylethylamine* $C_9H_{19}N$, Formel I (R = CH_3, X = H).

B. Aus 2-Cyclohexyl-äthylbromid und Methylamin in Äthanol (*Zenitz, Macks, Moore*, Am. Soc. **69** [1947] 1117, 1120; s. a. *Blicke, Monroe*, Am. Soc. **61** [1939] 91). Aus Methyl-phenäthyl-amin bei der Hydrierung an Platin in Essigsäure (*Ze., Ma., Moore*, l. c. S. 1119).

Kp_{14}: 89—90° (*Bl., Mon.*); Kp_9: 77—78° (*Ze., Ma., Moore*, l. c. S. 1118); Kp_7: 71—72° (*Ze., Ma., Moore*, l. c. S. 1120). n_D^{20}: 1,4590 (*Ze., Ma., Moore*, l. c. S. 1120).

Hydrochlorid $C_9H_{19}N \cdot HCl$. Krystalle; F: 171—172° [unkorr.; aus Isopropylalkohol + Ae.] (*Ze., Ma., Moore*), 169—170° [aus E.] (*Bl., Mon.*).

2-Dimethylamino-1-cyclohexyl-äthan, Dimethyl-[2-cyclohexyl-äthyl]-amin, *2-cyclohexyl-*N,N*-dimethylethylamine* $C_{10}H_{21}N$, Formel I (R = X = CH_3).

B. Aus 2-Cyclohexyl-äthylbromid und Dimethylamin in Äthanol (*Blicke, Monroe*, Am. Soc. **61** [1939] 91). Aus 2-Dimethylamino-1-[cyclohexen-(1)-yl]-äthan-hydrochlorid bei der Hydrierung an Palladium in Äthanol (*King, Barltrop, Walley*, Soc. **1945** 277, 280). Aus Dimethyl-phenäthyl-amin bei der Hydrierung an Raney-Nickel in Methanol bei 200°/80 at (*King, Ba., Wa.*) oder in Äthanol bei 150°/80 at (*Métayer*, A. ch. [12] **4** [1949] 196, 227).

Kp_{760}: 198—200° (*Mé.*); Kp_{28}: 93—94° (*Bl., Mo.*); Kp_{21}: 87—88° (*King, Ba., Wa.*); Kp_{15}: 83° (*King, Ba., Wa.*). n_D^{24}: 1,4515 (*Mé.*).

Hydrochlorid $C_{10}H_{21}N \cdot HCl$. Krystalle; F: 238—239° [aus E.] (*Bl., Mo.*), 225° (*Mé.*).

Pikrat $C_{10}H_{21}N \cdot C_6H_3N_3O_7$. Krystalle (aus A.); F: 150° (*King, Ba., Wa.*).

Trimethyl-[2-cyclohexyl-äthyl]-ammonium, *(2-cyclohexylethyl)trimethylammonium* $[C_{11}H_{24}N]^{\oplus}$, Formel II.

Jodid $[C_{11}H_{24}N]I$ (H 13). *B.* Aus Dimethyl-[2-cyclohexyl-äthyl]-amin (*King, Barltrop, Walley*, Soc. **1945** 277, 280). — Krystalle; F: 224° [aus Acn. + Ae.] (*King, Ba., Wa.*), 222° (*Métayer*, A. ch. [12] **4** [1949] 196, 228).

2-Äthylamino-1-cyclohexyl-äthan, Äthyl-[2-cyclohexyl-äthyl]-amin, *2-cyclohexyldiethylamine* $C_{10}H_{21}N$, Formel I (R = C_2H_5, X = H).

B. Aus 2-Cyclohexyl-äthylbromid und Äthylamin in Äthanol (*Blicke, Monroe*, Am. Soc. **61** [1939] 91) oder in Chloroform (*Zenitz, Macks, Moore*, Am. Soc. **69** [1947] 1117, 1120). Aus Äthyl-phenäthylamin bei der Hydrierung an Platin in Essigsäure (*Ze., Ma., Moore*, l. c. S. 1119).

Kp_{21}: 100—105° (*Bl., Mon.*); Kp_{10}: 87—88° (*Ze., Ma., Moore*, l. c. S. 1118); Kp_8:

83° (*Ze.*, *Ma.*, *Moore*, l. c. S. 1120). n_D^{20}: 1,4582 (*Ze.*, *Ma.*, *Moore*).
Hydrochlorid $C_{10}H_{21}N \cdot HCl$. Krystalle; F: 231—233° [unkorr.; aus A. + Ae.] (*Ze.*, *Ma.*, *Moore*), 231—232° [aus E.] (*Bl.*, *Mon.*).

2-Diäthylamino-1-cyclohexyl-äthan, Diäthyl-[2-cyclohexyl-äthyl]-amin, *2-cyclohexyl-triethylamine* $C_{12}H_{25}N$, Formel I (R = X = C_2H_5).
B. Aus 2-Cyclohexyl-äthylbromid und Diäthylamin (*Coleman*, *Adams*, Am. Soc. **54** [1932] 1982, 1984).
Kp_3: 81—82°. D_{25}^{25}: 0,8421. n_D^{25}: 1,4582.
Hydrochlorid $C_{12}H_{25}N \cdot HCl$. Krystalle (aus $CHCl_3$ + CCl_4); F: 155—156°.

2-Propylamino-1-cyclohexyl-äthan, [2-Cyclohexyl-äthyl]-propyl-amin, *2-cyclohexyl-N-propylethylamine* $C_{11}H_{23}N$, Formel I (R = CH_2-CH_2-CH_3, X = H).
B. Aus 2-Cyclohexyl-äthylbromid und Propylamin in Äthanol (*Blicke*, *Zienty*, Am. Soc. **61** [1939] 93).
Kp_{13}: 106—107°.
Hydrochlorid $C_{11}H_{23}N \cdot HCl$. Krystalle (aus E.); F: 266—267°.

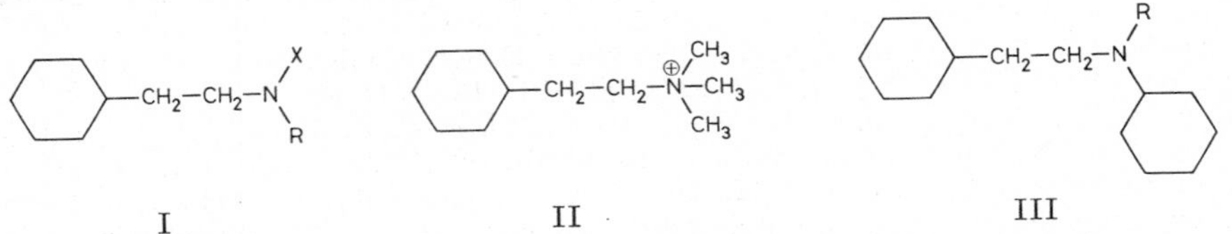

2-Isopropylamino-1-cyclohexyl-äthan, [2-Cyclohexyl-äthyl]-isopropyl-amin, *2-cyclohexyl-N-isopropylethylamine* $C_{11}H_{23}N$, Formel I (R = $CH(CH_3)_2$, X = H).
B. Aus 2-Cyclohexyl-äthylbromid und Isopropylamin in Äthanol (*Blicke*, *Zienty*, Am. Soc. **61** [1939] 93).
Kp_{16}: 102—104°.
Hydrochlorid $C_{11}H_{23}N \cdot HCl$. Krystalle (aus Acn.); F: 199—200°.

2-Butylamino-1-cyclohexyl-äthan, [2-Cyclohexyl-äthyl]-butyl-amin, *N-butyl-2-cyclohexyl-ethylamine* $C_{12}H_{25}N$, Formel I (R = $[CH_2]_3$-CH_3, X = H).
B. Aus 2-Cyclohexyl-äthylbromid und Butylamin in Äthanol (*Blicke*, *Monroe*, Am. Soc. **61** [1939] 91).
Kp_{17}: 120—123°.
Hydrochlorid $C_{12}H_{25}N \cdot HCl$. Krystalle (aus E.); F: 262—263°.

2-Dibutylamino-1-cyclohexyl-äthan, [2-Cyclohexyl-äthyl]-dibutyl-amin, *N,N-dibutyl-2-cyclohexylethylamine* $C_{16}H_{33}N$, Formel I (R = X = $[CH_2]_3$-CH_3).
B. Beim Erhitzen von 2-Cyclohexyl-äthylbromid mit Dibutylamin und Natrium-carbonat auf 150° (*Blicke*, *Zienty*, Am. Soc. **61** [1939] 93).
Kp_5: 124—127°.
Tetrachloroaurat(III) $C_{16}H_{33}N \cdot HAuCl_4$. Krystalle (aus wss. A.); F: 127—128°.

2-Pentylamino-1-cyclohexyl-äthan, [2-Cyclohexyl-äthyl]-pentyl-amin, *2-cyclohexyl-N-pentylethylamine* $C_{13}H_{27}N$, Formel I (R = $[CH_2]_4$-CH_3, X = H).
B. Aus 2-Cyclohexyl-äthylbromid und Pentylamin (*Blicke*, *Zienty*, Am. Soc. **61** [1939] 93).
Kp_7: 109—115°.
Hydrochlorid $C_{13}H_{27}N \cdot HCl$. Krystalle (aus A. + Acn.); F: 265—266°.

Methyl-[2-cyclohexyl-äthyl]-hexyl-amin, *2-cyclohexyl-N-methyl-N-hexylethylamine* $C_{15}H_{31}N$, Formel I (R = $[CH_2]_5$-CH_3, X = CH_3).
B. Beim Erhitzen von Methyl-[2-cyclohexyl-äthyl]-amin mit Hexylbromid und Natriumcarbonat auf 150° (*Blicke*, *Zienty*, Am. Soc. **61** [1939] 774).
Kp_5: 113—117°.
Hydrochlorid $C_{15}H_{31}N \cdot HCl$. Krystalle (aus Dioxan); F: 203—204°.

2-Heptylamino-1-cyclohexyl-äthan, [2-Cyclohexyl-äthyl]-heptyl-amin, *2-cyclohexyl-N-heptylethylamine* $C_{15}H_{31}N$, Formel I (R = $[CH_2]_6$-CH_3, X = H).
B. Aus 2-Cyclohexyl-äthylbromid und Heptylamin (*Blicke*, *Zienty*, Am. Soc. **61**

[1939] 93).

Kp_7: 135—140°.

Hydrochlorid $C_{15}H_{31}N \cdot HCl$. Krystalle (aus E.); F: 242—243°.

Methyl-[2-cyclohexyl-äthyl]-octyl-amin, *2-cyclohexyl-*N*-methyl-*N*-octylethylamine* $C_{17}H_{35}N$, Formel I (R = $[CH_2]_7$-CH_3, X = CH_3).

B. Beim Erhitzen von Methyl-[2-cyclohexyl-äthyl]-amin mit Octylbromid und Natriumcarbonat auf 150° (*Blicke, Zienty*, Am. Soc. **61** [1939] 774).

Kp_5: 139—141°.

Hydrochlorid $C_{17}H_{35}N \cdot HCl$. Krystalle (aus Dioxan); F: 170—171°.

2-Allylamino-1-cyclohexyl-äthan, [2-Cyclohexyl-äthyl]-allyl-amin, *N-allyl-2-cyclohexylethylamine* $C_{11}H_{21}N$, Formel I (R = CH_2-CH=CH_2, X = H).

B. Aus 2-Cyclohexyl-äthylbromid und Allylamin in Äthanol (*Blicke, Monroe*, Am. Soc. **61** [1939] 91).

Kp_{18}: 114—116°.

Hydrochlorid $C_{11}H_{21}N \cdot HCl$. Krystalle (aus E.); F: 235—236°.

2-Cyclohexylamino-1-cyclohexyl-äthan, [2-Cyclohexyl-äthyl]-cyclohexyl-amin, *2,*N*-dicyclohexylethylamine* $C_{14}H_{27}N$, Formel III (R = H).

B. Aus 2-Cyclohexyl-äthylbromid und Cyclohexylamin (*Blicke, Monroe*, Am. Soc. **61** [1939] 91).

Kp_{35}: 174—177°.

Hydrochlorid $C_{14}H_{27}N \cdot HCl$. Krystalle (aus A. + Ae.); F: 197—198°.

Methyl-[2-cyclohexyl-äthyl]-cyclohexyl-amin, *2,*N*-dicyclohexyl-*N*-methylethylamine* $C_{15}H_{29}N$, Formel III (R = CH_3).

B. Beim Erhitzen von 2-Cyclohexyl-äthylbromid mit Methyl-cyclohexyl-amin und Natriumcarbonat auf 150° (*Blicke, Zienty*, Am. Soc. **61** [1939] 774).

Kp_6: 133—137°.

Hydrochlorid $C_{15}H_{29}N \cdot HCl$. Krystalle (aus Acn.); F: 201—202°.

2-Dicyclohexylamino-1-cyclohexyl-äthan, [2-Cyclohexyl-äthyl]-dicyclohexyl-amin, *2,*N*,*N*-tricyclohexylethylamine* $C_{20}H_{37}N$, Formel IV.

B. Beim Erhitzen von Dicyclohexylamin mit 2-Cyclohexyl-äthylbromid und Natriumcarbonat auf 150° (*Blicke, Zienty*, Am. Soc. **61** [1939] 93).

Kp_5: 180—182°.

Hydrochlorid $C_{20}H_{37}N \cdot HCl$. Krystalle (aus Dioxan); F: 172—173°.

Methyl-cyclohexylmethyl-[2-cyclohexyl-äthyl]-amin, *2-cyclohexyl-*N*-(cyclohexylmethyl)-*N*-methylethylamine* $C_{16}H_{31}N$, Formel V (R = H, X = CH_3).

B. Beim Erhitzen von Methyl-[2-cyclohexyl-äthyl]-amin mit Brommethyl-cyclohexan und Natriumcarbonat auf 150° (*Blicke, Zienty*, Am. Soc. **61** [1939] 774).

Kp_6: 144—146°.

Hydrochlorid $C_{16}H_{31}N \cdot HCl$. Krystalle (aus Acn. + A.); F: 250—251°.

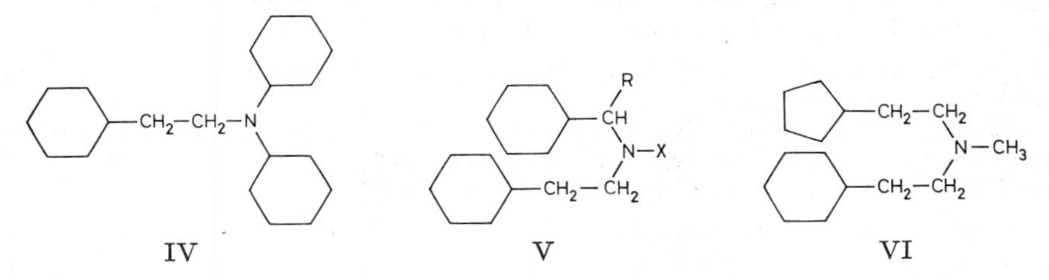

Cyclohexylmethyl-äthyl-[2-cyclohexyl-äthyl]-amin, *2-cyclohexyl-*N*-(cyclohexylmethyl)diethylamine* $C_{17}H_{33}N$, Formel V (R = H, X = C_2H_5).

B. Beim Erhitzen von Cyclohexylmethyl-äthyl-amin mit 2-Cyclohexyl-äthylbromid und Natriumcarbonat in Äthanol auf 150° (*Blicke*, U.S.P. 2180344 [1937]).

Kp_5: 146—149° (*Bl.*; *Blicke, Zienty*, Am. Soc. **61** [1939] 771).

Hydrochlorid $C_{17}H_{33}N \cdot HCl$. Krystalle (aus Acn. + Ae.); F: 116—117° (*Bl.*; *Bl., Zie.*).

Methyl-[2-cyclopentyl-äthyl]-[2-cyclohexyl-äthyl]-amin, *2-cyclohexyl-2'-cyclopentyl-N-methyldiethylamine* $C_{16}H_{31}N$, Formel VI.

B. Beim Erhitzen von Methyl-[2-cyclohexyl-äthyl]-amin mit 2-Cyclopentyl-äthylbromid und Natriumcarbonat auf 150° (*Blicke, Zienty,* Am. Soc. **61** [1939] 774).

Kp_6: 137—139°.

Hydrochlorid $C_{16}H_{31}N \cdot HCl$. Krystalle (aus Acn.); F: 251—252°.

(±)-Methyl-[2-cyclohexyl-äthyl]-[1.5-dimethyl-hexen-(4)-yl]-amin, (±)-*2-cyclohexyl-N-(1,5-dimethylhex-4-enyl)-N-methylethylamine* $C_{17}H_{33}N$, Formel I (R = $CH(CH_3)$-CH_2-CH_2-CH=$C(CH_3)_2$, X = CH_3) auf S. 98.

B. Beim Erhitzen von (±)-Methyl-[1.5-dimethyl-hexen-(4)-yl]-amin mit 2-Cyclohexyl-äthylbromid und Natriumcarbonat auf 150° (*Blicke, Zienty,* Am. Soc. **61** [1939] 774).

Kp_5: 140—145°.

(±)-[1-Cyclohexyl-äthyl]-[2-cyclohexyl-äthyl]-amin, (±)-*1,2'-dicyclohexyldiethylamine* $C_{16}H_{31}N$, Formel V (R = CH_3, X = H).

B. Aus (±)-1-Cyclohexyl-äthylamin und 2-Cyclohexyl-äthylbromid (*Blicke, Zienty,* Am. Soc. **61** [1939] 93).

Kp_{10}: 165—166°.

Hydrochlorid $C_{16}H_{31}N \cdot HCl$. Krystalle (aus A. + Acn.); F: 222—223°.

Bis-[2-cyclohexyl-äthyl]-amin, *2,2'-dicyclohexyldiethylamine* $C_{16}H_{31}N$, Formel VII (R = H).

B. Beim Erhitzen von 2-Cyclohexyl-äthylamin mit 2-Cyclohexyl-äthylbromid auf 140° (*Blicke, Zienty,* Am. Soc. **61** [1939] 93).

Kp_8: 168—173°.

Hydrochlorid $C_{16}H_{31}N \cdot HCl$. Krystalle (aus A. + E.); F: 245—246°.

Methyl-bis-[2-cyclohexyl-äthyl]-amin, *2,2'-dicyclohexyl-N-methyldiethylamine* $C_{17}H_{33}N$, Formel VII (R = CH_3).

B. Neben Methyl-[2-cyclohexyl-äthyl]-amin beim Erhitzen von 2-Cyclohexyl-äthylbromid mit Methylamin (0,5 Mol) und Natriumcarbonat in Äthanol auf 150° (*Blicke, Monroe,* Am. Soc. **61** [1939] 91). Aus 2-Cyclohexyl-äthylbromid und Methylamin in Benzol (*Blicke,* U.S.P. 2180344 [1937]). Beim Erhitzen von Methyl-[2-cyclohexyl-äthyl]-amin mit 2-Cyclohexyl-äthylbromid und Natriumcarbonat auf 150° (*Bl., Mo.*).

Kp_{23}: 188—190° (*Bl., Mo.*).

Hydrochlorid $C_{17}H_{33}N \cdot HCl$. Krystalle (aus E.); F: 257—258°.

Nitrat $C_{17}H_{33}N \cdot HNO_3$. Krystalle (aus CCl_4); F: 158—159° (*Bl., Mo.*).

Tetrachloroaurat(III). $C_{17}H_{33}N \cdot HAuCl_4$. Krystalle (aus wss. A.); F: 166—167°.

Äthyl-bis-[2-cyclohexyl-äthyl]-amin, *2,2'-dicyclohexyltriethylamine* $C_{18}H_{35}N$, Formel VII (R = C_2H_5).

B. Aus 2-Cyclohexyl-äthylbromid und Äthylamin (0,75 Mol) in Benzol (*Blicke,* U.S.P. 2180344 [1937]).

Kp_{21}: 195—197° (*Blicke, Monroe,* Am. Soc. **61** [1939] 91), 194—197° (*Bl.*).

Hydrochlorid $C_{18}H_{35}N \cdot HCl$. Krystalle (aus Bzl. + Ae.); F: 132—133° (*Bl., Mo.*).

Bis-[2-cyclohexyl-äthyl]-propyl-amin, *2,2'-dicyclohexyl-N-propyldiethylamine* $C_{19}H_{37}N$, Formel VII (R = CH_2-CH_2-CH_3).

B. Beim Erwärmen von 2-Cyclohexyl-äthylbromid mit Propylamin (0,5 Mol) und Natriumcarbonat in Xylol (*Blicke,* U.S.P. 2180344 [1937]).

Kp_7: 160—165° (*Bl.*; *Blicke, Zienty,* Am. Soc. **61** [1939] 93).

Bis-[2-cyclohexyl-äthyl]-isopropyl-amin, *2,2'-dicyclohexyl-N-isopropyldiethylamine* $C_{19}H_{37}N$, Formel VII (R = $CH(CH_3)_2$).

B. Beim Erhitzen von 2-Cyclohexyl-äthylbromid mit Isopropylamin (0,5 Mol) und Natriumcarbonat in Xylol auf 130° (*Blicke,* U.S.P. 2180344 [1937]).

Kp_7: 171—174° (*Bl*; *Blicke, Zienty,* Am. Soc. **61** [1939] 93).

Bis-[2-cyclohexyl-äthyl]-butyl-amin, *N-butyl-2,2'-dicyclohexyldiethylamine* $C_{20}H_{39}N$, Formel VII (R = $[CH_2]_3$-CH_3).

B. Beim Erwärmen von 2-Cyclohexyl-äthylbromid mit Butylamin (0,5 Mol) und Natriumcarbonat in Äthanol (*Blicke,* U.S.P. 2180344 [1937]).

Kp_7: 176—178° (*Bl.*; Blicke, Zienty, Am. Soc. **61** [1939] 93).

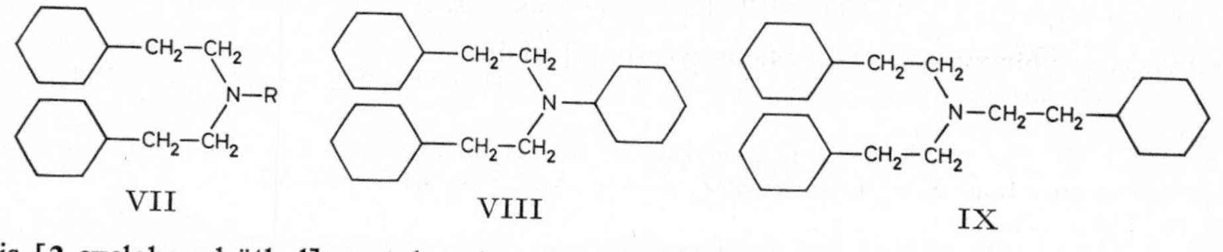

Bis-[2-cyclohexyl-äthyl]-pentyl-amin, *2,2'-dicyclohexyl-*N*-pentyldiethylamine* $C_{21}H_{41}N$, Formel VII (R = $[CH_2]_4$-CH_3).

B. Beim Erwärmen von 2-Cyclohexyl-äthylbromid mit Pentylamin (0,5 Mol) und Natriumcarbonat in Xylol (*Blicke*, U.S.P. 2180344 [1937]).

Kp_7: 178—181° (*Bl.*; *Blicke, Zienty*, Am. Soc. **61** [1939] 93).

Bis-[2-cyclohexyl-äthyl]-heptyl-amin, *2,2'-dicyclohexyl-*N*-heptyldiethylamine* $C_{23}H_{45}N$, Formel VII (R = $[CH_2]_6$-CH_3).

B. Beim Erhitzen von 2-Cyclohexyl-äthylbromid mit Heptylamin (0,5 Mol) und Natriumcarbonat in Xylol auf 150° (*Blicke*, U.S.P. 2180344 [1937]).

Kp_6: 197—202° (*Bl.*; *Blicke, Zienty*, Am. Soc. **61** [1939] 93).

Bis-[2-cyclohexyl-äthyl]-allyl-amin, N*-allyl-2,2'-dicyclohexyldiethylamine* $C_{19}H_{35}N$, Formel VII (R = CH_2-CH=CH_2).

B. Beim Erhitzen von 2-Cyclohexyl-äthylbromid mit Allylamin (0,5 Mol) und Natrium= carbonat in Xylol auf 125° (*Blicke*, U.S.P. 2180344 [1937]).

Kp_5: 170—172° (*Bl.*; *Blicke, Zienty*, Am. Soc. **61** [1939] 93).

Hydrochlorid $C_{19}H_{35}N \cdot HCl$. Krystalle (aus CCl_4); F: 137—138° (*Bl.*; *Bl., Zie.*).

Bis-[2-cyclohexyl-äthyl]-cyclohexyl-amin, *2,2',*N*-tricyclohexyldiethylamine* $C_{22}H_{41}N$, Formel VIII.

B. Beim Erhitzen von Cyclohexylamin mit 2-Cyclohexyl-äthylbromid (2 Mol) in Xylol unter Zusatz von Natriumhydroxid auf 130° (*Blicke*, U.S.P. 2180344 [1937]).

Kp_5: 190—193° (*Bl.*; *Blicke, Zienty*, Am. Soc. **61** [1939] 93).

Hydrochlorid $C_{22}H_{41}N \cdot HCl$. Krystalle (aus Dioxan); F: 166—167° (*Bl., Zie.*).

Tris-[2-cyclohexyl-äthyl]-amin, *2,2',2''-tricyclohexyltriethylamine* $C_{24}H_{45}N$, Formel IX.

B. Beim Erhitzen von Bis-[2-cyclohexyl-äthyl]-amin mit 2-Cyclohexyl-äthylbromid und Natriumcarbonat auf 150° (*Blicke, Zienty*, Am. Soc. **61** [1939] 93).

Kp_6: 200—208°.

Hydrochlorid $C_{24}H_{45}N \cdot HCl$. Krystalle (aus CCl_4); F: 233—234°.

2-[2-Cyclohexyl-äthylamino]-äthanol-(1), *2-(2-cyclohexylethylamino)ethanol* $C_{10}H_{21}NO$, Formel I (R = CH_2-CH_2OH, X = H) auf S. 98.

B. Beim Erhitzen von 2-Cyclohexyl-äthylbromid mit 2-Amino-äthanol-(1) auf 140° (*Blicke, Zienty*, Am. Soc. **61** [1939] 93).

Kp_7: 138—142°.

Hydrochlorid $C_{10}H_{21}NO \cdot HCl$. Krystalle (aus CCl_4 + Ae.); F: 163—164°.

2-[Bis-(2-cyclohexyl-äthyl)-amino]-äthanol-(1), *2-[bis(2-cyclohexylethyl)amino]ethanol* $C_{18}H_{35}NO$, Formel VII (R = CH_2-CH_2OH).

B. Beim Erhitzen von 2-Cyclohexyl-äthylbromid mit 2-Amino-äthanol-(1) (0,5 Mol) auf 140° (*Blicke, Zienty*, Am. Soc. **61** [1939] 93).

Kp_5: 190—193°.

Hydrochlorid $C_{18}H_{35}NO \cdot HCl$. Krystalle (aus CCl_4 + Ae.); F: 112—113°.

Bis-[2-hydroxy-äthyl]-[2-cyclohexyl-äthyl]-amin, *2,2'-[(2-cyclohexylethyl)imino]= diethanol* $C_{12}H_{25}NO_2$, Formel I (R = X = CH_2-CH_2OH) auf S. 98.

B. Beim Erhitzen von Bis-[2-hydroxy-äthyl]-amin mit 2-Cyclohexyl-äthylbromid und Natriumcarbonat auf 140° (*Blicke, Zienty*, Am. Soc. **61** [1939] 93).

Kp_7: 177—179°.

Bis-[2-benzoyloxy-äthyl]-[2-cyclohexyl-äthyl]-amin, *2,2'-bis(benzoyloxy)-2''-cyclohexyl= triethylamine* $C_{26}H_{33}NO_4$, Formel I (R = X = CH_2-CH_2-O-CO-C_6H_5) auf S. 98.

B. Beim Erwärmen von Bis-[2-hydroxy-äthyl]-[2-cyclohexyl-äthyl]-amin mit Benzoyl=

chlorid, Pyridin und Benzol (*Blicke, Zienty*, Am. Soc. **61** [1939] 93).
Hydrochlorid $C_{26}H_{33}NO_4 \cdot HCl$. Krystalle (aus wss. A.); F: 137—138°.

Methyl-[2-cyclohexyl-äthyl]-[3-phenoxy-propyl]-amin, *2-cyclohexyl-*N*-methyl-*N*-(3-phen=oxypropyl)ethylamine* $C_{18}H_{29}NO$, Formel I (R = CH_2-CH_2-CH_2-O-C_6H_5, X = CH_3) auf S. 98.
B. Beim Erhitzen von Methyl-[2-cyclohexyl-äthyl]-amin mit 3-Phenoxy-propylbromid und Natriumcarbonat auf 150° (*Blicke, Zienty*, Am. Soc. **61** [1939] 774).
Kp_5: 168—171°.
Hydrochlorid $C_{18}H_{29}NO \cdot HCl$. Krystalle (aus Acn.); F: 142—143°.

[2-Cyclohexyl-äthyl]-guanidin, *(2-cyclohexylethyl)guanidine* $C_9H_{19}N_3$, Formel I (R = $C(NH_2)$=NH, X = H) [auf S. 98] und Tautomeres.
B. Beim Erwärmen von 2-Cyclohexyl-äthylamin mit *S*-Methyl-isothiuronium-sulfat in Äthanol (*Braun, Randall*, Am. Soc. **56** [1934] 2134).
Sulfat $2\,C_9H_{19}N_3 \cdot H_2SO_4$. Krystalle (aus W.); F: 295—297°. In Äthanol fast unlöslich.

***N*-[2-Cyclohexyl-äthyl]-äthylendiamin,** N-*(2-cyclohexylethyl)ethylenediamine* $C_{10}H_{22}N_2$, Formel I (R = CH_2-CH_2-NH_2, X = H) auf S. 98.
B. Aus 2-Cyclohexyl-äthylbromid und Äthylendiamin (*Blicke, Zienty*, Am. Soc. **61** [1939] 771).
Kp_8: 115—120°.
Dihydrochlorid $C_{10}H_{22}N_2 \cdot 2HCl$. Krystalle (aus A.); F: ca. 305° [Zers.].

***N.N'*-Bis-[2-cyclohexyl-äthyl]-äthylendiamin,** N,N'*-bis(2-cyclohexylethyl)ethylenediamine* $C_{18}H_{36}N_2$, Formel X (R = H).
B. Aus 2-Cyclohexyl-äthylbromid und Äthylendiamin (*Blicke, Zienty*, Am. Soc. **61** [1939] 771).
Kp_8: 195—200°.
Dihydrochlorid $C_{18}H_{36}N_2 \cdot 2HCl$. Krystalle (aus wss. A.); F: 319—320°.

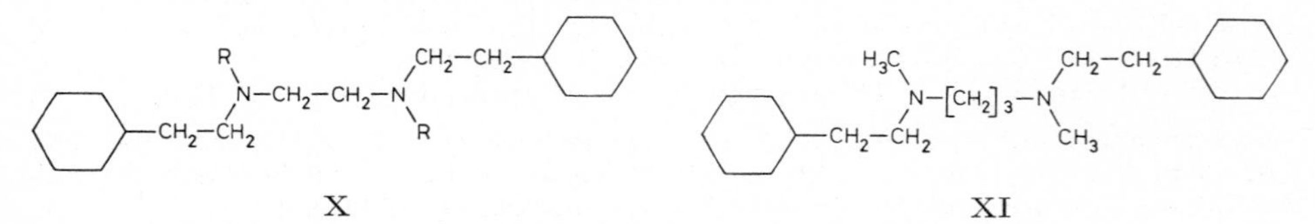

X XI

***N.N'*-Dimethyl-*N.N'*-bis-[2-cyclohexyl-äthyl]-äthylendiamin,** N,N'*-bis(2-cyclohexyl=ethyl)-*N,N'*-dimethylethylenediamine* $C_{20}H_{40}N_2$, Formel X (R = CH_3).
B. Aus Methyl-[2-cyclohexyl-äthyl]-amin und 1.2-Dibrom-äthan (*Blicke, Zienty*, Am. Soc. **61** [1939] 771).
Kp_9: 180—182°.
Dihydrochlorid $C_{20}H_{40}N_2 \cdot 2HCl$. Krystalle (aus A.); F: 276—277°.

***N.N'*-Dimethyl-*N.N'*-bis-[2-cyclohexyl-äthyl]-propandiyldiamin,** N,N'*-bis(2-cyclohexyl=ethyl)-*N,N'*-dimethylpropane-1,3-diamine* $C_{21}H_{42}N_2$, Formel XI.
B. Aus Methyl-[2-cyclohexyl-äthyl]-amin und 1.3-Dibrom-propan (*Blicke, Zienty*, Am. Soc. **61** [1939] 771).
Kp_5: 190—195°.
Dihydrochlorid $C_{21}H_{42}N_2 \cdot 2HCl$. Krystalle (aus A.); F: 294—295°.

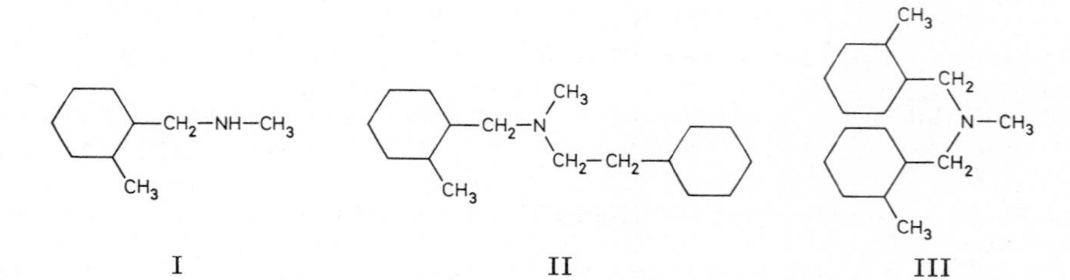

I II III

2-Methyl-1-aminomethyl-cyclohexan, *C*-[2-Methyl-cyclohexyl]-methylamin $C_8H_{17}N$.

2-Methyl-1-[methylamino-methyl]-cyclohexan, Methyl-[(2-methyl-cyclohexyl)-methyl]-amin, *1-(2-methylcyclohexyl)dimethylamine* $C_9H_{19}N$, Formel I.

Ein opt.-inakt. Amin (Kp_7: 57–61°; Hydrochlorid $C_9H_{19}N \cdot HCl$: Krystalle [aus Acn.], F: 230–231°) dieser Konstitution ist aus opt.-inakt. 2-Methyl-1-brommethyl-cyclohexan (Kp_{10}: 74–76°) und Methylamin in Äthanol erhalten worden (*Blicke, Zienty*, Am. Soc. **61** [1939] 771).

Methyl-[(2-methyl-cyclohexyl)-methyl]-[2-cyclohexyl-äthyl]-amin, *2-cyclohexyl-N-methyl-N-[(2-methylcyclohexyl)methyl]ethylamine* $C_{17}H_{33}N$, Formel II.

Ein opt.-inakt. Amin (Kp_5: 137–139°; Hydrochlorid $C_{17}H_{33}N \cdot HCl$: Krystalle [aus Acn. + A.], F: 230–231°) dieser Konstitution ist aus Methyl-[2-cyclohexyl-äthyl]-amin und opt.-inakt. 2-Methyl-1-brommethyl-cyclohexan (Kp_{10}: 74–76°) in Gegenwart von Natriumcarbonat erhalten worden (*Blicke, Zienty*, Am. Soc. **61** [1939] 774).

Methyl-bis-[(2-methyl-cyclohexyl)-methyl]-amin, *1,1'-bis(2-methylcyclohexyl)trimethylamine* $C_{17}H_{33}N$, Formel III.

Ein opt.-inakt. Amin (Hydrochlorid $C_{17}H_{33}N \cdot HCl$: Krystalle [aus Dioxan], F: 188–189°) dieser Konstitution ist aus opt.-inakt. 2-Methyl-1-brommethyl-cyclohexan (Kp_{10}: 74–76°) und Methylamin in Gegenwart von Natriumcarbonat erhalten worden (*Blicke, Zienty*, Am. Soc. **61** [1939] 771).

2-Amino-1.3-dimethyl-cyclohexan, 2.6-Dimethyl-cyclohexylamin, *2,6-dimethylcyclohexylamine* $C_8H_{17}N$.

Über die Konfiguration der opt.-inakt. Stereoisomeren s. *Bellucci, Macchia, Poggianti*, G. **99** [1969] 1217; s. a. *Feltkamp*, Z. anal. Chem. **235** [1968] 39.

a) **2*c*-Amino-1*r*.3*c*-dimethyl-cyclohexan,** Formel IV (R = H) (vgl. E II 20).

Mit geringen Mengen 2*t*-Amino-1*r*.3*c*-dimethyl-cyclohexan verunreinigte Präparate (Kp: 170–180° bzw. Kp_{19}: 75–78°) sind bei der Hydrierung von (±)-1*r*.3*c*-Dimethyl-cyclohexanon-(2)-oxim an Platin in einem Gemisch von Essigsäure und wss. Salzsäure erhalten worden (*Cornubert et al.*, Bl. [5] **12** [1945] 367, 378; Bl. **1950** 631, 635; *Bellucci, Macchia, Poggianti*, G. **99** [1969] 1217, 1233).

b) **2*t*-Amino-1*r*.3*c*-dimethyl-cyclohexan,** Formel V (R = H).

Diese Verbindung hat auch in dem E II 20 als 2-Amino-1*r*.3*t*-dimethyl-cyclohexan beschriebenen Präparat (*N*-Acetyl-Derivat: F: 198–199°) vorgelegen (*Cornubert et al.*, Bl. [5] **12** [1945] 367, 377).

B. Aus (±)-1*r*.3*c*-Dimethyl-cyclohexanon-(2)-oxim beim Behandeln mit Äthanol und Natrium (*Cornubert et al.*, Bl. [5] **12** 377, Bl. **1950** 631, 635; *Bellucci, Macchia, Poggianti*, G. **99** [1969] 1217, 1233; vgl. E II 20).

Kp: 170° (*Co. et al.*, Bl. **1950** 635); Kp_{14}: 58–60°; n_D^{20}: 1,4532 (*Be., Ma., Po.*).

Hydrochlorid. Krystalle (aus Acn.); F: 301–303° (*Be., Ma., Po.*).

c) **(+)-2-Amino-1*r*.3*t*-dimethyl-cyclohexan,** Formel VI (R = H) oder Spiegelbild.

Gewinnung neben einem partiell racemischen Präparat des Enantiomeren ($[\alpha]_{578}$: −15,2°) aus dem unter d) beschriebenen Racemat mit Hilfe von L_g-Weinsäure: *Cornubert et al.*, Bl. **1950** 636, 638.

$[\alpha]_{578}^{18}$: +28,2°.

Bei der Behandlung mit Natriumnitrit und wss. Essigsäure, zuletzt bei Siedetemperatur, und Hydrolyse des danach isolierten Acetyl-Derivats ist (1*S*)-1*r*.3*t*-Dimethyl-cyclohexanol-(2) erhalten worden.

L_g-Hydrogentartrat $C_8H_{17}N \cdot C_4H_6O_6$. F: 150–152° [Rohprodukt]. $[\alpha]_{578}^{18}$: +35° [Me.].

d) **(±)-2-Amino-1*r*.3*t*-dimethyl-cyclohexan,** Formel VI (R = H) + Spiegelbild.

In dem E II 20 unter dieser Konfiguration beschriebenen Präparat hat 2*t*-Amino-1*r*.3*c*-dimethyl-cyclohexan vorgelegen (*Cornubert et al.*, Bl. [5] **12** [1945] 367, 377).

B. Aus (±)-1*r*.3*t*-Dimethyl-cyclohexanon-(2)-oxim bei der Hydrierung an Platin in einem Gemisch von Essigsäure und wss. Salzsäure (*Co. et al.*, Bl. [5] **12** 377) sowie beim Behandeln einer warmen Lösung in Äthanol mit Natrium (*Cornubert et al.*, Bl. [5] **12** 377, **1950** 631, 634; *Bellucci, Macchia, Poggianti*, G. **99** [1969] 1217, 1232).

Kp: 170,5° (*Co. et al.*, Bl. **1950** 634); Kp_{12}: 62–64° (*Be., Ma., Po.*). n_D^{20}: 1,4618 (*Be., Ma., Po.*).

Hydrochlorid. Krystalle (aus A. + E.), die unterhalb 300° nicht schmelzen (*Be.*, *Ma.*, *Po.*).

2-Acetamino-1.3-dimethyl-cyclohexan, *N*-[2.6-Dimethyl-cyclohexyl]-acetamid, N-(*2,6-dimethylcyclohexyl)acetamide* $C_{10}H_{19}NO$.

a) **2*c*-Acetamino-1*r*.3*c*-dimethyl-cyclohexan,** Formel IV (R = $CO-CH_3$).

B. Beim Einleiten von Kohlendioxid in eine Lösung von 2*c*-Amino-1*r*.3*c*-dimethyl-cyclohexan (Präparat vom Kp: 170—180°) in Äther und Behandeln des Reaktionsprodukts (F: 96°) mit Acetanhydrid (*Cornubert et al.*, Bl. [5] **12** [1945] 367, 378).

Krystalle (aus wss. A.); F: 118°.

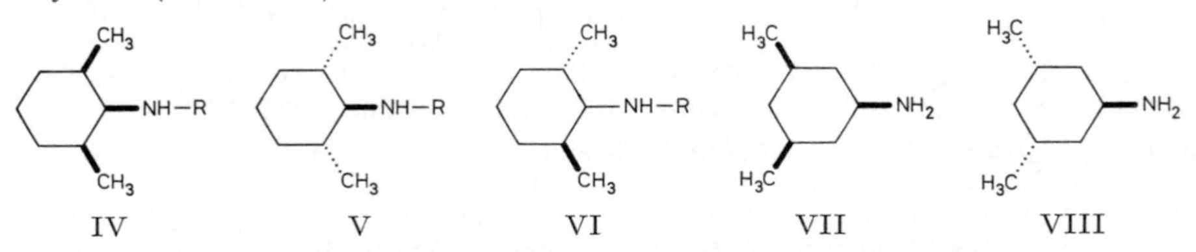

b) **2*t*-Acetamino-1*r*.3*c*-dimethyl-cyclohexan,** Formel V (R = $CO-CH_3$).

Diese Verbindung hat auch in dem E II 20 als 2-Acetamino-1*r*.3*t*-dimethyl-cyclohexan beschriebenen Präparat (F: 198—199°) vorgelegen (*Cornubert et al.*, Bl. [5] **12** [1945] 367, 377).

B. Beim Einleiten von Kohlendioxid in eine Lösung von 2*t*-Amino-1*r*.3*c*-dimethyl-cyclohexan in Äther und Behandeln des Reaktionsprodukts (F: 93°) mit Acetanhydrid (*Co. et al.*, l. c. S. 378).

Krystalle (aus wss. A.); F: 199°.

c) **(±)-2-Acetamino-1*r*.3*t*-dimethyl-cyclohexan,** Formel VI (R = $CO-CH_3$) + Spiegelbild.

Die E II 20 unter dieser Konfiguration beschriebene Verbindung (F: 198—199°) ist als 2*t*-Acetamino-1*r*.3*c*-dimethyl-cyclohexan zu formulieren (*Cornubert et al.*, Bl. [5] **12** [1945] 367, 377).

B. Beim Einleiten von Kohlendioxid in eine Lösung von (±)-2-Amino-1*r*.3*t*-dimethyl-cyclohexan in Äther und Behandeln des Reaktionsprodukts (F: 114—115°) mit Acetanhydrid (*Co. et al.*).

Krystalle (aus wss. A.); F: 133°.

2-Benzamino-1.3-dimethyl-cyclohexan, *N*-[2.6-Dimethyl-cyclohexyl]-benzamid, N-(*2,6-dimethylcyclohexyl)benzamide* $C_{15}H_{21}NO$.

a) **2*c*-Benzamino-1*r*.3*c*-dimethyl-cyclohexan,** Formel IV (R = $CO-C_6H_5$) (E II 20).

B. Beim Einleiten von Kohlendioxid in eine Lösung von 2*c*-Amino-1*r*.3*c*-dimethyl-cyclohexan (Präparat vom Kp: 170—180°) in Äther und Behandeln des Reaktionsprodukts (F: 96°) mit Benzoylchlorid und Pyridin (*Cornubert et al.*, Bl. [5] **12** [1945] 367, 378).

Krystalle (aus wss. A.); F: 128°.

b) **2*t*-Benzamino-1*r*.3*c*-dimethyl-cyclohexan,** Formel V (R = $CO-C_6H_5$).

Diese Verbindung hat auch in dem E II 20 als 2-Benzamino-1*r*.3*t*-dimethyl-cyclohexan beschriebenen Präparat (F: 197°) vorgelegen (*Cornubert et al.*, Bl. [5] **12** [1945] 367, 377).

B. Beim Einleiten von Kohlendioxid in eine Lösung von 2*t*-Amino-1*r*.3*c*-dimethyl-cyclohexan in Äther und Behandeln des Reaktionsprodukts (F: 93°) mit Benzoylchlorid und Pyridin (*Co. et al.*, l. c. S. 378).

Krystalle (aus wss. A.); F: 195°.

c) **(±)-2-Benzamino-1*r*.3*t*-dimethyl-cyclohexan,** Formel VI (R = $CO-C_6H_5$) + Spiegelbild.

Die E II 20 unter dieser Konfiguration beschriebene Verbindung (F: 197°) ist als 2*t*-Benzamino-1*r*.3*c*-dimethyl-cyclohexan zu formulieren (*Cornubert et al.*, Bl. [5] **12** [1945] 367, 377).

B. Beim Einleiten von Kohlendioxid in eine Lösung von (±)-2-Amino-1*r*.3*t*-dimethyl-cyclohexan in Äther und Behandeln des Reaktionsprodukts (F: 114—115°) mit Benzoylchlorid und Pyridin (*Co. et al.*, Bl. [5] **12** 377).

Krystalle; F: 162° (*Cornubert et al.*, Bl. **1950** 631, 634), 160° [aus wss. A.] (*Co. et al.*, Bl. [5] **12** 377).

5-Amino-1.3-dimethyl-cyclohexan, 3.5-Dimethyl-cyclohexylamin, *3,5-dimethylcyclohexylamine* $C_8H_{17}N$.

a) **5ξ-Amino-1r.3c-dimethyl-cyclohexan,** dessen *N*-Acetyl-Derivat bei 97° schmilzt, vermutlich **5c-Amino-1r.3c-dimethyl-cyclohexan,** Formel VII.

Konfigurationszuordnung: *Cornubert, Hartmann*, Bl. **1948** 867.

Das E II 21 unter dieser Konfiguration beschriebene Präparat (*N*-Acetyl-Derivat: F: 125°; *N*-Benzoyl-Derivat: F: 116—117°) ist nicht einheitlich gewesen (*Co., Ha.*, l. c. S. 868).

B. Neben dem unter b) beschriebenen Stereoisomeren bei der Hydrierung von (±)-1*r*.3*c*-Dimethyl-cyclohexanon-(5)-oxim an Platin in einem Gemisch von Essigsäure und wss. Salzsäure (*Co., Ha.*, l. c. S. 869).

Kp_{20}: 66° [über das *N*-Benzoyl-Derivat gereinigtes Präparat].

Bei der Umsetzung mit Salpetrigsäure ist 1*r*.3*c*-Dimethyl-cyclohexanol-(5*c*) (Phenylcarbamoyl-Derivat: F: 108° [E III **6** 95]) erhalten worden.

Charakterisierung als *N*-Acetyl-Derivat $C_{10}H_{19}NO$ (F: 97°) und als *N*-Benzoyl-Derivat $C_{15}H_{21}NO$ (F: 140°): *Co., Ha.*, l. c. S. 868.

Hydrochlorid $C_8H_{17}N \cdot HCl$. F: 253°.

Pikrat $C_8H_{17}N \cdot C_6H_3N_3O_7$. F: 210°.

b) **5ξ-Amino-1r.3c-dimethyl-cyclohexan,** dessen *N*-Acetyl-Derivat bei 134° schmilzt, vermutlich **5t-Amino-1r.3c-dimethyl-cyclohexan,** Formel VIII (E II 21).

Konfigurationszuordnung: *Cornubert, Hartmann*, Bl. **1948** 867.

B. Neben geringeren Mengen des unter a) beschriebenen Stereoisomeren aus (±) 1*r*.3*c*-Dimethyl-cyclohexanon-(5)-oxim bei der Behandlung mit Natrium und Äthanol sowie bei der Hydrierung an Raney-Nickel in Benzol in Gegenwart von Natriumhydroxid (*Co., Ha.*, l. c. S. 869).

Kp_{20}: 65° [über das *N*-Benzoyl-Derivat gereinigtes Präparat].

Bei der Umsetzung mit Salpetrigsäure ist 1*r*.3*c*-Dimethyl-cyclohexanol-(5*c*) (Phenylcarbamoyl-Derivat: F: 108° [E III **6** 95]) erhalten worden.

Charakterisierung als *N*-Acetyl-Derivat $C_{10}H_{19}NO$ (F: 134° [E II 21]) und als *N*-Benzoyl-Derivat $C_{15}H_{21}NO$ (F: 161° [E II 21]): *Co., Ha.*, l. c. S. 868.

Hydrochlorid (E II 21). F: 239—240°.

Pikrat (E II 21). F: 205°.

3-Methyl-1-aminomethyl-cyclohexan, *C*-[3-Methyl-cyclohexyl]-methylamin, *1-(3-methylcyclohexyl)methylamine* $C_8H_{17}N$ (vgl. E I 119).

(−)(1Ξ:3R)-3-Methyl-1-aminomethyl-cyclohexan, Formel IX (R = H).

Zwei Präparate (a) Kp: 173°; D^{25}: 0,863; n_D^{25}: 1,4684; $[\alpha]_{579}$: −1,7°; $[\alpha]_{546}$: −1,9°; b) Kp: 174°; D^{25}: 0,862; n_D^{25}: 1,4687; $[\alpha]_{579}$: −2°; $[\alpha]_{546}$: −2,2°) von ungewisser Einheitlichkeit sind beim Erwärmen von (−)(1*Ξ*:3*R*)-3-Methyl-cyclohexan-carbaldehyd-(1) bzw. (+)(1*Ξ*:3*R*)-3-Methyl-cyclohexan-carbaldehyd-(1) (E III **7** 97) mit Hydroxylaminhydrochlorid in Äthanol in Gegenwart von Zinkoxid und Behandeln des danach isolierten (−)(1*Ξ*:3*R*)-3-Methyl-cyclohexan-carbaldehyd-(1)-oxims $C_8H_{15}NO$ (a) Kp_{14}: 111°; D^{25}: 0,936; n_D^{25}: 1,4745; $[\alpha]_{579}$: −23,1°; $[\alpha]_{546}$: −26,1°; b) Kp_{14}: 112°; D^{25}: 0,938; n_D^{25}: 1,4759; $[\alpha]_{579}$: −18,9°; $[\alpha]_{546}$: −21,5°) mit Äthanol und Natrium erhalten worden (*Mousseron, Froger*, Bl. **1947** 843, 846).

3-Methyl-1-[methylamino-methyl]-cyclohexan, Methyl-[(3-methyl-cyclohexyl)-methyl]-amin, *1-(3-methylcyclohexyl)dimethylamine* $C_9H_{19}N$, Formel IX (R = CH_3) + Spiegelbild.

Ein opt.-inakt. Amin (Kp_6: 58—60°; Hydrochlorid $C_9H_{19}N \cdot HCl$: Krystalle [aus Acn.], F: 182—184°) dieser Konstitution ist aus opt.-inakt. 3-Methyl-1-brommethyl-cyclohexan (Kp_7: 71—73°) und Methylamin in Äthanol erhalten worden (*Blicke, Zienty*, Am. Soc. **61** [1939] 771).

Methyl-bis-[(3-methyl-cyclohexyl)-methyl]-amin, *1,1'-bis(3-methylcyclohexyl)trimethylamine* $C_{17}H_{33}N$, Formel X.

Ein opt.-inakt. Amin (Kp_7: 135—140°; Hydrochlorid $C_{17}H_{33}N \cdot HCl$: Krystalle [aus

Dioxan], F: 205—206°) dieser Konstitution ist aus opt.-inakt. 3-Methyl-1-brommethyl-cyclohexan (Kp_7: 71—73°) und Methylamin in Gegenwart von Natriumcarbonat erhalten worden (*Blicke, Zienty*, Am. Soc. **61** [1939] 771).

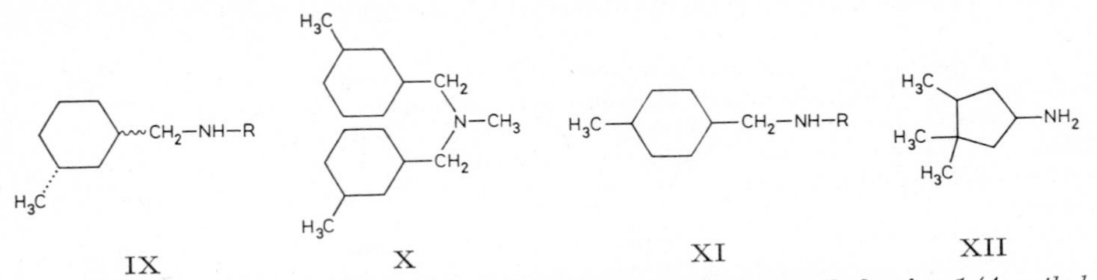

4-Methyl-1-aminomethyl-cyclohexan, *C*-[4-Methyl-cyclohexyl]-methylamin, *1-(4-methyl=cyclohexyl)methylamine* $C_8H_{17}N$, Formel XI (R = H) (vgl. E I 119).

Ein Amin (Kp_{35}: 85—98°; D_4^{31}: 0,8548; n_D: 1,45537; Hydrochlorid $C_8H_{17}N \cdot HCl$: Krystalle [aus Me.], F: 248—250° [Zers.; nach Sintern bei 220°]; Hexachloroplatin=at(IV) $2C_8H_{17}N \cdot H_2PtCl_6$: Krystalle [aus A.], F: 248° [Zers.]) dieser Konstitution ist neben einer als Bis-[(4 methyl-cyclohexyl)-methyl]-amin angesehenen Verbindung $C_{16}H_{31}N$ (Kp_{30-35}: 155—165°; D_4^{33}: 0,8638; n_D: 1,4560) beim Erhitzen von (±)-4-Methyl-cyclohexen-(1)-carbonitril-(1) mit Natrium und Amylalkohol bis auf 170° erhalten worden (*Qudrat-i-Khuda, Ghosh*, J. Indian chem. Soc. **17** [1940] 19, 24).

4-Methyl-1-benzaminomethyl-cyclohexan, *N*-[(4-Methyl-cyclohexyl)-methyl]-benzamid, N-[*(4 methylcyclohexyl)methyl]benzamide* $C_{15}H_{21}NO$, Formel XI (R = $CO-C_6H_5$).

Ein Amid (Krystalle [aus A.]; F: 93°) dieser Konstitution ist aus dem im vorangehenden Artikel beschriebenen Amin (Kp_{35}: 85—98°) erhalten worden (*Qudrat-i-Khuda, Ghosh*, J. Indian chem. Soc. **17** [1940] 19, 24).

4-Amino-1.1.2-trimethyl-cyclopentan, 3.3.4-Trimethyl-cyclopentylamin, *3,3,4-trimethyl=cyclopentylamine* $C_8H_{17}N$, Formel XII.

Die Identität eines von *v. Braun, Mannes, Reuter* (B. **66** [1933] 1499, 1503) unter dieser Konstitution beschriebenen, aus vermeintlichem (±)-1.1.2-Trimethyl-cyclopentan=on-(4)-oxim (Kp_{14}: 116—120° [E III **7** 105]) erhaltenen opt.-inakt. Amins (Kp: 164° bis 168°; D_4^{20}: 0,8458; Hexachloroplatinat(IV): Zers. bei 255°; Pikrat: F: 174—176°) sowie des aus ihm hergestellten *N.N*-Dimethyl-Derivats $C_{10}H_{21}N$ (Kp: 183—186°; Hexachloroplatinat(IV): F: 160—161°; Tetrachloroaurat(III): F: 60—62°; Pikrat: F: 153—155°; Methojodid: F: 242—243°) ist ungewiss.

Amine $C_9H_{19}N$

Aminomethyl-cyclooctan, *C*-Cyclooctyl-methylamin, *1-cyclooctylmethylamine* $C_9H_{19}N$, Formel I (R = H) (E II 22).

B. Neben 1-Acetoxy-cyclooctan-carbamid (1) bei der Hydrierung von 1-Acetoxy-cyclooctan-carbonitril-(1) an Platin in Essigsäure und wss. Salzsäure bei 60° (*Ruzicka, Plattner, Wild*, Helv. **26** [1943] 1631, 1634).

Charakterisierung als *N*-Benzoyl-Derivat $C_{16}H_{23}NO$ (Benzaminomethyl-cyclo=octan; Formel I [R = $CO-C_6H_5$]; Krystalle [aus wss. Me.], F: 69,5—70° [E II 23]): *Ru., Pl., Wild.*

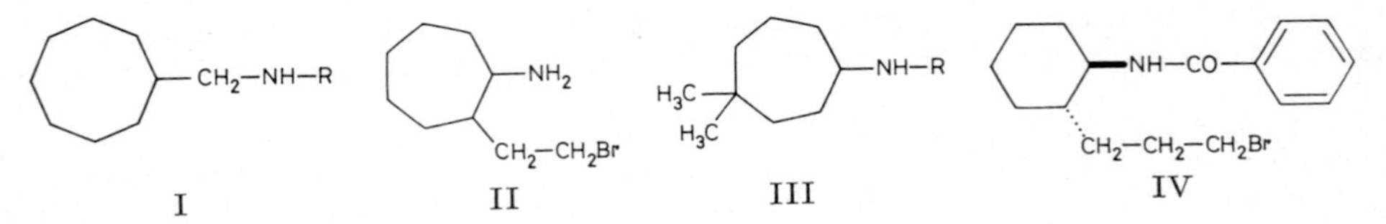

2-Äthyl-cycloheptylamin $C_9H_{19}N$.

2-Amino-1-[2-brom-äthyl]-cycloheptan, 2-[2-Brom-äthyl]-cycloheptylamin, *2-(2-bromo=ethyl)cycloheptylamine* $C_9H_{18}BrN$, Formel II.

Ein als Pikrat $C_9H_{18}BrN \cdot C_6H_3N_3O_7$ (Krystalle [aus wss. Me.], F: 104—105° [korr.])

isoliertes opt.-inakt. Amin dieser Konstitution ist beim Erwärmen von opt.-inakt. 2-[2-Phenoxy-äthyl]-cycloheptylamin ($Kp_{0,01}$: 117—118°; Stereoisomeren-Gemisch) mit wss. Bromwasserstoffsäure erhalten und durch Erwärmen mit verd. wss. Natronlauge in ein Gemisch von *cis*-Decahydro-cyclohepta[*b*]pyrrol und *trans*-Decahydro-cyclohepta[*b*]pyrrol übergeführt worden (*Prelog, Geyer*, Helv. **28** [1945] 576, 579).

(±)-4-Amino-1.1-dimethyl-cycloheptan, (±)-4.4-Dimethyl-cycloheptylamin, *(±)-4,4-dimethylcycloheptylamine* $C_9H_{19}N$, Formel III (R = H).

B. Beim Erwärmen von (±)-4.4-Dimethyl-cycloheptan-carbamid-(1) mit Brom und methanol. Natriummethylat und Erwärmen des erhaltenen [4.4-Dimethyl-cycloheptyl]-carbamidsäure-methylesters $C_{11}H_{21}NO_2$ (Öl) mit wss. Salzsäure (*Gripenberg*, Acta chem. scand. **3** [1949] 1137, 1144).

Charakterisierung als *N*-Benzoyl-Derivat $C_{16}H_{23}NO$ ((±)-4-Benzamino-1.1-dimethyl-cycloheptan; Formel III [R = CO-C_6H_5]; Krystalle [aus Bzn.], F: 114° bis 115°): *Gr.*

2-Propyl-cyclohexylamin $C_9H_{19}N$.

2-Benzamino-1-[3-brom-propyl]-cyclohexan, *N*-[2-(3-Brom-propyl)-cyclohexyl]-benzamid, N-*[2-(3-bromopropyl)cyclohexyl]benzamide* $C_{16}H_{22}BrNO$.

(±)-*trans*-2-Benzamino-1-[3-brom-propyl]-cyclohexan, Formel IV + Spiegelbild.

Diese Konfiguration wird der nachstehend beschriebenen Verbindung zugeordnet (*King, Henshall, Whitehead*, Soc. **1948** 1373).

B. Neben *trans*-Decahydro-chinolin beim Erhitzen von (±)-*trans*-2-Benzamino-1-[3-äthoxy-propyl]-cyclohexan mit wss. Bromwasserstoffsäure und Behandeln des Reaktionsprodukts mit wss. Ammoniak (*King, He., Wh.*).

Krystalle (aus PAe.); F: 127°.

2-Amino-1-cyclohexyl-propan, 1-Methyl-2-cyclohexyl-äthylamin, *2-cyclohexyl-1-methylethylamine* $C_9H_{19}N$.

a) **(*S*)-2-Amino-1-cyclohexyl-propan,** Formel V (R = X = H).

B. Bei der Hydrierung von (*S*)-2-Amino-1-phenyl-propan in mit wss. Salzsäure neutralisierter äthanol. Lösung an Platin bei 50° (*Leithe*, B. **65** [1932] 660, 665).

$[\alpha]_D^{15}$: +8,4° [unverd.].

Hydrochlorid $C_9H_{19}N \cdot HCl$. Krystalle (aus A. + Ae.); F: 186°. $[\alpha]_D^{15}$: —1,8° [W.; c = 6].

Oxalat. Krystalle (aus W.); F: 180° [Zers.].

b) **(±)-2-Amino-1-cyclohexyl-propan,** Formel V (R = X = H) + Spiegelbild.

B. Aus (±)-2-Amino-1-phenyl-propan bei der Hydrierung an Palladium in Essigsäure in Gegenwart von Perchlorsäure bei 80—90° (*Kindler, Hedemann, Schärfe*, A. **560** [1948] 215, 221) oder an Platin in Essigsäure (*Zenitz, Macks, Moore*, Am. Soc. **69** [1947] 1117, 1118, 1119). Aus 2-Hydroxyimino-1-phenyl-propanon-(1) (nicht charakterisiert) bei der Hydrierung an Palladium in Essigsäure in Gegenwart von Perchlorsäure, zuletzt bei 100° (*Ki., He., Sch.*).

Kp: 189° (*Ki., He., Sch.*); Kp_{21}: 85—87° (*Ze., Ma., Moore*).

Hydrochlorid $C_9H_{19}N \cdot HCl$. Krystalle; F: 196° [aus E.] (*Ki., He., Sch.*), 191—192° [unkorr.; aus Isopropylalkohol + Diisopropyläther] (*Ze., Ma., Moore*).

2-Methylamino-1-cyclohexyl-propan, Methyl-[1-methyl-2-cyclohexyl-äthyl]-amin, *2-cyclohexyl-1,*N*-dimethylethylamine* $C_{10}H_{21}N$.

a) **(*R*)-2-Methylamino-1-cyclohexyl-propan,** Formel VI (R = CH_3, X = H).

B. Aus (*R*)-2-Methylamino-1-phenyl-propan bei der Hydrierung an Platin in Essigsäure (*Zenitz, Macks, Moore*, Am. Soc. **69** [1947] 1117, 1118, 1119). Gewinnung aus dem unter c) beschriebenen Racemat mit Hilfe von L_g-Weinsäure: *Smith, Kline & French Labor.*, U.S.P. 2454746 [1947].

Kp_{10}: 82—83° (*Ze., Ma., Moore*), 78—79° (*Smith, Kline & French Labor.*). D_4^{20}: 0,851; n_D^{20}: 1,4597; $[\alpha]_D^{20}$: +8,85° [unverd.?] (*Smith, Kline & French Labor.*).

Hydrochlorid $C_{10}H_{21}N \cdot HCl$. Krystalle; F: 138—139° [unkorr.; aus Isopropylalkohol + Diisopropyläther] (*Ze., Ma., Moore*), 137,5—139° (*Smith, Kline & French Labor.*). $[\alpha]_D^{20}$: +14,3° [W.; c = 8] (*Smith, Kline & French Labor.*); $[\alpha]_D^{26}$: +14,7° [W.] (*Ze., Ma., Moore*).

b) **(*S*)-2-Methylamino-1-cyclohexyl-propan,** Formel V (R = CH_3, X = H).

B. Aus (*S*)-2-Methylamino-1-phenyl-propan bei der Hydrierung an Platin in Essigsäure (*Zenitz, Macks, Moore,* Am. Soc. **69** [1947] 1117, 1118, 1119). Gewinnung aus dem unter c) beschriebenen Racemat mit Hilfe von L_g-Weinsäure: *Smith, Kline & French Labor.,* U.S.P. 2454746 [1947].

Kp_{23}: 95° (*Smith, Kline & French Labor.*); Kp_9: 80—81° (*Ze., Ma., Moore*). D_4^{15}: 0,852; n_D^{20}: 1,4598; $[\alpha]_D^{20}$: —8,81° [unverd.] (*Smith, Kline & French Labor.*).

Hydrochlorid $C_{10}H_{21}N \cdot HCl$. Krystalle; F: 138—139° [unkorr.; aus Isopropylalkohol + Diisopropyläther] (*Ze., Ma., Moore*), 137,5—139° (*Smith, Kline & French Labor.*). $[\alpha]_D^{20}$: —14,4° [W.; c = 8] (*Smith, Kline & French Labor.*); $[\alpha]_D^{26}$: —14,7° [W.] (*Ze., Ma., Moore*).

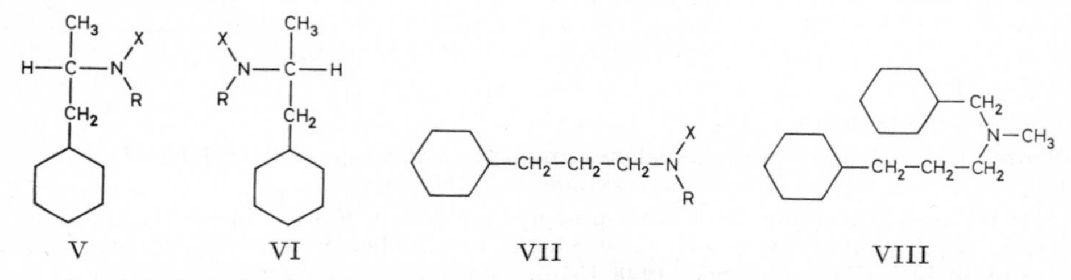

V VI VII VIII

c) **(±)-2-Methylamino-1-cyclohexyl-propan,** Formel V + VI (R = CH_3, X = H).

B. Beim Erhitzen von Cyclohexylaceton mit *N*-Methyl-formamid und wasserhaltiger Ameisensäure bis auf 180° und Erhitzen des Reaktionsprodukts mit wss. Schwefelsäure [50%ig] (*Smith, Kline & French Labor.,* U.S.P. 2454746 [1947]). Aus (±)-2-Methylamino-1-phenyl-propan bei der Hydrierung an Platin in Essigsäure (*Zenitz, Macks, Moore,* Am. Soc. **69** [1947] 1117, 1118, 1119).

Kp_{22}: 90—92° (*Smith, Kline & French Labor.*); Kp_{20}: 92—93° (*Ze., Ma., Moore*).

Hydrochlorid $C_{10}H_{21}N \cdot HCl$. Krystalle (aus Isopropylalkohol + Diisopropyläther); F: 127—128° [unkorr.] (*Ze., Ma., Moore*).

Sulfat. Krystalle (aus A. + Ae.); F: 115—120° [nach Sintern bei 100°] (*Smith, Kline & French Labor.*).

(±)-2-Dimethylamino-1-cyclohexyl-propan, (±)-Dimethyl-[1-methyl-2-cyclohexyl-äthyl]-amin, (±)-*2-cyclohexyl-1,*N,N-*trimethylethylamine* $C_{11}H_{23}N$, Formel V + VI (R = X = CH_3).

Ein Amin (Kp_{10}: 90°; Pikrat $C_{11}H_{23}N \cdot C_6H_3N_3O_7$: Krystalle [aus Ae. + A.], F: 145° bis 146°), dem wahrscheinlich diese Konstitution zukommt, ist neben anderen Verbindungen bei der Hydrierung von DL-Phenylalanin-methylester an Raney-Nickel in Methanol bei 185°/150 at erhalten worden (*Ovakimian, Kuna, Levene,* J. biol. Chem. **135** [1940] 91, 97).

2-Benzamino-1-cyclohexyl-propan, *N*-[1-Methyl-2-cyclohexyl-äthyl]-benzamid, N-(*2-cyclohexyl-1-methylethyl*)*benzamide* $C_{16}H_{23}NO$.

a) **(*S*)-2-Benzamino-1-cyclohexyl-propan,** Formel V (R = CO-C_6H_5, X = H).

B. Aus (*S*)-2-Amino-1-cyclohexyl-propan beim Behandeln mit Benzoylchlorid und wss. Kalilauge (*Leithe,* B. **65** [1932] 660, 666).

Krystalle (aus PAe. + Ae.); F: 108°. $[\alpha]_D^{15}$: +20,3° [Bzl.; c = 5]; $[\alpha]_D^{15}$: +31,8° [$CHCl_3$; c = 4]; $[\alpha]_D^{15}$: +40,7° [A.; c = 5]; $[\alpha]_D^{15}$: +39,5° [Me.; c = 5].

b) **(±)-2-Benzamino-1-cyclohexyl-propan,** Formel V + VI (R = CO-C_6H_5, X = H).

B. Aus (±)-2-Amino-1-cyclohexyl-propan (*Kindler, Hedemann, Schärfe,* A. **560** [1948] 215, 221).

Krystalle (aus wss. Me.); F: 97°.

3-Cyclohexyl-propylamin $C_9H_{19}N$.

3-Methylamino-1-cyclohexyl-propan, Methyl-[3-cyclohexyl-propyl]-amin, *3-cyclohexyl-*N-*methylpropylamine* $C_{10}H_{21}N$, Formel VII (R = CH_3, X = H).

B. Aus 3-Cyclohexyl-propylbromid und Methylamin in Äthanol (*Blicke, Monroe,* Am. Soc. **61** [1939] 91).

Kp_{20}: 105—108°.
Hydrochlorid $C_{10}H_{21}N \cdot HCl$. Krystalle (aus E.); F: 167—168°.

3-Dimethylamino-1-cyclohexyl-propan, Dimethyl-[3-cyclohexyl-propyl]-amin, *3-cyclohexyl-*N,N*-dimethylpropylamine* $C_{11}H_{23}N$, Formel VII (R = X = CH_3).
B. Aus Dimethyl-[3-phenyl-propyl]-amin oder aus 3-Dimethylamino-1-cyclohexyl-propanon-(1) bei der Hydrierung an Palladium in Essigsäure in Gegenwart von Perchlorsäure, zuletzt bei 90° bzw. 80° (*Kindler, Hedemann, Schärfe*, A. **560** [1948] 215, 221).
Kp_{708}: 212—214°.
Pikrat. F: 96—97°.

3-Diäthylamino-1-cyclohexyl-propan, Diäthyl-[3-cyclohexyl-propyl]-amin, *3-cyclohexyl-*N,N*-diethylpropylamine* $C_{13}H_{27}N$, Formel VII, (R = X = C_2H_5).
B. Aus 3-Cyclohexyl-propylbromid und Diäthylamin (*Coleman, Adams*, Am. Soc. **54** [1932] 1982, 1984). Aus 3-Diäthylamino-1-[cyclohexen-(1)-yl]-propin-(1) oder aus 3-Diäthylamino-1-[1-acetoxy-cyclohexyl]-propin-(1) bei der Hydrierung an Raney-Nickel in Äthanol (*Marszak, Marszak-Fleury*, Mém. Services chim. **34** [1948] 419, 421; s. a. *Marszak, Marszak-Fleury*, C. r. **226** [1948] 1289).
Kp_3: 95—98° (*Co., Ad.*); $Kp_{0,5}$: 87° (*Ma., Ma.-F.*). D_{25}^{25}: 0,8392 (*Co., Ad.*). $n_D^{9,5}$: 1,4625 (*Ma., Ma.-F.*); n_D^{25}: 1,4587 (*Co., Ad.*).
Hydrochlorid $C_{13}H_{27}N \cdot HCl$. Krystalle (aus CCl_4 + PAe.); F: 123—124° (*Co., Ad.*).
Oxalat. F: 105° (*Ma., Ma.-F.*).

Methyl-cyclohexylmethyl-[3-cyclohexyl-propyl]-amin, *3-cyclohexyl-*N*-(cyclohexylmethyl)-*N*-methylpropylamine* $C_{17}H_{33}N$, Formel VIII.
B. Aus Methyl-cyclohexylmethyl-amin und 3-Cyclohexyl-propylbromid in Gegenwart von Natriumcarbonat (*Blicke, Zienty*, Am. Soc. **61** [1939] 774).
Kp_6: 140—145°.
Hydrochlorid $C_{17}H_{33}N \cdot HCl$. Krystalle (aus Dioxan); F: 199—200°.

[2-Cyclohexyl-äthyl]-[3-cyclohexyl-propyl]-amin, *3-cyclohexyl-*N*-(2-cyclohexylethyl)propylamine* $C_{17}H_{33}N$, Formel IX (R = H).
B. Beim Erhitzen von 2-Cyclohexyl-äthylamin mit 3-Cyclohexyl-propylbromid auf 140° (*Blicke, Zienty*, Am. Soc. **61** [1939] 771).
Kp_6: 150—156°.
Hydrochlorid $C_{17}H_{33}N \cdot HCl$. Krystalle (aus A.); F: 322—323°.

Methyl-[2-cyclohexyl-äthyl]-[3-cyclohexyl-propyl]-amin, *3-cyclohexyl-*N*-(2-cyclohexylethyl)-*N*-methylpropylamine* $C_{18}H_{35}N$, Formel IX (R = CH_3).
B. Aus Methyl-[2-cyclohexyl-äthyl]-amin und 3-Cyclohexyl-propylbromid in Gegenwart von Natriumcarbonat (*Blicke, Zienty*, Am. Soc. **61** [1939] 774).
Kp_6: 153—156°.
Hydrochlorid $C_{18}H_{35}N \cdot HCl$. Krystalle (aus Dioxan); F: 228—229°.

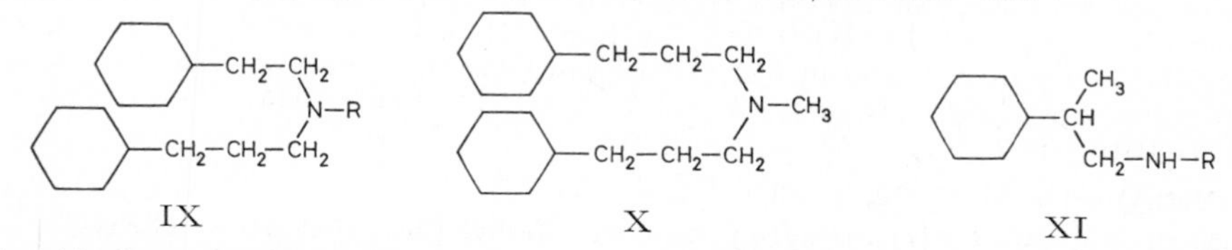

Methyl-bis-[3-cyclohexyl-propyl]-amin, *3,3'-dicyclohexyl-*N*-methyldipropylamine* $C_{19}H_{37}N$, Formel X.
B. Aus 3-Cyclohexyl-propylbromid und Methylamin in Benzol (*Blicke*, U.S.P. 2180344 [1937]).
Kp_{20}: 202—204° (*Bl.*), 200—204° (*Blicke, Monroe*, Am. Soc. **61** [1939] 91).
Hydrochlorid $C_{19}H_{37}N \cdot HCl$. Krystalle (aus E.); F: 214—215° (*Bl., Mo.*), 213—216° (*Bl.*).

(±)-1-Amino-2-cyclohexyl-propan, (±)-2-Cyclohexyl-propylamin, *(±)-2-cyclohexylpropylamine* $C_9H_{19}N$, Formel XI (R = H).
B. Aus (±)-2-Phenyl-propylamin bei der Hydrierung an Platin in Essigsäure (*Zenitz, Macks, Moore*, Am. Soc. **69** [1947] 1117, 1118, 1119). Beim Behandeln einer aus

(±)-3-Cyclohexyl-butyramid und wss. Natronlauge (2 Mol NaOH) hergestellten Lösung mit Brom (1 Mol) und anschliessenden Erwärmen mit wss. Natronlauge (*Ze.*, *Ma.*, *Moore*, l. c. S. 1120).

Kp_{17}: 90–91,5°; Kp_{10}: 83–84°.

Hydrochlorid $C_9H_{19}N \cdot HCl$. Krystalle (aus Isopropylalkohol + Diisopropyläther); F: 199–200° [unkorr.].

(±)-1-Methylamino-2-cyclohexyl-propan, (±)-Methyl-[2-cyclohexyl-propyl]-amin, (±)-*2-cyclohexyl-N-methylpropylamine* $C_{10}H_{21}N$, Formel XI (R = CH_3).

B. Aus (±)-1-Methylamino-2-phenyl-propan bei der Hydrierung an Platin in Essigsäure (*Zenitz*, *Macks*, *Moore*, Am. Soc. **69** [1947] 1117, 1118, 1119). Aus (±)-[2-Cyclohexyl-propyl]-benzyliden-amin beim Erwärmen mit Methyljodid und anschliessend mit wss. Methanol (*Ze.*, *Ma.*, *Moore*, l. c. S. 1120).

Kp_{12}: 90–91°; Kp_8: 84–85°.

Hydrochlorid $C_{10}H_{21}N \cdot HCl$. Krystalle (aus Isopropylalkohol + Diisopropyläther); F: 204–205° [unkorr.].

(±)-[2-Cyclohexyl-propyl]-benzyliden-amin, (±)-*N-benzylidene-2-cyclohexylpropylamine* $C_{16}H_{23}N$, Formel XII.

B. Aus (±)-2-Cyclohexyl-propylamin und Benzaldehyd (*Zenitz*, *Macks*, *Moore*, Am. Soc. **69** [1947] 1117, 1120).

$Kp_{0,7}$: 126–127°.

(±)-1-Benzamino-2-cyclohexyl-propan, (±)-*N*-[2-Cyclohexyl-propyl]-benzamid, (±)-*N-(2-cyclohexylpropyl)benzamide* $C_{16}H_{23}NO$, Formel XI (R = CO-C_6H_5).

B. Aus (±)-2-Cyclohexyl-propylamin beim Behandeln mit Benzoylchlorid und Pyridin (*Zenitz*, *Macks*, *Moore*, Am. Soc. **69** [1947] 1117, 1120).

Krystalle (aus wss. A.); F: 89–90°.

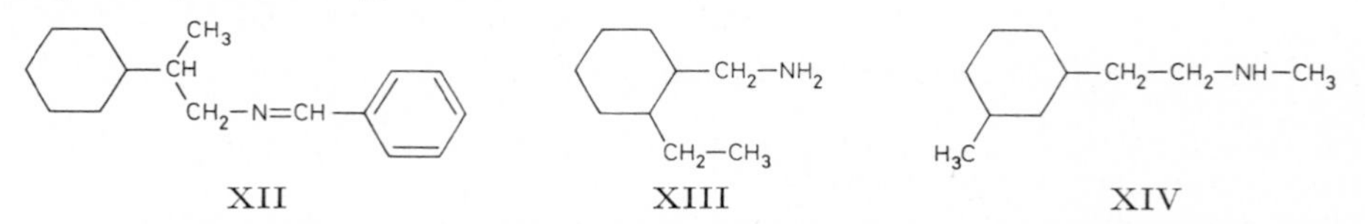

1-Aminomethyl-2-äthyl-cyclohexan, *C*-[2-Äthyl-cyclohexyl]-methylamin, *1-(2-ethylcyclohexyl)methylamine* $C_9H_{19}N$, Formel XIII.

Zwei opt.-inakt. Präparate (a) Kp_{22}: 96°; D_4^{20}: 0,8461; n_D^{20}: 1,4653; Pikrat: Krystalle [aus A.], F: 189–190° [Zers.]; Phenylthiocarbamoyl-Derivat [*N*-Phenyl-*N'*-[(2-äthyl-cyclohexyl)-methyl]-thioharnstoff] $C_{16}H_{24}N_2S$: Krystalle [aus Bzn.], F: 146–148° [unkorr.]; b) als Phenylthiocarbamoyl-Derivat $C_{16}H_{24}N_2S$ vom F: 88° [Krystalle (aus Bzn.)] isoliert), in denen vermutlich die beiden diastereoisomeren Racemate vorgelegen haben, sind bei der Hydrierung von opt.-inakt. 2-Vinyl-cyclohexen-(x)-carbonitril-(1) (Kp_8: 94° [E III **9** 300]) an Raney-Nickel bzw. bei der Hydrierung von 2-Äthyl-benzylamin an Platin in wss. Äthanol in Gegenwart von wss. Salzsäure bei 65° erhalten worden (*Snyder*, *Stewart*, *Myers*, Am. Soc. **71** [1949] 1055; *Snyder*, *Poos*, Am. Soc. **71** [1949] 1057).

2-[3-Methyl-cyclohexyl]-äthylamin $C_9H_{19}N$.

3-[2-Methylamino-äthyl]-1-methyl-cyclohexan, Methyl-[2-(3-methyl-cyclohexyl)-äthyl]-amin, *N-methyl-2-(3-methylcyclohexyl)ethylamine* $C_{10}H_{21}N$, Formel XIV.

Ein opt.-inakt. Amin (Kp_8: 74–75°; Hydrochlorid $C_{10}H_{21}N \cdot HCl$: Krystalle [aus Acn.], F: 162–163°) dieser Konstitution ist aus opt.-inakt. 2-[3-Methyl-cyclohexyl]-äthylbromid (Kp_5: 79–81° [E III **5** 119]) und Methylamin in Äthanol erhalten worden (*Blicke*, *Zienty*, Am. Soc. **61** [1939] 771).

Methyl-bis-[2-(3-methyl-cyclohexyl)-äthyl]-amin, *N-methyl-2,2'-bis(3-methylcyclohexyl)diethylamine* $C_{19}H_{37}N$, Formel I.

Ein opt.-inakt. Amin (Kp_7: 158–161°; Hydrochlorid $C_{19}H_{37}N \cdot HCl$: Krystalle [aus Acn.], F: 228–229°) dieser Konstitution ist aus opt.-inakt. 2-[3-Methyl-cyclohexyl]-äthylbromid (Kp_5: 79–81° [E III **5** 119]) und Methylamin [0,5 Mol] in Gegenwart von Natriumcarbonat erhalten worden (*Blicke*, *Zienty*, Am. Soc. **61** [1939] 771).

2-[4-Methyl-cyclohexyl]-äthylamin $C_9H_{19}N$.

1-Methyl-4-[2-methylamino-äthyl]-cyclohexan, Methyl-[2-(4-methyl-cyclohexyl)-äthyl]-amin, *N-methyl-2-(4-methylcyclohexyl)ethylamine* $C_{10}H_{21}N$, Formel II.

Ein Amin (Kp_9: 81—82°; Hydrochlorid $C_{10}H_{21}N \cdot HCl$: Krystalle [aus Acn.], F: 162—163°) dieser Konstitution ist aus 2-[4-Methyl-cyclohexyl]-äthylbromid (Kp_8: 78—79° [E III **5** 120]) und Methylamin in Äthanol erhalten worden (*Blicke, Zienty*, Am. Soc. **61** [1939] 771).

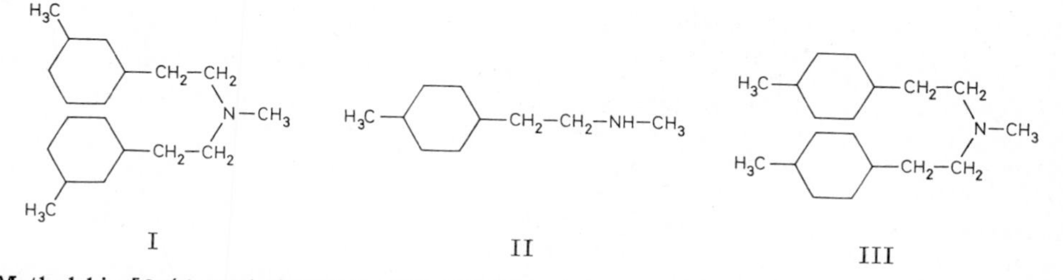

I II III

Methyl-bis-[2-(4-methyl-cyclohexyl)-äthyl]-amin, *N-methyl-2,2'-bis(4-methylcyclohexyl)diethylamine* $C_{19}H_{37}N$, Formel III.

Ein Amin (Kp_9: 166—170°; Hydrochlorid $C_{19}H_{37}N \cdot HCl$: Krystalle [aus Acn.], F: 241—242°) dieser Konstitution ist aus 2-[4-Methyl-cyclohexyl]-äthylbromid (Kp_8: 78—79° [E III **5** 120]) und Methylamin in Gegenwart von Natriumcarbonat erhalten worden (*Blicke, Zienty*, Am. Soc. **61** [1939] 771).

2-Amino-1.1.3-trimethyl-cyclohexan, 2.2.6-Trimethyl-cyclohexylamin, *2,2,6-trimethylcyclohexylamine* $C_9H_{19}N$.

(±)-2r-Amino-1.1.3t-trimethyl-cyclohexan, Formel IV (R = X = H) + Spiegelbild.

Diese Konfiguration kommt wahrscheinlich der nachstehend beschriebenen Verbindung zu.

B. Aus (±)-2.2.6t-Trimethyl-cyclohexan-carbonsäure-(1r) beim Erwärmen einer Lösung in Schwefelsäure mit Stickstoffwasserstoffsäure in Chloroform (*Shive et al.*, Am. Soc. **64** [1942] 385, 389, 909, 911). Aus (±)-2.2.6t-Trimethyl-cyclohexan-carbamid-(1r) beim Behandeln mit alkal. wss. Kaliumhypobromit-Lösung (*Sh. et al.*, l. c. S. 912).

Kp_{747}: 184—185°; D_4^{20}: 0,8596; n_D^{20}: 1,4596 (*Sh. et al.*, l. c. S. 911).

Beim Behandeln mit Natriumnitrit und wss. Essigsäure ist eine wahrscheinlich als *trans*-1-Methyl-2-isopropenyl-cyclopentan zu formulierende Verbindung (Kp_{750}: 140° [E III **5** 227]) erhalten worden (*Sh. et al.*, l. c. S. 389).

Pikrat $C_9H_{19}N \cdot C_6H_3N_3O_7$. Krystalle (aus wss. A.); F: 226—227° (*Sh. et al.*, l. c. S. 389, 911).

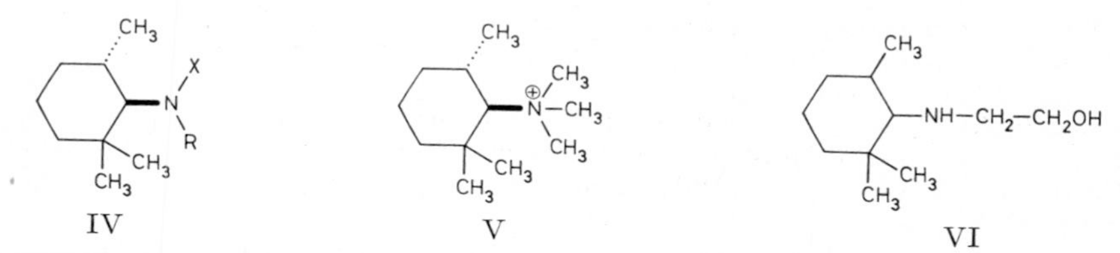

IV V VI

2-Dimethylamino-1.1.3-trimethyl-cyclohexan, Dimethyl-[2.2.6-trimethyl-cyclohexyl]-amin, *2,2,6,N,N-pentamethylcyclohexylamine* $C_{11}H_{23}N$.

(±)-2r-Dimethylamino-1.1.3t-trimethyl-cyclohexan, Formel IV (R = X = CH_3) + Spiegelbild.

Diese Konfiguration kommt vermutlich der nachstehend beschriebenen Verbindung zu.

B. Aus der im vorangehenden Artikel beschriebenen Verbindung beim Erhitzen mit wss. Formaldehyd und Ameisensäure auf 120° (*Shive et al.*, Am. Soc. **64** [1942] 385, 389).

Kp_{746}: 204—205°. D_4^{20}: 0,8543. n_D^{20}: 1,4604.

Pikrat $C_{11}H_{23}N \cdot C_6H_3N_3O_7$. Krystalle (aus wss. A.); F: 262—263°.

Trimethyl-[2.2.6-trimethyl-cyclohexyl]-ammonium, *trimethyl(2,2,6-trimethylcyclohexyl)=ammonium* $[C_{12}H_{26}N]^{\oplus}$.

(±)-Trimethyl-[2.2.6*t*-trimethyl-cyclohexyl-(*r*)]-ammonium, Formel V.

Jodid $[C_{12}H_{26}N]I$. Eine Verbindung (Krystalle [aus A.]; F: 272—273°), der vermutlich diese Konfiguration zukommt, ist aus dem im vorangehenden Artikel beschriebenen Amin beim Erwärmen mit Methyljodid in Äthanol erhalten worden (*Shive et al.*, Am. Soc. **64** [1942] 385, 389).

2-[2.2.6-Trimethyl-cyclohexylamino]-äthanol-(1), *2-(2,2,6-trimethylcyclohexylamino)=ethanol* $C_{11}H_{23}NO$, Formel VI.

Eine opt.-inakt. Verbindung (Kp_7: 123—123,5°; D_{25}^{25}: 0,9329; n_D^{25}: 1,4729; Pikrat $C_{11}H_{23}NO \cdot C_6H_3N_3O_7$: Krystalle [aus A.], F: 142—142,5°) dieser Konstitution ist bei der Hydrierung eines Gemisches von (±)-1.1.3-Trimethyl-cyclohexanon-(2) und 2-Amino-äthanol-(1) an Platin in Äthanol erhalten worden (*Cope, Hancock*, Am. Soc. **64** [1942] 1503, 1504).

2-Acetamino-1.1.3-trimethyl-cyclohexan, *N*-[2.2.6-Trimethyl-cyclohexyl]-acetamid, N-*(2,2,6-trimethylcyclohexyl)acetamide* $C_{11}H_{21}NO$.

(±)-2*r*-Acetamino-1.1.3*t*-trimethyl-cyclohexan, Formel IV (R = CO-CH_3, X = H) + Spiegelbild.

Diese Konfiguration kommt vermutlich der nachstehend beschriebenen Verbindung zu.

B. Aus (±)-2*t*(?)-Amino-1.1.3*r*-trimethyl-cyclohexan (Kp_{747}: 184—185° [S. 111]) beim Behandeln einer Lösung in Äther mit Acetylchlorid (*Shive et al.*, Am. Soc. **64** [1942] 385, 389).

Krystalle (aus PAe.); F: 133—134°.

3.3.5-Trimethyl-cyclohexylamin $C_9H_{19}N$.

2-[3.3.5-Trimethyl-cyclohexylamino]-1-[4-nitro-benzoyloxy]-äthan, *1-(4-nitrobenzoyl=oxy)-2-(3,3,5-trimethylcyclohexylamino)ethane* $C_{18}H_{26}N_2O_4$, Formel VII.

Ein als Hydrochlorid $C_{18}H_{26}N_2O_4 \cdot HCl$ (Krystalle [aus A.], F: 202—203°) isoliertes opt.-inakt. Amin dieser Konstitution ist beim Behandeln von opt.-inakt. 2-[3.3.5-Tri=methyl-cyclohexylamino]-äthanol-(1) (nicht näher beschrieben) mit 4-Nitro-benzoyl=chlorid in Chloroform in Gegenwart von Chlorwasserstoff erhalten worden (*Cope, Hancock*, Am. Soc. **66** [1944] 1448, 1449, 1451).

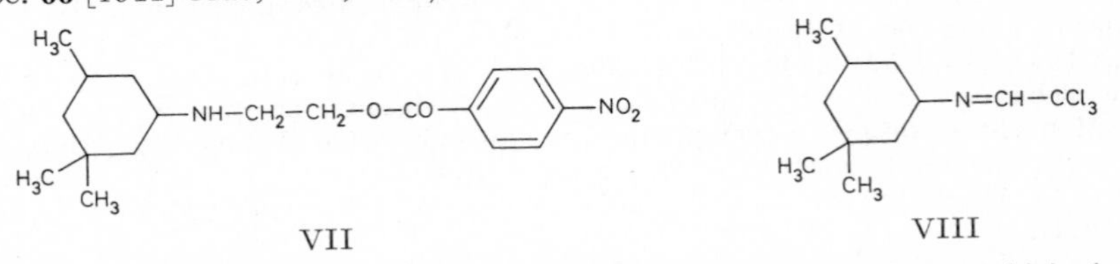

VII VIII

[3.3.5-Trimethyl-cyclohexyl]-[2.2.2-trichlor-äthyliden]-amin, Trichloracetaldehyd-[3.3.5-trimethyl-cyclohexylimin], *3,3,5-trimethyl-*N*-(2,2,2-trichloroethylidene)cyclohexyl=amine* $C_{11}H_{18}Cl_3N$, Formel VIII.

Ein opt.-inakt. Amin ($Kp_{0,1}$: 80—93°; D_4^{20}: 1,1196; n_D^{20}: 1,4880) dieser Konstitution ist beim Erwärmen von opt.-inakt. 3.3.5-Trimethyl-cyclohexylamin (nicht näher beschrieben) mit Chloral und Zinkchlorid in Benzol erhalten worden (*Shell Devel. Co.*, U.S.P. 2468593 [1947]).

[3.3.5-Trimethyl-cyclohexyl]-[3.3.5-trimethyl-cyclohexyliden]-amin, 1.1.3-Trimethyl-cyclohexanon-(5)-[3.3.5-trimethyl-cyclohexylimin], *3,3,5-trimethyl-*N*-(3,3,5-trimethyl=cyclohexylidene)cyclohexylamine* $C_{18}H_{33}N$, Formel IX.

Ein opt.-inakt. Amin (Kp_{10}: 145—148°; D_4^{20}: 0,878; n_D^{20}: 1,476) dieser Konstitution ist aus opt.-inakt. 3.3.5-Trimethyl-cyclohexylamin (nicht näher beschrieben) beim Erhitzen mit Raney-Nickel auf 200° erhalten worden (*Shell Devel. Co.*, U.S.P. 2421937 [1944]).

1-Amino-1-methyl-3-isopropyl-cyclopentan, 1-Methyl-3-isopropyl-cyclopentylamin, *3-isopropyl-1-methylcyclopentylamine* $C_9H_{19}N$.

(1*S*)-1-Amino-1*r*-methyl-3*t*-isopropyl-cyclopentan, Formel X (R = H).

Diese Konfiguration ist dem H 15 und E I 119 als *d*-Fenchelylamin bezeichneten und dem nachstehend beschriebenen Amin zuzuordnen.

B. Aus (+)-Fencholsäure ((1*S*)-1-Methyl-3*c*-isopropyl-cyclopentan-carbonsäure-(1*r*)) beim Behandeln einer Lösung in Schwefelsäure mit Stickstoffwasserstoffsäure in Chloroform (*v. Braun, Friehmelt*, B. **66** [1933] 684).

Kp_{11}: 59°.

Hydrochlorid. F: 170°. $[\alpha]_D^{20}$: +2,8° [W.; p = 18,5].

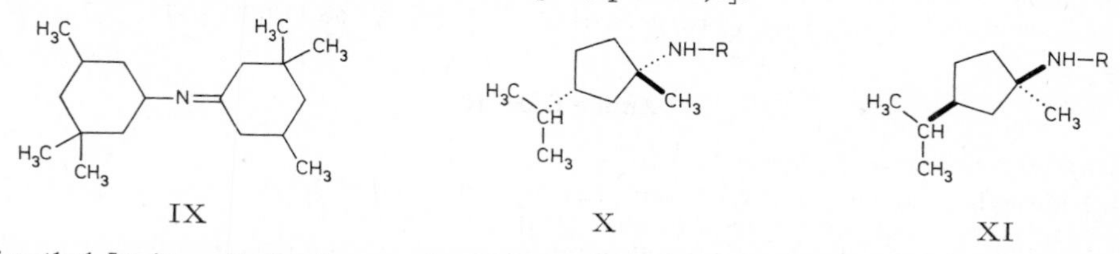

Trimethyl-[2-(1-methyl-3-isopropyl-cyclopentylcarbamoyloxy)-äthyl]-ammonium, *{2-[(3-isopropyl-1-methylcyclopentyl)carbamoyloxy]ethyl}trimethylammonium* $[C_{15}H_{31}N_2O_2]^\oplus$.

a) **Trimethyl-[2-((1*R*)-1-methyl-3*c*-isopropyl-cyclopentyl-(*r*)-carbamoyloxy)-äthyl]-ammonium,** Formel XI (R = $CO\text{-}O\text{-}CH_2\text{-}CH_2\text{-}N(CH_3)_3]^\oplus$).

Jodid $[C_{15}H_{31}N_2O_2]I$. *B.* Beim Erwärmen von (1*R*)-1-Isocyanato-1*r*-methyl-3*t*-isopropyl-cyclopentan (s. u.) mit 2-Dimethylamino-äthanol-(1) und Behandeln des Reaktionsprodukts mit Methyljodid (*v. Braun, Jacob*, B. **66** [1933] 1461, 1464). — F: 75°. $[\alpha]_D^{24}$: −6,4° [Me.; p = 7].

b) **Trimethyl-[2-((1*S*)-1-methyl-3*c*-isopropyl-cyclopentyl-(*r*)-carbamoyloxy)-äthyl]-ammonium,** Formel X (R = $CO\text{-}O\text{-}CH_2\text{-}CH_2\text{-}N(CH_3)_3]^\oplus$).

Jodid $[C_{15}H_{31}N_2O_2]I$. Ein partiell racemisches Präparat (Krystalle [aus Me. + Ae.], F: 74°; $[\alpha]_D^{20}$: +5,2° [Me.]) ist beim Erwärmen von partiell racemischem (1*S*)-1-Isocyanato-1*r*-methyl-3*t*-isopropyl-cyclopentan ($[\alpha]_D$: +2,5° [unverd.?]) mit 2-Dimethylamino-äthanol-(1) und Behandeln der bei 168—171°/14 Torr siedenden Anteile des Reaktionsprodukts mit Methyljodid in Methanol erhalten worden (*v. Braun, Jacob*, B. **66** [1933] 1461, 1463).

1-Isocyanato-1-methyl-3-isopropyl-cyclopentan, 1-Methyl-3-isopropyl-cyclopentylisocyanat, *isocyanic acid 3-isopropyl-1-methylcyclopentyl ester* $C_{10}H_{17}NO$.

a) **(1*R*)-1-Isocyanato-1*r*-methyl-3*t*-isopropyl-cyclopentan,** Formel XII.

B. Aus (1*R*)-1-Methyl-3*c*-isopropyl-cyclopentan-carbamid-(1*r*) (E III **9** 97) mit Hilfe von alkal. wss. Kaliumhypobromit-Lösung (*v. Braun, Jacob*, B. **66** [1933] 1461, 1464).

Kp_{13}: 82—83°. $[\alpha]_D^{18,5}$: −2,96° [unverd.].

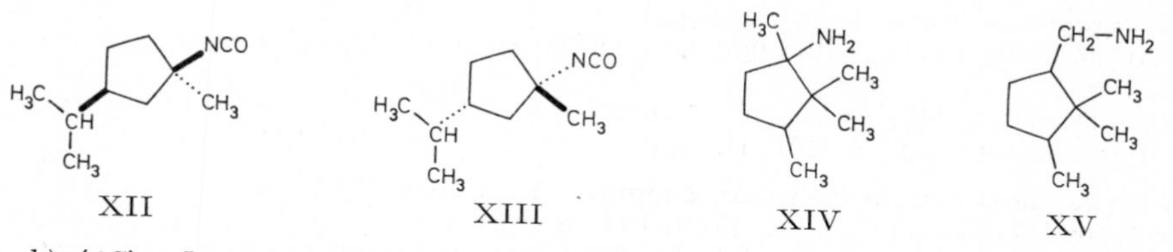

b) **(1*S*)-1-Isocyanato-1*r*-methyl-3*t*-isopropyl-cyclopentan,** Formel XIII (H 15; dort als [*d*-Fenchelyl]-isocyanat bezeichnet).

Berichtigung zu H 15, Zeile 15 v. u.: An Stelle von „$[\alpha]_D^{19}$: +304°" ist zu setzen „$[\alpha]_D^{19}$: +3,04°".

2-Amino-1.1.2.5-tetramethyl-cyclopentan, 1.2.2.3-Tetramethyl-cyclopentylamin, *1,2,2,3-tetramethylcyclopentylamine* $C_9H_{19}N$, Formel XIV (H 17).

Ein Amin (F: 43°; Kp: 177°; Kp_{12}: 58°; *N*-Benzoyl-Derivat $C_{16}H_{23}NO$: F: 97°) dieser Konstitution von unbekanntem opt. Drehungsvermögen ist beim Behandeln einer Lösung von nicht näher bezeichneter Campholsäure (1.2.2.3-Tetramethyl-cyclopentancarbonsäure-(1)) in Schwefelsäure mit Stickstoffwasserstoffsäure in Chloroform erhalten worden (*v. Braun*, A. **490** [1931] 100, 126).

2.2.3-Trimethyl-1-aminomethyl-cyclopentan, *C*-[2.2.3-Trimethyl-cyclopentyl]-methylamin, *1-(2,2,3-trimethylcyclopentyl)methylamine* $C_9H_{19}N$, Formel XV.

Ein unter dieser Konstitution beschriebenes Amin (Kp_{12}: 71–73°; Hexachloroplatinat(IV): Zers. bei 245°; Pikrat: Zers. bei 222°; *N*-Benzoyl-Derivat $C_{16}H_{23}NO$: F: 92°; $Kp_{0,3}$: 185°) von unbekanntem opt. Drehungsvermögen ist aus einem als (+)-Isocampholsäure bezeichneten Präparat (vgl. E II **9** 19) beim Abbau mit Hilfe von Stickstoffwasserstoffsäure erhalten worden (*v. Braun, Anton*, B. **66** [1933] 1373, 1376, 1377).

[*Urban*]

Amine $C_{10}H_{21}N$

1-Äthyl-2-cyclohexyl-äthylamin $C_{10}H_{21}N$.

(±)-2-Methylamino-1-cyclohexyl-butan, (±)-Methyl-[1-äthyl-2-cyclohexyl-äthyl]-amin, *(±)-2-cyclohexyl-1-ethyl-N-methylethylamine* $C_{11}H_{23}N$, Formel I.

B. Aus (±)-2-Methylamino-1-phenyl-butan-hydrochlorid bei der Hydrierung an Palladium in wss. Äthanol bei 50°/100 at (*Smith, Kline & French Labor.*, U.S.P. 2454746 [1947]).

Kp: 220–225°.

4-Cyclohexyl-butylamin $C_{10}H_{21}N$.

4-Methylamino-1-cyclohexyl-butan, Methyl-[4-cyclohexyl-butyl]-amin, *4-cyclohexyl-N-methylbutylamine* $C_{11}H_{23}N$, Formel II ($R = CH_3$, $X = H$).

B. Aus 4-Cyclohexyl-butylbromid und Methylamin in Äthanol (*Blicke, Monroe*, Am. Soc. **61** [1939] 91).

Kp_{20}: 110–112°.

Hydrochlorid $C_{11}H_{23}N \cdot HCl$. Krystalle (aus E. + Ae.); F: 143–144°.

4-Dimethylamino-1-cyclohexyl-butan, Dimethyl-[4-cyclohexyl-butyl]-amin, *4-cyclohexyl-N,N-dimethylbutylamine* $C_{12}H_{25}N$, Formel II ($R = X = CH_3$).

B. Aus 4-Cyclohexyl-butylbromid und Dimethylamin in Äthanol (*Blicke, Monroe*, Am. Soc. **61** [1939] 91).

Kp_{38}: 131–132°.

Hydrochlorid $C_{12}H_{25}N \cdot HCl$. Krystalle (aus E.); F: 196–197°.

4-Äthylamino-1-cyclohexyl-butan, Äthyl-[4-cyclohexyl-butyl]-amin, *4-cyclohexyl-N-ethylbutylamine* $C_{12}H_{25}N$, Formel II ($R = C_2H_5$, $X = H$).

B. Aus 4-Cyclohexyl-butylbromid und Äthylamin in Äthanol (*Blicke, Monroe*, Am. Soc. **61** [1939] 91).

Kp_{19}: 131–134°.

Hydrochlorid $C_{12}H_{25}N \cdot HCl$. Krystalle (aus E. + Ae.); F: 202–203°.

4-Diäthylamino-1-cyclohexyl-butan, Diäthyl-[4-cyclohexyl-butyl]-amin, *4-cyclohexyl-N,N-diethylbutylamine* $C_{14}H_{29}N$, Formel II ($R = X = C_2H_5$).

B. Aus 4-Cyclohexyl-butylbromid und Diäthylamin (*Coleman, Adams*, Am. Soc. **54** [1932] 1982).

Kp_3: 109–111°. D_{25}^{25}: 0,8414. n_D^{25}: 1,4613.

Hydrochlorid $C_{14}H_{29}N \cdot HCl$. Krystalle (aus E. + Ae.); F: 132–133°.

4-Dipropylamino-1-cyclohexyl-butan, Dipropyl-[4-cyclohexyl-butyl]-amin, *4-cyclohexyl-N,N-dipropylbutylamine* $C_{16}H_{33}N$, Formel II ($R = X = CH_2\text{-}CH_2\text{-}CH_3$).

B. Aus 4-Cyclohexyl-butylbromid und Dipropylamin (*Coleman, Adams*, Am. Soc. **54** [1932] 1982).

Kp_2: 119–121°. D_{25}^{25}: 0,8427. n_D^{25}: 1,4598.

Hydrochlorid $C_{16}H_{33}N \cdot HCl$. Krystalle (aus A. + Ae.); F: 120–121°.

4-Butylamino-1-cyclohexyl-butan, Butyl-[4-cyclohexyl-butyl]-amin, *4-cyclohexyldibutylamine* $C_{14}H_{29}N$, Formel II ($R = [CH_2]_3\text{-}CH_3$, $X = H$).

B. Aus 4-Cyclohexyl-butylbromid und Butylamin in Äthanol (*Blicke, Monroe*, Am. Soc. **61** [1939] 91).

Kp_{20}: 150–156°.

Hydrochlorid $C_{14}H_{29}N \cdot HCl$. Krystalle (aus E.); F: 232–233°.

4-Dibutylamino-1-cyclohexyl-butan, Dibutyl-[4-cyclohexyl-butyl]-amin, *4-cyclohexyltributylamine* $C_{18}H_{37}N$, Formel II (R = X = $[CH_2]_3$-CH_3).

B. Aus 4-Cyclohexyl-butylbromid und Dibutylamin (*Coleman, Adams*, Am. Soc. **54** [1932] 1982).

$Kp_{1,5}$: 135–138°. D_{25}^{25}: 0,8441. n_D^{25}: 1,4617.

Hydrochlorid $C_{18}H_{37}N \cdot HCl$. Krystalle (aus A. + Ae.); F: 91–91,5°.

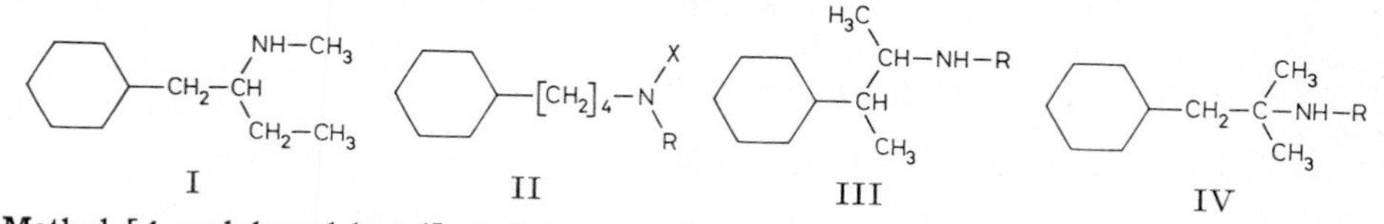

Methyl-[4-cyclohexyl-butyl]-cyclohexyl-amin, *4,N-dicyclohexyl-N-methylbutylamine* $C_{17}H_{33}N$, Formel II (R = C_6H_{11}, X = CH_3).

B. Aus Methyl-cyclohexyl-amin und 4-Cyclohexyl-butylbromid (*Blicke, Zienty*, Am. Soc. **61** [1939] 774).

Kp_4: 151–155°.

Hydrochlorid $C_{17}H_{33}N \cdot HCl$. Krystalle (aus Acn.); F: 184–185°.

Methyl-cyclohexylmethyl-[4-cyclohexyl-butyl]-amin, *4-cyclohexyl-N-(cyclohexylmethyl)-N-methylbutylamine* $C_{18}H_{35}N$, Formel II (R = CH_2-C_6H_{11}, X = CH_3).

B. Aus Methyl-cyclohexylmethyl-amin und 4-Cyclohexyl-butylbromid (*Blicke, Zienty*, Am. Soc. **61** [1939] 774).

Kp_6: 154–157°.

Hydrochlorid $C_{18}H_{35}N \cdot HCl$. Krystalle (aus Dioxan); F: 179–180°.

Methyl-[2-cyclohexyl-äthyl]-[4-cyclohexyl-butyl]-amin, *4-cyclohexyl-N-(2-cyclohexylethyl)-N-methylbutylamine* $C_{19}H_{37}N$, Formel II (R = CH_2-CH_2-C_6H_{11}, X = CH_3).

B. Aus Methyl-[4-cyclohexyl-butyl]-amin und 2-Cyclohexyl-äthylbromid (*Blicke, Zienty*, Am. Soc. **61** [1939] 774).

Kp_4: 160–165°.

Hydrochlorid $C_{19}H_{37}N \cdot HCl$. Krystalle (aus Acn.); F: 191–192°.

Methyl-bis-[4-cyclohexyl-butyl]-amin, *4,4'-dicyclohexyl-N-methyldibutylamine* $C_{21}H_{41}N$, Formel II (R = $[CH_2]_4$-C_6H_{11}, X = CH_3).

B. Bei mehrtägigem Behandeln von 4-Cyclohexyl-butylbromid mit Methylamin in Benzol (*Blicke*, U.S.P. 2180344 [1937]; s. a. *Blicke, Monroe*, Am. Soc. **61** [1939] 91).

Kp_{36}: 225–227°.

Hydrochlorid $C_{21}H_{41}N \cdot HCl$. Krystalle (aus E.); F: 189–190°.

Äthyl-bis-[4-cyclohexyl-butyl]-amin, *4,4'-dicyclohexyl-N-ethyldibutylamine* $C_{22}H_{43}N$, Formel II (R = $[CH_2]_4$-C_6H_{11}, X = C_2H_5).

B. Bei mehrtägigem Behandeln von 4-Cyclohexyl-butylbromid mit Äthylamin in Benzol (*Blicke*, U.S.P. 2180344 [1937]; s. a. *Blicke, Monroe*, Am. Soc. **61** [1939] 91).

Kp_{19}: 230–236°.

Hydrochlorid $C_{22}H_{43}N \cdot HCl$. Krystalle (aus Bzl. + PAe.); F: 134–135°.

3-Amino-2-cyclohexyl-butan, 1-Methyl-2-cyclohexyl-propylamin, *2-cyclohexyl-1-methylpropylamine* $C_{10}H_{21}N$, Formel III (R = H).

a) **Opt.-inakt. 3-Amino-2-cyclohexyl-butan,** dessen Hydrochlorid bei 198° schmilzt.

B. Neben dem unter b) beschriebenen Racemat bei der Hydrierung von opt.-inakt. 3-Amino-2-phenyl-butan (Gemisch der Stereoisomeren) an Platin in Essigsäure (*Zenitz, Macks, Moore*, Am. Soc. **69** [1947] 1117, 1118).

Hydrochlorid $C_{10}H_{21}N \cdot HCl$. Krystalle (aus Isopropylalkohol + Diisopropyläther); F: 197–198° [unkorr.].

b) **Opt.-inakt. 3-Amino-2-cyclohexyl-butan,** dessen Hydrochlorid bei 146° schmilzt.

B. s. bei dem unter a) beschriebenen Racemat.

Hydrochlorid $C_{10}H_{21}N \cdot HCl$. Krystalle (aus E.); F: 145–146° [unkorr.] (*Zenitz, Macks, Moore*, Am. Soc. **69** [1947] 1117, 1118).

3-Methylamino-2-cyclohexyl-butan, Methyl-[1-methyl-2-cyclohexyl-propyl]-amin, *2-cyclohexyl-1,*N*-dimethylpropylamine* $C_{11}H_{23}N$, Formel III (R = CH_3).

a) **Opt.-inakt. 3-Methylamino-2-cyclohexyl-butan,** dessen Hydrochlorid bei 153° schmilzt.

B. Neben dem unter b) beschriebenen Racemat bei der Hydrierung von opt.-inakt. 3-Methylamino-2-phenyl-butan (Gemisch der Stereoisomeren) an Platin in Essigsäure (*Zenitz, Macks, Moore,* Am. Soc. **69** [1947] 1117, 1118) oder an Palladium in wss. Äthanol bei 50°/100 at (*Smith, Kline & French Labor.,* U.S.P. 2454746 [1947]).

Hydrochlorid $C_{11}H_{23}N \cdot HCl$. Krystalle (aus E.); F: 152—153° [unkorr.] (*Ze., Ma., Moore*).

b) **Opt.-inakt. 3-Methylamino-2-cyclohexyl-butan,** dessen Hydrochlorid bei 130° schmilzt.

B. s. bei dem unter a) beschriebenen Racemat.

Hydrochlorid $C_{11}H_{23}N \cdot HCl$. Krystalle (aus E.); F: 128—130° [unkorr.] (*Zenitz, Macks, Moore,* Am. Soc. **69** [1947] 1117, 1118).

2-Amino-2-methyl-1-cyclohexyl-propan, 1.1-Dimethyl-2-cyclohexyl-äthylamin, *2-cyclohexyl-1,1-dimethylethylamine* $C_{10}H_{21}N$, Formel IV (R = H).

B. Aus 2-Amino-2-methyl-1-phenyl-propan bei der Hydrierung an Platin in Essigsäure (*Zenitz, Macks, Moore,* Am. Soc. **70** [1948] 955). Aus 1.1-Dimethyl-2-cyclohexyl-äthylisocyanat beim Erwärmen mit wss. Salzsäure (*Mentzer, Buu-Hoi, Cagniant,* Bl. [5] **9** [1942] 813, 817, 818).

Kp_7: 75—76°; n_D^{20}: 1,4586 (*Ze., Ma., Moore*).

Hydrochlorid $C_{10}H_{21}N \cdot HCl$. Krystalle; F: 158—159° [unkorr.; aus Diisopropyläther + Isopropylalkohol] (*Ze., Ma., Moore*), 147—148° [Block; unter Sublimation; aus A. + Ae.] (*Me., Buu-Hoi, Ca.*).

2-Methylamino-2-methyl-1-cyclohexyl-propan, Methyl-[1.1-dimethyl-2-cyclohexyl-äthyl]-amin, *2-cyclohexyl-1,1,*N*-trimethylethylamine* $C_{11}H_{23}N$, Formel IV (R = CH_3).

B. Aus 2-Methylamino-2-methyl-1-phenyl-propan bei der Hydrierung an Platin in Essigsäure (*Zenitz, Macks, Moore,* Am. Soc. **70** [1948] 955).

Kp_6: 84—86°. n_D^{20}: 1,4640.

Hydrochlorid $C_{11}H_{23}N \cdot HCl$. Krystalle (aus Diisopropyläther + Isopropylalkohol); F: 153—154° [unkorr.].

2-Isocyanato-2-methyl-1-cyclohexyl-propan, 1.1-Dimethyl-2-cyclohexyl-äthylisocyanat, *isocyanic acid 2-cyclohexyl-1,1-dimethylethyl ester* $C_{11}H_{19}NO$, Formel V.

B. Aus 2.2-Dimethyl-3-cyclohexyl-propionamid beim Behandeln mit wss. Kaliumhypobromit-Lösung (*Mentzer, Buu-Hoi, Cagniant,* Bl. [5] **9** [1942] 813, 817).

Kp_{15}: 98—100°.

1-Amino-2-methyl-2-cyclohexyl-propan, 2-Methyl-2-cyclohexyl-propylamin, *2-cyclohexyl-2-methylpropylamine* $C_{10}H_{21}N$, Formel VI (R = H).

B. Aus 2-Methyl-2-phenyl-propylamin bei der Hydrierung an Platin in Essigsäure (*Zenitz, Macks, Moore,* Am. Soc. **69** [1947] 1117, 1118).

Kp_7: 86—88°. n_D^{20}: 1,4752.

Hydrochlorid $C_{10}H_{21}N \cdot HCl$. Krystalle (aus Isopropylalkohol + Diisopropyläther); F: 206—207° [unkorr.].

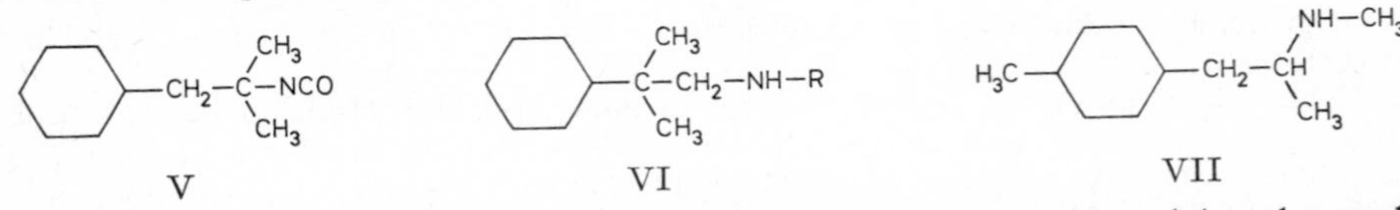

V VI VII

1-Methylamino-2-methyl-2-cyclohexyl-propan, Methyl-[2-methyl-2-cyclohexyl-propyl]-amin, *2-cyclohexyl-2,*N*-dimethylpropylamine* $C_{11}H_{23}N$, Formel VI (R = CH_3).

B. Aus Methyl-[2-methyl-2-phenyl-propyl]-amin bei der Hydrierung an Platin in Essigsäure (*Zenitz, Macks, Moore,* Am. Soc. **69** [1947] 1117, 1118).

Kp_8: 92—93°. n_D^{20}: 1,4694.

Hydrochlorid $C_{11}H_{23}N \cdot HCl$. Krystalle (aus Isopropylalkohol + Diisopropyläther); F: 266—268° [unkorr.].

1-Methyl-2-[4-methyl-cyclohexyl]-äthylamin $C_{10}H_{21}N$.

(±)-2-Methylamino-1-[4-methyl-cyclohexyl]-propan, (±)-Methyl-[1-methyl-2-(4-methyl-cyclohexyl)-äthyl]-amin, (±)-*1,*N-*dimethyl-2-(4-methylcyclohexyl)ethylamine* $C_{11}H_{23}N$, Formel VII.

Ein Amin (Kp: 210—215°) dieser Konstitution ist beim Erhitzen von [4-Methyl-cyclohexyl]-aceton mit *N*-Methyl-formamid in wasserhaltiger Ameisensäure auf 180° und Erwärmen des Reaktionsprodukts mit wss. Schwefelsäure erhalten worden (*Smith, Kline & French Labor.*, U.S.P. 2454746 [1947]).

5-Amino-1-methyl-3-isopropyl-cyclohexan, 5-Amino-*m*-menthan, 3-Methyl-5-isopropyl-cyclohexylamin $C_{10}H_{21}N$.

5-[2-Hydroxy-äthylamino]-*m*-menthan, 2-[3-Methyl-5-isopropyl-cyclohexylamino]-äthanol-(1), *2-(*m*-menth-5-ylamino)ethanol* $C_{12}H_{25}NO$, Formel VIII.

Ein opt.-inakt. Amin (Kp_{15-16}: 151°) dieser Konstitution ist bei der Hydrierung von opt.-inakt. *m*-Menthanon-(5)-[2-hydroxy-äthylimin] (Kp_{13-14}: 125°) an Platin in Methanol erhalten worden (*Wegler, Frank*, Ar. **273** [1935] 408, 413).

2-Amino-1-methyl-4-isopropyl-cyclohexan, 2-Amino-*p*-menthan, 2-Methyl-5-isopropyl-cyclohexylamin, *p-menth-2-ylamine* $C_{10}H_{21}N$.

Über die Konfiguration der folgenden Stereoisomeren s. *Schroeter, Eliel*, Am. Soc. **86** [1964] 2066; J. org. Chem. **30** [1965] 1, 3, 4; *Feltkamp, Koch, Thanh*, A. **707** [1967] 78, 80.

a) **(1*R*)-2*t*-Amino-1*r*-methyl-4*c*-isopropyl-cyclohexan, (1*R*)-Isocarvomenthylamin,** Formel IX (R = H).

B. Aus (—)-Isocarvomenthon-oxim ((1*R*)-*cis-p*-Menthanon-(2)-oxim) vom F: 64—65° oder vom F: 30—31° (E III **7** 148) beim Behandeln mit Äthanol und Natrium (*Hückel, Doll*, A. **526** [1936] 103, 111; s. a. *Johnston, Read*, Soc. **1935** 1138, 1143). Aus (+)-*trans*-Carvotanacetylamin ((4*S*)-*trans*-6-Amino-*p*-menthen-(1)) bei der Hydrierung des L_g-Hydrogentartrats an Palladium in Methanol (*Read, Swann*, Soc. **1937** 239, 241).

Kp_{15}: 90°; D_4^{25}: 0,8587; n_D^{16}: 1,4642; n_D^{25}: 1,4611 (*Jo., Read*). $[\alpha]_D^{18}$: —14,7° [unverd.?] (*Jo., Read*).

Hydrochlorid. $[\alpha]_D$: —14,3° [W.; c = 2] (*Jo., Read*).

L_g-Hydrogentartrat $C_{10}H_{21}N \cdot C_4H_6O_6$. Krystalle (aus wss. Me.) mit 0,5 Mol H_2O; F: 179° (*Jo., Read*), 177—178° (*Read, Sw.*). $[\alpha]_D$: +5,3° [W.; c = 2] (*Jo., Read*); $[\alpha]_D^{17}$: +6,0° [W.; c = 2] (*Read, Sw.*).

b) **(1*S*)-2*c*-Amino-1*r*-methyl-4*t*-isopropyl-cyclohexan, (1*S*)-Neocarvomenthylamin,** Formel X (R = H) (H 19; dort als „aktives Carvomenthylamin aus *d*-α-Phellandren" bezeichnet).

B. Neben dem unter c) beschriebenen Stereoisomeren und (—)-Bis-[(2*S*)-2*r*-methyl-5*t*-isopropyl-cyclohexyl-(ξ)]-amin (S. 118) beim Erhitzen von (—)-Carvomenthon ((1*S*)-*trans-p*-Menthanon-(2)) mit Ammoniumformiat auf 130° und Erwärmen des Reaktionsprodukts mit Chlorwasserstoff in Äthanol (*Read, Johnston*, Soc. **1934** 226, 230). Neben dem unter c) beschriebenen Stereoisomeren bei der Hydrierung von (—)-Carvomenthon-oxim ((1*S*)-*trans-p*-Menthanon-(2)-oxim) vom F: 100—101° (E III **7** 148) an Platin in Essigsäure (*Hückel, Doll*, A. **526** [1936] 103, 113).

Kp_{16}: 87,8—88°; D_4^{25}: 0,8558; n_D^{25}: 1,4596 (*Read, Jo.*). $[\alpha]_D^{25}$: —26,5° [unverd.]; $[\alpha]_{546}^{25}$: —31,0° [unverd.] (*Read, Jo.*).

Beim Behandeln der Base mit wss. Essigsäure und Natriumnitrit (*Hückel, Wilip*, J. pr. [2] **158** [1941] 21, 30 sowie beim Behandeln einer wss. Lösung des Hydrochlorids mit Natriumnitrit (*Johnston, Read*, Soc. **1935** 1138, 1140; s. a. *Hückel*, A. **533** [1938] 1, 11) sind (1*S*)-Neocarvomenthol ((1*S*)-1*r*-Methyl-4*t*-isopropyl-cyclohexanol-(2*c*)), (1*S*)-Carvomenthol ((1*S*)-1*r*-Methyl-4*t*-isopropyl-cyclohexanol-(2*t*)) und (*S*)-*p*-Menthen-(1) erhalten worden.

Hydrochlorid $C_{10}H_{21}N \cdot HCl$. $[\alpha]_D^{16}$: —31,9° [W.; c = 2] (*Read, Jo.*); $[\alpha]_D^{19}$: —32,8° und —31,4° (*Hü., Wi.*).

Formiat. Krystalle (aus Acn.), F: 131,5—132° (*Read, Jo.*). $[\alpha]_D$: —31,5° [W.; c = 2] (*Read, Jo.*).

L_g-Hydrogentartrat $C_{10}H_{21}N \cdot C_4H_6O_6$. Krystalle (aus W.) mit 1 Mol H_2O; F: 162° (*Read, Jo.*). $[\alpha]_D$: —5,7° [W.] (*Read, Jo.*).

c) **(1*S*)-2*t*-Amino-1*r*-methyl-4*t*-isopropyl-cyclohexan, (1*S*)-Carvomenthylamin,** Formel XI (R = H) (H 19; dort als „aktives Carvomenthylamin aus *l*-α-Phellandren" bezeichnet).

B. Aus (–)-Carvomenthon-oxim ((1*S*)-*trans*-*p*-Menthanon-(2)-oxim) vom F: 101° (E III **7** 148) mit Hilfe von Äthanol und Natrium (*Read, Johnston,* Soc. **1934** 226, 230; *Hückel, Doll,* A. **526** [1936] 103, 113).

$Kp_{15,5}$: 89,8–90°; D_4^{25}: 0,8505; n_D^{25}: 1,4578 (*Read, Jo.*). $[\alpha]_D^{25}$: +12,5° [unverd.]; $[\alpha]_D^{25}$: +13,1° [$CHCl_3$; c = 4]; $[\alpha]_{546}^{25}$: +14,6° [unverd.]; $[\alpha]_{546}^{25}$: 15,3° [$CHCl_3$; c = 4] (*Read, Jo.*).

Beim Erwärmen des Hydrochlorids mit Natriumnitrit in Wasser ist (1*S*)-Carvomenthol ((1*S*)-1*r*-Methyl-4*t*-isopropyl-cyclohexanol-(2*t*)) als Hauptprodukt erhalten worden (*Johnston, Read,* Soc. **1935** 1138, 1139; s. a. *Hückel,* A. **533** [1938] 1, 11).

Hydrochlorid $C_{10}H_{21}N \cdot HCl$ (H 19). Krystalle (aus E. + A.), F: >250°; $[\alpha]_D^{16}$: +12,2° [W.; c = 2] (*Read, Jo.*).

Formiat. Krystalle, F: 152°; $[\alpha]_D^{16}$: +12,1° [W.; c = 2] (*Read, Jo.*).

L_g-Hydrogentartrat $C_{10}H_{21}N \cdot C_4H_6O_6$. Krystalle (aus W.) mit 1 Mol H_2O; F: 143° bis 144°; $[\alpha]_D^{16}$: +20,1° [W.; c = 2] (*Read, Jo.*).

(1*S*)-2-Oxo-bornan-sulfonat-(10). Krystalle; F: 138–140°; $[\alpha]_D^{16}$: +19,5° [W.; c = 2] (*Read, Jo.*).

(1*R*)-2-Oxo-bornan-sulfonat-(10). Krystalle (aus PAe.); F: 144–145°; $[\alpha]_D^{16}$: –8,4° [W.; c = 2] (*Read, Jo.*).

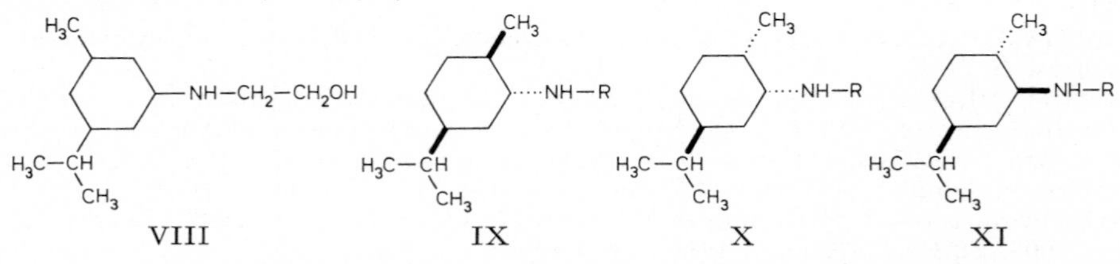

VIII IX X XI

d) **(±)-2*t*-Amino-1*r*-methyl-4*t*-isopropyl-cyclohexan, (±)-Carvomenthylamin,** Formel XI (R = H) + Spiegelbild (H 19).

D_4^{20}: 0,8559; n_D^{20}: 1,4601 (*Feltkamp, Koch, Thanh,* A. **707** [1967] 78, 86).

Charakterisierung als *N*-Benzoyl-Derivat (F: 130°): *Fe., Koch, Th.*

Bis-[2-methyl-5-isopropyl-cyclohexyl]-amin, *di*(p-*menth-2-yl*)*amine* $C_{20}H_{39}N$.

Bis-[(2*S*)-2*r*-methyl-5*t*-isopropyl-cyclohexyl-(ξ)]-amin, Formel XII.

Ein Präparat (Kp_{16}: 187–188°; Kp_{14}: 185–186°; Kp_{11}: 178–179°; D_4^{18}: 0,8956; n_D^{18}: 1,4787; $[\alpha]_D^{18}$: –3,5° [unverd.]) von zweifelhafter konfigurativer Einheitlichkeit ist neben anderen Verbindungen beim Erhitzen von (–)-Carvomenthon ((1*S*)-*trans*-*p*-Menthanon-(2)) mit Ammoniumformiat auf 130° und Erwärmen des Reaktionsprodukts mit Chlorwasserstoff in Äthanol erhalten worden (*Read, Johnston,* Soc. **1934** 226, 230, 232).

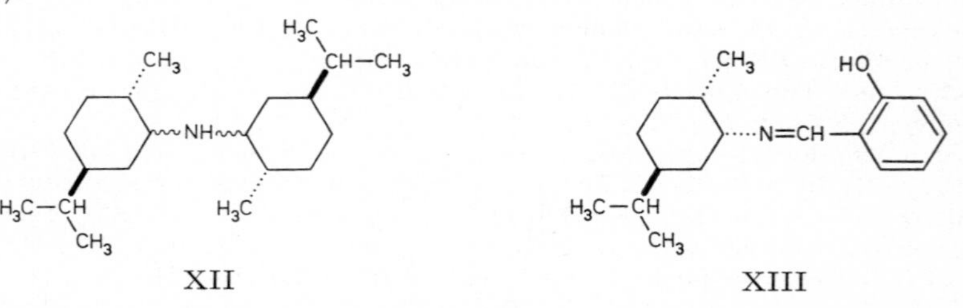

XII XIII

2-Salicylidenamino-*p*-menthan, o-[N-(p-*menth-2-yl*)*formimidoyl*]*phenol* $C_{17}H_{25}NO$.

a) **Salicylaldehyd-[(1*S*)-neocarvomenthylimin]** $C_{17}H_{25}NO$, Formel XIII.

B. Aus (1*S*)-Neocarvomenthylamin [S. 117] (*Read, Johnston,* Soc. **1934** 226, 231).

Gelbe Krystalle; F: 36–37°. $[\alpha]_{656}^{25}$: –6,0°; $[\alpha]_D^{25}$: –5,9°; $[\alpha]_{546}^{25}$: –5,4° [jeweils in $CHCl_3$; c = 2].

Bei der Bestrahlung mit Sonnenlicht erfolgt keine Farbänderung.

b) **Salicylaldehyd-[(1*S*)-carvomenthylimin]** $C_{17}H_{25}NO$, Formel XIV.

B. Aus (1*S*)-Carvomenthylamin [S. 118] (*Read, Johnston*, Soc. **1934** 226, 230).

Krystalle (aus A.). $[\alpha]_D^{16}$: +18,6°; $[\alpha]_D^{25}$: +15,0° [jeweils in $CHCl_3$; c = 1]. Optisches Drehungsvermögen einer Lösung in Chloroform bei Wellenlängen von 486 mμ bis 656 mμ: *Read, Jo.*

Bei der Bestrahlung mit Sonnenlicht erfolgt reversibel Orangefärbung.

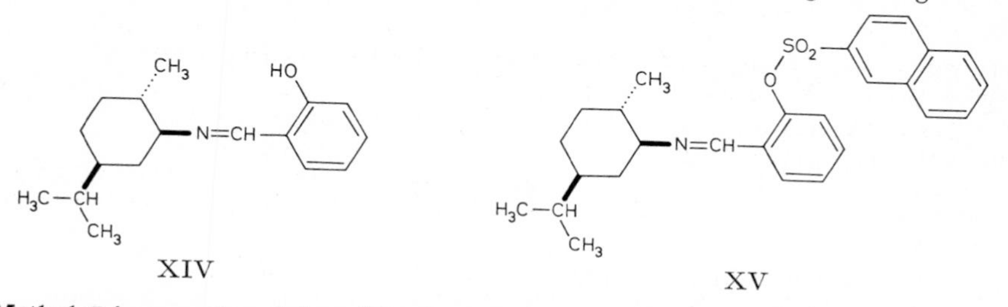

XIV XV

[2-Methyl-5-isopropyl-cyclohexyl]-[2-(naphthalin-sulfonyl-(2)-oxy)-benzyliden]-amin, 2-[Naphthalin-sulfonyl-(2)-oxy]-benzaldehyd-[2-methyl-5-isopropyl-cyclohexylimin], N-[*2-(2-naphthylsulfonyloxy)benzylidene*]-p-*menth-2-ylamine* $C_{27}H_{31}NO_3S$.

2-[Naphthalin-sulfonyl-(2)-oxy]-benzaldehyd-[(1*S*)-carvomenthylimin] $C_{27}H_{31}NO_3S$, Formel XV.

B. Aus (1*S*)-Carvomenthylamin [S. 118] (*Read, Johnston*, Soc. **1934** 226, 233).

Krystalle (aus Acn.); F: 104°. $[\alpha]_D^{18}$: +44,5° [$CHCl_3$; c = 2].

2-Formamino-*p*-menthan, *N*-[2-Methyl-5-isopropyl-cyclohexyl]-formamid, N-(p-*menth-2-yl)formamide* $C_{11}H_{21}NO$.

a) ***N*-[(1*S*)-Neocarvomenthyl]-formamid** $C_{11}H_{21}NO$, Formel X (R = CHO).

B. Aus (1*S*)-Neocarvomenthylamin-formiat (S. 117) beim Erhitzen (*Read, Johnston*, Soc. **1934** 226, 231).

Krystalle (aus PAe.); F: 50°. $[\alpha]_D^{25}$: −61,2°; $[\alpha]_{546}^{25}$: −74,2° [jeweils in $CHCl_3$; c = 2].

b) ***N*-[(1*S*)-Carvomenthyl]-formamid** $C_{11}H_{21}NO$, Formel XI (R = CHO).

B. Aus (1*S*)-Carvomenthylamin-formiat (S. 118) beim Erhitzen unter vermindertem Druck auf 300° (*Read, Johnston*, Soc. **1934** 226, 230).

Krystalle (aus wss. Acn.); F: 95°. $[\alpha]_D^{25}$: +62,1°; $[\alpha]_{546}^{25}$: +72,8° [jeweils in $CHCl_3$; c = 1].

2-Acetamino-*p*-menthan, *N*-[2-Methyl-5-isopropyl-cyclohexyl]-acetamid, N-(p-*menth-2-yl)acetamide* $C_{12}H_{23}NO$.

a) ***N*-[(1*R*)-Isocarvomenthyl]-acetamid** $C_{12}H_{23}NO$, Formel IX (R = CO-CH_3).

B. Aus (1*R*)-Isocarvomenthylamin [S. 117] (*Johnston, Read*, Soc. **1935** 1138, 1143).

Krystalle (aus Acn.); F: 96°. $[\alpha]_D$: −57,4° [$CHCl_3$; c = 2].

b) ***N*-[(1*S*)-Neocarvomenthyl]-acetamid** $C_{12}H_{23}NO$, Formel X (R = CO-CH_3).

B. Aus (1*S*)-Neocarvomenthylamin [S. 117] (*Read, Johnston*, Soc. **1934** 226, 231).

Krystalle (aus A. oder wss. Acn.); F: 114°. $[\alpha]_D^{25}$: −61,9°; $[\alpha]_{546}^{25}$: −75,4° [jeweils in $CHCl_3$; c = 2].

c) ***N*-[(1*S*)-Carvomenthyl]-acetamid** $C_{12}H_{23}NO$, Formel XI (R = CO-CH_3) (H 19).

B. Aus (1*S*)-Carvomenthylamin [S. 118] (*Read, Johnston*, Soc. **1934** 226, 230).

Krystalle (aus wss. A. oder wss. Acn.); F: 160—161°. $[\alpha]_D^{25}$: +67,8°; $[\alpha]_{546}^{25}$: +79,6° [jeweils in $CHCl_3$; c = 1].

d) **(±)-*N*-Carvomenthyl-acetamid** $C_{12}H_{23}NO$, Formel XI (R = CO-CH_3) + Spiegelbild (H 19).

F: 126° (*Feltkamp, Koch, Thanh*, A. **707** [1967] 78, 86).

2-Propionylamino-*p*-menthan, *N*-[2-Methyl-5-isopropyl-cyclohexyl]-propionamid, N-(p-*menth-2-yl)propionamide* $C_{13}H_{25}NO$.

a) ***N*-[(1*S*)-Neocarvomenthyl]-propionamid** $C_{13}H_{25}NO$, Formel X (R = CO-CH_2-CH_3).

B. Aus (1*S*)-Neocarvomenthylamin [S. 117] (*Read, Johnston*, Soc. **1934** 226, 231).

Krystalle (aus A. oder wss. Acn.); F: 101°. $[\alpha]_D^{25}$: −60,1°; $[\alpha]_{546}^{25}$: −72,4° [jeweils in $CHCl_3$; c = 2].

b) **N-[(1S)-Carvomenthyl]-propionamid** $C_{13}H_{25}NO$, Formel XI (R = CO-CH_2-CH_3) auf S. 118.

B. Aus (1*S*)-Carvomenthylamin [S. 118] (*Read, Johnston,* Soc. **1934** 226, 230).

Krystalle (aus wss. A. oder wss. Acn.); F: 128−129°. $[\alpha]_D^{25}$: +65,7°; $[\alpha]_{546}^{25}$: +77,0° [jeweils in $CHCl_3$; c = 1].

2-Butyrylamino-*p*-menthan, N-[2-Methyl-5-isopropyl-cyclohexyl]-butyramid, N-(p-*menth-2-yl)butyramide* $C_{14}H_{27}NO$.

a) **N-[(1S)-Neocarvomenthyl]-butyramid** $C_{14}H_{27}NO$, Formel X (R = CO-CH_2-CH_2-CH_3) auf S. 118.

B. Aus (1*S*)-Neocarvomenthylamin [S. 117] (*Read, Johnston,* Soc. **1934** 226, 231).

Krystalle (aus A. oder wss. Acn.); F: 98°. $[\alpha]_D^{25}$: −57,6°; $[\alpha]_{546}^{25}$: −69,0° [jeweils in $CHCl_3$; c = 2].

b) **N-[(1S)-Carvomenthyl]-butyramid** $C_{14}H_{27}NO$, Formel XI (R = CO-CH_2-CH_2-CH_3) auf S. 118.

B. Aus (1*S*)-Carvomenthylamin [S. 118] (*Read, Johnston,* Soc. **1934** 226, 230).

Krystalle (aus A. oder wss. Acn.); F: 123−124°. $[\alpha]_D^{25}$: +59,4°; $[\alpha]_{546}^{25}$: +71,2° [jeweils in $CHCl_3$; c = 1].

2-Hexanoylamino-*p*-menthan, N-[2-Methyl-5-isopropyl-cyclohexyl]-hexanamid, N-(p-*menth-2-yl)hexanamide* $C_{16}H_{31}NO$.

N-[(1S)-Carvomenthyl]-hexanamid $C_{16}H_{31}NO$, Formel XI (R = CO-$[CH_2]_4$-CH_3) auf S. 118.

B. Aus (1*S*)-Carvomenthylamin [S. 118] (*Read, Johnston,* Soc. **1934** 226, 230).

Krystalle (aus wss. A. oder wss. Acn.); F: 104°. $[\alpha]_D^{25}$: +55,5°; $[\alpha]_{546}^{25}$: +63,8° [jeweils in $CHCl_3$; c = 1].

2-Octanoylamino-*p*-menthan, N-[2-Methyl-5-isopropyl-cyclohexyl]-octanamid, N-(p-*menth-2-yl)octanamide* $C_{18}H_{35}NO$.

N-[(1S)-Carvomenthyl]-octanamid $C_{18}H_{35}NO$, Formel XI (R = CO-$[CH_2]_6$-CH_3) auf S. 118.

B. Aus (1*S*)-Carvomenthylamin [S. 118] (*Read, Johnston,* Soc. **1934** 226, 230).

Krystalle (aus wss. A. oder wss. Acn.); F: 97−98°. $[\alpha]_D^{25}$: +50,0°; $[\alpha]_{546}^{25}$: +56,6° [jeweils in $CHCl_3$; c = 1].

2-Benzamino-*p*-menthan, N-[2-Methyl-5-isopropyl-cyclohexyl]-benzamid, N-(p-*menth-2-yl)benzamide* $C_{17}H_{25}NO$.

a) **N-[(1R)-Isocarvomenthyl]-benzamid** $C_{17}H_{25}NO$, Formel IX (R = CO-C_6H_5) auf S. 118.

B. Aus (1*R*)-Isocarvomenthylamin [S. 117] (*Johnston, Read,* Soc. **1935** 1138, 1143; *Hückel, Doll,* A. **526** [1936] 103, 111).

Krystalle; F: 153° [aus E.] (*Jo., Read*), 153° (*Hü., Doll*). $[\alpha]_D^{20}$: −48,5° [A.; p = 2]; $[\alpha]_D^{20}$: −45,3° [$CHCl_3$; c = 1,4] (*Hü., Doll*); $[\alpha]_D$: −40,7° [Lösungsmittel nicht angegeben] (*Jo., Read*).

b) **N-[(1S)-Neocarvomenthyl]-benzamid** $C_{17}H_{25}NO$, Formel X (R = CO-C_6H_5) auf S. 118.

B. Aus (1*S*)-Neocarvomenthylamin [S. 117] (*Read, Johnston,* Soc. **1934** 226, 231; *Hückel, Doll,* A. **526** [1936] 103, 113).

Krystalle; F: 129° (*Hü., Doll*), 126° [aus A. oder wss. Acn.] (*Read, Jo.*). $[\alpha]_D^{20}$: −37,5° [A.; p = 4] (*Hü., Doll*); $[\alpha]_D^{25}$: −33,0°; $[\alpha]_{546}^{25}$: −38,3° [jeweils in $CHCl_3$; c = 2] (*Read, Jo.*).

c) **N-[(1S)-Carvomenthyl]-benzamid** $C_{17}H_{25}NO$, Formel XI (R = CO-C_6H_5) auf S. 118.

B. Aus (1*S*)-Carvomenthylamin [S. 118] (*Read, Johnston,* Soc. **1934** 226, 230; *Hückel, Doll,* A. **526** [1936] 103, 113). Aus (1*S*:2*S*:4*S*)-2-Benzamino-*p*-menthen-(8) („(+)-*N*-Benzoyl-dihydrocarvylamin") bei der Hydrierung an Palladium in Methanol (*Read, Jo.,* l. c. S. 232).

Krystalle; F: 165° (*Hü., Doll*), 161° [aus wss. A. oder wss. Acn.] (*Read, Jo.*). $[\alpha]_D^{20}$: +52,2° [A.; p = 5] (*Hü., Doll*); $[\alpha]_D^{25}$: +45,1°; $[\alpha]_{546}^{25}$: +52,6° [jeweils in $CHCl_3$; c = 1] (*Read, Jo.*).

2-[*C*-Phenyl-acetamino]-*p*-menthan, *N*-[2-Methyl-5-isopropyl-cyclohexyl]-*C*-phenyl-acetamid, N-(p-*menth-2-yl*)-*2-phenylacetamide* $C_{18}H_{27}NO$.

a) ***N*-[(1*S*)-Neocarvomenthyl]-*C*-phenyl-acetamid** $C_{18}H_{27}NO$, Formel X (R = CO-CH_2-C_6H_5) auf S. 118.

B. Aus (1*S*)-Neocarvomenthylamin [S. 117] (*Read, Johnston,* Soc. **1934** 226, 231).

Krystalle (aus A. oder wss. Acn.); F: 81°. $[\alpha]_D^{25}$: −40,6°; $[\alpha]_{546}^{25}$: −48,0° [jeweils in $CHCl_3$; c = 2].

b) ***N*-[(1*S*)-Carvomenthyl]-*C*-phenyl-acetamid** $C_{18}H_{27}NO$, Formel XI (R = CO-CH_2-C_6H_5) auf S. 118.

B. Aus (1*S*)-Carvomenthylamin [S. 118] (*Read, Johnston,* Soc. **1934** 226, 230).

Krystalle (aus wss. A. oder wss. Acn.); F: 177°. $[\alpha]_D^{25}$: +41,7°; $[\alpha]_{546}^{25}$: +47,7° [jeweils in $CHCl_3$; c = 1].

2-Isocyanato-*p*-menthan, 2-Methyl-5-isopropyl-cyclohexylisocyanat, *isocyanic acid* p-*menth-2-yl ester* $C_{11}H_{19}NO$.

(1*S*)-Carvomenthylisocyanat $C_{11}H_{19}NO$, Formel I.

B. Aus (1*S*)-Carvomenthylamin [S. 118] (*Read, Johnston,* Soc. **1934** 226, 230).

F: 206—207°.

2-Oxo-*N*-[2-methyl-5-isopropyl-cyclohexyl]-bornansulfonamid-(10), N-(p-*menth-2-yl*)-*2-oxobornane-10-sulfonamide* $C_{20}H_{35}NO_3S$.

(1*S*)-2-Oxo-*N*-[(1*S*)-carvomenthyl]-bornansulfonamid-(10) $C_{20}H_{35}NO_3S$, Formel II.

B. Aus (1*S*)-Carvomenthylamin [S. 118] (*Read, Johnston,* Soc. **1934** 226, 230).

Krystalle (aus wss. A. oder wss. Acn.); F: 95°. $[\alpha]_D^{25}$: +61,2° [$CHCl_3$; c = 1].

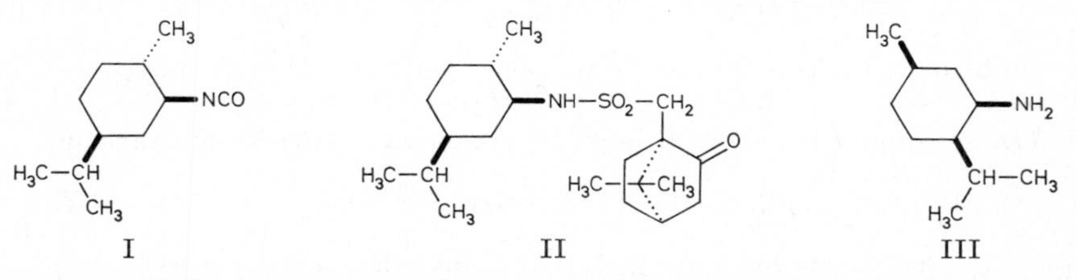

3-Amino-1-methyl-4-isopropyl-cyclohexan, 3-Amino-*p*-menthan, 3-Methyl-6-isopropyl-cyclohexylamin, p-*menth-3-ylamine* $C_{10}H_{21}N$.

Über die Konfiguration der folgenden Stereoisomeren s. *McNiven, Read,* Soc. **1952** 153, 154; *Brewster,* Am. Soc. **81** [1959] 5483, 5488; *Bose, Harrison, Farber,* J. org. Chem. **28** [1963] 1223.

a) **(1*R*)-3*c*-Amino-1*r*-methyl-4*c*-isopropyl-cyclohexan, (1*R*)-Neoisomenthylamin,** Formel III (E II 31).

$Kp_{14,5}$: 89° (*Read, Storey,* Soc. **1930** 2761, 2764). D_4^{25}: 0,8636. n_D^{25}: 1,4670. $[\alpha]_D^{25}$: +2,3° [unverd.]; $[\alpha]_{546}^{25}$: +2,7° [unverd.]; $[\alpha]_{546}^{25}$: +12,4° [$CHCl_3$; c = 4].

b) **(1*R*)-3*c*-Amino-1*r*-methyl-4*t*-isopropyl-cyclohexan, (1*R*)-Menthylamin,** Formel IV (R = X = H) auf S. 123 (H 19, 26; E I 121; E II 25).

Reinigung über das *N*-Formyl-Derivat: *Human, Mills,* Soc. **1948** 1457.

Kp_{15}: 89° (*Vavon, Montheard,* Bl. [5] **7** [1940] 560, 563); Kp_{12}: 81—82° (*Read, Storey,* Soc. **1930** 2761, 2764). D_4^{25}: 0,8525; n_D^{25}: 1,4600 (*Read, St.*). $[\alpha]_D^{25}$: −44,5° [unverd.]; $[\alpha]_D^{25}$: −38,2° [$CHCl_3$; c = 4] (*Read, St.*); $[\alpha]_{578}$: −48,7° [unverd.] (*Vavon, Chilouet,* C. r. **203** [1936] 1526); $[\alpha]_{546}^{25}$: −53,2° [unverd.]; $[\alpha]_{546}^{25}$: −45,3° [$CHCl_3$; c = 4] (*Read, St.*). Optisches Drehungsvermögen von Lösungen in verschiedenen Lösungsmitteln bei 578 mμ, 546 mμ und 436 mμ: *Va., Mo.,* l. c. S. 565.

Beim Erwärmen mit wss. Essigsäure, Äthanol und Natriumnitrit und Erhitzen des mit wss. Alkalilauge versetzten Reaktionsgemisches sind (1*R*)-Menthol ((1*R*)-1*r*-Methyl-4*t*-isopropyl-cyclohexanol-(3*c*)), (1*R*)-*O*-Äthyl-menthol, (1*R*)-*O*-Äthyl-neomenthol ((1*R*)-3*t*-Äthoxy-1*r*-methyl-4*t*-isopropyl-cyclohexan) und geringe Mengen *p*-Menthen (nicht näher bezeichnet) erhalten worden (*Hückel, Wilip*, J. pr. [2] **158** [1941] 21, 26). Bildung einer Verbindung $C_{21}H_{37}NO_4S$ (Krystalle (aus A.), F: 117–118°; $[\alpha]_D^{33}$: −11,6° [A.]) beim Einleiten von Schwefeldioxid in ein Gemisch mit Wasser und Äther und anschliessenden Behandeln mit (±)-4-*sec*-Butyl-benzaldehyd: *Adams, Garber*, Am. Soc. **71** [1949] 522, 525.

Hydrochlorid (H 19; E I 121). $[\alpha]_D^{17}$: −35,8° [W.; c = 2] (*Read, Hendry*, B. **71** [1938] 2544, 2546); $[\alpha]_{578}$: −46,4° [$CHCl_3$; c = 0,05] (*Va., Ch.*); $[\alpha]_{578}^{18}$: −49,3° [$CHCl_3$; c = 5] (*Va., Mo.*).

Platin(II)-Komplexe. a) $[ClPt(C_{10}H_{21}N)_3]Cl$. Gelblich; F: 120–121°; $[\alpha]_D^{18}$: −93° [CCl_4] (*Lifschitz, Froentjes*, Z. anorg. Ch. **233** [1937] 1, 33). — b) Tiefgelbes $[Pt(C_{10}H_{21}N)_2Cl_2]$. Krystalle (aus A.); F: 246°; $[\alpha]_D^{18}$: −94° [CCl_4]; $[\alpha]_D^{18}$: −97° [A.] (*Li., Fr.*, l. c. S. 12, 32). — c) Hellgelbes $[Pt(C_{10}H_{21}N)_2Cl_2]$. F: 160–163° [aus A.]; $[\alpha]_D^{18}$: −53° [A.] (*Li., Fr.*, l. c. S. 12, 32).

2.4.6.2'.4'.6'-Hexanitro-biphenyldiolat-(3.3') 2 $C_{10}H_{21}N \cdot C_{12}H_4N_6O_{14}$. Gelbe Krystalle; Zers. bei 258–259°; $[\alpha]_D^{20}$: +1,2° [A.] (*Mascarelli, Visintin*, G. **62** [1932] 358, 367).

(*R*)-1.2.3.4-Tetrahydro-naphthoat-(1) (Krystalle [aus PAe.]; F: 128°) und (*S*)-1.2.3.4-Tetrahydro-naphthoat-(1) (Krystalle [aus Acn.]; F: 123°): *Mitsui*, J. agric. chem. Soc. Japan **25** [1951] 186, 189, 526; C. A. **1953** 9393; vgl. H 20.

(*R*)-Phenylmercapto-phenyl-acetat $C_{10}H_{21}N \cdot C_{14}H_{12}O_2S$. Krystalle (aus wss. A.); F: 157–158°; $[\alpha]_D^{20}$: −170,2° [A. + $CHCl_3$] (*Piechulek, Suszko*, Bl. Acad. polon. [A] **1934** 455, 463).

c) **(1*R*)-3*t*-Amino-1*r*-methyl-4*c*-isopropyl-cyclohexan, (1*R*)-Isomenthylamin,** Formel V (E II 29).

Reinigung über das *N*-Salicyliden-Derivat (S. 126): *Read, Grupp, Malcolm*, Soc. **1933** 170, 172.

$Kp_{13,8}$: 87°; D_4^{25}: 0,8632; n_D^{25}: 1,4659 (*Read, Storey*, Soc. **1930** 2761, 2764). $[\alpha]_D^{25}$: +29° [unverd.]; $[\alpha]_D^{25}$: +29,4° [$CHCl_3$; c = 4]; $[\alpha]_{546}^{25}$: +34,1° [unverd.]; $[\alpha]_{546}^{25}$: +34,6° [$CHCl_3$; c = 4] (*Read, St.*).

Hydrochlorid $C_{10}H_{21}N \cdot HCl$ (E II 29). Zers. bei 258° (*Hückel, Niggemeyer*, B. **72** [1939] 1354, 1357). $[\alpha]_D^{17}$: +24,3° [W.; c = 2] (*Read, Gr., Ma.*).

d) **(1*R*)-3*t*-Amino-1*r*-methyl-4*t*-isopropyl-cyclohexan, (1*R*)-Neomenthylamin,** Formel VI (R = X = H) (E II 28).

Kp_{13}: 84°; D_4^{25}: 0,8551; n_D^{25}: 1,4614 (*Read, Storey*, Soc. **1930** 2761, 2764). $[\alpha]_D^{25}$: +15,1° [unverd.]; $[\alpha]_D^{25}$: +8,7° [$CHCl_3$; c = 4] (*Read, Sto.*); $[\alpha]_{578}$: +16,2° [unverd.] (*Vavon, Chilouet*, C. r. **203** [1936] 1526); $[\alpha]_{546}^{25}$: +17,4° [unverd.]; $[\alpha]_{546}^{25}$: +10,0° [$CHCl_3$; c = 4] (*Read, Sto.*).

Hydrochlorid (E II 28). $[\alpha]_D^{20}$: +20,8° [W.; c = 1,5] (*Hückel, Tappe, Legutke*, A. **543** [1940] 191, 225); $[\alpha]_{578}$: +23° [$CHCl_3$; c = 0,05] (*Va., Ch.*).

Hydrobromid $C_{10}H_{21}N \cdot HBr$. Krystalle (aus E.), die unterhalb 220° nicht schmelzen; $[\alpha]_D$: +18,6° [W.; c = 0,6] (*Read, Steele*, Soc. **1930** 2430, 2432).

e) **(1*S*)-3*t*-Amino-1*r*-methyl-4*t*-isopropyl-cyclohexan, (1*S*)-Neomenthylamin,** Formel VII (H 25; E II 28).

B. Aus (1*S*)-4.7.7-Trimethyl-2-[(1*S*)-neomenthylamino-methylen-(ξ)]-norbornanon-(3) (F: 92° [S. 126]) beim Behandeln einer äthanol. Lösung mit Brom (*Read, Steele*, Soc. **1930** 2430, 2432).

$[\alpha]_D$: −18,5° [Hydrobromid in W.].

3-Methylamino-*p*-menthan, Methyl-[3-methyl-6-isopropyl-cyclohexyl]-amin, *N-methyl-p-menth-3-ylamine* $C_{11}H_{23}N$.

a) **Methyl-[(1*R*)-menthyl]-amin** $C_{11}H_{23}N$, Formel IV (R = CH_3, X = H).

B. Als Hauptprodukt beim Erhitzen von *N*-[(1*R*)-Menthyl]-glycin (S. 141) auf 210° (*Read, Hendry*, B. **71** [1938] 2544, 2546; s. a. *Clark, Read*, Soc. **1934** 1775, 1778).

Kp_{12}: 87°; D_4^{17}: 0,8531; n_D^{17}: 1,4587 (*Read, He.*). $[\alpha]_D^{17}$: −78,3° [unverd.]; $[\alpha]_D^{17}$: −69,2° [$CHCl_3$; c = 2] (*Read, He.*).

Hydrochlorid $C_{11}H_{23}N \cdot HCl$. Krystalle (aus W.); F: 168°; $[\alpha]_D^{17}$: −52,8° [W.; c = 2] (*Read, He.*).

b) **Methyl-[(1*R*)-neomenthyl]-amin** $C_{11}H_{23}N$, Formel VI (R = CH_3, X = H).
B. Als Hauptprodukt beim Erhitzen von *N*-[(1*R*)-Neomenthyl]-glycin (S. 141) auf 210° (*Read, Hendry*, B. **71** [1938] 2544, 2550).
Kp_{12}: 87°. D_4^{17}: 0,8504. n_D^{17}: 1,4562. $[\alpha]_D^{17}$: +20,4° [unverd.]; $[\alpha]_D^{17}$: +26,4° [$CHCl_3$; c = 2].
Hydrochlorid $C_{11}H_{23}N \cdot HCl$. Krystalle (aus W.); F: 196°; $[\alpha]_D^{17}$: +16,7° [W.; c = 2].

3-Dimethylamino-*p*-menthan, Dimethyl-[3-methyl-6-isopropyl-cyclohexyl]-amin, N,N-*dimethyl*-p-*menth-3-ylamine* $C_{12}H_{25}N$.

a) **Dimethyl-[(1*R*)-menthyl]-amin** $C_{12}H_{25}N$, Formel IV (R = X = CH_3) (H 27).
B. Als Hauptprodukt beim Erhitzen von Trimethyl-[(1*R*)-menthyl]-ammonium-jodid (s. u.) auf 190° (*Read, Hendry*, B. **71** [1938] 2544, 2548; vgl. H 27). Aus *N*-Methyl-*N*-[(1*R*)-menthyl]-glycin (S. 143) beim Erhitzen auf 200° (*Read, He.*).
Kp_{10}: 90,5°. D_4^{17}: 0,8462. n_D^{17}: 1,4584. $[\alpha]_D^{17}$: −60,5° [unverd.]; $[\alpha]_D^{17}$: −59,7° [$CHCl_3$; c = 2].
Hexachloroplatinat(IV) $C_{12}H_{25}N \cdot H_2PtCl_6$. Gelbe Krystalle; F: 205–206° [Zers.].

b) **Dimethyl-[(1*R*)-neomenthyl]-amin** $C_{12}H_{25}N$, Formel VI (R = X = CH_3).
B. Als Hauptprodukt beim Erhitzen von *N*-Methyl-*N*-[(1*R*)-neomenthyl]-glycin (S. 143) auf 200° (*Read, Hendry*, B. **71** [1938] 2544, 2551).
Kp_{12}: 93°. D_4^{17}: 0,8470. n_D^{17}: 1,4597. $[\alpha]_D^{17}$: +42,7° [unverd.]; $[\alpha]_D^{17}$: +40,7° [$CHCl_3$; c = 2].
Hydrochlorid. $[\alpha]_D^{17}$: +15,3° [W.; c = 2].
Hexachloroplatinat(IV) $C_{12}H_{25}N \cdot H_2PtCl_6$. Orangegelbe Krystalle; F: 196° [Zers.].

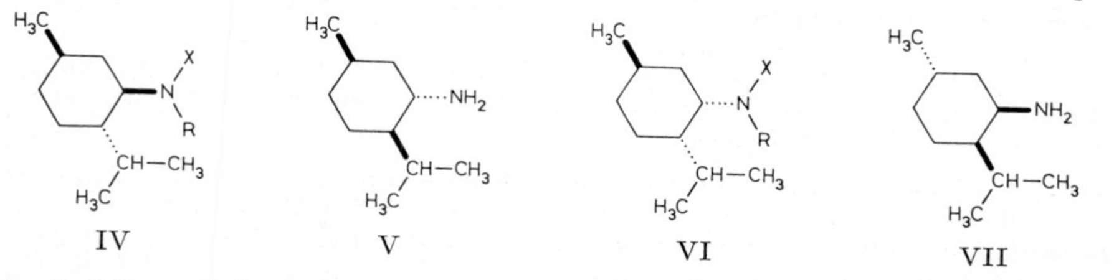

Trimethyl-[3-methyl-6-isopropyl-cyclohexyl]-ammonium, (p-*menth-3-yl*)*trimethyl*=*ammonium* $[C_{13}H_{28}N]^{\oplus}$.

a) **Trimethyl-[(1*R*)-menthyl]-ammonium** $[C_{13}H_{28}N]^{\oplus}$, Formel VIII.
Jodid $[C_{13}H_{28}N]I$ (H 27). *B.* Aus 1*R*-Menthylamin (S. 121) beim Erwärmen mit Methyl=jodid in Methanol und mit methanol Natriummethylat (*Read, Hendry*, B. **71** [1938] 2544, 2548; *McNieven, Read*, Soc. **1952** 153, 156; vgl. H 27). Aus Dimethyl-[(1*R*)-menthyl]-amin (s. o.) beim Erwärmen mit Methyljodid in Methanol (*Read, He.*). — Krystalle (aus Acn.); F: 193–194° [unkorr.] (*McN., Read*). $[\alpha]_D^{17}$: −37,6° [W.; c = 3]. (*McN., Read*). — Beim Erhitzen auf 190° sind Dimethyl-[(1*R*)-menthyl]-amin und (1*R*)-*trans*-*p*-Menthen-(2) erhalten worden (*Read, He.*; vgl. H 27).

b) **Trimethyl-[(1*R*)-neomenthyl]-ammonium** $[C_{13}H_{28}N]^{\oplus}$, Formel IX.
Jodid $[C_{13}H_{28}N]I$ (H 29; dort als Trimethyl-α-menthyl-ammoniumjodid bezeichnet). *B.* Aus (1*R*)-Neomenthylamin (S. 122) beim Erwärmen mit Methyljodid in Methanol und anschliessend mit methanol. Natriummethylat (*Read, Hendry*, B. **71** [1938] 2544, 2551; *McNiven, Read*, Soc. **1952** 153, 156; vgl. H 29). Aus Dimethyl-[(1*R*)-neomenthyl]-amin (s. o.) beim Erwärmen mit Methyljodid in Methanol (*Read, He.*). — Krystalle (aus Acn.); F: 161–162° [unkorr.] (*McN., Read*). $[\alpha]_D^{18}$: −20,6° [W.; c = 3] (*McN., Read*). — Über ein beim Behandeln mit Jod in Äthanol erhaltenes Trijodid (blauschwarze Krystalle [aus A.]; F: 107°) s. *Read, He.* Beim Erhitzen sind (*R*)-*p*-Menthen-(3) und (1*R*)-*trans*-*p*-Menthen-(2) erhalten worden (*Read, He.*; *McN., Read*).

3-[2-Hydroxy-äthylamino]-*p*-menthan, 2-[3-Methyl-6-isopropyl-cyclohexylamino]-äthanol-(1), 2-(p-*menth-3-ylamino*)*ethanol* $C_{12}H_{25}NO$.

2-[(1*R*)-Menthylamino]-äthanol-(1) $C_{12}H_{25}NO$, Formel IV (R = CH_2-CH_2OH, X = H).
B. Bei der Hydrierung eines Gemisches von (−)-Menthon ((1*R*)-*trans*-*p*-Menthanon-(3))

und 2-Amino-äthanol-(1) an Platin (*Cope, Hancock*, Am. Soc. **64** [1942] 1503, 1505).
Kp_7: 134,5—136°. D_{25}^{25}: 0,9393. n_D^{25}: 1,4779.
Pikrat $C_{12}H_{25}NO \cdot C_6H_3N_3O_7$. Krystalle (aus A. oder wss. A.); F: 118—120° [unkorr.].

2-[3-Methyl-6-isopropyl-cyclohexylamino]-1-[4-nitro-benzoyloxy]-äthan, *1-(p-menth-3-ylamino)-2-(4-nitrobenzoyloxy)ethane* $C_{19}H_{28}N_2O_4$.

2-[(1R)-Menthylamino]-1-[4-nitro-benzoyloxy]-äthan $C_{19}H_{28}N_2O_4$, Formel IV (R = CH_2-CH_2-O-CO-C_6H_4-NO_2, X = H).

B. Aus 2-[(1*R*)-Menthylamino]-äthanol-(1) (S. 123) und 4-Nitro-benzoylchlorid in Chlorwasserstoff enthaltendem Chloroform (*Cope, Hancock*, Am. Soc. **66** [1944] 1448, 1449, 1451).

Hydrochlorid $C_{19}H_{28}N_2O_4 \cdot HCl$. Krystalle (aus A.); F: 179—180° [unkorr.].

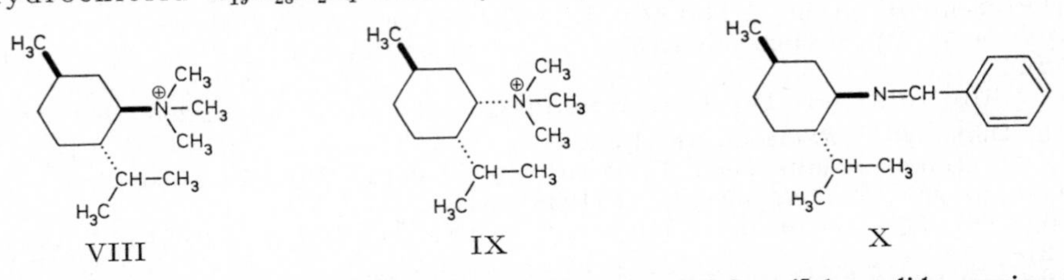

3-Benzylidenamino-p-menthan, [3-Methyl-6-isopropyl-cyclohexyl]-benzyliden-amin, *N-benzylidene-p-menth-3-ylamine* $C_{17}H_{25}N$.

Benzaldehyd-[(1R)-menthylimin] $C_{17}H_{25}N$, Formel X (H 27; E II 26; dort als Benzyliden-*l*-menthylamin bezeichnet).

Krystalle (aus A.); F: 69—70° (*Vavon, Montheard*, Bl. [5] **7** [1940] 560, 564). Optisches Drehungsvermögen von Lösungen in verschiedenen Lösungsmitteln bei 578 mμ, 546 mμ und 436 mμ: *Va., Mo.*, l. c. S. 565.

4.7.7-Trimethyl-2-[N-(3-methyl-6-isopropyl-cyclohexyl)-formimidoyl]-norbornanon-(3), *3-[N-(p-menth-3-yl)formimidoyl]bornan-2-one* $C_{21}H_{35}NO$, und **4.7.7-Trimethyl-2-[(3-methyl-6-isopropyl-cyclohexylamino)-methylen]-norbornanon-(3)**, *3-[(p-menth-3-ylamino)methylene]bornan-2-one* $C_{21}H_{35}NO$.

a) **(1R)-4.7.7-Trimethyl-2ξ-[N-((1R)-menthyl)-formimidoyl]-norbornanon-(3)** $C_{21}H_{35}NO$, Formel I, und **(1S)-4.7.7-Trimethyl-2-[(1R)-menthylamino-methylen-(ξ)] norbornanon-(3)** $C_{21}H_{35}NO$, Formel II.

B. Beim Erwärmen von (1*R*)-Menthylamin (S. 121) mit wss. Essigsäure und mit (1*R*)-3-Oxo-4.7.7-trimethyl-norbornan-carbaldehyd-(2ξ) ((1*S*)-4.7.7-Trimethyl-2-hydroxymethylen-norbornanon-(3)) in Äthanol (*Read, Steele*, Soc. **1930** 2430, 2433).

Krystalle (aus wss. A.); F: 90°. $[\alpha]_D$: +96,7° → +110,4° (nach 7 Stunden) → +125,0° (nach 16 Stunden) [A.; c = 0,6].

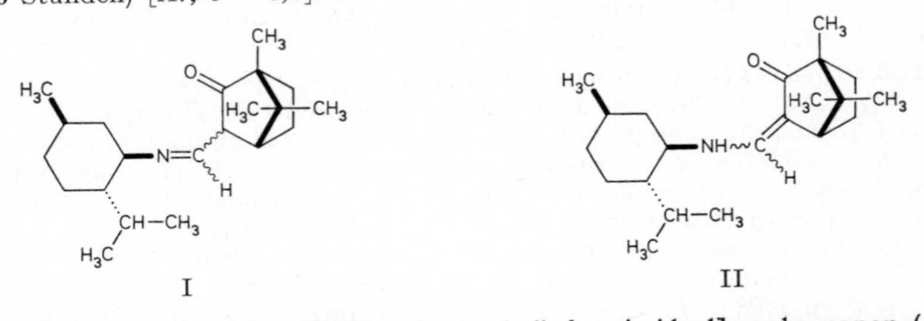

b) **(1S)-4.7.7-Trimethyl-2ξ-[N-((1R)-menthyl)-formimidoyl]-norbornanon-(3)** $C_{21}H_{35}NO$, Formel III, und **(1R)-4.7.7-Trimethyl-2-[(1R)-menthylamino-methylen-(ξ)] norbornanon-(3)** $C_{21}H_{35}NO$, Formel IV.

B. Beim Erwärmen von (1*R*)-Menthylamin (S. 121) mit wss. Essigsäure und mit (1*S*)-3-Oxo-4.7.7-trimethyl-norbornan-carbaldehyd-(2ξ) ((1*R*)-4.7.7-Trimethyl-2-hydroxymethylen-norbornanon-(3)) in Äthanol (*Read, Steele*, Soc. **1930** 2430, 2433).

Öl. $[\alpha]_D$: —170,2° [A.; c = 0,6].

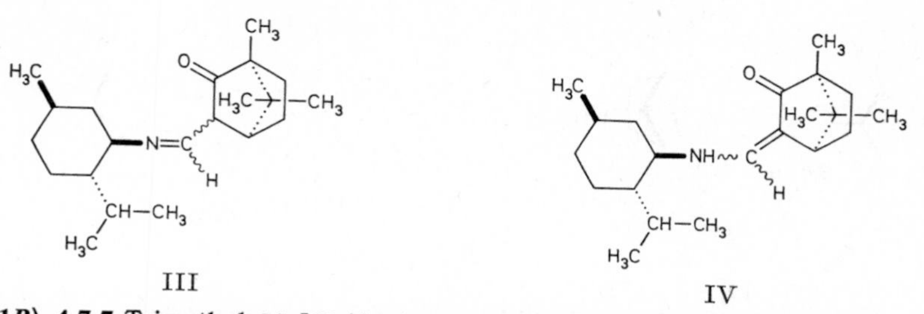

c) **(1*R*)-4.7.7-Trimethyl-2ξ-[*N*-((1*R*)-isomenthyl)-formimidoyl]-norbornanon-(3)** $C_{21}H_{35}NO$, Formel V, und **(1*S*)-4.7.7-Trimethyl-2-[(1*R*)-isomenthylamino-methylen-(ξ)] norbornanon-(3)** $C_{21}H_{35}NO$, Formel VI.

B. Beim Erwärmen von (1*R*)-Isomenthylamin (S. 122) mit wss. Essigsäure und anschliessend mit (1*R*)-3-Oxo-4.7.7-trimethyl-norbornan-carbaldehyd-(2ξ) ((1*S*)-4.7.7-Trimethyl-2-hydroxymethylen-norbornanon-(3)) in Äthanol (*Read, Steele*, Soc. **1930** 2430, 2433).

Krystalle; F: 110°. $[\alpha]_D$: +281,3°→+274,9° (nach 15 Stunden)→+257,5° (nach 48 Stunden) [A.; c = 0,6].

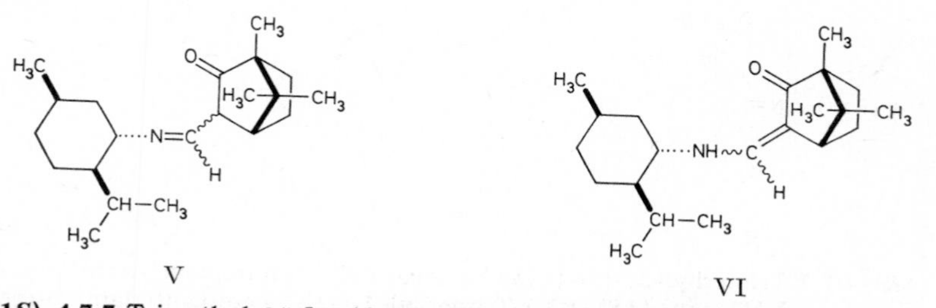

d) **(1*S*)-4.7.7-Trimethyl-2ξ-[*N*-((1*R*)-isomenthyl)-formimidoyl]-norbornanon-(3)** $C_{21}H_{35}NO$, Formel VII, und **(1*R*)-4.7.7-Trimethyl-2-[(1*R*)-isomenthylamino-methylen-(ξ)]-norbornanon-(3)** $C_{21}H_{35}NO$, Formel VIII.

B. Beim Erwärmen von (1*R*)-Isomenthylamin (S. 122) mit wss. Essigsäure und anschliessend mit (1*S*)-3-Oxo-4.7.7-trimethyl-norbornan-carbaldehyd-(2ξ) ((1*R*)-4.7.7-Trimethyl-2-hydroxymethylen-norbornanon-(3)) in Äthanol (*Read, Steele*, Soc. **1930** 2430, 2433).

Krystalle; F: 99—100°. $[\alpha]_D$: −212,9°→−179,6° (nach 15 Stunden)→−160,8° (nach 48 Stunden) [A.; c = 0,6].

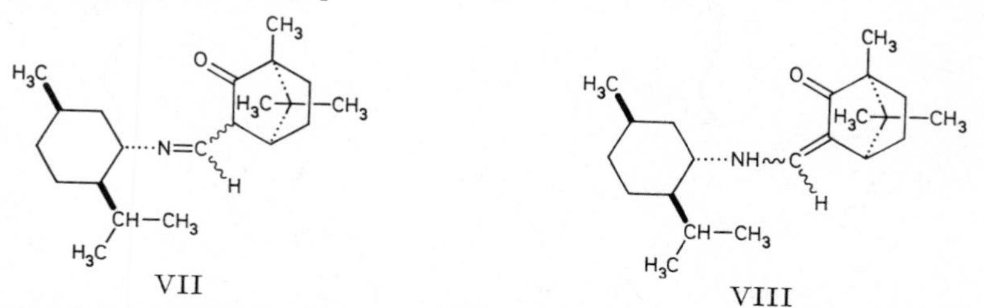

e) **(1*R*)-4.7.7-Trimethyl-2ξ-[*N*-((1*R*)-neomenthyl)-formimidoyl]-norbornanon-(3)** $C_{21}H_{35}NO$, Formel IX, und **(1*S*)-4.7.7-Trimethyl-2-[(1*R*)-neomenthylamino-methylen-(ξ)] norbornanon-(3)** $C_{21}H_{35}NO$, Formel X.

B. Beim Erwärmen von (1*R*)-Neomenthylamin (S. 122) mit wss. Essigsäure und anschliessend mit (1*R*)-3-Oxo-4.7.7-trimethyl-norbornan-carbaldehyd-(2ξ) ((1*S*)-4.7.7-Trimethyl-2-hydroxymethylen-norbornanon-(3)) in Äthanol (*Read, Steele*, Soc. **1930** 2430, 2431).

Krystalle; F: 105°. $[\alpha]_D^{16}$: +317,8° [A.; c = 0,6].

Beim Behandeln einer äthanol. Lösung mit Brom (1 Mol) ist (1*R*)-Neomenthylamin erhalten worden.

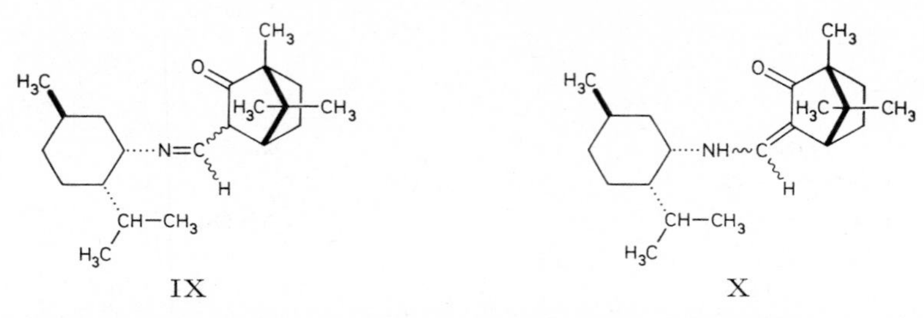

IX X

f) **(1*S*)-4.7.7-Trimethyl-2ξ-[*N*-((1*R*)-neomenthyl)-formimidoyl]-norbornanon-(3)** $C_{21}H_{35}NO$, Formel XI, und **(1*R*)-4.7.7-Trimethyl-2-[(1*R*)-neomenthylamino-methylen-(ξ)]-norbornanon-(3)** $C_{21}H_{35}NO$, Formel XII.

B. Beim Erwärmen von (1*R*)-Neomenthylamin (S. 122) mit wss. Essigsäure und mit (1*S*)-3-Oxo-4.7.7-trimethyl-norbornan-carbaldehyd-(2ξ) ((1*R*)-4.7.7-Trimethyl-2-hydroxymethylen-norbornanon-(3)) in Äthanol (*Read, Steele,* Soc. **1930** 2430, 2432).

Krystalle (aus PAe.); F: 94°. $[\alpha]_D$: −129,8° [A.; c = 0,6].

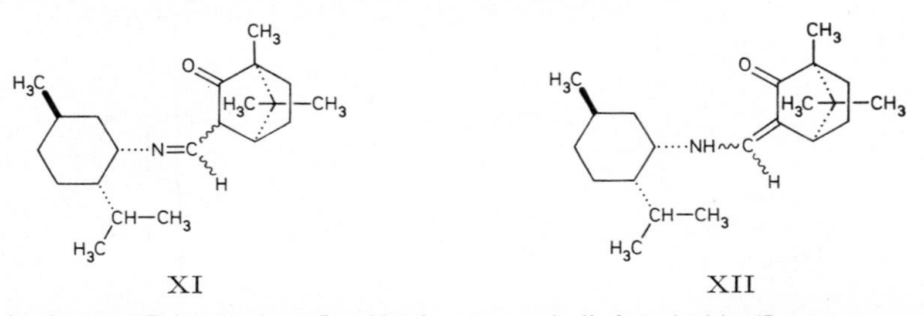

XI XII

g) **(1*R*)-4.7.7-Trimethyl-2ξ-[*N*-((1*S*)-neomenthyl)-formimidoyl]-norbornanon-(3)** $C_{21}H_{35}NO$, Formel XIII, und **(1*S*)-4.7.7-Trimethyl-2-[(1*S*)-neomenthylamino-methylen-(ξ)]-norbornanon-(3)** $C_{21}H_{35}NO$, Formel XIV.

B. Neben dem unter e) beschriebenen Stereoisomeren beim Erwärmen von (±)-Neomenthylamin (E II 29) mit wss. Essigsäure und mit (1*R*)-3-Oxo-4.7.7-trimethyl-norbornan-carbaldehyd-(2ξ) ((1*S*)-4.7.7-Trimethyl-2-hydroxymethylen-norbornanon-(3)) in Äthanol (*Read, Steele,* Soc. **1930** 2430, 2432).

Krystalle (aus PAe.); F: 92°. $[\alpha]_D$: +130,0° [A.; c = 0,6].

Beim Behandeln einer äthanol. Lösung mit Brom (1 Mol) ist (1*S*)-Neomenthylamin erhalten worden.

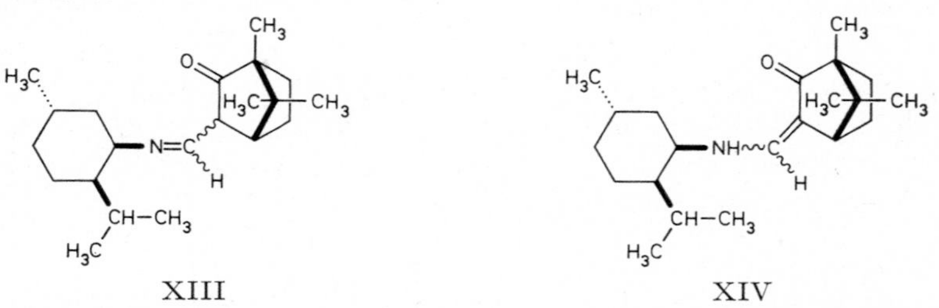

XIII XIV

3-Salicylidenamino-*p*-menthan, o-[N-(p-*menth-3-yl)formimidoyl]phenol* $C_{17}H_{25}NO$.

a) **Salicylaldehyd-[(1*R*)-menthylimin]** $C_{17}H_{25}NO$, Formel I (R = X = H) (H 27; E II 26; dort als Salicyliden-*l*-menthylamin bezeichnet).

Gelbe Krystalle (aus A.); F: 57—58° (*Vavon, Montheard,* Bl. [5] **7** [1940] 560, 564). Optisches Drehungsvermögen von Lösungen in verschiedenen Lösungsmitteln bei 578 mμ, 546 mμ und 436 mμ: *Va., Mo.,* l. c. S. 565.

b) **Salicylaldehyd-[(1*R*)-isomenthylimin]** $C_{17}H_{25}NO$, Formel II (E II 30; dort als Salicyliden-*l*-isomenthylamin bezeichnet).

Krystalle (aus A.); F: 122°; $[\alpha]_D$: +78,2° [$CHCl_3$; c = 2] (*Read, Grubb, Malcolm,* Soc. **1933** 170, 172).

3-[2-Methoxy-benzylidenamino]-*p*-menthan, [3-Methyl-6-isopropyl-cyclohexyl]-[2-methoxy-benzyliden]-amin, N-(*2-methoxybenzylidene*)-p-*menth-3-ylamine* $C_{18}H_{27}NO$.

2-Methoxy-benzaldehyd-[(1*R*)-menthylimin] $C_{18}H_{27}NO$, Formel I (R = CH_3, X = H).

B. Aus (1*R*)-Menthylamin (S. 121) und 2-Methoxy-benzaldehyd in Äthanol (*Vavon, Montheard*, Bl. [5] **7** [1940] 560, 564).

Krystalle; F: 101°. Optisches Drehungsvermögen von Lösungen in verschiedenen Lösungsmitteln bei 578 mμ, 546 mμ und 436 mμ: *Va., Mo.*, l. c. S. 565.

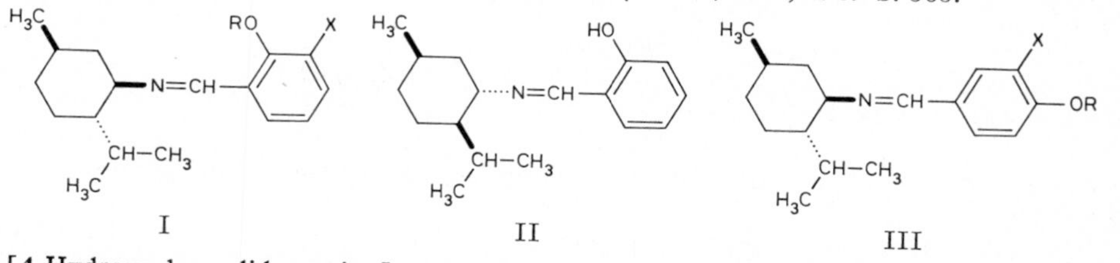

I II III

3-[4-Hydroxy-benzylidenamino]-*p*-menthan, p-[N-(p-*menth-3-yl*)*formimidoyl*]*phenol* $C_{17}H_{25}NO$.

4-Hydroxy-benzaldehyd-[(1*R*)-menthylimin] $C_{17}H_{25}NO$, Formel III (R = X = H).

B. Aus (1*R*)-Menthylamin (S. 121) und 4-Hydroxy-benzaldehyd in Äthanol (*Vavon, Montheard*, Bl. [5] **7** [1940] 560, 564).

Krystalle (aus A.); F: 207°. Optisches Drehungsvermögen von Lösungen in verschiedenen Lösungsmitteln bei 578 mμ, 546 mμ und 436 mμ: *Va., Mo.*, l. c. S. 565. In Chloroform, Nitrobenzol und Toluol schwer löslich; in Benzylalkohol mit hellgelber Farbe löslich.

3-[4-Methoxy-benzylidenamino]-*p*-menthan, [3-Methyl-6-isopropyl-cyclohexyl]-[4-methoxy-benzyliden]-amin, N-(*4-methoxybenzylidene*)-p-*menth-3-ylamine* $C_{18}H_{27}NO$.

4-Methoxy-benzaldehyd-[(1*R*)-menthylimin] $C_{18}H_{27}NO$, Formel III (R = CH_3, X = H).

B. Aus (1*R*)-Menthylamin (S. 121) und 4-Methoxy-benzaldehyd in Äthanol (*Vavon, Montheard*, Bl. [5] **7** [1940] 560, 564).

Krystalle; F: 121°. Optisches Drehungsvermögen von Lösungen in verschiedenen Lösungsmitteln bei 578 mμ, 546 mμ und 436 mμ: *Va., Mo.*, l. c. S. 565.

3-[2-Hydroxy-3-methoxy-benzylidenamino]-*p*-menthan, *2-*[N-(p-*menth-3-yl*)*formimidoyl*]-*6-methoxyphenol* $C_{18}H_{27}NO_2$.

2-Hydroxy-3-methoxy-benzaldehyd-[(1*R*)-menthylimin] $C_{18}H_{27}NO_2$, Formel I (R = H, X = OCH_3).

B. Aus (1*R*)-Menthylamin (S. 121) und 2-Hydroxy-3-methoxy-benzaldehyd in Äthanol (*Vavon, Montheard*, Bl. [5] **7** [1940] 560, 564).

Krystalle (aus A.); F: 106—107°. Optisches Drehungsvermögen von Lösungen in verschiedenen Lösungsmitteln bei 578 mμ, 546 mμ und 436 mμ: *Va., Mo.*, l. c. S. 565.

3-Vanillylidenamino-*p*-menthan, *4-*[N-(p-*menth-3-yl*)*formimidoyl*]-*2-methoxyphenol* $C_{18}H_{27}NO_2$.

Vanillin-[(1*R*)-menthylimin] $C_{18}H_{27}NO_2$, Formel III (R = H, X = OCH_3).

B. Aus (1*R*)-Menthylamin (S. 121) und Vanillin in Äthanol (*Vavon, Montheard*, Bl. [5] **7** [1940] 564).

Hellgelbe Krystalle (aus A.); F: 90°. Optisches Drehungsvermögen von Lösungen in verschiedenen Lösungsmitteln bei 578 mμ, 546 mμ und 436 mμ: *Va., Mo.*, l. c. S. 565. Lösungen in Äthanol und in Chloroform sind gelb, Lösungen in Dioxan und in Toluol sind farblos.

3-Formamino-*p*-menthan, *N*-[3-Methyl-6-isopropyl-cyclohexyl]-formamid, N-(p-*menth-3-yl*)*formamide* $C_{11}H_{21}NO$.

a) ***N*-[(1*R*)-Menthyl]-formamid** $C_{11}H_{21}NO$, Formel IV (R = CHO) auf S. 129 (H 27; dort als Formyl-*l*-menthylamin bezeichnet).

B. Beim Erhitzen von (1*R*)-Menthylamin (S. 121) mit Ameisensäure auf 140° (*Vavon,*

Medynski, C. r. **229** [1949] 655; vgl. H 27) oder mit Äthylformiat auf 120° (*Human, Mills*, Soc. **1948** 1457).

F: 102° (*Vavon, Chilouet*, C. r. **203** [1936] 1526). $[\alpha]_{578}$: −88,3° [$CHCl_3$; c = 0,05] (*Va., Ch.*).

b) ***N*-[(1*R*)-Neomenthyl]-formamid** $C_{11}H_{21}NO$, Formel V (R = CHO) (H 29; E II 28; dort als Formyl-*d*-neomenthylamin bezeichnet).

B. Beim Erhitzen von (1*R*)-Neomenthylamin (S. 122) mit Ameisensäure auf 140° (*Vavon, Medynski*, C. r. **229** [1949] 655; vgl. H 29) oder mit Äthylformiat auf 110° (*Human, Mills*, Soc. **1948** 1457).

F: 118° (*Vavon, Chilouet*, C. r. **203** [1938] 1526), 117−118° (*Read, Hendry*, B. **71** [1938] 2544, 2549). $[\alpha]_D^{17}$: +53,8° [$CHCl_3$; c = 2]; $[\alpha]_D^{17}$: +62,4° [A.; c = 1,5] (*Read, He.*); $[\alpha]_{578}$: +58,3° [$CHCl_3$; c = 0,05] (*Va., Ch.*); $[\alpha]_{578}$: +56,3° [$CHCl_3$; c = 0,05] (*Va., Me.*).

3-Acetamino-*p*-menthan, *N*-[3-Methyl-6-isopropyl-cyclohexyl]-acetamid, N-(p-*menth-3-yl)acetamide* $C_{12}H_{23}NO$.

***N*-[(1*R*)-Menthyl]-acetamid** $C_{12}H_{23}NO$, Formel IV (R = $CO\text{-}CH_3$) (H 27; dort als Acetyl-*l*-menthylamin bezeichnet).

B. Aus (1*R*)-Menthylamin (S. 121) und Acetylchlorid in Benzol (*Day, Kelly*, J. org. Chem. **4** [1939] 101, 102).

Krystalle (aus wss. A.); F: 145° [korr.].

3-[*C*-Chlor-acetamino]-*p*-menthan, *C*-Chlor-*N*-[3-methyl-6-isopropyl-cyclohexyl]-acetamid, *2-chloro-*N-(p-*menth-3-yl)acetamide* $C_{12}H_{22}ClNO$.

a) ***C*-Chlor-*N*-[(1*R*)-neoisomenthyl]-acetamid** $C_{12}H_{22}ClNO$, Formel VI (R = $CO\text{-}CH_2Cl$).

B. Aus (1*R*)-Neoisomenthylamin (S. 121) und Chloracetylchlorid in Benzol (*Read, Storey*, Soc. **1930** 2761, 2764).

Krystalle; F: 80°. $[\alpha]_D^{25}$: −9,8° [$CHCl_3$; c = 1]; $[\alpha]_{546}^{25}$: −13,0° [$CHCl_3$; c = 1].

b) ***C*-Chlor-*N*-[(1*R*)-menthyl]-acetamid** $C_{12}H_{22}ClNO$, Formel IV (R = $CO\text{-}CH_2Cl$).

B. Aus (1*R*)-Menthylamin (S. 121) und Chloracetylchlorid in Benzol (*Read, Storey*, Soc. **1930** 2761, 2764).

Krystalle; F: 76°. $[\alpha]_D^{25}$: −71,9° [$CHCl_3$; c = 1]; $[\alpha]_{546}^{25}$: −86,6° [$CHCl_3$; c = 1].

c) ***C*-Chlor-*N*-[(1*R*)-isomenthyl]-acetamid** $C_{12}H_{22}ClNO$, Formel VII (R = $CO\text{-}CH_2Cl$).

B. Aus (1*R*)-Isomenthylamin (S. 122) und Chloracetylchlorid in Benzol (*Read, Storey*, Soc. **1930** 2761, 2764).

Krystalle; F: 82°. $[\alpha]_D^{25}$: +30,0° [$CHCl_3$; c = 1]; $[\alpha]_{546}^{25}$: +35,0° [$CHCl_3$; c = 1].

d) ***C*-Chlor-*N*-[(1*R*)-neomenthyl]-acetamid** $C_{12}H_{22}ClNO$, Formel V (R = $CO\text{-}CH_2Cl$).

B. Aus (1*R*)-Neomenthylamin (S. 122) und Chloracetylchlorid in Benzol (*Read, Storey*, Soc. **1930** 2761, 2764).

Krystalle; F: 150°. $[\alpha]_D^{25}$: +50,7° [$CHCl_3$; c = 1]; $[\alpha]_{546}^{25}$: +57,7° [$CHCl_3$; c = 1].

3-[*C*-Brom-acetamino]-*p*-menthan, *C*-Brom-*N*-[3-methyl-6-isopropyl-cyclohexyl]-acetamid, *2-bromo-*N-(p-*menth-3-yl)acetamide* $C_{12}H_{22}BrNO$.

a) ***C*-Brom-*N*-[(1*R*)-neoisomenthyl]-acetamid** $C_{12}H_{22}BrNO$, Formel VI (R = $CO\text{-}CH_2Br$).

B. Aus (1*R*)-Neoisomenthylamin (S. 121) und Bromacetylchlorid in Benzol (*Read, Storey*, Soc. **1930** 2761, 2764).

F: 100°. $[\alpha]_D^{25}$: −7,5° [$CHCl_3$; c = 1]; $[\alpha]_{546}^{25}$: −10,3° [$CHCl_3$; c = 1].

b) ***C*-Brom-*N*-[(1*R*)-menthyl]-acetamid** $C_{12}H_{22}BrNO$, Formel IV (R = $CO\text{-}CH_2Br$).

B. Aus (1*R*)-Menthylamin (S. 121) und Bromacetylchlorid in Benzol (*Read, Storey*, Soc. **1930** 2761, 2764; *Day, Kelly*, J. org. Chem. **4** [1939] 101).

Krystalle; F: 106,5° [korr.; aus wss. A.] (*Day, Ke.*), 103° (*Read, St.*). $[\alpha]_D^{25}$: −61,6° [$CHCl_3$; c = 1]; $[\alpha]_{546}^{25}$: −73,1° [$CHCl_3$; c = 1] (*Read, St.*).

c) ***C*-Brom-*N*-[(1*R*)-isomenthyl]-acetamid** $C_{12}H_{22}BrNO$, Formel VII (R = $CO\text{-}CH_2Br$).

B. Aus (1*R*)-Isomenthylamin (S. 122) und Bromacetylchlorid in Benzol (*Read,*

Storey, Soc. **1930** 2761, 2764).

Krystalle; F: 80°. $[\alpha]_D^{25}$: +30,3° [$CHCl_3$; c = 1]; $[\alpha]_{546}^{25}$: +37,1° [$CHCl_3$; c = 1].

d) ***C*-Brom-*N*-[(1*R*)-neomenthyl]-acetamid** $C_{12}H_{22}BrNO$, Formel V (R = $CO\text{-}CH_2Br$).

B. Aus (1*R*)-Neomenthylamin (S. 122) und Bromacetylchlorid in Benzol (*Read, Storey*, Soc. **1930** 2761, 2764).

Krystalle; F: 160°. $[\alpha]_D^{25}$: +40,9° [$CHCl_3$; c = 1]; $[\alpha]_{546}^{25}$: +46,2° [$CHCl_3$; c = 1].

3-Propionylamino-*p*-menthan, *N*-[3-Methyl-6-isopropyl-cyclohexyl]-propionamid, N-(p-*menth-3-yl)propionamide* $C_{13}H_{25}NO$.

a) ***N*-[(1*R*)-Neoisomenthyl]-propionamid** $C_{13}H_{25}NO$, Formel VI (R = $CO\text{-}CH_2\text{-}CH_3$).

B. Aus (1*R*)-Neoisomenthylamin (S. 121) und Propionsäure-anhydrid in Benzol (*Read, Storey*, Soc. **1930** 2761, 2764).

Krystalle; F: 103°. $[\alpha]_D^{25}$: 0° [$CHCl_3$; c = 1]; $[\alpha]_{546}^{25}$: −1,0° [$CHCl_3$; c = 1].

b) ***N*-[(1*R*)-Menthyl]-propionamid** $C_{13}H_{25}NO$, Formel IV (R = $CO\text{-}CH_2\text{-}CH_3$) (H 27; dort als Propionyl-*l*-menthylamin bezeichnet).

B. Aus (1*R*)-Menthylamin (S. 121) und Propionsäure-anhydrid oder Propionylchlorid in Benzol (*Read, Storey*, Soc. **1930** 2761, 2764; *Day, Kelly*, J. org. Chem. **4** [1939] 101; vgl. H 27).

Krystalle; F: 88° (*Read, St.*), 87,5° [aus wss. A.] (*Day, Ke.*). $[\alpha]_D^{25}$: −76,6° [$CHCl_3$; c = 1]; $[\alpha]_{546}^{25}$: −89,6° [$CHCl_3$; c = 1] (*Read, St.*).

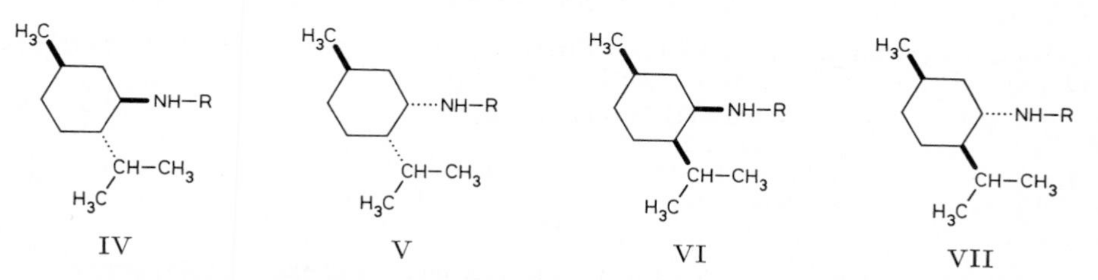

c) ***N*-[(1*R*)-Isomenthyl]-propionamid** $C_{13}H_{25}NO$, Formel VII (R = $CO\text{-}CH_2\text{-}CH_3$).

B. Aus (1*R*)-Isomenthylamin (S. 122) und Propionsäure-anhydrid in Benzol (*Read, Storey*, Soc. **1930** 2761, 2764).

Krystalle; F: 83°. $[\alpha]_D^{25}$: +27,7° [$CHCl_3$; c = 1]; $[\alpha]_{546}^{25}$: +32,1° [$CHCl_3$; c = 1].

d) ***N*-[(1*R*)-Neomenthyl]-propionamid** $C_{13}H_{25}NO$, Formel V (R = $CO\text{-}CH_2\text{-}CH_3$) (H 29; dort als Propionyl-*d*-menthylamin bezeichnet).

B. Aus (1*R*)-Neomenthylamin (S. 122) und Propionsäure-anhydrid in Benzol (*Read, Storey*, Soc. **1930** 2761, 2764; vgl. H 29).

Krystalle; F: 149° (*Read, St.*). Krystallographische Untersuchung: *Mügge*, Z. Kr. **76** [1931] 359, 368. $[\alpha]_D^{25}$: +48,3° [$CHCl_3$; c = 1]; $[\alpha]_{546}^{25}$: +56,6° [$CHCl_3$; c = 1] (*Read, St.*).

3-[2-Brom-propionylamino]-*p*-menthan, 2-Brom-*N*-[3-methyl-6-isopropyl-cyclohexyl]-propionamid, *2-bromo-*N-(p-*menth-3-yl)propionamide* $C_{13}H_{24}BrNO$.

(Ξ)-2-Brom-*N*-[(1*R*)-menthyl]-propionamid, $C_{13}H_{24}BrNO$, Formel IV (R = $CO\text{-}CHBr\text{-}CH_3$), **vom F: 138°.**

B. Aus (1*R*)-Menthylamin (S. 121) und (±)-2-Brom-propionylchlorid in Benzol (*Day, Kelly*, J. org. Chem. **4** [1939] 101).

Krystalle (aus wss. A.); F: 138,5° [korr.]. $[\alpha]_{D(?)}^{25}$: −45,0° [A.].

3-[3-Brom-propionylamino]-*p*-menthan, 3-Brom-*N*-[3-methyl-6-isopropyl-cyclohexyl]-propionamid, *3-bromo-*N-(p-*menth-3-yl)propionamide* $C_{13}H_{24}BrNO$.

3-Brom-*N*-[(1*R*)-menthyl]-propionamid $C_{13}H_{24}BrNO$, Formel IV (R = $CO\text{-}CH_2\text{-}CH_2Br$).

B. Aus (1*R*)-Menthylamin (S. 121) und 3-Brom-propionylchlorid in Benzol (*Day, Kelly*, J. org. Chem. **4** [1939] 101).

Krystalle; F: 86°. $[\alpha]_{D(?)}^{25}$: −47,1° [A.].

3-Butyrylamino-*p*-menthan, *N*-[3-Methyl-6-isopropyl-cyclohexyl]-butyramid, N-(p-*menth-3-yl)butyramide* $C_{14}H_{27}NO$.

a) ***N*-[(1*R*)-Neoisomenthyl]-butyramid** $C_{14}H_{27}NO$, Formel VI ($R = CO\text{-}CH_2\text{-}CH_2\text{-}CH_3$).

B. Aus (1*R*)-Neoisomenthylamin (S. 121) und Butyrylchlorid in Benzol (*Read, Storey*, Soc. **1930** 2761, 2764).

Öl. $[\alpha]_D^{25}$: $-1{,}0°$ [$CHCl_3$; c = 1]; $[\alpha]_{546}^{25}$: $-2{,}0°$ [$CHCl_3$; c = 1].

b) ***N*-[(1*R*)-Menthyl]-butyramid** $C_{14}H_{27}NO$, Formel IV ($R = CO\text{-}CH_2\text{-}CH_2\text{-}CH_3$) (H 27; dort als Butyryl-*l*-menthylamin bezeichnet).

B. Aus (1*R*)-Menthylamin (S. 121) und Butyrylchlorid in Benzol (*Read, Storey*, Soc. **1930** 2761, 2764; *Day, Kelly*, J. org. Chem. **4** [1939] 101).

Krystalle; F: 79° [aus wss. A.] (*Day, Ke.*), 73° (*Read, St.*). $[\alpha]_D^{25}$: $-70{,}9°$ [$CHCl_3$; c = 1]; $[\alpha]_{546}^{25}$: $-79{,}4°$ [$CHCl_3$; c = 1] (*Read, St.*).

c) ***N*-[(1*R*)-Isomenthyl]-butyramid** $C_{14}H_{27}NO$, Formel VII ($R = CO\text{-}CH_2\text{-}CH_2\text{-}CH_3$).

B. Aus (1*R*)-Isomenthylamin (S. 122) und Butyrylchlorid in Benzol (*Read, Storey*, Soc. **1930** 2761, 2764).

Öl. $[\alpha]_D^{25}$: $+23{,}9°$ [$CHCl_3$; c = 1]; $[\alpha]_{546}^{25}$: $+27{,}7°$ [$CHCl_3$; c = 1].

d) ***N*-[(1*R*)-Neomenthyl]-butyramid** $C_{14}H_{27}NO$, Formel V ($R = CO\text{-}CH_2\text{-}CH_2\text{-}CH_3$) (H 29; dort als Butyryl-*d*-menthylamin bezeichnet).

B. Aus (1*R*)-Neomenthylamin (S. 122) und Butyrylchlorid in Benzol (*Read, Storey*, Soc. **1930** 2761, 2764).

Krystalle; F: 104°. $[\alpha]_D^{25}$: $+46{,}8°$ [$CHCl_3$; c = 1]; $[\alpha]_{546}^{25}$: $+53{,}5°$ [$CHCl_3$; c = 1].

3-[2-Brom-butyrylamino]-*p*-menthan, 2-Brom-*N*-[3-methyl-6-isopropyl-cyclohexyl]-butyramid, *2-bromo-*N-(p-*menth-3-yl)butyramide* $C_{14}H_{26}BrNO$.

(Ξ)-2-Brom-*N*-[(1*R*)-menthyl]-butyramid $C_{14}H_{26}BrNO$, Formel IV ($R = CO\text{-}CHBr\text{-}CH_2\text{-}CH_3$), **vom F: 150°.**

B. Aus (1*R*)-Menthylamin (S. 121) und (±)-2-Brom-butyrylchlorid in Benzol (*Day, Kelly*, J. org. Chem. **4** [1939] 101).

Krystalle (aus Äthylenglykol + A.); F: 150° [korr.]. $[\alpha]_{D(?)}^{25}$: $-52{,}9°$ [A.].

3-Isobutyrylamino-*p*-menthan, *N*-[3-Methyl-6-isopropyl-cyclohexyl]-isobutyramid, N-(p-*menth-3-yl)isobutyramide* $C_{14}H_{27}NO$.

a) ***N*-[(1*R*)-Neoisomenthyl]-isobutyramid** $C_{14}H_{27}NO$, Formel VI ($R = CO\text{-}CH(CH_3)_2$).

B. Aus (1*R*)-Neoisomenthylamin (S. 121) und Isobutyrylchlorid in Benzol (*Read, Storey*, Soc. **1930** 2761, 2764).

Krystalle; F: 128°. $[\alpha]_D^{25}$: $-3{,}7°$ [$CHCl_3$; c = 1]; $[\alpha]_{546}^{25}$: $-5{,}4°$ [$CHCl_3$; c = 1].

b) ***N*-[(1*R*)-Menthyl]-isobutyramid** $C_{14}H_{27}NO$, Formel IV ($R = CO\text{-}CH(CH_3)_2$).

B. Aus (1*R*)-Menthylamin (S. 121) und Isobutyrylchlorid in Benzol (*Read, Storey*, Soc. **1930** 2761, 2764; *Day, Kelly*, J. org. Chem. **4** [1939] 101).

Krystalle; F: 130,6° [korr.; aus wss. A.] (*Day, Ke.*), 128° (*Read, St.*). $[\alpha]_D^{25}$: $-66{,}5°$ [$CHCl_3$; c = 1]; $[\alpha]_{546}^{25}$: $-75{,}0°$ [$CHCl_3$; c = 1] (*Read, St.*).

c) ***N*-[(1*R*)-Isomenthyl]-isobutyramid** $C_{14}H_{27}NO$, Formel VII ($R = CO\text{-}CH(CH_3)_2$).

B. Aus (1*R*)-Isomenthylamin (S. 122) und Isobutyrylchlorid in Benzol (*Read, Storey*, Soc. **1930** 2761, 2764).

Krystalle; F: 116°. $[\alpha]_D^{25}$: $+22{,}8°$ [$CHCl_3$; c = 1]; $[\alpha]_{546}^{25}$: $+25{,}9°$ [$CHCl_3$; c = 1].

d) ***N*-[(1*R*)-Neomenthyl]-isobutyramid** $C_{14}H_{27}NO$, Formel V ($R = CO\text{-}CH(CH_3)_2$).

B. Aus (1*R*)-Neomenthylamin (S. 122) und Isobutyrylchlorid in Benzol (*Read, Storey*, Soc. **1930** 2761, 2764).

Krystalle; F: 160—161°. $[\alpha]_D^{25}$: $+47{,}5°$ [$CHCl_3$; c = 1]; $[\alpha]_{546}^{25}$: $+54{,}7°$ [$CHCl_3$; c = 1].

3-[α-Brom-isobutyrylamino]-*p*-menthan, α-Brom-*N*-[3-methyl-6-isopropyl-cyclohexyl]-isobutyramid, *2-bromo-*N-(p-*menth-3-yl)-2-methylpropionamide* $C_{14}H_{26}BrNO$.

α-Brom-*N*-[(1*R*)-menthyl]-isobutyramid $C_{14}H_{26}BrNO$, Formel IV ($R = CO\text{-}C(CH_3)_2\text{-}Br$).

B. Aus (1*R*)-Menthylamin (S. 121) und α-Brom-isobutyrylchlorid in Benzol (*Day, Kelly*, J. org. Chem. **4** [1939] 101).

Krystalle (aus wss. A.); F: 94,5°. $[\alpha]_{D(?)}^{25}$: $-49{,}9°$ [A.].

3-[2-Brom-valerylamino]-*p*-menthan, 2-Brom-*N*-[3-methyl-6-isopropyl-cyclohexyl]-valeramid, *2-bromo-*N-(p*-menth-3-yl)valeramide* $C_{15}H_{28}BrNO$.

(*Ξ*)-2-Brom-*N*-[(1*R*)-menthyl]-valeramid $C_{15}H_{28}BrNO$, Formel IV ($R = CO\text{-}CHBr\text{-}CH_2\text{-}CH_2\text{-}CH_3$) [auf S. 129], **vom F: 166°.**

B. Aus (1*R*)-Menthylamin (S. 121) und (±)-2-Brom-valerylchlorid in Benzol (*Day, Kelly*, J. org. Chem. **4** [1939] 101).

Krystalle (aus wss. A.); F: 166° [korr.]. $[\alpha]_{D(?)}^{25}$: **—47,3°** [A.].

3-Isovalerylamino-*p*-menthan, *N*-[3-Methyl-6-isopropyl-cyclohexyl]-isovaleramid, N-(p*-menth-3-yl)isovaleramide* $C_{15}H_{29}NO$.

a) ***N*-[(1*R*)-Neoisomenthyl]-isovaleramid** $C_{15}H_{29}NO$, Formel VI ($R = CO\text{-}CH_2\text{-}CH(CH_3)_2$) auf S. 129.

B. Aus (1*R*)-Neoisomenthylamin (S. 121) und Isovalerylchlorid in Benzol (*Read, Storey*, Soc. **1930** 2761, 2764).

Krystalle; F: 99°. $[\alpha]_D^{25}$: **—4,1°** [$CHCl_3$; c = 1]; $[\alpha]_{546}^{25}$: **—6,5°** [$CHCl_3$; c = 1].

b) ***N*-[(1*R*)-Menthyl]-isovaleramid** $C_{15}H_{29}NO$, Formel IV ($R = CO\text{-}CH_2\text{-}CH(CH_3)_2$) auf S. 129.

B. Aus (1*R*)-Menthylamin (S. 121) und Isovalerylchlorid in Benzol (*Read, Storey*, Soc. **1930** 2761, 2764; *Day, Kelly*, J. org. Chem. **4** [1939] 101).

Krystalle; F: 110° (*Read, St.*), 96° [aus Äthylenglykol + A.] (*Day, Ke.*). $[\alpha]_D^{25}$: **—64,7°** [$CHCl_3$; c = 1]; $[\alpha]_{546}^{25}$: **—76,7°** [$CHCl_3$; c = 1] (*Read, St.*).

c) ***N*-[(1*R*)-Isomenthyl]-isovaleramid** $C_{15}H_{29}NO$, Formel VII ($R = CO\text{-}CH_2\text{-}CH(CH_3)_2$) auf S. 129.

B. Aus (1*R*)-Isomenthylamin (S. 122) und Isovalerylchlorid in Benzol (*Read, Storey*, Soc. **1930** 2761, 2764).

Krystalle; F: 82°. $[\alpha]_D^{25}$: **+27,0°** [$CHCl_3$; c = 1]; $[\alpha]_{546}^{25}$: **+29,1°** [$CHCl_3$; c = 1].

d) ***N*-[(1*R*)-Neomenthyl]-isovaleramid** $C_{15}H_{29}NO$, Formel V ($R = CO\text{-}CH_2\text{-}CH(CH_3)_2$) auf S. 129.

B. Aus (1*R*)-Neomenthylamin (S. 122) und Isovalerylchlorid in Benzol (*Read, Storey*, Soc. **1930** 2761, 2764).

Krystalle; F: 132°. $[\alpha]_D^{25}$: **+42,8°** [$CHCl_3$; c = 1]; $[\alpha]_{546}^{25}$: **+51,3°** [$CHCl_3$; c = 1].

3-[α-Brom-isovalerylamino]-*p*-menthan, α-Brom-*N*-[3-methyl-6-isopropyl-cyclohexyl]-isovaleramid, *2-bromo-*N-(p*-menth-3-yl)-3-methylbutyramide* $C_{15}H_{28}BrNO$.

(*Ξ*)-α-Brom-*N*-[(1*R*)-menthyl]-isovaleramid $C_{15}H_{28}BrNO$, Formel IV ($R = CO\text{-}CHBr\text{-}CH(CH_3)_2$) [auf S. 129] **vom F: 184°.**

B. Aus (1*R*)-Menthylamin (S. 121) und (±)-α-Brom-isovalerylchlorid in Benzol (*Day, Kelly*, J. org. Chem. **4** [1939] 101).

Krystalle (aus wss. A.); F: 184—184,5° [korr.]. $[\alpha]_{D(?)}^{25}$: **—41,0°** [A.].

3-Hexanoylamino-*p*-menthan, *N*-[3-Methyl-6-isopropyl-cyclohexyl]-hexanamid, N-(p*-menth-3-yl)hexanamide* $C_{16}H_{31}NO$.

a) ***N*-[(1*R*)-Neoisomenthyl]-hexanamid** $C_{16}H_{31}NO$, Formel VI ($R = CO\text{-}[CH_2]_4\text{-}CH_3$) auf S. 129.

B. Aus (1*R*)-Neoisomenthylamin (S. 121) und Hexanoylchlorid in Benzol (*Read, Storey*, Soc. **1930** 2761, 2764).

Krystalle; F: 50°. $[\alpha]_D^{25}$: ±0° [$CHCl_3$; c = 1]; $[\alpha]_{546}^{25}$: **—1,7°** [$CHCl_3$; c = 1].

b) ***N*-[(1*R*)-Menthyl]-hexanamid** $C_{16}H_{31}NO$, Formel IV ($R = CO\text{-}[CH_2]_4\text{-}CH_3$) auf S. 129.

B. Aus (1*R*)-Menthylamin (S. 121) und Hexanoylchlorid in Benzol (*Read, Storey*, Soc. **1930** 2761, 2764).

Krystalle; F: 60°. $[\alpha]_D^{25}$: **—60,0°** [$CHCl_3$; c = 1]; $[\alpha]_{546}^{25}$: **—71,2°** [$CHCl_3$; c = 1].

c) ***N*-[(1*R*)-Isomenthyl]-hexanamid** $C_{16}H_{31}NO$, Formel VII ($R = CO\text{-}[CH_2]_4\text{-}CH_3$) auf S. 129.

B. Aus (1*R*)-Isomenthylamin (S. 122) und Hexanoylchlorid in Benzol (*Read, Storey*, Soc. **1930** 2761, 2764).

Öl. $[\alpha]_D^{25}$: **+24,9°** [$CHCl_3$; c = 1]; $[\alpha]_{546}^{25}$: **+27,5°** [$CHCl_3$; c = 1].

d) ***N*-[(1*R*)-Neomenthyl]-hexanamid** $C_{16}H_{31}NO$, Formel V (R = CO-$[CH_2]_4$-CH_3) auf S. 129.

B. Aus (1*R*)-Neomenthylamin (S. 122) und Hexanoylchlorid in Benzol (*Read, Storey,* Soc. **1930** 2761, 2764).

Krystalle; F: 65°. $[\alpha]_D^{25}$: +40,0° [$CHCl_3$; c = 1]; $[\alpha]_{546}^{25}$: +45,0° [$CHCl_3$; c = 1].

3-Octanoylamino-*p*-menthan, *N*-[3-Methyl-6-isopropyl-cyclohexyl]-octanamid, N-(p-*menth-3-yl)octanamide* $C_{18}H_{35}NO$.

a) ***N*-[(1*R*)-Neoisomenthyl]-octanamid** $C_{18}H_{35}NO$, Formel VI (R = CO-$[CH_2]_6$-CH_3) auf S. 129.

B. Aus (1*R*)-Neoisomenthylamin (S. 121) und Octanoylchlorid in Benzol (*Read, Storey,* Soc. **1930** 2761, 2764).

Krystalle; F: 55°. $[\alpha]_D^{25}$: −1,2° [$CHCl_3$; c = 1]; $[\alpha]_{546}^{25}$: −2,9° [$CHCl_3$; c = 1].

b) ***N*-[(1*R*)-Menthyl]-octanamid** $C_{18}H_{35}NO$, Formel IV (R = CO-$[CH_2]_6$-CH_3) auf S. 129.

B. Aus (1*R*)-Menthylamin (S. 121) und Octanoylchlorid in Benzol (*Read, Storey,* Soc. **1930** 2761, 2764).

Krystalle; F: 57°. $[\alpha]_D^{25}$: −53,2° [$CHCl_3$; c = 1]; $[\alpha]_{546}^{25}$: −63,8° [$CHCl_3$; c = 1].

c) ***N*-[(1*R*)-Isomenthyl]-octanamid** $C_{18}H_{35}NO$, Formel VII (R = CO-$[CH_2]_6$-CH_3) auf S. 129.

B. Aus (1*R*)-Isomenthylamin (S. 122) und Octanoylchlorid in Benzol (*Read, Storey,* Soc. **1930** 2761, 2764).

Öl. $[\alpha]_D^{25}$: +23,3° [$CHCl_3$; c = 1]; $[\alpha]_{546}^{25}$: +26,0° [$CHCl_3$; c = 1].

d) ***N*-[(1*R*)-Neomenthyl]-octanamid** $C_{18}H_{35}NO$, Formel V (R = CO-$[CH_2]_6$-CH_3) auf S. 129.

B. Aus (1*R*)-Neomenthylamin (S. 122) und Octanoylchlorid in Benzol (*Read, Storey,* Soc. **1930** 2761, 2764).

Krystalle; F: 78°. $[\alpha]_D^{25}$: +36,7° [$CHCl_3$; c = 1]; $[\alpha]_{546}^{25}$: +42,4° [$CHCl_3$; c = 1].

3-[2-Nitro-benzamino]-*p*-menthan, 2-Nitro-*N*-[3-methyl-6-isopropyl-cyclohexyl]-benzamid, N-(p-*menth-3-yl)-*o-*nitrobenzamide* $C_{17}H_{24}N_2O_3$.

a) **2-Nitro-*N*-[(1*R*)-menthyl]-benzamid** $C_{17}H_{24}N_2O_3$, Formel VIII.

B. Beim Behandeln von (1*R*)-Menthylamin (S. 121) mit wss. Natronlauge und mit 2-Nitro-benzoylchlorid in Benzol (*Read, Grubb,* Soc. **1934** 1779, 1782).

Gelbliche Krystalle (aus A.); F: 188,5°. $[\alpha]_D^{17,5}$: −62,9° [$CHCl_3$; c = 4].

b) **2-Nitro-*N*-[(1*R*)-neomenthyl]-benzamid** $C_{17}H_{24}N_2O_3$, Formel IX.

B. Beim Behandeln von (1*R*)-Neomenthylamin (S. 122) mit wss. Natronlauge und mit 2-Nitro-benzoylchlorid in Benzol (*Read, Grubb,* Soc. **1934** 1779, 1782).

Gelbliche Krystalle (aus A. + E.); F: 183°. $[\alpha]_D^{17,5}$: +36,5° [$CHCl_3$; c = 4].

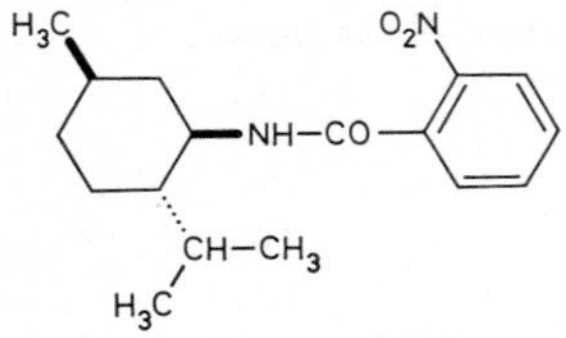

VIII 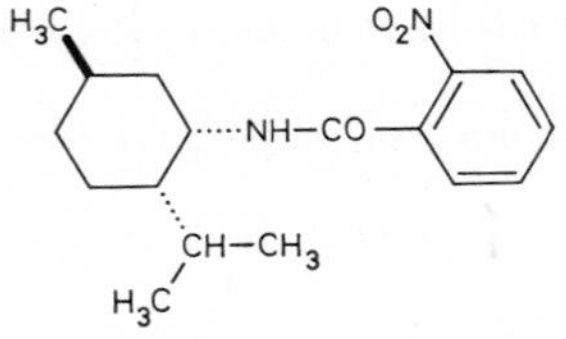 IX 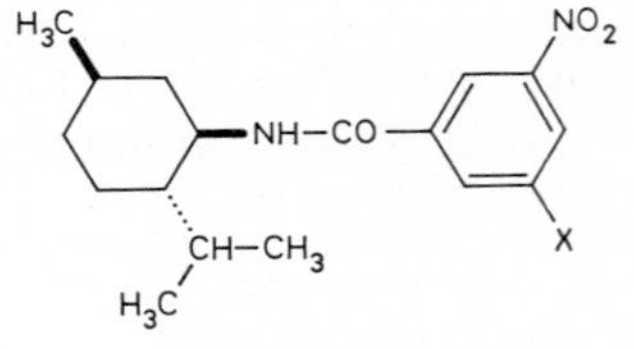 X

3-[3-Nitro-benzamino]-*p*-menthan, 3-Nitro-*N*-[3-methyl-6-isopropyl-cyclohexyl]-benzamid, N-(p-*menth-3-yl)-*m-*nitrobenzamide* $C_{17}H_{24}N_2O_3$.

a) **3-Nitro-*N*-[(1*R*)-menthyl]-benzamid** $C_{17}H_{24}N_2O_3$, Formel X (X = H).

B. Beim Behandeln von (1*R*)-Menthylamin (S. 121) mit wss. Natronlauge und mit 3-Nitro-benzoylchlorid in Benzol (*Read, Grubb,* Soc. **1934** 1779, 1782).

Krystalle (aus wss. A.); F: 135°. $[\alpha]_D^{17,5}$: −59,4° [$CHCl_3$; c = 5].

b) **3-Nitro-*N*-[(1*R*)-neomenthyl]-benzamid** $C_{17}H_{24}N_2O_3$, Formel XI (X = H).

B. Beim Behandeln von (1*R*)-Neomenthylamin (S. 122) mit wss. Natronlauge und mit 3-Nitro-benzoylchlorid in Benzol (*Read, Grubb,* Soc. **1934** 1779, 1782).

Gelbliche Krystalle (aus wss. A.); F: 131°. $[\alpha]_D^{17,5}$: +18,7° [$CHCl_3$; c = 5].

3-[4-Nitro-benzamino]-*p*-menthan, 4-Nitro-*N*-[3-methyl-6-isopropyl-cyclohexyl]-benzamid, N-(p-*menth-3-yl*)-p-*nitrobenzamide* $C_{17}H_{24}N_2O_3$.

a) **4-Nitro-*N*-[(1*R*)-menthyl]-benzamid** $C_{17}H_{24}N_2O_3$, Formel XII (R = H, X = NO_2).

B. Beim Behandeln von (1*R*)-Menthylamin (S. 121) mit wss. Natronlauge und mit 4-Nitro-benzoylchlorid in Benzol (*Read, Grubb*, Soc. **1934** 1779, 1781; vgl. *Day, Kelly*, J. org. Chem. **4** [1939] 101).

Krystalle; F: 172,5—173° [korr.; aus wss. A.] (*Day, Ke.*), 170° [aus wss. A.] (*Read, Gr.*). $[\alpha]_D^{17,5}$: —53,8° [$CHCl_3$; c = 5] (*Read, Gr.*).

b) **4-Nitro-*N*-[(1*R*)-neomenthyl]-benzamid** $C_{17}H_{24}N_2O_3$, Formel XIII (R = H, X = NO_2).

B. Beim Behandeln von (1*R*)-Neomenthylamin (S. 122) mit wss. Natronlauge und mit 4-Nitro-benzoylchlorid in Benzol (*Read, Grubb*, Soc. **1934 1779, 1782**).

Gelbliche Krystalle (aus wss. A.); F: 151°. $[\alpha]_D^{17,5}$: +16,1° [$CHCl_3$; c = 5].

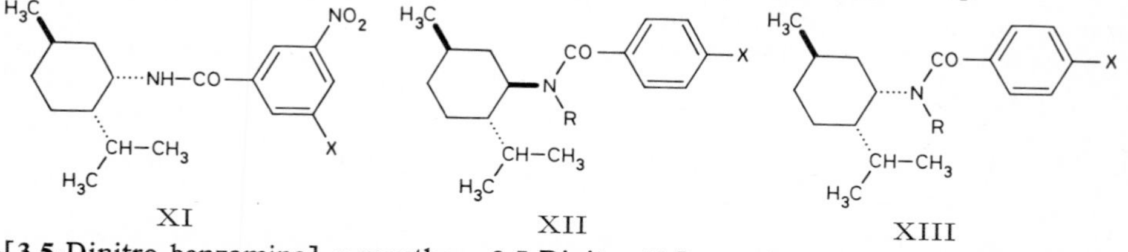

3-[3.5-Dinitro-benzamino]-*p*-menthan, 3.5-Dinitro-*N*-[3-methyl-6-isopropyl-cyclohexyl]-benzamid, N-(p-*menth-3-yl*)-*3,5-dinitrobenzamide* $C_{17}H_{23}N_3O_5$.

a) **3.5-Dinitro-*N*-[(1*R*)-menthyl]-benzamid** $C_{17}H_{23}N_3O_5$, Formel X (X = NO_2).

B. Beim Behandeln von (1*R*)-Menthylamin (S. 121) mit wss. Natronlauge und mit 3.5-Dinitro-benzoylchlorid in Benzol (*Read, Grubb*, Soc. **1934** 1779, 1782).

Gelbe Krystalle (aus A. + E.); F: 193°. $[\alpha]_D^{17,5}$: —60,0° [$CHCl_3$; c = 1].

b) **3.5-Dinitro-*N*-[(1*R*)-neomenthyl]-benzamid** $C_{17}H_{23}N_3O_5$, Formel XI (X = NO_2).

B. Beim Behandeln von (1*R*)-Neomenthylamin (S. 122) mit wss. Natronlauge und mit 3.5-Dinitro-benzoylchlorid in Benzol (*Read, Grubb*, Soc. **1934** 1779, 1782).

Gelbe Krystalle (aus A. + E.); F: 164°. $[\alpha]_D^{17,5}$: +22,6° [$CHCl_3$; c = 1].

3-[Methyl-benzoyl-amino]-*p*-menthan, *N*-Methyl-*N*-[3-methyl-6-isopropyl-cyclohexyl]-benzamid, N-(p-*menth-3-yl*)-N-*methylbenzamide* $C_{18}H_{27}NO$.

a) ***N*-Methyl-*N*-[(1*R*)-menthyl]-benzamid** $C_{18}H_{27}NO$, Formel XII (R = CH_3, X = H).

B. Aus Methyl-[(1*R*)-menthyl]-amin [S. 122] (*Read, Hendry*, B. **71** [1938] 2544, 2547).

Krystalle (aus Me.); F: 65°. $[\alpha]_D^{17}$: —32,4° [$CHCl_3$; c = 2].

b) ***N*-Methyl-*N*-[(1*R*)-neomenthyl]-benzamid** $C_{18}H_{27}NO$, Formel XIII (R = CH_3, X = H).

B. Aus Methyl-[(1*R*)-neomenthyl]-amin [S. 123] (*Read, Hendry*, B. **71** [1938] 2544, 2550).

Krystalle (aus Me.); F: 67°. $[\alpha]_D^{17}$: +5,7° [$CHCl_3$; c = 2].

3-[*C*-Phenyl-acetamino]-*p*-menthan, *N*-[3-Methyl-6-isopropyl-cyclohexyl]-*C*-phenyl-acetamid, N-(p-*menth-3-yl*)-*2-phenylacetamide* $C_{18}H_{27}NO$.

a) ***N*-[(1*R*)-Neoisomenthyl]-*C*-phenyl-acetamid** $C_{18}H_{27}NO$, Formel VI (R = CO-CH_2-C_6H_5) auf S. 129.

B. Aus (1*R*)-Neoisomenthylamin (S. 121) und Phenylacetylchlorid in Benzol (*Read, Storey*, Soc. **1930** 2761, 2764).

Krystalle; F: 109°. $[\alpha]_D^{25}$: —3,4° [$CHCl_3$; c = 1]; $[\alpha]_{546}^{25}$: —5,1° [$CHCl_3$; c = 1].

b) ***N*-[(1*R*)-Menthyl]-*C*-phenyl-acetamid** $C_{18}H_{27}NO$, Formel IV (R = CO-CH_2-C_6H_5) auf S. 129.

B. Aus (1*R*)-Menthylamin (S. 121) und Phenylacetylchlorid in Benzol (*Read, Storey*, Soc. **1930** 2761, 2764; *Day, Kelly*, J. org. Chem. **4** [1939] 101).

Krystalle; F: 106° [korr.; aus Äthylenglykol + A.] (*Day, Ke.*), 106° (*Read, St.*). $[\alpha]_D^{25}$: —60,4° [$CHCl_3$; c = 1]; $[\alpha]_{546}^{25}$: —72,1° [$CHCl_3$; c = 1].

c) ***N*-[(1*R*)-Isomenthyl]-*C*-phenyl-acetamid** $C_{18}H_{27}NO$, Formel VII ($R = CO\text{-}CH_2\text{-}C_6H_5$) auf S. 129.

B. Aus (1*R*)-Isomenthylamin (S. 122) und Phenylacetylchlorid in Benzol (*Read, Storey*, Soc. **1930** 2761, 2764).

Krystalle; F: 103°. $[\alpha]_D^{25}$: +33,3° [$CHCl_3$; c = 1]; $[\alpha]_{546}^{25}$: +38,4° [$CHCl_3$; c = 1].

d) ***N*-[(1*R*)-Neomenthyl]-*C*-phenyl-acetamid** $C_{18}H_{27}NO$, Formel V ($R = CO\text{-}CH_2\text{-}C_6H_5$) auf S. 129.

B. Aus (1*R*)-Neomenthylamin (S. 122) und Phenylacetylchlorid in Benzol (*Read, Storey*, Soc. **1930** 2761, 2764).

Krystalle; F: 120°. $[\alpha]_D^{25}$: +34,5° [$CHCl_3$; c = 1]; $[\alpha]_{546}^{25}$: +41,0° [$CHCl_3$; c = 1].

3-Cinnamoylamino-*p*-menthan, *N*-[3-Methyl-6-isopropyl-cyclohexyl]-cinnamamid, N-(p-*menth-3-yl)cinnamamide* $C_{19}H_{27}NO$.

***N*-[(1*R*)-Menthyl]-*trans*-cinnamamid** $C_{19}H_{27}NO$, Formel I.

B. Aus (1*R*)-Menthylamin (S. 121) und *trans*-Cinnamoylchlorid in Benzol (*Griffith, Marvel*, Am. Soc. **53** [1931] 789, 790).

Krystalle (aus Me.); F: 158—159°. $[\alpha]_D^{25}$: −82,9° [Me.; c = 4].

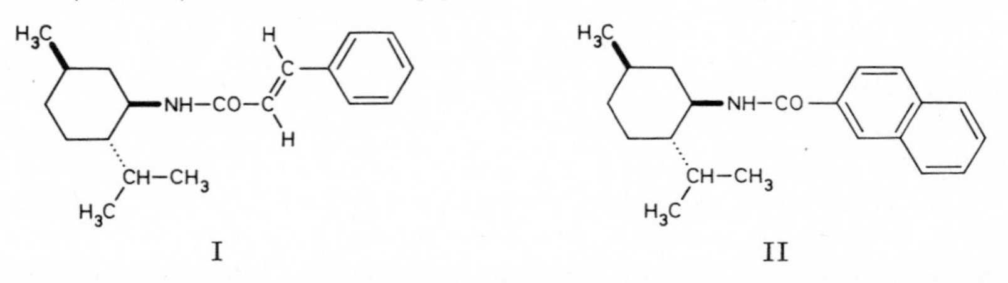

I II

3-[Naphthoyl-(2)-amino]-*p*-menthan, *N*-[3-Methyl-6-isopropyl-cyclohexyl]-naphthamid-(2), N-(p-*menth-3-yl)-2-naphthamide* $C_{21}H_{27}NO$.

a) ***N*-[(1*R*)-Menthyl]-naphthamid-(2)** $C_{21}H_{27}NO$, Formel II.

B. Beim Behandeln von (1*R*)-Menthylamin (S. 121) mit Naphthoyl-(2)-chlorid in Benzol unter Zusatz von wss. Natronlauge (*Read, Grubb*, Soc. **1934** 1779, 1782).

Krystalle (aus A. + E.); F: 180,5°. $[\alpha]_D^{17,5}$: −51,9° [$CHCl_3$; c = 2].

b) ***N*-[(1*R*)-Neomenthyl]-naphthamid-(2)** $C_{21}H_{27}NO$, Formel III.

B. Beim Behandeln von (1*R*)-Neomenthylamin (S. 122) mit Naphthoyl-(2)-chlorid in Benzol unter Zusatz von wss. Natronlauge (*Read, Grubb*, Soc. **1934** 1779, 1782).

Krystalle (aus A. + E.); F: 165°. $[\alpha]_D^{17,5}$: +5,4° [$CHCl_3$; c = 2].

III IV

***N.N'*-Bis-[3-methyl-6-isopropyl-cyclohexyl]-malonamid,** N,N'-(p-*menth-3-yl)-malonamide* $C_{23}H_{42}N_2O_2$.

***N.N'*-Di-[(1*R*)-menthyl]-malonamid** $C_{23}H_{42}N_2O_2$, Formel IV.

B. Aus (1*R*)-Menthylamin (S. 121) und Kohlensuboxid in Äther (*Pauw*, R. **55** [1936] 215, 224).

Krystalle (aus wss. A.); F: 177°. $[\alpha]_D^{20}$: −87,3° [Lösungsmittel nicht angegeben].

***N*-[3-Methyl-6-isopropyl-cyclohexyl]-phthalamidsäure,** N-(p-*menth-3-yl)phthalamic acid* $C_{18}H_{25}NO_3$.

***N*-[(1*R*)-Menthyl]-phthalamidsäure** $C_{18}H_{25}NO_3$, Formel V (R = H).

B. Aus *N*-[(1*R*)-Menthyl]-phthalimid beim Erwärmen mit äthanol. Kalilauge (*Clark, Read*, Soc. **1934** 1775, 1779).

Krystalle (aus A.); F: 171°. $[\alpha]_D$: −71,8° [$CHCl_3$; c = 1].

***N*-[3-Methyl-6-isopropyl-cyclohexyl]-phthalamidsäure-äthylester**, N-(p-*menth-3-yl)phthal=amic acid ethyl ester* $C_{20}H_{29}NO_3$.

***N*-[(1*R*)-Menthyl]-phthalamidsäure-äthylester** $C_{20}H_{29}NO_3$, Formel V (R = C_2H_5).
B. Beim Behandeln von *N*-[(1*R*)-Menthyl]-phthalamidsäure (S. 134) mit Thionyl=chlorid, Äther und Pyridin und anschliessend mit Äthanol (*Human, Mills*, Soc. **1949** Spl. **77**, 79).
Krystalle (aus PAe.); F: 116—116,5°. $[\alpha]_D^{16}$: —41,9° [$CHCl_3$; c = 3].

***N*-[3-Methyl-6-isopropyl-cyclohexyl]-phthalamidsäure-*sec*-butylester**, N-(p-*menth-3-yl)=phthalamic acid* sec-*butyl ester* $C_{22}H_{33}NO_3$.

***N*-[(1*R*)-Menthyl]-phthalamidsäure-[(*R*)-*sec*-butylester]** $C_{22}H_{33}NO_3$, Formel VI.
B. Neben dem Diastereoisomeren (nicht isoliert) beim Behandeln von (±)-Phthalsäure-mono-*sec*-butylester mit Thionylchlorid, Äther und Pyridin und anschliessend mit (1*R*)-Menthylamin (S. 121) sowie beim Behandeln von *N*-[(1*R*)-Menthyl]-phthalamidsäure (S. 134) mit Thionylchlorid, Äther und Pyridin und anschliessend mit (±)-*sec*-Butyl=alkohol (*Human, Mills*, Soc. **1949** Spl. **77**, 80).
Krystalle (aus PAe.); F: 169,5—170°. $[\alpha]_D^{15}$: —47,6° [$CHCl_3$; c = 4].

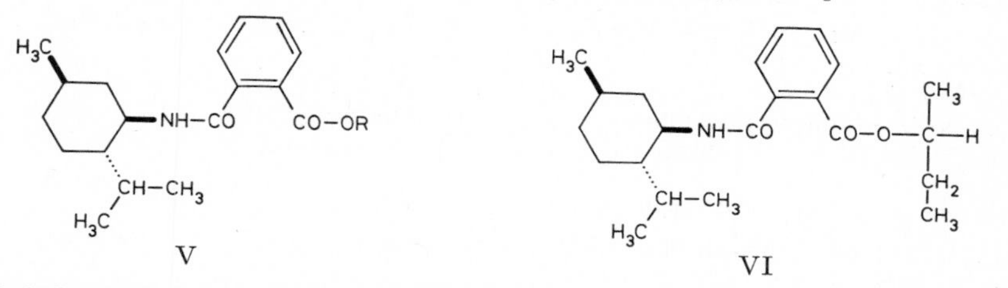

***N*-[3-Methyl-6-isopropyl-cyclohexyl]-phthalamidsäure-pentylester**, N-(p-*menth-3-yl)=phthalamic acid pentyl ester* $C_{23}H_{35}NO_3$.

***N*-[(1*R*)-Menthyl]-phthalamidsäure-pentylester** $C_{23}H_{35}NO_3$, Formel V (R = $[CH_2]_4$-CH_3).
B. Beim Behandeln von *N*-[(1*R*)-Menthyl]-phthalamidsäure (S. 134) mit Thionyl=chlorid, Äther und Pyridin und anschliessend mit Pentanol-(1) (*Human, Mills*, Soc. **1949** Spl. **77**, 79).
Krystalle (aus PAe.); F: 101—102°. $[\alpha]_D^{17}$: —35,9° [$CHCl_3$; c = 5].

***N*-[3-Methyl-6-isopropyl-cyclohexyl]-phthalamidsäure-allylester**, N-(p-*menth-3-yl)=phthalamic acid allyl ester* $C_{21}H_{29}NO_3$.

***N*-[(1*R*)-Menthyl]-phthalamidsäure-allylester** $C_{21}H_{29}NO_3$, Formel V (R = CH_2-CH=CH_2).
B. Beim Behandeln von *N*-[(1*R*)-Menthyl]-phthalamidsäure (S. 134) mit Thionyl=chlorid, Äther und Pyridin und anschliessend mit Allylalkohol (*Human, Mills*, Soc. **1949** Spl. **77**, 79).
Krystalle (aus PAe.); F: 98,5°. $[\alpha]_D^{19}$: —43,0° [$CHCl_3$; c = 3].

***N*-[3-Methyl-6-isopropyl-cyclohexyl]-phthalamidsäure-cyclohexylester**, N-(p-*menth-3-yl)=phthalamic acid cyclohexyl ester* $C_{24}H_{35}NO_3$.

***N*-[(1*R*)-Menthyl]-phthalamidsäure-cyclohexylester** $C_{24}H_{35}NO_3$, Formel VII (R = H).
B. Beim Behandeln von Phthalsäure-monocyclohexylester mit Thionylchlorid, Benzol und Pyridin und anschliessend mit (1*R*)-Menthylamin [S. 121] (*Human, Mills*, Soc. **1949** Spl. **77**, 79).
Krystalle (aus PAe.); F: 164—164,5°.

***N*-[3-Methyl-6-isopropyl-cyclohexyl]-phthalamidsäure-[2-methyl-cyclohexylester]**, N-(p-*menth-3-yl)phthalamic acid 2-methylcyclohexyl ester* $C_{25}H_{37}NO_3$.

***N*-[(1*R*)-Menthyl]-phthalamidsäure-[(1*R*)-*trans*-2-methyl-cyclohexylester]** $C_{25}H_{37}NO_3$, Formel VII (R = CH_3).
B. Neben dem Diastereoisomeren (nicht isoliert) beim Behandeln von (±)-Phthal=säure-mono-[*trans*-2-methyl-cyclohexylester] mit Thionylchlorid, Äther und Pyridin

und anschliessend mit (1*R*)-Menthylamin [S. 121] (*Human, Mills,* Soc. **1949** Spl. **77,** 80).

Krystalle (aus PAe.); F: 171°. $[\alpha]_D^{18,5}$: −74,0° [$CHCl_3$; c = 5].

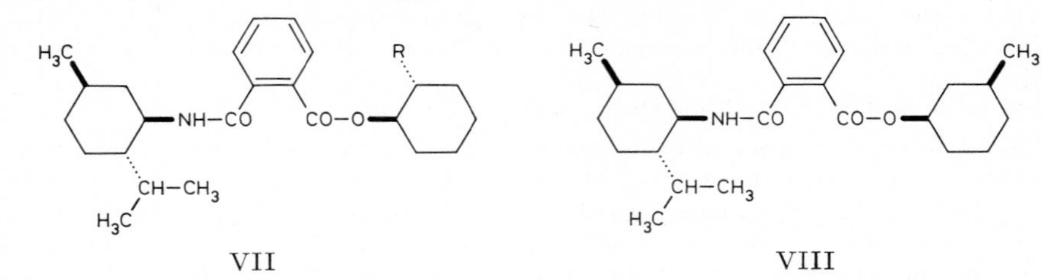

***N*-[3-Methyl-6-isopropyl-cyclohexyl]-phthalamidsäure-[3-methyl-cyclohexylester],** N-(p-*menth-3-yl)phthalamic acid 3-methylcyclohexyl ester* $C_{25}H_{37}NO_3$.

Über die Konfiguration der beiden folgenden Stereoisomeren s. die entsprechenden Literaturangaben im Artikel 1-Methyl-cyclohexanol-(3) (E III **6** 67).

a) ***N*-[(1*R*)-Menthyl]-phthalamidsäure-[(1*R*)-*cis*-3-methyl-cyclohexylester]** $C_{25}H_{37}NO_3$, Formel VIII.

B. Neben dem Diastereoisomeren (nicht isoliert) beim Behandeln von (±)-Phthalsäure-mono-[*cis*-3-methyl-cyclohexylester] mit Thionylchlorid, Äther und Pyridin und anschliessend mit (1*R*)-Menthylamin [S. 121] (*Human, Mills,* Soc. **1949** Spl. **77,** 80).

Krystalle (aus wss. A.); F: 183°. $[\alpha]_D$: −25,0° [$CHCl_3$].

b) ***N*-[(1*R*)-Menthyl]-phthalamidsäure-[(1*S*)-*cis*-3-methyl-cyclohexylester]** $C_{25}H_{37}NO_3$, Formel IX.

B. Aus (1*R*)-*cis*-1-Methyl-cyclohexanol-(3) (*Human, Mills,* Soc. **1949** Spl. **77,** 80).

Krystalle (aus wss. A.); F: 135−136°. $[\alpha]_D$: −44,4° [$CHCl_3$].

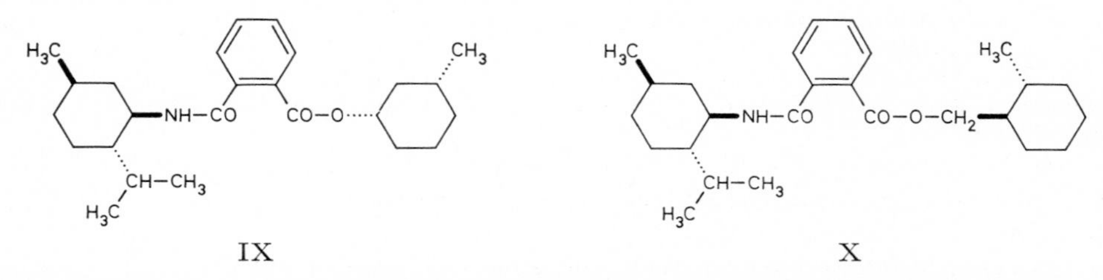

***N*-[3-Methyl-6-isopropyl-cyclohexyl]-phthalamidsäure-[(2-methyl-cyclohexyl)-methylester],** N-(p-*menth-3-yl)phthalamic acid (2-methylcyclohexyl)methyl ester* $C_{26}H_{39}NO_3$.

***N*-[(1*R*)-Menthyl]-phthalamidsäure-[((*Ξ*)-*trans*-2-methyl-cyclohexyl)-methylester]** $C_{26}H_{39}NO_3$, Formel X oder XI, **vom F: 110°.**

B. Neben dem Diastereoisomeren (nicht isoliert) beim Erwärmen von (±)-Phthalsäure-mono-[(*trans*-2-methyl-cyclohexyl)-methylester] mit Thionylchlorid, Äther und Pyridin und anschliessend mit (1*R*)-Menthylamin [S. 121] (*Macbeth, Mills, Simmonds,* Soc. **1949** 1011).

Krystalle (aus wss. Me.), F: 109,5−110,5°; $[\alpha]_D^{16,5}$: −39,7° [$CHCl_3$; c = 5] (*Ma., Mi., Si.,* l. c. S. 1013).

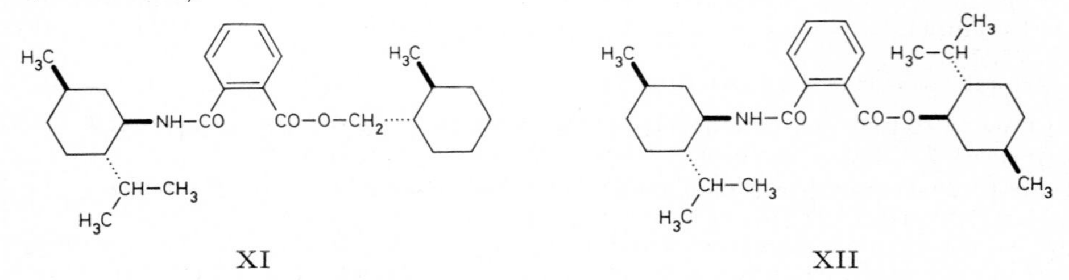

N-[3-Methyl-6-isopropyl-cyclohexyl]-phthalamidsäure-[3-methyl-6-isopropyl-cyclohexylester], N-(p-*menth-3-yl)phthalamic acid* p-*menth-3-yl ester* $C_{28}H_{43}NO_3$.

N-[(1R)-Menthyl]-phthalamidsäure-[(1R)-menthylester] $C_{28}H_{43}NO_3$, Formel XII.

B. Beim Behandeln von Phthalsäure-dichlorid mit (1*R*)-Menthol (E III **6** 133), Pyridin und Benzol und anschliessend mit (1*R*)-Menthylamin [S. 121] (*Human, Mills*, Soc. **1949** Spl. 77, 79).

Krystalle (aus wss. A.); F: 154°. $[\alpha]_D^{17}$: —86,8° [$CHCl_3$; c = 3].

N-[3-Methyl-6-isopropyl-cyclohexyl]-phthalamidsäure-[4-isopropyl-cyclohexen-(2)-ylester], N-(p-*menth-3-yl)phthalamic acid 4-isopropylcyclohex-2-en-1-yl ester* $C_{27}H_{39}NO_3$.

N-[(1R)-Menthyl]-phthalamidsäure-[(1S)-*trans*-4-isopropyl-cyclohexen-(2)-ylester] $C_{27}H_{39}NO_3$, Formel XIII.

B. Beim Behandeln von *N*-[(1*R*)-Menthyl]-phthalamidsäure (S. 134) mit Thionylchlorid, Pyridin und Äther und anschliessend mit (1*R*)-1*r*-Isopropyl-cyclohexen-(2)-ol-(4*t*) (*Human, Mills*, Soc. **1949** Spl. 77, 79).

Krystalle (aus PAe.); F: 130°. $[\alpha]_D^{19}$: —126° [$CHCl_3$; c = 4].

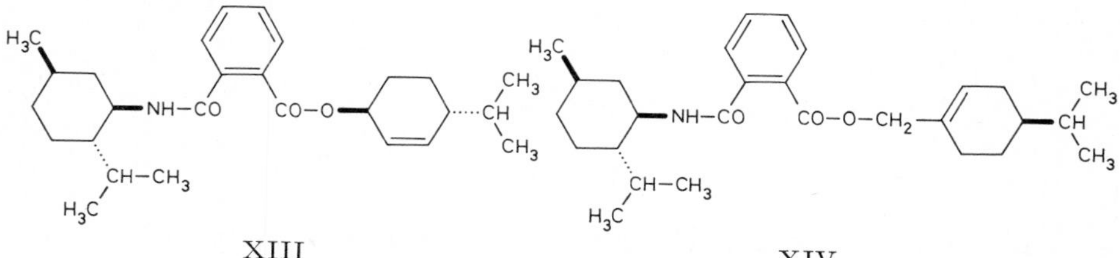

XIII XIV

N-[3-Methyl-6-isopropyl-cyclohexyl]-phthalamidsäure-[*p*-menthen-(1)-yl-(7)-ester], N-(p-*menth-3-yl)phthalamic acid* p-*menth-1-en-7-yl ester* $C_{28}H_{41}NO_3$.

N-[(1R)-Menthyl]-phthalamidsäure-[(S)-*p*-menthen-(1)-yl-(7)-ester] $C_{28}H_{41}NO_3$, Formel XIV.

B. Beim Behandeln von Phthalsäure-mono-[(*S*)-*p*-menthen-(1)-yl-(7)-ester] mit Thionylchlorid, Pyridin und Äther und anschliessend mit (1*R*)-Menthylamin [S. 121] (*Human, Macbeth, Rodda*, Soc. **1949** 350).

Krystalle (aus PAe.); F: 120°. $[\alpha]_D^{22}$: —71,8° [$CHCl_3$?].

1.2-Bis-[N-(3-methyl-6-isopropyl-cyclohexyl)-phthalamoyloxy]-äthan, *1,2-bis-*[N-(p-*menth-3-yl)phthalamoyloxy]ethane* $C_{38}H_{52}N_2O_6$.

1.2-Bis-[N-((1R)-menthyl)-phthalamoyloxy]-äthan $C_{38}H_{52}N_2O_6$, Formel I.

B. Beim Behandeln von *N*-[(1*R*)-Menthyl]-phthalamidsäure (S. 134) mit Thionylchlorid, Pyridin und Chloroform und anschliessend mit Äthylenglykol (*Human, Mills*, Soc. **1949** Spl. 77, 80).

Krystalle (aus Acn.); F: 239—241°.

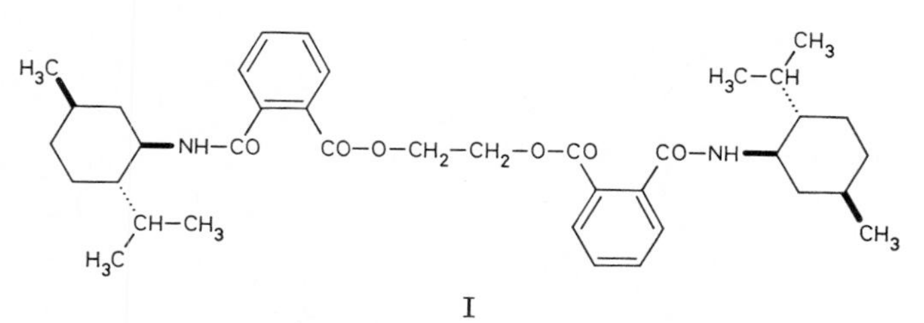

I

1.3-Bis-[(3-methyl-6-isopropyl-cyclohexyl)-carbamoyloxy]-cyclohexan, *1,3-bis*[(p-*menth-3-yl)carbamoyloxy]cyclohexane* $C_{28}H_{50}N_2O_4$.

***cis*-1.3-Bis-[((1R)-menthyl)-carbamoyloxy]-cyclohexan** $C_{28}H_{50}N_2O_4$, Formel II.

B. Aus (1*R*)-Menthylisocyanat (S. 141) und *cis*-Cyclohexandiol-(1.3) (*Lindemann, Baumann*, A. **477** [1930] 78, 95).

Krystalle; F: 157°. $[\alpha]_D^{17,5}$: —64,7° [A.; c = 9].

1.2.3-Tris-[(3-methyl-6-isopropyl-cyclohexyl)-carbamoyloxy]-cyclohexan, *1,2,3-tris[(p-menth-3-yl)carbamoyloxy]cyclohexane* $C_{39}H_{69}N_3O_6$.

a) **1r.2c.3c-Tris-[((1R)-menthyl)-carbamoyloxy]-cyclohexan** $C_{39}H_{69}N_3O_6$, Formel III.

B. Beim Erhitzen von (1*R*)-Menthylisocyanat (S. 141) mit Cyclohexantriol-(1*r*.2*c*.3*c*) auf 156° (*Lindemann, de Lange*, A. **483** [1930] 31, 43).

Krystalle (aus Bzn. oder CCl_4); F: 130° und F: 208° (*Li., de La.*, l. c. S. 36 Anm., 43). $[\alpha]_D^{25}$: −56,2° [Bzl.; c = 20].

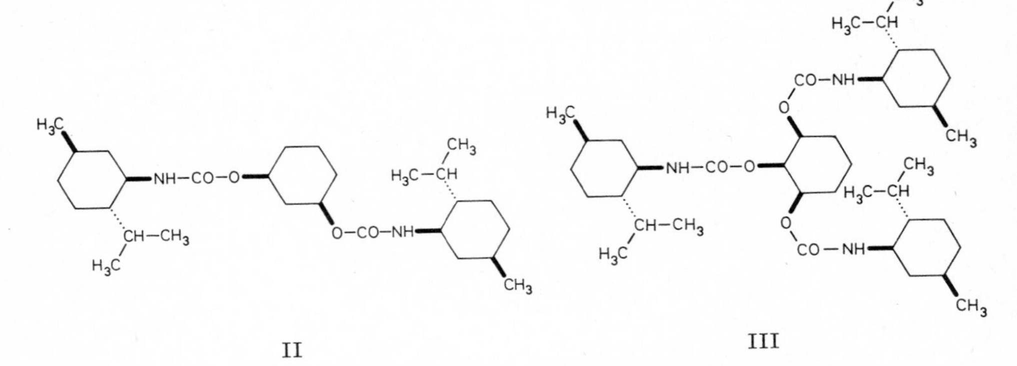

b) **1r.2t.3c-Tris-[((1R)-menthyl)-carbamoyloxy]-cyclohexan** $C_{39}H_{69}N_3O_6$, Formel IV.

B. Beim Erhitzen von (1*R*)-Menthylisocyanat (S. 141) mit Cyclohexantriol-(1*r*.2*t*.3*c*) auf 180° (*Lindemann, de Lange*, A. **483** [1930] 31, 42).

Krystalle (aus CCl_4); F: 120° und F: 213° (*Li., de La.*, l. c. S. 36 Anm., 42). $[\alpha]_D^{23}$: −59,6° [Bzl.; c = 8]. In Äther, Äthanol, Aceton, Benzol und warmem Benzin löslich.

[3-Methyl-6-isopropyl-cyclohexyl]-harnstoff, (p-*menth-3-yl)urea* $C_{11}H_{22}N_2O$.

[(1R)-Menthyl]-harnstoff $C_{11}H_{22}N_2O$, Formel V (X = H) (H 24, 28).

B. Aus (1*R*)-Menthylisocyanat [S. 141] (*v. Falkenhausen*, Bio. Z. **242** [1931] 472, 480). Beim Behandeln von (1*R*)-Menthylamin-hydrochlorid (S. 122) mit Nitroharnstoff und Natriumhydrogencarbonat in Wasser (*Bateman, Day*, Am. Soc. **57** [1935] 2496).

Krystalle; F: 140,2—140,6° [korr.; aus wss. A.] (*Ba., Day*), 136,5—137,5° [aus A. + W.] (*Rothman, Day*, Am. Soc. **76** [1954] 111), 130—131° (*v. Fa.*). $[\alpha]_D^{20}$: −77,7° [$CHCl_3$; c = 3] (*v. Fa.*); $[\alpha]_D^{25}$: −80,5° [A.; c = 2] (*Ro., Day*); $[\alpha]_D^{25}$: −80,0° [A.] (*Ba., Day*).

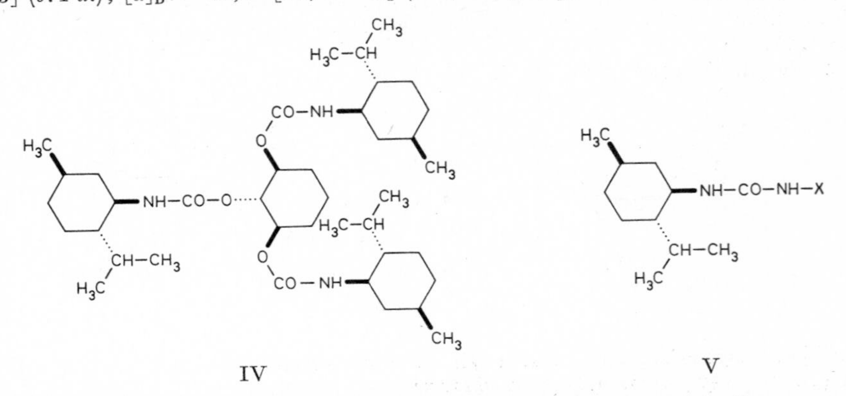

***N.N'*-Bis-[3-methyl-6-isopropyl-cyclohexyl]-harnstoff,** *1,3-di*(p-*menth-3-yl)urea* $C_{21}H_{40}N_2O$.

***N.N'*-Di-[(1R)-menthyl]-harnstoff** $C_{21}H_{40}N_2O$, Formel VI (H 24; E I 122).

B. Aus Di-[(1*R*)-menthyl]-carbodiimid (S. 141) beim Behandeln mit Ameisensäure

oder Essigsäure (*Zetzsche, Fredrich*, B. **73** [1940] 1114, 1118).
Krystalle (aus wss. A.); F: 258°.

***N*-[2.2.2-Trichlor-1-hydroxy-äthyl]-*N'*-[3-methyl-6-isopropyl-cyclohexyl]-harnstoff**, *1-(p-menth-3-yl)-3-(2,2,2-trichloro-1-hydroxyethyl)urea* $C_{13}H_{23}Cl_3N_2O_2$.

***N*-[(Ξ)-2.2.2-Trichlor-1-hydroxy-äthyl]-*N'*-[(1*R*)-menthyl]-harnstoff** $C_{13}H_{23}Cl_3N_2O_2$, Formel V (X = CH(OH)-CCl_3).
B. Aus [(1*R*)-Menthyl]-harnstoff (S. 138) und Chloral (*Bateman, Day*, Am. Soc. **57** [1935] 2496).
Krystalle (aus A.); F: 146,2—147,2° [korr.]. $[\alpha]_D^{25}$: —49,1° [A.].

***N'*-[3-Methyl-6-isopropyl-cyclohexyl]-*N*-acetyl-harnstoff**, *1-acetyl-3-(p-menth-3-yl)urea* $C_{13}H_{24}N_2O_2$.

***N'*-[(1*R*)-Menthyl]-*N*-acetyl-harnstoff** $C_{13}H_{24}N_2O_2$, Formel V (X = CO-CH_3).
B. Aus [(1*R*)-Menthyl]-harnstoff (S. 138) und Acetanhydrid (*Bateman, Day*, Am. Soc. **57** [1935] 2496).
Krystalle (aus A.); F: 118—119° [korr.]. $[\alpha]_D^{25}$: —83,3° [A.].

***N'*-[3-Methyl-6-isopropyl-cyclohexyl]-*N*-bromacetyl-harnstoff**, *1-(bromoacetyl)-3-(p-menth-3-yl)urea* $C_{13}H_{23}BrN_2O_2$.

***N'*-[(1*R*)-Menthyl]-*N*-bromacetyl-harnstoff** $C_{13}H_{23}BrN_2O_2$, Formel V (X = CO-CH_2Br).
B. Aus [(1*R*)-Menthyl]-harnstoff (S. 138) und Bromacetylbromid in Benzol (*Bateman, Day*, Am. Soc. **57** [1935] 2496).
Krystalle (aus A.); F: 111,8—112,3° [korr.]. $[\alpha]_D^{25}$: —66,9° [A.].

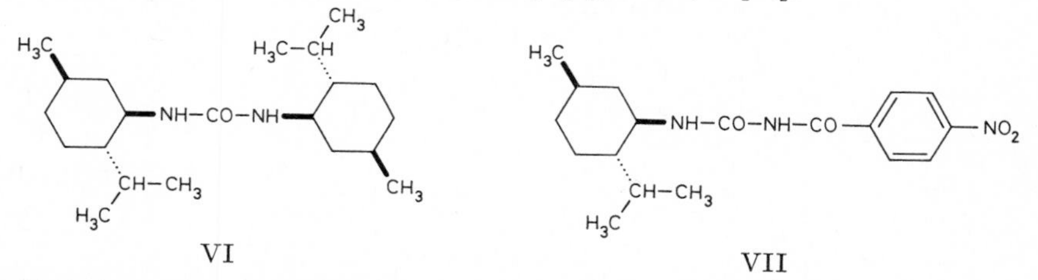

VI VII

***N'*-[3-Methyl-6-isopropyl-cyclohexyl]-*N*-[4-nitro-benzoyl]-harnstoff**, *1-(p-menth-3-yl)-3-(4-nitrobenzoyl)urea* $C_{18}H_{25}N_3O_4$.

***N'*-[(1*R*)-Menthyl]-*N*-[4-nitro-benzoyl]-harnstoff** $C_{18}H_{25}N_3O_4$, Formel VII.
B. Aus [(1*R*)-Menthyl]-harnstoff (S. 138) und 4-Nitro-benzoylchlorid in Benzol (*Bateman, Day*, Am. Soc. **57** [1935] 2496).
Krystalle (aus Eg. + Acn.); F: 158,7—159,2° [korr.].

***N'*-[3-Methyl-6-isopropyl-cyclohexyl]-*N*-cinnamoyl-harnstoff**, *1-cinnamoyl-3-(p-menth-3-yl)urea* $C_{20}H_{28}N_2O_2$.

***N'*-[(1*R*)-Menthyl]-*N*-*trans*-cinnamoyl-harnstoff** $C_{20}H_{28}N_2O_2$, Formel VIII.
B. Aus [(1*R*)-Menthyl]-harnstoff (S. 138) und *trans*-Cinnamoylchlorid in Benzol (*Bateman, Day*, Am. Soc. **57** [1935] 2496).
Krystalle (aus A.); F: 144,3—145,1° [korr.]. $[\alpha]_D^{25}$: —67,9° [A.].

4-[3-Methyl-6-isopropyl-cyclohexyl]-semicarbazid, *4-(p-menth-3-yl)semicarbazide* $C_{11}H_{23}N_3O$.

4-[(1*R*)-Menthyl]-semicarbazid $C_{11}H_{23}N_3O$, Formel V (X = NH_2) (E II 26).
$[\alpha]_D^{14}$: —80,7° [A.; c = 3]; $[\alpha]_D^{20,5}$: —80,7° [A.; c = 2] (*Crawford, Wilson*, Soc. **1934** 1122).

4-[3-Methyl-6-isopropyl-cyclohexyl]-1-isopropyliden-semicarbazid, *acetone 4-(p-menth-3-yl)semicarbazone* $C_{14}H_{27}N_3O$.

Aceton-[4-((1*R*)-menthyl)-semicarbazon] $C_{14}H_{27}N_3O$, Formel V (X = N=C$(CH_3)_2$) (E II 27).
Krystalle (aus A.); F: 128° und F: 179,5—180° (*Crawford, Wilson*, Soc. **1934** 1122). $[\alpha]_D^{13,8}$: —66,2° [A.; c = 2]; $[\alpha]_D^{15}$: —65,6° [A.; c = 4]; $[\alpha]_D^{20}$: —65,9° [A.; c = 2].

4-[3-Methyl-6-isopropyl-cyclohexyl]-1-[2-hydroxy-1.2-diphenyl-äthyliden]-semicarb=azid, *benzoin 4-*(p-*menth-3-yl*)*semicarbazone* $C_{25}H_{33}N_3O_2$.

(*R*)-Benzoin-[4-((1*R*)-menthyl)-semicarbazon] $C_{25}H_{33}N_3O_2$, Formel IX.

B. Beim Erwärmen von (*R*)-Benzoin (oder (±)-Benzoin) mit 4-[(1*R*)-Menthyl]-semi=carbazid (S. 139) in Essigsäure enthaltendem Äthanol (*Crawford, Wilson*, Soc. **1934** 1122).

Krystalle (aus A.); F: 194—195°. $[\alpha]_D^{15,5}$: —165,9° [$CHCl_3$; c = 2]; $[\alpha]_D^{20}$: —163,9° [$CHCl_3$; c = 2].

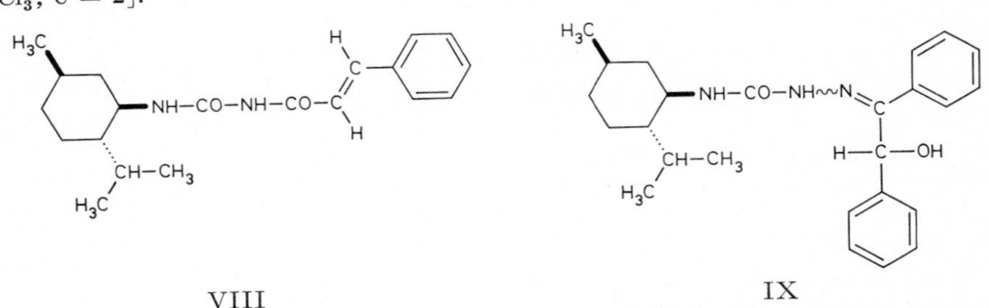

VIII IX

***N.N'*-Bis-[3-methyl-6-isopropyl-cyclohexylcarbamoyl]-hydrazin, 1.6-Bis-[3-methyl-6-iso=propyl-cyclohexyl]-biharnstoff,** *1,6-bis*(p-*menth-3-yl*)*biurea* $C_{22}H_{42}N_4O_2$.

***N.N'*-Bis-[((1*R*)-menthyl)-carbamoyl]-hydrazin, 1.6-Di-[(1*R*)-menthyl]-biharnstoff** $C_{22}H_{42}N_4O_2$, Formel X.

B. Beim Behandeln von (1*R*)-Menthylisocyanat (S. 141) mit Hydrazin-hydrat in Äther (*Crawford, Wilson*, Soc. **1934** 1122).

Krystalle (aus A. oder Dioxan); F: 240°. $[\alpha]_D^{16}$: —83,4° [A.; c = 4].

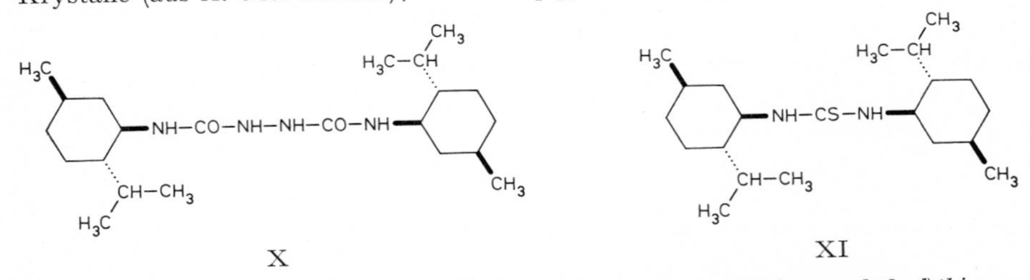

X XI

***N.N'*-Bis-[3-methyl-6-isopropyl-cyclohexyl]-thioharnstoff,** *1,3-bis*(p-*menth-3-yl*)*thiourea* $C_{21}H_{40}N_2S$.

***N.N'*-Di-[(1*R*)-menthyl]-thioharnstoff** $C_{21}H_{40}N_2S$, Formel XI (H 28).

B. Beim Erwärmen von (1*R*)-Menthylamin (S. 121) mit Schwefelkohlenstoff und Toluol (*Zetzsche, Fredrich*, B. **73** [1940] 1114, 1117).

Krystalle (aus wss. A.); F: 201°. $[\alpha]_D$: —125,6° [$CHCl_3$; c = 2].

***N.N'*-Bis-[3-methyl-6-isopropyl-cyclohexyl]-selenoharnstoff,** *1,3-bis*(p-*menth-3-yl*)*seleno=urea* $C_{21}H_{40}N_2Se$.

***N.N'*-Di-[(1*R*)-menthyl]-selenoharnstoff** $C_{21}H_{40}N_2Se$, Formel XII.

B. Beim Behandeln von Di-[(1*R*)-menthyl]-carbodiimid (S. 141) in Äther mit Selen-wasserstoff (*Zetzsche, Pinske*, B. **74** [1941] 1022).

Krystalle (aus Bzn.); F: 177° [Zers.]. $[\alpha]_D^{18}$: —91,8° [A.; c = 3].

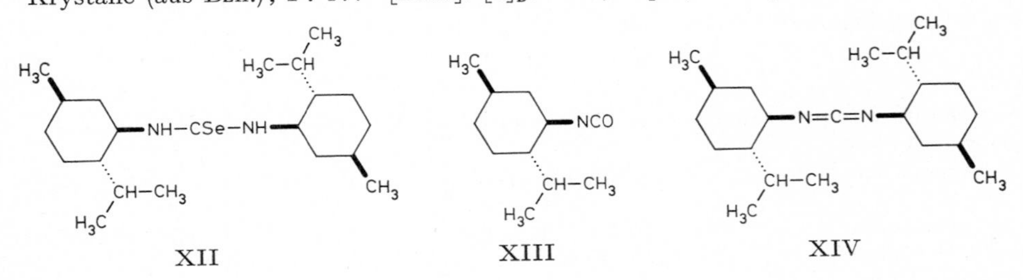

XII XIII XIV

3-Isocyanato-1-methyl-4-isopropyl-cyclohexan, 3-Methyl-6-isopropyl-cyclohexylisocyanat, *isocyanic acid* p-*menth-3-yl ester* $C_{11}H_{19}NO$.

(1*R*)-Menthylisocyanat $C_{11}H_{19}NO$, Formel XIII (H 25; E I 123).

Kp_{16}: 105—106° (*v. Falkenhausen*, Bio. Z. **242** [1931] 472, 480). α_D^{20}: —53,7° [unverd.; l = 1]; $[\alpha]_D$: —60,9° [Bzl.; c = 4].

Bis-[3-methyl-6-isopropyl-cyclohexyl]-carbodiimid, *di*(p-*menth-3-yl*)*carbodiimide* $C_{21}H_{38}N_2$.

Di-[(1*R*)-menthyl]-carbodiimid $C_{21}H_{38}N_2$, Formel XIV.

B. Aus *N.N'*-Di-[(1*R*)-menthyl]-thioharnstoff (S. 140) beim Behandeln mit Quecksilber(II)-oxid in Schwefelkohlenstoff (*Zetzsche, Fredrich*, B. **73** [1940] 1114, 1118).

Kp_{14}: 213—215°. D_{19}^{19}: 0,9151. n_D^{13}: 1,4931. $[\alpha]_D$: +101,4° [$CHCl_3$; c = 1,5].

Beim Behandeln mit Ameisensäure oder Essigsäure ist *N.N'*-Di-[(1*R*)-menthyl]-harnstoff erhalten worden.

***N*-[3-Methyl-6-isopropyl-cyclohexyl]-glycin,** N-(p-*menth-3-yl*)*glycine* $C_{12}H_{23}NO_2$.

a) ***N*-[(1*R*)-Menthyl]-glycin** $C_{12}H_{23}NO_2$, Formel I (R = H, X = OH).

B. Aus *N*-[(1*R*)-Menthyl]-glycin-äthylester (s. u.) beim Erwärmen mit methanol. Kalilauge (*Read, Hendry*, B. **71** [1938] 2544, 2546).

Krystalle (aus W.); F: 191°. $[\alpha]_D^{17}$: —61,5° [$CHCl_3$; c = 2]; $[\alpha]_D^{17}$: —63,4° [W.; c = 1,4].

Beim Erhitzen auf 210° sind Methyl-[(1*R*)-menthyl]-amin und 1.4-Di-[(1*R*)-menthyl]-piperazindion-(2.5) erhalten worden.

b) ***N*-[(1*R*)-Neomenthyl]-glycin** $C_{12}H_{23}NO_2$, Formel II (R = H, X = OH).

B. Aus *N*-[(1*R*)-Neomenthyl]-glycin-äthylester (s. u.) beim Erwärmen mit methanol. Kalilauge (*Read, Hendry*, B. **71** [1938] 2544, 2549).

Krystalle (aus W.); F: 182°. $[\alpha]_D^{17}$: +32,2° [A.; c = 2]; $[\alpha]_D^{17}$: +28,1° [W.; c = 1,4].

***N*-[3-Methyl-6-isopropyl-cyclohexyl]-glycin-äthylester,** N-(p-*menth-3-yl*)*glycine ethyl ester* $C_{14}H_{27}NO_2$.

a) ***N*-[(1*R*)-Menthyl]-glycin-äthylester** $C_{14}H_{27}NO_2$, Formel I (R = H, X = OC_2H_5).

B. Aus (1*R*)-Menthylamin (S. 121) und Chloressigsäure-äthylester beim Erhitzen auf 130° (*Read, Hendry*, B. **71** [1938] 2544, 2546) sowie beim Erwärmen in Benzol (*Clark, Read*, Soc. **1934** 1775, 1776).

Kp_{10}: 139°; n_D^{15}: 1,4642; $[\alpha]_D$: —56,1° [$CHCl_3$; c = 2] (*Cl., Read*).

b) ***N*-[(1*R*)-Neomenthyl]-glycin-äthylester** $C_{14}H_{27}NO_2$, Formel II (R = H, X = OC_2H_5).

B. Aus (1*R*)-Neomenthylamin (S. 122) und Chloressigsäure-äthylester beim Erhitzen auf 130° (*Read, Hendry*, B. **71** [1938] 2544, 2549) sowie beim Erwärmen in Benzol (*Galloway, Read*, Soc. **1936** 1222, 1225).

Kp_{11}: 139—141°; n_D^{14}: 1,4612; $[\alpha]_D$: +32,7° [$CHCl_3$; c = 3] (*Ga., Read*).

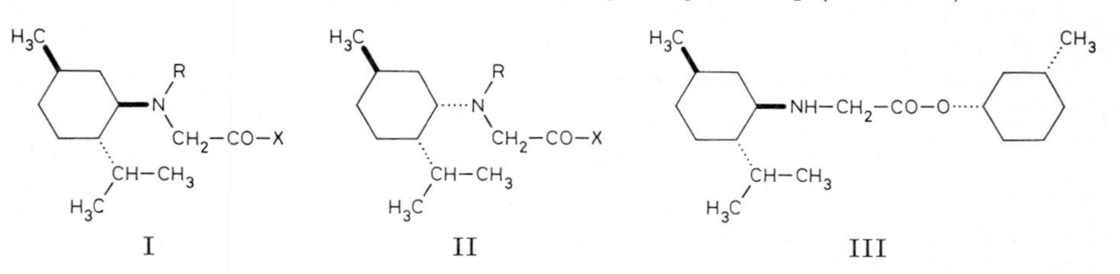

I II III

***N*-[3-Methyl-6-isopropyl-cyclohexyl]-glycin-[3-methyl-cyclohexylester],** N-(p-*menth-3-yl*)*glycine 3-methylcyclohexyl ester* $C_{19}H_{35}NO_2$.

***N*-[(1*R*)-Menthyl]-glycin-[(1*S*)-*cis*-3-methyl-cyclohexylester]** $C_{19}H_{35}NO_2$, Formel III.

Über die Konfiguration s. die entsprechenden Literaturangaben im Artikel 1-Methyl-cyclohexanol-(3) (E III **6** 67).

B. Neben dem Diastereoisomeren (nicht isoliert) beim Behandeln von (1*R*)-Menthylamin (S. 121) mit (±)-Chloressigsäure-[*cis*-3-methyl-cyclohexylester] in Benzol und

Erhitzen des vom Benzol befreiten Reaktionsgemisches auf 150° (*Macbeth, Mills,* Soc. **1947** 205, 206).

Sulfat $2C_{19}H_{35}NO_2 \cdot H_2SO_4$. Krystalle (aus E.); F: 171—172,5°. $[\alpha]_D$: —57,3° [$CHCl_3$; c = 2].

Pikrat. Gelbe Krystalle (aus PAe.); F: 112—113°. $[\alpha]_D$: —20,5° [$CHCl_3$].

***N*-[3-Methyl-6-isopropyl-cyclohexyl]-glycin-[3-methyl-6-isopropyl-cyclohexylester],** N-(p-*menth-3-yl)glycine* p-*menth-3-yl ester* $C_{22}H_{41}NO_2$.

a) ***N*-[(1*R*)-Menthyl]-glycin-[(1*R*)-menthylester]** $C_{22}H_{41}NO_2$, Formel IV (R = H).

B. Beim Behandeln von (1*R*)-Menthylamin (S. 121) mit Chloressigsäure-[(1*R*)-menthylester] in Benzol und Erhitzen des vom Benzol befreiten Reaktionsgemisches auf 140° (*Clark, Read,* Soc. **1934** 1775, 1777).

Krystalle (aus Me.); F: 63°. $[\alpha]_D^{19,6}$: —105,3°; $[\alpha]_{656}^{19,6}$: —82,5°; $[\alpha]_{546}^{19,6}$: —124,3°; $[\alpha]_{485}^{19,6}$: —160,4° [jeweils in $CHCl_3$; c = 2].

Hydrochlorid. Krystalle (aus A.); F: 69°. $[\alpha]_D$: —77,7° [$CHCl_3$; c = 2].

Sulfat $2C_{22}H_{41}NO_2 \cdot H_2SO_4$. Krystalle (aus A.); F: 191°. $[\alpha]_D$: —93,0° [$CHCl_3$; c=2]. In Benzol mässig löslich, in Methanol schwer löslich, in Wasser fast unlöslich.

Oxalat $C_{22}H_{41}NO_2 \cdot C_2H_2O_4$. Krystalle (aus A.); F: 168,5°. $[\alpha]_D$: —76,4° [$CHCl_3$; c = 2].

b) ***N*-[(1*R*)-Menthyl]-glycin-[(1*S*)-menthylester]** $C_{22}H_{41}NO_2$, Formel V (R = H).

B. Neben dem Diastereoisomeren (nicht isoliert) beim Erwärmen von (±)-Menthol ((±)-1*r*-Methyl-4*t*-isopropyl-cyclohexanol-(3*c*)) mit Chloracetylchlorid in Benzol und Erhitzen des Reaktionsprodukts mit (1*R*)-Menthylamin (S. 121) auf 130° (*Clark, Read,* Soc. **1934** 1775, 1777).

Krystalle (aus Me.); F: 82°. $[\alpha]_D$: —2,0° [$CHCl_3$; c = 2].

Sulfat. Krystalle (aus E.); F: 176°. $[\alpha]_D$: +3,7° [$CHCl_3$; c = 2].

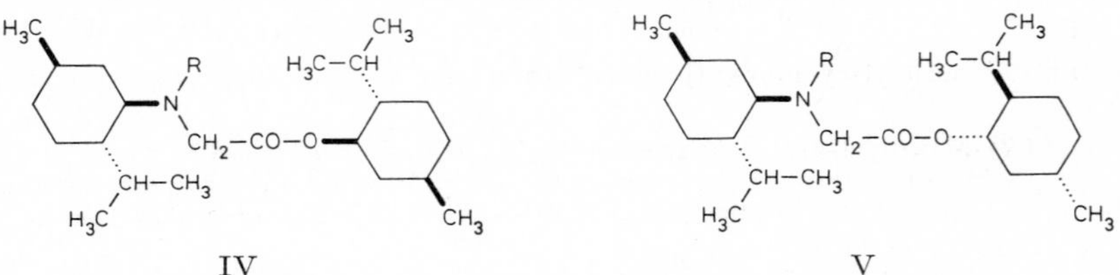

IV V

***N*-[3-Methyl-6-isopropyl-cyclohexyl]-glycin-hydrazid,** N-(p-*menth-3-yl)glycine hydrazide* $C_{12}H_{25}N_3O$.

a) ***N*-[(1*R*)-Menthyl]-glycin-hydrazid,** $C_{12}H_{25}N_3O$, Formel I (R = H, X = $NH\text{-}NH_2$)

B. Aus *N*-[(1*R*)-Menthyl]-glycin-äthylester (S. 141) beim Erwärmen mit Hydrazin in wss. Äthanol (*Galloway, Read,* Soc. **1936** 1222, 1224).

Öl; n_D^{17}: 1,4931. $[\alpha]_D$: —57,7° [$CHCl_3$] (nicht rein erhalten).

Beim Erwärmen mit Benzaldehyd in Äthanol ist eine Verbindung $C_{26}H_{33}N_3O$ (Krystalle [aus wss. A.], F: 158°; $[\alpha]_D$: —266,0° [$CHCl_3$]) erhalten worden.

b) ***N*-[(1*R*)-Neomenthyl]-glycin-hydrazid** $C_{12}H_{25}N_3O$, Formel II (R = H, X = $NH\text{-}NH_2$).

B. Aus *N*-[(1*R*)-Neomenthyl]-glycin-äthylester (S. 141) beim Erwärmen mit Hydrazin in wss. Äthanol (*Galloway, Read,* Soc. **1936** 1222, 1225).

Krystalle (aus Ae.); F: 51°. $[\alpha]_D$: +40,0° [$CHCl_3$; c = 3].

***N*-[3-Methyl-6-isopropyl-cyclohexyl]-glycin-isopropylidenhydrazid,** N-(p-*menth-3-yl)glycine isopropylidenehydrazide* $C_{15}H_{29}N_3O$.

a) ***N*-[(1*R*)-Menthyl]-glycin-isopropylidenhydrazid** $C_{15}H_{29}N_3O$, Formel I (R = H, X = $NH\text{-}N{=}C(CH_3)_2$).

B. Aus *N*-[(1*R*)-Menthyl]-glycin-hydrazid (s. o.) und Aceton (*Galloway, Read,* Soc. **1936** 1222, 1224).

Krystalle; F: 55°. $[\alpha]_D$: —52,5° [$CHCl_3$; c = 3].

b) ***N*-[(1*R*)-Neomenthyl]-glycin-isopropylidenhydrazid** $C_{15}H_{29}N_3O$, Formel II (R = H, X = $NH\text{-}N{=}C(CH_3)_2$).

B. Aus *N*-[(1*R*)-Neomenthyl]-glycin-hydrazid (S. 142) und Aceton (*Galloway, Read,*

Soc. **1936** 1222, 1225).

Krystalle (aus wss. Me.); F: 79,5°. $[\alpha]_D$: +24,5° [$CHCl_3$; c = 2].

***N*-[3-Methyl-6-isopropyl-cyclohexyl]-glycin-[3-methyl-6-isopropyl-cyclohexylidenhydrazid]**, N-(p-*menth-3-yl)glycine (2-isopropyl-5-methylcyclohexylidene)hydrazide* $C_{22}H_{41}N_3O$.

a) ***N*-[(1*R*)-Menthyl]-glycin-[(3*R*)-3*r*-methyl-6*t*-isopropyl-cyclohexylidenhydrazid]** $C_{22}H_{41}N_3O$, Formel VI.

B. Beim Behandeln von (−)-Menthon ((1*R*)-1*r*-Methyl-4*t*-isopropyl-cyclohexanon-(3)) mit *N*-[(1*R*)-Menthyl]-glycin-hydrazid (S. 142) in Äthanol (*Galloway, Read*, Soc. **1936** 1222, 1225).

Gelbes Öl. n_D^{18}: 1,4999. $[\alpha]_D$: −69,1° [$CHCl_3$; c = 3].

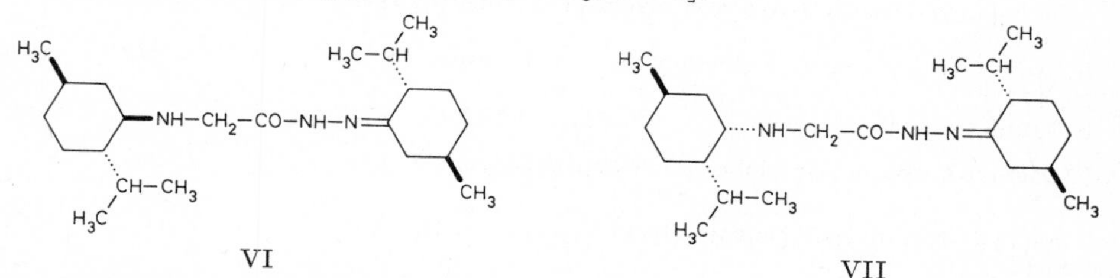

b) ***N*-[(1*R*)-Neomenthyl]-glycin-[(3*R*)-3*r*-methyl-6*t*-isopropyl-cyclohexylidenhydrazid]** $C_{22}H_{41}N_3O$, Formel VII.

B. Beim Behandeln von (−)-Menthon ((1*R*)-1*r*-Methyl-4*t*-isopropyl-cyclohexanon-(3)) mit *N*-[(1*R*)-Neomenthyl]-glycin-hydrazid (S. 142) in Äthanol (*Galloway, Read*, Soc. **1936** 1222, 1225).

Krystalle (aus wss. A.); F: 102—103°. $[\alpha]_D$: −9,0° [$CHCl_3$; c = 3].

***N*-[3-Methyl-6-isopropyl-cyclohexyl]-glycin-benzylidenhydrazid**, N-(p-*menth-3-yl)glycine benzylidenehydrazide* $C_{19}H_{29}N_3O$.

***N*-[(1*R*)-Neomenthyl]-glycin-benzylidenhydrazid** $C_{19}H_{29}N_3O$, Formel II (R = H, X = NH-N=CH-C_6H_5) auf S. 141.

B. Aus *N*-[(1*R*)-Neomenthyl]-glycin-hydrazid (S. 142) und Benzaldehyd (*Galloway, Read*, Soc. **1936** 1222, 1225).

Krystalle (aus wss. A.); F: 110°. $[\alpha]_D$: +20,8° [$CHCl_3$; c = 2].

***N*-Methyl-*N*-[3-methyl-6-isopropyl-cyclohexyl]-glycin**, N-(p-*menth-3-yl)*-N-*methylglycine* $C_{13}H_{25}NO_2$.

a) ***N*-Methyl-*N*-[(1*R*)-menthyl]-glycin** $C_{13}H_{25}NO_2$, Formel I (R = CH_3, X = OH) auf S. 141.

B. Beim Erhitzen von Methyl-[(1*R*)-menthyl]-amin (S. 122) mit Chloressigsäure-äthylester auf 140° und anschliessenden Erwärmen mit methanol. Kalilauge (*Read, Hendry*, B. **71** [1938] 2544, 2547).

Krystalle (aus Toluol) mit 1 Mol H_2O; F: 148°. $[\alpha]_D^{17}$: −51,5° [W.; c = 2].

Beim Erhitzen auf 200° ist Dimethyl-[(1*R*)-menthyl]-amin (S. 123) erhalten worden.

b) ***N*-Methyl-*N*-[(1*R*)-neomenthyl]-glycin** $C_{13}H_{25}NO_2$, Formel II (R = CH_3, X = OH) auf S. 141.

B. Beim Erhitzen von Methyl-[(1*R*)-neomenthyl]-amin (S. 122) mit Chloressigsäure-äthylester auf 140° und anschliessenden Erwärmen mit methanol. Kalilauge (*Read, Hendry*, B. **71** [1938] 2544, 2551).

Krystalle (aus E.) mit 2 Mol H_2O; F: 55°. $[\alpha]_D^{17}$: +28,5° [W.; c = 2].

Beim Erhitzen auf 200° sind Dimethyl-[(1*R*)-neomenthyl]-amin (S. 123) und (*R*)-*p*-Menthen-(3) erhalten worden.

***N*-[3-Methyl-6-isopropyl-cyclohexyl]-*N*-acetyl-glycin**, N-*acetyl*-N-(p-*menth-3-yl)glycine* $C_{14}H_{25}NO_3$.

***N*-[(1*R*)-Menthyl]-*N*-acetyl-glycin** $C_{14}H_{25}NO_3$, Formel I (R = CO-CH_3, X = OH) auf S. 141.

B. Beim Erwärmen von *N*-[(1*R*)-Menthyl]-glycin-[(1*R*)-menthylester] (S. 142) mit Acetanhydrid und Pyridin und Erhitzen des Reaktionsprodukts mit äthanol. Kalilauge

(*Clark, Read,* Soc. **1934** 1775, 1778).
Krystalle (aus A.); F: 154°. $[\alpha]_D$: −43,6° [$CHCl_3$; c = 2]. In heissem Wasser löslich.

N-[3-Methyl-6-isopropyl-cyclohexyl]-N-acetyl-glycin-[3-methyl-6-isopropyl-cyclohexylester], N-*acetyl*-N-(p-*menth-3-yl*)*glycine* p-*menth-3-yl ester* $C_{24}H_{43}NO_3$.

a) **N-[(1R)-Menthyl]-N-acetyl-glycin-[(1R)-menthylester]** $C_{24}H_{43}NO_3$, Formel IV (R = $CO\text{-}CH_3$) auf S. 142.
B. Aus *N*-[(1*R*)-Menthyl]-glycin-[(1*R*)-menthylester] [S. 142] (*Clark, Read,* Soc. **1934** 1775, 1777).
Flüssigkeit. n_D^{15}: 1,4821. $[\alpha]_D$: −50,9° [$CHCl_3$; c = 2].

b) **N-[(1R)-Menthyl]-N-acetyl-glycin-[(1S)-menthylester]** $C_{24}H_{43}NO_3$, Formel V (R = $CO\text{-}CH_3$) auf S. 142.
B. Aus *N*-[(1*R*)-Menthyl]-glycin-[(1*S*)-menthylester] [S. 142] (*Clark, Read,* Soc. **1934** 1775, 1777).
Krystalle (aus Me.); F: 95°. $[\alpha]_D$: +24,1° [$CHCl_3$; c = 2].

N-[3-Methyl-6-isopropyl-cyclohexyl]-N-benzoyl-glycin, β-(p-*menth-3-yl*)*hippuric acid* $C_{19}H_{27}NO_3$.

N-[(1R)-Menthyl]-N-benzoyl-glycin $C_{19}H_{27}NO_3$, Formel I (R = $CO\text{-}C_6H_5$, X = OH) auf S. 141.
B. Aus *N*-[(1*R*)-Menthyl]-*N*-benzoyl-glycin-[(1*R*)-menthylester] (s. u.) beim Erwärmen mit äthanol. Kalilauge (*Clark, Read,* Soc. **1934** 1775, 1778).
Krystalle (aus Ae. + PAe.); F: 118°. $[\alpha]_D$: −73,5° [$CHCl_3$?].

N-[3-Methyl-6-isopropyl-cyclohexyl]-N-benzoyl-glycin-[3-methyl-6-isopropyl-cyclohexylester], β-(p-*menth-3-yl*)*hippuric acid* p-*menth-3-yl ester* $C_{29}H_{45}NO_3$.

a) **N-[(1R)-Menthyl]-N-benzoyl-glycin-[(1R)-menthylester]** $C_{29}H_{45}NO_3$, Formel IV (R = $CO\text{-}C_6H_5$) auf S. 142.
B. Aus *N*-[(1*R*)-Menthyl]-glycin-[(1*R*)-menthylester] [S. 142] (*Clark, Read,* Soc. **1934** 1775, 1777).
Krystalle (aus Me.); F: 96°. $[\alpha]_D^{18,5}$: −60,8°; $[\alpha]_{656}^{18,5}$: −50,1°; $[\alpha]_{546}^{18,5}$: −70,7°; $[\alpha]_{486}^{18,5}$: −88,9° [jeweils in $CHCl_3$; c = 2].

b) **N-[(1R)-Menthyl]-N-benzoyl-glycin-[(1S)-menthylester]** $C_{29}H_{45}NO_3$, Formel V (R = $CO\text{-}C_6H_5$) auf S. 142.
B. Aus *N*-[(1*R*)-Menthyl]-glycin-[(1*S*)-menthylester] [S. 142] (*Clark, Read,* Soc. **1934** 1775, 1777).
Krystalle (aus Me.); F: 106−107°. $[\alpha]_D$: +8,6° [$CHCl_3$?].

N-[3-Methyl-6-isopropyl-cyclohexyl]-N-[4-nitro-benzoyl]-glycin-[3-methyl-6-isopropyl-cyclohexylester], β-(p-*menth-3-yl*)-*4-nitrohippuric acid* p-*menth-3-yl ester* $C_{29}H_{44}N_2O_5$.

a) **N-[(1R)-Menthyl]-N-[4-nitro-benzoyl]-glycin-[(1R)-menthylester]** $C_{29}H_{44}N_2O_5$, Formel IV (R = $CO\text{-}C_6H_4\text{-}NO_2$) auf S. 142.
B. Aus *N*-[(1*R*)-Menthyl]-glycin-[(1*R*)-menthylester] [S. 142] (*Clark, Read,* Soc. **1934** 1775, 1777).
Grünliche Krystalle (aus Me.); F: 146°. $[\alpha]_D$: −51,0° [$CHCl_3$; c = 2].

b) **N-[(1R)-Menthyl]-N-[4-nitro-benzoyl]-glycin-[(1S)-menthylester]** $C_{29}H_{44}N_2O_5$, Formel V (R = $CO\text{-}C_6H_4\text{-}NO_2$) auf S. 142.
B. Aus *N*-[(1*R*)-Menthyl]-glycin-[(1*S*)-menthylester] [S. 142] (*Clark, Read,* Soc. **1934** 1775, 1777).
Grünlichgelbe Krystalle (aus Me.); F: 146°. $[\alpha]_D$: +13,0° [$CHCl_3$?].

N-[3-Methyl-6-isopropyl-cyclohexyl]-N-[3.5-dinitro-benzoyl]-glycin-[3-methyl-6-isopropyl-cyclohexylester], β-(p-*menth-3-yl*)-*3,5-dinitrohippuric acid* p-*menth-3-yl ester* $C_{29}H_{43}N_3O_7$.

a) **N-[(1R)-Menthyl]-N-[3.5-dinitro-benzoyl]-glycin-[(1R)-menthylester]** $C_{29}H_{43}N_3O_7$, Formel IV (R = $CO\text{-}C_6H_3(NO_2)_2$) auf S. 142.
B. Aus *N*-[(1*R*)-Menthyl]-glycin-[(1*R*)-menthylester] [S. 142] (*Clark, Read,* Soc. **1934** 1775, 1777).
Gelbliche Krystalle (aus Me.); F: 170°. $[\alpha]_D$: −23,7° [$CHCl_3$; c = 2].

b) ***N*-[(1*R*)-Menthyl]-*N*-[3.5-dinitro-benzoyl]-glycin-[(1*S*)-menthylester]** $C_{29}H_{43}N_3O_7$, Formel V (R = $CO\text{-}C_6H_3(NO_2)_2$) auf S. 142.

B. Aus *N*-[(1*R*)-Menthyl]-glycin-[(1*S*)-menthylester] [S. 142] (*Clark, Read,* Soc. **1934** 1775, 1777).

Gelbliche Krystalle; F: 131°. $[\alpha]_D$: +38,0° [$CHCl_3$?].

3-[4-Methoxy-benzamino]-*p*-menthan, 4-Methoxy-*N*-[3-methyl-6-isopropyl-cyclohexyl]-benzamid, N-(p-*menth-3-yl*)-p-*anisamide* $C_{18}H_{27}NO_2$.

a) **4-Methoxy-*N*-[(1*R*)-neoisomenthyl]-benzamid** $C_{18}H_{27}NO_2$, Formel VIII.

B. Aus (1*R*)-Neoisomenthylamin (S. 121) und 4-Methoxy-benzoylchlorid in Benzol (*Read, Storey,* Soc. **1930** 2761, 2764).

Krystalle; F: 156° (*Read, St.,* l. c. S. 2766). $[\alpha]_D^{25}$: −9,5° [$CHCl_3$; c = 1]; $[\alpha]_{546}^{25}$: −11,8° [$CHCl_3$; c = 1].

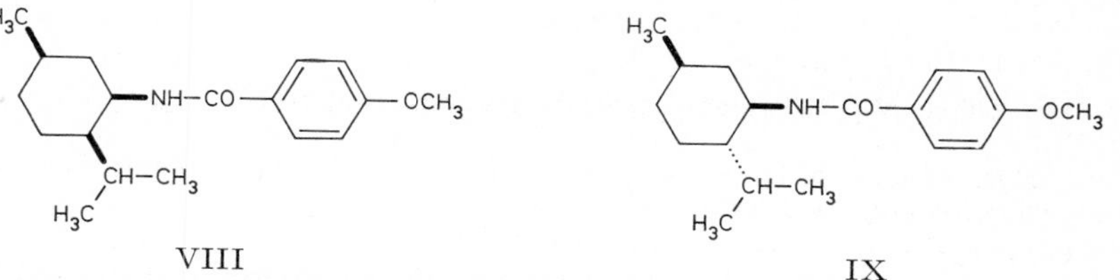

b) **4-Methoxy-*N*-[(1*R*)-menthyl]-benzamid** $C_{18}H_{27}NO_2$, Formel IX.

B. Aus (1*R*)-Menthylamin (S. 121) und 4-Methoxy-benzoylchlorid in Benzol (*Read, Storey,* Soc. **1930** 2761, 2764).

Krystalle; F: 183° (*Read, St.,* l. c. S. 2766). $[\alpha]_D^{25}$: −57,7° [$CHCl_3$; c = 1]; $[\alpha]_{546}^{25}$: −69,0° [$CHCl_3$; c = 1].

c) **4-Methoxy-*N*-[(1*R*)-isomenthyl]-benzamid** $C_{18}H_{27}NO_2$, Formel X.

B. Aus (1*R*)-Isomenthylamin (S. 122) und 4-Methoxy-benzoylchlorid in Benzol (*Read, Storey,* Soc. **1930** 2761, 2764).

Krystalle; F: 121° (*Read, St.,* l. c. S. 2766). $[\alpha]_D^{25}$: +25,3° [$CHCl_3$; c = 1]; $[\alpha]_{546}^{25}$: +30,7° [$CHCl_3$; c = 1].

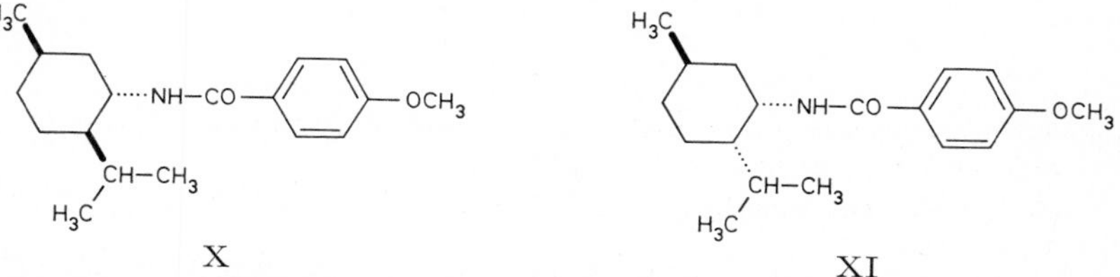

d) **4-Methoxy-*N*-[(1*R*)-neomenthyl]-benzamid** $C_{18}H_{27}NO_2$, Formel XI.

B. Aus (1*R*)-Neomenthylamin (S. 122) und 4-Methoxy-benzoylchlorid in Benzol (*Read, Storey,* Soc. **1930** 2761, 2764).

Krystalle; F: 130° (*Read, St.,* l. c. S. 2766). $[\alpha]_D^{25}$: +21,1° [$CHCl_3$; c = 1]; $[\alpha]_{546}^{25}$: +24,0° [$CHCl_3$; c = 1].

2-Oxo-*N*-[3-methyl-6-isopropyl-cyclohexyl]-bornansulfonamid-(10), N-(p-*menth-3-yl*)-*2-oxobornane-10-sulfonamide* $C_{20}H_{35}NO_3S$.

a) **(1*R*)-2-Oxo-*N*-[(1*R*)-menthyl]-bornansulfonamid-(10)** $C_{20}H_{35}NO_3S$, Formel I.

B. Aus (1*R*)-Menthylamin (S. 121) und (1*R*)-2-Oxo-bornan-sulfonylchlorid-(10) in Benzol (*Read, Storey,* Soc. **1930** 2761, 2768).

Krystalle (aus A.); F: 143°. $[\alpha]_D^{16}$: −60,9° [Bzl.; c = 1,5].

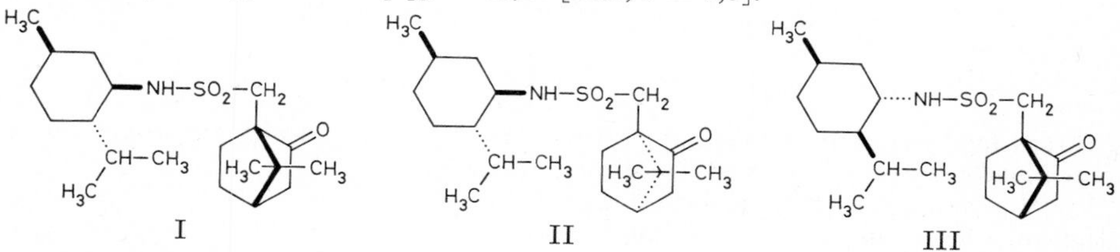

b) **(1*S*)-2-Oxo-*N*-[(1*R*)-menthyl]-bornansulfonamid-(10)** $C_{20}H_{35}NO_3S$, Formel II.
B. Aus (1*R*)-Menthylamin (S. 121) und (1*S*)-2-Oxo-bornan-sulfonylchlorid-(10) in Benzol (*Read, Storey,* Soc. **1930** 2761, 2768).
Krystalle (aus A.); F: 139°. $[\alpha]_D^{16}$: −28,0° [Bzl.; c = 1,5].

c) **(1*R*)-2-Oxo-*N*-[(1*R*)-isomenthyl]-bornansulfonamid-(10)** $C_{20}H_{35}NO_3S$, Formel III.
B. Aus (1*R*)-Isomenthylamin (S. 122) und (1*R*)-2-Oxo-bornan-sulfonylchlorid-(10) in Benzol (*Read, Storey,* Soc. **1930** 2761, 2768).
Krystalle; F: 140°. $[\alpha]_D^{16}$: −15,8° [Bzl.; c = 1,5].

d) **(1*S*)-2-Oxo-*N*-[(1*R*)-isomenthyl]-bornansulfonamid-(10)** $C_{20}H_{35}NO_3S$, Formel IV.
B. Aus (1*R*)-Isomenthylamin (S. 122) und (1*S*)-2-Oxo-bornan-sulfonylchlorid-(10) in Benzol (*Read, Storey,* Soc. **1930** 2761, 2768).
Krystalle; F: 169°. $[\alpha]_D^{16}$: +29,7° [Bzl.; c = 1,5].

e) **(1*R*)-2-Oxo-*N*-[(1*R*)-neomenthyl]-bornansulfonamid-(10)** $C_{20}H_{35}NO_3S$, Formel V.
B. Aus (1*R*)-Neomenthylamin (S. 122) und (1*R*)-2-Oxo-bornan-sulfonylchlorid-(10) in Benzol (*Read, Storey,* Soc. **1930** 2761, 2768).
Krystalle (aus PAe.); F: 115°. $[\alpha]_D^{16}$: +7,3° [Bzl.; c = 1,5].

f) **(1*S*)-2-Oxo-*N*-[(1*R*)-neomenthyl]-bornansulfonamid-(10)** $C_{20}H_{35}NO_3S$, Formel VI.
B. Aus (1*R*)-Neomenthylamin (S. 122) und (1*S*)-2-Oxo-bornan-sulfonylchlorid-(10) in Benzol (*Read, Storey,* Soc. **1930** 2761, 2768).
Krystalle (aus PAe.); F: 113°. $[\alpha]_D^{16}$: +33,1° [Bzl.; c = 1,5].

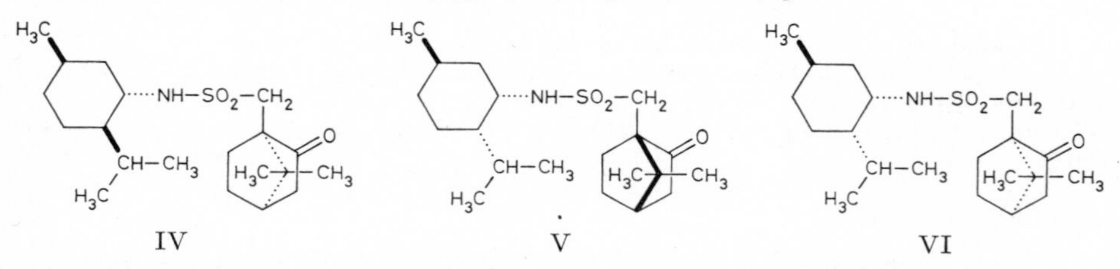

N-Methyl-N-[3-methyl-6-isopropyl-cyclohexyl]-toluolsulfonamid-(4), N-(p-*menth-3-yl*)-N-*methyl*-p-*toluenesulfonamide* $C_{18}H_{29}NO_2S$.

a) **N-Methyl-N-[(1*R*)-menthyl]-toluolsulfonamid-(4)** $C_{18}H_{29}NO_2S$, Formel VII (X = SO_2-C_6H_4-CH_3).
B. Aus Methyl-[(1*R*)-menthyl]-amin [S. 122] (*Read, Hendry,* B. **71** [1938] 2544, 2547).
Krystalle (aus Me.); F: 61°. $[\alpha]_D^{17}$: −37,5° [$CHCl_3$; c = 2].

b) **N-Methyl-N-[(1*R*)-neomenthyl]-toluolsulfonamid-(4)** $C_{18}H_{29}NO_2S$, Formel VIII (X = SO_2-C_6H_4-CH_3).
B. Aus Methyl-[(1*R*)-neomenthyl]-amin [S. 123] (*Read, Hendry,* B. **71** [1938] 2544, 2547).
Krystalle (aus wss. Me.); F: 49°. $[\alpha]_D^{17}$: +18,5° [$CHCl_3$; c = 2].

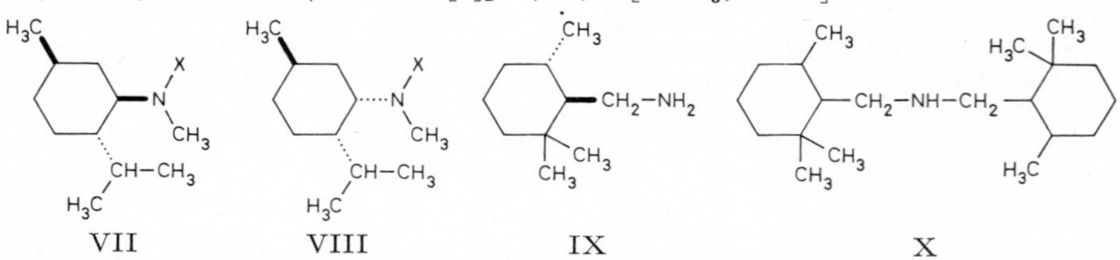

3-[Nitroso-methyl-amino]-*p*-menthan, Nitroso-methyl-[3-methyl-6-isopropyl-cyclohexyl]-amin, N-*methyl*-N-*nitroso*-p-*menth-3-ylamine* $C_{11}H_{22}N_2O$.

a) **Nitroso-methyl-[(1*R*)-menthyl]-amin** $C_{11}H_{22}N_2O$, Formel VII (X = NO) (H 28).
Hellgelbe Krystalle (aus Me.); F: 30,5° (*Read, Hendry,* B. **71** [1938] 2544, 2547). $[\alpha]_D^{17}$:

$-54,0°$ [Bzl.; c = 2]; $[\alpha]_D^{17}$: $-39,5°$ [$CHCl_3$; c = 2].

b) **Nitroso-methyl-[(1*R*)-neomenthyl]-amin** $C_{11}H_{22}N_2O$, Formel VIII (X = NO).

B. Aus Methyl-[(1*R*)-neomenthyl]-amin [S. 123] (*Read, Hendry*, B. **71** [1938] 2544, 2550).

Hellgelbe Krystalle (aus wss. A.); F: 62°. $[\alpha]_D^{17}$: $+19,9°$ [$CHCl_3$; c = 2].

2.2.6-Trimethyl-1-aminomethyl-cyclohexan, *C*-[2.2.6-Trimethyl-cyclohexyl]-methylamin, *1-(2,2,6-trimethylcyclohexyl)methylamine* $C_{10}H_{21}N$.

a) **(±)-2.2.6*t*-Trimethyl-1*r*-aminomethyl-cyclohexan,** Formel IX + Spiegelbild.

Ein als *N*-Benzolsulfonyl-Derivat $C_{16}H_{25}NO_2S$ (Krystalle [aus wss. A.]; F: 111—112°) isoliertes Amin, dem wahrscheinlich diese Konfiguration zukommt, ist aus (±)-2.2.6*t*(?)-Trimethyl-cyclohexan-carbonitril-(1*r*) (E III 9 90) bei der Hydrierung an Platin in Essigsäure enthaltendem Methanol sowie bei der Behandlung mit Natrium, Methanol und flüssigem Ammoniak erhalten worden (*Lochte et al.*, Am. Soc. **70** [1948] 2012).

b) **Opt.-inakt. 2.2.6-Trimethyl-1-aminomethyl-cyclohexan,** dessen Hexachloroplatinat(IV) bei 287° schmilzt.

B. Neben dem unter c) beschriebenen Stereoisomeren und Bis-[(2.2.6-trimethyl-cyclohexyl)-methyl]-amin (Kp_4: 160°) bei der Hydrierung eines Gemisches von (±)-2.2.6-Trimethyl-cyclohexen-(5)-carbonitril-(1) und 2.2.6-Trimethyl-cyclohexen-(6)-carbonitril-(1) (H 9 65) an Raney-Nickel in Toluol bei 110°/30—50 at (*Barbier*, Helv. **23** [1940] 524, 526).

Kp_{732}: 212,5°; Kp_4: 62°; D^{20}: 0,8836; n_D^{20}: 1,4715 (*Bar.*, l. c. S. 527).

Beim Behandeln mit Natriumnitrit und wss. Essigsäure und anschliessenden Erwärmen unter vermindertem Druck oder Erhitzen mit Phthalsäure-anhydrid auf 160° sind 1.1.4-Trimethyl-cyclohepten-(3), 2.2.6-Trimethyl-1-methylen-cyclohexan (nicht isoliert), [2.2.6-Trimethyl-cyclohexyl]-methanol (Kp_4: 81°; konfigurative Einheitlichkeit ungewiss) und ein Gemisch von 1.1.4-Trimethyl-cycloheptanolen-(2) und 1.1.4-Trimethylcycloheptanolen-(3) erhalten worden (*Barbier*, Helv. **23** [1940] 528, 530, 1477; *Naves, Bachmann*, Helv. **26** [1943] 1334).

Hydrochlorid $C_{10}H_{21}N \cdot HCl$. Krystalle (aus wss. Salzsäure). In wss. Salzsäure schwerer löslich als das Hydrochlorid des unter c) beschriebenen Stereoisomeren (*Bar.*, l. c. S. 527).

Chloromercurat. F: 215° (*Bar.*, l. c. S. 527).

Hexachloroplatinat(IV). F: 287° [Zers.] (*Bar.*, l. c. S. 527).

c) **Opt.-inakt. 2.2.6-Trimethyl-1-aminomethyl-cyclohexan,** dessen Hexachloroplatinat(IV) bei 265° schmilzt.

B. s. bei dem unter b) beschriebenen Stereoisomeren.

Kp_{724}: 210,2°; D^{20}: 0,8794; n_D^{20}: 1,4723 (*Barbier*, Helv. **23** [1940] 524, 527).

Chloromercurat. F: 161°.

Hexachloroplatinat(IV). F: 265° [Zers.].

Bis-[(2.2.6-trimethyl-cyclohexyl)-methyl]-amin, *1,1'-bis(2,2,6-trimethylcyclohexyl)dimethylamine* $C_{20}H_{39}N$, Formel X.

Ein opt.-inakt. Amin (Kp_4: 160°) dieser Konstitution ist neben anderen Verbindungen bei der Hydrierung eines Gemisches von (±)-2.2.6-Trimethyl-cyclohexen-(5)-carbonitril-(1) und 2.2.6-Trimethyl-cyclohexen-(6)-carbonitril-(1) (H 9 65) an Raney-Nickel in Toluol bei 110°/30—50 at erhalten worden (*Barbier*, Helv. **23** [1940] 524, 526, 528).

6-Amino-1.1.2.5-tetramethyl-cyclohexan, 2.2.3.6-Tetramethyl-cyclohexylamin, *2,2,3,6-tetramethylcyclohexylamine* $C_{10}H_{21}N$, Formel I (R = X = H).

Präparate (a) Kp_{40}: 107—108°; Pikrat: F: 200—201° [unkorr.]; b) Kp_{40}: 104—105°; Pikrat: F: 200—201° [unkorr.]; c) Kp_{40}: 109—110°; Pikrat: F: 182—184° [unkorr.]) von unbekanntem opt. Drehungsvermögen sind a) beim Erwärmen von (−)-2.2.3.6-Tetramethyl-cyclohexan-carbonsäure-(1) (F: 86—87° [E III 9 109]) mit Schwefelsäure und mit Stickstoffwasserstoffsäure in Chloroform, b) beim Behandeln von 2.2.3.6-Tetramethylcyclohexan-carbonsäure-(1)-hydrazid (F: 154° [E III 9 110]) mit wss. Salzsäure und Natriumnitrit und Erwärmen einer äther. Lösung des Reaktionsprodukts, c) beim Erwärmen eines Gemisches von (+)-2.2.3.6-Tetramethyl-cyclohexan-carbonsäure-(1) (F: 74° [E III 9 108]) und 2.2.3.6-Tetramethyl-cyclohexan-carbonsäure-(1) (F: 88—89°

[E III **9** 109]) mit Schwefelsäure und mit Stickstoffwasserstoffsäure in Chloroform erhalten worden (*Ruzicka, Seidel, Brugger*, Helv. **30** [1947] 2168, 2186, 2187).

6-Dimethylamino-1.1.2.5-tetramethyl-cyclohexan, Dimethyl-[2.2.3.6-tetramethyl-cyclohexyl]-amin, *2,2,3,6,N,N-hexamethylcyclohexylamine* $C_{12}H_{25}N$, Formel I ($R = X = CH_3$).

Ein als Hydrojodid (Krystalle [aus W.]; F: 250–251° [unkorr.]) und als Pikrat (Krystalle [aus A.]; F: 205–206° [unkorr.] bzw. F: 180–183° [unkorr.]) charakterisiertes Amin dieser Konstitution von unbekanntem opt. Drehungsvermögen ist beim Behandeln der im vorangehenden Artikel unter b) bzw. c) beschriebenen 2.2.3.6-Tetramethyl-cyclohexylamin-Präparate mit Methyljodid und methanol. Natriummethylat erhalten worden (*Ruzicka, Seidel, Brugger*, Helv. **30** [1947] 2168, 2187).

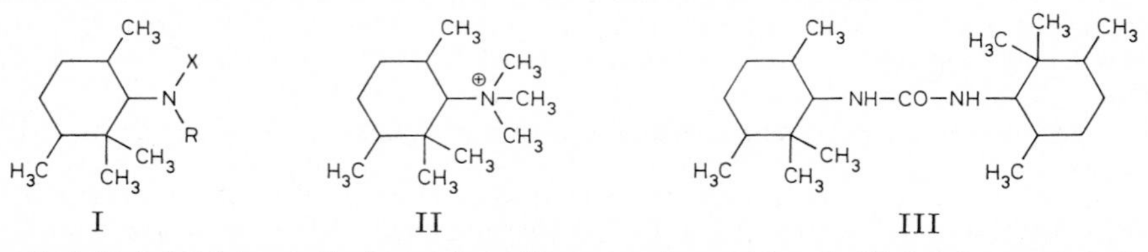

Trimethyl-[2.2.3.6-tetramethyl-cyclohexyl]-ammonium, *trimethyl(2,2,3,6-tetramethylcyclohexyl)ammonium* $[C_{13}H_{28}N]^{\oplus}$, Formel II.

Jodid $[C_{13}H_{28}N]I$. Ein Präparat (Krystalle [aus $CHCl_3$ + E.]; F: 252–255° [unkorr.]) von unbekanntem opt. Drehungsvermögen ist beim Erwärmen des im vorangehenden Artikel beschriebenen Amins mit Methyljodid erhalten worden (*Ruzicka, Seidel, Brugger*, Helv. **30** [1947] 2168, 2188).

[2.2.3.6-Tetramethyl-cyclohexyl]-harnstoff, *(2,2,3,6-tetramethylcyclohexyl)urea* $C_{11}H_{22}N_2O$, Formel I ($R = CO\text{-}NH_2$, $X = H$).

a) **[2.2.3.6-Tetramethyl-cyclohexyl]-harnstoff vom F: 159°.**

Ein Präparat (Krystalle [aus E. + Cyclohexan]; F: 158–159° [unkorr.]) von unbekanntem opt. Drehungsvermögen ist aus dem auf S. 147 unter b) beschriebenen, als Pikrat vom F: 200–201° charakterisierten 2.2.3.6-Tetramethyl-cyclohexylamin beim Erwärmen des Hydrochlorids mit Kaliumcyanat in Wasser erhalten worden (*Ruzicka, Seidel, Brugger*, Helv. **30** [1947] 2168, 2187).

b) **[2.2.3.6-Tetramethyl-cyclohexyl]-harnstoff vom F: 144°.**

Ein Präparat (Krystalle [aus E. + Cyclohexan]; F: 140–144° [unkorr.]) von unbekanntem opt. Drehungsvermögen ist aus dem auf. S. 147 unter c) beschriebenen, als Pikrat vom F: 182–184° charakterisierten 2.2.3.6-Tetramethyl-cyclohexylamin beim Erwärmen des Hydrochlorids mit Kaliumcyanat in Wasser erhalten worden (*Ruzicka, Seidel, Brugger*, Helv. **30** [1947] 2168, 2187).

***N.N'*-Bis-[2.2.3.6-tetramethyl-cyclohexyl]-harnstoff,** *1,3-bis(2,2,3,6-tetramethylcyclohexyl)urea* $C_{21}H_{40}N_2O$, Formel III.

Eine Verbindung (Krystalle [aus Me. + Bzl.]; F: 296–297° [unkorr.]) von unbekanntem opt. Drehungsvermögen, der vermutlich diese Konstitution zukommt, ist neben anderen Verbindungen beim Behandeln von 2.2.3.6-Tetramethyl-cyclohexan-carbonsäure-(1)-hydrazid (F: 154° [E III **9** 110]) mit wss. Salzsäure und Natriumnitrit, Erwärmen einer äther. Lösung des Reaktionsprodukts mit Äthanol und Erhitzen des danach isolierten Reaktionsprodukts mit wss. Salzsäure erhalten worden (*Ruzicka, Seidel, Brugger*, Helv. **30** [1947] 2168, 2186).

3.3.5-Trimethyl-1-aminomethyl-cyclohexan, *C*-[3.3.5-Trimethyl-cyclohexyl]-methylamin, *1-(3,3,5-trimethylcyclohexyl)methylamine* $C_{10}H_{21}N$, Formel IV.

Ein opt.-inakt. Amin (Kp_{728}: 202°; Kp_4: 58°; Hydrochlorid $C_{10}H_{21}N \cdot HCl$: Krystalle [aus E.], F: 245–250°) dieser Konstitution ist aus opt.-inakt. 3.3.5-Trimethyl-cyclohexan-carbonitril-(1) (Kp_4: 73° [E III **9** 92]) beim Erwärmen mit Äthanol und Natrium erhalten und durch Erwärmen mit wss. Essigsäure und Natriumnitrit in ein Gemisch von 1.1.3-Trimethyl-cyclohepten-(6)(?) (Kp_4: 38°), 1.1.3.5-Tetramethyl-cyclohexanol-(3) (F: 82°), 1.1.3-Trimethyl-cycloheptanol-(5) und 1.1.3-Trimethyl-cycloheptanol-(6) übergeführt worden (*Barbier*, Helv. **23** [1940] 519, 521).

1.2.2.3-Tetramethyl-1-aminomethyl-cyclopentan $C_{10}H_{21}N$.

1.2.2.3-Tetramethyl-1-[dimethylamino-methyl]-cyclopentan, Dimethyl-[(1.2.2.3-tetramethyl-cyclopentyl)-methyl]-amin, *1-(1,2,2,3-tetramethylcyclopentyl)trimethylamine* $C_{12}H_{25}N$.

(1*R*)-1.2.2.3*c*-Tetramethyl-1*r*-[dimethylamino-methyl]-cyclopentan, Formel V.

B. Aus der im folgenden Artikel beschriebenen Ammonium-Verbindung (*v. Braun, Anton*, B. **66** [1933] 1373, 1378).

Kp_{12}: 91°. D_4^{16}: 0,8604. $[\alpha]_D^{16}$: +72,8° [unverd.?].

Beim Erhitzen mit Phosphorsäure unter Kohlendioxid ist ein Kohlenwasserstoff $C_{10}H_{18}$ (Kp_{760}: 154—157°; D_4^{20}: 0,8153; n_D^{20}: 1,4548) erhalten worden.

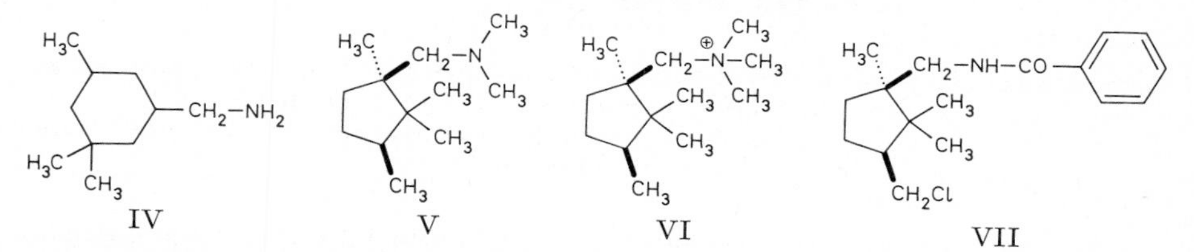

Trimethyl-[(1.2.2.3-tetramethyl-cyclopentyl)-methyl]-ammonium, *trimethyl[(1,2,2,3-tetramethylcyclopentyl)methyl]ammonium* $[C_{13}H_{28}N]^{\oplus}$.

Trimethyl-[((1*R*)-1.2.2.3*c*-tetramethyl-cyclopentyl-(*r*))-methyl]-ammonium, Formel VI.

Jodid $[C_{13}H_{28}N]I$. *B.* Aus Campholylamin ((1*R*)-1.2.2.3*c*-Tetramethyl-1*r*-aminomethyl-cyclopentan [H **12** 31]) mit Hilfe von Dimethylsulfat, Alkalilauge und Kaliumjodid (*v. Braun, Anton*, B. **66** [1933] 1373, 1377). — Krystalle (aus W.); Zers. bei 310—312°.

1.2.2-Trimethyl-3-chlormethyl-1-benzaminomethyl-cyclopentan, *N*-[(1.2.2-Trimethyl-3-chlormethyl-cyclopentyl)-methyl]-benzamid, N-{[*3-(chloromethyl)-1,2,2-trimethylcyclopentyl]methyl}benzamide* $C_{17}H_{24}ClNO$.

(1*R*)-1.2.2-Trimethyl-3*c*-chlormethyl-1*r*-benzaminomethyl-cyclopentan, Formel VII.

Diese Konstitution und Konfiguration kommt wahrscheinlich der H 31 als 1.2.2-Trimethyl-3-chlormethyl-1-benzaminomethyl-cyclopentan oder 2.2.3-Trimethyl-3-chlormethyl-1-benzaminomethyl-cyclopentan („3¹-Chlor-1¹-benzamino-1.1.2.2.3-pentamethyl-cyclopentan oder 1¹-Chlor-3¹-benzamino-1.1.2.2.3-pentamethyl-cyclopentan") beschriebenen Verbindung (F: 113°; $[\alpha]_D^{18,5}$: +32,4° [Bzl.]) zu (*v. Braun, Anton*, B. **66** [1933] 1373, 1374).

Amine $C_{11}H_{23}N$

5-Cyclohexyl-pentylamin, *5-cyclohexylpentylamine* $C_{11}H_{23}N$, Formel VIII (R = H).

Die Konstitution kommt vermutlich der nachstehend beschriebenen, von *Salathiel, Burch, Hixon* (Am. Soc. **59** [1937] 984) als 2-Cyclohexyl-piperidin angesehenen Verbindung zu (*Doering, Rhoads*, Am. Soc. **75** [1953] 4738).

B. Aus 2-Cyclohexyl-3.4.5.6-tetrahydro-pyridin beim Erwärmen mit Zinn und wss. Salzsäure (*Sa., Bu., Hi.*).

Kp_{35}: 135° (*Sa., Bu., Hi.*).

Hydrochlorid $C_{11}H_{23}N \cdot HCl$. Krystalle; F: 197—198° [nicht rein erhalten] (*Sa., Bu., Hi.*).

5-Diäthylamino-1-cyclohexyl-pentan, Diäthyl-[5-cyclohexyl-pentyl]-amin, *5-cyclohexyl-N,N-diethylpentylamine* $C_{15}H_{31}N$, Formel VIII (R = C_2H_5).

B. Aus 5-Cyclohexyl-pentylbromid und Diäthylamin (*Coleman, Adams*, Am. Soc. **54** [1932] 1982).

Kp_3: 124—126°. D_{25}^{25}: 0,8445. n_D^{25}: 1,4620.

Hydrochlorid $C_{15}H_{31}N \cdot HCl$. Krystalle (aus A. + Ae.); F: 133—134°.

5-Dipropylamino-1-cyclohexyl-pentan, Dipropyl-[5-cyclohexyl-pentyl]-amin, *5-cyclohexyl-N,N-dipropylpentylamine* $C_{17}H_{35}N$, Formel VIII (R = CH_2-CH_2-CH_3).

B. Aus 5-Cyclohexyl-pentylbromid und Dipropylamin (*Coleman, Adams*, Am. Soc. **54** [1932] 1982).

$Kp_{2,5}$: 143—144°. D_{25}^{25}: 0,8489. n_D^{25}: 1,4628.
Hydrochlorid $C_{17}H_{35}N \cdot HCl$. Krystalle (aus A. + Ae.); F: 103—104°.

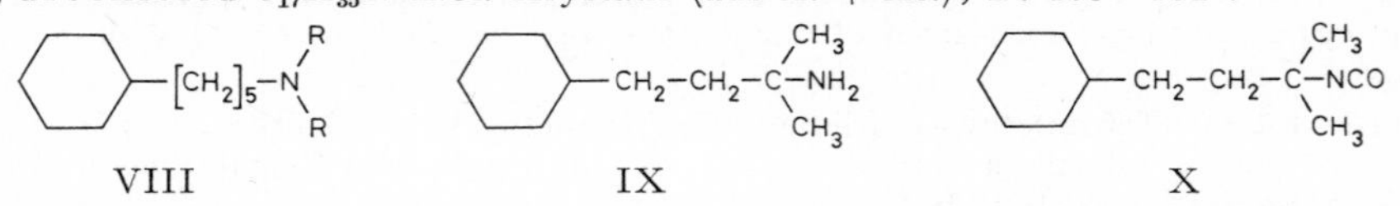

2-Amino-2-methyl-4-cyclohexyl-butan, 1.1-Dimethyl-3-cyclohexyl-propylamin, *3-cyclohexyl-1,1-dimethylpropylamine* $C_{11}H_{23}N$, Formel IX.

B. Aus 1.1-Dimethyl-3-cyclohexyl-propylisocyanat beim Erwärmen mit wss. Salzsäure (*Mentzer, Chopin,* Bl. **1948** 586, 589).

Hydrochlorid $C_{11}H_{23}N \cdot HCl$. Krystalle (aus A. + Ae.); F: 142—143°.

2-Isocyanato-2-methyl-4-cyclohexyl-butan, 1.1-Dimethyl-3-cyclohexyl-propylisocyanat, *isocyanic acid 3-cyclohexyl-1,1-dimethylpropyl ester* $C_{12}H_{21}NO$, Formel X.

B. Aus 2.2-Dimethyl-4-cyclohexyl-butyramid beim Behandeln mit alkal. wss. Kaliumhypobromit-Lösung (*Mentzer, Chopin,* Bl. **1948** 586, 588).

Kp_{20}: 132°.

(±)-3-Amino-2-methyl-2-cyclohexyl-butan, (±)-1.2-Dimethyl-2-cyclohexyl-propylamin, *(±)-2-cyclohexyl-1,2-dimethylpropylamine* $C_{11}H_{23}N$, Formel I (R = H).

B. Aus (±)-3-Amino-2-methyl-2-phenyl-butan bei der Hydrierung an Platin in Essigsäure bei 80° (*Zenitz, Macks, Moore,* Am. Soc. **69** [1947] 1117, 1118).

Kp_{16}: 109—111°. n_D^{20}: 1,4758.

Hydrochlorid $C_{11}H_{23}N \cdot HCl$. Krystalle (aus Isopropylalkohol + Diisopropyläther); F: 124,5—126° [unkorr.].

(±)-3-Methylamino-2-methyl-2-cyclohexyl-butan, (±)-Methyl-[1.2-dimethyl-2-cyclohexyl-propyl]-amin, *(±)-2-cyclohexyl-1,2,N-trimethylpropylamine* $C_{12}H_{25}N$, Formel I (R = CH_3).

B. Aus (±)-3-Methylamino-2-methyl-2-phenyl-butan bei der Hydrierung an Platin in Essigsäure (*Zenitz, Macks, Moore,* Am. Soc. **69** [1947] 1117, 1118).

Kp_{10}: 106—108°. n_D^{20}: 1,4752.

Hydrochlorid $C_{12}H_{25}N \cdot HCl$. Krystalle (aus Isopropylalkohol + Diisopropyläther); F: 202—204° [unkorr.].

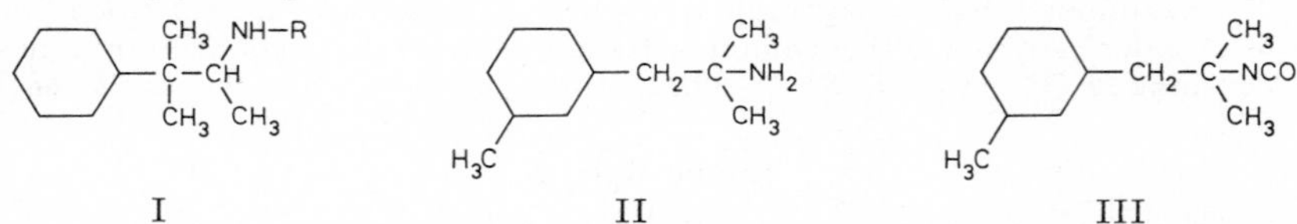

2-Amino-2-methyl-1-[3-methyl-cyclohexyl]-propan, 1.1-Dimethyl-2-[3-methyl-cyclohexyl]-äthylamin, *1,1-dimethyl-2-(3-methylcyclohexyl)ethylamine* $C_{11}H_{23}N$, Formel II.

Opt.-inakt. 2-Amino-2-methyl-1-[3-methyl-cyclohexyl]-propan, dessen Hydrochlorid bei 154° schmilzt.

B. Aus dem im folgenden Artikel beschriebenen Isocyanat beim Erwärmen mit wss. Salzsäure (*Mentzer, Chopin,* Bl. **1948** 586, 589).

Hydrochlorid $C_{11}H_{23}N \cdot HCl$. Krystalle (aus A. + Ae.); F: 154°.

2-Isocyanato-2-methyl-1-[3-methyl-cyclohexyl]-propan, 1.1-Dimethyl-2-[3-methyl-cyclohexyl]-äthylisocyanat, *isocyanic acid 1,1-dimethyl-2-(3-methylcyclohexyl)ethyl ester* $C_{12}H_{21}NO$, Formel III.

Ein opt.-inakt. Isocyanat (Kp_{15}: 113—114°) dieser Konstitution ist aus opt.-inakt. 2.2-Dimethyl-3-[3-methyl-cyclohexyl]-propionamid (F: 68°) beim Behandeln mit alkal. wss. Kaliumhypobromit-Lösung erhalten worden (*Mentzer, Chopin,* Bl. **1948** 586, 588).

2-Amino-2-methyl-1-[4-methyl-cyclohexyl]-propan, 1.1-Dimethyl-2-[4-methyl-cyclohexyl]-äthylamin, *1,1-dimethyl-2-(4-methylcyclohexyl)ethylamine* $C_{11}H_{23}N$, Formel IV.

2-Amino-2-methyl-1-[4-methyl-cyclohexyl]-propan, dessen Hydrochlorid bei 209° schmilzt.

B. Aus dem im folgenden Artikel beschriebenen Isocyanat beim Erwärmen mit wss.

Salzsäure (*Mentzer, Chopin*, Bl. **1948** 586, 588).

Hydrochlorid $C_{11}H_{23}N \cdot HCl$. Krystalle (aus A. + Ae.); F: 208–209°.

2-Isocyanato-2-methyl-1-[4-methyl-cyclohexyl]-propan, 1.1-Dimethyl-2-[4-methyl-cyclohexyl]-äthylisocyanat, *isocyanic acid 1,1-dimethyl-2-(4-methylcyclohexyl)ethyl ester* $C_{12}H_{21}NO$, Formel V.

Ein Isocyanat (Kp_{20}: 120°) dieser Konstitution ist aus 2.2-Dimethyl-3-[4-methyl-cyclohexyl]-propionamid (F: 105–106°) beim Behandeln mit alkal. wss. Kaliumhypobromit-Lösung erhalten worden (*Mentzer, Chopin*, Bl. **1948** 586, 588).

Kp_{20}: 120°.

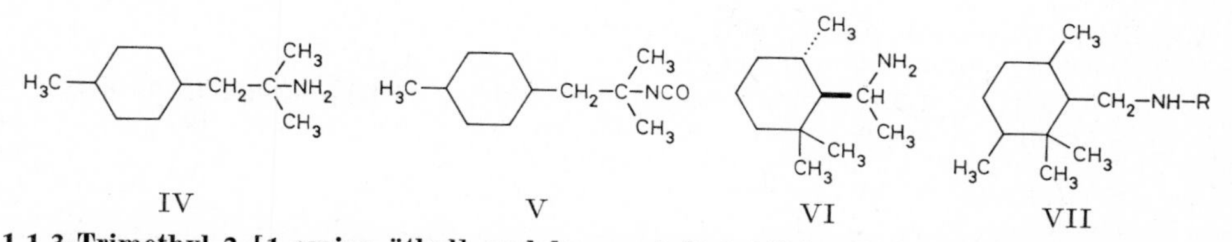

1.1.3-Trimethyl-2-[1-amino-äthyl]-cyclohexan, 1-[2.2.6-Trimethyl-cyclohexyl]-äthylamin, *1-(2,2,6-trimethylcyclohexyl)ethylamine* $C_{11}H_{23}N$.

(±)(Ξ)-1-[(1Ξ)-2.2.6t-Trimethyl-cyclohexyl-(r)]-äthylamin, Formel VI + Spiegelbild.

Ein als *N*-Benzolsulfonyl-Derivat $C_{17}H_{27}NO_2S$ (Krystalle [aus wss. A.]; F: 121° bis 122°) charakterisiertes Amin, dem wahrscheinlich diese Konstitution zukommt, ist beim Behandeln einer wahrscheinlich als (±)-1-[2.2.6*t*-Trimethyl-cyclohexyl-(*r*)]-äthanon-(1)-imin zu formulierenden Verbindung (E III **7** 178) mit Natrium, flüssigem Ammoniak und Methanol erhalten worden (*Lochte et al.*, Am. Soc. **70** [1948] 2012).

2.2.3.6-Tetramethyl-1-aminomethyl-cyclohexan, *C*-[2.2.3.6-Tetramethyl-cyclohexyl]-methylamin, *1-(2,2,3,6-tetramethylcyclohexyl)methylamine* $C_{11}H_{23}N$, Formel VII (R = H).

Ein opt.-inakt. Amin (Kp_{10}: 101–102°) dieser Konstitution ist beim Erwärmen einer Lösung des aus opt.-inakt. [2.2.3.6-Tetramethyl-cyclohexyl]-essigsäure (F: 112–113°) mit Hilfe von Thionylchlorid in Petroläther hergestellten Säurechlorids in Benzol mit Natriumazid und anschliessenden Erhitzen mit wss. Salzsäure erhalten worden (*Ruzicka, Seidel, Brugger*, Helv. **30** [1947] 2168, 2175, 2194).

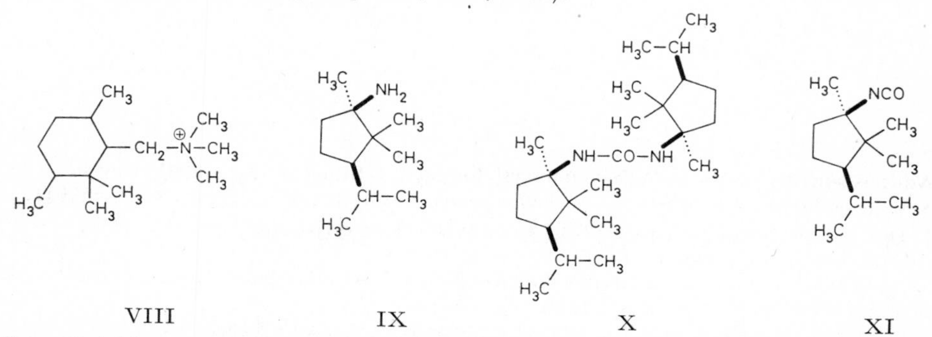

Trimethyl-[(2.2.3.6-tetramethyl-cyclohexyl)-methyl]-ammonium, *trimethyl[(2,2,3,6-tetramethylcyclohexyl)methyl]ammonium* $[C_{14}H_{30}N]^{\oplus}$, Formel VIII.

Jodid $[C_{14}H_{30}N]I$. Ein opt.-inakt. Präparat (Krystalle [aus E. + A.]; F: 269–270° [unkorr.]) ist aus dem im vorangehenden Artikel beschriebenen Amin beim Behandeln mit Methyljodid und methanol. Natriummethylat erhalten worden (*Ruzicka, Seidel, Brugger*, Helv. **30** [1947] 2168, 2194).

[(2.2.3.6-Tetramethyl-cyclohexyl)-methyl]-harnstoff, *[(2,2,3,6-tetramethylcyclohexyl)methyl]urea* $C_{12}H_{24}N_2O$, Formel VII (R = CO-NH_2).

Opt.-inakt. [(2.2.3.6-Tetramethyl-cyclohexyl)-methyl]-harnstoff vom F: 150°.

B. Aus opt.-inakt. 2.2.3.6-Tetramethyl-1-aminomethyl-cyclohexan (Kp_{10}: 101–102° [s. o.]) beim Behandeln des Hydrochlorids mit Kaliumcyanat in Wasser (*Ruzicka, Sei-

del, Brugger, Helv. **30** [1947] 2168, 2194).

Krystalle (aus E. + Hexan); F: 149—150° [unkorr.].

2-Amino-1.1.2-trimethyl-5-isopropyl-cyclopentan, 1.2.2-Trimethyl-3-isopropyl-cyclopentylamin, *3-isopropyl-1,2,2-trimethylcyclopentylamine* $C_{11}H_{23}N$.

(2R)-2-Amino-1.1.2r-trimethyl-5t-isopropyl-cyclopentan, Formel IX.

B. Aus (2*R*)-2-Isocyanato-1.1.2*r*-trimethyl-5*t*-isopropyl-cyclopentan mit Hilfe von wss. Salzsäure (*v. Braun, Kurtz*, B. **67** [1934] 225, 228).

Kp_{14}: 90°. D_4^{21}: 0,8746. $[\alpha]_D^{12}$: +22,3° [unverd.]; $[\alpha]_D^{12}$: +33,1° [A.; c = 30].

Pikrat. Krystalle; F: 202°.

***N.N'*-Bis-[1.2.2-trimethyl-3-isopropyl-cyclopentyl]-harnstoff,** *1,3-bis(3-isopropyl-1,2,2-trimethylcyclopentyl)urea* $C_{23}H_{44}N_2O$.

***N.N'*-Bis-[(1R)-1.2.2-trimethyl-3c-isopropyl-cyclopentyl-(r)]-harnstoff,** Formel X.

B. In geringer Menge neben dem im folgenden Artikel beschriebenen Isocyanat beim Behandeln von (1*R*)-1.2.2-Trimethyl-3*c*-isopropyl-cyclopentan-carbamid-(1*r*) mit Brom und wss. Kalilauge (*v. Braun, Kurtz*, B. **67** [1934] 225, 228).

Krystalle (aus Me.); F: 154°.

2-Isocyanato-1.1.2-trimethyl-5-isopropyl-cyclopentan, 1.2.2-Trimethyl-3-isopropyl-cyclopentylisocyanat, *isocyanic acid 3-isopropyl-1,2,2-trimethylcyclopentyl ester* $C_{12}H_{21}NO$.

(2R)-2-Isocyanato-1.1.2r-trimethyl-5t-isopropyl-cyclopentan, Formel XI.

Bildung aus (1*R*)-1.2.2-Trimethyl-3*c*-isopropyl-cyclopentan-carbamid-(1*r*) s. im vorangehenden Artikel.

Kp_{14}: 109—112°; D_4^{20}: 0,9470; $[\alpha]_D^{24}$: +16,5° [A.; c = 8] (*v. Braun, Kurtz*, B. **67** [1934] 225, 228).

Amine $C_{12}H_{25}N$

6-Cyclohexyl-hexylamin $C_{12}H_{25}N$.

6-Diäthylamino-1-cyclohexyl-hexan, Diäthyl-[6-cyclohexyl-hexyl]-amin, *6-cyclohexyl-N,N-diethylhexylamine* $C_{16}H_{33}N$, Formel I.

B. Aus 6-Cyclohexyl-hexylbromid und Diäthylamin (*Coleman, Adams*, Am. Soc. **54** [1932] 1982).

Hydrochlorid $C_{16}H_{33}N \cdot HCl$. Krystalle (aus A. + Ae.); F: 128—129°.

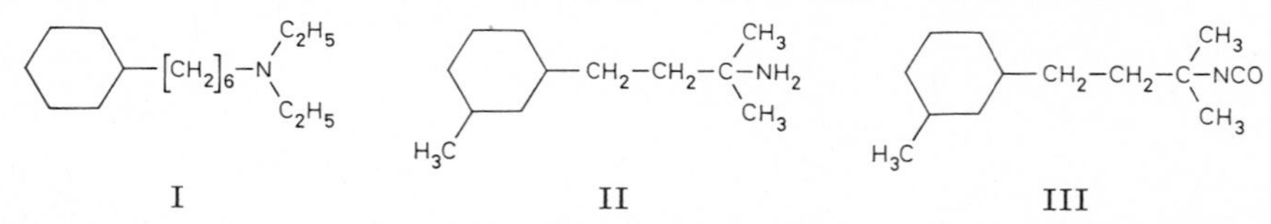

2-Amino-2-methyl-4-[3-methyl-cyclohexyl]-butan, 1.1-Dimethyl-3-[3-methyl-cyclohexyl]-propylamin, *1,1-dimethyl-3-(3-methylcyclohexyl)propylamine* $C_{12}H_{25}N$, Formel II.

Opt.-inakt. 2-Amino-2-methyl-4-[3-methyl-cyclohexyl]-butan, dessen Hydrochlorid bei 148° schmilzt.

B. Aus dem im folgenden Artikel beschriebenen Isocyanat beim Erwärmen mit wss. Salzsäure (*Mentzer, Chopin*, Bl. **1948** 586, 589).

Hydrochlorid $C_{12}H_{25}N \cdot HCl$. Krystalle (aus A. + Ae.); F: 148,5°.

2-Isocyanato-2-methyl-4-[3-methyl-cyclohexyl]-butan, 1.1-Dimethyl-3-[3-methyl-cyclohexyl]-propylisocyanat, *isocyanic acid 1,1-dimethyl-3-(3-methylcyclohexyl)propyl ester* $C_{13}H_{23}NO$, Formel III.

Ein opt.-inakt. Isocyanat (Kp_{15}: 133—135°) dieser Konstitution ist aus opt.-inakt. 2.2-Dimethyl-4-[3-methyl-cyclohexyl]-butyramid (F: 136°) beim Behandeln mit alkal. wss. Kaliumhypobromit-Lösung erhalten worden (*Mentzer, Chopin*, Bl. **1948** 586, 588).

1.1.2.5-Tetramethyl-6-[2-amino-äthyl]-cyclohexan, 2-[2.2.3.6-Tetramethyl-cyclohexyl]-äthylamin, *2-(2,2,3,6-tetramethylcyclohexyl)ethylamine* $C_{12}H_{25}N$.

a) **Opt.-akt. 2-[2.2.3.6-Tetramethyl-cyclohexyl]-äthylamin,** dessen Pikrat bei 214° schmilzt, wahrscheinlich **2-[(1Ξ)-2.2.3c.6c-Tetramethyl-cyclohexyl-(r)]-äthyl-**

amin, Formel IV (R = H) oder Spiegelbild.

B. Neben opt.-akt. 3-[2.2.3*c*(?).6*c*(?)-Tetramethyl-cyclohexyl-(*r*)]-propionsäure („Tetrahydroironsäure"; F: 72—73° [E III **9** 124]) bei kurzem Erhitzen von 1-[(1Ξ)-2.2.3*c*(?).6*c*(?)-Tetramethyl-cyclohexyl-(*r*)]-butanon-(3)-oxim (F: 81—83° [E III **7** 201]) mit wss. Schwefelsäure und Erwärmen des danach isolierten Reaktionsprodukts mit wss. Salzsäure (*Ruzicka, Seidel, Brugger,* Helv. **30** [1947] 2168, 2183). Aus opt.-akt. 3-[2.2.3*c*(?).6*c*(?)-Tetramethyl-cyclohexyl-(*r*)]-propionsäure (F: 72—73°) beim Behandeln mit Stickstoffwasserstoffsäure in Chloroform und mit Schwefelsäure (*Ru., Sei., Br.,* l. c. S. 2193). Beim Erwärmen einer Lösung des aus opt.-akt. 3-[2.2.3*c*(?).6*c*(?)-Tetramethyl-cyclohexyl-(*r*)]-propionsäure (F: 70°) mit Hilfe von Thionylchlorid hergestellten Säurechlorids in Benzol mit Natriumazid und anschliessend mit wss. Salzsäure (*Ru., Sei., Br.,* l. c. S. 2192).

Kp_{10}: 114°. D_4^{20}: 0,8958. n_D^{20}: 1,4811.

Überführung in eine wahrscheinlich als Trimethyl-[2-((1Ξ)-2.2.3*c*.6*c*-tetramethyl-cyclohexyl-(*r*))-äthyl]-ammonium-jodid (Formel V oder Spiegelbild) zu formulierende Verbindung $[C_{15}H_{32}N]I$ (Krystalle [aus wss. Me.]; F: 295—296° [unkorr.; Zers.]) durch Behandlung mit Methyljodid und äthanol. Natriumäthylat sowie Überführung in eine wahrscheinlich als [2-((1Ξ)-2.2.3*c*.6*c*-Tetramethyl-cyclohexyl-(*r*))-äthyl]-harnstoff (Formel IV [R = CO-NH_2] oder Spiegelbild) zu formulierende Verbindung $C_{13}H_{26}N_2O$ (Krystalle (aus Ae. + PAe.]; F: 115—116° [unkorr.]) durch Erwärmen des Hydrochlorids mit Kaliumcyanat in Wasser: *Ru., Sei., Br.,* l. c. S. 2183.

Pikrat. F: 213—214° [unkorr.; aus A.].

b) **2-[2.2.3.6-Tetramethyl-cyclohexyl]-äthylamin,** dessen Pikrat bei 212° schmilzt.

Ein als Pikrat (F: 211—212° [unkorr.]) charakterisiertes Amin (Kp_{10}: 114—116°) dieser Konstitution von unbekanntem opt. Drehungsvermögen ist beim Behandeln von 3-[2.2.3.6-Tetramethyl-cyclohexyl]-propionsäure $C_{13}H_{24}O_2$ ($Kp_{0,25}$: 127—130°; hergestellt aus dem im Artikel (+)-1-[(1Ξ)-2.2.3*t*.6*c*-Tetramethyl-cyclohexyl-(*r*)]-butanon-(3) [E III **7** 201] beschriebenen rechtsdrehenden 1-[2.2.3.6-Tetramethyl-cyclohexyl]-butanon-(3)-Präparat [Kp_{10}: 137—138°; Semicarbazon: F: 175—176°] mit Hilfe von alkal. wss. Natriumhypobromit-Lösung) mit Stickstoffwasserstoffsäure in Chloroform und mit Schwefelsäure erhalten und durch Behandlung mit Methyljodid und äthanol. Natriumäthylat in das entsprechende Trimethyl-[2-(2.2.3.6-tetramethyl-cyclohexyl)-äthyl]-ammonium-jodid $[C_{15}H_{32}N]I$ (Krystalle [aus W.]; F: 295—296° [unkorr.]) übergeführt worden (*Ruzicka, Seidel, Brugger,* Helv. **30** [1947] 2168, 2196).

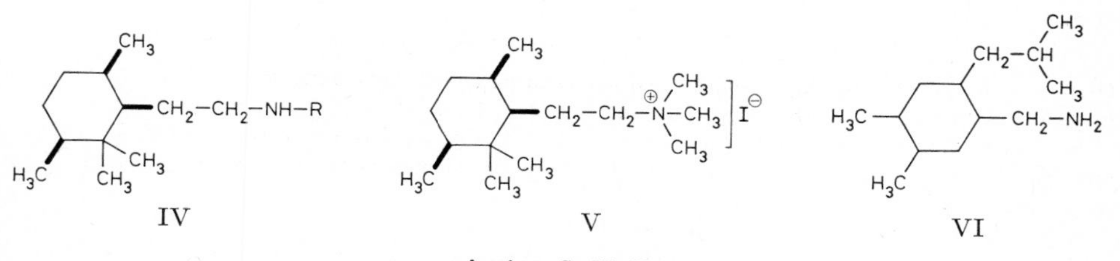

Amine $C_{13}H_{27}N$

3.4-Dimethyl-1-aminomethyl-6-isobutyl-cyclohexan, *C*-[3.4-Dimethyl-6-isobutyl-cyclohexyl]-methylamin, *1-(2-isobutyl-4,5-dimethylcyclohexyl)methylamine* $C_{13}H_{27}N$, Formel VI.

Ein opt.-inakt. Amin (Kp_1: 98—100°; D_{25}^{25}: 0,8848; n_D^{25}: 1,4897) dieser Konstitution ist bei der Hydrierung von opt.-inakt. 3.4-Dimethyl-6-[2-methyl-propenyl]-cyclohexen-(4)-carbonitril-(1) (Kp_1: 115—120° [E III **9** 337]) an Raney-Nickel erhalten worden (*Am. Cyanamid Co.,* U.S.P. 2375937 [1943], 2382803 [1944]).

Amine $C_{14}H_{29}N$

4-[1-Methyl-heptyl]-cyclohexylamin $C_{14}H_{29}N$.

4-Methylamino-1-[1-methyl-heptyl]-cyclohexan, Methyl-[4-(1-methyl-heptyl)-cyclohexyl]-amin, *N-methyl-4-(1-methylheptyl)cyclohexylamine* $C_{15}H_{31}N$, Formel VII.

Ein opt.-inakt. Amin (Kp_{14}: 170—175°) dieser Konstitution ist bei der Hydrierung eines Gemisches von (±)-1-[1-Methyl-heptyl]-cyclohexanon-(4) (nicht näher beschrieben) mit Methylamin in wss. Methanol an Nickel bei 130°/30 at erhalten worden (*Henkel & Cie.*, D.R.P. 701074 [1936]; D.R.P. Org. Chem. **6** 1548).

4-[1.1.3.3-Tetramethyl-butyl]-cyclohexylamin, *4-(1,1,3,3-tetramethylbutyl)cyclohexylamine* $C_{14}H_{29}N$, Formel VIII.

4-[1.1.3.3-Tetramethyl-butyl]-cyclohexylamin, dessen Hydrochlorid bei 265° schmilzt.

B. Aus 1-[1.1.3.3-Tetramethyl-butyl]-cyclohexanol-(4) (F: 56°) beim Behandeln mit Ammoniak in Gegenwart von Zinkchlorid (*Röhm & Haas Co.*, U.S.P. 2121472 [1937]). Aus (±)-1-[1.1.3.3-Tetramethyl-butyl]-cyclohexanon-(4)-oxim beim Erwärmen mit Äthanol und Natrium (*Niederl, Smith*, Am. Soc. **59** [1937] 715, 716; *Röhm & Haas Co.*).

Hydrochlorid $C_{14}H_{29}N \cdot HCl$. Krystalle (aus A. + Acn. oder aus Acn.); F: 260—265° [Zers.].

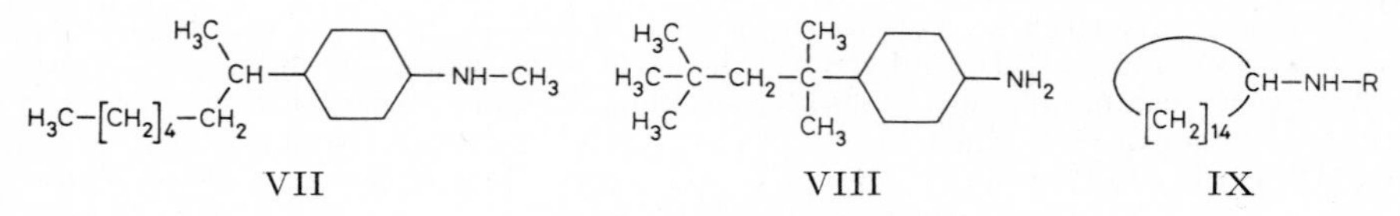

VII VIII IX

Amine $C_{15}H_{31}N$

Cyclopentadecylamin, *cyclopentadecylamine* $C_{15}H_{31}N$, Formel IX (R = H).

B. Aus Cyclopentadecanon-oxim beim Erwärmen mit Äthanol und Natrium (*Ruzicka, Goldberg, Hürbin*, Helv. **16** [1933] 1339, 1341).

Acetat $C_{15}H_{31}N \cdot C_2H_4O_2$. Krystalle (aus E.); F: 137,5—138° [Zers.; nach Sintern].

Cyclopentadecylharnstoff, *cyclopentadecylurea* $C_{16}H_{32}N_2O$, Formel IX (R = CO-NH$_2$).

B. Beim Erwärmen von Cyclopentadecylamin-hydrochlorid mit Kaliumcyanat in Wasser (*Ruzicka, Goldberg, Hürbin*, Helv. **16** [1933] 1339, 1342).

Krystalle (aus wss. A.); F: 165°.

10-Cyclopentyl-decylamin, *10-cyclopentyldecylamine* $C_{15}H_{31}N$, Formel X (R = H).

B. Beim Erwärmen einer Lösung von 11-Cyclopentyl-undecanoylchlorid in Benzol mit Natriumazid und anschliessend mit wss. Salzsäure oder Calciumhydroxid (*Naegeli, Vogt-Markus*, Helv. **15** [1932] 60, 73, 74).

Krystalle; F: 2—3,5°. Kp_{16}: 187°.

Hydrochlorid $C_{15}H_{31}N \cdot HCl$. Krystalle (aus wss.-äthanol. Salzsäure); F: 162° [nach Sintern von 120° an].

Pikrat $C_{15}H_{31}N \cdot C_6H_3N_3O_7$. Krystalle (aus wss. A.); F: 124°.

10-Acetamino-1-cyclopentyl-decan, *N*-[10-Cyclopentyl-decyl]-acetamid, N-*(10-cyclopentyldecyl)acetamide* $C_{17}H_{33}NO$, Formel X (R = CO-CH$_3$).

B. Beim Erwärmen einer Lösung von 11-Cyclopentyl-undecanoylchlorid in Benzol mit Natriumazid und anschliessenden Erhitzen mit Essigsäure und Acetanhydrid (*Naegeli, Vogt-Markus*, Helv. **15** [1932] 60, 75).

Krystalle (aus A. + W.); F: 64° [nach Sintern].

[10-Cyclopentyl-decyl]-harnstoff, *(10-cyclopentyldecyl)urea* $C_{16}H_{32}N_2O$, Formel X (R = CO-NH$_2$).

B. Beim Behandeln von 10-Cyclopentyl-decylamin-hydrochlorid mit Kaliumcyanat in Wasser (*Naegeli, Vogt-Markus*, Helv. **15** [1932] 60, 74).

Krystalle (aus wss. A.); F: 122,5°.

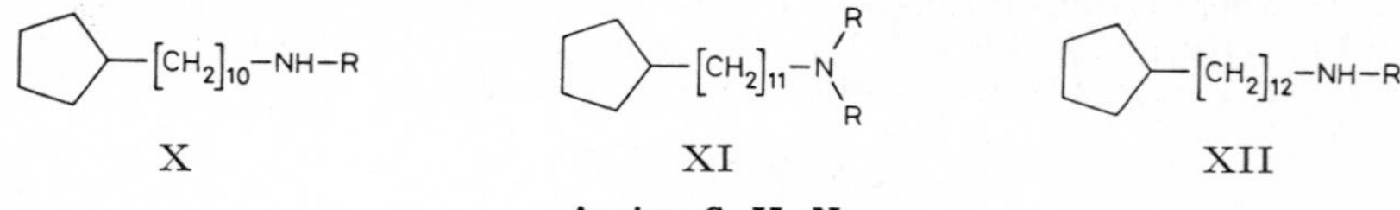

X XI XII

Amine $C_{16}H_{33}N$

11-Cyclopentyl-undecylamin, *11-cyclopentylundecylamine* $C_{16}H_{33}N$, Formel XI (R = H).

B. Aus 11-[Cyclopenten-(2)-yl]-undecylamin („Hydnocarpylamin"; [S. 211]) bei der Hydrierung an Raney-Nickel(?) in Äthanol (*Buu-Hoi, Cagniant*, B. **77/79** [1944/46] 761,

766).

Kp_{16}: 188°.

11-Diäthylamino-1-cyclopentyl-undecan, Diäthyl-[11-cyclopentyl-undecyl]-amin, *11-cyclopentyl-*N,N*-diethylundecylamine* $C_{20}H_{41}N$, Formel XI (R = C_2H_5).

B. Aus 11-Cyclopentyl-undecylbromid und Diäthylamin (*Buu-Hoi, Cagniant*, B. **77/79** [1944/46] 761, 766).

$Kp_{0,5}$: 185—190°.

Amine $C_{17}H_{35}N$

12-Cyclopentyl-dodecylamin, *12-cyclopentyldodecylamine* $C_{17}H_{35}N$, Formel XII (R = H).

B. Beim Erwärmen einer Lösung von 13-Cyclopentyl-tridecanoylchlorid in Benzol mit Natriumazid und anschliessend mit wss. Salzsäure oder Calciumhydroxid (*Naegeli, Vogt-Markus*, Helv. **15** [1932] 60, 72, 73).

Krystalle; F: 13,5—15°. Kp_{12}: 187°.

Hydrochlorid $C_{17}H_{35}N \cdot HCl$. Krystalle (aus wss. A.); F: 168—170° [nach Sintern von 100° an].

Pikrat $C_{17}H_{35}N \cdot C_6H_3N_3O_7$. Krystalle (aus A. + W.); F: 110° [nach Sintern].

12-Acetamino-1-cyclopentyl-dodecan, *N*-[12-Cyclopentyl-dodecyl]-acetamid, N*-(12-cyclopentyldodecyl)acetamide* $C_{19}H_{37}NO$, Formel XII (R = CO-CH_3).

B. Beim Erwärmen einer Lösung von 13-Cyclopentyl-tridecanoylchlorid in Benzol mit Natriumazid und anschliessenden Erhitzen mit Essigsäure (*Naegeli, Vogt-Markus*, Helv. **15** [1932] 60, 73).

F: 73° [nach Sintern].

[12-Cyclopentyl-dodecyl]-harnstoff, *(12-cyclopentyldodecyl)urea* $C_{18}H_{36}N_2O$, Formel XII (R = CO-NH_2).

B. Beim Behandeln von 12-Cyclopentyl-dodecylamin-hydrochlorid in Äthanol mit Kaliumcyanat in Wasser (*Naegeli, Vogt-Markus*, Helv. **15** [1932] 60, 72).

Krystalle (aus A.); F: 109° [nach Sintern].

[*Liebegott*]

Monoamine $C_nH_{2n-1}N$

Amine C_4H_7N

Cyclobuten-(2)-ylamin C_4H_7N.

(±)-Trimethyl-[cyclobuten-(2)-yl]-ammonium, (±)*-(cyclobut-2-en-1-yl)trimethylammonium* $[C_7H_{14}N]^{\oplus}$, Formel I.

Pikrat $[C_7H_{14}N]C_6H_2N_3O_7$. *B.* Beim Behandeln von 3-Brom-cyclobuten-(1) (s. E III **5** 170 im Artikel Cyclobuten) mit Trimethylamin in Benzol und Behandeln des Reaktionsprodukts mit Natriumpikrat in Wasser (*Buchman, Howton*, Am. Soc. **70** [1948] 3510). — Gelbe Krystalle (aus wss. A.); F: 197—197,5°.

Amine C_5H_9N

(±)-3-Amino-cyclopenten-(1), (±)-Cyclopenten-(2)-ylamin, (±)*-cyclopent-2-en-1-ylamine* C_5H_9N, Formel II (R = X = H) (vgl. H 32).

B. Aus (±)-3-Chlor-cyclopenten-(1) und Ammoniak (*Carbide & Carbon Chem. Corp.*, U.S.P. 2390597 [1942]).

Kp_{760}: 108°. D_{20}^{27}: 0,890.

(±)-3-Butylamino-cyclopenten-(1), (±)-Butyl-[cyclopenten-(2)-yl]-amin, (±)-N*-butylcyclopent-2-en-1-ylamine* $C_9H_{17}N$, Formel II (R = $[CH_2]_3$-CH_3, X = H).

B. Aus (±)-3-Chlor-cyclopenten-(1) und Butylamin (*Carbide & Carbon Chem. Corp.*, U.S.P. 2390597 [1942]).

Kp_8: 60°. D_{20}^{27}: 0,854.

(±)-3-Dibutylamino-cyclopenten-(1), (±)-Dibutyl-[cyclopenten-(2)-yl]-amin, (±)-N,N*-dibutylcyclopent-2-en-1-ylamine* $C_{13}H_{25}N$, Formel II (R = X = $[CH_2]_3$-CH_3).

B. Aus (±)-3-Chlor-cyclopenten-(1) und Dibutylamin (*Carbide & Carbon Chem. Corp.*, U.S.P. 2390597 [1942]).

$Kp_{1,5}$: 84°. D_{20}^{27}: 0,841.

(±)-3-Hexylamino-cyclopenten-(1), (±)-Hexyl-[cyclopenten-(2)-yl]-amin, (±)-N-(*cyclopent-2-en-1-yl)hexylamine* $C_{11}H_{21}N$, Formel II (R = $[CH_2]_5$-CH_3, X = H).

B. Aus (±)-3-Chlor-cyclopenten-(1) und Hexylamin (*Carbide & Carbon Chem. Corp.*, U.S.P. 2390597 [1942]).

Kp_{10}: 95°. D_{20}^{27}: 0,844.

(±)-3-Heptylamino-cyclopenten-(1), (±)-Heptyl-[cyclopenten-(2)-yl]-amin, (±)-N-(*cyclopent-2-en-1-yl)heptylamine* $C_{12}H_{23}N$, Formel II (R = $[CH_2]_6$-CH_3, X = H).

B. Aus (±)-3-Chlor-cyclopenten-(1) und Heptylamin (*Carbide & Carbon Chem. Corp.*, U.S.P. 2390597 [1942]).

Kp_5: 98°. D_{20}^{27}: 0,845.

[2-Äthyl-hexyl]-[cyclopenten-(2)-yl]-amin, N-(*cyclopent-2-en-1-yl)-2-ethylhexylamine* $C_{13}H_{25}N$, Formel II (R = CH_2-$CH(C_2H_5)$-$[CH_2]_3$-CH_3, X = H).

Ein opt.-inakt. Amin (Kp_3: 87°; D_{20}^{27}: 0,850) dieser Konstitution ist aus (±)-3-Chlor-cyclopenten-(1) und (±)-2-Äthyl-hexylamin erhalten worden (*Carbide & Carbon Chem. Corp.*, U.S.P. 2390597 [1942]).

Bis-[2-äthyl-hexyl]-[cyclopenten-(2)-yl]-amin, N-(*cyclopent-2-en-1-yl)-2,2'-diethyldihexylamine* $C_{21}H_{41}N$, Formel II (R = X = CH_2-$CH(C_2H_5)$-$[CH_2]_3$-CH_3).

Ein opt.-inakt. Amin ($Kp_{0,5}$: 128°; D_{20}^{27}: 0,826) dieser Konstitution ist aus (±)-3-Chlor-cyclopenten-(1) und opt.-inakt. Bis-[2-äthyl-hexyl]-amin (Kp_7: 127°) erhalten worden (*Carbide & Carbon Chem. Corp.*, U.S.P. 2390597 [1942]).

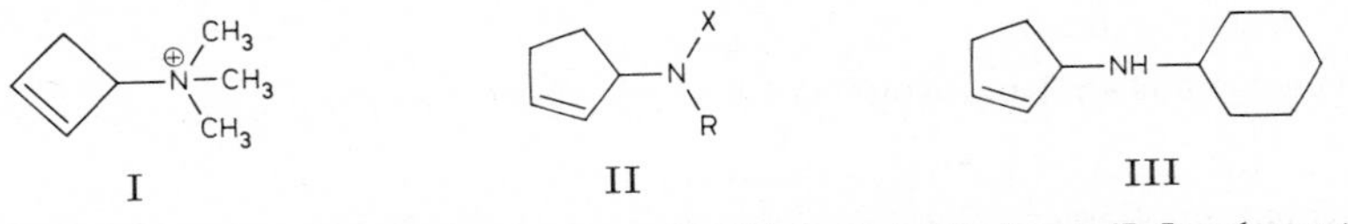

2-[Cyclopenten-(2)-ylamino]-5-äthyl-nonan, [1-Methyl-4-äthyl-octyl]-[cyclopenten-(2)-yl]-amin, N-(*cyclopent-2-en-1-yl)-4-ethyl-1-methyloctylamine* $C_{16}H_{31}N$, Formel II (R = $CH(CH_3)$-CH_2-CH_2-$CH(C_2H_5)$-$[CH_2]_3$-CH_3, X = H).

Ein opt.-inakt. Amin (Kp_1: 99°; D_{20}^{27}: 0,850) dieser Konstitution ist aus (±)-3-Chlor-cyclopenten-(1) und opt.-inakt. 2-Amino-5-äthyl-nonan (nicht näher beschrieben) erhalten worden (*Carbide & Carbon Chem. Corp.*, U.S.P. 2390597 [1942]).

(±)-Cyclohexyl-[cyclopenten-(2)-yl]-amin, (±)-N-(*cyclopent-2-en-1-yl)cyclohexylamine* $C_{11}H_{19}N$, Formel III.

B. Aus (±)-3-Chlor-cyclopenten-(1) und Cyclohexylamin (*Carbide & Carbon Chem. Corp.*, U.S.P. 2390597 [1942]).

Kp_{14}: 105°. D_{20}^{27}: 0,920.

[(2.3.5-Trimethyl-cyclohexyl)-methyl]-[cyclopenten-(2)-yl]-amin, N-(*cyclopent-2-en-1-yl)-(2,3,5-trimethylcyclohexyl)methylamine* $C_{15}H_{27}N$, Formel IV.

Ein opt.-inakt. Amin ($Kp_{2,5}$: 118°; D_{20}^{27}: 0,919) dieser Konstitution ist aus (±)-3-Chlor-cyclopenten-(1) und opt.-inakt. 2.3.5-Trimethyl-1-aminomethyl-cyclohexan (nicht näher beschrieben) erhalten worden (*Carbide & Carbon Chem. Corp.*, U.S.P. 2390597 [1942]).

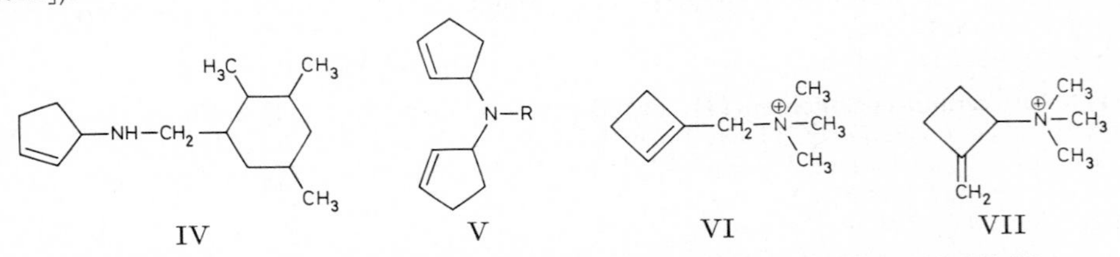

Butyl-di-[cyclopenten-(2)-yl]-amin, N-*butyldi(cyclopent-2-en-1-yl)amine* $C_{14}H_{23}N$, Formel V (R = $[CH_2]_3$-CH_3).

Ein opt.-inakt. Amin (Kp_3: 97°; D_{20}^{27}: 0,910) dieser Konstitution ist aus (±)-3-Chlor-cyclopenten-(1) und Butylamin erhalten worden (*Carbide & Carbon Chem. Corp.*, U.S.P. 2390597 [1942]).

[2-Äthyl-hexyl]-di-[cyclopenten-(2)-yl]-amin, N,N-*di(cyclopent-2-en-1-yl)-2-ethylhexylamine* $C_{18}H_{31}N$, Formel V (R = CH_2-$CH(C_2H_5)$-$[CH_2]_3$-CH_3).

Ein opt.-inakt. Amin (Kp_1: 128°; D_{20}^{27}: 0,889) dieser Konstitution ist aus (±)-3-Chlor-cyclopenten-(1) und (±)-2-Äthyl-hexylamin erhalten worden (*Carbide & Carbon Chem. Corp.*, U.S.P. 2390597 [1942]).

1-Aminomethyl-cyclobuten-(1), *C*-[Cyclobuten-(1)-yl]-methylamin C_5H_9N.

Trimethyl-[cyclobuten-(1)-ylmethyl]-ammonium, [*(cyclobut-1-en-1-yl)methyl*]*trimethylammonium* $[C_8H_{16}N]^{\oplus}$, Formel VI.

Bromid $[C_8H_{16}N]Br$. *B.* Aus 1-Brommethyl-cyclobuten-(1) (s. E III **5** 177) und Trimethylamin in Benzol (*Buchman, Howton*, Am. Soc. **70** [1948] 2517, 2518). — Hygroskopische Krystalle; F: 162,5° [korr.; nach Sintern]. — Bei der Hydrierung an Palladium sind Trimethylamin-hydrobromid und geringe Mengen Trimethyl-cyclobutylmethyl-ammonium-bromid erhalten worden (*Bu., Ho.*, l. c. S. 2518 Anm. 14, 2520). Reaktion mit Brom in Chloroform unter Bildung von Trimethyl-[(1.2-dibrom-cyclobutyl)-methyl]-ammonium-bromid (F: 164°): *Bu., Ho.*, l. c. S. 2517, 2519.

Pikrat $[C_8H_{16}N]C_6H_2N_3O_7$. Gelbe Krystalle (aus A. + Acetonitril); F: 126,6—127,1° [korr.] (*Bu., Ho.*, l. c. S. 2519).

2-Methylen-cyclobutylamin C_5H_9N.

(±)-Trimethyl-[2-methylen-cyclobutyl]-ammonium, (±)-*trimethyl(2-methylenecyclobutyl)ammonium* $[C_8H_{16}N]^{\oplus}$, Formel VII.

Bromid $[C_8H_{16}N]Br$. *B.* Bei mehrwöchigem Behandeln von (±)-2-Brom-1-methylen-cyclobutan (s. E III **5** 177) mit Trimethylamin in Benzol (*Buchman, Howton*, Am. Soc. **70** [1948] 2517, 2519). — Hygroskopische Krystalle (aus Acn. + A.); F: 229° [korr.; Zers.]. — Bei der Hydrierung an Palladium in Wasser ist Trimethyl-[2-methyl-cyclobutyl]-ammonium-bromid (F: 270°) erhalten worden. Reaktion mit Brom in Chloroform unter Bildung von Trimethyl-[2-brom-2-brommethyl-cyclobutyl]-ammonium-bromid (F: 195,5°) und Trimethyl-[(1.2-dibrom-cyclobutyl)-methyl]-ammonium-bromid (F: 164°): *Bu., Ho.*

Pikrat $[C_8H_{16}N]C_6H_2N_3O_7$. Krystalle (aus A.); F: 215—217° [korr.; Zers.].

Amine $C_6H_{11}N$

Cyclohexen-(1)-ylamin $C_6H_{11}N$.

Cyclohexen-(1)-ylisocyanat, *isocyanic acid cyclohex-1-en-1-yl ester* C_7H_9NO, Formel VIII.

B. Aus einer als Cyclohexylidencarbamidsäure-äthylester oder Cyclohexen-(1)-ylcarbamidsäure-äthylester zu formulierenden Verbindung (E III **7** 31) beim Leiten über Kieselgur unter vermindertem Druck bei 400° (*Hoch*, C. r. **201** [1935] 733) sowie beim Erhitzen unter 400 Torr auf 200° (*Du Pont de Nemours & Co.*, U.S.P. 2416068 [1944]).

Kp_{18}: 61—63° (*Hoch*); Kp_{17}: 61° (*Du Pont*).

Bei mehrtägigem Behandeln mit kaltem Wasser sind Cyclohexanon und Cyclohexylidenharnstoff (oder Cyclohexen-(1)-ylharnstoff [E III **7** 31]) erhalten worden (*Hoch*). Reaktion mit Äthanol unter Bildung von Cyclohexylidencarbamidsäure-äthylester (oder Cyclohexen-(1)-ylcarbamidsäure-äthylester), Reaktion mit Ammoniak in Äther unter Bildung von Cyclohexylidenharnstoff (oder Cyclohexen-(1)-ylharnstoff) sowie Reaktion mit Hydrazin unter Bildung von 1.2-Bis-cyclohexylidencarbamoyl-hydrazin (oder 1.2-Bis-[(cyclohexen-(1)-yl)-carbamoyl]-hydrazin [E III **7** 32]): *Hoch.*

(±)-Cyclohexen-(2)-ylamin, (±)-*cyclohex-2-en-1-ylamine* $C_6H_{11}N$, Formel IX (E II 33).

Dissoziationskonstante: *Mousseron, Froger*, Bl. **1947** 843, 848.

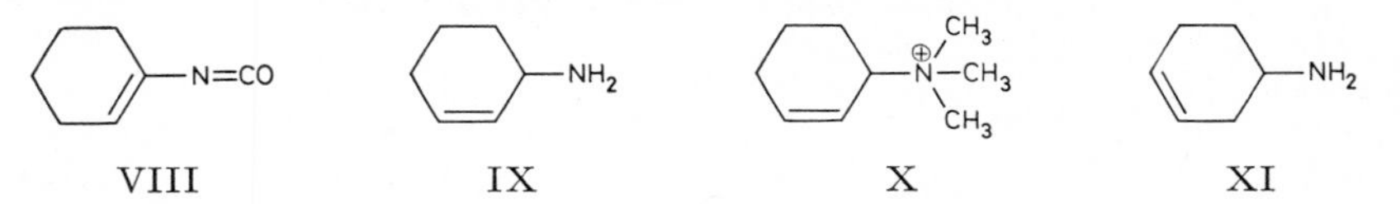

VIII IX X XI

(±)-Trimethyl-[cyclohexen-(2)-yl]-ammonium, (±)-*(cyclohex-2-en-1-yl)trimethylammonium* $[C_9H_{18}N]^{\oplus}$, Formel X.

Bromid $[C_9H_{18}N]Br$ (E I 125). *B.* Aus (±)-3-Brom-cyclohexen-(1) und Trimethylamin in Benzol (*Howton*, Am. Soc. **69** [1947] 2555, 2556). — Krystalle (aus E. + A. oder aus

Me. + Acn.); F: 179,5—180° [korr.; Zers.]. — Bei der Hydrierung an Platin oder an Raney-Nickel ist Trimethylamin-hydrobromid, bei der Hydrierung an Palladium sind daneben geringe Mengen Trimethyl-cyclohexyl-ammonium-bromid erhalten worden. Reaktion mit Brom in Chloroform unter Bildung von Trimethyl-[2.3-dibrom-cyclohexyl]-ammonium-bromid (F: 152°): *Ho.*

Pikrat $[C_9H_{18}N]C_6H_2N_3O_7$. Gelbe Krystalle (aus A.); F: 129,7—130,1° [korr.] (*Ho.*, l. c. S. 2556).

(±)-Cyclohexen-(3)-ylamin, (±)-*cyclohex-3-en-1-ylamine* $C_6H_{11}N$, Formel XI (H **33**; E II 33).

B. Neben 7-Aza-norbornan beim Erwärmen von 4-Brom-cyclohexylamin-hydrobromid (F: 203—205°) mit Alkalilauge (*v. Braun, Schwarz,* A. **481** [1930] 56, 57, 63, 64).

Pikrat. Krystalle; F: 170—173°.

Amine $C_7H_{13}N$

Cyclohepten-(2)-ylamin $C_7H_{13}N$.

(±)-3-Dimethylamino-cyclohepten-(1), (±)-Dimethyl-[cyclohepten-(2)-yl]-amin, (±)-N,N-*dimethylcyclohept-2-en-1-ylamine* $C_9H_{17}N$, Formel I (H 33).

B. Neben 1-Brom-cyclohepten-(1) beim Erwärmen von 1.2-Dibrom-cycloheptan (s. E III **5** 64) mit Dimethylamin in Benzol (*Kohler et al.*, Am. Soc. **61** [1939] 1057, 1059).

Kp: 184—187°.

(±)-Trimethyl-[cyclohepten-(2)-yl]-ammonium, (±)-*(cyclohept-2-en-1-yl)trimethylammonium* $[C_{10}H_{20}N]^{\oplus}$, Formel II (H 33).

Bromid $[C_{10}H_{20}N]Br$. *B.* Aus (±)-3-Dimethylamino-cyclohepten-(1) und Methylbromid in Aceton (*Kohler et al.*, Am. Soc. **61** [1939] 1057, 1060). — F: 192—193° [Zers.].

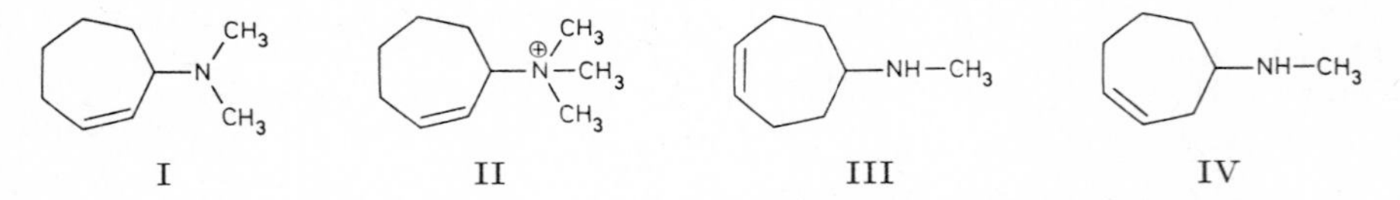

Cyclohepten-(4)-ylamin $C_7H_{13}N$ und **Cyclohepten-(3)-ylamin** $C_7H_{13}N$.

(±)-5-Methylamino-cyclohepten-(1), (±)-Methyl-[cyclohepten-(4)-yl]-amin, (±)-N-*methylcyclohept-4-en-1-ylamine* $C_8H_{15}N$, Formel III, und **(±)-4-Methylamino-cyclohepten-(1), (±)-Methyl-[cyclohepten-(3)-yl]-amin,** (±)-N-*methylcyclohept-3-en-1-ylamine* $C_8H_{15}N$, Formel IV.

Ein Amin (Kp_{760}: 158—162°; Kp_{36}: 54—60°; *N*-Benzoyl-Derivat $C_{15}H_{19}NO$: Krystalle [aus PAe.], F: 94—96,5°), für das diese Konstitutionsformeln in Betracht gezogen werden, ist beim Leiten von Tropan (8-Methyl-8-aza-bicyclo[3.2.1]octan) über Palladium/Asbest bei 280—300° erhalten worden (*Ehrenstein, Marggraff,* B. **67** [1934] 486, 487, 489).

6-Amino-1-methyl-cyclohexen-(1), 2-Methyl-cyclohexen-(2)-ylamin, *2-methylcyclohex-2-en-1-ylamine* $C_7H_{13}N$.

(−)-2-Methyl-cyclohexen-(2)-ylamin, Formel V (R = H) oder Spiegelbild.

B. Neben anderen Substanzen beim Behandeln von (+)-2*c*-Amino-1*r*-methyl-cyclohexanol-(1)-hydrochlorid ($[\alpha]_{546}$: +11,1° [W.]) mit Phosphor(V)-chlorid in Benzol und anschliessend mit Alkalilauge (*Mousseron, Froger,* Bl. **1947** 843, 848).

Kp: 170°. D^{25}: 0,904. n_D^{25}: 1,4853. $[\alpha]_{579}$: −14,95°; $[\alpha]_{546}$: −17,25°. Dissoziationskonstante: *Mou., Fr.*

Phosphat. F: 155—157°.

L_g-Tartrat. F: 171—172°.

(±)-6-Dimethylamino-1-methyl-cyclohexen-(1), (±)-Dimethyl-[2-methyl-cyclohexen-(2)-yl]-amin, (±)-*2,N,N-trimethylcyclohex-2-en-1-ylamine* $C_9H_{17}N$, Formel V (R = CH_3) + Spiegelbild.

B. Aus (±)-1.2*c*-Dibrom-1*r*-methyl-cyclohexan und Dimethylamin in Benzol (*Gutman,*

C. r. **207** [1938] 1103). Neben *cis*-2-Dimethylamino-1-methyl-cyclohexan bei der elektrochemischen Reduktion von 1-Methyl-cyclohexen-(1)-on-(6)-oxim in schwefelsaurer Lösung und anschliessenden Methylierung (*Gu.*).

Kp_{90}: 85°.

Bei der Hydrierung an einem Nickel-Chrom-Katalysator unter Druck sind *cis*-2-Dimethylamino-1-methyl-cyclohexan und *trans*-2-Dimethylamino-1-methyl-cyclohexan erhalten worden.

Hydrochlorid. F: 134–135°.

Pikrat. F: 162–163°.

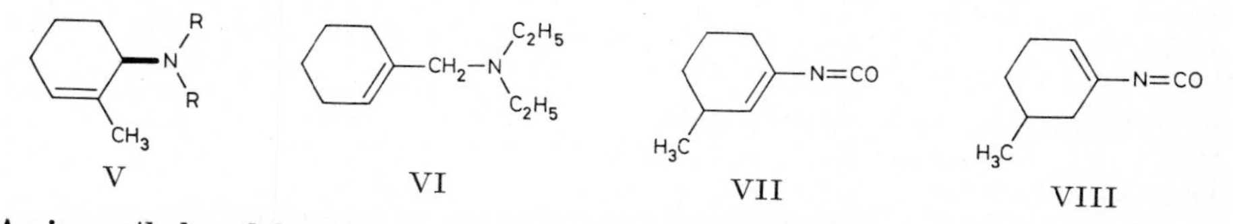

V VI VII VIII

1-Aminomethyl-cyclohexen-(1), *C*-[Cyclohexen-(1)-yl]-methylamin $C_7H_{13}N$.

[Cyclohexen-(1)-yl-methyl]-diäthyl-amin, *1-(cyclohex-1-en-1-yl)-*N,N*-diethylmethylamine* $C_{11}H_{21}N$, Formel VI.

B. Beim Behandeln von (±)-*trans*-1-[Diäthylamino-methyl]-cyclohexanol-(2) mit Thionylchlorid in Benzol und Erhitzen des Reaktionsprodukts mit 8-Amino-6-methoxychinolin auf 145° (*Matti*, Bl. [4] **51** [1932] 974, 979).

Kp_{19}: 95–96°.

3-Methyl-cyclohexen-(1)-ylamin $C_7H_{13}N$ und **3-Methyl-cyclohexen-(6)-ylamin** $C_7H_{13}N$.

3-Methyl-cyclohexen-(1)-ylisocyanat, *isocyanic acid 3-methylcyclohex-1-en-1-yl ester* $C_8H_{11}NO$, Formel VII, und **3-Methyl-cyclohexen-(6)-ylisocyanat,** *isocyanic acid 5-methylcyclohex-1-en-1-yl ester* $C_8H_{11}NO$, Formel VIII.

Diese Konstitutionsformeln kommen für die nachstehend beschriebene Verbindung in Betracht.

B. Aus (±)-3-Äthoxycarbonylimino-1-methyl-cyclohexan beim Leiten über Kieselgur unter vermindertem Druck bei 400° (*Hoch*, C. r. **201** [1935] 733).

Kp_{18}: 73–74°.

Beim Behandeln mit Anilin in Äther ist eine wahrscheinlich als *N'*-[3-Methyl-cyclohexen-(1)-yl]-*N*-phenyl-harnstoff oder als *N'*-[3-Methyl-cyclohexen-(6)-yl]-*N*-phenyl-harnstoff zu formulierende Verbindung $C_{14}H_{18}N_2O$ vom F: 170° erhalten worden.

3-Methyl-cyclohexen-(5)-ylamin $C_7H_{13}N$.

5-Dimethylamino-1-methyl-cyclohexen-(3), Dimethyl-[3-methyl-cyclohexen-(5)-yl]-amin, *5,*N,N*-trimethylcyclohex-2-en-1-ylamine* $C_9H_{17}N$, Formel IX.

Ein opt.-inakt. Amin (Kp_{25}: 65°; Hydrochlorid: F: 125–126°; Pikrat: F: 169° bis 170°) dieser Konstitution ist aus opt.-inakt. 3.4-Dibrom-1-methyl-cyclohexan (nicht charakterisiert) und Dimethylamin bei 120–130° erhalten und mit Hilfe von Methyljodid in opt.-inakt. Trimethyl-[3-methyl-cyclohexen-(5)-yl]-ammonium-jodid $[C_{10}H_{20}N]I$ (F: 200–201°) übergeführt worden (*Gutman*, C. r. **208** [1939] 524).

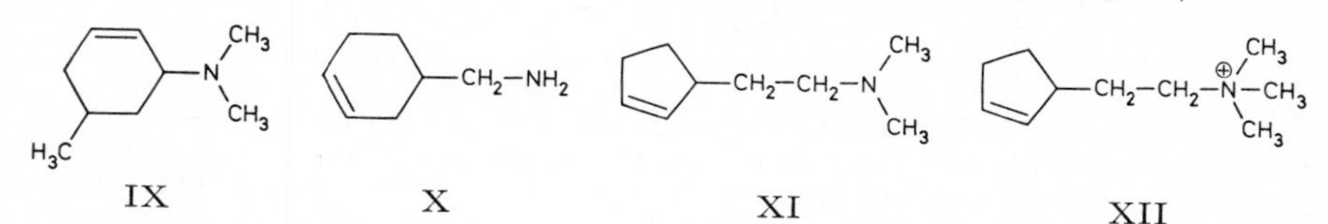

IX X XI XII

(±)-1-Aminomethyl-cyclohexen-(3), (±)-*C*-[Cyclohexen-(3)-yl]-methylamin, (±)-*1-(cyclohex-3-en-1-yl)methylamine* $C_7H_{13}N$, Formel X.

B. Aus (±)-Cyclohexen-(3)-carbonitril-(1), aus (±)-4-Chlor-cyclohexen-(3)-carbonitril-(1) oder aus (±)-4-Brom-cyclohexen-(3)-carbonitril-(1) beim Erwärmen mit Natrium und Äthanol (*Petrow, Šopow*, Ž. obšč. Chim. **17** [1947] 2228, 2231, 2233; C. A. **1948** 4957).

Kp: 169,5–170,5°. D_4^{20}: 0,9077. n_D^{20}: 1,4840.

2-[Cyclopenten-(2)-yl]-äthylamin $C_7H_{13}N$.

(±)-2-Dimethylamino-1-[cyclopenten-(2)-yl]-äthan, (±)-Dimethyl-[2-(cyclopenten-(2)-yl)-äthyl]-amin, *(±)-2-(cyclopent-2-en-1-yl)-N,N-dimethylethylamine* $C_9H_{17}N$, Formel XI.

B. Aus (±)-1-[2-Brom-äthyl]-cyclopenten-(2) und Dimethylamin in Benzol (*v. Braun, Kamp, Kopp*, B. **70** [1937] 1750, 1759).

Kp_{13}: 66—68°. D_4^{21}: 0,8291.

Pikrat. Krystalle (aus A.); F: 136—138°.

(±)-Trimethyl-[2-(cyclopenten-(2)-yl)-äthyl]-ammonium, *(±)-[2-(cyclopent-2-en-1-yl)ethyl]trimethylammonium* $[C_{10}H_{20}N]^{\oplus}$, Formel XII.

Jodid $[C_{10}H_{20}N]I$. F: 223° (*v. Braun, Kamp, Kopp*, B. **70** [1937] 1750, 1759). In Äthanol schwer löslich.

2-Amino-norbornan, Norbornyl-(2)-amin, *2-norbornylamine* $C_7H_{13}N$.

Über die Konfiguration der beiden folgenden Stereoisomeren s. *Alder, Stein*, A. **525** [1936] 183, 197, 202.

a) **(±)-2*endo*-Amino-norbornan,** Formel I (R = H) + Spiegelbild.

B. Bei der Hydrierung von (±)-5*endo*-Nitro-norbornen-(2) an Platin in Essigsäure und Behandlung des Reaktionsprodukts mit warmer wss. Essigsäure und Eisen-Pulver (*Alder, Rickert, Windemuth*, B. **71** [1938] 2451, 2457). Neben geringen Mengen Di-[norbonyl-(2)]-amin (S. 161) bei der Hydrierung von (±)-Norbornanon-(2)-oxim an Platin in Essigsäure bei 40—50° (*Alder, Stein*, A. **525** [1936] 183, 218, 220). Neben geringeren Mengen des unter b) beschriebenen Stereoisomeren beim Behandeln von (±)-Norbornanon-(2)-oxim mit Natrium und Äthanol (*Al., St.*, A. **525** 221). Beim Erhitzen von (±)-Norbornan-carbonylchlorid-(2*endo*) mit Natriumazid in Xylol oder Benzol und anschliessend mit wss. Salzsäure (*Komppa, Beckmann*, A. **512** [1934] 172, 174, 180; *Alder, Stein*, A. **514** [1934] 211, 215, 224). Aus (±)-Norbornan-carbamid-(2*endo*) beim Behandeln mit alkal. wss. Kaliumhypobromit-Lösung (*Komppa, Beckmann*, Ann. Acad. Sci. fenn. [A] **39** Nr. 7 [1934] 8).

Krystalle, die bei 75—80° schmelzen (*Ko., Be.*). Kp: 156—157° (*Ko., Be.*).

Beim Behandeln des Hydrochlorids mit Natriumnitrit und wss. Essigsäure unter Durchleiten von Wasserdampf ist Norbornanol-(2*exo*) als Hauptprodukt erhalten worden (*Ko., Be.*; *Al., St.*, A. **514** 220, 226; *Berson, Remanick*, Am. Soc. **86** [1964] 1749).

Charakterisierung als Phenylthiocarbamoyl-Derivat (F: 154—155°): *Ko., Be.*

Hydrochlorid $C_7H_{13}N \cdot HCl$. Krystalle (aus Me. + E.), F: 295° (*Al., St.*, A. **514** 225; *Al., Ri., Wi.*); Krystalle (aus A. + Ae.), F: 260° (*Ko., Be.*). In Äthanol und Wasser leicht löslich, in Äther schwer löslich (*Ko., Be.*).

Tetrachloroaurat(III) $C_7H_{13}N \cdot HAuCl_4$. Gelbe Krystalle (aus wss.-methanol. Salzsäure); F: 211—212° [Zers.] (*Ko., Be.*).

Hexachloroplatinat(IV) $C_7H_{13}N \cdot H_2PtCl_6$. Orangegelbe Krystalle (aus wss. Salzsäure); Zers. oberhalb 200° (*Ko., Be.*).

Pikrat $C_7H_{13}N \cdot C_6H_3N_3O_7$. Gelbe Krystalle; F: 180—181° [aus W.] (*Al., Ri., Wi.*), 179—180° [aus wss. Me.] (*Al., St.*, A. **525** 220), 174—175° [aus wss. A.] (*Ko., Be.*).

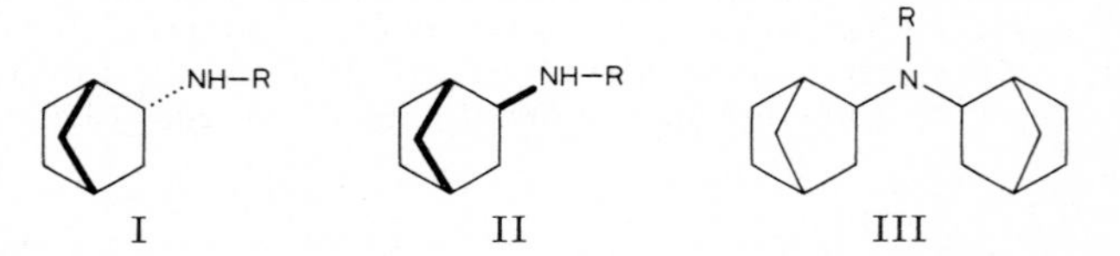

b) **(±)-2*exo*-Amino-norbornan,** Formel II (R = H) + Spiegelbild.

B. Beim Erwärmen von (±)-Norbornan-carbonylchlorid-(2*exo*) mit Natriumazid in Benzol und anschliessenden Erhitzen mit wss. Salzsäure (*Alder, Stein*, A. **514** [1934] 211, 215, 224).

Beim Behandeln des Hydrochlorids mit Natriumnitrit und wss. Essigsäure unter Durchleiten von Wasserdampf ist Norbornanol-(2*exo*) als Hauptprodukt erhalten worden (*Al., St.*, A. **514** 226).

Hydrochlorid $C_7H_{13}N \cdot HCl$. Krystalle (aus Me. + E.), die bei 345° sublimieren (*Al., St.*, A. **514** 225).

Pikrat. F: 178—179° (*Alder, Stein*, A. **525** [1936] 183, 221).

Di-[norbornyl-(2)]-amin, *di-2-norbornylamine* $C_{14}H_{23}N$, Formel III (R = H).

Opt.-inakt. Di-[norbornyl-(2)]-amin, dessen Pikrat bei 193° schmilzt.

B. In geringerer Menge neben 2*endo*-Amino-norbornan bei der Hydrierung von (±)-Nor= bornanon-(2)-oxim an Platin in Essigsäure bei 40—50° (*Alder, Stein*, A. **525** [1936] 183, 197, 218, 220).

Pikrat $C_{14}H_{23}N \cdot C_6H_3N_3O_7$. Krystalle (aus wss. Me.); F: 193°.

Äthyl-di-[norbonyl-(2)]-amin, *N-ethyldi-2-norbornylamine* $C_{16}H_{27}N$, Formel III (R = C_2H_5).

Opt.-inakt. Äthyl-di-[norbornyl-(2)]-amin, dessen Pikrat bei 249° schmilzt.

B. In geringer Menge neben 2*endo*-Amino-norbornan und Di-[norbornyl-(2)]-amin (s. o.) bei der Hydrierung von (±)-Norbornanon-(2)-oxim an Platin in Essigsäure in Gegenwart von wss. Hexachloroplatin(IV)-säure bei 40—50° (*Alder, Stein*, A. **525** [1936] 183, 197, 218, 220).

Pikrat $C_{16}H_{27}N \cdot C_6H_3N_3O_7$. Krystalle (aus wss. Me.); F: 249°.

2-Acetamino-norbornan, *N*-[Norbornyl-(2)]-acetamid, *N-(2-norbornyl)acetamide* $C_9H_{15}NO$.

a) **(±)-2*endo*-Acetamino-norbornan**, Formel I (R = CO-CH_3) + Spiegelbild.

B. Aus (±)-2*endo*-Amino-norbornan und Acetanhydrid in Äther (*Alder, Stein*, A. **514** [1934] 211, 226).

F: 131—132° [aus Heptan] (*Berson, Ben-Efraim*, Am. Soc. **81** [1959] 4094, 4099), 124° [aus Bzn.] (*Al., St.*).

b) **(±)-2*exo*-Acetamino-norbornan**, Formel II (R = CO-CH_3) + Spiegelbild.

B. Aus (±)-2*exo*-Amino-norbornan und Acetanhydrid in Äther (*Alder, Stein*, A. **514** [1934] 211, 226).

Krystalle; F: 143—145° [aus Ae.] (*Berson, Ben-Efraim*, Am. Soc. **81** [1959] 4094, 4098), 139° (*Al., St.*).

2-Ureido-norbornan, Norbornyl-(2)-harnstoff, *2-norbornylurea* $C_8H_{14}N_2O$.

a) **(±)-Norbornyl-(2*endo*)-harnstoff**, Formel I (R = CO-NH_2).

B. Aus (±)-2*endo*-Amino-norbornan-hydrochlorid beim Erhitzen mit Kaliumcyanat in Wasser (*Komppa, Beckmann*, A. **512** [1934] 172, 180; *Alder, Stein*, A. **514** [1934] 211, 225).

Krystalle; F: 197—198° [aus Me.] (*Berson, Ben-Efraim*, Am. Soc. **81** [1959] 4094, 4099), 196—197° [aus Me.] (*Ko., Be.*), 191° [aus W.] (*Al., St.*).

b) **(±)-Norbornyl-(2*exo*)-harnstoff**, Formel II (R = CO-NH_2).

B. Aus (±)-2*exo*-Amino-norbornan-hydrochlorid beim Erhitzen mit Kaliumcyanat in Wasser (*Alder, Stein*, A. **514** [1934] 211, 225).

F: 186°.

***N.N'*-Di-[norbornyl-(2)]-harnstoff**, *1,3-di(2-norbornyl)urea* $C_{15}H_{24}N_2O$.

Opt.-inakt. *N.N'*-Di-[norbornyl-(2*endo*)]-harnstoff, Formel IV + Spiegelbild oder/ und Formel V, **vom F: 259°**.

B. Aus (±)-Norbornyl-(2*endo*)-isocyanat beim Erhitzen mit Wasser (*Komppa, Beckmann*, A. **512** [1934] 172, 179).

Krystalle (aus A.); F: 257—259° [Zers.].

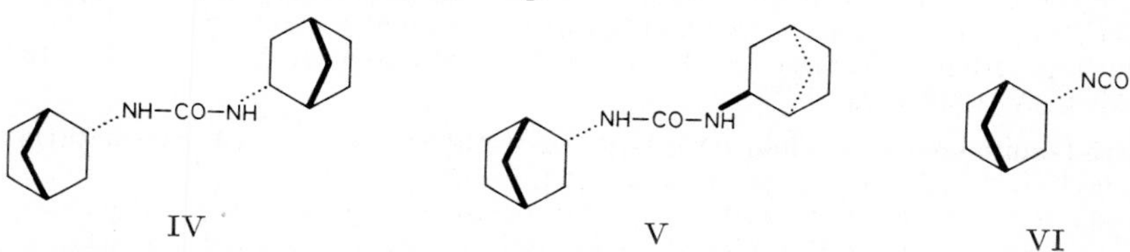

2-Isocyanato-norbornan, Norbornyl-(2)-isocyanat, *isocyanic acid 2-norbornyl ester* $C_8H_{11}NO$.

(±)-Norbornyl-(2*endo*)-isocyanat, Formel VI + Spiegelbild.

B. Aus (±)-Norbornan-carbonylchlorid-(2*endo*) beim Erhitzen mit Natriumazid in Xylol (*Komppa, Beckmann*, A. **512** [1934] 172, 174, 179).

Kp_9: 71—72°.

Amine $C_8H_{15}N$

(±)-6-Amino-1-äthyl-cyclohexen-(1), (±)-2-Äthyl-cyclohexen-(2)-ylamin, *(±)-2-ethylcyclohex-2-en-1-ylamine* $C_8H_{15}N$, Formel VII.

B. Aus (±)-2*c*-Amino-1*r*-äthyl-cyclohexanol-(1)-hydrochlorid bei aufeinanderfolgendem Behandeln mit Phosphor(V)-chlorid in Benzol und mit Alkali (*Mousseron, Froger*, Bl. **1947** 843, 848).

Kp: 180°. D^{25}: 0,9056. n_D^{25}: 1,4882.

Phosphat. F: 178—180° [Zers.].

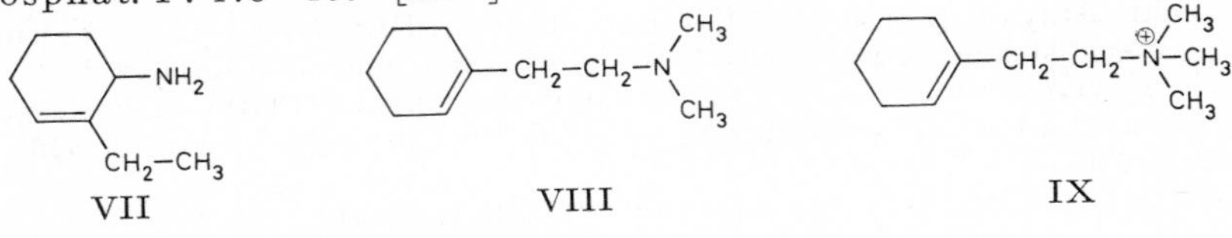

2-[Cyclohexen-(1)-yl]-äthylamin $C_8H_{15}N$.

2-Dimethylamino-1-[cyclohexen-(1)-yl]-äthan, Dimethyl-[2-(cyclohexen-(1)-yl)-äthyl]-amin, *2-(cyclohex-1-en-1-yl)-N,N-dimethylethylamine* $C_{10}H_{19}N$, Formel VIII.

B. Beim Behandeln einer wss. Lösung von 1.1-Dimethyl-*cis*-octahydro-indolium-jodid mit Silberoxid und Erhitzen des Reaktionsprodukts unter vermindertem Druck auf 100° (*King, Barltrop, Walley*, Soc. **1945** 277, 279, 280).

Kp_{14}: 84°.

Pikrolonat (F: 184—185°): *King, Ba., Wa.*

Trimethyl-[2-(cyclohexen-(1)-yl)-äthyl]-ammonium, *[2-(cyclohex-1-en-1-yl)ethyl]trimethylammonium* $[C_{11}H_{22}N]^{\oplus}$, Formel IX.

Jodid $[C_{11}H_{22}N]I$. *B.* Aus dem im vorangehenden Artikel beschriebenen Amin und Methyljodid in Äther (*King, Barltrop, Walley*, Soc. **1945** 277, 280). — Krystalle (aus Acn. + Ae.); F: 226—227°.

Methyl-[2-cyclohexyl-äthyl]-[2-(cyclohexen-1-yl)-äthyl]-amin, *2-(cyclohex-1-en-1-yl)-2'-cyclohexyl-N-methyldiethylamine* $C_{17}H_{31}N$, Formel X.

Kp_7: 145—150° (*Myron Heyn*, U.S.P. 2278123 [1939]).

Hydrochlorid. F: 250—251°.

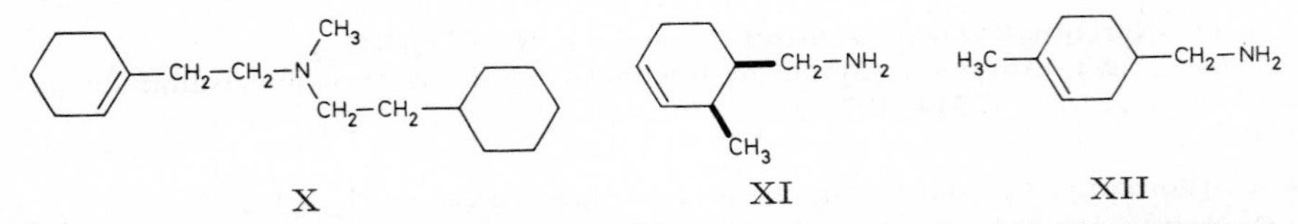

2-Methyl-1-aminomethyl-cyclohexen-(3), *C*-[2-Methyl-cyclohexen-(3)-yl]-methylamin, *1-(2-methylcyclohex-3-en-1-yl)methylamine* $C_8H_{15}N$.

Ein opt.-inakt. Präparat (Kp_{20}: 76,5—77°; D_4^{20}: 0,9008; n_D^{20}: 1,4828; Pikrat: F: 191,5°), in dem **(±)-*cis*-2-Methyl-1-aminomethyl-cyclohexen-(3)** (Formel XI + Spiegelbild) als Hauptbestandteil vorgelegen hat, ist aus (±)-*cis*-2-Methyl-cyclohexen-(3)-carbonitril-(1) (Präparat von ungewisser konfigurativer Einheitlichkeit) beim Erwärmen mit Natrium und Äthanol erhalten worden (*Petrow, Šaposhnikowa*, Ž. obšč. Chim. **18** [1948] 424, 428; C. A. **1948** 7721).

4-Methyl-1-aminomethyl-cyclohexen-(3), *C*-[4-Methyl-cyclohexen-(3)-yl]-methylamin, *1-(4-methylcyclohex-3-en-1-yl)methylamine* $C_8H_{15}N$, Formel XII.

Ein als Pikrat (F: 169—170°) isoliertes opt.-inakt. Amin dieser Konstitution ist neben geringen Mengen 3-Methyl-1-aminomethyl-cyclohexen-(3) (nicht isoliert) beim Erhitzen von Acrylonitril mit Isopren unter Zusatz von Hydrochinon in Toluol auf 135° und Erwärmen des Reaktionsprodukts mit Natrium und Äthanol erhalten worden (*Petrow, Šaposhnikowa*, Ž. obšč. Chim. **18** [1948] 424, 427; C. A. **1948** 7721).

4-Aminomethyl-1-methylen-cyclohexan, *C*-[4-Methylen-cyclohexyl]-methylamin, *1-(4-methylenecyclohexyl)methylamine* $C_8H_{15}N$, Formel I (R = H).

B. Beim Erhitzen von *cis*-1.4-Bis-aminomethyl-cyclohexan-dihydrochlorid und Behandeln des Reaktionsprodukts mit wss. Kalilauge (*Malachowski, Jankiewicz Wasowska, Jozkiewicz*, B. **71** [1938] 759, 760, 764).

Kp_{10}: 68—70°.

Hexachloroplatinat(IV). Gelb; F: 198° [Zers.].

Trimethyl-[(4-methylen-cyclohexyl)-methyl]-ammonium, *trimethyl[(4-methylenecyclohexyl)methyl]ammonium* $[C_{11}H_{22}N]^{\oplus}$, Formel II.

Jodid $[C_{11}H_{22}N]I$. *B.* Aus 4-Aminomethyl-1-methylen-cyclohexan beim Behandeln einer methanol. Lösung mit Methyljodid und äthanol. Kalilauge (*Malachowski, Jankiewicz Wasowska, Jozkiewicz*, B. **71** [1938] 759, 760, 765). — Krystalle (aus Acn. + Ae.); F: 208—210° [korr.].

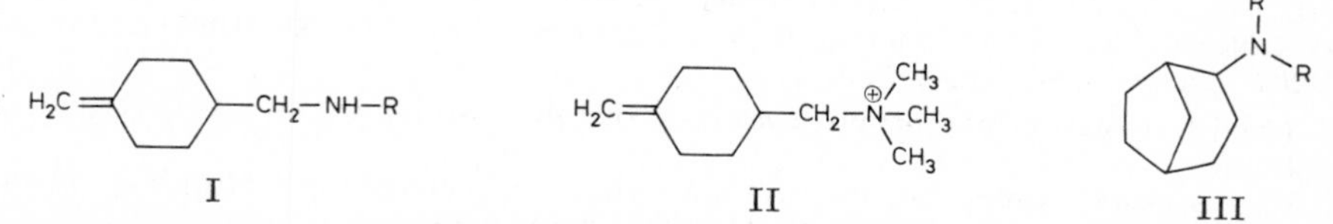

4-Benzaminomethyl-1-methylen-cyclohexan, ***N*-[(4-Methylen-cyclohexyl)-methyl]-benzamid,** N-*[(4-methylenecyclohexyl)methyl]benzamide* $C_{15}H_{19}NO$, Formel I ($R = CO\text{-}C_6H_5$).

B. Aus 4-Aminomethyl-1-methylen-cyclohexan beim Behandeln mit Benzoylchlorid und Chinolin (*Malachowski, Jankiewicz Wasowska, Jozkiewicz*, B. **71** [1938] 759, 765).

Krystalle (aus Bzn.); F: 95°.

2-Amino-bicyclo[3.2.1]octan, Bicyclo[3.2.1]octyl-(2)-amin, *bicyclo[3.2.1]oct-2-ylamine* $C_8H_{15}N$, Formel III (R = H).

Ein opt.-inakt. Amin (Kp_{14}: 69—70°; Hexachloroplatinat(IV): gelbe Krystalle, Zers. bei 275—280°; Pikrat: Krystalle [aus Ae.], F: 180°; *N*-Benzoyl-Derivat $C_{15}H_{19}NO$: F: 95°) dieser Konstitution von ungewisser Einheitlichkeit ist beim Behandeln einer Lösung von opt.-inakt. Bicyclo[3.2.1]octan-carbonsäure-(2) (Präparat von ungewisser Einheitlichkeit; s. E III **9** 187) in Schwefelsäure mit Stickstoffwasserstoffsäure in Chloroform erhalten worden (*v. Braun, Reitz*, B. **74** [1941] 273).

2-Dimethylamino-bicyclo[3.2.1]octan, Dimethyl-[bicyclo[3.2.1]octyl-(2)]-amin, N,N-*dimethylbicyclo[3.2.1]oct-2-ylamine* $C_{10}H_{19}N$, Formel III ($R = CH_3$).

Ein opt.-inakt. Amin (Kp_{13}: 83°; D_4^{20}: 0,9062; Hexachloroplatinat(IV): orangegelbe Krystalle, F: 173°; Pikrat $C_{10}H_{19}N \cdot C_6H_3N_3O_7$: gelbe Krystalle [aus A.], F: 197°) dieser Konstitution ist neben Bicyclo[3.2.1]octen-(2) (E III **5** 327) beim Behandeln des im vorangehenden Artikel beschriebenen Amins mit Dimethylsulfat und Alkalilauge und Erhitzen des Reaktionsprodukts mit wss. Kalilauge erhalten worden (*v. Braun, Reitz*, B. **74** [1941] 273, 275).

3-Amino-2-methyl-norbornan, 3-Methyl-norbornyl-(2)-amin, *3-methyl-2-norbornylamine* $C_8H_{15}N$.

a) **(±)-3*exo*-Amino-2*endo*-methyl-norbornan,** Formel IV (R = H) + Spiegelbild.

B. Aus (±)-3*endo*-Methyl-norbornan-carbonylchlorid-(2*exo*) beim Erwärmen mit Natriumazid in Benzol und anschliessend mit wss. Salzsäure (*Komppa, Beckmann*, A. **523** [1936] 68, 70, 80).

Beim Behandeln des Hydrochlorids mit Natriumnitrit und wss. Essigsäure sind 2*endo*-Methyl-norbornanol-(3*exo*), 7*anti*-Methyl-norbornanol-(2*exo*) und geringe Mengen anderer Verbindungen erhalten worden (*Berson, McRowe, Bergman*, Am. Soc. **89** [1967] 2573, 2577, 2580; vgl. *Ko., Be.*).

Hydrochlorid. Krystalle (aus A. + E.), die unterhalb 275° nicht schmelzen (*Ko., Be.*, l. c. S. 80).

b) **(±)-3*endo*-Amino-2*exo*-methyl-norbornan,** Formel V (R = H) + Spiegelbild.

B. Aus (±)-3*endo*-Nitro-2*exo*-methyl-norbornan beim Erwärmen mit wss. Essigsäure und Eisen-Pulver (*Alder, Rickert, Windemuth*, B. **71** [1938] 2451, 2453, 2458). Aus (±)-3*exo*-Methyl-norbornan-carbonylchlorid-(2*endo*) beim Erwärmen mit Natriumazid in Benzol und anschliessend mit wss. Salzsäure (*Komppa, Beckmann*, A. **523** [1936] 68, 70, 79).

Beim Behandeln mit wss. Salzsäure und Natriumnitrit sind 2*exo*-Methyl-norbornan=

ol-(3*endo*), 7*syn*-Methyl-norbornanol-(2*exo*) („Isoaposantenol") und geringe Mengen anderer Verbindungen erhalten worden (*Berson, McRowe, Bergman*, Am. Soc. **89** [1967] 2573, 2577, 2579; s. a. *Ko., Be.*, l. c. S. 81).

Hydrochlorid. Krystalle (aus Me. + E.); F: 269° (*Al., Ri., Wi.*).

Pikrat. Gelbe Krystalle (aus W.); F: 202—203° (*Al., Ri., Wi.*).

3-Ureido-2-methyl-norbornan, [3-Methyl-norbornyl-(2)]-harnstoff, *(3-methyl-2-nor⸗bornyl)urea* $C_9H_{16}N_2O$.

a) **(±)-[3*endo*-Methyl-norbornyl-(2*exo*)]-harnstoff,** Formel IV (R = $CO-NH_2$) + Spiegelbild.

B. Aus (±)-3*exo*-Amino-2*endo*-methyl-norbornan-hydrochlorid mit Hilfe von Kalium⸗cyanat (*Komppa, Beckmann*, A. **523** [1936] 68, 80).

Krystalle; F: 209—210° (*Berson, McRowe, Bergman*, Am. Soc. **89** [1967] 2573, 2579), 206—207° [aus wss. A.] (*Ko., Be.*).

b) **(±)-[3*exo*-Methyl-norbornyl-(2*endo*)]-harnstoff,** Formel V (R = $CO-NH_2$) + Spiegelbild.

B. Aus (±)-3*endo*-Amino-2*exo*-methyl-norbornan-hydrochlorid mit Hilfe von Kalium⸗cyanat (*Alder, Rickert, Windemuth*, B. **71** [1938] 2451, 2458).

Krystalle; F: 204—205° (*Berson, McRowe, Bergman*, Am. Soc. **89** [1967] 2573, 2579), 203° [aus Dioxan] (*Al., Ri., Wi.*), 200—201° [aus A.] (*Komppa, Beckmann*, B. **71** [1938] 68, 80).

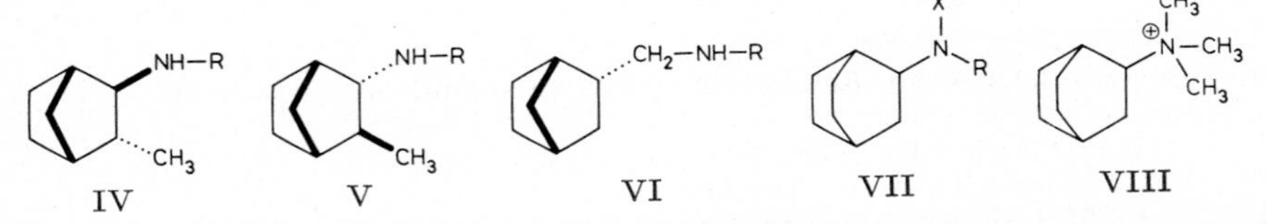

2-Aminomethyl-norbornan, *C*-[Norbornyl-(2)]-methylamin, *1-(2-norbornyl)methylamine* $C_8H_{15}N$.

(±)-2*endo*-Aminomethyl-norbornan, Formel VI (R = H) + Spiegelbild.

B. Beim Erhitzen von (±)-2*endo*-Brommethyl-norbornan mit Kalium-phthalimid auf 220° und Erhitzen des Reaktionsprodukts mit wss. Salzsäure (*Alder, Windemuth*, B. **71** [1938] 1939, 1954). Aus (±)-[Norbornyl-(2*endo*)]-acetylchlorid beim Erwärmen mit Natriumazid in Benzol und anschliessend mit wss. Salzsäure (*Al., Wi.*, l. c. S. 1956). Aus (±)-2*endo*-Aminomethyl-norbornen-(5) bei der Hydrierung an Platin in wss. Salz⸗säure und Essigsäure (*Al., Wi.*, l. c. S. 1953).

Hydrochlorid. Krystalle (aus Me. + E.), die unterhalb 300° nicht schmelzen (*Al., Wi.*).

2-Ureidomethyl-norbornan, [Norbornyl-(2)-methyl]-harnstoff, *(2-norbornylmethyl)urea* $C_9H_{16}N_2O$.

(±)-[Norbornyl-(2*endo*)-methyl]-harnstoff Formel VI (R = $CO-NH_2$) + Spiegel⸗bild.

B. Aus (±)-2*endo*-Aminomethyl-norbornan-hydrochlorid beim Erhitzen mit Kalium⸗cyanat in Wasser (*Alder, Windemuth*, B. **71** [1938] 1939, 1954).

Krystalle (aus wss. Me.); F: 124°.

(±)-2-Amino-bicyclo[2.2.2]octan, (±)-Bicyclo[2.2.2]octyl-(2)-amin, *(±)-bicyclo[2.2.2]⸗oct-2-ylamine* $C_8H_{15}N$, Formel VII (R = X = H).

B. Aus Bicyclo[2.2.2]octanon-(2)-oxim mit Hilfe von Natrium und Äthanol (*Komppa*, B. **68** [1935] 1267, 1271). Beim Behandeln einer Lösung von (±)-Bicyclo[2.2.2]octan-carbonsäure-(2) in Schwefelsäure mit Stickstoffwasserstoffsäure in Chloroform (*Seka, Tramposch*, B. **75** [1942] 1379, 1382).

Krystalle (nach Sublimation sowie aus Bzl.); F: 138—140° (*Ko.*; *Seka, Tr.*).

Hydrochlorid $C_8H_{15}N \cdot HCl$. Krystalle, die unterhalb 300° nicht schmelzen (*Ko.*).

Hexachloroplatinat(IV) $2C_8H_{15}N \cdot H_2PtCl_6$. Orangefarbene Krystalle; Zers. von 225° an (*Seka, Tr.*).

Pikrat $C_8H_{15}N \cdot C_6H_3N_3O_7$. Krystalle (aus wss. A.); F: 222—223° (*Ko.*).

(±)-2-Dimethylamino-bicyclo[2.2.2]octan, (±)-Dimethyl-[bicyclo[2.2.2]octyl-(2)]-amin, (±)-N,N-*dimethylbicyclo[2.2.2]oct-2-ylamine* $C_{10}H_{19}N$, Formel VII (R = X = CH_3).

B. Neben Bicyclo[2.2.2]octen-(2) beim Erhitzen des im folgenden Artikel beschriebenen Methylsulfats mit wss. Schwefelsäure, anschliessenden Behandeln mit Bariumhydroxid und Erhitzen der Reaktionslösung mit Kaliumhydroxid (*Seka, Tramposch*, B. **75** [1942] 1379, 1383).

Kp_{14}: 82°; n_D^{20}: 1,4833 (*Seka, Tr.*). Raman-Spektrum: *Kohlrausch, Seka, Tramposch*, B. **75** [1942] 1385, 1393.

(±)-Trimethyl-[bicyclo[2.2.2]octyl-(2)]-ammonium, *(bicyclo[2.2.2]oct-2-yl)trimethylammonium* $[C_{11}H_{22}N]^{\oplus}$, Formel VIII.

Jodid $[C_{11}H_{22}N]I$. *B.* Aus (±)-2-Dimethylamino-bicyclo[2.2.2]octan beim Behandeln einer Lösung in Aceton mit Methyljodid (*Seka, Tramposch*, B. **75** [1942] 1379, 1384). — Krystalle (aus Acn.); F: 296° [korr.; Zers.].

Methylsulfat $[C_{11}H_{22}N]CH_3O_4S$. *B.* Aus (±)-2-Dimethylamino-bicyclo[2.2.2]octan beim Behandeln mit wss. Natronlauge und mit Dimethylsulfat (*Seka., Tr.*, l. c. S. 1383). — Krystalle (aus $CHCl_3$ + CCl_4); F: 212–214° [korr.].

(±)-2-Benzamino-bicyclo[2.2.2]octan, (±)-*N*-[Bicyclo[2.2.2]octyl-(2)]-benzamid, (±)-N-*(bicyclo[2.2.2]oct-2-yl)benzamide* $C_{15}H_{19}NO$, Formel VII (R = CO-C_6H_5, X = H).

B. Aus (±)-2-Amino-bicyclo[2.2.2]octan beim Erwärmen mit Kaliumcarbonat in Äther und anschliessend mit Benzoylchlorid (*Seka, Tramposch*, B. **75** [1942] 1379, 1382).

Krystalle (aus wss. A.); F: 178–179° [korr.].

(±)-2-Ureido-bicyclo[2.2.2]octan, (±)-Bicyclo[2.2.2]octyl-(2)-harnstoff, (±)-*(bicyclo[2.2.2]oct-2-yl)urea* $C_9H_{16}N_2O$, Formel VII (R = CO-NH_2, X = H).

B. Aus (±)-2-Amino-bicyclo[2.2.2]octan-hydrochlorid mit Hilfe von Kaliumcyanat (*Komppa*, B. **68** [1935] 1267, 1271).

Krystalle (aus wss. A.); F: 182,5–183°.

Amine $C_9H_{17}N$

(±)-1-[2-Amino-propyl]-cyclohexen-(1), (±)-1-Methyl-2-[cyclohexen-(1)-yl]-äthylamin, (±)-*2-(cyclohex-1-en-1-yl)-1-methylethylamine* $C_9H_{17}N$, Formel IX (R = H).

B. Beim Erhitzen von Cyclohexen-(1)-ylaceton mit Formamid in wasserhaltiger Ameisensäure bis auf 180° und Erwärmen des Reaktionsprodukts mit wss. Schwefelsäure [50%ig] (*Smith, Kline & French Labor.*, U.S.P. 2367546 [1942]).

Kp_{55}: 109–114°.

(±)-1-[2-Methylamino-propyl]-cyclohexen-(1), (±)-Methyl-[1-methyl-2-(cyclohexen-(1)-yl)-äthyl]-amin, (±)-*2-(cyclohex-1-en-1-yl)-1,*N*-dimethylethylamine* $C_{10}H_{19}N$, Formel IX (R = CH_3).

B. Beim Erhitzen von Cyclohexen-(1)-ylaceton mit Methylformamid in wasserhaltiger Ameisensäure bis auf 180° und Erhitzen des Reaktionsprodukts mit wss. Schwefelsäure [50%ig] (*Smith, Kline & French Labor.*, U.S.P. 2367546 [1942]).

Kp: 208–210°.

3.4-Dimethyl-1-aminomethyl-cyclohexen-(3), *C*-[3.4-Dimethyl-cyclohexen-(3)-yl]-methylamin $C_9H_{17}N$.

(±)-3.4-Dimethyl-1-isothiocyanatomethyl-cyclohexen-(3), (±)-[3.4-Dimethyl-cyclohexen-(3)-yl]-methylisothiocyanat, (±)-*isothiocyanic acid (3,4-dimethylcyclohex-3-en-1-yl)methyl ester* $C_{10}H_{15}NS$, Formel X.

B. Aus Allylisothiocyanat und 2.3-Dimethyl-butadien-(1.3) bei 150° (*Alder, Windemuth*, B. **71** [1938] 1939, 1944, 1957).

Kp_{12}: 137–138°.

1-Amino-hexahydro-indan, Hexahydro-indanyl-(1)-amin, *hexahydroindan-1-ylamine* $C_9H_{17}N$.

a) **(±)-1*c*-Amino-(3a*rH*.7a*cH*)-hexahydro-indan,** Formel XI (R = H) + Spiegelbild.

Konfiguration: *Bangert, Boekelheide*, Am. Soc. **86** [1964] 905, 906, 907.

B. Neben dem unter b) beschriebenen Stereoisomeren beim Behandeln von (±)-*cis*-Hexahydro-indanon-(1)-oxim mit Äthanol und Natrium (*Hückel et al.*, A. **518** [1935] 155,

161, 171; *Hückel*, A. **533** [1938] 1, 29).

Als *N*-Benzoyl-Derivat (s. u.) charakterisiert.

Beim Behandeln mit Natriumnitrit und wss. Essigsäure (oder wss. Perchlorsäure) sind (3a*rH*.7a*cH*)-Hexahydro-indanol-(1*c*), (3a*rH*.7a*cH*)-Hexahydro-indanol-(1*t*), *cis*-3a.4.5.6.7.7a-Hexahydro-inden (E III **5** 332) und 1.4.5.6.7.7a-Hexahydro-2*H*-inden erhalten worden (*Hü.*, l. c. S. 24; *Hückel, Tappe, Legutke*, A. **543** [1940] 191, 209).

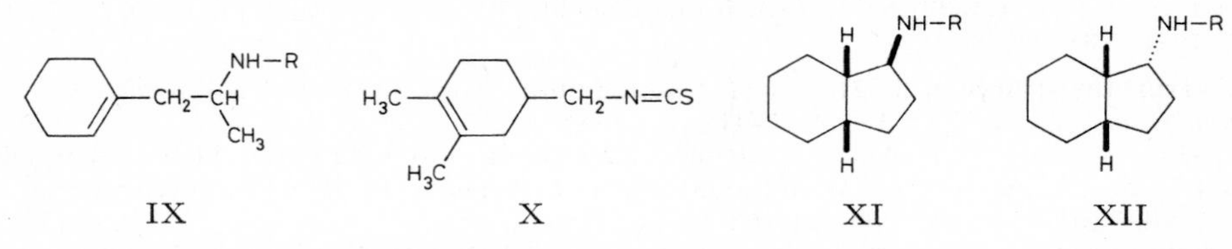

b) **(±)-1*t*-Amino-(3a*rH*.7a*cH*)-hexahydro-indan**, Formel XII (R = H) + Spiegelbild.

Konfiguration: *Bangert, Boekelheide*, Am. Soc. **86** [1964] 905, 906.

B. Aus (±)-*cis*-Hexahydro-indanon-(1)-oxim bei der Hydrierung in Essigsäure an Platin (*Hückel*, A. **533** [1938] 1, 29). Weitere Bildungsweise s. bei dem unter a) beschriebenen Stereoisomeren.

Als *N*-Benzoyl-Derivat (s. u.) charakterisiert.

Beim Behandeln mit Natriumnitrit und wss. Essigsäure (oder wss. Perchlorsäure) sind (3a*rH*.7a*cH*)-Hexahydro-indanol-(1*c*), geringe Mengen (3a*rH*.7a*cH*)-Hexahydro-indanol-(1*t*), *cis*-3a.4.5.6.7.7a-Hexahydro-inden (E III **5** 332) und 1.4.5.6.7.7a-Hexahydro-2*H*-inden erhalten worden (*Hü.*, l. c. S. 23; *Hückel, Tappe, Legutke*, A. **543** [1940] 191, 209).

c) **(±)-1ξ-Amino-(3a*r*H.7a*tH*)-hexahydro-indan**, Formel XIII (R = H) + Spiegelbild, dessen *N*-Benzoyl-Derivat bei 153° schmilzt.

B. Aus (±)-*trans*-Hexahydro-indanon-(1)-oxim beim Behandeln mit Äthanol und Natrium (*Hückel et al.*, A. **518** [1935] 155, 161, 171).

Als *N*-Benzoyl-Derivat (S. 167) isoliert.

1-Acetamino-hexahydro-indan, *N*-[Hexahydro-indanyl-(1)]-acetamid, N-(*hexahydroindan-1-yl*)*acetamide* $C_{11}H_{19}NO$.

a) **(±)-1*t*-Acetamino-(3a*rH*.7a*cH*)-hexahydro-indan**, Formel XII (R = CO-CH_3) + Spiegelbild.

B. Aus (±)-1*t*-Amino-(3a*rH*.7a*cH*)-hexahydro-indan (*Hückel et al.*, A. **518** [1935] 155, 171).

F: 126°.

b) **(±)-1ξ-Acetamino-(3a*rH*.7a*tH*)-hexahydro-indan**, Formel XIII (R = CO-CH_3) + Spiegelbild, vom **F: 110°.**

B. Aus (±)-1ξ-Amino-(3a*rH*.7a*tH*)-hexahydro-indan [s. o.] (*Hückel et al.*, A. **518** [1935] 155, 171).

Krystalle; F: 110°.

1-Benzamino-hexahydro-indan, *N*-[Hexahydro-indanyl-(1)]-benzamid, N-(*hexahydroindan-1-yl*)*benzamide* $C_{16}H_{21}NO$.

a) **(±)-1*c*-Benzamino-(3a*rH*.7a*cH*)-hexahydro-indan**, Formel XI (R = CO-C_6H_5) + Spiegelbild.

B. Aus (±)-1*c*-Amino-(3a*rH*.7a*cH*)-hexahydro-indan und Benzoesäure-anhydrid in Äther (*Hückel*, A. **533** [1938] 1, 28).

Krystalle (aus Bzl. oder PAe.), F: ca. 126—128°; die Schmelze erstarrt beim Abkühlen zu Krystallen vom F: 135—136° (*Hü.*, l. c. S. 22 Anm. 1, 29).

b) **(±)-1*t*-Benzamino-(3a*rH*.7a*cH*)-hexahydro-indan**, Formel XII (R = CO-C_6H_5) + Spiegelbild.

B. Aus (±)-1*t*-Amino-(3a*rH*.7a*cH*)-hexahydro-indan und Benzoesäure-anhydrid in Äther (*Hückel*, A. **533** [1938] 1, 28).

Krystalle (aus Acn. oder aus Bzl. + PAe.); F: 180° (*Hückel et al.*, A. **518** [1935] 155, 171; *Hü.*, l. c. S. 28, 29).

c) **(±)-1ξ-Benzamino-(3a*rH*.7a*tH*)-hexahydro-indan,** Formel XIII (R = CO-C_6H_5) + Spiegelbild, **vom F: 153°.**

B. Aus (±)-1ξ-Amino-(3a*rH*.7a*tH*)-hexahydro-indan [S. 166] (*Hückel et al.*, A. **518** [1935] 155, 171).

Krystalle (aus Acn.); F: 153°.

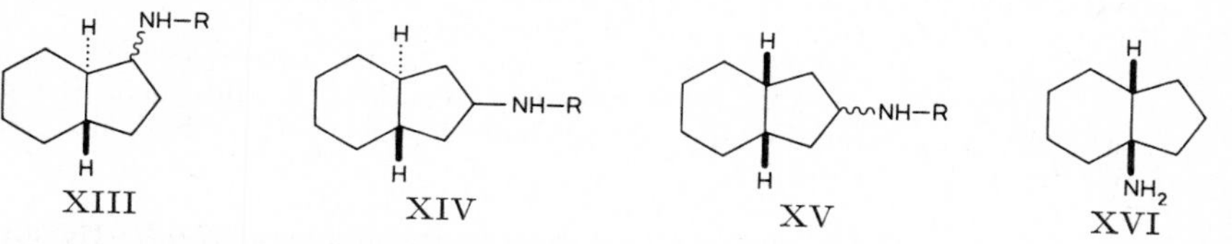

2-Amino-hexahydro-indan, Hexahydro-indanyl-(2)-amin, *hexahydroindan-2-ylamine* $C_9H_{17}N$.

(±)-2-Amino-(3a*rH*.7a*tH*)-hexahydro-indan, Formel XIV (R = H) + Spiegelbild.

B. Aus (±)-*trans*-Hexahydro-indanon-(2)-oxim bei der Hydrierung an Platin in Essigsäure sowie bei der Behandlung mit Äthanol und Natrium (*Hückel et al.*, A. **518** [1935] 155, 180).

Kp_{23}: 94°.

2-Acetamino-hexahydro-indan, *N*-[Hexahydro-indanyl-(2)]-acetamid, N-(*hexahydroindan-2-yl*)*acetamide* $C_{11}H_{19}NO$.

(±)-2-Acetamino-(3a*rH*.7a*tH*)-hexahydro-indan, Formel XIV (R = CO-CH_3) + Spiegelbild.

B. Aus (±)-2-Amino-(3a*rH*.7a*tH*)-hexahydro-indan (*Hückel et al.*, A. **518** [1935] 155, 180).

F: 94°.

2-Benzamino-hexahydro-indan, *N*-[Hexahydro-indanyl-(2)]-benzamid, N-(*hexahydroindan-2-yl*)*benzamide* $C_{16}H_{21}NO$.

a) **2ξ-Benzamino-(3a*rH*.7a*cH*)-hexahydro-indan,** Formel XV (R = CO-C_6H_5), **vom F: 144°.**

B. Aus *cis*-Hexahydro-indanon-(2)-oxim (nicht näher beschrieben) bei der Hydrierung an Platin in Essigsäure und anschliessenden Benzoylierung sowie bei der Behandlung mit Äthanol und Natrium und anschliessenden Benzoylierung, in diesem Fall neben dem unter b) beschriebenen Stereoisomeren (*Hückel et al.*, A. **518** [1935] 155, 163, 178, 179).

Krystalle (aus PAe.); F: 144°. In Äther und Petroläther schwerer löslich als das unter b) beschriebene Stereoisomere.

b) **2ξ-Benzamino-(3a*rH*.7a*cH*)-hexahydro-indan,** Formel XV (R = CO-C_6H_5), **vom F: 133° und F: 139°.**

Bildung aus *cis*-Hexahydro-indanon-(2)-oxim s. bei dem unter a) beschriebenen Stereoisomeren.

Dimorph: Krystalle (aus Ae.), F: 133°; die Schmelze erstarrt beim Abkühlen zu Krystallen vom F: 139°; die Schmelze dieser Krystalle erstarrt beim Abkühlen zu Krystallen vom F: 133° (*Hückel et al.*, A. **518** [1935] 155, 178).

c) **(±)-2-Benzamino-(3a*rH*.7a*tH*)-hexahydro-indan,** Formel XIV (R = CO-C_6H_5) + Spiegelbild.

B. Aus (±)-2-Amino-(3a*rH*.7a*tH*)-hexahydro-indan (*Hückel et al.*, A. **518** [1935] 155, 180).

F: 140°.

3a-Amino-hexahydro-indan, Tetrahydro-4*H*-indanyl-(3a)-amin, *tetrahydroindan-3a*(4H)-*ylamine* $C_9H_{17}N$.

(±)-3a-Amino-*cis*-hexahydro-indan $C_9H_{17}N$, Formel XVI.

Über diese Verbindung (Kp_{20}: 87°; *N*-Benzoyl-Derivat: F: 101°) s. *Cristol, Solladié*, Bl. **1966** 3193, 3199.

Ein Präparat (F: 24,5°; Kp_{20}: 86,5–87°; D_4^{25}: 0,9396; n_D^{25}: 1,4894) von ungewisser konfigurativer Einheitlichkeit ist aus opt.-inakt. 3a-Nitro-hexahydro-indan (F: 15,5°

[E III **5** 230]) beim Behandeln mit Zinn und wss. Salzsäure erhalten worden (*Nametkin, Rudenko, Gromowa,* Izv. Akad. S.S.S.R. Otd. chim. **1941** 61, 64; C. **1942** I 1125).

4-Amino-hexahydro-indan, Hexahydro-indanyl-(4)-amin, *hexahydroindan-4-ylamine* $C_9H_{17}N$.

a) **(±)-4*c*-Amino-(3a*rH*.7a*cH*)-hexahydro-indan,** Formel I (R = H) + Spiegelbild. Konfiguration: *Dauben, Jiu,* Am. Soc. **76** [1954] 4426, 4428.

B. Aus (±)-4*c*-Acetamino-(3a*rH*.7a*cH*)-hexahydro-indan beim Erhitzen mit wss. Salzsäure auf 150° (*Hückel et al.,* A. **530** [1937] 166, 168). Als Hauptprodukt beim Behandeln von (±)-*cis*-Hexahydro-indanon-(4)-oxim (F: 59° oder F: 78° [E III **7** 298]) mit Äthanol und Natrium (*Hü. et al.,* l. c. S. 169).

Kp_{11}: 85° (*Hü. et al.*).

Beim Behandeln mit Natriumnitrit und wss. Essigsäure sind (3a*rH*.7a*cH*)-Hexahydro-indanol-(4*c*) (Hauptprodukt), (3a*rH*.7a*cH*)-Hexahydro-indanol-(4*t*) und *cis*-3a.4.5.7a-Tetrahydro-indan erhalten worden (*Hü. et al.,* l. c. S. 171).

b) **(±)-4*t*-Amino-(3a*rH*.7a*cH*)-hexahydro-indan,** Formel II (R = H) + Spiegelbild. Konfiguration: *Dauben, Jiu,* Am. Soc. **76** [1954] 4426, 4428.

B. Aus (±)-4*t*-Acetamino-(3a*rH*.7a*cH*)-hexahydro-indan beim Erhitzen mit wss. Salzsäure auf 150° (*Hückel et al.,* A. **530** [1937] 166, 168). Neben geringen Mengen 4*c*-Amino-(3a*rH*.7a*cH*)-hexahydro-indan bei der Hydrierung von (±)-*cis*-Hexahydro-indanon-(4)-oxim (F: 59° oder F: 78° [E III **7** 298]) an Platin in Essigsäure (*Hückel, Doll,* A. **526** [1936] 103, 105; *Hü. et al.,* l. c. S. 169).

F: −14° (*Hü. et al.*). Kp_{11}: 85° (*Hü. et al.*).

Beim Behandeln mit Natriumnitrit und wss. Essigsäure ist (3a*rH*.7a*cH*)-Hexahydro-indanol-(4*t*) erhalten worden (*Hü. et al.*).

c) **(±)-4ξ-Amino-(3a*rH*.7a*tH*)-hexahydro-indan,** Formel III (R = H) + Spiegelbild, dessen *N*-Benzoyl-Derivat bei 168° schmilzt.

B. Aus (±)-*trans*-Hexahydro-indanon-(4)-oxim bei der Hydrierung an Platin in Essigsäure sowie bei der Behandlung mit Äthanol und Natrium (*Hückel, Doll,* A. **526** [1936] 103, 106).

Als *N*-Benzoyl-Derivat (S. 169) isoliert.

4-Acetamino-hexahydro-indan, *N*-[Hexahydro-indanyl-(4)]-acetamid, N-(*hexahydroindan-4-yl*)*acetamide* $C_{11}H_{19}NO$.

a) **(±)-4*c*-Acetamino-(3a*rH*.7a*cH*)-hexahydro-indan,** Formel I (R = CO-CH_3) + Spiegelbild.

B. Neben dem unter b) beschriebenen Stereoisomeren bei der Hydrierung von 4-Acetamino-indan an Nickel in Decalin bei 200°/80 at oder an Platin in Essigsäure bei 60° (*Hückel et al.,* A. **530** [1937] 166, 167, 168).

Krystalle (aus PAe.); F: 93°.

b) **(±)-4*t*-Acetamino-(3a*rH*.7a*cH*)-hexahydro-indan,** Formel II (R = CO-CH_3) + Spiegelbild.

B. s. bei dem unter a) beschriebenen Stereoisomeren.

Krystalle (aus Acn.); F: 131° (*Hückel et al.,* A. **530** [1937] 166, 167).

c) **(±)-4ξ-Acetamino-(3a*rH*.7a*tH*)-hexahydro-indan,** Formel III (R = CO-CH_3) + Spiegelbild, **vom F: 163°.**

B. Aus (±)-4ξ-Amino-(3a*rH*.7a*tH*)-hexahydro-indan [s. o.] (*Hückel, Doll,* A. **526** [1936] 103, 107).

F: 163°.

4-Benzamino-hexahydro-indan, *N*-[Hexahydro-indanyl-(4)]-benzamid, N-(*hexahydroindan-4-yl*)*benzamide* $C_{16}H_{21}NO$.

a) **(±)-4*c*-Benzamino-(3a*rH*.7a*cH*)-hexahydro-indan,** Formel I (R = CO-C_6H_5) + Spiegelbild.

B. Aus (±)-4*c*-Amino-(3a*rH*.7a*cH*)-hexahydro-indan (*Hückel et al.,* A. **530** [1937] 166, 168).

Krystalle (aus Me.), F: 163°; Krystalle (aus PAe.), F: 157—159°; aus der Schmelze der Modifikation vom F: 163° scheidet sich beim Abkühlen die Modifikation vom F: 157—159° ab.

b) **(±)-4*t*-Benzamino-(3a*rH*.7a*cH*)-hexahydro-indan,** Formel II (R = CO-C_6H_5) + Spiegelbild.

B. Aus (±)-4*t*-Amino-(3a*rH*.7a*cH*)-hexahydro-indan (*Hückel et al.*, A. **530** [1937] 166, 168).

Krystalle (aus PAe.); F: 177°.

c) **(±)-4ξ-Benzamino-(3a*rH*.7a*tH*)-hexahydro-indan,** Formel III (R = CO-C_6H_5) + Spiegelbild, **vom F: 168°.**

B. Aus (±)-4ξ-Amino-(3a*rH*.7a*tH*)-hexahydro-indan [S. 168] (*Hückel, Doll*, A. **526** [1936] 103, 106).

F: 167–168°.

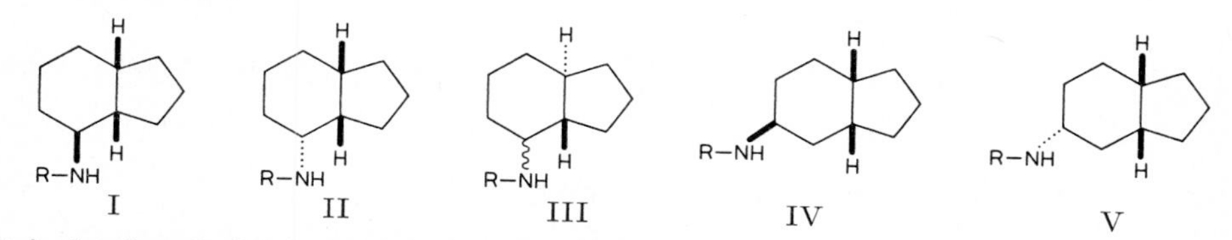

5-Amino-hexahydro-indan, Hexahydro-indanyl-(5)-amin, *hexahydroindan-5-ylamine* $C_9H_{17}N$.

Über die Konfiguration der beiden folgenden Stereoisomeren s. *Dauben, Jiu*, Am. Soc. **76** [1954] 4426, 4427.

a) **(±)-5*c*-Amino-(3a*rH*.7a*cH*)-hexahydro-indan,** Formel IV (R = H) + Spiegelbild.

B. Aus (±)-5*c*-Acetamino-(3a*rH*.7a*cH*)-hexahydro-indan beim Erhitzen mit wss. Salzsäure auf 160° (*Hückel et al.*, A. **530** [1937] 166, 180; s. a. *Hückel, Goth*, B. **67** [1934] 2104, 2106). Aus (±)-5*c*-Benzamino-(3a*rH*.7a*cH*)-hexahydro-indan beim Erhitzen mit wss. Salzsäure (*Hü., Goth*; *Hückel*, A. **533** [1938] 1, 29). Aus (±)-*cis*-Hexahydro-indanon-(5)-oxim bei der Hydrierung an Platin in Essigsäure sowie bei der Behandlung mit Äthanol und Natrium, im zweiten Fall neben geringeren Mengen des unter b) beschriebenen Stereoisomeren (*Hü. et al.*, l. c. S. 182).

F: –19° (*Hü.*). Kp_{12}: 86° (*Hü., Goth*).

Beim Behandeln mit Natriumnitrit und wss. Essigsäure sind (3a*rH*.7a*cH*)-Hexahydro-indanol-(5*c*), (3a*rH*.7a*cH*)-Hexahydro-indanol-(5*t*) und *cis*-3a.4.7.7a-Tetrahydro-indan (E III **5** 333) erhalten worden (*Hü., Goth*; *Hü. et al.*, l. c. S. 183; s. a. *Dauben, Jiu*, Am. Soc. **76** [1954] 4426).

b) **(±)-5*t*-Amino-(3a*rH*.7a*cH*)-hexahydro-indan,** Formel V (R = H) + Spiegelbild.

B. Aus (±)-5*t*-Acetamino-(3a*rH*.7a*cH*)-hexahydro-indan beim Erhitzen mit wss. Salzsäure auf 160° (*Hückel et al.*, A. **530** [1937] 166, 180). Weitere Bildungsweise s. bei dem unter a) beschriebenen Stereoisomeren.

Kp_{12}: 90° (*Hü. et al.*).

Beim Behandeln mit Natriumnitrit und wss. Essigsäure sind (3a*rH*.7a*cH*)-Hexahydro-indanol-(5*t*) und geringere Mengen *cis*-3a.4.7.7a-Tetrahydro-indan (E III **5** 333) erhalten worden (*Hü. et al.*, l. c. S. 182; s. a. *Dauben, Jiu*, Am. Soc. **76** [1954] 4426).

5-Acetamino-hexahydro-indan, *N*-[Hexahydro-indanyl-(5)]-acetamid, N-*(hexahydroindan-5-yl)acetamide* $C_{11}H_{19}NO$.

a) **(±)-5*c*-Acetamino-(3a*rH*.7a*cH*)-hexahydro-indan,** Formel IV (R = CO-CH_3) + Spiegelbild.

B. Aus (±)-5*c*-Amino-(3a*rH*.7a*cH*)-hexahydro-indan (*Hückel, Goth*, B. **67** [1934] 2104, 2106). Neben geringeren Mengen des unter b) beschriebenen Stereoisomeren bei der Hydrierung von 5-Acetamino-indan an Platin in Essigsäure (*Hü., Goth*, l. c. S. 2106).

Krystalle (aus PAe.); F: 108° (*Hückel et al.*, A. **530** [1937] 166, 181), 107–108° (*Hü., Goth*).

b) **(±)-5*t*-Acetamino-(3a*rH*.7a*cH*)-hexahydro-indan,** Formel V (R = CO-CH_3) + Spiegelbild.

B. Neben geringeren Mengen des unter a) beschriebenen Stereoisomeren bei der Hydrierung von 5-Acetamino-indan an einem Nickel-Katalysator in Decalin bei 200°/

80 at (*Hückel et al.*, A. **530** [1937] 166, 179).

Wasserhaltige Krystalle, F: 53°; die wasserfreie Verbindung schmilzt bei 63°.

5-Benzamino-hexahydro-indan, *N*-[Hexahydro-indanyl-(5)]-benzamid, N-(*hexahydro-indan-5-yl)benzamide* $C_{16}H_{21}NO$.

a) **(±)-5*c*-Benzamino-(3a*rH*.7a*cH*)-hexahydro-indan,** Formel IV (R = CO-C_6H_5) + Spiegelbild.

B. Aus (±)-5*c*-Amino-(3a*rH*.7a*cH*)-hexahydro-indan (*Hückel, Goth*, B. **67** [1934] 2104, 2106; *Hückel et al.*, A. **530** [1937] 166, 181).

F: 165–166° (*Hü. et al.*).

b) **(±)-5*t*-Benzamino-(3a*rH*.7a*cH*)-hexahydro-indan,** Formel V (R = CO-C_6H_5) + Spiegelbild.

B. Aus (±)-5*t*-Amino-(3a*rH*.7a*cH*)-hexahydro-indan (*Hückel, Goth*, B. **67** [1934] 2104, 2106; *Hückel et al.*, A. **530** [1937] 166, 180).

F: 145°.

[Hexahydro-indanyl-(5)]-carbamidsäure-methylester, (*hexahydroindan-5-yl)carbamic acid methyl ester* $C_{11}H_{19}NO_2$.

a) **(±)-[(3a*rH*.7a*cH*)-Hexahydro-indanyl-(5*c*)]-carbamidsäure-methylester,** Formel IV (R = CO-OCH_3) + Spiegelbild.

B. Aus (±)-5*c*-Amino-(3a*rH*.7a*cH*)-hexahydro-indan beim Behandeln mit Chlorameisensäure-methylester in Chloroform unter Zusatz von Pyridin (*Hückel et al.*, A. **530** [1937] 166, 181).

Krystalle (aus PAe.); F: 82–83°.

b) **(±)-[(3a*rH*.7a*cH*)-Hexahydro-indanyl-(5*t*)]-carbamidsäure-methylester,** Formel V (R = CO-OCH_3) + Spiegelbild.

B. Aus (±)-5*t*-Amino-(3a*rH*.7a*cH*)-hexahydro-indan beim Behandeln mit Chlorameisensäure-methylester in Chloroform unter Zusatz von Pyridin (*Hückel et al.*, A. **530** [1937] 166, 180).

Krystalle (aus PAe.); F: 88°.

4-Amino-1-isopropyl-bicyclo[3.1.0]hexan, 4-Amino-1a-isopropyl-hexahydro-cyclopropacyclopenten, 5-Isopropyl-bicyclo[3.1.0]hexyl-(2)-amin, *5-isopropylbicyclo[3.1.0]hex-2-ylamine* $C_9H_{17}N$.

(1*R*:4*Ξ*)-4-Amino-1-isopropyl-bicyclo[3.1.0]hexan, Formel VI.

Ein Gemisch der dieser Formel entsprechenden Epimeren hat in dem nachstehend beschriebenen, als Sabinaketylimin bezeichneten Präparat vorgelegen.

B. Neben Bis-[(1*S*:2*Ξ*)-5-isopropyl-bicyclo[3.1.0]hexyl-(2)]-amin $C_{18}H_{31}N$ ($Kp_{9,5}$: 166–167°; $n_D^{21,5}$: 1,4987; $[\alpha]_D^{19}$: +60,6° [$CHCl_3$]) beim Erhitzen von (–)-Sabinaketon ((1*R*)-1-Isopropyl-bicyclo[3.1.0]hexanon-(4)) mit Ammoniumformiat auf 200° und Erwärmen des Reaktionsprodukts mit Chlorwasserstoff enthaltendem Äthanol (*Short, Read*, Soc. **1939** 1415, 1417).

$Kp_{19,5}$: 63–64°. n_D^{20}: 1,4705. α_D^{18}: +43,8° [unverd.; l = 1].

Hydrochlorid. Krystalle (aus A. + Acn.); F: 225° [Zers.]. $[\alpha]_D^{18}$: +36,1° [W.].

N-[4-Nitro-benzoyl]-Derivat $C_{16}H_{20}N_2O_3$. Krystalle (aus Me.); F: 141°. $[\alpha]_D^{18}$: +84,0° [$CHCl_3$].

3-Amino-2.2-dimethyl-norbornan, 3.3-Dimethyl-norbornyl-(2)-amin, Camphenilylamin, *3,3-dimethyl-2-norbornylamine* $C_9H_{17}N$.

In dem H 37 unter dieser Konstitution beschriebenen Präparat hat vermutlich ein Gemisch der unter a) und b) beschriebenen Stereoisomeren vorgelegen (*Hückel, Tappe*, B. **69** [1936] 2769, 2770); über die Konfiguration s. *Hückel, Gelchsheimer*, Suomen Kem. **31** B [1958] 13, 14, 17.

a) **(±)-3*endo*-Amino-2.2-dimethyl-norbornan,** Formel VII (R = H) + Spiegelbild.

B. Neben dem unter b) beschriebenen Stereoisomeren aus (±)-Camphenilon-oxim ((±)-2.2-Dimethyl-norbornanon-(3)-oxim) bei der Behandlung mit Natrium und Äthanol sowie bei der Hydrierung an Platin (*Hückel, Tappe*, B. **69** [1936] 2769, 2770, 2772; *Hückel, Gelchsheimer*, Suomen Kem. **31** B [1958] 13, 14, 17).

Als *N*-Benzoyl-Derivat (S. 171) charakterisiert.

b) **(±)-3*exo*-Amino-2.2-dimethyl-norbornan,** Formel VIII (R = H) + Spiegelbild.

B. Aus (±)-Camphenilon-oxim s. bei dem vorangehenden Stereoisomeren. Aus (±)-Iso=camphenilansäure-chlorid ((±)-3.3-Dimethyl-norbornan-carbonylchlorid-(2*exo*) beim Erhitzen mit Natriumazid in Xylol und anschliessend mit wss. Salzsäure (*Komppa, Komppa,* B. **69** [1936] 2606, 2609).

Als *N*-Benzoyl-Derivat (s. u.) charakterisiert.

Beim Behandeln mit Natriumnitrit und wss. Essigsäure sind 7.7-Dimethyl-norborn=anol-(2*exo*) (Hauptprodukt), 2.2-Dimethyl-norbornanol-(3*exo*) und geringe Mengen 2.2-Dimethyl-norbornanol-(5*exo*) erhalten worden (*Ko., Ko.*; *Beckmann, Bamberger,* A. **574** [1951] 65, 66, 71).

Hydrochlorid $C_9H_{17}N \cdot HCl$. Krystalle (aus A. + Ae.), die unterhalb 300° nicht schmelzen (*Ko., Ko.*).

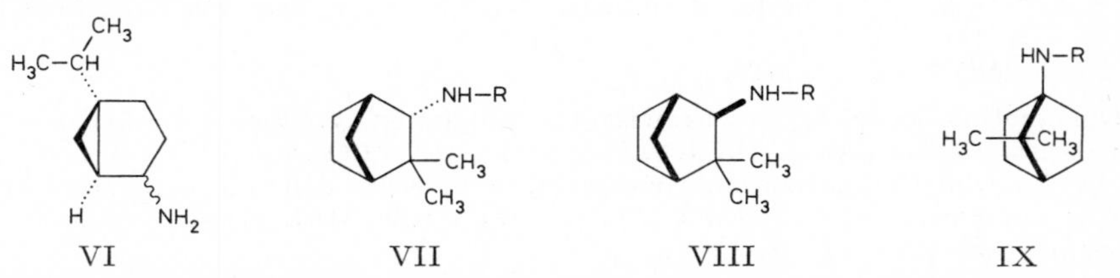

3-Acetamino-2.2-dimethyl-norbornan, *N*-[3.3-Dimethyl-norbornyl-(2)]-acetamid, N-(*3,3-dimethyl-2-norbornyl*)*acetamide* $C_{11}H_{19}NO$.

a) **(±)-3*endo*-Acetamino-2.2-dimethyl-norbornan,** Formel VII (R = CO-CH_3) + Spiegelbild.

B. Aus (±)-3*endo*-Amino-2.2-dimethyl-norbornan (*Hückel, Tappe,* B. **69** [1936] 2769, 2772).

F: 99—100°.

b) **(±)-3*exo*-Acetamino-2.2-dimethyl-norbornan,** Formel VIII (R = CO-CH_3) + Spiegelbild.

B. Aus (±)-3*exo*-Amino-2.2-dimethyl-norbornan (*Hückel, Tappe,* B. **69** [1936] 2769, 2772).

F: 135—136° [aus PAe.].

3-Benzamino-2.2-dimethyl-norbornan, *N*-[3.3-Dimethyl-norbornyl-(2)]-benzamid, N-(3,3-*dimethyl-2-norbornyl*)*benzamide* $C_{16}H_{21}NO$.

a) **(±)-3*endo*-Benzamino-2.2-dimethyl-norbornan,** Formel VII (R = CO-C_6H_5) + Spiegelbild.

B. Aus (±)-3*endo*-Amino-2.2-dimethyl-norbornan (*Hückel, Tappe,* B. **69** [1936] 2769, 2772; *Hückel, Gelchsheimer,* Suomen Kem. **31** B [1958] 13, 14, 17).

Krystalle (aus PAe.); F: 104°.

b) **(±)-3*exo*-Benzamino-2.2-dimethyl-norbornan,** Formel VIII (R = CO-C_6H_5) + Spiegelbild.

B. Aus (±)-3*exo*-Amino-2.2-dimethyl-norbornan (*Hückel, Tappe,* B. **69** [1936] 2769, 2772; *Hückel, Gelchsheimer,* Suomen Kem. **31** B [1958] 13, 14, 17).

Krystalle (aus PAe.); F: 152° (*Hü., Ge.*), 149—151° (*Hü., Ta.*).

3-Ureido-2.2-dimethyl-norbornan, [3.3-Dimethyl-norbornyl-(2)]-harnstoff, (*3,3-dimethyl-2-norbornyl*)*urea* $C_{10}H_{18}N_2O$.

(±)-[3.3-Dimethyl-norbornyl-(2*exo*)]-harnstoff, Formel VIII (R = CO-NH_2) + Spiegelbild (vgl. H 38; dort als Camphenilylharnstoff bezeichnet).

B. Aus (±)-3*exo*-Amino-2.2-dimethyl-norbornan-hydrochlorid mit Hilfe von Kalium=cyanat (*Komppa, Komppa,* B. **69** [1936] 2606, 2609).

Krystalle (aus wss. Me.); F: 165—166°.

1-Amino-7.7-dimethyl-norbornan, 7.7-Dimethyl-norbornyl-(1)-amin, *7,7-dimethyl-1-norbornylamine* $C_9H_{17}N$, Formel IX (R = H).

B. Aus [7.7-Dimethyl-norbornyl-(1)]-carbamidsäure-methylester beim Erhitzen mit wss.-methanol. Kalilauge (*Bartlett, Knox,* Am. Soc. **61** [1939] 3184, 3189).

F: 175° [geschlossene Kapillare]. Leicht flüchtig.

Überführung in 7.7-Dimethyl-norbornanol-(1) durch Behandlung mit Natriumnitrit und wss. Schwefelsäure: *Ba.*, *Knox*. Beim Behandeln mit Nitrosylchlorid in Äther bei —10° ist 1-Chlor-7.7-dimethyl-norbornan erhalten worden.

Das Hydrochlorid schmilzt nicht unterhalb 320°.

1-Acetamino-7.7-dimethyl-norbornan, *N*-[7.7-Dimethyl-norbornyl-(1)]-acetamid, N-(*7,7-dimethyl-1-norbornyl)acetamide* $C_{11}H_{19}NO$, Formel IX (R = CO-CH_3).

B. Aus 1-Amino-7.7-dimethyl-norbornan (*Bartlett*, *Knox*, Am. Soc. **61** [1939] 3184, 3189).

Krystalle (aus Bzn.); F: 132°.

1-Benzamino-7.7-dimethyl-norbornan, *N*-[7.7-Dimethyl-norbornyl-(1)]-benzamid, N-(*7,7-dimethyl-1-norbornyl)benzamide* $C_{16}H_{21}NO$, Formel IX (R = CO-C_6H_5).

B. Aus 1-Amino-7.7-dimethyl-norbornan (*Bartlett*, *Knox*, Am. Soc. **61** [1939] 3184, 3190).

Krystalle (aus Bzn.); F: 112°.

[7.7-Dimethyl-norbornyl-(1)]-carbamidsäure-methylester, (*7,7-dimethyl-1-norbornyl)carbamic acid methyl ester* $C_{11}H_{19}NO_2$, Formel IX (R = CO-OCH_3).

B. Aus 7.7-Dimethyl-norbornan-carbamid-(1) beim Behandeln mit methanol. Natriummethylat und Brom (*Bartlett*, *Knox*, Am. Soc. **61** [1939] 3184, 3189).

Krystalle (aus PAe.); F: 93—94°.

Amine $C_{10}H_{19}N$

3-Amino-1.1.4-trimethyl-cyclohepten-(6), 2.6.6-Trimethyl-cyclohepten-(4)-ylamin, *2,6,6-trimethylcyclohept-4-en-1-ylamine* $C_{10}H_{19}N$, Formel X.

Opt.-inakt. 2.6.6-Trimethyl-cyclohepten-(4)-ylamin, dessen *N*-Phenylthiocarbamoyl-Derivat bei 146° schmilzt (vgl. H 38; dort als Dihydroeucarvylamin bezeichnet).

B. Aus Eucarvon-oxim (1.1.4-Trimethyl-cycloheptadien-(4.6)-on-(3)-oxim) mit Hilfe von Natrium und Äthanol (*Kaku*, *Cho*, *Orita*, J. pharm. Soc. Japan **51** [1931] 862, 865; dtsch. Ref. S. 112, 115; C. A. **1932** 1595; vgl. H 38).

Kp_{40}: 112—116°. D_4^{25}: 0,8839.

Charakterisierung als *N*-Phenylthiocarbamoyl-Derivat (F: 145—146°): *Kaku*, *Cho*, *Orita*.

(±)-1-[2-Amino-butyl]-cyclohexen-(1), (±)-1-Äthyl-2-[cyclohexen-(1)-yl]-äthylamin, (±)-*2-(cyclohex-1-en-1-yl)-1-ethylethylamine* $C_{10}H_{19}N$, Formel XI.

B. Beim Erhitzen von 1-[Cyclohexen-(1)-yl]-butanon-(2) mit Formamid in wasserhaltiger Ameisensäure bis auf 180° und Erwärmen des Reaktionsprodukts mit wss. Schwefelsäure [50%ig] (*Smith, Kline & French Labor.*, U.S.P. 2367546 [1942]).

Kp_7: 80—84°.

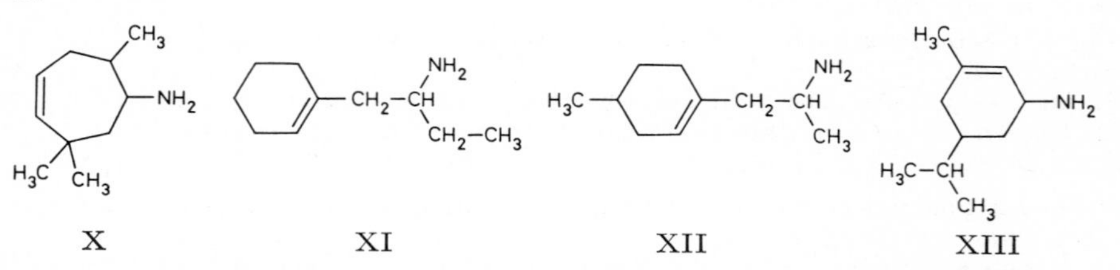

X XI XII XIII

1-Methyl-4-[2-amino-propyl]-cyclohexen-(3), 1-Methyl-2-[4-methyl-cyclohexen-(1)-yl]-äthylamin, *1-methyl-2-(4-methylcyclohex-1-en-1-yl)ethylamine* $C_{10}H_{19}N$, Formel XII.

Ein opt.-inakt. Amin (Kp: 208—210°) dieser Konstitution ist beim Erhitzen von (±)-[4-Methyl-cyclohexen-(1)-yl]-aceton mit Formamid in wasserhaltiger Ameisensäure bis auf 180° und Erhitzen des Reaktionsprodukts mit wss. Schwefelsäure (50%ig) erhalten worden (*Smith, Kline & French Labor.*, U.S.P. 2367546 [1942]).

5-Amino-1-methyl-3-isopropyl-cyclohexen-(6), 5-Amino-*m*-menthen-(6), *m*-Menthen-(6)-yl-(5)-amin, m-*menth-6-en-5-ylamine* $C_{10}H_{19}N$, Formel XIII.

Ein opt.-inakt. Amin (Kp_{12}: 90°) dieser Konstitution ist beim Erhitzen von

(±)-*m*-Menthen-(6)-on-(5) mit Formamid in Essigsäure und Erhitzen des Reaktionsprodukts mit wss. Salzsäure erhalten worden (*Wegler, Frank*, Ar. **273** [1935] 408, 413).

3-Amino-1-methyl-4-isopropyl-cyclohexen-(1), 3-Amino-*p*-menthen-(1), *p*-Menthen-(1)-yl-(3)-amin, p-*menth-1-en-3-ylamine* $C_{10}H_{19}N$.

a) **(3Ξ:4*R*)-3-Amino-*p*-menthen-(1)**, Formel I.

Die folgenden Angaben beziehen sich auf ein als (+)-Piperitylamin bezeichnetes Präparat von ungewisser Einheitlichkeit.

B. s. bei dem unter b) beschriebenen Stereoisomeren; Isolierung über das L_g-Hydrogentartrat [$[\alpha]_D$: +36,9° (W.)] (*Read, Walker*, Soc. **1934** 308, 311).

Flüssigkeit; n_D^{17}: 1,4795; α_D^{16}: +56,5° [unverd.; l = 1] (*Read, Wa.*).

N-Acetyl-Derivat $C_{12}H_{21}NO$. Krystalle (aus wss. A.), F: 101—102°; $[\alpha]_D^{17}$: +159° [$CHCl_3$] (*Read, Wa.*).

N-Benzoyl-Derivat $C_{17}H_{23}NO$. Krystalle, F: 102—103°; $[\alpha]_D^{17}$: +175° [$CHCl_3$?] (*Read, Wa.*).

N-[4-Dimethylamino-benzyliden]-Derivat $C_{19}H_{28}N_2$. F: 127—128,5°; $[\alpha]_D$: +1° [A.] (*Read, Wa.*).

b) **(3Ξ:4*S*)-3-Amino-*p*-menthen-(1)**, Formel II (R = H).

Die folgenden Angaben beziehen sich auf ein als (–)-Piperitylamin bezeichnetes Präparat von ungewisser Einheitlichkeit.

B. Neben dem unter a) beschriebenen Stereoisomeren beim Erwärmen von (–)-Piperiton ((*R*)-*p*-Menthen-(1)-on-(3)) mit Hydrazin und wss. Äthanol, Behandeln des Reaktionsprodukts mit Essigsäure und Zink und Zerlegen des erhaltenen, weitgehend racemischen „Piperitylamins" $C_{10}H_{19}N$ (Kp_{16}: 97,5—98,5°; D_4^{25}: 0,8801; n_D^{15}: 1,4802; n_D^{25}: 1,4769; Hydrochlorid: F: 191°; *N*-Acetyl-Derivat $C_{12}H_{21}NO$: Krystalle [aus PAe.], F: 108°; *N*-Benzoyl-Derivat $C_{17}H_{23}NO$: Krystalle [aus wss. A.], F: 130°; *N*-[4-Methoxy-benzoyl]-Derivat $C_{18}H_{25}NO_2$: Krystalle [aus wss. A.], F: 161°) mit Hilfe von D_g-Weinsäure (*Read, Storey*, Soc. **1930** 2770, 2771, 2775, 2776; s. a. *Read, Walker*, Soc. **1934** 308, 311).

Kp_{19}: 101—102°; Kp_{16}: 98°; D_4^{25}: 0,8789; n_D^{16}: 1,4800; n_D^{25}: 1,4770 (*Read, St.*). $[\alpha]_D^{25}$: —80,3° [unverd.]; $[\alpha]_D^{25}$: —70,0° [$CHCl_3$]; $[\alpha]_{546}^{25}$: —95,1° [unverd.]; $[\alpha]_{546}^{25}$: —82,8° [$CHCl_3$] (*Read, St.*).

Hydrochlorid $C_{10}H_{19}N \cdot HCl$. Krystalle (aus W. oder aus A. + PAe.), F: 213° [Zers.]; $[\alpha]_D^{16}$: —83,5° [W.] (*Read, St.*).

D_g-Hydrogentartrat $C_{10}H_{19}N \cdot C_4H_6O_6$. Krystalle (aus W.), F: 217°; $[\alpha]_D$: —43° [W.] (*Read, St.*).

N-Acetyl-Derivat $C_{12}H_{21}NO$. Krystalle (aus wss. A.), F: 102—103°; $[\alpha]_D^{25}$: —153° [$CHCl_3$]; $[\alpha]_{546}^{25}$: —183° [$CHCl_3$] (*Read, St.*).

N-Benzoyl-Derivat $C_{17}H_{23}NO$. Krystalle (aus wss. A.), F: 102—103°; $[\alpha]_D^{25}$: —173° [$CHCl_3$]; $[\alpha]_{546}^{25}$: —208° [$CHCl_3$] (*Read, St.*).

N-Phenylacetyl-Derivat $C_{18}H_{25}NO$. Krystalle (aus wss. A.), F: 89—90°; $[\alpha]_D^{20}$: —130,5° [$CHCl_3$] (*Read, St.*).

N-[4-Methoxy-benzoyl]-Derivat $C_{18}H_{25}NO_2$. Krystalle (aus wss. A.), F: 142° bis 143°; $[\alpha]_D^{25}$: —175° [$CHCl_3$]; $[\alpha]_{546}^{25}$: —212° [$CHCl_3$] (*Read, St.*).

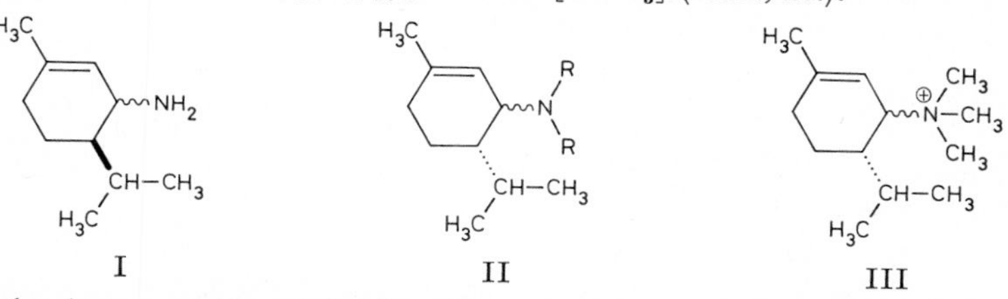

3-Dimethylamino-*p*-menthen-(1), Dimethyl-[*p*-menthen-(1)-yl-(3)]-amin, N,N-*dimethyl*-p-*menth-1-en-3-ylamine* $C_{12}H_{23}N$.

(3Ξ:4*S*)-3-Dimethylamino-*p*-menthen-(1), Formel II (R = CH_3).

Die folgenden Angaben beziehen sich auf ein Präparat von ungewisser Einheitlichkeit.

B. Neben (3Ξ:4*S*)-3-Methylamino-*p*-menthen-(1) $C_{11}H_{21}N$ (Kp_9: 98°; n_D^{19}: 1,4729; $[\alpha]_D^{17}$: —51,0° [$CHCl_3$]; nicht rein erhalten) beim Erwärmen von „(–)-Piperitylamin"

(S. 173) mit Methyljodid und methanol. Natriummethylat (*Read, Cuthbertson*, R. **69** [1950] 539, 544).

Kp_7: 91°. n_D^{15}: 1,4763. $[\alpha]_D^{18}$: −59,2° [$CHCl_3$].

Trimethyl-[*p*-menthen-(1)-yl-(3)]-ammonium, (p-*menth-1-en-3-yl*)*trimethylammonium* $[C_{13}H_{26}N]^{\oplus}$.

(3Ξ:4*S*)-Trimethyl-[*p*-menthen-(1)-yl-(3)]-ammonium, Formel III.

Jodid $[C_{13}H_{26}N]I$. Die folgenden Angaben beziehen sich auf ein Präparat von ungewisser Einheitlichkeit. — *B.* Aus (3Ξ:4*S*)-3-Dimethylamino-*p*-menthen-(1) (S. 173) beim Erwärmen mit Methyljodid in Methanol (*Read, Cuthbertson*, R. **69** [1950] 539, 544; s. a. *Read, Storey*, Soc. **1930** 2770, 2780; *Read, Walker*, Soc. **1934** 308, 311). — Krystalle (aus Acn.); F: 186° [Zers.]; $[\alpha]_D^{17}$: −4,8° [W.] (*Read, Cu.*). — Beim Erhitzen unter 30 Torr bis auf 200° sind (+)-α-Phellandren ((*S*)-*p*-Menthadien-(1.5)) und α-Terpinen (*p*-Menthadien-(1.3)), beim Erhitzen mit Silberoxid in Wasser sind (+)-α-Phellandren, (+)-*trans*-Piperitol ((3*R*)-*trans*-p-Menthen-(1)-ol-(3)) und (−)-*cis*-Piperitol ((3*S*)-*cis*-*p*-Menthen-(1)-ol-(3)) erhalten worden (*Read, St.*; *Read, Wa.*).

4.7.7-Trimethyl-2-[*N*-(*p*-menthen-(1)-yl-(3))-formimidoyl]-norbornanon-(3), 3-[N-(p-*menth-1-en-3-yl*)*formimidoyl*]*bornan-2-one* $C_{21}H_{33}NO$ und **4.7.7-Trimethyl-2-[(*p*-menthen-(1)-yl-(3)-amino)-methylen]-norbornanon-(3),** 3-[(p-*menth-1-en-3-ylamino*)*methylene*]*bornan-2-one* $C_{21}H_{33}NO$.

a) **(1*R*)-4.7.7-Trimethyl-2ξ-[*N*-((3Ξ:4*R*)-*p*-menthen-(1)-yl-(3))-formimidoyl]-norbornanon-(3),** Formel IV, und **(1*S*)-4.7.7-Trimethyl-2-[((3Ξ:4*R*)-*p*-menthen-(1)-yl-(3)-amino)-methylen-(ξ)]-norbornanon-(3),** Formel V.

Ein als *d*-Piperitylamino-*d*-methylencampher bezeichnetes Amin (F: 132—133°; $[\alpha]_D$: +361° [A.(?)]), für das diese Formeln in Betracht kommen, ist aus „(+)-Piperitylamin“ (S. 173) und (1*R*)-3-Oxo-4.7.7-trimethyl-norbornan-carbaldehyd-(2ξ) (E III **7** 3324) erhalten worden (*Read, Walker*, Soc. **1934** 308, 311).

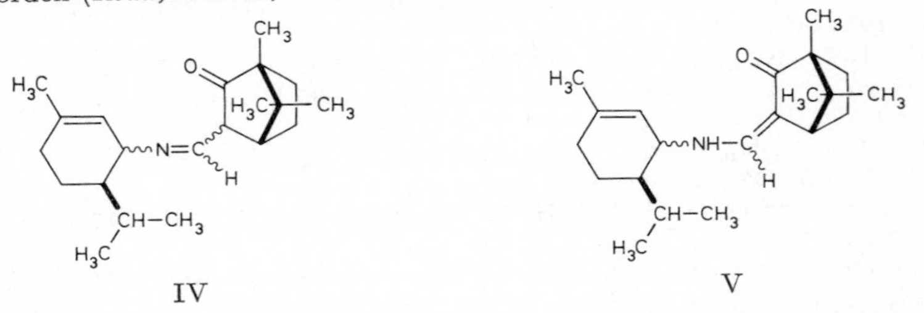

b) **(1*S*)-4.7.7-Trimethyl-2ξ-[*N*-((3Ξ:4*S*)-*p*-menthen-(1)-yl-(3))-formimidoyl]-norbornanon-(3),** Formel VI, und **(1*R*)-4.7.7-Trimethyl-2-[((3Ξ:4*S*)-*p*-menthen-(1)-yl-(3)-amino)-methylen-(ξ)]-norbornanon-(3),** Formel VII.

Ein als *l*-Piperitylamino-*l*-methylencampher bezeichnetes Amin (F: 134—135°; $[\alpha]_D$: −471° [A.]), für das diese Formeln in Betracht kommen, ist aus „(−)-Piperitylamin“ (S. 173) und (1*S*)-3-Oxo-4.7.7-trimethyl-norbornan-carbaldehyd-(2ξ) (E III **7** 3326) erhalten worden (*Read, Walker*, Soc. **1934** 308, 311).

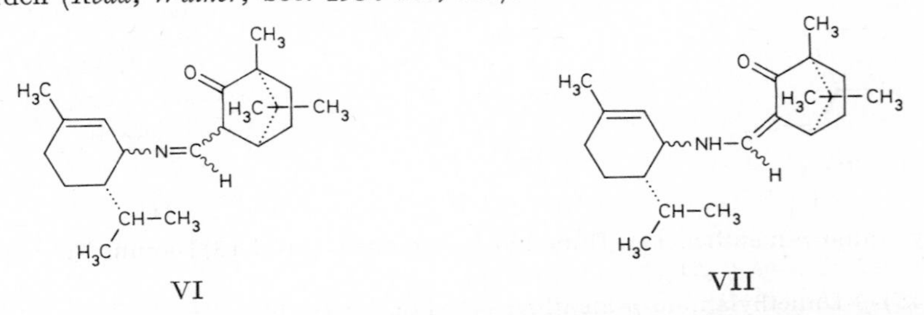

6-Amino-1-methyl-4-isopropyl-cyclohexen-(1), 6-Amino-*p*-menthen-(1), *p*-Menthen-(1)-yl-(6)-amin, p-*menth-1-en-6-ylamine* $C_{10}H_{19}N$.

In dem H 38 unter dieser Konstitution beschriebenen Präparat hat ein Gemisch der beiden folgenden Stereoisomeren vorgelegen (*Read, Swann,* Soc. **1937** 239). Über die Konfiguration der Stereoisomeren s. *Schroeter, Eliel,* Am. Soc. **86** [1964] 2066.

a) **(4*S*)-*cis*-6-Amino-*p*-menthen-(1)**, (−)-*cis*-Carvotanacetylamin, Formel VIII (R = H).

B. Neben dem unter b) beschriebenen Stereoisomeren beim Behandeln einer Lösung von (+)-Carvotanaceton-oxim ((S)-*p*-Menthen-(1)-on-(6)-oxim) in Äthanol mit Essigsäure und Zink (*Read, Swann,* Soc. **1937** 239, 241; vgl. H 38) sowie beim Erhitzen von (+)-Carvotanaceton mit Hydrazin und wss. Methanol und Behandeln des Reaktionsprodukts mit Essigsäure und Zink (*Read, Sw.*).

Als *N*-Benzoyl-Derivat (s. u.) charakterisiert.

b) **(4*S*)-*trans*-6-Amino-*p*-menthen-(1)**, (+)-*trans*-Carvotanacetylamin, Formel IX (R = H).

B. s. bei dem unter a) beschriebenen Stereoisomeren.

$Kp_{16,5}$: 93° (*Read, Swann,* Soc. **1937** 239, 241). D_4^{15}: 0,8917. n_D^{15}: 1,4815; $n_D^{16,5}$: 1,4810. $[\alpha]_D^{15}$: +190,1° [unverd.].

Bei der Hydrierung des L_g-Hydrogentartrats an Palladium in Methanol ist das L_g-Hydrogentartrat des (1*R*)-Isocarvomenthylamins (S. 117) erhalten worden.

Hydrogenoxalat $C_{10}H_{19}N\cdot C_2H_2O_4$. Krystalle (aus E. + Me.); F: 205°. $[\alpha]_D^{15}$: +102,3° [W.; c = 2].

L_g-Hydrogentartrat $C_{10}H_{19}N\cdot C_4H_6O_6$. Krystalle (aus E. + Me.); F: 141—142°. $[\alpha]_D^{15}$: +97,5° [W.; c = 2].

6-Acetamino-*p*-menthen-(1), *N*-[*p*-Menthen-(1)-yl-(6)]-acetamid, N-(p-*menth-1-en-6-yl)acetamide* $C_{12}H_{21}NO$.

(4*S*)-*trans*-6-Acetamino-*p*-menthen-(1), Formel IX (R = CO-CH_3).

B. Aus (+)-*trans*-Carvotanacetylamin [s. o.] (*Read, Swann,* Soc. **1937** 239, 241).

Krystalle; F: 112°. $[\alpha]_D$: +155,3° [$CHCl_3$; c = 2].

6-Benzamino-*p*-menthen-(1), *N*-[*p*-Menthen-(1)-yl-(6)]-benzamid, N-(p-*menth-1-en-6-yl)benzamide* $C_{17}H_{23}NO$.

a) **(4*S*)-*cis*-6-Benzamino-*p*-menthen-(1)**, Formel VIII (R = CO-C_6H_5).

B. Aus (−)-*cis*-Carvotanacetylamin [s. o.] (*Read, Swann,* Soc. **1937** 239, 241).

Krystalle (aus Me.); F: 165°. $[\alpha]_D$: −87,5° [$CHCl_3$; c = 2].

b) **(4*S*)-*trans*-6-Benzamino-*p*-menthen-(1)**, Formel IX (R = CO-C_6H_5).

B. Aus (+)-*trans*-Carvotanacetylamin [s. o.] (*Read, Swann,* Soc. **1937** 239, 241).

Krystalle; F: 97—98°. $[\alpha]_D$: +214,0° [$CHCl_3$; c = 2].

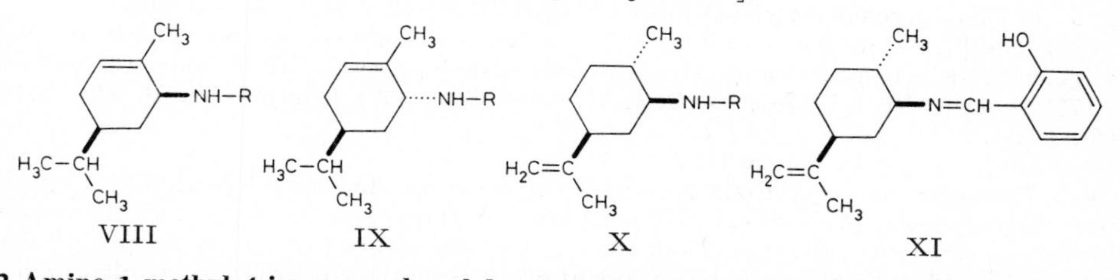

2-Amino-1-methyl-4-isopropenyl-cyclohexan, 2-Amino-*p*-menthen-(8), *p*-Menthen-(8)-yl-(2)-amin, p-*menth-8-en-2-ylamine* $C_{10}H_{19}N$.

Die H 39 und E I 126 unter dieser Konstitution beschriebenen Dihydrocarvylamin-Präparate sind konfigurativ nicht einheitlich gewesen (*Read, Johnston,* Soc. **1934** 226, 228).

(1*S*:2*S*:4*S*)-2-Amino-*p*-menthen-(8), (+)-Dihydrocarvylamin, Formel X (R = H).

B. Neben Stereoisomeren (nicht isoliert) beim Behandeln von (+)-Carvon-oxim ((*S*)-*p*-Menthadien-(1.8)-on-(6)-oxim) mit Äthanol und Natrium (*Read, Johnston,* Soc. **1934** 226, 228, 232; vgl. H 39).

Kp_{35}: 111°. D_4^{17}: 0,8775. n_D^{17}: 1,4781. $[\alpha]_D^{17}$: +16,4° [$CHCl_3$; c = 6].

Formiat $C_{10}H_{19}N\cdot CH_2O_2$. Krystalle (aus E. + A.); F: 145°. $[\alpha]_D$: +21,2° [W.; c = 2].

2-Salicylidenamino-*p*-menthen-(8), Salicylaldehyd-[*p*-menthen-(8)-yl-(2)-imin], *2-[N-(p-menth-8-en-2-yl)formimidoyl]phenol* $C_{17}H_{23}NO$.

(1*S*:2*S*:4*S*)-2-Salicylidenamino-*p*-menthen-(8), (+)-*N*-Salicyliden-dihydro-carvylamin, Formel XI.

B. Aus (+)-Dihydrocarvylamin [S. 175] (*Read, Johnston,* Soc. **1934** 326, 332).

Gelbe Krystalle (aus A.); F: 58°. Am Sonnenlicht erfolgt (reversibel) Orangefärbung. $[\alpha]_D^{17}$: +6°; $[\alpha]_{546}^{17}$: +1,7° [jeweils in $CHCl_3$; c = 2].

2-Acetamino-*p*-menthen-(8), *N*-[*p*-Menthen-(8)-yl-(2)]-acetamid, N-(p-*menth-8-en-2-yl*)*acetamide* $C_{12}H_{21}NO$.

(1*S*:2*S*:4*S*)-2-Acetamino-*p*-menthen-(8), (+)-*N*-Acetyl-dihydrocarvylamin, Formel X (R = CO-CH_3) (H 39; E I 126).

Krystalle (aus PAe.); F: 131—132° (*Read, Johnston,* Soc. **1934** 226, 232). $[\alpha]_D$: +91,8° [$CHCl_3$; c = 2].

2-Benzamino-*p*-menthen-(8), *N*-[*p*-Menthen-(8)-yl-(2)]-benzamid, N-(p-*menth-8-en-2-yl*)*benzamide* $C_{17}H_{23}NO$.

(1*S*:2*S*:4*S*)-2-Benzamino-*p*-menthen-(8), (+)-*N*-Benzoyl-dihydrocarvyl-amin, Formel X (R = CO-C_6H_5) (H 39; E I 126).

Krystalle (aus A.); F: 182° (*Read, Johnston,* Soc. **1934** 226, 232). $[\alpha]_D$: +48,3° [$CHCl_3$; c = 2].

Bei der Hydrierung an Palladium in Methanol ist *N*-[(1*S*)- Carvomenthyl]-benzamid (S. 120) erhalten worden.

1.1.2-Trimethyl-5-[2-amino-äthyl]-cyclopenten-(2), 2-[2.2.3-Trimethyl-cyclopenten-(3)-yl]-äthylamin, *2-(2,2,3-trimethylcyclopent-3-en-1-yl)ethylamine* $C_{10}H_{19}N$.

(*R*)-1.1.2-Trimethyl-5-[2-amino-äthyl]-cyclopenten-(2), Formel XII.

Diese Konfiguration ist dem H 40, E I 127 und E II 35 beschriebenen **(+)-α-Camphyl-amin** auf Grund seiner genetischen Beziehung zu (+)-α-Campholensäure-nitril ([(*R*)-2.2.3-Trimethyl-cyclopenten-(3)-yl]-acetonitril) und zu (1*R*)-Campher-oxim zuzuordnen.

Dithiocarbamat $C_{10}H_{19}N \cdot CH_3NS_2$. Krystalle (aus A.); F: 100—104° [Zers.] (*Levi,* G. **61** [1931] 803, 806).

Verbindung mit 2-Nitro-indandion-(1.3) $C_{10}H_{19}N \cdot C_9H_5NO_4$. Gelbe Krystalle (aus A.); F: 169° (*Wanag, Lode,* B. **70** [1937] 547, 553).

2-Amino-bicyclopentyl, Bicyclopentylyl-(2)-amin, *bicyclopentyl-2-ylamine* $C_{10}H_{19}N$.

a) **(±)-*cis*-Bicyclopentylyl-(2)-amin,** Formel XIII (R = H) + Spiegelbild.

B. Als Hauptprodukt neben dem unter b) beschriebenen Stereoisomeren bei der Hydrierung von (±)-Bicyclopentylon-(2)-oxim an Platin in Essigsäure; als *N*-Benzoyl-Derivat (S. 177) isoliert (*Hückel, Gross, Doll,* R. **57** [1938] 555, 557; *Hückel, Ude,* B. **94** [1961] 1026, 1031).

Kp_{10}: 96° (*Hü., Ude,* l. c. S. 1032).

Beim Erwärmen mit wss. Essigsäure und Natriumnitrit sind Bicyclopentylol-(1) (nicht näher beschrieben), *trans*-Bicyclopentylol-(2), *cis*-Bicyclopentylol-(2), 1-Cyclopentyl-cyclopenten-(1), 1-Cyclopentyl-cyclopenten-(2) und ein vermutlich als Bicyclopentyliden zu formulierender Kohlenwasserstoff (nicht näher beschrieben) erhalten worden (*Hü., Ude,* l. c. S. 1034; *Hü., Gr., Doll,* l. c. S. 559).

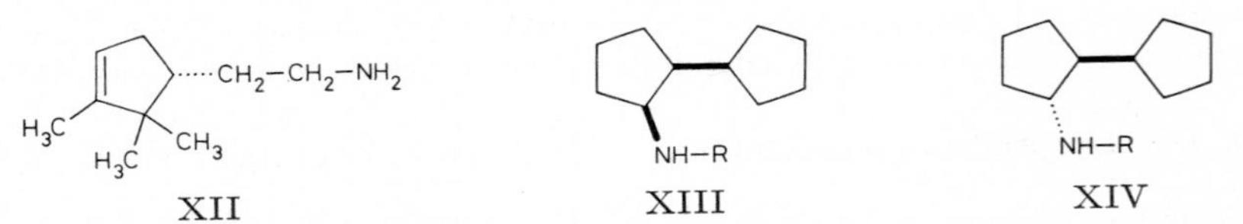

XII XIII XIV

b) **(±)-*trans*-Bicyclopentylyl-(2)-amin,** Formel XIV (R = H) + Spiegelbild.

B. Neben geringen Mengen des unter a) beschriebenen Stereoisomeren beim Behandeln von (±)-Bicyclopentylon-(2)-oxim mit Äthanol und Natrium; als *N*-Benzoyl-Derivat (S. 177) isoliert (*Hückel, Gross, Doll,* R. **57** [1938] 555, 557; *Hückel, Ude,* B. **94** [1961] 1026, 1031).

Kp_{11}: 97° (*Hü.*, *Ude*, l. c. S. 1032).

Beim Erwärmen mit Essigsäure und Natriumnitrit sind die gleichen Verbindungen wie aus dem unter a) beschriebenen Stereoisomeren erhalten worden (*Hü.*, *Ude*, l. c. S. 1033; *Hü.*, *Gr.*, *Doll*, l. c. S. 558).

2-Acetamino-bicyclopentyl, *N*-[Bicyclopentylyl-(2)]-acetamid, N-(*bicyclopentyl-2-yl*)*acet⸗amide* $C_{12}H_{21}NO$.

a) **(±)-*cis*-2-Acetamino-bicyclopentyl,** Formel XIII (R = CO-CH_3) + Spiegelbild.

B. Beim Erhitzen von (±)-*cis*-2-Benzamino-bicyclopentyl mit wss. Salzsäure auf 180° und Behandeln des Reaktionsprodukts mit Acetanhydrid (*Hückel*, *Ude*, B. **94** [1961] 1026, 1032; s. a. *Hückel*, *Gross*, *Doll*, R. **57** [1938] 555, 558).

F: 106—107° (*Hü.*, *Ude*).

b) **(±)-*trans*-2-Acetamino-bicyclopentyl,** Formel XIV (R = CO-CH_3) + Spiegelbild.

B. Beim Erhitzen von (±)-*trans*-2-Benzamino-bicyclopentyl mit wss. Salzsäure auf 145° und Behandeln des Reaktionsprodukts mit Acetanhydrid (*Hückel*, *Gross*, *Doll*, R. **57** [1938] 555, 557).

Krystalle (aus Bzl. + PAe.); F: 116°.

2-Benzamino-bicyclopentyl, *N*-[Bicyclopentylyl-(2)]-benzamid, N-(*bicyclopentyl-2-yl*)⸗*benzamide* $C_{17}H_{23}NO$.

a) **(±)-*cis*-2-Benzamino-bicyclopentyl,** Formel XIII (R = CO-C_6H_5) + Spiegelbild.

B. Aus (±)-*cis*-Bicyclopentylyl-(2)-amin und Benzoesäure-anhydrid in Äther (*Hückel*, *Gross*, *Doll*, R. **57** [1938] 555, 558).

Krystalle (aus Bzl. oder Acn.); F: 128°.

b) **(±)-*trans*-2-Benzamino-bicyclopentyl,** Formel XIV (R = CO-C_6H_5) + Spiegelbild.

B. Aus (±)-*trans*-Bicyclopentylyl-(2)-amin und Benzoesäure-anhydrid in Äther (*Hückel*, *Gross*, *Doll*, R. **57** [1938] 555, 557).

Krystalle (aus Bzl. + PAe.); F: 148° und F: 152° [dimorph]. [*Blazek*]

4-Amino-decahydro-azulen, Decahydro-azulenyl-(4)-amin, *decahydroazulen-4-ylamine* $C_{10}H_{19}N$.

(±)-4ξ-Amino-(3a*rH*.8a*tH*)-decahydro-azulen, Formel I (R = H) + Spiegelbild.

Über die Konfiguration an den C-Atomen 3a und 8a s. *Hückel*, *Schnitzspahn*, A. **505** [1933] 274, 276.

B. Aus einem wahrscheinlich als (±)-4-Hydroxyimino-*trans*-decahydro-azulen zu formulierenden Oxim (F: 140° [E III **7** 360]) mit Hilfe von Natrium und Äthanol (*Hü.*, *Sch.*, l. c. S. 281).

Kp_{10}: 97°.

Beim Erwärmen mit Natriumnitrit und wss. Essigsäure und Erwärmen des Reaktionsprodukts mit Phthalsäure-anhydrid ist Phthalsäure-mono-[(3a*rH*.8a*tH*)-decahydro-azulenyl-(4ξ)-ester] vom F: 132—133° (E III **9** 4144) erhalten worden.

N-Acetyl-Derivat und *N*-Benzoyl-Derivat s. S. 178.

Trimethyl-[decahydro-azulenyl-(4)]-ammonium, (*decahydroazulen-4-yl*)*trimethyl⸗ammonium* $[C_{13}H_{26}N]^{\oplus}$.

(±)-Trimethyl-[(3a*rH*.8a*tH*)-decahydro-azulenyl-(4ξ)]-ammonium, Formel II + Spiegelbild, dessen Jodid bei 192° schmilzt.

Jodid $[C_{13}H_{26}N]I$. *B.* Aus dem im vorangehenden Artikel beschriebenen Amin beim Behandeln einer methanol. Lösung mit Methyljodid und methanol. Kalilauge (*Hückel*, *Schnitzspahn*, A. **505** [1933] 274, 281). — F: 192° [Zers.]. — Beim Behandeln einer wss. Lösung mit Silbersulfat und anschliessend mit Bariumhydroxid und Erhitzen der Reaktionslösung unter 3—4 Torr auf 100° ist *trans*-1.2.3.3a.4.5.6.8a-Octahydro-azulen erhalten worden.

4-Acetamino-decahydro-azulen, *N*-[Decahydro-azulenyl-(4)]-acetamid, N-(*decahydro⸗azulen-4-yl*)*acetamide* $C_{12}H_{21}NO$.

Über die Konfiguration der folgenden Stereoisomeren an den C-Atomen 3a und 8a s. *Hückel*, *Schnitzspahn*, A. **505** [1933] 274, 276.

a) **(±)-4ξ-Acetamino-(3a*rH*.8a*cH*)-decahydro-azulen,** Formel III (R = $CO\text{-}CH_3$) + Spiegelbild, **vom F: 161°.**

B. Neben dem unter b) beschriebenen Stereoisomeren beim Behandeln eines wahrscheinlich als (±)-4-Hydroxyimino-*cis*-decahydro-azulen zu formulierenden Oxims (F: 119° [E III **7** 359]) mit Äthanol und Natrium und Behandeln des Reaktionsprodukts mit Acetanhydrid (*Hückel, Schnitzspahn,* A. **505** [1933] 274, 280).

Krystalle (aus Acn.); F: 160—161°.

b) **(±)-4ξ-Acetamino-(3a*rH*.8a*cH*)-decahydro-azulen,** Formel III (R = $CO\text{-}CH_3$) + Spiegelbild, **vom F: 115°.**

B. s. bei dem unter a) beschriebenen Stereoisomeren.

Krystalle (aus PAe.); F: 115° (*Hückel, Schnitzspahn,* A. **505** [1933] 274, 280).

c) **(±)-4ξ-Acetamino-(3a*rH*.8a*tH*)-decahydro-azulen,** Formel I (R = $CO\text{-}CH_3$) + Spiegelbild, **vom F: 115°.**

B. Aus (±)-4ξ-Amino-(3a*rH*.8a*tH*)-decahydro-azulen [Kp_{10}: 97° (S. 177)] (*Hückel, Schnitzspahn,* A. **505** [1933] 274, 281).

Krystalle (aus PAe.); F: 114—115°.

4-Benzamino-decahydro-azulen, *N*-[Decahydro-azulenyl-(4)]-benzamid, N-(*decahydro=azulen-4-yl*)*benzamide* $C_{17}H_{23}NO$.

a) **(±)-4ξ-Benzamino-(3a*rH*.8a*cH*)-decahydro-azulen,** Formel III (R = $CO\text{-}C_6H_5$) + Spiegelbild, **vom F: 194°.**

B. Neben dem unter b) beschriebenen Stereoisomeren beim Behandeln eines wahrscheinlich als (±)-4-Hydroxyimino-*cis*-decahydro-azulen zu formulierenden Oxims (F: 119° [E III **7** 359]) mit Äthanol und Natrium und Behandeln des Reaktionsprodukts mit Benzoesäure-anhydrid in Äther (*Hückel, Schnitzspahn,* A. **505** [1933] 274, 280).

Krystalle (aus Acn.); F: 194°.

b) **(±)-4ξ-Benzamino-(3a*rH*.8a*cH*)-decahydro-azulen,** Formel III (R = $CO\text{-}C_6H_5$) + Spiegelbild, **vom F: 154°.**

B. s. bei dem unter a) beschriebenen Stereoisomeren.

Krystalle (aus PAe.); F: 154° (*Hückel, Schnitzspahn,* A. **505** [1933] 274, 280).

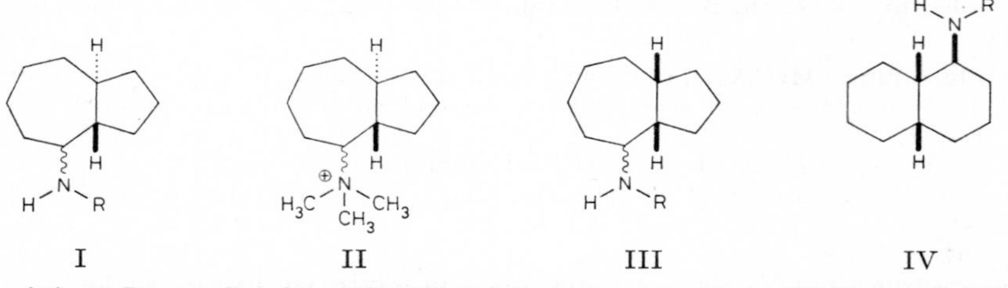

c) **(±)-4ξ-Benzamino-(3a*rH*.8a*tH*)-decahydro-azulen,** Formel I (R = $CO\text{-}C_6H_5$) + Spiegelbild, **vom F: 174°.**

B. Aus (±)-4ξ-Amino-(3a*rH*.8a*tH*)-decahydro-azulen [Kp_{10}: 97° (S. 177)] (*Hückel, Schnitzspahn,* A. **505** [1933] 274, 281).

Krystalle (aus Acn.); F: 173—174°.

1-Amino-decahydro-naphthalin, Decahydro-naphthyl-(1)-amin, 1-Amino-decalin, *decahydro-1-naphthylamine* $C_{10}H_{19}N$.

Über die Konfiguration und Konformation der folgenden Stereoisomeren s. *Dauben, Tweit, Mannerskantz,* Am. Soc. **76** [1954] 4420, 4422.

a) **(±)-1*c*-Amino-(4a*rH*.8a*cH*)-decahydro-naphthalin,** Formel IV (R = H) + Spiegelbild.

B. Neben dem unter b) beschriebenen Stereoisomeren beim Behandeln einer Lösung von (±)-1-Hydroxyimino-(4a*rH*.8a*cH*)-decahydro-naphthalin (F: 103°) in Äthanol mit Natrium (*Hückel et al.,* A. **502** [1933] 99, 111). Isolierung über das Hydrochlorid: *Hü. et al.*; *Hückel,* A. **533** [1938] 1, 18; über das *N*-Benzoyl-Derivat (S. 180): *Hü. et al.*

F: −2° (*Hü. et al.*). Kp_{12}: 100° (*Hü. et al.*).

Beim Erwärmen mit wss. Essigsäure und Natriumnitrit sind (4a*rH*.8a*cH*)-Decahydro-naphthol-(1*c*) (Hauptprodukt), *cis*-1.2.3.4.4a.5.6.8a-Octahydro-naphthalin sowie geringe

Mengen 1.2.3.4.4a.5.6.7-Octahydro-naphthalin und (4a*rH*.8a*cH*)-Decahydro-naphthol-(1*t*) erhalten worden (*Hü.*, l. c. S. 18; *Hückel, Tappe, Legutke*, A. **543** [1940] 191, 209; *Dauben, Tweit, Mannerskantz*, Am. Soc. **76** [1954] 4420, 4423).

b) **(±)-1*t*-Amino-(4a*rH*.8a*cH*)-decahydro-naphthalin,** Formel V (R = H) + Spiegelbild.

B. Neben geringen Mengen des unter a) beschriebenen Stereoisomeren bei der Hydrierung von (±)-1-Hydroxyimino-(4a*rH*.8a*cH*)-decahydro-naphthalin (F: 103°) an Platin in Essigsäure; Isolierung über das *N*-Benzoyl-Derivat [S. 180] (*Hückel et al.*, A. **502** [1933] 99, 111). Aus (±)-1*t*-Acetamino-(4a*rH*.8a*cH*)-decahydro-naphthalin beim Erhitzen mit wss. Salzsäure auf 140° (*Hü. et al.*, l. c. S. 110).

F: 8°. Kp_{10}: 98° (*Hü. et al.*).

Beim Erwärmen mit wss. Essigsäure und Natriumnitrit ist (4a*rH*.8a*cH*)-Decahydro-naphthol-(1*t*) als einziges Produkt erhalten worden (*Hückel*, A. **533** [1938] 1, 18; *Dauben, Tweit, Mannerskantz*, Am. Soc. **76** [1954] 4420, 4423).

c) **(±)-1*c*-Amino-(4a*rH*.8a*tH*)-decahydro-naphthalin,** Formel VI (R = H) + Spiegelbild (E II 35; dort als *trans*-α-Dekalylamin-I bezeichnet).

Beim Erwärmen mit wss. Essigsäure und Natriumnitrit sind *trans*-1.2.3.4.4a.5.6.8a-Octahydro-naphthalin, 1.2.3.4.4a.5.6.7-Octahydro-naphthalin, (4a*rH*.8a*tH*)-Decahydro-naphthol-(1*t*) und geringe Mengen (4a*rH*.8a*tH*)-Decahydro-naphthol-(1*c*) erhalten worden (*Hückel*, A. **533** [1938] 1, 15, 16; *Hückel, Tappe, Legutke*, A. **543** [1940] 191, 209; *Dauben, Tweit, Mannerskantz*, Am. Soc. **76** [1954] 4420, 4423).

d) **(±)-1*t*-Amino-(4a*rH*.8a*tH*)-decahydro-naphthalin,** Formel VII (R = H) + Spiegelbild (H 42; E II 36; dort als *trans*-α-Dekalylamin-II bezeichnet).

Beim Erwärmen mit wss. Essigsäure und Natriumnitrit ist (4a*rH*.8a*tH*)-Decahydro-naphthol-(1*t*) als einziges Produkt erhalten worden (*Hückel*, A. **533** [1938] 1, 15, 16; *Dauben, Tweit, Mannerskantz*, Am. Soc. **76** [1954] 4420, 4423).

1-Methylamino-decahydro-naphthalin, Methyl-[decahydro-naphthyl-(1)]-amin, N-*methyldecahydro-1-naphthylamine* $C_{11}H_{21}N$.

(±)-1*t*-Methylamino-(4a*rH*.8a*tH*)-decahydro-naphthalin, Formel VII (R = CH_3) + Spiegelbild.

B. Aus (±)-1*t*-Amino-(4a*rH*.8a*tH*)-decahydro-naphthalin und Methyljodid (*Hückel, Naab*, A. **502** [1933] 136, 149).

Kp_{22}: 119—122°; Kp_{16}: 116° [zwei Präparate].

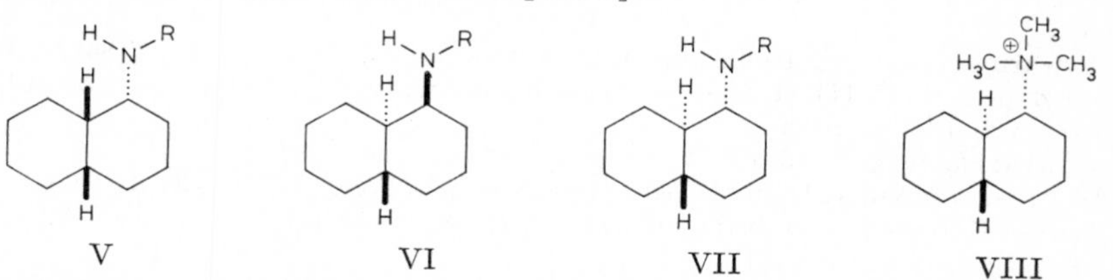

V VI VII VIII

Trimethyl-[decahydro-naphthyl-(1)]-ammonium, (*decahydro-1-naphthyl*)*trimethylammonium* $[C_{13}H_{26}N]^{\oplus}$.

(±)-Trimethyl-[(4a*rH*.8a*tH*)-decahydro-naphthyl-(1*t*)]-ammonium, Formel VIII + Spiegelbild.

Jodid $[C_{13}H_{26}N]I$. *B.* Aus dem im vorangehenden Artikel beschriebenen Amin beim Behandeln einer methanol. Lösung mit Methyljodid und methanol. Kalilauge (*Hückel, Naab*, A. **502** [1933] 136, 150). — Krystalle (aus Acn.); Zers. oberhalb 180°. — Beim Behandeln einer wss. Lösung mit Silbersulfat und anschliessend mit Bariumhydroxid und Erwärmen der Reaktionslösung unter 3—4 Torr auf 100° ist *trans*-1.2.3.4.4a.5.6.8a-Octahydro-naphthalin erhalten worden.

1-Acetamino-decahydro-naphthalin, *N*-[Decahydro-naphthyl-(1)]-acetamid, N-(*decahydro-1-naphthyl*)*acetamide* $C_{12}H_{21}NO$.

a) **(±)-1*c*-Acetamino-(4a*rH*.8a*cH*)-decahydro-naphthalin,** Formel IV (R = CO-CH_3) + Spiegelbild.

B. Aus (±)-1*c*-Amino-(4a*rH*.8a*cH*)-decahydro-naphthalin (S. 178) mit Hilfe von

Acetanhydrid (*Hückel et al.*, A. **502** [1933] 99, 112).
F: 141°.

b) **(±)-1*t*-Acetamino-(4a*rH*.8a*cH*)-decahydro-naphthalin,** Formel V (R = $CO\text{-}CH_3$) + Spiegelbild.

B. Aus 5-Acetamino-1.2.3.4-tetrahydro-naphthalin bei der Hydrierung an Platin in einem Gemisch von Essigsäure und wss. Salzsäure bei 40° (*Hückel et al.*, A. **502** [1933] 99, 110).

Krystalle (aus Acn.); F: 181°.

1-Benzamino-decahydro-naphthalin, *N*-[Decahydro-naphthyl-(1)]-benzamid, N-(*decahydro-1-naphthyl*)*benzamide* $C_{17}H_{23}NO$.

a) **(±)-1*c*-Benzamino-(4a*rH*.8a*cH*)-decahydro-naphthalin,** Formel IV (R = $CO\text{-}C_6H_5$) + Spiegelbild [auf S. 178].

B. Aus (±)-1*c*-Amino-(4a*rH*.8a*cH*)-decahydro-naphthalin [S. 178] (*Hückel et al.*, A. **502** [1933] 99, 111, 112).

Krystalle (aus Acn.); F: 193°.

Beim Erhitzen mit wss. Salzsäure auf 160° sind 1*c*-Amino-(4a*rH*.8a*cH*)-decahydro-naphthalin und geringe Mengen 1ξ-Chlor-decahydro-naphthalin [nicht charakterisiert] erhalten worden.

b) **(±)-1*t*-Benzamino-(4a*rH*.8a*cH*)-decahydro-naphthalin,** Formel V (R = $CO\text{-}C_6H_5$) + Spiegelbild.

B. Aus (±)-1*t*-Amino-(4a*rH*.8a*cH*)-decahydro-naphthalin (S. 179) mit Hilfe von Benzoesäure-anhydrid (*Hückel et al.*, A. **502** [1933] 99, 111).

Krystalle (aus Me.); F: 206°.

2-Amino-decahydro-naphthalin, Decahydro-naphthyl-(2)-amin, 2-Amino-decalin, *decahydro-2-naphthylamine* $C_{10}H_{19}N$.

Über die relative Konfiguration der folgenden Stereoisomeren s. *Dauben, Hoerger*, Am. Soc. **73** [1951] 1504, 1506; *Dauben, Tweit, Mannerskantz*, Am. Soc. **76** [1954] 4420, 4422; *Cohen, Malaiyandi, Pinkus*, J. org. Chem. **29** [1964] 3393, 3394.

a) **(+)-2*c*-Amino-(4a*rH*.8a*cH*)-decahydro-naphthalin,** Formel IX (R = H) oder Spiegelbild.

Gewinnung aus dem unter c) beschriebenen Racemat über das (in Wasser schwerer lösliche) (1*S*)-2-Oxo-bornan-sulfonat-(10) sowie Reinigung über das (1*R*)-3*endo*-Brom-2-oxo-bornan-sulfonat-(8): *Hückel, Kühn*, B. **70** [1937] 2479, 2481, 2482.

F: 30,5°.

Beim Erwärmen mit wss. Essigsäure und Natriumnitrit sind (+)-(4a*rH*.8a*cH*)-Decahydro-naphthol-(2*c*) (E III **6** 268) und geringere Mengen (+)-Octahydro-naphthalin (Kp_{760}: 188°) erhalten worden.

Hydrochlorid. $[\alpha]_D^{19}$: +15,5° [W.; c = 4].

(1*S*)-2-Oxo-bornan-sulfonat-(10). Krystalle (aus W.); $[\alpha]_D^{20,5}$: +31,5° [A.; c = 7].

(1*R*)-3*endo*-Brom-2-oxo-bornan-sulfonat-(8). Krystalle (aus wss. A.); $[\alpha]_D^{20}$: +73,4° [A.].

b) **(−)-2*c*-Amino-(4a*rH*.8a*cH*)-decahydro-naphthalin,** Formel IX (R = H) oder Spiegelbild.

Gewinnung aus dem unter c) beschriebenen Racemat über das (in Wasser leichter lösliche) (1*S*)-2-Oxo-bornan-sulfonat-(10) sowie Reinigung über das (1*R*)-3*endo*-Brom-2-oxo-bornan-sulfonat-(8): *Hückel, Kühn*, B. **70** [1937] 2479, 2481, 2482.

F: 30,5°.

Beim Erwärmen mit wss. Essigsäure und Natriumnitrit sind (−)-(4a*rH*.8a*cH*)-Decahydro-naphthol-(2*c*) (E III **6** 268) und geringere Mengen Octahydronaphthalin (nicht charakterisiert) erhalten worden (*Hü., Kühn*, l. c. S. 2483, 2484).

Hydrochlorid. $[\alpha]_D^{20,5}$: −15,4° [W.; c = 4].

(1*S*)-2-Oxo-bornan-sulfonat-(10). Krystalle (aus W.); $[\alpha]_D^{18,5}$: +15,1° [A.; c=8].

(1*R*)-3*endo*-Brom-2-oxo-bornan-sulfonat-(8). Krystalle (aus wss. A.); $[\alpha]_D^{19}$: +61,5° [A.].

c) **(±)-2*c*-Amino-(4a*rH*.8a*cH*)-decahydro-naphthalin,** Formel IX (R = H) + Spiegelbild (E II 36; dort als *cis*-β-Decalylamin-I bezeichnet).

Beim Erwärmen mit wss. Essigsäure und Natriumnitrit sind (4a*rH*.8a*cH*)-Decahydro-naphthol-(2*c*) (Hauptprodukt), *cis*-1.2.3.4.4a.5.8.8a-Octahydro-naphthalin sowie geringe Mengen *cis*-1.2.3.4.4a.5.6.8a-Octahydro-naphthalin und (4a*rH*.8a*cH*)-Decahydro-naphthol-(2*t*) erhalten worden (*Hückel*, A. **533** [1938] 1, 19; *Hückel, Tappe, Legutke*, A. **543** [1940] 191, 209; *Dauben, Tweit, Mannerskantz*, Am. Soc. **76** [1954] 4420, 4423).

d) **(±)-2*t*-Amino-(4a*rH*.8a*cH*)-decahydro-naphthalin**, Formel X (R = H) + Spiegelbild (E II 36; dort als *cis*-β-Decalylamin-II bezeichnet).

Beim Erwärmen mit wss. Essigsäure und Natriumnitrit ist (4a*rH*.8a*cH*)-Decahydro-naphthol-(2*t*) als einziges Produkt erhalten worden (*Hückel*, A. **533** [1938] 1, 18, 20; *Dauben, Tweit, Mannerskantz*, Am. Soc. **76** [1954] 4420, 4423).

e) **(4a*R*)-2*c*-Amino-(4a*rH*.8a*tH*)-decahydro-naphthalin**, Formel XI (R = H).

Gewinnung aus dem unter g) beschriebenen Racemat über das (in wss. Aceton schwerer lösliche) (1*S*)-3*endo*-Brom-2-oxo-bornan-sulfonat-(10): *Hückel, Sowa*, B. **74** [1941] 57, 61.

F: 10,6°. α_D^{22}: +1,1° [unverd.; l = 0,5].

Beim Erwärmen mit wss. Essigsäure und Natriumnitrit ist (4a*R*)-(4a*rH*.8a*tH*)-Decahydro-naphthol-(2*c*) als einziges Produkt erhalten worden.

Hydrochlorid. $[\alpha]_D^{22}$: +0,9° [W.; c = 6].

L$_g$-Hydrogentartrat. Krystalle (aus W.); wss. Lösungen sind ohne erkennbares optisches Drehungsvermögen.

(1*S*)-3*endo*-Brom-2-oxo-bornan-sulfonat-(10). Krystalle (aus wss. Acn.); F: 158°. $[\alpha]_D^{18}$: +71,7° [A.; c = 4].

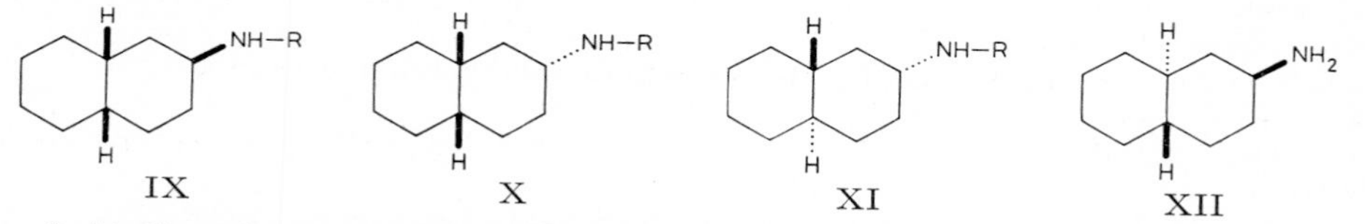

f) **(4a*S*)-2*c*-Amino-(4a*rH*.8a*tH*)-decahydro-naphthalin**, Formel XII.

Ein partiell racemisches Präparat (L$_g$-Hydrogentartrat: Krystalle [aus W.]; $[\alpha]_D^{21}$: +12,5° [W.]; *N*-Acetyl-Derivat $C_{12}H_{21}NO$: F: 168°; $[\alpha]_D^{21}$: −12,9° [A.]) ist aus dem unter g) beschriebenen Racemat über das (in wss. Aceton leichter lösliche) (1*S*)-3*endo*-Brom-2-oxo-bornan-sulfonat-(10) erhalten und durch Erwärmen mit wss. Essigsäure und Natriumnitrit in partiell racemisches (4a*S*)-(4a*rH*.8a*tH*)-Decahydro-naphthol-(2*c*) (E III **6** 270) übergeführt worden (*Hückel, Sowa*, B. **74** [1941] 57, 61—63).

g) **(±)-2*c*-Amino-(4a*rH*.8a*tH*)-decahydro-naphthalin**, Formel XII + Spiegelbild (H 42; E II 36; dort als *trans*-β-Decalylamin-II bezeichnet).

F: 15°; Kp$_{15}$: 106° [über [(4a*rH*.8a*tH*)-Decahydro-naphthyl-(2*c*)]-carbamidsäure-methylester (F: 109° [S. 182]) gereinigtes Präparat] (*Hückel*, A. **533** [1938] 1, 27).

Beim Erwärmen mit wss. Essigsäure und Natriumnitrit sind (4a*rH*.8a*tH*)-Decahydro-naphthol-(2*c*) und geringe Mengen (4a*rH*.8a*tH*)-Decahydro-naphthol-(2*t*) erhalten worden (*Hü.*, l. c. S. 17; s. a. *Dauben, Tweit, Mannerskantz*, Am. Soc. **76** [1954] 4420, 4423).

Formiat $C_{10}H_{19}N \cdot CH_2O_2$. Krystalle (aus PAe.); F: 124° (*Hückel, Sowa*, B. **74** [1941] 57, 60).

h) **(±)-2*t*-Amino-(4a*rH*.8a*tH*)-decahydro-naphthalin**, Formel XIII + Spiegelbild (E II 36; dort als *trans*-β-Decalylamin-I bezeichnet).

Beim Erwärmen mit wss. Essigsäure und Natriumnitrit sind *trans*-1.2.3.4.4a.5.8.8a-Octahydro-naphthalin (Hauptprodukt), (4a*rH*.8a*tH*)-Decahydro-napththol-(2*c*), *trans*-1.2.3.4.4a.5.6.8a-Octahydro-naphthalin sowie geringe Mengen (4a*rH*.8a*tH*)-Decahydro-naphthol-(2*t*) und 2-Oxo-(4a*rH*.8a*tH*)-decahydro-naphthalin erhalten worden (*Hückel*, A. **533** [1938] 1, 15, 17; s. a. *Hückel, Tappe, Legutke*, A. **543** [1940] 191, 209; *Dauben, Tweit, Mannerskantz*, Am. Soc. **76** [1954] 4420, 4423).

Bis-[decahydro-naphthyl-(2)]-amin, *eicosahydrodi-2-naphthylamine* $C_{20}H_{35}N$, Formel XIV.

Ein opt.-inakt. Amin (Kp$_4$: 200—205°) dieser Konstitution ist neben 2-Amino-decahydro-naphthalin (Kp$_{25}$: 111—117°; vermutlich Stereoisomeren-Gemisch) und Decahydronaphthalin (nicht charakterisiert) bei der Hydrierung von Naphthyl-(2)-amin an einem Nickel-Chrom-Katalysator bei 175—270°/140—210 at erhalten worden (*Du Pont De Nemours & Co.*, U.S.P. 2127377 [1936]).

2-Acetamino-decahydro-naphthalin, *N*-[Decahydro-naphthyl-(2)]-acetamid, N-(*deca=hydro-2-naphthyl)acetamide* $C_{12}H_{21}NO$.

a) **(+)-2*c*-Acetamino-(4a*rH*.8a*cH*)-decahydro-naphthalin,** Formel IX (R = $CO\text{-}CH_3$) oder Spiegelbild.

B. Aus (+)-2*c*-Amino-(4a*rH*.8a*cH*)-decahydro-naphthalin [S. 180] (*Hückel, Kühn*, B. **70** [1937] 2479, 2482).

Krystalle; F: 173°. $[\alpha]_D^{21}$: +21,4° [A.; c = 0,8].

b) **(−)-2*c*-Acetamino-(4a*rH*.8a*cH*)-decahydro-naphthalin,** Formel IX (R = $CO\text{-}CH_3$) oder Spiegelbild.

B. Aus (−)-2*c*-Amino-(4a*rH*.8a*cH*)-decahydro-naphthalin [S. 180] (*Hückel, Kühn*, B. **70** [1937] 2479, 2482).

Krystalle; F: 173° $[\alpha]_D^{23}$: −21,4° [A.; c = 1].

c) **(4a*R*)-2*c*-Acetamino-(4a*rH*.8a*tH*)-decahydro-naphthalin,** Formel XI (R = $CO\text{-}CH_3$).

Diese Verbindung oder das Enantiomere hat möglicherweise auch in dem H 42 beschriebenen „Acetyl-Derivat des Dekahydro-α-naphthylamins" (F: 173°) vorgelegen (*Hückel, Sowa*, B. **74** [1941] 57, 61).

B. Aus (4a*R*)-2*c*-Amino-(4a*rH*.8a*tH*)-decahydro-naphthalin [S. 181] (*Hü., Sowa*).

F: 175−176°. $[\alpha]_D^{23}$: +25,3° [A.; c = 1,6].

2-Benzamino-decahydro-naphthalin, *N*-[Decahydro-naphthyl-(2)]-benzamid, N-(*deca=hydro-2-naphthyl)benzamide* $C_{17}H_{23}NO$.

a) **(+)-2*c*-Benzamino-(4a*rH*.8a*cH*)-decahydro-naphthalin,** Formel IX (R = $CO\text{-}C_6H_5$) oder Spiegelbild.

B. Aus (+)-2*c*-Amino-(4a*rH*.8a*cH*)-decahydro-naphthalin [S. 180] (*Hückel, Kühn*, B. **70** [1937] 2479, 2482).

F: 205°. $[\alpha]_D^{20,5}$: +1,7° [$CHCl_3$; c = 3].

b) **(−)-2*c*-Benzamino-(4a*rH*.8a*cH*)-decahydro-naphthalin,** Formel IX (R = $CO\text{-}C_6H_5$) oder Spiegelbild.

B. Aus (−)-2*c*-Amino-(4a*rH*.8a*cH*)-decahydro-naphthalin [S. 180] (*Hückel, Kühn*, B. **70** [1937] 2479, 2482).

F: 205°. $[\alpha]_D^{21,5}$: −1,7° [$CHCl_3$; c = 3].

c) **(4a*R*)-2*c*-Benzamino-(4a*rH*.8a*tH*)-decahydro-naphthalin,** Formel XI (R = $CO\text{-}C_6H_5$).

B. Aus (4a*R*)-2*c*-Amino-(4a*rH*.8a*tH*)-decahydro-naphthalin [S. 181] (*Hückel, Sowa*, B. **74** [1941] 57, 61).

F: 174°. $[\alpha]_D^{20}$: +1,9° [A.; c = 3].

[Decahydro-naphthyl-(2)]-carbamidsäure-methylester, *(decahydro-2-naphthyl)carbamic acid methyl ester* $C_{12}H_{21}NO_2$.

(±)-[(4a*rH*.8a*tH*)-Decahydro-naphthyl-(2*c*)]-carbamidsäure-methylester, Formel XI (R = $CO\text{-}OCH_3$) + Spiegelbild.

B. Beim Behandeln von (±)-2*c*-Amino-(4a*rH*.8a*tH*)-decahydro-naphthalin [S. 181] mit Chlorameisensäure-methylester in Chloroform unter Zusatz von Pyridin (*Hückel*, A. **533** [1938] 1, 27).

Krystalle (aus PAe.); F: 109°.

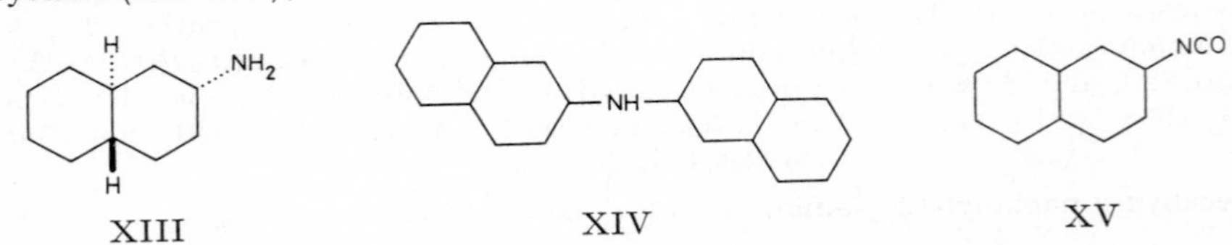

XIII XIV XV

2-Isocyanato-decahydro-naphthalin, Decahydro-naphthyl-(2)-isocyanat, *isocyanic acid decahydro-2-naphthyl ester* $C_{11}H_{17}NO$, Formel XV.

Ein opt.-inakt. Isocyanat (Kp_{12}: 116−117°) dieser Konstitution ist beim Behandeln einer Lösung von opt.-inakt. 2-Amino-decahydro-naphthalin-hydrochlorid (nicht charakterisiert) in Chlorbenzol mit Phosgen bei 130−140° erhalten worden (*Siefken*, A. **562**

[1949] 75, 101, 112, 119).

4a-Amino-decahydro-naphthalin, Octahydro-[4*H*-naphthyl-(4a)]-amin, 4a-Amino-decalin, *octahydro-4a*(4H)-*naphthylamine* $C_{10}H_{19}N$.

4a-Amino-*cis*-decahydro-naphthalin, Formel I (R = H) (vgl. E II 37 Anm.).

B. Neben 4a-Amino-*trans*-decahydro-naphthalin (E II 37; dort als 9-Amino-*trans*-dekalin bezeichnet) und 4a-Hydroxyamino-*trans*-decahydro-naphthalin beim Behandeln von 4a-Nitro-decahydro-naphthalin (Stereoisomeren-Gemisch) mit wasserhaltigem Äther und amalgamiertem Aluminium (*Hückel, Blohm*, A. **502** [1933] 114, 125). Neben 4a-Amino-*trans*-decahydro-naphthalin bei der Hydrierung von (±)-4a-Amino-1.2.3.4.4a.5.6.7-octahydro-naphthalin an Platin in wss. Salzsäure (*Hü., Bl.*, l. c. S. 129). Isolierung über das Formiat (s. u.): *Hü., Bl.*, l. c. S. 126, 129, 130.

F: −13,5°. Kp_7: 82°. $D_4^{21,2}$: 0,9508. $n_{587,6}^{21}$: 1,4982.

Beim Erwärmen mit wss. Essigsäure und Natriumnitrit sind 1.2.3.4.4a.5.6.7-Octahydro-naphthalin, 4a-Hydroxy-*cis*-decahydro-naphthalin und geringe Mengen 1.2.3.4.5.6.7.8-Octahydro-naphthalin erhalten worden (*Hü., Bl.*, l. c. S. 134, 135).

Formiat $C_{10}H_{19}N\cdot CH_2O_2$. Krystalle (aus E.); F: 165–166° [Zers.] (*Hü., Bl.*, l. c. S. 126).

4a-[4-Nitroso-anilino]-decahydro-naphthalin, 4-Nitroso-*N*-[octahydro-4*H*-naphthyl-(4a)]-anilin, N-(p-*nitrosophenyl*)*octahydro-4a*(4H)-*naphthylamine* $C_{16}H_{22}N_2O$, und Tautomeres (Benzochinon-[octahydro-4*H*-naphthyl-(4a)-imin]-oxim).

4-Nitroso-*N*-[*trans*-octahydro-(4*H*)-naphthyl-(4a)]-anilin, Formel II, und Tautomeres.

B. Aus 4a-Anilino-*trans*-decahydro-naphthalin beim Behandeln mit wss.-äthanol. Salzsäure und mit wss. Natriumnitrit-Lösung (*Hückel, Liegel*, B. **71** [1938] 1442, 1444).

Grüne Krystalle (aus PAe.); F: 159°.

4a-Acetamino-decahydro-naphthalin, *N*-[Octahydro-4*H*-naphthyl-(4a)]-acetamid, N-(*octahydro-4a*(4H)-*naphthyl*)*acetamide* $C_{12}H_{21}NO$.

4a-Acetamino-*cis*-decahydro-naphthalin, Formel I (R = CO-CH_3).

B. Aus 4a-Amino-*cis*-decahydro-naphthalin (*Hückel, Blohm*, A. **502** [1933] 114, 126). Aus (±)-4a-Acetamino-1.2.3.4.4a.5.6.7-octahydro-naphthalin bei der Hydrierung an Platin in Äther (*Hü., Bl.* l. c. S. 130).

Krystalle (aus Acn.); F: 127°.

4a-Benzamino-decahydro-naphthalin, *N*-[Octahydro-4*H*-naphthyl-(4a)]-benzamid, N-(*octahydro-4a*(4H)-*naphthyl*)*benzamide* $C_{17}H_{23}NO$.

4a-Benzamino-*cis*-decahydro-naphthalin, Formel I (R = CO-C_6H_5).

B. Aus 4a-Amino-*cis*-decahydro-naphthalin (*Hückel, Blohm*, A. **502** [1933] 114, 126).

Krystalle (aus Acn.); F: 147°.

5-Aminomethyl-hexahydro-indan, *C*-[Hexahydro-indanyl-(5)]-methylamin, *1-(hexahydroindan-5-yl)methylamine* $C_{10}H_{19}N$.

Die folgenden Angaben beziehen sich auf konfigurativ nicht einheitliche, vermutlich überwiegend aus **(±)-5ξ-Aminomethyl-(3a*rH*.7a*cH*)-hexahydro-indan** (Formel III + Spiegelbild) bestehende Präparate.

B. Neben 5-Aminomethyl-hexahydro-indanol-(5) (Hydrochlorid: F: 205°) und einer Verbindung $C_{20}H_{31}NO$ (Kp_{14}: 142–144° [E III **7** 299]) bei der Behandlung einer Lösung von konfigurativ nicht einheitlichem (±)-5-Oxo-(3a*rH*.7a*cH*)-hexahydro-indan (Semicarbazon: F: 187° [vgl. E III **7** 299]) in Äther mit wss. Kaliumcyanid-Lösung und wss. Salzsäure bei −5° und Hydrierung des Reaktionsprodukts an Platin in mit wss. Salzsäure versetzter Essigsäure (*Plattner, Fürst, Studer*, Helv. **30** [1947] 1091, 1096). Beim Behandeln einer mit Chloroform überschichteten Lösung von konfigurativ nicht einheitlicher (±)-[(3a*rH*.7a*cH*)-Hexahydro-indanyl-(5ξ)]-essigsäure (Rohprodukt; aus opt.-inakt. [Hexahydro-indanyl-(5)]-essigsäure-äthylester (Kp_{14}: 138–140° [E III **9** 235]) hergestellt) in Schwefelsäure mit Natriumazid (*Arnold*, B. **76** [1943] 777, 784).

$Kp_{0,3}$: 84–85°; n_D^{20}: 1,4925 (*Ar.*).

Beim Erwärmen mit wss. Essigsäure und Natriumnitrit und Erwärmen des neben Δ^x-Octahydro-azulen (Kp_{14}: 79–80° [E III **5** 358] bzw. Kp_{12}: 65–66°) erhaltenen

Decahydro-azulenols-(5) (E III **6** 262) mit Chrom(VI)-oxid und wss. Essigsäure sind 5-Oxo-(3a*rH*.8a*cH*)-decahydro-azulen und geringe Mengen 5-Oxo-(3a*rH*.8a*tH*)-decahydro-azulen erhalten worden (*Ar.*, l. c. S. 781, 784, 785; *Pl.*, *Fü.*, *St.*, l. c. S. 1098).

Hydrochlorid $C_{10}H_{19}N \cdot HCl$. Krystalle; F: 242—243 [geringfügige Zers.; aus A. + Ae.] (*Ar.*), 239—241 [korr.; aus Me. + Ae.] (*Pl.*, *Fü.*, *St.*). Im Hochvakuum bei 215° sublimierbar (*Pl.*, *Fü.*, *St.*).

Pikrat $C_{10}H_{19}N \cdot C_6H_3N_3O_7$. Krystalle (aus Me. + W.); F: 153° [korr.] (*Pl.*, *Fü.*, *St.*, l. c. S. 1097).

2-Amino-3.7.7-trimethyl-norcaran, 2-Amino-caran, Caryl-(2)-amin, *2-carylamine* $C_{10}H_{19}N$.

(1*R*:2*R*:3*S*)-2-Amino-caran, Formel IV (R = H).

Diese Konfiguration kommt dem H 42 (vgl. E II 37) beschriebenen Carylamin zu (*Hendrich, Kuczyński*, Roczniki Chem. **41** [1967] 2107, 2108).

B. Beim Behandeln einer Lösung von (1*R*:3*S*)-Caranon-(2)-oxim (Kp_4: 107—108°; $[\alpha]_D^{20}$: +304° [unverd.]) in Äthanol mit Natrium; Reinigung über das Pikrat (*He.*, *Ku.*, l. c. S. 2111; vgl. H 42).

Kp_6: 74°. D_4^{20}: 0,9002. n_D^{20}: 1,4780. $[\alpha]_D^{20}$: +60° [unverd.]; $[\alpha]_D^{20}$: +57,8° [A.; c = 3]. IR-Spektrum (CCl_4; 0,8—1,8 μ und 2,6—3,5 μ): *He.*, *Ku.*, l. c. S. 2112. Dissoziationsexponent (wss. A.): *He.*, *Ku.*, l. c. S. 2113.

Die Identität des beim Behandeln mit Bariumnitrit und wss. Schwefelsäure erhaltenen, als (−)-Caranol („(−)-Carol") angesehenen Präparats (s. E II **6** 75, **12** 37) ist ungewiss (*He.*, *Ku.*, l. c. S. 2110, 2111).

Charakterisierung als *N*-Acetyl-Derivat (F: 131—132° [s. u.]) und als *N*-Benzoyl-Derivat (F: 122—123° [s. u.]): *He.*, *Ku.*, l. c. S. 2111.

Pikrat. Krystalle (aus Me. + W.); F: 181—182°. $[\alpha]_D^{20}$: +22,5° [Me.].

3.5-Dinitro-benzoat. Krystalle (aus Me.); F: 201°. $[\alpha]_D^{20}$: +23,8° [Me.].

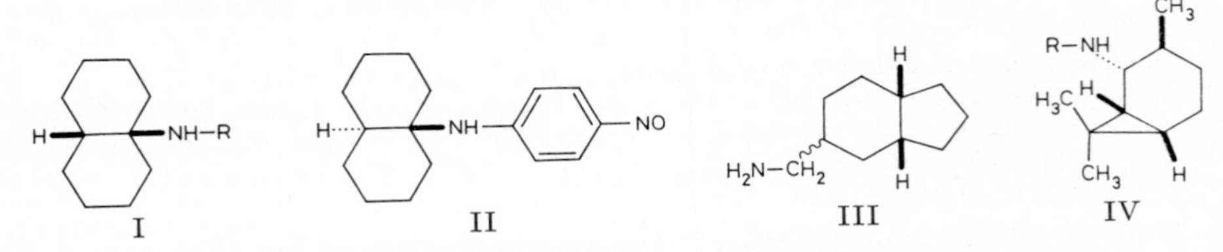

2-Acetamino-caran, *N*-[Caryl-(2)]-acetamid, N-(*2-caryl*)*acetamide* $C_{12}H_{21}NO$.

(1*R*:2*R*:3*S*)-2-Acetamino-caran, Formel IV (R = CO-CH_3).

B. Aus (1*R*:2*R*:3*S*)-2-Amino-caran (*Hendrich, Kuczyński*, Roczniki Chem. **41** [1967] 2107, 2111).

F: 131—132°. $[\alpha]_D^{20}$: +137,5° [$CHCl_3$; c = 2,6].

2-Benzamino-caran, *N*-[Caryl-(2)]-benzamid, N-(*2-caryl*)*benzamide* $C_{17}H_{23}NO$.

(1*R*:2*R*:3*S*)-2-Benzamino-caran, Formel IV (R = CO-C_6H_5).

Diese Konfiguration kommt dem H 42 beschriebenen „Benzoyl-Derivat des Carylamins" zu (*Hendrich, Kuczyński*, Roczniki Chem. **41** [1967] 2107, 2108).

Krystalle (aus Me.); F: 122—123° (*He.*, *Ku.*, l. c. S. 2111). $[\alpha]_D^{20}$: +117,4° [$CHCl_3$; c = 3].

3-Amino-2-methyl-5-isopropyl-bicyclo[3.1.0]hexan, 3-Amino-thujan, Thujyl-(3)-amin, *3-thujylamine* $C_{10}H_{19}N$.

Über die Konfiguration der nachstehend beschriebenen Stereoisomeren s. *Massey, Smith, Gordon*, J. org. Chem. **31** [1966] 684; *Smith et al.*, J. org. Chem. **31** [1966] 690, 692.

a) **(1*S*:3*S*:4*S*)-3-Amino-thujan,** (+)-Isothujylamin, Formel V (R = X = H) auf S. 186 (vgl. das H 43 beschriebene „Tanacetylamin").

B. Neben geringen Mengen der unter b) und c) beschriebenen Stereoisomeren beim Behandeln von (1*S*:4*S*)-Thujanon-(3)-oxim mit Äthanol und Natrium (*Short, Read*, Soc. **1938** 2016, 2020; *Dickison, Ingersoll*, Am. Soc. **61** [1939] 2477, 2480; vgl. H 43); Isolierung über das Hydrochlorid (S. 185): *Sh.*, *Read*; über das Nitrat (S. 185) und über das Hydrogenoxalat (S. 185): *Di.*, *In.*, l. c. S. 2480, 2482.

Kp_{737}: 193,4°; Kp_{11}: 76,8° (*Di.*, *In.*), 75,5° (*Sh.*, *Read*). D_4^{25}: 0,860 (*Di.*, *In.*). n_D^{12}: 1,4641 (*Sh.*, *Read*); n_D^{25}: 1,4564 (*Di.*, *In.*). α_D^{13}: +94,8° [unverd.; l = 1] (*Sh.*, *Read*); α_D^{25}: + 94,9° [unverd.; l = 1]; $[\alpha]_D^{25}$: +103,6° [Bzl.; c = 3]; $[\alpha]_D^{25}$: +108,4° [A.; c = 1,6] (*Di.*, *In.*).

Charakterisierung als *N*-Acetyl-Derivat (F: 68—69° [S. 187]), als *N*-Benzoyl-Derivat (F: 131,5° [S. 187]), als *N*-[4-Nitro-benzoyl]-Derivat (F: 147° [S. 188]), als *N*-[3.5-Dinitro-benzoyl]-Derivat (F: 173,5° [S. 188]) und als *N*-[Toluol-sulfonyl-(4)]-Derivat (F: 154,5° [S. 188]): *Sh.*, *Read*.

Hydrochlorid (vgl. H 43). Krystalle (aus A. + Acn.); die unterhalb 255° nicht schmelzen; $[\alpha]_D^{10}$: + 79,0° [W.; c = 2] (*Sh.*, *Read*).

Perchlorat. Krystalle; F: 168°; $[\alpha]_D^{25}$: + 55,5° [W.] (*Di.*, *In.*, l. c. S. 2481). In Wasser leicht löslich (*Di.*, *In.*).

Hydrogensulfat. Krystalle mit 1 Mol H_2O, F: 153° [Zers.]; $[\alpha]_D^{25}$: + 55,3° [W.] (*Di.*, *In.*). In 100 g Wasser lösen sich bei 25° 23,4 g (*Di.*, *In.*).

Nitrat (vgl. H 43). Krystalle, F: 176,9°; $[\alpha]_D^{25}$: + 70,5° [W.] (*Di.*, *In.*). In 100 g Wasser lösen sich bei 25° 3,04 g (*Di.*, *In.*).

Toluol-sulfonat-(4). Krystalle, F: 170—171°; $[\alpha]_D^{25}$: + 41,6° [W.] (*Di.*, *In.*). In 100 g Wasser lösen sich bei 25° 3,24 g (*Di.*, *In.*).

Formiat. Krystalle, F: 143°; $[\alpha]_D^{12}$: + 74,3° [W.; c = 1] (*Sh.*, *Read*).

Hydrogenoxalat $C_{10}H_{19}N \cdot C_2H_2O_4$. Krystalle mit 1 Mol H_2O (*Di.*, *In.*). F: 167° (*Sh.*, *Read*; *Di.*, *In.*). $[\alpha]_D^{14}$: + 62,5° [W.; c = 1] (*Sh.*, *Read*); $[\alpha]_D^{25}$: + 62,5° [W.] (*Di.*, *In.*). In 100 g Wasser lösen sich bei 25° 1,26 g (*Di.*, *In.*).

L_g-Hydrogentartrat. Krystalle, F: 197,5°; $[\alpha]_D^{14}$: + 64,0° [W.; c = 1] (*Sh.*, *Read*).

b) **(1S:3S:4R)-3-Amino-thujan**, (—)-Thujylamin, Formel VI (R = X = H) auf S. 186.

B. Als Hauptprodukt beim Erwärmen von (1*S*:4*R*)-Thujanon-(3)-oxim mit Äthanol und Natrium; Isolierung über das Hydrochlorid [s. u.] (*Short*, *Read*, Soc. **1938** 2016, 2020). Isolierung aus Gemischen mit den unter a), c) und d) beschriebenen Stereoisomeren über das L-Hydrogenmalat (s. u.) und über das Toluol-sulfonat-(4) (s. u.): *Dickinson*, *Ingersoll*, Am. Soc. **61** [1939] 2477, 2482.

Kp_{748}: 202,2° (*Di.*, *In.*); $Kp_{15,5}$: 81,5° (*Sh.*, *Read*); Kp_{12}: 81,1° (*Di.*, *In.*). n_D^{19}: 1,4673 (*Sh.*, *Read*); n_D^{26}: 1,4640 (*Di.*, *In.*). α_D^{17}: —24,2° [unverd.; l = 1] (*Sh.*, *Read*); α_D^{27}: — 22,1° [unverd.; l = 1]; $[\alpha]_D^{26}$: —26,9° [Bzl.; c = 2,3]; $[\alpha]_D^{26}$: — 23,3° [A.; c = 2,6] (*Di.*, *In.*).

Charakterisierung als *N*-Salicyliden-Derivat (F: 66° [S. 187]), als *N*-[4-Nitro-benzoyl]-Derivat (F: 146,5° [S. 188]) und als *N*-[Toluol-sulfonyl-(4)]-Derivat (F: 120° [S. 188]): *Sh.*, *Read*. Über ein als „Carbimid" bezeichnetes, vermutlich als [(1*S*:3*S*:4*R*)-Thujyl-(3)]-harnstoff oder *N.N'*-Di-[(1*S*:3*S*:4*R*)-thujyl-(3)]-harnstoff zu formulierendes Derivat (Krystalle; F: 141—142°; $[\alpha]_D^{15}$: — 41,0° [$CHCl_3$; c = 1]) s. *Sh.*, *Read*.

Hydrochlorid. Krystalle (aus A. + Acn.), F: 248—249° [Zers.]; $[\alpha]_D^{16}$: —15,8° [W.; c = 2] (*Sh.*, *Read*).

Hydrogensulfat. Krystalle mit 1 Mol H_2O, F: 263° [Zers.]; $[\alpha]_D^{25}$: —16,7° [W.] (*Di.*, *In.*, l. c. S. 2481). In 100 g Wasser lösen sich bei 25° 1,67 g (*Di.*, *In.*).

Nitrat. Krystalle, F: 159—160°; $[\alpha]_D^{25}$: —15,2° [W.] (*Di.*, *In.*). In 100 g Wasser lösen sich bei 25° 10,33 g (*Di.*, *In.*).

Toluol-sulfonat-(4). Krystalle, F: 198,6°; $[\alpha]_D^{25}$: —10,4° [W.] (*Di.*, *In.*). In 100 g Wasser lösen sich bei 25° 2,2 g (*Di.*, *In.*).

Formiat. Krystalle, F: 110°; $[\alpha]_D^{16}$: —15,5° [W.; c = 1] (*Sh.*, *Read*).

Hydrogenoxalat. Krystalle, F: 218—220°; $[\alpha]_D^{15}$: —6,0° [W.; c = 1] (*Sh.*, *Read*).

Oxalat 2 $C_{10}H_{19}N \cdot C_2H_2O_4$. Krystalle, F: 235° [Zers.]; $[\alpha]_D^{25}$: —12,4° [W.] (*Di.*, *In.*). In 100 g Wasser lösen sich bei 25° 0,8 g (*Di.*, *In.*).

L-Hydrogenmalat $C_{10}H_{19}N \cdot C_4H_6O_5$. Krystalle, F: 186—187°; $[\alpha]_D^{25}$: —14,7° [W.] (*Di.*, *In.*). In 100 g Wasser lösen sich bei 25° 2,04 g (*Di.*, *In.*).

L-Hydrogentartrat. Krystalle, F: 194°; $[\alpha]_D^{15}$: + 3,5° [W.; c = 1] (*Sh.*, *Read*).

c) **(1S:3R:4S)-3-Amino-thujan**, (+)-Neoisothujylamin, Formel VII (R = H) auf S. 186.

B. Als Hauptprodukt neben den unter a), b) und d) beschriebenen Stereoisomeren (und (+)-α-Fenchylamin [S. 189]) beim Erhitzen von (1*S*:4*R*)-Thujanon-(3) ((—)-Fenchon [(1*R*)-1.3.3-Trimethyl-norbornanon-(2)] enthaltend) mit Ammoniumformiat auf 180° und Erwärmen des Reaktionsgemisches mit wss.-äthanol. Natronlauge; Isolierung über das

Sulfat [s. u.] und das Toluol-sulfonat-(4) [s. u.] (*Dickison, Ingersoll*, Am. Soc. **61** [1939] 2477, 2479).

Kp_{750}: 199,6°; Kp_{12}: 77°. n_D^{25}: 1,4654. α_D^{25}: +27,8° [unverd.; l = 1]; $[\alpha]_D^{25}$: +35,3° [Bzl.; c = 6]; $[\alpha]_D^{25}$: +51,3° [A.; c = 3].

Charakterisierung als *N*-Benzoyl-Derivat (F: 73—75° [S. 187]): *Di., In.*, l. c. S. 2481.

Sulfat $2\,C_{10}H_{19}N \cdot H_2SO_4$. Krystalle; F: 242° [Zers.]. $[\alpha]_D^{25}$: +42,8° [W.]. In 100 g Wasser lösen sich bei 25° 0,95 g.

Nitrat. Krystalle mit 0,5 Mol H_2O; F: 105°. $[\alpha]_D^{25}$: +36° [W.]. In 100 g Wasser lösen sich bei 25° 79,3 g.

Toluol-sulfonat-(4) $C_{10}H_{19}N \cdot C_7H_8O_3S$. Krystalle; F: 194,7°. $[\alpha]_D^{25}$: +27,9° [W.]. In 100 g Wasser lösen sich bei 25° 1,07 g.

Hydrogenoxalat. Krystalle mit 1 Mol H_2O. $[\alpha]_D^{25}$: +36,1° [W.]. In 100 g Wasser lösen sich bei 25° 2,08 g.

D-Mandelat. Krystalle mit 2 Mol H_2O, die bei 80—115° schmelzen. $[\alpha]_D^{25}$: +82,6° [W.]. In 100 g Wasser lösen sich bei 25° 3,96 g.

L-Mandelat. Krystalle mit 1 Mol H_2O; F: 120—128°. $[\alpha]_D^{25}$: −29,5° [W.]. In 100 g Wasser lösen sich bei 25° 2,84 g.

d) **(1*S*:3*R*:4*R*)-3-Amino-thujan,** (−)-Neothujylamin, Formel VIII (R = H).

B. s. bei dem unter c) beschriebenen Stereoisomeren; Isolierung über das Sulfat [s. u.] und über das Oxalat [s. u.] (*Dickison, Ingersoll*, Am. Soc. **61** [1939] 2477, 2480, 2482).

Kp_{756}: 196,7°; Kp_{12}: 77,6°. $n_D^{26,5}$: 1,4590. $\alpha_D^{27,5}$: −14,2° [unverd.; l = 1]; $[\alpha]_D^{27}$: −13,3° [Bzl.; c = 6]; $[\alpha]_D^{27}$: −1,4° [A.; c = 6].

Charakterisierung als *N*-Benzoyl-Derivat (F: 94,5° [S. 188]): *Di., In.*, l. c. S. 2481.

Sulfat. Krystalle mit 4 Mol H_2O; F: 243° [Zers.]. $[\alpha]_D^{25}$: +3,5° [W.]. In 100 g Wasser lösen sich bei 25° 1,74 g.

Nitrat. Krystalle; F: 150°. $[\alpha]_D^{25}$: +2,6° [W.]. In 100 g Wasser lösen sich bei 25° 8,32 g.

Oxalat. Krystalle; F: 200—201°. In 100 g Wasser lösen sich bei 25° 0,59 g.

(*Ξ*)-Hydrogenmalat (aus (1*S*:3*R*:4*R*)-3-Amino-thujan und DL-Äpfelsäure hergestellt). F: 148,5°. $[\alpha]_D^{25}$: +1,7° [W.]. In100 g Wasser lösen sich bei 25° 11,5 g.

D-Mandelat. Krystalle mit 1 Mol H_2O; F: 99,5°. $[\alpha]_D^{25}$: +65,3° [W.]. In 100 g Wasser lösen sich bei 25° 2,97 g.

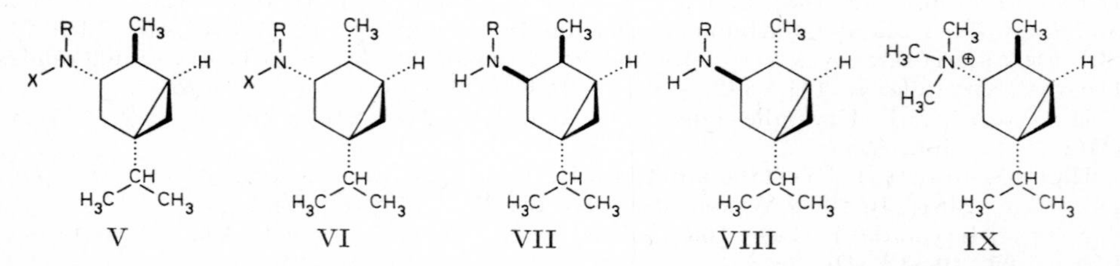

3-Dimethylamino-2-methyl-5-isopropyl-bicyclo[3.1.0]hexan, 3-Dimethylamino-thujan, Dimethyl-[thujyl-(3)]-amin, N,N-*dimethyl-3-thujylamine* $C_{12}H_{23}N$.

a) **(1*S*:3*S*:4*S*)-3-Dimethylamino-thujan,** Formel V (R = X = CH_3) (vgl. das H 43 beschriebene „Dimethyl-β-thujylamin").

B. Beim Behandeln von Trimethyl-[(1*S*:3*S*:4*S*)-thujyl-(3)]-ammonium-jodid mit Silberoxid in Wasser und Erhitzen des Reaktionsprodukts auf 160° (*Short, Read*, Soc. **1938** 2016, 2021; vgl. H 43).

Kp_{11}: 79°. $n_D^{12,5}$: 1,4600. α_D^{13}: +124,6° [unverd.; l = 1].

Hexachloroplatinat(IV) $2\,C_{12}H_{23}N \cdot H_2PtCl_6$. F: 173—174° [Zers.].

Pikrat. Gelbe Krystalle (aus A.); F: 158°. $[\alpha]_D^{19}$: +21,0° [$CHCl_3$; c = 1].

b) **(1*S*:3*S*:4*R*)-3-Dimethylamino-thujan,** Formel VI (R = X = CH_3).

B. Beim Behandeln von Trimethyl-[(1*S*:3*S*:4*R*)-thujyl-(3)]-ammonium-jodid mit Silberoxid in Wasser und Erhitzen des Reaktionsprodukts auf 160° (*Short, Read*, Soc. **1938** 2016, 2020).

Kp_{11}: 88°. n_D^{20}: 1,4615. α_D^{18}: −14,1° [unverd.; l = 1].

Pikrat $C_{12}H_{23}N \cdot C_6H_3N_3O_7$. Gelbe Krystalle (aus A.); F: 137—138°. $[\alpha]_D^{18}$: —40,5° [$CHCl_3$; c = 1].

Trimethyl-[2-methyl-5-isopropyl-bicyclo[3.1.0]hexyl-(3)]-ammonium, Trimethyl-[thujyl-(3)]-ammonium, *trimethyl(3-thujyl)ammonium* $[C_{13}H_{26}N]^{\oplus}$.

a) **Trimethyl-[(1*S*:3*S*:4*S*)-thujyl-(3)]-ammonium,** Formel IX.

Jodid $[C_{13}H_{26}N]I$ (vgl. H 43). *B.* Aus (1*S*:3*S*:4*S*)-3-Amino-thujan (S. 184) beim Behandeln mit Methyljodid und methanol. Natriummethylat (*Short, Read*, Soc. **1938** 2016, 2021; vgl. H 43). — Krystalle (aus W.); F: 260° [Zers.]. $[\alpha]_D^{15}$: +47,0° [$CHCl_3$; c = 1].

b) **Trimethyl-[(1*S*:3*S*:4*R*)-thujyl-(3)]-ammonium,** Formel X.

Jodid $[C_{13}H_{26}N]I$. *B.* Aus (1*S*:3*S*:4*R*)-3-Amino-thujan (S. 185) beim Behandeln mit Methyljodid und methanol. Natriummethylat (*Short, Read*, Soc. **1938** 2016, 2020). — Krystalle (aus W.); F: 269° [Zers.]. $[\alpha]_D^{15,5}$: —30,8° [$CHCl_3$; c = 2].

3-Salicylidenamino-2-methyl-5-isopropyl-bicyclo[3.1.0]hexan, 3-Salicylidenamino-thujan, Salicylaldehyd-[thujyl-(3)-imin], o-[N-(*3-thujyl*)*formimidoyl*]*phenol* $C_{17}H_{23}NO$.

(1*S*:3*S*:4*R*)-3-Salicylidenamino-thujan, Formel XI.

B. Aus (1*S*:3*S*:4*R*)-3-Amino-thujan [S. 185] (*Short, Read*, Soc. **1938** 2016, 2020). Gelbe Krystalle (aus Me.); F: 66°. $[\alpha]_D^{15}$: —7,0° [$CHCl_3$; c = 2].

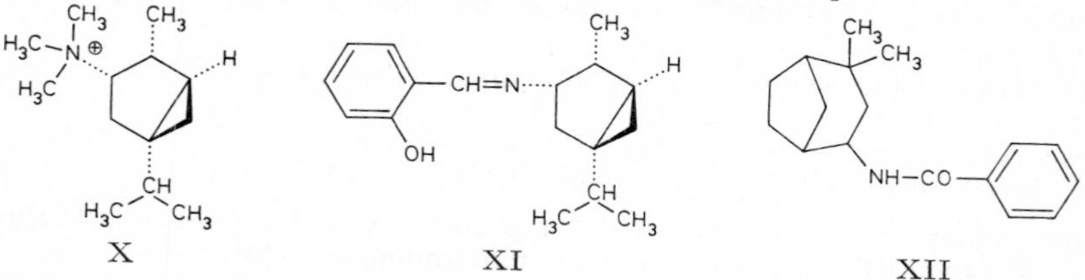

X XI XII

3-Formamino-2-methyl-5-isopropyl-bicyclo[3.1.0]hexan, 3-Formamino-thujan, *N*-[Thujyl-(3)]-formamid, N-(*3-thujyl*)*formamide* $C_{11}H_{19}NO$.

a) **(1*S*:3*S*:4*S*)-3-Formamino-thujan,** Formel V (R = CHO, X = H).

B. Aus (1*S*:3*S*:4*S*)-3-Amino-thujan [S. 184] (*Short, Read*, Soc. **1938** 2016, 2021). F: 51°. $[\alpha]_D^{14}$: +114° [$CHCl_3$; c = 1].

b) **(1*S*:3*S*:4*R*)-3-Formamino-thujan,** Formel VI (R = CHO, X = H).

B. Aus (1*S*:3*S*:4*R*)-3-Amino-thujan-formiat (S. 185) beim Erhitzen unter vermindertem Druck (*Short, Read*, Soc. **1938** 2016, 2020).

F: 40°. $[\alpha]_D^{15}$: —51,1° [$CHCl_3$; c = 1,7].

3-Acetamino-2-methyl-5-isopropyl-bicyclo[3.1.0]hexan, 3-Acetamino-thujan, *N*-[Thujyl-(3)]-acetamid, N-(*3-thujyl*)*acetamide* $C_{12}H_{21}NO$.

(1*S*:3*S*:4*S*)-3-Acetamino-thujan, Formel V (R = CO-CH_3, X = H).

B. Aus (1*S*:3*S*:4*S*)-3-Amino-thujan [S. 184] (*Short, Read*, Soc. **1938** 2016, 2021). Krystalle; F: 68—69°. $Kp_{6,5}$: 163,5°. $[\alpha]_D^{15}$: +112,5° [$CHCl_3$; c = 1].

3-Benzamino-2-methyl-5-isopropyl-bicyclo[3.2.1]hexan, 3-Benzamino-thujan, *N*-[Thujyl-(3)]-benzamid, N-(*3-thujyl*)*benzamide* $C_{17}H_{23}NO$.

a) **(1*S*:3*S*:4*S*)-3-Benzamino-thujan,** Formel V (R = CO-C_6H_5, X = H).

B. Aus (1*S*:3*S*:4*S*)-3-Amino-thujan (*Short, Read*, Soc. **1938** 2016, 2021; *Dickison, Ingersoll*, Am. Soc. **61** [1939] 2477, 2481; *Smith et al.*, J. org. Chem. **31** [1966] 690, 693).

Krystalle; F: 132—135° (*Sm. et al.*), 131,5° (*Sh., Read; Di., In.*). $[\alpha]_D^{15}$: +90,5° [$CHCl_3$; c = 1] (*Sh., Read*); $[\alpha]_D^{21}$: +90,5° [$CHCl_3$; c = 1] (*Di., In.*); $[\alpha]_D^{25}$: +89° [Me.; c = 1] (*Sm. et al.*); $[\alpha]_D^{25}$: +87,7° [Me.] (*Di., In.*). NMR-Spektrum: *Sm. et al.*

b) **(1*S*:3*R*:4*S*)-3-Benzamino-thujan,** Formel VII (R = CO-C_6H_5).

B. Aus (1*S*:3*R*:4*S*)-3-Amino-thujan (*Dickison, Ingersoll*, Am. Soc. **61** [1939] 2477, 2481; *Smith et al.*, J. org. Chem. **31** [1966] 690, 693).

Krystalle; F: 74—75° (*Sm. et al.*), 73—75° (*Di., In.*). $[\alpha]_D^{25}$: +95° [Me.; c = 1] (*Sm. et al.*); $[\alpha]_D^{25}$: +91,4° [Me.] (*Di., In.*). NMR-Spektrum: *Sm. et al.*

c) **(1*S*:3*R*:4*R*)-3-Benzamino-thujan,** Formel VIII (R = CO-C_6H_5).

B. Aus (1*S*:3*R*:4*R*)-3-Amino-thujan (*Dickison, Ingersoll*, Am. Soc. **61** [1939] 2477,

2481; *Smith et al.*, J. org. Chem. **31** [1966] 690, 693).
Krystalle; F: 95—97° (*Sm. et al.*), 94,5° (*Di.*, *In.*). $[\alpha]_D^{25}$: —13° [Me.; c = 2] (*Sm. et al.*); $[\alpha]_D^{25}$: —12,2° [Me.] (*Di.*, *In.*). NMR-Spektrum: *Sm. et al.*

3-[4-Nitro-benzamino]-2-methyl-5-isopropyl-bicyclo[3.1.0]hexan, 3-[4-Nitro-benz-amino]-thujan, 4-Nitro-*N*-[thujyl-(3)]-benzamid, p-*nitro*-N-(*3-thujyl*)*benzamide* $C_{17}H_{22}N_2O_3$.

a) **(1*S*:3*S*:4*S*)-3-[4-Nitro-benzamino]-thujan,** Formel V (R = CO-C_6H_4-NO_2, X = H) auf S. 186.
B. Aus (1*S*:3*S*:4*S*)-3-Amino-thujan [S. 184] (*Short*, *Read*, Soc. **1938** 2016, 2021).
Gelbliche Krystalle; F: 147°. $[\alpha]_D^{15}$: +77,0° [$CHCl_3$; c = 1].

b) **(1*S*:3*S*:4*R*)-3-[4-Nitro-benzamino]-thujan,** Formel VI (R = CO-C_6H_4-NO_2, X = H).
B. Aus (1*S*:3*S*:4*R*)-3-Amino-thujan (*Short*, *Read*, Soc. **1938** 2016, 2020; *Smith et al.*, J. org. Chem. **31** [1966] 690, 692).
Krystalle; F: 147—148° (*Sm. et al.*), 146,5° (*Sh.*, *Read*). $[\alpha]_D^{15}$: —51,3° [$CHCl_3$; c = 2] (*Sh.*, *Read*); $[\alpha]_D^{25}$: —49° [$CHCl_3$; c = 1] (*Sm. et al.*). NMR-Spektrum: *Sm. et al.*

3-[3.5-Dinitro-benzamino]-2-methyl-5-isopropyl-bicyclo[3.1.0]hexan, 3-[3.5-Dinitro-benzamino]-thujan, 3.5-Dinitro-*N*-[thujyl-(3)]-benzamid, *3,5-dinitro*-N-(*3-thujyl*)*benzamide* $C_{17}H_{21}N_3O_5$.

(1*S*:3*S*:4*S*)-3-[3.5-Dinitro-benzamino]-thujan, Formel V (R = CO-$C_6H_3(NO_2)_2$, X = H) auf S. 186.
B. Aus (1*S*:3*S*:4*S*)-3-Amino-thujan [S. 184] (*Short*, *Read*, Soc. **1938** 2016, 2021).
Gelbe Krystalle; F: 173,5°. $[\alpha]_D^{15}$: +68,0° [$CHCl_3$; c = 1].

3-[Toluol-sulfonyl-(4)-amino]-2-methyl-5-isopropyl-bicyclo[3.1.0]hexan, 3-[Toluol-sulfonyl-(4)-amino]-thujan, *N*-[Thujyl-(3)]-toluolsulfonamid-(4), N-(*3-thujyl*)-p-*toluenesulfonamide* $C_{17}H_{25}NO_2S$.

a) **(1*S*:3*S*:4*S*)-3-[Toluol-sulfonyl-(4)-amino]-thujan,** Formel V (R = SO_2-C_6H_4-CH_3, X = H) auf S. 186.
B. Aus (1*S*:3*S*:4*S*)-3-Amino-thujan [S. 184] (*Short*, *Read*, Soc. **1938** 2016, 2021).
Krystalle; F: 154,5°. $[\alpha]_D^{15}$: +92,5° [$CHCl_3$; c = 1].

b) **(1*S*:3*S*:4*R*)-3-[Toluol-sulfonyl-(4)-amino]-thujan,** Formel VI (R = SO_2-C_6H_4-CH_3, X = H) auf S. 186.
B. Aus (1*S*:3*S*:4*R*)-3-Amino-thujan [S. 185] (*Short*, *Read*, Soc. **1938** 2016, 2020).
Krystalle; F: 120°. $[\alpha]_D^{15}$: —7,8° [$CHCl_3$; c = 2].

4-Amino-2.2-dimethyl-bicyclo[3.2.1]octan, 4.4-Dimethyl-bicyclo[3.2.1]octyl-(2)-amin $C_{10}H_{19}N$.

4-Benzamino-2.2-dimethyl-bicyclo[3.2.1]octan, *N*-[4.4-Dimethyl-bicyclo[3.2.1]-octyl-(2)]-benzamid, N-(*4,4-dimethylbicyclo*[*3.2.1*]*oct-2-yl*)*benzamide* $C_{17}H_{23}NO$, Formel XII.

Über zwei optisch inaktive Verbindungen (F: 130° bzw. F: 119°), für die diese Konstitution in Betracht gezogen wird, s. E III **6** 280 im Artikel „Opt.-inakt. 2.2-Dimethyl-bicyclo[3.2.1]octanol-(4) vom F: 84°".

3-Amino-2.6.6-trimethyl-norpinan, 3-Amino-pinan, Pinanyl-(3)-amin, *pinan-3-ylamine* $C_{10}H_{19}N$.

(1*RS*:2*SR*:3*SR*)-3-Amino-pinan, Formel I (R = H) + Spiegelbild.
Diese Verbindung hat in den H 43 und E II 37 beschriebenen opt.-inakt. Pinocamphylamin-Präparaten vorgelegen (*Cooper*, *Jones*, Soc. [C] **1971** 3920, 3921).
B. Aus (±)-Pinocarvon-oxim ((±)-Pinen-(2(10))-on-(3)-oxim [E II **7** 133]) beim Erhitzen mit Pentanol-(1) und Natrium (*Coo.*, *Jo.*, l. c. S. 3925; vgl. H 43).
Kp_{13}: 85—86°.
Hydrochlorid. F: 335° [Zers.].

Trimethyl-[pinanyl-(3)]-ammonium, *trimethyl*(*pinan-3-yl*)*ammonium* $[C_{13}H_{26}N]^{\oplus}$.

a) **Trimethyl-[(1*S*:2*R*:3*R*)-pinanyl-(3)]-ammonium,** Formel II.
Jodid $[C_{13}H_{26}N]I$. Diese Konfiguration ist wahrscheinlich dem E II 38 beschriebenen

„optisch-aktiven Trimethyl-pinocamphyl-ammoniumjodid vom Schmelzpunkt 237°“ auf Grund seiner genetischen Beziehung zu (−)-Pinocarvon ((1*S*)-Pinen-(2(10))-on-(3)) zuzuordnen.

b) **Trimethyl-[(1*RS*:2*SR*:3*SR*)-pinanyl-(3)]-ammonium**, Formel II + Spiegelbild. **Jodid** $[C_{13}H_{26}N]I$. Diese Konfiguration ist dem E II 37 beschriebenen, aus (1*RS*:2*SR*:3*SR*)-3-Amino-pinan („Pinocamphylamin von *Wallach*“) hergestellten „inaktiven Trimethyl-pinocamphyl-ammoniumjodid vom Schmelzpunkt 231°“ zuzuordnen.

3-Acetamino-pinan, *N*-[Pinanyl-(3)]-acetamid, N-(*pinan-3-yl*)*acetamide* $C_{12}H_{21}NO$.

(1*RS*:2*SR*:3*SR*)-3-Acetamino-pinan, Formel I (R = CO-CH_3) + Spiegelbild. Diese Konfiguration ist dem H 43 beschriebenen Acetyl-Derivat des „Pinocamphylamins“ ((1*RS*:2*SR*:3*SR*)-3-Amino-pinan) zuzuordnen.

3-Benzamino-pinan, *N*-[Pinanyl-(3)]-benzamid, N-(*pinan-3-yl*)*benzamide* $C_{17}H_{23}NO$.

(1*RS*:2*SR*:3*SR*)-3-Benzamino-pinan, Formel I (R = CO-C_6H_5) + Spiegelbild. Diese Konfiguration ist dem H 43 beschriebenen Benzoyl-Derivat des „Pinocamphylamins“ ((1*RS*:2*SR*:3*SR*)-3-Amino-pinan) zuzuordnen.

3-Ureido-pinan, Pinanyl-(3)-harnstoff, (*pinan-3-yl*)*urea* $C_{11}H_{20}N_2O$.

[(1*RS*:2*SR*:3*SR*)-Pinanyl-(3)]-harnstoff, Formel I (R = CO-NH_2) + Spiegelbild. Diese Konfiguration ist dem H 43 beschriebenen, aus (1*RS*:2*SR*:3*SR*)-3-Amino-pinan hergestellten „Pinocamphylharnstoff“ zuzuordnen.

3-Amino-2-propyl-norbornan, 3-Propyl-norbornyl-(2)-amin, *3-propyl-2-norbornylamine* $C_{10}H_{19}N$, Formel III.

Ein als Hydrochlorid (Krystalle [aus Me. + E.]; F: 223°) und als Pikrat $C_{10}H_{19}N \cdot C_6H_3N_3O_7$ (gelbe Krystalle [aus W.]; F: 176°) isoliertes opt.-inakt. Amin dieser Konstitution ist beim Erwärmen einer Lösung von opt.-inakt. 3-Nitro-2-propyl-norbornan (Kp_{14}: 126° [E III **5** 256]) in wasserhaltiger Essigsäure mit Eisen-Pulver erhalten worden (*Alder, Rickert, Windemuth*, B. **71** [1938] 2451, 2458).

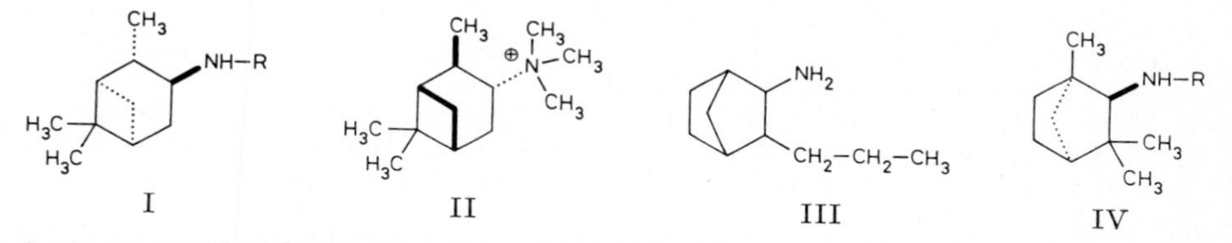

2-Amino-1.3.3-trimethyl-norbornan, 1.3.3-Trimethyl-norbornyl-(2)-amin, *1,3,3-trimethyl-2-norbornylamine* $C_{10}H_{19}N$.

In den H 44 bzw. H 45 als „linksdrehendes Fenchylamin“ bzw. als „rechtsdrehendes Fenchylamin“ bezeichneten Präparaten haben überwiegend aus (−)-α-Fenchylamin (S. 190) bzw. aus (+)-α-Fenchylamin (s. u.) bestehende Stereoisomeren-Gemische vorgelegen (*Hückel, Sachs*, A. **498** [1932] 166, 175; *Hückel, Kindler, Wolowski*, B. **77/79** [1944/46] 220, 224). Über die Konfiguration der nachstehend beschriebenen Stereoisomeren s. *Hü., Ki., Wo.*; *Ingersoll, DeWitt*, Am. Soc. **73** [1951] 3360.

a) **(1*R*)-2*endo*-Amino-1.3.3-trimethyl-norbornan, (+)-α-Fenchylamin,** Formel IV (R = H) (vgl. H 45).

Gewinnung aus dem unter c) beschriebenen Racemat über das (in Wasser schwerer lösliche) *N*-Acetyl-L-leucin-Salz: *Ingersoll, DeWitt*, Am. Soc. **73** [1951] 3360. Bildung aus (−)-Fenchon ((1*R*)-1.3.3-Trimethyl-norbornanon-(2) [E III **7** 392]) s. S. 185 im Artikel (1*S*:3*R*:4*S*)-3-Amino-thujan.

Kp_{730}: 195,3°; $Kp_{11,5}$: 73,4° (*Dickison, Ingersoll*, Am. Soc. **61** [1939] 2477, 2480, 2482). D_{20}^{20}: 0,897 (*In., DeW.*). α_D^{27}: +22,2° [unverd.; l = 1]; $[\alpha]_D^{26}$: +19,1° [Bzl.; c = 4,6] (*Di., In.*); $[\alpha]_D^{25}$: +25,5° [A.; c = 5] (*In., DeW.*); $[\alpha]_D^{26}$: +25,9° [A.; c = 5] (*Di., In.*).

Charakterisierung als *N*-Benzoyl-Derivat (F: 90,2° [S. 192]): *Di., In.*, l. c. S. 2481.

Nitrat. Krystalle mit 0,5 Mol H_2O, F: 190° [Zers.]; $[\alpha]_D^{25}$: +3,4° [W.] (*Di., In.*). In 100 g Wasser lösen sich bei 25° 13,8 g (*Di., In.*).

Toluol-sulfonat-(4). Krystalle mit 1 Mol H_2O, F: 188—189°; $[\alpha]_D^{25}$: +2,6° [W.] (*Di., In.*). In 100 g Wasser lösen sich bei 25° 6,68 g (*Di., In.*).

Hydrogenoxalat. Krystalle, F: 165°; $[\alpha]_D^{25}$: +3,1° [W.] (*Di.*, *In.*). In 100 g Wasser lösen sich bei 25° 5,64 g (*Di.*, *In.*).

L-Hydrogenmalat $C_{10}H_{19}N \cdot C_4H_6O_5$. Krystalle, F: 191—193°; $[\alpha]_D^{25}$: 0° [W.] (*Di.*, *In.*). In 100 g Wasser lösen sich bei 25° 3,45 g (*Di.*, *In.*).

D-Mandelat. Krystalle; F: 190—190,5° [aus Me. oder A.] (*In.*, *DeW.*), 190,3° (*Di.*, *In.*). $[\alpha]_D^{25}$: +60,8° [W.] (*Di.*, *In.*); $[\alpha]_D^{25}$: +60,6° [W.; c = 4] (*In.*, *DeW.*); $[\alpha]_D^{25}$: +48,5° [A.; c = 4] (*In.*, *DeW.*). In 100 g Wasser lösen sich bei 25° 2,63 g (*Di.*, *In.*).

N-Acetyl-L-leucin-Salz. Krystalle (aus W.), F: 185—192°; $[\alpha]_D^{25}$: −11,1° [W.; c = 4]; $[\alpha]_D^{25}$: −7,8° [Me.; c = 4] (*In.*, *DeW.*). 100 ml einer bei 25° gesättigten wss. Lösung enthalten 5,4 g (*In.*, *DeW.*).

b) **(1*S*)-2*endo*-Amino-1.3.3-trimethyl-norbornan, (−)-α-Fenchylamin,** Formel V (R = H) (vgl. H 44; E I 127).

Gewinnung aus dem unter c) beschriebenen Racemat über das (in Wasser leichter lösliche) *N*-Acetyl-L-leucin-Salz sowie Reinigung über das *N*-Salicyliden-Derivat (S. 191): *Ingersoll*, *De Witt*, Am. Soc. **73** [1951] 3360. Bildung neben geringen Mengen des unter d) beschriebenen Stereoisomeren bei der Hydrierung von (+)-Fenchon-oxim ((1*S*)-1.3.3-Trimethyl-norbornanon-(2)-oxim) an Platin in Essigsäure: *Hückel*, *Kindler*, *Wolowski*, B. **77/79** [1944/46] 220, 224; s. a. *Alder*, *Stein*, A. **525** [1936] 221, 241.

Kp: 193° (*Bardyschew*, Ž. obšč. Chim. **11** [1941] 996, 999; C. A. **1945** 4616). D_4^{20}: 0,8965 (*Ba.*). $[\alpha]_D^{25}$: −25,4° [A.; c = 4] (*In.*, *DeW.*); $[\alpha]_D^{18}$: −25,1° [A.; c = 6] (*Ba.*).

Beim Behandeln mit wss. Essigsäure und anschliessend mit Natriumnitrit sind (−)-α-Fenchen ((1*S*)-7.7-Dimethyl-2-methylen-norbornan), (−)-ζ-Fenchen ((1*S*)-2.7.7-Trimethyl-norbornen-(2), (+)-Cyclofenchen ((1*R*)-1.3.3-Trimethyl-2.6-cyclo-norbornan), (+)-Limonen ((*R*)-*p*-Menthadien-(1.8(9)), (+)-α-Terpineol ((*R*)-*p*-Menthen-(1)-ol-(8)), (−)-α-Fenchol ((1*S*)-1.3.3-Trimethyl-norbornanol-(2*endo*)), (−)-β-Fenchol ((1*S*)-1.3.3-Trimethyl-norbornanol-(2*exo*)) und (−)-α-Fenchenhydrat (F: 33—35°; vermutlich (1*R*)-2*endo*.7.7-Trimethyl-norbornanol-(2*exo*)) erhalten worden (*Hückel*, B. **80** [1947] 39; *Hückel*, *Ströle*, A. **585** [1954] 182, 187, 195—197; *Hückel*, *Meinhardt*, B. **90** [1957] 2025, 2029; *Hückel*, *Scheel*, A. **664** [1963] 19, 27).

Hydrochlorid. F: 293° (*Al.*, *St.*). $[\alpha]_D^{20}$: −4,9° [W.; c = 2] (*Ba.*); $[\alpha]_D^{20}$: −4,5° [W.; c = 4] (*Hü.*, *Ki.*, *Wo.*); $[\alpha]_{656}^{20}$: −2,7° [W.; c = 2] (*Ba.*).

Pikrat. Krystalle (aus wss. Me.); F: 199° (*Al.*, *St.*).

D-Mandelat. $[\alpha]_D^{25}$: +53,7° [W.] [nicht rein erhalten] (*In.*, *DeW.*, l. c. S. 3362).

L-Mandelat. Krystalle (aus W.); F: 190—190,5° (*In.*, *DeW.*, l. c. S. 3361).

Abietat (Abietadien-(7.13)-oat-(18)). Krystalle (aus A.), F: 106—107°; $[\alpha]_D^{20}$: −56,1° [A.] (*Ba.*, l. c. S. 1000).

c) **(±)-2*endo*-Amino-1.3.3-trimethyl-norbornan, (±)-α-Fenchylamin,** Formel V (R = H) + Spiegelbild.

B. Als Hauptprodukt beim Erhitzen von (±)-Fenchon ((±)-1.3.3-Trimethyl-norbornanon-(2)) mit Formamid und wasserhaltiger Ameisensäure bis auf 185° und Erwärmen einer Lösung des danach isolierten Reaktionsprodukts in Benzol mit wss. Salzsäure (*Ingersoll*, *DeWitt*, Am. Soc. **73** [1951] 3360; s. a. *Ingersoll et al.*, Am. Soc. **58** [1936] 1808, 1810).

Als *N*-Salicyliden-Derivat (F: 66° [S. 191]) charakterisiert (*In.*, *DeW.*).

d) **(1*S*)-2*exo*-Amino-1.3.3-trimethyl-norbornan, (−)-β-Fenchylamin,** Formel VI (R = H).

B. Neben (−)-α-Fenchylamin (s. o.) bei der Hydrierung von (+)-Fenchon-oxim ((1*S*)-1.3.3-Trimethyl-norbornanon-(2)-oxim) an Raney-Nickel in Methanol unter Druck (*Hückel*, *Kindler*, *Wolowski*, B. **77/79** [1944/46] 220, 224) oder an Raney-Nickel in Essigsäure (*Hückel*, *Scheel*, A. **664** [1963] 19, 26). Reinigung über das *N*-Benzoyl-Derivat (S. 192): *Hü.*, *Ki.*, *Wo.*; *Hü.*, *Sch.*

Als Hydrochlorid ($[\alpha]_D^{20}$: −9,9° [W.; c = 4]; $[\alpha]_D^{20}$: −10,3° [A.; c = 4]) isoliert (*Hü.*, *Ki.*, *Wo.*).

2-Salicylidenamino-1.3.3-trimethyl-norbornan, Salicylaldehyd-[1.3.3-trimethyl-norbornyl-(2)-imin], o-[N-(*1,3,3-trimethyl-2-norbornyl*)*formimidoyl*]*phenol* $C_{17}H_{23}NO$.

a) **(1*R*)-2*endo*-Salicylidenamino-1.3.3-trimethyl-norbornan,** Formel VII (H 45; dort als „Salicylalfenchylamin aus rechtsdrehendem Fenchylamin" bezeichnet).

B. Aus (+)-α-Fenchylamin (S. 189) und Salicylaldehyd (*Ingersoll*, *DeWitt*, Am. Soc.

73 [1951] 3360).

Gelbe Krystalle (aus Me.); F: 95,5°. $[\alpha]_D^{25}$: —67,4° [$CHCl_3$; c = 5]; $[\alpha]_D^{25}$: —73,5° [Me.; c = 4]. In 100 ml Methanol lösen sich bei 25° 5,8 g.

b) **(1S)-2*endo*-Salicylidenamino-1.3.3-trimethyl-norbornan,** Formel VIII.

B. Aus (—)-α-Fenchylamin [S. 190] (*Ingersoll, DeWitt,* Am. Soc. **73** [1951] 3360).

Gelbe Krystalle (aus Me.); F: 95,5°. $[\alpha]_D^{25}$: +67,4° [$CHCl_3$; c = 5]; $[\alpha]_D^{25}$: +73,5° [Me.; c = 4]. In 100 ml Methanol lösen sich bei 25° 5,8 g.

c) **(±)-2*endo*-Salicylidenamino-1.3.3-trimethyl-norbornan,** Formel VII + VIII (H 45; dort als „Salicylalfenchylamin aus inaktivem Fenchylamin" bezeichnet).

B. Aus (±)-α-Fenchylamin [S. 190] und Salicylaldehyd in Methanol (*Ingersoll, DeWitt,* Am. Soc. **73** [1951] 3360).

Krystalle (aus Me.); F: 66°. In 100 ml Methanol lösen sich bei 25° 11,3 g.

2-Formamino-1.3.3-trimethyl-norbornan, *N*-[1.3.3-Trimethyl-norbornyl-(2)]-formamid, N-(*1,3,3-trimethyl-2-norbornyl)formamide* $C_{11}H_{19}NO$.

a) **(1S)-2*endo*-Formamino-1.3.3-trimethyl-norbornan,** (—)-N-Formyl-α-fenchylamin, Formel V (R = CHO) (H 44).

B. Neben geringen Mengen des unter b) beschriebenen Stereoisomeren bei mehrtägigem Erhitzen von (+)-Fenchon ((1S)-1.3.3-Trimethyl-norbornanon-(2) [E III 7 392]) mit Ammoniumformiat, Formamid und Äthylenglykol auf 160° (*Hückel, Scheel,* A. **664** [1963] 19, 27; vgl. H 44).

Krystalle; F: 115,5° [aus PAe.] (*Hückel, Kindler, Wolowski,* B. **77/79** [1944/46] 220, 226), 114,4° [aus PAe. oder E.] (*Hü., Sch.*). $[\alpha]_D^{20}$: —61,2°→—48,7° (nach 5 Minuten)→ —40° (Endwert nach 30 Minuten) [$CHCl_3$; c = 4]; $[\alpha]_D^{20}$: —35,8°→—18,7° (nach 5 Minuten)→—13,5° (Endwert nach 30 Minuten) [CCl_4; c = 2]; $[\alpha]_D^{20}$: —41,2°→—37,5° (nach 5 Minuten)→—34,1° (Endwert nach 30 Minuten) [Bzl.; c = 4]; $[\alpha]_D^{20}$: —67,5°→—64,6° (Endwert nach 30 Minuten) [A.; c = 4] (*Hü., Ki., Wo,*); $[\alpha]_D^{20}$: —64,3° (Endwert) [A.; c = 0,7] (*Hü., Sch.*).

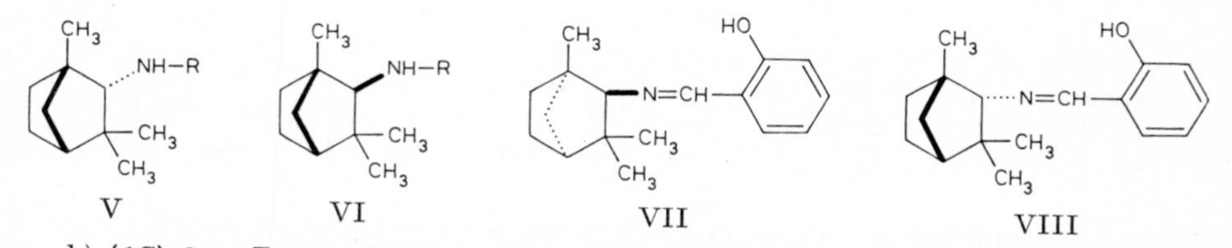

V VI VII VIII

b) **(1S)-2*exo*-Formamino-1.3.3-trimethyl-norbornan,** (+)-*N*-Formyl-β-fenchylamin, Formel VI (R = CHO).

B. Aus (—)-β-Fenchylamin (S. 190) beim Erwärmen mit Ameisensäure (*Hückel, Kindler, Wolowski,* B. **77/79** [1944/46] 220, 225, 226).

Krystalle (aus Ae.); F: 124—125°. $[\alpha]_D^{20}$: +53,7°→+39,3° (nach 5 Minuten)→+32,2° (Endwert nach 30 Minuten) [$CHCl_3$; c = 2]; $[\alpha]_D^{20}$: +35,0°→+25,8° (nach 5 Minuten)→ +23,3° (Endwert nach 30 Minuten) [Bzl.; c = 2]; $[\alpha]_D^{20}$: +63,5°→+59,7° (Endwert nach 30 Minuten) [A.; c = 2].

2-Acetamino-1.3.3-trimethyl-norbornan, *N*-[1.3.3-Trimethyl-norbornyl-(2)]-acetamid, N-(*1,3,3-trimethyl-2-norbornyl)acetamide* $C_{12}H_{21}NO$.

a) **(1S)-2*endo*-Acetamino-1.3.3-trimethyl-norbornan,** (—)-*N*-Acetyl-α-fenchylamin, Formel V (R = CO-CH_3) (vgl. H 44).

B. Aus (—)-α-Fenchylamin (S. 190) und Acetanhydrid in Äther (*Hückel, Kindler, Wolowski,* B. **77/79** [1944/46] 220, 225, 226; vgl. H 44).

Krystalle (aus Ae.); F: 99°. $[\alpha]_D^{20}$: —57,1° [$CHCl_3$; c = 4]; $[\alpha]_D^{20}$: —45,0° [Cyclohexan; c = 4]; $[\alpha]_D^{20}$: —51,6° [Bzl.; c = 4]; $[\alpha]_D^{20}$: —60,1° [A.; c = 4]. Konzentrationsabhängigkeit des optischen Drehungsvermögens von Lösungen in Chloroform, Cyclohexan, Benzol und Äthanol: *Hü., Ki., Wo.*

b) **(1S)-2*exo*-Acetamino-1.3.3-trimethyl-norbornan,** (+)-*N*-Acetyl-β-fenchylamin, Formel VI (R = CO-CH_3).

B. Aus (—)-β-Fenchylamin (S. 190) und Acetanhydrid in Äther (*Hückel, Kindler, Wolowski,* B. **77/79** [1944/46] 220, 225, 227).

Krystalle (aus Ae.); F: 159—160°. $[\alpha]_D^{20}$: +41,6° [$CHCl_3$; c = 2]; $[\alpha]_D^{20}$: +53,3° [Bzl.; c = 2]; $[\alpha]_D^{20}$: +61,7° [A.; c = 2].

2-Propionylamino-1.3.3-trimethyl-norbornan, *N*-[1.3.3-Trimethyl-norbornyl-(2)]-propionamid, N-(*1,3,3-trimethyl-2-norbornyl*)*propionamide* $C_{13}H_{23}NO$.

(1*S*)-2*endo*-Propionylamino-1.3.3-trimethyl-norbornan, (−)-*N*-Propionyl-α-fenchylamin, Formel V (R = CO-CH_2-CH_3) (vgl. H 44).

B. Aus (−)-α-Fenchylamin (S. 190) und Propionylchlorid in Äther (*Hückel, Kindler, Wolowski*, B. **77/79** [1944/46] 220, 225, 226).

Krystalle (aus PAe.); F: 124°. $[\alpha]_D^{20}$: −59,9° [$CHCl_3$; c = 4]; $[\alpha]_D^{20}$: −52,8° [Cyclohexan; c = 4]; $[\alpha]_D^{20}$: −55,8° [Bzl.; c = 4]; $[\alpha]_D^{20}$: −57,9° [A.; c = 4].

2-Benzamino-1.3.3-trimethyl-norbornan, *N*-[1.3.3-Trimethyl-norbornyl-(2)]-benzamid, N-(*1,3,3-trimethyl-2-norbornyl*)*benzamide* $C_{17}H_{23}NO$.

a) **(1*R*)-2*endo*-Benzamino-1.3.3-trimethyl-norbornan,** (+)-*N*-Benzoyl-α-fenchylamin, Formel IV (R = CO-C_6H_5) auf S. 189.

B. Aus (+)-α-Fenchylamin [S. 189] (*Dickison, Ingersoll*, Am. Soc. **61** [1939] 2477, 2481).

Krystalle; F: 90,2°. $[\alpha]_D^{25}$: +24,4° [Me.].

b) **(1*S*)-2*endo*-Benzamino-1.3.3-trimethyl-norbornan,** (−)-*N*-Benzoyl-α-fenchylamin, Formel V (R = CO-C_6H_5).

B. Aus (−)-α-Fenchylamin (S. 190) und Benzoesäure-anhydrid in Äther (*Hückel, Kindler, Wolowski*, B. **77/79** [1944/46] 220, 225, 226).

Krystalle (aus Me.); F: 91°. $[\alpha]_D^{20}$: −30,0° [$CHCl_3$; c = 4]; $[\alpha]_D^{20}$: −27,7° [Cyclohexan; c = 4]; $[\alpha]_D^{20}$: −20,8° [Bzl.; c = 4]; $[\alpha]_D^{20}$: −25,0° [A.; c = 4]. Konzentrationsabhängigkeit des optischen Drehungsvermögens von Lösungen in Chloroform, Cyclohexan, Benzol und Äthanol: *Hü., Ki., Wo.*

c) **(1*S*)-2*exo*-Benzamino-1.3.3-trimethyl-norbornan,** (+)-*N*-Benzoyl-β-fenchylamin, Formel VI (R = CO-C_6H_5).

B. Aus (−)-β-Fenchylamin (S.190) und Benzoesäure-anhydrid in Äther (*Hückel, Kindler, Wolowski*, B. **77/79** [1944/46] 220, 225, 227).

Krystalle (aus PAe.); F: 164° (*Hü., Ki., Wo.*), 162—163° [korr.] (*Hückel, Scheel*, A. **664** [1963] 19, 26). $[\alpha]_D^{20}$: +31,2° [$CHCl_3$; c = 2] (*Hü., Ki., Wo.*); $[\alpha]_D^{20}$: +34,7° [Bzl.; c = 2] (*Hü., Ki., Wo.*); $[\alpha]_D^{20}$: +47,5° [A.; c = 7] (*Hü., Sch.*); $[\alpha]_D^{20}$: +43,3° [A.; c = 2] (*Hü., Ki., Wo.*).

2-Ureido-1.3.3-trimethyl-norbornan, [1.3.3-Trimethyl-norbornyl-(2)]-harnstoff, (*1,3,3-trimethyl-2-norbornyl*)*urea* $C_{11}H_{20}N_2O$.

[(1*S*)-1.3.3-Trimethyl-norbornyl-(2*endo*)]-harnstoff, Formel V (R = CO-NH_2) (H 45; dort als Fenchylharnstoff bezeichnet).

B. Beim Erhitzen von (−)-α-Fenchylamin-hydrochlorid (S. 190) mit Kaliumcyanat in Wasser (*Alder, Stein*, A. **525** [1936] 221, 241; vgl. H 45).

Krystalle (aus W.); F: 167°.

6-Amino-1.3.3-trimethyl-norbornan, 1.5.5-Trimethyl-norbornyl-(2)-amin, *1,5,5-trimethyl-2-norbornylamine* $C_{10}H_{19}N$, Formel IX auf S. 194.

a) **(−)-6-Amino-1.3.3-trimethyl-norbornan.**

Diese Konstitution ist vermutlich der nachstehend beschriebenen, als **Isofenchylamin** bezeichneten Verbindung zuzuordnen.

B. Neben (−)-α-Terpineol ((*S*)-*p*-Menthen-(1)-ol-(8)) und (−)-Limonen ((*S*)-*p*-Menthadien-(1.8(9)) beim Behandeln von (−)-β-Pinen ((1*S*)-6.6-Dimethyl-2-methylen-norpinan) mit wss. Hexacyanoeisen(II)-säure und Erhitzen der erhaltenen krystallinen Verbindung 2 $C_{10}H_{16}\cdot H_4Fe(CN)_6$ mit wss. Kalilauge auf 160° (*Stephan, Hammerich*, J. pr. [2] **129** [1931] 285, 303, 305).

Kp_{16}: 88—95°. D^{20}: 0,914. n_D: 1,4807. $[\alpha]_D$: −40,5° [unverd.].

Beim Behandeln einer wss. Lösung des Hydrochlorids mit Essigsäure und mit Natriumnitrit und Erwärmen der mit Wasserdampf flüchtigen Anteile des Reaktionsprodukts mit äthanol. Kalilauge ist neben anderen Substanzen ein als Phenylcarbamoyl-Derivat (F: 106—108°) isoliertes α-Isofenchol (1.3.3-Trimethyl-norbornanol-(6*exo*)) erhalten worden (*St., Ha.*, l. c. S. 307).

Charakterisierung als *N*-Phenylcarbamoyl-Derivat $C_{17}H_{24}N_2O$ (F: 258° [korr.; Zers.]) und als *N*-Phenylthiocarbamoyl-Derivat $C_{17}H_{24}N_2S$ (F: 175—176° [korr.]): *St., Ha.*, l. c. S. 306.

b) **Opt.-inakt. 6-Amino-1.3.3-trimethyl-norbornan,** dessen Pikrat bei 304° schmilzt.

B. Aus (±)-Isofenchon-oxim ((±)-1.3.3-Trimethyl-norbornanon-(6)-oxim) bei der Hydrierung an Platin in Essigsäure bei 40—50° (*Alder, Stein*, A. **525** [1936] 221, 245). Als Hydrochlorid (s. u.) und als Pikrat (s. u.) isoliert.

Beim Behandeln einer wss. Lösung des Hydrochlorids mit Natriumnitrit und Essigsäure sind geringe Mengen eines wahrscheinlich als 2.2.5-Trimethyl-norbornanol-(5) zu formulierenden Alkohols (F: 60° [E III **6** 321]) erhalten worden (*Al., St.*, l. c. S. 245, 246).

Hydrochlorid $C_{10}H_{19}N \cdot HCl$. Krystalle (aus Me. + E.); F: 285°.

Pikrat $C_{10}H_{19}N \cdot C_6H_3N_3O_7$. Krystalle (aus Me.); F: 303—304°.

2-Amino-1.4.7-trimethyl-norbornan, 1.4.7-Trimethyl-norbornyl-(2)-amin, *1,4,7-trimethyl-2-norbornylamine* $C_{10}H_{19}N$, Formel X (R = H).

Ein als 4-Methyl-santenylamin bezeichnetes Amin (Kp_8: 62°) dieser Konstitution von unbekanntem opt. Drehungsvermögen ist beim Behandeln einer warmen äthanol. Lösung von 1.4.7-Trimethyl-norbornanon-(2)-oxim (F: 110,5—111,5° [E III **7** 399]) mit Natrium erhalten und als Tetrachloroaurat(III) (hellgelbe Krystalle [aus wss.-methanol. Salzsäure]; F: 163° [nach Sintern]), als Hexachloroplatinat(IV) $2\,C_{10}H_{19}N \cdot H_2PtCl_6$ (gelbbraune Krystalle [aus wss. Me.]; F: 266—269° [Zers.]) und als Pikrat $C_{10}H_{19}N \cdot C_6H_3N_3O_7$ (gelbe Krystalle [aus A.]; F: 242—244° [Zers.]) sowie als *N*-Benzoyl-Derivat $C_{17}H_{23}NO$ (2-Benzamino-1.4.7-trimethyl-norbornan; Formel X [R = CO-C_6H_5]; Krystalle [aus wss. Me.], F: 153,5—154,5°) charakterisiert worden (*Komppa, Nyman*, B. **69** [1936] 712).

2-Amino-1.7.7-trimethyl-norbornan, 2-Amino-bornan, *2-bornylamine* $C_{10}H_{19}N$.

Über die Konfiguration der nachstehend beschriebenen Stereoisomeren s. *Vavon, Chilouet*, C. r. **204** [1937] 53; *Brewster*, Am. Soc. **81** [1959] 5483, 5491.

a) **(1*R*)-2*endo*-Amino-bornan, (1*R*)-Bornylamin,** Formel XI (R = X = H) (H 45[1]; E I 128; E II 39).

B. Aus (1*R*)-Campher-oxim bei der Hydrierung an Nickel/Kieselgur in Methylcyclohexan, Äthanol oder Äther bei 100—125°/100—150 at (*Winans, Adkins*, Am. Soc. **55** [1933] 2051, 2056). Neben geringeren Mengen (1*R*)-Isobornylamin (S. 195) beim Behandeln von (1*R*)-Campher-oxim mit Äthanol und Natrium (*Hückel, Nerdel*, A. **528** [1937] 57, 61) oder mit Pentanol-(1) und Natrium (*McKenna, Slinger*, Soc. **1958** 2759, 2762; vgl. H 45).

Isolierung aus Gemischen mit (1*R*)-Isobornylamin über das (in Äther schwer lösliche) Acetat: *Hückel, Rieckmann*, A. **625** [1959] 1, 5, 6.

F: 160° (*Wi., Ad.*), 159° (*McK., Sl.*). $[\alpha]_D$: +46° [A.; c = 0,5—2] (*McK., Sl.*). Kryoskopische Konstante: *Pirsch*, B. **65** [1932] 1227. Bildung von Mischkrystallen mit Tricyclen (E III **5** 392), mit (±)-Dihydro-α-dicyclopentadien (E III **5** 985), mit Cyclooctanon und mit (±)-Camphenilon (E III **7** 307): *Pirsch*, B. **69** [1936] 1323, 1326, 1327, 1329.

Bildung von (1*R*)-Campher und geringen Mengen (−)-Bornylen ((1*S*)-1.7.7-Trimethyl-norbornen-(2)) beim Einleiten von Sauerstoff in eine mit Kupfer-Pulver versetzte Lösung in wss. Isopropylalkohol bei 50°: *Demjanow, Lenarškiĭ*, Izv. Akad. S.S.S.R. Ser. chim. **1937** 1001, 1004—1006; C. **1939** I 424. Beim Behandeln mit wss. Essigsäure und Natriumnitrit sind (+)-Camphen ((1*S*)-3.3-Dimethyl-2-methylen-norbornan), (+)-α-Terpineol ((*R*)-*p*-Menthen-(1)-ol-(8)), (−)-Camphenhydrat ((1*R*)-2.2.3*endo*-Trimethyl-norbornanol-(3*exo*)), geringe Mengen einer wahrscheinlich als (1*R*)-3*exo*-Nitro-2.2.3*endo*-trimethyl-norbornan zu formulierenden (s. diesbezüglich *Stone et al.*, J. med. Chem. **5** [1962] 665, 667, 668) Verbindung (F: 198°; $[\alpha]_D^{20}$: +32,2° [A.] [E III **5** 264]) und zwei als 4-Nitrobenzoyl-Derivate $C_{17}H_{21}NO_4$ (a) Krystalle [aus Me. + PAe.], F: 129°; $[\alpha]_D^{20}$: −15,1° [$CHCl_3$]; b) F: 108°; $[\alpha]_D^{20}$: +12,1° [$CHCl_3$]) charakterisierte Alkohole $C_{10}H_{18}O$ erhalten worden (*Hü., Ne.*, l. c. S. 61—71). Geschwindigkeit der Reaktionen mit Benzylbromid,

[1]) Berichtigung zu H **12** 45, Zeile 1 v. u.: An Stelle von „+ 27,7°" ist zu setzen „+ 21,7°". Berichtigung zu H **12** 46, Zeile 1 v. o.: An Stelle von „Soc. **85** 1153" ist zu setzen „Soc. **77** 1153".

2.4.6-Trimethyl-benzylbromid, Oxalsäure-dibenzylester und Piperonal (im Vergleich mit den entsprechenden Reaktionen des (1*R*)-Isobornylamins): *Vavon, Chilouet*, C. r. **204** [1937] 53.

Charakterisierung durch Überführung in *N*-[(1*R*)-Bornyl]-*N'*-[biphenylyl-(4)]-thio= harnstoff (F: 167°): *Brown, Campbell*, Soc. **1937** 1699.

Hydrochlorid $C_{10}H_{19}N \cdot HCl$ (H 45; E II 39). F: 330° (*McKenna, Slinger*, Soc. **1958** 2759, 2762). $[\alpha]_D^{18}$: +23,0° [A.; c = 4] (*Ives, Nettleton*, Soc. **1948** 1085, 1087); $[\alpha]_D$: +23° [A.; c = 0,5–2] (*McK., Sl.*).

Verbindung mit Kupfer(II)-azid $2C_{10}H_{19}N \cdot Cu(N_3)_2$. Grüne Krystalle, die bei 207–208° verpuffen [nicht rein erhalten] (*Cīrulis, Straumanis*, J. pr. [2] **162** [1943] 307, 310).

Pikrat. F: 252–254° (*Wi., Ad.*).

2-Nitro-indandion-(1.3)-Salz $C_{10}H_{19}N \cdot C_9H_5NO_4$. Gelbe Krystalle [aus A.] (*Wanag, Lode*, B. **70** [1937] 547, 553). F: 224–225° [korr.; Zers.; Block] (*Christensen et al.*, Anal. Chem. **21** [1949] 1573), 211° (*Wa., Lode*).

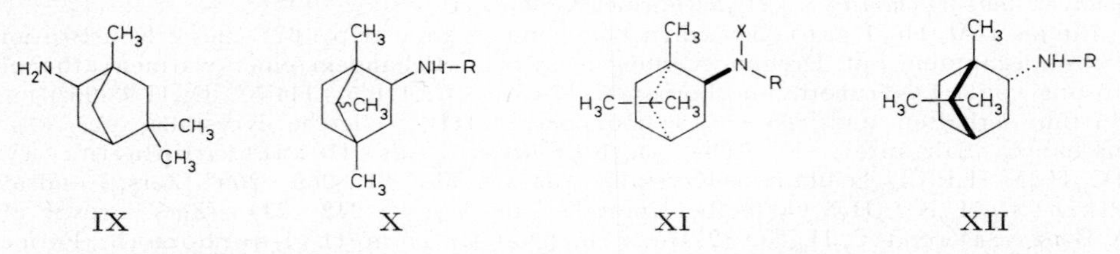

b) **(1*S*)-2*endo*-Amino-bornan, (1*S*)-Bornylamin,** Formel XII (R = H) (vgl. E I 129).

B. Neben geringeren Mengen (1*S*)-Isobornylamin (S. 195) beim Erwärmen von (1*S*)-Campher-oxim mit Äthanol und Natrium (*Krestinskiĭ, Bardyschew*, Ž. obšč. Chim. **10** [1940] 1894, 1898; C. **1941** II 890; C. A. **1941** 4365; vgl. E II 129). Über zwei beim Erwärmen von konfigurativ nicht einheitlichem (1*R*)-1.7.7-Trimethyl-norbornan-carbonyl= chlorid-(2*endo*) (vgl. E III **9** 242) mit Natriumazid in Toluol und Erhitzen des Reaktionsgemisches mit wss. Salzsäure erhaltene, vermutlich partiell racemische Präparate s. *Bode*, B. **70** [1937] 1167, 1180, 1185.

F: 163° (*Kr., Ba.*). Kp_{757}: 200–201° (*Kr., Ba.*). $[\alpha]_D^{20}$: −64,2° [Bzn.; c = 2]; $[\alpha]_D^{20}$: −61,0° [Bzl.; c = 2]; $[\alpha]_D^{20}$: −66,5° [Toluol; c = 2]; $[\alpha]_D^{20}$: −48,7° [Me.; c = 2]; $[\alpha]_D^{20}$: −50,8° [A.; c = 2]; $[\alpha]_{656}^{20}$: −50,3° [Bzn.; c = 2]; $[\alpha]_{656}^{20}$: −49,5° [Bzl.; c = 2]; $[\alpha]_{656}^{20}$: −52,6° [Toluol; c = 2]; $[\alpha]_{656}^{20}$: −38,7° [Me.; c = 2]; $[\alpha]_{656}^{20}$: −41,2° [A.; c = 2]; $[\alpha]_{486}^{20}$: −97,2° [Bzn.; c = 2]; $[\alpha]_{486}^{20}$: −87,2° [Bzl.; c = 2]; $[\alpha]_{486}^{20}$: −98,8° [Toluol; c = 2]; $[\alpha]_{486}^{20}$: −72,8° [Me.; c = 2]; $[\alpha]_{486}^{20}$: −78,7° [A.; c = 2] (*Kr., Ba.*). In Wasser fast unlöslich; mit Wasserdampf leicht flüchtig (*Kr., Ba.*).

Beim Behandeln einer mit Äther überschichteten wss. Lösung des Hydrogensulfats (s. u.) mit Natriumnitrit sind (−)-Camphen ((1*R*)-3.3-Dimethyl-2-methylen-norbornan), (−)-α-Terpineol ((*S*)-*p*-Menthen-(1)-ol-(8)), (+)-Camphenhydrat ((1*S*)-2.2.3*endo*-Tri= methyl-norbornanol-(3*exo*)) und andere Substanzen erhalten worden (*Kr., Ba.*, l. c. S. 1904–1907).

Hydrochlorid $C_{10}H_{19}N \cdot HCl$. F: 358° [aus W. oder A.]; sublimierbar (*Kr., Ba.*, l. c. S. 1899). $[\alpha]_D^{16}$: −22,3° [W.; c = 2]; $[\alpha]_D^{17}$: −23,5° [A.; c = 2] (*Kr., Ba.*). In Chloro= form leicht löslich, in Äther fast unlöslich (*Kr., Ba.*).

Hydrogensulfat $C_{10}H_{19}N \cdot H_2SO_4$. Krystalle [aus W.]; $[\alpha]_D^{15}$: −14,8°; $[\alpha]_{656}^{15}$: −11,7°; $[\alpha]_{486}^{15}$: −23,3° [jeweils in W.; c = 2,6] (*Kr., Ba.*, l. c. S. 1900). — Sulfat $2C_{10}H_{19}N \cdot H_2SO_4$. Krystalle; $[\alpha]_D^{15}$: −20,4°; $[\alpha]_{656}^{15}$: −17,6°; $[\alpha]_{486}^{15}$: −30,0° [jeweils in W.; c = 2,5] (*Kr., Ba.*).

Nitrat $C_{10}H_{19}N \cdot HNO_3$. Krystalle (aus W. oder A.); F: 202° [Zers.]; $[\alpha]_D^{16}$: −21,5°; $[\alpha]_{656}^{16}$: −17,5°; $[\alpha]_{486}^{16}$: −31,7° [jeweils in A.; c = 2,5] (*Kr., Ba.*, l. c. S. 1900).

Tetrachloroaurat(III) $C_{10}H_{19}N \cdot HAuCl_4$. Gelbliche Krystalle; F: 223° [Zers.] (*Kr., Ba.*, l. c. S. 1901).

Tetrachloromercurat(II) $2C_{10}H_{19}N \cdot H_2HgCl_4$. Krystalle (aus W.); F: 275° [Zers.] (*Kr., Ba.*).

Hexachloroplatinat(IV) $2C_{10}H_{19}N \cdot H_2PtCl_6$. Hellrote Krystalle (aus A.), die sich bei ca. 270° dunkel färben (*Kr., Ba.*, l. c. S. 1900).

Pikrat $C_{10}H_{19}N \cdot C_6H_3N_3O_7$. Gelbe Krystalle (aus A.); F: 256° [Zers.] (*Kr.*, *Ba.*, l. c. S. 1900).

Abietat (Abietadien-(7.13)-oat-(18)) $C_{10}H_{19}N \cdot C_{20}H_{30}O_2$. Krystalle (aus A.); F: 165,5° (*Kr.*, *Ba.*, l. c. S. 1901).

c) **(1*R*)-2*exo*-Amino-bornan, (1*R*)-Isobornylamin,** Formel XIII (R = H) (H 50; E I 129; E II 40; dort auch als (−)-Neobornylamin bezeichnet).

B. Neben geringeren Mengen (1*R*)-Bornylamin (S. 193) beim mehrtägigen Erhitzen von (1*R*)-Campher mit Ammoniumformiat und Formamid in Äthylenglykol und Tetralin auf 140° unter ständigem Neutralisieren mit Ameisensäure und Erwärmen des Reaktionsprodukts mit äthanol. Natronlauge (*Hückel, Rieckmann*, A. **625** [1959] 1, 4, 5; s. a. *Ingersoll et al.*, Am. Soc. **58** [1936] 1808, 1810). Als Hauptprodukt bei der Hydrierung von (1*R*)-Campher-imin (*Vavon, Chilouet*, C. r. **204** [1937] 53) oder von (1*R*)-Campher-oxim (*Alder, Stein*, A. **525** [1936] 221, 237, 238; *Hückel, Nerdel*, A. **528** [1937] 57, 61) an Platin in Essigsäure.

Krystalle; F: 186° [unkorr.] (*Va.*, *Ch.*), 183° (*Al.*, *St.*). $[\alpha]_D^{22}$: −47,7° [A.; c = 5] (*Al.*, *St.*); $[\alpha]_{578}$: −48,7° [A.; c = 0,05] (*Va.*, *Ch.*).

Beim Behandeln mit wss. Essigsäure und Natriumnitrit sind (+)-Camphen ((1*S*)-3.3-Dimethyl-2-methylen-norbornan), (−)-Camphenhydrat ((1*R*)-2.2.3*endo*-Trimethyl-norbornanol-(3*exo*)) und geringe Mengen einer wahrscheinlich als (1*R*)-3*exo*-Nitro-2.2.3*endo*-trimethyl-norbornan zu formulierenden (vgl. diesbezüglich *Stone et al.*, J. med. Chem. **5** [1962] 665, 667, 668) Verbindung (F: 199°; $[\alpha]_D$: +32° [A.] [E III **5** 264]) erhalten worden (*Hü.*, *Ne.*, l. c. S. 73; *Hü.*, *Rie.*, l. c. S. 9). Geschwindigkeit der Reaktionen mit Benzylbromid, 2.4.6-Trimethyl-benzylbromid, Oxalsäure-dibenzylester und Piperonal (im Vergleich mit den entsprechenden Reaktionen des (1*R*)-Bornylamins): *Va.*, *Ch.*

Hydrochlorid $C_{10}H_{19}N \cdot HCl$ (H 50; E II 40). Krystalle (aus $CHCl_3$ + Ae.); F: 324° (*McKenna, Slinger*, Soc. **1958** 2759, 2763). $[\alpha]_D^{20}$: −45,0° [W.; c = 5]; $[\alpha]_D^{20}$: −47,7° [A.; c = 5] (*Hü.*, *Ne.*, l. c. S. 61); $[\alpha]_D$: −48° [A.; c = 0,5−2] (*McK.*, *Sl.*); $[\alpha]_{578}$: −51,0° [A.; c = 0,03] (*Va.*, *Ch.*).

d) **(1*S*)-2*exo*-Amino-bornan, (1*S*)-Isobornylamin,** Formel XIV (R = H).

B. s. bei dem unter b) beschriebenen Stereoisomeren.

Isolierung aus Gemischen mit (1*S*)-Bornylamin (S. 194) über das (in Äthanol schwer lösliche) Abietat (s. u.): *Kreštinškiĭ, Bardyschew*, Ž. obšč. Chim. **10** [1940] 1894, 1901, 1902; C. **1941** II 890; C. A. **1941** 4365.

F: 186° (*Kr.*, *Ba.*). $[\alpha]_D^8$: +30,4° [Bzn.; c = 1,5]; $[\alpha]_D^8$: +31,4° [Bzl.; c = 1,5]; $[\alpha]_D^8$: +30,1° [Toluol; c = 1,5]; $[\alpha]_D^8$: +57,1° [Me.; c = 1,5]; $[\alpha]_D^8$: +47,3° [A.; c = 1,5]; $[\alpha]_{656}^8$: +23,4° [Bzn.; c = 1,5]; $[\alpha]_{656}^8$: +24,2° [Bzl.; c = 1,5]; $[\alpha]_{656}^8$: +23,3° [Toluol; c = 1,5]; $[\alpha]_{656}^8$: +44,6° [Me.; c = 1,5]; $[\alpha]_{656}^8$: +37,2° [A.; c = 1,5]; $[\alpha]_{486}^8$: +44,8° [Bzn.; c = 1,5]; $[\alpha]_{486}^8$: +45,2° [Bzl.; c = 1,5]; $[\alpha]_{486}^8$: +45,0° [Toluol; c = 1,5]; $[\alpha]_{486}^8$: +87,2° [Me.; c = 1,5]; $[\alpha]_{486}^8$: +71,1° [A.; c = 1,5] (*Kr.*, *Ba.*).

Hydrochlorid $C_{10}H_{19}N \cdot HCl$. Krystalle (aus W. oder aus A.), die unterhalb 320° nicht schmelzen (*Kr.*, *Ba.*, l. c. S. 1903). $[\alpha]_D^{10}$: +50,2°; $[\alpha]_{656}^{10}$: +39,5°; $[\alpha]_{486}^{10}$: +75,3° [jeweils in A.; c = 2] (*Kr.*, *Ba.*).

Sulfat $2C_{10}H_{19}N \cdot H_2SO_4$. Krystalle (aus W.); F: 278° [Zers.] (*Kr.*, *Ba.*). $[\alpha]_D^{13}$: +43,2°; $[\alpha]_{656}^{13}$: +33,3°; $[\alpha]_{486}^{13}$: +63,5° [jeweils in A.; c = 1,3].

Nitrat $C_{10}H_{19}N \cdot HNO_3$. Krystalle (aus W.); F: 228° [Zers.] (*Kr.*, *Ba.*, l. c. S. 1904). $[\alpha]_D^{13}$: +44,0°; $[\alpha]_{656}^{13}$: +34,2°; $[\alpha]_{486}^{13}$: +67,6° [jeweils in A.; c = 3] (*Kr.*, *Ba.*).

Tetrachloroaurat(III) $C_{10}H_{19}N \cdot HAuCl_4$. Krystalle (aus wss. A.); F: 210° [Zers.] (*Kr.*, *Ba.*).

Tetrachloromercurat(II). Krystalle (aus W.); F: 242° [Zers.] (*Kr.*, *Ba.*).

Hexachloroplatinat(IV) $2C_{10}H_{19}N \cdot H_2PtCl_6$. Orangefarbene Krystalle (aus wss. A.), die unterhalb 305° nicht schmelzen (*Kr.*, *Ba.*).

Pikrat $C_{10}H_{19}N \cdot C_6H_3N_3O_7$. Gelbe Krystalle (aus A.); F: 248° [Zers.] (*Kr.*, *Ba.*).

Abietat (Abietadien-(7.13)-oat-(18)) $C_{10}H_{19}N \cdot C_{20}H_{30}O_2$. Krystalle (aus A.); F: 161° bis 162° (*Bardyschew*, Ž. obšč. Chim. **11** [1941] 996, 999; C. A. **1945** 4616), 160−160,5° (*Kr.*, *Ba.*). $[\alpha]_D^{11}$: −45,2° [A.; c = 1] (*Kr.*, *Ba.*); $[\alpha]_D^{22}$: −42,6° [A.; c = 0,5] (*Ba.*); $[\alpha]_{656}^{11}$: −35,6°; $[\alpha]_{486}^{11}$: −73,3° [jeweils in A.; c = 1] (*Kr.*, *Ba.*).

e) **(±)-2*exo*-Amino-bornan, (±)-Isobornylamin,** Formel XIII + XIV (R = H).

B. In geringer Menge neben (±)-Camphen, (±)-Isoborneol, (±)-Camphenhydrat

((±)-2.2.3*endo*-Trimethyl-norbornanol-(3*exo*)) und Kaliumformiat beim Behandeln von weitgehend racemischem (–)-Camphen ((1*R*)-3.3-Dimethyl-2-methylen-norbornan) mit wss. Hexacyanoeisen(II)-säure und Erhitzen der erhaltenen krystallinen Verbindung $2C_{10}H_{16}\cdot H_4Fe(CN)_6$ mit wss. Kalilauge auf 160° (*Stephan, Hammerich*, J. pr. [2] **129** [1931] 285, 292–296).

F: 162–163° [korr.]. Kp: 199–203°. Leicht flüchtig.

Beim Behandeln einer wss. Lösung des Hydrochlorids mit Natriumnitrit sind Camphen und Isoborneol erhalten worden (*St., Ha.*, l. c. S. 296).

Charakterisierung als *N*-Phenylcarbamoyl-Derivat (F: 253–254° [korr.; Zers.]) und als *N*-Phenylthiocarbamoyl-Derivat (F: 181,5° [korr.]): *St., Ha.*, l. c. S. 297.

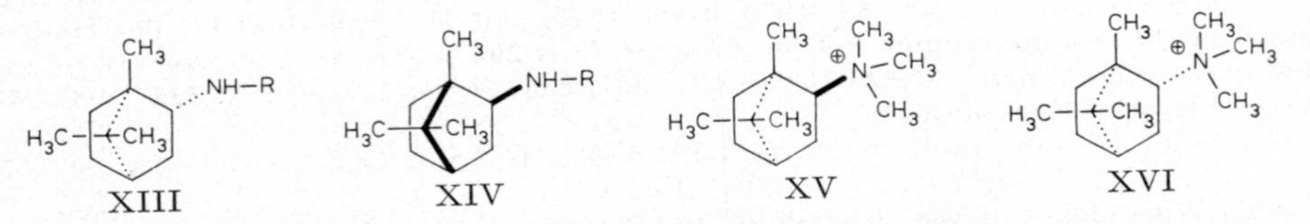

2-Methylamino-bornan, Methyl-[1.7.7-trimethyl-norbornyl-(2)]-amin, N-*methyl-2-bornylamine* $C_{11}H_{21}N$.

(1*R*)-2*endo*-Methylamino-bornan, Methyl-[(1*R*)-bornyl]-amin, Formel XI ($R = CH_3$, $X = H$) auf S. 194 (H 46).

B. Beim Erwärmen von (1*R*)-Bornylamin (S. 193) mit Ameisensäure und Behandeln des Reaktionsprodukts mit Lithiumaluminiumhydrid in Äther (*McKenna, Slinger*, Soc. **1958** 2759, 2763). — Präparate, in denen Gemische von Methyl-[(1*R*)-bornyl]-amin mit grösseren Mengen Methyl-[(1*R*)-isobornyl]-amin (Formel XIII [$R = CH_3$]) vorgelegen haben (s. diesbezüglich *McK., Sl.*), sind beim Erhitzen von (1*R*)-Campher mit *N*-Methyl-formamid und Ameisensäure bis auf 200° und Erhitzen des danach isolierten Reaktionsprodukts mit wss. Salzsäure erhalten worden (*Wegler, Rüber*, B. **68** [1935] 1055, 1057).

Hydrochlorid $C_{11}H_{21}N\cdot HCl$ (H 46). Krystalle (aus A.), die unterhalb 300° nicht schmelzen; $[\alpha]_D$: +38° [A.; c = 0,5–2] (*McK., Sl.*).

2-Dimethylamino-bornan, Dimethyl-[1.7.7-trimethyl-norbornyl-(2)]-amin, N,N-*dimethyl-2-bornylamine* $C_{12}H_{23}N$.

(1*R*)-2*endo*-Dimethylamino-bornan, Dimethyl-[(1*R*)-bornyl]-amin, Formel XI ($R = X = CH_3$) auf S. 194.

Das H 46 beschriebene Präparat (Kp_{763}: 210–212°; $[\alpha]_D^{16}$: +62,5°) ist wahrscheinlich mit geringen Mengen Methyl-[(1*R*)-bornyl]-amin (s. o.) verunreinigt gewesen (*Ives, Nettleton*, Soc. **1948** 1085, 1087).

B. Beim Schütteln von (1*R*)-Bornylamin-hydrochlorid (S. 194) mit Natriumacetat enthaltender wss. Formaldehyd-Lösung in Gegenwart von Palladium/Kohle unter Wasserstoff (*Ives, Ne.*). Beim Erhitzen von Methyl-[(1*R*)-bornyl]-amin (s. o.) mit Methyljodid und Natriumhydroxid in Toluol auf 200° (*Wegler, Rüber*, B. **68** [1935] 1055, 1057).

Kp_8: 104°; D_4^{22}: 0,8976 (*Ives, Ne.*). $[\alpha]_D^{22}$: +34,9° (*Ives, Ne.*); α_D: +32° [unverd.; l = 1(?)] (*We., Rü.*). $[\alpha]_{546}^{22}$: +42,2° (*Ives, Ne.*).

Hydrochlorid $C_{12}H_{23}N\cdot HCl$ (vgl. H 46). Krystalle (aus $CHCl_3$ + Ae.), F: 220°; $[\alpha]_D$: +9° [A.; c = 0,5–2] (*McKenna, Slinger*, Soc. **1958** 2759, 2763).

Trimethyl-[1.7.7-trimethyl-norbornyl-(2)]-ammonium, *(2-bornyl)trimethylammonium* $C_{13}H_{26}N$.

a) **Trimethyl-[(1*R*)-bornyl]-ammonium** $C_{13}H_{26}N$, Formel XV.

Jodid $[C_{13}H_{26}N]I$ (H 46). *B.* Aus (1*R*)-Bornylamin-hydrochlorid (S. 194) beim Erwärmen mit Methyljodid und Kaliumcarbonat in Aceton sowie aus Dimethyl-[(1*R*)-bornyl]-amin (s. o.) beim Erwärmen mit Methyljodid in Methanol (*McKenna, Slinger*, Soc. **1958** 2759, 2763). — Krystalle (aus Ae. + Me.); F: 276° [Zers.]. $[\alpha]_D$: –3,7° [A.; c = 0,5–2].

b) **Trimethyl-[(1*R*)-isobornyl]-ammonium** $C_{13}H_{26}N$, Formel XVI.

Jodid $[C_{13}H_{26}N]I$. Diese Verbindung hat wahrscheinlich als Hauptbestandteil in dem E II 39 beschriebenen, dort als Trimethyl-*d*-bornyl-ammoniumjodid bezeichneten Präparat (F: 245° [Zers.]) vorgelegen (vgl. diesbezüglich *McKenna, Slinger*, Soc. **1958** 2759, 2760, 2764). — *B.* Aus (1*R*)-Isobornylamin-hydrochlorid (S. 195) beim Erwärmen mit Methyljodid und Kaliumcarbonat in Aceton (*McK., Sl.*). — Krystalle (aus Ae. + Me.); F: 242° [Zers.]. $[\alpha]_D$: —34° [A.; c = 0,5—2].

2-Isopropylidenamino-bornan, *N-isopropylidene-2-bornylamine* $C_{13}H_{23}N$.

(1*S*)-2*exo*-Isopropylidenamino-bornan, Aceton-[(1*S*)-isobornylimin], [(1*S*)-Isobornyl]-isopropyliden-amin, Formel I.

B. Aus (1*S*)-Isobornylamin (S. 195) und Aceton (*Kreštinškiĭ, Bardyschew*, Ž. obšč. Chim. **10** [1940] 1894, 1903; C. **1941** II 890; C. A. **1941** 4365).

Krystalle; F: 174—175°. Stark rechtsdrehend.

4.7.7-Trimethyl-2-[*N*-(1.7.7-trimethyl-norbornyl-(2))-formimidoyl]-norbornanon-(3), *3-[N-(2-bornyl)formimidoyl]bornan-2-one* $C_{21}H_{33}NO$ und **4.7.7-Trimethyl-2-[(1.7.7-trimethyl-norbornyl-(2)-amino)-methylen]-norbornanon-(3),** *3-[(2-bornylamino)methylene]bornan-2-one* $C_{21}H_{33}NO$.

(1*R*)-4.7.7-Trimethyl-2ξ-[*N*-((1*R*)-bornyl)-formimidoyl]-norbornanon-(3) $C_{21}H_{33}NO$, Formel II, und **(*S*)-4.7.7-Trimethyl-2-[((1*R*)-bornylamino)-methylen-(ξ)]-norbornanon-(3)** $C_{21}H_{33}NO$, Formel III (E I 128; dort als 3-[*d*-Bornylimino-methyl]-*d*-campher bzw. 3-[*d*-Bornylamino-methylen]-*d*-campher bezeichnet).

Krystalle (aus A.); $[\alpha]_D$: +380° [A.(?)] (*Heubaum, Noyes*, Am. Soc. **52** [1930] 5070, 5077). In Petroläther und in Aceton fast unlöslich.

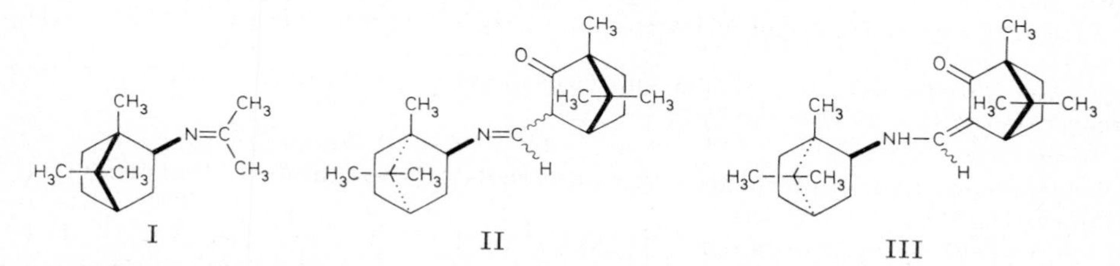

2-Salicylidenamino-bornan, *o-[N-(2-bornyl)formimidoyl]phenol* $C_{17}H_{23}NO$.

a) **(1*R*)-2*endo*-Salicylidenamino-bornan, Salicylaldehyd-[(1*R*)-bornylimin],** Formel IV (H 47).

Hellgelbe Krystalle (aus wss. A.); F: 62° (*Pfeiffer et al.*, J. pr. [2] **150** [1938] 261, 280). $[M]_D^{23}$: +391° [Me.; c = 0,8]; optisches Drehungsvermögen einer Lösung in Methanol bei Wellenlängen von 493 mμ bis 692 mμ: *Pf. et al.*, l. c. S. 280, 314.

Kupfer(II)-Salz $Cu(C_{17}H_{22}NO)_2$. Herstellung aus dem Kupfer(II)-Salz des Salicylaldehyds (E III **8** 141) und (1*R*)-Bornylamin in Methanol: *Pf. et al.*, l. c. S. 288. — Dunkelgrüne Krystalle (aus A.); F: 202°. $[M]_D^{21}$: +6510° [Me.; c = 0,05]; optisches Drehungsvermögen einer Lösung in Methanol bei Wellenlängen von 537 mμ bis 692 mμ: *Pf. et al.*, l. c. S. 288, 314.

b) **(1*R*)-2*exo*-Salicylidenamino-bornan, Salicylaldehyd-[(1*R*)-isobornylimin],** Formel V.

B. Aus (1*R*)-Isobornylamin (S. 195) und Salicylaldehyd (*Pfeiffer et al.*, J. pr. [2] **150** [1938] 261, 280).

Hellgelbe Krystalle (aus wss. A.); F: 36°. $[M]_D^{22}$: —584° [Me.; c = 1]. Optisches Drehungsvermögen einer Lösung in Methanol bei Wellenlängen von 493 mμ bis 692 mμ: *Pf. et al.*

2-Formamino-bornan, *N*-[1.7.7-Trimethyl-norbornyl-(2)]-formamid, *N-(2-bornyl)formamide* $C_{11}H_{19}NO$.

(1*R*)-2*exo*-Formamino-bornan, *N*-[(1*R*)-Isobornyl]-formamid, Formel VI (R = CHO, X = H) (H 50; dort als Formylneobornylamin bezeichnet).

B. Beim Behandeln von (+)-Camphen ((1*S*)-3.3-Dimethyl-2-methylen-norbornan) mit Cyanwasserstoff in Schwefelsäure enthaltender Essigsäure und Eintragen des Reaktionsgemisches in Wasser (*Ritter, Minieri*, Am. Soc. **70** [1948] 4045, 4047); *Stein et al.* (Am. Soc. **78** [1956] 1514) und *Luskin, McFaull, Gantert* (J. org. Chem. **21** [1956] 1430) haben die Verbindung nach diesem Verfahren nicht erhalten.

F: 73° (*Vavon, Chilouet*, C. r. **204** [1937] 53), 72—73° (*Ri., Mi.*), $[\alpha]_{578}$: —46,7° [$CHCl_3$; c = 0,05]; $[\alpha]_{578}$: —19,3° [A.; c = 0,05] (*Va., Ch.*).

2-Acetamino-bornan, *N*-[1.7.7-Trimethyl-norbornyl-(2)]-acetamid, N-(*2-bornyl)acetamide* $C_{12}H_{21}NO$.

(1*R*)-2*exo*-Acetamino-bornan, *N*-[(1*R*)-Isobornyl]-acetamid, Formel VI (R = $CO\text{-}CH_3$, X = H) (H 50; dort als Acetylneobornylamin bezeichnet).

B. Beim Behandeln von (+)-Camphen ((1*S*)-3.3-Dimethyl-2-methylen-norbornan) mit Acetonitril und Schwefelsäure enthaltender Essigsäure und Eintragen des Reaktionsgemisches in Wasser (*Ritter, Minieri*, Am. Soc. **70** [1948] 4045, 4047; *Roberts, Maskaleris*, J. org. Chem. **24** [1959] 926, 927, 928).

F: 142—143° (*Ri., Mi.*), 141—141,5° [korr.] (*Ro., Ma.*).

2-Cyclohexancarbonylamino-bornan, *N*-[1.7.7-Trimethyl-norbornyl-(2)]-cyclohexancarbamid, N-(*2-bornyl)cyclohexancarboxamide* $C_{17}H_{29}NO$.

_N_-[(1*R*)-Bornyl]-cyclohexancarbamid $C_{17}H_{29}NO$, Formel VII (R = $CO\text{-}C_6H_{11}$, X = H).

B. Aus (1*R*)-Bornylamin (S. 193) und Cyclohexancarbonylchlorid in Äther (*Mousseron, Granger, Claret*, Bl. **1947** 868, 875).

Krystalle (aus wss. A.); F: 167°. $[\alpha]_{546}$: —8,0° [Bzl.]; $[\alpha]_{546}$: —32,0° [A.].

***C*-Cyclohexyl-*N*-[1.7.7-trimethyl-norbornyl-(2)]-acetamid,** N-(*2-bornyl)-2-cyclohexylacetamide* $C_{18}H_{31}NO$.

***C*-Cyclohexyl-*N*-[(1*R*)-bornyl]-acetamid** $C_{18}H_{31}NO$, Formel VII (R = $CO\text{-}CH_2\text{-}C_6H_{11}$, X = H).

B. Aus (1*R*)-Bornylamin (S. 193) und Cyclohexylacetylchlorid in Äther (*Mousseron, Granger, Claret*, Bl. **1947** 868, 875).

Krystalle (aus wss. A.); F: 139°. $[\alpha]_{546}$: +5,0° [Bzl.]; $[\alpha]_{546}$: —28,8° [A.].

2-Benzamino-bornan, *N*-[1.7.7-Trimethyl-norbornyl-(2)]-benzamid, N-(*2-bornyl)benzamide* $C_{17}H_{23}NO$.

a) **_N_-[(1*R*)-Bornyl]-benzamid** $C_{17}H_{23}NO$, Formel VII (R = $CO\text{-}C_6H_5$, X = H) (H 48; E I 128; dort als Benzoyl-*d*-bornyl-amin bezeichnet).

B. Aus (1*R*)-Bornylamin (S. 193) und Benzoylchlorid in Äther (*Mousseron, Granger, Claret*, Bl. **1947** 868, 875; vgl. H 48).

Krystalle (aus wss. A.); F: 139°. $[\alpha]_{546}$: —5,0° [Bzl.]; $[\alpha]_{546}$: —26,2° [A.].

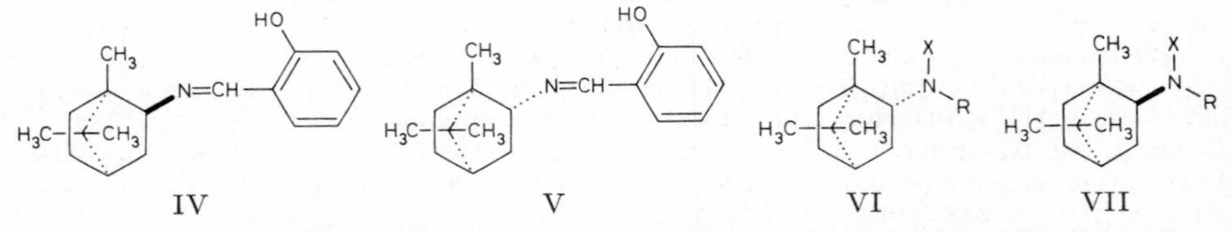

b) **_N_-[(1*R*)-Isobornyl]-benzamid** $C_{17}H_{23}NO$, Formel VI (R = $CO\text{-}C_6H_5$, X = H) (H 50; dort als Benzoylneobornylamin bezeichnet).

B. Beim Behandeln von (+)-Camphen ((1*S*)-3.3-Dimethyl-2-methylen-norbornan) mit Benzonitril und Schwefelsäure enthaltender Essigsäure und Eintragen des Reaktionsgemisches in Wasser (*Ritter, Minieri*, Am. Soc. **70** [1948] 4045, 4047).

F: 130°.

***N*-[1.7.7-Trimethyl-norbornyl-(2)]-*C*-phenyl-acetamid,** N-(*2-bornyl)-2-phenylacetamide* $C_{18}H_{25}NO$.

a) **_N_-[(1*R*)-Bornyl]-*C*-phenyl-acetamid** $C_{18}H_{25}NO$, Formel VII (R = $CO\text{-}CH_2\text{-}C_6H_5$, X = H).

B. Aus (1*R*)-Bornylamin (S. 193) und Phenylacetylchlorid in Äther (*Mousseron, Granger, Claret*, Bl. **1947** 868, 875).

Krystalle (aus wss. A.); F: 142°. $[\alpha]_{546}$: +10,4° [Bzl.]; $[\alpha]_{546}$: —27,8° [A.].

b) **_N_-[(1*R*)-Isobornyl]-*C*-phenyl-acetamid** $C_{18}H_{25}NO$, Formel VI (R = $CO\text{-}CH_2\text{-}C_6H_5$, X = H).

B. Beim Behandeln von (+)-Camphen ((1*S*)-3.3-Dimethyl-2-methylen-norbornan) mit

Phenylacetonitril und Schwefelsäure enthaltender Essigsäure und Eintragen des Reaktionsgemisches in Wasser (*Ritter, Minieri*, Am. Soc. **70** [1948] 4045, 4047).
F: 127—128°.

***N.N'*-Bis-[1.7.7-trimethyl-norbornyl-(2)]-oxamid**, N,N'-*di(2-bornyl)oxamide* $C_{22}H_{36}N_2O_2$.

a) ***N*-[(1*R*)-Bornyl]-*N'*-[(1*R*)-isobornyl]-oxamid** $C_{22}H_{36}N_2O_2$, Formel VIII.
Eine Verbindung (F: 100°), der diese Konfiguration zugeschrieben wird, ist beim Erwärmen eines Gemisches von (1*R*)-Bornylamin (S. 193) und (1*R*)-Isobornylamin (S. 195) mit Oxalsäure-diäthylester erhalten worden (*Heubaum, Noyes*, Am. Soc. **52** [1930] 5070, 5076).

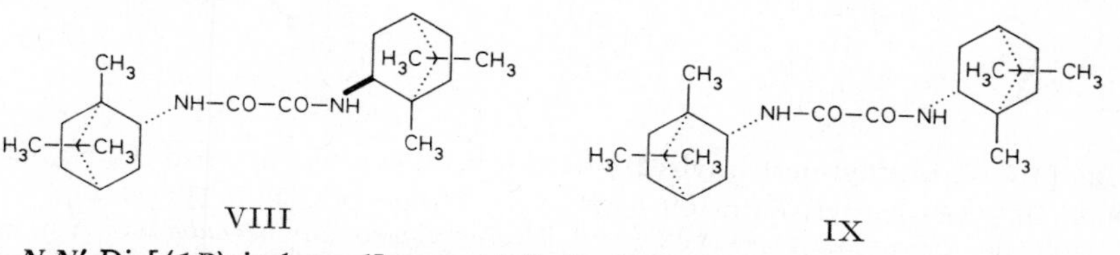

VIII IX

b) ***N.N'*-Di-[(1*R*)-isobornyl]-oxamid** $C_{22}H_{36}N_2O_2$, Formel IX.
Ein unter dieser Konfiguration beschriebenes Präparat (Krystalle [aus PAe., A. oder E.], F: 184°; $[\alpha]_D$: —60,1° [A.]) von ungewisser Einheitlichkeit ist in geringer Menge beim Erwärmen eines Gemisches von (1*R*)-Isobornylamin (S. 195) und geringeren Mengen (1*R*)-Bornylamin (S. 193) mit Oxalsäure-diäthylester erhalten worden (*Heubaum, Noyes*, Am. Soc. **52** [1930] 5070, 5076).

***N.N'*-Bis-[1.7.7-trimethyl-norbornyl]-malonamid**, N,N'-*di(2-bornyl)malonamide* $C_{23}H_{38}N_2O_2$.

***N.N'*-Di-[(1*S*)-bornyl]-malonamid** $C_{23}H_{38}N_2O_2$, Formel X.
B. Aus (1*S*)-Bornylamin (S. 194) und Kohlensuboxid in Äther (*Pauw*, R. **55** [1936] 215, 223, 224). In geringer Menge aus (1*S*)-Bornylamin mit Hilfe von Malonsäure-diäthyl= ester (*Pauw*, l. c. S. 224).
Krystalle (aus wss. A.), F: 192° [mit Hilfe von Malonsäure-diäthylester hergestelltes Präparat]; F: 187°; $[\alpha]_D^{20}$: —46° [mit Hilfe von Kohlensuboxid hergestelltes Präparat].

***N*-[1.7.7-Trimethyl-norbornyl-(2)]-succinamid**, N-*(2-bornyl)succinamide* $C_{14}H_{24}N_2O_2$.

***N*-[(1*R*)-Isobornyl]-succinamid** $C_{14}H_{24}N_2O_2$, Formel VI (R = CO-CH_2-CH_2-CO-NH_2, X = H).
Ein Präparat (Krystalle [aus Bzl. + A.]; F: 130°), in dem wahrscheinlich diese Verbindung vorgelegen hat, ist beim Behandeln von (+)(?)-Camphen ((1*S*?)-3.3-Di= methyl-2-methylen-norbornan) mit Bernsteinsäure-dinitril und Schwefelsäure enthaltender Essigsäure und Eintragen des Reaktionsgemisches in Wasser erhalten worden (*Benson, Ritter*, Am. Soc. **71** [1949] 4128).

[1.7.7-Trimethyl-norbornyl-(2)]-carbamidsäure-äthylester, *(2-bornyl)carbamic acid ethyl ester* $C_{13}H_{23}NO_2$.

a) **[(1*R*)-Bornyl]-carbamidsäure-äthylester** $C_{13}H_{23}NO_2$, Formel VII (R = CO-OC_2H_5, X = H) (H 49).
B. Beim Behandeln einer Suspension von (1*R*)-Bornylamin (S. 193) in wss. Kalilauge mit Chlorameisensäure-äthylester (*Heubaum, Noyes*, Am. Soc. **52** [1930] 5070, 5076). Aus (1*R*)-Bornylamin und Äthyl-phenyl-carbonat (*Heu., Noyes*).
Krystalle (aus wss. A.); F: 93°. $[\alpha]_D$: —10,9° [A.]; $[\alpha]_D$: +3,1° [Ae.].

b) **[(1*R*)-Isobornyl]-carbamidsäure-äthylester** $C_{13}H_{23}NO_2$, Formel VI (R = CO-OC_2H_5, X = H) (H 50; dort als Neobornylurethan bezeichnet).
B. Aus (1*R*)-Isobornylamin (S. 195) mit Hilfe von Chlorameisensäure-äthylester (*Heubaum, Noyes*, Am. Soc. **52** [1930] 5070, 5077; vgl. H 50).
F: 37°. $[\alpha]_D$: —28,0° [A.]; $[\alpha]_D$: —31,2° [Ae.].

2-Ureido-bornan, [1.7.7-Trimethyl-norbornyl-(2)]-harnstoff, *(2-bornyl)urea* $C_{11}H_{20}N_2O$.

a) **[(1*R*)-Bornyl]-harnstoff** $C_{11}H_{20}N_2O$, Formel VII (R = CO-NH_2, X = H) (H 49).
B. Beim Behandeln von (1*R*)-Bornylamin-hydrochlorid (S. 194) mit Nitroharnstoff

und Natriumhydrogencarbonat in Wasser (*Bateman, Day*, Am. Soc. **57** [1935] 2496).

Krystalle (aus wss. A.); F: 165,7—166,3° [korr.]. $[\alpha]_D^{25}$: +5,8° [A.].

b) **[(1*R*)-Isobornyl]-harnstoff** $C_{11}H_{20}N_2O$, Formel VI (R = CO-NH₂, X = H) [auf S. 198] (H 50; dort als Neobornylharnstoff bezeichnet).

Krystalle (aus W.); F: 169° (*Alder, Stein*, A. **525** [1936] 221, 238). $[\alpha]_D^{23}$: —58,1° [A.; c = 2].

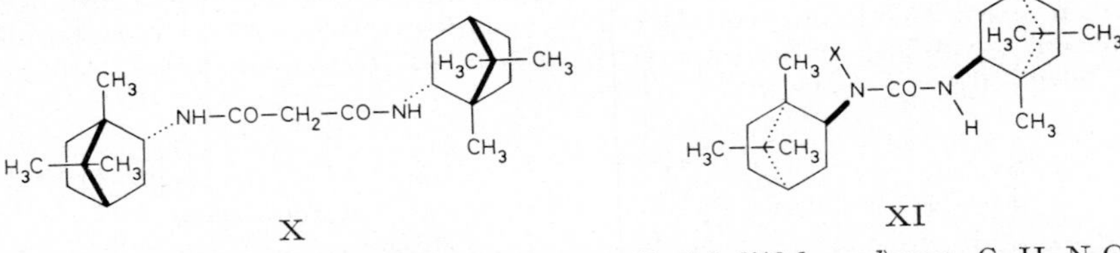

***N.N'*-Bis-[1.7.7-trimethyl-norbornyl-(2)]-harnstoff**, *1,3-di(2-bornyl)urea* $C_{21}H_{36}N_2O$.

***N.N'*-Di-[(1*R*)-bornyl]-harnstoff** $C_{21}H_{36}N_2O$, Formel XI (X = H) (H 49).

B. Aus (1*R*)-Bornylamin (S. 193) und Diphenylcarbonat (*Heubaum*, Am. Soc. **52** [1930] 2149; *Heubaum, Noyes*, Am. Soc. **52** [1930] 5070, 5075). Aus (1*R*)-Bornylamin beim Behandeln einer Lösung in Äther mit einer Lösung von Phosgen in Toluol bei —15° (*Heu., Noyes*).

Krystalle (aus wss. A. sowie durch Sublimation).

***N*-[2.2.2-Trichlor-1-hydroxy-äthyl]-*N'*-[1.7.7-trimethyl-norbornyl-(2)]-harnstoff**, *1-(2-bornyl)-3-(2,2,2-trichloro-1-hydroxyethyl)urea* $C_{13}H_{21}Cl_3N_2O_2$.

***N*-[(*Ξ*)-2.2.2-Trichlor-1-hydroxy-äthyl]-*N'*-[(1*R*)-bornyl]-harnstoff** $C_{13}H_{21}Cl_3N_2O_2$, Formel VII (R = CO-NH-CH(OH)-CCl₃, X = H) [auf S. 198], **vom F: 180°.**

B. Aus [(1*R*)-Bornyl]-harnstoff (S. 199) und Chloral (*Bateman, Day*, Am. Soc. **57** [1935] 2496).

Krystalle (aus A.); F: 180° [korr.; Zers.]. $[\alpha]_D^{25}$: +7,3° [A.].

***N'*-[1.7.7-Trimethyl-norbornyl-(2)]-*N*-acetyl-harnstoff**, *1-acetyl-3-(2-bornyl)urea* $C_{13}H_{22}N_2O_2$.

***N'*-[(1*R*)-Bornyl]-*N*-acetyl-harnstoff** $C_{13}H_{22}N_2O_2$, Formel VII (R = CO-NH-CO-CH₃, X = H) auf S. 198.

B. Aus [(1*R*)-Bornyl]-harnstoff (S. 199) und Acetanhydrid (*Bateman, Day*, Am. Soc. **57** [1935] 2496).

Krystalle (aus A.); F: 129—129,5° [korr.]. $[\alpha]_D^{25}$: +23,5° [A.].

***N'*-[1.7.7-Trimethyl-norbornyl-(2)]-*N*-bromacetyl-harnstoff**, *1-(2-bornyl)-3-(bromoacetyl)urea* $C_{13}H_{21}BrN_2O_2$.

***N'*-[(1*R*)-Bornyl]-*N*-bromacetyl-harnstoff** $C_{13}H_{21}BrN_2O_2$, Formel VII (R = CO-NH-CO-CH₂Br, X = H) auf S. 198.

B. Aus [(1*R*)-Bornyl]-harnstoff (S. 199) und Bromacetylbromid in Benzol (*Bateman, Day*, Am. Soc. **57** [1935] 2496).

Krystalle (aus A.); F: 136,1—136,5° [korr.]. $[\alpha]_D^{25}$: +16,3° [A.].

***N'*-[1.7.7-Trimethyl-norbornyl-(2)]-*N*-[4-nitro-benzoyl]-harnstoff**, *1-(2-bornyl)-3-(4-nitrobenzoyl)urea* $C_{18}H_{23}N_3O_4$.

***N'*-[(1*R*)-Bornyl]-*N*-[4-nitro-benzoyl]-harnstoff** $C_{18}H_{23}N_3O_4$, Formel VII (R = CO-NH-CO-C₆H₄-NO₂, X = H) auf S. 198.

B. Aus [(1*R*)-Bornyl]-harnstoff (S. 199) und 4-Nitro-benzoylchlorid in Benzol (*Bateman, Day*, Am. Soc. **57** [1935] 2496).

Krystalle (aus Acn. + Eg.); F: 230° [korr.; Zers.].

***N'*-[1.7.7-Trimethyl-norbornyl-(2)]-*N*-cinnamoyl-harnstoff**, *1-(2-bornyl)-3-cinnamoylurea* $C_{20}H_{26}N_2O_2$.

***N'*-[(1*R*)-Bornyl]-*N*-*trans*-cinnamoyl-harnstoff** $C_{20}H_{26}N_2O_2$, Formel XII.

B. Aus [(1*R*)-Bornyl]-harnstoff (S. 199) und *trans*-Cinnamoylchlorid in Benzol (*Bateman, Day*, Am. Soc. **57** [1935] 2496).

Krystalle (aus Acn.); F: 220,2—220,8° [korr.].

2-Benzolsulfonylamino-bornan, *N*-[1.7.7-Trimethyl-norbornyl-(2)]-benzolsulfonamid, N-*(2-bornyl)benzenesulfonamide* $C_{16}H_{23}NO_2S$.

***N*-[(1*R*)-Bornyl]-benzolsulfonamid** $C_{16}H_{23}NO_2S$, Formel VII (R = SO_2-C_6H_5, X = H) auf S. 198.

B. Aus (1*R*)-Bornylamin (S. 193) und Benzolsulfonylchlorid in Äther (*Mousseron, Granger, Claret*, Bl. **1947** 868, 875).

Krystalle (aus wss. A.); F: 124°. $[\alpha]_{546}$: +5° [Bzl.]; $[\alpha]_{546}$: —19,2° [A.]; optisches Drehungsvermögen $[\alpha]_{546}$ in weiteren organischen Lösungsmitteln: *Mou., Gr., Cl.*

Nitroso-[1.7.7-trimethyl-norbornyl-(2)]-carbamidsäure-äthylester, *(2-bornyl)nitrosocarbamic acid ethyl ester* $C_{13}H_{22}N_2O_3$.

a) **Nitroso-[(1*R*)-bornyl]-carbamidsäure-äthylester** $C_{13}H_{22}N_2O_3$, Formel VII (R = CO-OC_2H_5, X = NO) auf S. 198.

B. Beim Einleiten von Distickstofftrioxid in eine äther. Lösung von [(1*R*)-Bornyl]-carbamidsäure-äthylester (S. 199) bei —15° (*Heubaum, Noyes*, Am. Soc. **52** [1930] 5070, 5076).

Gelbe Krystalle. $[\alpha]_D$: +11° [Ae.].

Beim Aufbewahren erfolgt Umwandlung in [(1*R*)-Bornyl]-carbamidsäure-äthylester.

b) **Nitroso-[(1*R*)-isobornyl]-carbamidsäure-äthylester** $C_{13}H_{22}N_2O_3$, Formel VI (R = CO-OC_2H_5, X = NO) auf S. 198.

B. Beim Einleiten von Distickstofftrioxid in eine äther. Lösung von [(1*R*)-Isobornyl]-carbamidsäure-äthylester (S. 199) bei —15° (*Heubaum, Noyes*, Am. Soc. **52** [1930] 5070, 5077).

Gelbe Krystalle. $[\alpha]_D$: —18,5° [Ae.]. Wenig beständig.

***N*-Nitroso-*N.N'*-bis-[1.7.7-trimethyl-norbornyl-(2)]-harnstoff,** *1,3-di(2-bornyl)-1-nitrosourea* $C_{21}H_{35}N_3O_2$.

***N*-Nitroso-*N.N'*-di-[(1*R*)-bornyl]-harnstoff** $C_{21}H_{35}N_3O_2$, Formel XI (X = NO).

B. Beim Einleiten von Distickstofftrioxid in eine äther. Lösung von *N.N'*-Di-[(1*R*)-bornyl]-harnstoff (S. 200) bei —15° (*Heubaum, Noyes*, Am. Soc. **52** [1930] 5070, 5075).

Gelbe Krystalle; F: 73—75° [Zers.].

Beim Aufbewahren erfolgt Umwandlung in *N.N'*-Di-[(1*R*)-bornyl]-harnstoff.

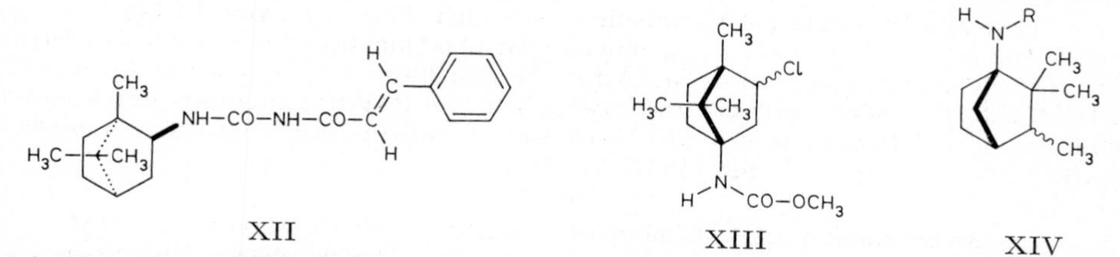

XII XIII XIV

4-Amino-1.7.7-trimethyl-norbornan, 4-Amino-bornan, 4.7.7-Trimethyl-norbornyl-(1)-amin $C_{10}H_{19}N$.

[3-Chlor-4.7.7-trimethyl-norbornyl-(1)]-carbamidsäure-methylester, *(2-chlor-4-bornyl)carbamic acid methyl ester* $C_{12}H_{20}ClNO_2$.

[(1*R*)-3ξ-Chlor-4.7.7-trimethyl-norbornyl-(1)]-carbamidsäure-methylester, Formel XIII, vom F: 74°.

B. Aus (1*R*)-3ξ-Chlor-4.7.7-trimethyl-norbornan-carbamid-(1) (F: 128° [E III **9** 247]) beim Behandeln einer Lösung in Natriummethylat enthaltendem Methanol mit Brom (*Houben, Pfankuch*, A. **489** [1931] 193, 210).

Krystalle (aus PAe.); F: 73—74°. $[\alpha]_D$: 0° [Ae.].

Beim Erhitzen mit wss. Salzsäure ist (partiell racemischer) (1*R*)-Campher ($[\alpha]_D^{19}$: +37,6° [A.]), beim Erwärmen mit methanol. Kalilauge ist (1*R*)-4-Amino-3.3-dimethyl-2-methylen-norbornan (S. 214) erhalten worden (*Hou., Pf.*, l. c. S. 211).

1-Amino-2.2.3-trimethyl-norbornan, 2.2.3-Trimethyl-norbornyl-(1)-amin, *2,2,3-trimethyl-1-norbornylamine* $C_{10}H_{19}N$.

(1*R*)-1-Amino-2.2.3ξ-trimethyl-norbornan, Formel XIV (R = H).

Ein nicht charakterisiertes krystallines Amin dieser Konstitution und Konfiguration ist aus [(1*R*)-2.2.3ξ-Trimethyl-norbornyl-(1)]-carbamidsäure-methylester (F: 74–75° [s. u.]) beim Erwärmen mit methanol. Kalilauge erhalten worden (*Houben, Pfankuch*, A. **489** [1931] 193, 213).

1-Acetamino-2.2.3-trimethyl-norbornan, *N*-[2.2.3-Trimethyl-norbornyl-(1)]-acetamid, N-*(2,2,3-trimethyl-1-norbornyl)acetamide* $C_{12}H_{21}NO$.

(1*R*)-1-Acetamino-2.2.3ξ-trimethyl-norbornan, Formel XIV (R = $CO\text{-}CH_3$), **vom F: 154°.**

B. Aus (1*R*)-4-Acetamino-3.3-dimethyl-2-methylen-norbornan bei der Hydrierung an Palladium in Essigsäure (*Houben, Pfankuch*, A. **489** [1931] 193, 212).

Krystalle (aus Bzn.); F: 153–154°. $[\alpha]_D^{20}$: +10,7° [A.; c = 3,5].

[2.2.3-Trimethyl-norbornyl-(1)]-carbamidsäure-methylester, *(2,2,3-trimethyl-1-norbornyl)carbamic acid methyl ester* $C_{12}H_{21}NO_2$.

[(1*R*)-2.2.3ξ-Trimethyl-norbornyl-(1)]-carbamidsäure-methylester, Formel XIV (R = $CO\text{-}OCH_3$), **vom F: 75°.**

B. Bei der Hydrierung von (1*R*)-3.3-Dimethyl-2-methylen-norbornan-carbamid-(4) an Palladium in Essigsäure und Behandlung einer Lösung des danach isolierten (1*R*)-2.2.3ξ-Trimethyl-norbornan-carbamids-(1) (F: 126–130° [E III **9** 237]) in Natriummethylat enthaltendem Methanol mit Brom (*Houben, Pfankuch*, A. **489** [1931] 193, 213).

Krystalle (aus PAe.); F: 74–75°.

3-Amino-2.2.3-trimethyl-norbornan, 2.3.3-Trimethyl-norbornyl-(2)-amin $C_{10}H_{19}N$.

3-Benzamino-2.2.3-trimethyl-norbornan, *N*-[2.3.3-Trimethyl-norbornyl-(2)]-benzamid, N-*(2,3,3-trimethyl-2-norbornyl)benzamide* $C_{17}H_{23}NO$.

a) **(1*R*)-3ξ-Benzamino-2.2.3ξ-trimethyl-norbornan,** Formel I, **vom F: 146°.**

B. Aus (1*R*)-3ξ-Nitro-2.2.3ξ-trimethyl-norbornan (F: 198°; $[\alpha]_D^{20}$: +32,2° [A.] [E III **5** 264]) bei der Hydrierung an Platin in Essigsäure sowie bei der Behandlung mit Äthanol und Natrium (oder mit wasserhaltigem Äther und Aluminium-Amalgam) und Behandlung des erhaltenen Amins mit Benzoesäure-anhydrid in Äther (*Hückel, Nerdel*, A. **528** [1937] 57, 71, 72).

Krystalle (aus PAe.); F: 146°. $[\alpha]_D^{20}$: –10° [$CHCl_3$; p = 2].

b) **(1*S*)-3ξ-Benzamino-2.2.3ξ-trimethyl-norbornan,** Formel II, **vom F: 146°.**

B. Beim Behandeln des aus (–)-Camphen ((1*R*)-3.3-Dimethyl-2-methylen-norbornan) mit Hilfe von Chlorwasserstoff in Äther hergestellten (+)-Camphen-hydrochlorids (E III **5** 263) mit Silbernitrit in Äther, Behandeln des Reaktionsprodukts mit Äthanol und Natrium und Behandeln des erhaltenen Amin-Gemisches mit Benzoesäure-anhydrid in Äther (*Hückel, Nerdel*, A. **528** [1937] 57, 72).

F: 146°.

c) **(±)-3ξ-Benzamino-2.2.3ξ-trimethyl-norbornan,** Formel I + II, **vom F: 125°.**

Herstellung aus gleichen Mengen der unter a) und b) beschriebenen Enantiomeren: *Hückel, Nerdel*, A. **528** [1937] 57, 72.

F: 125°.

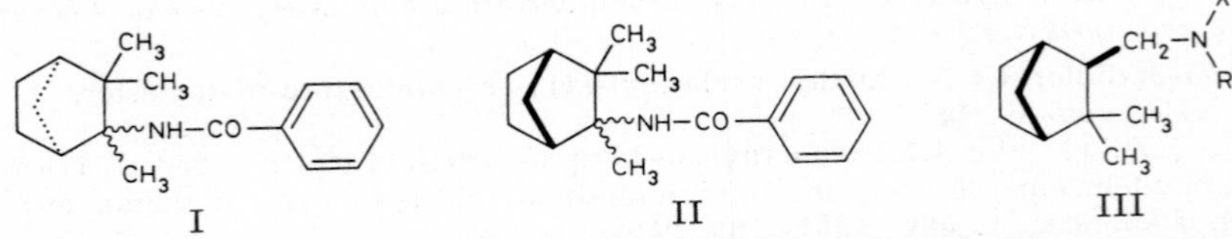

3.3-Dimethyl-2-aminomethyl-norbornan, *C*-[3.3-Dimethyl-norbornyl-(2)]-methylamin, *1-(3,3-dimethyl-2-norbornyl)methylamine* $C_{10}H_{19}N$.

(±)-3.3-Dimethyl-2*exo*-aminomethyl-norbornan, (±)-Isocamphylamin, Formel III (R = X = H) + Spiegelbild.

B. Aus (±)-Isocamphenilansäure-amid ((±)-3.3-Dimethyl-norbornan-carbamid-(2*exo*) [E III **9** 223]) beim Behandeln mit Lithiumaluminiumhydrid in Äther (*Hückel, Rohrer*, B. **91** [1958] 198, 203). Aus (±)-Isocamphenilansäure-nitril ((±)-3.3-Dimethyl-norbornan-carbonitril-(2*exo*) [E III **9** 223]) beim Behandeln mit Äthanol und Natrium (*Lipp*,

Dessauer, Wolf, A. **525** [1936] 271, 279). — Präparate ohne erkennbares opt. Drehungsvermögen sind aus schwach linksdrehendem 3.3-Dimethyl-2-nitromethylen-norbornan („ω-Nitro-camphen"; $[\alpha]_D^{20}$: −3,5° [A.]) bei der Hydrierung an Platin in Essigsäure sowie neben Bis-[(3.3-dimethyl-norbornyl-(2*exo*))-methyl]-amin (F: ca. 115° [S. 204]) und anderen Verbindungen beim Behandeln mit Äthanol und Natrium erhalten worden (*Lipp, De., Wolf*, l. c. S. 279—283).

Kp_{13}: 95°; D_4^{16}: 0,93145 (*Lipp, De., Wolf*, l. c. S. 280).

Charakterisierung als *N*-Benzoyl-Derivat (S. 204): *Lipp, De., Wolf*, l. c. S. 280; *Hü., Ro.*; durch Überführung in *N'*-[(3.3-Dimethyl-norbornyl-(2*exo*))-methyl]-*N*-phenylharnstoff (F: 158°) und in *N'*-[(3.3-Dimethyl-norbornyl-(2*exo*))-methyl]-*N*-phenyl-thioharnstoff (F: 148°): *Lipp, De., Wolf*, l. c. S. 280.

Hydrochlorid $C_{10}H_{19}N \cdot HCl$. Krystalle (aus A. + Ae.); Zers. oberhalb 250°; bei vermindertem Druck sublimierbar (*Lipp, De., Wolf*, l. c. S. 279).

Hexachloroplatinat(IV) $2C_{10}H_{19}N \cdot H_2PtCl_6$. Krystalle (*Lipp, De., Wolf*).

[(3.3-Dimethyl-norbornyl-(2))-methyl]-äthyl-amin, *1-(3,3-dimethyl-2-norbornyl)-N-ethylmethylamine* $C_{12}H_{23}N$.

(±)-[(3.3-Dimethyl-norbornyl-(2*exo*))-methyl]-äthyl-amin, Formel III (R = C_2H_5, X = H) + Spiegelbild.

B. Aus (±)-3.3-Dimethyl-2*exo*-aminomethyl-norbornan-hydrochlorid beim Erwärmen mit Äthylbromid und wss.-äthanol. Kalilauge (*Lipp, Bräucker*, B. **71** [1938] 1808). Aus (±)-Nitroso-[(3.3-dimethyl-norbornyl-(2*exo*))-methyl]-äthyl-amin beim Erhitzen mit wss. Salzsäure (*Lipp, Dessauer, Wolf*, A. **525** [1936] 271, 287, 288; *Lipp, Br.*).

Kp_{12}: 109° [korr.] (*Lipp, De., Wolf*); Kp_9: 96—97° (*Lipp, Br.*).

Charakterisierung als *N*-Benzoyl-Derivat (S. 204): *Lipp, De., Wolf*, l. c. S. 289; durch Überführung in *N*-[(3.3-Dimethyl-norbornyl-(2*exo*))-methyl]-*N*-äthyl-*N'*-phenylharnstoff (F: 122—122,5° bzw. F: 120,5—121°): *Lipp, De., Wolf*; *Lipp, Br.*; in *N*-[(3.3-Dimethyl-norbornyl-(2*exo*))-methyl]-*N*-äthyl-*N'*-[naphthyl-(1)]-harnstoff (F: 151°): *Lipp, De., Wolf*.

Hydrochlorid $C_{12}H_{23}N \cdot HCl$. Krystalle (aus A. + E.), die unterhalb 300° nicht schmelzen (*Lipp, De., Wolf*, l. c. S. 288).

Hydrobromid $C_{12}H_{23}N \cdot HBr$. Krystalle [aus W.] (*Lipp, De., Wolf*).

Hexachloroplatinat(IV) $2\,C_{12}H_{23}N \cdot H_2PtCl_6$. Gelbe Krystalle [aus W.] (*Lipp, De., Wolf*; *Lipp, Br.*).

Methyl-[(3.3-dimethyl-norbornyl-(2))-methyl]-äthyl-amin, *1-(3,3-dimethyl-2-norbornyl)-N-ethyldimethylamine* $C_{13}H_{25}N$.

(±)-Methyl-[(3.3-dimethyl-norbornyl-(2*exo*))-methyl]-äthyl-amin, Formel III (R = CH_3, X = C_2H_5) + Spiegelbild.

B. Beim Behandeln von (±)-[(3.3-Dimethyl-norbornyl-(2*exo*))-methyl]-äthyl-amin mit Methyljodid und methanol. Kalilauge, Schütteln einer wss. Lösung des erhaltenen (±)-Dimethyl-[(3.3-dimethyl-norbornyl-(2*exo*))-methyl]-äthyl-ammonium-jodids $[C_{14}H_{28}N]I$ (Formel IV) mit Silberoxid und Erhitzen des Reaktionsprodukts unter Stickstoff bis auf 250° (*Lipp, Dessauer, Wolf*, A. **525** [1936] 271, 289, 290).

Hydrochlorid. Krystalle (aus A. + E.); Zers. bei 245°.

Perchlorat $C_{13}H_{25}N \cdot HClO_4$. Krystalle (aus W.); Zers. bei 255°.

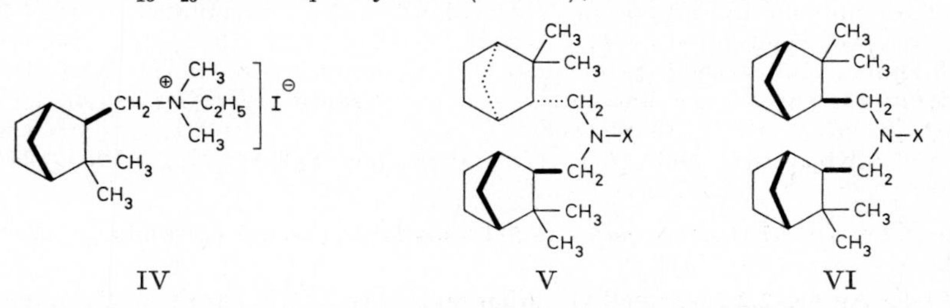

Bis-[(3.3-dimethyl-norbornyl-(2))-methyl]-amin, *1,1'-bis(3,3-dimethyl-2-norbornyl)dimethylamine* $C_{20}H_{35}N$.

Die folgenden Angaben beziehen sich auf ein Präparat ohne erkennbares opt. Drehungsvermögen, in dem **Bis-[(3.3-dimethyl-norbornyl-(2*exo*))-methyl]-amin** (Formel V [X = H] + Spiegelbild oder/und Formel VI [X = H]) als Hauptbestandteil vorgelegen hat.

B. Neben grösseren Mengen 3.3-Dimethyl-2*exo*-aminomethyl-norbornan (S. 202) und anderen Verbindungen beim Behandeln von schwach linksdrehendem 3.3-Dimethyl-2-nitromethylen-norbornan („ω-Nitro-camphen"; $[\alpha]_D^{20}$: −3,5° [A.]) mit Äthanol und Natrium (*Lipp, Dessauer, Wolf*, A. **525** [1936] 271, 279—281).

Krystalle (aus wss. A.); F: ca. 115°. Kp_1: 179°; $Kp_{0,13}$: 163° [Rohprodukt].

Charakterisierung durch Überführung in Nitroso-bis-[(3.3-dimethyl-norbornyl-(2*exo*))-methyl]-amin $C_{20}H_{34}N_2O$ (Formel V [X = NO] + Spiegelbild oder/und Formel VI [X = NO]; Krystalle [aus wss. Me. oder E.], F: 160° [Zers.]) mit Hilfe von Distickstofftrioxid in Äther sowie in *N.N*-Bis-[(3.3-dimethyl-norbornyl-(2*exo*))-methyl]-*N'*-phenyl-harnstoff $C_{27}H_{40}N_2O$ (Formel V [X = CO-NH-C_6H_5] + Spiegelbild oder/und Formel VI [X = CO-NH-C_6H_5]; Krystalle [aus Bzn.], F: 150—151° [korr.]) mit Hilfe von Phenylisocyanat: *Lipp, De., Wolf.*

Hydrochlorid $C_{20}H_{35}N \cdot HCl$. Krystalle (aus A. + E.); F: 250° [Zers.].

Perchlorat. Krystalle (aus wss. A.); F: 250° [Zers.].

Hexachloroplatinat(IV) $2C_{20}H_{35}N \cdot H_2PtCl_6$. Ockerfarbene Krystalle [aus wss. A.] (*Lipp, De., Wolf*).

3.3-Dimethyl-2-benzaminomethyl-norbornan, *N*-[(3.3-Dimethyl-norbornyl-(2))-methyl]-benzamid, N-[*(3,3-dimethyl-2-norbornyl)methyl*]*benzamide* $C_{17}H_{23}NO$.

(±)-*N*-[(3.3-Dimethyl-norbornyl-(2*exo*))-methyl]-benzamid, Formel III (R = CO-C_6H_5, X = H) [auf S. 202] + Spiegelbild.

B. Aus (±)-3.3-Dimethyl-2*exo*-aminomethyl-norbornan beim Behandeln mit Benzoylchlorid und Pyridin (*Lipp, Dessauer, Wolf*, A. **525** [1936] 271, 280; *Hückel, Rohrer*, B. **91** [1958] 198, 203).

Krystalle; F: 140—141° [aus Ae.] (*Hü., Ro.*), 130° [korr.; aus wss. A.] (*Lipp, De., Wolf*, l. c. S. 291).

***N*-[(3.3-Dimethyl-norbornyl-(2))-methyl]-*N*-äthyl-benzamid,** N-[*(3,3-dimethyl-2-norbornyl)methyl*]-N-*ethylbenzamide* $C_{19}H_{27}NO$.

(±)-*N*-[(3.3-Dimethyl-norbornyl-(2*exo*))-methyl]-*N*-äthyl-benzamid, Formel III (R = CO-C_6H_5, X = C_2H_5) [auf S. 202] + Spiegelbild.

B. Aus (±)-[(3.3-Dimethyl-norbornyl-(2*exo*))-methyl]-äthyl-amin beim Behandeln mit Benzoylchlorid und Pyridin (*Lipp, Dessauer, Wolf*, A. **525** [1936] 271, 289).

$Kp_{0,1}$: 181—183°.

Beim Erhitzen mit Phosphor(V)-chlorid bis auf 140° und Erhitzen des Reaktionsprodukts (Kp_1: 130—140°) mit Wasser ist *N*-[(3.3-Dimethyl-norbornyl-(2*exo*))-methyl]-benzamid (s. o.) erhalten worden (*Lipp, De., Wolf*, l. c. S. 290).

Nitroso-[(3.3-dimethyl-norbornyl-(2))-methyl]-äthyl-amin, *1-(3,3-dimethyl-2-norbornyl)-*N-*ethyl-*N-*nitrosomethylamine* $C_{12}H_{22}N_2O$.

(±)-Nitroso-[(3.3-dimethyl-norbornyl-(2*exo*))-methyl]-äthyl-amin, Formel III (R = C_2H_5, X = NO) [auf S. 202] + Spiegelbild.

B. Neben anderen Verbindungen beim Erwärmen einer wss. Lösung von (±)-3.3-Dimethyl-2*exo*-aminomethyl-norbornan-hydrochlorid mit Natriumnitrit und geringen Mengen wss. Schwefelsäure (*Lipp, Dessauer, Wolf*, A. **525** [1936] 271, 283, 287). Aus (±)-[(3.3-Dimethyl-norbornyl-(2*exo*))-methyl]-äthyl-amin-hydrochlorid beim Behandeln mit Natriumnitrit in Wasser und mit wss. Schwefelsäure (*Lipp, De., Wolf*, l. c. S. 288; s. a. *Lipp, Bräucker*, B. **71** [1938] 1808).

Gelbes Öl; Kp_{12}: 161—163° (*Lipp, De., Wolf*, l. c. S. 288); $Kp_{0,6}$: 122—124° (*Lipp, Br.*).

5-Amino-2.2.5-trimethyl-norbornan, 2.5.5-Trimethyl-norbornyl-(2)-amin, *2,5,5-trimethyl-2-norbornylamine* $C_{10}H_{19}N$.

(1*R*)-5ξ-Amino-2.2.5ξ-trimethyl-norbornan, Formel VII, dessen Benzoyl-Derivat bei 160° schmilzt; Amino-β-fenchan.

B. Aus dem im folgenden Artikel beschriebenen *N.N'*-Bis-[(1*R*)-2ξ.5.5-trimethyl-norbornyl-(2ξ)]-harnstoff beim Erhitzen mit Kaliumhydroxid auf 280° (*Toivonen et al.*,

J. pr. [2] **159** [1941] 70, 105).

Kp: ca. 170°.

Beim Erhitzen des Hydrochlorids auf 260° sind (+)-β-Fenchen ((1*R*)-5.5-Dimethyl-2-methylen-norbornan) und (+)-γ-Fenchen ((1*R*)-2.2.5-Trimethyl-norbornen-(5)) erhalten worden (*Toi. et al.*, l. c. S. 106, 107).

Charakterisierung als *N*-Benzoyl-Derivat $C_{17}H_{23}NO$ ((1*R*)-5ξ-Benzamino-2.2.5ξ-trimethyl-norbornan; Krystalle [aus A.]; F: 159,5—160°): *Toi. et al.*, l. c. S. 106.

Hydrochlorid $C_{10}H_{19}N \cdot HCl$. F: 242—244° [Zers.]. $[\alpha]_D^{24}$: +8,7° [A.; c = 7].

Über ein beim Behandeln einer Lösung von (+)(1*R*)-5ξ-Nitro-2.2.5-trimethyl-norbornan (Kp_{10}: 111°; $[\alpha]_D^{16}$: +5,5° [A.] [E III **5** 265]) in Äthanol mit Zinn und wss. Salzsäure erhaltenes Präparat von ungewisser Einheitlichkeit (Hydrochlorid: F: 225° [Zers.]; *N*-Benzoyl-Derivat: F: 156,5—157,5°) s. *Toivonen et al.*, J. pr. [2] **159** [1941] 70, 109.

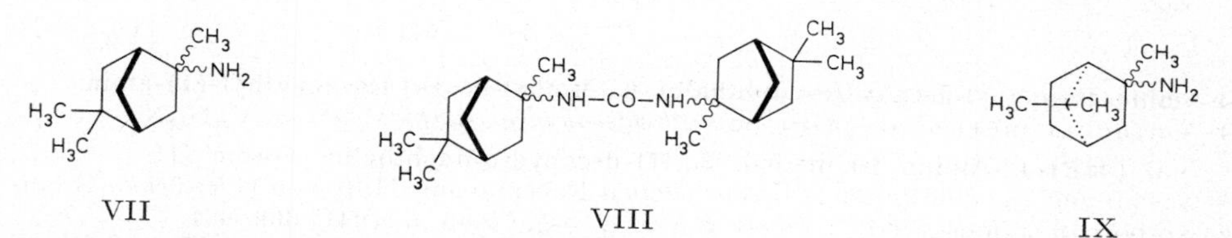

***N.N'*-Bis-[2.5.5-trimethyl-norbornyl-(2)]-harnstoff,** *1,3-bis(2,5,5-trimethyl-2-norbornyl)urea* $C_{21}H_{36}N_2O$.

***N.N'*-Bis-[(1*R*)-2ξ.5.5-trimethyl-norbornyl-(2ξ)]-harnstoff,** Formel VIII.

Eine Verbindung (Krystalle [aus A.], Zers. bei 285°; $[\alpha]_D^{17}$: +27,3° [$CHCl_3$; c = 0,7]) dieser Konstitution und Konfiguration ist beim Behandeln von (1*R*)-2ξ.5.5-Trimethyl-norbornan-carbamid-(2ξ) (F: 173° [E III **9** 248]) mit wss. Natriumhypobromit-Lösung erhalten und durch Erhitzen mit Kaliumhydroxid auf 280° in das im vorangehenden Artikel beschriebene Amin übergeführt worden (*Toivonen et al.*, J. pr. [2] **159** [1941] 70, 104, 105).

2-Amino-2.7.7-trimethyl-norbornan, 2.7.7-Trimethyl-norbornyl-(2)-amin, *2,7,7-trimethyl-2-norbornylamine* $C_{10}H_{19}N$.

(−)(1*R*)-2ξ-Amino-2ξ.7.7-trimethyl-norbornan, Formel IX, **vom F: 27°**; (−)-Amino-α-fenchan.

Die E I 130 und E II 41 unter dieser Konstitution beschriebenen, als Aminoisobornylan bzw. tert. Aminoisobornylan bezeichneten Präparate sind nicht einheitlich gewesen (*Toivonen et al.*, J. pr. [2] **159** [1941] 70, 79 Anm.).

B. Aus (−)(1*R*)-2ξ-Nitro-2ξ.7.7-trimethyl-norbornan (F: 57—58°; $[\alpha]_D^{22}$: −84,1° [A.] [E III **5** 265]) beim Behandeln einer äthanol. Lösung mit Zinn und wss. Salzsäure (*Toi. et al.*, l. c. S. 110, 111).

F: 26—27,5°. Kp_{765}: 201,3—201,5°. $[\alpha]_D^{22}$: −53,8° [A.; c = 19].

Beim Erhitzen des Hydrochlorids (s. u.) auf 260° sind (−)-α-Fenchen ((1*S*)-7.7-Dimethyl-2-methylen-norbornan) und wahrscheinlich geringe Mengen (+)-Cyclofenchen ((1*R*)-1.3.3-Trimethyl-2.6-cyclo-norbornan) erhalten worden.

Charakterisierung als *N*-Benzoyl-Derivat $C_{17}H_{23}NO$ ((1*R*)-2ξ-Benzamino-2ξ.7.7-trimethyl-norbornan; Krystalle [aus Me.]; F: 155—155,5°): *Toi. et al.*, l. c. S. 111.

Hydrochlorid $C_{10}H_{19}N \cdot HCl$. Krystalle (aus A.); Zers. bei ca. 270°. $[\alpha]_D^{20,5}$: −25,9° [A.; c = 7].

Amine $C_{11}H_{21}N$

***C.C*-Dicyclopentyl-methylamin,** [Dicyclopentylmethyl]-amin, *1,1-dicyclopentylmethylamine* $C_{11}H_{21}N$, Formel I.

B. Aus Dicyclopentylketon-oxim beim Behandeln mit Äthanol und Natrium (*v. Braun*, B. **67** [1934] 218, 223). Aus Dicyclopentylessigsäure beim Behandeln einer Lösung in Schwefelsäure mit Stickstoffwasserstoffsäure (*v. Br.*).

Kp_{14}: 120—122°.

Hydrochlorid. F: 193—194°. In Wasser und Äthanol leicht löslich.

Pikrat. Krystalle; F: 127°.

***N.N'*-Bis-dicyclopentylmethyl-harnstoff,** *1,3-bis(dicyclopentylmethyl)urea* $C_{23}H_{40}N_2O$, Formel II.

B. Neben *C.C*-Dicyclopentyl-methylamin beim Behandeln von Dicyclopentylacetyl=chlorid mit Natriumazid in Benzol und anschliessend mit wss. Salzsäure (*v. Braun*, B. **67** [1934] 218, 223).

F: 288° [nach Sintern bei 280°]. In Äthanol löslich, in Benzol schwer löslich.

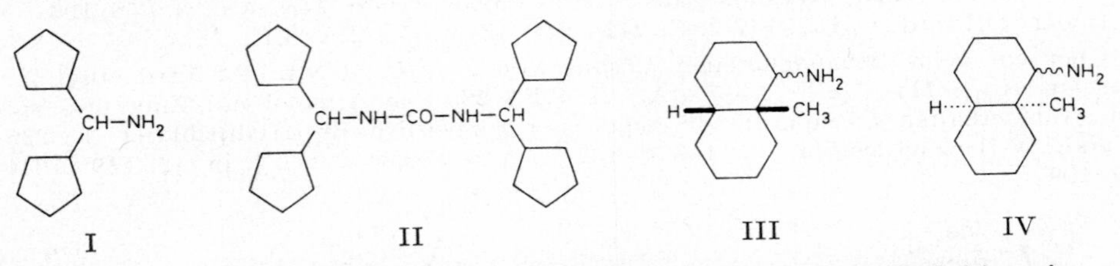

4-Amino-4a-methyl-decahydro-naphthalin, 8a-Methyl-decahydro-naphthyl-(1)-amin, 4-Amino-4a-methyl-decalin, *8a-methyldecahydro-1-naphthylamine* $C_{11}H_{21}N$.

a) **(4a*R*)-4ξ-Amino-4a*r*-methyl-(8a*cH*)-decahydro-naphthalin,** Formel III.

Gewinnung aus dem unter c) beschriebenen Racemat mit Hilfe von (1*R*)-3*endo*-Brom-2-oxo-bornan-sulfonsäure-(8): *Plentl, Bogert,* J. org. Chem. **6** [1941] 669, 681.

Beim Erwärmen mit wss. Essigsäure und Natriumnitrit, Erhitzen des Reaktionsprodukts mit äthanol. Kalilauge und Behandeln des danach isolierten Alkohols mit Chrom(VI)-oxid in Essigsäure ist (4a*R*)-4-Oxo-4a*r*-methyl-(8a*cH*)-decahydro-naphthalin (Kp_1: 60°; $[\alpha]_D$: +4,2° [A.]) erhalten worden (*Pl., Bo.,* l. c. S. 682).

Hydrochlorid. $[\alpha]_D$: +7,0° [W.; c = 7].

(1*R*)-3*endo*-Brom-2-oxo-bornan-sulfonat-(8). Krystalle. $[\alpha]_D$: +68,8° [W.; c = 8].

b) **(4a*S*)-4ξ-Amino-4a*r*-methyl-(8a*cH*)-decahydro-naphthalin,** Formel IV.

Gewinnung aus dem unter c) beschriebenen Racemat mit Hilfe von (1*R*)-3*endo*-Brom-2-oxo-bornan-sulfonsäure-(8) :*Plentl, Bogert,* J. org. Chem. **6** [1941] 669, 681.

Beim Erwärmen mit wss. Essigsäure und Natriumnitrit, Erhitzen des Reaktionsprodukts mit äthanol. Kalilauge und Behandeln des danach isolierten Alkohols mit Chrom(VI)-oxid in Essigsäure ist (4a*S*)-4-Oxo-4a*r*-methyl-(8a*cH*)-decahydro-naphthalin (Kp_1: 60°; $[\alpha]_D$: −3,9° [A.]) erhalten worden (*Pl., Bo.,* l. c. S. 682).

Hydrochlorid. $[\alpha]_D$: −6,9° [W.; c = 9] (*Pl., Bo.,* l. c. S. 681).

(1*R*)-3*endo*-Brom-2-oxo-bornan-sulfonat-(8). Krystalle. $[\alpha]_D$: +59,2° [W.; c = 6].

c) **(±)-4ξ-Amino-4a*r*-methyl-(8a*cH*)-decahydro-naphthalin,** Formel III + IV, dessen *N*-Benzoyl-Derivat bei 159° schmilzt.

B. Aus (±)-4-Hydroxyimino-4a*r*-methyl-(8a*cH*)-decahydro-naphthalin (F: 106° oder F: 88°) beim Erwärmen mit Äthanol und Natrium (*Plentl, Bogert,* J. org. Chem. **6** [1941] 669, 681).

Hydrochlorid $C_{11}H_{21}N \cdot HCl$. Krystalle (aus Acn. + A.).

N-Benzoyl-Derivat $C_{18}H_{25}NO$ ((±)-4ξ-Benzamino-4a*r*-methyl-(8a*cH*)-deca=hydro-naphthalin). Krystalle (aus wss. A.); F: 158–159° [korr.].

d) **(±)-4ξ-Amino-4a*r*-methyl-(8a*cH*)-decahydro-naphthalin,** Formel III + IV, dessen *N*-Benzoyl-Derivat bei 142° schmilzt.

B. Aus (±)-4(oder 5)-Hydroxyimino-4a-methyl-1.2.3.4.4a.5.6.7-octahydro-naphthalin (F: 105° oder F: 120° [E III **7** 610]) bei der Hydrierung an Platin in Essigsäure (*Plentl, Bogert,* J. org. Chem. **6** [1941] 669, 679).

Hydrochlorid $C_{11}H_{21}N \cdot HCl$. Krystalle (aus Acn. + A.).

N-Benzoyl-Derivat $C_{18}H_{25}NO$ ((±)-4ξ-Benzamino-4a*r*-methyl-(8a*cH*)-deca=hydro-naphthalin). Krystalle (aus A.); F: 142° [korr.].

6-Methyl-5-aminomethyl-hexahydro-indan, *C*-[6-Methyl-hexahydro-indanyl-(5)]-methylamin, *1-(6-methylhexahydroindan-5-yl)methylamine* $C_{11}H_{21}N$, Formel V.

Ein möglicherweise mit 7-Methyl-5-aminomethyl-hexahydro-indan verunreinigtes (s. diesbezüglich *Plattner, Heilbronner, Fürst,* Helv. **30** [1947] 1100, 1102) opt.-inakt. Präparat ($Kp_{1,5}$: 100—102°; $n_D^{18,5}$: 1,4970) ist aus opt.-inakt. [6-Methyl-hexahydro-indanyl-(5)]-essigsäure ($Kp_{0,4}$: 163—165°) beim Erwärmen mit Schwefelsäure und mit Natriumazid in Chloroform erhalten worden (*Arnold*, B. **76** [1943] 777, 787).

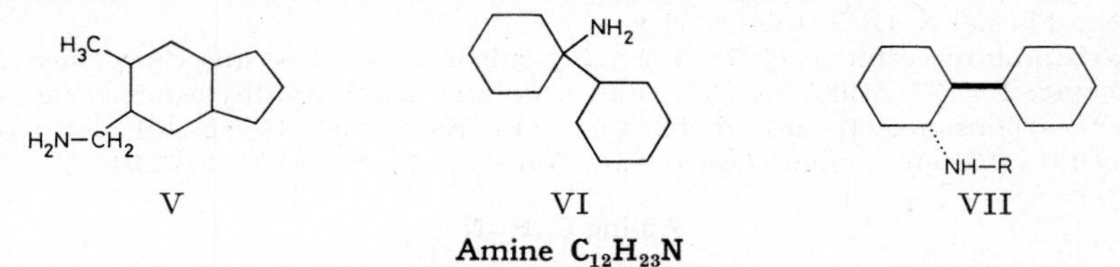

Amine $C_{12}H_{23}N$

1-Amino-bicyclohexyl, Bicyclohexylyl-(1)-amin, *(bicyclohexyl-1-yl)amine* $C_{12}H_{23}N$, Formel VI.

B. Beim Behandeln von Bicyclohexyl-carbamid-(1) mit wss. Kaliumhypobromit-Lösung und Erwärmen des Reaktionsprodukts mit wss. Salzsäure (*Tchoubar*, C. r. **228** [1949] 580).

Kp_{16}: 136°.

Hydrochlorid. F: 250° [Block].

2-Amino-bicyclohexyl, Bicyclohexylyl-(2)-amin, *(bicyclohexyl-2-yl)amine* $C_{12}H_{23}N$.

(±)-*trans*-Bicyclohexylyl-(2)-amin, Formel VII (R = H) + Spiegelbild.

B. Aus (±)-Bicyclohexylon-(2)-oxim (F: 103—104° oder F: 102° [E III **7** 474]) beim Behandeln mit Äthanol und Natrium (*Hückel, Doll*, A. **526** [1936] 103, 108).

Als *N*-Benzoyl-Derivat (s. u.) charakterisiert. Relative Basizität in Benzol: *Davis, Schuhmann*, J. Res. Bur. Stand. **39** [1947] 221, 238.

2-Benzamino-bicyclohexyl, *N*-[Bicyclohexylyl-(2)]-benzamid, *N-(bicyclohexyl-2-yl)benzamide* $C_{19}H_{27}NO$.

(±)-*trans*-2-Benzamino-bicyclohexyl, Formel VII (R = CO-C_6H_5) + Spiegelbild.

B. Aus (±)-*trans*-Bicyclohexylyl-(2)-amin (*Hückel, Doll*, A. **526** [1936] 103, 109).

F: 157—158°.

***N.N'*-Bis-[bicyclohexylyl-(2)]-harnstoff,** *1,3-bis(bicyclohexyl-2-yl)urea* $C_{25}H_{44}N_2O$, Formel VIII.

Eine opt.-inakt. Verbindung (Krystalle [aus Dioxan]; F: 225—228° [unkorr.]) dieser Konstitution ist beim Erwärmen des im folgenden Artikel beschriebenen Isocyanats mit wss. Pyridin erhalten worden (*Fraenkel-Conrat, Olcott*, Am. Soc. **66** [1944] 845).

Bicyclohexylyl-(2)-isocyanat, *isocyanic acid bicyclohexyl-2-yl ester* $C_{13}H_{21}NO$, Formel IX.

Ein opt.-inakt. Isocyanat ($Kp_{0,5-1}$: 89—90°) dieser Konstitution ist aus opt.-inakt. Bicyclohexylyl-(2)-amin (nicht charakterisiert) und Phosgen in Toluol erhalten worden (*Fraenkel-Conrat, Olcott*, Am. Soc. **66** [1944] 845).

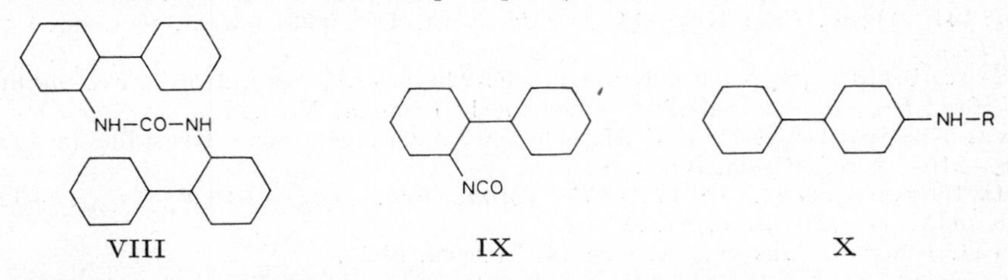

4-Amino-bicyclohexyl, Bicyclohexylyl-(4)-amin, *(bicyclohexyl-4-yl)amine* $C_{12}H_{23}N$, Formel X (R = H).

Ein als Acetat $C_{12}H_{23}N \cdot C_2H_4O_2$ (F: 196—198°) isoliertes Amin dieser Konstitution ist aus Bicyclohexylon-(4)-oxim bei der Hydrierung an Platin in Essigsäure erhalten worden (*Fieser et al.*, Am. Soc. **70** [1948] 3186, 3194).

4-Acetamino-bicyclohexyl, *N*-[Bicyclohexylyl-(4)]-acetamid, *N-(bicyclohexyl-4-yl)acetamide* $C_{14}H_{25}NO$, Formel X (R = CO-CH_3).

Ein Amid (F: 162—163°) dieser Konstitution ist aus dem im vorangehenden Artikel beschriebenen Amin und Acetanhydrid erhalten worden (*Fieser et al.*, Am. Soc. **70** [1948] 3186, 3194).

Bicyclohexylyl-(4)-carbamidsäure-äthylester, *(bicyclohexyl-4-yl)carbamic acid ethyl ester* $C_{15}H_{27}NO_2$, Formel X (R = CO-OC$_2$H$_5$).

Ein Carbamidsäureester (F: 127—129°) dieser Konstitution ist aus Bicyclohexylyl-(4)-amin (Acetat: F: 195—198° [S. 207]) und Chlorameisensäure-äthylester sowie aus Bicyclohexyl-carbonsäure-(4)-azid (hergestellt aus Bicyclohexyl-carbonylchlorid-(4) und Natriumazid) erhalten worden (*Fieser et al.*, Am. Soc. **70** [1948] 3186, 3194).

Amine $C_{13}H_{25}N$

(±)-1.1.3-Trimethyl-2-[3-amino-butyl]-cyclohexen-(2), (±)-1-Methyl-3-[2.2.6-trimethyl-cyclohexen-(6)-yl]-propylamin, *(±)-1-methyl-3-(2,6,6-trimethylcyclohex-1-en-1-yl)propylamine* $C_{13}H_{25}N$, Formel XI.

B. Bei der Hydrierung eines Gemisches von *trans-β*-Jonon (1*t*-[2.2.6-Trimethyl-cyclohexen-(6)-yl]-buten-(1)-on-(3)) und Ammoniak in Äthanol an Raney-Nickel (*Haskelberg*, Am. Soc. **70** [1948] 2811).

Kp_{30}: 115°; $Kp_{0,3}$: 78°. n_D^{27}: 1,4800.

Hydrochlorid. F: 212°. In Wasser leicht löslich.

Hexachloroplatinat(IV). F: 216° [Zers.].

Pikrat. Krystalle (aus wss. A.); F: 176°.

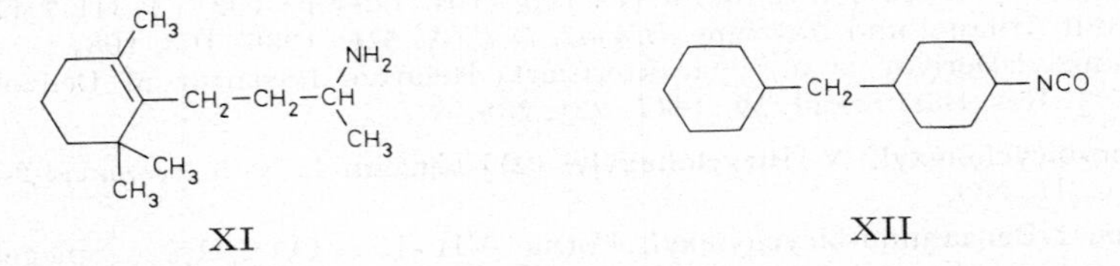

XI XII

4-Cyclohexylmethyl-cyclohexylamin $C_{13}H_{25}N$.

4-Cyclohexylmethyl-cyclohexylisocyanat, *isocyanic acid 4-(cyclohexylmethyl)cyclohexyl ester* $C_{13}H_{23}NO$, Formel XII.

Ein Isocyanat ($Kp_{0,25}$: 120—123°) dieser Konstitution ist aus 4-Cyclohexylmethyl-cyclohexylamin (nicht näher beschrieben) und Phosgen in Toluol erhalten worden (*Siefken*, A. **562** [1949] 75, 100, 112).

***C.C*-Dicyclohexyl-methylamin,** [Dicyclohexylmethyl]-amin, *1,1-dicyclohexylmethylamine* $C_{13}H_{25}N$, Formel I (X = H).

B. Aus Dicyclohexylketon-oxim beim Behandeln mit Äthanol und Natrium (*Ogata, Niinobu*, J. pharm. Soc. Japan **62** [1942] 160; dtsch. Ref. S. 49; C. A. **1951** 1728; *Mousseron, Froger*, Bl. **1947** 843, 847).

Kp_{10}: 141° (*Mou., Fr.*); Kp_3: 114° (*Ogata, Nii.*). D^{25}: 0,931 (*Mou., Fr.*). n_D^{25}: 1,4935 (*Mou., Fr.*).

Hydrochlorid $C_{13}H_{25}N \cdot HCl$. Krystalle; F: 220° (*Ogata, Nii.*), 215° [unter Sublimation] (*Mou., Fr.*). In wss. Salzsäure schwer löslich (*Ogata, Nii.*).

Hexachloroplatinat(IV) $2C_{13}H_{25}N \cdot H_2PtCl_6$. Orangefarbene Krystalle (aus A.); F: 208—210° [Zers.] (*Ogata, Nii.*).

L_g-Hydrogentartrat. F: 174—175° (*Mou., Fr.*). $[\alpha]_{579}$: +10,9°; $[\alpha]_{546}$: +12,1° [jeweils in A.; c = 2] (*Mou., Fr.*).

Pikrat. Krystalle (aus wss. A.); F: 146° (*Ogata, Nii.*).

***N*-Dicyclohexylmethyl-benzamid,** N-*(dicyclohexylmethyl)benzamide* $C_{20}H_{29}NO$, Formel I (X = CO-C$_6$H$_5$).

B. Aus *C.C*-Dicyclohexyl-methylamin (*Mousseron, Froger*, Bl. **1947** 843, 847).

F: 207°.

***N*-Dicyclohexylmethyl-benzolsulfonamid,** N-*(dicyclohexylmethyl)benzenesulfonamide* $C_{19}H_{29}NO_2S$, Formel I (X = SO$_2$-C$_6$H$_5$).

B. Aus *C.C*-Dicyclohexyl-methylamin (*Mousseron, Froger*, Bl. **1947** 843, 847).

F: 128°.

N-Dicyclohexylmethyl-toluolsulfonamid-(4), N-*(dicyclohexylmethyl)*-p-*toluenesulfonamide* $C_{20}H_{31}NO_2S$, Formel I ($X = SO_2$-C_6H_4-CH_3).

B. Aus *C.C*-Dicyclohexyl-methylamin (*Mousseron, Froger*, Bl. **1947** 843, 847).

F: 138°.

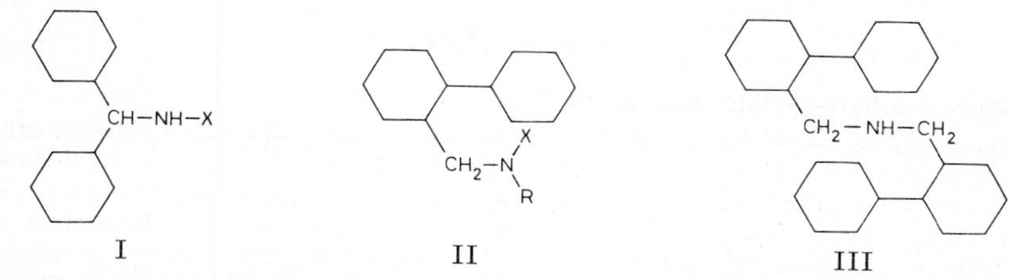

2-Aminomethyl-bicyclohexyl, C-[Bicyclohexylyl-(2)]-methylamin, *1-(bicyclohexyl-2-yl)methylamine* $C_{13}H_{25}N$, Formel II (R = X = H).

Ein opt.-inakt. Amin (Kp_{25}: 166—168°; Kp_{18}: 155,5—156,5°; Kp_{16}: 155—157°; Hydrobromid $C_{13}H_{25}N \cdot HBr$: F: 232—233° [korr.; aus $CHCl_3$ + Ae.], 227—228° [korr.]) dieser Konstitution ist bei der Hydrierung von 2-Cyclohexyl-cyclohexen-(1)-carbonitril-(1), von (±)-2-Cyclohexyl-cyclohexen-(6)-carbonitril-(1) oder von [1.1′]Bi[cyclohexen-(1)-yl]-carbonitril-(2) an Palladium in Essigsäure und Schwefelsäure sowie bei der Hydrierung von [1.1′]Bi[cyclohexen-(1)-yl]-carbonitril-(2) an Raney-Nickel in Amylalkohol bei 100°/87 at, in diesem Fall neben geringen Mengen Bis-[bicyclohexylyl-(2)-methyl]-amin (s. u.), erhalten worden (*Goldschmidt, Veer*, R. **67** [1948] 489, 508).

[Bicyclohexylyl-(2)-methyl]-diäthyl-amin, *1-(bicyclohexyl-2-yl)*-N,N-*diethylmethylamine* $C_{17}H_{33}N$, Formel II ($R = X = C_2H_5$).

Ein opt.-inakt. Amin (Kp_{14}: 167—170°) dieser Konstitution ist beim Erhitzen des im vorangehenden Artikel beschriebenen Amins mit Triäthylphosphat und anschliessend mit wss. Salzsäure erhalten worden (*Goldschmidt, Veer*, R. **67** [1948] 489, 500, 510).

[Bicyclohexylyl-(2)-methyl]-propyl-amin, *1-(bicyclohexyl-2-yl)*-N-*propylmethylamine* $C_{16}H_{31}N$, Formel II ($R = CH_2$-CH_2-CH_3, X = H).

Ein als Hydrobromid $C_{16}H_{31}N \cdot HBr$ (F: 150—152° [korr.]) isoliertes opt.-inakt. Amin dieser Konstitution ist aus opt.-inakt. 2-Aminomethyl-bicyclohexyl (s. o.) und Propylbromid erhalten worden (*Goldschmidt, Veer*, R. **67** [1948] 489, 500, 510).

[Bicyclohexylyl-(2)-methyl]-dipropyl-amin, *1-(bicyclohexyl-2-yl)*-N,N-*dipropylmethylamine* $C_{19}H_{37}N$, Formel II ($R = X = CH_2$-CH_2-CH_3).

Ein als Hydrochlorid (F: 145—146° [korr.]) charakterisiertes opt.-inakt. Amin (Kp_{13}: 176—179°) dieser Konstitution ist aus opt.-inakt. 2-Aminomethyl-bicyclohexyl (s. o.) oder aus dem im vorangehenden Artikel beschriebenen Amin beim Erwärmen mit Propylbromid erhalten worden (*Goldschmidt, Veer*, R. **67** [1948] 489, 500, 510).

Bis-[bicyclohexylyl-(2)-methyl]-amin, *1,1′-bis(bicyclohexyl-2-yl)dimethylamine* $C_{26}H_{47}N$, Formel III.

Ein als Hydrochlorid $C_{26}H_{47}N \cdot HCl$ (Krystalle [aus A.]; F: 279° [korr.]) isoliertes opt.-inakt. Amin dieser Konstitution ist in geringer Menge neben 2-Aminomethyl-bicyclohexyl (s. o.) bei der Hydrierung von [1.1′]Bi[cyclohexen-(1)-yl]-carbonitril-(2) an Raney-Nickel in Amylalkohol bei 100°/87 at erhalten worden (*Goldschmidt, Veer*, R. **67** [1948] 489, 509).

N′-[Bicyclohexylyl-(2)-methyl]-N.N-diäthyl-äthylendiamin, N′-*(bicyclohexyl-2-ylmethyl)*-N,N-*diethylethylenediamine* $C_{19}H_{38}N_2$, Formel II ($R = CH_2$-CH_2-$N(C_2H_5)_2$, X = H).

Ein als Pikrolonat (F: 211—212° [korr.; aus Acn.]) charakterisiertes opt.-inakt. Amin ($Kp_{0,1}$: 160—165°) dieser Konstitution ist aus dem im folgenden Artikel beschriebenen Amid beim Erhitzen mit wss. Salzsäure erhalten worden (*Goldschmidt, Veer*, R. **67** [1948] 489, 500, 511).

N-[Bicyclohexylyl-(2)-methyl]-N′.N′-diäthyl-N-acetyl-äthylendiamin, N-[Bicyclohexylyl-(2)-methyl]-N-[2-diäthylamino-äthyl]-acetamid, N-*(bicyclohexyl-2-ylmethyl)*-N-*[2-(diethylamino)ethyl]acetamide* $C_{21}H_{40}N_2O$, Formel II ($R = CH_2$-CH_2-$N(C_2H_5)_2$, $X = CO$-CH_3).

Ein opt.-inakt. Amid ($Kp_{0,8}$: 190—198°) dieser Konstitution ist beim Behandeln von opt.-inakt. 2-Aminomethyl-bicyclohexyl (S. 209) mit Acetanhydrid, Erwärmen des Reaktionsprodukts mit Natrium in Benzol und anschliessend mit Diäthyl-[2-chlor-äthyl]-amin und Erhitzen des danach isolierten Reaktionsprodukts bis auf 130° erhalten worden (*Goldschmidt, Veer*, R. **67** [1948] 489, 500, 511).

Amine $C_{14}H_{27}N$

4-[2-Cyclohexyl-äthyl]-cyclohexylamin $C_{14}H_{27}N$.

4-Dimethylamino-1-[2-cyclohexyl-äthyl]-cyclohexan, Dimethyl-[4-(2-cyclohexyl-äthyl)-cyclohexyl]-amin, *4-(2-cyclohexylethyl)*-N,N-*dimethylcyclohexylamine* $C_{16}H_{31}N$, Formel IV.

Ein als Pikrat $C_{16}H_{31}N \cdot C_6H_3N_3O_7$ (Krystalle [aus A.]; F: 148—150°) charakterisiertes Amin (Kp_9: 170°; $Kp_{0,7}$: 132°; D_{25}^{25}: 0,9054; n_D^{25}: 1,4845) dieser Konstitution ist aus (±)-4-Dimethylamino-benzoin bei der Hydrierung an Platin in einem Gemisch von Äthanol und wss. Salzsäure bei 70° erhalten worden (*Buck, Ide*, Am. Soc. **53** [1931] 3510, 3513).

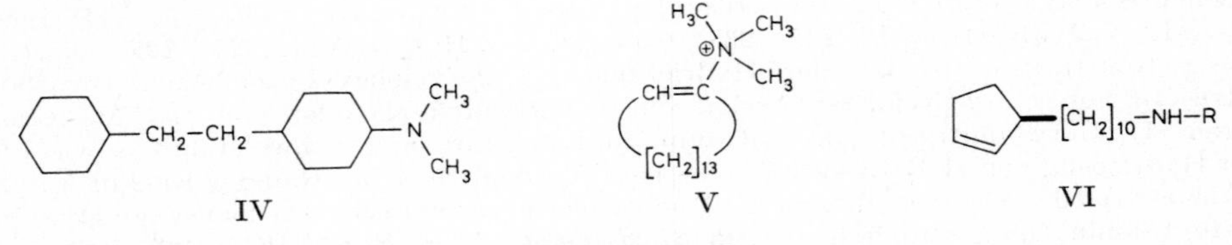

IV V VI

Amine $C_{15}H_{29}N$

Cyclopentadecen-(1)-ylamin $C_{15}H_{29}N$.

Trimethyl-[cyclopentadecen-(1)-yl]-ammonium, *(cyclopentadec-1-en-1-yl)trimethyl-ammonium* $[C_{18}H_{36}N]^{\oplus}$, Formel V.

Jodid $[C_{18}H_{36}N]I$. *B.* Beim Sättigen einer Lösung von Cyclopentadecen in Schwefelkohlenstoff mit Brom, Erhitzen des Reaktionsprodukts mit Dimethylamin in Benzol bis auf 150° und anschliessenden Behandeln mit Methyljodid in Aceton (*Ruzicka, Hürbin, Boekenoogen*, Helv. **16** [1933] 498, 504). — Krystalle (aus Acn.); F: ca. 230° [Zers.].

10-[Cyclopenten-(2)-yl]-decylamin, *10-(cyclopent-2-en-1-yl)decylamine* $C_{15}H_{29}N$.

10-[(*R*)-Cyclopenten-(2)-yl]-decylamin, Formel VI (R = H).

B. Beim Erwärmen des aus (+)-Hydnocarpussäure (1-[(*R*)-Cyclopenten-(2)-yl]-undecansäure-(11)) mit Hilfe von Phosphor(III)-chlorid hergestellten Säurechlorids mit Natriumazid in Benzol und Erhitzen des dabei erhaltenen Reaktionsgemisches mit wss. Salzsäure oder mit Calciumhydroxid (*Naegeli, Vogt-Markus*, Helv. **15** [1932] 60, 70).

Krystalle; F: 5—6°. Kp_{12}: 169—170°.

Hydrochlorid $C_{15}H_{29}N \cdot HCl$. Krystalle (aus A. oder wss. Salzsäure); F: 146° [Zers.; nach Sintern von 105° an]. $[\alpha]_D^{20}$: +59,6° [$CHCl_3$; c = 1].

Pikrat $C_{15}H_{29}N \cdot C_6H_3N_3O_7$. Gelbgrüne Krystalle (aus A. + W.); F: 109°.

10-Acetamino-1-[cyclopenten-(2)-yl]-decan, *N*-[10-(Cyclopenten-(2)-yl)-decyl]-acetamid, N-*[10-(cyclopent-2-en-1-yl)decyl]acetamide* $C_{17}H_{31}NO$.

10-Acetamino-1-[(*R*)-cyclopenten-(2)-yl]-decan, Formel VI (R = CO-CH_3).

B. Aus 10-[(*R*)-Cyclopenten-(2)-yl]-decylamin und Acetanhydrid in Äther (*Naegeli, Vogt-Markus*, Helv. **15** [1932] 60, 71).

Krystalle (aus A. + W.); F: 57,5°.

10-Ureido-1-[cyclopenten-(2)-yl]-decan, [10-(Cyclopenten-(2)-yl)-decyl]-harnstoff, *[10-(cyclopent-2-en-1-yl)decyl]urea* $C_{16}H_{30}N_2O$.

[10-((*R*)-Cyclopenten-(2)-yl)-decyl]-harnstoff, Formel VI (R = CO-NH_2).

B. Beim Behandeln einer Lösung von 10-[(*R*)-Cyclopenten-(2)-yl]-decylamin-hydrochlorid in Äthanol mit Kaliumcyanat in Wasser (*Naegeli, Vogt-Markus*, Helv. **15** [1932] 60, 70).

Krystalle (aus wss. Acn.); F: 112° [nach Sintern].

5-Amino-2.6.10.10-tetramethyl-bicyclo[7.2.0]undecan, 6-Amino-1.1.3.7-tetramethyl-decahydro-1*H*-cyclobutacyclononen, 2.6.10.10-Tetramethyl-bicyclo[7.2.0]undecyl-(5)-amin, *2,6,10,10-tetramethylbicyclo[7.2.0]undec-5-ylamine* $C_{15}H_{29}N$.

(1*R*)-5ξ-Amino-2ξ.6ξ.10.10-tetramethyl-(1*rH*.9*tH*)-bicyclo[7.2.0]undecan, Formel VII.

Als Aminotetrahydro-β-caryophyllen bzw. Aminotetrahydro-γ-caryophyllen bezeichnete Präparate (Kp_{12}: 140—142°; D_{20}^{20}: 0,9194; n_D^{15}: 1,4956; [α]: —29,1° bzw. Kp_{11}: 147°) von ungewisser konfigurativer Einheitlichkeit sind aus (1*S*)-5ξ-Amino-6ξ.10.10-trimethyl-2-methylen-(1*rH*.9*tH*)-bicyclo[7.2.0]undecan (Kp_2: 138—143° bzw. Kp_{13}: 147° [S. 217]) bei der Hydrierung an Palladium in Äthanol erhalten und durch Behandeln mit wss. Essigsäure und Natriumnitrit und Erhitzen des Reaktionsprodukts mit Kaliumhydrogensulfat auf 190° in Dihydrocaryophyllen (E III **5** 413) bzw. Dihydroisocaryophyllen (E III **5** 413) übergeführt worden (*Evans, Ramage, Simonsen,* Soc. **1934** 1806, 1808; *Ramage, Simonsen,* Soc. **1938** 1208, 1210).

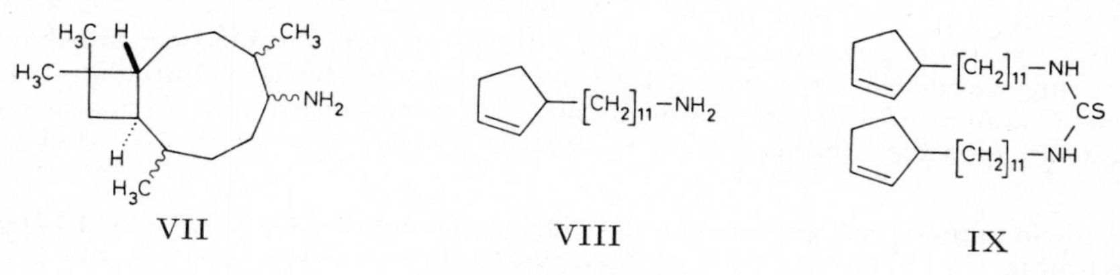

VII VIII IX

Amine $C_{16}H_{31}N$

11-[Cyclopenten-(2)-yl]-undecylamin, *11-(cyclopent-2-en-1-yl)undecylamine* $C_{16}H_{31}N$, Formel VIII.

Ein als Hydnocarpylamin bezeichnetes Präparat (bei 160—180°/0,15 Torr destillierbare Flüssigkeit) von unbekanntem opt. Drehungsvermögen ist beim Erhitzen von *N*-[11-(Cyclopenten-(2)-yl)-undecyl]-phthalimid (F: 57°) mit Hydrazin oder mit wss. Kalilauge und Erhitzen des jeweiligen Reaktionsgemisches mit wss. Salzsäure erhalten und durch Erwärmen mit Schwefelkohlenstoff und Äthanol in einen *N.N'*-Bis-[11-(cyclopenten-(2)-yl)-undecyl]-thioharnstoff $C_{33}H_{60}N_2S$ (Formel IX; Krystalle, F: 65—66°) übergeführt worden (*Wagner-Jauregg, Arnold, Rauen,* B. **74** [1941] 1372, 1373, 1377).

Über ein Präparat (Kp_{14}: 185—186°) von unbekanntem opt. Drehungsvermögen s. *Buu-Hoi, Cagniant,* B. **77/79** [1944/46] 761, 766.

Amine $C_{17}H_{33}N$

12-[Cyclopenten-(2)-yl]-dodecylamin, *12-(cyclopent-2-en-1-yl)dodecylamine* $C_{17}H_{33}N$.

12-[(*R*)-Cyclopenten-(2)-yl]-dodecylamin, Formel X (R = H) (E II 41; dort als „optisch-aktives Homohydnocarpylamin" bezeichnet).

B. Beim Erwärmen des aus (+)-Chaulmoograsäure (1-[(*R*)-Cyclopenten-(2)-yl]-tridecansäure-(13)) hergestellten Säurechlorids mit Natriumazid in Benzol und Erhitzen des Reaktionsgemisches mit wss. Salzsäure oder mit Calciumhydroxid (*Naegeli, Vogt-Markus,* Helv. **15** [1932] 60, 66).

Krystalle; F: 18°. Kp_{15}: 190°.

Hydrochlorid $C_{17}H_{33}N \cdot HCl$. Krystalle (aus A. oder wss. Salzsäure); F: 151° [nach Sintern bei 115°]. $[\alpha]_D^{21}$: +55° [A.; c = 2].

12-Acetamino-1-[cyclopenten-(2)-yl]-dodecan, *N*-[12-(Cyclopenten-(2)-yl)-dodecyl]-acetamid, N-*[12-(cyclopent-2-en-1-yl)dodecyl]acetamide* $C_{19}H_{35}NO$.

12-Acetamino-1-[(*R*)-cyclopenten-(2)-yl]-dodecan, Formel X (R = CO-CH_3).

B. Neben einer bei 81—92° schmelzenden Substanz beim Erwärmen des aus (+)-Chaulmoograsäure (1-[(*R*)-Cyclopenten-(2)-yl]-tridecansäure-(13)) hergestellten Säurechlorids mit Natriumazid in Benzol und Erhitzen des Reaktionsgemisches mit Essigsäure (*Naegeli, Vogt-Markus,* Helv. **15** [1932] 60, 68).

Krystalle (aus A. + W.); F: 60° [nach Sintern]. $[\alpha]_D^{19}$: +45,3° [A.; c = 1].

12-Ureido-1-[cyclopenten-(2)-yl]-dodecan, [12-(Cyclopenten-(2)-yl)-dodecyl]-harnstoff, *[12-(cyclopent-2-en-1-yl)dodecyl]urea* $C_{18}H_{34}N_2O$.

[12-((R)-Cyclopenten-(2)-yl)-dodecyl]-harnstoff, Formel X (R = $CO\text{-}NH_2$).

B. Beim Erwärmen von 12-[(*R*)-Cyclopenten-(2)-yl]-dodecylamin-hydrochlorid mit Kaliumcyanat in wss. Äthanol (*Naegeli, Vogt-Markus*, Helv. **15** [1932] 60, 67).

Krystalle (aus wss. A.); F: 107° [nach Sintern].

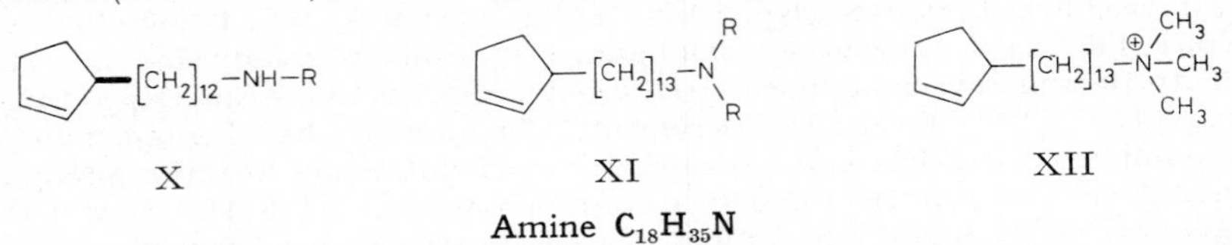

Amine $C_{18}H_{35}N$

13-[Cyclopenten-(2)-yl]-tridecylamin, *13-(cyclopent-2-en-1-yl)tridecylamine* $C_{18}H_{35}N$, Formel XI (R = H) (vgl. E II 41).

Ein als Chaulmoogrylamin bezeichnetes Präparat ($Kp_{0,1}$: 185°) von unbekanntem opt. Drehungsvermögen ist aus *N*-[13-(Cyclopenten-(2)-yl)-tridecyl]-phthalimid (hergestellt aus Chaulmoogrylbromid [E III **5** 294]) beim Erwärmen mit Hydrazin-hydrat und Äthanol erhalten worden (*Wagner-Jauregg, Arnold, Rauen*, B. **74** [1941] 1372, 1378).

13-Dimethylamino-1-[cyclopenten-(2)-yl]-tridecan, Dimethyl-[13-(cyclopenten-(2)-yl)-tridecyl]-amin, *13-(cyclopent-2-en-1-yl)-N,N-dimethyltridecylamine* $C_{20}H_{39}N$, Formel XI (R = CH_3).

Ein Präparat ($Kp_{0,5}$: 170°) von unbekanntem opt. Drehungsvermögen ist beim Erhitzen von Chaulmoogrylbromid (E III **5** 294) mit Dimethylamin in Methanol auf 110° erhalten worden (*Baltzly, Ide, Buck*, Am. Soc. **64** [1942] 2514).

Trimethyl-[13-(cyclopenten-(2)-yl)-tridecyl]-ammonium, *[13-(cyclopent-2-en-1-yl)tridecyl]trimethylammonium* $C_{21}H_{42}N^{\oplus}$, Formel XII.

Die folgenden Angaben beziehen sich auf Präparate von unbekanntem opt. Drehungsvermögen.

Jodid $[C_{21}H_{42}N]I$. *B.* Aus Dimethyl-[13-(cyclopenten-(2)-yl)-tridecyl]-amin (nicht charakterisiert) und Methyljodid in Äther (*Voigt*, Diss. [Frankfurt/M. 1939] S. 80). — Krystalle (aus Acn. + Ae.); F: 214—216° [nach Sintern bei 194°].

Thiocyanat $[C_{21}H_{42}N]SCN$. *B.* Aus dem Jodid (s. o.) und Silberthiocyanat in Methanol (*Voigt*). — Krystalle (aus Acn. + Ae.); F: 45—50°.

Monoamine $C_nH_{2n-3}N$

Amine $C_8H_{13}N$

Cyclooctadien-(2.4)-ylamin $C_8H_{13}N$.

(±)-5-Dimethylamino-cyclooctadien-(1.3), (±)-Dimethyl-[cyclooctadien-(2.4)-yl]-amin, *(±)-N,N-dimethylcycloocta-2,4-dien-1-ylamine* $C_{10}H_{17}N$, Formel I (E I 130; dort als α-*des*-Dimethyl-granatenin bezeichnet).

B. Aus (±)-*N*-Methyl-granatenin-methojodid [(±)-9.9-Dimethyl-9-azonia-bicyclo[3.3.1]nonen-(2)-jodid] (*Cope, Overberger*, Am. Soc. **70** [1948] 1433, 1436; s. a. *Cope, Nace, Estes*, Am. Soc. **72** [1950] 1123; vgl. E I 130).

Kp_{12}: 80°; D_4^{25}: 0,9038; n_D^{25}: 1,4988; UV-Spektrum: *Cope, Ov.*

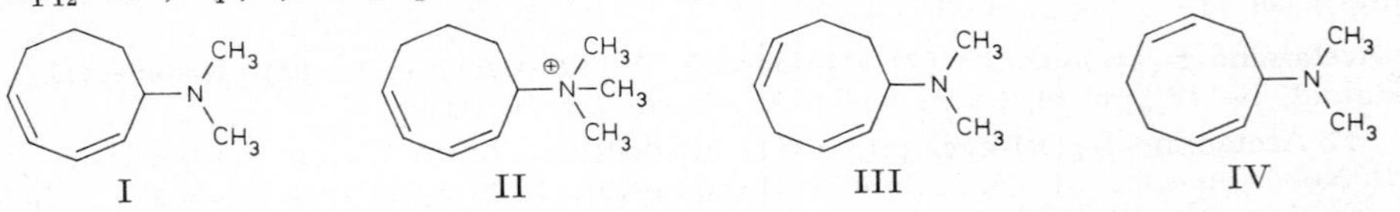

(±)-Trimethyl-[cyclooctadien-(2.4)-yl]-ammonium, *(±)-(cycloocta-2,4-dien-1-yl)trimethylammonium* $[C_{11}H_{20}N]^{\oplus}$, Formel II.

Jodid $[C_{11}H_{20}N]I$ (E I 130). *B.* Aus dem im vorangehenden Artikel beschriebenen Amin (*Cope, Overberger*, Am. Soc. **70** [1948] 1433, 1436; vgl. E I 130). — Krystalle (aus Acn. + Hexan); F: 183—183,5° [korr.; Zers.].

Cyclooctadien-(2.5)-ylamin $C_8H_{13}N$ und **Cyclooctadien-(2.6)-ylamin** $C_8H_{13}N$.

(±)-6-Dimethylamino-cyclooctadien-(1.4), (±)-Dimethyl-[cyclooctadien-(2.5)-yl]-amin, (±)-N,N-*dimethylcycloocta-2,5-dien-1-ylamine* $C_{10}H_{17}N$, Formel III, und **(±)-3-Dimethylamino-cyclooctadien-(1.5), (±)-Dimethyl-[cyclooctadien-(2.6)-yl]-amin,** (±)-N,N-*dimethylcycloocta-2,6-dien-1-ylamine* $C_{10}H_{17}N$, Formel IV.

Ein Präparat ($Kp_{1,2}$: 58—60°; n_D^{25}: 1,4972), in dem vermutlich ein Gemisch dieser beiden Amine vorgelegen hat, ist bei 3-tägigem Behandeln von (±)-6-Brom-cyclooctadien-(1.4) oder/und (±)-3-Brom-cyclooctadien-(1.5) ($Kp_{1,9}$: 64° [E III **5** 322]) mit Dimethylamin in Benzol erhalten und durch Erwärmen mit Methyljodid in Äthanol in (±)-Trimethyl-[cyclooctadien-(2.5 oder/und 2.6)-yl]-ammonium-jodid $[C_{11}H_{20}N]I$ (Krystalle [aus A.], F: 168—169° [korr.; Zers.]) übergeführt worden (*Cope, Bailey*, Am. Soc. **70** [1948] 2305, 2306, 2308).

2-Aminomethyl-norbornen-(5), *C*-[Norbornen-(5)-yl-(2)]-methylamin, *1-(norborn-5-en-2-yl)methylamine* $C_8H_{13}N$.

(±)-2*endo*-Aminomethyl-norbornen-(5), Formel V + Spiegelbild.

B. Beim Erhitzen von Cyclopentadien mit Allylamin auf 170° (*Alder, Windemuth*, B. **71** [1938] 1939, 1953).

Kp_{12}: 61—62°.

Bei der Hydrierung an Platin in wss. Salzsäure und Essigsäure ist 2*endo*-Aminomethyl-norbornan erhalten worden.

2-Isothiocyanatomethyl-norbornen-(5), Norbornen-(5)-yl-(2)-methylisothiocyanat, *isothiocyanic acid (norborn-5-en-2-yl)methyl ester* $C_9H_{11}NS$.

(±)-2*endo*-Isothiocyanatomethyl-norbornen-(5), Formel VI + Spiegelbild.

B. Beim Erhitzen von Cyclopentadien-(1.3) mit Allylisothiocyanat auf 155° (*Alder, Windemuth*, B. **71** [1938] 1939, 1957).

Kp_{12}: 121—123° (*I.G. Farbenind.*, D.R.P. 725082 [1938]; D.R.P. Org. Chem. **1**, Tl. 2, S. 20, 22, **6** 60, 62).

Charakterisierung als Phenylazid-Addukt (F: 116—117°): *Al., Wi.*

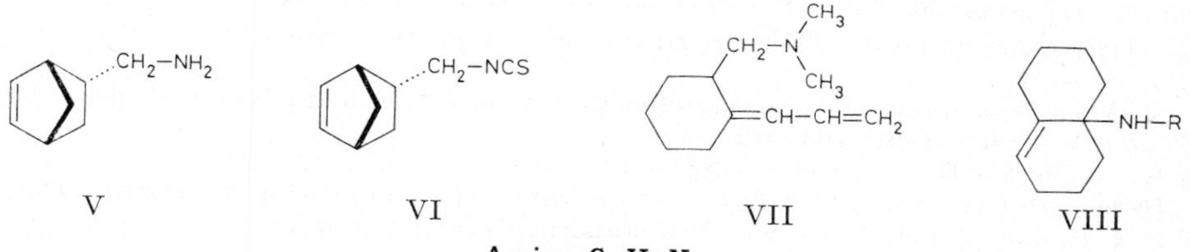

Amine $C_{10}H_{17}N$

1-Aminomethyl-2-allyliden-cyclohexan, *C*-[2-Allyliden-cyclohexyl]-methylamin $C_{10}H_{17}N$.

(±)-1-[Dimethylamino-methyl]-2-allyliden-cyclohexan, (±)-Dimethyl-[(2-allyliden-cyclohexyl)-methyl]-amin, (±)-*1-(2-allylidenecyclohexyl)trimethylamine* $C_{12}H_{21}N$, Formel VII.

Ein Amin (Kp_{10}: 126,5—128°; D_{26}^{26}: 0,8776; n_D^{25}: 1,4910; UV-Spektrum [A.]) dieser Konstitution ist beim Behandeln von opt.-inakt. 1-Dimethylaminomethyl-2-allyl-cyclohexanol-(2) (Kp_5: 112—117°) mit Phosphor(III)-bromid in Benzol und Erhitzen des Reaktionsgemisches mit Kaliumhydroxid unter vermindertem Druck erhalten worden (*Milas, Alderson*, Am. Soc. **61** [1939] 2534, 2536).

(±)-4a-Amino-1.2.3.4.4a.5.6.7-octahydro-naphthalin, (±)-1.2.3.5.6.7-Hexahydro-4*H*-naphthyl-(4a)-amin, (±)-*1,2,3,5,6,7-hexahydro-4a*(4H)-*naphthylamine* $C_{10}H_{17}N$, Formel VIII (R = H).

B. Aus 8a-Chlor-4a-nitroso-decahydro-naphthalin (E III **5** 251) mit Hilfe von Zink und wss. Salzsäure sowie mit Hilfe von amalgamiertem Aluminium und wasserhaltigem Äther (*Hückel, Blohm*, A. **502** [1933] 114, 128, 129).

F: —11,5°. Kp_{11}: 95°. $D_4^{24,2}$: 0,9645. $n_{587,5}^{24}$: 1,5118.

Bei der Hydrierung an Platin in wss. Salzsäure sind 4a-Amino-*cis*-decahydro-naphthalin und geringere Mengen 4a-Amino-*trans*-decahydro-naphthalin erhalten worden.

Formiat $C_{10}H_{17}N \cdot H_2CO_2$. F: 138—141° [aus E.].

(±)-4a-Acetamino-1.2.3.4.4a.5.6.7-octahydro-naphthalin, (±)-*N*-[1.2.3.5.6.7-Hexahydro-4*H*-naphthyl-(4a)]-acetamid, (±)-N-(*1,2,3,5,6,7-hexahydro-4a*(4H)-*naphthyl)acetamide* $C_{12}H_{19}NO$, Formel VIII (R = CO-CH_3).

B. Aus (±)-4a-Amino-1.2.3.4.4a.5.6.7-octahydro-naphthalin (*Hückel, Blohm,* A. **502** [1933] 114, 129).

F: 141° [aus Acn.].

Bei der Hydrierung an Platin in Äther ist 4a-Acetamino-*cis*-decahydro-naphthalin, bei der Hydrierung an Palladium in Methanol ist daneben 4a-Acetamino-*trans*-decahydro-naphthalin erhalten worden.

(±)-4a-Benzamino-1.2.3.4.4a.5.6.7-octahydro-naphthalin, (±)-*N*-[1.2.3.5.6.7-Hexahydro-4*H*-naphthyl-(4a)]-benzamid, (±)-N-(*1,2,3,5,6,7-hexahydro-4a*(4H)-*naphthyl)benzamide* $C_{17}H_{21}NO$, Formel VIII (R = CO-C_6H_5).

B. Aus (±)-4a-Amino-1.2.3.4.4a.5.6.7-octahydro-naphthalin (*Hückel, Blohm,* A. **502** [1933] 114, 129).

F: 119—120° [aus Acn.].

4-Amino-3.3-dimethyl-2-methylen-norbornan, 2.2-Dimethyl-3-methylen-norbornyl-(1)-amin, 4-Amino-camphen, *2,2-dimethyl-3-methylene-1-norbornylamine* $C_{10}H_{17}N$.

(1*R*)-4-Amino-3.3-dimethyl-2-methylen-norbornan, Formel IX (R = H).

B. Aus [(1*R*)-3ξ-Chlor-4.7.7-trimethyl-norbornyl-(1)]-carbamidsäure-methylester (F: 73—74° [S. 201]) beim Erwärmen mit methanol. Kalilauge (*Houben, Pfankuch,* A. **489** [1931] 193, 211). Aus (1*R*)-3.3-Dimethyl-2-methylen-norbornyl-(1)-isocyanat beim Behandeln mit Schwefelsäure (*Asahina, Kawahata,* B. **72** [1939] 1540, 1547).

Krystalle (aus PAe.); F: ca. 135° (*Hou., Pf.*), 130—133° (*Asa., Ka.*). $[\alpha]_D^{19}$: −90° [Ae.; c = 10] (*Hou., Pf.*). In Wasser fast unlöslich (*Hou., Pf.*).

Hydrochlorid $C_{10}H_{17}N \cdot HCl$. Krystalle (aus A.); Zers. bei ca. 291° (*Asa., Ka.*); F: oberhalb 290° (*Hou., Pf.*). $[\alpha]_D^{18}$: −57° [W.; c = 5] (*Hou., Pf.*); $[\alpha]_D^{18}$: −49,1° [W.; c = 1] (*Asa., Ka.*); $[\alpha]_D^{18}$: +30° [wss. Salzsäure; c = 5] (*Hou., Pf.*).

4-Acetamino-3.3-dimethyl-2-methylen-norbornan, *N*-[2.2-Dimethyl-3-methylen-norbornyl-(1)]-acetamid, N-(*2,2-dimethyl-3-methylene-1-norbornyl)acetamide* $C_{12}H_{19}NO$.

(1*R*)-4-Acetamino-3.3-dimethyl-2-methylen-norbornan, Formel IX (R = CO-CH_3).

B. Aus (1*R*)-4-Amino-3.3-dimethyl-2-methylen-norbornan und Acetanhydrid (*Houben, Pfankuch,* A. **489** [1931] 193, 212).

Krystalle (aus Bzn.); F: 141°. $[\alpha]_D^{19}$: −42° [Acn.; c = 5].

Beim Erhitzen mit wss. Schwefelsäure sind (1*R*)-Campher und geringe Mengen (1*R*)-4-Amino-3.3-dimethyl-2-methylen-norbornan erhalten worden.

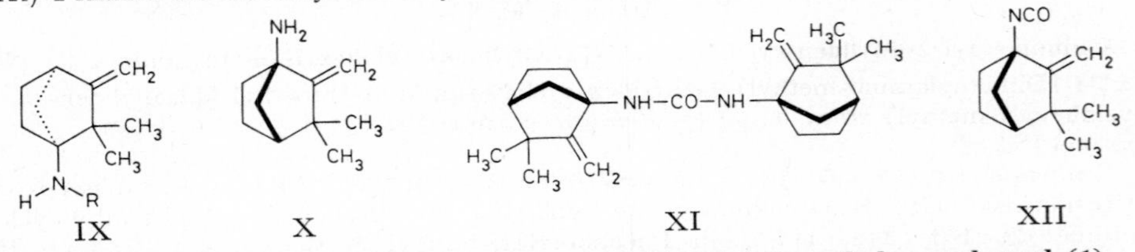

1-Amino-3.3-dimethyl-2-methylen-norbornan, 3.3-Dimethyl-2-methylen-norbornyl-(1)-amin, *3,3-dimethyl-2-methylene-1-norbornylamine* $C_{10}H_{17}N$.

(+)-1-Amino-3.3-dimethyl-2-methylen-norbornan, vermutlich **(1*R*)-1-Amino-3.3-dimethyl-2-methylen-norbornan,** Formel X (H 55; dort als „Aminocamphen" bezeichnet).

Konstitution: *Lipp, Knapp,* B. **73** [1940] 915, 920.

Beim Behandeln des Hydrochlorids mit Kaliumnitrit in Wasser und anschliessenden Erwärmen ist (1*R*?)-3.3-Dimethyl-2-methylen-norbornanol-(1) erhalten worden.

***N.N'*-Bis-[3.3-dimethyl-2-methylen-norbornyl-(1)]-harnstoff,** *1,3-bis(3,3-dimethyl-2-methylene-1-norbornyl)urea* $C_{21}H_{32}N_2O$.

***N.N'*-Bis-[(1*R*)-3.3-dimethyl-2-methylen-norbornyl-(1)]-harnstoff,** Formel XI.

B. Aus (1*R*)-3.3-Dimethyl-2-methylen-norbornyl-(1)-isocyanat beim Erhitzen einer

Lösung in Benzol mit wss. Essigsäure (*Asahina, Kawahata*, B. **72** [1939] 1540, 1547).
Krystalle (aus A.); F: 288°.

1-Isocyanato-3.3-dimethyl-2-methylen-norbornan, 3.3-Dimethyl-2-methylen-norborn-yl-(1)-isocyanat, *isocyanic acid 3,3-dimethyl-2-methylene-1-norbornyl ester* $C_{11}H_{15}NO$.

(1*R*)-3.3-Dimethyl-2-methylen-norbornyl-(1)-isocyanat, Formel XII.

B. Aus (1*R*)-3.3-Dimethyl-2-methylen-norbornan-carbonylchlorid-(1) bei 40-stdg. Erwärmen mit Natriumazid in Benzol (*Asahina, Kawahata*, B. **72** [1939] 1540, 1547).

Krystalle; F: 234° [Zers.].

Beim Behandeln mit Schwefelsäure ist (1*R*)-4-Amino-3.3-dimethyl-2-methylen-norbornan erhalten worden.

7-Amino-tricyclo[4.2.2.0$^{2.5}$]decan, 4-Amino-octahydro-3.6-äthano-cyclobutabenzen, Tricyclo[4.2.2.0$^{2.5}$]decyl-(7)-amin, *tricyclo[4.2.2.0^{2,5}]dec-7-ylamine* $C_{10}H_{17}N$.

(±)-(1*rC*^{9}.2*tH*.5*tH*)-7*c*-Amino-tricyclo[4.2.2.0$^{2.5}$]decan, Formel XIII (R = H).

B. Aus (±)-(1*rC*^{9}.2*tH*.5*tH*)-Tricyclo[4.2.2.0$^{2.5}$]decan-carbonsäure-(7*c*) (E III **9** 327) beim Behandeln einer Lösung in Benzol und Schwefelsäure mit Stickstoffwasserstoffsäure in Benzol (*Reppe et al.*, A. **560** [1948] 1, 67).

Kp_{16}: 110—111°.

Beim Erhitzen des Phosphats unter 10 Torr bis auf 280° ist Tricyclo[4.2.2.0$^{2.5}$]decen-(7) (Kp_{30}: 80—82°) erhalten worden.

7-Benzamino-tricyclo[4.2.2.0$^{2.5}$]decan, *N*-[Tricyclo[4.2.2.0$^{2.5}$]decyl-(7)]-benzamid, N-*(tricyclo[4.2.2.0^{2,5}]dec-7-yl)benzamide* $C_{17}H_{21}NO$.

(±)-(1*rC*^{9}.2*tH*.5*tH*)-7*c*-Benzamino-tricyclo[4.2.2.0$^{2.5}$]decan, Formel XIII (R = CO-C_6H_5).

B. Aus dem im vorangehenden Artikel beschriebenen Amin beim Behandeln mit Benzoylchlorid, Benzol und Pyridin (*Reppe et al.*, A. **560** [1948] 1, 67).

F: 162—163°.

5-Amino-3.3.4-trimethyl-tricyclo[2.2.1.0$^{2.6}$]heptan, 5-Amino-3.3.4-trimethyl-2.6-cyclo-norbornan, 4.5.5-Trimethyl-2.6-cyclo-norbornyl-(3)-amin, *4,5,5-trimethyltricyclo[2.2.1.0^{2,6}]hept-3-ylamine* $C_{10}H_{17}N$.

(1*S*)-5ξ-Amino-3.3.4-trimethyl-2.6-cyclo-norbornan, Formel XIV (R = H) (in der Literatur auch als Cyclocamphanylamin-(2) bezeichnet).

B. Aus (1*S*)-3.3.4-Trimethyl-2.6-cyclo-norbornanon-(5)-oxim beim Erhitzen mit Amylalkohol und Natrium (*Lipp*, B. **74** [1941] 1, 4).

Kp_{12}: 125—132°.

Überführung in ein *N*-Phenylcarbamoyl-Derivat $C_{17}H_{22}N_2O$ (Krystalle [aus Me.]; bei ca. 150° sublimierbar): *Lipp*.

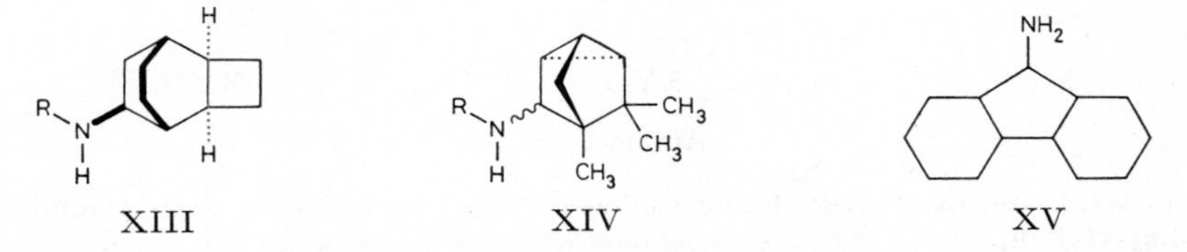

XIII XIV XV

[4.5.5-Trimethyl-2.6-cyclo-norbornyl-(3)]-carbamidsäure-äthylester, *(4,5,5-trimethyltricyclo[2.2.1.0^{2,6}]hept-3-yl)carbamic acid ethyl ester* $C_{13}H_{21}NO_2$.

(−)-[(1*S*)-4.5.5-Trimethyl-2.6-cyclo-norbornyl-(3ξ)]-carbamidsäure-äthylester, Formel XIV (R = CO-OC_2H_5).

B. Aus dem im vorangehenden Artikel beschriebenen Amin und Chlorameisensäure-äthylester (*Lipp*, B. **74** [1941] 1, 4).

Kp_9: 142°. $[\alpha]_D^{12}$: −3,1° [A.; c = 5].

Beim Behandeln mit Distickstofftrioxid und anschliessend mit Natriummethylat in Äther bei −20° ist ein Gemisch von (1*S*:5*S*)-3.3.4-Trimethyl-tricyclo[2.2.1.0$^{2.6}$]heptanol-(5) („(+)-Cyclocamphanol-(2)") und (1*S*:5*R*)-3.3.4-Trimethyl-tricyclo[2.2.1.0$^{2.6}$]heptanol-(5) („(−)-Isocyclocamphanol-(2)") erhalten worden.

Amine $C_{13}H_{23}N$

9-Amino-dodecahydro-fluoren, Dodecahydro-fluorenyl-(9)-amin, *dodecahydrofluoren-9-ylamine* $C_{13}H_{23}N$, Formel XV.

Opt.-inakt. Präparate von ungewisser konfigurativer Einheitlichkeit sind aus Fluoren-on-(9)-oxim bei der Hydrierung an Platin in Essigsäure sowie aus opt.-inakt. 1.2.3.4.4a.9a-Hexahydro-fluorenyl-(9)-amin (Hydrochlorid: F: 236° bzw. F: 306°) beim Erhitzen mit wss. Salzsäure bis auf 160° erhalten und in ein Hydrochlorid (Krystalle [aus wss. A.]; F: 323—324°), ein Hexachloroplatinat(IV) (Zers. bei 238—239°), ein Pikrat (F: 210—211°), ein Acetat (F: 189—190°) und ein L_g-Hydrogentartrat (F: 191° [mit 1 Mol Methanol]) sowie in ein *N*-Acetyl-Derivat $C_{15}H_{25}NO$ (9-Acetamino-dodecahydro-fluoren; F: 168—169°) und in ein *N*-Benzoyl-Derivat $C_{20}H_{27}NO$ (9-Benzamino-dodecahydro-fluoren; F: 203—204°) übergeführt worden (*Nakamura*, Pr. Acad. Tokyo **5** [1929] 469, 470, 471; Scient. Pap. Inst. phys. chem. Res. **14** [1930] 184, 186, 187, 188).

Amine $C_{14}H_{25}N$

4-Amino-1.1.7-trimethyl-decahydro-1*H*-cycloprop[*e*]azulen, 1.1.7-Trimethyl-decahydro-1*H*-cycloprop[*e*]azulenyl-(4)-amin, *1,1,7-trimethyldecahydro-1H-cycloprop[e]azulen-4-ylamine* $C_{14}H_{25}N$.

(1a*R*)-4ξ-Amino-1.1.7*c*-trimethyl-(1a*rH*.4a*cH*.7a*tH*.7b*cH*)-decahydro-1*H*-cycloprop[*e*]azulen $C_{14}H_{25}N$, Formel XVI, dessen Hydrochlorid bei 284° schmilzt; Aromadendrylamin.

Konstitution und Konfiguration ergeben sich aus der genetischen Beziehung zu (+)-Apoaromadendron ((1a*R*)-4-Oxo-1.1.7*c*-trimethyl-(1a*rH*.4a*cH*.7a*tH*.7b*cH*)-decahydro-1*H*-cycloprop[*e*]azulen [E III **7** 680; E III **10** 4883]).

B. Aus dem Oxim des (+)-Apoaromadendrons beim Erwärmen mit Äthanol und Natrium (*Radcliffe, Short*, Soc. **1938** 1200, 1202; *Treibs et al.*, A. **577** [1952] 207, 212).

Kp_{12}: 139—140°; D_4^{20}: 0,9379; n_D^{20}: 1,4967 (*Tr. et al.*). α_D^{20}: —56,7° [unverd.?; Rohrlänge nicht angegeben] (*Tr. et al.*).

Hydrochlorid. F: 283—284° [geschlossene Kapillare] (*Tr. et al.*, l. c. S. 212).

Oxalat $C_{14}H_{25}N \cdot C_2H_2O_4$. Krystalle (aus W.); F: 164—165° (*Ra., Sh.*; *Tr. et al.*, l. c. S. 212).

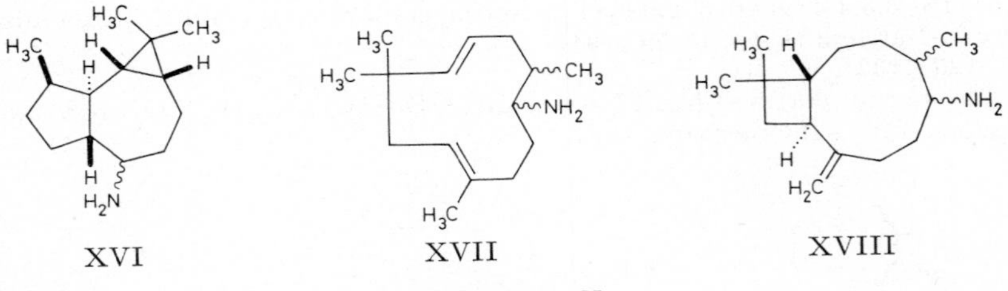

XVI XVII XVIII

Amine $C_{15}H_{27}N$

7-Amino-1.1.4.8-tetramethyl-cycloundecadien-(3.10), 2.6.6.9-Tetramethyl-cycloundecadien-(4.8)-ylamin, *2,6,6,9-tetramethylcycloundeca-4,8-dien-1-ylamine* $C_{15}H_{27}N$.

(7Ξ:8Ξ)-7-Amino-1.1.4.8-tetramethyl-cycloundecadien-(3*t*.10*t*), Formel XVII.

Diese Konstitution und Konfiguration kommt dem nachstehend beschriebenen **Aminodihydrohumulen** (Aminodihydro-α-caryophyllen) zu (*Clarke, Ramage*, Soc. **1954** 4345, 4346).

B. Aus Nitrosohumulen (E III **5** 1075) beim Behandeln mit Äthanol und Natrium (*Evans, Ramage, Simonsen*, Soc. **1934** 1806, 1808).

Kp_{11}: 141—142°; D_{25}^{25}: 0,9202; n_D^{25}: 1,5039 (*Ev., Ra., Si.*). $[\alpha]_{546}$: —0,64° [unverd.] (*Ev., Ra., Si.*).

Charakterisierung als *N*-Acetyl-Derivat $C_{17}H_{29}NO$ (Krystalle [aus Bzn.]; F: 142°): *Ev., Ra., Si.*

Hydrochlorid $C_{15}H_{27}N \cdot HCl$. Krystalle (aus wss. Salzsäure); F: 257° (*Ev., Ra., Si.*, l. c. S. 1808).

Pikrolonat $C_{15}H_{27}N \cdot C_{10}H_8N_4O_5$. Gelbe Krystalle; F: 232° (*Ev.*, *Ra.*, *Si.*, l. c. S. 1809).

5-Amino-6.10.10-trimethyl-2-methylen-bicyclo[7.2.0]undecan, 6-Amino-1.1.7-tri=methyl-3-methylen-decahydro-1*H*-cyclobutacyclononen, 6.10.10-Trimethyl-2-methylen-bicyclo[7.2.0]undecyl-(5)-amin, *6,10,10-trimethyl-2-methylenebicyclo[7.2.0]undec-5-yl=amine* $C_{15}H_{27}N$.

(1*S*)-5ξ-Amino-6ξ.10.10-trimethyl-2-methylen-(1*rH*.9*tH*)-bicyclo[7.2.0]undecan $C_{15}H_{27}N$, Formel XVIII.

Eine Verbindung dieser Konstitution und Konfiguration hat in dem E I 131 beschriebenen „Amin aus β-Caryophyllen" vorgelegen (*Ramage, Whitehead, Wilson*, Soc. **1954** 4341).

Als Aminodihydro-β-caryophyllen bzw. Aminodihydro-γ-caryophyllen bezeichnete Präparate (a) Kp_2: 138—143°; D_{25}^{25}: 0,9293; n_D^{17}: 1,5030; $[\alpha]_{546}$: +13,5°; b) Kp_{13}: 147°) von ungewisser konfigurativer Einheitlichkeit sind aus „blauem Caryo=phyllennitrosit" (E III **5** 414; über die Konfiguration dieser Verbindung s. *Hawley, Ferguson, Robertson*, Soc. [B] **1968** 1255, 1259) bzw. aus Oximino-isocaryophyllen (Kp_5: 162—167° [E III **5** 1085 im Artikel (–)-Isocaryophyllen]) beim Behandeln mit Äth=anol und Natrium erhalten (*Evans, Ramage, Simonsen*, Soc. **1934** 1806, 1808; *Ramage, Simonsen*, Soc. **1938** 1208, 1210) und durch Behandlung mit Acetanhydrid in ein *N*-Acetyl-Derivat $C_{17}H_{29}NO$ (Kp_{18}: 220—222° bzw. Kp_{17}: 218—220°) übergeführt worden, das sich mit Hilfe von Ozon zu einem Keton $C_{16}H_{27}NO_2$ (Krystalle [aus E. + PAe.]; F: 139—140°; $[\alpha]_{546}$: —58° [E.]) hat abbauen lassen (*Ra.*, *Si.*, l. c. S. 1210, 1211).

[*Eigen*]

Monoamine $C_nH_{2n-5}N$

Amine C_6H_7N

Anilin, *aniline* C_6H_7N, Formel I (H 59; E I 131; E II 44).

Molekülstruktur.

Quantenmechanische Berechnung der Elektronenverteilung: *Berthier, Pullman*, C. r. **226** [1948] 1725; *Pullman*, Bl. **1948** 533, 547; *Coulson, Jacobs*, Soc. **1949** 1983, 1984; *Sandorfy*, Bl. **1949** 615, 621. Mesomerie-Energie (aus thermochemischen Daten ermittelt): *Pauling, Sherman*, J. chem. Physics **1** [1933] 606, 615; *Brüll*, G. **65** [1935] 28, 34; *Klages*, B. **82** [1949] 358, 372.

NH2

I

Bildungsweisen.

Aus Chlorbenzol beim Leiten im Gemisch mit Ammoniak über einen aus Ammonium=phosphat, Ammoniumwolframat, Kupfer(I)-chlorid und Kieselsäure hergestellten Katalysator bei 400° (*Raschig G.m.b.H.*, D.R.P. 579229 [1930]; Frdl. **20** 438) sowie beim Erhitzen mit wss. Ammoniak unter Zusatz von Kupfer(I)-oxid bis auf 230° (*Woroshzow, Kobelew*, Ž. obšč. Chim. **4** [1934] 310; C. **1935** II 505) oder unter Zusatz von Kup=fer(I)-chlorid bis auf 225° (*Dow Chem. Co.*, U.S.P. 2432551, 2432552 [1942]).

Aus Nitrobenzol bei der Hydrierung an Palladium oder Platin in Äthanol, Wasser oder verd. wss. Salzsäure (*Štrel'zowa, Zelinskii*, Izv. Akad. S.S.S.R. Otd. chim. **1941** 401, 402, 404; C. A. **1942** 418; vgl. H 59; E II 44), an Kupfer-Katalysatoren bei 280—300° (*Irlin*, Anilinokr. Promyšl. **3** [1933] 68, 73; C. **1934** I 286), an einem Kupfer-Aluminium-Katalysator bei 300—350°, an einem Aluminium-Nickel-Katalysator bei 110° (*Bag, Egupow, Wolokitin*, Promyšl. org. Chim. **2** [1936] 141; C. **1937** I 1273), an einem mit Thiophen oder Nickelsulfid inaktiviertem Nickel-Kupfer-Aluminium-Katalysator bei 180° (*Yoshikawa, Yamanaka, Kubota*, Bl. Inst. phys. chem. Res. Tokyo **14** [1935] 406; Bl. Inst. phys. chem. Res. Abstr. Tokyo **8** [1935] 29), an einem Bleisulfid-Katalysator bei 310° oder an einem Nickelsulfid-Katalysator bei 280° (*Brown, Raines*, J. phys. Chem. **43** [1939] 383), an Kupferoxid-Chromoxid-Katalysatoren bei 150—175°/100 bis 150 at (*Adkins, Connor*, Am. Soc. **53** [1931] 1091, 1093; *Du Pont de Nemours & Co.*, U.S.P. 2137407 [1934]; vgl. *Doyal, Brown*, J. phys. Chem. **36** [1932] 1549, 1551), an einem Kobalt-Mangan-Katalysator bei 260° (*Griffitts, Brown*, J. phys. Chem. **42** [1938]

107, 109) oder an einem Kobaltsulfid-Katalysator bei 295° (*Griffitts, Brown*, J. phys. Chem. **41** [1937] 477, 480). Aus Nitrobenzol beim Behandeln einer verdünnten Lösung in Benzol mit aktiviertem Eisen und mit Wasser (*Hazlet, Dornfeld*, Am. Soc. **66** [1944] 1781) sowie beim Erhitzen mit Ameisensäure in Gegenwart von Kupfer/Kieselgur auf 200° (*Davies, Hodgson*, Soc. **1943** 281).

Aus Phenol beim Leiten im Gemisch mit Ammoniak über Aluminiumoxid-Katalysatoren bei 450°/120 at (*I.G. Farbenind.*, D.R.P. 570365 [1930]; Frdl. **18** 446) oder bei 480°/10 at (*Fischer, Bahr, Wiedeking*, Brennstoffch. **15** [1934] 101, 104).

Isolierung und Reinigung.

Isolierung aus Gemischen mit Phenol durch azeotrope Destillation nach Zusatz von Wasser: *I.G. Farbenind.*, D.R.P. 737621 [1940]; D.R.P. Org. Chem. **6** 1807; mit Hilfe von Schwefeldioxid und Wasser oder mit Hilfe von Schwefeldioxid und Aceton: *I.G. Farbenind.*, D.R.P. 743571 [1941]; D.R.P. Org. Chem. **6** 1808. Reinigung über ein Phosphat: *Allied Chem. & Dye Corp.*, U.S.P. 2408975 [1940].

Physikalische Eigenschaften.

Erstarrungspunkt: −6,1° (*Timmermans, Hennaut-Roland*, J. Chim. phys. **32** [1935] 589, 597; *Michel*, Bl. Soc. chim. Belg. **48** [1939] 105, 137), −6,15° (*Smyth, Hitchcock*, Am. Soc. **54** [1932] 4631, 4634; *Timmermans*, Bl. Soc. chim. Belg. **61** [1952] 399). Erstarrungspunkt bei Drucken von 1 at (−6,10°) bis 996 at (+13,00°): *Deffet*, Bl. Soc. chim. Belg. **44** [1935] 41, 78. Krystallisationsgeschwindigkeit bei −30° bis −10°: *Mi.*

Kp_{760}: 183,93° (*Dreisbach, Martin*, Ind. eng. Chem. **41** [1949] 2875, 2877); $Kp_{754,5}$: 183,7° (*Sm., Hi.*); $Kp_{507,8}$: 168,21°; $Kp_{315,3}$: 153,20°; $Kp_{127,3}$: 125,16°; $Kp_{77,64}$: 112,92° (*Dreisbach, Shrader*, Ind. eng. Chem. **41** [1949] 2879); Kp_{15}: 77,0° (*Cowley, Partington*, Soc. **1938** 1598, 1601). Dampfdruck bei 70°: 10,6 Torr (*Martin, Collie*, Soc. **1932** 2658, 2662); Dampfdruck bei Temperaturen von 0° (0,071 Torr) bis 49,9° (2,85 Torr): *Gurewitsch, Šigalowškaja*, Ž. obšč. Chim. **7** [1937] 1805, 1807; C. **1938** I 3188; von 57,3° (5 Torr) bis 115,0° (84 Torr): *Gould, Holzman, Niemann*, Anal. Chem. **19** [1947] 204; von 200° (1,52 at) bis 370° (27,3 at): *Laštowzew*, Chim. Mašinostr. **6** Nr. 3 [1937] 19, 21; C. **1938** I 1105. Verdampfungsgeschwindigkeit im Luftstrom: *Gilliland, Sherwood*, Ind. eng. Chem. **26** [1934] 516, 518.

Schmelzwärme: 27,09 cal/g (*Parks, Huffman, Barmore*, Am. Soc. **55** [1933] 2733, 2736; s. a. *Skau*, Bl. Soc. chim. Belg. **43** [1934] 287, 290, 297, 298). Wärmekapazität C_p von krystallinem Anilin bei Temperaturen von −179,65° (0,128 cal/gradg) bis −36,85° (0,293 cal/gradg): *Pa., Hu., Ba.*, l. c. S. 2735; von flüssigem Anilin bei +2,55°: 0,481 cal/gradg; bei 12,65°: 0,482 cal/gradg; bei 25,05°: 0,490 cal/gradg (*Pa., Hu., Ba.*); bei 15°: 0,4716 cal/gradg (*Rădulescu, Jula*, Z. physik. Chem. [B] **26** [1934] 390, 393); bei Temperaturen von 30° (0,500 cal/gradg) bis 139,6° (0,665 cal/gradg): *Blacet, Leighton, Bartlett*, J. phys. Chem. **35** [1931] 1935, 1939. Verbrennungswärme bei konstantem Druck bei 25°: 810,55 kcal/mol (*Anderson, Gilbert*, Am. Soc. **64** [1942] 2369, 2371), 810,48 kcal/mol (*Huffman*, zit. bei *An., Gi.*). Neutralisationswärme beim Behandeln mit wss. Salzsäure bei 10°, 20° und 30°: *Levi, McEwan, Wolfenden*, Soc. **1949** 760; mit wss. Salzsäure (2n), wss. Schwefelsäure (2n), Ameisensäure, Essigsäure und Propionsäure bei 15−18°: *Ră., Jula*, l. c. S. 392. Wärmeleitfähigkeit bei Raumtemperatur: *Frontas'ew*, Ž. fiz. Chim. **20** [1946] 91, 99; C. A. **1946** 4284.

D_4^0: 1,03905; D_4^{15}: 1,02613 (*Timmermans, Hennaut-Roland*, J. Chim. phys. **32** [1935] 589, 597); D_4^{20}: 1,02173 (*Dreisbach, Martin*, Ind. eng. Chem. **41** [1949] 2875, 2877); D_4^{25}: 1,01750 (*Dr., Ma.*), 1,01749 (*Martin, Collie*, Soc. **1932** 2658, 2662); D_4^{30}: 1,01317 (*Ti., He.-R.*). Dichte bei Temperaturen von 50° (0,9957) bis 150° (0,9052): *Buehler et al.*, Am. Soc. **54** [1932] 2398, 2402; von 105,8° (0,9468) bis 169,4° (0,8898): *Friend, Hargreaves*, Phil. Mag. [7] **35** [1944] 57, 61.

Adiabatische Kompressibilität (aus der Schallgeschwindigkeit ermittelt) bei 20°: *Schaaffs*, Z. physik. Chem. **194** [1944] 28, 35; bei 24°: *Parthasarathy*, Pr. Indian Acad. [A] **2** [1935] 497, 510. Kompressibilität und thermische Ausdehnung bei Temperaturen von 25° bis 85° und Drucken von 1 at bis 1000 at: *Gibson, Loeffler*, J. phys. Chem. **43** [1939] 207, 208; Am. Soc. **61** [1939] 2515.

Schallgeschwindigkeit in Anilin bei 16,8°: 1688 m/sec (*Schaaffs*, Z. Phys. **105** [1937] 658, 660); bei 20°: 1659 m/sec (*Michaïlow, Nishin*, Doklady Akad. S.S.S.R. **58** [1947] 1689, 1691; C. A. **1952** 4299), 1656 m/sec (*Schaaffs*, Z. physik. Chem. **194** [1944] 28, 35, 76); bei 24°: 1682 m/sec (*Parthasarathy*, Pr. Indian Acad. [A] **2** [1935] 497, 503); bei 24,5°:

1685,5 m/sec (*Parthasarathy, Pande, Pancholy*, J. Scient. ind. Res. India **3** [1945] 299); bei 23°: 1644,7 m/sec; bei 25°: 1637,5 m/sec; bei 27°: 1630,2 m/sec (*Seifen*, Z. Phys. **108** [1938] 681, 695). Temperaturkoeffizient der Schallgeschwindigkeit: *Seifen*; *Schaaffs*, Z. physik. Chem. **194** 37. Druckabhängigkeit der Schallgeschwindigkeit: *Swanson, Hubbard*, Phys. Rev. [2] **45** [1934] 291; *Swanson*, J. chem. Physics **2** [1934] 689, 690. Ausbreitung von Schallwellen in Gemischen von Anilin mit Essigsäure: *Mikhailov*, C. r. Doklady **31** [1941] 324.

Viscosität bei 15°: 0,05299 g/cmsec (*Timmermans, Hennaut-Roland*, J. Chim. phys. **32** [1935] 589, 598); bei 20°: 0,0448 g/cmsec (*Moll*, Koll. Beih. **49** [1939] 1, 44); bei 25°: 0,03741 g/cmsec (*Walden, Audrieth*, Z. physik. Chem. [A] **165** [1933] 11, 12), 0,03715 g/cmsec (*Udowenko, Toropow*, Ž. obšč. Chim. **10** [1940] 12; C. **1942** I 3183); bei 30°: 0,03176 g/cmsec (*Ti., He.-R.*). Viscosität bei Temperaturen von 20° (0,04400 g/cmsec) bis 100° (0,008284 g/cmsec): *Steiner*, Ind. eng. Chem. Anal. **10** [1938] 582; von 105,8° (0,00788 g/cmsec) bis 169,4° (0,004052 g/cmsec): *Friend, Hargreaves*, Phil. Mag. [7] **35** [1944] 57, 61. Abhängigkeit der Viscosität von der Temperatur und vom Druck: *Berl, Umstätter*, Koll. Beih. **34** [1932] 1, 6, 10. Viscosität bei turbulenter Strömung im Temperaturbereich von 0° bis 110°: *Griengl, Kofler, Radda*, M. **62** [1933] 131, 142.

Oberflächenspannung bei 20°: 43,4 dyn/cm (*Moll*, Koll. Beih. **49** [1939] 1, 7), 43,66 dyn/cm (*Arbuzow, Gushawina*, Ž. fiz. Chim. **23** [1949] 1070, 1073; C. A. **1950** 888), bei 22°: 43,82 dyn/cm (*Dunken, Klapproth, Wolf*, Koll. Z. **91** [1940] 232, 238); bei 25°: 42,4 dyn/cm; bei 184,4°: 23,9 dyn/cm (*Guimarães de Carvalho*, Anais Acad. brasil. Cienc. **20** [1948] 75, 82); Oberflächenspannung bei Temperaturen von 50° (40,10 dyn/cm) bis 150° (28,07 dyn/cm): *Buehler et al.*, Am. Soc. **54** [1932] 2398, 2402.

n_D^{20}: 1,5863 (*Cowley, Partington*, Soc. **1938** 1598, 1601), 1,58610 (*Smyth, Hitchcock*, Am. Soc. **54** [1932] 4631, 4634); n_D^{25}: 1,5832 (*Dreisbach, Martin*, Ind. eng. Chem. **41** [1949] 2875, 2877); $n_{667,8}^{15}$: 1,58079; $n_{656,3}^{15}$: 1,58179; n_D^{15}: 1,58872; $n_{587,6}^{15}$: 1,58898; $n_{501,6}^{15}$: 1,60333; $n_{486,2}^{15}$: 1,60686; $n_{447,1}^{15}$: 1,61854 (*Timmermans, Hennaut-Roland*, J. Chim. phys. **32** [1935] 589, 598); $n_{656,3}^{45}$: 1,56646; n_D^{45}: 1,57285; $n_{486,2}^{45}$: 1,59052 (*Buehler et al.*, Am. Soc. **54** [1932] 2398, 2403). Brechungsindex n_D bei Temperaturen von 0° (1,5962) bis 60° (1,5648): *Puschin et al.*, Ž. obšč. Chim. **18** [1948] 1573, 1574; Glasnik chem. Društva Beograd **11** Nr. 3/4 [1940—46] 72, 73; C. A. **1948** 2167. Temperaturkoeffizient des Brechungsindex: *Ti., He.-R.*; *Pu. et al.* Mechanische Doppelbrechung: *Vorländer, Fischer*, B. **65** [1932] 1756, 1759; *Sadron*, J. Phys. Rad. [7] **7** [1936] 263, 266. Beugung von Röntgen-Strahlen in flüssigem Anilin: *Ishino, Tanaka, Tsuji*, Mem. Coll. Sci. Kyoto [A] **13** [1930] 1, 7; s. a. *Stewart*, Chem. Reviews **6** [1929] 483, 494.

IR-Spektrum des Dampfes bei 165° zwischen 2,5 μ und 16 μ: *Kettering, Sleator*, Physics **4** [1933] 39, 45; bei 150° zwischen 2 μ und 13 μ: *Williams, Hofstadter, Herman*, J. chem. Physics **7** [1939] 802, 804. IR-Spektrum von flüssigem Anilin zwischen 1 μ und 12 μ: *Samyschljaewa, Kriwitsch*, Ž. obšč. Chim. **8** [1938] 319, 323; C. **1939** I 626; zwischen 2,6 μ und 9 μ: *Barnes, Liddel, Williams*, Ind. eng. Chem. Anal. **15** [1943] 659, 666, 696; zwischen 7,7 μ und 14,7 μ: *Lecomte, Freymann*, Bl. [5] **8** [1941] 612, 616; zwischen 9 μ und 11 μ: *Freymann*, A. ch. [11] **11** [1939] 11, 18; zwischen 0,9 μ und 2,5 μ: *Kinsey, Ellis*, J. chem. Physics **5** [1937] 399, 401; *Corin*, Bl. Soc. Sci. Liège **10** [1941] 99, 105. IR-Absorption von flüssigem Anilin zwischen 0,85 μ und 1,15 μ: *Freymann*, Ann. Physique [10] **20** [1933] 243, 264; s. a. *Freymann, Freymann, Rumpf*, J. Phys. Rad. [7] **7** [1936] 30, 31, 35. IR-Spektrum von Lösungen in Tetrachlormethan zwischen 0,9 μ und 2,3 μ: *Ki., El.*, l. c. S. 401; s. a. *Wulf, Liddel*, Am. Soc. **57** [1935] 1464, 1466; *Fr.*, A. ch. **11** 20; *Fr., Fr., Ru.*; zwischen 2,5 μ und 3,5 μ: *Gordy*, Am. Soc. **59** [1937] 464; *Buswell, Downing, Rodebush*, Am. Soc. **61** [1939] 3252, 3254.

Raman-Spektrum von flüssigem Anilin: *Pal, Sengupta*, Indian J. Physics **5** [1930] 13, 17, 31; *Reynolds, Williams*, J. Franklin Inst. **210** [1930] 41, 49; *Dadieu, Kohlrausch*, M. **57** [1931] 225, 227; *Cabannes, Rousset*, Ann. Physique [10] **19** [1933] 229, 262; *Kahovec, Reitz*, M. **69** [1936] 369, 374; *Dupont, Dulou*, Bl. [5] **3** [1936] 1639, 1660; *Wittek*, M. **73** [1941] 231, 237; *Venkateswaran, Pandya*, Pr. Indian Acad. [A] **15** [1942] 390; *Kohlrausch, Wittek*, M. **74** [1943] 1, 13; *Kohlrausch*, M. **76** [1947] 231, 240.

UV-Spektrum des Dampfes: *Horio*, J. Soc. chem. Ind. Japan **37** [1934] 624; J. Soc. chem. Ind. Japan Spl. **37** [1934] 284; *Masaki*, Bl. chem. Soc. Japan **11** [1936] 346; *Kato, Someno*, Scient. Pap. Inst. phys. chem. Res. **33** [1937] 209, 211; *Asagoe, Kageyama, Shimokawa*, Pr. phys. math. Soc. Japan **23** [1941] 820; *Titeicu*, Bl. Soc. roum. Phys. **43**

[1942] 15; *Ginsburg, Matsen*, J. chem. Physics **13** [1945] 167. UV-Spektrum von Lösungen in Chloroform: *Marchlewski, Pizlo*, Bl. Acad. polon. [A] **1934** 22, 31; in Hexan: *Ramart-Lucas*, Bl. [5] **3** [1936] 723, 728; *Harberts et al.*, Bl. [5] **3** [1936] 643, 650; *Dede, Rosenberg*, B. **67** [1934] 147, 153; *Wohl*, Bl. [5] **6** [1939] 1312, 1314, 1316; *Heertjes, Bakker, van Kerkhof*, R. **62** [1943] 737, 740; in Heptan: *Wolf, Herold*, Z. physik. Chem. [B] **13** [1931] 201, 225; *Kiss, Csetneky*, Acta Univ. Szeged **2** [1948] 132; in Isooctan: A.P.I. Res. Project **44** Nr. 171; *R. A. Friedel, M. Orchin*, Ultraviolet Spectra of Aromatic Compounds [New York 1951] Nr. 83; in Methanol: *Wolf, He.*; *Ley, Specker*, B. **72** [1939] 192, 200; in Äthanol: *Ma., Pi.*; *Bernstein*, M. **65** [1935] 248; *Ha. et al.*, l. c. S. 648, *Biquard*, Bl. [5] **3** [1936] 909, 914; *Wohl*; *Biquard, Grammaticakis*, Bl. [5] **6** [1939] 1599; 1606; *Grammaticakis*, Bl. **1947** 664, 668; *v. Kiss, Auer*, Z. physik. Chem. [A] **189** [1941] 344, 349, 352; in Äther: *Ma., Pi.*; in Wasser: *Ma., Pi.*; *Kumler, Strait*, Am. Soc. **65** [1943] 2349, 2351; *Kiss, Cs.* UV-Spektrum von Lösungen des Hydrochlorids in Wasser: *Ma., Pi.*, l. c. S. 33; *Kortüm*, Z. physik. Chem. [B] **42** [1939] 39, 50; *Ku., St.*; in Äthanol: *Ma., Pi.*; einer aus Anilin und wss. Perchlorsäure hergestellten Lösung: *Kiss, Cs.*; einer aus Anilin und Schwefelsäure hergestellten Lösung: *Bandow*, Bio. Z. **296** [1938] 105, 113. UV-Spektrum einer Lösung in wss. Natronlauge: *Kor.*; einer Lösung in flüssigem Ammoniak: *Shiba, Inoue, Miyasaka*, Scient. Pap. Inst. phys. chem. Res. **35** [1939] 455, 459.

Fluorescenz-Spektrum des Dampfes: *Prileshajewa, Tschubarow*, Acta physicoch. U.R.S.S. **1** [1935] 777, 778; *Prileshajewa*, Acta physicoch. U.R.S.S. **1** [1935] 785; *Vartanian*, J. Physics U.S.S.R. **1** [1939] 213. Fluorenscenz-Spektrum von flüssigem Anilin: *Bertrand*, Bl. [5] **12** [1945] 1010, 1015. Fluorescenz-Spektrum dünner Filme bei $-180°$: *Terenin*, Acta physicoch. U.R.S.S. **13** [1940] 1, 4. Löschung der Fluorescenz des Dampfes im UV durch Fremdgase: *Prileshajewa*, Acta physicoch. U.R.S.S. **7** [1937] 149, 154, 158; *Vartanian*, J. Physics U.S.S.R. **3** [1940] 467. Phosphorescenz-Spektrum einer festen Lösung in einem Äther-Isopentan-Äthanol-Gemisch bei $-183°$: *Lewis, Kasha*, Am. Soc. **66** [1944] 2100, 2107; Dauer der Phosphorescenz bei $-196°$: *McClure*, J. chem. Physics **17** [1949] 905, 911.

Magnetische Susceptibilität: *Kido*, Sci. Rep. Tohoku Univ. [1] **24** [1935/36] 701, 702; C. A. **1936** 5083; *Puri et al.*, J. Indian chem. Soc. **24** [1947] 409, 410; *Lamure*, C. r. **226** [1948] 1609; *Singh et al.*, Pr. Indian Acad. [A] **29** [1949] 309, 311. Temperaturabhängigkeit der magnetischen Susceptibilität: *Azim, Bhatnagar, Mathur*, Phil. Mag. [7] **16** [1933] 580, 585; *Bhatnagar, Nevgi, Khanna*, Z. Phys. **89** [1934] 506, 508.

Dipolmoment des Dampfes (ε): 1,48 D (*Groves, Sugden*, Soc. **1937** 1782, 1784). Dipolmoment von flüssigem Anilin: 1,56 D [ε] (*Clay, Bekker, Hemelrijk*, Physica **10** [1943] 768, 775), 1,53 D [aus der Schallgeschwindigkeit ermittelt] (*Schaaffs*, Z. physik. Chem. **194** [1944] 170, 177). Dipolmoment (ε): 1,46 D [CCl_4] (*Few, Smith*, Soc. **1949** 3057), 1,50 D [Hexan] (*Higashi*, Bl. Inst. phys. chem. Res. Tokyo **13** [1934] 1167, 1172; Bl. Inst. phys. chem. Res. Abstr. Tokyo **7** [1934] 65), 1,48 D [Hexan], 1,49 D [Cyclohexan] (*Cowley, Partington*, Soc. **1938** 1598, 1601), 1,48 D [Heptan] (*Few, Smith*, Soc. **1949** 3057), 1,52 D [Toluol] (*Co., Pa.*). Dipolmoment (ε; Bzl.): 1,55 D (*Martin*, Trans. Faraday Soc. **33** [1937] 191, 195), 1,54 D (*Hi.*; *Wassiliew, Syrkin*, Acta physicoch. U.R.S.S. **14** [1941] 414; *Emblem, McDowell*, Soc. **1946** 641), 1,53 D (*Co., Pa.*), 1,51 D (*Le Fèvre, Le Fèvre*, Soc. **1936** 1130, 1136; *Le Fèvre, Roberts, Smythe*, Soc. **1949** 902; s. a. *Few, Smith*, Soc. **1949** 753, 758). Dipolmoment (ε) von binären Gemischen mit Äther, Schwefelkohlenstoff und Dioxan: *Hi.*; *Wa., Sy.*; *Few, Smith*, Soc. **1949** 758, 2781; *Kumler, Halverstadt*, Am. Soc. **63** [1941] 2182; *Halverstadt, Kumler*, Am. Soc. **64** [1942] 2988, 2991.

Dielektrizitätskonstante bei 25°: 6,6773 (*Le Fèvre*, Soc. **1935** 773, 776); bei Temperaturen von $-70°$ bis $+20°$ und Frequenzen von 0,3 kHz bis 60 kHz: *Smyth, Hitchcock*, Am. Soc. **54** [1932] 4631, 4635; bei 25° und Frequenzen von 1 kHz bis 1000 kHz: *Lunt, Rau*, Pr. roy. Soc. [A] **126** [1930] 213, 227. Einfluss von starken elektrischen Feldern auf die Dielektrizitätskonstante: *Gundermann*, Ann. Phys. [5] **6** [1930] 545, 559, 562, 570. Dielektrizitätskonstante von Gemischen mit Phenol: *Howell, Jackson*, Pr. roy. Soc. [A] **145** [1934] 539, 546. Dielektrische Festigkeit des Dampfes: *Charlton, Cooper*, Gen. Electric Rev. **40** [1937] 438, 440. Dielektrische Relaxationszeit (Bzl.): *Fischer*, Z. Phys. **127** [1949] 49, 54, 64. Elektrische Leitfähigkeit bei Temperaturen von $-70°$ bis $+20°$: *Smyth, Hitchcock*, Am. Soc. **54** [1932] 4631, 4635; von $-50°$ bis $+50°$: *Meyer*, C. r. **198** [1934] 160, 162; bei 20°: *Rădulescu, Jula*, Z. physik. Chem. [B] **26** [1934] 395, 397; bei 25°: *Walden*,

Audrieth, Z. physik. Chem. [A] **165** [1933] 11, 12. Elektrische Leitfähigkeit von Gemischen mit Wasser: *Pestemer*, *Platten*, M. **62** [1933] 152, 156. Elektrische Aufladung beim Zerstäuben: *Chapman*, Phys. Rev. [2] **45** [1934] 135; Physics **5** [1934] 150.

Thermodynamischer Dissoziationsexponent pK_a des Anilinium-Ions (Wasser; potentiometrisch ermittelt) bei 18°: 4,668 (*Britton*, *Williams*, Soc. **1935** 796); bei 20°: 4,608 (*Schwarzenbach*, *Epprecht*, *Erlenmeyer*, Helv. **19** [1936] 1292, 1298); bei 21°: 4,64 (*Hall*, *Sprinkle*, Am. Soc. **54** [1932] 3469, 3472). Elektrolytische Dissoziation in Deuteriumoxid: *Sch.*, *Epp.*, *Er.* Abhängigkeit der Dissoziation in Wasser von der Verdünnung und vom Zusatz anorganischer Salze: *Du Rietz*, Svensk kem. Tidskr. **50** [1938] 13, 16. Dissoziationsexponent einer Kaliumchlorid enthaltenden wss. Lösung: *Schwarzenbach*, *Willi*, *Bach*, Helv. **30** [1947] 1303 1307. Dissoziation in Methanol: *Goodhue*, *Hixon*, Am. Soc. **56** [1934] 1329, 1332; *Kolthoff*, *Guss*, Am. Soc. **60** [1938] 2516, 2521; *Kolthoff*, *Guss*, Am. Soc. **61** [1939] 330, 332; in Äthanol: *Deyrup*, Am. Soc. **56** [1934] 60, 63; *Goodhue*, *Hixon*, Am. Soc. **57** [1935] 1688, 1690; in Wasser-Äthanol-Gemischen: *Thomson*, Soc. **1946** 1113, 1114; in wss.-äthanol. Salzsäure: *Holley*, *Holley*, Am. Soc. **71** [1949] 2124; in Butan-ol-(1): *Mason*, *Kilpatrick*, Am. Soc. **59** [1937] 572, 577; in *m*-Kresol: *Brönsted*, *Delbanco*, *Tovborg-Jensen*, Z. physik. Chem. [A] **169** [1934] 361, 373; in Formamid: *Verhoek*, Am. Soc. **58** [1936] 2577, 2581. Freie Energie der Dissoziation des Anilinium-Ions in wss. Lösung: *McGowan*, J. Soc. chem. Ind. **68** [1949] 253, 254.

Elektrokapillarkurven von Natriumsulfat und Anilin sowie von Natriumsulfat, Phenol und Anilin enthaltenden wss. Lösungen: *Ockrent*, *Butler*, J. phys. Chem. **34** [1930] 2297, 2305. Kritisches Oxydationspotential: *Fieser*, Am. Soc. **52** [1930] 5204, 5237.

Über die Löslichkeit von Anilin in verschiedenen Lösungsmitteln s. *H. Stephen*, *T. Stephen*, Solubilities of Inorganic and Organic Compounds, Bd. 1 [Oxford 1963]. In 100 g Wasser lösen sich bei 20° 3,53 g (*v. Walther*, *Lachmann*, Braunkohlenarch. Nr. 31 [1930] 29, 31), 3,10 g (*v. Kúthy*, Bio. Z. **237** [1931] 380, 384). Löslichkeit in Wasser bei 20°: 0,358 Mol/l (*Speakman*, Soc. **1935** 776, 778); bei 22°: 3,66 g/100 g Lösung (*Gulinow*, *Kobzewa*, Ukr. chim. Ž. **9** [1934] 105, 108; C. **1935** I 3921); bei 25°: 3,669 g/100 g Lösung (*Hansen*, *Fu*, *Bartell*, J. phys. Chem. **53** [1949] 769, 771).

Liquidus-Kurve im System mit Palmitinsäure: *Powney*, *Addison*, Trans. Faraday Soc. **34** [1938] 625. Löslichkeitsgleichgewichte in den binären Systemen mit Isooctan, Cyclohexan, Methylcyclohexan, *cis*-Decalin oder *trans*-Decalin: *Angelescu et al.*, Bl. Sect. scient. Acad. roum. **23** [1940/41] 515, 521, 525, 531, 534; in den ternären Systemen mit Äthanol und Wasser bei 0° und 25°: *Tarašenkow*, *Awenarius*, Ž. obšč. Chim. **16** [1946] 1577, 1579; C. A. **1947** 4699; mit Aceton und Wasser bei Temperaturen von 30° bis 167,7°: *Campbell*, *Brown*, Trans. Faraday Soc. **29** [1933] 835; Trans. electroch. Soc. **63** [1933] 241, 243; mit Ameisensäure und Wasser bei Raumtemperatur: *Pound*, *Wilson*, J. phys. Chem. **39** [1935] 709; mit Buttersäure und Wasser bei 0°, 20° und 40°: *Angelescu*, *Cristodulo*, Bulet. [2] **2** [1940] 114, 119; mit Nitrobenzol und Wasser bei 25°: *Smith*, *Foecking*, *Barber*, Ind. eng. Chem. **41** [1949] 2289; mit Toluol und Wasser bei 25°: *Smith*, *Drexel*, Ind. eng. Chem. **37** [1945] 601; mit Benzylamin und Wasser, mit Phenylhydrazin und Wasser, mit Piperidin und Wasser sowie mit Pyridin und Wasser bei Temperaturen von 0° bis 50°: *Merzlin*, *Ušt'-Katschkinzew*, Ž. obšč. Chim. **5** [1935] 904, 909; C. A. **1936** 943; mit 2.2-Dimethyl-butan und Cyclopentan bei 15° und 25°: *Serijan*, *Spurr*, *Gibbons*, Am. Soc. **68** [1946] 1763; mit Heptan und Hexadecan, mit Heptan und Cyclohexan, mit Hexadecan und Cyclohexan sowie mit Hexadecan und Benzol bei 25°: *Hunter*, *Brown*, Ind. eng. Chem. **39** [1947] 1343; mit Cyclohexan und Essigsäure, mit Cyclohexan und Propionsäure sowie mit Cyclohexan und Buttersäure: *Angelescu*, *Giusca*, Z. physik. Chem. [A] **191** [1942] 145, 155—163; mit Hexan und Methylcyclopentan bei Temperaturen von 7° bis 70°: *Darwent*, *Winkler*, J. phys. Chem. **47** [1943] 442, 444; mit Heptan und Methylcyclohexan bei 25°: *Varteressian*, *Fenske*, Ind. eng. Chem. **29** [1937] 270—277; mit Cyclohexan und verschiedenen aromatischen Kohlenwasserstoffen sowie mit Isooctan und verschiedenen aromatischen Kohlenwasserstoffen: *Angelescu*, *Zinca*, Bl. sect. scient. Acad. roum. **24** [1941/42] 106, 483; mit Phenylisothiocyanat und Schwefel bei Temperaturen von 132° bis 150°: *Motschalow*, Uč. Zap. Molotovsk. Univ. **3** Nr. 4 [1939] 81, 85; C. A. **1943** 6532; in den quaternären Systemen mit Piperidin, Essigsäure und Wasser bei 0°: *Ušt'-Katschkinzew*, *Merzlin*, Ž. obšč. Chim. **6** [1936] 27; C. **1936** I 3814; mit Pyridin, Essigsäure und Wasser bei 0°: *Ušt'-Katschkinzew*, *Merzlin*, Ž. obšč. Chim. **6** [1936] 22, 23; C. **1936** I 3814; mit Pyridin, Piperidin und Wasser bei 0° und 50°: *Ušt'-Katschkinzew*, *Merzlin*, Ž. obšč. Chim.

6 [1936] 15, 17; C. **1936** I 3814.

Lösungsvermögen für Sauerstoff bei 20°: *Schläpfer, Audykowski, Bukowiecki*, Schweiz. Arch. angew. Wiss. Tech. **15** [1949] 299, 304, 306; für Schwefelwasserstoff bei 22° unter verschiedenen Drucken: *Bancroft, Belden*, J. phys. Chem. **34** [1930] 2123; für Schwefel bei 15°, 100° und 120° (oberhalb 140° unbegrenzt): *Kuznezow*, Trudy Azerbajdžansk. Univ. Nr. 1 [1939] 52, 55; C. A. **1943** 3994. Lösungsvermögen für Fluor-dichlor-methan, Difluor-dichlor-methan und Fluor-trichlor-methan: *Copley, Zellhoefer, Marvel*, Am. Soc. **61** [1939] 3550. Mischbarkeit mit verschiedenen nicht-aromatischen Kohlenwasserstoffen: *Mulliken, Wakeman*, R. **54** [1935] 366.

Kritische Lösungstemperatur in den binären Systemen mit Pentan, Hexan, Heptan, Octan und Nonan sowie Isomeren dieser Kohlenwasserstoffe: *Wibaut et al.*, R. **58** [1939] 329, 373; s. a. *Dobrjanškiĭ, Chešin*, Azerbajdžansk. neft. Chozjajstvo **1929** Nr. 8—9, S. 80, 82; C. **1930** I 2662; mit Pentan, Isopentan, Neopentan, Hexan und Neohexan (2.2-Dimethyl-butan): *Francis*, Ind. eng. Chem. Anal. **15** [1943] 447; mit Butan, Isobutan und Heptan: *Ludeman*, Ind. eng. Chem. Anal. **12** [1940] 446; mit Hexan und isomeren Kohlenwasserstoffen: *Maman*, C. r. **198** [1934] 1323; mit Octan und isomeren Kohlen=wasserstoffen: *Maman*, C. r. **205** [1937] 319; s. a. *Angelescu et al.*, Bl. Sect. scient. Acad. roum. **23** [1940/41] 515; *Timmermans, Hennaut-Roland*, J. Chim. phys. **29** [1932] 529, 530; mit Octan, Decan und Cyclopentan: *Poppe*, Bl. Soc. chim. Belg. **44** [1935] 640, 644; mit 2-Methyl-propen: *Lu.*; mit Penten-(1) und homologen Kohlenwasserstoffen: *Wilkinson*, Soc. **1931** 3057, 3061; mit Cyclopentan: *Wib. et al.*; mit Cyclohexan: *Schlegel*, J. Chim. phys. **31** [1934] 517, 526, 528; *An. et al.*; *Angelescu, Giusca*, Z. physik. Chem. [A] **191** [1942] 145, 154; mit Methylcyclopentan, Äthylcyclobutan und homologen Cyclo=alkanen: *Wib. et al.*; mit Methylcyclohexan, *cis*-Decalin und *trans*-Decalin: *An. et al.* Wärmetönung beim Vermischen mit Nitrobenzol und mit *m*-Kresol: *Trew, Spencer*, Trans. Faraday Soc. **32** [1937] 701, 705; mit 2-Chlor-phenol: *Ellyett*, Trans. Faraday Soc. **33** [1937] 1218, 1221.

Schmelzdiagramme der binären Systeme mit Arsen(III)-chlorid (Verbindung 3:1; F: 156°): *Puschin*, Ž. obšč. Chim. **18** [1948] 1599, 1600; C. A. **1949** 6899; mit Octanol-(1): *Tschamler, Richter, Wettig*, M. **80** [1949] 749, 757; mit Phenol (Verbindung 1:1; F: 30,5°): *Winogradowa, Tichomirowa, Efremow*, Izv. Akad. S.S.S.R. Ser. chim. **1936** 1027, 1032; C. **1938** I 566; mit 2-Chlor-phenol (Verbindung 1:1; F: 30,5°): *Pušin, Rikovski*, Glasnik chem. Društva Beograd **14** [1949] 163, 170; C. A. **1952** 4344; mit Thymol (Verbindung 1:1; F: 12°): *Pušin, Marić, Rikovski*, Glasnik chem. Društva Beograd **13** [1948] 50, 51; C. A. **1952** 4344; mit Benzophenon: *Taboury, Thomassin, Perrotin*, Bl. **1947** 783, 788; mit Essigsäure: *Puschin, Rikovski*, Z. physik. Chem. [A] **161** [1932] 336; mit Acetanhydrid: *Klotschko, Tschanukwadse*, Izv. Akad. S.S.S.R. Otd. chim. **1947** 585; C. A. **1948** 4038; mit Salicylsäure (Verbindung 1:1; F: 73° [Zers.]): *Trifonow*, Izv. biol. Inst. Permsk. Univ. **7** [1930/31] 343, 395; C. A. **1932** 3159; mit Äthylendiamin: *Puschin, Rikowski, Milutinowitsch*, Glasnik chem. Društva Beograd **14** [1949] 35, 37; C. A. **1952** 4344; mit Allylisothio=cyanat: *Kurnakow, Plakšina-Schischokina*, Izv. Inst. fiz. chim. Anal. **5** [1931] 29, 34, 37; C. **1934** I 3584; mit 4-Nitro-anilin: *Lichatschewa*, Ž. fiz. Chim. **8** [1936] 761, 763; C. **1937** II 4026. Thermische Analyse des Systems mit Cyclohexan bei Drucken von 1 at bis 1200 at sowie des Systems mit Phenol bei Drucken von 1 at bis 1000 at: *Deffet*, Bl. Soc. chim. Belg. **47** [1938] 461, 470—479, 483—489. Thermische Analyse der ternären Systeme mit Acetanhydrid und Wasser, mit Acetanhydrid und Essigsäure sowie mit Essigsäure und Wasser: *Klotschko, Tschanukwadse*, Izv. Akad. S.S.S.R. Otd. chim. **1948** 40; C. A. **1948** 5325; mit Benzol und 1.4-Dibrom-benzol sowie mit Acetanilid und *N*-Allyl-*N'*-phenyl-thioharnstoff: *Schischokin*, Z. anorg. Ch. **185** [1930] 360, 363, 365; mit Allyliso=thiocyanat und Benzol: *Ku., Pl.-Sch.*

Kryoskopie in geschmolzenem Schwefel: *Platzmann*, Bl. chem. Soc. Japan **4** [1929] 235, 240; in Nitrobenzol: *Meisenheimer, Dorner*, A. **482** [1930] 130, 133; in Toluol: *Udowenko, Babak*, Ž. obšč. Chim. **17** [1947] 655, 661; C. **1948** II 174; in Phenol: *Udowenko, Ušanowitsch*, Ž. obšč. Chim. **10** [1940] 17, 19; C. **1942** I 3183; in Dioxan: *Mei., Do.*, l. c. S. 132. Kryoskopie von Gemischen mit Nitrobenzol in Benzol: *Udowenko, Babak*, Ž. obšč. Chim. **18** [1948] 579, 580; C. A. **1949** 1252; von Gemischen mit Methanol und mit Äthanol in Benzol: *Udowenko, Babak*, Ž. obšč. Chim. **18** [1948] 572, 574; C. A. **1949** 1252; von Gemischen mit Phenol in Benzol: *Ud., Uš.*; *Udowenko*, Izv. Akad. S.S.S.R. Otd. tech. **1944** 89, 92; C. A. **1946** 3334; von Gemischen mit Phenol in Nitrobenzol und in Dioxan: *Mei.*,

Do., l. c. S. 145, 146; von Gemischen mit Aceton in Benzol: *Ud.*, *Ba.*, Ž. obšč. Chim. **18** 580.

Siedepunkt und Zusammensetzung der binären Azeotrope mit Hexachloräthan, α-Terpinen, γ-Terpinen, Terpinolen, (±)-Limonen, α-Pinen, β-Pinen, Camphen, 1.2-Dichlorbenzol, 1.4-Dichlor-benzol, Jodbenzol, 2-Brom-toluol, 3-Brom-toluol, 4-Brom-toluol, Butylbenzol, *p*-Cymol, Inden, Dipentyläther, Diisopentyläther, Heptanol-(1), Octanol-(1), (±)-Octanol-(2), *O*-Methyl-isoborneol, Phenol, Propyl-phenyl-äther, *o*-Kresol, Äthyl-benzyl-äther, Äthylenglykol, (±)-Propylenglykol, Benzylamin, *N.N*-Dimethyl-*o*-toluidin, 2-Amino-äthanol-(1) und Cineol: *M. Lecat*, Tables azéotropiques, 2. Aufl. [Brüssel 1949].

Partialdruck über wss. Lösungen verschiedener Konzentration bei 20°: *Speakman*, Soc. **1935** 776, 778; Dampf-Flüssigkeit-Gleichgewicht des Systems mit Wasser bei 745 Torr und Temperaturen von 98° bis 168° sowie bei Drucken von 70 Torr bis 750 Torr und 100°: *Griswold et al.*, Ind. eng. Chem. **32** [1940] 878; s. a. *Schoorl*, R. **62** [1943] 350. Partialdampfdruck über Natriumchlorid oder/und Anilin-hydrochlorid enthaltenden wss. Lösungen bei 20°: *Speakman*, Soc. **1936** 1662, 1664. Dampfdruck von Lösungen von Schwefeldioxid in Anilin bei 25°: *Hill*, Am. Soc. **53** [1931] 2598, 2600; s. a. *Foote*, *Fleischer*, Am. Soc. **56** [1934] 870, 871. Partialdampfdruck über Gemischen mit Benzol: *Martin*, *Collie*, Soc. **1932** 2658, 2663. Dampf-Flüssigkeit-Gleichgewicht im System mit Chlorbenzol bei Drucken unterhalb 1 at: *Coulter*, *Lindsay*, *Baker*, Ind. eng. Chem. **33** [1941] 1251; in den binären Systemen mit *N*-Äthyl-anilin und mit *N.N*-Diäthyl-anilin: *Green*, *Spinks*, Canad. J. Res. [B] **23** [1945] 269, 272; in den ternären Systemen mit Methylcyclohexan und Toluol: *Fenske*, *Carlson*, *Quiggle*, Ind. eng. Chem. **39** [1947] 1322, 1326; mit Phenol und Wasser: *Campbell*, Am. Soc. **67** [1945] 981—987. Aus der Schallgeschwindigkeit ermittelte adiabatische Kompressibilität von Gemischen mit Essigsäure bei 15°: *Mikhailov*, C. r. Doklady **31** [1941] 324; von Gemischen mit Äthylacetat bei 20°: *Tarašow*, *Bering*, *Šidorowa*, Ž. fiz. Chim. **8** [1936] 372, 381, 382; C. **1937** I 4748. Ausdehnungskoeffizient von Lösungen in Toluol bei Temperaturen von 25° bis 78°: *Wright*, Soc. **1940** 870.

Oberflächenspannung von wss. Lösungen bei 20°: *Speakman*, Soc. **1935** 776; von gesättigten Lösungen von Anilin in Wasser sowie von Wasser in Anilin bei 18°: *v. Kúthy*, Bio. Z. **237** [1941] 380, 391; von Natriumchlorid oder/und Anilin-hydrochlorid enthaltenden wss. Lösungen bei 20°: *Speakman*, Soc. **1936** 1662, 1664. Oberflächenspannung von Gemischen mit Cyclohexan bei 32° und 60°: *Wellm*, Z. physik. Chem. [B] **28** [1935] 119, 121; von Gemischen mit Naphthalin bei 15°: *Kosakewitsch*, *Kosakewitsch*, Z. physik. Chem. [A] **166** [1933] 113, 117; von Gemischen mit Phenol bei Temperaturen von 25° bis 100°: *Trifonow*, *Merzlin*, Izv. Sektora fiz. chim. Anal. **12** [1940] 139, 145; C. **1940** II 1561; von Gemischen mit Allylisothiocyanat bei 100° und 125°: *Trifonow*, *Chalesowa*, Izv. Sektora fiz. chim. Anal. **12** [1940] 123, 126; C. **1940** II 1561; von Gemischen mit Essigsäure: *Angelescu*, *Eustatiu*, Z. physik. Chem. [A] **177** [1936] 263, 267. Grenzflächenspannung gegen Wasser: *Heymann*, Koll. Z. **52** [1930] 269, 276. Randwinkel gegen Wasser: *Fuchs*, Koll. Z. **52** [1930] 262, 266; Randwinkel gegen Glas: *Talmud*, *Lubman*, Z. physik. Chem. [A] **148** [1930] 227, 232. Kontaktwinkel und Adhäsionsspannung gegen Aktivkohle und Quarz: *Bartell*, *Osterhof*, J. phys. Chem. **37** [1933] 543, 549. Diffusionskoeffizient in Wasser, wss. Glycerin, Methanol, Äthanol und Isopropylalkohol: *Hodges*, *La Mer*, Am. Soc. **70** [1948] 722, 724.

Magnetische Doppelbrechung von binären Gemischen mit Tetrachlormethan, Cyclohexan und Aceton: *Chinchalkar*, Indian J. Physics **7** [1933] 491, 501, 517. Lichtstreuung in binären Gemischen mit Heptan: *Krishnan*, Pr. Indian Acad. [A] **5** [1937] 577, 588; mit Hexan und mit Cyclohexan: *Krishnan*, Pr. Indian Acad. [A] **1** [1935] 915, 921, 922; vgl. *Gans*, Phys. Z. **38** [1937] 625; *Rousset*, Ann. Physique [II] **5** [1936] 5, 66, 67, 114; in Anilin-Wasser-Emulsionen: *Rao*, *Muthuswami*, J. Annamalai Univ. **6** [1937] 107; C. **1938** I 842. Absorptionsspektren von binären Gemischen mit Nitrosobenzol, mit Nitrobenzol, mit 2.4.6-Trinitro-benzol, mit 4-Nitro-phenol und mit 4-Nitro-anilin in Abhängigkeit von Druck und Temperatur: *Gibson*, *Loeffler*, Am. Soc. **62** [1940] 1324, 1327. UV-Spektrum eines Gemisches mit Aluminiumchlorid bei —180°: *Terenin*, Izv. Akad. S.S.S.R. Otd. chim. **1940** 59, 66; C. A. **1941** 3521.

Magnetische Susceptibilität von Gemischen mit Äthanol, Propanol-(1) und Isopropylalkohol bei 18°: *Hatem*, Bl. **1949** 483, 485, 486, 601, 602, 604. Dielektrischer Verlust eines Gemisches mit Phenol und Benzol bei Wellenlängen von 200 m bis 1800 m: *Wulff*,

Takashima, Z. physik. Chem. [B] **39** [1938] 322, 327. Elektrische Leitfähigkeit von Gemischen mit Phenol bei 50° (Assoziation): *Howell, Robinson*, Soc. **1933** 1032, 1034; mit Essigsäure bei 21° und 50° (Nachweis einer Verbindung 1:2): *Naumowa*, Ž. obšč. Chim. **19** [1949] 1216; C. A. **1950** 2358; mit Antimon(III)-chlorid bei 65°, 95° und 125° (Nachweis einer Verbindung 1:1): *Naumowa, Shitkow*, Ž. obšč. Chim. **19** [1949] 1429; C. A. **1950** 919. [*Weissmann*]

Chemisches Verhalten

Einwirkung von Licht.

UV-Absorption (λ_{max}: 386 mμ; Bildung von $C_6H_7N^{\oplus}$-Ionen) einer bei tiefen Temperaturen mit UV-Licht (270 mμ) bestrahlten festen Lösung von Anilin in einem Äther-Isopentan-Äthanol-Gemisch: *Lewis, Bigeleisen*, Am. Soc. **65** [1943] 2424.

Reaktionen mit Elementen und anorganischen Verbindungen.

Bei der Elektrolyse (Stromdichte: 0,1 A/cm²) von Anilin-hydrochlorid in wss. Salzsäure sind Tetrachlor-benzochinon-(1.4) (bei 35—40°; 10%ig. wss. Salzsäure), Trichlorbenzochinon-(1.4) (5—15°; 20%ig. wss. Salzsäure) und 2.4.6-Trichlor-anilin (0°; wss. Salzsäure [D: 1,19]) erhalten worden (*Erdélyi*, B. **63** [1930] 1200). Flammpunkt von Anilin: *Assoc. Factory Insurance Co.*, Ind. eng. Chem. **32** [1940] 880, 881. Flammenspektrum: *Vaidya*, Pr. Indian Acad. [A] **2** [1936] 352, 355. Bildung von Phenazin bei der Bestrahlung einer Lösung von Anilin-hydrochlorid in wss. Salzsäure mit Sonnenlicht in Gegenwart von Luft: *Malaviya, Dutt*, Pr. Acad. Sci. Agra Oudh **4** [1934] 319, 320. Bildung von Phenazin und Azobenzol beim Leiten eines Gemisches von Anilin-Dampf und Luft über einen Thallium(III)-oxid-Katalysator bei 250—500°: *Brown, Frishe*, J. phys. Chem. **51** [1947] 1394, 1398. Beim Leiten eines Gemisches von Anilin-Dampf und Luft über aktiviertes Mangan(IV)-oxid ist bei 25° Azobenzol, bei 120° hingegen Nitrobenzol (neben Ammoniak und Wasser) erhalten worden (*Alekšeewškiĭ, Gol'braĭch*, Ž. obšč. Chim. **4** [1934] 936, 943; C. **1935** II 3750). Hemmung der Autoxydation von Anilin durch Schwefel, Natriumthiosulfat, Natriumdithionit, Oxalsäure, 2-Carboxymethylmercapto-benzoesäure und Thiophen: *Woroshzow, Strel'zowa*, Ž. obšč. Chim. **9** [1939] 1022, 1036; C. **1939** II 3045. Bildung von *trans*-Azobenzol, 5-Amino-2-anilinobenzochinon-(1.4)-1-phenylimin (über die Konstitution dieser Verbindung s. *Engelsma, Havinga*, Tetrahedron **2** [1958] 289, 293; *Tanabe*, Chem. pharm. Bl. **6** [1958] 645) und 2.5-Dianilino-benzochinon-(1.4)-mono-phenylimin beim Behandeln mit wss. Essigsäure, wss. Wasserstoffperoxid und Eisen(II)-sulfat: *Mann, Saunders*, Pr. roy. Soc. [B] **119** [1935] 47, 58. Bildung von 2.5-Dianilino-benzochinon-(1.4)-bis-phenylimin beim Erwärmen mit sog. Graphitoxid: *Carter, Moulds, Riley*, Soc. **1937** 1305, 1309, 1310). Bildung von Azoxybenzol und Nitrobenzol beim Behandeln mit wss. Natriumhydrogencarbonat-Lösung und mit Peroxyessigsäure bei 40° (vgl. E I 136): *Greenspan*, Ind. eng. Chem. **39** [1947] 847. Bildung von *trans*-Azobenzol beim Behandeln mit Diacetoxyjod-benzol (1 Mol) in Benzol: *Neu*, B. **72** [1939] 1505, 1512; beim Erwärmen mit Selen in Benzol in Gegenwart der Quecksilber(II)-Verbindung des Acetamids oder des Benzamids: *Pischtschimuka*, Ž. obšč. Chim. **10** [1940] 305, 308; C. **1940** II 750.

Beim Erhitzen mit Jod bis auf 150° sind Anilin-hydrojodid, 4-Jod-anilin und 2.4-Dijodanilin, beim Erhitzen mit Jod auf 180—230° sind Anilin-hydrojodid und eine als 8-Jod-10-phenyl-5.10-dihydro-phenazinyl-(2)]-[8-jod-10-phenyl-10*H*-phenazinyliden-(2)]-amin angesehene Verbindung $C_{36}H_{23}I_2N_5$ (blauviolette Krystalle) erhalten worden (*Hodgson, Marsden*, Soc. **1937** 1365). Bildung von 2-Amino-benzol-sulfonsäure-(1), 3-Amino-benzolsulfonsäure-(1) und Sulfanilsäure beim Behandeln von Anilin-sulfat mit rauchender Schwefelsäure bei Temperaturen von 0° bis 95° (vgl. H 69, 70): *Alexander*, Am. Soc. **68** [1946] 968, 970. Geschwindigkeit der Reaktion von Anilin-sulfat mit Schwefelsäure (Bildung von Sulfanilsäure) bei 140° und bei 185°: *Alexander*, Am. Soc. **69** [1947] 1599, 1600. Beim Behandeln von Anilin mit dem Schwefeltrioxid-Dioxan-Addukt in Tetrachlormethan und Behandeln des Reaktionsprodukts mit Bariumhydroxid in Wasser sind die Barium-Salze der Phenylsulfamidsäure und der Sulfanilsäure erhalten worden (*Hurd, Kharasch*, Am. Soc. **69** [1947] 2113, 2115). Bildung von Phenylsulfamidsäure beim Erwärmen von Anilin mit Natriumhydrogensulfit und Natrium-[3-nitro-benzol-sulfonat-(1)] in wss. Natronlauge: *Bogdanow*, Ž. obšč. Chim. **15** [1945] 967, 976; C. A. **1946** 6456; beim Erwärmen mit Dikalium-[hydroxylamin-di-*N*-sulfonat] in Wasser: *Bogdanow, Karandaschewa*, Ž. obšč. Chim. **17** [1947] 87, 92; C. A. **1948** 138. Bildung von Phenylsulfamidsäure und 2-Amino-benzol-sulfonsäure-(1) beim Erhitzen mit Dinatrium-quecksilber(II)-sulfit in Wasser: *Bo.*, *Ka.* Bildung von 2-Nitro-phenol, 2.4-Dinitro-phenol und 2.6-Dinitrophenol beim Behandeln mit wss. Salpetersäure verschiedener Konzentration: *Macciotta*, Ann. Chimica applic. **22** [1932] 142, 143. Reaktion mit Phosphorsäure-fluorid-dichlorid ($^1/_4$ Mol) in Benzol unter Bildung von Phosphorsäure-fluorid-dianilid: *Heap*, *Saunders*, Soc. **1948** 1313, 1315. Beim Erwärmen mit Hexachlor-[1.3.5.2.4.6]triazatri-^{v}P-phosphorin ($^1/_{12}$ Mol) ist neben Hexaanilino-[1.3.5.2.4.6]triazatri-^{v}P-phosphorin („Phosphorsäure-dianilid-nitril"; vgl. H 70) 4.6-Dichlor-2.2.4.6-tetraanilino-[1.3.5.2.4.6]triazatri-^{v}P-phosphorin (bezüglich der Konstitution dieser Verbindungen s. *Becke-Goehring*, *John*, *Fluck*, Z. anorg. Ch. **302** [1959] 103; *Ray*, *Shaw*, Soc. **1961** 872) erhalten worden (*Bode*, *Clausen*, Z. anorg. Ch. **258** [1949] 99, 103; s. a. *Bode*, *Bütow*, *Lienau*, B. **81** [1948] 547, 550). Über die Konstitution einer beim Behandeln mit Phosphor(III)-chlorid in Toluol und anschliessenden Erhitzen erhaltenen, als „Phenyl-phosphazo-anilid" bezeichneten Verbindung $C_{24}H_{22}N_4P_2$ (*Grimmel*, *Guenther*, *Morgan*, Am. Soc. **68** [1946] 539) s. *Goldschmidt*, *Krauss*, A. **595** [1955] 193, 196; *Nielsen*, *Pustinger*, J. phys. Chem. **68** [1964] 152, 156. Über die Reaktion mit Arsen(III)-chlorid in Heptan s. *Doak*, J. Am. pharm. Assoc. **24** [1935] 453, 455. Bildung von Orthokieselsäure-tetraanilid beim Erwärmen mit Siliciumdisulfid: *Malatesta*, G. **78** [1948] 753, 762. Reaktion mit Germanium(IV)-chlorid in Äther unter Bildung einer Verbindung $C_{12}H_{10}N_2Ge \cdot 2HCl$: *Thomas*, *Southwood*, Soc. **1931** 2083, 2089. Reaktion mit Zirkoniumchlorid in Methanol unter Bildung einer Verbindung $C_{12}H_{10}N_2Zr$: *Gable*, Am. Soc. **53** [1931] 1276, 1277.

Austausch der am Stickstoff gebundenen Wasserstoff-Atome gegen Deuterium beim Behandeln von Anilin-hydrochlorid mit Deuteriumoxid enthaltendem Wasser bei Temperaturen bis 50°: *Harada*, *Titani*, Bl. chem. Soc. Japan **11** [1936] 554, 555; *Anderson et al.*, Soc. **1937** 1492, 1500. Geschwindigkeit und Aktivierungsenergie des Austausches der an den C-Atomen 2, 4 und 6 befindlichen Wasserstoff-Atome gegen Deuterium beim Behandeln von Anilin-hydrochlorid mit Deuteriumoxid enthaltendem Wasser, auch in Gegenwart von Salzsäure, bei Temperaturen von 74° bis 100°: *Koizumi*, Bl. chem. Soc. Japan **14** [1939] 530, 533, **15** [1940] 37, 38; *Best*, *Wilson*, Soc. **1946** 239, 240, 242; Geschwindigkeit der Reaktion nach Zusatz von Kaliumhydroxid oder von Anilin: *Koizumi*, Bl. chem. Soc. Japan **15** [1940] 8, 10, 12. Austausch der ringständigen Wasserstoff-Atome gegen Deuterium beim Erhitzen von am Stickstoff mit Deuterium markiertem Anilin-hydrochlorid auf Temperaturen oberhalb 160°: *Harada*, *Titani*, Bl. chem. Soc. Japan **11** [1936] 554, 555; *Okazaki*, *Koizumi*, Bl. chem. Soc. Japan **16** [1941] 371; *Okazaki*, J. chem. Soc. Japan **62** [1941] 52; C. A. **1943** 4058.

Hydrierung an Platin in Essigsäure bei 25°/120 at unter Bildung von Cyclohexylamin und Dicyclohexylamin (vgl. E II 53): *Baker*, *Schuetz*, Am. Soc. **69** [1947] 1250. Hydrierung an Rhodium in Äthanol unter Bildung von Cyclohexan und Ammoniak: *Zenghelis*, *Stathis*, C. r. **206** [1938] 682; M. **72** [1939] 58, 61. Bildung von Cyclohexan, Benzol, Cyclohexylamin, *N*-Cyclohexyl-anilin, Dicyclohexylamin und Ammoniak bei der Hydrierung an Osmium-Katalysatoren bei 260°/120—140 at (vgl. E II 53): *Šadikow*, *Schagalow*, Ž. russ. fiz. chim. Obšč. **62** [1933] 1635; C. **1931** I 3109. Hydrierung an Nickel in Methylcyclohexan bei 175°/200—250 at unter Bildung von Cyclohexylamin: *Adkins*, *Cramer*, Am. Soc. **52** [1930] 4349, 4355; s. a. *Adkins*, *Cramer*, *Connor*, Am. Soc. **53** [1931] 1402; Hydrierung an Nickel bei 180°/100—120 at unter Bildung von Cyclohexylamin und Dicyclohexylamin: *Diwoky*, *Adkins*, Am. Soc. **53** [1931] 1868, 1869; *Kamatsu*, *Amatatsu*, Mem. Coll. Sci. Kyoto [A] **13** [1930] 329, 331. Hydrierung an Nickel in Äthanol bei 200°/250—290 at unter Bildung von Äthyl-cyclohexyl-amin: *Adkins*, *Cramer*, Am. Soc. **52** [1930] 4349, 4355. Konkurrierende Hydrierung von binären Gemischen von Anilin mit Benzol, Toluol, Phenol, Benzylalkohol, Diphenylamin, Acetanilid, Pyridin und Chinolin an Nickel bei 175°/125—200 at: *Diwoky*, *Adkins*, Am. Soc. **53** [1931] 1868, 1869. Aktivierungswärme der Reaktion von Anilin (in Schwefelsäure) mit atomarem Wasserstoff (Bildung von Ammoniak): *Harteck*, *Stewart*, Z. physik. Chem. [A] **181** [1938] 183, 191.

Kinetik der Reaktion mit Wasser (Bildung von Phenol) in Gegenwart von Phosphorsäure und Phosphaten bei Temperaturen von 350° bis 440°: *Patat*, M. **77** [1947] 352, 360.

Reaktionen mit Kohlenstoff-Verbindungen.

Beim Erhitzen von Anilin mit 4-Chlor-benzol-sulfonylazid-(1) auf 125° sind 4-Chlor-benzolsulfonamid-(1), 4-Chlor-benzol-sulfonsäure-(1)-anilid und *N*-[4-Chlor-benzol-sulfonyl-(1)]-*o*-phenylendiamin erhalten worden (*Curtius*, J. pr. [2] **125** [1930] 303, 348). Bildung von 2-[4-Amino-phenylmercapto]-*N*-benzolsulfonyl-benzamid beim Erwärmen mit 3-Oxo-

2-benzolsulfonyl-2.3-dihydro-benz[*d*]isothiazol in Äthanol: *McClelland, Peters*, Soc. **1947** 1229, 1232. Bildung von Phosphorsäure-diäthylester-anilid beim Behandeln mit einem Gemisch von Diäthylphosphit und Tetrabrommethan oder mit einem Gemisch von Diäthylphosphit und Trichlorbrommethan in Benzol oder Äthylacetat: *Atherton, Todd*, Soc. **1947** 674, 677. Beim Behandeln mit Trimethylboran unter starker Kühlung und Erhitzen der erhaltenen Additionsverbindung $C_6H_7N \cdot C_3H_9B$ (S. 240) unter 18 at auf 300° bilden sich Anilino-dimethyl-boran $C_8H_{12}BN$ (Flüssigkeit), Phenylimino-methyl-boran C_7H_8BN (Flüssigkeit) und Methan (*Wiberg, Hertwig*, Z. anorg. Ch. **257** [1948] 138, 142). Bei mehrmonatiger Bestrahlung eines Gemisches von Anilin und Nitrobenzol mit Sonnenlicht im geschlossenen Gefäss sind Azoxybenzol, 2-Hydroxy-azobenzol und geringe Mengen 4-Amino-phenol (*Vecchiotti, Piccinini*, G. **61** [1931] 626, 628), bei Anwendung von 2-Nitro-toluol an Stelle des Nitrobenzols sind 2-Methyl-azoxybenzol, geringe Mengen 4-Amino-phenol und eine als 6-Hydroxy-2-methyl-azobenzol angesehene Verbindung vom F: 88—89° (*Vecchiotti, Piccinini*, G. **63** [1933] 113) erhalten worden. Bildung von geringen Mengen Phenyl-[4-nitro-phenyl]-amin beim Behandeln der Kalium-Verbindung des Anilins mit Nitrobenzol in flüssigem Ammoniak unter Zusatz von Ammoniumchlorid: *Bergstrom, Granara, Erickson*, J. org. Chem. **7** [1942] 98, 101.

Beim Erhitzen von Anilin mit 2-Methyl-buten-(2) unter Zusatz von Anilin-hydrochlorid oder Anilin-hydrobromid bis auf 260° sind 4-*tert*-Pentyl-anilin, Diphenylamin sowie geringe Mengen *N*-*tert*-Pentyl-anilin und *N*-[1.2-Dimethyl-propyl]-anilin erhalten worden (*Hickinbottom*, Soc. **1935** 1279, 1280). Bildung von 4-[1-Phenyl-äthyl]-anilin, 2-[1-Phenyl-äthyl]-anilin und geringen Mengen *N*-[1-Phenyl-äthyl]-anilin beim Erhitzen von Anilin mit Styrol unter Zusatz von Anilin-hydrochlorid bis auf 270°: *Hickinbottom*, Soc. **1934** 319, 320. Bildung von (1*S*)-2*exo*-Anilino-bornan beim Erhitzen von Anilin mit (−)-Camphen (E III **5** 380) unter Zusatz von Anilin-hydrochlorid: *Lipp, Stutzinger*, B. **65** [1932] 241, 248; s. a. *Ritter*, Am. Soc. **55** [1933] 3322, 3324; *Kuwata*, J. Soc. chem. Ind. Japan Spl. **37** [1934] 389. Beim Behandeln von Anilin mit Butadien-(1.3) (0,2 Mol) unter Zusatz von Anilin-hydrochlorid oder Anilin-hydrobromid bis auf 260° sind 4-[Buten-(2)-yl]-anilin (Kp_{24}: 135—136°; *N*-Acetyl-Derivat: F: 98—99°), 1-Anilino-buten-(2) (Kp_{34}: 132—134°) und geringe Mengen 2.3-Dimethyl-indol erhalten worden (*Hickinbottom*, Soc. **1934** 1981, 1982).

Beim Behandeln mit Acetylen in Gegenwart von Quecksilber-Salzen ist neben einer Verbindung $C_{18}H_{20}N_2$ (F: 172—175°) eine nach *Funabashi, Iwakawa, Yoshimura* (Bl. chem. Soc. Japan **42** [1969] 2885) als 4*c*-Anilino-2*r*-methyl-1.2.3.4-tetrahydro-chinolin zu formulierende Base $C_{16}H_{18}N_2$ („Ecksteinsche Base" [H 552; E II 289]) erhalten worden (*Koslow, Šerko*, Ž. obšč. Chim. **7** [1937] 832, 833; C. **1938** II 2575; *Koslow, Rodman*, Ž. obšč. Chim. **7** [1937] 836; C. **1938** II 2575). Bildung von Chinaldin, 2-Methyl-1.2.3.4-tetrahydro-chinolin und *N*-Äthyl-anilin beim Behandeln mit Acetylen in Gegenwart von Kupfer(I)-chlorid, Kupfer(II)-chlorid, Silbernitrat oder Quecksilber-Salzen und Erhitzen der Reaktionsprodukte: *Koslow, Fedošeew*, Ž. obšč. Chim. **6** [1936] 250; C. **1936** II 1926; *Koslow, Golod*, Ž. obšč. Chim. **6** [1936] 1089; C. **1937** I 868; *Koslow, Gimpelewitsch*, Ž. obšč. Chim. **6** [1936] 1341; C. **1937** I 4100; *Koslow, Dinaburškaja, Rubina*, Ž. obšč. Chim. **6** [1936] 1349; C. **1937** I 4101; *Koslow, Patschankowa*, Ž. obšč. Chim. **6** [1936] 1352; C. **1937** I 4101. Bildung von 3-Anilino-butin-(1) beim Behandeln eines Gemisches von Anilin und Anilin-acetat mit Acetylen in Gegenwart von Kupfer(I)-acetylenid und von [1.1']Binaphthyldiol-(2.2') in Äthanol: *Gen. Aniline & Film Corp.*, U.S.P. 2342493 [1940]; *Gardner*, Soc. **1949** 780, 782. Reaktion mit Chloracetylen s. S. 227. Reaktion von Anilin mit Heptin-(1) bzw. mit Octin-(3) in Gegenwart von Quecksilber(II)-oxid und von Borfluorid in Äther unter Bildung von Heptanon-(2)-phenylimin bzw. von Octanon-(4)-phenylimin: *Loritsch, Vogt*, Am. Soc. **61** [1939] 1462, 1463. Reaktionen mit Oxoalkinen s. S. 228.

Geschwindigkeitskonstante der Reaktionen mit Benzylchlorid, 2-Chlormethyl-benzonitril, 3-Chlormethyl-benzonitril und 4-Chlormethyl-benzonitril in Methanol bei Temperaturen von 30° bis 50°: *Peacock, Tha*, Soc. **1937** 955. Beim Erhitzen mit Triphenylmethylchlorid und Essigsäure ist 4-Acetamino-1-trityl-benzol erhalten worden (*Witten, Reid*, Am. Soc. **69** [1947] 973). Die beim Behandeln mit 1.3-Dibrom-propan neben *N.N'*-Diphenyl-propandiyldiamin („*N.N'*-Diphenyl-trimethylendiamin") erhaltene früher als 1-Phenyl-azetidin („*N*-Phenyl-trimethylenimin") angesehene Verbindung (s. H 72) ist als 1.2.3.4-Tetrahydro-chinolin zu formulieren (*Fischer, Topsom. Vaughan*, J. org. Chem.

25 [1960] 463). Bildung von 4-[2-Anilino-äthyl]-1-phenyl-piperazin beim Erhitzen mit Tris-[2-chlor-äthyl]-amin-hydrochlorid: *van Alphen*, R. **56** [1937] 1007, 1008.

Über die Reaktion der Kalium-Verbindung des Anilins mit Chlorbenzol in flüssigem Ammoniak bei —33° in Gegenwart von Kaliumamid s. *Wright, Bergstrom*, J. org. Chem. **1** [1936] 179, 183, 184. Bildung von geringen Mengen Indol beim Einleiten von Chlor= acetylen in Anilin bei 150°: *Ott, Dittus, Weissenburger*, B. **76** [1943] 85, 87.

Geschwindigkeitskonstante der Reaktion mit 4-Chlor-1.3-dinitro-benzol in Äthanol bei 25° und 100°: *van Opstall*, R. **52** [1933] 901, 906; bei 35° und 45°: *Singh, Peacock*, J. phys. Chem. **40** [1936] 669, 670; bei 35° und 45° nach Zusatz von *N.N*-Dimethyl-anilin, Benzol, Chlorbenzol oder Nitrobenzol: *Singh, Peacock*, Soc. **1935** 1411, 1412. Geschwindigkeits= konstante der Reaktion mit 4-Brom-1.3-dinitro-benzol in Äthanol, auch nach Zusatz von *N.N*-Dimethyl-anilin, *N*-Methyl-*N*-äthyl-anilin oder *N.N*-Diäthyl-anilin, bei 35° und 45°: *Singh, Peacock*, Soc. **1935** 1410, 1411. Geschwindigkeitskonstante der Reaktion mit 4-Chlor-1.3-dinitro-naphthalin in Äthanol bei 25°: *van Opstall*, R. **52** [1933] 901, 906. Beim Bestrahlen eines Gemisches von Anilin und Tetrachlormethan mit UV-Licht und Erhitzen des Reaktionsgemisches mit Wasser sind *N.N'*-Diphenyl-harnstoff, 4-Amino-*N.N'*-diphenyl-benzamidin, Azobenzol, eine Verbindung $C_{19}H_{18}ClN_3$ (graugrüne Krystalle [aus W.], F: 248°) und eine Verbindung $C_{33}H_{25}N_5O$ (?) (rote Krystalle [aus $CHCl_3$], F: 248°) erhalten worden (*Hofmann*, Ang. Ch. **52** [1939] 96, 97). Bildung von *C*-Anilino-*N.N'*-diphenyl-acetamidin, geringen Mengen *C*-Phenylimino-*N.N'*-diphenyl-acetamidin und einer roten krystallinen Verbindung vom F: 212° bei 2-tägigem Erhitzen von Anilin mit Trichloräthylen und wss. Natronlauge: *Shibata, Nishi*, J. Soc. chem. Ind. Japan Spl. **36** [1933] 625, 628; C. **1934** I 1039; bezüglich der Konstitution der Reaktionsprodukte s. a. *Ziegler, Kaufmann, Klementschitz*, M. **83** [1952] 1334, 1336, 1341.

Reaktion mit 2-Chlor-äthanol-(1) (1 Mol) unter Bildung von 1.4-Diphenyl-piperazin: *Ross*, Soc. **1949** 183, 190. Reaktionen mit (±)-2-Brom-1-phenyl-propanon-(1) und mit (±)-1-Brom-1-phenyl-aceton bei Siedetemperatur unter Bildung von 3-Methyl-2-phenyl-indol sowie Reaktion mit (±)-2-Brom-1-phenyl-propanon-(1) in Gegenwart von Natrium= hydrogencarbonat bei Siedetemperatur unter Bildung von 2-Anilino-1-phenyl-propan= on-(1): *Julian et al.*, Am. Soc. **67** [1945] 1203, 1208, 1210. Beim Erhitzen mit (±)-2-Brom-1.3-diphenyl-propanon-(1) auf Siedetemperatur sind 2-Phenyl-3-benzyl-indol und 3-Phenyl-2-benzyl-indol (*Ju. et al.*), bei mehrtägigem Erwärmen mit (±)-2-Brom-1.3-di= phenyl-propanon-(1) auf 60° sind 2-Anilino-1.3-diphenyl-propanon-(1) und 1-Anilino-1.3-diphenyl-aceton (*McGeoch, Stevens*, Soc. **1935** 1032) erhalten worden. Geschwindig= keitskonstante der Reaktionen mit Phenacylchlorid, mit Phenacylbromid und mit Phenacyljodid in wasserfreiem Äthanol bei 40°: *Matheson, Humphries*, Soc. **1931** 2514, 2516; in 90%ig. wss. Äthanol bei 30°: *Baker*, Soc. **1932** 1148, 1150; Kinetik der Reaktion mit (±)-α-Chlor-desoxybenzoin (Bildung von α-Anilino-desoxybenzoin) in verschiedenen Lösungsmitteln: *Cameron, Nixon, Basterfield*, Trans. roy. Soc. Canada [3] **25** III [1931] 157.

Beim Erhitzen mit Äthanol in Gegenwart von Nickel auf 180° ist *N*-Äthyl-anilin, bei Anwendung von Isopropylalkohol an Stelle des Äthanols ist 4-Anilino-2-methyl-pentan erhalten worden (*Guyot, Fournier*, Bl. [4] **47** [1930] 203, 207, 208). Bildung von 4.6-Di= methyl-2-anilinomethyl-phenol beim Erhitzen mit 2-Hydroxy-3.5-dimethyl-benzyl= alkohol und wss. Salzsäure: *v. Euler, Nyström*, Ark. Kemi **14** B Nr. 26 [1940] 1, 3. Bildung von 1-Phenyl-pyrrolidin beim Leiten eines Gemisches von Anilin und Butandiol-(1.4) über Aluminiumoxid bei 300°: *Gen. Aniline & Film Corp.*, U.S.P. 2421650 [1939]. Beim Erhitzen von Anilin-hydrochlorid mit Bis-[2-hydroxy-äthyl]-amin-hydrochlorid bis auf 240° sind 1-Phenyl-piperazin und Bis-[2-anilino-äthyl]-amin erhalten worden (*Pollard, MacDowell*, Am. Soc. **56** [1934] 2199).

Bildung von 1-Diphenylamino-3-anilino-propanol-(2) beim Erwärmen mit (±)-3-Chlor-1.2-epoxy-propan (0,3 Mol): *Fukagawa*, B. **68** [1935] 1344, 1345. Geschwindigkeits= konstante der Reaktion mit (±)-3-Chlor-1.2-epoxy-propan in Wasser bei 20°: *Smith, Mattson, Andersson*, Fysiograf. Sällsk. Lund Handl. **57** [1946] 1, 18. Bildung von α-Anilino-β-hydroxy-isovaleriansäure-äthylester beim Erhitzen mit (±)-α.β-Epoxy-isovaleriansäure-äthylester auf 170°: *v. Schickh*, B. **69** [1936] 967, 971. Bildung von 1-Phenyl-pyrrol beim Leiten eines Gemisches von Anilin und Furan über Aluminiumoxid bei 465°: *Jurjew*, B. **69** [1936] 1944, 1945; Ž. obšč. Chim. **7** [1937] 267, 268; C. **1937** I 3952. Reaktion mit 5-Phenylimino-5*H*-dibenzo[*a.j*]phenoxazin unter Bildung von 5-Phenyl=

imino-14-phenyl-5.14-dihydro-dibenzo[*a.j*]phenazin: *Lantz*, A. ch. [11] **2** [1934] 101, 174.

Reaktion mit 1*t*-Phenyl-buten-(1)-on-(3) (*trans*-Benzylidenaceton) in Äthanol unter Bildung von 1-Anilino-1-phenyl-butanon-(3): *Macovski*, *Silberg*, J. pr. [2] **137** [1933] 131, 137. Beim Erhitzen mit 1 Mol Acrylonitril unter Zusatz von Anilin-acetat, Anilin-hydrochlorid oder Anilin-phosphat bis auf 140° ist *N*-Phenyl-*β*-alanin-nitril (*Bechli*, *Šerebrennikowa*, Ž. obšč. Chim. **19** [1949] 1553, 1554; C. A. **1950** 3448), beim Erhitzen mit 2,4 Mol Acrylonitril und Essigsäure (Überschuss) bis auf 150° ist daneben *N.N*-Bis-[2-cyan-äthyl]-anilin (*Cookson*, *Mann*, Soc. **1949** 67, 70) erhalten worden. Bildung von 4-Oxo-2.6-dimethyl-1-phenyl-1.4-dihydro-pyridin beim Erhitzen mit Heptadiin-(2.5)-on-(4) in Xylol: *Chauvelier*, A. ch. [12] **3** [1948] 393, 395, 420; Bildung einer als 1-Phenylimino-1.5-diphenyl-penten-(2)-in-(4)-ol-(3) angesehenen gelben Verbindung $C_{23}H_{17}NO$ (F: 143°; durch Erhitzen mit wss. Schwefelsäure in 4-Oxo-2.6-diphenyl-4*H*-pyran überführbar) beim Erwärmen mit 1.5-Diphenyl-pentadiin-(1.4)-on-(3) in Äthanol: *Ch.*, l. c. S. 424.

Über die Kondensation mit Formaldehyd und anderen Oxo-Verbindungen s. *Wegler*, Houben-Weyl **14**, Tl. 2 [1963] 292, 299, 300. Bildung von 2.2.4-Trimethyl-1.2-dihydrochinolin und geringen Mengen 9.9-Dimethyl-9.10-dihydro-acridin beim Erwärmen mit Aceton unter Zusatz von wss. Salzsäure: *Craig*, Am. Soc. **60** [1938] 1458. Beim Behandeln mit 1 Mol Butyraldehyd ohne Zusatz ist 3-Anilino-2-äthyl-hexanal-(1)-phenylimin (F: 92,5°), beim Behandeln mit Butyraldehyd unter Zusatz von Essigsäure oder Buttersäure ist 2-Äthyl-hexen-(2)-al-(1)-phenylimin [Kp_{15}: 146—148°] (*Kharasch*, *Richlin*, *Mayo*, Am. Soc. **62** [1940] 494, 495), beim Behandeln mit 2 Mol Butyraldehyd (vermutlich säurehaltig) sind 2-Äthyl-hexen-(2)-al-(1)-phenylimin (Kp_9: 172—174°) und Butyraldehyd-phenylimin (*Paquin*, B. **82** [1949] 316, 318, 324) erhalten worden; Bildung von 3.5-Diäthyl-2-propyl-1-phenyl-1.2-dihydro-pyridin (über die Konstitution dieser Verbindung s. *Krew*, *Michener*, *Ramey*, Tetrahedron Letters **1971** 3653) beim Behandeln mit Butyraldehyd (4 Mol) unter Zusatz von wss. Essigsäure, zuletzt bei Siedetemperatur: *Craig*, *Schaefgen*, *Tyler*, Am. Soc. **70** [1948] 1624. Bildung von 1-[Cyclohexen-(1)-yl]-cyclohexanon-(2), Cyclohexanon-phenylimin und 1-[Cyclohexen-(1)-yl]-cyclohexanon-(2)-phenylimin beim Erhitzen mit Cyclohexanon unter Druck (bis 5000 at) bis auf 130° (vgl. E II 59): *Sapiro*, *P'eng*, Soc. **1938** 1171, 1173. Bildung von 1.2.5-Triphenyl-pyrrol beim Erhitzen von Anilin mit 1.4-Diphenyl-butandion-(1.4) unter Zusatz von Anilin-hydrochlorid auf 150°: *Bodforss*, B. **64** [1931] 1111, 1115. Bildung von 2-Phenyl-isochinolinium-chlorid beim Behandeln mit [2-Formyl-phenyl]-acetaldehyd und wss. Salzsäure: *Schöpf*, *Hartmann*, *Koch*, B. **69** [1936] 2766, 2768. Bei der Hydrierung eines Gemisches von 1-Phenyl-propandion-(1.2) (0,6 Mol) und Anilin (1 Mol) in Wasser an Palladium ist je nach der Katalysator-Menge 2-Anilino-1-phenyl-propanon-(1) oder 2-Anilino-1-phenyl-propanol-(1) (F: 122°) erhalten worden (*Skita*, *Keil*, *Baesler*, B. **66** [1933] 858, 864).

Bildung von 5-Nitro-5-methyl-1.3-diphenyl-hexahydro-pyrimidin bei der Umsetzung von Anilin mit Formaldehyd und Nitroäthan: *Senkus*, U.S.P. 2391847 [1944]. Bildung von 2-Nitro-1-anilino-2-methyl-propan beim Eintragen von wss. Formaldehyd (1 Mol) in eine warme, mit wss. Trimethyl-benzyl-ammonium-hydroxid-Lösung versetzte methanol. Lösung von Anilin (1 Mol) und 2-Nitro-propan (1 Mol): *Johnson*, Am. Soc. **68** [1946] 14, 16. Bildung von 2-Phenyl-chinolin und geringen Mengen Chinaldin beim Behandeln von Anilin mit Benzaldehyd und Acetylen in Gegenwart von Quecksilber(II)-chlorid oder Kupfer(I)-chlorid: *Koslow*, Ž. obšč. Chim. **8** [1938] 413, 416; C. A. **1938** 7916. Beim Eintragen von wss. Kaliumcyanid-Lösung in ein Gemisch von Anilin und (±)-2-Oxo-(4a*rH*.8a*tH*)-decahydro-naphthalin in Essigsäure sind die beiden 2*ξ*-Anilino-(4a*rH*.8a*tH*)-decahydro-naphthonitrile-(2*ξ*) (F: 135° bzw. F: 120°) erhalten worden (*Desai*, *Hunter*, *Hussain*, Soc. **1936** 1675). Bildung von 2.3-Diphenyl-thiazolidinon-(4) beim Behandeln mit Benzaldehyd und Mercaptoessigsäure in Äther sowie beim Erwärmen mit Benzaldehyd in Benzol und anschliessend mit Mercaptoessigsäure unter Entfernen des entstehenden Wassers: *Erlenmeyer*, *Oberlin*, Helv. **30** [1947] 1329, 1332; *Surrey*, Am. Soc. **69** [1947] 2911.

Beim Erwärmen von Anilin-sulfat mit 2-Nitro-benzaldehyd und Zinkchlorid sind [2-Nitro-phenyl]-bis-[4-amino-phenyl]-methan, 4-[Benz[*c*]isoxazolyl-(3)]-anilin und *N*-[2-Nitro-benzyliden]-4-[benz[*c*]isoxazolyl-(3)]-anilin (*Tanasescu*, *Silberg*, Bl. [4] **51** [1932] 1357; vgl. H **13** 278), beim Behandeln von Anilin mit 2-Nitro-benzaldehyd in Essigsäure und Erwärmen des Reaktionsprodukts mit Äthanol und wss. Salzsäure sind

4-[Benz[c]isoxazolyl-(3)]-anilin und 4-[5-Chlor-benz[c]isoxazolyl-(3)]-anilin (*Secareanu, Silberg*, Bl. [5] **3** [1936] 1777, 1780) erhalten worden. Bildung von 1.3.5-Trinitro-benzol und 4.6-Dinitro-2-anilino-benzaldehyd-phenylimin (F: 177°) beim Erwärmen von Anilin mit 2.4.6-Trinitro-benzaldehyd (0,3 Mol) und Erwärmen des Reaktionsprodukts (rote Krystalle; F: 110°) mit Äthanol: *Secareanu*, B. **64** [1931] 834, 841.

Bildung von 7.8.9.10-Tetrahydro-phenanthridin beim Erwärmen eines Gemisches von Anilin und Anilin-hydrochlorid mit (±)-1-Hydroxymethyl-cyclohexanon-(2), Zinn(IV)-chlorid und Äthanol: *Kenner, Ritchie, Statham*, Soc. **1937** 1169, 1170. Reaktion mit (±)-2-Hydroxy-1.3-diphenyl-propanon-(1) in Gegenwart von wss. Salzsäure unter Bildung von 1-Anilino-1.3-diphenyl-aceton: *Julian et al.*, Am. Soc. **67** [1945] 1203, 1209. Beim Erwärmen von Anilin mit (±)-1-Hydroxy-1.3-diphenyl-aceton ist 2-Anilino-1.3-diphenyl-propanon-(1), beim Erwärmen mit (±)-1-Hydroxy-1.3-diphenyl-aceton unter Zusatz von wss. Salzsäure ist daneben 1-Anilino-1.3-diphenyl-aceton erhalten worden (*Ju. et al.*). Bildung von 3-Hydroxy-1.2-diphenyl-pyridinium-chlorid und Phen=yl-[1-phenyl-pyrrolyl-(2)]-keton beim Erhitzen eines Gemisches von Anilin und Anilin-hydrochlorid mit Phenyl-[furyl-(2)]-keton auf 110°: *Borsche, Leditschke, Lange*, B. **71** [1938] 957, 962.

Die beim Behandeln von Anilin mit Brenztraubensäure in Äther erhaltene, ursprünglich als 2-Phenylimino-propionsäure angesehene Verbindung (s. H 97) ist als 2.4-Dianilino-5-oxo-4-methyl-tetrahydro-furan-carbonsäure-(2) zu formulieren (*Wieland, Ohnacker, Rothhaupt*, B. **88** [1955] 633). In der beim Behandeln mit 3-Oxo-1*t*-phenyl-buten-(1)-säure-(4) erhaltenen, früher (s. E II 62) als 4.5-Dioxo-1.2-diphenyl-pyrrolidin angesehenen Verbindung hat 2-Anilino-4-hydroxy-4-phenyl-*cis*-crotonsäure-lacton vorgelegen (*Wasserman, Koch*, Chem. and Ind. **1957** 428). Reaktion mit Acetessigsäure-äthylester unter Bildung von 3-Anilino-crotonsäure-äthylester (Kp_{10}: 155° bzw. Kp_6: 137—139°) und Acetessigsäure-anilid (vgl. H 97): *Hauser, Reynolds*, Am. Soc. **70** [1948] 2402; *Coffey, Thomson, Wilson*, Soc. **1936** 856, 857. Bildung von 4-Phenylimino-1.2.6-triphenyl-piperidin-carbonsäure-(3)-äthylester (F: 174—175°) beim Behandeln mit Benzaldehyd (1 Mol) und Acetessigsäure-äthylester (0,5 Mol) in Äthanol und anschliessend mit Malon=säure: *Böhm, Stöcker*, Ar. **281** [1943] 62, 69; vgl. *Bodforss*, B. **64** [1931] 1109.

Bildung von Bis-[4-amino-phenyl]-methan beim Erhitzen von Anilin mit Kohlenoxid in Gegenwart von Chlorwasserstoff unter 3000 at auf 250°: *Buckley, Ray*, Soc. **1949** 1151, 1153. Bildung von Propionanilid beim Erhitzen mit Äthylen und Kohlenoxid in Gegenwart von Nickel unter 300 at auf 325°: *Newitt, Momen*, Soc. **1949** 2945, 2947. Bildung von Acrylanilid beim Erhitzen mit Acetylen und Kohlenoxid in Xylol oder Toluol in Gegenwart von Nickel-Katalysatoren auf 170° sowie beim Eintragen von Tetracarb=onylnickel in ein Gemisch von Acetylen, Anilin, wss. Phosphorsäure und Toluol bei 40°: *J. W. Reppe*, Acetylene Chemistry [New York 1949] S. 159, 162; Experientia **5** [1949] 93, 108; A. **582** [1953] 1, 14, 32. Reaktion mit Keten-diäthylacetal (1 Mol) unter Bildung von *N*-Phenyl-acetimidsäure-äthylester und geringen Mengen *N.N'*-Diphenyl-acetamidin: *Barnes, Kundiger, McElvain*, Am. Soc. **62** [1940] 1281, 1286. Reaktion mit Essigsäure-diäthoxymethylester unter Bildung von *N.N'*-Diphenyl-formamidin (über die Konstitution s. *Backer, Wanmaker*, R. **68** [1949] 247): *Post, Erickson*, J. org. Chem. **2** [1937] 260, 263. Geschwindigkeitskonstante der Reaktion mit Essigsäure (Bildung von Acet=anilid) in wss. Lösung bei 90°: *v. Euler, Ölander*, Z. physik. Chem. [A] **149** [1930] 364. Geschwindigkeitskonstante der Reaktionen mit Benzoesäure-methylester und mit den Methylestern von substituierten Benzoesäuren in Nitrobenzol bei Temperaturen von 80° bis 145°: *Vartak, Phalnikar, Bhide*, J. Indian chem. Soc. **24** [1947] 137, 133a, 134a. Geschwindigkeit der Reaktion mit Diketen (2-Hydroxy-buten-(1)-säure-(4)-lacton) in Aceton, 1.2-Dichlor-äthan, Tetralin, Benzol und Toluol bei 10°: *Ljaschenko, Šokolowa*, Ž. obšč. Chim. **17** [1947] 1868, 1870; C. A. **1949** 1247. Geschwindigkeit und Aktivierungs-energie der Reaktion mit Benzoylchlorid in Benzol: *Stubbs, Hinshelwood*, Soc. **1949** Spl. 71, 73; Geschwindigkeitskonstante der Reaktionen mit Benzoylchlorid, mit 4-Nitro-benzoylchlorid und mit *p*-Toluoylchlorid in Benzol bei Temperaturen von 5° bis 70°: *Williams, Hinshelwood*, Soc. **1934** 1079, 1080; der Reaktion mit Benzoylchlorid in Tetra=chlormethan und Hexan bei Temperaturen von 0° bis 56° sowie in Hexan bei 25°: *Grant, Hinshelwood*, Soc. **1933** 1352. Bildung von Malonanilid und *N.N'*-Diphenyl-harnstoff beim Erhitzen von Anilin mit Methantetracarbonsäure-tetraäthylester (0,1 Mol) auf 180°: *Backer, Lolkema*, R. **58** [1939] 23, 33.

Bildung von Paraleukanilin (Tris-[4-amino-phenyl]-methan) beim Erhitzen eines Gemisches von Anilin und Anilin-hydrochlorid mit Formanilid, unter Zusatz von Zinkchlorid auf 170°: *Giacalone*, G. **63** [1933] 761. Beim Erwärmen von Anilin mit Cyanwasserstoff und Chlorwasserstoff in Äther, Erhitzen des Reaktionsprodukts bis auf 300° und anschliessenden Behandeln mit heisser wss. Kalilauge ist 4-Amino-benzaldehyd erhalten worden (*Wu*, Am. Soc. **66** [1944] 1421); analoge Reaktion mit Acetonitril: *Wu*. Reaktion mit *N*-Benzhydryl-formamidin (1 Mol) in Benzol unter Bildung von *N*-Phenyl-*N'*-benzhydryl-formamidin: *Hinkel, Ayling, Beynon*, Soc. **1935** 1219. Bildung von Acetanilid beim Erhitzen mit Acetamid (vgl. H 87) bis auf 500—700°: *Hurd, Dull, Martin*, Am. Soc. **54** [1932] 1974; beim Erhitzen mit Acetamid in Gegenwart von Borfluorid (1 Mol): *Sowa, Nieuwland*, Am. Soc. **59** [1937] 1202.

Bildung von geringen Mengen Anthranilsäure bei 2-tägigem Erhitzen von Anilin mit Butyllithium (3 Mol) und anschliessendem Behandeln mit Kohlendioxid: *Gilman et al.*, Am. Soc. **62** [1940] 977, 979. Beim Erhitzen von Anilin mit Orthokohlensäure-tetraäthylester bis auf 250° sind *N.N'.N''*-Triphenyl-guanidin, *N.N'*-Diphenyl-harnstoff und Phenylcarbimidsäure-diäthylester, beim Erhitzen von Anilin-hydrochlorid mit Orthokohlensäure-tetraäthylester (1 Mol) auf Siedetemperatur ist als Hauptprodukt Phenylcarbamidsäure-äthylester erhalten worden (*Tieckelmann, Post*, J. org. Chem. **13** [1948] 268, 271, 272). Bildung von Phenylcarbamoylfluorid und *N.N'*-Diphenyl-harnstoff beim Behandeln von Anilin mit Carbonylfluorid in Äther: *Emeléus, Wood*, Soc. **1948** 2183, 2186. Bildung von *N.N'*-Diphenyl-harnstoff, Guanidin-sulfat und Ammoniumsulfat beim Erhitzen von Anilin mit Carbamoylguanidin-hydrogensulfat (Dicyandiamidin-hydrogensulfat) und Wasser auf 120°: *Perret*, C. r. **194** [1932] 975, 976. Bildung von *N.N'*-Diphenylguanidin beim Erhitzen mit Äthylthiocyanat und Quecksilber(II)-chlorid: *Schering-Kahlbaum A.G.*, D.R.P. 500161 [1927]; Frdl. **17** 2338. Beim Behandeln mit Schwefel und Schwefelkohlenstoff (je 1 Mol) bei 180° sind 2-Anilino-benzothiazol sowie geringe Mengen Benzothiazolthiol-(2) und *N.N'*-Diphenyl-thioharnstoff, bei 220° ist als Hauptprodukt Benzothiazolthiol-(2) erhalten worden (*Kimijima, Miyama*, J. Soc. chem. Ind. Japan **46** [1943] 264, 265; C. A. **1949** 2021; vgl. E II 62). Bildung von *N.N'*-Diphenyl-thioharnstoff beim Erhitzen mit dem Zink-Salz oder dem Nickel(II)-Salz der Trithiokohlensäure in Wasser: *Drosdow*, Ž. obšč. Chim. **1** [1931] 1168, 1169; C. **1932** II 1287. Beim Erwärmen mit Natrium-selenocyanat, Kupfer(II)-acetat, Acetanhydrid, Essigsäure und Äthanol ist 4-Amino-phenylselenocyanat erhalten worden (*Chao, Lyons*, Pr. Indiana Acad. **46** [1936] 105).

Bildung von 1-Phenyl-piperidin-carbanilid-(4) (Hauptprodukt) und 3-[2-Anilino-äthyl]-1-phenyl-pyrrolidinon-(2) beim Erhitzen mit 4-Brom-2-[2-brom-äthyl]-buttersäure-äthylester: *Prelog, Hanousek*, Collect. **6** [1934] 225, 227, 230. Reaktion mit Mercaptoessigsäure und Benzaldehyd s. S. 228. Bildung von 4-Hydroxy-chinolin-carbonsäure-(2)-äthylester beim Behandeln von Anilin mit Oxalessigsäure-äthylester unter Zusatz von Anilin-hydrochlorid und Erhitzen des Reaktionsprodukts in Paraffinöl auf 250°: *Albert, Magrath*, Biochem. J. **41** [1947] 534. Die bei der Reaktion mit Benzoylacetonitril erhaltene Verbindung $C_{15}H_{14}N_2O$ (s. E II 62) ist vermutlich als 3-Oxo-3.*N*-diphenyl-propionamidin zu formulieren (*Veer*, R. **69** [1950] 1118). Bildung von 2-Hydroxy-2-methyl-1-phenyl-pyrrolidinon-(5) beim Erhitzen mit 5-Oxo-2-methyl-4.5-dihydro-furan auf 180°: *Walton*, Soc. **1940** 438, 440. Beim Erhitzen mit *N*-Acetyl-anthranilsäure (1 Mol) und Phosphor(III)-chlorid (0,3 Mol) in Toluol ist 4-Oxo-2-methyl-3-phenyl-3.4-dihydro-chinazolin, beim Erhitzen mit *N*-Benzoyl-anthranilsäure und Phosphor(III)-chlorid in Toluol ist hingegen *N*-Benzoyl-anthranilsäure-anilid erhalten worden (*Grimmel, Guenther, Morgan*, Am. Soc. **68** [1946] 542, 543).

Biochemische Umwandlungen.

Beim Behandeln von Anilin mit Essigsäure und wss. Wasserstoffperoxid in Gegenwart von Peroxydase-Präparaten sind 2.5-Dianilino-benzochinon-(1.4)-imin-phenylimin, 7-Amino-3-phenylimino-5-phenyl-3.5-dihydro-phenazin, 2.7-Dianilino-3-phenylimino-5-phenyl-3.5-dihydro-phenazin und „Anilinschwarz" erhalten worden (*Mann, Saunders*, Pr. roy. Soc. [B] **119** [1935] 47, 54). Bildung von *N*-Benzyloxycarbonyl-glycin-anilid bzw. *N*-Benzoyl-L-alanin-anilid bei der Umsetzung mit *N*-Benzyloxycarbonyl-glycin bzw. mit *N*-Benzoyl-L-alanin in Gegenwart von Enzym-Präparaten: *Bergmann, Fraenkel-Conrat*, J. biol. Chem. **119** [1937] 707, 714. Nach peroraler Verabreichung von Anilin-hydrochlorid an Kaninchen sind in deren Harn 2-Amino-phenol, 4-Amino-phenol und

4-Amino-resorcin als *O*-Sulfo-Derivate und als Kondensationsprodukte mit D-Glucuronsäure nachgewiesen worden (*Smith*, *Williams*, Biochem. J. **44** [1949] 242; s. a. *Forst* in *B. Flaschenträger*, *E. Lehnartz*, Physiologische Chemie, Bd. 2, Tl. 2d/α [Berlin 1966] S. 485).

Nachweis und Bestimmung.

Zusammenfassende Darstellungen: *K. H. Bauer*, *H. Moll*, Die organische Analyse, 5. Aufl. [Leipzig 1967] S. 220; *F. D. Snell*, *C. T. Snell*, Colorimetric Methods of Analysis, 3. Aufl. Bd. 4 [New York 1967] S. 197; Bd. 4 A, S. 80, 369, 373; *F. Feigl*, Tüpfelanalyse, 4. Aufl. Bd. 2 [Frankfurt/M. 1960] S. 119, 271, 273, 275, 306.

Charakterisierung durch Überführung in *N.N*-Bis-[4-nitro-benzyl]-anilin (F: 168°): *Lyons*, J. Am. pharm. Assoc. **21** [1932] 224; in Phenylharnstoff (F: 145—147°): *Sah*, Sci. Rep. Tsing Hua Univ. [A] **2** [1934] 227, 230; in *N'*-Phenyl-*N*-[3.5-dinitro-phenyl]-harnstoff (F: 226—227°): *Sah*, *Ma*, J. Chin. chem. Soc. **2** [1934] 159, 163; in weitere *N*-Phenyl-*N'*-aryl-harnstoffe: *Meng*, *Sah*, J. Chin. chem. Soc. **4** [1936] 75, 77; *Karrman*, Svensk kem. Tidskr. **60** [1948] 61; *Sah*, *Chang*, R. **58** [1939] 8, 10; *Sah*, R. **58** [1939] 1008, 1010; R. **59** [1940] 231, 234; J. Chin. chem. Soc. **13** [1946] 22, 27, 33, 36, 38, 41, 43, 46, 49, 51; *Sah*, *Chen*, J. Chin. chem. Soc. **14** [1946] 74, 76, 78; *Sah et al.*, J. Chin. chem. Soc. **14** [1946] 84, 87, 89; *Sah*, *Lei*, J. Chin. chem. Soc. **2** [1934] 153, 156; in 1.5-Diphenyl-biuret (F: 254—255°) und andere 1-Phenyl-5-aryl-biurete: *Sah et al.*, J. Chin. chem. Soc. **14** [1946] 52, 56, 58, 60, 62; in 3-Nitro-*N*-phenyl-phthalimid (F: 137—138°): *Alexander*, *McElvain*, Am. Soc. **60** [1938] 2285, 2287; in 2.4-Dinitro-benzol-sulfensäure-(1)-anilid (F: 142,5—143°): *Billman et al.*, Am. Soc. **63** [1941] 1920.

Gravimetrische oder titrimetrische Bestimmung nach Überführung in die Verbindung $[Cu(C_6H_7N)_2](SCN)_2$ (vgl. E II 65): *Spacu*, *Dima*, Z. anal. Chem. **110** [1937] 25, 26.

Farbreaktionen beim Behandeln mit wss. Essigsäure und Ammoniumperoxodisulfat, auch in Gegenwart von Silbernitrat (vgl. E II 65): *Cândea*, *Mocovski*, Bl. [5] **4** [1937] 1398, 1400; beim Behandeln mit Selenigsäure und Schwefelsäure: *Dewey*, *Gelman*, Ind. eng. Chem. Anal. **14** [1942] 361. Colorimetrische Bestimmung auf Grund der Farbreaktion mit Hypochlorit in Gegenwart von Phenol: *Alekšeewa*, Ž. prikl. Chim. **4** [1931] 137, 138; C. **1931** II 1034; auf Grund der Farbreaktion mit dem Natrium-Salz des *N*-Chlor-toluolsulfonamids-(4) in Gegenwart von Phenol: *Alekšeewa*, Zavod. Labor. **15** [1949] 679; C. A. **1950** 487; *Bulyczeva*, Zavod. Labor. **14** [1948] 1208; C. A. **1950** 10603. Colorimetrische Bestimmung auf Grund der Farbreaktion mit 3.4-Dioxo-3.4-dihydro-naphthalin-sulfonsäure-(1): *Frame*, *Russell*, *Wilhelmi*, J. biol. Chem. **149** [1943] 255, 264. Farbreaktion beim Behandeln mit 4-Nitro-benzol-diazonium-(1)-Salz unter Zusatz von Magnesium-Salz und wss. Natronlauge: *Kul'berg*, *Iwanowa*, Ž. anal. Chim. **2** [1947] 198, 201; C. A. **1949** 6944. Colorimetrische Bestimmung nach Diazotierung und Kupplung mit Naphthol-(2): *Hellevuori*, *Seydlitz*, Svensk farm. Tidskr. **50** [1946] 553; mit *N*-[Naphthyl-(1)]-äthylendiamin: *Brodie*, *Axelrod*, J. Pharmacol. exp. Therap. **94** [1948] 22, 33; mit 4-Amino-5-hydroxy-naphthalin-disulfonsäure-(1.3): *English*, Anal. Chem. **19** [1947] 457, 458.

Acidimetrische Bestimmung mit Hilfe von wss. Salzsäure oder wss. Perchlorsäure: *Palit*, Ind. eng. Chem. Anal. **18** [1946] 246, 249, 250. Bestimmung durch Titration mit Toluol-sulfonsäure-(4) in Chloroform in Gegenwart von Phenol: *Dietzel*, *Paul*, Ar. **276** [1938] 408, 414. Bromometrische Bestimmung: *Griswold*, Ind. eng. Chem. Anal. **12** [1940] 89. Bestimmung durch Titration einer sauren wss. Lösung mit Natriumnitrit in Gegenwart von Kaliumbromid: *Ueno*, *Sekiguchi*, J. Soc. chem. Ind. Japan **37** [1934] 520; J. Soc. chem. Ind. Japan Spl. **37** [1934] 235 B; C. **1934** II 1341. Bestimmung durch Behandlung mit Acetanhydrid und Ermittlung des unverbrauchten Acetanhydrids mit Hilfe von wss. Pyridin und Karl-Fischer-Reagens: *Mitchell*, *Hawkins*, *Smith*, Am. Soc. **66** [1944] 782. Bestimmung durch Behandlung mit Pikrylchlorid in Äthylacetat in Gegenwart von Natriumhydrogencarbonat und Ermittlung des gebildeten Chlorids: *Linke*, *Preissecker*, *Stadler*, B. **65** [1932] 1280; *Neljubina*, Anilinokr. Promyšl. **3** [1933] 355; C. **1934** II 3995; *Haslam*, *Sweeney*, Analyst **70** [1945] 413, 416; *Spencer*, *Brimley*, J. Soc. chem. Ind. **64** [1945] 53. Bestimmung durch Ermittlung des bei der Umsetzung mit Benzaldehyd gebildeten Wassers mit Hilfe von Karl-Fischer-Reagens: *Hawkins*, *Smith*, *Mitchell*, Am. Soc. **66** [1944] 1662.

Bestimmung mit Hilfe des UV-Spektrums: *Berton*, A. ch. [11] **19** [1944] 394, 402; *Tunnicliff*, Anal. Chem. **20** [1948] 828.

Reinheitsprüfung: *Collins et al.*, Ind. eng. Chem. Anal. **5** [1933] 289, 290. Bestimmung von geringen Mengen Wasser in Anilin (vgl. E II 65): *Griswold*, Ind. eng. Chem. Anal. **12** [1940] 89; *Seaman, Norton, Hugonet*, Ind. eng. Chem. Anal. **15** [1943] 322. Bestimmung von geringen Mengen Schwefel in Anilin: *Strafford, Crossley*, Analyst **60** [1935] 163, 166. Bestimmung von geringen Mengen Nitrobenzol in Anilin: *Ueno, Suzuki*, J. Soc. chem. Ind. Japan **38** [1935] 338; J. Soc. chem. Ind. Japan Spl. **38** [1935] 140B; C. **1936** I 2786; *Haslam, Cross*, J. Soc. chem. Ind. **63** [1944] 94.

Salze und Additionsverbindungen.

Natriumanilid NaC_6H_6N (H 115; E II 67). Herstellung aus Anilin und Natrium= hydrid: *Degussa*, D.R.P. 507996 [1927]; Frdl. **17** 653. Dissoziation in flüssigem Am= moniak: *Kraus, Hawes*, Am. Soc. **55** [1933] 2776, 2781.

Hydrofluorid $C_6H_7N \cdot HF$ (vgl. H 116). Elektrische Leitfähigkeit einer Lösung in Anilin: *Hlasko, Michalski*, Roczniki Chem. **12** [1932] 35, 38; C. **1932** II 525.

Hydrochlorid $C_6H_7N \cdot HCl$ (H 116; E I 140; E II 65). F: 197,8° [korr.] (*Lewis et al.*, J. org. Chem. **12** [1947] 303, 306), 197° (*L.* u. *A. Kofler*, Thermo-Mikro-Methoden, 3. Aufl. [Weinheim 1954] S. 552). Monoklin; Raumgruppe *Cc*; aus dem Röntgen-Dia= gramm ermittelte Dimensionen der Elementarzelle: a = 15,84 Å; b = 5,33 Å; c = 8,58 Å; β = 101,5°; n = 4: *Brown*, Acta cryst. **2** [1949] 228, 231, 232. Dichte der Krystalle: 1,210 (*Br.*). Elektrische Leitfähigkeit von Lösungen in Phenol bei 50°: *Dolby, Robertson*, Soc. **1930** 1711, 1714, 1715, 1717; in Anilin: *Hlasko, Michalski*, Roczniki Chem. **12** [1932] 35, 39; C. **1932** II 525; *Hodgson, Marsden*, Am. Soc. **61** [1939] 1592, 1593. Im System mit Ammoniumnitrat sind Eutektika und eine Additionsverbindung $C_6H_7N \cdot HCl + 4\,[NH_4]NO_3$ (F: 155°) nachgewiesen worden (*Klug, Pardee*, Pr. S. Dakota Acad. **25** [1945] 48). Schmelzdiagramm des Systems mit L-Ascorbinsäure: *Kapuštinškiĭ, Barškiĭ*, Izv. Akad. S.S.S.R. Otd. chim. **1946** 558; C. A. **1948** 8059. Flammpunkt: *Assoc. Factory Insurance Co.*, Ind. eng. Chem. **32** [1940] 880, 881.

Hydrobromid $C_6H_7N \cdot HBr$ (H 116; E I 141; E II 66). F: 285° (*Dow Chem. Co.*, U.S.P. 1878512 [1929]). Rhombisch; Raumgruppe $P2_12_12_1$; aus dem Röntgen-Diagramm ermittelte Dimensionen der Elementarzelle: a = 6,10 Å; b = 8,44 Å; c = 6,91 Å; n = 2 (*Nitta, Watanabe, Taguchi*, X-Sen **5** [1948] 31, 32; C. A. **1950** 5179). Dichte der Krystalle: 1,58 (*Ni.*, *Wa.*, *Ta.*, l. c. S. 35). Elektrische Leitfähigkeit einer Lösung in Anilin: *Hlasko, Michalski*, Roczniki Chem. **12** [1932] 35, 39; C. **1932** II 525.

Hydrojodid $C_6H_7N \cdot HI$ (H 116; E I 141). Elektrische Leitfähigkeit von Lösungen in Anilin: *Hlasko, Michalski*, Roczniki Chem. **12** [1932] 35, 40; C. **1932** II 525; *Hodgson, Marsden*, Am. Soc. **61** [1939] 1592, 1593.

Sulfit $2C_6H_7N \cdot H_2SO_3$ (vgl. E II 66) und Hydrogensulfit $C_6H_7N \cdot H_2SO_3$: *Hill*, Am. Soc. **53** [1931] 2598, 2607.

Verbindung mit Schwefeldioxid $C_6H_7N \cdot SO_2$ (vgl. H 116). Gelb; F: 65° [ge= schlossene Kapillare] (*Foote, Fleischer*, Am. Soc. **56** [1934] 870, 871). Dampfdruck: *Hill*, Am. Soc. **53** [1931] 2598, 2602.

Sulfat $2C_6H_7N \cdot H_2SO_4$ (H 117; E II 66). Löslichkeit in Wasser bei 18°: 0,2038 Mol/l (*Pedersen*, Am. Soc. **56** [1934] 2615, 2618).

Salz des Thioschwefelsäure-*S*-[naphthyl-(2)-esters] $C_6H_7N \cdot C_{10}H_8O_3S_2$. Kry= stalle (aus A. + Ae.); F: 182—183° (*Dornow*, B. **72** [1939] 568, 570).

Salz des Selenigsäure-monomethylesters $C_6H_7N \cdot CH_4O_3Se$. Diese Konstitution kommt nach *Simon, Paetzold* (Z. anorg. Ch. **303** [1960] 53, 66) einer von *Astin, Moulds, Riley* (Soc. **1935** 901, 904) aus Anilin, Selendioxid und Methanol erhaltenen, ursprünglich als Anilin-Salz der Methanselenonsäure angesehenen Verbindung (Krystalle; F: 56°) zu.

Nitrit $C_6H_7N \cdot HNO_2$. Farblose Krystalle, die an der Luft schnell gelb werden (*Earl, Hall*, J. Pr. Soc. N.S. Wales **66** [1932] 453, 455; *Earl*, Soc. **1937** 1129, 1130). Beim Aufbewahren unter vermindertem Druck in Stickstoff-Atmosphäre bei −6° erfolgt Zersetzung unter Bildung von 1.3-Diphenyl-triazen (*Earl*).

Nitrat $C_6H_7N \cdot HNO_3$ (H 117; E I 141; E II 66). Verbrennungswärme bei konstantem Druck bei 20°: 787,9 kcal/mol (*Willis*, Trans. Faraday Soc. **43** [1947] 97, 100).

Hypophosphit (Phosphinat) $C_6H_7N \cdot H_3PO_2$. F: ca. 115° (*Schmidt*, B. **81** [1948] 477, 481). Beim Erwärmen mit Aceton ist [α-Anilino-isopropyl]-phosphinsäure erhalten worden.

Salz des Phosphorigsäure-monocholesterylesters $C_6H_7N \cdot C_{27}H_{47}PO_3$. Kry= stalle; F: 170° (*v. Euler, Bernton*, B. **60** [1927] 1720, 1723).

Salz der Acetylphosphorsäure $2C_6H_7N \cdot C_2H_5PO_5$. F: 104—105° (*Bentley*, Am.

Soc. **70** [1948] 2183, 2184). Beim Erwärmen mit Äthanol entsteht Dianilinium-hydrogen-phosphat.

Verbindung mit Arsen(III)-chlorid $3C_6H_7N \cdot AsCl_3$ (vgl. H 127; E II 69). Krystalle; F: 156° (*Puschin et al.*, Ž. obšč. Chim. **18** [1948] 1600; C. A. **1949** 6899).

Dibrenzcatechinato-borat $C_6H_7N \cdot H[B(C_6H_4O_2)_2]$ (E I 141; E II 68). In 1 l Wasser lösen sich bei 20° 0,13 Mol (*Schäfer*, Z. anorg. Ch. **259** [1949] 86, 90).

Verbindung mit Borchlorid $C_6H_7N \cdot BCl_3$. Über die Konstitution s. *Gerrard, Mooney*, Soc. **1960** 4028, 4035. F: 140° (*Ge., Mo.*); F: ca. 100°; Zers. bei ca. 120° (*Jones, Kinney*, Am. Soc. **61** [1939] 1378, 1380). An der Luft und gegen Wasser nicht beständig (*Jo., Ki.*). Beim Erwärmen mit Benzol entsteht 2.4.6-Trichlor-1.3.5-triphenyl-borazin (*Jo., Ki.*; *Ge., Mo.*).

Chlorocuprate: $C_6H_7N \cdot HCuCl_2$ (H 124). Krystalle, die bei 150—160° [Zers.] schmelzen (*Jones, Kenner*, Soc. **1932** 711, 714). In Äthanol löslich (*Jo., Ke.*; s. dagegen H 124). — $2C_6H_7N \cdot H_2CuCl_4$ (H 124). D^{20}: 1,70 (*Amiel*, C. r. **201** [1935] 964); D_4^{20}: 1,649 (*Pawlow*, Ž. obšč. Chim. **7** [1937] 2442, 2444, 2447; C. **1938** I 4591). Wärmekapazität: 0,2531 cal/gradg (*Pa.*). Magnetische Susceptibilität: *Amiel*, C. r. **206** [1938] 1113. — $4C_6H_7N \cdot CuCl_2 \cdot 4HCl \cdot 2H_2O$. Gelbe Krystalle; F: 202° (*Dubský, Wagenhofer*, Z. anorg. Ch. **230** [1936] 112, 114, 118). — $6C_6H_7N \cdot CuCl_2 \cdot 6HCl \cdot 2H_2O$. Gelbe Krystalle; F: 206° (*Du., Wa.*). — $4C_6H_7N \cdot 2CuCl_2 \cdot 4HCl \cdot 2H_2O$. Gelbgrüne Krystalle, F: 190°; bei 110° werden 2 Mol Wasser abgegeben (*Du., Wa.*). — $5C_6H_7N \cdot 2CuCl_2 \cdot 5HCl \cdot 3H_2O$. Grüne Krystalle, F: 194°; bei 100° werden 3 Mol Wasser abgegeben (*Du., Wa.*).

Weitere Kupfer-Verbindungen: Verbindung mit Kupfer(II)-selenat $2C_6H_7N \cdot CuSeO_4$. Hellgrüne Krystalle (aus A.); gegen Wasser nicht beständig (*Kao, Chang*, J. Chin. chem. Soc. **1** [1933] 116). — Verbindung mit Kupfer(II)-azid. Grünbraune Krystalle, die bei 169° explodieren (*Cirulis, Straumanis*, Z. anorg. Ch. **251** [1943] 341, 350). — Verbindung mit Kupfer(II)-thiocyanat $2C_6H_7N \cdot Cu(SCN)_2$ (vgl. E II 67). Gelbe Krystalle (*Dwyer, Murphy*, Austral. chem. Inst. J. Pr. **4** [1937] 334, 336; s. a. *Spacu, Dima*, Z. anal. Chem. **110** [1937] 25, 26). Über schwarze Krystalle der gleichen Zusammensetzung s. *Dubský, Langer*, Chem. Listy **30** [1936] 227, 230; C. **1937** I 669. — Verbindung mit Kupfer(II)-benzolsulfonat $2C_6H_7N \cdot Cu(C_6H_5O_3S)_2$. Grüngelbe Krystalle (*Pfeiffer et al.*, Z. anorg. Ch. **230** [1936] 97, 98, 103). — Verbindung mit Kupfer(II)-[toluol-sulfonat-(4)] $2C_6H_7N \cdot Cu(C_7H_7O_3S)_2$. Gelbgrüne Krystalle (*Pf. et al.*). — Verbindung mit Kupfer(II)-naphthalin-sulfonat-(1) $2C_6H_7N \cdot Cu(C_{10}H_7O_3S)_2$. Gelbgrüne Krystalle (*Pf. et al.*).

Verbindung mit Zinkselenat $2C_6H_7N \cdot ZnSeO_4$: *Kao, Chang*, J. Chin. chem. Soc. **1** [1933] 116, 117. — Verbindung von Anilin-oxalat mit Zinkoxalat $2C_6H_7N \cdot H_2C_2O_4 \cdot 2ZnC_2O_4 \cdot 2H_2O$. Krystalle (*Zörner, Hüttig*, Z. anorg. Ch. **216** [1933] 145, 151).

Verbindung mit Strontiumchlorid und Cadmiumchlorid $4C_6H_7N \cdot SrCl_2 \cdot 2CdCl_2 \cdot 3H_2O$. Krystalle; in Wasser fast unlöslich (*Caton*, Ann. scient. Univ. Jassy **17** [1931/33] 199, 203). — Verbindung mit Cadmiumjodid $2C_6H_7N \cdot CdI_2$ (H 126). Magnetische Susceptibilität: *Hollens, Spencer*, Soc. **1935** 495. — Verbindung mit Cadmiumselenat $2C_6H_7N \cdot CdSeO_4$: *Kao, Chang*, J. Chin. chem. Soc. **1** [1933] 116, 118. — Verbindung mit Cadmiumselenocyanat $2C_6H_7N \cdot Cd(SeCN)_2$. Krystalle; in kaltem Wasser und Äthanol löslich; gegen heisses Wasser nicht beständig (*Spacu, Macarovici*, Bulet. Cluj **5** [1929/30] 169, 179).

Verbindung mit Quecksilber(II)-chlorid $2C_6H_5NH_2 \cdot HgCl_2$ (H 126; E II 68). Magnetische Susceptibilität: *Lamure*, C. r. **226** [1948] 1609, 1610.

Verbindung mit Aluminiumjodid $5C_6H_7N \cdot AlI_3$. Gelbgrüne Krystalle, die unterhalb 220° nicht schmelzen; in Aceton mit violetter Farbe löslich (*Rabinowitsch*, Ž. obšč. Chim. **16** [1946] 1541, 1543; C. A. **1947** 4732). — Trioxalatoaluminat $3C_6H_7N \cdot H_3[Al(C_2O_4)_3]$. Gelbe Krystalle (*Burrows, Lauder*, Am. Soc. **53** [1931] 3600, 3602).

Hexafluorogermanat(IV) $2C_6H_7N \cdot H_2GeF_6$. Monokline Krystalle (aus A.); D_{25}^{25}: 1,579 (*Dennis, Staneslow, Forgeng*, Am. Soc. **55** [1933] 4392, 4393).

Hexabromostannat(IV) $2C_6H_7N \cdot H_2SnBr_6$ (H 127; E II 69). Monokline Krystalle; D^{20}: 2,125 (*Maier*, Z. Kr. **76** [1931] 529).

Verbindung mit Titan(IV)-chlorid $4C_6H_7N \cdot TiCl_4$ (H 127). Diese Verbindung ist von *Dermer, Fernelius* (Z. anorg. Ch. **221** [1934] 83, 90) nicht wieder erhalten worden. — Tribrenzcatechinato-titanat $2C_6H_7N \cdot H_2[Ti(C_6H_4O_2)_3] \cdot H_2O \cdot C_6H_7N$ (vgl. E I 141).

Braunrote Krystalle (*Rosenheim, Raibmann, Schendel*, Z. anorg. Ch. **196** [1931] 160, 167). — Verbindung mit Kalium-tribrenzcatechinato-titanat $4C_6H_7N \cdot K_2[Ti(C_6H_4O_2)_3]$. Rotbraune Krystalle (*Ro., Rai., Sch.*). — Verbindung mit Rubidium-tribrenzcatechinato-titanat $4C_6H_7N \cdot Rb_2[Ti(C_6H_4O_2)_3]$. Rotbraune Krystalle (*Ro., Rai., Sch.*).

Chlorobismutat $5C_6H_7N \cdot BiCl_3 \cdot 5HCl \cdot 5H_2O$. Krystalle; F: 187° [nach Sintern bei 177°] (*Dubský, Wagenhofer*, Z. anorg. Ch. **230** [1936] 112, 116, 121).

Über Chlorochromate(III) der Zusammensetzung $5C_6H_7N \cdot CrCl_3 \cdot 5HCl \cdot 7H_2O$ (hellgrüne Krystalle), $6C_6H_7N \cdot CrCl_3 \cdot 6HCl \cdot 5H_2O$ (blassgrüne Krystalle) und $9C_6H_7N \cdot CrCl_3 \cdot 9HCl \cdot 14H_2O$ (blassgrüne Krystalle) s. *Dubský, Wagenhofer*, Z. anorg. Ch. **230** [1936] 112, 121, 122.

Verbindungen mit Chrom-dihalogenid-äthylaten: $C_6H_7N \cdot CrCl_2(OC_2H_5)$. Hellgrün (*Hein, Farl, Bär*, B. **63** [1930] 1418, 1427). — $2C_6H_7N \cdot CrCl_2(OC_2H_5)$. Hellgrün (*Hein, Farl, Bär*). — $C_6H_7N \cdot CrBr_2(OC_2H_5)$. Grün (*Hein, Farl, Bär*). — $2C_6H_7N \cdot CrBr_2(OC_2H_5)$. Blaugrün (*Hein, Farl, Bär*). — $2C_6H_7N \cdot CrI_2(OC_2H_5)$. Grün; 0,5 Mol Diäthyläther enthaltend (*Hein, Farl, Bär*).

Dioxalato-dianilin-chromate(III): Ammonium-Salz $[NH_4][Cr(C_2O_4)_2(C_6H_7N)_2] \cdot H_2O$. Purpurrote Krystalle (*Bergmann*, J. biol. Chem. **122** [1938] 569, 575). — Natrium-Salz. Purpurrote Krystalle (*Be.*). — Anilin-Salze (vgl. E II 70). a) $C_6H_7N \cdot H[Cr(C_2O_4)_2(C_6H_7N)_2] \cdot H_2O$. Violett (*Be.*). — b) $C_6H_7N \cdot H[Cr(C_2O_4)_2(C_6H_7N)_2] \cdot 2H_2O$. Blaugrüne Krystalle (*Be.*). — Glycin-Salz $C_2H_5NO_2 \cdot H[Cr(C_2O_4)_2(C_6H_7N)_2] \cdot 2H_2O$. Krystalle (*Be.*). — L-Arginin-Salz $C_6H_{14}N_4O_2 \cdot 2H[Cr(C_2O_4)_2(C_6H_7N)_2] \cdot 4H_2O$. Krystalle (*Be.*).

Reineckat $C_6H_7N \cdot H[Cr(NH_3)_2(SCN)_4]$ (H 128). Bei 20° lösen sich in 100 ml Wasser 0,15 g, in 100 ml Äthanol 5,91 g (*Coupechoux*, J. Pharm. Chim. [8] **30** [1939] 118, 125). — Hexapropionato-dihydroxo-trifluoro-trichromat(III) $2C_6H_7N \cdot H_2[Cr_3(C_3H_5O_2)_6(OH)_2F_3]$. (*Weinland, Lindner*, Z. anorg. Ch. **190** [1930] 285, 286, 295). Grüne Krystalle mit 8, 9 oder 10 Mol H_2O, die beim Trocknen über Schwefelsäure abgegeben werden.

Rhodanilate (Tetrathiocyanato-dianilin-chromate(III)): Ammonium-Salz $[NH_4][Cr(C_6H_7N)_2(SCN)_4] \cdot 1{,}5H_2O$. Krystalle [aus ammoniakal. wss. Methanol] (*Bergmann*, J. biol. Chem. **110** [1935] 471, 476). — Anilin-Salz $C_6H_7N \cdot H[Cr(C_6H_7N)_2(SCN)_4]$. Violette Krystalle (aus wss. Me.) mit 1 Mol Anilin (*Be.*, J. biol. Chem. **110** 476). — Trimethyl-[3ξ-carboxy-allyl]-ammonium-Salz $[C_7H_{14}NO_2][Cr(C_6H_7N)_2(SCN)_4]$. Rote Krystalle (aus Acn. + W.); F: 135° [korr.] (*Strack, Försterling*, B. **71** [1938] 1143, 1150). — Trimethyl-[3ξ-methoxycarbonyl-allyl]-ammonium-Salz $[C_8H_{16}NO_2][Cr(C_6H_7N)_2(SCN)_4]$. Rote Krystalle (aus Acn. + W.) mit 1 Mol Aceton, F: 171° [korr.]; das Aceton wird bei 60° abgegeben (*St., Fö.*). — Trimethyl-[3ξ-äthoxycarbonyl-allyl]-ammonium-Salz $[C_9H_{18}NO_2][Cr(C_6H_7N)_2(SCN)_4]$. Rote Krystalle (aus Acn. + W.) mit 1 Mol Aceton; F: 132° [korr.] (*St., Fö.*). — L-Carnitin-Salz (Trimethyl-[(*R*)-2-hydroxy-3-carboxy-propyl]-ammonium-Salz) $[C_7H_{16}NO_3][Cr(C_6H_7N)_2(SCN)_4] \cdot H_2O$. Rote Krystalle (aus Acn. + W.); F: 110° [korr.] (*St., Fö.*). — *O*-Acetyl-L-carnitin-Salz $[C_9H_{18}NO_4][Cr(C_6H_7N)_2(SCN)_4] \cdot H_2O$. Rote Krystalle (aus Acn. + W.); F: 107° [korr.] (*St., Fö.*). — L-Carnitin-methylester-Salz $[C_8H_{18}NO_3][Cr(C_6H_7N)_2(SCN)_4]$. Hellrote Krystalle (aus W.); F: 154—156° [korr.] (*St., Fö.*). — *O*-Acetyl-L-carnitin-methylester-Salz $[C_{10}H_{20}NO_4][Cr(C_6H_7N)_2(SCN)_4]$. Violettrote Krystalle (aus Acn. + W.); F: 170° [korr.] (*St., Fö.*). — L-Carnitin-äthylester-Salz $[C_9H_{20}NO_3][Cr(C_6H_7N)_2(SCN)_4]$. Rote Krystalle (aus Acn. + W.); F: 94° (*St., Fö.*). — *O*-Acetyl-L-carnitin-äthylester-Salz $[C_{11}H_{22}NO_4][Cr(C_6H_7N)_2(SCN)_4]$. Rote Krystalle (aus Acn. + W.); F: 166° [korr.] (*St., Fö.*).

Über Chromate(VI) der Zusammensetzung $8C_6H_7N \cdot 4HgCl_2 \cdot [NH_4]_2Cr_2O_7 \cdot 2NH_4Cl \cdot 2H_2O$ (gelblich; amorph) und $8C_6H_7N \cdot 4HgCl_2 \cdot K_2Cr_2O_7 \cdot 2KCl \cdot 2H_2O$ (hellgelbe Krystalle) s. *Spacu, Macarovici*, Z. anorg. Ch. **216** [1934] 263, 270, 271.

Über eine Mangan(II)-Verbindung der Zusammensetzung $5C_6H_7N \cdot 2MnCl_2 \cdot 5HCl \cdot 5H_2O$ (Krystalle) s. *Dubský, Wagenhofer*, Z. anorg. Ch. **230** [1936] 112, 120. — Die H 128 beschriebene Verbindung $2C_6H_7N \cdot MnCl_2$ ist von *Stelling* (Z. physik. Chem. [B] **24** [1934] 282, 289 Anm. 2) nicht wieder erhalten worden.

Über eine Uran(VI)-Verbindung $C_6H_7N \cdot HUO_2F_3 \cdot 3H_2O$ (gelbe Krystalle) s. *Olsson*, Z. anorg. Ch. **187** [1930] 112, 119.

Über ein Chloroferrat(III) $6C_6H_7N \cdot FeCl_3 \cdot 6HCl$ (gelbe Krystalle; vgl. E I 142) s. *Dubský, Wagenhofer,* Z. anorg. Ch. **230** [1936] 112, 121.

Verbindungen mit Kobalt(II)-Salzen: $[Co(C_6H_7N)_2Cl_2]$ (vgl. H 128). Bildungsenthalpie (aus Kobalt(II)-chlorid und Anilin bei 0°): *Hieber, Mühlbauer,* Z. anorg. Ch. **186** [1930] 97, 114; *Hieber, Woerner,* Z. El. Ch. **40** [1934] 256, 257. — $[Co(C_6H_7N)_2Br_2]$. Blaue Krystalle (*Hie., Mü.,* l. c. S. 99). Bildungsenthalpie (aus Kobalt(II)-bromid und Anilin bei 0°): *Hie., Mü.*; *Hie., Woe.,* l. c. S. 257. — $[Co(C_6H_7N)_2I_2]$. Grünblaue Krystalle (*Hie., Mü.,* l. c. S. 101). Bildungsenthalpie (aus Kobalt(II)-jodid und Anilin bei 0°): *Hie., Mü.*; *Hie., Woe.,* l. c. S. 257. — Verbindung mit Kobalt(II)-selenat $2C_6H_7N \cdot CoSeO_4$. Violettrot (*Kao, Chang,* J. Chin. chem. Soc. **1** [1933] 116, 118). — Verbindungen mit Kobalt(II)-dichloracetat. a) $5C_6H_7N \cdot Co(C_2HCl_2O_2)_2$. Violettrote Krystalle, die an der Luft Anilin abgeben (*Ablov,* Bl. [5] **3** [1936] 1673, 1679). — b) $2C_6H_7N \cdot Co(C_2HCl_2O_2)_2$. Rosarote Krystalle (*Ab.*). — Verbindung mit Kobalt(II)-trichloracetat $4C_6H_7N \cdot Co(C_2Cl_3O_2)_2$. Rote Krystalle (aus A.), die allmählich Anilin abgeben (*Ab.,* l. c. S. 1676). — Verbindung mit Kobalt(II)-selenocyanat $2C_6H_7N \cdot Co(SeCN)_2$. Braungrüne Krystalle (*Spacu, Macarovici,* Bulet. Cluj **5** [1930] 169, 175). — Über eine Verbindung der Zusammensetzung $5C_6H_7N \cdot 2CoCl_2 \cdot HCl \cdot H_2O$ (dunkelblaue Krystalle, die unterhalb 340° nicht schmelzen) s. *Dubský, Wagenhofer,* Z. anorg. Ch. **230** [1936] 112, 113, 117.

trans-Bis-biacetyldioximato-dianilin-kobalt(III)-Salze („*trans*-Bis-dimethylglyoximato-dianilin-kobalt(III)-Salze"): Chlorid $[Co(C_6H_7N)_2(C_4H_7N_2O_2)_2]Cl \cdot 4H_2O$. Gelbbraune Krystalle [aus W.] (*Nakatsuka, Iinuma,* Bl. chem. Soc. Japan **11** [1936] 48, 50, 51). — Bromid $[Co(C_6H_7N)_2(C_4H_7N_2O_2)_2]Br$. Orangefarbene Krystalle (*Na., Ii.*). — Jodid $[Co(C_6H_7N)_2(C_4H_7N_2O_2)_2]I$. Braune Krystalle (*Na., Ii.*). — Sulfat $[Co(C_6H_7N)_2(C_4H_7N_2O_2)_2]_2SO_4 \cdot 7H_2O$. Gelbe Krystalle (*Na., Ii.*). — Hydrogensulfat $[Co(C_6H_7N)_2(C_4H_7N_2O_2)_2]HSO_4 \cdot 1{,}75H_2O$. Graubraune Krystalle (*Na., Ii.*). — Nitrat $[Co(C_6H_7N)_2(C_4H_7N_2O_2)_2]NO_3 \cdot 2H_2O$. Orangefarbene Krystalle (*Na., Ii.*). — Thiocyanat $[Co(C_6H_7N)_2(C_4H_7N_2O_2)_2]SCN \cdot H_2O$. Orangefarbene Krystalle (*Na., Ii.*). — Biacetyldioximato-tetraanilin-kobalt(III)-Salze. Chlorid $[Co(C_6H_7N)_4(C_4H_7N_2O_2)]Cl \cdot 3H_2O$. Dunkelbraune Krystalle [aus W.] (*Gušew,* Ž. prikl. Chim. **18** [1945] 247; C. A. **1946** 3367). — Jodid $[Co(C_6H_7N)_4(C_4H_7N_2O_2)]I \cdot 3H_2O$. Braunrote Krystalle (*Gu.*). — Tetrajodobismutat(III) $[Co(C_6H_7N)_4(C_4H_7N_2O_2)]BiI_4$. Orangefarbene Krystalle (*Gu.*). — *trans*-Chloro-bis-biacetyldioximato-anilin-kobalt(III) $[Co(C_6H_7N)(C_4H_7N_2O_2)_2Cl] \cdot 2H_2O$. Braune Krystalle (*Ablov,* Bl. [5] **7** [1940] 151, 155). — *trans*-Bromo-bis-biacetyldioximato-anilin-kobalt(III) $[Co(C_6H_7N)(C_4H_7N_2O_2)_2Br] \cdot 2H_2O$. Braune Krystalle (*Ab.,* Bl. [5] **7** 155). — *trans*-Jodo-bis-biacetyldioximato-anilin-kobalt(III) $[Co(C_6H_7N)(C_4H_7N_2O_2)_2I] \cdot 0{,}5H_2O$. Braune Krystalle (*Ab.,* Bl. [5] **7** 155). — *trans*-Thiocyanato-bis-biacetyl=dioximato-anilin-kobalt(III) $[Co(C_6H_7N)(C_4H_7N_2O_2)_2SCN]$. Braune Krystalle (*Ab.,* Bl. [5] **7** 156). — Chloro-bis-äthylendiamin-anilin-kobalt(III)-dichlorid $[Co(C_2H_8N_2)_2(C_6H_7N)Cl]Cl_2$ (vgl. E II 71). Rotviolett (*Bailar, Clapp,* Am. Soc. **67** [1945] 171, 174). — Bromo-bis-äthylendiamin-anilin-kobalt(III)-dibromid $[Co(C_2H_8N_2)_2(C_6H_7N)Br]Br_2 \cdot 0{,}5H_2O$. Dunkelviolette Krystalle (*Ablov,* Bl. [5] **4** [1937] 1783, 1787).

Nickel(II)-Verbindungen: Verbindung $6C_6H_7N \cdot 2NiCl_2 \cdot 6HCl \cdot 12H_2O$. Hellgrüne Krystalle (*Dubský, Wagenhofer,* Z. anorg. Ch. **230** [1936] 112, 117). — Verbindung mit Nickel(II)-selenat $2C_6H_7N \cdot NiSeO_4$. Grüngelbe Krystalle (*Kao, Chang,* J. Chin. chem. Soc. **1** [1933] 116, 119). — Verbindung mit Nickel(II)-dichlor=acetat $4C_6H_7N \cdot Ni(C_2HCl_2O_2)_2$. Blaue Krystalle (*Ablov,* Bl. [5] **2** [1935] 1724, 1733). — Verbindung mit Nickel(II)-trichloracetat $4C_6H_7N \cdot Ni(C_2Cl_3O_2)_2$. Grünblaue Krystalle (*Ab.,* l. c. S. 1729). — Verbindung mit Nickel(II)-thiocyanat $2C_6H_7N \cdot Ni(SCN)_2$ (H 128). Dunkelgrün (*McIlroy, Espinner, Monro,* J. New Zealand Inst. Chem. **1** [1936] 10, 13). — Verbindung $2C_6H_7N \cdot 2NH_3 \cdot Ni(SCN)_2$. Grünbraune Krystalle [aus ammoniakal. wss. A.] (*Dubský, Langer,* Chem. Listy **30** [1936] 227, 230; C. **1937** I 669). — Verbindung mit Nickel(II)-selenocyanat $2C_6H_7N \cdot Ni(SeCN)_2$. Grüne Krystalle (*Spacu, Macarovici,* Bulet. Cluj **5** [1930] 169, 171, 177).

Verbindung mit Rhodium(III)-chlorid $3C_6H_7N \cdot RhCl_3$. Braungelbe Krystalle (*Meyer, Kienitz,* Z. anorg. Ch. **242** [1939] 281, 292).

Dichloro-anilin-tributylphosphin-palladium(II) $[Pd(C_6H_7N)(C_{12}H_{27}P)Cl_2]$.

Gelbe Krystalle; F: 68° (*Mann, Purdie*, Soc. **1936** 873, 887).

Verbindung mit 4-Chlor-1.3-dinitro-benzol $C_6H_7N \cdot C_6H_3ClN_2O_4$ (E II 71). Magnetische Susceptibilität: *Puri et al.*, J. Indian chem. Soc. **24** [1947] 409, 410.

Verbindung mit 5-Nitro-1.3-dimethylsulfon-benzol $C_6H_7N \cdot C_8H_9NO_6S_2$. Dunkelrote Krystalle; F: 126° (*Bennett, Wain*, Soc. **1936** 1108, 1113). In Butanol-(1) löslich.

Verbindungen mit Phenol. a) $C_6H_7N \cdot C_6H_6O$ (H 120; E I 143; E II 72). F: 32,6° (*Buehler et al.*, Am. Soc. **54** [1932] 2398, 2401); E: 30,4° (*Buehler, Spreen*, Am. Soc. **56** [1934] 2061). Dichte bei Temperaturen von 50° (1,0289) bis 150° (0,9366): *Bue. et al.* Oberflächenspannung bei Temperaturen von 50° (39,17 dyn/cm) bis 150° (27,96 dyn/cm): *Bue. et al.* n_D^{45}: 1,5574; $n_{656,3}^{45}$: 1,5515; $n_{486,1}^{45}$: 1,5727 (*Bue. et al.*). — b) $C_6H_7N \cdot 2C_6H_5O$. Krystalle; F: 29,2° (*Laurant*, A. ch. [11] **10** [1938] 397, 429; s. dagegen *Deffet*, Bl. Soc. chim. Belg. **47** [1938] 461, 472).

Verbindung mit 2.4-Dinitro-phenol $C_6H_7N \cdot C_6H_4N_2O_5$ (H 120; E I 143; E II 72). Magnetische Susceptibilität: *Puri et al.*, J. Indian chem. Soc. **24** [1947] 409, 410. Dipolmoment (ε; Bzl.): 3,016 D (*Sahney et al.*, J. Indian chem. Soc. **26** [1949] 329, 331).

Pikrat $C_6H_7N \cdot C_6H_3N_3O_7$ (H 120; E I 143; E II 72). Gelbe Krystalle (aus Acn.); F: 165° (*Hertel, Schneider*, Z. physik. Chem. [B] **12** [1931] 109, 110); Zers. bei 175—177° (*Elliot, Fuoss*, Am. Soc. **61** [1939] 294, 295). Monoklin; Raumgruppe $P2_1/c$; aus dem Röntgen-Diagramm ermittelte Dimensionen der Elementarzelle: a = 13,2 Å; b = 7,4 Å; c = 12,2 Å; β = 93°; n = 4 (*He., Sch.*). Dichte: 1,394 (*He., Sch.*). Elektrische Leitfähigkeit von Lösungen in Nitrobenzol: *Witschonke, Kraus*, Am. Soc. **69** [1947] 2472, 2475; in Aceton: *Hertel, Schneider*, Z. physik. Chem. [A] **151** [1930] 413, 417; in Anilin: *Walden, Audrieth*, Z. physik. Chem. [A] **165** [1933] 11, 15.

Verbindung mit 4.6-Dinitro-2-methyl-phenol $C_6H_7N \cdot C_7H_6N_2O_5$. Orangefarbene Krystalle; F: 65—67° (*Wain*, Ann. appl. Biol. **29** [1942] 301, 304). In Äthanol mit roter Farbe löslich.

Verbindung mit Hexahydroxybenzol $2C_6H_7N \cdot C_6H_6O_6$. Diese Konstitution kommt wahrscheinlich der früher (H **12** 230) als Tetrahydroxy-benzochinon-(1.4)-monophenylimin angesehenen Verbindung zu (*Neifert, Bartow*, Am. Soc. **65** [1943] 1770, 1771).

Verbindung mit 2-Nitro-indandion-(1.3) $C_6H_7N \cdot C_9H_5NO_4$. Krystalle; F: 209° [nach Sintern bei 203°; aus W., A. oder Eg.] (*Wanag*, B. **69** [1936] 1066, 1073, 1074), 185—187° [korr.; Zers.] (*Christensen et al.*, Anal. Chem. **21** [1949] 1573, 1574).

Verbindung mit Tetrahydroxy-benzochinon-(1.4) $2C_6H_7N \cdot C_6H_4O_6$. Diese Konstitution kommt wahrscheinlich der früher (H **8** 534; H **12** 230) als „Verbindung von Anilin mit Rhodizonsäure-phenylimin" angesehenen Verbindung zu (*Hoglan, Bartow*, Am. Soc. **62** [1940] 2397, 2399).

Formiat $C_6H_7N \cdot CH_2O_2$ (E II 72). F: 62° (*Pound, Wilson*, J. phys. Chem. **39** [1935] 709, 717). Über die Umwandlung in Formanilid (vgl. E II 72) s. *Pound, Wi.*; *Pound*, J. phys. Chem. **51** [1947] 378.

Verbindung mit Nitroacetonitril $C_6H_7N \cdot C_2H_2N_2O_2$. Diese Konstitution kommt der früher (E I **12** 193) als *C*-Nitro-*N*-phenyl-acetamidin angesehenen Verbindung zu (*Grivas, Taurins*, Canad. J. Chem. **37** [1959] 1266).

2.4-Dinitro-benzoat $C_6H_7N \cdot C_7H_4N_2O_6$ (E II 73). Rötlich; F: 160,4—162° [korr.] (*Buehler, Calfee*, Ind. eng. Chem. Anal. **6** [1934] 351). Gegen Äthanol nicht beständig.

3.5-Dinitro-benzoat $C_6H_7N \cdot C_7H_4N_2O_6$ (E II 73). Hellgelbe Krystalle (aus A.); F: 134,7° [korr.] (*Buehler, Currier, Lawrence*, Ind. eng. Chem. Anal. **5** [1933] 277).

Verbindung mit 3.5-Dinitro-benzonitril $C_6H_7N \cdot C_7H_3N_3O_4$. Orangerote Krystalle; F: 87° (*Bennett, Wain*, Soc. **1936** 1108, 1112). In Äthanol mit roter Farbe löslich.

3.5-Dinitro-2-methyl-benzoat $C_6H_7N \cdot C_8H_6N_2O_6$. Krystalle (aus A.); F: 144—145° (*Sah, Tien*, J. Chin. chem. Soc. **4** [1936] 490, 494).

3.5-Dinitro-4-methyl-benzoat $C_6H_7N \cdot C_8H_6N_2O_6$. Krystalle (aus A.); F: 159° bis 160° (*Sah, Yuin*, J. Chin. chem. Soc. **5** [1937] 129, 131).

cis-Cinnamat (H 122; E II 73). F: 84° [aus Bzl.] (*Guy*, Bl. **1949** 731, 734).

Oxalat $2C_6H_7N \cdot C_2H_2O_4$ (H 118; E I 144; E II 73). F: 172° [Block] (*Desvergnes*, Chim. et Ind. **24** [1930] 785, 787). Löslichkeit in Äthanol bei Temperaturen von 0° bis 78,5° sowie in Wasser bei Temperaturen von 0° bis 50°: *De.*

Hydrogenphthalat $C_6H_7N \cdot C_8H_6O_4$ (H 122). Krystalle (aus A.); F: 158° [Zers.] (*Das, Sarker*, J. Indian chem. Soc. **11** [1934] 707, 709).

Hydrogen-[3-chlor-phthalat] $C_6H_7N \cdot C_8H_5ClO_4$. Krystalle (aus A.); F: 160° [Zers.] (*Chaudhari, Nargund*, J. Univ. Bombay **17**, Tl. 3A [1948] 25).

Hydrogen-[3-jod-phthalat] $C_6H_7N \cdot C_8H_5IO_4$. Krystalle (aus A.); F: 180° [Zers.] (*Chaudhari, Nargund*, J. Univ. Bombay **17**, Tl. 3A [1948] 25, 26).

Verbindung mit 5-Nitro-isophthalsäure-dinitril $C_6H_7N \cdot C_8H_3N_3O_2$. Hellrote Krystalle; in Anilin mit roter Farbe löslich (*Bennett, Wain*, Soc. **1936** 1108, 1113).

Salz der 3-Methyl-benzol-tetracarbonsäure-(1.2.4.5) (E III **9** 4874). Krystalle; F: 300° (*Reindel, Niederländer*, A. **482** [1930] 264, 273).

Thiocyanat $C_6H_7N \cdot HSCN$ (H 119). Krystalle; F: 80—81° (*Krall, Gupta*, J. Indian chem. Soc. **12** [1935] 629, 630, 632).

Benzylmercaptothiocarbonyloxy-acetat $C_6H_7N \cdot C_{10}H_{10}O_3S_2$. F: 111—112° (*Lenander*, Diss. [Lund 1920] S. 42).

(±)-[1-Phenyl-äthylmercapto]-acetat $C_6H_7N \cdot C_{10}H_{12}O_2S$. Krystalle (aus Bzl. + PAe.); F: 53—55° (*Holmberg*, Ark. Kemi **13A** Nr. 8 [1939] 1, 7).

[3.3.3-Trimethyl-acetonylsulfon]-acetat $C_6H_7N \cdot C_8H_{14}O_5S$. F: 93—94° [Zers.] (*Backer, Strating*, R. **56** [1937] 1133, 1135).

Opt.-inakt. 3-Hydroxy-2-äthyl-hexanoat-(1) $C_6H_7N \cdot C_8H_{16}O_3$. F: 73—74° (*Montagne, Roch*, Bl. [5] **10** [1943] 193, 196).

Salz der opt.-inakt. 3-Hydroxy-2-methyl-3-phenyl-buttersäure vom F: 67° (E III **10** 623), $C_6H_7N \cdot 2C_{11}H_{14}O_3$. F: 116—117° [aus CCl_4 + PAe. oder aus W.] (*Špašow, Kurtew*, Godišnik Univ. Sofia **43** Chimija [1946/47] 147, 159; C. A. **1950** 3439).

(±)-3-Hydroxy-3.4-diphenyl-butyrat. Krystalle (aus A. + Ae.); F: 122,5° bis 123,5° (*Špašow, Kurtew*, Godišnik Univ. Sofia **43** Chimija [1946/47] 147, 155; C. A. **1950** 3439).

Shikimat $C_6H_7N \cdot C_7H_{10}O_5$. F: 194—195° (*Lei*, J. Am. pharm. Assoc. **27** [1938] 393, 394).

Cholat $C_6H_7N \cdot C_{24}H_{40}O_5$. Krystalle; F: 140° (*Latschinow*, B. **20** [1887] 3274, 3282; *Minovici, Vanghelovici*, Bulet. Soc. Chim. România **12** [1930] 5, 11).

Glykocholat $C_6H_7N \cdot C_{26}H_{43}NO_6$. Krystalle; F: 90° (*Minovici, Vanghelovici*, Bl. Sect. scient. Acad. roum. **14** [1931] 53, 56).

Galactarat (Salz der Schleimsäure; vgl. H 120). F: 200° (*de Jong, Wibaut*, R. **49** [1930] 237, 242).

[1-Methyl-cyclopentyl]-glyoxylat. F: 135,5° (*Nenitzescu, Curcaneanu*, B. **71** [1938] 2063, 2064).

2-Äthoxyimino-3-phenyl-propionat. Hellgelb; F: 88—89° [aus Ae. + PAe.] (*Waters, Hartung*, J. org. Chem. **12** [1947] 469, 473).

[2.3.4-Trimethoxy-phenyl]-glyoxylat. Krystalle [aus PAe.] (*Kuroda, Nakamura*, Scient. Pap. Inst. phys. chem. Res. **18** [1932] 61, 72).

[2.3.4.6-Tetramethoxy-phenyl]-glyoxylat $C_6H_7N \cdot C_{12}H_{14}O_7$. Krystalle (aus Bzl.); F: 96° (*Kuroda, Nakamura*, Scient. Pap. Inst. phys. chem. Res. **18** [1932] 61, 70).

Methansulfonat $C_6H_7N \cdot CH_4O_3S$. Krystalle (aus Me.); F: 220° (*Oxley, Short*, Soc. **1948** 1514, 1522).

1.1.2.2-Tetrafluor-äthan-sulfonat-(1) $C_6H_7N \cdot C_2H_2F_4O_3S$. F: ca. 235° [Block] (*Coffman et al.*, J. org. Chem. **14** [1949] 747, 750).

Butan-sulfonat-(1) (E II 75). F: 162° (*Vivian, Reid*, Am. Soc. **57** [1935] 2559, 2560).

2-Methyl-butan-sulfonat-(2) $C_6H_7N \cdot C_5H_{12}O_3S$. Krystalle (aus W.); F: 214—217° (*Backer*, R. **54** [1935] 215, 217).

3-Chlor-benzol-sulfonat-(1). Krystalle (aus W.); F: 206—207° [korr.] (*Forster*, J. Soc. chem. Ind. **53** [1934] 358T).

4-Chlor-benzol-sulfonat-(1). Krystalle (aus wss. Eg.); F: 222—223° [korr.] (*Forster*, J. Soc. chem. Ind. **53** [1934] 358T).

2.5-Dichlor-benzol-sulfonat-(1) $C_6H_7N \cdot C_6H_4Cl_2O_3S$. Krystalle (aus wss. Eg.); F: 262—263° [korr.] (*Dermer, Dermer*, J. org. Chem. **7** [1942] 581, 582).

3.4-Dichlor-benzol-sulfonat-(1) $C_6H_7N \cdot C_6H_4Cl_2O_3S$. Krystalle (aus wss. Eg.) mit 1 Mol H_2O; F: 254—255° [korr.] (*Dermer, Dermer*, J. org. Chem. **7** [1942] 581, 582).

4-Brom-benzol-sulfonat-(1) $C_6H_7N \cdot C_6H_5BrO_3S$. Krystalle (aus wss. Eg.); F: 237° bis 238° [korr.] (*Dermer, Dermer*, J. org. Chem. **7** [1942] 581, 582).

4-Brom-3-nitro-benzol-sulfonat-(1) $C_6H_7N \cdot C_6H_4BrNO_5S$. Krystalle (aus wss.

Eg.); F: 256—259° [korr.] (*Dermer*, *Dermer*, J. org. Chem. **7** [1942] 581, 582).

2.4-Dinitro-benzol-sulfonat-(1) $C_6H_7N \cdot C_6H_4N_2O_7S$. Krystalle (aus wss. Eg.); F: 259—262° [korr.; Zers.] (*Dermer*, *Dermer*, J. org. Chem. **7** [1942] 581, 582).

6-Chlor-toluol-sulfonat-(3) $C_6H_7N \cdot C_7H_7ClO_3S$. Krystalle (aus wss. Eg.); F: 229° bis 230,5° [korr.] (*Dermer*, *Dermer*, J. org. Chem. **7** [1942] 581, 582).

6-Brom-toluol-sulfonat-(3) $C_6H_7N \cdot C_7H_7BrO_3S$. Krystalle (aus wss. Eg.); F: 234° bis 236° [korr.] (*Dermer*, *Dermer*, J. org. Chem. **7** [1942] 581, 582).

6-Jod-toluol-sulfonat-(3) $C_6H_7N \cdot C_7H_7IO_3S$. Krystalle (aus wss. Eg.); F: 237—239° [korr.] (*Dermer*, *Dermer*, J. org. Chem. **7** [1942] 581, 582).

6-Chlor-5-nitro-toluol-sulfonat-(3) $C_6H_7N \cdot C_7H_6ClNO_5S$. Krystalle (aus wss. Eg.); F: 246—248° [korr.; Zers.] (*Dermer*, *Dermer*, J. org. Chem. **7** [1942] 581, 582).

Toluol-sulfonat-(4) $C_6H_7N \cdot C_7H_8O_3S$ (H 124; E II 75). F: 241° (*Oxley*, *Short*, Soc. **1948** 1514, 1524), 238,5° [korr.] (*Noller*, *Liang*, Am. Soc. **54** [1932] 670, 671).

4-Äthyl-benzol-sulfonat-(1) $C_6H_7N \cdot C_8H_{10}O_3S$. Krystalle (aus wss. Eg.); F: 250° bis 251° [korr.] (*Dermer*, *Dermer*, J. org. Chem. **7** [1942] 581, 582).

4-*tert*-Butyl-benzol-sulfonat-(1) $C_6H_7N \cdot C_{10}H_{14}O_3S$. Krystalle (aus wss. Eg.); F: 249—250° [korr.] (*Dermer*, *Dermer*, J. org. Chem. **7** [1942] 581, 582).

4-Jod-naphthalin-sulfonat-(1) $C_6H_7N \cdot C_{10}H_7IO_3S$. Krystalle (aus W.); F: 308° [korr.] (*Goldstein*, *Blezinger*, *Fischer*, Helv. **20** [1937] 218, 219).

8-Nitro-naphthalin-sulfonat-(1) $C_6H_7N \cdot C_{10}H_7NO_5S$ (H 124). Krystalle (aus wss. A.); Zers. bei 226—229° [korr.; im vorgeheizten Bad] (*Steiger*, Helv. **17** [1934] 794, 803).

5-Nitro-1-methyl-naphthalin-sulfonat-(4) $C_6H_7N \cdot C_{11}H_9NO_5S$. Krystalle (aus wss. A.); Zers. bei ca. 244° [korr.; im vorgeheizten Bad] (*Steiger*, Helv. **17** [1934] 1142, 1156). Lichtempfindlich (*Steiger*, Helv. **17** [1934] 1354, 1356).

1-Methyl-naphthalin-sulfonat-(6) $C_6H_7N \cdot C_{11}H_{10}O_3S$. F: 248—250° (*Dziewoński*, *Waszkowski*, Bl. Acad. polon. [A] **1929** 604, 607; *Dziewoński*, *Otto*, Bl. Acad. polon. [A] **1935** 201, 204).

1-Methyl-naphthalin-sulfonat-(7) $C_6H_7N \cdot C_{11}H_{10}O_3S$. Krystalle (aus W.); F: 209—211° (*Dziewoński*, *Kowalczyk*, Bl. Acad. polon. [A] **1935** 559, 561).

Acenaphthen-sulfonat-(3) $C_6H_7N \cdot C_{12}H_{10}O_3S$. Krystalle (aus W.); F: 284—286° [Zers.] (*Dziewoński*, *Grünberg*, *Schoen'owa*, Bl. Acad. polon. [A] **1930** 518, 522).

2-Benzyl-fluoren-sulfonat-(7) $C_6H_7N \cdot C_{20}H_{16}O_3S$. Krystalle (aus A.); Zers. bei 345° (*Dziewoński*, *Reicher*, Bl. Acad. polon. [A] **1931** 643, 646).

1.8-Dibenzyl-naphthalin-sulfonat-(4) $C_6H_7N \cdot C_{24}H_{20}O_3S$. Krystalle (aus W.); F: 252—253° (*Dziewoński*, *Auerbach*, *Moszew*, Bl. Acad. polon. [A] **1929** 658, 663).

9.10-Diphenyl-anthracen-sulfonat-(2) $C_6H_7N \cdot C_{26}H_{18}O_3S$. Krystalle (aus wss. A.); F: 275—276° [Block] (*Étienne*, *Lepeley*, *Heymès*, Bl. **1949** 835, 837).

Äthan-disulfonat-(1.2) $2C_6H_7N \cdot C_2H_6O_6S_2$. Krystalle (aus W.); Zers. bei 270° (*Blanksma*, R. **65** [1946] 311, 314).

Naphthalin-disulfonat-(1.5) $2C_6H_7N \cdot C_{10}H_8O_6S_2$. Krystalle (*Forster*, *Hishiyama*, J. Soc. chem. Ind. **51** [1932] 297 T).

Naphthalin-disulfonat-(1.6) $2C_6H_7N \cdot C_{10}H_8O_6S_2$. Krystalle; F: 298—299° [korr.; Zers.] (*Forster*, *Hishiyama*, J. Soc. chem. Ind. **51** [1932] 297 T).

Biphenyl-disulfonat-(4.4'). Krystalle (aus wss. Eg.), die unterhalb 330° nicht schmelzen (*Dermer*, *Dermer*, J. org. Chem. **7** [1942] 581, 583).

9.10-Diphenyl-anthracen-disulfonat-(2.6) $2C_6H_7N \cdot C_{26}H_{18}O_6S_2$. Krystalle (aus wss. A.); F: 333—334° [Block] (*Étienne*, *Lepeley*, *Heymès*, Bl. **1949** 835, 838).

9.10-Diphenyl-anthracen-disulfonat-(2.7) $2C_6H_7N \cdot C_{26}H_{18}O_6S_2$. Krystalle (aus wss. A.); F: 305—306° [Block] (*Étienne*, *Lepeley*, *Heymès*, Bl. **1949** 835, 839).

Salz der Disulfoessigsäure $3C_6H_7N \cdot C_2H_4O_8S_2$. Krystalle (*Backer*, *Benninga*, R. **55** [1936] 370, 372).

Salz der 3.3-Disulfo-glutarsäure $3C_6H_7N \cdot C_5H_8O_{10}S_2$: *van der Zanden*, R. **54** [1935] 561, 564.

Salz des Bis-[2-sulfo-äthyl]-äthers $2C_6H_7N \cdot C_4H_{10}O_7S_2$. Krystalle (aus wss. A.); F: 232—233° (*Backer*, R. **54** [1935] 205, 207).

2-Hydroxy-benzol-sulfonat-(1) $C_6H_7N \cdot C_6H_6O_4S$. Krystalle (aus W.), F: 174° bis 177°; die Schmelze erstarrt bei 228°; bei 238° erfolgt Zersetzung (*Ishihara*, J. pharm. Soc. Japan **50** [1930] 29, 46, 49, 124, 128).

3-Jod-2-hydroxy-benzol-sulfonat-(1) $C_6H_7N \cdot C_6H_5IO_4S$. Krystalle (aus W.);

F: 196—197° (*Ishihara*, J. pharm. Soc. Japan **50** [1930] 29, 44).

3.5-Dijod-2-hydroxy-benzol-sulfonat-(1) $C_6H_7N \cdot C_6H_4I_2O_4S$. Krystalle (aus W.); F: 206—207°; Zers. bei 232° (*Ishihara*, J. pharm. Soc. Japan **50** [1930] 29, 47, 124, 130; C. A. **1930** 4002).

4-Methoxy-benzol-sulfonat-(1) $C_6H_7N \cdot C_7H_8O_4S$. F: 210° (*Frèrejacque*, A. ch. [10] **14** [1930] 147, 188). Beim Schmelzen erfolgt Zersetzung unter Bildung von Anisol und Sulfanilsäure.

4-Phenoxy-benzol-sulfonat-(1) $C_6H_7N \cdot C_{12}H_{10}O_4S$. Krystalle (aus wss. Eg.); F: 256—258° [korr.] (*Dermer*, *Dermer*, J. org. Chem. **7** [1942] 581, 582).

3-Jod-4-hydroxy-benzol-sulfonat-(1) $C_6H_7N \cdot C_6H_5IO_4S$. Krystalle (aus W.); F: 213—214° (*Ishihara*, J. pharm. Soc. Japan **49** [1929] 1058, 1081; C. A. **1930** 1361; J. pharm. Soc. Japan **50** [1930] 124, 131; C. A. **1930** 4002).

3.5-Dijod-4-hydroxy-benzol-sulfonat-(1) $C_6H_7N \cdot C_6H_4I_2O_4S$. Krystalle (aus W.); Zers. bei 240—242° (*Ishihara*, J. pharm. Soc. Japan **49** [1929] 759, 774, 1058, 1068, 1082; dtsch. Ref. S. 143; C. A. **1930** 601, 1361).

3-Hydroxy-naphthalin-sulfonat-(2). F: 241—242° (*Holt*, *Mason*, Soc. **1931** 377, 380).

Salz des Bis-[5-sulfo-naphthyl-(2)]-sulfons. Krystalle (aus W.) mit 4 Mol H_2O; F: 175° (*Koslow*, *Tubjanškaja*, Doklady Akad. S.S.S.R. **58** [1947] 233, 235; C. A. **1951** 7991).

(1*R*)-2-Oxo-bornan-sulfonat-(3*endo*) $C_6H_7N \cdot C_{10}H_{16}O_4S$. Krystalle [mit 1 Mol Chloroform oder 1 Mol Aceton] (*Frèrejacque*, A. ch. [10] **14** [1930] 147, 166). Optisches Drehungsvermögen von Lösungen in Wasser und in Chloroform: *Fr.*, l. c. S. 167. In 1 l Chloroform lösen sich bei 20° 8,2 g. Beim Erhitzen bilden sich (1*R*)-Campher und Sulfanilsäure.

(1*R*)-2-Oxo-bornan-sulfonat-(10) $C_6H_7N \cdot C_{10}H_{16}O_4S$. Krystalle (aus A. + E.); F: 183,5° (*Singh*, *Perti*, *Singh*, Univ. Allahabad Studies **1944** Chem. 37, 47). Optisches Drehungsvermögen von Lösungen in Wasser, Methanol, Äthanol, Pyridin und Chloroform bei Wellenlängen von 436 mμ bis 671 mμ: *Si.*, *Pe.*, *Si.*, l. c. S. 51. Mutarotation in Methanol, Äthanol und Chloroform: *Si.*, *Pe.*, *Si.*, l. c. S. 51.

(1*S*)-2-Oxo-bornan-sulfonat-(10) $C_6H_7N \cdot C_{10}H_{16}O_4S$ (E II 76). Krystalle (aus A. + E.); F: 184—186° (*Schreiber*, *Shriner*, Am. Soc. **57** [1935] 1306, 1310), 183,5° (*Singh*, *Perti*, *Singh*, Univ. Allahabad Studies **1944** Chem. 37, 47). Optisches Drehungsvermögen von Lösungen in Wasser, Methanol, Äthanol, Pyridin und Chloroform: *Si.*, *Pe.*, *Si.*, l. c. S. 51. Mutarotation in Methanol, Äthanol und Chloroform: *Si.*, *Pe.*, *Si.*, l. c. S. 51; *Sch.*, *Sh.*, l. c. S. 1307. Beim Erhitzen auf 200° entsteht (1*S*)-2-Phenylimino-bornan-sulfonsäure-(10) (*Sch.*, *Sh.*).

(±)-2-Oxo-bornan-sulfonat-(10) $C_6H_7N \cdot C_{10}H_{16}O_4S$. Krystalle (aus A. + E.); F: 170° (*Singh*, *Perti*, *Singh*, Univ. Allahabad Studies **1944** Chem. 37, 47). Magnetische Susceptibilität: *Singh et al.*, Pr. Indian Acad. [A] **29** [1949] 309, 311.

1-Oxo-1-phenyl-äthan-sulfonat-(2) $C_6H_7N \cdot C_8H_8O_4S$. Krystalle (aus A.); F: 181° (*Parkes*, *Tinsley*, Soc. **1934** 1861, 1862).

4-Benzyl-1-benzoyl-naphthalin-sulfonat-(8) $C_6H_7N \cdot C_{24}H_{18}O_4S$. Krystalle (aus wss. A.); F: 221—222° (*Dziewoński*, *Moszew*, Roczniki Chem. **11** [1931] 169, 180; C. **1931** I 2875).

1.2-Dioxo-acenaphthen-sulfonat-(3) $C_6H_7N \cdot C_{12}H_6O_5S$. Krystalle (aus wss. A.), die unterhalb 400° nicht schmelzen (*Dziewoński*, *Piasecki*, Bl. Acad. polon. [A] **1933** 108, 112).

9.10-Dioxo-9.10-dihydro-anthracen-disulfonat-(1.4) $2C_6H_7N \cdot C_{14}H_8O_8S_2$. Krystalle (aus W.); F: 300° [Zers.] (*Koslow*, Ž. obšč. Chim. **17** [1947] 289, 295; C. A. **1948** 550). In 750 ml Wasser löst sich bei 18° 1 g.

Salz der 3-Sulfo-benzoesäure $C_6H_7N \cdot C_7H_6O_5S$. Krystalle (aus W.); F: 224° bis 226° (*Ruggli*, *Grün*, Helv. **24** [1941] 197, 204).

Salz der 5-Nitro-3-sulfo-benzoesäure $C_6H_7N \cdot C_7H_5NO_7S$. Krystalle (aus W.); F: 235° [Zers.] (*Ruggli*, *Grün*, Helv. Engi-Festband [1941] 9, 15).

Salz der 6-Hydroxy-3-sulfo-benzoesäure $C_6H_7N \cdot C_7H_6O_6S$. Krystalle mit 1 Mol H_2O; F: 235° (*Ishihara*, J. pharm. Soc. Japan **49** [1929] 579, 603; dtsch. Ref. S. 134; C. A. **1929** 4684).

Salz der 3-Jod-6-hydroxy-3-sulfo-benzoesäure $C_6H_7N \cdot C_7H_5IO_6S$. Krystalle (aus W.); Zers. bei 273—274° (*Ishihara*, J. pharm. Soc. Japan **49** [1929] 759, 774, 777, 902, 921; dtsch. Ref. S. 140, 142; C. A. **1930** 601, 1361).

Salz der 5-Nitro-6-hydroxy-3-sulfo-benzoesäure $C_6H_7N \cdot C_7H_5NO_8S$. Gelbe Krystalle (aus W.); F: 235° (*Ishihara*, J. pharm. Soc. Japan **49** [1929] 759, 783; dtsch. Ref. S. 140; C. A. **1930** 601).

Salz der 3-Hydroxy-4-sulfo-benzoesäure $C_6H_7N \cdot C_7H_6O_6S$. Krystalle (aus W.) mit 1 Mol H_2O, F: 233—234°; die Schmelze erstarrt bei 257—260° (*Ishihara*, J. pharm. Soc. Japan **50** [1930] 132, 143, 270, 299; C. A. **1930** 4002).

Salz der 6-Jod-3-hydroxy-4-sulfo-benzoesäure $C_6H_7N \cdot C_7H_5IO_6S$. F: 241° bis 242° [Zers.] (*Ishihara*, J. pharm. Soc. Japan **50** [1930] 132, 151, 270, 298; C. A. **1930** 4002).

Salz der 4-Hydroxy-3-sulfo-benzoesäure $C_6H_7N \cdot C_7H_6O_6S$. F: 256° [Zers.]; die Schmelze erstarrt bei 268—269° (*Ishihara*, J. pharm. Soc. Japan **49** [1929] 1177, 1183). In kaltem Wasser schwer löslich.

Salz der 5-Jod-4-hydroxy-3-sulfo-benzoesäure $C_6H_7N \cdot C_7H_5IO_6S$. Krystalle; Zers. bei 262—264° (*Ishihara*, J. pharm. Soc. Japan **50** [1930] 29, 45, 51). In Äthanol und in warmem Wasser leicht löslich.

Salz des 5-Jod-4-hydroxy-3-sulfo-benzoesäure-äthylesters $C_6H_7N \cdot C_9H_9IO_6S$. Krystalle; F: 243° (*Ishihara*, J. pharm. Soc. Japan **49** [1929] 1177, 1187; C. A. **1930** 1361). In Wasser schwer löslich.

Salz der 2.5-Dihydroxy-4-sulfo-benzoesäure $C_6H_7N \cdot C_7H_6O_7S$. Krystalle (aus W.) mit 1,5 Mol H_2O; F: 218—219°; die Schmelze erstarrt bei 255° (*Ishihara*, J. pharm. Soc. Japan **50** [1930] 270, 294). Beim Erhitzen auf 120° sowie beim Umkrystallisieren aus wenig Wasser erfolgt Umwandlung in ein Salz $2C_6H_7N \cdot C_{14}H_{10}O_{13}S_2$ vom F: 227° bis 228°, dessen Schmelze bei 255—256° erstarrt.

Verbindungen mit Trimethylaminoxid. a) $C_6H_7N \cdot 0{,}5\,C_3H_9NO$. F: 51,4° (*Hendricks, Hilbert*, Am. Soc. **53** [1931] 4280, 4290). — b) $C_6H_7N \cdot C_3H_9NO$. F: 78° (*He., Hi.*). — Verbindung mit Trimethylaminoxid und Benzol $C_6H_7N \cdot 2C_3H_9NO \cdot C_6H_6$. Krystalle: F: 45—46° (*He., Hi.*). — Verbindung mit Trimethylaminoxid und Phenol $C_6H_7N \cdot C_3H_9NO \cdot C_6H_6O$. Krystalle (aus Bzl.); F: 71° (*He., Hi.*).

Salz der 2-Arsono-acrylsäure $C_6H_7N \cdot C_3H_5AsO_5$. Krystalle (aus W.): Zers. bei ca. 148° (*Backer, van Oosten*, R. **59** [1940] 41, 45).

Salz der 3-Arsono-crotonsäure (E III **4** 1831) $C_6H_7N \cdot C_4H_7AsO_5$. Monokline Krystalle; F: 140—141° [Zers.] (*Backer, van Oosten*, R. **59** [1940] 41, 51, 52).

Verbindung mit Trimethylboran $C_6H_7N \cdot C_3H_9B$. Krystalle; F: 21° [partielle Zers.] (*Wiberg, Hertwig*, Z. anorg. Ch. **257** [1948] 138, 142) Verhalten beim Erhitzen auf 300° s. S. 226.

Verbindung mit Dimethylzinndijodid $2C_6H_7N \cdot C_2H_6I_2Sn$ (E II 77). F: 109° bis 110° (*Karantassis, Vassiliadès*, C. r. **205** [1937] 460, 461).

Verbindung mit Dipropylzinndijodid $2C_6H_7N \cdot C_6H_{14}I_2Sn$. Krystalle; in Tetrachlormethan löslich (*Karantassis, Vassiliadès*, C. r. **205** [1937] 460, 461).

Isotopenhaltige Anilin-Präparate.

N.N-Dideuterio-anilin. Ein weniger als 10% Anilin enthaltendes Präparat ist bei wiederholtem Behandeln von Anilin mit Deuteriumoxid erhalten worden (*Williams, Hofstadter, Herman*, J. chem. Physics **7** [1939] 802, 804). IR-Spektrum (1—13 μ) des Dampfes: *Wi., Ho., He.*

Mit Stickstoff-15 markiertes Anilin ist aus Stickstoff-15 enthaltendem Benzamid beim Erhitzen mit wss. Natriumhypochlorit-Lösung oder wss. Natriumhypobromit-Lösung erhalten worden (*Fones, White*, Biochem. **20** [1949] 118, 121; *Allen, Wilson*, Am. Soc. **65** [1943] 611). [*Tauchert*]

N-Methyl-anilin, N-*methylaniline* C_7H_9N, Formel II (H 135; E I 149; E II 79).

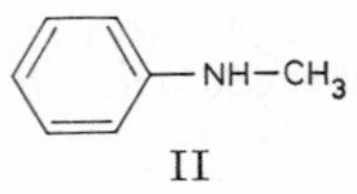

II

Mesomerie-Energie (aus thermochemischen Daten ermittelt): *Pauling, Sherman*, J. chem. Physics **1** [1933] 606, 615; *Klages*, B. **82** [1949] 358, 372.

Bildungsweisen.

Aus Chlorbenzol beim Erhitzen mit wss. Methylamin in Gegenwart von Kupfer(I)-chlorid oder Kupfer(II)-chlorid auf 220° (*Standard Oil Co. of Ohio*, U.S.P. 2455931,

2455932 [1944]). Bei der Hydrierung eines Gemisches von Nitrobenzol und Formaldehyd in Natriumacetat enthaltendem Äthanol an Raney-Nickel (*Emerson, Mohrman*, Am. Soc. **62** [1940] 69). Aus Natriumanilid und Methylchlorid in Diphenyläther (*Dow Chem. Co.*, U.S.P. 1887228 [1931]). Aus Anilin und Methanol beim Erhitzen in Gegenwart von Nickel auf 180° (*Guyot, Fournier*, Bl. [4] **47** [1930] 203, 208) sowie beim Leiten über Nickel bei 180° bis 200° (*Comp. d'Alais*, D.R.P. 588648 [1929]; Frdl. **20** 341) oder über einen Eisenoxid-Aluminiumoxid-Katalysator bei 350—375° (*Schuĭkin, Bitkowa, Ermilina*, Ž. obšč. Chim. **6** [1936] 774, 776; C. **1936** II 2341). Neben *N.N*-Dimethyl-anilin beim Erhitzen von Anilin mit Methanol unter Zusatz von Schwefelsäure bis auf 200° (*Zypin*, Anilinokr. Promyšl. **2** [1932] Nr. 12, S. 9, 10; C. **1934** I 1244). Neben geringen Mengen *N.N*-Dimethyl-anilin beim Erwärmen von Anilin mit Dimethylsulfat (0,5 Mol) in Benzin auf 50° (*Desvergnes*, Chim. et Ind. **24** [1930] 785, 791; vgl. H 135). Neben *N.N*-Dimethyl-anilin und geringen Mengen *N*-[2-Methoxy-äthyl]-anilin beim Erhitzen von Anilin mit 1-Methoxy-äthanol-(2) (4 Mol) in Gegenwart von Borfluorid auf 165° (*Eastman Kodak Co.*, U.S.P. 2391139 [1943]). Neben Anilin beim Leiten von *N.N*-Dimethyl-anilin im Gemisch mit Ammoniak über Aluminiumoxid bei 400°/200 at (*I.G. Farbenind.*, D.R.P. 626923 [1933]; Frdl. **22** 169). Aus *N*-Methyl-formanilid beim Erhitzen mit wss. Salzsäure (*Roberts, Vogt*, Org. Synth. Coll. Vol. IV [1963] 420; Am. Soc. **78** [1956] 4778, 4781; vgl. H 135). Aus *N*-Methyl-acetanilid beim Behandeln mit Natrium, flüssigem Ammoniak und Äthanol (*Clemo, King*, Soc. **1948** 1661, 1666).

Isolierung.

Isolierung aus Gemischen mit Anilin mit Hilfe des Natrium-Salzes der (±)-α-Hydroxy-toluol-sulfonsäure-(α): *Ferry, Buck*, Am. Soc. **58** [1936] 2444; mit Hilfe von Phthalsäure-anhydrid: *Wanag*, Ž. obšč. Chim. **17** [1947] 2080, 2084; C. A. **1948** 4870. Isolierung aus Gemischen mit *N.N*-Dimethyl-anilin (auch in Gegenwart geringer Mengen Anilin) auf Grund der grösseren Löslichkeit des Oxalats in Äthanol: *Desvergnes*, Chim. et Ind. **24** [1930] 785, 790. Isolierung aus Gemischen mit Anilin und *N.N*-Dimethyl-anilin mit Hilfe von 2-Nitro-benzol-sulfonylchlorid-(1) und wss. Natronlauge: *Schreiber, Shriner*, Am. Soc. **56** [1934] 114, 116.

Physikalische Eigenschaften.

Der E I 150 angegebene Schmelzpunkt (F: —57°) ist nicht wieder beobachtet worden (*Swallow, Gibson*, Soc. **1934** 18, 20; *Timmermans, Hennaut-Roland*, J. Chim. phys. **32** [1935] 589, 599; s. dagegen *Winogradowa, Efremow*, Izv. Akad. S.S.S.R. Ser. chim. **1937** 143; C. **1938** I 4311). Kp_{770}: 197—198° (*Wi., Ef.*); Kp: 196,25° (*Ti., He.-R.*); Kp_{760}: 194—194,8° (*Kahovec, Reitz*, M. **69** [1936] 363, 371), 194,5—195° (*Mathews, Fehlandt*, Am. Soc. **53** [1931] 3212, 3216), 193° (*Le Fèvre*, Soc. **1935** 773, 776); $Kp_{753,6}$: 195,5—196° (*Friend, Hargreaves*, Phil. Mag. **35** [1944] 619, 629); Kp_{738}: 193° (*Vogel*, Soc. **1948** 1825, 1831); Kp_{12}: 81—81,2° (*Ka., Reitz*). Verdampfungswärme bei 193,6°: 101,2 cal/g (*Ma., Fe.*, l. c. S. 3217). Wärmeleitfähigkeit bei Raumtemperatur: *Frontaš'ew*, Ž. fiz. Chim. **20** [1946] 91, 101; C. A. **1946** 4284. D_4^0: 1,00216; D_4^{15}: 0,99018; D_4^{30}: 0,97822 (*Ti., He.-R.*); D_0^{20}: 0,9871 (*Arbusow, Gushawina*, Ž. fiz. Chim. **23** [1949] 1070; C. A. **1950** 888); D_4^{20}: 0,9867 (*Vo.*, l. c. S. 1831), 0,97790 (*Fr.*); D_4^{25}: 0,98409 (*Le F.*), 0,9832 (*Few, Smith*, Soc. **1949** 753, 755), 0,9957 (*Wi., Ef.*); D_4^{30}: 0,96968 (*Fr.*); $D_4^{40,2}$: 0,9707; $D_4^{60,3}$: 0,9555; $D_4^{85,5}$: 0,9350 (*Vo.*, l. c. S. 1831). Dichte bei Temperaturen von 40° (0,9740) bis 100° (0,9340): *Wi., Ef.*; bei Temperaturen von 95,5° (0,9261) bis 180,5° (0,8535): *Fr., Ha.* Adiabatische Kompressibilität (aus der Schallgeschwindigkeit in *N*-Methyl-anilin [1586 m/sec bei 20°] ermittelt): *Schaaffs*, Z. physik. Chem. **194** [1944] 28, 35. Viscosität bei Temperaturen von 15° (0,02568 g/cm sec) bis 30° (0,01766 g/cm sec): *Ti., He.-R.*, l. c. S. 601; bei 70°: 0,0073 g/cm sec (*Trifonow*, Izv. biol. Inst. Permsk. Univ. **7** [1930/31] 343, 389; C. A. **1932** 3159); bei Temperaturen von 95,5° (0,006585 g/cm sec) bis 180,5° (0,003108 g/cm sec): *Fr., Ha.* Oberflächenspannung bei Temperaturen von 12,2° (40,85 dyn/cm) bis 86,5° (32,52 dyn/cm): *Vo.*, l. c. S. 1831; bei 20°: 39,89 dyn/cm (*Ar., Gu.*); bei 19,5°: 38,0 dyn/cm; bei 45°: 35,6 dyn/cm (*Wi., Ef.*, l. c. S. 147).

n_D^{15}: 1,57367 (*Timmermans, Hennaut-Roland*, J. Chim. phys. **32** [1935] 589, 600), 1,5727 (*Raw*, J. Soc. chem. Ind. **66** [1947] 451); n_D^{20}: 1,57139 (*Frontaš'ew*, Ž. fiz. Chim. **20** [1946] 91, 101), 1,57094 (*Vogel*, Soc. **1948** 1825, 1831), 1,5709 (*Puschin et al.*, Ž. obšč. Chim. **18** [1948] 1573, 1574; C. A. **1949** 3678), 1,5702 (*Raw*), 1,5695 (*Arbusow, Gushawina*, Ž. fiz. Chim. **23** [1949] 1070, 1073; C. A. **1950** 888); n_D^{25}: 1,5684 (*Puschin, Matavulj*, Z. physik. Chem. [A] **161** [1932] 341, 342; *Pu. et al.*, Ž. obšč. Chim. **18** 1574).

Brechungsindex n_D bei Temperaturen von 25° (1,5684) bis 60° (1,5508): *Pu. et al.*, Ž. obšč. Chim. **18** 1574; *Pušin et al.*, Glasnik chem. Društva Beograd **11** [1941] Nr. 3/4, S. 72, 74; C. A. **1948** 2167; $n_{667,8}^{15}$: 1,56590; $n_{656,3}^{15}$: 1,56676; $n_{587,6}^{15}$: 1,57392; $n_{501,6}^{15}$: 1,58810; $n_{486,1}^{15}$: 1,59181; $n_{447,1}^{15}$: 1,60365 (*Ti.*, *He.-R.*); $n_{656,3}^{20}$: 1,56411; $n_{486,1}^{20}$: 1,58899; $n_{434,1}^{20}$: 1,60447 (*Vo.*, l. c. S. 1831). Beugung von Röntgen-Strahlen in flüssigem *N*-Methyl-anilin: *Ishino*, *Tanaka*, *Tsuji*, Mem. Coll. Sci. Kyoto [A] **13** [1930] 1, 14.

IR-Spektrum von flüssigem *N*-Methyl-anilin zwischen 0,9 μ und 1,9 μ: *Freymann*, A. ch. [11] **11** [1939] 11, 21, 22; zwischen 1 μ und 12 μ: *Samyschljaewa*, *Kriwitsch*, Ž. obšč. Chim. **8** [1938] 319, 323; C. A. **1938** 5303; zwischen 5 μ und 10 μ: *Barnes*, *Liddel*, *Williams*, Ind. eng. Chem. Anal. **15** [1943] 659, 696. IR-Absorption (NH-Bande) von dampfförmigem *N*-Methyl-anilin: *Freymann*, C. r. **205** [1937] 852; von flüssigem *N*-Methyl-anilin: *Flett*, Soc. **1948** 1441, 1445; einer Lösung in Tetrachlormethan: *Liddel*, *Wulf*, Am. Soc. **55** [1933] 3574, 3582. IR-Absorption bei 0,72—0,87 μ: *Barchewitz*, Ann. Physique [11] **11** [1939] 261, 340; bei 1,45—1,7 μ: *Karjakin*, *Grigorowškiĭ*, *Jarošlawškiĭ*, Doklady Akad. S.S.S.R. **67** [1949] 679, 681; C. A. **1950** 3999. Raman-Spektrum: *Ganesan*, *Thatte*, Z. Phys. **70** [1931] 131, 132; *Kahovec*, *Reitz*, M. **69** [1936] 363, 371. UV-Spektrum von dampfförmigem *N*-Methyl-anilin: *Kato*, *Someno*, Scient. Pap. Inst. phys. chem. Res. **33** [1937] 209, 222, 230; von Lösungen in Isooctan: *Tunnicliff*, Anal. Chem. **20** [1948] 828; in Methanol: *Ley*, *Specker*, B. **72** [1939] 192, 200; in Äther: *Kato*, *So.*, l. c. S. 220, 230.

Magnetische Susceptibilität: *Bhatnagar*, *Mitra*, J. Indian chem. Soc. **13** [1936] 329, 332.

Dipolmoment: 1,64 D [ε; Bzl.] (*Fogelberg*, *Williams*, Phys. Z. **32** [1931] 27, 28), 1,643 D [ε; Bzl.], 1,833 D [ε; Dioxan] (*Few*, *Smith*, Soc. **1949** 753, 758). Dielektrizitätskonstante bei 25°: 5,9032 (*Le Fèvre*, Soc. **1935** 773, 776). Dissoziationsexponent pK_a des Ammonium-Ions (Wasser) bei 27°: 4,82 (*Hall*, *Sprinkle*, Am. Soc. **54** [1932] 3469, 3474). Elektrolytische Dissoziation in *m*-Kresol: *Brönsted*, *Delbanco*, *Tovborg-Jensen*, Z. physik. Chem. [A] **169** [1934] 361, 373. Kritisches Oxidationspotential: *Fieser*, Am. Soc. **52** [1930] 5204, 5237.

Mischungsenthalpie und Wärmekapazität des Systems mit Allylisothiocyanat: *Kurnakow*, *Woškrešenškaja*, Izv. Akad. S.S.S.R. Otd. mat. estestv. **1936** 439, 446; C. **1938** I 811. Lösungstemperaturen im System mit Schwefel: *Shurawlew*, Ž. obšč. Chim. **10** [1940] 1926, 1933; C. **1941** I 3203. Löslichkeitsdiagramm des Systems mit Allylisothiocyanat und Schwefel bei 70—140°: *Sh.*, Ž. obšč. Chim. **10** 1933; des Systems mit Benzin und Essigsäure bei 20°: *Ponomarew*, Uč. Zap. Molotovsk. Univ. **3** [1939] Nr. 4, S. 65, 72; C. A. **1943** 5903; bei 20°, 30°, 40° und 45°: *Shurawlew*, Ž. fiz. Chim. **13** [1939] 679, 681; C. A. **1940** 1544; des Systems mit Benzin, Essigsäure und Benzol bei 20°: *Po.*, l. c. S. 73. Kryoskopie von Gemischen mit Phenylisothiocyanat in Benzol: *Udowenko*, Ž. obšč. Chim. **11** [1941] 281; C. A. **1941** 6175. Schmelzdiagramm des Systems mit Schwefeldioxid: *Albertson*, *Fernelius*, Am. Soc. **65** [1943] 1687, 1689. Nachweis eines Eutektikums im System mit Phenol: *Winogradowa*, *Efremow*, Izv. Akad. S.S.S.R. Ser. chim. **1937** 143, 148. Erstarrungsdiagramm des Systems mit *N.N*-Dimethyl-anilin bei Drucken von 1 at bis 2000 at: *Swallow*, *Gibson*, Soc. **1934** 18, 21. Siedepunkt und Zusammensetzung der binären Azeotrope mit (±)-Limonen, Octanol-(1), (*R*)-Linalool, Benzylalkohol, Äthylenglykol, *O*-Methyl-diäthylenglykol, (±)-Propylenglykol, Acetamid und 2-Amino-äthanol-(1): *M. Lecat*, Tables azéotropiques, 2. Aufl. [Brüssel 1949]. Dampfdruck von Gemischen mit Schwefeldioxid bei 25°: *Hille*, *Fitzgerald*, Am. Soc. **57** [1935] 250, 251. Wärmeleitfähigkeit von Gemischen mit Allylisothiocyanat: *Frontaš'ew*, Ž. fiz. Chim. **20** [1946] 91, 101; C. A. **1946** 4284. Dichte von Gemischen mit Allylisothiocyanat: *Fr.*; *Wosnešenškaja*, *Sašlawškiĭ*, Ž. obšč. Chim. **16** [1946] 1189, 1192; C. A. **1947** 3685. Dichte, Viscosität und Oberflächenspannung von Gemischen mit Phenol: *Wi.*, *Ef.*, l. c. S. 144, 145, 148. Brechungsindex n_D von binären Gemischen mit *o*-Kresol, mit *m*-Kresol, mit *p*-Kresol, mit Thymol: *Puschin*, *Matawul'*, *Rikowški*, Glasnik chem. Društva Beograd **14** [1949] 93, 95; C. A. **1952** 4298; mit Ameisensäure: *Puschin et al.*, Ž. obšč. Chim. **18** [1948] 1573; 1574; *Pušin et al.*, Glasnik chem. Društva Beograd **11** [1941] Nr. 3/4, S. 72, 74; mit Essigsäure: *Puschin*, *Matavulj*, Z. physik. Chem. [A] **161** [1932] 341, 342; mit Isobuttersäure: *Matawul'*, Glasnik chem. Društva Jugosl. **10** [1939] 35, 37; C. A. **1940** 6145; mit Isovaleriansäure: *Matawul'*, *Chojman*, Glasnik chem. Društva Jugosl. **10** [1939] 51, 53; C. A. **1940** 6157; mit Allylisothiocyanat: *Fr.*

Chemisches Verhalten.

Bildung von geringen Mengen Benzonitril beim Leiten von *N*-Methyl-anilin über Glaswolle bei 560°: *Wibaut, Speckman,* R. **61** [1942] 143. Isomerisierung beim Leiten über Aluminiumsilicat bei 400°/15 at (vgl. E II 80): *Lawrowškiĭ, Michnowškaja, Olen'tschenko,* Doklady Akad. S.S.S.R. **64** [1949] 345; C. A. **1949** 4644. Beim Erhitzen des Hydrobromids auf 305° sind *p*-Toluidin, Anilin, Methylbromid und geringe Mengen eines Xylidins, beim Erhitzen des Hydrojodids auf 305° sind *o*-Toluidin, *p*-Toluidin, Anilin und Methyljodid erhalten worden (*Hickinbottom,* Soc. **1934** 1700, 1704). Bildung von geringen Mengen *N.N'*-Dimethyl-*N.N'*-diphenyl-hydrazin bei der Elektrolyse von *N*-Methyl-anilin in flüssigem Ammoniak an Platin-Anoden in Gegenwart von Salicylsäure bei —40°: *Goldschmidt, Nagel,* B. **64** [1931] 1744, 1753. Bildung von geringen Mengen Benzothiazolthiol-(2) beim Erhitzen mit Schwefel: *Hasan, Hunter,* Soc. **1936** 1672, 1674. Überführung in Bis-[4-methylamino-phenyl]-sulfid durch Erhitzen mit Schwefel und Blei(II)-oxid bis auf 160°: *Moore, Johnson,* Am. Soc. **57** [1935] 1287. Überführung in Methyl-phenylsulfamidsäure durch Behandlung mit rauchender Schwefelsäure und Collidin: *I. G. Farbenind.,* D.R.P. 511525 [1926]; Frdl. **17** 522. Untersuchung der Reaktion mit Natriumnitrit in Wasser, in wss. Salzsäure und in Chlorwasserstoff enthaltendem Methanol: *Earl, Hall,* Soc. **1933** 510; *Earl, Hills,* J. Pr. Soc. N. S. Wales **70** [1936] 322, 324; *Earl, Ralph,* Soc. **1939** 401; *Earl, Hills,* Soc. **1939** 1089, 1090; der Reaktion mit Amylnitrit in Chlorwasserstoff enthaltendem Methanol: *Earl, Hills,* Soc. **1938** 1954, 1957. Reaktion mit Germanium(IV)-chlorid bei 100° unter Bildung von sog. Bis-[4-methylamino-phenyl]-germaniumsäure-anhydrid: *Bauer, Burschkies,* B. **65** [1932] 956, 959. Überführung in Methyl-cyclohexyl-amin durch Hydrierung an Nickel bei 280°/100 at (vgl. H 136): *I.G. Farbenind.,* D.R.P. 519518 [1926]; Frdl. **17** 811.

Bildung von 4-Thiocyanato-*N*-methyl-anilin bei der Elektrolyse eines Gemisches von *N*-Methyl-anilin und Ammoniumthiocyanat in wss.-äthanol. Salzsäure: *Tscherkašowa, Škljarenko, Mel'nikow,* Ž. obšč. Chim. **10** [1940] 1373, 1374; C. A. **1941** 3615. Beim Erhitzen mit Benzolsulfonylazid sind Benzolsulfonamid, geringe Mengen Bis-[4-methylamino-phenyl]-methan und eine als Gemisch von *N'*-Benzolsulfonyl-*N*-methyl-*o*-phenylendiamin und *N'*-Benzolsulfonyl-*N*-methyl-*p*-phenylendiamin angesehene Substanz, beim Erhitzen mit 4-Chlor-benzol-sulfonylazid-(1) auf 130° sind 4-Chlor-benzolsulfonamid-(1) und *N'*-[4-Chlor-benzol-sulfonyl-(1)]-*N*-methyl-*o*-phenylendiamin erhalten worden (*Curtius et al.,* J. pr. [2] **125** [1930] 303, 315, 349). Bildung von *N*-Methyl-*N*-äthylanilin beim Behandeln mit Phenyllithium in Äther und Erwärmen des Reaktionsgemisches mit Äthyljodid: *Wittig, Merkle,* B. **76** [1943] 109, 118. Über die Bildung von *N*-Methyl-*N*-[buten-(x)-yl]-anilin $C_{11}H_{15}N$ (Kp_{756}: 234—236°) bei 3-tägigem Erwärmen mit Natrium und Butadien-(1.3) s. *I.G. Farbenind.,* D.R.P. 528466 [1928]; Frdl. **17** 812.

Beim Erhitzen mit Tetrafluoräthylen und Borax auf 150° ist Difluoressigsäure-[*N*-methyl-anilid] erhalten worden (*Coffman et al.,* J. org. Chem. **14** [1949] 747, 750). Reaktion mit Natrium-allylat in Allylalkohol bei 108° unter Bildung von 3-[*N*-Methyl-anilino]-propanol-(1): *Hromatka,* B. **75** [1942] 131, 137. Bildung von 4-Phenylmorpholin und Methylchlorid beim Erhitzen mit Bis-[2-chlor-äthyl]-äther: *Brill, Webb, Halbedel,* Am. Soc. **63** [1941] 971. Geschwindigkeit der Reaktion mit Bis-[2-chloräthyl]-sulfid in Äthanol bei 37°: *Stora, Genin,* Bl. **1949** 72, 79. Geschwindigkeit der Reaktion mit 4-Chlor-1.3-dinitro-benzol in Äthanol bei 100°: *van Opstall,* R. **52** [1933] 901, 906. Reaktion mit Phenacylchlorid (oder Phenacylbromid) unter Bildung von 1-Methyl-3-phenyl-indol: *Crowther, Mann, Purdie,* Soc. **1943** 58, 65; s. dagegen H 138. Verlauf und Geschwindigkeit der Reaktion mit Bis-[2-chlor-äthyl]-[naphthyl-(2)]-amin in wss. Aceton bei 37° sowie der Reaktion mit 4-Methoxy-*N.N*-bis-[2-chlor-äthyl]-anilin in wss. Aceton bei 66°: *Ross,* Soc. **1949** 2824, 2827, 2829. Reaktion mit 2-Nitro-2-methylpropanol-(1) in Gegenwart von wss. Tetrakis-[2-hydroxy-äthyl]-ammonium-hydroxid-Lösung unter Bildung von *N*-Methyl-*N*-[β-nitro-isobutyl]-anilin: *Johnson,* Am. Soc. **68** [1946] 14, 16. Beim Erhitzen des Hydrochlorids mit Triphenylmethanol in Essigsäure bildet sich *N*-Methyl-4-trityl-anilin (*Hickinbottom,* Soc. **1934** 1700, 1704). Hydrierung eines Gemisches mit Pentandion-(2.3) an Palladium unter Bildung von 3-[*N*-Methyl-anilino]-pentanon-(2): *Skita, Keil, Baesler,* B. **66** [1933] 858, 866. Beim Behandeln mit wss. Formaldehyd (1 Mol), Zink und wss. Salzsäure ist bei 20—25° *N.N*-Dimethyl-anilin, bei 70—75° Bis-[4-dimethylamino-phenyl]-methan als Hauptprodukt erhalten worden

(*Wagner*, Am. Soc. **55** [1933] 724, 726). Einfluss von Temperatur und Druck auf die Bildung von Phenyl-bis-[4-methylamino-phenyl]-methan beim Erhitzen von *N*-Methylanilin mit Benzaldehyd (0,5 Mol): *Fawcett, Gibson*, Soc. **1934** 386, 391. Bildung von 1.2-Dimethyl-indol beim Erhitzen mit [*N*-Äthyl-anilino]-aceton unter Zusatz von wss. Salzsäure: *Verkade, Lieste, Meerburg*, R. **65** [1946] 897, 902. Bildung von 1-Methyl-2-benzyl-indol beim Erhitzen mit 3-[*N*-Methyl-anilino]-1-phenyl-aceton unter Zusatz von *N*-Methyl-anilin-hydrochlorid auf 200°: *Julian, Pikl*, Am. Soc. **55** [1933] 2105, 2109. Bildung von *N*-Methyl-formanilid beim Erhitzen mit Kohlenoxid in Gegenwart von wss. Salzsäure auf 250° unter hohem Druck: *Buckley, Ray*, Soc. **1949** 1151, 1153. Reaktion mit Kohlensuboxid (0,5 Mol) in Äther unter Bildung von Malonsäure-bis-[*N*-methylanilid]: *Pauw*, R. **55** [1936] 215, 220. Beim Behandeln mit Diphenylcarbodiimid (1 Mol) bei Raumtemperatur ist eine als 6-Anilino-6-[*N*-methyl-anilino]-2.4-bis-phenylimino-1.3.5-triphenyl-hexahydro-[1.3.5]triazin angesehene Verbindung vom F: 144—145°, beim Erhitzen mit Diphenylcarbodiimid (1 Mol) auf 110° ist *N*-Methyl-*N.N'.N''*-triphenyl-guanidin (F: 128—129°) erhalten worden (*Rivier, Langer*, Helv. **26** [1943] 1722, 1724, 1726).

Nachweis und Bestimmung.

Charakterisierung durch Überführung in 4-Nitro-benzoesäure-[*N*-methyl-anilid] (F: 110° bis 112°): *Lur'e*, Ž. obšč. Chim. **18** [1948] 1517, 1522; C. A. **1949** 4240; in *N*-Methyl-*N*-phenyl-*N'*-[3-nitro-phenyl]-harnstoff (F: 119—120°): *Karrman*, Svensk kem. Tidskr. **60** [1948] 61; C. A. **1948** 5804; in *N*-Methyl-*N*-phenyl-*N'*-[3.5-dinitro-phenyl]-harnstoff (F: 215° bis 216°): *Sah, Ma*, J. Chin. chem. Soc. **2** [1934] 159, 163; in *N*-Methyl-benzolsulfonanilid (F: 76—77°): *Miller, Wagner*, Am. Soc. **54** [1932] 3698, 3704.

Beim Behandeln einer Lösung in wss. Essigsäure mit Ammoniumperoxodisulfat und Silbernitrat tritt eine grüne Färbung (*Cândea, Macovski*, Bl. [5] **4** [1937] 1398, 1400), beim Behandeln mit 4-Dimethylamino-benzaldehyd in wss. Salzsäure tritt eine gelbe Färbung auf (*Schoorl*, Pharm. Weekb. **77** [1940] 1381).

Quantitative Bestimmung mit Hilfe von Acetanhydrid und Pyridin (vgl. H 140): *Mitchell, Hawkins, Smith*, Am. Soc. **66** [1944] 782. Bestimmung neben Anilin und *N.N*-Dimethyl-anilin mit Hilfe von Benzolsulfonylchlorid oder Toluol-sulfonylchlorid-(4): *Seaman et al.*, Am. Soc. **67** [1945] 1571; mit Hilfe des UV-Spektrums: *Tunnicliff*, Anal. Chem. **20** [1948] 828.

Salze.

Hydrochlorid (H 140; E I 151; E II 81). Krystalle; F: 123,7—124,2° [aus Acetonitril] (*Hunter, Byrkit*, Am. Soc. **54** [1932] 1948, 1950), 122° (*Jones, Kenner*, Soc. **1932** 711, 713). Thermische Analyse des Systems mit Chlorwasserstoff (Verbindung 1:2): *Hu., By.*, l. c. S. 1952, 1954.

Sulfat $2C_7H_9N \cdot H_2SO_4$. Krystalle (aus A. + Ae.); F: 149—150° [unkorr.] (*Alexander*, Am. Soc. **68** [1946] 969, 972). Erstarrungspunkte von Lösungen in rauchender Schwefelsäure: *Al.*, l. c. S. 971.

Hexafluorogermanat(IV) $2C_7H_9N \cdot H_2GeF_6$. Krystalle [aus wss. A.]; D_{25}^{25}: 1,631 (*Dennis, Staneslow, Forgeng*, Am. Soc. **55** [1933] 4392, 4394). Doppelbrechend; n_α: 1,472; n_β: 1,562; n_γ: 1,565 (*De., St., Fo.*). In Methanol löslich; gegen Wasser nicht beständig (*De., St., Fo.*).

Wolframatophosphat $3C_7H_9N \cdot H_3[P(W_3O_{10})_4]$ und Wolframatosilicat $4C_7H_9N \cdot H_4[Si(W_3O_{10})_4]$: *Kahane, Kahane*, Bl. [5] **3** [1936] 621, 622.

Cuprate. $C_7H_9N \cdot HCuCl_2$. Krystalle, F: 210—220° [Zers.]; in Wasser und Äthanol schwer löslich (*Jones, Kenner*, Soc. **1932** 711, 714). — $2C_7H_9N \cdot H_2CuCl_4$. Gelbe Krystalle; D^{20}: 1,43 (*Amiel*, C. r. **201** [1935] 1383). Magnetische Susceptibilität: *Amiel*, C. r. **206** [1938] 1113. Löslichkeit in Aceton bei 20°: 23,2 g/l (*Am.*, C. r. **201** 1383). — $2C_7H_9N \cdot H_2CuBr_4$. Schwarze Krystalle (*Am.*, C. r. **201** 1383). — $C_7H_9N \cdot H[Cu_2(N_3)_5]$. Braune Krystalle, die bei 80° schwarz werden und bei 203° explodieren (*Cirulis, Straumanis*, B. **76** [1943] 825, 828). In warmem Methanol löslich; gegen Wasser nicht beständig (*Ci., St.*).

Reineckat $C_7H_9N \cdot H[Cr(NH_3)_2(SCN)_4]$. Krystalle (*Coupechoux*, J. Pharm. Chim. [8] **30** [1939] 118, 125). Bei 20° lösen sich in 100 ml Wasser 0,15 g, in 100 ml Methanol 5,10 g, in 100 ml Äthanol 1,70 g (*Cou.*); bei 12° lösen sich in 100 ml Aceton 73,4 mMol (*Carlsohn, Rathmann*, J. pr. [2] **147** [1937] 29, 33, 35).

(1*R*)-2-Oxo-bornan-sulfonat-(10) $C_7H_9N \cdot C_{10}H_{16}O_4S$ (E II 82). Krystalle (aus E.); F: 113—115°; $[\alpha]_D^{25}$: +29,6° [$CHCl_3$; c = 1]; $[\alpha]_D^{25}$: +29,2° [Me.; c = 1] (*Schreiber*,

Shriner, Am. Soc. **57** [1935] 1445).

9.10-Dioxo-9.10-dihydro-anthracen-sulfonat-(1) (E II 82). Krystalle; F: 211,5—212,3° [korr.] (*Seaman, Norton, Maresh*, Ind. eng. Chem. Anal. **14** [1942] 350, 352). — 9.10-Dioxo-9.10-dihydro-anthracen-sulfonat-(2) (E II 82). Krystalle (aus wss. A. oder Bzl.); F: 201,2—202° [korr.; geringfügige Zers.; in vorgeheiztem Bad] (*Seaman*, Ind. eng. Chem. Anal. **11** [1939] 465, 467). — 9.10-Dioxo-9.10-dihydro-anthracen-disulfonat-(1.5) (E II 82). Krystalle (aus wss. A.); F: 252,5—253° [korr.; Zers.; im vorgeheizten Bad] (*Sea.*, l. c. S. 466).

2.4-Dinitro-benzoat $C_7H_9N \cdot C_7H_4N_2O_6$. Braune Krystalle, F: 102,6—103,8° [korr.]; gegen Äthanol nicht beständig (*Buehler, Calfee*, Ind. eng. Chem. Anal. **6** [1934] 351); 3.5-Dinitro-benzoat $C_7H_9N \cdot C_7H_4N_2O_6$. Hellgelbe Krystalle, F: 121,8° [korr.]; gegen Äthanol nicht beständig (*Buehler, Currier, Lawrence*, Ind. eng. Chem. Anal. **5** [1933] 277).

4.6-Dinitro-2-methyl-benzoat $C_7H_9N \cdot C_8H_6N_2O_6$. Krystalle (aus A.); F: 141° bis 142° (*Sah, Tien*, J. Chin. chem. Soc. **4** [1936] 490, 492).

Oxalat (H 140). F: 106° [Block] (*Desvergnes*, Chim. et Ind. **24** [1930] 785, 787). In 100 g Wasser lösen sich bei 0° 4,4 g, bei 16,5° 6,9 g; Löslichkeit in Äthanol bei 0° bis 78,5°: *De.* — Hydrogenoxalat $C_7H_9N \cdot C_2H_2O_4$. Krystalle (aus Butanol-(1)); F: 114° bis 115° (*Horn*, Z. physiol. Chem. **242** [1936] 23, 25).

Pikrat (H 140; E I 151; E II 81). F: 148° (*v. Braun, Weissbach*, B. **63** [1930] 489, 492).

2-Nitro-indandion-(1.3)-Salz $C_7H_9N \cdot C_9H_5NO_4$. Krystalle; F: 186° [aus W. oder A.] (*Wanag*, B. **69** [1936] 1066, 1073), 174—176° [Zers.; korr.] (*Christensen et al.*, Anal. Chem. **21** [1949] 1573).

***N.N*-Dimethyl-anilin**, Dimethylanilin, N,N-*dimethylaniline* $C_8H_{11}N$, Formel III (H 141; E I 151; E II 82).

Mesomerie-Energie (aus thermochemischen Daten ermittelt): *Pauling, Sherman*, J. chem. Physics **1** [1933] 606, 615; *Klages*, B. **82** [1949] 358, 372.

Bildungsweisen.

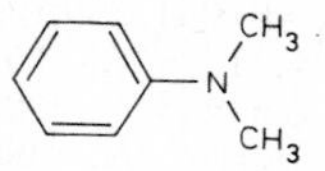

B. Aus Fluorbenzol bei mehrtägigem Behandeln mit Trimethylamin und Phenyllithium in Äther (*Wittig, Merkle*, B. **76** [1943] 109, 112, 116). Aus Anilin beim Erhitzen mit Methanol und Methylbromid bis auf 260° (*Dow Chem. Co.*, U.S.P. 1794057 [1927]), beim Erhitzen mit Methanol, wss. Salzsäure und Phosphor(III)-chlorid unter 100 at auf 280° (*I.G. Farbenind.*, CIOS Rep. XXVII 80 [1945] 13), beim Erhitzen mit Methanol in Gegenwart von Borfluorid auf 215° (*Eastman Kodak Co.*, U.S.P. 2391139 [1943]), beim Erhitzen mit Methanol in Gegenwart von Bleicherde auf 230° (*Rhein. Kampfer-Fabr.*, D.R.P. 638756 [1928]; Frdl. **23** 254; vgl. E II 82), beim Leiten im Gemisch mit Methanol über mit Phosphorsäure behandelten Bimsstein bei 250—500° (*Röhm & Haas Co.*, U.S.P. 2073671 [1931]; D.R.P. 617990 [1932]; Frdl. **22** 174), beim Erhitzen mit Dimethylsulfit (*Voss, Blanke*, A. **485** [1931] 258, 280), beim Erhitzen mit Trimethylphosphat und anschliessend mit wss. Natronlauge (*Billman, Radike, Mundy*, Am. Soc. **64** [1942] 2977) sowie (neben *N*-Methyl-anilin) beim Leiten im Gemisch mit Trimethylamin über Aluminiumoxid bei 380°/100 at (*I.G. Farbenind.*, D.R.P. 626923 [1933]; Frdl. **22** 169). Aus *N*-Methyl-anilin beim Behandeln mit wss. Formaldehyd, wss. Salzsäure und Zink (*Wagner*, Am. Soc. **53** [1931] 724, 726).

III

Isolierung.

Isolierung aus Gemischen mit *N*-Methyl-anilin mit Hilfe von Phthalsäure-anhydrid: *I.G. Farbenind.*, D.R.P. 523603 [1928]; Frdl. **18** 450; *Dow Chem. Co.*, U.S.P. 1890246 [1928]; aus Gemischen mit Anilin und *N*-Methyl-anilin mit Hilfe von wss. Ameisensäure: *Ritter*, Ind. eng. Chem. **28** [1936] 33; mit Hilfe von Kaliumhexacyanoferrat(II) und wss. Salzsäure: *Miller, Wagner*, Am. Soc. **54** [1932] 3698, 3703; mit Hilfe von 2-Nitro-benzolsulfonylchlorid-(1) und wss. Natronlauge: *Schreiber, Shriner*, Am. Soc. **56** [1934] 114, 116.

Physikalische Eigenschaften.

Erstarrungspunkt: 2,45° (*Timmermans, Hennaut-Roland*, J. Chim. phys. **32** [1935] 589, 602), 1,6° (*Winogradowa, Efremow*, Izv. Akad. S.S.S.R. Ser. chim. **1937** 143, 149; C. **1938** I 4311). Erstarrungspunkt bei Drucken von 1 at (2,40°) bis 998 at (25,00°): *Deffet*, Bl. Soc. chim. Belg. **44** [1935] 41, 78. Schmelzpunkt bei Drucken von 123 at (5,0°) bis 1755 at (45,3°): *Swallow, Gibson*, Soc. **1934** 18, 21. Kp_{760}: 194,15° (*Ti., He.-R.*),

194° (*Vogel*, Soc. **1948** 1825, 1829, 1833), 193,2—193,4° (*Kahovec, Reitz*, M. **69** [1936] 363, 372), 192—192,5° (*Mathews, Fehlandt*, Am. Soc. **53** [1931] 3212, 3216); Kp_{757}: 190—191° (*Wi., Ef.*); Kp_{755}: 193,0° (*Friend, Hargreaves*, Phil. Mag. **35** [1944] 619, 630); Kp_{725}: 191,5° (*Udowenko, Jarenko*, Ž. obšč. Chim. **16** [1946] 17; C. A. **1946** 6942); Kp_{18}: 82,4—82,8° (*Ka., Reitz*). Dampfdruck bei 70°: 8,2 Torr (*Martin, Collie*, Soc. **1932** 2658, 2662).

Schmelzwärme: 23,3 cal/g (*Lutschinškiĭ, Lichatschewa*, Ž. fiz. Chim. **7** [1936] 723, 726; C. **1937** I 4767). Verdampfungswärme bei 192,7°: 87,48 cal/g (*Mathews, Fehlandt*, Am. Soc. **53** [1931] 3212, 3216). Wärmekapazität C_p bei 15—17°: 50,0 cal/gradmol (*Rădulescu, Jula*, Z. physik. Chem. [B] **26** [1934] 390, 393); bei 29,15°: 51,29 cal/gradmol (*Kološowškiĭ, Udowenko*, Ž. obšč. Chim. **4** [1934] 1027, 1031; C. r. **198** [1934] 1394). Neutralisationswärme (Ameisensäure, Essigsäure, Propionsäure, wss. Salzsäure [2n] und wss. Schwefelsäure [2n]) bei 15—18°: *Ră., Jula*, l. c. S. 392.

D_4^0: 0,9722 (*Davies, Evans, Whitehead*, Soc. **1939** 644); D_4^0: 0,97232; D_4^{15}: 0,96012; D_4^{30}: 0,94804 (*Timmermans, Hennaut-Roland*, J. Chim. phys. **32** [1935] 589, 602); D_4^{17}: 0,9588 (*Vorländer, Fischer*, B. **65** [1932] 1756, 1759); D_0^{20}: 0,9566 (*Arbusow, Gushawina*, Ž. fiz. Chim. **23** [1949] 1070, 1073; C. A. **1950** 888); D_4^{20}: 0,9571 (*Vogel*, Soc. **1948** 1825, 1833); D_4^{25}: 0,95196 (*Few, Smith*, Soc. **1949** 753, 755), 0,95241 (*Thomson*, Soc. **1944** 408), 0,95309 (*Le Fèvre*, Soc. **1935** 773, 776), 0,95185 (*Martin, Collie*, Soc. **1932** 2658, 2662), 0,9520 (*Da., Ev., Wh.*); D_4^{40}: 0,9396 (*Da., Ev., Wh.*); D_4^{62}: 0,9255; $D_4^{86,2}$: 0,9055; $D_4^{119,7}$: 0,8783 (*Vogel*); Dichte D_4 bei Temperaturen von 25° (0,9534) bis 100° (0,9847): *Winogradowa, Efremow*, Izv. Akad. S.S.S.R. Ser. chim. **1937** 143, 157; von 86,9° (0,9013) bis 189,2° (0,8130): *Friend, Hargreaves*, Phil. Mag. **35** [1944] 619, 630. Adiabatische Kompressibilität (aus der Schallgeschwindigkeit ermittelt) bei 20°: *Schaaffs*, Z. physik. Chem. **194** [1944] 28, 35; bei 26°: *Bhimasenachar, Venkateswarlu*, Pr. Indian Acad. [A] **11** [1940] 28, 29. Schallgeschwindigkeit in *N.N*-Dimethyl-anilin bei 20°: 1509 m/sec (*Sch.*); bei 26°: 1550 m/sec (*Bh., Ve.*). Temperaturkoeffizient der Schallgeschwindigkeit: *Sch.*, l. c. S. 37. Viscosität bei 0°: 0,02072 g/cmsec; bei 25°: 0,01302 g/cmsec; bei 40°: 0,01041 g/cmsec (*Da., Ev., Wh.*); bei 12°: 0,01491 g/cmsec (*Springer, Roth*, M. **56** [1930] 1, 13); bei 15°: 0,01528 g/cmsec; bei 30°: 0,01159 g/cmsec (*Ti., He.-R.*, l. c. S. 603); bei 25°: 0,01275 g/cmsec (*Deželić, Belia*, Glasnik Chem. Društva Jugosl. **9** [1938] 151, 168; C. A. **1940** 7289); bei 25°: 0,013024 g/cmsec; bei 45°: 0,009484 g/cmsec; bei 65°: 0,007429 g/cmsec (*Udowenko*, Ž. obšč. Chim. **10** [1940] 1923; C. **1941** II 1608); Viscosität bei Temperaturen von 86,9° (0,005953 g/cmsec) bis 189,2° (0,002667 g/cmsec): *Fr., Ha.* Turbulenzreibung im Temperaturbereich von 11° bis 120°: *Griengl, Kofler, Radda*, M. **62** [1933] 131, 143. Oberflächenspannung bei 20°: 36,46 dyn/cm (*Ar., Gu.*); bei 19,5°: 35,48 dyn/cm; bei 45°: 32,2 dyn/cm (*Wi., Ef.*, l. c. S. 152); bei Temperaturen von 19,5° (36,17 dyn/cm) bis 121,7° (25,43 dyn/cm): *Vogel.*

n_D^0: 1,5677 (*Davies, Evans, Whitehead*, Soc. **1939** 644); n_D^{15}: 1,56083 (*Timmermans, Hennaut-Roland*, J. Chim. phys. **32** [1935] 589, 603), 1,5604 (*Raw*, J. Soc. chem. Ind. **66** [1947] 451); $n_D^{16,5}$: 1,5599 (*Puschin, Matavulj*, Z. physik. Chem. [A] **162** [1932] 415, 416); n_D^{20}: 1,55776 (*Vogel*, Soc. **1948** 1825, 1833), 1,5582 (*Puschin et al.*, Ž. obšč. Chim. **18** [1948] 1573, 1576; C. A. **1949** 3678), 1,5579 (*Raw*), 1,5575 (*Arbusow, Gushawina*, Ž. fiz. Chim. **23** [1949] 1070, 1073; C. A. **1950** 888); n_D^{25}: 1,5562 (*Thomson*, Soc. **1944** 408; *Da., Ev., Wh.*); $n_D^{39,5}$: 1,5495 (*Da., Ev., Wh.*); Brechungsindex n_D bei Temperaturen von 25° (1,5556) bis 60° (1,5374): *Pu. et al.*, Ž. obšč. Chim. **18** 1576; *Pušin et al.*, Glasnik chem. Društva Beograd **11** [1941] Nr. 3/4, S. 72, 75; C. A. **1948** 2167. $n_{667,8}^{15}$: 1,55309; $n_{656,3}^{15}$: 1,55404; $n_{587,6}^{15}$: 1,56109; $n_{501,6}^{15}$: 1,57531; $n_{486,0}^{15}$: 1,57866; $n_{447,1}^{15}$: 1,59053 (*Ti., He.-R.*, l. c. S. 603); $n_{656,3}^{20}$: 1,55110; $n_{486,2}^{20}$: 1,57051; $n_{434,1}^{20}$: 1,59132 (*Vogel*); $n_{656,3}^{21,1}$: 1,5507; $n_{587,6}^{21,1}$: 1,55737; $n_{486,1}^{21,1}$: 1,57529 (*v. Auwers, Susemihl*, Z. physik. Chem. [A] **148** [1930] 125, 142); $n_{656,3}^{25}$: 1,5496; $n_{546,1}^{25}$: 1,5621; $n_{486,1}^{25}$: 1,5741; $n_{435,8}^{25}$: 1,5900 (*Th.*). Mechanische Doppelbrechung: *Vorländer, Fischer*, B. **65** [1932] 1756, 1759. Elektrische Doppelbrechung: *Maercks, Hanle*, Phys. Z. **39** [1938] 852, 855; *Hanle, Maercks*, Z. Phys. **114** [1939] 407, 416. Beugung von Röntgen-Strahlen in flüssigem *N.N*-Dimethyl-anilin: *Ishino, Tanaka, Tsuji*, Mem. Coll. Sci. Kyoto [A] **13** [1930] 1, 14.

IR-Spektrum von flüssigem *N.N*-Dimethyl-anilin zwischen 1 μ und 12 μ: *Samyschljaewa, Kriwitsch*, Ž. obšč. Chim. **8** [1938] 319, 324; C. A. **1938** 5303; zwischen 5 μ und 10 μ: *Barnes, Liddel, Williams*, Ind. eng. Chem. Anal. **15** [1943] 659, 696. IR-Absorption bei 0,72—0,87 μ: *Barchewitz*, Ann. Physique [11] **11** [1939] 261, 340. Raman-Spektrum:

Kahovec, Reitz, M. **69** [1936] 363, 372; *Ganesan, Thatte*, Z. Phys. **70** [1931] 131, 133. UV-Spektrum des Dampfes: *Kato, Someno*, Scient. Pap. Inst. phys. chem. Res. **33** [1937] 209, 223; UV-Spektrum von Lösungen in Wasser: *Kiss, Csetneky*, Acta Univ. Szeged **2** [1948] 37, 41; in Chloroform: *Moede, Curran*, Am. Soc. **71** [1949] 852, 857; in Hexan: *Ramart-Lucas, Wohl*, C. r. **196** [1933] 1804; *Wohl*, Bl. [5] **6** [1939] 1312, 1314; *Heertjes, Bakker, van Kerkhof*, R. **62** [1943] 737, 740; in Heptan: *Klevens, Platt*, Am. Soc. **71** [1949] 1714, 1715; *R. A. Friedel, M. Orchin*, Ultraviolet Spectra of Aromatic Compounds [New York 1951] Nr. 86; in Isooctan: *Remington*, Am. Soc. **67** [1945] 1838, 1839; *Tunnicliff*, Anal. Chem. **20** [1948] 828; in Methanol: *Ley, Specker*, B. **72** [1939] 192, 200; in Äthanol: *Wohl*; in Äther: *Kato, So.*, l. c. S. 209, 220. UV-Spektrum des Hydrochlorids s. S. 251. Spektrum (400—700 mμ) der durch UV-Licht erregten Fluorescenz: *Bertrand*, Bl. [5] **12** [1945] 1010, 1015. Luminescenz unter der Einwirkung von γ-Strahlen: *Tscherenkow*, C. r. Doklady **2** [1934] 451, 454; C. **1935** II 809.

Magnetische Susceptibilität: *Bhatnagar, Mitra*, J. Indian Chem. Soc. **13** [1936] 329, 332.

Dipolmoment (ε; Dampf): 1,61 D (*Groves, Sugden*, Soc. **1937** 1782); 1,6 D (*LeFèvre, LeFèvre*, Soc. **1936** 487); Dipolmoment (ε; Bzl.): 1,577 D (*Few, Smith*, Soc. **1949** 753, 758); 1,58 D (*Marsden, Sutton*, Soc. **1936** 599, 605; *Fogelberg, Williams*, Phys. Z. **32** [1931] 27, 28); 1,55 D (*Hertel, Dumont*, Z. physik. Chem. [B] **30** [1935] 139, 146); Dipolmoment (ε; Dioxan): 1,633 D (*Few, Sm.*). Dielektrizitätskonstante bei 25°: 4,81 (*LeFèvre*, Soc. **1935** 773, 776), 4,85 (*LeF., LeF.*, l. c. S. 487). Photopotential dünner Schichten auf Kupfer in wss. Lösungen von Kaliumsulfat, Kaliumjodid oder Kaliumchlorat: *Hoang Thi Nga*, J. Chim. phys. **32** [1935] 725, 729, 730. Elektrische Leitfähigkeit: *Rădulescu, Jula*, Z. physik. Chem. [B] **26** [1934] 395, 397. Dissoziationsexponent pK_a des Ammonium-Ions (Wasser; potentiometrisch ermittelt) bei 25°: 5,06 (*Hall, Sprinkle*, Am. Soc. **54** [1932] 3469, 3472, 3477). Elektrolytische Dissoziation in Äthanol: *Deyrup*, Am. Soc. **56** [1934] 60, 63; in Wasser-Äthanol-Gemischen: *Davies, Addis*, Soc. **1937** 1622, 1623; *Davies*, Soc. **1938** 1865, 1866; *Thomson*, Soc. **1946** 1113, 1114; in wss. 1-Methoxy-äthanol-(2): *Westheimer*, Am. Soc. **56** [1934] 1962; in *m*-Kresol: *Brönsted, Delbanco, Tovborg-Jensen*, Z. physik. Chem. [A] **169** [1934] 361, 373.

N.N-Dimethyl-anilin ist in flüssigem Ammoniak schwer löslich, in Äthanol mässig löslich (*Bergstrom, Gilkey, Lung*, Ind. eng. Chem. **24** [1932] 57, 60), mit Nitrobenzol (*Lutschinškiĭ, Lichatschewa*, Ž. fiz. Chim. **7** [1936] 723, 725; C. **1937** I 4767), Äther und Diäthylamin (*Be., Gi., Lung*) in jedem Verhältnis mischbar. Lösungsvermögen für Thoriumnitrat-tetrahydrat: *Templeton, Hall*, J. phys. Chem. **51** [1947] 1441, 1444; für Fluor-dichlor-methan, Difluor-dichlor-methan und Fluor-trichlor-methan: *Copley, Zellhoefer, Marvel*, Am. Soc. **61** [1939] 3550. Lösungstemperaturen im System mit Schwefel: *Shurawlew*, Ž. obšč. Chim. **10** [1940] 1926, 1935; C. **1941** I 3203. Löslichkeitsdiagramm der ternären Systeme mit Allylisothiocyanat und Schwefel bei 70—120°: *Sh.*, Ž. obšč. Chim. **10** 1935; mit Essigsäure und Benzin bei 20°: *Ponomarew*, Uč. Zap. Molotovsk. Univ. **3** [1939] Nr. 4, S. 65, 70; C. A. **1943** 5903; mit Essigsäure und Benzin bei 20°, 25° und 30°: *Shurawlew*, Ž. fiz. Chim. **13** [1939] 679, 681; C. A. **1940** 1544; der quaternären Systeme mit Essigsäure, Benzin und Benzol bei 20°: *Po.*, l. c. S. 72; mit Wasser, Allylisothiocyanat und Piperidin bei 20°: *Ušt'-Katschkinzew, Merzlin*, Ž. obšč. Chim. **6** [1936] 32, 33; C. **1936** I 3814.

Kryoskopie in Benzol und Phenol: *Udowenko, Ušanowitsch*, Ž. obšč. Chim. **10** [1940] 17, 18, 19; C. **1942** I 3183. Eutektika sind in den binären Systemen mit Phenol (*Winogradowa, Efremow*, Izv. Akad. S.S.S.R. Ser. chim. **1937** 143, 153, 154), mit Guajacol (*Puschin, Rikovski*, A. **532** [1937] 294, 295), mit Essigsäure (*Puschin, Rikovski*, Z. physik. Chem. [A] **161** [1932] 336, 338; s. a. *Trifonow*, Izv. biol. Inst. Permsk. Univ. **7** [1930/31] 343, 395; C. A. **1932** 3159) und mit 4-Nitro-anilin (*Lichatschewa*, Ž. fiz. Chim. **8** [1936] 761, 765; C. **1937** II 4026) nachgewiesen worden. Additionsverbindungen und Eutektika treten auf in den binären Systemen mit Schwefeldioxid [Verbindung 1:1] (*Bright, Fernelius*, Am. Soc. **65** [1943] 637), mit Nitrobenzol [orangefarbene Verbindung 1:1; F: —28,9°; Schmelzwärme: 5,6 cal/g] (*Lutschinškiĭ, Lichatschewa*, Ž. fiz. Chim. **7** [1936] 723, 725; C. **1937** I 4767) und mit Benzophenon [Verbindung $2C_8H_{11}N \cdot 3C_{13}H_{10}O$; F: 17°] (*Taboury, Thomassin, Perrotin*, Bl. **1947** 783, 787). Erstarrungsdiagramm des Systems mit *N*-Methyl-anilin bei Drucken von 1 at bis 2000 at: *Swallow, Gibson*, Soc. **1934** 18, 21.

Ebullioskopie in Dichlormethan und in Chloroform: *Davies, Evans, Whitehead,* Soc. **1939** 644. Siedepunkt und Zusammensetzung der binären Azeotrope mit Dipentyläther, *O*-Methyl-diäthylenglykol, *O*-Äthyl-diäthylenglykol, (±)-Propylenglykol, 2.3-Dimethyl-butandiol-(2.3), 2-Amino-äthanol-(1) und 2-Diäthylamino-äthanol-(1): *M. Lecat,* Tables azéotropiques, 2. Auflage [Brüssel 1949]. Dampfdruck von Gemischen mit Schwefeldioxid bei 25°: *Hill, Fitzgerald,* Am. Soc. **57** [1935] 250, 251. Dampfdruck und Partial-Dampfdruck von Gemischen mit Benzol: *Martin, Collie,* Soc. **1932** 2658, 2662.

Dichte von Gemischen mit Benzol: *Ma., Co.,* l. c. S. 2663; mit 1.4-Dichlor-benzol: *LeFèvre, LeFèvre,* Soc. **1936** 487, 490; mit Paraldehyd: *LeFèvre, Russell,* Soc. **1936** 496. Dichte und Viscosität von binären Gemischen mit Dichlormethan und Chloroform: *Da., Ev., Wh.*; mit Phenol: *Winogradowa, Efremow,* Izv. Akad. S.S.S.R. Ser. chim. **1937** 143, 150; C. **1938** I 4311; mit *m*-Xylol: *Springer, Roth,* M. **56** [1930] 1, 13; mit Essigsäure: *Udowenko,* Ž. obšč. Chim. **10** [1940] 1923; C. **1941** II 1608; mit Pyrrol: *Deželić, Belia,* Glasnik chem. Društva Jugosl. **9** [1938] 151, 168; C. A. **1940** 7289; von ternären Gemischen mit Essigsäure und Benzol: *Udowenko, Jarenko,* Ž. obšč. Chim. **16** [1946] 17, 18; C. A. **1946** 6942. Viscosität von ternären Gemischen mit Benzol und Phenol: *Udowenko, Toropow,* Ž. obšč. Chim. **10** [1940] 11, 13; C. **1942** I 3183. Oberflächenspannung von Gemischen mit Phenol: *Wi., Ef.,* l. c. S. 152.

Brechungsindex n_D von binären Gemischen mit Dichlormethan und Chloroform: *Davies, Evans, Whitehead,* Soc. **1939** 644; mit Benzol: *Puschin, Matavulj,* Z. physik. Chem. [A] **162** [1932] 415, 416; mit Toluol: *Puschin, Matawul', Rikowški,* Glasnik chem. Društva Beograd **13** [1948] 38, 40; C. A. **1952** 4298; mit Phenol, 2-Chlor-phenol, 4-Chlor-phenol, *o*-Kresol, *m*-Kresol, *p*-Kresol, Thymol und Guajacol: *Puschin, Matavul', Rikowški,* Glasnik chem. Društva Beograd **14** [1949] 93, 95, 96, 97; mit Ameisensäure: *Puschin et al.,* Ž. obšč. Chim. **18** [1948] 1573, 1576; mit Essigsäure: *Puschin, Matawulj,* Z. physik. Chem. [A] **161** [1932] 341, 342; mit Isobuttersäure: *Matawul',* Glasnik chem. Društva Jugosl. **10** [1939] 35, 37; C. A. **1940** 6145; mit Isovaleriansäure: *Matawul', Chojman,* Glasnik chem. Društva Jugosl. **10** [1939] 51, 53; C. A. **1940** 6157; mit Allylisothiocyanat: *Anošow,* Izv. Sektora fiz. chim. Anal. **9** [1936] 255, 256; C. **1937** I 3942. Brechungsindex $n_{656,3}$ von Gemischen mit Benzol: *Martin, Collie,* Soc. **1932** 2658, 2663. Einfluss von Druck und Temperatur auf das Spektrum (490—670 mμ) einer Lösung in Nitrobenzol: *Gibson, Loeffler,* Am. Soc. **62** [1940] 1324, 1326. Absorptionsspektrum (300—600 mμ) von binären Gemischen mit Benzochinon-(1.4), Chlor-benzochinon-(1.4), Methyl-benzochinon-(1.4), 2.5-Dimethyl-benzochinon-(1.4) und Tetramethyl-benzochinon-(1.4): *Hunter, Northey,* J. phys. Chem. **37** [1933] 875.

Dielektrizitätskonstante von binären Gemischen mit 1.4-Dichlor-benzol: *Le Fèvre, LeFèvre,* Soc. **1936** 487, 490; mit Paraldehyd: *Le Fèvre, Russell,* Soc. **1936** 496; von ternären Gemischen mit Benzol und Phenol sowie mit Benzol und 2-Nitro-phenol: *Laurent,* A. ch. [11] **10** [1938] 397, 431. Elektrische Leitfähigkeit von binären Gemischen mit 1.3.5-Trinitro-benzol, 2.4.6-Trinitro-benzaldehyd und 2.4.6-Trinitro-benzoesäure: *Rădulescu, Jula,* Z. physik. Chem. [B] **26** [1934] 395, 397.

Chemisches Verhalten.

Bildung von Anilin und *N*-Methyl-anilin beim Leiten von *N.N*-Dimethyl-anilin im Gemisch mit Ammoniak über Aluminiumoxid bei 400°/200 at: *I.G. Farbenind.,* D.R.P. 626923 [1933]; Frdl. **22** 169).

Entzündungstemperatur von Gemischen mit Luft sowie Flammpunkt: *Assoc. Factory Insurance Co.,* Ind. eng. Chem. **32** [1940] 880, 882. Tropfzündpunkt in Luft: *Scott, Jones, Scott,* Anal. Chem. **20** [1948] 238, 240. Bildung von Tris-[4-dimethylamino-phenyl]-methan, Tris-[4-dimethylamino-phenyl]-methanol und Krystallviolett beim Leiten von *N.N*-Dimethyl-anilin-Dampf im Gemisch mit Luft über Magnesiumaluminiumsilicate: *Eisenack,* Naturwiss. **26** [1938] 430. Beim Erwärmen mit sog. Graphitoxid sowie beim Erwärmen mit Graphit unter Durchleiten von Luft sind Tris-[4-dimethylamino-phenyl]-methan und Bis-[4-dimethylamino-phenyl]-methan, in Gegenwart von Schwefelsäure ist zusätzlich Methylviolett erhalten worden (*Carter, Moulds, Riley,* Soc. **1937** 1305, 1309, 1311).

Beim Behandeln mit 1 Mol Chloramin in Benzol bilden sich 2-Chlor-*N.N*-dimethyl-anilin und 4-Chlor-*N.N*-dimethyl-anilin; bei Anwendung von 2 Mol bzw. 3 Mol Chloramin entsteht 2.4-Dichlor-*N.N*-dimethyl-anilin bzw. 2.4.6-Trichlor-*N.N*-dimethyl-anilin (*Danilow, Kos'mina,* Ž. obšč. Chim. **19** [1949] 309, 316; C. A. **1949** 6570). Bildung von

Bis-[4-dimethylamino-phenyl]-selenid und Selen beim Behandeln mit Diselendichlorid in Petroläther: *Behaghel, Hofmann*, B. **72** [1939] 582, 592. Beim Behandeln mit Thionylchlorid bei —10° und anschliessenden Erwärmen im Chlorwasserstoff-Strom ist eine als Tris-[4-dimethylamino-phenyl]-sulfonium-chlorid zu formulierende Verbindung (F: 108° bis112°), beim Behandeln mit Thionylchlorid in Petroläther ist Bis-[4-dimethylamino-phenyl]-sulfoxid erhalten worden (*Billimoria, Kothare, Nadkarny*, J. Indian chem. Soc. **22** [1945] 91; vgl. H 144). Reaktion mit Salpetrigsäure in wss. Lösung unter Bildung von 4-Nitroso-*N*.*N*-dimethyl-anilin-nitrat, 3.3'-Dinitro-tetra-*N*-methyl-benzidin und 4-Nitro-*N*.*N*-dimethyl-anilin: *Earl, Mackney*, J. Pr. Soc. N.S. Wales **67** [1933] 231, 236, 419. Bildung von 4-Nitroso-*N*.*N*-dimethyl-anilin (Hauptprodukt), 4-Nitro-*N*.*N*-dimethyl-anilin, *N*-Nitroso-4-nitro-*N*-methyl-anilin und 2.5-Dinitro-*N*-methyl-anilin beim Behandeln mit wss. Salzsäure und Natriumnitrit (Überschuss) bei 0° (vgl. H 143): *Hodgson, Nicholson*, Soc. **1941** 470, 473. Beim Behandeln mit wss. Salpetersäure (20%ig) bei —10° ist 4-Nitroso-*N*.*N*-dimethyl-anilin, beim Behandeln mit wss. Salpetersäure (<70%ig) ist 2.4.*N*-Trinitro-*N*-methyl-anilin, beim Behandeln mit wss. Salpetersäure (>70%ig) sind *N*-Nitroso-2.4-dinitro-*N*-methyl-anilin und *N*-Nitroso-2.4.6-trinitro-*N*-methyl-anilin erhalten worden (*Lang*, C. r. **226** [1948] 1381). Bildung von 2.4-Dinitro-*N*-methyl-anilin, 2.4-Dinitro-*N*.*N*-dimethyl-anilin, 2.4.6-Trinitro-*N*-methyl-anilin und 2.4.6.*N*-Tetranitro-*N*-methyl-anilin beim Behandeln mit wss. Salpetersäure verschiedener Konzentration: *Hodgson, Turner*, Soc. **1942** 584; *Hodgson*, J. Soc. Dyers Col. **60** [1944] 151. Bei langsamem Eintragen von Natriumnitrit in eine aus *N*.*N*-Dimethyl-anilin und wss. Salpetersäure (D: 1,024 oder D: 1,046) hergestellte Lösung sind 4-Nitroso-*N*.*N*-dimethyl-anilin und geringe Mengen 4-Nitro-*N*.*N*-dimethyl-anilin, bei schnellem Eintragen von Natriumnitrit (Überschuss) sind 4-Nitroso-*N*.*N*-dimethyl-anilin sowie geringe Mengen 3.3'-Dinitro-tetra-*N*-methyl-benzidin und 4-Nitro-*N*-methyl-anilin, beim Behandeln mit wss. Salpetersäure (D: 1,12) und Natriumnitrit bei 50° sind 2.4-Dinitro-*N*.*N*-dimethyl-anilin und geringe Mengen 3.5.3'.5'-Tetranitro-tetra-*N*-methyl-benzidin erhalten worden (*Ho., Tu.*; *Ho.*). Überführung in 2.3.4.6.*N*-Pentanitro-*N*-methyl-anilin durch Behandlung mit Schwefelsäure und Salpetersäure (D: 1,52) unterhalb 10°: *Stettbacher*, Tech. Ind. Schweiz. Chemiker Ztg. **26** [1943] 181, 185. Bildung von Tris-[4-dimethylamino-phenyl]-phosphinoxid beim Erhitzen mit Phosphoroxychlorid (0,6 Mol) und Pyridin auf 140° (vgl. E II 85): *Koenigs, Friedrich*, A. **509** [1934] 138, 140, 141.

Austausch von Wasserstoff gegen Deuterium beim Behandeln mit Deuterium enthaltender wss. Salzsäure bei Raumtemperatur: *Ingold, Raisin, Wilson*, Soc. **1936** 1637, 1639; beim Erhitzen mit *O*-Deuterio-äthanol sowie mit *O*-Deuterio-äthanol in Gegenwart von Natriumhydroxid oder Schwefelsäure auf 110°: *Kharasch, Brown, McNab*, J. org. Chem. **2** [1937] 36, 41, 48; *Brown, Kharasch, Sprowls*, J. org. Chem. **4** [1939] 442, 448; s. a. *Brown, Widiger, Letang*, Am. Soc. **61** [1939] 2597, 2599.

Beim Behandeln mit Natrium, flüssigem Ammoniak und Äthanol, anschliessenden Versetzen mit Wasser und Erhitzen des Reaktionsprodukts mit wss. Schwefelsäure ist Cyclohexen-(1)-on-(3), beim Behandeln mit Calcium-hexaammoniakat in Äther, anschliessenden Behandeln mit Eis und Erhitzen des Reaktionsprodukts mit wss. Schwefelsäure sind geringe Mengen Cyclohexanon erhalten worden (*Birch*, Soc. **1946** 593, 595).

Bildung von *N*-Acetyl-sulfanilsäure-[*N*-methyl-anilid] und Formaldehyd beim Erwärmen mit *N*-Acetyl-sulfanilylchlorid und Pyridin unter Luftzutritt: *Lur'e, Roštkowškaja*, Ž. obšč. Chim. **14** [1944] 137, 142; C. A. **1945** 2288. Bei 2-tägigem Erhitzen mit Benzolsulfonylazid auf 140° sind Benzolsulfonamid, 4.4'-Bis-[4-dimethylamino-phenyl]-methan und ein Gemisch von *N*'-Benzolsulfonyl-*N*.*N*-dimethyl-*o*-phenylendiamin und *N*'-Benzolsulfonyl-*N*.*N*-dimethyl-*p*-phenylendiamin erhalten worden (*Curtius et al.*, J. pr. [2] **125** [1930] 303, 317). Reaktion mit 2-Nitro-benzol-selenenylchlorid-(1), 2-Nitro-benzol-selenenylbromid-(1) oder Trichlor-[2-nitro-phenyl]-selen in Äther unter Bildung von 4-[2-Nitro-phenylseleno]-*N*.*N*-dimethyl-anilin: *Behaghel, Seibert*, B. **66** [1933] 708, 717.

Bildung von geringen Mengen Diphenyl-[4-dimethylamino-phenyl]-methanol beim Erwärmen mit Phenyllithium in Äther und anschliessenden Behandeln mit Benzophenon: *Wittig, Merkle*, B. **75** [1942] 1491, 1500. Beim Behandeln mit Pentylnatrium in Petroläther (*Gilman, Bebb*, Am. Soc. **61** [1939] 109, 111; *Morton, Hechenbleikner*, Am. Soc. **58** [1936] 2599, 2604) oder mit Äthylmagnesiumbromid in Äther (*Challenger, Miller*, Soc. **1938** 894, 899) und anschliessenden Behandeln mit Kohlendioxid entsteht *N*.*N*-Dimethylanthranilsäure.

Geschwindigkeitskonstante der Reaktion mit Methyljodid in Chloroform bei 45° und 65° sowie in Methanol bei 25—65°: *Evans, Watson, Williams*, Soc. **1939** 1345; in Methanol bei 35° und 45°: *Brown, Fried*, Am. Soc. **65** [1943] 1841; in Benzol bei 65°: *Edwards*, Trans. Faraday Soc. **33** [1937] 1294, 1301; in Nitrobenzol bei 25°, 40°, 60° und 80°: *Laidler*, Soc. **1938** 1768, 1788; in Aceton bei 18° und 35°: *Hertel, Lührmann*, Z. El. Ch. **45** [1939] 405, 407; in wss. Aceton bei 35°, 45° und 55°: *Davies*, Soc. **1938** 1865, 1867. Geschwindigkeitskonstante der Reaktion mit Äthyljodid in Methanol bei 35° und 45°: *Br., Fr.*; in wss. Aceton bei 35°: *Davies, Lewis*, Soc. **1934** 1599, 1601. Kinetik der Reaktion mit Iso=propyljodid in Aceton bei 60°, 80° und 100° unter Drucken von 1 at bis 12000 at: *Perrin, Williams*, Pr. roy. Soc. [A] **159** [1937] 162, 165. Geschwindigkeitskonstante der Reaktion mit Allylbromid in Chloroform bei 0°, 40° und 48°: *Muchin, Ginsburg*, Ukr. chim. Ž. **5** [1930] 147; C. **1931** I 1871; bei 20°, 30° und 38°: *Worob'ew*, Ž. fiz. Chim. **14** [1946] 686, 688; C. A. **1941** 3881; in Nitrobenzol bei 22° und 40°: *Gol'zschmidt, Trechletow*, Ž. obšč. Chim. **1** [1931] 875; C. A. **1932** 3978; in Methanol bei 15° und 22°: *Gol'zschmidt, Worob'ew*, Ž. obšč. Chim. **7** [1937] 582, 587; C. **1937** II 1299; bei 30°: *Go., Wo.*; *Holzschmidt, Potapoff*, Acta physicoch. U.R.S.S. **7** [1937] 778, 782; bei 40° und 45°: *Potapow, Gol'zschmidt*, Ž. fiz. Chim. **15** [1941] 1094; C. A. **1942** 6070; in Äthanol bei 22° und 40°: *Go., Tr.*, Ž. obšč. Chim. **1** 875; bei 30°: *Ho., Po.*; bei 40° und 50°: *Po., Go.*; in Benzylalkohol bei 10°, 18° und 26°: *Go., Wo.*; in Aceton bei 0°, 40° und 48°: *Mu., Gi.*; bei 22° und 40°: *Go., Tr.*, Ž. obšč. Chim. **1** 875; bei 50°: *Wo.*, l. c. S. 691; in Acetophenon bei 22° und 40°: *Go., Tr.*, Ž. obšč. Chim. **1** 875; in Gemischen von Chloroform und Äther sowie von Chloroform und Aceton: *Muchin, Drushinin, Komlew*, Ukr. chim. Ž. **5** [1930] 243, 247; C. **1931** I 3433. Gleichgewichtskonstante der Reaktion mit Allylbromid in Chloroform, Nitrobenzol, Aceton und Acetophenon, jeweils bei 38° und 48°: *Wo.*, l. c. S. 687. Geschwindigkeitskonstante der Reaktion mit Benzylbromid (vgl. E II 85) in Methanol bei 30°, 35°, 45° und 50°: *Peacock, Tha*, Soc. **1937** 955; in Äthanol bei 13° und 30° sowie in Nitrobenzol, Aceton und Acetophenon, jeweils bei 22° und 40°: *Gol'zschmidt, Trechletow*, Ž. obšč. Chim. **7** [1937] 576, 578; C. **1937** II 1299. Geschwindigkeitskonstante der Reaktionen mit 2-Chlormethyl-benzonitril, mit 3-Chlormethyl-benzonitril und mit 4-Chlormethyl-benzonitril in Methanol bei 30°, 35°, 45° und 50°: *Pea., Tha.* Beim Erhitzen mit 2-Fluor-1-brom-äthan (1 Mol) sind geringe Mengen 4.4'-Bis-dimethylamino-bibenzyl-dihydrobromid erhalten worden (*Saunders*, Soc. **1949** 1279, 1282; *McCombie, Saunders*, Nature **158** [1946] 382, 384). Reaktion mit (±)-2-Chlor-10-brom-anthron unter Bildung von 2-Chlor-10-[4-dimethyl=amino-phenyl]-anthron: *Barnett, Goodway, Savage*, B. **64** [1931] 2185, 2188.

Reaktion mit Dodecanol-(1) in Gegenwart von Bleicherde bei 300°/45 at unter Bildung von *N*-Methyl-*N*-dodecyl-anilin: *I. G. Farbenind.*, D.R.P. 611283 [1933]; Frdl. **21** 203. Bildung von Bis-[4-dimethylamino-phenyl]-methan beim Behandeln mit 4-Dimethyl=amino-benzylalkohol unter Zusatz von geringen Mengen wss. Salzsäure bei Raumtemperatur oder in Gegenwart von Triäthylamin bei 180°: *Smith, Welch*, Soc. **1934** 1136, 1139. Beim Erhitzen mit 2 Mol Dimethylsulfit auf 140° ist *N.N.N*-Trimethyl-anilinium-methansulfonat, bei mehrwöchigem Behandeln mit 1 Mol Dimethylsulfit bei Raumtemperatur sind geringe Mengen einer Verbindung $C_{10}H_{17}NO_3S$ (hygroskopische Krystalle, F: 120—121° [trübe Schmelze; nach Sintern]; beim Behandeln mit wss. Salz=säure entwickelt sich Schwefeldioxid) erhalten worden (*Voss, Blanke*, A. **485** [1931] 258, 268, 281). Geschwindigkeitskonstante der Reaktion mit 2.4.6-Trinitro-anisol in Aceton bei 15°, 25° und 35°: *Hertel, Dressel*, Z. physik. Chem. [B] **23** [1933] 281, 284, **29** [1935] 178, 183, 184; der Reaktion mit 2.4.6-Trinitro-3-methyl-phenol in Aceton bei 15°, 25° und 35°: *He., Dr.*, Z. physik. Chem. [B] **23** 284.

Beim Erwärmen mit Dipiperidinomethan (0,3 Mol) in Chlorwasserstoff enthaltendem Äthanol bildet sich Bis-[4-dimethylamino-phenyl]-methan (*Feldman, Wagner*, J. org. Chem. **7** [1942] 31, 44). Beim Behandeln mit 3-Äthoxy-acrylaldehyd-diäthylacetal (0,3 Mol) und Zinkchlorid entsteht 1.1.3-Tris-[4-dimethylamino-phenyl]-propen-(2) (*König, Seifert*, B. **67** [1934] 2112, 2117). Einfluss von Druck (40—3000 at) auf die Ausbeute an Phenyl-bis-[4-dimethylamino-phenyl]-methan beim Erhitzen von *N.N*-Di=methyl-anilin mit Benzaldehyd (0,5 Mol), auch in Gegenwart von Benzoesäure, auf 150—160°: *Fawcett, Gibson*, Soc. **1934** 386, 391. Beim Behandeln mit Benzophenon und Aluminiumchlorid ist bei 40—50° Diphenyl-[4-dimethylamino-phenyl]-methanol, bei 75—85° hingegen Diphenyl-[4-dimethylamino-phenyl]-methan erhalten worden (*Courtot*,

Oupéroff, C. r. **191** [1930] 214; vgl. H 147). Umsetzung mit Phenyllithium und anschliessend mit Benzophenon s. S. 249. Bildung von 10-Methyl-9-[4-dimethylamino-phenyl]-9.10-dihydro-acridinol-(9) beim Erhitzen mit 9-Oxo-10-methyl-acridan unter Zusatz von Phosphoroxychlorid und anschliessenden Behandeln mit wss. Natronlauge: *Gleu, Schubert*, B. **73** [1940] 757, 760. Bildung von 2-Phenyl-1.1-bis-[4-dimethylamino-phen⸗yl]-äthanon-(2) beim Erhitzen mit Phenylglyoxal oder Phenacylidendibromid auf 160° sowie beim Behandeln mit (±)-2-Brom-2-acetoxy-1-phenyl-äthanon-(1) und Phosphor⸗oxychlorid: *Madelung, Oberwegner*, B. **65** [1932] 931, 937. Beim Erwärmen von Isatin mit Phosphor(V)-chlorid in Benzol und anschliessenden Behandeln mit *N.N*-Dimethyl-anilin ist eine als 3-Oxo-2-[4-dimethylamino-phenyl]-3*H*-indol angesehene Verbindung $C_{16}H_{14}N_2O$ erhalten worden (*van Alphen*, R. **60** [1941] 138, 150).

Bildung von 4-[4-Dimethylamino-phenyl]-pyridin, Benzaldehyd und Benzoesäure beim Erwärmen von *N.N*-Dimethyl-anilin mit Benzoylchlorid und Pyridin unter Zusatz von Kupfer: *Koenigs, Ruppelt*, A. **509** [1934] 142, 147.

Beim Erhitzen mit Benzoesäure auf 200° sind Benzoesäure-methylester und *N*-Methyl-benzanilid erhalten worden (*v. Braun, Weissbach*, B. **63** [1930] 489, 492); analoge Reaktionen mit Palmitinsäure und mit 3-Phenyl-propionsäure: *v. Br., Wei.* Reaktion mit Lauroyl⸗chlorid in Äther unter Bildung von *N.N*-Dimethyl-*N*-lauroyl-anilinium-chlorid sowie analoge Reaktionen mit 3-Nitro-benzoylchlorid und mit 4-Nitro-benzoylchlorid: *Lur'e*, Ž. obšč. Chim. **18** [1948] 1517, 1521, 1523; C. A. **1949** 4240. Bildung von geringen Mengen 4-Dimethylamino-benzophenon beim Erwärmen mit Benzoylchlorid und Aluminium⸗chlorid in Schwefelkohlenstoff: *Shah, Chaubal*, Soc. **1932** 650. Reaktion mit Chlormethylen-formamidin bei 100° unter Bildung von Tris-[4-dimethylamino-phenyl]-methan: *Hinkel, Dunn*, Soc. **1930** 1834, 1838. Beim Behandeln mit *N*-Phenyl-benzimidoylchlorid und Aluminiumchlorid in Schwefelkohlenstoff und Erhitzen des Reaktionsprodukts mit wss. Salzsäure ist 4-Dimethylamino-benzophenon erhalten worden (*Shah, Ch.*). Beim Erhitzen mit 3-Oxo-3*H*-benz[*c*][1.2]oxathiol-1.1-dioxid (0,3 Mol) auf 110° entsteht 1-[4-Dimethyl⸗amino-benzoyl]-benzol-sulfonsäure-(2) (*Cornwell*, Am. Soc. **54** [1932] 819).

Biochemische Umwandlungen.

Nachweis von 2-Amino-phenol im Harn von Hunden nach subcutaner Injektion von *N.N*-Dimethyl-anilin: *Horn*, Z. physiol. Chem. **238** [1936] 84.

Nachweis und Bestimmung.

Farbreaktion beim Behandeln einer Lösung in Schwefelsäure mit wss. Natriumvanadat-Lösung unter Zusatz von Oxalsäure (orange): *Narasimhasastri*, Curr. Sci. **17** [1948] 327; beim Behandeln einer Lösung in wss. Essigsäure mit Ammoniumperoxodisulfat oder mit Ammoniumperoxodisulfat und Silbernitrat (gelb): *Cândea, Macovski*, Bl. [5] **4** [1937] 1398, 1400; beim Erwärmen mit Salpetersäure und Behandeln einer Lösung des Reaktionsprodukts in Aceton mit methanol. Kaliummethylat (rotorange): *Canbäck*, Svensk kem. Tidskr. **58** [1946] 101. Beim Behandeln mit Kaliumhexacyanoferrat(III), Zinkacetat und wss. Schwefelsäure tritt eine orangerote Fällung auf (*Kul'berg, Iwanowa*, Ž. anal. Chim. **2** [1947] 198, 204; C. A. **1949** 6945). Beim Behandeln mit *N.N'*-Dichlor-harnstoff tritt in äthanol. Lösung eine grüne, in wss. Lösung eine gelbe Färbung auf (*Lichoscherštow*, Ž. obšč. Chim. **3** [1933] 164, 166; C. **1934** I 1476). Colorimetrische Bestimmung in Gemischen mit Anilin und *N*-Methyl-anilin mit Hilfe von Natriumnitrit und wss. Essigsäure: *English*, Anal. Chem. **19** [1947] 457. Colorimetrische (mit Hilfe von Natriumnitrit und wss. Salz⸗säure) und acidimetrische (mit Hilfe von wss. Perchlorsäure) Bestimmung in Gemischen mit Anilin und *N*-Methyl-anilin nach Behandlung mit Acetanhydrid: *Haslam, Hearn*, Analyst **69** [1944] 141, 143.

Salze und Additionsverbindungen.

Hydrochlorid $C_8H_{11}N \cdot HCl$ (H 153; E I 154; E II 86). UV-Spektrum von Lösungen in wss. Salzsäure: *Kiss, Csetneky*, Acta Univ. Szeged **2** [1948] 37, 41; *Ramart-Lucas, Wohl*, C. r. **196** [1933] 1804; *Wohl*, Bl. [5] **6** [1939] 1312, 1314, 1316; in Chloroform: *Moede, Curran*, Am. Soc. **71** [1949] 852, 857. Elektrolytische Dissoziation in Chloroform: *Davis*, Am. Soc. **71** [1949] 3544; *Moede, Cu.*, l. c. S. 854. Elektromotorische Kraft von *N.N*-Di⸗methyl-anilin-hydrochlorid enthaltenden galvanischen Ketten: *Wagener*, Beitr. Physiol. **4** [1929] 31, 43.

Hydrogensulfat $C_8H_{11}N \cdot H_2SO_4$ (H 153; E II 87). Krystalle (aus A. + Ae.); F: 88—89° (*Alexander*, Am. Soc. **68** [1946] 969, 972). Erstarrungspunkte von Lösungen in rauchender Schwefelsäure: *Al.*, l. c. S. 971.

Dibrenzcatechinato-borat $C_8H_{11}N \cdot H[B(C_6H_4O_2)_2]$ (E I 154; E II 87). Krystalle [aus W.]; Löslichkeit in Wasser bei 20°: 0,1 Mol/l (*Schäfer*, Z. anorg. Ch. **259** [1949] 86, 91).

Tribrenzcatechinato-silicat $C_8H_{11}N \cdot H[Si(C_6H_4O_2)_3]$. *B.* Beim Behandeln von Siliciumtetrachlorid mit Brenzcatechin in Methanol und anschliessend mit *N.N*-Dimethyl-anilin (*Rosenheim*, *Raibmann*, *Schendel*, Z. anorg. Ch. **196** [1931] 160, 163. — Grüngelbe Krystalle (*Ro.*, *Rai.*, *Sch.*).

Hexafluorogermanat(IV) $2C_8H_{11}N \cdot H_2GeF_6$. Krystalle (aus A. + Ae.); D_{25}^{25}: 1,548 (*Dennis*, *Staneslow*, *Forgeng*, Am. Soc. **55** [1933] 4392, 4394). Doppelbrechend; n_α: 1,445, n_β: 1,53; n_γ: 1,617 (*De.*, *St.*, *Fo.*). In Methanol und Äthanol löslich; gegen Wasser nicht beständig (*De.*, *St.*, *Fo.*).

Wolframatophosphat $3C_8H_{11}N \cdot H_3[P(W_3O_{10})_4]$ und Wolframatosilicat $4C_8H_{11}N \cdot H_4[Si(W_3O_{10})_4]$: *Kahane*, *Kahane*, Bl. [5] **3** [1936] 621, 622.

Cuprate. $2C_8H_{11}N \cdot H_2CuCl_4$. Dunkelgelbe Krystalle; D^{20}: 1,44 (*Amiel*, C. r. **201** [1935] 1383). Magnetische Susceptibilität: *Amiel*, C. r. **206** [1938] 1113. Löslichkeit in Aceton bei 20°: 7,5 g/l (*Am.*, C. r. **201** 1383). — $2C_8H_{11}N \cdot H_2CuBr_4$. Schwarze Krystalle; D^{20}: 1,87 (*Am.*, C. r. **201** 1383). — $C_8H_{11}N \cdot H[Cu_2(N_3)_5]$. Rotbraune Krystalle, die bei 80° schwarz werden und bei 174° explodieren (*Cirulis*, *Straumanis*, B. **76** [1943] 825, 828). Gegen Wasser nicht beständig (*Ci.*, *St.*).

Tetrachloroaurat(III) $C_8H_{11}N \cdot HAuCl_4$. Gelbe Krystalle; F: 102—103° (*Emde*, *Kull*, Ar. **274** [1936] 173, 178).

Trichloromercurat(II) $C_8H_{11}N \cdot H[HgCl_3]$ (E I 154). Grünblaue Krystalle (*Voynnet*, J. Pharm. Chim. [8] **16** [1932] 344, 348).

Reineckat $C_8H_{11}N \cdot H[Cr(NH_3)_2(SCN)_4]$. Rosarote Krystalle [aus W.] (*Dansi*, *Mamoli*, *Ciocca*, Ann. Chimica applic. **22** [1932] 561, 564). Bei 20° lösen sich in 100 ml Wasser 0,02 g, in 100 ml Methanol 0,75 g, in 100 ml Äthanol 0,28 g (*Coupechoux*, J. Pharm. Chim. [8] **30** [1939] 118, 125); bei 12° lösen sich in 100 ml Aceton 43 mMol (*Carlsohn*, *Rathmann*, J. pr. [2] **147** [1937] 29, 33, 35). Gegen heisses Wasser nicht beständig (*Cou.*).

Über eine Uran(VI)-Verbindung der Zusammensetzung $C_8H_{11}N \cdot H(UO_2)_2F_5 \cdot H_2O$ (gelbe Krystalle) s. *Olsson*, Z. anorg. Ch. **187** [1930] 112, 119.

(1*R*)-2-Oxo-bornan-sulfonat-(10) $C_8H_{11}N \cdot C_{10}H_{16}O_4S$. Krystalle (aus Acn.); F: 137—139° (*Schreiber*, *Shriner*, Am. Soc. **57** [1935] 1445). $[\alpha]_D^{25}$: +37,9° [$CHCl_3$; c = 1]; $[\alpha]_D^{25}$: +27,5° [Me.; c = 1] (*Sch.*, *Sh.*).

2.4-Dinitro-benzoat $C_8H_{11}N \cdot 2C_7H_4N_2O_6$. Gelbe Krystalle, F: 102,4—104° [korr.]; gegen Äthanol nicht beständig (*Buehler*, *Calfee*, Ind. eng. Chem. Anal. **6** [1934] 351).

3.5-Dinitro-benzoat $C_8H_{11}N \cdot 2C_7H_4N_2O_6$. Krystalle (aus A.); F: 114,8—115,6° [korr.] (*Buehler*, *Currier*, *Lawrence*, Ind. eng. Chem. Anal. **5** [1933] 277).

Oxalat. F: 110,5° [Block] (*Desvergnes*, Chim. et Ind. **24** [1930] 785, 787). Löslichkeit in Wasser, Äthanol und wss. Äthanol bei 0° bis 50° bzw. 78°: *De.*

Pikrat $C_8H_{11}N \cdot C_6H_3N_3O_7$ (H 154; E I 154; E II 87). Krystalle; F: 163° (*Emerson*, *Ringwald*, Am. Soc. **63** [1941] 2843; *Groenewoud*, *Robinson*, Soc. **1934** 1692, 1693), 160° [aus Acn. bzw. aus W., A. oder wss. A.] (*Taylor*, *Kraus*, Am. Soc. **69** [1947] 1731, 1732; *Witschonke*, *Kraus*, Am. Soc. **69** [1947] 2472, 2473), 159° [aus A.] (*Hodgson*, *Kershaw*, Soc. **1930** 277, 280; *Elliott*, *Fuoss*, Am. Soc. **61** [1939] 294, 295), 157—158° [aus Acn., $CHCl_3$ oder Bzl.] (*Râşcanu*, Ann. scient. Univ. Jassy **25** [1939] 395, 419, **26** [1940] 3, 34). Elektrische Leitfähigkeit von Lösungen in Nitrobenzol: *Tay.*, *Kr.*; *Wi.*, *Kr.*, l. c. S. 2475.

2-Nitro-indandion-(1.3)-Salz $C_8H_{11}N \cdot C_9H_5NO_4$. Krystalle (aus W., A. oder wss. A.); F: 133° [Zers.; korr.] (*Christensen et al.*, Anal. Chem. **21** [1949] 1573), 133° (*Wanag*, B. **69** [1936] 1066, 1074).

Verbindung mit Schwefeldioxid $C_8H_{11}N \cdot SO_2$. *B.* Aus *N.N*-Dimethyl-anilin und Schwefeldioxid ohne Lösungsmittel (*Bright*, *Jasper*, Am. Soc. **63** [1941] 3486; vgl. *Hill*, *Fitzgerald*, Am. Soc. **57** [1935] 250), in Petroläther (*Bright*, *Fernelius*, Am. Soc. **65** [1943] 637) oder in Wasser (*Adams*, *Lipscomb*, Am. Soc. **71** [1949] 519, 520). — F: 12° (*Br.*, *Fe.*; *Br.*, *Ja.*). D_4^{27}: 1,08 (*Br.*, *Fe.*); Dichte eines flüssigen Präparats bei Temperaturen von 0° (1,1764) bis 30° (1,1370): *Br.*, *Ja.* Oberflächenspannung eines flüssigen Präparats bei Temperaturen von 0° (43,87 dyn/cm) bis 30° (38,49 dyn/cm): *Br.*, *Ja.* Nachweis eines Eutektikums im System mit *N.N*-Dimethyl-anilin: *Br.*, *Fe.*

Verbindung mit Schwefeltrioxid $C_8H_{11}NO_3S$, vermutlich *N*-Sulfo-*N.N*-di=

methyl-anilinium-betain, Formel IV auf S. 254 (H 154, E II 87). *B.* Aus *N.N*-Dimethyl-anilin und Schwefeltrioxid im Luftstrom bei 200° (*Scottish Dyes Ltd.*, D.R.P. 525814 [1928]; Frdl. **17** 465). — F: 85—90° (*Moede, Curran*, Am. Soc. **71** [1949] 852). UV-Spektrum ($CHCl_3$): *Moede, Cu.*, l. c. S. 857. — Beim Behandeln mit flüssigem Ammoniak bei —33° sind das Ammonium-Salz der Amidoschwefelsäure (Hauptprodukt), Ammoniumsulfat und geringe Mengen des Triammonium-Salzes der Imidobisschwefelsäure erhalten worden (*Sisler, Audrieth*, Am. Soc. **61** [1939] 3392). — Eine weitere Verbindung $C_8H_{11}NO_3S$ vom F: 240—241° (hygroskopische Krystalle) ist von *Berkengeĭm, Tschwikowa*, (Ž. obšč. Chim. **3** [1933] 411, 417, 418; C. **1935** I 375) beim Einleiten von Schwefeltrioxid in *N.N*-Dimethyl-anilin sowie beim Einleiten von Schwefeldioxid in eine äthanol. Lösung von *N.N*-Dimethyl-anilin-*N*-oxid erhalten worden.

Verbindung mit Borfluorid $C_8H_{11}N \cdot BF_3$. Krystalle (aus Bzl.); F: 90—92° [geschlossene Kapillare] (*Bright, Fernelius*, Am. Soc. **65** [1943] 735). In 100 g Benzol lösen sich bei Raumtemperatur ca. 0,27 g (*Br., Fe.*).

Verbindung mit Borchlorid $C_8H_{11}N \cdot BCl_3$. Krystalle vom F: 146° [nach Erweichen bei 125—130°]; die Schmelze erstarrt beim Abkühlen bei 144—145° (*Jones, Kinney*, Am. Soc. **61** [1939] 1378, 1380).

Verbindungen mit Aluminiumchlorid $2C_8H_{11}N \cdot 2AlCl_3$ (Krystalle; in warmem Schwefelkohlenstoff löslich, in Benzol und Tetrachlormethan mässig löslich) und $C_8H_{11}N \cdot 2AlCl_3$: *Hunter, Yohe*, Am. Soc. **55** [1933] 1248, 1249.

Verbindung mit Vanadium(IV)-chlorid $4C_8H_{11}N \cdot VCl_4$ (E I 154). Hellblaue Krystalle; in Wasser (mit blaugrüner Farbe) und in warmem Chloroform löslich (*Meyer, Taube*, Z. anorg. Ch. **222** [1935] 167, 172).

Verbindung mit 1.4-Bis-chloracetoxy-benzol $C_8H_{11}N \cdot C_{10}H_8Cl_2O_4$. Krystalle (aus A.); F: 152—153° (*Lakner*, Magyar chem. Folyoirat **35** [1929] 151, 155; C. **1930** I 1465). Bei 156—157° erfolgt Zersetzung unter Bildung von *N.N*-Dimethyl-anilin (*La.*).

Verbindung mit Naphthalindiol-(2.7) $C_8H_{11}N \cdot C_{10}H_8O_2$. F: 150° (*Blythe & Co., Bentley, Catlow*, D.R.P. 582001 [1932]; Frdl. **20** 427).

Verbindung mit (±)-2-Pikryloxy-propionsäure-äthylester. Rote bis violette Krystalle (aus $CHCl_3$); F: 142—143° (*Hertel, Römer*, B. **63** [1930] 2446, 2452). Oberhalb des Schmelzpunkts erfolgt Zersetzung (*He., Rö.*).

Verbindung mit 3.5-Dinitro-benzonitril $C_8H_{11}N \cdot C_7H_3N_3O_4$. Purpurfarbene Krystalle; F: 71—73° (*Bennett, Wain*, Soc. **1936** 1108, 1112). In Äthanol mit purpurroter Farbe löslich (*Be., Wain*).

Verbindung mit 3.5-Dinitro-benzoylchlorid. Rote Krystalle; in Tetrachlormethan mit hellroter Farbe löslich; wenig beständig (*Bennett, Wain*, Soc. **1936** 1108, 1112).

Verbindung mit Benzol-tricarbonylchlorid-(1.3.5) $C_8H_{11}N \cdot C_9H_3Cl_3O_3$. Rote Krystalle, die bei 34—82° schmelzen (*Bennett, Wain*, Soc. **1936** 1108, 1112).

Isotopenhaltige Präparate.

Mit Stickstoff-15 markiertes *N.N*-Dimethyl-anilin ist beim Erhitzen von Stickstoff-15 enthaltendem Anilin mit Methyljodid, Natriumacetat und Wasser auf 150° erhalten worden (*Fones, White*, Arch. Biochem. **20** [1948] 118, 121).

In einer Methyl-Gruppe mit Kohlenstoff-13 markiertes *N.N*-Dimethyl-anilin ist aus *N*-Methyl-anilin und Kohlenstoff-13 enthaltendem Methyljodid erhalten worden (*Fones, White*, J. nation. Cancer Inst. **10** [1949] 663).

***N.N*-Dimethyl-anilin-*N*-oxid**, N,N-*dimethylaniline* N-*oxide* $C_8H_{11}NO$, Formel V (H 156; E I 154; E II 88).

B. Aus *N.N*-Dimethyl-anilin beim Behandeln mit wss. Wasserstoffperoxid und Acetanhydrid (*Below, Šawitsch*, Ž. obšč. Chim. **17** [1947] 257, 260; C. A. **1948** 530; vgl. H 156).

Krystalle mit 1 Mol H_2O (*French, Gens*, Am. Soc. **59** [1937] 2600, 2601). Krystalle; F: 154° [korr.; aus Bzl. oder Dioxan] (*Linton*, Am. Soc. **62** [1940] 1945), 152° [aus CCl_4] (*Be., Ša.*). Hygroskopisch (*Fr., Gens*). UV-Spektrum (A.) der Base und des Hydrochlorids: *Fr., Gens*. Dipolmoment: 4,85 D [ε; Dioxan], 4,79 [ε; Bzl.] (*Li.*, l. c. S. 1946). Dissoziationsexponent pK_a des Ammonium-Ions (Wasser; potentiometrisch ermittelt) bei 20°: 4,21 (*Nylén*, Tidsskr. Kjemi Bergv. **18** [1938] 48).

Nachweis von 2-Amino-phenol im Harn von Hunden nach subcutaner Injektion von *N.N*-Dimethyl-anilin-*N*-oxid: *Horn*, Z. physiol. Chem. **238** [1936] 84, 85, 89.

Pikrat (H 157; E I 155). Krystalle (aus A.); F: 139° [Zers.] (*Taylor, Kraus*, Am. Soc. **69** [1947] 1731, 1732). Elektrische Leitfähigkeit von Lösungen in Nitrobenzol: *Tay., Kr.*; *Witschonke, Kraus*, Am. Soc. **69** [1947] 2472, 2474; in Pyridin: *Burgess, Kraus*, Am. Soc. **70** [1948] 706, 708; in Äthylenglykol: *Thompson, Kraus*, Am. Soc. **69** [1947] 1016, 1017.

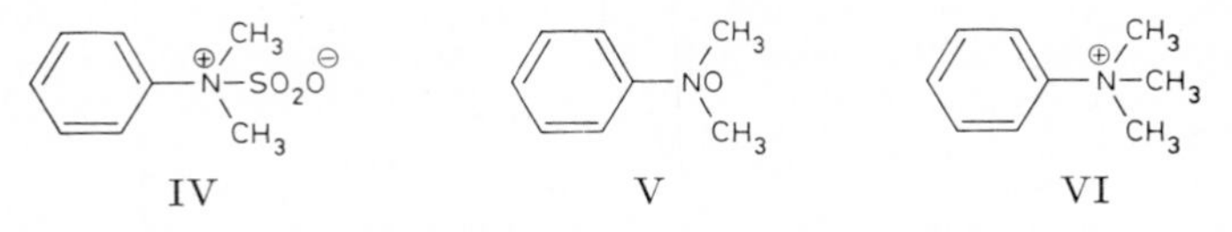

Tri-*N*-methyl-anilinium, N,N,N-*trimethylanilinium* $[C_9H_{14}N]^{\oplus}$, Formel VI.

Chlorid $[C_9H_{14}N]Cl$ (H 158; E I 155; E II 88; dort als Trimethyl-phenyl-ammonium-chlorid bezeichnet). F: 234° (*Aeschlimann, Reinert*, J. Pharmacol. exp. Therap. **43** [1931] 413, 420), 220° [Zers.] (*Groenewoud, Robinson*, Soc. **1934** 1692, 1693). In Wasser und Chloroform leicht löslich (*Schwarzenbach*, Helv. **13** [1930] 896, 899). Elektromotorische Kraft von Trimethyl-phenyl-ammonium-chlorid enthaltenden galvanischen Ketten: *Sch.*, l. c. S. 901. — Bei partieller Hydrierung an Platin in Natriumacetat enthaltender wss. Lösung (*Emde, Kull*, Ar. **274** [1936] 173, 180) sowie bei der Hydrierung an Palladium (*Achmatowicz, Lindenfeld*, Roczniki Chem. **18** [1938] 75, 79; C. **1939** II 626; vgl. E II 88) sind Benzol und Trimethylamin, beim Erwärmen einer wss. Lösung mit Natrium-Amalgam im Kohlendioxid-Strom sind *N.N*-Dimethyl-anilin und Trimethylamin (*Groenewoud, Robinson*, Soc. **1934** 1692, 1693) erhalten worden. — Magnetische Susceptibilität des Salzes $[C_9H_{14}N]Cl_2I$ (H 158; E II 89): *Gray, Dakers*, Phil. Mag. [7] **11** [1931] 81.

Bromid $[C_9H_{14}N]Br$ (H 158; E I 155; E II 88). Krystalle (aus E. + A.); F: 212° [korr.; Zers.] (*Howton*, Am. Soc. **69** [1947] 2555, 2556 Anm. 10). Magnetische Susceptibilität des Bromids sowie der Salze $[C_9H_{14}N]BrCl_2$ (E II 89), $[C_9H_{14}N]Br_3$ (H 159; E I 155; E II 89), $[C_9H_{14}N]BrClI$ (E II 89), $[C_9H_{14}N]Br_2I$ (E II 89) und $[C_9H_{14}N]BrI_2$ (E II 89): *Gray, Dakers*, Phil. Mag. [7] **11** [1931] 81.

Jodid $[C_9H_{14}N]I$ (H 159; E I 155; E II 89). Krystalle; F: 231,6° [korr.; aus $CHCl_3$ oder A.] (*Phillips*, Am. Soc. **52** [1930] 793, 795), 229—230° (*Henley, Turner*, Soc. **1931** 1172, 1177), 220° [unter Sublimation] (*Lukeš*, Collect. **10** [1938] 66, 75), 217,5—218,5° [unter Sublimation] (*Pressman et al.*, Am. Soc. **68** [1946] 250, 251). Magnetische Susceptibilität: *Gray, Dakers*, Phil. Mag. [7] **11** [1931] 81. — Beim Behandeln mit Natrium, flüssigem Ammoniak und Äthanol sind Benzol und Trimethylamin (*Birch*, J. Pr. Soc. N. S. Wales **83** [1949] 245, 249), beim Erwärmen mit Natriumbutylat in Butanol-(1) sind *N.N*-Dimethyl-anilin und Methyl-butyl-äther (*Achmatowicz, Perkin, Robinson*, Soc. **1932** 486, 500) erhalten worden. — Magnetische Susceptibilität der Salze $[C_9H_{14}N]I_3$ (H 159; E II 89) und $[C_9H_{14}N]I_4$ (H 159; E II 89): *Gray, Da.*

Perchlorat $[C_9H_{14}N]ClO_4$ (E I 155). Krystalle (aus W.); F: 178—179° (*Lukeš*, Collect. **10** [1938] 66, 75).

Methylsulfat $[C_9H_{14}N]CH_3O_4S$ (E I 155). Krystalle (aus Acn.); F: 126° (*Groenewoud, Robinson*, Soc. **1934** 1692, 1693). — Beim Behandeln mit Blei-Natrium-Legierung und wss. Schwefelsäure sind Benzol und Trimethylamin erhalten worden (*Fichter, Stenzl*, Helv. **16** [1933] 571, 572).

Tetrachloroantimonat(III) $[C_9H_{14}N]SbCl_4$. Gelbliche Krystalle [aus Acn. + wss. Salzsäure] (*Pfeiffer, Schneider*, B. **68** [1935] 50, 58).

Tetrafluoroborat $[C_9H_{14}N]BF_4$. Krystalle (aus A.); F: 143° (*Nešmejanow, Mekarowa*, Izv. Akad. S.S.S.R. Otd. chim. **1947** 213, 216; C. A. **1948** 5441).

Tetrachloroaurat(III) $[C_9H_{14}N]AuCl_4$ (H 159). F: 155° (*Achmatowicz, Lindenfeld*, Roczniki Chem. **18** [1938] 75, 79; C. **1939** II 626).

Tetrajodocadmat $[C_9H_{14}N]_2CdI_4$. Gelbliche Krystalle (*Pass, Ward*, Analyst **58** [1933] 667, 672).

Trijodomercurat(II) $[C_9H_{14}N]HgI_3$ (E II 89). Krystalle (aus Acn.); F: 137—138° (*Cavell, Sugden*, Soc. **1930** 2572, 2578). Dichte D_4 bei Temperaturen von 139° (2,721) bis 161,5° (2,688): *Ca., Su.* Oberflächenspannung bei Temperaturen von 147,5° (54,61 dyn/cm) bis 161,5° (53,06 dyn/cm): *Ca., Su.* Elektrische Leitfähigkeit von Lösungen in Aceton: *Ca., Su.*, l. c. S. 2574.

Methansulfonat $[C_9H_{14}N]CH_3O_3S$ (E II 89). *B.* Aus *N.N*-Dimethyl-anilin beim Erhitzen mit Dimethylsulfit auf 140° sowie beim Behandeln mit Methansulfonsäure-methylester bei Raumtemperatur (*Voss, Blanke*, A. **485** [1931] 258, 280). — Krystalle (aus A.); F: 188—189°. — Beim Erwärmen mit methanol. Natriummethylat entsteht *N.N*-Dimethyl-anilin.

Toluol-sulfonat-(4) $[C_9H_{14}N]C_7H_7O_3S$ (H 159; E II 89). Krystalle; F: 160—161° (*Rodionow, Jarzewa*, Izv. Akad. S.S.S.R. Otd. chim. **1948** 251; C. A. **1948** 4942).

Phenolat $[C_9H_{14}N]C_6H_5O$. Krystalle (aus Nitrobenzol oder aus Acn. + PAe.); F: 75° bis 76° (*Henley, Turner*, Soc. **1931** 1172, 1178). — Beim Erhitzen auf 120° bilden sich *N.N*-Dimethyl-anilin und Anisol.

2-Nitro-phenolat $[C_9H_{14}N]C_6H_4NO_3$. Hygroskopische rote Krystalle (aus A. + Ae.); F: 117—117,5° (*Henley, Turner*, Soc. **1931** 1172, 1176). — Beim Erhitzen auf 180° bilden sich *N.N*-Dimethyl-anilin und 2-Nitro-anisol.

4-Nitro-phenolat $[C_9H_{14}N]C_6H_4NO_3$. Hygroskopische gelbe Krystalle (aus Nitrobenzol); F: 118—119° [nach Erweichen] (*Henley, Turner*, Soc. **1931** 1172, 1177). — Beim Erhitzen auf 170° bilden sich *N.N*-Dimethyl-anilin und 4-Nitro-anisol.

2.4-Dinitro-phenolat $[C_9H_{14}N]C_6H_3N_2O_5$. Gelbe Krystalle (aus A.); F: 121—123° [nach Sintern bei 90°] (*Henley, Turner*, Soc. **1931** 1172, 1177). — Beim Erhitzen auf 175° bilden sich *N.N*-Dimethyl-anilin und 2.4-Dinitro-anisol.

Pikrat $[C_9H_{14}N]C_6H_2N_3O_7$ (H 159; E II 89). Gelbe Krystalle (aus A.); F: 123—124° (*Groenewoud, Robinson*, Soc. **1934** 1692, 1693), 122,5—123° (*Taylor, Kraus*, Am. Soc. **69** [1947] 1731, 1732). Elektrische Leitfähigkeit von Lösungen in Nitrobenzol: *Tay., Kr.*; in Aceton: *Hertel, Dressel*, Z. physik. Chem. [B] **29** [1935] 178, 184.

Thiophenolat $[C_9H_{14}N]C_6H_5S$. Krystalle (aus A. + Ae.); F: 83—83,5° (*Henley, Turner*, Soc. **1931** 1172, 1180). — Beim Erhitzen auf 125° bilden sich *N.N*-Dimethyl-anilin und Methyl-phenyl-sulfid.

2.4.6-Trinitro-3-methyl-phenolat. Elektrische Leitfähigkeit einer Lösung in Aceton: *Hertel, Dressel*, Z. physik. Chem. [B] **19** [1935] 178, 186.

2.4-Dimethyl-phenolat. Beim Erhitzen auf 110° bilden sich *N.N*-Dimethyl-anilin und Methyl-[2.4-dimethyl-phenyl]-äther (*Henley, Turner*, Soc. **1931** 1172, 1179).

Naphtholat-(1) $[C_9H_{14}N]C_{10}H_7O$. Krystalle (aus A., Acn. oder Nitrobenzol); F: 107° bis 108° (*Henley, Turner*, Soc. **1931** 1172, 1179). — Beim Erhitzen auf 150° bilden sich *N.N*-Dimethyl-anilin und 1-Methoxy-naphthalin.

***N*-Äthyl-anilin,** *N-ethylaniline* $C_8H_{11}N$, Formel VII auf S. 258 (H 159; E I 155; E II 90).

Bildungsweisen.

Beim Erhitzen eines Gemisches von Nitrobenzol und Äthanol mit Raney-Nickel (*Mozingo, Spencer, Folkers*, Am. Soc. **66** [1944] 1859). Bei der Hydrierung eines Gemisches von Nitrobenzol und Acetaldehyd an Raney-Nickel in Gegenwart von Natriumacetat und Äthanol (*Emerson, Mohrman*, Am. Soc. **62** [1940] 69). Aus Anilin beim Erhitzen mit Äthylchlorid (0,7 Mol) und Äthanol (1 Mol) unter 15 at auf 180° (*Du Pont de Nemours & Co.*, U.S.P. 1994851 [1931]) sowie beim Erwärmen der Natrium-Verbindung (aus Anilin und Natrium bei 180° hergestellt) mit Äthylchlorid oder Äthylbromid (*Dow Chem. Co.*, U.S.P. 1887228 [1931]). Neben *N.N*-Diäthyl-anilin beim Erhitzen von Anilin mit Chlorwasserstoff enthaltendem Äthanol unter 15 at auf 180° (*Du Pont de Nemours & Co.*, U.S.P. 1994852 [1931]; s. a. *Gen. Aniline Works*, U.S.P. 2051123 [1932]; vgl. H 159; E II 90). Aus Anilin und Äthanol beim Erhitzen in Gegenwart von Borfluorid auf 180° (*Eastman Kodak Co.*, U.S.P. 2391139 [1943]), beim Leiten über Aluminiumoxid bei 350° (*Schuĭkin [Shuykin], Balandin, Dymow [Dimov]*, Ž. obšč. Chim. **4** [1934] 1451, 1452; C. **1936** II 1324; J. phys. Chem. **39** [1935] 1207, 1211; vgl. E II 90); beim Leiten über einen Eisenoxid-Aluminiumoxid-Katalysator bei 350° oder 375° (*Schuĭkin, Bitkowa, Ermilina*, Ž. obšč. Chim. **6** [1936] 774, 775, 776; C. **1936** II 2341), beim Leiten über Eisen(III)-oxid enthaltenden Bauxit bei 275° (*Heinemann, Wert, McCarter*, Ind. eng. Chem. **41** [1949] 2928, 2930; vgl. E II 90) beim Leiten über Nickel/Bimsstein bei 185—200° (*I. G. Farbenind.*, U.S.P. 1982985 [1929]) sowie beim Erhitzen in Gegenwart von Raney-Nickel (*Rice, Kohn*, Org. Synth. Coll. Vol. IV [1963] 283, 284; Am. Soc. **77** [1955] 4052). Beim Erhitzen von Anilin-hydrobromid mit Aluminiumäthylat auf 200° (*Earl, Hills*, Soc. **1947** 973). Neben *N.N*-Diäthyl-anilin beim Erhitzen von Anilin mit Paraldehyd und Methylformiat auf 210° (*I. G. Farbenind.*, Schweiz. P. 180687 [1934]). Bei der Hydrierung eines Gemisches von Anilin mit Acetaldehyd an Raney-Nickel oder Platin in Natriumacetat enthaltendem Äthanol (*Emerson, Walters*, Am. Soc. **60** [1938] 2023; *Emerson*, U.S.P. 2298284 [1940], 2380420 [1940], 2388606, 2388607, 2388608 [1944]). Aus Acetanilid bei der Reduktion an Blei-Kathoden in wss.-äthanol. Schwefelsäure (*Swann*, Trans. electroch. Soc. **84** [1943] 165, 170; vgl. H 160) sowie beim Behandeln mit Lithiumaluminiumhydrid in Äther (*Nystrom, Brown*, Am. Soc. **70** [1948] 3738). Aus *N*-Äthyl-formanilid beim Erhitzen mit wss. Salzsäure (*Roberts, Vogt*, Am. Soc. **78** [1956] 4778, 4780; Org. Synth. Coll. Vol.IV [1963] 420, 422). Aus *N*-Äthyl-phthalanilsäure beim Erhitzen mit wss. Natronlauge unter 10 at bis auf 220° (*I. G. Farbenind.*, D.R.P. 526881 [1928]; Frdl. **18** 451). Aus Hydrazobenzol oder aus Azoxybenzol beim Erhitzen mit Äthanol und Raney-Nickel (*Mo., Sp., Fo.*).

Isolierung.

Isolierung aus Gemischen mit Anilin mit Hilfe von Hydroxymethansulfonsäure: *Bucherer, Fischbeck*, J. pr. [2] **140** [1934] 71, 76. Isolierung aus Gemischen mit *N.N*-Diäthyl-anilin mit Hilfe von Chloroschwefelsäure: *Du Pont de Nemours & Co.*, U.S.P. 1986411 [1927]; mit Hilfe von Maleinsäure-anhydrid oder Bernsteinsäure-anhydrid: *Du Pont de Nemours & Co.*, U.S.P. 1991787 [1931].

Physikalische Eigenschaften.

Erstarrungspunkt: −63,6° (*Tichomirowa, Efremow*, Izv. Akad. S.S.S.R. Ser. chim. **1937** 157, 158; C. A. **1937** 5254). Kp_{760}: 203,6−205,6° (*Kahovec, Reitz*, M. **69** [1936] 363, 371), 205° (*Green, Spinks*, Canad. J. Res. [B] **23** [1945] 269, 271); Kp_{752}: 202,5−203° (*Ti., Ef.*); Kp_{750}: 202,5° (*Vogel*, Soc. **1948** 1825, 1832); $Kp_{739,2}$: 204,7−205° (*Friend, Hargreaves*, Phil. Mag. [7] **35** [1944] 619, 629); Kp_{12}: 89−89,5° (*Ka., Reitz*). D_4^{20}: 0,960 (*Gr., Sp.*), 0,9601 (*Vo.*), 0,9628 (*Cowley, Partington*, Soc. **1933** 1252, 1255); D_4^{25}: 0,9578 (*Trifonow*, Izv. biol. Inst. Permsk. Univ. **7** [1930/31] 342, 367); $D_4^{41,5}$: 0,9431; $D_4^{61,7}$: 0,9273; $D_4^{86,1}$: 0,9082 (*Vo.*). Dichte D_4 bei Temperaturen von (25°/0,9585) bis 100° (0,8935): *Ti., Ef.*; von 99,5° (0,8939) bis 196,3° (0,8037): *Fr., Ha.* Schallgeschwindigkeit in *N*-Äthyl-anilin bei 20°: 1505 m/sec (*Michaĭlow, Nishin*, Doklady Akad. S.S.S.R. **58** [1947] 1689, 1691; C. A. **1952** 4299). Viscosität bei 20°: 0,0223 g/cm sec (*Noll, Bolz*, Papierf. **33** [1935] 193); Viscosität bei Temperaturen von 99,5° (0,005981 g/cm sec) bis 196,3° (0,002585 g/cm sec): *Fr., Ha.* Oberflächenspannung bei 19,5°: 35,45 dyn/cm; bei 45°: 31,1 dyn/cm (*Ti., Ef.*, l. c. S. 162); bei Temperaturen von 20,5° (36,79 dyn/cm) bis 87,6° (29,67 dyn/cm): *Vo.*

n_D^{15}: 1,5560 (*Raw*, J. Soc. chem. Ind. **66** [1947] 451); n_D^{20}: 1,5560 (*Cowley, Partington*, Soc. **1933** 1252, 1255), 1,5557 (*Schuĭkin [Schuykin], Balandin, Dymow [Dimov]*, Ž. obšč. Chim. **4** [1934] 1451, 1453; C. **1936** II 1324; J. phys. Chem. **39** [1935] 1207, 1209, 1210), 1,5541 (*Green, Spinks*, Canad. J. Res. [B] **23** [1945] 269, 271), 1,55397 (*Vogel*, Soc. **1948** 1825, 1832), 1,5535 (*Raw*); $n_{656,3}^{20}$: 1,54738; $n_{486,1}^{20}$: 1,57030; $n_{434,1}^{20}$: 1,58444 (*Vo.*). Beugung von Röntgen-Strahlen in flüssigem *N*-Äthyl-anilin: *Ishino, Tanaka, Tsuji*, Mem. Coll. Sci. Kyoto [A] **13** [1930] 1, 14. IR-Absorption (NH-Bande): *Liddel, Wulf*, Am. Soc. **55** [1933] 3574, 3578. Raman-Spektrum: *Kahovec, Reitz*, M. **69** [1936] 363, 371. UV-Spektrum (Hexan): *Ramart-Lucas*, Bl. [5] **3** [1936] 723, 728; *Ramart-Lucas, Montagne*, Bl. [5] **3** [1936] 916. Spektrum (400−700 mμ) der durch UV-Licht erregten Fluorescenz der Base und des Hydrochlorids: *Bertrand*, Bl. [5] **12** [1945] 1010, 1015, 1019, 1023.

Magnetische Susceptibilität: *Bhatnagar, Mitra*, J. Indian chem. Soc. **13** [1936] 329.

Dipolmoment (ε; Bzl.): 1,68 D (*Cowley, Partington*, Soc. **1933** 1252, 1255). Dissoziationsexponent pK_a des Ammonium-Ions (Wasser) bei 23°: 5,68 [extrapoliert] (*Hall, Sprinkle*, Am. Soc. **54** [1932] 3469, 3474). Oxidationspotential: *Fieser*, Am. Soc. **52** [1930] 5204, 5237.

Nachweis eines Eutektikums im System mit Phenol: *Tichomirowa, Efremow*, Izv. Akad. S.S.S.R. Ser. chim. **1937** 157, 163. Dampf-Flüssigkeit-Gleichgewicht der binären Systeme mit Anilin und *N.N*-Diäthyl-anilin: *Green, Spinks*, Canad. J. Res. [B] **23** [1945] 269, 272. Siedepunkt und Zusammensetzung der binären Azeotrope mit Nitrocyclohexan, Octanol-(1), *O*-Äthyl-borneol, Benzylalkohol, Äthylenglykol, Guajacol, Veratrol, Formaldehyd-diisopentylacetal, Acetamid, Propionamid und *m*-Toluidin: *M. Lecat*, Tables azéotropiques, 2. Aufl. [Brüssel 1949]. Dampfdruck von Gemischen mit Schwefeldioxid bei 25°: *Hill, Fitzgerald*, Am. Soc. **57** [1935] 250, 251. Dichte (bei 19,5−100°), Viscosität (bei 25−100°) und Oberflächenspannung (bei 19,5° und 45°) von Gemischen mit Phenol: *Ti., Ef.*, l. c. S. 160, 162.

Chemisches Verhalten.

Bildung von Benzonitril beim Leiten von *N*-Äthyl-anilin über Glaswolle bei 500—600°: *Wibaut, Speekman,* R. **61** [1942] 143. Bildung von 4-Äthyl-anilin, Äthylen und Äthylbromid beim Erhitzen des Hydrobromids auf 300°: *Hickinbottom, Ryder,* Soc. **1931** 1281, 1283.

Beim Behandeln mit rauchender Schwefelsäure unterhalb 50° sind *N*-Äthyl-sulfanilsäure und geringere Mengen 3-Äthylamino-benzol-sulfonsäure-(1), beim Erhitzen mit rauchender Schwefelsäure auf 190° ist nur *N*-Äthyl-sulfanilsäure erhalten worden (*Shirolkar, Uppal, Venkataraman,* J. Indian chem. Soc. **17** [1940] 443, 445). Bildung von *N*-Nitroso-*N*-äthyl-anilin und von *N*-Nitroso-4-nitro-*N*-äthyl-anilin beim Behandeln mit wss. Salzsäure und Natriumnitrit (vgl. H 159): *Hodgson, Nicholson,* Soc. **1941** 470, 474. Bildung von geringen Mengen einer vermutlich als 4-Äthylamino-phenylselenocyanat zu formulierenden Verbindung (F: 42°) bei der Elektrolyse eines Gemisches von *N*-Äthyl-anilin-hydrochlorid und Kaliumselenocyanat in wss. Äthanol: *Mel'nikow, Tscherkašowa,* Ž. obšč. Chim. **16** [1946] 1025, 1027; C. A. **1947** 2697).

Reaktion mit Butadien-(1.3) in Gegenwart von Natrium bei 80—100° unter Bildung von *N*-Äthyl-*N*-[buten-(x)-yl]-anilin $C_{12}H_{17}N$ (Kp_{758}: 243—244,5°): *I. G. Farbenind.,* D.R.P. 528466 [1928]; Frdl. **17** 812. Bei 3-tägigem Einleiten von Acetylen in eine mit Quecksilber(II)-chlorid versetzte äthanol. Lösung sind geringe Mengen Indol und Chinaldin erhalten worden (*Krujuk,* Ž. obšč. Chim. **10** [1940] 1507; C. **1941** II 615). Bildung *N*-Äthyl-*N*-[2-*p*-tolylsulfon-äthyl]-anilin beim Behandeln mit Acetylen und Toluol-sulfinsäure-(4) in Gegenwart von Cadmiumoxid oder Zinkoxid in Xylol bei 130—135°/25 at oder in Gegenwart von Kaliumhydroxid in Xylol bei 160°/25 at: *I. G. Farbenind.,* D.R.P. 670420 [1935]; Frdl. **25** 145; U.S.P. 2140609 [1936]. Reaktion mit Heptin-(1) in Gegenwart von Quecksilber(II)-oxid und von Bortrifluorid in Äther bei 50—60° unter Bildung von *N*-Äthyl-*N*-[1-pentyl-vinyl]-anilin und einer Verbindung $C_{22}H_{37}N$ (Kp_4: 146—149°; D^{26}: 0,967): *Loritsch, Vogt,* Am. Soc. **61** [1939] 1462. Geschwindigkeitskonstante der Reaktionen mit Benzylchlorid, mit 2-Chlormethyl-benzonitril, mit 3-Chlormethyl-benzonitril und mit 4-Chlormethyl-benzonitril in Methanol bei Temperaturen von 30° bis 50°: *Peacock, Tha,* Soc. **1937** 955. Reaktion mit Keten-diäthylacetal unter Bildung von *N*-Äthyl-*N*-[1-äthoxy-vinyl]-anilin: *Barnes, Kundiger, McElvain,* Am. Soc. **62** [1940] 1281, 1286.

Reaktion mit Benzylmalonsäure-diäthylester unter Bildung von 2.4-Dioxo-1-äthyl-3-benzyl-1.2.3.4-tetrahydro-chinolin: *Davidson, Turner,* Soc. **1945** 843, 847. Reaktion mit Phenyl-[*N*-phenyl-benzimidoyl]-thiocarbamidoylchlorid unter Bildung von *N*-Äthyl-*N.N'*-diphenyl-benzamidin und *N*-Äthyl-*N.N'*-diphenyl-thioharnstoff: *Rivier, Langer,* Helv. **26** [1943] 1722, 1736 Anm. 2. Bildung von *N.N'*-Diäthyl-*N.N'*-diphenyl-thiuramdisulfid beim Erhitzen mit Schwefelkohlenstoff unter Zusatz von Jod und Pyridin (vgl. H 162): *Fry, Farquhar,* R. **57** [1938] 1223, 1224, 1229. Beim Behandeln mit Diphenylcarbodiimid (1 Mol) bei Raumtemperatur ist eine als 6-Anilino-6-[*N*-äthyl-anilino]-2.4-diphenylimino-1.3.5-triphenyl-hexahydro-[1.3.5]triazin angesehene Verbindung (F: 149—150°), beim Erhitzen mit Diphenylcarbodiimid (1 Mol) auf 110° ist hingegen *N*-Äthyl-*N.N'.N''*-triphenyl-guanidin erhalten worden (*Ri., La.,* l. c. S. 1725).

Nachweis.

Charakterisierung durch Überführung in *N*-Äthyl-*N*-[4-nitro-benzyl]-anilin (F: 67°): *Lyons,* J. Am. pharm. Assoc. **21** [1932] 224; durch Überführung in *N*-Äthyl-*N*-phenyl-*N'*-[3.5-dinitro-phenyl]-harnstoff (F: 161—162°): *Sah, Ma,* J. Chin. chem. Soc. **2** [1934] 159, 163.

Salze und Additionsverbindungen.

Hydrochlorid $C_8H_{11}N \cdot HCl$ (H 162; E I 156; E II 91). Krystalle (aus A. + Ae.); F: 173—175° (*Mozingo, Spencer, Folkers,* Am. Soc. **66** [1944] 1859).

Hexafluorosilicat $2C_8H_{11}N \cdot H_2SiF_6$. Krystalle (aus A.); F: 165,3° (*Jacobson,* Am. Soc. **53** [1931] 1011, 1012). In 100 ml Äthanol lösen sich bei 25° 0,98 g.

Cuprate. $C_8H_{11}N \cdot HCuCl_2$. Krystalle, die bei 120—130° unter Schwarzfärbung schmelzen (*Jones, Kenner,* Soc. **1932** 711, 714). — $2C_8H_{11}N \cdot H_2CuCl_4$. Gelbe Krystalle; D^{20}: 1,43 (*Amiel,* C. r. **201** [1935] 1383). Magnetische Susceptibilität: *Amiel,* C. r. **206** [1938] 1113. Löslichkeit in Aceton bei 20°: 45 g/l (*Am.,* C. r. **201** 1383). — $2C_8H_{11}N \cdot H_2CuBr_4$. Schwarz; an der Luft nicht beständig (*Am.,* C. r. **201** 1383). — $C_8H_{11}N \cdot HCu_2(N_3)_5$. Braune Krystalle (aus wss. Me.), die bei 187—189° explodieren (*Cirulis, Strau-*

manis, B. **76** [1943] 825, 829).

Verbindung mit Zinknitrat. Hellbraun; F: 210—212° (*Wingfoot Corp.*, U.S.P. 2184238 [1936]).

Pikrat (H 162; E II 90). F: 133—135° (*Emerson, Walters*, Am. Soc. **60** [1938] 2023).

2-Nitro-indandion-(1.3)-Salz $C_8H_{11}N \cdot C_9H_5NO_4$. Krystalle; F: 183° [aus A.] (*Wanag, Lode*, B. **70** [1937] 547, 556), 174—175° [Zers.; korr.; Block] (*Christensen et al.*, Anal. Chem. **21** [1949] 1573).

Lithium-[*N*-äthyl-anilid]. *B.* Aus *N*-Äthyl-anilin und Butyllithium in Äther (*Ziegler, Eberle, Ohlinger*, A. **504** [1933] 94, 116). In Äther leicht löslich (*Ziegler et al.*, A. **511** [1934] 64, 82).

Natrium-[*N*-äthyl-anilid] (E II 91). In Äther schwer löslich (*Ziegler et al.*, A. **511** [1934] 64, 82).

Verbindung mit Schwefeldioxid $C_8H_{11}N \cdot SO_2$. Krystalle; F: ca. 29° (*Foote, Fleischer*, Am. Soc. **56** [1934] 870, 872).

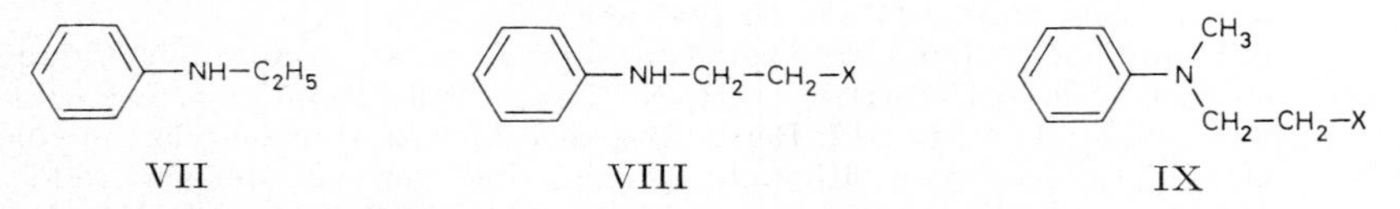

***N*-[2-Chlor-äthyl]-anilin**, N-(*2-chloroethyl*)*aniline* $C_8H_{10}ClN$, Formel VIII (X = Cl) (H 162; E II 91).

B. Beim Erwärmen von Anilin mit 1.2-Dibrom-äthan (Überschuss) und Erwärmen des erhaltenen *N*-[2-Brom-äthyl]-anilins mit wss. Salzsäure (*v. Braun*, B. **70** [1937] 979, 986). Aus 2-Anilino-äthanol-(1)-hydrochlorid beim Erwärmen mit Thionylchlorid in Chloroform (*I.G. Farbenind.*, Schweiz. P. 195844 [1936]; *Jones et al.*, J. org. Chem. **9** [1944] 125, 137).

Kp_1: 91—94° (*v. Br.*).

Beim Behandeln mit flüssigem Ammoniak (Überschuss) sind *N*-Phenyl-äthylendiamin und Bis-[2-anilino-äthyl]-amin erhalten worden (*v. Br.*).

Hydrochlorid $C_8H_{10}ClN \cdot HCl$ (H 162). F: 157—159° (*Sprinson*, Am. Soc. **63** [1941] 2249), 158° [aus A.] (*v. Br.*).

***N*-[2-Brom-äthyl]-anilin**, N-(*2-bromoethyl*)*aniline* $C_8H_{10}BrN$, Formel VIII (X = Br).

B. Aus 2-Anilino-äthanol-(1) beim Einleiten von Bromwasserstoff, zuletzt bei 150° (*I.G. Farbenind.*, Schweiz. P. 188621 [1936]) sowie beim Behandeln mit wss. Bromwasserstoffsäure (*Pearlman*, Am. Soc. **70** [1948] 871).

Hydrobromid $C_8H_{10}BrN \cdot HBr$. Krystalle (aus Bzl.); F: 137—138° (*Pea.*).

***N*-[2-Nitro-äthyl]-anilin**, N-(*2-nitroethyl*)*aniline* $C_8H_{10}N_2O_2$, Formel VIII (X = NO_2) (E I 156).

B. Beim Behandeln von Anilin mit 2-Nitro-äthylnitrat in Äther (*Heath, Rose*, Soc. **1947** 1485, 1488).

Gelbe Krystalle (aus Ae. + PAe.); F: 37°.

Hydrochlorid $C_8H_{10}N_2O_2 \cdot HCl$ (E I 156). Krystalle (aus A. + Ae.); F: 109° [unkorr.].

***N*-Methyl-*N*-äthyl-anilin**, N-*ethyl*-N-*methylaniline* $C_9H_{13}N$, Formel IX (X = H) (H 162; E I 156; E II 91).

B. Aus *N*-Methyl-anilin beim mehrtägigen Behandeln mit Äthylbromid oder Äthyljodid (*Guaisnet-Pilaud*, A. ch. [11] **4** [1935] 365, 385; vgl. H 162; E II 91) sowie beim Behandeln mit Phenyllithium in Äther und anschliessenden Erwärmen mit Äthyljodid (*Wittig, Merkle*, B. **76** [1943] 109, 118). Aus *N*-Äthyl-anilin beim Erhitzen mit Methanol in Gegenwart von Bortrifluorid auf 190° (*Eastman Kodak Co.*, U.S.P. 2391139 [1943]), beim Erhitzen mit Methanol unter Zusatz von Schwefelsäure bis auf 210° (*Makarow-Semljanškiĭ, Filatow, Welitschkin*, Ž. prikl. Chim. **10** [1937] 660, 665; C. **1938** I 4107), beim Behandeln mit Dimethylsulfat und wss. Natronlauge (*Ma.-S., Fi., We.*, l. c. S. 664), beim Erwärmen mit Toluol-sulfonsäure-(4)-methylester und wss. Natronlauge (*Ma.-S., Fi., We.*, l. c. S. 664) sowie beim Behandeln mit wss. Formaldehyd und Zink (*Wagner*, Am. Soc. **55** [1933] 724, 726). Aus *N*-Methyl-acetanilid beim Behandeln mit Lithiumaluminiumhydrid in Äther (*Nystrom, Brown*, Am. Soc. **70** [1948] 3738).

Kp: 207—209° (*Wa.*); Kp_{749}: 203—203,5° (*Guai.-P.*, l. c. S. 386); $Kp_{742,2}$: 204,7° (*Friend, Hargreaves*, Phil. Mag. [7] **35** [1944] 619, 630); Kp_{15}: 89,5° (*Evans*, Soc. **1944** 422, 423). D_0^{20}: 0,9473 (*Arbusow, Gushawina*, Ž. fiz. Chim. **23** [1949] 1070, 1073; C. A. **1950** 888); Dichte D_4 bei Temperaturen von 109,3° (0,8693) bis 195° (0,7916): *Fr., Ha.* Viscosität bei Temperaturen von 109,3° (0,005142) bis 195° (0,002595 g/cm sec): *Fr., Ha.* Oberflächenspannung bei 20°: 35,48 dyn/cm: *Ar., Gush.* n_D^{20}: 1,5450 (*Ar., Gush.*). Dissoziationsexponent pK_a des Ammonium-Ions (Wasser) bei 22°: 6,02 [extrapoliert] (*Hall, Sprinkle*, Am. Soc. **54** [1932] 3469, 3474). Raman-Spektrum: *Guai.-P.*, l. c. S. 433.

Bei 2-stdg. Behandeln mit wss. Salzsäure und Natriumnitrit bei 0° ist 4-Nitroso-*N*-methyl-*N*-äthyl-anilin, bei längerem Behandeln sind *N*-Nitroso-4-nitro-*N*-methyl-anilin und geringere Mengen *N*-Nitroso-4-nitro-*N*-äthyl-anilin erhalten worden (*Hodgson, Nicholson*, Soc. **1941** 470, 474). Geschwindigkeitskonstante der Reaktion mit Methyljodid in Methanol bei 45°, 65° und 84°: *Ev.*, l. c. S. 422. Bildung von *N*-Äthyl-*N*-phenyl-glycin-äthylester, *N.N*-Dimethyl-*N*-äthyl-anilinium-jodid und *N*-Methyl-*N*-äthyl-*N*-äthoxycarbonylmethyl-anilinium-jodid $[C_{13}H_{20}NO_2]I$ bei mehrmonatigem Behandeln mit Jodessigsäure-äthylester (1 Mol): *Guai.-P.*, l. c. S. 422, 428, 437.

Pikrat $C_9H_{13}N \cdot C_6H_3N_3O_7$ (E I 156). Krystalle; F: 141—143° (*Ma.-S., Fi., We.*).

N-Methyl-N-[2-chlor-äthyl]-anilin, N-(*2-chloroethyl*)-N-*methylaniline* $C_9H_{12}ClN$, Formel IX (X = Cl) (E I 156; E II 91).

B. Aus 2-[*N*-Methyl-anilino]-äthanol-(1) beim Behandeln mit Phosphoroxychlorid ohne Lösungsmittel oder in Benzol (*I.G. Farbenind.*, D.R.P. 650259 [1933]; Frdl. **22** 285; *Anker, Cook*, Soc. **1944** 489, 490) sowie beim Behandeln mit Thionylchlorid in Chloroform (*Blicke, Maxwell*, Am. Soc. **64** [1942] 428; vgl. E II 91).

Kp_{14}: 130° (*An., Cook*); Kp_8: 126—128° (*Bl., Ma.*); Kp_2: 94,5—96,5° (*I.G. Farbenind.*).

N-Methyl-N-[2-brom-äthyl]-anilin, N-(*2-bromoethyl*)-N-*methylaniline* $C_9H_{12}BrN$, Formel IX (X = Br) (E I 156).

B. Aus 2-[*N*-Methyl-anilino]-äthanol-(1) beim Erhitzen mit wss. Bromwasserstoffsäure auf 130° (*Stach, König*, B. **63** [1930] 88, 90).

Kp_1: 122° (*St., Kö.*).

Beim Behandeln mit flüssigem Ammoniak (5 Mol) sind *N*-Methyl-*N*-phenyl-äthylendiamin und Bis-[2-(*N*-methyl-anilino)-äthyl]-amin erhalten worden (*v. Braun*, B. **70** [1937] 979, 986).

Pikrat (E I 157). F: 125° [aus Ae.] (*St., Kö.*).

N-Methyl-N-[2-nitro-äthyl]-anilin, N-*methyl*-N-(*2-nitroethyl*)*aniline* $C_9H_{12}N_2O_2$, Formel IX (X = NO_2).

B. Aus *N*-Methyl-anilin und Nitroäthylen (*Heath, Rose*, Soc. **1947** 1486, 1489).

$Kp_{0,2}$: 110°.

Hydrochlorid $C_9H_{12}N_2O_2 \cdot HCl$. F: 82°.

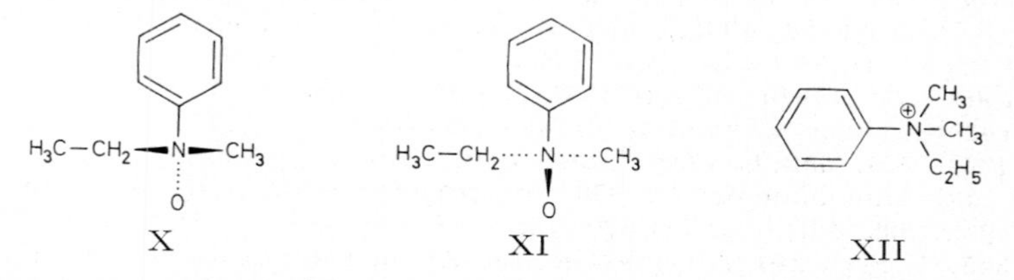

X XI XII

N-Methyl-N-äthyl-anilin-N-oxid, N-*ethyl*-N-*methylaniline* N-*oxide* $C_9H_{13}NO$.

a) **(*R*)-N-Methyl-N-äthyl-anilin-N-oxid**, Formel X.

Diese Konfiguration kommt dem (+)-*N*-Methyl-*N*-äthyl-anilin-*N*-oxid (H 163; E I 157) zu (*Červinka, Kříž*, Collect. **31** [1966] 1910; *Muntz, Pirkle, Paul*, J. C. S. Perkin II **1972** 483).

b) **(*S*)-N-Methyl-N-äthyl-anilin-N-oxid**, Formel XI.

Diese Konfiguration kommt dem (−)-*N*-Methyl-*N*-äthyl-anilin-*N*-oxid (H 163; E I 157) zu (*Muntz, Pirkle, Paul*, J.C.S. Perkin II **1972** 483; s. a. *Červinka, Kříž*, Collect. **31** [1966] 1910).

c) **(±)-*N*-Methyl-*N*-äthyl-anilin-*N*-oxid,** Formel X + XI (H 163; E I 157).
Krystalle mit 1 Mol H_2O (*French, Gens,* Am. Soc. **59** [1937] 2600, 2601). Wenig beständig. UV-Spektrum (A.) des Hydrochlorids: *Fr., Gens.*

***N.N*-Dimethyl-*N*-äthyl-anilinium,** N-*ethyl*-N,N-*dimethylanilinium* $[C_{10}H_{16}N]^{\oplus}$, Formel XII (H 163; E I 157; E II 91; dort als Dimethyl-äthyl-phenyl-ammonium bezeichnet).

Bromid $[C_{10}H_{16}N]Br$. *B.* Bei mehrtägigem Behandeln von *N.N*-Dimethyl-anilin mit Äthylbromid (*Kant,* Am. Soc. **62** [1940] 1880). — Krystalle (aus A. + E.), die bei 193° bis 194° [unkorr.] sublimieren (*Kant*). Polarographie: *van Rysselberghe, McGee,* Am. Soc. **67** [1945] 1039.

Jodid $[C_{10}H_{16}N]I$ (H 163; E I 157; vgl. E II 91). F: 135—136° (*Gustus, Stevens,* Am. Soc. **55** [1933] 378, 382), 134° [Zers.] (*Guaisnet-Pilaud,* A. ch. [11] **4** [1935] 365, 437).

Trijodomercurat(II) $[C_{10}H_{16}N]HgI_3$ (E II 91). Krystalle; F: 97,5° (*Cavell, Sugden,* Soc. **1930** 2572, 2578). Dichte D_4 bei Temperaturen von 105° (2,647) bis 129° (2,612): *Ca., Su.* Oberflächenspannung bei Temperaturen von 109,5° (55,24 dyn/cm) bis 134,5° (51,93 dyn/cm): *Ca., Su.* Elektrische Leitfähigkeit einer Lösung in Aceton: *Ca., Su.,* l. c. S. 2574, 2579.

2.4-Dinitro-phenolat $[C_{10}H_{16}N]C_6H_3N_2O_5$. Krystalle (aus A. + Ae.); F: 55—57° (*Henley, Turner,* Soc. **1931** 1172, 1179). — Beim Erhitzen auf 170° sind *N.N*-Dimethylanilin, *N*-Methyl-*N*-äthyl-anilin, 2.4-Dinitro-anisol und 2.4-Dinitro-phenetol erhalten worden.

***N.N*-Diäthyl-anilin,** Diäthylanilin, N,N-*diethylaniline* $C_{10}H_{15}N$, Formel I (X = H) auf S. 263 (H 164; E I 158; E II 92).

Mesomerie-Energie (aus thermochemischen Daten ermittelt): *Klages,* B. **82** [1949] 358, 372.

Bildungsweisen.

Neben geringen Mengen Biphenyl und *N*-Äthyl-*N*-*sec*-butyl-anilin (S. 269) beim Behandeln von Fluorbenzol mit Triäthylamin und Phenyllithium in Äther (*Wittig, Merkle,* B. **76** [1943] 109, 113). Aus Chlorbenzol (*Horning, Bergstrom,* Am. Soc. **67** [1945] 2110), aus Brombenzol oder aus Jodbenzol (*Ho., Be.*; *Gilman et al.,* Am. Soc. **67** [1945] 2106; s. a. *Bergstrom et al.,* J. org. Chem. **1** [1936] 170, 171) beim Behandeln mit Lithium-diäthylamid in Äther. Bei der Hydrierung eines Gemisches von Nitrobenzol und Acetaldehyd an Platin in Essigsäure enthaltendem Äthanol (*Emerson, Uraneck,* Am. Soc. **63** [1941] 749); mit Äthylchlorid und Äthanol unter 25 at auf 180° (*Du Pont de Nemours & Co.,* U.S.P. *Emerson,* U.S.P. 2380420 [1940], 2388606, 2388607, 2388608 [1944], 2414031 [1945]). Aus Anilin beim Erhitzen mit Äthylchlorid (oder Äthylbromid) und Calciumoxid unter 10 at auf 200° (*Dow Chem. Co.,* U.S.P. 1925802 [1930]; vgl. H 164), beim Erhitzen 1994851 [1931]) sowie beim Erwärmen mit Äthylbromid und Äthanol (*Frederick Post Co.,* U.S.P. 2150832 [1937]). Neben *N*-Äthylanilin beim Erhitzen von Anilin mit Chlorwasserstoff enthaltendem Äthanol unter 15 at auf 180° (*Du Pont de Nemours & Co.,* U.S.P. 1994852 [1931]; s. a. *Gen. Aniline Works,* U.S.P. 2051123 [1932]) oder in Gegenwart von Phosphor(III)-chlorid unter 100 at auf 280° (*I.G. Farbenind.,* CIOS Rep. XXVII 80 [1945] 14) sowie mit Äthanol in Gegenwart von Borfluorid auf 215° (*Eastman Kodak Co.,* U.S.P. 2391139 [1943]) oder in Gegenwart von Schwefelsäure unter 35 at auf 210° (*Laptew,* Anilinokr. Promyšl. **4** [1934] 551, 552; C. **1935** II 435). Beim Leiten von Anilin im Gemisch mit Diäthyläther über Aluminiumoxid bei 370° (*Chatterjee, Sanyal, Goswami,* J. Indian chem. Soc. **15** [1938] 399, 401) oder bei 320°/150 at (*I.G. Farbenind.,* D.R.P. 637730 [1933]; Frdl. **21** 305; U.S.P. 2012801 [1934]). Aus Anilin beim Erhitzen mit Triäthylphosphat (*Billman, Radike, Mundy,* Am. Soc. **64** [1942] 2977).

Isolierung.

Isolierung aus Gemischen mit *N*-Äthyl-anilin mit Hilfe von Chloroschwefelsäure: *Du Pont de Nemours & Co.,* U.S.P. 1986411 [1927]; *Brit. Dyestuffs Corp.,* D.R.P. 536169 [1927]; Frdl. **17** 468; mit Hilfe von Bernsteinsäure-anhydrid oder Maleinsäure-anhydrid: *Du Pont de Nemours & Co.,* U.S.P. 1991787 [1931]; mit Hilfe von Phthalsäure-anhydrid: *I.G. Farbenind.,* D.R.P. 543603 [1928]; Frdl. **18** 450.

Physikalische Eigenschaften.

Kp_{760}: 217,0° (*Green, Spinks,* Canad. J. Res. [B] **23** [1945] 269, 271), 216,3—216,9° (*Mathews, Fehlandt,* Am. Soc. **53** [1931] 3212, 3216), 214,5° (*Kahovec, Reitz,* M. **69**

[1936] 363, 372); $Kp_{754,7}$: 215,5—216,3° (*Friend, Hargreaves*, Phil. Mag. [7] **35** [1944] 619, 630); Kp_{748}: 214,5° (*Vogel*, Soc. **1948** 1825, 1829); Kp_{725}: 213° (*Udowenko, Toropow*, Ž. obšč. Chim. **10** [1940] 11, 12; C. **1942** I 3183); $Kp_{15,5}$: 96,2—96,4° (*Baker, Holdworth*, Soc. **1947** 713, 724); Kp_{15}: 100,8° (*Ka., Reitz*); Kp_{6}: 85,6° (*Vo.*).

Schmelzwärme: 2,03 kcal/mol (*Yaginuma, Hayakawa*, J. Soc. chem. Ind. Japan **35** [1932] 365, 369; J. Soc. chem. Ind. Japan Spl. **35** [1932] 117; C. **1932** I 3418). Verdampfungswärme bei 215,2°: 74,15 cal/g (*Mathews, Fehlandt*, Am. Soc. **53** [1931] 3212, 3216). Wärmekapazität C_p bei 28,83°: 65,58 cal/gradmol (*Kološowškiĭ, Udowenko*, Ž. obšč. Chim. **4** [1934] 1027, 1031; C. **1936** I 970; C. r. **198** [1934] 1394).

Dichte D_4 bei Temperaturen von 15,9° (0,9383) bis 188,0° (0,8032): *Friend, Hargreaves*, Phil. Mag. [7] **35** [1944] 619, 630); D_4^{20}: 0,9353 (*Vogel*, Soc. **1948** 1825, 1833); D_0^{20}: 0,9348 (*Arbusow, Gushawina*, Ž. fiz. Chim. **23** [1949] 1070, 1073; C. A. **1950** 888); D_4^{25}: 0,9313 (*Ud., To.*); $D_4^{40,8}$: 0,9195; $D_4^{61,3}$: 0,9042; $D_4^{85,0}$: 0,8851 (*Vo.*); Dichte D_4 bei Temperaturen von 25° (0,9341) bis 100° (0,8698): *Tichomirowa, Efremow*, Izv. Akad. S.S.S.R. Ser. chim. **1937** 157, 158; C. **1938** I 4311. Adiabatische Kompressibilität (aus der Schallgeschwindigkeit ermittelt) bei 20°: *Schaaffs*, Z. physik. Chem. **194** [1944] 28, 35; bei 28°: *Bhimasenachar, Venkateswarlu*, Pr. Indian Acad. [A] **11** [1940] 28, 29. Schallgeschwindigkeit in *N.N*-Diäthyl-anilin bei 20°: 1482 m/sec (*Sch.*), 1470 m/sec (*Michaĭlow, Nishin*, Doklady Akad. S.S.S.R. **58** [1947] 1689, 1691; C. A. [1952] 4299); bei 28°: 1516 m/sec (*Bh., Ve.*). Temperaturkoeffizient der Schallgeschwindigkeit: *Sch.*, l. c. S. 37. Viscosität bei 11°: 0,0256 g/cmsec (*Springer, Roth*, M. **56** [1930] 1, 14); Viscosität bei Temperaturen von 15,9° (0,02474 g/cmsec) bis 188,0° (0,003132 g/cmsec): *Fr., Ha.*; Viscosität bei 25°: 0,019298 g/cmsec; bei 45°: 0,012735 g/cmsec; bei 65°: 0,009190 g/cmsec (*Udowenko*, Ž. obšč Chim. **10** [1940] 1923; C. **1941** II 1608). Turbulenzreibung bei Temperaturen von 11° bis 120°: *Griengl, Kofler, Radda*, M. **62** [1933] 131, 143. Oberflächenspannung bei 20°: 34,17 dym/cm (*Ar., Gu.*); bei 45°: 13,5 dyn/cm (*Ti., Ef.*, l. c. S. 167); bei Temperaturen von 19,9° (34,53 dyn/cm) bis 86,8° (27,55 dyn/cm): *Vo.*, l. c. S. 1833.

n_D^{15}: 1,5437 (*Raw*, J. Soc. chem. Ind. **66** [1947] 451); n_D^{20}: 1,5413 (*Raw*), 1,5418 (*Arbusow, Gushawina*, Ž. fiz. Chim. **23** [1949] 1070, 1073), 1,5415 (*Green, Spinks*, Canad. J. Res. [B] **23** [1945] 269, 271), 1,54178 (*Vogel*, Soc. **1948** 1825, 1833); $n_{656,3}^{20}$: 1,53578; $n_{486,15}^{20}$: 1,55773; $n_{434,1}^{20}$: 1,57227 (*Vo.*, l. c. S. 1833). Elektrische Doppelbrechung: *Maercks, Haule*, Phys. Z. **39** [1938] 852, 855. Beugung von Röntgenstrahlen in flüssigem *N.N*-Diäthyl-anilin: *Ishino, Tanaka, Tsuji*, Mem. Coll. Sci. Kyoto [A] **13** [1930] 1, 14.

Raman-Spektrum: *Ganesan, Thatte*, Z. Phys. **70** [1931] 131, 134; *Kahovec, Reitz*, M. **69** [1936] 363, 372. UV-Spektrum des Dampfes bei 100°: *Kato, Someno*, Scient. Pap. Inst. phys. chem. Res. **33** [1937] 209, 223; einer Lösung in Hexan: *Heertjes, Bakker, van Kerkhof*, R. **62** [1943] 737, 740; einer Lösung in Äther: *Kato, So.*, l. c. S. 220. Spektrum (400—700 mμ) der durch UV-Licht erregten Fluorescenz der Base und des Hydrochlorids: *Bertrand*, Bl. [5] **12** [1945] 1010, 1015, 1019, 1023.

Dipolmoment (ε; Bzl.): 1,65 D (*Krašil'nikow*, Ž. fiz. Chim. **18** [1944] 174, 176; C. A. **1946** 4928). Dissoziationsexponent pK_a des Ammonium-Ions (Wasser) bei 22°: 6,61 [extrapoliert] (*Hall, Sprinkle*, Am. Soc. **54** [1932] 3469, 3474). Dissoziationsexponent in wss. Äthanol: *Davies, Addis*, Soc. **1937** 1622, 1623.

N.N-Diäthyl-anilin ist mit flüssigem Schwefeldioxid mischbar (*Foote, Fleischer*, Am. Soc. **56** [1934] 870, 872). Kryoskopie in Benzol und Phenol: *Udowenko, Ušanowitsch*, Ž. obšč. Chim. **10** [1940] 17, 18; C. **1942** I 3183. Dampf-Flüssigkeit-Gleichgewicht der binären Systeme mit Anilin und mit *N*-Äthyl-anilin: *Green, Spinks*, Canad. J. Res. [B] **23** [1945] 269, 272. Siedepunkt und Zusammensetzung der binären Azeotrope mit (1*R*)-Menthol, (±)-α-Terpineol, (±)-*O*-Methyl-α-terpineol, Borneol, Benzylalkohol, 4-Äthyl-phenol, Phenäthylalkohol, 3.4-Dimethyl-phenol, 1-Phenyl-propanol-(3), 3-Methoxy-*p*-cymol, *O*-Äthyl-diäthylenglykol, 2-Äthoxy-phenol, 2-Amino-äthanol-(1), Propiophenon, Acetamid und Propionamid: *M. Lecat*, Tables azéotropiques, 2. Aufl. [Brüssel 1949]. Dampfdruck im System mit Schwefeldioxid bei 0°: *Foote, Fl.*; bei 25°: *Hill, Fitzgerald*, Am. Soc. **57** [1935] 250, 251. Dichte und Viscosität von Gemischen mit Essigsäure bei 25°, 45° und 65°: *Udowenko*, Ž. obšč. Chim. **10** [1940] 1923; C. **1941** II 1608; von Gemischen mit Phenol bei Temperaturen von 25° bis 100°: *Tichomirowa, Efremow*, Izv. Akad. S.S.S.R. Ser. chim. **1937** 157, 164; C. **1938** I 4311; von ternären Gemischen mit Essigsäure und Benzol bei 25°: *Udowenko, Jarenko*, Ž. obšč. Chim. **16**

[1946] 17, 18; C. A. **1946** 6942. Viscosität von Gemischen mit Nitrobenzol bei 11°: *Springer, Roth*, M. **56** [1930] 1, 14; von ternären Gemischen mit Benzol und Phenol bei 25°: *Udowenko, Toropow*, Ž. obšč. Chim. **10** [1940] 11, 12; C. **1942** I 3183. Oberflächenspannung von binären Gemischen mit Phenol bei 19,5° und 45°: *Ti., Ef.*, l. c. S. 166; mit Allylisothiocyanat bei Temperaturen von 16,3° bis 130°: *Merzlin, Trifonow*, Ž. fiz. Chim. **5** [1934] 1146, 1158, 1164; C. **1935** II 1843; mit Phenylisothiocyanat bei 0°; *Trifonow, Merzlin*, Ž. fiz. Chim. **5** [1934] 1397, 1405; C. **1935** II 2502; mit Pyridin bei Temperaturen von 18° bis 100°: *Me., Tr.*, l. c. S. 1156. Brechungsindex von binären Gemischen mit Allylisothiocyanat: *Anošow*, Izv. Sektora fiz. chim. Anal. **9** [1936] 255, 263; C. **1937** I 3942; mit *N*-Äthyl-anilin: *Schuĭkin [Shuykin], Balandin, Dymow [Dimov]*, Ž. obšč. Chim. **4** [1934] 1451, 1453; C. **1936** II 1324; J. phys. Chem. **39** [1935] 1206, 1209.

Chemisches Verhalten.

Bildung von *N*-Äthyl-anilin beim Erhitzen von *N.N*-Diäthyl-anilin mit Anilin unter Zusatz von Toluol-disulfonsäure-(2.4), Anilin-hydrochlorid oder Anilin-sulfat bis auf 200°: *Gerschson, Berenschteĭn*, Ž. prikl. Chim. **9** [1936] 496, 499; C. **1937** I. 66. Beim Behandeln mit wss. Salzsäure und Natriumnitrit sind 4-Nitroso-*N.N*-diäthyl-anilin und *N*-Nitroso-4-nitro-*N*-äthyl-anilin erhalten worden (*Hodgson, Nicholson*, Soc. **1941** 470, 474). Reaktion mit Germanium(IV)-chlorid bei 110° unter Bildung von sog. Bis-[4-diäthylamino-phenyl]-germaniumsäure-anhydrid: *Bauer, Burschkies*, B. **65** [1932] 956, 959. Bildung von Tetra-*N*-äthyl-benzidin und 4-Fluor-*N.N*-diäthyl-anilin beim Behandeln einer mit Fluorwasserstoff gesättigten Lösung von *N.N*-Diäthyl-anilin in Chloroform mit Difluorjod-benzol: *Bockemüller*, B. **64** [1931] 522, 529). Hydrierung an Raney-Nickel bei 220—230°/20 at unter Bildung von *N*-Äthyl-anilin: *Métayer*, A. ch. [12] **4** [1949] 196, 252.

Beim Erhitzen mit 3-Phenyl-propionsäure sind 3-Phenyl-propionsäure-[*N*-äthyl-anilid], 3-Phenyl-propionsäure-äthylester und Bis-[4-diäthylamino-phenyl]-methan erhalten worden (*v. Braun, Weissbach*, B. **63** [1930] 489, 493). Bildung von geringen Mengen Diphenyl-[2-diäthylamino-phenyl]-methanol beim Erwärmen mit Phenyllithium in Äther und anschliessenden Behandeln mit Benzophenon: *Wittig, Merkle*, B. **76** [1943] 109, 115. Bildung von 4-Diäthylamino-phenylselenocyanat bei der Elektrolyse eines Gemisches von *N.N*-Diäthyl-anilin und Kaliumselenocyanat in wss. Äthanol: *Mel'nikow, Tscherkašowa*, Ž. obšč. Chim. **16** [1946] 1025; C. A. **1947** 2697. Beim Erhitzen mit Phosgen ist *N.N'*-Diäthyl-*N.N'*-diphenyl-harnstoff erhalten worden (*Wahl*, Bl. [5] **1** [1934] 244; vgl. H 165). Geschwindigkeitskonstante der Reaktion mit Methyljodid in Methanol bei 65°, 85,5° und 99°: *Evans*, Soc. **1944** 422; der Reaktion mit Äthyljodid in Aceton und in wss. Aceton bei 35°: *Davies, Lewis*, Soc. **1934** 1599, 1601; der Reaktion mit 3-Brom-propionsäure-äthylester in Petroläther bei 90°: *Drake, McElvain*, Am. Soc. **56** [1934] 1810.

Biochemische Umwandlungen.

Nach subcutaner Verabreichung von *N.N*-Diäthyl-anilin an Hunde oder Kaninchen ist in deren Harn 4-Diäthylamino-phenol nachgewiesen worden (*Horn*, Z. physiol. Chem. **249** [1937] 82).

Nachweis und Bestimmung.

Beim Behandeln mit wss. Essigsäure, Ammoniumperoxodisulfat und Silbernitrat tritt eine gelbe Färbung auf (*Cândea, Macovski*, Bl. [5] **4** [1937] 1398, 1401). Nachweis neben *N.N*-Dimethyl-anilin auf Grund der beim Behandeln mit wss. Schwefelsäure, Kaliumhexacyanoferrat(III) und Zinkacetat auftretenden Färbung: *Kul'berg, Inanowa*, Ž. anal. Chim. **2** [1947] 198, 205; C. A. **1949** 6945. Colorimetrische Bestimmung in Gemischen mit *N*-Äthyl-anilin mit Hilfe von Natriumnitrit und wss. Salzsäure nach Überführung des *N*-Äthyl-anilins in das *N*-Acetyl-Derivat: *Haslam, Guthrie*, Analyst **68** [1943] 328.

Salze und Additionsverbindungen.

Cuprate. $2C_{10}H_{15}N \cdot H_2CuCl_4$. Dunkelgelbe Krystalle; D^{20}: 1,32 (*Amiel*, C. r. **201** [1935] 1383). Magnetische Susceptibilität: *Amiel*, C. r. **206** [1938] 1113. Löslichkeit in Aceton bei 20°: 12,5 g/l (*Am.*, C. r. **201** 1383). — $2C_{10}H_{15}N \cdot H_2CuBr_4$. Schwarze Krystalle; D^{20}: 1,67; an der Luft nicht beständig (*Am.*, C. r. **201** 1383). — $C_{10}H_{15}N \cdot HCu_2(N_3)_5$. Braune Krystalle, die bei 198—199° explodieren; gegen Wasser nicht beständig (*Cirulis, Straumanis*, B. **76** [1943] 825, 829).

Uran(VI)-Verbindungen. $C_{10}H_{15}N \cdot HUO_2F_3 \cdot H_2O$. Gelbe Krystalle (*Olsson*, Z. anorg. Ch. **187** [1930] 112, 119). 100 ml einer bei 20° gesättigten wss. Lösung enthalten 1,76 g (*Ol.*).

— $C_{10}H_{15}N \cdot H[UO_2]_2F_5 \cdot H_2O$. Gelbe Krystalle (*Ol.*). 100 ml einer bei 20° gesättigten wss. Lösung enthalten 3,90 g (*Ol.*).

3.5-Dinitro-benzoat $C_{10}H_{15}N \cdot C_7H_4N_2O_6$ (E II 93). Krystalle (aus A.); F: 120° [korr.] (*Reid, Lynch*, Am. Soc. **58** [1936] 1430).

Pikrat $C_{10}H_{15}N \cdot C_6H_3N_3O_7$ (E I 159; E II 93). Krystalle (aus A., Acn. oder Ae.); F: 139–140° (*Râşçanu*, Ann. scient. Univ. Jassy **25** [1939] 395, 420).

Verbindung mit Dimethylzinndijodid $2C_{10}H_{15}N \cdot C_2H_6I_2Sn$. Krystalle; F: 88–89° (*Karantassis, Vassiliadès*, C. r. **205** [1937] 460).

Verbindung mit Dipropylzinndijodid $2C_{10}H_{15}N \cdot C_6H_{14}I_2Sn$. Krystalle; F: 63° bis 64° (*Ka., Va.*).

Verbindung mit Dibutylzinndijodid $2C_{10}H_{15}N \cdot C_8H_{18}I_2Sn$. Krystalle (*Ka., Va.*).

***N*-Äthyl-*N*-[2-chlor-äthyl]-anilin**, N-*(2-chloroethyl)*-N-*ethylaniline* $C_{10}H_{14}ClN$, Formel I (X = Cl).

B. Aus 2-[*N*-Äthyl-anilino]-äthanol-(1) beim Behandeln mit Thionylchlorid in Toluol (*Boon*, Soc. **1947** 307, 310; vgl. *I.G. Farbenind.*, D.R.P. 650259 [1933]; Frdl. **22** 285; *Rohrmann, Shonle*, Am. Soc. **66** [1944] 1640) oder mit Phosphoroxychlorid in Benzol (*Anker, Cook*, Soc. **1944** 489, 490).

Kp_{42}: 163–164° (*Boon*), Kp_{17-18}: 138–142° (*I.G. Farbenind.*), Kp_{14}: 133° (*An., Cook*). Dissoziationexponent pK_a des Ammonium-Ions (wss.A.): *Ross*, Soc. **1949** 183, 189.

Geschwindigkeit der Hydrolyse in wss. Aceton bei 66°: *Ross*, l. c. S. 188; in mit Na= triumacetat versetztem wss. Aceton bei 66°: *Everett, Ross*, Soc. **1949** 1972, 1979.

Pikrat $C_{10}H_{14}NCl \cdot C_6H_3N_3O_7$. Krystalle (aus A.); F: 110° (*Ross*, l. c. S. 184).

***N.N*-Bis-[2-chlor-äthyl]-anilin**, N,N-*bis(2-chloroethyl)aniline* $C_{10}H_{13}Cl_2N$, Formel II (X = Cl).

B. Aus *N.N*-Bis-[2-hydroxy-äthyl]-anilin beim Behandeln mit Phosphor(V)-chlorid in Chloroform (*Robinson, Watt*, Soc. **1934** 1536, 1538; *Korschak, Strepicheew*, Ž. obšč. Chim. **14** [1944] 312, 313; C. A. **1945** 3790) sowie beim Erhitzen mit Phosphoroxychlorid (*Ross*, Soc. **1949** 183, 190).

Krystalle; F: 49° [aus Me.] (*Anker, Cook*, Soc. **1944** 489, 490), 45° [aus PAe. oder Me.] (*Ross*; *Ro., Watt*), 36–38° [aus Me.] (*Ko., St.*). Dissoziationsexponent pK_a des Am= monium-Ions (wss. A.): *Ross*, l. c. S. 189. Nach Bestrahlung der Krystalle mit UV-Licht (Quecksilber-Lampe) tritt blaue Fluorescenz und anschliessend gelbgrüne Luminescenz auf (*Ross*, l. c. S. 186).

Geschwindigkeit der Hydrolyse in wss. Aceton bei 37° und 66°: *Ross*, l. c. S. 186, 188; in wss. Aceton nach Zusatz von Natriumhydrogencarbonat, Natriumchlorid oder Na= triumthiosulfat bei 37° sowie in wss. Äthanol bei 37°: *Ross*, l. c. S. 187.

Pikrat. $C_{10}H_{13}Cl_2N \cdot C_6H_3N_3O_7$. Krystalle (aus A.); F: 81–82° (*Ross*, l. c. S. 184).

***N*-Äthyl-*N*-[2-brom-äthyl]-anilin**, N-*(2-bromoethyl)*-N-*ethylaniline* $C_{10}H_{14}BrN$, Formel I (X = Br) (E I 159).

Beim Behandeln mit flüssigem Ammoniak (Überschuss) sind *N*-Äthyl-*N*-phenyl-äthylendiamin und geringe Mengen Bis-[2-(*N*-äthyl-anilino)-äthyl]-amin erhalten worden (*v. Braun*, B. **70** [1937] 979, 987).

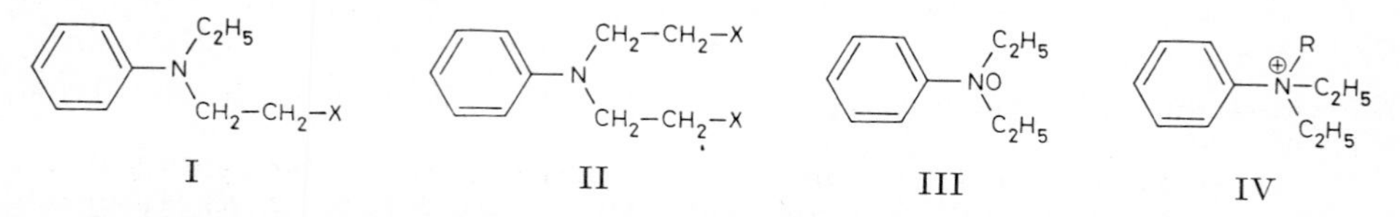

***N.N*-Bis-[2-brom-äthyl]-anilin**, N,N-*bis(2-bromoethyl)aniline* $C_{10}H_{13}Br_2N$, Formel II (X = Br).

B. Aus *N.N*-Bis-[2-hydroxy-äthyl]-anilin beim Erwärmen mit Phosphor(III)-bromid (*Ross*, Soc. **1949** 183, 184, 190). Aus 4-Phenyl-morpholin beim Erhitzen mit wss. Brom= wasserstoffsäure auf 120° (*Cerkovnikov, Štern*, Arh. Kemiju **18** [1946] 12, 19; C. A. **1948** 1938).

Krystalle; F: 53–55° [aus PAe.] (*Ross*, l. c. S. 184), 52–53° [aus Me. oder Bzn.] (*Ce., Št.*).

Geschwindigkeit der Hydrolyse in wss. Aceton bei 66°: *Ross*, l. c. S. 188.

Hydrobromid $C_{10}H_{13}Br_2N \cdot HBr$. Krystalle (aus Acn.); F: 156—157° (*Ce.*, *Št.*).
Pikrolonat $C_{10}H_{13}Br_2N \cdot C_{10}H_8N_4O_5$. Krystalle (aus A.); F: 130—131° (*Ce.*, *Št.*).

***N.N*-Bis-[2-jod-äthyl]-anilin,** N,N-*bis(2-iodoethyl)aniline* $C_{10}H_{13}I_2N$, Formel II (X = I).
B. Aus *N.N*-Bis-[2-brom-äthyl]-anilin beim Erwärmen mit Natriumjodid in Aceton (*Everett*, *Ross*, Soc. **1949** 1972, 1974).
Öl; nicht näher beschrieben.

***N*-Äthyl-*N*-[2-nitro-äthyl]-anilin,** N-*ethyl*-N-*(2-nitroethyl)aniline* $C_{10}H_{14}N_2O_2$, Formel I (X = NO_2).
B. Aus *N*-Äthyl-anilin beim Behandeln mit 2-Nitro-äthylnitrat in Äther oder mit Nitroäthylen (*Heath*, *Rose*, Soc. **1947** 1486, 1489).
$Kp_{0,1}$: 108°. n_D^{19}: 1,5597.
Hydrochlorid $C_{10}H_{14}N_2O_2 \cdot HCl$. F: 114° [unkorr.].
Pikrat $C_{10}H_{14}N_2O_2 \cdot C_6H_3N_3O_7$. Krystalle (aus A.); F: 106° [unkorr.].

***N.N*-Bis-[2-nitro-äthyl]-anilin,** N,N-*bis(2-nitroethyl)aniline* $C_{10}H_{13}N_3O_4$, Formel II (X = NO_2).
B. Aus *N*-[2-Nitro-äthyl]-anilin und Nitroäthylen (*Heath*, *Rose*, Soc. **1947** 1486, 1488).
Krystalle (aus wss. A.); F: 64°.
Hydrochlorid $C_{10}H_{13}N_3O_4 \cdot HCl$. Krystalle (aus A.); F: 128° [unkorr.].

***N.N*-Diäthyl-anilin-*N*-oxid,** N,N-*diethylaniline* N-*oxide* $C_{10}H_{15}NO$, Formel III (H 166).
Dissoziationsexponent pK_a des Ammonium-Ions (Wasser; potentiometrisch ermittelt) bei 20°: 4,53 (*Nylén*, Tidsskr. Kjemi Bergv. **18** [1938] 48).
Nachweis von 4-Diäthylamino-phenol im Harn von Kaninchen nach subcutaner Injektion von *N.N*-Diäthyl-anilin-*N*-oxid: *Horn*, Z. physiol. Chem. **249** [1937] 82.
Hydrochlorid $C_{10}H_{15}NO \cdot HCl$. Krystalle; F: 141° [Zers.] (*Ny.*).

***N*-Methyl-*N.N*-diäthyl-anilinium,** N,N-*diethyl*-N-*methylanilinium* $[C_{11}H_{18}N]^{\oplus}$, Formel IV (R = CH_3) (H 166; E II 93; dort als Methyl-diäthyl-phenyl-ammonium bezeichnet).
Trijodomercurat(II) $[C_{11}H_{18}N]HgI_3$ (E II 93). F: 98,5° (*Cavell*, *Sugden*, Soc. **1930** 2572, 2578). Dichte D_4 bei Temperaturen von 109,5° (2,545) bis 130,9° (2,520): *Ca.*, *Su.* Oberflächenspannung bei Temperaturen von 107,5° (52,41 dyn/cm) bis 136° (50,52 dyn/cm): *Ca.*, *Su.* Elektrische Leitfähigkeit einer Lösung in Aceton: *Ca.*, *Su.*, l. c. S. 2574.

Tri-*N*-äthyl-anilinium, N,N,N-*triethylanilinium* $[C_{12}H_{20}N]^{\oplus}$, Formel IV (R = C_2H_5) (H 166; E II 93; dort als Triäthyl-phenyl-ammonium bezeichnet).
Fluorid $[C_{12}H_{20}N]F$. Krystalle (*Wittig*, *Merkle*, B. **76** [1943] 109, 111, 116). Bei mehrwöchigem Behandeln mit Phenyllithium in Äther sind *N.N*-Diäthyl-anilin, Biphenyl und Äthylen erhalten worden.
Jodid $[C_{12}H_{20}N]I$ (H 166; vgl. E II 93). F: 125—127° (*Pressman et al.*, Am. Soc. **68** [1946] 250).
Jodomercurat(II) $[C_{12}H_{20}N]Hg_2I_5$. Krystalle (aus Acn. + A.); F: 113° (*Cavell*, *Sugden*, Soc. **1930** 2572, 2578). Dichte D_4 bei Temperaturen von 130,5° (3,087) bis 147° (3,059): *Ca.*, *Su.* Oberflächenspannung bei Temperaturen von 124° (53,38 dyn/cm) bis 140,5° (51,88 dyn/cm): *Ca.*, *Su.* Elektrische Leitfähigkeit einer Lösung in Aceton: *Ca.*, *Su.*, l. c. S. 2574.
[*Haltmeier*]

***N*-Propyl-anilin,** N-*propylaniline* $C_9H_{13}N$, Formel V (R = X = H) auf S. 266 (H 166; E I 159; E II 94).
B. Aus Anilin beim Erwärmen mit Propylbromid (*Hickinbottom*, Soc. **1930** 992; vgl. H 166) oder mit Toluol-sulfonsäure-(4)-propylester (*Slotta*, *Franke*, B. **63** [1930] 678, 687). Beim Erhitzen von Anilin-hydrochlorid mit Propanol-(1) bis auf 200° (*Arbusow*, *Gushawina*, Ž. fiz. Chim. **23** [1949] 1070, 1073; C. A. **1950** 888). Bei der Hydrierung eines Gemisches von Anilin und Propionaldehyd in Äthanol an Raney-Nickel in Gegenwart von Natriumacetat (*Emerson*, *Walters*, Am. Soc. **60** [1938] 2023).
Kp_{768}: 218—219° (*Guaisnet-Pilaud*, A. ch. [11] **4** [1935] 365, 385); Kp_{765}: 222° (*Friend*, *Hargreaves*, Phil. Mag. [7] **35** [1944] 619, 629); Kp_{758}: 219° (*Vogel*, Soc. **1948** 1825, 1832); Kp_{11}: 101—103° (*Ar.*, *Gu.*); Kp_9: 96° (*Vo.*). D_0^{20}: 0,9404 (*Ar.*, *Gu.*); D_4^{20}: 0,9426; $D_4^{40,0}$: 0,9276; $D_4^{60,1}$: 0,9119; $D_4^{85,9}$: 0,8921 (*Vo.*); Dichte D_4 bei Temperaturen von 106,5° (0,8767) bis 210,5° (0,7876): *Fr.*, *Ha.* Viscosität bei Temperaturen von 106,5° (0,006458

g/cmsec) bis 210,5° (0,002667 g/cmsec): *Fr.*, *Ha.* Oberflächenspannung bei 20°: 34,17 dyn/cm (*Ar.*, *Gu.*); bei Temperaturen von 20,9° (34,77 dyn/cm) bis 87,1° (28,46 dyn/cm): *Vo.* n_D^{20}: 1,54217 (*Vo.*), 1,5389 (*Ar.*, *Gu.*); $n_{656,3}^{20}$: 1,53596; $n_{486,2}^{20}$: 1,55729; $n_{434,1}^{20}$: 1,56991 (*Vo.*). Dissoziationsexponent pK_a des Ammonium-Ions (Wasser) bei 24°: 5,04 [extrapoliert] (*Hall*, *Sprinkle*, Am. Soc. **54** [1932] 3469, 3474).

Bildung von Benzonitril beim Leiten von *N*-Propyl-anilin über Glaswolle bei 560°: *Wibaut*, *Speekman*, R. **61** [1942] 143. Beim Erhitzen mit Zinkbromid, Kobalt(II)-chlorid oder Kobalt(II)-bromid unter Stickstoff auf 230° ist 4-Propyl-anilin erhalten worden (*Hickinbottom*, *Waine*, Soc. **1930** 1558, 1562).

2-Nitro-indandion-(1.3)-Salz $C_9H_{13}N \cdot C_9H_5NO_4$. Krystalle; F: 203° (*Wanag*, Ž. obšč. Chim. **17** [1947] 2080, 2086), 190—191° [aus A.] (*Wanag*, *Lode*, B. **70** [1937] 547, 556).

***N*-Methyl-*N*-propyl-anilin,** N-*methyl*-N-*propylaniline* $C_{10}H_{15}N$, Formel V (R = CH_3, X = H) (H 167; E I 159; E II 94).

B. Aus *N*-Propyl-anilin beim Behandeln mit wss. Formaldehyd, Zink und wss. Salzsäure (*Wagner*, Am. Soc. **55** [1933] 724, 726).

Kp_{764}: 219—221° (*Guaisnet-Pilaud*, A. ch. [11] **4** [1935] 365, 386); Kp_{10}: 96,5° (*Evans*, Soc. **1944** 422, 423). Dissoziationsexponent pK_a des Ammonium-Ions (Wasser) bei 23°: 5,67 [extrapoliert] (*Hall*, *Sprinkle*, Am. Soc. **54** [1932] 3469, 3474).

Geschwindigkeitskonstante der Reaktion mit Methyljodid in Methanol bei 45°, 65° und 85°: *Ev.* Über die Bildung von 4-[Methyl-propyl-amino]-benzol-diazonium-(1)-chlorid beim Behandeln mit wss. Salzsäure und Natriumnitrit s. *Hinman*, *Hollmann*, U.S.P. 2178585 [1939].

Hydrochlorid $C_{10}H_{15}N \cdot HCl$. F: 120—122° [unkorr.] (*Wa.*).

Pikrat $C_{10}H_{15}N \cdot C_6H_3N_3O_7$. Gelbe Krystalle [aus A.] (*Guai.-P.*); F: 110,5° (*Wa.*), 105,5—106° (*Guai.-P.*).

***N*-Methyl-*N*-[3-chlor-propyl]-anilin,** N-(*3-chloropropyl*)-N-*methylaniline* $C_{10}H_{14}ClN$, Formel V (R = CH_3, X = Cl) (E I 159).

Beim Behandeln mit flüssigem Ammoniak sind *N*-Methyl-*N*-phenyl-propandiyldiamin und geringere Mengen Bis-[3-(*N*-methyl-anilino)-propyl]-amin, beim Erwärmen mit äthanol. Ammoniak sind die gleichen Verbindungen im umgekehrten Mengenverhältnis erhalten worden (*v. Braun*, B. **70** [1937] 979, 987).

***N*-Äthyl-*N*-propyl-anilin,** N-*ethyl*-N-*propylaniline* $C_{11}H_{17}N$, Formel V (R = C_2H_5, X = H) (H 167; E I 159; E II 94).

Kp_{13}: 111° (*Evans*, Soc. **1944** 422, 423). Dissoziationsexponent pK_a des Ammonium-Ions (Wasser) bei 22°: 6,39 (*Hall*, *Sprinkle*, Am. Soc. **54** [1932] 3469, 3474).

Geschwindigkeitskonstante der Reaktion mit Methyljodid in Methanol bei 65°, 84° und 100°: *Ev.*

(±)-*N*-Äthyl-*N*-[2-chlor-propyl]-anilin, (±)-N-(*2-chloropropyl*)-N-*ethylaniline* $C_{11}H_{16}ClN$, Formel VI (R = C_2H_5, X = Cl).

B. Aus (±)-1-[*N*-Äthyl-anilino]-propanol-(2) beim Erwärmen mit Phosphoroxychlorid (*Everett*, *Ross*, Soc. **1949** 1972, 1975).

Pikrat $C_{11}H_{16}ClN \cdot C_6H_3N_3O_7$. Krystalle (aus Me.); F: 107—108°.

***N*-Äthyl-*N*-[3-chlor-propyl]-anilin,** N-(*3-chloropropyl*)-N-*ethylaniline* $C_{11}H_{16}ClN$, Formel V (R = C_2H_5, X = Cl) (E II 94).

B. Aus 3-[*N*-Äthyl-anilino]-propanol-(1) und Thionylchlorid in Toluol (*Boon*, Soc. **1947** 307, 311).

Kp_{30}: 161°.

(±)-*N*-Äthyl-*N*-[2-nitro-propyl]-anilin, (±)-N-*ethyl*-N-(*2-nitropropyl*)*aniline* $C_{11}H_{16}N_2O_2$, Formel VI (R = C_2H_5, X = NO_2).

B. Aus *N*-Äthyl-anilin und 2-Nitro-propen (*Heath*, *Rose*, Soc. **1947** 1486, 1489).

Hydrochlorid $C_{11}H_{16}N_2O_2 \cdot HCl$. F: 126° [unkorr.].

(±)-*N*-Methyl-*N*-äthyl-*N*-propyl-anilinium, (±)-N-*ethyl*-N-*methyl*-N-*propylanilinium* $[C_{12}H_{20}N]^{\oplus}$, Formel VII (R = C_2H_5) (E I 159; E II 94).

Über ein Fluorouranat der Zusammensetzung $[C_{12}H_{20}N][(UO_2)_3F_7] \cdot 6H_2O$ (gelbe Krystalle) s. *Olsson*, Z. anorg. Ch. **187** [1930] 112, 118.

N.N-Dipropyl-anilin, N,N-*dipropylaniline* $C_{12}H_{19}N$, Formel V (R = CH_2-CH_2-CH_3, X = H) (H 167; E I 159; E II 95).

B. Aus Anilin beim Erhitzen mit Propylbromid und Propanol-(1) (*Frederick Post Co.*, U.S.P. 2150832 [1937]), beim Erhitzen mit Tripropylphosphat (*Billman, Radike, Mundy*, Am. Soc. **64** [1942] 2977), beim Erhitzen mit Toluol-sulfonsäure-(4)-propylester und Kaliumhydroxid [je 2 Mol] (*Slotta, Franke*, B. **63** [1930] 678, 687) sowie beim Erhitzen mit Dipropylsulfit (3 Mol), in diesem Fall neben *N*-Propyl-anilin (*Voss, Blanke*, A. **485** [1931] 258, 280). Bei der Hydrierung eines Gemisches von Nitrobenzol und Propionaldehyd in Essigsäure an Platin (*Emerson, Uraneck*, Am. Soc. **63** [1941] 749). Beim Erhitzen von *N*-Propyl-anilin mit Propylbromid (*Heertjes, Bakker, van Kerkhof*, R. **62** [1943] 737, 738; *Gertschuk*, Ž. obšč. Chim. **11** [1941] 731, 736; C. A. **1942** 218; *Vogel*, Soc. **1948** 1825, 1829, 1833).

Kp_{760}: 240—243° (*Sl., Fr.*); Kp_{758}: 242° (*Vo.*); Kp_{20}: 126—127° (*Frederick Post Co.*); Kp_{14}: 122° (*Evans*, Soc. **1944** 422, 423); Kp_{10}: 127° (*Sl., Fr.*); Kp_4: 95° (*Vo.*). D_4^{20}: 0,9176; $D_4^{41,2}$: 0,9021; $D_4^{61,1}$: 0,8879; $D_4^{85,8}$: 0,8695 (*Vo.*). Oberflächenspannung bei Temperaturen von 22,0° (32,79 dyn/cm) bis 87,5° (26,47 dyn/cm): *Vo.* n_D^{20}: 1,52873; $n_{656,3}^{20}$: 1,52333; $n_{486,2}^{20}$: 1,54292; $n_{434,1}^{20}$: 1,55539 (*Vo.*). UV-Spektrum (Hexan): *Hee., Ba., v. Ke.*, l. c. S. 740. Dissoziationsexponent pK_a des Ammonium-Ions (Wasser) bei 23°: 5,68 [extrapoliert] (*Hall, Sprinkle*, Am. Soc. **54** [1932] 3469, 3474).

Geschwindigkeitskonstante der Reaktion mit Methyljodid in Methanol bei 65°, 85° und 100°: *Ev.*

3.5-Dinitro-benzoat $C_{12}H_{19}N \cdot C_7H_4N_2O_6$. Krystalle (aus A.); F: 118° [korr.] (*Reid, Lynch*, Am. Soc. **58** [1936] 1430).

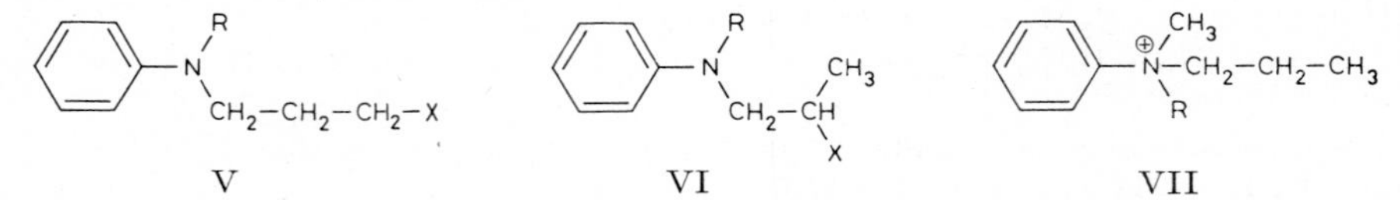

V VI VII

N.N-Bis-[2-chlor-propyl]-anilin, N,N-*bis(2-chloropropyl)aniline* $C_{12}H_{17}Cl_2N$, Formel VI (R = CH_2-CHCl-CH_3, X = Cl).

Ein opt.-inakt. Amin (Krystalle [aus PAe.]; F: 62—64°) dieser Konstitution ist beim Erhitzen von Anilin mit (±)-1.2-Epoxy-propan auf 150° und Behandeln des Reaktionsprodukts mit Phosphoroxychlorid in Benzol erhalten worden (*Everett, Ross*, Soc. **1949** 1972, 1975, 1981).

N.N-Bis-[3-chlor-propyl]-anilin, N,N-*bis(3-chloropropyl)aniline* $C_{12}H_{17}Cl_2N$, Formel V (R = CH_2-CH_2-CH_2Cl, X = Cl).

B. Aus *N.N*-Bis-[3-hydroxy-propyl]-anilin beim Erwärmen mit Phosphoroxychlorid (*Everett, Ross*, Soc. **1949** 1972, 1975).

Pikrat $C_{12}H_{17}Cl_2N \cdot C_6H_3N_3O_7$. Krystalle (aus Bzl.); F: 129—130°.

N.N-Bis-[3-brom-propyl]-anilin, N,N-*bis(3-bromopropyl)aniline* $C_{12}H_{17}Br_2N$, Formel V (R = CH_2-CH_2-CH_2Br, X = Br).

B. Aus *N.N*-Bis-[3-hydroxy-propyl]-anilin beim Erwärmen mit Phosphor(III)-bromid (*Everett, Ross*, Soc. **1949** 1972, 1975).

Pikrat $C_{12}H_{17}Br_2N \cdot C_6H_3N_3O_7$. Krystalle (aus Bzl.); F: 138°.

N.N-Bis-[3-jod-propyl]-anilin, N,N-*bis(3-iodopropyl)aniline* $C_{12}H_{17}I_2N$, Formel V (R = CH_2-CH_2-CH_2I, X = I).

B. Aus *N.N*-Bis-[3-brom-propyl]-anilin beim Erwärmen mit Natriumjodid in Aceton (*Everett, Ross*, Soc. **1949** 1972, 1975).

Krystalle (aus PAe.); F: 48° (*Ev., Ross*, l. c. S. 1977).

N-Methyl-N.N-dipropyl-anilinium, N-*methyl*-N,N-*dipropylanilinium* $[C_{13}H_{22}N]^{\oplus}$, Formel VII (R = CH_2-CH_2-CH_3).

Jodid $[C_{13}H_{22}N]I$ (H 167; dort als Methyl-dipropyl-phenyl-ammonium-jodid bezeichnet). F: 153—155° (*Emerson, Uraneck*, Am. Soc. **63** [1941] 749).

N-Isopropyl-anilin, N-*isopropylaniline* $C_9H_{13}N$, Formel VIII (R = X = H) (H 167; E II 95).

B. Beim Erhitzen von Anilin mit Isopropylchlorid (*Reddelien, Thurm*, B. **65** [1932]

1511, 1520) oder mit Isopropylbromid (*Hickinbottom*, Soc. **1930** 992). Bei der Hydrierung eines Gemisches von Nitrobenzol und Aceton in Essigsäure enthaltendem Äthanol an Platin (*Emerson, Uraneck*, Am. Soc. **63** [1941] 749; vgl. E II 95).

Kp: 206—208° (*Hi.*); Kp_{760}: 209,5—212,5° (*Kahovec, Reitz*, M. **69** [1936] 363, 372); Kp_{13}: 87—89° (*Rosser, Ritter*, Am. Soc. **59** [1937] 2179); Kp_{11}: 37—38° (*Ka., Reitz*). Raman-Spektrum: *Ka., Reitz.*

Beim Erhitzen mit Kobalt(II)-chlorid, Zinkbromid oder Cadmiumchlorid bis auf 250° sind 4-Isopropyl-anilin und Anilin erhalten worden (*Hickinbottom, Waine*, Soc. **1930** 1558, 1563).

Sulfat $2C_9H_{13}N \cdot H_2SO_4$. Krystalle (aus A. + Ae.); F: 158—159° [unkorr.] (*Alexander*, Am. Soc. **68** [1946] 969, 972).

(±)-1-Nitro-2-anilino-propan, (±)-*N*-[*β*-Nitro-isopropyl]-anilin, (±)-N-(*1-methyl-2-nitroethyl*)*aniline* $C_9H_{12}N_2O_2$, Formel VIII (R = H, X = NO_2).

B. Aus Anilin beim Behandeln mit (±)-2-Chlor-1-nitro-propan (*Fourneau*, Bl. [5] **7** [1940] 603, 607), mit 1-Nitro-propen-(1) (Kp_{28}: 54°) in Äther (*Heath, Rose*, Soc. **1947** 1486, 1489) oder mit (±)-1-Nitro-propanol-(2) unter Zusatz von Kaliumcarbonat (*Fou.*, Bl. [5] **11** [1944] 141, 143).

Gelbe Krystalle (aus A.); F: 33° (*Heath, Rose*).

Hydrochlorid $C_9H_{12}N_2O_2 \cdot HCl$. Krystalle; F: 148° [unkorr.] (*Heath, Rose*), 141° [aus A. oder Butanon] (*Fou.*).

***N*-Methyl-*N*-isopropyl-anilin,** N-*isopropyl*-N-*methylaniline* $C_{10}H_{15}N$, Formel VIII (R = CH_3, X = H) (H 167).

Kp_{760}: 215—218°; Kp_{14}: 89—92° (*Rosser, Ritter*, Am. Soc. **59** [1937] 2179).

(±)-*N*-Methyl-*N*-[*β*-nitro-isopropyl]-anilin, (±)-N-*methyl*-N-(*1-methyl-2-nitroethyl*)*aniline* $C_{10}H_{14}N_2O_2$, Formel VIII (R = CH_3, X = NO_2).

B. Aus *N*-Methyl-anilin und 1-Nitro-propen-(1) [Kp_{28}: 54°] (*Heath, Rose*, Soc. **1947** 1486, 1489).

$Kp_{0,5}$: 112—115°.

Hydrochlorid $C_{10}H_{14}N_2O_2 \cdot HCl$. F: 126° [unkorr.].

Perchlorat $C_{10}H_{14}N_2O_2 \cdot HClO_4$. Krystalle (aus A. + Ae.); F: 116° [unkorr.].

Pikrat $C_{10}H_{14}N_2O_2 \cdot C_6H_3N_3O_7$. F: 116° [unkorr.].

***N*-Äthyl-*N*-isopropyl-anilin,** N-*ethyl*-N-*isopropylaniline* $C_{11}H_{17}N$, Formel VIII (R = C_2H_5, X = H) (H 167).

Kp_{760}: 223—225°; Kp_{13}: 100—102° (*Rosser, Ritter*, Am. Soc. **59** [1937] 2179).

(±)-*N*-Äthyl-*N*-[*β*-nitro-isopropyl]-anilin, (±)-N-*ethyl*-N-(*1-methyl-2-nitroethyl*)*aniline* $C_{11}H_{16}N_2O_2$, Formel VIII (R = C_2H_5, X = NO_2).

B. Aus *N*-Äthyl-anilin und 1-Nitro-propen-(1) [Kp_{28}: 54°] (*Heath, Rose*, Soc. **1947** 1486, 1489).

Hydrochlorid $C_{11}H_{16}N_2O_2 \cdot HCl$. Krystalle (aus A.); F: 123° [unkorr.].

***N.N*-Diisopropyl-anilin,** N,N-*diisopropylaniline* $C_{12}H_{19}N$, Formel VIII (R = $CH(CH_3)_2$, X = H) (H 168).

B. Beim Erhitzen von Anilin mit Isopropylbromid und Isopropylalkohol (*Frederick Post Co.*, U.S.P. 2150832 [1937]).

Kp_{760}: 225—227°; Kp_{13}: 98—100° (*Rosser, Ritter*, Am. Soc. **59** [1937] 2179).

Beim Erhitzen mit Schwefel bis auf 210° sind *N*-Isopropyl-anilin, Propanthiol-(2) und Aceton-phenylimin sowie geringe Mengen 2-Methyl-penten-(2)-on-(4)-phenylimin, Diisopropyldisulfid und Anilin erhalten worden (*Ro., Ri.*).

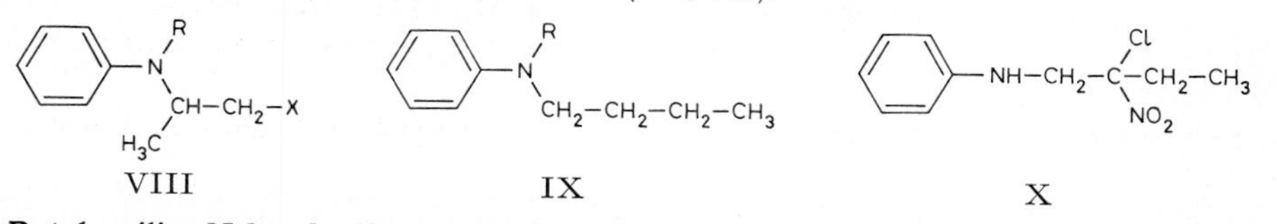

VIII IX X

***N*-Butyl-anilin,** N-*butylaniline* $C_{10}H_{15}N$, Formel IX (R = H) (H 168; E I 160; E II 95).

B. Aus Anilin und Butylbromid (*Hickinbottom*, Soc. **1930** 992; vgl. E II 95). Beim Erhitzen von Anilin mit Butanol-(1) in Gegenwart von Raney-Nickel (*Rice, Kohn*, Am.

Soc. **77** [1955] 4052; Org. Synth. Coll. Vol. IV [1963] 283, 284), mit Methansulfonsäure-butylester (*Sekera, Marvel*, Am. Soc. **55** [1933] 345, 348) oder mit Toluol-sulfonsäure-(4)-butylester (*Slotta, Franke*, B. **63** [1930] 678, 687; *Se., Ma.*). Bei der Hydrierung eines Gemisches von Butyraldehyd und Nitrobenzol (*Emerson, Mohrman*, Am. Soc. **62** [1940] 69), eines Gemisches von Butyraldehyd und Anilin (*Emerson, Walters*, Am. Soc. **60** [1938] 2023) oder eines Gemisches von Butyraldehyd und Azobenzol (*Emerson, Reed, Merner*, Am. Soc. **63** [1941] 751) in Natriumacetat enthaltendem Äthanol an Raney-Nickel.

Kp_{760}: 237—238° (*Vogel*, Soc. **1948** 1825, 1832); $Kp_{749,7}$: 239,5° (*Friend, Hargreaves*, Phil. Mag. **35** [1944] 619, 629); Kp_{744}: 235—235,5° (*Hi.*); Kp_{11}: 111,5—112,5° (*Arbusow, Gushawina*, Ž. fiz. Chim. **23** [1949] 1070, 1073; C. A. **1950** 888); Kp_3: 105° (*Vo.*). D_0^{20}: 0,9322 (*Ar., Gu.*); D_4^{20}: 0,9305; D_4^{40}: 0,9157; $D_4^{59,1}$: 0,9107; $D_4^{86,2}$: 0,8812 (*Vo.*); Dichte D_4 bei Temperaturen von 98,9° (0,8705) bis 220,6° (0,7721): *Fr., Ha.* Viscosität bei Temperaturen von 98,9° (0,00760 g/cmsec) bis 220,6° (0,002673 g/cmsec): *Fr., Ha.* Oberflächenspannung bei 20°: 33,76 dyn/cm (*Ar., Gu.*). Oberflächenspannung bei Temperaturen von 20,9° (33,90 dyn/cm) bis 86,9° (28,10 dyn/cm): *Vo.* n_D^{20}: 1,53342 (*Vo.*), 1,5330 (*Ar., Gu.*); $n_{656,3}^{20}$: 1,52803; $n_{486,2}^{20}$: 1,54750; $n_{434,1}^{20}$: 1,55943 (*Vo.*). Dissoziationsexponent pK_a des Ammonium-Ions (Wasser) bei 30°: 4,95 [extrapoliert] (*Vexlearschi, Rumpf*, C. r. **229** [1949] 1152).

Bildung geringer Mengen Benzonitril beim Leiten über Glaswolle bei 560°: *Wibaut, Speekman*, R. **61** [1942] 143. Beim Behandeln mit wss. Salzsäure (1 Mol) und anschliessend mit wss. Formaldehyd ist eine Verbindung $C_{33}H_{45}N_3$ (F: 52—53°) erhalten worden (*Wagner*, Am. Soc. **55** [1933] 724, 728; *Young, Wagner*, Am. Soc. **59** [1937] 854).

Hydrochlorid $C_{10}H_{15}N \cdot HCl$ (H 168; E II 95). Krystalle; F: 115° [aus Eg.] (*Mumm, Möller*, B. **70** [1937] 2214, 2223), 114—115° [aus E.] (*Surray, Hammer*, Am. Soc. **66** [1944] 2127).

3.5-Dinitro-benzoat $C_{10}H_{15}N \cdot C_7H_4N_2O_6$. Krystalle (aus A.); F: 98,5° (*Reid, Lynch*, Am. Soc. **58** [1936] 1430, 1432).

2-Nitro-indandion-(1.3)-Salz $C_{10}H_{15}N \cdot C_9H_5NO_4$. Gelbe Krystalle (aus A.); F: 209° (*Wanag, Lode*, B. **70** [1937] 547, 557).

(±)-2-Chlor-2-nitro-1-anilino-butan, (±)-*N*-[2-Chlor-2-nitro-butyl]-anilin, (±)-N-*(2-chloro-2-nitrobutyl)aniline* $C_{10}H_{13}ClN_2O_2$, Formel X.

B. Bei 3-tägigem Behandeln von Anilin mit (±)-2-Chlor-2-nitro-butanol-(1) in Gegenwart von wss. Tetrakis-[2-hydroxy-äthyl]-ammonium-hydroxid-Lösung bei 50° (*Johnson*, Am. Soc. **68** [1942] 14, 16, 17).

Gelbe Krystalle; F: 57°.

***N*-Methyl-*N*-butyl-anilin,** N-*butyl*-N-*methylaniline* $C_{11}H_{17}N$, Formel IX ($R = CH_3$) (H 168; E I 160; E II 95).

B. Beim Behandeln von *N*-Butyl-anilin mit wss. Formaldehyd, wss. Salzsäure und Zink (*Wagner*, Am. Soc. **55** [1933] 724, 727). Beim Erwärmen von *N*-Methyl-anilin mit Butyraldehyd und Kaliumcarbonat und Hydrieren des Reaktionsprodukts an Platin in Äthanol bei 45° (*Mannich, Davidsen*, B. **69** [1936] 2106, 2109).

Kp: 241—242,4° (*Wa.*, l. c. S. 727).

Pikrat $C_{11}H_{17}N \cdot C_6H_3N_3O_7$ (E I 160). F: 89° (*Ma., Da.*).

***N*-Äthyl-*N*-butyl-anilin,** N-*butyl*-N-*ethylaniline* $C_{12}H_{19}N$, Formel IX ($R = C_2H_5$) (H 168; E I 160; E II 95).

B. Beim Erhitzen von *N*-Äthyl-anilin mit Butylbromid auf 135° (*Frèrejacque*, A. ch. [10] **14** [1930] 147, 171).

Kp: 247° (*Brill*, Am. Soc. **54** [1932] 2484, 2486), Kp: 243—244° (*Fr.*).

Hexachloroplatinat(IV) $2C_{12}H_{19}N \cdot H_2PtCl_6 \cdot H_2O$. Krystalle (aus wss. Salzsäure) mit 1 Mol H_2O (*Fr.*).

***N*-[2-Chlor-äthyl]-*N*-butyl-anilin,** N-*butyl*-N-*(2-chloroethyl)aniline* $C_{12}H_{18}ClN$, Formel IX ($R = CH_2\text{-}CH_2Cl$).

B. Aus 2-[*N*-Butyl-anilino]-äthanol-(1) beim Behandeln mit Thionylchlorid (1 Mol) oder mit Phosphoroxychlorid (1 Mol), jeweils in 1.1.2.2-Tetrachlor-äthan (*I.G. Farbenind.*, D.R.P. 650259 [1933]; Frdl. **22** 285).

Kp_{17}: 157—162°.

N.N-Dibutyl-anilin, N,N-*dibutylaniline* $C_{14}H_{23}N$, Formel IX (R = $[CH_2]_3$-CH_3) auf S. 267 (E I 160; E II 95).

B. Beim Behandeln einer äther. Lösung von Phenyllithium mit Dibutylamin und mit Brombenzol (*Horning, Bergstrom*, Am. Soc. **67** [1945] 2110). Beim Erhitzen von Anilin mit Butylbromid und Butanol-(1) (*Frederick Post Co.*, U.S.P. 2150832 [1937]) oder mit Butyljodid und Natriumhydroxid in Butanol-(1) bis auf 180° (*Davies, Addis*, Soc. **1937** 1622, 1626). Beim Erhitzen von Anilin mit Tributylphosphat und Behandeln des Reaktionsgemisches mit heisser wss. Natronlauge (*Billman, Radike, Mundy*, Am. Soc. **64** [1942] 2977). Beim Erhitzen von Anilin mit Toluol-sulfonsäure-(4)-butylester und Kaliumhydroxid auf 130° (*Slotta, Franke*, B. **63** [1930] 678, 687). Bei der Hydrierung eines Gemisches von Nitrobenzol und Butyraldehyd in Essigsäure enthaltendem Äthanol an Platin oder in Äthanol in Gegenwart von Trimethylamin-hydrochlorid an Raney-Nickel (*Emerson, Uraneck*, Am. Soc. **63** [1941] 749). Aus *N*-Butyl-anilin und Butylbromid (*Vogel*, Soc. **1948** 1825, 1829, 1833).

Kp_{760}: 269–270° (*Vo.*); Kp_{757}: 271° (*Sl., Fr.*); Kp_{14}: 148,5° (*Sl., Fr.*); Kp_{10}: 142° (*Philippi, Ulmer-Plenk*, B. **74** [1941] 1529); Kp_7: 130° (*Evans*, Soc. **1944** 422, 423); Kp_6: 123° (*Vo.*). D_4^{20}: 0,9058; $D_4^{41,3}$: 0,8905; D_4^{61}: 0,8763; $D_4^{85,4}$: 0,8581 (*Vo.*). Oberflächenspannung bei Temperaturen von 15,1° (32,82 dyn/cm) bis 87,8° (26,03 dyn/cm): *Vo.* n_D^{20}: 1,51929; $n_{656,3}^{20}$: 1,51444; $n_{486,2}^{20}$: 1,53246; $n_{430,1}^{20}$: 1,54349 (*Vo.*). Elektrolytische Dissoziation in wss. Äthanol: *Da., Ad.*, l. c. S. 1623.

Geschwindigkeitskonstante der Reaktion mit Methyljodid in Methanol bei 65°, 85° und 100°: *Ev.* Beim Behandeln einer Lösung in Essigsäure mit 4-Sulfo-benzol-diazonium-(1)-betain ist 4'-Dibutylamino-azobenzol-sulfonsäure-(4) erhalten worden (*Slotta, Franke*, B. **66** [1933] 104, 105; *Philippi, Ulmer-Plenk*, B. **74** [1941] 1529; vgl. E I 160).

Pikrat $C_{14}H_{23}N \cdot C_6H_3N_3O_7$ (E I 160). F: 123–125° (*Em., Ur.*).

3.5-Dinitro-benzoat $C_{14}H_{23}N \cdot C_7H_4N_2O_6$. Krystalle (aus A.); F: 104° [korr.] (*Reid, Lynch*, Am. Soc. **58** [1936] 1430).

(±)-N-sec-Butyl-anilin, (±)-N-sec-*butylaniline* $C_{10}H_{15}N$, Formel XI (R = X = H) (E II 96).

B. Aus Anilin und (±)-*sec*-Butylbromid (*Adler, Haskelberg, Bergmann*, Soc. **1940** 576). Bei der Hydrierung eines Gemisches von Nitrobenzol und Butanon in Äthanol an Platin in Gegenwart von Trimethylamin-hydrochlorid (*Emerson*, U.S.P. 2388608 [1944]).

Kp_{759}: 225°; Kp_{22}: 112–114° (*Ad., Ha., Be.*); n_D^{26}: 1,5318 (*Ad., Ha., Be.*).

Hydrochlorid $C_{10}H_{15}N \cdot HCl$ (E II 96). Krystalle (aus E.); F: 135–136° (*Mumm, Möller*, B. **70** [1937] 2214, 2222).

3-Nitro-2-anilino-butan, N-[2-Nitro-1-methyl-propyl]-anilin, N-(*1-methyl-2-nitropropyl*)-*aniline* $C_{10}H_{14}N_2O_2$, Formel XI (R = H, X = NO_2).

Ein als Hydrochlorid $C_{10}H_{14}N_2O_2 \cdot HCl$ (Krystalle [aus Me. + Ae.]; F: 122° [unkorr.]) charakterisiertes opt.-inakt. Amin ($Kp_{0,5}$: 86°; n_D^{17}: 1,5570) dieser Konstitution ist aus Anilin und 2-Nitro-buten-(2) (Kp_{15}: 55,5°) erhalten worden (*Heath, Rose*, Soc. **1947** 1486, 1489).

(±)-N-Äthyl-N-sec-butyl-anilin, (±)-N-sec-*butyl*-N-*ethylaniline* $C_{12}H_{19}N$, Formel XI (R = C_2H_5, X = H).

Diese Konstitution kommt der nachstehend beschriebenen, ursprünglich (*Wittig, Merkle*, B. **76** [1943] 109, 113) als *N.N*.2-Triäthyl-anilin angesehenen Verbindung zu (*Wittig, Benz*, B. **92** [1959] 1999, 2000, 2006).

B. In geringer Menge neben *N.N*-Diäthyl-anilin beim Eintragen einer äther. Lösung von Phenyllithium [1 Mol] in eine äther. Lösung von Fluorbenzol [1 Mol] und Triäthylamin [2 Mol] (*Wi., Benz*, l. c. S. 2006; vgl. *Wi., Me.*). Aus *N*-Äthyl-anilin und (±)-*sec*-Butyljodid (*Wi., Benz*).

Kp_{12}: 106–107°, $Kp_{0,01}$: 74–75°; n_D^{25}: 1,5272 (*Wi., Benz*).

N-Isobutyl-anilin, N-*isobutylaniline* $C_{10}H_{15}N$, Formel XII (R = X = H) (H 168; E II 96).

B. Aus Anilin und Isobutylbromid (*Hickinbottom*, Soc. **1930** 992).

$Kp_{11,5}$: 111,5–113,5° (*Crowther, Mann, Purdie*, Soc. **1943** 58, 65).

Beim Erhitzen in Gegenwart von Zinkbromid oder Kobalt(II)-bromid im geschlossenen Gefäss bis auf 310° oder im Stickstoff-Strom bis auf 240° erfolgt Umwandlung in 4-Isobutyl-anilin (*Hickinbottom, Preston*, Soc. **1930** 1566, 1569, 1571). Beim Erhitzen des

Hydrobromids bis auf 300° sind Isobutylbromid, 4-*tert*-Butyl-anilin und 2-Methyl-propen (*Hickinbottom, Ryder*, Soc. **1931** 1281, 1283, 1284, 1286; vgl. *Hi., Pr.*, l. c. S. 1567), beim Erhitzen des Hydrobromids in Gegenwart von Kobalt(II)-bromid oder Zinkbromid im geschlossenen Gefäss auf 290° sind Anilin (Hauptprodukt) und 4-*tert*-Butyl-anilin (*Hi., Pr.*, l. c. S. 1568) erhalten worden.

2-Nitro-indandion-(1.3)-Salz $C_{10}H_{15}N \cdot C_9H_5NO_4$. Gelbe Krystalle (aus A.); F: 207° (*Wanag, Lode*, B. **70** [1937] 547, 557).

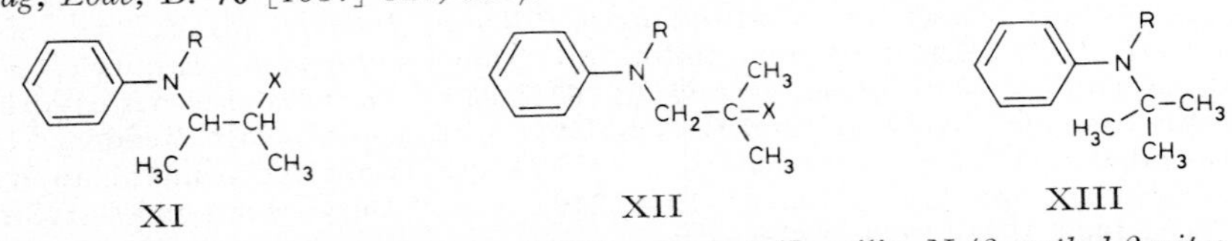

2-Nitro-1-anilino-2-methyl-propan, *N*-[*β*-Nitro-isobutyl]-anilin, N-(*2-methyl-2-nitropropyl)aniline* $C_{10}H_{14}N_2O_2$, Formel XII (R = H, X = NO_2).

B. Beim Behandeln einer warmen Lösung von Anilin und 2-Nitro-propan in Methanol mit wss. Formaldehyd-Lösung unter Zusatz von wss. Trimethyl-benzyl-ammonium-hydroxid-Lösung (*Johnson*, Am. Soc. **68** [1946] 14, 16). Bei 3-tägigem Erwärmen von Anilin mit 2-Nitro-2-methyl-propanol-(1) unter Zusatz von wss. Tetrakis-[2-hydroxy-äthyl]-ammonium-hydroxid-Lösung (*Jo.*).

Gelbe Krystalle; F: 63,8°.

***N*-Methyl-*N*-[*β*-nitro-isobutyl]-anilin,** N-*methyl*-N-(*2-methyl-2-nitropropyl)aniline* $C_{11}H_{16}N_2O_2$, Formel XII (R = CH_3, X = NO_2).

B. Bei 3-tägigem Erwärmen von *N*-Methyl-anilin mit 2-Nitro-2-methyl-propanol-(1) unter Zusatz von wss. Tetrakis-[2-hydroxy-äthyl]-ammonium-hydroxid-Lösung (*Johnson*, Am. Soc. **68** [1946] 14, 16).

F: 38°.

***N.N*-Diisobutyl-anilin,** N,N-*diisobutylaniline* $C_{14}H_{23}N$, Formel XII (R = CH_2-$CH(CH_3)_2$, X = H) (H 168; E I 160).

Kp_{21}: 142–144° (*Hickinbottom, Lambert*, Soc. **1939** 1383, 1386).

Pikrat $C_{14}H_{23}N \cdot C_6H_3N_3O_7$. Krystalle (aus A.); F: 141° (*Hi., La.*).

***N-tert*-Butyl-anilin,** N-tert-*butylaniline* $C_{10}H_{15}N$, Formel XIII (R = H) (H 168).

B. Aus Anilin und *tert*-Butyljodid (*Hickinbottom*, Soc. **1933** 946, 947; vgl. H 168).

Kp_{753}: 214–216°; $Kp_{19,5}$: 92,5–93° (*Hi.*, Soc. **1933** 948). Dissoziationsexponent pK_a des Ammonium-Ions (Wasser; potentiometrisch ermittelt) bei 19°: 7,10 (*Vexlearschi*, C. r. **228** [1949] 1655).

Beim Erhitzen unter Zusatz von Kobalt(II)-chlorid oder Kobalt(II)bromid auf 212° sind Anilin, 2-Methyl-propen und geringe Mengen 4-*tert*-Butyl-anilin, beim Erhitzen unter Zusatz von Kobalt(II)-chlorid auf 237° sind daneben geringe Mengen Biphenyl erhalten worden (*Hickinbottom*, Soc. **1937** 404). Bildung von Anilin und 2-Methyl-propen beim Erhitzen des Hydrochlorids auf 212°: *Hi.*, Soc. **1937** 404. Bildung von Anilin beim Erhitzen mit wss. Schwefelsäure, wss. Bromwasserstoffsäure, wss. Jodwasserstoffsäure oder wss. Phosphorsäure: *Hickinbottom*, Soc. **1933** 1070, 1071, 1072.

Hydrochlorid $C_{10}H_{15}N \cdot HCl$. Krystalle [aus E.] (*Hi.*, Soc. **1933** 948).

Hydrobromid $C_{10}H_{15}N \cdot HBr$. Krystalle [aus wss.-äthanol. Bromwasserstoffsäure] (*Hi.*, Soc. **1933** 948).

Pikrat $C_{10}H_{15}N \cdot C_6H_3N_3O_7$. Krystalle (aus E. + PAe.); F: 191–192° [Zers.] (*Hi.*, Soc. **1933** 948).

***N*-Methyl-*N-tert*-butyl-anilin,** N-tert-*butyl*-N-*methylaniline* $C_{11}H_{17}N$, Formel XIII (R = CH_3).

B. Beim Erwärmen von *N-tert*-Butyl-anilin mit Methyljodid unter Zusatz von wss. Natriumcarbonat-Lösung (*Hickinbottom*, Soc. **1933** 946, 949).

Kp_{32}: 108–109° (*Girault-Vexlearschi*, Bl. **1956** 582, 587); Kp_{15}: 93° (*van Hoek, Verkade, Wepster*, R. **77** [1958] 559, 564). Dissoziationsexponent pK_a des Ammonium-Ions (Wasser) bei 31°: 7,25 [extrapoliert] (*Vexlearschi, Rumpf*, C. r. **229** [1949] 1152).

Beim Erhitzen mit wss. Schwefelsäure bis auf 140° ist *N*-Methyl-anilin erhalten worden (*Hickinbottom*, Soc. **1933** 1071, 1072).

Pikrat $C_{11}H_{17}N \cdot C_6H_3N_3O_7$. Gelbe Krystalle (aus Bzl. oder A.); F: 162–163° [Zers.] (*Hi.*, Soc. **1933** 949).

N-Pentyl-anilin, N-*pentylaniline* $C_{11}H_{17}N$, Formel I (R = H) (E II 96).

B. Beim Erhitzen von Anilin mit Pentanol-(1) unter Zusatz von Raney-Nickel (*Rice, Kohn*, Am. Soc. **77** [1955] 4052; Org. Synth. Coll. Vol. IV [1963] 283, 284) oder mit Pentyljodid auf 170° (*de Beer et al.*, J. Pharmacol. exp. Therap. **57** [1936] 19, 21). Bei der Hydrierung eines Gemisches von Nitrobenzol und Valeraldehyd (*Emerson, Mohrman*, Am. Soc. **62** [1940] 69) oder eines Gemisches von Anilin und Valeraldehyd (*Emerson, Walters*, Am. Soc. **60** [1938] 2023) in Natriumacetat enthaltendem Äthanol an Raney-Nickel.

Kp_{16}: 127–128° (*Hickinbottom*, Soc. **1937** 1119, 1120).

Beim Erhitzen mit Kobalt(II)-chlorid auf 212° sind 4-Pentyl-anilin, 4.*N*-Dipentyl-anilin und geringe Mengen Anilin erhalten worden (*Hi.*, l. c. S. 1121).

N-Methyl-N-pentyl-anilin, N-*methyl*-N-*pentylaniline* $C_{12}H_{19}N$, Formel I (R = CH_3).

B. Aus *N*-Methyl-anilin und Pentylbromid (*Meisenheimer, Link*, A. **479** [1930] 211, 266). Aus *N*-Methyl-*N*-[penten-(2)-yl]-anilin (Kp_{15}: 130–131°) bei der Hydrierung in Äther an Platin (*Mei., Link*, l. c. S. 265).

Kp_{15}: 129–131° (*Mei., Link*).

Pikrat $C_{12}H_{19}N \cdot C_6H_3N_3O_7$. Krystalle (aus A.); F: 97,5°.

N.N-Dimethyl-N-pentyl-anilinium, N,N-*dimethyl*-N-*pentylanilinium* $[C_{13}H_{22}N]^{\oplus}$, Formel II.

Jodid $[C_{13}H_{22}N]I$. *B.* Aus *N.N*-Dimethyl-anilin und Pentyljodid (*Doja*, J. Indian chem. Soc. **13** [1936] 527, 530). – Krystalle (aus A. + Ae.); F: 205° [geschlossene Kapillare]. Bei 204–218°/760 Torr sublimierbar.

N.N-Dipentyl-anilin, N,N-*dipentylaniline* $C_{16}H_{27}N$, Formel I (R = $[CH_2]_4$-CH_3) (E II 96).

B. Neben *N*-Pentyl-anilin beim Erwärmen von Anilin mit Pentylbromid (*Hickinbottom*, Soc. **1937** 1119, 1120) oder mit Pentylbromid und Kaliumhydroxid (*Slotta, Franke*, B. **66** [1933] 104, 106).

Kp: 280–284° (*Sl., Fr.*).

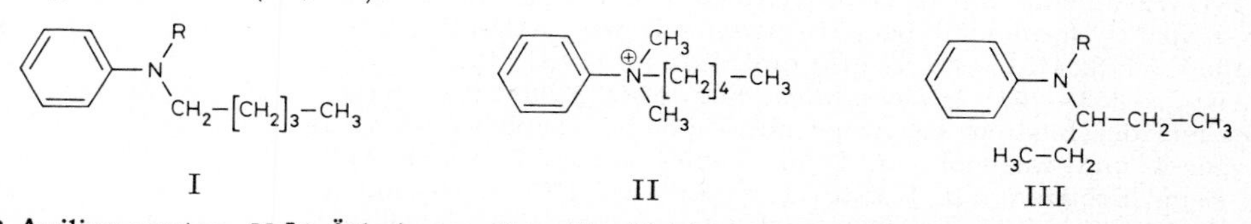

3-Anilino-pentan, N-[1-Äthyl-propyl]-anilin, N-(*1-ethylpropyl*)*aniline* $C_{11}H_{17}N$, Formel III (R = H).

B. Beim Behandeln von Formanilid (*Grammaticakis*, Bl. **1949** 134, 143) oder von Benzaldehyd-*seqtrans*-oxim (*Grammaticakis*, C. r. **210** [1940] 716) mit Äthylmagnesiumbromid in Äther. Aus *N*-[1-Äthyl-propyliden]-anilin beim Behandeln mit Äthanol und Natrium (*Montagne, Rousseau*, C. r. **196** [1933] 1165).

Kp_{14}: 114°; $n_D^{18,5}$: 1,5303 (*Gr.*, C. r. **210** 718; Bl. **1949** 143). UV-Spektrum von Lösungen in Hexan und in wss. Salzsäure: *Ramart-Lucas, Montagne*, Bl. [5] **3** [1936] 916; in Äthanol: *Gr.*, Bl. **1949** 139.

Hydrochlorid. F: 190° (*Gr.*, C. r. **210** 716).

Oxalat. F: 112° (*Gr.*, C. r. **210** 716).

Pikrat. F: 107° (*Gr.*, C. r. **210** 716).

N-Methyl-N-[1-äthyl-propyl]-anilin, N-(*1-ethylpropyl*)-N-*methylaniline* $C_{12}H_{19}N$, Formel III (R = CH_3).

B. Beim Behandeln von *N*-Methyl-formanilid mit Äthylmagnesiumbromid in Äther (*Maxim, Mavrodineanu*, Bl. [5] **2** [1935] 591, 596).

Kp_{12}: 128°.

Hexacyanoferrat(II) $2C_{12}H_{19}N \cdot H_4Fe(CN)_6$: *Ma., Ma.*

N-Äthyl-N-[1-äthyl-propyl]-anilin, N-*ethyl*-N-(*1-ethylpropyl*)*aniline* $C_{13}H_{21}N$, Formel III (R = C_2H_5).

B. Beim Behandeln von *N*-Äthyl-formanilid mit Äthylmagnesiumbromid in Äther

(*Maxim*, *Mavrodineanu*, Bl. [5] **2** [1935] 591, 595).

Kp_{15}: 125°.

Pikrat $C_{13}H_{21}N \cdot C_6H_3N_3O_7$. Krystalle (aus A.); F: 82°.

(±)-1-Anilino-2-methyl-butan, (±)-*N*-[2-Methyl-butyl]-anilin, (±)-N-(*2-methylbutyl*)*aniline* $C_{11}H_{17}N$, Formel IV.

B. Aus Anilin und (±)-2-Methyl-butylbromid (*Adler*, *Haskelberg*, *Bergmann*, Soc. **1940** 576).

Kp_{758}: 236°; Kp_{25}: 142°.

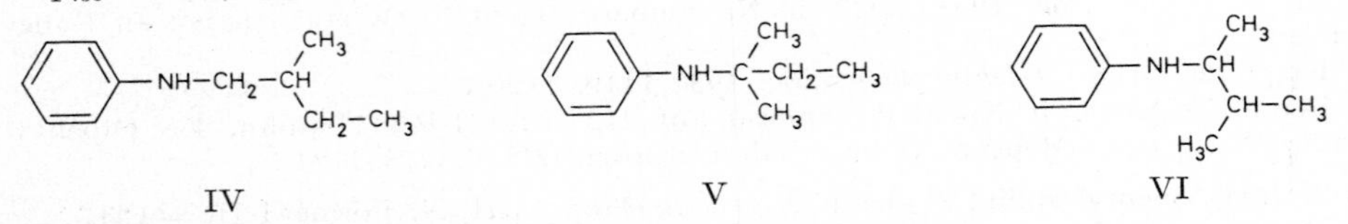

***N-tert*-Pentyl-anilin,** N-tert-*pentylaniline* $C_{11}H_{17}N$, Formel V.

B. In mässiger Ausbeute beim Behandeln von Anilin mit *tert*-Pentyljodid (*Hickinbottom*, Soc. **1933** 946, 949).

Kp_{744}: 227,5–229,5°; Kp_{25}: 112–114°.

Hydrochlorid $C_{11}H_{17}N \cdot HCl$. Krystalle (aus E.).

(±)-3-Anilino-2-methyl-butan, (±)-*N*-[1.2-Dimethyl-propyl]-anilin, (±)-N-(*1,2-dimethylpropyl*)*aniline* $C_{11}H_{17}N$, Formel VI.

B. In geringer Menge beim Erhitzen von Anilin mit 2-Methyl-buten-(2) unter Zusatz von Anilin-hydrochlorid oder Anilin-hydrobromid bis auf 250° (*Hickinbottom*, Soc. **1935** 1279, 1280).

Als *N*-[Toluol-sulfonyl-(4)]-Derivat (F: 83–84°) charakterisiert.

***N*-Isopentyl-anilin,** N-*isopentylaniline* $C_{11}H_{17}N$, Formel VII (R = H) (H 169; E I 161; E II 96).

B. Beim Erwärmen von Anilin mit Isopentyljodid (*Hickinbottom*, *Ryder*, Soc. **1931** 1281, 1286) oder mit Diisopentylsulfit (*Voss*, *Blanke*, A. **485** [1931] 258, 280). Aus *N*-Isopentyl-formanilid beim Erhitzen mit wss. Salzsäure (*Roberts*, *Vogt*, Am. Soc. **78** [1956] 4778, 4781; Org. Synth. Coll. Vol. IV [1963] 422).

Kp_{751}: 253–254° (*Hickinbottom*, Soc. **1932** 2396, 2398). Siedepunkt und Zusammensetzung der binären Azeotrope mit Biphenyl, Diphenyläther, Isosafrol, *O*-Methyl-isoeugenol und Eugenol: *M. Lecat*, Tables azéotropiques, 2. Aufl. [Brüssel 1949].

Beim Erhitzen mit Kobalt(II)-chlorid auf 250° sowie mit Kobalt(II)-bromid oder Cadmiumchlorid bis auf 280° sind 4-Isopentyl-anilin und geringe Mengen Anilin (*Hi.*, l. c. S. 2396, 2398, 2400), bei 1-stdg. Erhitzen des Hydrobromids im offenen Gefäss bis auf 270° sind 2-Methyl-buten-(2), Isopentylbromid und 4-*tert*-Pentyl-anilin (*Hi.*, *Ry.*, l. c. S. 1286), bei 6-stdg. Erhitzen des Hydrobromids im geschlossenen Gefäss auf 230° sind 2-Methyl-buten-(2), Anilin und 4-*tert*-Pentyl-anilin (*Hi.*, l. c. S. 2400) erhalten worden.

Hydrochlorid $C_{11}H_{17}N \cdot HCl$ (H 169; E II 96). Krystalle (aus CCl_4); F: 148–150° (*Hi.*, *Ry.*).

Hydrobromid $C_{11}H_{17}N \cdot HBr$. Krystalle (aus Bzl. oder A.); F: 148–151° (*Hi.*, *Ry.*).

***N*-Methyl-*N*-isopentyl-anilin,** N-*isopentyl*-N-*methylaniline* $C_{12}H_{19}N$, Formel VII (R = CH_3) (H 169; E I 161).

B. Beim Behandeln von *N*-Isopentyl-anilin mit wss. Salzsäure und wss. Formaldehyd und anschliessenden Erwärmen mit Zink und wss. Salzsäure (*Wagner*, Am. Soc. **55** [1933] 724, 726).

Kp: 253–255° (*Wa.*, l. c. S. 727).

Beim Behandeln mit wss. Salzsäure (1 Mol) und anschliessend mit wss. Formaldehyd ist eine Verbindung $C_{36}H_{51}N_3$ (F: 46–48°) erhalten worden (*Wa.*, l. c. S. 728; *Young*, *Wagner*, Am. Soc. **59** [1937] 854).

Pikrat $C_{12}H_{19}N \cdot C_6H_3N_3O_7$ (E I 161). Krystalle (aus A.); F: 89,5° (*Wa.*).

***N.N*-Diisopentyl-anilin,** N,N-*diisopentylaniline* $C_{16}H_{27}N$, Formel VII (R = CH_2-CH_2-$CH(CH_3)_2$) (H 169; E I 161).

B. Beim Erhitzen von Anilin mit Isopentylbromid bis auf 140° (*Hickinbottom*, *Lambert*,

Soc. **1939** 1383, 1386).

Kp_{18}: 166—168° (*Hi.*, *La.*; *Philippi*, *Ulmer-Plenk*, B. **74** [1941] 1529).

Beim Behandeln einer Lösung in Essigsäure mit 4-Sulfo-benzol-diazonium-(1)-betain unter Zusatz von Kaliumacetat ist 4'-Diisopentylamino-azobenzol-sulfonsäure-(4) erhalten worden (*Hi.*, *La.*, l. c. S. 1384; *Ph.*, *Ul.-P.*; vgl. E I 161).

Pikrat $C_{16}H_{27}N \cdot C_6H_3N_3O_7$. Krystalle (aus A.); F: 146° (*Hi.*, *La.*; *Ph.*, *Ul.-P.*).

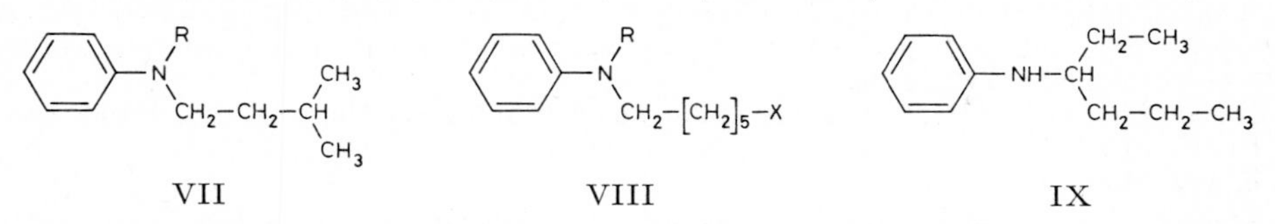

***N*-Hexyl-anilin,** N-*hexylaniline* $C_{12}H_{19}N$, Formel VIII (R = X = H).

B. Beim Erwärmen von Anilin mit Hexyljodid (*Hickinbottom*, Soc. **1937** 1119, 1121) oder mit Hexanol-(1) unter Zusatz von Raney-Nickel (*Rice*, *Kohn*, Am. Soc. **77** [1955] 4052; Org. Synth. Coll. Vol. IV [1963] 283, 284).

Kp_{28}: 158° (*Hi.*).

Beim Erhitzen mit Kobalt(II)-chlorid auf 212° sind 4-Hexyl-anilin, 4.*N*-Dihexyl-anilin und geringe Mengen Anilin erhalten worden (*Hi.*).

Hydrobromid $C_{12}H_{19}N \cdot HBr$. Krystalle [aus A.] (*Hi.*).

***N.N*-Dihexyl-anilin,** N,N-*dihexylaniline* $C_{18}H_{31}N$, Formel VIII (R = $[CH_2]_5$-CH_3, X = H).

B. Beim Erhitzen von Anilin mit Hexylbromid und Hexanol-(1) (*Frederick Post Co.*, U.S.P. 2150832 [1937]) oder mit Hexylbromid und wss. Kalilauge (*Slotta*, *Franke*, B. **66** [1933] 104, 106).

Kp_{755}: 300—301°; Kp_{15}: 172—173° (*Sl.*, *Fr.*).

***N.N*-Bis-[6-chlor-hexyl]-anilin,** N,N-*bis(6-chlorohexyl)aniline* $C_{18}H_{29}Cl_2N$, Formel VIII (R = $[CH_2]_6$-Cl, X = Cl).

B. Aus *N.N*-Bis-[6-hydroxy-hexyl]-anilin beim Erhitzen mit Phosphoroxychlorid (*Everett*, *Ross*, Soc. **1949** 1972, 1982).

Öl; nicht näher beschrieben.

(±)-3-Anilino-hexan, (±)-*N*-[1-Äthyl-butyl]-anilin, (±)-N-(*1-ethylbutyl*)*aniline* $C_{12}H_{19}N$, Formel IX.

B. Aus Hexanon-(3)-phenylimin beim Behandeln mit Äthanol und Natrium (*Montagne*, *Rousseau*, C. r. **196** [1933] 1165).

Kp_{13}: 123—125°.

(±)-1-Anilino-2-methyl-pentan, (±)-*N*-[2-Methyl-pentyl]-anilin, (±)-N-(*2-methylpentyl*)*aniline* $C_{12}H_{19}N$, Formel X.

B. Aus Anilin und (±)-2-Methyl-pentylbromid (*Adler*, *Haskelberg*, *Bergmann*, Soc. **1940** 576).

Kp_{22}: 138°. n_D^{26}: 1,5241.

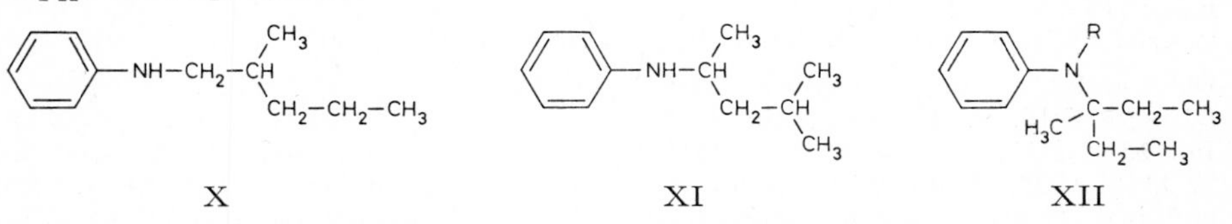

(±)-4-Anilino-2-methyl-pentan, (±)-*N*-[1.3-Dimethyl-butyl]-anilin, (±)-N-(*1,3-dimethylbutyl*)*aniline* $C_{12}H_{19}N$, Formel XI.

B. Beim Erhitzen von Anilin mit (±)-2-Methyl-pentanol-(4) in Gegenwart von Nickel auf 180° (*Comp. d'Alais*, D.R.P. 588648 [1929]; Frdl. **20** 341; *Guyot*, *Fournier*, Bl. [4] **47** [1930] 203, 209).

Kp_{73}: 190—195° (*Comp. d'Alais*).

Charakterisierung als *N*-Acetyl-Derivat $C_{14}H_{21}NO$ (F: 67°): *Comp. d'Alais*; *Guyot*, *Fou.*, l. c. S. 209.

3-Anilino-3-methyl-pentan, *N*-[1-Methyl-1-äthyl-propyl]-anilin, N-(*1-ethyl-1-methylpropyl)aniline* $C_{12}H_{19}N$, Formel XII (R = H).

B. Aus Anilin und 3-Jod-3-methyl-pentan (*Hickinbottom*, Soc. **1933** 946, 950).

Kp_{759}: 253—254° (*Hi.*, Soc. **1933** 950); Kp_{23}: 123—124° (*Hickinbottom*, Soc. **1935** 1279, 1281); $Kp_{17,5}$: 120—121° (*Hi.*, Soc. **1933** 950). Dissoziationsexponent pK_a des Ammonium-Ions (Wasser) bei 30°: 6,30 (*Vexlearschi, Rumpf*, C. r. **229** [1949] 1152).

Beim Erhitzen mit Kobalt(II)-bromid auf 212° sind Anilin, 3-Methyl-penten-(2) (Kp: 67—68°) und geringe Mengen 4-[1-Methyl-1-äthyl-propyl]-anilin erhalten worden (*Hickinbottom*, Soc. **1937** 404).

Hydrochlorid $C_{12}H_{19}N \cdot HCl$. Krystalle (aus E.); in Benzol löslich (*Hi.*, Soc. **1933** 950).

Pikrat $C_{12}H_{19}N \cdot C_6H_3N_3O_7$. Gelbe Krystalle (aus Bzl. + PAe.); F: 133—135° (*Hi.*, Soc. **1933** 950).

N-Methyl-*N*-[1-methyl-1-äthyl-propyl]-anilin, N-(*1-ethyl-1-methylpropyl*)-N-*methylaniline* $C_{13}H_{21}N$, Formel XII (R = CH_3).

B. Beim Erwärmen von *N*-[1-Methyl-1-äthyl-propyl]-anilin mit Methyljodid und wss. Natriumcarbonat-Lösung (*Hickinbottom*, Soc. **1933** 946, 950).

Pikrat $C_{13}H_{21}N \cdot C_6H_3N_3O_7$. Gelbe Krystalle (aus A.); F: 127—128°.

***N*-Heptyl-anilin,** N-*phenylheptylamine* $C_{13}H_{21}N$, Formel I (R = H).

B. Neben *N.N*-Diheptyl-anilin $C_{20}H_{35}N$ (nicht näher beschrieben) beim Erwärmen von Anilin mit Heptyljodid (*Hickinbottom*, Soc. **1937** 1119, 1121). Bei der Hydrierung eines Gemisches von Nitrobenzol und Heptanal (*Emerson, Mohrman*, Am. Soc. **62** [1940] 69), eines Gemisches von Anilin und Heptanal (*Emerson, Walters*, Am. Soc. **60** [1938] 2023) oder eines Gemisches von Azobenzol und Heptanal (*Emerson, Reed, Merner*, Am. Soc. **63** [1941] 751) in Natriumacetat enthaltendem Äthanol an Raney-Nickel.

Kp_{30}: 125—130° (*Em., Wa.*); Kp_{21}: 160—161° (*Hi.*, l. c. S. 1122). D_{20}^{20}: 0,906; n_D^{20}: 1,5080 (*Em., Wa.*).

Beim Erhitzen mit Kobalt(II)-chlorid oder Kobalt(II)-bromid auf 212° sind 4.*N*-Diheptyl-anilin, 4-Heptyl-anilin und Anilin erhalten worden (*Hi.*, l. c. S. 1121).

Hydrobromid $C_{13}H_{21}N \cdot HBr$. Krystalle [aus A. + Ae.] (*Hi.*, l. c. S. 1122).

***N*-Methyl-*N*-heptyl-anilin,** N-*methyl*-N-*phenylheptylamine* $C_{14}H_{23}N$, Formel I (R = CH_3).

B. Aus *N*-Methyl-anilin und Heptylbromid (*Clemo, Raper, Vipond*, Soc. **1949** 2095).

Kp: 278—280°.

Pikrat $C_{14}H_{23}N \cdot C_6H_3N_3O_7$. Gelbe Krystalle (aus wss. A.); F: 75°.

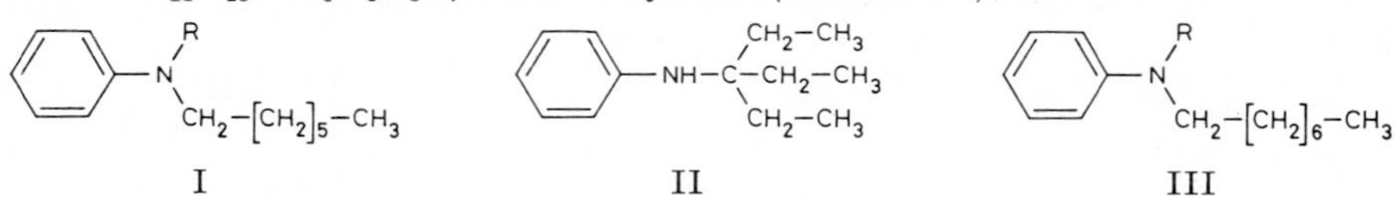

3-Anilino-3-äthyl-pentan, *N*-[1.1-Diäthyl-propyl]-anilin, *1,1-diethyl*-N-*phenylpropylamine* $C_{13}H_{21}N$, Formel II.

B. Neben 3-Äthyl-penten-(2) beim Behandeln von Anilin mit 3-Jod-3-äthyl-pentan (*Hickinbottom*, Soc. **1935** 1279, 1281).

Kp_{26}: 131—132°.

Pikrat $C_{13}H_{21}N \cdot C_6H_3N_3O_7$. Krystalle (aus Bzl.); F: 129—130°.

***N*-Octyl-anilin,** N-*phenyloctylamine* $C_{14}H_{23}N$, Formel III (R = H).

B. Beim Erhitzen von Anilin mit Octylbromid auf 150° (*Arbusow, Gushawina*, Ž. fiz. Chim. **23** [1949] 1070, 1073; C. A. **1950** 888) oder mit Octyljodid (*Hickinbottom*, Soc. **1937** 1119, 1122). Beim Erhitzen von Anilin-hydrochlorid mit Octanol-(1) bis auf 240° oder mit Octylacetat bis auf 280° (*Buŝse, Trawin*, Ž. russ. fiz.-chim. Obšč. **62** [1930] 1685, 1689; C. **1931** I 3109).

Kp_{25}: 177—178° (*Hi.*); Kp_{10}: 162,5—163° (*Ar., Gu.*); Kp_4: 158—158,5° (*Bu., Tr.*). D_0^{20}: 0,9057 (*Ar., Gu.*); D_{20}^{20}: 0,9089 (*Bu., Tr.*). Oberflächenspannung bei 20°: 32,90 dyn/cm (*Ar., Gu.*). n_D^{20}: 1,5132 (*Bu., Tr.*), 1,5130 (*Ar., Gu.*).

Beim Erhitzen mit Kobalt(II)-chlorid auf 212° sind 4.*N*-Dioctyl-anilin (Hauptprodukt), 4-Octyl-anilin und Anilin erhalten worden (*Hi.*, l. c. S. 1121, 1122). Bildung von Octanal beim Behandeln mit Eisen(III)-sulfat und Schwefelsäure sowie beim Erhitzen mit 4-Nitroso-*N.N*-dimethyl-anilin auf 180°: *Bu., Tr.*

$N.N$-Dioctyl-anilin, N-*phenyldioctylamine* $C_{22}H_{39}N$, Formel III (R = $[CH_2]_7$-CH_3).

B. Beim Erhitzen von Anilin mit Octylbromid und Octanol-(1) (*Frederick Post Co.*, U.S.P. 2150832 [1937]). Beim Erhitzen von *N*-Octyl-anilin mit Octylbromid auf 150° (*Arbusow, Gushawina*, Ž. fiz. Chim. **23** [1949] 1070, 1073; C. A. **1950** 888).

Kp_{12}: 207—208° (*Ar.*, *Gu.*). D_0^{20}: 0,8824 (*Ar.*, *Gu.*). Oberflächenspannung bei 20°: 31,7 dyn/cm (*Ar.*, *Gu.*). n_D^{20}: 1,4998 (*Ar.*, *Gu.*).

(±)-2-Anilino-octan, (±)-N-[1-Methyl-heptyl]-anilin, (±)-*1-methyl*-N-*phenylheptylamine* $C_{14}H_{23}N$, Formel IV.

B. Aus Anilin und (±)-2-Brom-octan (*Hickinbottom*, Soc. **1935** 1279, 1282).

Kp_{751}: 288—289° (*Hi.*, Soc. **1935** 1282); Kp_{20}: 150° (*Hi.*, Soc. **1935** 1282).

Beim Erhitzen mit Kobalt(II)-bromid auf 212° sind ein Octen-(1)/Octen-(2)-Gemisch, Anilin und geringere Mengen 4-[1-Methyl-heptyl]-anilin erhalten worden (*Hickinbottom*, Soc. **1937** 1119, 1122).

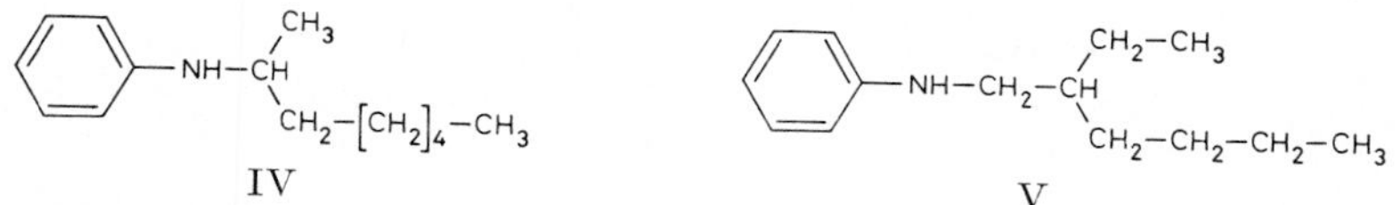

IV V

(±)-1-Anilino-2-äthyl-hexan, (±)-N-[2-Äthyl-hexyl]-anilin, (±)-*2-ethyl*-N-*phenylhexyl=amine* $C_{14}H_{23}N$, Formel V.

B. Aus Anilin und (±)-2-Äthyl-hexyljodid (*Weizmann, Bergmann, Haskelberg*, Chem. and Ind. **1937** 587, 589).

Kp_{22}: 166°. n_D^{18}: 1,5180.

N-Methyl-N-[3-methyl-1-isobutyl-butyl]-anilin, *1-isobutyl-3,*N-*dimethyl*-N-*phenylbutyl=amine* $C_{16}H_{27}N$, Formel VI (R = CH_3).

B. Neben geringen Mengen Isovaleraldehyd beim Behandeln von *N*-Methyl-formanilid mit Isobutylmagnesiumchlorid (3 Mol) in Äther (*Maxim, Mavrodineanu*, Bl. [5] **2** [1935] 591, 597).

Kp_{18}: 152°.

N-Äthyl-N-[3-methyl-1-isobutyl-butyl]-anilin, N-*ethyl-1-isobutyl-3-methyl*-N-*phenyl=butylamine* $C_{17}H_{29}N$, Formel VI (R = C_2H_5).

B. Neben geringen Mengen Isovaleraldehyd beim Behandeln von *N*-Äthyl-formanilid mit Isobutylmagnesiumchlorid (3 Mol) in Äther (*Maxim, Mavrodineanu*, Bl. [5] **2** [1935] 591, 595).

Kp_{18}: 142°.

VI VII VIII

N-Dodecyl-anilin, N-*phenyldodecylamine* $C_{18}H_{31}N$, Formel VII (R = H).

B. Beim Erwärmen von Anilin mit Dodecylbromid (*Adler, Haskelberg, Bergmann*, Soc. **1940** 576) oder mit Dodecyljodid (*Hickinbottom*, Soc. **1937** 1119, 1123). Beim Erhitzen von Anilin mit Dodecanol-(1) unter Zusatz von Anilin-hydrochlorid bis auf 200° unter Entfernen des entstehenden Wassers (*Imp. Chem. Ind.*, U.S.P. 2118493 [1935]).

Krystalle; F: 28° (*Ad.*, *Ha.*, *Be.*), 27—28° [aus Me.] (*Hi.*). E: 26,5° (*Imp. Chem. Ind.*). Kp_{13}: 212—214° (*Hi.*); Kp_{12}: 210° (*Imp. Chem. Ind.*); $Kp_{0,2}$: 140° (*Ad.*, *Ha.*, *Be.*).

Beim Erhitzen mit Kobalt(II)-chlorid auf 250° sind 4.*N*-Didodecyl-anilin, 4-Dodecyl-anilin und Anilin erhalten worden (*Hi.*, l. c. S. 1121). Überführung in *N.N*-Dimethyl-*N*-dodecyl-anilinium-methylsulfat $[C_{20}H_{36}N]CH_3O_4S$ mit Hilfe von Dimethyl=sulfat: *Geigy A.G.*, Schweiz.P. 200669 [1937]; D.R.P. 734991 [1937]; D.R.P. Org. Chem. **3** 1179; *Tanaka, Inouye, Namba*, J. pharm. Soc. Japan **63** [1943] 353, 361; C. A. **1951** 5100.

Hydrochlorid $C_{18}H_{31}N \cdot HCl$. Krystalle (aus Bzl. + PAe.); F: 88—91° (*Hi.*).

N-Methyl-N-dodecyl-anilin, N-*methyl*-N-*phenyldodecylamine* $C_{19}H_{33}N$, Formel VII ($R = CH_3$).

B. Beim Erhitzen von *N.N*-Dimethyl-anilin mit Dodecanol-(1) in Gegenwart von Bleicherde unter 45 at auf 300° (*I.G. Farbenind.*, D.R.P. 611283 [1933]; Frdl. **21** 203). Neben Dodecylamin bei der Hydrierung eines Gemisches von Lauronitril und *N*-Methyl-anilin an einem Kupfer-Aluminiumoxid-Katalysator bei 180°/200 at (*I.G. Farbenind.*, D.R.P. 650664 [1935]; Frdl. **24** 136).

Kp_{12}: 215–218° (*I.G. Farbenind.*, D.R.P. 611283); $Kp_{0,8}$: 193–198° (*I.G. Farbenind.*, D.R.P. 650664).

N-Äthyl-N-dodecyl-anilin, N-*ethyl*-N-*phenyldodecylamine* $C_{20}H_{35}N$, Formel VII ($R = C_2H_5$).

B. Aus *N*-Dodecyl-anilin und Diäthylsulfat (*Tanaka, Inouye, Namba,* J. pharm. Soc. Japan **63** [1943] 353, 362; C. A. **1951** 5100).

Öl; bei 180–187°/1 Torr destillierbar.

Überführung in *N*-Methyl-*N*-äthyl-*N*-dodecyl-anilinium-methylsulfat $[C_{21}H_{38}N]CH_3O_4S$ bzw. in *N.N*-Diäthyl-*N*-dodecyl-anilinium-äthylsulfat $[C_{22}H_{40}N]C_2H_5O_4S$ mit Hilfe von Dimethylsulfat bzw. Diäthylsulfat: *Ta., In., Na.*

N.N-Didodecyl-anilin, N-*phenyldidodecylamine* $C_{30}H_{55}N$, Formel VII ($R = [CH_2]_{11}$-CH_3).

B. Beim Erhitzen von Anilin mit Dodecylbromid und Dodecanol-(1) (*Frederick Post Co.*, U.S.P. 2150832 [1937]).

Bei 200–300°/20 Torr destillierbar.

N-Tetradecyl-anilin, N-*phenyltetradecylamine* $C_{20}H_{35}N$, Formel VIII.

B. Aus Anilin und Tetradecylbromid (*Adler, Haskelberg, Bergmann,* Soc. **1940** 576).

Krystalle (aus Me.); F: 42°. Kp_4: 180°.

N-Hexadecyl-anilin, N-*phenylhexadecylamine* $C_{22}H_{39}N$, Formel IX (R = H) (H 169).

B. Beim Erhitzen von Anilin mit Hexadecylchlorid in Xylol bis auf 160° (*Tanaka, Inouye, Namba,* J. pharm. Soc. Japan **63** [1943] 353, 362; C. A. **1951** 5100) oder mit Hexadecylbromid (*Bergmann, Haskelberg,* Soc. **1939** 1, 4).

Krystalle; F: 41–43° [aus Me.] (*Hickinbottom,* Soc. **1937** 1119, 1123), 42° [aus Me.] (*Be., Ha.*), 39–40° (*Ta., In., Na.*).

Beim Erhitzen mit Kobalt(II)-chlorid auf 212° sind 4.*N*-Dihexadecyl-anilin, 4-Hexadecyl-anilin und Anilin erhalten worden (*Hi.*, l. c. S. 1121, 1124). Überführung in *N.N*-Dimethyl-*N*-hexadecyl-anilinium-methylsulfat $[C_{24}H_{44}N]CH_3O_4S$ (Krystalle) mit Hilfe von Dimethylsulfat: *Ta., In., Na.*

Hydrochlorid $C_{22}H_{39}N \cdot HCl$. Krystalle (aus A., Acn. oder PAe.); F: 102° (*Be., Ha.*).

N-Methyl-N-hexadecyl-anilin, N-*methyl*-N-*phenylhexadecylamine* $C_{23}H_{41}N$, Formel IX ($R = CH_3$).

B. Beim Erhitzen von *N*-Methyl-anilin mit Hexadecylbromid (*Bergmann, Haskelberg,* Soc. **1939** 1, 5).

Hydrochlorid $C_{23}H_{41}N \cdot HCl$. Krystalle (aus PAe.); F: 104°.

N.N-Dihexadecyl-anilin, N-*phenyldihexadecylamine* $C_{38}H_{71}N$, Formel IX ($R = [CH_2]_{15}$-CH_3) (H 169).

B. Aus Anilin und Hexadecyljodid (*Arbusow, Gushawina,* Ž. fiz. Chim. **23** [1949] 1070, 1073; C. A. **1950** 888).

Krystalle; F: 43,5–44° [aus Me.] (*Brouwers et al.*, R. **77** [1958] 1080, 1087), 30° [aus Me.] (*Hickinbottom, Lambert,* Soc. **1939** 1383, 1386), 24° [aus A. + Bzl.] (*Ar., Gu.*). Parachor: *Ar., Gu.*

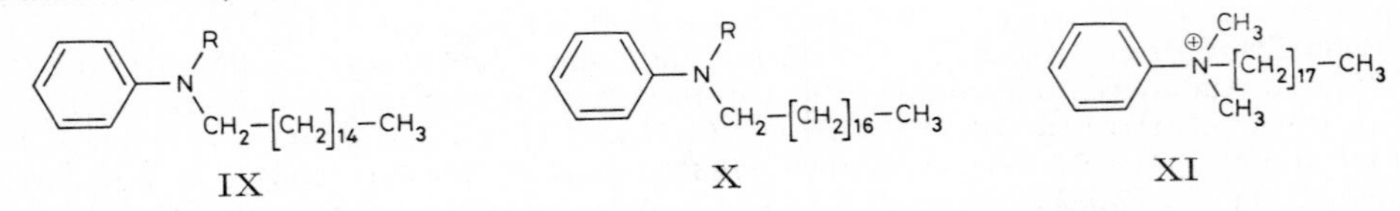

IX X XI

N-Octadecyl-anilin, N-*phenyloctadecylamine* $C_{24}H_{43}N$, Formel X (R = H).

B. Aus Anilin und Octadecylbromid (*Adler, Haskelberg, Bergmann,* Soc. **1940** 576).

Krystalle; F: 52,5—53° [aus Me.] (*Shirley, Tietz, Reedy*, J. org. Chem. **18** [1953] 378, 381), 51,5° [aus Acn.] (*Willenz*, Soc. **1955** 1677, 1680).

Überführung in *N*-Methyl-*N*-äthyl-*N*-octadecyl-anilinium-methylsulfat $[C_{27}H_{50}N]CH_3O_4S$ bzw. in *N.N*-Diäthyl-*N*-octadecyl-anilinium-äthylsulfat $[C_{28}H_{52}N]C_2H_5O_4S$ mit Hilfe von Diäthylsulfat und Dimethylsulfat bzw. mit Hilfe von Diäthylsulfat: *Geigy A.G.*, Schweiz. P. 211791 [1937]; D.R.P. 734991 [1937].

***N*-Methyl-*N*-octadecyl-anilin**, N-*methyl*-N-*phenyloctadecylamine* $C_{25}H_{45}N$, Formel X (R = CH_3).

B. Aus *N*-Methyl-anilin und Octadecyljodid (*Baltzly, Ferry, Buck*, Am. Soc. **64** [1942] 2231).

Kp_3: 234°.

***N.N*-Dimethyl-*N*-octadecyl-anilinium**, *dimethyloctadecylphenylammonium* $[C_{26}H_{48}N]^{\oplus}$, Formel XI.

Jodid $[C_{26}H_{48}N]I$. *B.* Aus *N*-Methyl-*N*-octadecyl-anilin und Methyljodid in Benzol (*Baltzly, Ferry, Buck*, Am. Soc. **64** [1942] 2231). — Krystalle (aus E.); F: 93—94°.

Methylsulfat $[C_{26}H_{48}N]CH_3O_4S$. *B.* Beim Erwärmen von *N*-Octadecyl-anilin mit Dimethylsulfat und Natriumhydroxid in Chlorbenzol und Erwärmen des gebildeten *N*-Methyl-*N*-octadecyl-anilins mit Dimethylsulfat (*Geigy A.G.*, Schweiz. P. 211792 [1937]). — Amorph.

[*Saiko*]

***N*-Allyl-anilin**, N-*allylaniline* $C_9H_{11}N$, Formel I (X = H) (H 170; E I 162; E II 96).

B. Bei der Umsetzung der Natrium-Verbindung des Acetanilids mit Allylbromid und anschliessenden Hydrolyse (*Carnahan, Hurd*, Am. Soc. **52** [1930] 4586, 4591).

Kp_{745}: 218°; Kp_{23}: 115° (*Ca., Hurd*).

Beim Erhitzen auf 600° sind Anilin, Benzol, Propen, Äthylen, Alkane, Wasserstoff und Kohlenoxid, beim Erhitzen auf 700° ist daneben Chinolin erhalten worden (*Ca., Hurd*). Bildung von geringen Mengen Chinolin beim Erhitzen mit Schwefelsäure und Nitrobenzol oder mit Schwefelsäure und Arsen(V)-oxid: *Barr*, Am. Soc. **52** [1930] 2422, 2424.

1-Chlor-3-anilino-propen-(1), *N*-[3-Chlor-allyl]-anilin, N-(*3-chloroallyl*)*aniline* $C_9H_{10}ClN$, Formel I (X = Cl).

Ein Präparat (Kp_{13}: 137°; D_4^0: 1,1565; D_4^{13}: 1,1456; n_D^{13}: 1,590) von ungewisser konfigurativer Einheitlichkeit ist beim Erwärmen von Anilin mit 1.3-Dichlor-propen (nicht charakterisiert) in Benzol erhalten worden (*Dorier*, C. r. **196** [1933] 1677).

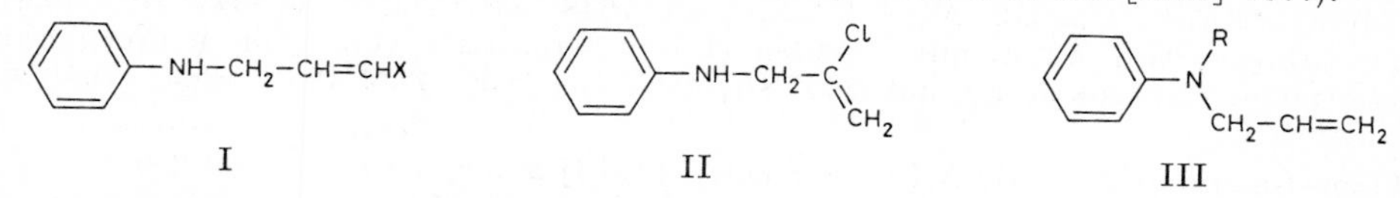

I II III

2-Chlor-3-anilino-propen-(1), *N*-[2-Chlor-allyl]-anilin, N-(*2-chloroallyl*)*aniline* $C_9H_{10}ClN$, Formel II.

B. Beim Erwärmen von Anilin mit 2.3-Dichlor-propen-(1) und wss. Natronlauge (*Vavrečka*, Collect. **14** [1949] 399, 405).

Kp_9: 119° [über das Oxalat gereinigtes Präparat].

***N*-Methyl-*N*-allyl-anilin**, N-*allyl*-N-*methylaniline* $C_{10}H_{13}N$, Formel III (R = CH_3) (H 170; E I 162).

B. Aus *N*-Methyl-anilin und Allylbromid (*Zeile, Meyer*, Z. physiol. Chem. **256** [1938] 131, 137; vgl. H 170).

Kp_{19}: 99—101°.

(±)-*N*-Methyl-*N*-allyl-anilin-*N*-oxid, (±)-N-*allyl*-N-*methylaniline* N-*oxide* $C_{10}H_{13}NO$, Formel IV (E I 162; E II 96).

B. Aus *N*-Methyl-*N*-allyl-anilin beim Behandeln mit Peroxybenzoesäure in Chloroform (*Kleinschmidt, Cope*, Am. Soc. **66** [1944] 1929, 1930; vgl. E I 162).

***N.N*-Dimethyl-*N*-allyl-anilinium**, N-*allyl*-N,N-*dimethylanilinium* $[C_{11}H_{16}N]^{\oplus}$, Formel V (R = CH_3) (H 170; E I 162).

Bromid $[C_{11}H_{16}N]Br$. *B.* Aus *N.N*-Dimethyl-anilin und Allylbromid in Äther (*Snyder*,

Speck, Am. Soc. **61** [1939] 2895) oder in Äthylacetat (*Tarbell, Vaughan*, Am. Soc. **65** [1943] 231). — Krystalle; F: 125—126° (*Ta., Vau.*).

2.6-Dimethyl-phenolat $[C_{11}H_{16}N]C_8H_9O$. Hygroskopische Krystalle (aus Ae.) mit 1 Mol H_2O, F: 85—87° [Zers.]; Krystalle (aus Ae.) mit 3 Mol H_2O, F: 68—70° (*Ta., Vau.*). — Beim Erhitzen bilden sich *N.N*-Dimethyl-anilin und Allyl-[2.6-dimethyl-phenyl]-äther (*Ta., Vau.*).

***N*-Äthyl-*N*-allyl-anilin,** N-*allyl*-N-*ethylaniline* $C_{11}H_{15}N$, Formel III ($R = C_2H_5$) (H 170; E I 162).

Pikrat $C_{11}H_{15}N \cdot C_6H_3N_3O_7$ (E I 162). F: 103° (*Ficini, Sarrade-Loucheur, Normant*, Bl. **1962** 1219, 1222).

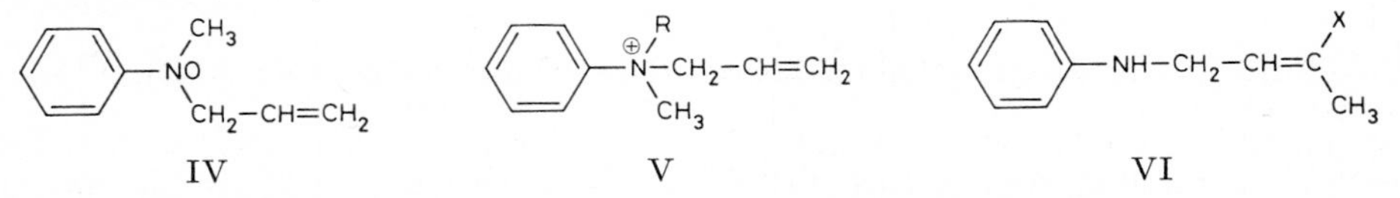

***N*-Methyl-*N*-äthyl-*N*-allyl-anilinium,** N-*allyl*-N-*ethyl*-N-*methylanilinium* $[C_{12}H_{18}N]^{\oplus}$, Formel V ($R = C_2H_5$) (H 170; dort als Methyl-äthyl-allyl-phenyl-ammonium bezeichnet).

Jodid $[C_{12}H_{18}N]I$. Isolierung eines rechtsdrehenden Präparats (α_D: +15° [W.; Rohrlänge nicht angegeben]; α_D: +27° [$CHCl_3$; Rohrlänge nicht angegeben]) aus einer 2 Monate lang aufbewahrten Lösung des Racemats (H 170) in Chloroform: *Havinga*, Chem. Weekb. **38** [1941] 642.

***N.N*-Diallyl-anilin,** N,N-*diallylaniline* $C_{12}H_{15}N$, Formel III ($R = CH_2$-$CH=CH_2$) (H 172).

Kp_{746}: 239—240°; Kp_{45}: 148°; Kp_{18}: 123°; n_D^{23}: 1,5556 (*Carnahan, Hurd*, Am. Soc. **52** [1930] 4586, 4593).

Bei 2-tägigem Erhitzen auf 240° sind *N*-Allyl-anilin, Anilin, Propen, Äthylen, Alkane, Kohlenoxid, Kohlendioxid, Stickstoff, Wasserstoff und Sauerstoff erhalten worden.

1-Anilino-buten-(2), *N*-[Buten-(2)-yl]-anilin, N-(*but-2-enyl*)*aniline* $C_{10}H_{13}N$, Formel VI ($X = H$).

Präparate (a) Kp_3: 89—90°; D_4^{20}: 0,9613; n_D^{20}: 1,5587; b) Kp_{34}: 132—134°) von ungewisser konfigurativer Einheitlichkeit sind beim Erwärmen von 4-Anilino-buten-(2*c*?)-ol-(1) (Kp_2: 151—152°) oder von 2-Phenyl-3.6-dihydro-2*H*-[1.2]oxazin mit Natrium und Äthanol (*Arbusow*, Doklady Akad. S.S.S.R. **63** [1948] 531, 533; C. A. **1949** 5403) bzw. beim Erhitzen von Anilin mit Butadien-(1.3) unter Zusatz von Anilin-hydrochlorid oder Anilin-hydrobromid bis auf 260° (*Hickinbottom*, Soc. **1934** 1981, 1983) erhalten worden.

3-Chlor-1-anilino-buten-(2), *N*-[3-Chlor-buten-(2)-yl]-anilin, N-(*3-chlorobut-2-enyl*)*aniline* $C_{10}H_{12}ClN$, Formel VI ($X = Cl$).

Ein als Hydrogenoxalat $C_{10}H_{12}ClN \cdot C_2H_2O_4$ (Krystalle [aus A.]; F: 126—127°) charakterisiertes Amin (Kp_8: 136—138°; $Kp_{0,8}$: 103°) dieser Konstitution ist als Hauptprodukt beim Behandeln von 1.3-Dichlor-buten-(2) (nicht charakterisiert) mit Anilin und wss. Natronlauge erhalten worden (*Vavrečka*, Collect. **14** [1949] 399, 402).

***N*-Methyl-*N*-[buten-(2)-yl]-anilin,** N-(*but-2-enyl*)-N-*methylaniline* $C_{11}H_{15}N$ (vgl. E II 97).

***N*-Methyl-*N*-[buten-(2*t*)-yl]-anilin,** Formel VII.

B. Aus *N*-Methyl-anilin und Buten-(2*t*)-ylchlorid [„*trans*-Crotylchlorid"] (*Kleinschmidt, Cope*, Am. Soc. **66** [1944] 1929, 1932).

Kp_{14}: 119°. D_4^{24}: 0,9461. n_D^{25}: 1,5503.

Pikrat $C_{11}H_{15}N \cdot C_6H_3N_3O_7$. Krystalle (aus Me.); F: 80—82°.

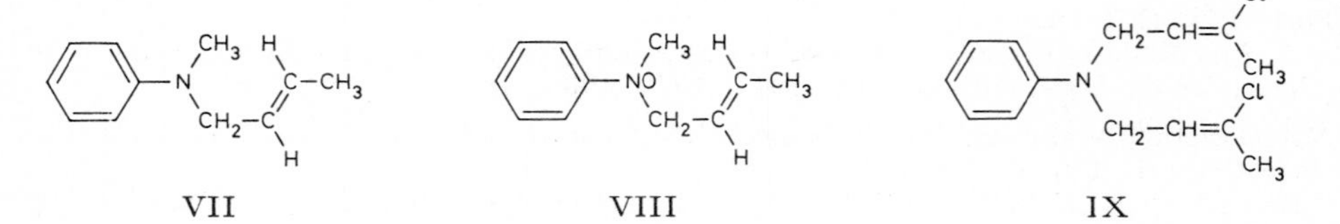

N-Methyl-N-[buten-(2)-yl]-anilin-N-oxid, N-*(but-2-enyl)*-N-*methylaniline* N-*oxide* $C_{11}H_{15}NO$.

(±)-N-Methyl-N-[buten-(2t)-yl]-anilin-N-oxid, Formel VIII.

B. Aus *N*-Methyl-*N*-[buten-(2*t*)-yl]-anilin beim Behandeln mit Peroxybenzoesäure in Dichlormethan (*Kleinschmidt, Cope*, Am. Soc. **66** [1944] 1929, 1932).

Beim Erhitzen mit wss. Natronlauge ist *N*-Methyl-*O*-[1-methyl-allyl]-*N*-phenyl-hydr= oxylamin erhalten worden.

Pikrat $C_{11}H_{15}NO \cdot C_6H_3N_3O_7$. Krystalle (aus Me.); F: 93,5—94°.

N.N-Bis-[3-chlor-buten-(2)-yl]-anilin, N,N-*bis(3-chlorobut-2-enyl)aniline* $C_{14}H_{17}Cl_2N$, Formel IX.

Ein Amin ($Kp_{1,5}$: 147—150°) dieser Konstitution ist neben anderen Verbindungen beim Behandeln von 1.3-Dichlor-buten-(2) (nicht charakterisiert) mit Anilin und wss. Natron= lauge erhalten worden (*Vavrečka*, Collect. **14** [1949] 399, 402).

N-Methallyl-anilin, N-*(2-methylallyl)aniline* $C_{10}H_{13}N$, Formel X.

B. Beim Erwärmen von Anilin mit Methallylchlorid und wss. Natriumcarbonat-Lösung (*Tamele et al.*, Ind. eng. Chem. **33** [1941] 115, 116, 120; *Nation. Oil Prod. Co.*, U.S.P. 2367010 [1941]).

Kp_{17}: 116—122° (*Nation. Oil Prod. Co.*); Kp_{10}: 105—106° (*Ta. et al.*).

N-Methyl-N-[penten-(2)-yl]-anilin, N-*methyl*-N-*(pent-2-enyl)aniline* $C_{12}H_{17}N$, Formel XI.

Ein als Pikrat $C_{12}H_{17}N \cdot C_6H_3N_3O_7$ (gelbe Krystalle [aus A.]; F: 89—90°) charakterisiertes Amin (Kp_{15}: 130—131°) dieser Konstitution ist beim Erhitzen von 1-Chlor-penten-(2) (Kp_{730}: 108,5°) oder von (±)-3-Chlor-penten-(1) mit *N*-Methyl-anilin erhalten worden (*Meisenheimer, Link*, A. **479** [1930] 211, 227, 263, 265).

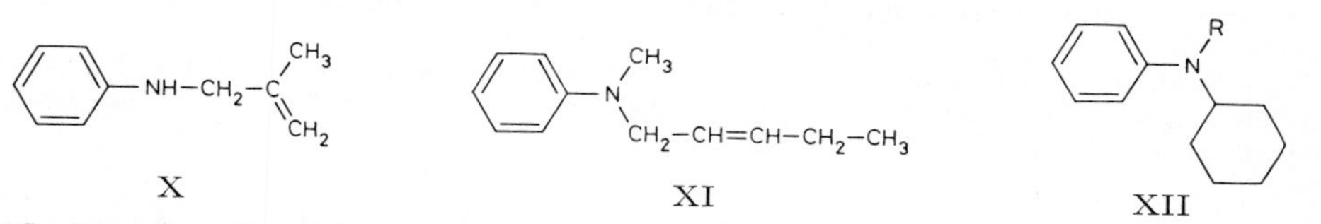

X XI XII

N-Cyclohexyl-anilin, N-*phenylcyclohexylamine* $C_{12}H_{17}N$, Formel XII (R = H) (H 172; E I 163; E II 98).

B. Neben anderen Verbindungen beim Erhitzen von Cyclohexen mit Anilin und Anilin-hydrochlorid bis auf 250° (*Hickinbottom*, Soc. **1932** 2646, 2648). Als Hauptprodukt beim Erhitzen von Brombenzol mit Cyclohexylamin und Kaliumamid bis auf 130° (*Seibert, Bergstrom*, J. org. Chem. **10** [1945] 544, 549). Bei der Hydrierung eines Gemisches von Nitrobenzol und Cyclohexanon in Trimethylamin-hydrochlorid enthaltendem Äthanol an Platin (*Emerson*, U.S.P. 2388608 [1944]).

F: 8° (*Hi.*, Soc. **1932** 2651). Kp_{34}: 162° (*Hi.*, Soc. **1932** 2651); Kp_{20}: 167° (*Em.*); Kp_{16}: 146—147° (*Hi.*, Soc. **1932** 2651).

Beim Erhitzen mit Kobalt(II)-chlorid auf 247° sind Anilin, Cyclohexen, 4-Cyclohexyl-anilin und 2-Cyclohexyl-anilin erhalten worden (*Hickinbottom*, Soc. **1937** 1119, 1124).

Hydrochlorid $C_{12}H_{17}N \cdot HCl$ (H 172; E II 99). F: 202—203° [unkorr.] (*Sei., Be.*).

Pikrat $C_{12}H_{17}N \cdot C_6H_3N_3O_7$ (E II 99). F: 164—165° (*Hi.*, Soc. **1932** 2651).

N-Äthyl-N-cyclohexyl-anilin, N-*ethyl*-N-*phenylcyclohexylamine* $C_{14}H_{21}N$, Formel XII (R = C_2H_5) (E II 99).

B. Beim Erhitzen von *N*-Äthyl-anilin mit Cyclohexanon und Methylformiat auf 280° (*I.G. Farbenind.*, Schweiz. P. 180687 [1934]).

Kp_{11}: 152,5°.

N.N-Dicyclohexyl-anilin, N-*phenyldicyclohexylamine* $C_{18}H_{27}N$, Formel I (X = H).

B. Beim Erhitzen von Anilin mit Cyclohexylbromid und Cyclohexanol (*Frederick Post Co.*, U.S.P. 2150832 [1937]).

Kp_{20}: 175—177°.

N.N-Bis-[2-chlor-cyclohexyl]-anilin, *2,2'-dichloro*-N-*phenyldicyclohexylamine* $C_{18}H_{25}Cl_2N$, Formel I (X = Cl).

Ein opt.-inakt. Amin (Krystalle [aus Pentan]; F: 97—99°) dieser Konstitution ist aus opt.-inakt. *N.N*-Bis-[2-hydroxy-cyclohexyl]-anilin (F: 175–177°) beim Erwärmen mit Phosphoroxychlorid in Benzol erhalten worden (*Everett, Ross*, Soc. **1949** 1972, 1982).

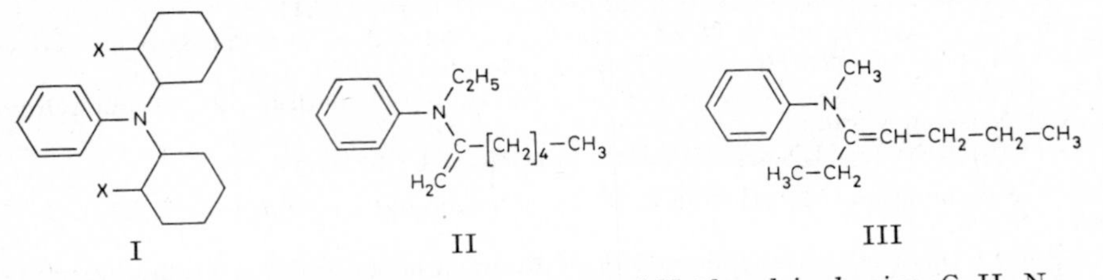

N-Äthyl-N-[1-pentyl-vinyl]-anilin, N-*ethyl-1-pentyl*-N-*phenylvinylamine* $C_{15}H_{23}N$, Formel II.

B. Als Hauptprodukt beim Erwärmen von *N*-Äthyl-anilin mit Heptin-(1) unter Zusatz von Quecksilber(II)-oxid und von Bortrifluorid in Äther (*Loritsch, Vogt*, Am. Soc. **61** [1939] 1462).

Kp_4: 92–94°. D^{26}: 0,949.

N-Methyl-N-[1-äthyl-penten-(1)-yl]-anilin, *1-ethyl*-N-*methyl*-N-*phenylpent-1-enylamine* $C_{14}H_{21}N$, Formel III.

Ein Amin (Kp_{12}: 129–131°) dieser Konstitution (UV-Spektrum [Hexan]: *Ramart-Lucas, Hoch*, Bl. [5] **3** [1936] 918, 922) ist beim Erhitzen von 3.3-Diäthoxy-heptan (nicht näher beschrieben) mit *N*-Methyl-anilin bis auf 240° erhalten worden (*Hoch*, C. r. **200** [1935] 938).

4-Anilino-1-methyl-cyclohexan, N-[4-Methyl-cyclohexyl]-anilin, *4-methyl*-N-*phenyl*=*cyclohexylamine* $C_{13}H_{19}N$, Formel IV.

Ein Amin (Kp_{81}: 199°) dieser Konstitution ist beim Erhitzen von Anilin mit 1-Methyl-cyclohexanol-(4) (nicht charakterisiert) in Gegenwart von Nickel auf 180° erhalten worden (*Guyot, Fournier*, Bl. [4] **47** [1930] 203, 207).

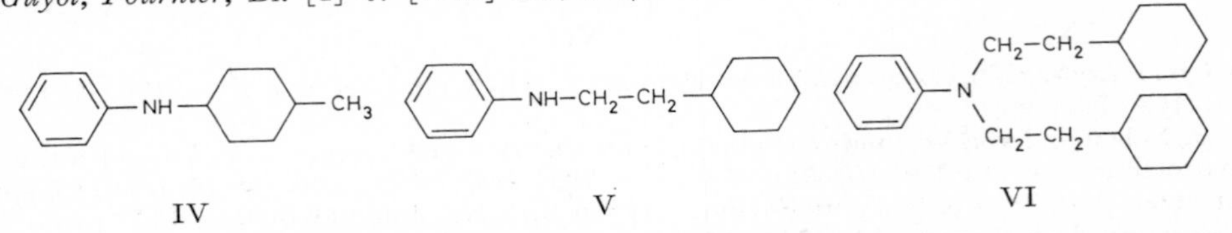

2-Anilino-1-cyclohexyl-äthan, N-[2-Cyclohexyl-äthyl]-anilin, *2-cyclohexyl*-N-*phenylethyl*=*amine* $C_{14}H_{21}N$, Formel V.

B. Neben der im folgenden Artikel beschriebenen Verbindung beim Erhitzen von Anilin mit 2-Cyclohexyl-äthylbromid auf 140° (*Blicke, Zienty*, Am. Soc. **61** [1939] 93).

Kp_9: 170–173°.

Hydrochlorid $C_{14}H_{21}N\cdot HCl$. Krystalle (aus CCl_4 + Ae.); F: 122–123°.

N.N-Bis-[2-cyclohexyl-äthyl]-anilin, *2,2'-dicyclohexyl*-N-*phenyldiethylamine* $C_{22}H_{35}N$, Formel VI.

B. Bei 60-stdg. Erhitzen von Anilin mit 2-Cyclohexyl-äthylbromid und Natrium=carbonat (je 2 Mol) in Xylol auf 160° (*Blicke, Zienty*, Am. Soc. **61** [1939] 93).

Kp_5: 213–218°.

Hydrochlorid $C_{22}H_{35}N\cdot HCl$. Krystalle (aus CCl_4 + Ae.); F: 149–150°.

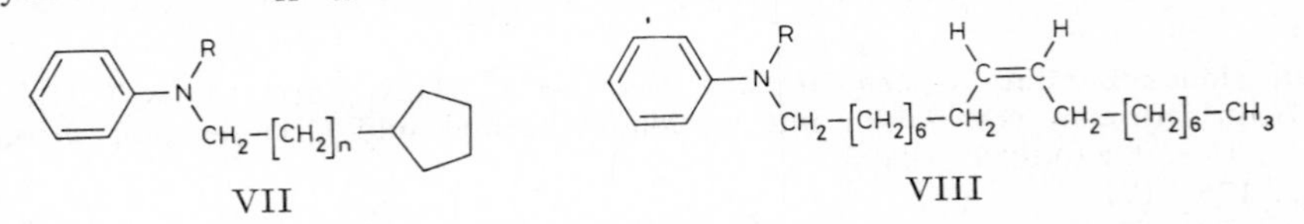

N-Methyl-N-[11-cyclopentyl-undecyl]-anilin, *11-cyclopentyl*-N-*methyl*-N-*phenylundecyl*=*amine* $C_{23}H_{39}N$, Formel VII (R = CH_3, n = 10).

B. Aus 11-Cyclopentyl-undecylchlorid und *N*-Methyl-anilin (*Buu-Hoi, Cagniant*, B.

77/79 [1944/46] 761, 765).
Kp$_2$: 225—230°.

1-Anilino-octadecen-(9), *N*-[Octadecen-(9)-yl]-anilin, N-*phenyloctadec-9-enylamine* $C_{24}H_{41}N$.

Zwei Präparate (bei Raumtemperatur schmelzende Krystalle [aus A.]; Kp$_{2,5}$: 240° bis 250° bzw. Kp$_{0,15}$: 235—240°; n_D^{21}: 1,4990), in denen wahrscheinlich ***N*-[Octadecen-(9*c*)-yl]-anilin** (Formel VIII [R = H]) als Hauptprodukt vorgelegen hat, sind aus 1-Brom-octadecen-(9*c*) von ungewisser konfigurativer Einheitlichkeit (s. E III **1** 880) beim Erhitzen mit Anilin (*Buu-Hoi, Cagniant*, B. **77/79** [1944/46] 761, 765) bzw. beim Erhitzen mit der Natrium-Verbindung des Acetanilids in Xylol und Erwärmen des Reaktionsprodukts mit äthanol. Kalilauge (*Arnold*, Ar. **279** [1941] 181, 185) erhalten worden.

***N*-Äthyl-*N*-[octadecen-(9)-yl]-anilin,** N-*ethyl*-N-*phenyloctadec-9-enylamine* $C_{26}H_{45}N$.

Ein Präparat (Kp$_2$: 240—245°), in dem wahrscheinlich ***N*-Äthyl-*N*-[octadecen-(9*c*)-yl]-anilin** (Formel VIII [R = C_2H_5]) als Hauptbestandteil vorgelegen hat, ist beim Erhitzen von 1-Brom-octadecen-(9*c*) von ungewisser konfigurativer Einheitlichkeit (s. E III **1** 880) mit *N*-Äthyl-anilin erhalten worden (*Buu-Hoi, Cagniant*, B. **77/79** [1944/46] 761, 766).

13-Anilino-1-cyclopentyl-tridecan, *N*-[13-Cyclopentyl-tridecyl]-anilin, *13-cyclopentyl-*N-*phenyltridecylamine* $C_{24}H_{41}N$, Formel VII (R = H, n = 12).

B. Aus 13-Cyclopentyl-tridecylbromid und Anilin (*Buu-Hoi, Cagniant*, B. **77/79** [1944/46] 761, 765).

Krystalle (aus A.); F: 42° [nach Sintern].

Hydrochlorid $C_{24}H_{41}N \cdot HCl$. Krystalle; F: 93° [nach Sintern].

***N*-Äthyl-*N*-[13-cyclopentyl-tridecyl]-anilin,** *13-cyclopentyl-*N-*ethyl-*N-*phenyltridecylamine* $C_{26}H_{45}N$, Formel VII (R = C_2H_5, n = 12).

B. Aus 13-Cyclopentyl-tridecylbromid und *N*-Äthyl-anilin (*Buu-Hoi, Cagniant*, B. **77/79** [1944/46] 761, 765).

Kp$_2$: 248—250°.

***N*-Methyl-*N*-[propin-(2)-yl]-anilin,** N-*methyl*-N-*(prop-2-ynyl)aniline* $C_{10}H_{11}N$, Formel IX (E II 100).

B. Beim Behandeln von *N*-Methyl-anilin mit Toluol-sulfonsäure-(4)-[propin-(2)-ylester] und wss. Natriumcarbonat-Lösung (*Reppe et al.*, A. **596** [1955] 1, 78).

F: 35—36°. Kp$_4$: 80—83°.

(±)-3-Anilino-butin-(1), (±)-*N*-[1-Methyl-propin-(2)-yl]-anilin, (±)-N-*(1-methylprop-2-ynyl)aniline* $C_{10}H_{11}N$, Formel X (R = H).

B. Beim Behandeln von Anilin mit Acetylen, Kupfer(I)-acetylenid, Essigsäure und wss. Äthanol in Gegenwart von [1.1′]Binaphthyldiol-(2.2′) (*Gen. Aniline & Film Corp.*, U.S.P. 2342493 [1940]; *Reppe et al.*, A. **596** [1955] 1, 21; vgl. *Gardner et al.*, Soc. **1949** 780).

Krystalle (aus PAe.); F: 69—71° (*Ga. et al.*). E: 74° (*Gen. Aniline & Film Corp.*; *Re. et al.*). Kp$_{15}$: 110—112° (*Gen. Aniline & Film Corp.*; *Re. et al.*).

Beim Leiten über Eisenoxid-Aluminiumoxid bei 250° ist *N*-[1-Methylen-allyl]-anilin (S. 315) erhalten worden (*BASF*, D.B.P. 896347 [1939]; *Re. et al.*, l. c. S. 24).

Pikrat $C_{10}H_{11}N \cdot C_6H_3N_3O_7$. Krystalle (aus wss. Me.); F: 192—194° (*Ga. et al.*).

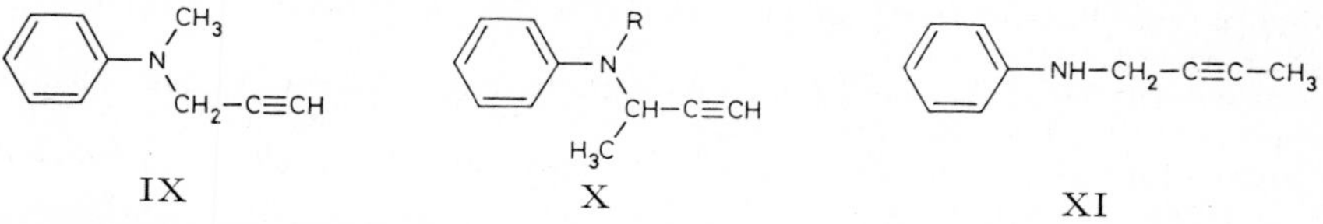

IX X XI

(±)-*N*-Methyl-*N*-[1-methyl-propin-(2)-yl]-anilin, (±)-N-*methyl*-N-*(1-methylprop-2-ynyl)aniline* $C_{11}H_{13}N$, Formel X (R = CH_3).

B. Beim Behandeln von *N*-Methyl-anilin mit Acetylen, Kupfer(I)-acetylenid, Essigsäure und wss. Äthanol in Gegenwart von Phenyl-[naphthyl-(2)]-amin (*Reppe et al.*, A. **596** [1955] 1, 22) oder [1.1′]Binaphthyldiol-(2.2′) (*Gen. Aniline & Film Corp.*, U.S.P. 2342493 [1940]). Beim Behandeln von *N*-Methyl-anilin mit (±)-Benzolsulfonsäure-[1-methyl-propin-(2)-ylester] (nicht näher beschrieben) und wss. Natriumcarbonat-Lösung (*Re. et al.*, l. c. S. 78).

Kp_{15}: 116° (*Gen. Aniline & Film Corp.*; *Re. et al.*, l. c. S. 22); Kp_1: 76—78° (*Re. et al.*, l. c. S. 78).

(±)-*N*-Äthyl-*N*-[1-methyl-propin-(2)-yl]-anilin, (±)-N-*ethyl*-N-(*1-methylprop-2-ynyl*)*aniline* $C_{12}H_{15}N$, Formel X (R = C_2H_5).

B. Beim Behandeln von *N*-Äthyl-anilin mit Acetylen, Kupfer(I)-acetylenid, Essigsäure und wss. Äthanol in Gegenwart von Phenyl-[naphthyl-(2)]-amin (*Gen. Aniline & Film Corp.*, U.S.P. 2342493 [1940]; *Reppe et al.*, A. **596** [1955] 1, 22).

Kp_{15}: 120—122°.

1-Anilino-butin-(2), *N*-[Butin-(2)-yl]-anilin, N-(*but-2-ynyl*)*aniline* $C_{10}H_{11}N$, Formel XI.

B. Aus 3-Chlor-1-anilino-buten-(2) (Kp_8: 136—138°) beim Erhitzen mit wss.-äthanol. Kalilauge (*Vavrečka*, Collect. **14** [1949] 399, 403).

Kp_{13}: 127—128° [über das Hydrogenoxalat gereinigtes Präparat].

Hydrogenoxalat $C_{10}H_{11}N \cdot C_2H_2O_4$. Krystalle (aus A.); F: 168°.

4-Anilino-butadien-(1.2), *N*-[Butadien-(2.3)-yl]-anilin, N-(*buta-2,3-dienyl*)*aniline* $C_{10}H_{11}N$, Formel I (R = H).

B. Neben *N.N*-Di-[butadien-(2.3)-yl]-anilin beim Behandeln von Anilin mit 4-Chlor-butadien-(1.2) (*Du Pont de Nemours & Co.*, U.S.P. 2073363 [1932], 2136177 [1937]).

Kp_1: 92—94°. D^{20}: 0,9960. n_D^{20}: 1,5890.

***N.N*-Di-[butadien-(2.3)-yl]-anilin**, N,N-*di*(*buta-2,3-dienyl*)*aniline* $C_{14}H_{15}N$, Formel I (R = CH_2-CH=C=CH_2).

B. s. im vorangehenden Artikel.

Kp_1: 120°; D^{20}: 0,9873; n_D^{20}: 1,5948 (*Du Pont de Nemours & Co.*, U.S.P. 2073363 [1932], 2136177 [1937]).

***N*-Methyl-*N*-[1-methylen-allyl]-anilin**, N-*methyl*-N-(*1-methyleneallyl*)*aniline* $C_{11}H_{13}N$, Formel II (R = CH_3).

B. Aus (±)-*N*-Methyl-*N*-[1-methyl-propin-(2)-yl]-anilin beim Leiten über Eisenoxid-Aluminiumoxid bei 250° (*BASF*, D.B.P. 896347 [1939]; *Reppe et al.*, A. **596** [1955] 1, 25).

Kp_{10}: 123—126° (*Re. et al.*).

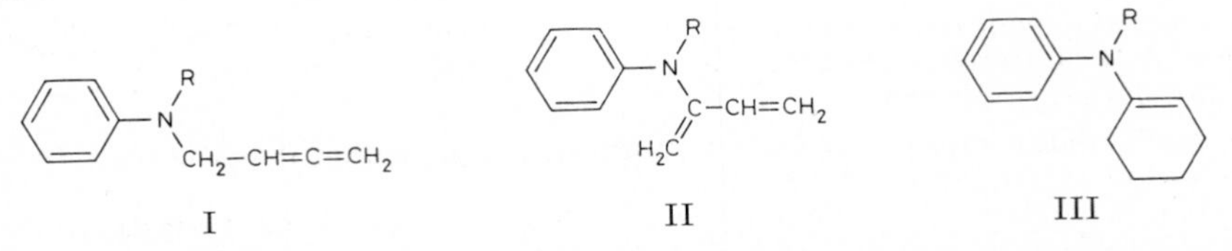

***N*-Äthyl-*N*-[1-methylen-allyl]-anilin**, N-*ethyl*-N-(*1-methyleneallyl*)*aniline* $C_{12}H_{15}N$, Formel II (R = C_2H_5).

B. Aus (±)-*N*-Äthyl-*N*-[1-methyl-propin-(2)-yl]-anilin beim Leiten über Eisenoxid-Aluminiumoxid bei 250—270° (*BASF*, D.B.P. 896347 [1939]; *Reppe et al.*, A. **596** [1955] 1, 25).

Kp_{10}: 126—129° (*Re. et al.*).

***N*-Methyl-*N*-[cyclohexen-(1)-yl]-anilin**, N-*methyl*-N-*phenylcyclohex-1-en-1-ylamine* $C_{13}H_{17}N$, Formel III (R = CH_3).

B. Aus 1.1-Diäthoxy-cyclohexan und *N*-Methyl-anilin (*Hoch*, C. r. **200** [1935] 938; *Grammaticakis*, Bl. **1949** 134, 144).

Kp_{15}: 155—156° (*Gr.*); Kp_{13}: 140° (*Hoch*). UV-Spektrum (Hexan): *Ramart-Lucas, Hoch*, Bl. [5] **3** [1936] 918, 922; *Gr.*, l. c. S. 140.

***N*-Äthyl-*N*-[cyclohexen-(1)-yl]-anilin**, N-*ethyl*-N-*phenylcyclohex-1-en-1-ylamine* $C_{14}H_{19}N$, Formel III (R = C_2H_5).

B. Aus 1.1-Diäthoxy-cyclohexan und *N*-Äthyl-anilin (*Hoch*, C. r. **200** [1935] 938).

Kp_{15}: 152—153°.

***N*-[3.3-Dimethyl-norbornyl-(2)]-anilin** $C_{15}H_{21}N$ (E I 163; dort als Camphenilylanilin bezeichnet).

Berichtigung zu E I 163, Zeile 16 v. o.: An Stelle von „*A.* **384**“ ist zu setzen „*A.* **387**“.

3-Chlor-2-anilino-2.3-dimethyl-norbornan, *N*-[3-Chlor-2.3-dimethyl-norbornyl-(2)]-anilin, *3-chloro-2,3-dimethyl-*N*-phenyl-2-norbornylamine* $C_{15}H_{20}ClN$, Formel IV.

Opt.-inakt. 3-Chlor-2-anilino-2.3-dimethyl-norbornan vom F: 64°.

B. Aus (±)-3a*r*.7a*c*-Dimethyl-1-phenyl-3a.4.5.6.7.7a-hexahydro-1*H*-4*t*(?).7*t*(?)-methano-benzotriazol (F: 86°; hergestellt aus Santen und Phenylazid; über die Konfiguration s. *Alder, Stein*, A. **515** [1935] 185, 187) mit Hilfe von wss. Salzsäure (*Alder, Stein*, A. **501** [1933] 1, 14, 35).

Krystalle (aus wss. Me.); F: 64° (*Al., St.*, A. **501** 35).

Pikrat. F: 121° (*Al., St.*, A. **501** 35).

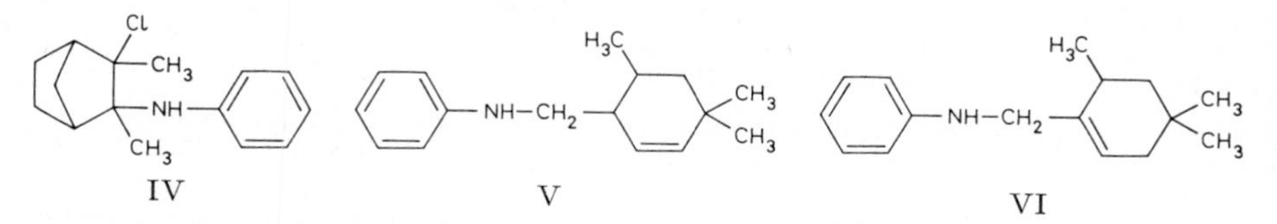

IV V VI

***N*-[(2.4.4-Trimethyl-cyclohexen-(5)-yl)-methyl]-anilin,** *N-phenyl-1-(4,4,6-trimethylcyclohex-2-en-1-yl)methylamine* $C_{16}H_{23}N$, Formel V, und ***N*-[(2.4.4-Trimethyl-cyclohexen-(6)-yl)-methyl]-anilin,** *N-phenyl-1-(4,4,6-trimethylcyclohex-1-en-1-yl)methylamine* $C_{16}H_{23}N$, Formel VI.

Diese beiden Formeln kommen für das H 173 als [2.2.4-Trimethyl-Δ^{6} (oder Δ^{5})-tetrahydro-benzyl]-anilin beschriebene, aus vermeintlichem 2.2.4-Trimethyl-1-anilinomethyl-cyclohexanol-(6) (über die Konstitution des zur Herstellung dieser Verbindung verwendeten „Oxymethylen-dihydroisophorons" [E III **7** 3253] s. *Ruzicka, Schinz, Seidel*, Helv. **23** [1940] 935, 937, 938) erhaltene opt.-inakt. Amin in Betracht.

4a-Anilino-decahydro-naphthalin, *N*-[Octahydro-4*H*-naphthyl-(4a)]-anilin, *N-phenyloctahydro-4a*(4H)*-naphthylamine* $C_{16}H_{23}N$.

4a-Anilino-*trans*-decahydro-naphthalin, Formel VII.

B. Aus *N*-Phenyl-*N*-[*trans*-octahydro-4*H*-naphthyl-(4a)]-hydroxylamin bei der Behandlung mit Natrium und Äthanol sowie bei der Hydrierung an Palladium in Äthanol (*Hückel, Liegel*, B. **71** [1938] 1442, 1443).

Krystalle (aus PAe.); F: 81°.

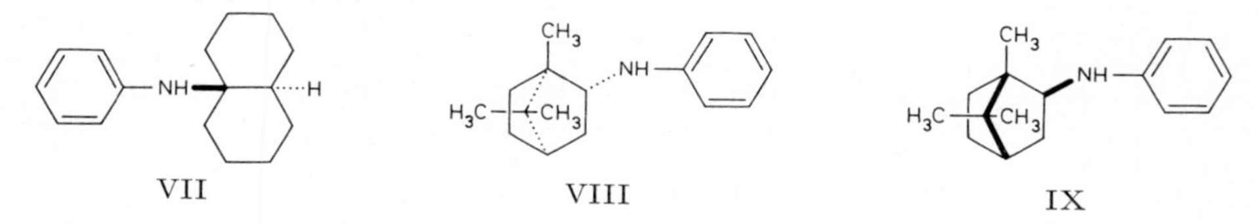

VII VIII IX

2-Anilino-bornan, *N*-[1.7.7-Trimethyl-norbornyl-(2)]-anilin, *N-phenyl-2-bornylamine* $C_{16}H_{23}N$.

a) **(1*R*)-2*exo*-Anilino-bornan, *N*-[(1*R*)-Isobornyl]-anilin,** Formel VIII.

B. Aus (1*R*)-Bornanon-(2)-phenylimin bei der Hydrierung an Platin in Essigsäure (*Lipp, Stutzinger*, B. **65** [1932] 241, 247).

Kp_{14}: 173–175°. $D^{18,5}$: 1,021. $[\alpha]_{D}^{19,5}$: –89,1° [unverd.].

Beim Erhitzen mit Anilin-hydrochlorid erfolgt Racemisierung sowie Bildung von Camphen und Anilin (*Lipp, St.*, l. c. S. 246, 249). Beim Behandeln mit wss. Salzsäure und Natriumnitrit ist eine Verbindung $C_{16}H_{21}N_{3}O_{4}$ (gelbe Krystalle [aus PAe.]; F: 158,5°) erhalten worden.

Hydrochlorid. Krystalle (aus wss. Salzsäure); F: 187° [Zers.].

b) **(1*S*)-2*exo*-Anilino-bornan, *N*-[(1*S*)-Isobornyl]-anilin,** Formel IX (E I 163; E II 100).

B. Beim Erhitzen von (–)-Camphen ((1*R*)-3.3-Dimethyl-2-methylen-norbornan) mit Anilin und Anilin-hydrochlorid (*Lipp, Stutzinger*, B. **65** [1932] 241, 248).

Kp_{15}: 165–175° (*Kawamoto*, J. chem. Soc. Japan **61** [1940] 518; C. A. **1942** 7016); Kp_{13}: 164–170° (*Kuwata*, J. Soc. chem. Ind. Japan **37** [1934] 897, 901; J. Soc. chem. Ind. Japan Spl. **37** [1934] 389, 391); $Kp_{1,2}$: 138–140° (*Lipp, St.*); Kp_{1}: 131° (*Ritter*,

Am. Soc. **55** [1933] 3322, 3325). D_4^{20}: 1,0084 (*Ku.*); D_4^{25}: 1,008 (*Ka.*, J. chem. Soc. Japan **61** 519); D^{19}: 1,007 (*Lipp, St.*). n_D^{20}: 1,5551 (*Ku.*); n_D^{25}: 1,559 (*Ka.*, J. chem. Soc. Japan **61** 519). $[\alpha]_D^{19}$: +1,2° [unverd.] (*Lipp, St.*); $[\alpha]_D$: +2,07° [unverd.] (*Kawamoto*, J. chem. Soc. Japan **61** [1940] 521, 522; C. A. **1942** 7016).

Beim Erhitzen mit Schwefel auf 250° oder mit Selen auf 300° (*Ri.*; *Ka.*, J. chem. Soc. Japan **61** 519, 520), beim Erhitzen mit Nickel und Kaliumhydroxid auf 340° (*Ri.*) sowie beim Erhitzen mit Diisopentyldisulfid auf 220° (*Rosser, Ritter*, Am. Soc. **59** [1937] 2179) ist Bornanon-(2)-phenylimin, beim Erhitzen mit Nickel auf 340° sind Camphen und Anilin (*Ri.*) erhalten worden. Bildung von Campher, Anilin und Camphen beim Erhitzen mit Nickel unter 30 Torr bis auf 400° und Behandeln des Reaktionsprodukts mit wss. Schwefelsäure: *Kawamoto*, J. chem. Soc. Japan **61** 523, **63** [1942] 45, 51; C. A. **1947** 2975.

Hydrochlorid (E I 163). F: 194—196° [Zers.] (*Lipp., St.*), 194—195° (*Ku.*).

11-Anilino-1-[cyclopenten-(2)-yl]-undecan, *N*-[11-(Cyclopenten-(2)-yl)-undecyl]-anilin, *11-(cyclopent-2-en-1-yl)-N-phenylundecylamine* $C_{22}H_{35}N$, Formel X (R = H, n = 10).

Ein Präparat (Kp_2: 210—215°) von unbekanntem opt. Drehungsvermögen ist beim Erhitzen von Hydnocarpylbromid (11-[Cyclopenten-(2)-yl]-undecylbromid [E III **5** 292]) mit Anilin erhalten worden (*Buu-Hoi, Cagniant*, B. **77/79** [1944/46] 761, 764).

11-[*N*-Äthyl-anilino]-1-[cyclopenten-(2)-yl]-undecan, *N*-Äthyl-*N*-[11-(cyclopenten-(2)-yl)-undecyl]-anilin, *11-(cyclopent-2-en-1-yl)-N-ethyl-N-phenylundecylamine* $C_{24}H_{39}N$, Formel X (R = C_2H_5, n = 10).

Ein Präparat ($Kp_{2,5}$: 230°) von unbekanntem opt. Drehungsvermögen ist beim Erhitzen von Hydnocarpylbromid (11-[Cyclopenten-(2)-yl]-undecylbromid [E III **5** 292]) mit *N*-Äthyl-anilin erhalten worden (*Buu-Hoi, Cagniant*, B. **77/79** [1944/46] 761, 765).

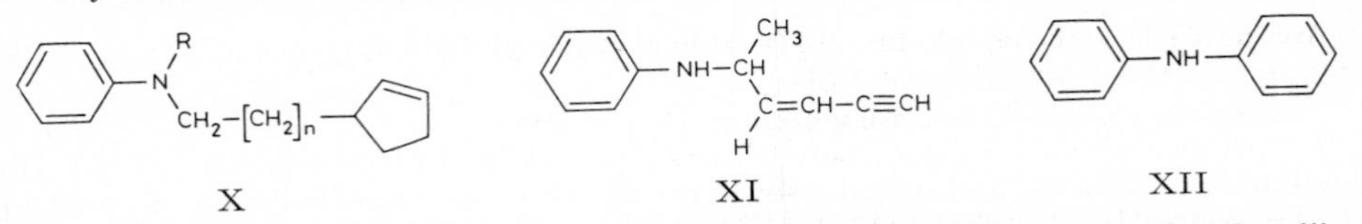

13-Anilino-1-[cyclopenten-(2)-yl]-tridecan, *N*-[13-(Cyclopenten-(2)-yl)-tridecyl]-anilin, *13-(cyclopent-2-en-1-yl)-N-phenyltridecylamine* $C_{24}H_{39}N$, Formel X (R = H, n = 12).

Zwei Präparate (a) Krystalle [aus A.], F: 25°; Kp_2: 228—230°; b) $Kp_{0,15}$: 220—230°; $n_D^{21,5}$: 1,5095) von unbekanntem opt. Drehungsvermögen sind aus Chaulmoogrylbromid (13-[Cyclopenten-(2)-yl]-tridecylbromid [E III **5** 294]) beim Erhitzen mit Anilin (*Buu-Hoi, Cagniant*, B. **77/79** [1944/46] 761, 764) bzw. beim Erhitzen mit der Natrium-Verbindung des Acetanilids in Xylol und Erwärmen des Reaktionsprodukts mit äthanol. Kalilauge (*Arnold*, Ar. **279** [1941] 181, 184) erhalten worden.

(±)-5-Anilino-hexen-(3)-in-(1), (±)-*N*-[1-Methyl-penten-(2)-in-(4)-yl]-anilin, *(±)-1-methyl-N-phenylpent-2-en-4-ynylamine* $C_{12}H_{13}N$, Formel XI.

Ein Amin (Krystalle [aus PAe.], F: 57,5°; $Kp_{0,1}$: 85°; n_D^{19}: 1,5845; λ_{max} [A.]: 226 mμ und 240 mμ; Hydrochlorid $C_{12}H_{13}N \cdot HCl$: Krystalle [aus Acn. + PAe.], F: 169°; λ_{max} [A.]: 228 mμ) dieser Konstitution ist aus (±)-5-Chlor-hexen-(3)-in-(1) (Kp: 131°) und Anilin erhalten worden (*Jones, Lacey, Smith*, Soc. **1946** 940, 943). [*Geibler*]

Diphenylamin, *diphenylamine* $C_{12}H_{11}N$, Formel XII (H 174; E I 163; E II 101).

Mesomerie-Energie (aus thermochemischen Daten ermittelt): *Pauling, Sherman*, J. chem. Physics **1** [1933] 606, 615; *Klages*, B. **82** [1949] 358, 372. Elektronenverteilung: *Berthier, Pullman*, C. r. **226** [1948] 1725.

Bildungsweisen.

B. Neben Phenol beim Erhitzen von Chlorbenzol mit wss. Ammoniak unter Zusatz von Diphenyläther, Calciumcarbonat und Kupfer(I)-oxid bis auf 300° (*Dow Chem. Co.*, U.S.P. 2028065 [1933]). Aus Anilin beim Erhitzen mit Bleicherde bis auf 350° (*Rhein. Kampfer-Fabr.*, D.R.P. 530736 [1929]; Frdl. **18** 452), beim Leiten über Aluminiumoxid bei 430° (*I. G. Farbenind.*, D.R.P. 697421 [1938]; D.R.P. Org. Chem. **6** 1702) oder über Bauxit (oder Titan(IV)-oxid) bei 450° (*Calco Chem. Co.*, D.R.P. 702326 [1936]; U.S.P. 2098039 [1935]; D.R.P. Org. Chem. **6** 1706), beim Erhitzen mit Eisen(II)-chlorid und Ammonium-bromid bis auf 340° (*Du Pont de Nemours & Co.*, U.S.P. 2120968 [1935]) oder mit Eisen(III)-chlorid, auch in Gegenwart von Anilin-hydrochlorid, unter Stickstoff bis auf 325° (*Du Pont de Nemours & Co.*, U.S.P. 2120969 [1938], 2447044 [1944]), beim Erhitzen mit Anilin-hydrochlorid unter Zusatz von Aluminiumchlorid bis auf 240° (*Gerschson, Laštowškiĭ*, Ž. prikl. Chim. **9** [1936] 502; C. **1937** I 332; vgl. H 174) sowie beim Erhitzen mit Anilinium-dihydrogenphosphat bis auf 260° (*Médard*, Chim. et Ind. Sonderband 14. Congr. Chim. ind. Paris **1934** Bd. 2; s. a. *Ge., La.*). Beim Erhitzen von Anilin mit Chlorbenzol und Natriumhydroxid unter Zusatz von Kaliumchlorid und Kupfer(I)-oxid unter 10 at auf 300° (*Dow Chem. Co.*, U.S.P. 2476170 [1945]; vgl. E II 101), mit Brombenzol und Cer-Pulver bis auf 200° (*Lal, Dutt*, J. Indian chem. Soc. **9** [1932] 565, 570) oder mit Phenol unter Zusatz von Bleicherde auf 300° (*Rhein. Kampfer-Fabr.*). Aus *N.N*-Diphenyl-phthalamidsäure beim Erhitzen mit wss. Natronlauge unter 10 at bis auf 200° (*I. G. Farbenind.*, D.R.P. 526881 [1928]; Frdl. **18** 451).

Physikalische Eigenschaften.

Krystalle; F: 55° [aus Bzn.] (*Stoelzel*, B. **74** [1941] 982, 984), 54–55° [aus E.] (*Brown, Kharasch, Sprowls*, J. org. Chem. **4** [1939] 442, 454), 54° [aus Bzn.] (*Semischin*, Ž. obšč. Chim. **13** [1943] 625, 629; C. A. **1945** 455), 54° [aus Ae. + Bzl.] (*Kraus, Hawes*, Am. Soc. **55** [1933] 2776, 2780), 54° [aus A.] (*Orlow*, B. **64** [1931] 2631, 2636), 54° [aus wss. A.] (*Shah, Tilak, Venkataraman*, Pr. Indian Acad. [A] **28** [1948] 142, 145), 53,8° [aus Bzn.] (*Osipow, Trifonow*, Ž. obšč. Chim. **19** [1944] 1822, 1823; C. A. **1950** 1757), 53° [aus PAe.] (*Leonard, Sutton*, Am. Soc. **70** [1948] 1564, 1565), 53° [aus Bzl.] (*Laurent*, A. ch. [11] **10** [1938] 397, 457), 53° [aus A.] (*Schroeder et al.*, Ind. eng. Chem. **41** [1949] 2818, 2824), 53° [aus A. + W. oder aus Bzn.] (*Anderson, Gilbert*, Am. Soc. **64** [1942] 2369), 52,8–53° [aus Bzn.] (*Nelson, Smith*, Am. Soc. **64** [1942] 1057). Über die Existenz einer stabilen Modifikation vom F: 53,5° und einer instabilen Modifikation vom F: 53° s. *Kofler*, B. **76** [1943] 871, 873. E: 53° (*Urbański*, Roczniki Chem. **14** [1934] 925, 935; C. **1936** I 748), 52,7° (*Hackel*, Roczniki Chem. **16** [1936] 366, 370; C. **1937** I 2347). Monoklin; aus dem Röntgen-Diagramm ermittelte Dimensionen der Elementarzelle: a = 14,0 Å; b = 13,9 Å; c = 39,5 Å; β = 91,5°; n = 32 (*Dhar*, Indian J. Physics **13** [1939] 27; s. a. *Banerjee*, Z. Kr. **100** [1939] 316, 322, 244. Unter 1 at bei 300,4° destillierbar (*Laštowzew*, Chim. Mašinostr. **6** Nr. 3 [1937] 19, 21; C. **1938** I 1105); Dampfdruck bei Temperaturen von 280° (0,639 at) bis 400° (5,31 at): *La.* Assoziation in der Schmelze: *Hrynakowski, Staszewski, Szmyt*, Z. physik. Chem. [A] **178** [1936] 293, 304).

Enthalpie der Bildung aus den Elementen: *Schmidt*, Z. ges. Schiess-Sprengstoffw. **29** [1934] 259, 263. Verbrennungswärme bei konstantem Volumen bei 17° bzw. bei Raumtemperatur: 9081 cal/g (*Burlot, Thomas, Badoche*, Mém. Poudres **29** [1939] 226, 251), 9086 cal/g (*Sch.*); bei konstantem Druck bei 25°: 1531,9 kcal/mol (*Anderson, Gilbert*, Am. Soc. **64** [1942] 2369, 2371), 1553,8 kcal/mol (*Klages*, B. **82** [1949] 358, 372).

Dichte der Krystalle bei 15°: 1,17 (*Burlot, Thomas, Badoche*, Mém. Poudres **29** [1939] 226, 251); bei Raumtemperatur: 1,18 (*Dhar*, Indian J. Physics **13** [1939] 27), 1,165 (*Banerjee*, Z. Kr. **100** [1939] 316, 329). Kompressibilität der Krystalle bei 30°: *Bridgman*, Pr. Am. Acad. Arts Sci. **64** [1929] 51, 71. Oberflächenspannung bei 80°: 37,7 dyn/cm (*Dewjatych, Pamfilow, Starobinez*, Ž. fiz. Chim. **22** [1948] 1072; C. A. **1949** 464).

Brechungsindex der Schmelze: *L.* u. *A. Kofler*, Thermo-Mikro-Methoden, 3. Aufl. [Weinheim 1954] S. 388. Mechanische Doppelbrechung bei Temperaturen von 54,5° bis 120°: *Tswetkow, Kibardina*, Doklady Akad. S.S.S.R. **62** [1948] 223; C. A. **1949** 456. Streuung von Röntgen-Strahlen in Diphenylamin bei 60° und 195°: *Vaidyanathan*, Indian J. Physics **5** [1930] 501, 506.

IR-Spektrum der Krystalle zwischen 2,6 μ und 3,4 μ: *Buswell, Downing, Rodebusch*, Am. Soc. **62** [1940] 2759, 2761; zwischen 2,8 μ und 3,1 μ: *Richards, Thompson*, Soc. **1947** 1248, 1256; zwischen 5,5 μ und 9,5 μ: *Barnes, Liddel, Williams*, Ind. eng. Chem. Anal. **15** [1943] 659, 697. IR-Absorptionsbanden: *Barchewitz*, Ann. Physique [11] [1939] 261, 340; *Flett*, Soc. **1948** 1441, 1445. IR-Absorption der Schmelze: *Karjakin, Grigorowškiĭ, Jarošlanškiĭ*, Doklady Akad. S.S.S.R. **67** [1949] 679, 681; C. A. **1950** 3999. IR-Spektrum von Lösungen in Tetrachlormethan zwischen 1,4 μ und 1,5 μ: *Liddel, Wulf*, Am. Soc. **55** [1933] 3574, 3580; zwischen 2,6 μ und 3,4 μ: *Bu., Do., Ro.*; s. a. *Gordy, Stanford*, Am. Soc. **62** [1940] 497, 502, 503; zwischen 14,7 μ und 15 μ: *Wulf, Liddel*, Am. Soc. **57** [1935] 1464, 1467. Raman-Spektrum der Krystalle: *Gross, Raskin, Volkov*, Acta physicoch. U.R.S.S. **18** [1943] 430; der Schmelze bei 70° sowie einer Lösung in Äther: *Dadieu, Kohlrausch*,

M. **57** [1931] 225, 230. Absorptionsspektren (540—660 mμ) von Lösungen in Nitrobenzol bei 25° und 85° und Drucken von 1—1000 bar: *Gibson, Loeffler*, Am. Soc. **62** [1940] 1324, 1327. UV-Spektrum des Dampfes: *Prileskajewa, Tschubarow*, Acta physicoch. U.R.S.S. **1** [1935] 777, 782; *Kato, Someno*, Scient. Pap. Inst. phys. chem. Res. **33** [1937] 209, 222, 230ff. UV-Spektrum von Lösungen in Hexan: *Ley, Specker*, Z. wiss. Phot. **38** [1939] 13, 22; in Chloroform: *Dufraisse, Houpillart*, Rev. gén. Caoutchouc **16** [1939] 44, 49; in Äthanol: *Chaise*, Bl. [4] **53** [1933] 700, 707; *Uémura, Inamura*, Bl. chem. Soc. Japan **10** [1935] 168, 180; *Biquard*, Bl. [5] **3** [1936] 909, 913; *Ramart-Lucas, Martynoff*, Bl. **1947** 986, 995; in Äther: *Kato, So.*, l. c. S. 230ff; in Wasser: *Kiss, Csetneky*, Acta Univ. Szeged **2** [1948] 37, 41, 45; in wss. Schwefelsäure: *Kato, So.*, l. c. S. 228, 230ff.; *Kiss, Cs.* Fluorescenz-Spektrum der Krystalle: *Bertrand*, Bl. [5] **12** [1945] 1010, 1015; des Dampfes: *Pr., Tsch.*, l. c. S. 781; einer Lösung in Methanol: *Ley, Sp.* Phosphorescenz-Spektrum einer festen Lösung in einem Isopentan-Äthanol-Äther-Gemisch bei —180°: *Lewis, Lipkin*, Am. Soc. **64** [1942] 2801, 2805; *Lewis, Kasha*, Am. Soc. **66** [1944] 2100, 2108.

Magnetische Susceptibilität sowie magnetische Anisotropie der Krystalle: *Banerjee*, Z. Kr. **100** [1939] 316, 322, 329, 344; magnetische Susceptibilität der Schmelze bei 55,5°: *Bose*, Phil. Mag. [7] **21** [1936] 1119, 1123.

Dipolmoment (ε; Bzl.): 1,04 D (*Leonard, Sutton*, Am. Soc. **70** [1948] 1564, 1565; s. a. *Calderbank, Le Fèvre*, Soc. **1948** 1949, 1950). Dielektrizitätskonstante von festem Diphenylamin bei 30—49° bzw. bei Raumtemperatur: *Schaum*, A. **542** [1939] 77, 87; *Kallmann, Kreidl*, Z. physik. Chem. [A] **159** [1932] 322, 334; der Schmelze bei 49—70°: *Sch.*; Dielektrizitätskonstante von binären Gemischen mit Benzol sowie von ternären Gemischen mit Benzol als zweiter und Phenol, 2-Nitro-phenol oder Pyridin als dritter Komponente: *Laurent*, A. ch. [11] **10** [1938] 397, 402, 456, 457, 472. Dielektrischer Verlust in Benzol bei 23°: *Fischer*, Z. Naturf. **4a** [1949] 707, 716. Elektrische Leitfähigkeit in flüssigen Schwefeldioxid bei —20°: *Jander, Mesech*, Z. physik. Chem. [A] **183** [1938] 255, 275; elektrische Leitfähigkeit einer Lösung in Essigsäure bei 25°: *Kolthoff, Willman*, Am. Soc. **56** [1934] 1014. Über die Protonen-Affinität von Diphenylamin s. *Weissberger*, Am. Soc. **65** [1943] 242, 243. Dissoziationsexponent pK_a des Ammonium-Ions (Wasser; potentiometrisch ermittelt) bei 25°: 0,85 (*Hall*, Am. Soc. **52** [1930] 5115, 5124). Dissoziation in Äther: *McEwen*, Am. Soc. **58** [1936] 1124, 1127; in Essigsäure: *Hall.* Oxidationspotential: *Fieser*, Am. Soc. **52** [1930] 5204, 5237.

Löslichkeit in aliphatischen Aminen und in Benzylamin: *Bergstrom, Gilkey, Lung*, Ind. eng. Chem. **24** [1932] 57, 60.

Eutektika sind nachgewiesen worden in den binären Systemen mit Schwefel (*Hrynakowski, Adamanis*, Roczniki Chem. **14** [1934] 189, 194; C. **1939** II 2490), Tri-*O*-nitroglycerin (*Hackel*, Roczniki Chem. **16** [1936] 366, 370; C. **1937** I 2347), Tetra-*O*-nitropentaerythrit (*Urbański*, Roczniki Chem. **14** [1934] 925, 935; C. **1936** I 748), Ameisensäure (*Bastič, Pušin*, Glasnik chem. Društva Beograd **12** [1947] 109, 115; C. A. **1949** 6065), Essigsäure (*Trifonow*, Izv. biol. Inst. Permsk. Univ. **1930/31** 343, 395; C. A. **1932** 3159), Acetamid (*Vogels, Walop*, R. **62** [1943] 254), Harnstoff (*Nijveld*, R. **53** [1934] 430), *N*-Allyl-thioharnstoff (*Kofler, Brandstätter*, B. **75** [1942] 496, 497), Biphenyl (*Lee, Warner*, Am. Soc. **55** [1933] 209, 210; *Lindner*, B. **74** [1941] 231, 232; s. a. *Wašil'es*, Ž. obšč. Chim. **6** [1936] 555, 556; C. **1937** II 2146), 1-Nitro-naphthalin (*Bernoulli, Veillon*, Helv. **15** [1932] 810, 818; *Nelson, Smith*, Am. Soc. **64** [1942] 1057), Borneol [nicht charakterisiert] (*Pušin, Sladović*, Glasnik chem. Društva Jugosl. **5** [1934] 135, 140; C. **1936** I 2727), 4-Nitro-phenetol (*Ne., Sm.*), Thymol (*Pušin, Marić, Rikovski*, Glasnik chem. Društva Beograd **13** [1948] 50, 54; C. A. **1952** 4344), Fluorenon-(9) (*Puschin, Rikowški, Milutinowitsch*, Glasnik chem. Društva Beograd **14** [1949] 173, 176; C. A. **1952** 4344), Benzil (*Hrynakowski, Staszewski*, Roczniki Chem. **16** [1936] 388, 392; C. **1937** I 3138; *Pu., Ri., Mi.*, l. c. S. 177), Vanillin (*Pu., Ri., Mi.*, l. c. S. 174), Acetanilid (*Hrynakowski, Adamanis*, Roczniki Chem. **13** [1933] 448, 449; C. **1933** II 2935), *N.N'*-Dimethyl-*N.N'*-diphenyl-harnstoff (*Médard*, Mém. Poudres **24** [1930/31] 174, 199), Phenylisothiocyanat (*Ošipow, Trifonow*, Ž. obšč. Chim. **19** [1949] 1822, 1823; C. A. **1950** 1787), Phenyl-[4-chlor-phenyl]-amin (*Chapman, Perrott*, Soc. **1930** 2462, 2467), Di-*p*-tolylamin (*Chapman*, Soc. **1930** 2458, 2461), *trans*-Azobenzol (*Ko., Br.*), Dibenzofuran (*Ne., Sm.*), Bernsteinsäure-anhydrid (*Kojima*, Sci. Rep. Tokyo Bunrika Daigaku [A] **3** [1936] 71, 74), Piperonal (*Pouchine, Živadinović*, Glasnik chem. Društva Jugosl. **4** [1933] Nr. 1, S. 23, 25; C. **1934** I 2574), Phenoxathiin und Phenothiazin (*Ne., Sm*).

Verbindungen und Eutektika sind nachgewiesen worden in den binären Systemen mit Arsen(III)-chlorid [Verbindung 1:1; F: ca. 98°] (*Pušin, Hrustanović*, B. **71** [1938] 798, 799), *N.N'*-Dipropionyl-harnstoff [Verbindung 1:2; F: 86°] (*Ochiai, Kuroyanagi*, J. pr. [2] **159** [1941] 1, 7), Äthylendiamin [Verbindung 2:1; F: 32,5°] (*Puschin, Dimitrijewitsch*, Glasnik chem. Društva Beograd **12** [1947] 205, 207; C. A. **1949** 2082), 2.4.6-Trinitro-anisol [Verbindung 1:1; F: ca. 32°] und (±)-2-[2.4.6-Trinitro-phenoxy]-propionsäure-äthylester [Verbindung 1:2; F: ca. 49°] (*Hertel, Römer*, B. **63** [1930] 2446, 2450), Benzophenon [Verbindung 1:1; F: 40,2° (stabil) und 30,8° (metastabil)] (*Lee, Warner*, Am. Soc. **55** [1933] 209, 212; *Wašil'ew*, Ž. obšč. Chim. **6** [1936] 555, 556; C. **1937** II 2146; *Taboury, Thomassin, Perrotin*, Bl. **1947** 783, 784; vgl. E I 165; E II 105), Maleinsäure-anhydrid [Verbindung 1:1; F: 118,3°] und Phthalsäure-anhydrid [Verbindung 1:2; F: ca. 157°] (*Kojima*, Sci. Rep. Tokyo Bunrika Daigaku [A] **3** [1936] 71, 78, 86). Thermische Analyse des Systems mit Hydrazin: *Semischin*, Ž. obšč. Chim. **13** [1943] 625, 629; C. A. **1945** 455; des Systems mit Benzoesäure-anhydrid: *Ko.*, l. c. S. 82; des Systems mit 10-Chlor-9.10-di=hydro-phenarsazin: *Pu., Hr.* l. c. S. 800. Über die Schmelzdiagramme der binären Systeme mit Diphenylmethan und mit Diphenyläther s. *Grimm, Günther, Tittus*, Z. physik. Chem. [B] **14** [1931] 169, 204, 207. Thermische Analyse der ternären Systeme mit Harnstoff und Resorcin: *Hrynakowski, Staszewski, Szmyt*, Z. physik. Chem. [A] **178** [1937] 293, 294; mit Biphenyl und Benzophenon: *Lee, Warner*, Am. Soc. **55** [1933] 4474.

Ebullioskopie in wasserhaltigem Äthanol: *Bureš*, Collect. **2** [1930] 70, 72. Dampfdruck von gesättigten Lösungen in flüssigem Schwefeldioxid bei Temperaturen von −21,4° bis +19,6°: *Foote, Fleischer*, Am. Soc. **56** [1934] 870, 873. Dichte und Viscosität von Gemischen mit 1-Nitro-naphthalin bei 77° und 97,5°: *Bernoulli, Veillon*, Helv. **15** [1932] 810, 821, 824. Viscosität von Lösungen in Hexan und in Methanol: *Chatterji, Bose*, J. Indian chem. Soc. **25** [1948] 33, 34, 39, 40. Viscosität von Gemischen mit Allylisothiocyanat bei 50° und 75° sowie von Gemischen mit Phenylisothiocyanat bei 50°: *Ošipow, Trifonow*, Ž. obšč. Chim. **19** [1949] 1822, 1825; C. A. **1950** 1787. Lichtabsorption von Gemischen mit 2-Chlor-1-nitro-benzol und mit 4-Chlor-1.3-dinitro-benzol in Hexan, Methanol oder Acetophenon: *Hammick, Yule*, Soc. **1940** 1539, 1541. Oberflächenspannung einer Lösung in Wasser: *Murti, Seshadri*, Pr. Indian Acad. [A] **9** [1939] 10, 14; einer Lösung in Schwefel=kohlenstoff: *Salceanu, McCormick*, C. r. **208** [1939] 1989, 1990; von binären Gemischen mit Äthanol, Isopropylalkohol, Butanol-(1), Isobutylalkohol, Isoamylalkohol, Octadecan=ol-(1), Benzylalkohol und Cyclohexanon bei 60° bzw. mit Propionsäure, 3-Methyl-butter=säure, 4-Methyl-valeriansäure und Ölsäure bei 54°: *Dewjatych, Pamfilow, Starobinez*, Ž. fiz. Chim. **22** [1948] 1072, 1077; C. A. **1949** 464; *Starobinez et al.*, Ž. fiz. Chim. **22** [1948] 1240, 1241; C. A. **1949** 1239; von Gemischen mit Allylisothiocyanat bei 40°, 55°, 75° und 100° sowie von Gemischen mit Phenylisothiocyanat bei 50° und 75°: *Oš., Tr.*, l. c. S. 1824, 1825.

Chemisches Verhalten.

Bildung von Tetraphenylhydrazin und von Diphenylaminyl-Radikalen bei der Bestrahlung einer festen Lösung in einem Äther-Isopentan-Äthanol-Gemisch bei −180° mit UV-Licht: *Lewis, Lipkin*, Am. Soc. **64** [1942] 2801, 2805; über den Dichroismus dieser festen Lösung s. *Lewis, Bigeleisen*, Am. Soc. **65** [1943] 520, 523.

Flammpunkt: *Assoc. Factory Insurance Co.*, Ind. eng. Chem. **32** [1940] 880, 882.

Bildung von Bis-[4-chlor-phenyl]-amin und Bis-[2.4-dichlor-phenyl]-amin beim Behandeln mit Chloramin in Benzol: *Danilow, Kos'mina*, Ž. obšč. Chim. **19** [1949] 309, 314; C. A. **1949** 6970. Reaktion mit Sulfurylchlorid in Äther unter Bildung von Bis-[2.4-dichlor-phenyl]-amin: *Krollpfeiffer, Wolf, Walbrecht*, B. **67** [1934] 908, 914. Reaktion mit Schwefeltrioxid in Pyridin unter Bildung von Diphenylamidoschwefelsäure: *I.G. Farbenind.*, D.R.P. 511525 [1926]; Frdl. **17** 522. Bildung von *N*-Phenyl-sulfanilsäure und geringen Mengen Bis-[4-sulfo-phenyl]-amin beim Erhitzen mit Chloroschwefelsäure (0,5 Mol) in Nitrobenzol auf 110°: *Dziewoński, Russocki*, Bl. Acad. polon. [A] **1929** 506, 514. Beim Behandeln mit *N*-Nitroso-*N*-methyl-anilin in Chlorwasserstoff enthaltendem Äthanol und Äther ist Phenyl-[4-nitroso-phenyl]-amin erhalten worden (*Neber, Rauscher*, A. **550** [1942] 182, 189). Die beim Erhitzen mit Phosphor(III)-chlorid auf 220° und anschliessenden Behandeln mit Wasser erhaltene, früher (H 176) unter Vorbehalt als Phosphorigsäure-mono-diphenylamid angesehene Verbindung ist nach *Šergeew, Kudrjaschow* (Ž. obšč. Chim. **8** [1938] 266, 269; C. **1939** I 4472) als 10-Hydroxy-9.10-dihydro-phenophosphazin zu formulieren. Beim Erhitzen des Hydrochlorids mit Arsen(III)-oxid (0,5 Mol) unter

Zusatz von Aluminiumoxid auf 220° ist Chlor-diphenyl-arsin erhalten worden (*Pennsylvania Coal Prod. Co.*, U.S.P. 1997304 [1934]; vgl. E I 165). Bildung von Phenol beim Erhitzen mit wss. Phosphorsäure auf 350°: *I.G. Farbenind.*, D.R.P. 759425 [1940]; D.R.P. Org. Chem. **6** 1895. Austausch von Wasserstoff gegen Deuterium beim Erhitzen mit *O*-Deuterio-äthanol enthaltendem Äthanol, auch unter Zusatz von Natriumhydroxid oder von Schwefelsäure, auf 110°: *Brown, Kharasch, Sprowls*, J. org. Chem. **4** [1939] 442, 448.

Beim Erhitzen mit Benzolsulfonylazid auf 140° ist eine als *N'*-Benzolsulfonyl-*N*-phenyl-*o*-phenylendiamin oder *N'*-Benzolsulfonyl-*N*-phenyl-*p*-phenylendiamin oder als Gemisch dieser beiden Verbindungen angesehene Substanz (F: 130°) erhalten worden (*Curtius, Rissom*, J. pr. [2] **125** [1930] 311, 319). Bildung von Kalium-naphthalinthiolat-(2) und einer wahrscheinlich als *N.N*-Diphenyl-naphthalin-sulfenamid-(2) zu formulierenden Verbindung $C_{22}H_{17}NS$ (olivgrüne Krystalle [aus A.]; F: 92° [Zers.]) beim Behandeln der Kalium-Verbindung mit Di-[naphthyl-(2)]-disulfid in Äther: *Schönberg et al.*, B. **66** [1933] 237, 242.

Bildung von *N'*-Phenyl-*N*-[4-acetylimino-cyclohexadien-(2.5)-yliden]-*p*-phenylendiamin (*N'*-[4-Phenylimino-cyclohexadien-(2.5)-yliden]-*N*-acetyl-*p*-phenylendiamin) als Hauptprodukt beim Behandeln mit Essigsäure-[4-nitroso-anilid] in wss. Schwefelsäure (80%ig) bei −5°: *Ioffe, Šoloweïtschik*, Ž. obšč. Chim. **9** [1939] 129, 142; C. **1939** II 2916. Bildung von 4-[4-Phenylimino-cyclohexadien-(2.5)-ylidenamino]-2.3-dimethyl-1-phenyl-Δ^3-pyrazolinon-(5) beim Behandeln mit 4-Amino-2.3-dimethyl-1-phenyl-Δ^3-pyrazolinon-(5), Kaliumdichromat, Essigsäure und wss. Schwefelsäure: *Eisenstaedt*, J. org. Chem. **3** [1938] 153, 163.

Bildung von geringen Mengen *N*-Phenyl-anthranilsäure beim Erwärmen mit Butyllithium (2 Mol) in Äther und anschliessenden Behandeln mit festem Kohlendioxid: *Gilman et al.*, Am. Soc. **62** [1940] 977, 979.

Beim Erhitzen mit Butadien-(1.3) (0,5 Mol) unter Zusatz von Zinkchlorid auf 200° sind Phenyl-[4-(buten-(2)-yl)-phenyl]-amin (F: 52−53°), eine als Bis-[4-(buten-(2)-yl)-phenyl]-amin angesehene Verbindung (F: 148−148,5°) und eine Verbindung vom F: 67−68° (möglicherweise 2.3-Dimethyl-1-phenyl-indol; vgl. diesbezüglich *Hickinbottom*, Soc. **1934** 1981, 1982) erhalten worden (*Goodrich Co.*, U.S.P. 2419735 [1941]). Bildung von Diphenyl-[4-nitro-phenyl]-amin beim Behandeln der Natrium-Verbindung in flüssigem Ammoniak mit Nitrobenzol unter Zusatz von Eisen(III)-nitrat: *Bergstrom, Granara, Erickson*, J. org. Chem. **7** [1942] 98, 99, 100, 101.

Geschwindigkeitskonstante der Reaktion mit Bis-[2-chlor-äthyl]-sulfid in Äthanol bei 37°: *Stora, Genin*, Bl. **1949** 72, 79. Reaktion mit Triphenylmethylchlorid in Chlorbenzol, Toluol oder Xylol unter Bildung von Bis-[4-trityl-phenyl]-amin und Phenyl-[4-trityl-phenyl]-amin (vgl. E I 165): *Craig*, Am. Soc. **71** [1949] 2250.

Über die Reaktion mit Formaldehyd unter Bildung von Bis-diphenylamino-methan und von Bis-[4-anilino-phenyl]-methan (vgl. H 177) s. *Craig*, Am. Soc. **55** [1933] 3723, 3725, 3726. Bildung von 2.2-Bis-[4-anilino-phenyl]-propan beim Erhitzen mit Aceton (0,06 Mol) und wss. Salzsäure (0,05 Mol) bis auf 135°: *Craig*, Am. Soc. **60** [1938] 1458, 1463. Beim Erhitzen mit wenig Aceton unter Zusatz von wss. Salzsäure auf 160−170° ist Phenyl-[4-isopropenyl-phenyl]-amin, bei 250−260° sind hingegen 9.9-Dimethyl-acridan (Hauptprodukt), Phenyl-[4-isopropyl-phenyl]-amin, Acridin und 9-Methyl-acridin erhalten worden (*Cr.*, Am. Soc. **60** 1464). Bildung von Methoxy-phenyl-[4-dimethylamino-phenyl]-[4-anilino-phenyl]-methan beim Erhitzen mit 4-Dimethylamino-benzophenon und Aluminiumchlorid (2 Mol) auf 150° und Behandeln des danach isolierten Reaktionsprodukts mit methanol. Natronlauge: *Tolbert, Branch, Berlenbach*, Am. Soc. **67** [1945] 887, 892.

Bildung von 2.4-Dioxo-1-phenyl-1.2.3.4-tetrahydro-chinolin beim Erhitzen mit Malonsäure-diäthylester: *Baumgarten, Riedel*, B. **75** [1942] 984, 985. Beim Erwärmen mit Trichlormethansulfenylchlorid, Thiophosgen oder Trichlormethyl-*p*-tolyl-sulfid auf 150° sind *N.N'.N''*-Triphenyl-pararosanilin-hydrochlorid und eine als Diphenylamino-[4-anilino-phenyl]-[4-phenylimino-cyclohexadien-(2.5)-yliden]-methan-hydrochlorid angesehene Verbindung (F: 280° [Zers.]) erhalten worden (*Argyle, Dyson*, Soc. **1937** 1629, 1632, 1634). Bildung von geringen Mengen Bis-diphenylthiocarbamoyl-disulfid bei mehrwöchigem Erwärmen mit Schwefelkohlenstoff, Jod und Pyridin: *Fry, Farquhar*, R. **57** [1938] 1223, 1224, 1229.

Nachweis und Bestimmung.

Charakterisierung durch Überführung in Diphenyl-[4-nitro-benzyl]-amin (F: 96°): *Lyons*, J. Am. pharm. Assoc. **21** [1932] 224; in *N'.N'*-Diphenyl-*N*-[4-chlor-phenyl]-harnstoff (F: 166°) und in *N'.N'*-Diphenyl-*N*-[4-brom-phenyl]-harnstoff (F: 160°): *Sah et al.*, J. Chin. chem. Soc. **13** [1946] 22, 39, 47; in *N'.N'*-Diphenyl-*N*-[3-nitro-phenyl]-harnstoff (F: 154—155° bzw. F: 153°): *Karrman*, Svensk kem. Tidskr. **60** [1948] 61; *Sah et al.*, J. Chin. chem. Soc. **13** 32; in *N'.N'*-Diphenyl-*N*-[4-nitro-phenyl]-harnstoff (F: 175°): *Sah*, R. **59** [1940] 231, 235; in 1.1-Diphenyl-5-[naphthyl-(1)]-biuret (F: 215°) und in 1.1-Diphenyl-5-[naphthyl-(2)]-biuret (F: 175°): *Sah et al.*, J. Chin. chem. Soc. **14** [1946] 52, 61, 63.

Gravimetrische Bestimmung als Bis-[2.4-dibrom-phenyl]-amin (vgl. H 179; E II 104): *Galatis, Megaloikonomos*, Z. ges. Schiess-Sprengstoffw. **28** [1933] 273; *Becker, Hunold*, Z. ges. Schiess-Sprengstoffw. **28** [1933] 233, 284; *Cook*, Ind. eng. Chem. Anal. **7** [1935] 250, 253; *Pewzow*, Zavod. Labor. **4** [1935] 233; C. **1936** I 3550; als Bis-[2.4.6-trinitro-phenyl]-amin: *Cook*, l. c. S. 251; *Becker, Hunold*, Z. ges. Schiess-Sprengstoffw. **33** [1938] 244, 245.

Colorimetrische Bestimmung mit Hilfe von Kaliumdichromat und wss. Schwefelsäure: *Norvale, Ovenston, Parker*, Analyst **73** [1947] 389; vgl. *Barnes*, Analyst **69** [1944] 344. Farbreaktionen beim Behandeln mit Gold(III)-chlorid in Essigsäure: *Korenman*, Ž. chim. Promyšl. **8** [1931] 508; C. **1931** II 601; mit Nessler's Reagens: *Liebhafsky, Bronk*, Anal. Chem. **20** [1948] 588; mit Natriumamid in Toluol: *Krabbe, Grünwald*, B. **74** [1941] 1343, 1344; mit Natriumnitrit und wss. Salzsäure: *Mapstone*, Chem. and Ind. **1948** 807; mit Salpetersäure und anschliessend mit methanol. Kaliummethylat: *Canbäck*, Svensk kem. Tidskr. **58** [1946] 101; mit Natriumvanadat und wss. Schwefelsäure: *Narasimhasastri*, Curr. Sci. **17** [1948] 327; mit Ammoniumvanadat und wss. Salzsäure: *Ma.*; mit Selensäure und mit Selenigsäure: *Campbell, MacLean*, Soc. **1942** 504; mit Selendioxid und Schwefelsäure: *Dewey, Gelman*, Ind. eng. Chem. Anal. **14** [1942] 361. Colorimetrische Bestimmung mit Hilfe von 4-Sulfo-benzol-diazonium-(1)-betain: *Ponomarenko*, Zavod. Labor. **13** [1947] 937; C. A. **1950** 3410. Farbreaktionen beim Behandeln mit Tris-[biphenylyl-(4)]-methanol in Chlorwasserstoff enthaltender Essigsäure: *Morton, McKenney*, Am. Soc. **61** [1939] 2905, 2907; mit Methylmagnesiumjodid in Anisol und anschliessend mit Benzoylchlorid: *Meade*, Soc. **1939** 1808; mit Dibenzoylperoxid in Benzol in Gegenwart von Silicagel: *Weitz, Schmidt*, B. **72** [1939] 1740; mit Chloranil in Dioxan sowie mit 4-Dimethylamino-benzaldehyd oder Furfural in Essigsäure: *Frehden, Goldschmidt*, Mikroch. Acta **1** [1937] 338, 345, 350.

Bestimmung durch Behandlung mit Brom und jodometrische Titration des nicht verbrauchten Broms: *Ellington, Greensmith, Beard*, J. Soc. chem. Ind. **50** [1931] 151 T; *Cook*, Ind. eng. Chem. Anal. **7** [1935] 250, 255; *Becker, Hunold*, Z. ges. Schiess-Sprengstoffw. **33** [1938] 244; *Waugh, Harbottle, Noyes*, Ind. eng. Chem. Anal. **18** [1946] 636. Bestimmung durch potentiometrische Titration mit Hilfe von Kaliumchlorat und wss. Salzsäure: *Singh, Singh*, J. Indian chem. Soc. **16** [1939] 346; mit Hilfe von Natriumnitrit und wss. Schwefelsäure: *Singh, Rehmann*, J. Indian chem. Soc. **19** [1942] 349, 351, 353; mit Hilfe von Kaliumdichromat und wss. Schwefelsäure: *Kolthoff, Sarver*, Am. Soc. **52** [1930] 4179, 4183, 4185.

Salze und Additionsverbindungen.

Hydrochlorid (H 180; E I 166; E II 104). F: 116—117° (*Peschanski*, A. ch. [12] **2** [1947] 599, 623). D_4^{20}: 1,245 (*Pe.*, l. c. S. 616).

Nitrat $C_{12}H_{11}N \cdot HNO_3$ (vgl. H 180). Hellgelbes amorphes Pulver, das sich allmählich dunkel färbt (*Jones, Culbertson*, Pr. Iowa Acad. **49** [1942] 287).

Hexafluorosilicat $2C_{12}H_{11}N \cdot H_2SiF_6$. Krystalle (aus A.); F: 169° (*Jacobson*, Am. Soc. **53** [1931] 1011, 1012, 1013).

Verbindung mit Schwefeldioxid $2C_{12}H_{11}N \cdot SO_2$ (E II 104). Diese Verbindung ist nicht wieder erhalten worden (*Foote, Fleischer*, Am. Soc. **56** [1934] 870, 872).

Natrium-diphenylamid $NaC_{12}H_{10}N$ (H 179; E II 104). Gelbliches Pulver, das an der Luft grünschwarz wird (*Degussa*, D.R.P. 507996 [1927]; Frdl. **17** 653; *Roessler & Hasslacher Chem. Co.*, U.S.P. 1816911 [1928]). Elektrische Leitfähigkeit einer Lösung in flüssigem Ammoniak: *Kraus, Hawes*, Am. Soc. **55** [1933] 2776, 2781, 2784.

Kalium-diphenylamid $KC_{12}H_{10}N$ (H 179; E I 165). Elektrische Leitfähigkeit einer Lösung in flüssigem Ammoniak: *Kraus, Hawes*, Am. Soc. **55** [1933] 2776, 2781, 2784.

Verbindung mit Aluminiumbromid $C_{12}H_{11}N \cdot AlBr_3$ (E I 165). Krystalle; F: 204° (*Scheka*, Ž. fiz. Chim. **16** [1942] 99, 101; C. A. **1943** 6538). Dipolmoment (ε; Bzl.): 6,68 D (*Sch.*, l. c. S. 104).

Verbindung mit Aluminiumjodid $3C_{12}H_{11}N \cdot AlI_3$. Gelbe Krystalle; F: ca. 215° [Zers.; geschlossene Kapillare], 130–140° [Zers.; offene Kapillare] (*Rabinowitsch*, Ž. obšč. Chim. **16** [1946] 1541, 1543; C. A. **1947** 4739). Gegen Wasser und Äthanol nicht beständig (*Ra.*).

Titan(IV)-diphenylamid $Ti(C_{12}H_{10}N)_4$. *B.* Aus Kalium-diphenylamid und Titan(IV)-chlorid in Benzol unter Wasserstoff (*Dermer*, *Fernelius*, Z. anorg. Ch. **221** [1934] 83, 90). — Rote Krystalle (aus Bzl. + Bzn.); F: 190° [Zers.] (*De.*, *Fe.*).

Verbindung mit Titan(IV)-chlorid $C_{12}H_{11}N \cdot TiCl_4$. Grüngelb (*Dermer*, *Fernelius*, Z. anorg. Ch. **221** [1934] 83, 89).

Verbindung mit 1.3.5-Trinitro-benzol (vgl. H 179). Enthalpie der Bildung aus den Komponenten: *Hamilton*, *Hammick*, Soc. **1938** 1350. Absorptionsmaximum (CCl_4): 460 mμ (*Ha.*, *Ha.*).

Verbindung mit Benzophenon $C_{12}H_{11}N \cdot C_{13}H_{10}O$ (E I 165; E II 105). Dimorph: F: 40,2° [stabile Modifikation] und F: 30,8° [metastabile Modifikation] (*Lee*, *Warner*, Am. Soc. **55** [1933] 209, 212; s. a. *Wašil'ew*, Ž. obšč. Chim. **6** [1936] 555, 556; C. **1937** II 2146. Krystallographische Untersuchung: *Candel-Vila*, Bl. Soc. franç. Min. **70** [1947] 206.

2.4-Dinitro-benzoat $C_{12}H_{11}N \cdot C_7H_4N_2O_6$. Grau; wenig beständig (*Buehler*, *Calfee*, Ind. eng. Chem. Anal. **6** [1934] 351).

Methyl-diphenyl-amin, N-*methyldiphenylamine* $C_{13}H_{13}N$, Formel XIII (R = CH_3) (H 180; E I 166; E II 105).

B. Aus Diphenylamin beim Erhitzen mit Dimethylsulfat und Kaliumcarbonat auf 180° (*Forrest*, *Liddell*, *Tucker*, Soc. **1946** 454; vgl. H 180; E I 166; E II 105) sowie bei der Hydrierung eines Gemisches mit Formaldehyd in Wasser an Platin (*Skita*, *Keil*, *Havemann*, B. **66** [1933] 1400, 1408). Bei der Hydrierung von Bis-diphenylamino-methan an Kupfer-oxid-Chromoxid in Benzol bei 225°/110 at (*Craig*, Am. Soc. **55** [1933] 3723, 3726). Aus *N.N*-Diphenyl-formamid bei der Reduktion an einer Blei-Kathode in Schwefelsäure enthaltendem wss. Äthanol (*Gawrilow*, *Koperina*, Ž. obšč. Chim. **9** [1939] 1394, 1398; C. **1941** I 2515).

Kp: 290° (*Sašošow*, *Belokrinizkiĭ*, Ž. Mikrobiol. **1944** Nr. 3, S. 68; C. A. **1945** 4412); Kp_{738}: 292–294° (*Ga.*, *Ko.*), 283,5° (*Below*, Ž. obšč. Chim. **11** [1941] 750, 756; C. A. **1942** 419); Kp_{13}: 148° (*Sk.*, *Keil*, *Ha.*). D_4^{20}: 1,0537 (*Be.*). n_D^{20}: 1,6280 (*Be.*).

Bildung von Methyl-diphenyl-ammoniumyl-Radikalen bei der Bestrahlung einer festen Lösung in einem Äther-Isopentan-Äthanol-Gemisch bei −180° mit UV-Licht: *Lewis*, *Lipkin*, Am. Soc. **64** [1942] 2801, 2803; über den Dichroismus dieser festen Lösung s. *Lewis*, *Bigeleisen*, Am. Soc. **65** [1943] 520, 523. Austausch von Wasserstoff gegen Deuterium beim Erwärmen mit *O*-Deuterio-äthanol enthaltendem Äthanol in Gegenwart von Chlorwasserstoff oder Schwefelsäure auf 80° bzw. 115°: *Brown*, *Letang*, Am. Soc. **63** [1941] 358, 359, 360. Beim Erhitzen mit Diäthylsulfat (1 Mol) auf 150° sind eine Monosulfonsäure $C_{13}H_{13}NO_3S$ (Kalium-Salz $KC_{13}H_{12}NO_3S$: Krystalle [aus A.]), eine Disulfonsäure $C_{13}H_{13}NO_6S_2$ (Dikalium-Salz $K_2C_{13}H_{11}NO_6S_2$: Krystalle [aus A.]) sowie geringe Mengen Diäthyläther und Äthanol erhalten worden (*Below*, *Finkel'shteĭn*, Ž. obšč. Chim. **16** [1946] 1248, 1250; C. A. **1947** 3065).

Colorimetrischer Nachweis mit Hilfe von Selendioxid und Schwefelsäure: *Dewey*, *Gelman*, Ind. eng. Chem. Anal. **14** [1942] 361.

Tetrachlorozincat $2C_{13}H_{13}N \cdot H_2ZnCl_4$. F: 186–188° [Zers.] (*Craig*, Am. Soc. **55** [1933] 3723, 3727). Gegen Wasser nicht beständig (*Cr.*).

Methyl-diphenyl-aminoxid, N-*methyldiphenylamine* N-*oxide* $C_{13}H_{13}NO$, Formel XIV.

B. Aus Methyl-diphenyl-amin beim Erwärmen mit Acetanhydrid und wss. Wasserstoffperoxid (*Below*, *Šawitsch*, Ž. obšč. Chim. **17** [1947] 257, 259; C. A. **1948** 530).

Krystalle (aus Bzl.), F: 124° [Zers.]; Krystalle (aus W.) mit 1 Mol H_2O, F: 85° (*Be.*, *Ša.*, l. c. S. 258, 259).

Überführung in *N.N'*-Dimethyl-*N.N'*-diphenyl-benzidin durch Erhitzen des Hydrochlorids mit Wasser oder wss. Salzsäure und Erwärmen des (dunkelblauen) Reaktionsprodukts mit äthanol. Kalilauge: *Be.*, *Ša.*, l. c. S. 260. Beim Behandeln mit 1 Mol Phenylmagnesiumbromid in Äther ist eine Additionsverbindung $C_{13}H_{13}NO \cdot C_6H_5MgBr$, beim

Erwärmen mit 2 Mol Phenylmagnesiumbromid in Äther sind Biphenyl und Methyl-diphenyl-amin erhalten worden (*Below, Šawitsch*, Ž. obšč. Chim. **17** [1947] 262, 266; C. A. **1948** 530).

Hydrochlorid $C_{13}H_{13}NO \cdot HCl$. Krystalle (aus A. + Ae.); F: 103,5° [Zers.] (*Be., Ša.*, l. c. S. 260).

Pikrat $C_{13}H_{13}NO \cdot C_6H_3N_3O_7$. Gelbe Krystalle (aus A.); F: 96,5° [Zers.; blaugrüne Schmelze] (*Be., Ša.*, l. c. S. 259).

Äthyl-diphenyl-amin, N-*ethyldiphenylamine* $C_{14}H_{15}N$, Formel XIII ($R = C_2H_5$) (H 181; E II 105).

B. Aus Diphenylamin beim Erwärmen mit Äthyljodid und Kaliumcarbonat, beim Erhitzen mit Diäthylsulfat und Kaliumcarbonat auf 180° oder beim Behandeln mit Äthylmagnesiumbromid in Äther und anschliessend mit Diäthylsulfat (*Forrest, Liddell, Tucker*, Soc. **1946** 454) sowie bei der Hydrierung eines Gemisches mit Acetaldehyd in Wasser an Platin (*Skita, Keil, Havemann*, B. **66** [1933] 1400, 1408).

Kp_{72}: 207° (*Sašošow, Belokrinizkiĭ*, Ž. Mikrobiol. **1944** Nr. 3, S. 68; C. A. **1945** 4412); Kp_{13}: 150° (*Sk., Keil, Ha.*); Kp_{12}: 152—153° (*Fo., Li., Tu.*).

Beim Erwärmen mit Kaliumpermanganat in Aceton oder Pyridin ist *N.N*-Diphenyl-acetamid erhalten worden (*Fo., Li., Tu.*).

Propyl-diphenyl-amin, N-*propyldiphenylamine* $C_{15}H_{17}N$, Formel XIII ($R = CH_2\text{-}CH_2\text{-}CH_3$).

B. Aus Diphenylamin beim Erwärmen mit Propyljodid und Kaliumcarbonat oder beim Erhitzen mit Dipropylsulfat und Kaliumcarbonat (*Forrest, Liddell, Tucker*, Soc. **1946** 454) sowie bei der Hydrierung eines Gemisches mit Propionaldehyd in Wasser an Platin (*Skita, Keil, Havemann*, B. **66** [1933] 1400, 1408).

Kp_{12}: 154° (*Sk., Keil, Ha.*). Mit Wasserdampf flüchtig (*Sk., Keil, Ha.*).

Beim Behandeln mit Kaliumpermanganat in Aceton sind geringe Mengen Tetraphenylhydrazin erhalten worden (*Fo., Li., Tu.*).

Isopropyl-diphenyl-amin, N-*isopropyldiphenylamine* $C_{15}H_{17}N$, Formel XIII ($R = CH(CH_3)_2$).

B. Beim Erhitzen von Diphenylamin mit Isopropyljodid und Kaliumcarbonat (*Forrest, Liddell, Tucker*, Soc. **1946** 454).

Kp_{15}: 160—165°.

Butyl-diphenyl-amin, N-*butyldiphenylamine* $C_{16}H_{19}N$, Formel XIII ($R = [CH_2]_3\text{-}CH_3$).

B. Aus Diphenylamin beim Erhitzen mit Butyljodid (oder Butylbromid) und Kaliumcarbonat (*Forrest, Liddell, Tucker*, Soc. **1946** 454) sowie bei der Hydrierung eines Gemisches mit Butyraldehyd in Wasser an Platin (*Skita, Keil, Havemann*, B. **66** [1933] 1400, 1408).

Kp_{22}: 182° (*Sašošow, Belokrinizkiĭ*, Ž. Mikrobiol. **1944** Nr. 3, S. 68; C. A. **1945** 4412); Kp_{11}: 164° (*Sk., Keil, Ha.*). Mit Wasserdampf flüchtig (*Sk., Keil, Ha.*).

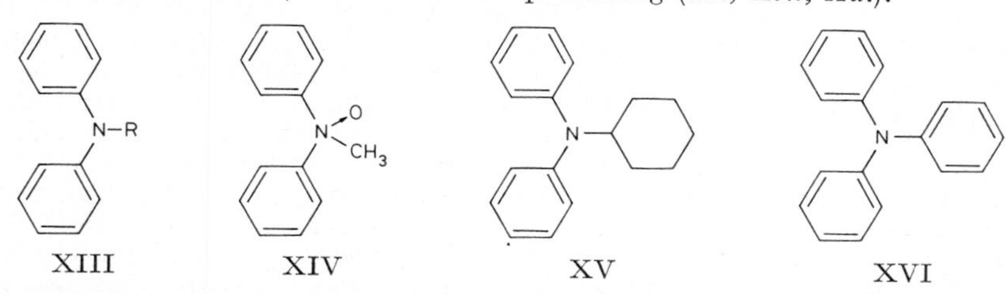

XIII XIV XV XVI

Isobutyl-diphenyl-amin, N-*isobutyldiphenylamine* $C_{16}H_{19}N$, Formel XIII ($R = CH_2\text{-}CH(CH_3)_2$).

B. Aus Diphenylamin beim Erhitzen mit Isobutyljodid und Kaliumcarbonat (*Forrest, Liddell, Tucker*, Soc. **1946** 454) sowie bei der Hydrierung eines Gemisches mit Isobutyraldehyd in Wasser an Platin (*Skita, Keil, Havemann*, B. **66** [1933] 1400, 1408).

Kp_{11}: 156—157° (*Sk., Keil, Ha.*). Mit Wasserdampf flüchtig (*Sk., Keil, Ha.*).

Pentyl-diphenyl-amin, N-*pentyldiphenylamine* $C_{17}H_{21}N$, Formel XIII ($R = [CH_2]_4\text{-}CH_3$).

B. Beim Erhitzen von Diphenylamin mit Pentyljodid und Kaliumcarbonat oder mit

Pentanol-(1) und Zinkchlorid (*Forrest, Liddell, Tucker*, Soc. **1946** 454).
Kp_{12}: 190—195°.

3-Diphenylamino-pentan, [1-Äthyl-propyl]-diphenyl-amin, N-(*1-ethylpropyl*)*diphenylamine* $C_{17}H_{21}N$, Formel XIII (R = $CH(C_2H_5)_2$).

B. Neben grösseren Mengen Diphenylamin beim Behandeln von *N.N*-Diphenyl-formamid mit Äthylmagnesiumbromid (3 Mol) in Äther (*Maxim, Mavrodineanu*, Bl. [5] **3** [1936] 1084, 1093).

Kp_{12}: 195°.

4-Diphenylamino-2.6-dimethyl-heptan, [3-Methyl-1-isobutyl-butyl]-diphenyl-amin, *1-isobutyl-3-methyl*-N,N-*diphenylbutylamine* $C_{21}H_{29}N$, Formel XIII (R = $CH[CH_2\text{-}CH(CH_3)_2]_2$).

B. Neben Isovaleraldehyd beim Behandeln von *N.N*-Diphenyl-formamid mit Isobutylmagnesiumchlorid (3 Mol) in Äther (*Maxim, Mavrodineanu*, Bl. [5] **2** [1935] 591, 597).

Kp_7: 185°.

Dodecyl-diphenyl-amin, N,N-*diphenyldodecylamine* $C_{24}H_{35}N$, Formel XIII (R = $[CH_2]_{11}\text{-}CH_3$).

B. Aus Diphenylamin und Dodecylbromid (*Hoyt*, Iowa Coll. J. **15** [1940/41] 75).

Kp_2: 198—202°. n_D^{20}: 1,5432.

Vinyl-diphenyl-amin, N-*vinyldiphenylamine* $C_{14}H_{13}N$, Formel XIII (R = $CH{=}CH_2$).

B. Beim Erhitzen von Diphenylamin mit Acetylen unter Zusatz von Kalium oder Kaliumhydroxid bzw. von Kaliumhydroxid und Pyridin, jeweils in Stickstoff-Atmosphäre (20 at) auf 180° (*I.G. Farbenind.*, D.R.P. 636213 [1935], 642424 [1935]; Frdl. **23** 94, 273).

Krystalle (aus A.); F: 52—54° (*I.G. Farbenind.*, D.R.P. 636213).

Cyclohexyl-diphenyl-amin, N,N-*diphenylcyclohexylamine* $C_{18}H_{21}N$, Formel XV.

B. Neben grösseren Mengen *N*-Cyclohexyl-anilin beim Erhitzen von Cyclohexylamin mit Brombenzol und Kaliumamid auf 120° (*Seibert, Bergstrom*, J. org. Chem. **10** [1945] 544, 549).

Krystalle; F: 75—77° [aus Me.] (*Sei., Be.*), 74—75,5° (*Spatz*, Iowa Coll. J. **17** [1943] 129, 130).

Hydrochlorid. F: 152—157° (*Sei., Be.*).

Triphenylamin, *triphenylamine* $C_{18}H_{15}N$, Formel XVI (H 181; E I 166; E II 106).

Elektronenverteilung: *Berthier, Pullman*, C. r. **226** [1948] 1725.

B. Neben Diphenylamin beim Erhitzen von Anilin unter Zusatz von wss. Salzsäure bis auf 280° (*Gen. Aniline Works*, U.S.P. 2051123 [1932]). Beim Behandeln von Diphenylamin mit Kaliumamid in flüssigem Ammoniak und anschliessend mit Chlorbenzol (*Wright, Bergstrom*, J. org. Chem. **1** [1936] 179, 183, 184).

Krystalle; F: 127,5° [korr.] (*Forward, Bowden, Jones*, Soc. **1949** Spl. 121, 124), 126,5° [nach Destillation im Vakuum] (*Brown, Kharasch, Sprowls*, J. org. Chem. **4** [1939] 442, 454), 126—126,5° (*Adkins, Zartman, Cramer*, Am. Soc. **53** [1931] 1425, 1427), 124—125° [aus A.] (*Wright, Bergstrom*, J. org. Chem. **1** [1936] 179, 184). Kp_{760}: 364° (*Fo., Bo., Jo.*, l. c. S. 121). Dampfdruck bei Temperaturen von 200° bis 250°: *Fo., Bo., Jo.*, l. c. S. 124. Mittlere Verdampfungswärme zwischen 200° und 250°: 16090 cal/mol (*Fo., Bo., Jo.*, l. c. S. 121). Wärmekapazität C_p bei Temperaturen von —171,3° (27,1 cal/grad mol) bis +72,5° (82,2 cal/grad mol): *Smith, Andrews*, Am. Soc. **53** [1931] 3661, 3663. Dichte D_4 bei Temperaturen von 135,8° (1,0096) bis 224,5° (0,9384): *Fo., Bo., Jo.*, l. c. S. 124, 125. Oberflächenspannung bei Temperaturen von 135,8° (33,5 dyn/cm) bis 224,5° (25,0 dyn/cm): *Fo., Bo., Jo.*, l. c. S. 125. Absorptionsspektrum (520—660 mμ) von Lösungen in Nitrobenzol bei 25° und 85° und Drucken von 1—1000 bar: *Gibson, Loeffler*, Am. Soc. **62** [1940] 1324, 1327. Fluorescenzspektrum der Krystalle: *Bertrand*, Bl. [5] **12** [1945] 1010, 1015. Phosphorescenzspektrum einer festen Lösung in einem Isopentan-Äthanol-Äther-Gemisch bei —180°: *Lewis, Kasha*, Am. Soc. **66** [1944] 2100, 2106, 2108. Dipolmoment (ε; Bzl.): 0,26 D (*Bergmann, Schütz*, Z. physik. Chem. [B] **19** [1932] 401, 403). Elektrolytische Dissoziation in Essigsäure: *Hall, Sprinkle*, Am. Soc. **54** [1932] 3469, 3482. Eutektika sind in den binären Systemen mit Triphenylmethan, Triphenyl=

phosphin, Triphenylarsin, Triphenylstibin, Triphenylbismutin und Tetraphenylstannan nachgewiesen worden (*Forward, Bowden, Jones*, Soc. **1949** Spl. 121, 122). Thermische Analyse des Systems mit Äthylendiamin: *Puschin, Rikowški, Milutinowitsch*, Glasnik chem. Društva Beograd **14** [1949] 35, 36; C. A. **1952** 4344.

Bildung von Triphenylammoniumyl-Radikalen bei der Bestrahlung einer festen Lösung in einem Isopentan-Äther-Äthanol-Gemisch bei —180° mit UV-Licht: *Lewis, Lipkin*, Am. Soc. **64** [1942] 2801, 2802. Austausch von Wasserstoff gegen Deuterium beim Erhitzen mit *O*-Deuterio-äthanol enthaltendem Äthanol in Gegenwart von Chlorwasserstoff oder Schwefelsäure auf 125° bzw. 110°: *Brown, Letang*, Am. Soc. **63** [1941] 358, 359; *Brown, Kharasch, Sprowls*, J. org. Chem. **4** [1939] 442, 444. Beim Erhitzen mit Dimethylsulfat auf 160° sind eine Sulfonsäure $C_{18}H_{15}NO_3S$ (Kalium-Salz $KC_{18}H_{14}NO_3S$: Krystalle [aus A.] mit 1 Mol H_2O; F: 241—243°) sowie geringe Mengen Dimethyläther und Methanol erhalten worden (*Below*, Ž. obšč. Chim. **11** [1941] 750, 754; C. A. **1942** 419). Bildung von geringen Mengen 3-Diphenylamino-benzoesäure beim Erwärmen mit Butyllithium in Äther unter Zusatz von Kupfer-Pulver und anschliessenden Behandeln mit festem Kohlendioxid: *Gilman, Brown*, Am. Soc. **62** [1940] 3208.

Farbreaktionen: *Krabbe, Grünwald*, B. **74** [1941] 1343, 1344; *Campbell, MacLean*, Soc. **1942** 504.

Reineckat $C_{18}H_{15}N \cdot H[Cr(NH_3)_2(SCN)_4]$. Rote Krystalle (*Coupechoux*, J. Pharm. Chim. **30** [1939] 118, 125). Löslichkeit bei 20° in Wasser: 0,12 g/100 ml; in Äthanol: 1,31 g/100 ml (*Cou.*).

Verbindung mit 1.3.5-Trinitro-benzol. Enthalpie der Bildung aus den Komponenten: *Hamilton, Hammick*, Soc. **1938** 1350. Absorptionsmaximum (CCl_4): 490 mμ (*Ha., Ha.*). [*Haltmeier*]

2-Anilino-äthanol-(1), *2-anilinoethanol* $C_8H_{11}NO$, Formel I (R = H) (H 182; E II 106).

B. Beim Erhitzen von Anilin mit 2-Chlor-äthanol-(1) in Wasser (*Schorygin, Šmirnow*, Ž. obšč. Chim. **4** [1934] 830, 833; C. **1935** II 3763; *Schorygin, Below*, Ž. obšč. Chim. **5** [1935] 1707, 1713, 1714; C. **1937** I 2594; *Dashen, Brewster*, Trans. Kansas Acad. **40** [1937] 103, 104; vgl. H 182; E II 106). Neben *N.N*-Bis-[2-hydroxy-äthyl]-anilin beim Erhitzen von Anilin mit Äthylenglykol in Gegenwart von Borfluorid auf 190° (*Eastman Kodak Co.*, U.S.P. 2391139 [1943]). Beim Erwärmen von Anilin mit Toluol-sulfonsäure-(4)-[2-benzyloxy-äthylester] und wss.-äthanol. Kalilauge und Behandeln des Reaktionsprodukts mit wss. Salzsäure (*Butler, Renfrew*, Am. Soc. **60** [1938] 1582, 1583).

Kp_{759}: 284° (*Sch., Be.*); Kp_{14}: 185° (*Anker, Cook*, Soc. **1944** 489, 490); Kp_{13}: 157—158° (*Bu., Re.*); Kp_{7-8}: 158—160° (*Sch., Šm.*). D^0: 1,1083; D^{20}: 1,0945 (*Sch., Be.*); D^{20}: 1,0963 (*Noll, Bolz*, Papierf. **33** [1935] 193). Viscosität bei 20°: 1,17 g/cmsec (*Noll, Bolz*).

Überführung in 1.4-Diphenyl-piperazin durch Erhitzen einer Lösung in Dioxan in Gegenwart von Kupferoxid-Chromoxid unter Wasserstoff bis auf 275°: *Bain, Pollard*, Am. Soc. **61** [1939] 532; durch Behandeln mit Phosphor(V)-chlorid in Chloroform: *Korschak, Štrepicheew*, Ž. obšč. Chim. **14** [1944] 312, 314; C. A. **1945** 3790. Beim Erhitzen mit Natrium auf 280° ist eine Verbindung C_8H_9N (Krystalle [aus A.], F: 66—67,5°; Benzoyl-Derivat $C_{15}H_{13}NO$: Krystalle [aus A.], F: 191—192°) erhalten worden (*Sch., Be.*). Reaktion mit Acetylen in Gegenwart von Kaliumhydroxid unter Bildung von 2-Methyl-3-phenyl-oxazolidin: *J. W. Reppe*, Acetylene Chemistry [New York 1949] S. 36, 42. Bildung von 3-Phenyl-oxazolidinon-(2) beim Erhitzen mit Dibutylcarbonat und Natriumcarbonat auf 170°: *Mallinckrodt Chem. Works*, U.S.P. 2399118 [1942].

Pikrat $C_8H_{11}NO \cdot C_6H_3N_3O_7$. Gelbe Krystalle (aus A.); F: 124—125° (*Sch., Be.*).

2-Anilino-1-methoxy-äthan, *N*-[2-Methoxy-äthyl]-anilin, N-(*2-methoxyethyl*)*aniline* $C_9H_{13}NO$, Formel I (R = CH_3).

B. Beim Erhitzen von Anilin mit 1-Methoxy-äthanol-(2) in Gegenwart von Raney-Nickel auf 220° (*Eastman Kodak Co.*, U.S.P. 2381071 [1943]).

Kp_{13}: 130°.

2-Anilino-1-äthoxy-äthan, *N*-[2-Äthoxy-äthyl]-anilin, N-(*2-ethoxyethyl*)*aniline* $C_{10}H_{15}NO$, Formel I (R = C_2H_5).

B. Beim Erhitzen von Anilin mit Äthyl-[2-chlor-äthyl]-äther bis auf 180° (*Swallen, Boord*, Am. Soc. **52** [1930] 651, 659).

Kp: 262—263°. D_{20}^{20}: 1,0156.

2-Anilino-1-phenoxy-äthan, *N*-[2-Phenoxy-äthyl]-anilin, N-(*2-phenoxyethyl)aniline* $C_{14}H_{15}NO$, Formel II (R = X = H) (E II 107).

B. Beim Erhitzen von Anilin mit [2-Chlor-äthyl]-phenyl-äther auf 150° (*Rubber Serv. Labor. Co.*, U.S.P. 1851767 [1929]; vgl. E II 107).

F: 49°.

2-Anilino-1-[2.4-dichlor-phenoxy]-äthan, *N*-[2-(2.4-Dichlor-phenoxy)-äthyl]-anilin, N-[*2-(2,4-dichlorophenoxy)ethyl]aniline* $C_{14}H_{13}Cl_2NO$, Formel II (R = X = Cl).

B. Aus Anilin und [2-Brom-äthyl]-[2.4-dichlor-phenyl]-äther [nicht näher beschrieben] (*Jones, Metcalfe, Sexton*, Biochem. J. **45** [1949] 143, 145).

F: 42—44°.

Hydrochlorid. F: 137—140°.

2-Anilino-1-[4-nitro-phenoxy]-äthan, *N*-[2-(4-Nitro-phenoxy)-äthyl]-anilin, N-[*2-(*p-*nitrophenoxy)ethyl]aniline* $C_{14}H_{14}N_2O_3$, Formel II (R = H, X = NO_2).

B. Beim Erhitzen von Anilin mit [2-Chlor-äthyl]-[4-nitro-phenyl]-äther und wss. Natronlauge (*Röhm & Haas Co.*, U.S.P. 2294299 [1940]).

Krystalle (aus Bzl.); F: 100—102°.

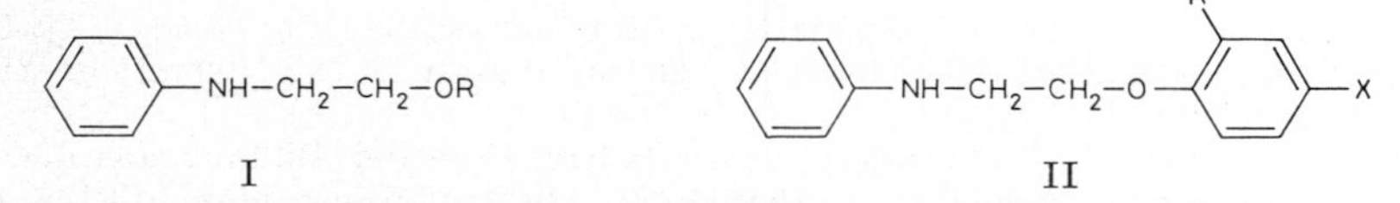

I II

2-Anilino-1-[biphenylyl-(2)-oxy]-äthan, *N*-[2-(Biphenylyl-(2)-oxy)-äthyl]-anilin, N-[*2-(biphenyl-2-yloxy)ethyl]aniline* $C_{20}H_{19}NO$, Formel III.

B. Beim Erhitzen von Anilin mit [2-Chlor-äthyl]-[biphenylyl-(2)]-äther und Calciumoxid auf 180° (*Dow Chem. Co.*, U.S.P. 2217660 [1938]).

Öl; bei 215—225°/5 Torr destillierbar. D_{25}^{25}: 1,123.

Hydrochlorid. Krystalle (aus Bzl.); F: 140°.

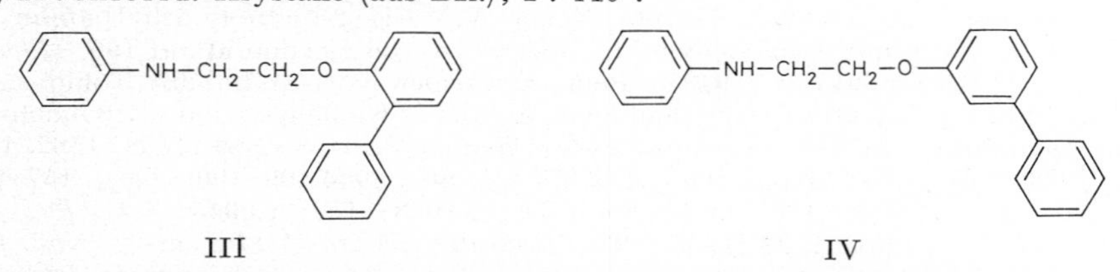

III IV

2-Anilino-1-[biphenylyl-(3)-oxy]-äthan, *N*-[2-(Biphenylyl-(3)-oxy)-äthyl]-anilin, N-[*2-(biphenyl-3-yloxy)ethyl]aniline* $C_{20}H_{19}NO$, Formel IV.

B. Beim Erhitzen von Anilin mit [2-Chlor-äthyl]-[biphenylyl-(3)]-äther und Calciumoxid bis auf 235° (*Dow Chem. Co.*, U.S.P. 2217660 [1938]).

Krystalle. Bei 168—175°/5 Torr destillierbar.

2-Anilino-1-benzhydryloxy-äthan, *N*-[2-Benzhydryloxy-äthyl]-anilin, N-[*2-(benzhydryloxy)ethyl]aniline* $C_{21}H_{21}NO$, Formel I (R = $CH(C_6H_5)_2$).

B. Beim Erwärmen von 2-Anilino-äthanol-(1) mit Benzhydrylbromid in Benzol und Erhitzen des Reaktionsprodukts bis auf 140° (*Cromwell, Fitzgibbon*, Am. Soc. **70** [1948] 387).

Krystalle (aus wss. A.); F: 100°.

Hydrochlorid $C_{21}H_{21}NO \cdot HCl$. F: 210°.

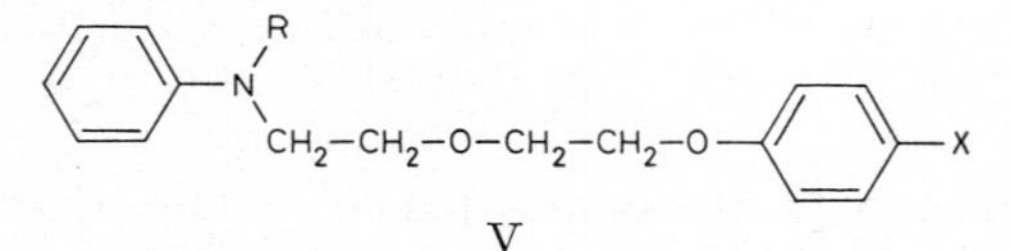

V

2-Anilino-1-[2-phenoxy-äthoxy]-äthan, *N*-[2-(2-Phenoxy-äthoxy)-äthyl]-anilin, N-[*2-(2-phenoxyethoxy)ethyl]aniline* $C_{16}H_{19}NO_2$, Formel V (R = X = H).

B. Beim Erhitzen von Anilin mit [2-Chlor-äthyl]-[2-phenoxy-äthyl]-äther auf 110°

(*Röhm & Haas Co.*, U.S.P. 2132674 [1936]).
Kp_7: 204—207°.

2-[2-Anilino-äthoxy]-1-[4-(1.1.3.3-tetramethyl-butyl)-phenoxy]-äthan, *1-(2-anilino-ethoxy)-2-[p-(1,1,3,3-tetramethylbutyl)phenoxy]ethane* $C_{24}H_{35}NO_2$, Formel V (R = H, X = $C(CH_3)_2$-CH_2-$C(CH_3)_3$).
B. Beim Erhitzen von Anilin mit 2-[2-Chlor-äthoxy]-1-[4-(1.1.3.3-tetramethyl-butyl)-phenoxy]-äthan bis auf 120° (*Röhm & Haas Co.*, U.S.P. 2132674 [1936]).
Kp_6: 250—255°.

2-[2-Anilino-äthoxy]-1-[4-cyclohexyl-phenoxy]-äthan, *N*-{2-[2-(4-Cyclohexyl-phenoxy)-äthoxy]-äthyl}-anilin, N-{*2-[2-(*p*-cyclohexylphenoxy)ethoxy]ethyl}aniline* $C_{22}H_{29}NO_2$, Formel VI.
B. Beim Erhitzen von Anilin mit 2-[2-Chlor-äthoxy]-1-[4-cyclohexyl-phenoxy]-äthan bis auf 140° (*Röhm & Haas Co.*, U.S.P. 2132674 [1936]).
Kp_5: 271—273°.

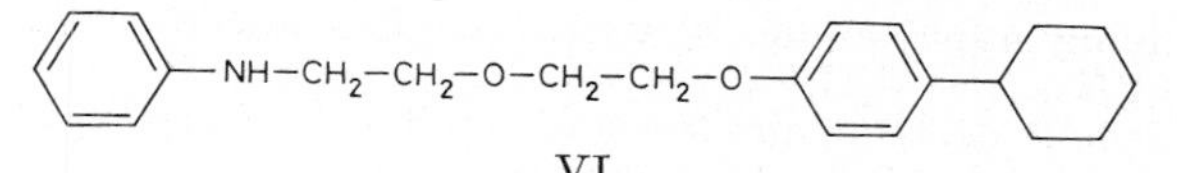

VI

2-[2-Anilino-äthoxy]-1-[2-phenoxy-äthoxy]-äthan, *N*-{2-[2-(2-Phenoxy-äthoxy)-äthoxy]-äthyl}-anilin, *O*-[2-Anilino-äthyl]-*O'*-phenyl-diäthylenglykol, N-{*2-[2-(2-phenoxyethoxy)ethoxy]ethyl}aniline* $C_{18}H_{23}NO_3$, Formel I (R = CH_2-CH_2-O-CH_2-CH_2-O-C_6H_5).
B. Beim Erhitzen von Anilin mit 2-[2-Chlor-äthoxy]-1-[2-phenoxy-äthoxy]-äthan bis auf 140° (*Röhm & Haas Co.*, U.S.P. 2132674 [1936]).
Kp_3: 238—240°.

2-Anilino-1-benzoyloxy-äthan, Benzoesäure-[2-anilino-äthylester], *1-anilino-2-(benzoyl-oxy)ethane* $C_{15}H_{15}NO_2$, Formel I (R = CO-C_6H_5) (H 182; E II 107).
Krystalle; F: 78° [aus A.] (*Schorigin, Below*, B. **68** [1935] 833, 836), 78° (*Olin, Dains*, Am. Soc. **52** [1930] 3322, 3325).
Pikrat $C_{15}H_{15}NO_2 \cdot C_6H_3N_3O_7$. Gelbe Krystalle (aus A.); F: 150° (*Sch., Be.*).

2-Anilino-1-carbamoyloxy-äthan, Carbamidsäure-[2-anilino-äthylester], *1-anilino-2-(carbamoyloxy)ethane* $C_9H_{12}N_2O_2$, Formel I (R = CO-NH_2).
B. Beim Erhitzen von 2-Anilino-äthanol-(1) mit Harnstoff unter Zusatz von Uranyl-acetat in Xylol (*I.G. Farbenind.*, D.R.P. 753127 [1940]; D.R.P. Org. Chem. **6** 1479, 1482).
Krystalle; F: 79°.
Hydrochlorid. F: 194—195° [Zers.].

2-Anilino-äthanthiol-(1), *2-anilinoethanethiol* $C_8H_{11}NS$, Formel VII (R = X = H).
B. Beim Erhitzen von Anilin mit Äthylensulfid (*I.G. Farbenind.*, D.R.P. 631016 [1934]; Frdl. **23** 244; *Reppe et al.*, A. **601** [1956] 81, 127; *Snyder, Stewart, Ziegler*, Am. Soc. **69** [1947] 2672).
Kp_3: 118—119° (*I.G. Farbenind.*; *Re. et al.*); $Kp_{2,5}$: 95—97°; n_D^{20}: 1,6040 (*Sn., St., Zie.*).
Beim Behandeln mit Acetanhydrid ist ein Acetyl-Derivat $C_{10}H_{13}NOS$ (Krystalle [aus Bzn.]; F: 65—66°) erhalten worden (*Sn., St., Zie.*).

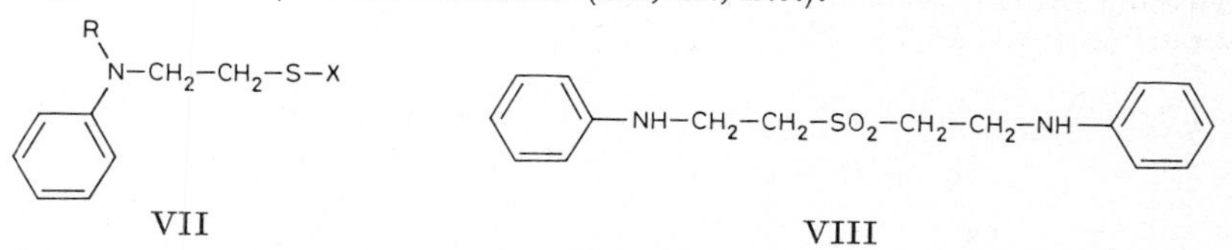

VII VIII

Bis-[2-anilino-äthyl]-sulfon, N,N'-*(sulfonyldiethylene)dianiline* $C_{16}H_{20}N_2O_2S$, Formel VIII.
B. Aus Anilin und Divinylsulfon (*Alexander, McCombie*, Soc. **1931** 1913, 1917). Neben 4-Phenyl-tetrahydro-2*H*-[1.4]thiazin-1.1-dioxid beim Erhitzen von Bis-[2-chlor-äthyl]-

sulfon oder von Divinylsulfon mit Anilin (*Ford-Moore*, Soc. **1949** 2433, 2438).
Krystalle; F: 95—96° [aus Me.] (*Fo.-M.*), 94—95° [aus A.] (*Al.*, *McC.*).

2-[*N*-Methyl-anilino]-äthanol-(1), *2-(N-methylanilino)ethanol* $C_9H_{13}NO$, Formel IX (R = CH_3, X = H) (H 182; E II 107).
Kp_{15}: 151—153° (*Blicke, Maxwell*, Am. Soc. **64** [1942] 428, 429).
Beim Erwärmen mit Phosphoroxychlorid und Behandeln des danach isolierten Reaktionsprodukts mit *N*-Methyl-formanilid und Phosphoroxychlorid in Benzol ist 4-[Methyl-(2-chlor-äthyl)-amino]-benzaldehyd erhalten worden (*Gen. Aniline Works*, U.S.P. 2141090 [1936]).

***N*-Methyl-*N*-[2-methoxy-äthyl]-anilin**, *N-(2-methoxyethyl)-N-methylaniline* $C_{10}H_{15}NO$, Formel IX (R = X = CH_3).
B. Beim Behandeln der Natrium-Verbindung des 2-[*N*-Methyl-anilino]-äthanols-(1) mit Dimethylsulfat in Toluol (*Boon*, Soc. **1947** 307, 311).
Kp_{15}: 125°.

***N*-Methyl-*N*-[2-äthoxy-äthyl]-anilin**, *N-(2-ethoxyethyl)-N-methylaniline* $C_{11}H_{17}NO$, Formel IX (R = CH_3, X = C_2H_5).
B. Beim Behandeln der Natrium-Verbindung des 2-[*N*-Methyl-anilino]-äthanols-(1) mit Diäthylsulfat in Toluol (*Boon*, Soc. **1947** 307, 311).
Kp_{23}: 142°.

2-[*N*-Methyl-anilino]-1-[2.4-dichlor-phenoxy]-äthan, *N*-Methyl-*N*-[2-(2.4-dichlor-phenoxy)-äthyl]-anilin, *N-[2-(2,4-dichlorophenoxy)ethyl]-N-methylaniline* $C_{15}H_{15}Cl_2NO$, Formel X.
B. Aus *N*-Methyl-anilin und [2-Brom-äthyl]-[2.4-dichlor-phenyl]-äther [nicht näher beschrieben] (*Jones, Metcalfe, Sexton*, Biochem. J. **45** [1949] 143, 145).
Kp_{15}: 250—260°.

2-[2-(*N*-Methyl-anilino)-äthoxy]-1-[4-*tert*-butyl-phenoxy]-äthan, *N*-Methyl-*N*-{2-[2-(4-*tert*-butyl-phenoxy)-äthoxy]-äthyl}-anilin, *1-(p-tert-butylphenoxy)-2-[2-(N-methylanilino)ethoxy]ethane* $C_{21}H_{29}NO_2$, Formel V (R = CH_3, X = $C(CH_3)_3$) auf S. 294.
B. Beim Erhitzen von *N*-Methyl-anilin mit 2-[2-Chlor-äthoxy]-1-[4-*tert*-butyl-phenoxy]-äthan auf 140° (*Röhm & Haas Co.*, U.S.P. 2132674 [1936]).
Kp_2: 198—201°.

2-[*N*-Methyl-anilino]-1-benzoyloxy-äthan, *1-(benzoyloxy)-2-(N-methylanilino)ethane* $C_{16}H_{17}NO_2$, Formel IX (R = CH_3, X = CO-C_6H_5) (H 182; E I 167).
B. Beim Erhitzen von *N*-Methyl-anilin mit Benzoesäure-[2-chlor-äthylester] bis auf 170° (*Schorigin, Below*, B. **68** [1935] 833, 837; Ž. obšč. Chim. **5** [1935] 1707, 1716; C. **1937** I 2594). Aus 2-Anilino-1-benzoyloxy-äthan beim Behandeln mit Methyljodid (*Sch.*, *Be.*).
Krystalle; F: 46—48°. Kp_{12}: 211—212°; Kp_7: 205—207°.
Pikrat $C_{16}H_{17}NO_2 \cdot C_6H_3N_3O_7$ (E I 167). Gelbe Krystalle (aus A.); F: 163—164°.

2-[*N*-Methyl-anilino]-1-benziloyloxy-äthan, Benzilsäure-[2-(*N*-methyl-anilino)-äthylester], *1-(benziloyloxy)-2-(N-methylanilino)ethane* $C_{23}H_{23}NO_3$, Formel IX (R = CH_3, X = CO-C$(C_6H_5)_2$-OH).
B. Beim Erwärmen von Benzilsäure mit *N*-Methyl-*N*-[2-chlor-äthyl]-anilin in Isopropylalkohol (*Blicke, Maxwell*, Am. Soc. **64** [1942] 428, 430).
Krystalle (aus A.); F: 78—79°.

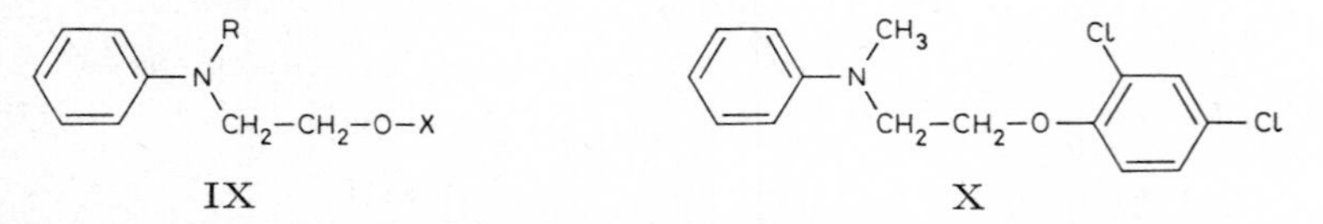

IX X

Bis-[2-(*N*-methyl-anilino)-äthyl]-äther, *N,N'-dimethyl-N,N'-(oxydiethylene)dianiline* $C_{18}H_{24}N_2O$, Formel XI (R = X = CH_3).
B. Neben 4-Phenyl-morpholin beim Erhitzen von Bis-[2-chlor-äthyl]-äther mit *N*-Methyl-anilin unter Zusatz von Kupfer-Pulver und Kaliumcarbonat auf 100° (*Boon*,

Soc. **1949** 1378).
Krystalle (aus Me.); F: 45°.

2-[*N*-Methyl-anilino]-äthanthiol-(1), *2-(N-methylanilino)ethanethiol* $C_9H_{13}NS$, Formel VII ($R = CH_3$, $X = H$) auf S. 295.
B. Beim Erhitzen von *N*-Methyl-anilin mit Äthylensulfid bis auf 170° (*I.G. Farbenind.*, D.R.P. 631016 [1934]; Frdl. **23** 244).
$Kp_{2,5}$: 116°.

Bis-[2-(*N*-methyl-anilino)-äthyl]-sulfid, *N,N'-dimethyl-N,N'-(thiodiethylene)dianiline* $C_{18}H_{24}N_2S$, Formel XII.
B. Aus *N*-Methyl-anilin und Bis-[2-chlor-äthyl]-sulfid (*Nakajima*, J. pharm. Soc. Japan **66** [1946] 15, 19; C. A. **1951** 6574).
Pikrat. F: 155°.

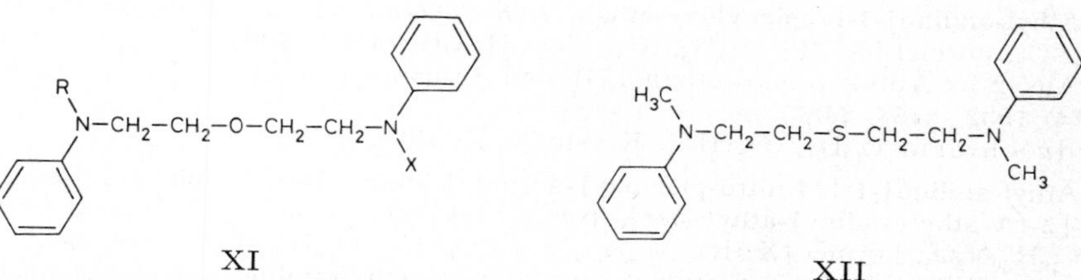

XI XII

N.N-Dimethyl-N-[2-benziloyloxy-äthyl]-anilinium, *N-[2-(benziloyloxy)ethyl]-N,N-dimethylanilinium* $[C_{24}H_{26}NO_3]^{\oplus}$, Formel XIII.
Bromid $[C_{24}H_{26}NO_3]Br$. *B.* Aus 2-[*N*-Methyl-anilino]-1-benziloyloxy-äthan und Methylbromid in Äthanol (*Blicke, Maxwell*, Am. Soc. **64** [1942] 428, 430). — Krystalle (aus A. + E.); F: 179—180°.

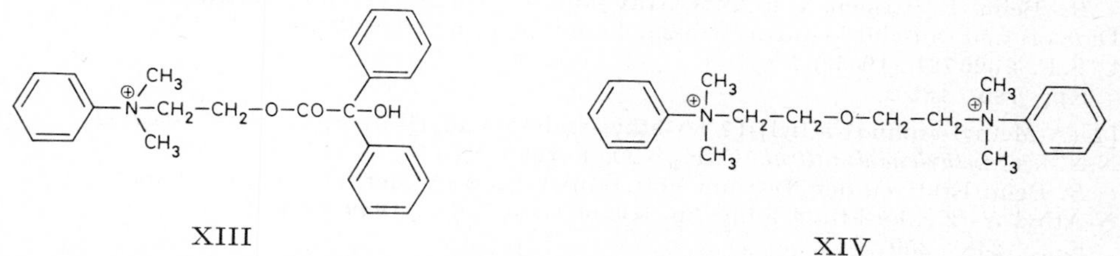

XIII XIV

Bis-[2-(*N.N*-dimethyl-anilinio)-äthyl]-äther, *N,N,N',N'-tetramethyl-N,N'-(oxydiethylene)dianilinium* $[C_{20}H_{30}N_2O]^{\oplus\oplus}$, Formel XIV.
Dijodid $[C_{20}H_{30}N_2O]I_2$. *B.* Beim Erhitzen von *N.N*-Dimethyl-anilin mit Bis-[2-jod-äthyl]-äther (*Ruigh, Major*, Am. Soc. **53** [1931] 2662, 2670). — Krystalle (aus A.); F: 220—230° [Zers.].

2-[*N*-Äthyl-anilino]-äthanol-(1), *2-(N-ethylanilino)ethanol* $C_{10}H_{15}NO$, Formel IX ($R = C_2H_5$, $X = H$) (H 183; E II 109).
B. Beim Behandeln von *N*-Äthyl-anilin mit Äthylenoxid in Methanol (*Rohrmann, Shonle*, Am. Soc. **66** [1944] 1640; vgl. E II 109).
Krystalle (aus PAe.); F: 36° (*Dippy et al.*, J. Soc. chem. Ind. **56** [1937] 346 T). Kp: 268° (*Brill*, Am. Soc. **54** [1932] 2484, 2486); Kp_{14}: 151° (*Anker, Cook*, Soc. **1944** 489, 490). Viscosität bei 25°: 0,526 g/cmsec (*Bhattacharyya, Nakhate*, J. Indian chem. Soc. **24** [1947] 99). Dielektrizitätskonstante bei 25°: 8,55 (*Bh., Na.*).
Beim Behandeln mit wss. Formaldehyd und wss. Salzsäure und anschliessend mit Natrium-[3-nitro-benzol-sulfonat-(1)] und Eisen-Spänen ist 3-{4-[Äthyl-(2-hydroxy-äthyl)-amino]-benzylidenamino}-benzol-sulfonsäure-(1) erhalten worden (*Di. et al.*).

2-[*N*-(2-Brom-äthyl)-anilino]-äthanol-(1), *2-[N-(2-bromoethyl)anilino]ethanol* $C_{10}H_{14}BrNO$, Formel IX ($R = CH_2$-CH_2Br, $X = H$).
B. Neben *N.N*-Bis-[2-brom-äthyl]-anilin aus *N.N*-Bis-[2-brom-äthyl]-anilin-hydrobromid mit Hilfe von Natriumhydrogencarbonat (*Cerkovnikov, Štern*, Arh. Kemiju **18** [1946] 12, 20; C. A. **1948** 1939).
Krystalle (aus Me.); F: 179—180°.

N-Äthyl-N-[2-methoxy-äthyl]-anilin, *N-ethyl-N-(2-methoxyethyl)aniline* $C_{11}H_{17}NO$, Formel IX ($R = C_2H_5$, $X = CH_3$) auf S. 296.

B. Beim Erhitzen von *N*-Äthyl-anilin mit Toluol-sulfonsäure-(4)-[2-methoxy-äthylester] und Natriumcarbonat bis auf 130° (*CIBA*, D.R.P. 620648 [1933]; Frdl. **22** 977). Beim Behandeln der Natrium-Verbindung des 2-[*N*-Äthyl-anilino]-äthanols-(1) mit Dimethylsulfat in Toluol (*Boon*, Soc. **1947** 307, 311).

Kp_{11}: 130° (*Boon*); Kp_2: 93° (*CIBA*).

2-[N-Äthyl-anilino]-1-acetoxy-äthan, *1-acetoxy-2-(N-ethylanilino)ethane* $C_{12}H_{17}NO_2$, Formel IX ($R = C_2H_5$, $X = CO\text{-}CH_3$) auf S. 296.

B. Beim Behandeln von 2-[*N*-Äthyl-anilino]-äthanol-(2) mit Acetanhydrid und Natriumacetat (*CIBA*, D.R.P. 620648 [1933]; Frdl. **22** 977).

Kp_2: 126°.

2-[N-Äthyl-anilino]-1-propionyloxy-äthan, *1-(N-ethylanilino)-2-(propionyloxy)ethane* $C_{13}H_{19}NO_2$, Formel IX ($R = C_2H_5$, $X = CO\text{-}CH_2\text{-}CH_3$) auf S. 296.

B. Aus 2-[*N*-Äthyl-anilino]-äthanol-(1) und Propionylchlorid in Benzol (*Brill*, Am. Soc. **54** [1932] 2484, 2486).

Hydrochlorid $C_{13}H_{19}NO_2 \cdot HCl$. Krystalle; F: 171°.

2-[N-Äthyl-anilino]-1-[(4-nitro-phenoxy)-acetoxy]-äthan, [4-Nitro-phenoxy]-essigsäure-[2-(N-äthyl-anilino)-äthylester], *(p-nitrophenoxy)acetic acid 2-(N-ethylanilino)ethyl ester* $C_{18}H_{20}N_2O_5$, Formel IX ($R = C_2H_5$, $X = CO\text{-}CH_2\text{-}O\text{-}C_6H_4\text{-}NO_2$) auf S. 296.

B. Aus [4-Nitro-phenoxy]-acetylchlorid und 2-[*N*-Äthyl-anilino]-äthanol-(1) in Benzol (*Boucher, Campaigne*, Pr. Indiana Acad. **58** [1949] 128, 130).

Hydrochlorid $C_{18}H_{20}N_2O_5 \cdot HCl$. F: 133–134° [unkorr.].

3-[2-(N-Äthyl-anilino)-äthoxy]-propionitril, *3-[2-(N-ethylanilino)ethoxy]propionitrile* $C_{13}H_{18}N_2O$, Formel IX ($R = C_2H_5$, $X = CH_2\text{-}CH_2\text{-}CN$) auf S. 296.

B. Beim Erwärmen von 2-[*N*-Äthyl-anilino]-äthanol-(1) mit Natriummethylat in Dioxan und anschliessenden Behandeln mit Acrylonitril (*Resinous Prod. & Chem. Co.*, U.S.P. 2326721 [1941]).

Kp_4: 180–185°.

[2-(N-Methyl-anilino)-äthyl]-[2-(N-äthyl-anilino)-äthyl]-äther, *N-ethyl-N'-methyl-N,N'-(oxydiethylene)dianiline* $C_{19}H_{26}N_2O$, Formel XI ($R = CH_3$, $X = C_2H_5$).

B. Beim Erhitzen der Natrium-Verbindung des 2-[*N*-Methyl-anilino]-äthanols-(1) mit *N*-Äthyl-*N*-[2-chlor-äthyl]-anilin in Toluol (*Boon*, Soc. **1949** 1378).

Kp_{13}: 248–250°.

Bis-[2-(N-äthyl-anilino)-äthyl]-äther, *N,N'-diethyl-N,N'-(oxydiethylene)dianiline* $C_{20}H_{28}N_2O$, Formel XI ($R = X = C_2H_5$).

B. Beim Erhitzen von *N*-Äthyl-anilin mit Bis-[2-chlor-äthyl]-äther unter Zusatz von Kupfer-Pulver und Kaliumcarbonat auf 100° (*Boon*, Soc. **1949** 1378). Beim Erhitzen der Natrium-Verbindung des 2-[*N*-Äthyl-anilino]-äthanols-(1) mit *N*-Äthyl-*N*-[2-chlor-äthyl]-anilin in Toluol (*Boon*).

Krystalle (aus Me.); F: 37°.

2-[N-Äthyl-anilino]-1-p-tolylsulfon-äthan, N-Äthyl-N-[2-p-tolylsulfon-äthyl]-anilin, *N-ethyl-N-[2-(p-tolylsulfonyl)ethyl]aniline* $C_{17}H_{21}NO_2S$, Formel XV.

B. Beim Erhitzen von Toluol-sulfinsäure-(4) mit *N*-Äthyl-anilin und Acetylen in Xylol unter Zusatz von Zinkoxid und Cadmiumoxid unter 25 at auf 130° (*I.G. Farbenind.*, D.R.P. 670420 [1935]; Frdl. **25** 145). Aus *N*-Äthyl-anilin und Vinyl-*p*-tolyl-sulfon bei 100° (*I. G. Farbenind.*, D.R.P. 635298 [1934]; Frdl. **23** 82, 84).

Krystalle (aus Cyclohexan); F: 71–72°.

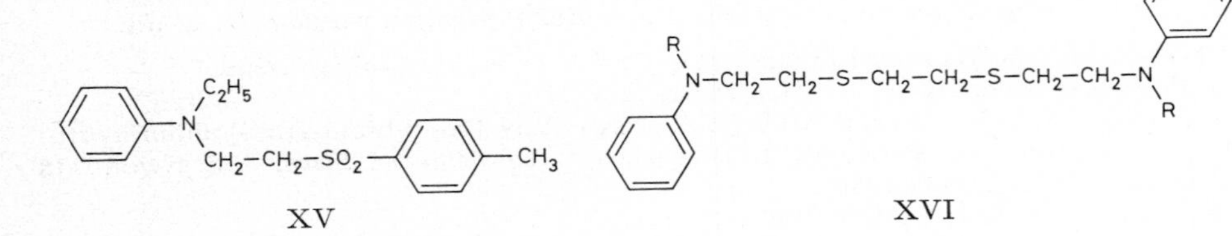

2-[*N*-Äthyl-anilino]-1-thiocyanato-äthan, *1-(N-ethylanilino)-2-thiocyanatoethane* $C_{11}H_{14}N_2S$, Formel VII ($R = C_2H_5$, $X = CN$) auf S. 295.

B. Beim Erhitzen von *N*-Äthyl-anilin mit 2-Chlor-äthylthiocyanat bis auf 130° (*Geigy A.G.*, D.R.P. 723275 [1938]; D.R.P. Org. Chem. **3** 1181, 1185).

Bei 160—175°/3 Torr destillierbar.

1.2-Bis-[2-(*N*-propyl-anilino)-äthylmercapto]-äthan, *N,N'-dipropyl-N,N'-[ethylenebis(thioethylene)]dianiline* $C_{24}H_{36}N_2S_2$, Formel XVI ($R = CH_2\text{-}CH_2\text{-}CH_3$).

B. Beim Erhitzen von *N*-Propyl-anilin mit 1.2-Bis-[2-chlor-äthylmercapto]-äthan in wss. Dioxan (*Price, Roberts*, J. org. Chem. **12** [1947] 264, 266).

Dihydrochlorid $C_{24}H_{36}N_2S_2 \cdot 2HCl$. Krystalle (aus A. + Ae.); F: 190—191° [unkorr.].

2-[*N*-Butyl-anilino]-äthanol-(1), *2-(N-butylanilino)ethanol* $C_{12}H_{19}NO$, Formel IX ($R = [CH_2]_3\text{-}CH_3$, $X = H$) auf S. 296.

B. Aus *N*-Butyl-anilin und Äthylenoxid bei 3-wöchigem Behandeln bei Raumtemperatur (*Goldberg, Whitmore*, Am. Soc. **59** [1937] 2280), bei 5-stdg. Erhitzen bis auf 150° (*Gen. Aniline Works*, U.S.P. 1930858 [1930]) oder bei 3-stdg. Erhitzen unter Zusatz von Bleicherde auf 130° (*I.G. Farbenind.*, U.S.P. 1996003 [1931]).

Kp_{760}: 300° (*Go., Wh.*); Kp_{35}: 192—195° (*Dippy et al.*, J. Soc. chem. Ind. **56** [1937] 346T); Kp_{10}: 160° (*Gen. Aniline Works*).

Beim Behandeln mit wss. Formaldehyd und wss. Salzsäure und anschliessend mit Natrium-[3-nitro-benzol-sulfonat-(1)] und Eisen-Spänen ist 3-{4-[Butyl-(2-hydroxy-äthyl)-amino]-benzylidenamino}-benzol-sulfonsäure-(1) erhalten worden (*Di. et al.*).

(±)-2-[*N-sec*-Butyl-anilino]-äthanol-(1), *(±)-2-(N-sec-butylanilino)ethanol* $C_{12}H_{19}NO$, Formel IX ($R = CH(CH_3)\text{-}CH_2\text{-}CH_3$, $X = H$) auf S. 296.

B. Beim Erhitzen von (±)-*N-sec*-Butyl-anilin mit Äthylenoxid bis auf 150° (*Gen. Aniline Works*, U.S.P. 1930858 [1930]).

Kp_{10}: 152°.

2-[*N*-Isobutyl-anilino]-äthanol-(1), *2-(N-isobutylanilino)ethanol* $C_{12}H_{19}NO$, Formel IX ($R = CH_2\text{-}CH(CH_3)_2$, $X = H$) auf S. 296.

B. Beim Erhitzen von 2-Anilino-äthanol-(1) mit Isobutyljodid bis auf 130° (*Kanao*, J. pharm. Soc. Japan **50** [1930] 352, 355; dtsch. Ref. S. 50, 52; C. A. **1930** 3832). Beim Erhitzen von *N*-Isobutyl-anilin mit Äthylenoxid bis auf 150° (*Gen. Aniline Works*, U.S.P. 1930858 [1930]).

Kp_{14}: 162—163° (*Ka.*); Kp_{10}: 153° (*Gen. Aniline Works*). $D_4^{20,5}$: 0,993; $n_D^{20,5}$: 1,5393 (*Ka.*).

2-Diphenylamino-äthanol-(1), *2-(diphenylamino)ethanol* $C_{14}H_{15}NO$, Formel I ($R = H$).

B. Beim Erhitzen von Diphenylamin mit Äthylenoxid auf 250° (*U.S. Rubber Co.*, U.S.P. 2401658 [1943]), mit Äthylenoxid unter 3000 at auf 150° (*Fawcett, Gibson*, Soc. **1934** 386, 394) oder mit 2-Chlor-äthanol-(1) und Kaliumhydroxid auf 150° (*Kanao*, J. pharm. Soc. Japan **50** [1930] 352, 355; dtsch. Ref. S. 50, 52; C. A. **1930** 3832).

Kp_{15}: 150—152° (*Fa., Gi.*); Kp_{9-10}: 169—171° (*Ka.*); Kp_{1-2}: 155—160° (*U.S. Rubber Co.*). D_4^{20}: 1,116; n_D^{20}: 1,629 (*Ka.*).

2-Diphenylamino-1-acetoxy-äthan, Essigsäure-[2-diphenylamino-äthylester], *1-acetoxy-2-(diphenylamino)ethane* $C_{16}H_{17}NO_2$, Formel I ($R = CO\text{-}CH_3$).

B. Aus 2-Diphenylamino-äthanol-(1) und Acetanhydrid (*U.S. Rubber Co.*, U.S.P. 2401658 [1943]).

Kp_{1-2}: 140—145°.

N–CH₂–CH₂–OR — I

N(R)–CH₂–CH₂–OX — II

N(CH₂–CH₂OH)–CH₂–CH₂–SO₂–C₆H₄–CH₃ — III

N.N-Bis-[2-hydroxy-äthyl]-anilin, *2,2'-(phenylimino)diethanol* $C_{10}H_{15}NO_2$, Formel II ($R = CH_2\text{-}CH_2OH$, $X = H$) (H 183; E I 167; E II 109).

B. Beim Erhitzen von Anilin mit 2-Chlor-äthanol-(1) und Calciumoxid auf 110° (*CIBA*, Schweiz. P. 199186 [1937]). Neben 2-Anilino-äthanol-(1) beim Erhitzen von Anilin mit 2-Chlor-äthanol-(1) (5 Mol) unter Zusatz von Calciumcarbonat und Wasser (*Ross*, Soc. **1949** 183, 184, 190; vgl. E II 109) oder mit Äthylenglykol und Borfluorid bis auf 190° (*Eastman Kodak Co.*, U.S.P. 2391139 [1943]). Beim Einleiten von Äthylenoxid in ein Gemisch von Anilin und Wasser bei 70° (*Korschak, Štrepicheew*, Ž. obšč. Chim. **14** [1944] 312, 313; C. A. **1945** 3790; vgl. E II 109) oder in Anilin in Gegenwart von Bleicherde bei 100–130° (*I.G. Farbenind.*, U.S.P. 1996003 [1931]).

Krystalle; F: 59° [aus Bzl.] (*Anker, Cook*, Soc. **1944** 489, 490), 55–56° [aus A.] (*Ko., Št.*), 55° [aus PAe.] (*Ross*), 54° (*Robinson, Watt*, Soc. **1934** 1536, 1538).

Bei der Hydrierung an Raney-Nickel in Äthanol bei 150° unter Druck sind Cyclohexanol, 2-[Methyl-äthyl-amino]-äthanol-(1), Äthyl-bis-[2-hydroxy-äthyl]-amin, 2-[Methyl-cyclohexyl-amino]-äthanol-(1) und Bis-[2-hydroxy-äthyl]-cyclohexyl-amin erhalten worden (*Métayer*, Bl. **1948** 1093, 1095).

Pikrat. Krystalle (aus A.); F: 119–120° (*Ko., Št.*).

2-[*N*-(2-Methoxy-äthyl)-anilino]-äthanol-(1), *2-[N-(2-methoxyethyl)anilino]ethanol* $C_{11}H_{17}NO_2$, Formel II (R = CH_2-CH_2OH, X = CH_3).

B. Beim Erhitzen von 2-Anilino-äthanol-(1) mit Toluol-sulfonsäure-(4)-[2-methoxy-äthylester] und Natriumcarbonat auf 125° (*Imp. Chem. Ind.*, U.S.P. 2069836 [1935]).

Kp_{15}: 181–183°.

***N.N*-Bis-[2-äthoxy-äthyl]-anilin**, N,N-*bis(2-ethoxyethyl)aniline* $C_{14}H_{23}NO_2$, Formel II (R = CH_2-CH_2-OC_2H_5, X = C_2H_5).

B. Beim Erhitzen von *N.N*-Bis-[2-hydroxy-äthyl]-anilin mit Natrium in Toluol und anschliessenden Behandeln mit Diäthylsulfat (*Boon*, Soc. **1947** 307, 311).

Kp_{25}: 187–189°.

2-[*N*-(2-*p*-Tolylsulfon-äthyl)-anilino]-äthanol-(1), *N*-[2-Hydroxy-äthyl]-*N*-[2-*p*-tolylsulfon-äthyl]-anilin, *2-{N-[2-(p-tolylsulfonyl)ethyl]anilino}ethanol* $C_{17}H_{21}NO_3S$, Formel III.

B. Aus 2-Anilino-äthanol-(1) und Vinyl-*p*-tolyl-sulfon bei 100° (*I.G. Farbenind.*, D.R.P. 635298 [1934]; Frdl. **23** 82, 84).

Krystalle (aus Me.); F: 97–98°.

***N.N*-Bis-[2-mercapto-äthyl]-anilin**, *2,2'-(phenylimino)diethanethiol* $C_{10}H_{15}NS_2$, Formel IV.

B. Neben 2-Anilino-äthanthiol-(1) beim Erhitzen von Anilin mit Äthylensulfid (2 Mol) auf 160° (*I.G. Farbenind.*, D.R.P. 631016 [1934]; Frdl. **23** 244; *Reppe et al.*, A. **601** [1956] 81, 127).

$Kp_{2,5}$: 171° (*I.G. Farbenind.*; *Re. et al.*).

Über ein in geringer Menge beim Erwärmen von Anilin mit Äthylensulfid (2 Mol) erhaltenes Präparat (Kp_2: 138–140°; n_D^{20}: 1,6248) von ungewisser Einheitlichkeit s. *Snyder, Stewart, Ziegler*, Am. Soc. **69** [1947] 2672.

(±)-1-Anilino-propanol-(2), *(±)-1-anilinopropan-2-ol* $C_9H_{13}NO$, Formel V (R = X = H).

B. Neben *N.N*-Bis-[2-hydroxy-propyl]-anilin (Kp_{14}: 199–200° [S. 301]) beim Erhitzen von Anilin mit (±)-Propylenoxid und wenig Wasser auf 100° (*Fourneau*, Bl. [5] **11** [1944] 141, 147).

Kp_{27}: 167°. D^{23}: 1,0535. n_D^{23}: 1,560.

Hydrochlorid $C_9H_{13}NO \cdot HCl$. Krystalle (aus Butanon); F: 98°.

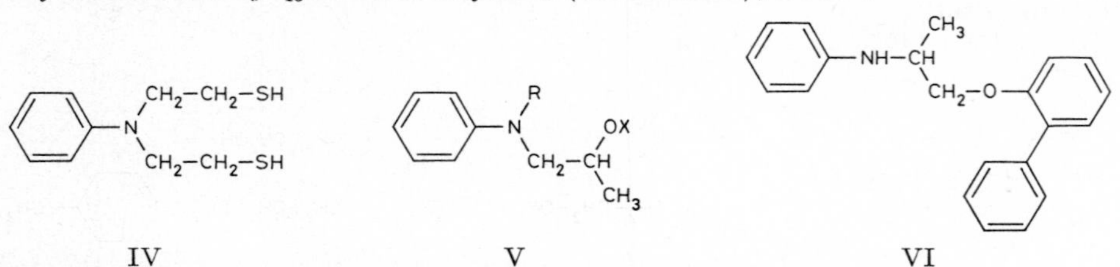

(±)-2-Anilino-1-[biphenylyl-(2)-oxy]-propan, (±)-*N*-[β-(Biphenylyl-(2)-oxy)-isopropyl]-anilin, N-*[2-(biphenyl-2-yloxy)-1-methylethyl]aniline* $C_{21}H_{21}NO$, Formel VI.

B. Beim Erhitzen von Anilin mit (±)-2-[2-Chlor-propyloxy]-biphenyl $C_{15}H_{15}ClO$

(Kp_3: 147—149°; D_4^{20}: 1,141) bis auf 220° (*Dow Chem. Co.*, U.S.P. 2217660 [1938]).
Gelbes Öl; bei 164—176°/2,5 Torr destillierbar.

2-[β-Anilino-isopropyloxy]-1-[4-*tert*-butyl-phenoxy]-propan, *2-(2-anilino-1-methylethoxy)-1-(*p-tert-*butylphenoxy)propane* $C_{22}H_{31}NO_2$, Formel VII.

Ein opt.-inakt. Amin (Öl; bei 238—244°/4 Torr destillierbar) dieser Konstitution ist beim Erhitzen von opt.-inakt. [β-Chlor-isopropyl]-[β-(4-*tert*-butyl-phenoxy)-isopropyl]-äther (E III **6** 1868, Zeile 5 v. u.) mit Anilin auf 140° erhalten worden (*Röhm & Haas Co.*, U.S.P. 2132674 [1936]).

(±)-1-Anilino-2-benzoyloxy-propan, (±)-Benzoesäure-[β-anilino-isopropylester], *(±)-1-anilino-2-(benzoyloxy)propane* $C_{16}H_{17}NO_2$, Formel V (R = H, X = CO-C_6H_5).

B. Aus (±)-*N*-[2-Hydroxy-propyl]-benzanilid mit Hilfe von wss. Salzsäure (*Fourneau*, Bl. [5] **11** [1944] 141, 147).

Krystalle (aus wss. A. oder aus Ae. + PAe.); F: 60°.

Hydrochlorid $C_{16}H_{17}NO_2 \cdot HCl$. Krystalle (aus wss. Salzsäure); F: 137°.

(±)-*N.N*-Dimethyl-*N*-[2-hydroxy-propyl]-anilinium, *(±)-*N*-(2-hydroxypropyl)-*N,N*-dimethylanilinium* $[C_{11}H_{18}NO]^{\oplus}$, Formel VIII (R = H).

Jodid $[C_{11}H_{18}NO]I$. *B.* Aus (±)-1-[*N*-Methyl-anilino]-propanol-(2) und Methyljodid (*v. Braun, Anton, Weissbach*, B. **63** [1930] 2847, 2854). — Krystalle (aus A.); F: 132°.

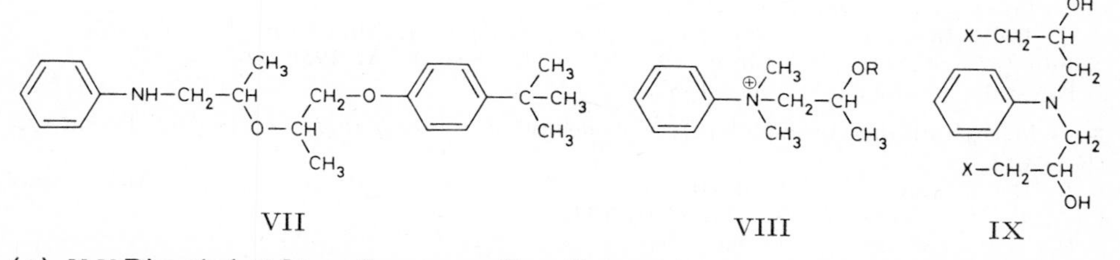

VII VIII IX

(±)-*N.N*-Dimethyl-*N*-[2-methoxy-propyl]-anilinium, *(±)-*N*-(2-methoxypropyl)-*N,N*-dimethylanilinium* $[C_{12}H_{20}NO]^{\oplus}$, Formel VIII (R = CH_3).

Jodid $[C_{12}H_{20}NO]I$. *B.* Beim Behandeln des im vorangehenden Artikel beschriebenen Jodids mit Dimethylsulfat und wss. Natronlauge und anschliessend mit Kaliumjodid (*v. Braun, Anton, Weissbach*, B. **63** [1930] 2847, 2854). — Krystalle (aus A. + Ae.); F: 119—121°.

(±)-1-[*N*-Äthyl-anilino]-propanol-(2), *(±)-1-(*N*-ethylanilino)propan-2-ol* $C_{11}H_{17}NO$, Formel V (R = C_2H_5, X = H) (H 183).

B. Beim Erhitzen von *N*-Äthyl-anilin mit (±)-Propylenoxid auf 150° (*Everett, Ross*, Soc. **1949** 1972, 1975, 1981).

Pikrat $C_{11}H_{17}NO \cdot C_6H_3N_3O_7$. Krystalle (aus Me.); F: 124°.

***N.N*-Bis-[2-hydroxy-propyl]-anilin,** *1,1'-(phenylimino)dipropan-2-ol* $C_{12}H_{19}NO_2$, Formel IX (X = H).

Opt.-inakt. Präparate (a) Kp_{10}: 184—185°; b) Kp_{14}: 199—200°; D^{23}: 1,0694; n_D^{23}: 1,555) von ungewisser konfigurativer Einheitlichkeit sind beim Erhitzen von Anilin mit (±)-Propylenoxid in Dioxan auf 170° (*Bain, Pollard*, Am. Soc. **61** [1939] 2704) bzw. (neben 1-Anilino-propanol-(2)) beim Erhitzen von Anilin mit (±)-Propylenoxid und wenig Wasser auf 100° (*Fourneau*, Bl. [5] **11** [1944] 141, 147) erhalten worden.

Überführung des Präparats vom Kp_{10}: 184—185° in 2.6-Dimethyl-1-cyclohexyl-4-phenyl-piperazin (Kp_2: 205—210°) durch Erhitzen mit Cyclohexylamin in Dioxan in Gegenwart von Kupferoxid-Chromoxid unter Wasserstoff (35 at) bis auf 270°: *Bain, Po.*

***N.N*-Bis-[3-chlor-2-hydroxy-propyl]-anilin,** *3,3'-dichloro-1,1'-(phenylimino)dipropan-2-ol* $C_{12}H_{17}Cl_2NO_2$, Formel IX (X = Cl).

Zwei opt.-inakt. Verbindungen (a) Krystalle [aus Bzl.], F: 94°; b) Krystalle [aus Bzl.], F: 91,5°), denen vermutlich diese Konstitution zukommt, sind aus Anilin und (±)-Epichlorhydrin in Tetrachlormethan erhalten worden (*I.G. Farbenind.*, D.R.P. 669810 [1936]; Frdl. **25** 144).

(±)-1-Anilino-propanthiol-(2), *(±)-1-anilinopropane-2-thiol* $C_9H_{13}NS$, Formel X.

B. Aus Anilin und (±)-Propylensulfid in Äthanol (*Isaacs*, Canad. J. Chem. **44** [1966] 395, 401).

Kp_1: 86°; n_D^{25}: 1,5829 (*Is.*).

Die gleiche Verbindung hat vermutlich in einem als (±)-2-Anilino-propanthiol-(1) beschriebenen Präparat (Kp_1: 95°) vorgelegen, das beim Erhitzen von Anilin mit (±)-Propylensulfid auf 150° erhalten worden ist (*I.G. Farbenind.*, D.R.P. 631016 [1934]; Frdl. **23** 244; *Reppe et al.*, A. **601** [1956] 81, 128).

3-Anilino-propanol-(1), *3-anilinopropan-1-ol* $C_9H_{13}NO$, Formel XI (R = H) (E II 109).

$Kp_{0,4}$: 140° (*Hromatka*, B. **75** [1942] 379, 381).

Pikrat $C_9H_{13}NO \cdot C_6H_3N_3O_7$. Krystalle (aus A. + Ae.); F: 113–114°.

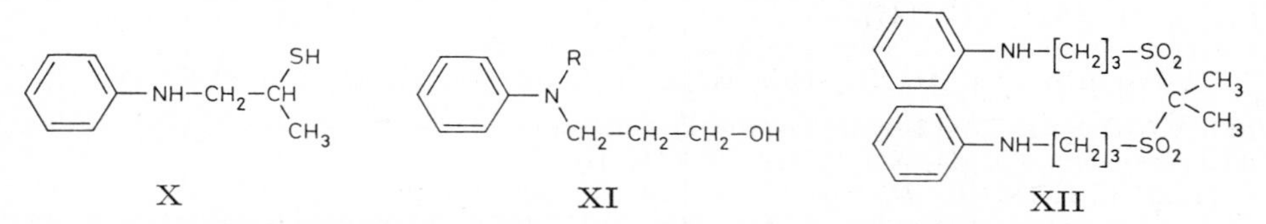

X XI XII

2.2-Bis-[3-anilino-propylsulfon]-propan, N,N'-*[isopropylidenebis(sulfonylpropanediyl)]dianiline* $C_{21}H_{30}N_2O_4S_2$, Formel XII.

B. Bei 5-tägigem Erhitzen von 2.2-Bis-[3-chlor-propylsulfon]-propan mit Anilin in Toluol (*Masower*, Ž. obšč. Chim. **19** [1949] 849, 854; C. A. **1950** 3436).

Krystalle (aus A.); F: 136–138°.

3-[*N*-Methyl-anilino]-propanol-(1), *3-(*N*-methylanilino)propan-1-ol* $C_{10}H_{15}NO$, Formel XI (R = CH_3).

B. Bei 3-tägigem Erhitzen von *N*-Methyl-anilin mit Natriumallylat in Allylalkohol auf 108° (*Hromatka*, B. **75** [1942] 131, 137).

Bei 180–185°/25 Torr destillierbar.

3-[*N*-Äthyl-anilino]-propanol-(1), *3-(*N*-ethylanilino)propan-1-ol* $C_{11}H_{17}NO$, Formel XI (R = C_2H_5).

B. Beim Erhitzen von *N*-Äthyl-anilin mit 3-Chlor-propanol-(1) (*Boon*, Soc. **1947** 307, 311).

Kp_{16}: 168–172°.

***N.N*-Bis-[3-hydroxy-propyl]-anilin,** *3,3'-(phenylimino)dipropan-1-ol* $C_{12}H_{19}NO_2$, Formel XI (R = $[CH_2]_3$-OH) (E II 109).

B. Beim Erhitzen von Anilin mit 3-Chlor-propanol-(1) und Calciumcarbonat in Wasser (*Everett*, *Ross*, Soc. **1949** 1972, 1975, 1982; vgl. E II 109).

Krystalle (aus Bzl.); F: 60°.

(±)-*N*-[2-Äthoxy-butyl]-anilin, *(±)-*N*-(2-ethoxybutyl)aniline* $C_{12}H_{19}NO$, Formel XIII.

B. Aus Anilin beim Erwärmen mit (±)-2-Äthoxy-butylbromid in Methanol (*Wernert*, *Brode*, Am. Soc. **54** [1932] 4365, 4369) sowie beim Erhitzen mit (±)-2-Äthoxy-butylchlorid (*Swallen*, *Boord*, Am. Soc. **52** [1930] 651, 659).

Kp: 264–269° (*Sw.*, *Boord*); Kp_{21}: 153,5°; D_4^{20}: 0,9636 (*We.*, *Br.*); D_{20}^{20}: 0,9830 (*Sw.*, *Boord*). n_D^{20}: 1,5174 (*We.*, *Br.*).

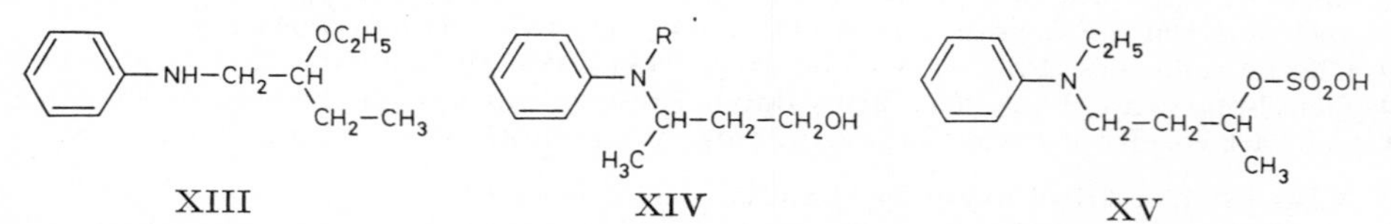

XIII XIV XV

(±)-3-[*N*-Methyl-anilino]-butanol-(1), *(±)-3-(*N*-methylanilino)butan-1-ol* $C_{11}H_{17}NO$, Formel XIV (R = CH_3).

B. Aus *N*-Methyl-anilin und (±)-3-Chlor-butanol-(1) (*I.G. Farbenind.*, D.R.P. 745502 [1939]; D.R.P. Org. Chem. **1** 275).

Kp_3: 127–130°.

(±)-4-[*N*-Äthyl-anilino]-2-sulfooxy-butan, (±)-Schwefelsäure-[3-(*N*-äthyl-anilino)-1-methyl-propylester], (±)-*1-(*N*-ethylanilino)-3-(sulfooxy)butane* $C_{12}H_{19}NO_4S$, Formel XV.

B. Beim Erhitzen von *N*-Äthyl-anilin mit (±)-4-Methyl-[1.3.2]dioxathian-2.2-dioxid in Toluol (*Lichtenberger, Lichtenberger*, Bl. **1948** 1002, 1005, 1010).

Krystalle (aus A.); F: 246—248° [Block; Zers.].

(±)-3-[*N*-Äthyl-anilino]-butanol-(1), (±)-*3-(*N*-ethylanilino)butan-1-ol* $C_{12}H_{19}NO$, Formel XIV (R = C_2H_5).

B. Aus *N*-Äthyl-anilin und (±)-3-Chlor-butanol-(1) (*I.G. Farbenind.*, D.R.P. 745502 [1939]; D.R.P. Org. Chem. **1** 275).

Kp_3: 140—145°.

4-Anilino-butanol-(1), *4-anilinobutan-1-ol* $C_{10}H_{15}NO$, Formel I (R = H).

B. Beim Erhitzen von Anilin mit 4-Chlor-butanol-(1) und Calciumcarbonat in Wasser (*Everett, Ross*, Soc. **1949** 1972, 1976, 1982). Aus 4-Anilino-buten-(2*c*?)-ol-(1) (Kp_5: 167—169°) bei der Hydrierung an Platin in Methanol (*Wichterle, Vogel*, Collect. **14** [1949] 209, 216). Beim Behandeln von 2-Phenyl-tetrahydro-2*H*-[1.2]oxazin mit Äthylmagnesiumbromid in Äther (*Wi., Vo.*, l. c. S. 215).

Kp_3: 157°; D_4^{20}: 1,0508; n_D^{20}: 1,5629 (*Wi., Vo.*).

Beim Erhitzen mit Phosphorsäure ist 1-Phenyl-pyrrolidin erhalten worden (*Wi., Vo.*).

Oxalat $C_{10}H_{15}NO \cdot C_2H_2O_4$. Krystalle (aus Me.); F: 124,8—125° [Zers.] (*Wi., Vo.*).

Verbindung mit 1.3.5-Trinitro-benzol $C_{10}H_{15}NO \cdot C_6H_3N_3O_6$. Rotbraune Krystalle (aus Bzl. + Cyclohexan); F: 73—74° (*Ev., Ross*).

4-Anilino-1-benzoyloxy-butan, Benzoesäure-[4-anilino-butylester], *1-anilino-4-(benzoyloxy)butane* $C_{17}H_{19}NO_2$, Formel I (R = CO-C_6H_5).

B. Beim Erhitzen von Benzoesäure-[4-chlor-butylester] mit Anilin und wenig Kaliumjodid in Xylol (*Szarvasi*, Bl. **1949** 647).

Hydrochlorid. Krystalle (aus E.); F: 138—139°.

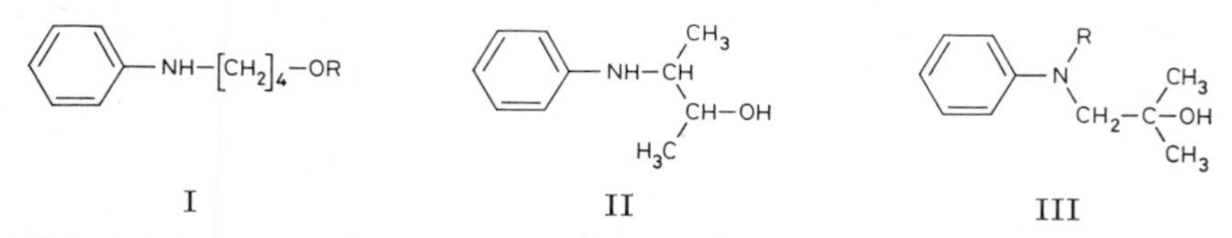

3-Anilino-butanol-(2), *3-anilinobutan-2-ol* $C_{10}H_{15}NO$, Formel II.

Eine opt.-inakt. Verbindung (Kp_{13}: 146—147°) dieser Konstitution ist beim Erhitzen von (±)-*N*-[1-Methyl-allyl]-benzanilid mit wss. Salzsäure erhalten worden (*Mumm, Möller*, B. **70** [1937] 2214, 2221).

1-[*N*-Methyl-anilino]-2-methyl-propanol-(2), *2-methyl-1-(*N*-methylanilino)propan-2-ol* $C_{11}H_{17}NO$, Formel III (R = CH_3).

B. Beim Erwärmen von *N*-Methyl-anilin mit 1-Chlor-2-methyl-propanol-(2) und Natriumhydrogencarbonat in wss. Äthanol (*Campbell, Campbell*, Pr. Indiana Acad. **49** [1940] 101, 104).

Kp_{12}: 132—133°. D_4^{20}: 1,0160. n_D^{20}: 1,5479.

1-[*N*-Äthyl-anilino]-2-methyl-propanol-(2), *1-(*N*-ethylanilino)-2-methylpropan-2-ol* $C_{12}H_{19}NO$, Formel III (R = C_2H_5).

B. Beim Erwärmen von *N*-Äthyl-anilin mit 1-Chlor-2-methyl-propanol-(2) und Natriumhydrogencarbonat in wss. Äthanol (*Campbell, Campbell*, Pr. Indiana Acad. **49** [1940] 101, 104).

Kp_{12}: 137—138°. D_4^{20}: 1,0029. n_D^{20}: 1,5418.

5-Anilino-pentanol-(1), *5-anilinopentan-1-ol* $C_{11}H_{17}NO$, Formel IV.

B. Bei der Hydrierung eines Gemisches von 5-Hydroxy-valeraldehyd und Anilin an Raney-Nickel in wss. Salzsäure bei 100°/20 at (*Scriabine*, Bl. **1947** 454, 456).

Kp_2: 170°.

Beim Leiten über Aluminiumoxid bei 300° ist 1-Phenyl-piperidin erhalten worden.

Pikrolonat. F: 254° [Zers.].

(±)-2-Anilino-2-methyl-butanol-(3), (±)-*3-anilino-3-methylbutan-2-ol* $C_{11}H_{17}NO$, Formel V.

B. Aus 2-Anilino-2-methyl-butanon-(3) beim Behandeln mit Natrium und Äthanol (*Garry*, A. ch. [11] **17** [1942] 5, 24).

Kp_{17}: 149°.

Pikrat. Gelbe Krystalle (aus Bzl.); F: 110°.

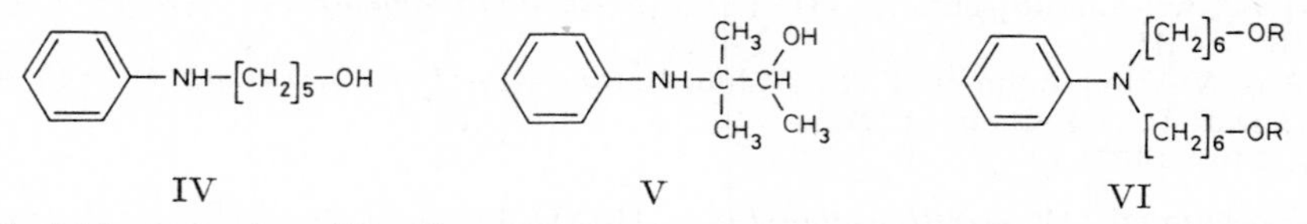

IV V VI

***N.N*-Bis-[6-hydroxy-hexyl]-anilin,** *6,6'-(phenylimino)dihexan-1-ol* $C_{18}H_{31}NO_2$, Formel VI (R = H).

B. Beim Erhitzen von Anilin mit 6-Chlor-hexanol-(1) und Calciumcarbonat in Wasser (*Everett, Ross*, Soc. **1949** 1972, 1982).

$Kp_{0,01}$: ca. 200°.

***N.N*-Bis-[6-(3.5-dinitro-benzoyloxy)-hexyl]-anilin,** N,N-*bis[6-(3,5-dinitrobenzoyloxy)hexyl]aniline* $C_{32}H_{35}N_5O_{12}$, Formel VI (R = CO-$C_6H_3(NO_2)_2$).

B. Aus *N.N*-Bis-[6-hydroxy-hexyl]-anilin (*Everett, Ross*, Soc. **1949** 1972, 1982).

Rote Krystalle (aus A. + E.); F: 112°.

10-Anilino-1-[4-methoxy-phenoxy]-decan, *N*-[10-(4-Methoxy-phenoxy)-decyl]-anilin, *10-(*p*-methoxyphenoxy)-*N*-phenyldecylamine* $C_{23}H_{33}NO_2$, Formel VII.

B. Aus Natriumanilid und 10-[4-Methoxy-phenoxy]-decylbromid in Äther unter Stickstoff (*Lüttringhaus, Simon*, A. **557** [1947] 120, 130).

Krystalle (aus Me.); F: 67°.

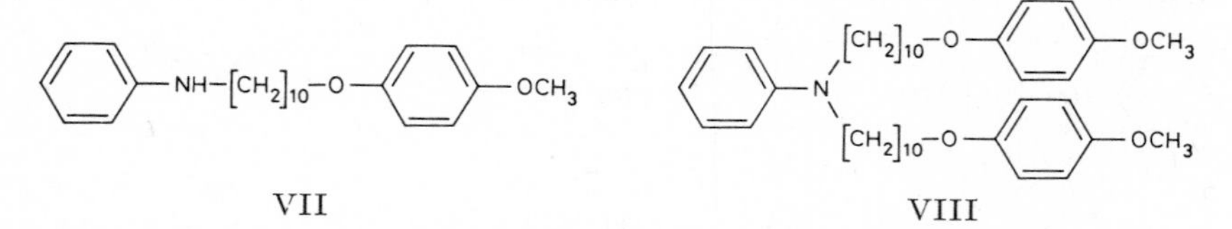

VII VIII

***N.N*-Bis-[10-(4-methoxy-phenoxy)-decyl]-anilin,** *10,10'-bis(*p*-methoxyphenoxy)-*N*-phenyldidecylamine* $C_{40}H_{59}NO_4$, Formel VIII.

B. Aus der Natrium-Verbindung des *N*-[10-(4-Methoxy-phenoxy)-decyl]-anilins und 10-[4-Methoxy-phenoxy]-decylbromid in Äther (*Lüttringhaus, Simon*, A. **557** [1947] 120, 131).

Krystalle (aus Acn. + Me. oder aus Cyclohexan); F: 71°. Bei 180—200°/0,01 Torr sublimierbar.

4-Anilino-buten-(2)-ol-(1), *4-anilinobut-2-en-1-ol* $C_{10}H_{13}NO$.

4-Anilino-buten-(2*c*)-ol-(1), Formel IX.

Diese Konfiguration kommt vermutlich der nachstehend beschriebenen Verbindung zu.

B. Aus 2-Phenyl-3.6-dihydro-2*H*-[1.2]oxazin beim Behandeln mit Zink und Essigsäure (*Arbusow*, Doklady Akad. S.S.S.R. **60** [1948] 993, 995; C. A. **1949** 650) oder mit Äthylmagnesiumbromid in Äther (*Wichterle, Vogel*, Collect. **14** [1949] 209, 214).

Kp_5: 167—169° (*Wi., Vo.*); Kp_2: 151—152°; D_4^{20}: 1,0816; n_D^{20}: 1,5867 (*Ar.*, Doklady Akad. S.S.S.R. **60** 995).

Beim Erhitzen mit Phosphorsäure (*Wi., Vo.*) oder mit Zinkchlorid in Essigsäure (*Arbusow*, Doklady Akad. S.S.S.R. **63** [1948] 531, 532; C. A. **1949** 5403) ist 1-Phenyl-Δ^3-pyrrolin erhalten worden. Überführung in *N*-[Buten-(2)-yl]-anilin (Kp_3: 89—90°) durch Erwärmen mit Natrium und Äthanol: *Ar.*, Doklady Akad. S.S.S.R. **63** 533.

(±)-3-Anilino-propandiol-(1.2), (±)-*3-anilinopropane-1,2-diol* $C_9H_{13}NO_2$, Formel X (R = X = H) (H 183).

B. Beim Erhitzen von Anilin mit (±)-3-Chlor-propandiol-(1.2) in Wasser auf 160° (*Schorygin, Šmirnow*, Ž. obšč. Chim. **4** [1934] 830, 832; C. **1935** II 3763).

Krystalle; F: 52° (*Gen. Aniline Works*, U.S.P. 1980538 [1933]), 40—42° (*Sch.*, *Šm.*). Kp_{7-8}: 200—203° (*Sch.*, *Šm.*).

(±)-3-[N-Butyl-anilino]-1-methoxy-propanol-(2), (±)-*1-(N-butylanilino)-3-methoxy-propan-2-ol* $C_{14}H_{23}NO_2$, Formel X (R = $[CH_2]_3$-CH_3, X = CH_3).

B. Beim Erwärmen von N-Butyl-anilin mit (±)-Epichlorhydrin und anschliessend mit methanol. Natronlauge (*I.G. Farbenind.*, Schweiz. P. 175542 [1934]).

Kp_{12}: 181°.

(±)-3-[N-Butyl-anilino]-1-äthoxy-propanol-(2), (±)-*1-(N-butylanilino)-3-ethoxypropan-2-ol* $C_{15}H_{25}NO_2$, Formel X (R = $[CH_2]_3$-CH_3, X = C_2H_5).

B. Beim Erwärmen von N-Butyl-anilin mit (±)-Epichlorhydrin und anschliessend mit äthanol. Natronlauge (*Gen. Aniline Works*, U.S.P. 2075347 [1934]).

Kp_{12}: 182—183°.

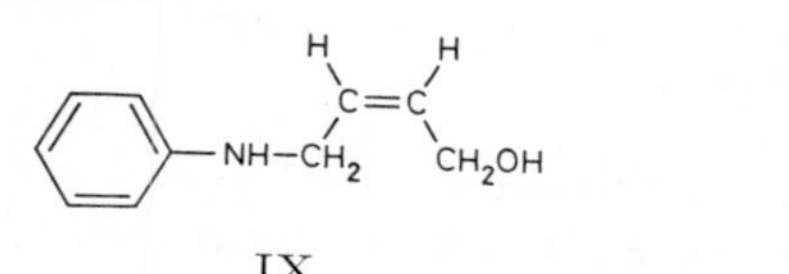

IX

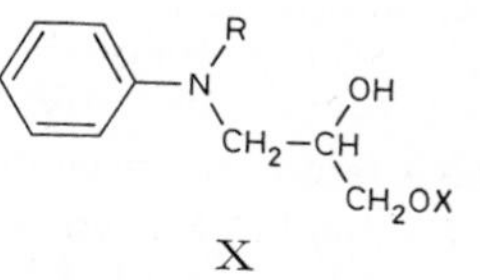

X

(±)-3-[N-Isobutyl-anilino]-1-methoxy-propanol-(2), (±)-*1-(N-isobutylanilino)-3-methoxy-propan-2-ol* $C_{14}H_{23}NO_2$, Formel X (R = CH_2-$CH(CH_3)_2$, X = CH_3).

B. Beim Erwärmen von N-Isobutyl-anilin mit (±)-Epichlorhydrin und anschliessend mit methanol. Natronlauge (*I.G. Farbenind.*, Schweiz. P. 175546 [1934]).

Kp_{13}: 173—174°.

(±)-3-[N-Isobutyl-anilino]-1-äthoxy-propanol-(2), (±)-*1-ethoxy-3-(N-isobutylanilino)-propan-2-ol* $C_{15}H_{25}NO_2$, Formel X (R = CH_2-$CH(CH_3)_2$, X = C_2H_5).

B. Beim Erwärmen von N-Isobutyl-anilin mit (±)-Epichlorhydrin und anschliessend mit äthanol. Natronlauge (*I.G., Farbenind.*, Schweiz. P. 175547 [1934]).

Kp_{13}: 178—180°.

(±)-3-[N-(2-Hydroxy-äthyl)-anilino]-propandiol-(1.2), (±)-*3-[N-(2-hydroxyethyl)-anilino]propane-1,2-diol* $C_{11}H_{17}NO_3$, Formel X (R = CH_2-CH_2OH, X = H).

B. Beim Erhitzen von (±)-3-Anilino-propandiol-(1.2) mit Äthylenoxid auf 150° (*I. G. Farbenind.*, D.R.P. 601997 [1932]; Frdl. **21** 293).

Kp_{12}: 244—245°.

(±)-3-[N-(2-Hydroxy-äthyl)-anilino]-1-methoxy-propanol-(2), (±)-*1-[N-(2-hydroxy-ethyl)anilino]-3-methoxypropan-2-ol* $C_{12}H_{19}NO_3$, Formel X (R = CH_2-CH_2OH, X = CH_3).

B. Beim Erhitzen von (±)-3-Anilino-1-methoxy-propanol-(2) (nicht näher beschrieben) mit Äthylenoxid auf 150° (*I.G. Farbenind.*, D.R.P. 603808 [1933]; Frdl. **21** 295).

Kp_{11}: 212—214°.

3-[N-(2-Hydroxy-propyl)-anilino]-propandiol-(1.2), *3-[N-(2-hydroxypropyl)anilino]-propane-1,2-diol* $C_{12}H_{19}NO_3$, Formel X (R = CH_2-$CH(OH)$-CH_3, X = H).

Eine opt.-inakt. Verbindung (Krystalle [aus Bzl.]; F: 114°) dieser Konstitution ist beim Erhitzen von (±)-3-Anilino-propandiol-(1.2) mit (±)-Propylenoxid bis auf 200° erhalten worden (*I.G. Farbenind.*, D.R.P. 610799 [1933]; Frdl. **21** 294).

(±)-3-[N-(β-Hydroxy-isobutyl)-anilino]-propandiol-(1.2), (±)-*3-[N-(2-hydroxy-2-methyl-propyl)anilino]propane-1,2-diol* $C_{13}H_{21}NO_3$, Formel X (R = CH_2-$C(CH_3)_2$-OH, X = H).

B. Beim Erhitzen von (±)-3-Anilino-propandiol-(1.2) mit 1.2-Epoxy-2-methyl-propan bis auf 200° (*I.G. Farbenind.*, D.R.P. 610799 [1933]; Frdl. **21** 294).

Kp_{10}: 237°.

(±)-3-[N-(β-Hydroxy-isobutyl)-anilino]-1-methoxy-propanol-(2), (±)-1-[N-(2-Hydroxy-3-methoxy-propyl)-anilino]-2-methyl-propanol-(2), (±)-*3'-methoxy-2-methyl-1,1'-(phenyl-imino)dipropan-2-ol* $C_{14}H_{23}NO_3$, Formel X (R = CH_2-$C(CH_3)_2$-OH, X = CH_3).

B. Beim Erhitzen von (±)-3-Anilino-1-methoxy-propanol-(2) (nicht näher beschrieben) mit 1.2-Epoxy-2-methyl-propan bis auf 200° (*I.G. Farbenind.*, D.R.P. 610798 [1933]; Frdl. **21** 295).

Kp_9: 205°.

5-Anilino-pentantetrol-(1.2.3.4), *5-anilinopentane-1,2,3,4-tetrol* $C_{11}H_{17}NO_4$.

a) **5-Anilino-L-*ribo*-pentantetrol-(1.2.3.4), 1-Anilino-D-1-desoxy-ribit, *N*-Phenyl-D-ribamin,** Formel XI (R = H).

B. Aus *N*-Phenyl-α-D-ribopyranosylamin (bezüglich dieser Verbindung s. *Tsuiki*, Tohoku J. exp. Med. **61** [1955] 365, 370, 377; *Ellis*, Soc. [B] **1966** 572) bei der Hydrierung an Raney-Nickel in Dioxan bei 65—75°/35 at sowie aus *N*-Phenyl-β-D-ribopyranosylamin (s. diesbezüglich *Tsu.*; *Ellis*) bei der Hydrierung an Raney-Nickel in Äthanol bei 60°/35 at (*Berger, Lee*, J. org. Chem. **11** [1946] 75, 81).

Krystalle (aus A. oder Dioxan); F: 125—127° (*Be., Lee*). $[\alpha]_D^{25}$: —42,7° [Py.; c = 2,5] (*Be., Lee*).

b) **5-Anilino-D-*lyxo*-pentantetrol-(1.2.3.4), 1-Anilino-1-desoxy-D-arabit, *N*-Phenyl-D-arabinamin,** Formel XII (R = H).

B. Aus 1-Anilino-tetra-*O*-acetyl-1-desoxy-D-arabit beim Erhitzen mit wss. Barium=hydroxid (*Bergel, Cohen, Haworth*, Soc. **1945** 165).

Krystalle (aus A.); F: 157—159°.

5-Anilino-1.2.3.4-tetraacetoxy-pentan, *1,2,3,4-tetraacetoxy-5-anilinopentane* $C_{19}H_{25}NO_8$.

D-*lyxo*-5-Anilino-1.2.3.4-tetraacetoxy-pentan, 1-Anilino-tetra-*O*-acetyl-1-desoxy-D-arabit, Formel XII (R = CO-CH$_3$).

B. Aus D-*arabino*-2.3.4.5-Tetraacetoxy-*N*-phenyl-valerimidoylchlorid bei der Hydrierung an Palladium/Kohle in Natriumacetat enthaltendem Äthylacetat (*Bergel, Cohen, Haworth*, Soc. **1945** 165).

Krystalle (aus Me.); F: 75—76°.

5-Anilino-2.3.4-tribenzoyloxy-pentanol-(1), *5-anilino-2,3,4-tris(benzoyloxy)pentan-1-ol* $C_{32}H_{29}NO_7$.

L-*ribo*-5-Anilino-2.3.4-tribenzoyloxy-pentanol-(1), 1-Anilino-*O*².*O*³.*O*⁴-tribenzoyl-D-1-desoxy-ribit, Formel XI (R = CO-C$_6$H$_5$).

B. Bei der Hydrierung von *N*-Phenyl-2.3.4-tri-*O*-benzoyl-ξ-D-ribopyranosylamin (Harz; aus krystallinem *N*-Phenyl-α-D-ribopyranosylamin oder aus krystallinem *N*-Phenyl-β-D-ribopyranosylamin mit Hilfe von Benzoylchlorid und Pyridin hergestellt [vgl. diesbezüglich *Douglas, Honeyman*, Soc. **1955** 3674, 3675; *Tsuiki*, Tohoku J. exp. Med. **61** [1955] 365, 370, 377; *Ellis*, Soc. [B] **1966** 572]) an Raney-Nickel in Äthanol bei 60°/35 at (*Berger, Lee*, J. org. Chem. **11** [1946] 75, 81).

Harz; $[\alpha]_D^{28}$: —20,3° [Py.] (*Be., Lee*).

Die gleiche Verbindung hat wahrscheinlich auch in einem von *Berger, Lee* (l. c.) als 1-Anilino-*O*²*.O*³*.O*⁵-tribenzoyl-D-1-desoxy-ribit beschriebenen Präparat (Harz; $[\alpha]_D^{28}$: —22,1° [Py.]) vorgelegen (*Dou., Ho.*).

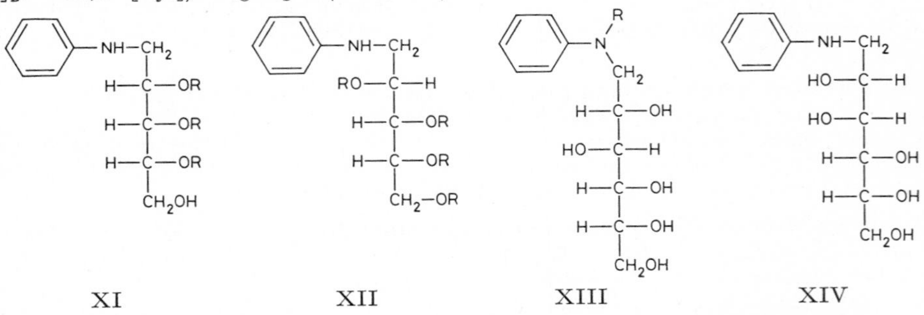

XI XII XIII XIV

6-Anilino-hexanpentol-(1.2.3.4.5), *6-anilinohexane-1,2,3,4,5-pentol* $C_{12}H_{19}NO_5$.

a) **6-Anilino-L-*gulo*-hexanpentol-(1.2.3.4.5), 1-Anilino-1-desoxy-D-glucit, *N*-Phenyl-D-glucamin,** Formel XIII (R = H).

B. Beim Erwärmen von D-Glucose mit Anilin in Methanol und Hydrieren des Reaktionsprodukts an Nickel in Methanol bei 100°/25 at oder an Palladium bei 30—50°/25 at (*Karrer et al.*, Helv. **18** [1935] 1338; vgl. *Hoffmann-La Roche*, D.R.P. 634275 [1934]; Frdl. **22** 720).

Krystalle; F: 134° (*Ka. et al.*), 128° [aus wss. A.] (*Hoffmann-La Roche*).

Überführung in *N*-[4-Jod-phenyl]-D-glucamin durch Behandlung mit wss. Kalium= hydrogencarbonat-Lösung und mit Jod: *Karrer, Salomon*, Helv. **20** [1937] 90, 93. Reaktion mit Benzaldehyd in Gegenwart von Zinkchlorid unter Bildung einer als 1-Anilino-O^5.O^6-benzyliden-1-desoxy-D-glucit angesehenen Verbindung $C_{19}H_{23}NO_5$ (F: 197—198°): *Ka. et al.* Beim Erhitzen mit 2 Mol Chloressigsäure und 2 Mol Natriumcarbonat in Wasser ist das Natrium-Salz des *N*-[D-*gluco*-2.3.4.5.6-Pentahydroxy-hexyl]-*N*-phenyl-glycins („Phenyl-glucamin-essigsäure"), beim Erhitzen mit 2 Mol Chloressigsäure und 1 Mol Natriumcarbonat in Wasser ist neben anderen Verbindungen *N*-[D-*gluco*-2.3.4.5.6-Penta= hydroxy-hexyl]-*N*-phenyl-glycin-2-lacton („Lacton der Phenyl-glucamin-essigsäure") erhalten worden (*Ka., Sa.*, l. c. S. 91, 93).

b) **6-Anilino-D-*manno*-hexanpentol-(1.2.3.4.5), 1-Anilino-1-desoxy-D-mannit, *N*-Phenyl-D-mannamin**, Formel XIV.

B. Beim Erhitzen von D-Glucose mit Anilin und wss. Salzsäure und Hydrieren des mit Äthanol und überschüssiger Natronlauge versetzten Reaktionsgemisches an Platin (*Weygand*, B. **73** [1940] 1259, 1265, 1276).

Krystalle (aus A.); F: 175—176°. $[\alpha]_D^{19}$: +37,4° [Py.; c = 0,4].

6-[*N*-Methyl-anilino]-hexanpentol-(1.2.3.4.5), *6-(N-methylanilino)hexane-1,2,3,4,5-pentol* $C_{13}H_{21}NO_5$.

6-[*N*-Methyl-anilino]-L-*gulo*-hexanpentol-(1.2.3.4.5), 1-[*N*-Methyl-anilino]-1-des= oxy-D-glucit, *N*-Methyl-*N*-phenyl-D-glucamin, Formel XIII (R = CH_3).

B. Aus *N*-[D-*gluco*-2.3.4.5.6-Pentahydroxy-hexyl]-*N*-phenyl-glycin („Phenyl-glucamin-essigsäure") beim Erwärmen mit Essigsäure auf dem Dampfbad (*Karrer, Salomon*, Helv. **20** [1937] 90, 92).

Krystalle (aus A.); F: 150—151°.

[*Geibler*]

Anilinomethansulfinsäure, *anilinomethanesulfinic acid* $C_7H_9NO_2S$, Formel I (E II 110).

B. Als Natrium-Salz beim Erwärmen von Natrium-hydroxymethansulfinat mit Anilin in Wasser unter Stickstoff (*Dyke, King*, Soc. **1934** 1707, 1713; vgl. E II 110).

Beim Behandeln mit Thioessigsäure in wss. Lösung ist eine als *N.N*-Bis-acetylmer= capto-anilin angesehene Verbindung vom F: 72° (s. E II **15** 38) erhalten worden (*Höchster Farbw.*, D.R.P. 386615 [1920]; Frdl. **14** 1335; s. a. *Binz, Holzapfel*, B. **53** [1920] 2017, 2020).

Natrium-Salz $NaC_7H_8NO_2S$. Krystalle (*Dyke, King*). An der Luft erfolgt Rotfärbung und Zersetzung unter Bildung von Anilin und Schwefelwasserstoff (*Dyke, King*).

Anilinomethansulfonsäure, *anilinomethanesulfonic acid* $C_7H_9NO_3S$, Formel II (H 184; E I 167).

B. Als Kalium-Salz beim Erhitzen von Kalium-acetoxymethansulfonat mit Anilin (*Lauer, Langkammerer*, Am. Soc. **57** [1935] 2360, 2362).

Dissoziationsexponent pK (NH_3^+) (Wasser; potentiometrisch ermittelt): ca. 1,4 (*Rumpf*, Bl. [5] **5** [1938] 871, 875).

An feuchter Luft erfolgt Zersetzung (*Backer, Mulder*, R. **52** [1933] 454, 461). Beim Behandeln des Natrium-Salzes mit Salpetersäure ist das Natrium-Salz einer [*N*.x-Di= nitro-anilino]-methansulfonsäure $NaC_7H_6N_3O_7S$ (rotbraune Krystalle [aus wss. A.]; beim Erwärmen explodierend) erhalten worden (*Ba., Mu.*, l. c. S. 462).

Kalium-Salz $KC_7H_8NO_3S \cdot H_2O$. Krystalle [aus Me.] (*Lauer, La.*).

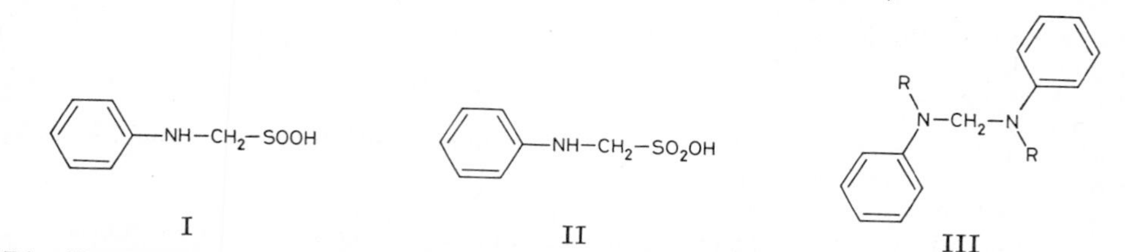

Dianilinomethan, *N.N'*-Diphenyl-methylendiamin, *N,N'-diphenylmethylenediamine* $C_{13}H_{14}N_2$, Formel III (R = H) (H 184; E I 168; E II 110).

Beim Erhitzen unter Durchleiten von Wasserdampf erfolgt Zersetzung unter Bildung von Anilin und „polymerem Methylenanilin" (*Drosdow*, Ž. obšč. Chim. **1** [1931] 1171, 1175; C. A. **1932** 5293). Umwandlung in „polymeres Methylenanilin" in wss. Lösung (pH > 7): *Dr.*

2-Nitro-indandion-(1.3)-Salz $C_{13}H_{14}N_2 \cdot 2C_9H_5NO_4$: *Wanag, Dombrowski*, B. **75** [1942] 82, 86.

N-Methyl-N-butyloxymethyl-anilin, N-(*butoxymethyl*)-N-*methylaniline* $C_{12}H_{19}NO$, Formel IV.

B. Beim Behandeln von *N*-Methyl-anilin mit Butanol-(1) und Paraformaldehyd, zuletzt unter Zusatz von Kaliumcarbonat (*Stewart, Bradley*, Am. Soc. **54** [1932] 4172, 4177).

Kp_{10}: > 110° (*St., Br.*, l. c. S. 4177).

Bildung von [*N*-Methyl-anilino]-methansulfonsäure $C_8H_{11}NO_3S$ (nicht isoliert) beim Behandeln mit wss. Salzsäure und mit wss. Natriumhydrogensulfit-Lösung sowie Geschwindigkeit und Aktivierungsenergie der Reaktion dieser Verbindung mit Jod: *Stewart, Bradley*, Am. Soc. **54** [1932] 4183, 4188.

Bis-[N-methyl-anilino]-methan, N.N'-Dimethyl-N.N'-diphenyl-methylendiamin, N,N'-*dimethyl*-N,N'-*diphenylmethylenediamine* $C_{15}H_{18}N_2$, Formel III (R = CH_3) (H 185).

Beim Erwärmen mit Salpetersäure (98%ig), Acetanhydrid und Ammoniumnitrat ist 4.*N*-Dinitro-*N*-methyl-anilin, beim Behandeln mit Salpetersäure (98%ig) und Acetanhydrid bei 0° sind hingegen geringe Mengen 2.4.*N*-Trinitro-*N*-methyl-anilin erhalten worden (*Chapman*, Soc. **1949** 1631).

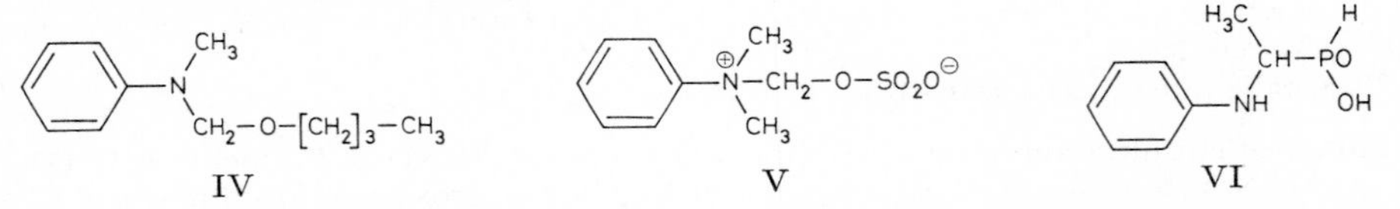

N.N-Dimethyl-N-sulfooxymethyl-anilinium-betain, (N,N-*dimethylanilinio*)*methyl sulfate* $C_9H_{13}NO_4S$, Formel V.

B. Aus *N.N*-Dimethyl-anilin und Methylensulfat (E III **1** 2585) in Aceton (*Baker, Field*, Soc. **1932** 86, 91).

Krystalle (aus W.); F: ca. 168–169° [Zers.].

Bis-diphenylamino-methan, Tetra-N-phenyl-methylendiamin, N,N,N',N'-*tetraphenylmethylenediamine* $C_{25}H_{22}N_2$, Formel III (R = C_6H_5).

Das H 186 beschriebene Präparat (F: 82°) ist vermutlich mit Bis-[4-anilino-phenyl]-methan verunreinigt gewesen (*Craig*, Am. Soc. **55** [1933] 3723, 3724).

B. Beim Erwärmen von Diphenylamin in Benzol mit wss. Formaldehyd (*Cr.*, l. c. S. 3726).

Krystalle (aus A. oder aus Bzl. + PAe.); F: 104–105°.

Bildung von Formaldehyd und Diphenylamin beim Erwärmen mit wss. Salzsäure oder wss. Schwefelsäure: *Cr.*, l. c. S. 3726. Hydrierung an Kupferoxid-Chromoxid in Benzol bei 225°/110 at unter Bildung von Diphenylamin sowie geringen Mengen Methyl-diphenyl-amin und Bis-[4-anilino-phenyl]-methan: *Cr.*, l. c. S. 3726. Beim Behandeln mit Diphenylamin (2 Mol) in Äthanol unter Zusatz von wss. Salzsäure sind Bis-[4-anilino-phenyl]-methan und geringe Mengen einer bei 148–152° schmelzenden Substanz erhalten worden (*Cr.*, l. c. S. 3726).

(±)-[1-Anilino-äthyl]-phosphinsäure, (±)-(*1-anilinoethyl*)*phosphinic acid* $C_8H_{12}NO_2P$, Formel VI.

Diese Konstitution wird für die nachstehend beschriebene Verbindung in Betracht gezogen.

B. Beim Erwärmen von Anilin-hypophosphit mit Paraldehyd in Äthanol (*Schmidt*, B. **81** [1948] 477, 482).

Krystalle (aus wss. A.); F: 190° [Zers.].

1.1-Dianilino-äthan, N.N'-Diphenyl-äthylidendiamin, N,N'-*diphenylethylidenediamine* $C_{14}H_{16}N_2$, Formel VII (X = H) (H 187).

Beim Behandeln mit wss. Salzsäure und mit Zink sind *N*-Äthyl-anilin und Anilin erhalten worden (*Miller, Wagner*, Am. Soc. **54** [1932] 3698, 3705).

(±)-*N*-[2.2-Dichlor-1-anilino-äthyl]-benzamid, (±)-2.2-Dichlor-*N*-phenyl-*N'*-benzoyl-äthylidendiamin, (±)-N-(*1-anilino-2,2-dichloroethyl*)*benzamide* $C_{15}H_{14}Cl_2N_2O$, Formel VIII (R = X = H).

B. Beim Behandeln von (±)-*N*-[1.2.2-Trichlor-äthyl]-benzamid mit Anilin (1 Mol) unter Zusatz von *N.N*-Dimethyl-anilin (*Yelburgi, Wheeler*, J. Indian chem. Soc. **11** [1934] 217, 220).

Krystalle (aus $CHCl_3$ + PAe.); F: 190—192°.

2.2.2-Trichlor-1.1-dianilino-äthan, 2.2.2-Trichlor-*N.N'*-diphenyl-äthylidendiamin, *2,2,2-trichloro-*N,N'*-diphenylethylidenediamine* $C_{14}H_{13}Cl_3N_2$, Formel VII (X = Cl) (H 187; E I 168).

B. Beim Schütteln von Chloralhydrat mit Anilin, Essigsäure und Natriumacetat (*Nelson et al.*, J. Am. pharm. Assoc. **36** [1947] 349, 351; vgl. H 187).

Krystalle (aus wss. A.); F: 107°.

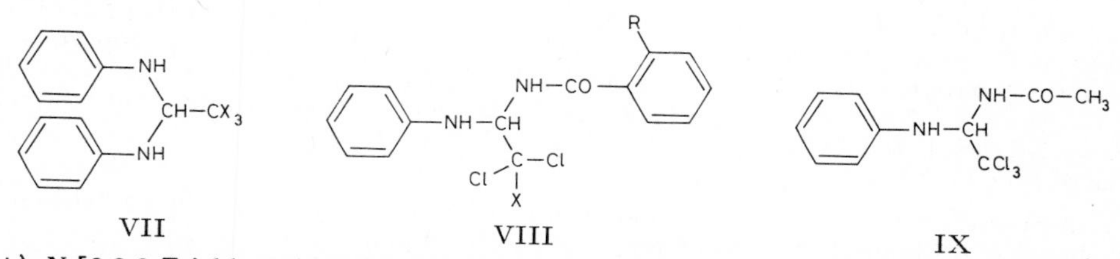

VII VIII IX

(±)-*N*-[2.2.2-Trichlor-1-anilino-äthyl]-acetamid, (±)-2.2.2-Trichlor-*N'*-phenyl-*N*-acetyl-äthylidendiamin, (±)-N-(*1-anilino-2,2,2-trichloroethyl*)*acetamide* $C_{10}H_{11}Cl_3N_2O$, Formel IX.

B. Beim Behandeln von (±)-*N*-[1.2.2.2-Tetrachlor-äthyl]-acetamid mit Anilin in Benzol (*Meldrum, Vad*, J. Indian chem. Soc. **13** [1936] 117).

Krystalle (aus $CHCl_3$); F: 146°.

(±)-*N*-[2.2.2-Trichlor-1-anilino-äthyl]-*o*-toluamid, (±)-2.2.2-Trichlor-*N*-phenyl-*N'*-*o*-toluoyl-äthylidendiamin, (±)-N-(*1-anilino-2,2,2-trichloroethyl*)-o-*toluamide* $C_{16}H_{15}Cl_3N_2O$, Formel VIII (R = CH_3, X = Cl).

B. Aus (±)-*N*-[1.2.2.2-Tetrachlor-äthyl]-*o*-toluamid und Anilin (*Hirwe, Deshpande*, Pr. Indian Acad. [A] **13** [1941] 277, 278).

Krystalle (aus A.); F: 176—177°.

(±)-*N*-[2.2.2-Trichlor-1-anilino-äthyl]-*m*-toluamid, (±)-2.2.2-Trichlor-*N*-phenyl-*N'*-*m*-toluoyl-äthylidendiamin, (±)-N-(*1-anilino-2,2,2-trichloroethyl*)-m-*toluamide* $C_{16}H_{15}Cl_3N_2O$, Formel X.

B. Aus (±)-*N*-[1.2.2.2-Tetrachlor-äthyl]-*m*-toluamid und Anilin (*Hirwe, Deshpande*, Pr. Indian Acad. [A] **13** [1941] 277, 278).

Krystalle (aus A.); F: 166°.

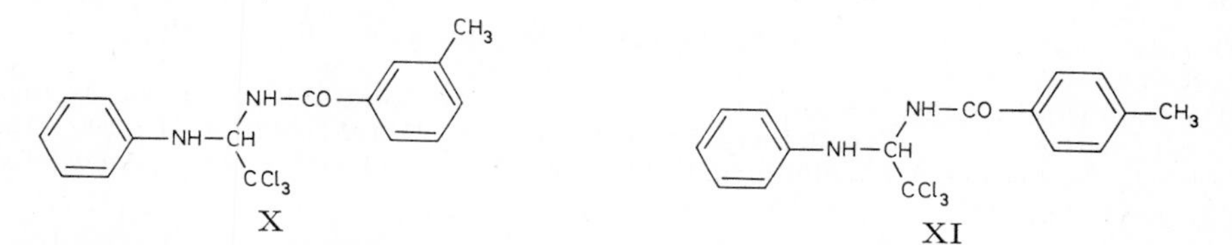

X XI

(±)-*N*-[2.2.2-Trichlor-1-anilino-äthyl]-*p*-toluamid, (±)-2.2.2-Trichlor-*N*-phenyl-N'-*p*-toluoyl-äthylidendiamin, (±)-N-(*1-anilino-2,2,2-trichloroethyl*)-p-*toluamide* $C_{16}H_{15}Cl_3N_2O$, Formel XI.

B. Aus (±)-*N*-[1.2.2.2-Tetrachlor-äthyl]-*p*-toluamid und Anilin (*Hirwe, Deshpande*, Pr. Indian Acad. [A] **13** [1941] 277, 279).

Krystalle (aus A.); F: 132°.

***N.N'*-Bis-[2.2.2-trichlor-1-anilino-äthyl]-oxamid,** N,N'-*bis*(*1-anilino-2,2,2-trichloroethyl*)*oxamide* $C_{18}H_{16}Cl_6N_4O_2$, Formel XII.

Ein opt.-inakt. Amid (Krystalle [aus A.]; F: 193° [Zers.]) dieser Konstitution ist aus opt.-inakt. *N.N'*-Bis-[1.2.2.2-tetrachlor-äthyl]-oxamid (F: 170°) und Anilin in Äthanol erhalten worden (*Chattaway, James*, Soc. **1934** 109, 113).

(±)-5-Chlor-2-methoxy-*N*-[2.2.2-trichlor-1-anilino-äthyl]-benzamid, (±)-2.2.2-Trichlor-*N*-phenyl-*N'*-[5-chlor-2-methoxy-benzoyl]-äthylidendiamin, (±)-N-(*1-anilino-2,2,2-trichloroethyl)-5-chloro-*o*-anisamide* $C_{16}H_{14}Cl_4N_2O_2$, Formel XIII (R = H, X = Cl).

B. Aus (±)-5-Chlor-2-methoxy-*N*-[1.2.2.2-tetrachlor-äthyl]-benzamid und Anilin (*Hirwe, Rana*, J. Indian chem. Soc. **16** [1939] 677, 678).

Krystalle (aus A.); F: 152—153°.

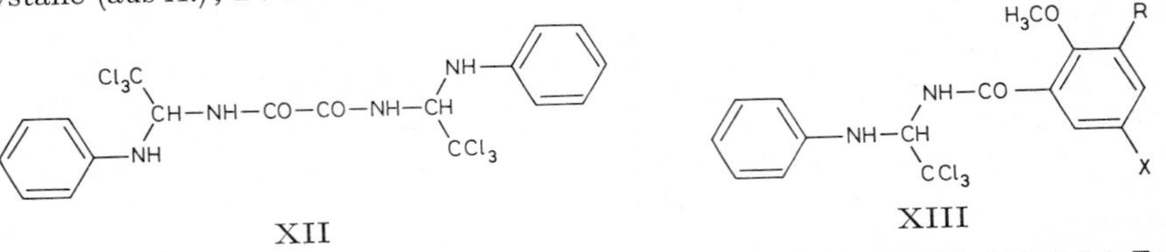

XII XIII

(±)-3.5-Dichlor-2-methoxy-*N*-[2.2.2-trichlor-1-anilino-äthyl]-benzamid, (±)-2.2.2-Trichlor-*N*-phenyl-*N'*-[3.5-dichlor-2-methoxy-benzoyl]-äthylidendiamin, (±)-N-(*1-anilino-2,2,2-trichloroethyl)-3,5-dichloro-*o*-anisamide* $C_{16}H_{13}Cl_5N_2O_2$, Formel XIII (R = X = Cl).

B. Aus (±)-3.5-Dichlor-2-methoxy-*N*-[1.2.2.2-tetrachlor-äthyl]-benzamid und Anilin (*Hirwe, Rana*, J. Indian chem. Soc. **16** [1939] 677, 679).

Krystalle (aus A.); F: 147—148°.

(±)-5-Brom-2-methoxy-*N*-[2.2.2-trichlor-1-anilino-äthyl]-benzamid, (±)-2.2.2-Trichlor-*N*-phenyl-*N'*-[5-brom-2-methoxy-benzoyl]-äthylidendiamin, (±)-N-(*1-anilino-2,2,2-trichloroethyl)-5-bromo-*o*-anisamide* $C_{16}H_{14}BrCl_3N_2O_2$, Formel XIII (R = H, X = Br).

B. Aus (±)-5-Brom-2-methoxy-*N*-[1.2.2.2-tetrachlor-äthyl]-benzamid und Anilin (*Hirwe, Gavankar, Patil*, Pr. Indian Acad. [A] **13** [1941] 371).

Krystalle (aus A.); F: 168—169°.

(±)-3.5-Dibrom-2-methoxy-*N*-[2.2.2-trichlor-1-anilino-äthyl]-benzamid, (±)-2.2.2-Trichlor-*N*-phenyl-*N'*-[3.5-dibrom-2-methoxy-benzoyl]-äthylidendiamin, (±)-N-(*1-anilino-2,2,2-trichloroethyl)-3,5-dibromo-*o*-anisamide* $C_{16}H_{13}Br_2Cl_3N_2O_2$, Formel XIII (R = X = Br).

B. Aus (±)-3.5-Dibrom-2-methoxy-*N*-[1.2.2.2-tetrachlor-äthyl]-benzamid und Anilin (*Hirwe, Gavankar, Patil*, Pr. Indian Acad. [A] **13** [1941] 371).

Krystalle (aus A.); F: 166—167°.

(±)-5-Nitro-2-methoxy-*N*-[2.2.2-trichlor-1-anilino-äthyl]-benzamid, (±)-2.2.2-Trichlor-*N*-phenyl-*N'*-[5-nitro-2-methoxy-benzoyl]-äthylidendiamin, (±)-N-(*1-anilino-2,2,2-trichloroethyl)-5-nitro-*o*-anisamide* $C_{16}H_{14}Cl_3N_3O_4$, Formel XIII (R = H, X = NO_2).

B. Aus (±)-5-Nitro-2-methoxy-*N*-[1.2.2.2-tetrachlor-äthyl]-benzamid und Anilin (*Hirwe, Gavankar, Patil*, Pr. Indian Acad. [A] **13** [1941] 371).

Krystalle (aus A.); F: 168—169°.

(±)-1-Anilino-1-äthylmercapto-äthan, (±)-*N*-[1-Äthylmercapto-äthyl]-anilin, (±)-N-[*1-(ethylhio)ethyl]aniline* $C_{10}H_{15}NS$, Formel I.

Hydrochlorid $C_{10}H_{15}NS \cdot HCl$. *B.* Aus (±)-Äthyl-[1-chlor-äthyl]-sulfid und Anilin in Äther (*Jiroušek, Koštíř*, Chem. Listy **43** [1949] 183; C. A. **1951** 542). — F: 190—192° [Zers.]. In Wasser und Äthanol löslich, in Äther und Benzol schwer löslich. — An der Luft nicht beständig.

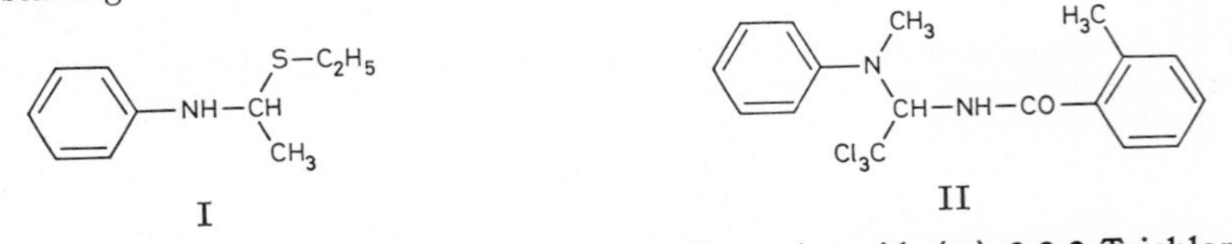

I II

(±)-*N*-[2.2.2-Trichlor-1-(*N*-methyl-anilino)-äthyl]-*o*-toluamid, (±)-2.2.2-Trichlor-*N*-methyl-*N*-phenyl-*N'*-*o*-toluoyl-äthylidendiamin, (±)-[*2,2,2-trichloro-1-(*N*-methylanilino)ethyl]-*o*-toluamide* $C_{17}H_{17}Cl_3N_2O$, Formel II.

B. Aus (±)-*N*-[1.2.2.2-Tetrachlor-äthyl]-*o*-toluamid und *N*-Methyl-anilin (*Hirwe, Deshpande*, Pr. Indian Acad. [A] **13** [1941] 277, 278).

Krystalle (aus A.); F: 135—136°.

2-Chlor-2-nitro-1-anilino-äthylen, *N*-[2-Chlor-2-nitro-vinyl]-anilin, N-(*2-chloro-2-nitrovinyl)aniline* $C_8H_7ClN_2O_2$, Formel III, und **2-Chlor-1-nitro-1-anilino-äthylen, *N*-[2-Chlor-1-nitro-vinyl]-anilin,** N-(*2-chloro-1-nitrovinyl)aniline* $C_8H_7ClN_2O_2$, Formel IV, sowie Tautomere.

Eine Verbindung (Krystalle [aus Bzl.], F: 143°), für die diese Konstitutionsformeln in Betracht kommen, ist aus 1.2-Dichlor-1-nitro-äthylen (Kp_{15}: 54—55°) und Anilin in Äther erhalten worden (*Ott, Bossaller,* B. **76** [1943] 88, 91).

[α-Anilino-isopropyl]-phosphinsäure, (*1-anilino-1-methylethyl)phosphinic acid* $C_9H_{14}NO_2P$, Formel V.

Diese Konstitution wird für die nachstehend beschriebene Verbindung in Betracht gezogen.

B. Aus Anilin-hypophosphit und Aceton (*Schmidt,* B. **81** [1948] 477, 481).

Krystalle (aus W.); F: 214° [Zers.].

Beim Erhitzen mit wss. Salzsäure sind Anilin, Aceton und Hypophosphorigsäure erhalten worden.

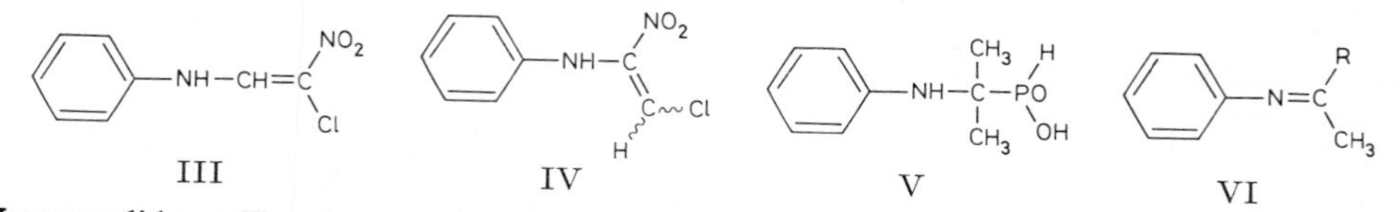

III IV V VI

Isopropylidenanilin, Aceton-phenylimin, N-*isopropylideneaniline* $C_9H_{11}N$, Formel VI (R = CH_3) (H 189; E II 110).

B. Beim Behandeln von Anilin-hydrojodid mit Silberjodid in Dimethylformamid, Eintragen von Aceton in die Reaktionslösung bei —20° und Behandeln des Reaktionsprodukts (Verbindung von Isopropylidenanilin-hydrojodid mit 2 Mol Silberjodid) mit alkal. wss. Kaliumcyanid-Lösung (*Kuhn, Schretzmann,* Ang. Ch. **67** [1955] 785). Über die Bildung beim Erwärmen von Anilin mit Aceton unter Entfernen des entstehenden Wassers (*I.G. Farbenind.,* D.R.P. 693988 [1937]; D.R.P. Org. Chem. **6** 1728; *Gen. Aniline & Film Corp.,* U.S.P. 2218587 [1938]) s. *Kuhn, Sch.*

Kp_{13}: 80—81° (*Kuhn, Sch.*).

[Nitro-isopropyliden]-anilin, Nitroaceton-phenylimin, N-(*1-methyl-2-nitroethylidene)aniline* $C_9H_{10}N_2O_2$, Formel VI (R = CH_2-NO_2) (H 189).

Krystalle (aus Bzn.); F: 79° (*Hurd, Nilson,* J. org. Chem. **20** [1955] 927, 932).

Butylidenanilin, Butyraldehyd-phenylimin, N-*butylideneaniline* $C_{10}H_{13}N$, Formel VII.

B. Neben grösseren Mengen [2-Äthyl-hexen-(2)-yliden]-anilin (Kp_9: 172—174°) beim Erwärmen von Anilin mit Butyraldehyd [2 Mol] (*Paquin,* B. **82** [1949] 316, 324).

Kp_9: 84—86° (*Pa.*).

Beim Behandeln einer äther. Lösung mit Brom in Benzol und anschliessenden Versetzen mit Wasser sind 2-Brom-butyraldehyd und Anilin erhalten worden (*Turcan,* Bl. [5] **3** [1936] 283, 292).

***sec*-Butylidenanilin, Butanon-phenylimin,** N-sec-*butylideneaniline* $C_{10}H_{13}N$, Formel VI (R = C_2H_5).

B. Beim Erwärmen von Butanon mit Anilin in Benzol unter Entfernen des entstehenden Wassers (*I.G. Farbenind.,* D.R.P. 693988 [1937]; D.R.P. Org. Chem. **6** 1728).

Kp_{25}: 106—108° (*Ramart-Lucas, Hoch,* Bl. [5] **3** [1936] 918, 921); Kp_{11}: 87—89° (*I.G. Farbenind.*). UV-Spektrum (Hexan): *Ra.-L., Hoch.*

Isobutylidenanilin, Isobutyraldehyd-phenylimin, N-*isobutylideneaniline* $C_{10}H_{13}N$, Formel VIII (R = H) (H 190, E II 110).

$D_4^{18,5}$: 0,9948 (*v. Auwers, Wunderling,* B. **65** [1932] 70, 78). $n_{656}^{18,5}$: 1,5686; $n_{587}^{18,5}$: 1,5751; $n_{486}^{18,5}$: 1,5915 (*v. Au., Wu.*).

[1-Methyl-butyliden]-anilin, Pentanon-(2)-phenylimin, N-(*1-methylbutylidene)aniline* $C_{11}H_{15}N$, Formel VI (R = CH_2-CH_2-CH_3).

B. Beim Erhitzen von Anilin mit Pentanon-(2) unter Entfernen des entstehenden Wassers (*I.G. Farbenind.,* D.R.P. 693988 [1937]; D.R.P. Org. Chem. **6** 1728; *Gen. Aniline & Film Corp.,* U.S.P. 2218587 [1938]; *Elderfield, Meyer,* Am. Soc. **76** [1954]

1887, 1891).
Kp_{11}: 101° (*I.G. Farbenind.*; *Gen. Aniline & Film Corp.*); Kp_5: 84° (*El., Meyer*).

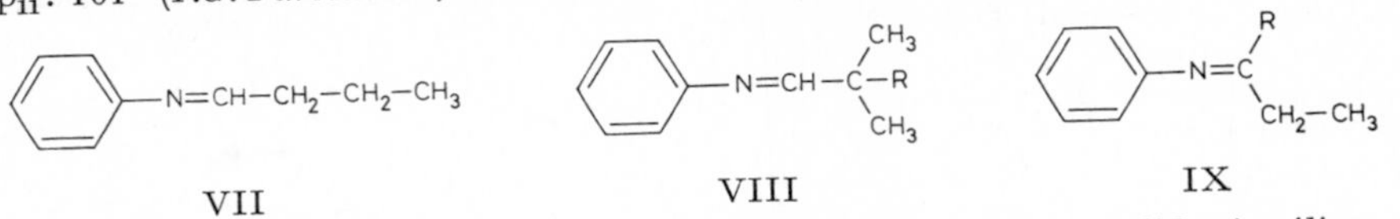

VII VIII IX

[1-Äthyl-propyliden]-anilin, Pentanon-(3)-phenylimin, N-(*1-ethylpropylidene*)*aniline* $C_{11}H_{15}N$, Formel IX (R = CH_2-CH_3).
B. Beim Erhitzen von 3.3-Diäthoxy-pentan mit Anilin unter Entfernen des entstehenden Äthanols (*Hoch*, C. r. **199** [1934] 1428). Beim Erhitzen von Propionanilid mit Äthylmagnesiumbromid in Toluol (*Montagne, Rousseau*, C. r. **196** [1933] 1165).
Kp_{25}: 117—118° (*Hoch*): Kp_{20}: 110—111° (*Ramart-Lucas, Hoch*, Bl. [5] **3** [1936] 918, 921); Kp_{18}: 110—111° (*Mo., Rou.*). UV-Spektrum (Hexan): *Ramart-Lucas, Montagne*, Bl. [5] **3** [1936] 916, 917; *Ra.-L., Hoch*, l. c. S. 922.
Pikrat. F: 143° (*Mo., Rou.*).

[1.2-Dimethyl-propyliden]-anilin, 2-Methyl-butanon-(3)-phenylimin, N-(*1,2-dimethylpropylidene*)*aniline* $C_{11}H_{15}N$, Formel VI (R = $CH(CH_3)_2$).
B. Beim Erhitzen von Anilin mit 2-Methyl-butanon-(3) unter Entfernen des entstehenden Wassers (*I.G. Farbenind.*, D.R.P. 693988 [1937]; D.R.P. Org. Chem. **6** 1728; *Gen. Aniline & Film Corp.*, U.S.P. 2218587 [1938]).
Kp_{11}: 93—94°.

Neopentylidenanilin, 2.2-Dimethyl-propionaldehyd-phenylimin, N-*neopentylideneaniline* $C_{11}H_{15}N$, Formel VIII (R = CH_3) (E I 168).
$D_4^{18,6}$: 0,9106; D_4^{20}: 0,9051 (*v. Auwers, Wunderling*, B. **65** [1932] 70, 78). $n_{656}^{18,6}$: 1,51222; n_{656}^{20}: 1,51027; $n_{588}^{18,6}$: 1,51729; n_{588}^{20}: 1,51532; $n_{486}^{18,6}$: 1,53026; n_{486}^{20}: 1,52818; n_{434}^{20}: 1,54486.

[1-Methyl-pentyliden]-anilin, Hexanon-(2)-phenylimin, N-(*1-methylpentylidene*)*aniline* $C_{12}H_{17}N$, Formel VI (R = $[CH_2]_3$-CH_3).
B. Beim Erhitzen von Anilin mit Hexanon-(2) unter Entfernen des entstehenden Wassers (*I.G. Farbenind.*, D.R.P. 693988 [1937]; D.R.P. Org. Chem. **6** 1728; *Gen. Aniline & Film Corp.*, U.S.P. 2218587 [1938]).
Kp_{11}: 113—114°.

[1-Äthyl-butyliden]-anilin, Hexanon-(3)-phenylimin, N-(*1-ethylbutylidene*)*aniline* $C_{12}H_{17}N$, Formel IX (R = CH_2-CH_2-CH_3).
B. Beim Erhitzen von Butyranilid mit Äthylmagnesiumbromid in Toluol (*Montagne, Rousseau*, C. r. **196** [1933] 1165).
Kp_{11}: 114—115°.
Bildung von *N*-[1-Propyl-propen-(1)-yl]-acetanilid (Kp_{30}: 188°) beim Erhitzen mit Acetanhydrid: *Montagne*, C. r. **199** [1934] 671. Bei der Umsetzung mit Methylmagnesiumjodid, anschliessenden Behandlung mit Acetanhydrid und Behandlung des Reaktionsprodukts mit Schwefelsäure ist 3-Methyl-heptandion-(2.4) erhalten worden (*Mo.*).
Pikrat. F: 102° (*Mo., Rou.*).

[1.3-Dimethyl-butyliden]-anilin, 2-Methyl-pentanon-(4)-phenylimin, N-(*1,3-dimethylbutylidene*)*aniline* $C_{12}H_{17}N$, Formel VI (R = CH_2-$CH(CH_3)_2$).
B. Beim Erhitzen von 2-Methyl-pentanon-(4) mit Anilin unter Entfernen des entstehenden Wassers (*I.G. Farbenind.*, D.R.P. 693988 [1937]; D.R.P. Org. Chem. **6** 1728; *Gen. Aniline & Film Corp.*, U.S.P. 2218587 [1938]; vgl. *Shell Devel. Co.*, U.S.P. 2418173 [1944]).
Kp_{11}: 107° (*I.G. Farbenind.*; *Gen. Anilin & Film Corp.*); Kp_{10}: 103—104° (*Shell Devel. Co.*).

[1.2.2-Trimethyl-propyliden]-anilin, 2.2-Dimethyl-butanon-(3)-phenylimin, N-(*1,2,2-trimethylpropylidene*)*aniline* $C_{12}H_{17}N$, Formel VI (R = $C(CH_3)_3$).
B. Beim Erhitzen von 2.2-Dimethyl-butanon-(3) mit Anilin unter Entfernen des entstehenden Wassers (*I.G. Farbenind.*, D.R.P. 693988 [1937]; D.R.P. Org. Chem. **6** 1728; *Gen. Aniline & Film Corp.*, U.S.P. 2218587 [1938]).
Kp_{11}: 96—97°.

Heptylidenanilin, Heptanal-phenylimin, N-*heptylideneaniline* $C_{13}H_{19}N$, Formel X (H 191; dort als Önanthyliden-anilin bezeichnet).

Beim Behandeln einer Lösung in Benzol mit Brom in Äther und anschliessenden Versetzen mit Wasser sind Anilin und 2-Brom-heptanal-(1) erhalten worden (*Turcan*, Bl. [5] **3** [1936] 283, 293). Bildung von Heptanal und Benzoldiazoniumchlorid beim Behandeln mit Nitrosylchlorid in Benzol: *Turcan*, Bl. [5] **2** [1935] 627, 630.

[1-Methyl-hexyliden]-anilin, Heptanon-(2)-phenylimin, N-(*1-methylhexylidene*)*aniline* $C_{13}H_{19}N$, Formel VI (R = $[CH_2]_4$-CH_3) auf S. 311.

B. Neben einer Verbindung $C_{20}H_{33}N$ (Kp_4: 138—141°; D^{26}: 1,017) beim Erwärmen von Anilin mit Heptin-(1) unter Zusatz von Quecksilber(II)-oxid und von Borfluorid in Äther (*Loritsch, Vogt*, Am. Soc. **61** [1939] 1462).

Kp_4: 88—90°. D^{26}: 0,974.

[1-Propyl-butyliden]-anilin, Heptanon-(4)-phenylimin, N-(*1-propylbutylidene*)*aniline* $C_{13}H_{19}N$, Formel XI (R = CH_2-CH_2-CH_3).

B. Beim Erhitzen von Heptanon-(4) mit Anilin unter Entfernen des entstehenden Wassers (*I.G. Farbenind.*, D.R.P. 693988 [1937]; D.R.P. Org. Chem. **6** 1728; *Gen. Aniline & Film Corp.*, U.S.P. 2218587 [1938]). Beim Erhitzen von 4.4-Diäthoxy-heptan mit Anilin unter Entfernen des entstehenden Äthanols (*Hoch*, C. r. **199** [1934] 1428).

Kp_{17}: 130—131° (*Hoch*; *Ramart-Lucas, Hoch*, Bl. [5] **3** [1936] 918, 921); Kp_{11}: 119° bis 120° (*I.G. Farbenind.*; *Gen. Aniline & Film Corp.*). UV-Spektrum (Hexan): *Ra.-L., Hoch*, l. c. S. 922.

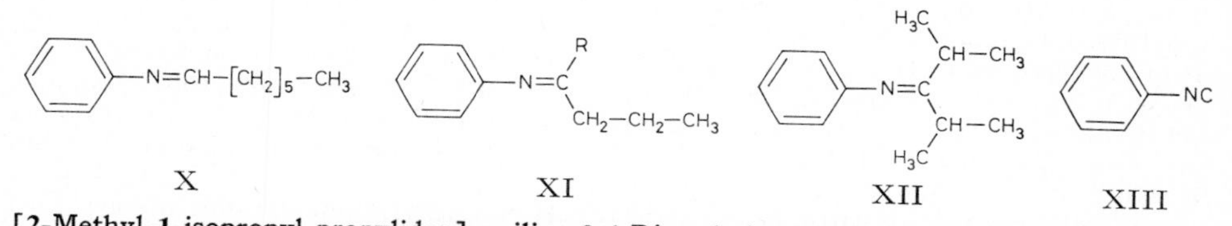

[2-Methyl-1-isopropyl-propyliden]-anilin, 2.4-Dimethyl-pentanon-(3)-phenylimin, N-(*1-isopropyl-2-methylpropylidene*)*aniline* $C_{13}H_{19}N$, Formel XII.

B. Beim Erhitzen von 2.4-Dimethyl-pentanon-(3) mit Anilin unter Entfernen des entstehenden Wassers (*I.G. Farbenind.*, D.R.P. 693988 [1937]; D.R.P. Org. Chem. **6** 1728; *Gen. Aniline & Film Corp.*, U.S.P. 2218587 [1938]).

Kp_{11}: 106,5°.

[1-Propyl-pentyliden]-anilin, Octanon-(4)-phenylimin, N-(*1-propylpentylidene*)*aniline* $C_{14}H_{21}N$, Formel XI (R = $[CH_2]_3$-CH_3).

B. Beim Erwärmen von Anilin mit Octin-(3) unter Zusatz von Quecksilber(II)-oxid und von Borfluorid in Äther (*Loritsch, Vogt*, Am. Soc. **61** [1939] 1462).

Kp_4: 95—97°. D^{26}: 0,919.

[1-Methyl-decyliden]-anilin, Undecanon-(2)-phenylimin, N-(*1-methyldecylidene*)*aniline* $C_{17}H_{27}N$, Formel VI (R = $[CH_2]_8$-CH_3) auf S. 311.

B. Beim Erhitzen von Undecanon-(2) mit Anilin unter Entfernen des entstehenden Wassers (*I.G. Farbenind.*, D.R.P. 693988 [1937]; D.R.P. Org. Chem. **6** 1728; *Gen. Aniline & Film Corp.*, U.S.P. 2218587 [1938]). Beim Erhitzen von 2.2-Diäthoxy-undecan mit Anilin unter Entfernen des entstehenden Äthanols (*Hoch*, C. r. **199** [1934] 1428).

Kp_{24}: 195—197° (*Hoch*; *Ramart-Lucas, Hoch*, Bl. [5] **3** [1936] 918, 921); Kp_{12}: 176° bis 178° (*I.G. Farbenind.*; *Gen. Aniline & Film Corp.*). UV-Spektrum (Hexan): *Ra.-L., Hoch*, l. c. S. 922.

Phenylisocyanid, *phenyl isocyanide* C_7H_5N, Formel XIII (H 191; E I 168; E II 111; dort auch als Benzoisonitril bezeichnet).

B. Aus Anilin und Chloroform mit Hilfe von Natriumhydroxid (*Grundmann*, B. **91** [1958] 1380, 1385). Aus 2-Methyl-pyridin oder aus 4-Methyl-pyridin beim Behandeln mit Chloroform und Alkalilauge (*Ploquin*, Bl. **1947** 901, 903). Neben Benzonitril beim Leiten von *N*-Phenyl-formimidsäure-äthylester über Kieselgur bei 300°/15 Torr (*Grunfeld*, Bl. [5] **3** [1936] 668, 671).

Kp_{20}: 64° (*Eide, Hassel*, Tidsskr. Kjemi Bergv. **10** [1930] 93); Kp_{13}: 53,5—54° (*Grund.*).

D_4^{22}: 0,985 (*Lindemann, Wiegrebe*, B. **63** [1930] 1650, 1656). Oberflächenspannung bei 22°: 35,4 dyn/cm (*Li., Wie.*). IR-Spektrum (2,7—5,1 μ): *Gordy, Williams*, J. chem. Physics **4** [1936] 85, 86. UV-Spektrum (Heptan): *Wolf, Strasser*, Z. physik. Chem. [B] **21** [1933] 389, 405, 407. Dipolmoment (ε; Bzl.): 3,55 D (*Hampson, Marsden*, Trans. Faraday Soc. **30** [1934] Appendix Dipole Moments S. LXI), 3,53 D (*Poltz, Steil, Strasser*, Z. physik. Chem. [B] **17** [1932] 155, 157), 3,49 D (*Eide, Ha.*; *Hassel*, Z. El. Ch. **36** [1930] 735).

Beim Erwärmen mit Nitrosobenzol in Benzol sind *N.N'*-Diphenyl-harnstoff und eine als 3.4-Bis-phenylimino-3.4-dihydro-chinolin angesehene Verbindung (F: 212—213°) erhalten worden (*Passerini, Bonciani*, G. **61** [1931] 959, 961). Eine von *Ešafow* (Ž. obšč. Chim. **14** [1944] 299, 300; C. A. **1945** 3787; Ž. obšč. Chim. **17** [1947] 1516; C. A. **1948** 2237) beim Erhitzen eines wahrscheinlich mit Anilin verunreinigten Präparats in Gegenwart von Hexadien-(2.4), 3-Äthyl-octadien-(2.4) oder 3-Methyl-5-äthyl-heptadien-(3.5) erhaltene, als „dimeres Phenylisocyanid" bezeichnete Verbindung vom F: 135° ist vermutlich als *N.N'*-Diphenyl-formamidin zu formulieren (*Grundmann*, B. **91** [1958] 1380, 1381 Anm. 5). Reaktion mit Phthalaldehydsäure in Chloroform unter Bildung einer wahrscheinlich als 3-Oxo-phthalan-carbanilid-(1) zu formulierenden Verbindung (F: 110°): *Passerini, Ragni*, G. **61** [1931] 964, 967. Reaktion mit Barbitursäure in Dioxan unter Bildung von 5-[*N*-Phenyl-formimidoyl]-barbitursäure (F: 315°): *Ridi, Papini*, G. **76** [1946] 376, 379. Reaktion mit 3-Methyl-1-phenyl-Δ^2-pyrazolinon-(5) in Benzol unter Bildung von 3-Methyl-4-[*N*-phenyl-formimidoyl]-1-phenyl-Δ^2-pyrazolinon-(5) (F: 153—155°): *Passerini, Casini*, G. **67** [1937] 332, 334; Reaktion mit 3-Methyl-Δ^2-pyrazolinon-(5) in Äthanol unter Bildung von [5-Oxo-3-methyl-Δ^2-pyrazolinyl-(4)]-[5-oxo-3-methyl-pyrazolinyliden-(4)]-methan (F: 315°) sowie Reaktion mit 1.3-Diphenyl-Δ^2-pyrazolinon-(5) in Benzol unter Bildung von [5-Oxo-1.3-diphenyl-Δ^2-pyrazolinyl-(4)]-[5-oxo-1.3-diphenyl-pyrazolinyliden-(4)]-methan (F: 250°): *Losco*, G. **67** [1937] 553, 555, 556. Reaktion mit 5-Oxo-3-methyl-Δ^2-pyrazolin-carbamid-(1) in Äthanol unter Bildung von [5-Oxo-3-methyl-Δ^2-pyrazolinyl-(4)]-[5-oxo-3-methyl-pyrazolinyliden-(4)]-methan (F: 315°): *Lo.*, l. c. S. 556.

Verbindung mit Kupfer(I)-cyanid $3C_7H_5N \cdot CuCN$. Dunkelbraun; an der Luft grün werdend (*Malatesta*, G. **77** [1947] 240, 246).

Verbindung mit Zinkcyanid $2C_7H_5N \cdot Zn(CN)_2$. Krystalle; in Wasser und Äthanol schwer löslich (*Ma.*, l. c. S. 246).

Verbindung mit Eisen(II)-chlorid $2C_7H_5N \cdot FeCl_2$. Gelbe Krystalle; in Äthanol löslich, in Wasser schwer löslich (*Ma.*, l. c. S. 244).

Verbindung mit Eisen(II)-sulfat $2C_7H_5N \cdot FeSO_4$. In Wasser und Äthanol löslich (*Ma.*, l. c. S. 244).

Verbindung mit Nickel(II)-chlorid $2C_7H_5N \cdot NiCl_2$. In Äthanol schwer löslich, in Wasser fast unlöslich (*Ma.*, l. c. S. 245).

Verbindung mit Nickel(II)-cyanid $4C_7H_5N \cdot Ni(CN)_2$. In Wasser und Äthanol schwer löslich (*Ma.*, l. c. S. 245).

Verbindung mit Platin(II)-chlorid $Pt(C_7H_5N)_2Cl_2$ (H 192). Dipolmoment (ε; Bzl.): ca. 12,5 D (*Jensen*, Z. anorg. Ch. **231** [1937] 365, 368).

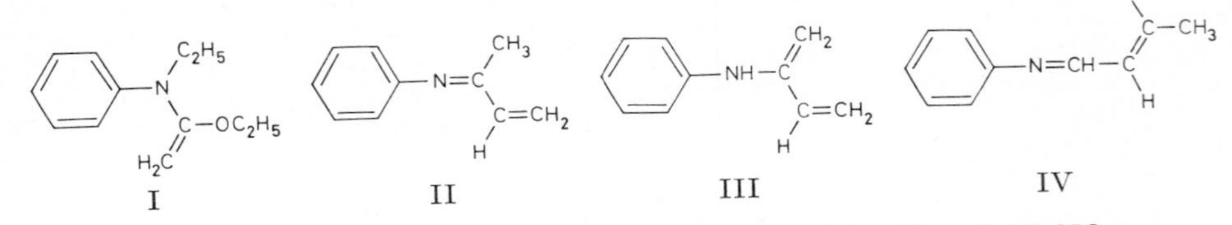

N-Äthyl-N-[1-äthoxy-vinyl]-anilin, N-(*1-ethoxyvinyl*)-N-*ethylaniline* $C_{12}H_{17}NO$, Formel I.

B. Neben Orthoessigsäure-triäthylester beim Erwärmen von Keten-diäthylacetal mit *N*-Äthyl-anilin (*Barnes, Kundiger, McElvain*, Am. Soc. **62** [1940] 1281, 1286).

Kp_{22}: 129—130°. D_{25}^{25}: 0,9750. n_D^{25}: 1,5232.

Beim Behandeln mit wss. Schwefelsäure (0,2n) sind Äthanol, Essigsäure und *N*-Äthyl-anilin erhalten worden.

[1-Methyl-allyliden]-anilin, Buten-(1)-on-(3)-phenylimin, N-(*1-methylallylidene*)*aniline* $C_{10}H_{11}N$, Formel II, und **2-Anilino-butadien-(1.3), *N*-[1-Methylen-allyl]-anilin,** N-(*1-methyleneallyl*)*aniline* $C_{10}H_{11}N$, Formel III.

B. Aus (±)-3-Anilino-butin-(1) beim Leiten über einen Eisenoxid-Aluminiumoxid-Katalysator bei 250° (*Reppe et al.*, A. **596** [1955] 1, 24; vgl. *BASF*, D.B.P. 896347 [1939]; *Reppe, Hecht, Gassenmeier*, U.S.P. 2301971 [1940]).

Kp_{10}: 112—115°.

Buten-(2)-yliden-anilin, Crotonaldehyd-phenylimin, N-(*but-2-enylidene*)*aniline* $C_{10}H_{11}N$.

***trans*-Crotonaldehyd-phenylimin,** Formel IV.

B. Aus Anilin und *trans*-Crotonaldehyd (*Ardaschew, Kurbatow*, Ž. obšč. Chim. **16** [1946] 53; C. A. **1947** 122).

Krystalle (aus Ae. oder PAe.); F: 105°.

Beim Erhitzen mit wss. Salzsäure ist Chinaldin erhalten worden.

Cyclopentylidenanilin, Cyclopentanon-phenylimin, N-*cyclopentylideneaniline* $C_{11}H_{13}N$, Formel V.

B. Aus Cyclopentanon und Anilin bei 60°/3500 at oder bei 100°/1 at (*Sapiro, P'eng*, Soc. **1938** 1171, 1172). Aus opt.-inakt. 1-Phenyl-1.3a.4.5.6.6a-hexahydro-cyclopentatriazol (F: 53°) beim Erhitzen auf 150° (*Alder, Stein*, A. **501** [1933] 1, 39).

Kp_{19}: 129—131° (*Al., St.*).

Beim Erwärmen mit Phenylazid auf 100° ist eine ursprünglich als 3a-Anilino-1-phenyl-1.3a.4.5.6.6a-hexahydro-cyclopentatriazol angesehene, nach *Fusco, Bianchetti, Pocar* (G. **91** [1961] 849, 852) und *Huisgen, Möbius, Szeimies* (B. **98** [1965] 1138, 1144) aber wahrscheinlich als 6a-Anilino-1-phenyl-1.3a.4.5.6.6a-hexahydro-cyclopentatriazol zu formulierende Verbindung (F: 192° [Zers.]) erhalten worden (*Al., St.*, l. c. S. 18, 41).

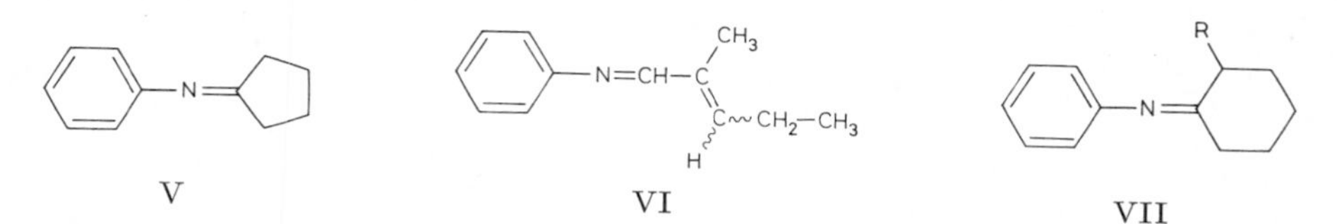

[2-Methyl-penten-(2)-yliden]-anilin, 2-Methyl-penten-(2)-al-(1)-phenylimin, N-(*2-methylpent-2-enylidene*)*aniline* $C_{12}H_{15}N$, Formel VI.

Ein Amin (Kp_{10}: 131—132°) dieser Konstitution ist aus 2-Methyl-penten-(2)-al-(1) (nicht charakterisiert) und Anilin erhalten und durch Erwärmen mit Maleinsäure-anhydrid in Benzol in 7-Oxo-2.4-dimethyl-6-phenyl-6-aza-bicyclo[3.2.1]octen-(3)-carbonsäure-(8) (F: 157—158°) übergeführt worden (*Snyder, Robinson*, Am. Soc. **63** [1941] 3279).

Cyclohexylidenanilin, Cyclohexanon-phenylimin, N-*cyclohexylidene-aniline* $C_{12}H_{15}N$, Formel VII (R = H) (E II 112).

B. Aus Anilin und Cyclohexanon (*Sapiro, P'eng*, Soc. **1938** 1171, 1172). Beim Erhitzen von 1.1-Diäthoxy-cyclohexan mit Anilin unter Entfernen des entstehenden Äthanols (*Hoch*, C. r. **199** [1934] 1428). Aus Cyclohexen und Phenylazid (*Alder, Stein*, A. **501** [1933] 1, 16).

Kp_{30}: 157° (*Hoch*; *Ramart-Lucas, Hoch*, Bl. [5] **3** [1936] 918, 921). UV-Spektrum (Hexan): *Ra.-L., Hoch*, l. c. S. 922.

Beim Erwärmen mit Phenylazid auf 100° ist eine ursprünglich als 3a-Anilino-1-phenyl-3a.4.5.6.7.7a-hexahydro-1*H*-cyclohexatriazol angesehene, nach *Fusco, Bianchetti, Pocar* (G. **91** [1961] 849, 852) aber wahrscheinlich als 7a-Anilino-1-phenyl-3a.4.5.6.7.7a-hexahydro-1*H*-cyclohexatriazol zu formulierende Verbindung (F: 187° [Zers.]) erhalten worden (*Al., St.*, l. c. S. 44).

Cycloheptylidenanilin, Cycloheptanon-phenylimin, N-*cycloheptylideneaniline* $C_{13}H_{17}N$, Formel VIII.

B. Beim Erhitzen von Cycloheptanon mit Anilin in Gegenwart von Zinkchlorid auf 165° (*Alder, Stein*, A. **501** [1933] 1, 47). Aus opt.-inakt. 1-Phenyl-1.3a.4.5.6.7.8.8a-octahydro-cycloheptatriazol (F: 76—77°) beim Erhitzen auf 170° (*Al., St.*, l. c. S. 41).

Kp_{20}: 170° (*Al.*, *St.*, l. c. S. 47). Kp_{16}: 155° (*Al.*, *St.*, l. c. S. 41).

Beim Erwärmen mit Phenylazid auf 100° sind 1-Phenyl-1.4.5.6.7.8-hexahydro-cyclo-heptatriazol und eine ursprünglich als 3a-Anilino-1-phenyl-1.3a.4.5.6.7.8.8a-octahydro-cycloheptatriazol angesehene, nach *Fusco*, *Bianchetti*, *Pocar* (G. **91** [1961] 849, 852) aber wahrscheinlich als 8a-Anilino-1-phenyl-1.3a.4.5.6.7.8.8a-octahydro-cycloheptatriazol zu formulierende Verbindung (F: 194° [Zers.]) erhalten worden (*Al.*, *St.*, l. c. S. 47).

(±)-[2-Methyl-cyclohexyliden]-anilin, (±)-1-Methyl-cyclohexanon-(2)-phenylimin, (±)-N-(*2-methylcyclohexylidene*)*aniline* $C_{13}H_{17}N$, Formel VII (R = CH_3).

B. Aus Anilin und (±)-1-Methyl-cyclohexanon-(2) (*Sapiro*, *P'eng*, Soc. **1938** 1171, 1172). Beim Erhitzen von (±)-2.2-Diäthoxy-1-methyl-cyclohexan (nicht näher beschriebenen) mit Anilin unter Entfernen des entstehenden Äthanols (*Grammaticakis*, Bl. **1949** 134, 144).

Kp_{14}: 152–153° (*Gr.*). UV-Spektren (Hexan und A.): *Gr.*, l. c. S. 141.

Gegen Äthanol nicht beständig (*Gr.*).

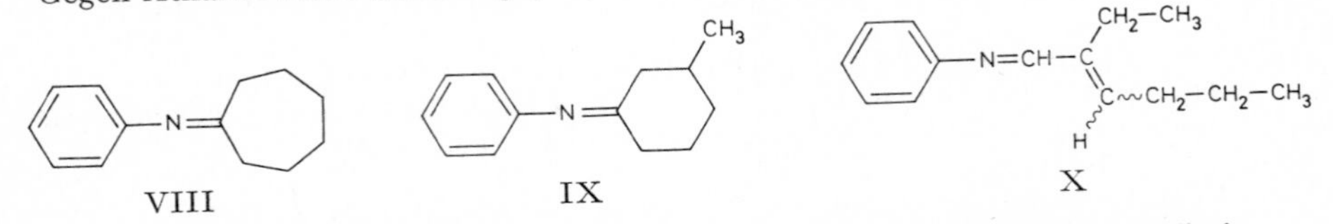

VIII IX X

(±)-[3-Methyl-cyclohexyliden]-anilin, (±)-1-Methyl-cyclohexanon-(3)-phenylimin, (±)-N-(*3-methylcyclohexylidene*)*aniline* $C_{13}H_{17}N$, Formel IX.

B. Beim Erhitzen von (±)-3.3-Diäthoxy-1-methyl-cyclohexan (nicht näher beschriebenen) mit Anilin unter Entfernen des entstehenden Äthanols (*Hoch*, C. r. **199** [1934] 1428).

Kp_{18}: 149–150° (*Hoch*; *Ramart-Lucas*, *Hoch*, Bl. [5] **3** [1936] 918, 921). UV-Spektrum (Hexan): *Ra.-L.*, *Hoch*, l. c. S. 922.

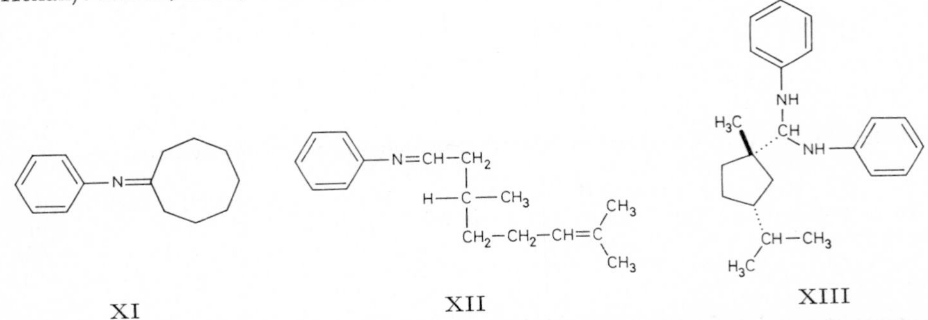

XI XII XIII

[2-Äthyl-hexen-(2)-yliden]-anilin, 2-Äthyl-hexen-(2)-al-(1)-phenylimin, N-(*2-ethylhex-2-enylidene*)*aniline* $C_{14}H_{19}N$, Formel X.

Die folgenden Angaben beziehen sich auf Präparate von ungewisser konfigurativer Einheitlichkeit.

B. Neben Butylidenanilin (Kp_9: 84–86°) beim Erwärmen von Anilin mit Butyraldehyd [2 Mol] (*Paquin*, B. **82** [1949] 316, 324). Beim Behandeln von Anilin mit Butyraldehyd in Gegenwart von Essigsäure oder Buttersäure (*Kharasch*, *Richlin*, *Mayo*, Am. Soc. **62** [1940] 494, 496). Aus Anilin und 2-Äthyl-hexen-(2)-al-(1) [nicht charakterisiert bzw. Kp_{747}: 171–172°] (*Snyder*, *Hasbrouck*, *Richardson*, Am. Soc. **61** [1939] 3558; *Kh.*, *Ri.*, *Mayo*). Aus opt.-inakt. 3-Anilino-2-äthyl-hexanal-(1)-phenylimin (F: 92,5°) beim Aufbewahren an der Luft oder in Gegenwart von organischen Säuren (*Kh.*, *Ri.*, *Mayo*, l. c. S. 494).

Kp_{15}: 146–148° (*Kh.*, *Ri.*, *Mayo*, l. c. S. 496). Kp_9: 172–174° (*Pa.*). Kp_6: 139,5° bis 140,5°; Kp_2: 127–128°; D_{20}^{20}: 0,9379; n_D^{20}: 1,5596 (*Sn.*, *Ha.*, *Ri.*).

Überführung in 3-Äthyl-2-propyl-chinolin durch Behandlung mit wss. Salzsäure: *Kh.*, *Ri.*, *Mayo*. Reaktion mit Benzoylchlorid in Benzol unter Bildung von Benzanilid: *Kh.*, *Ri.*, *Mayo*. Beim Erwärmen des Präparats vom Kp_{15}: 146–148° mit Semicarbazid-hydrochlorid in Wasser ist 2-Äthyl-hexen-(2)-al-(1)-semicarbazon [F: 132°] (*Kh.*, *Ri.*,

Mayo), beim Erwärmen des Präparats vom Kp_6: 139,5—140,6° mit Maleinsäure-anhydrid in Benzol sind Maleinsäure-monoanilid und 7-Oxo-2.4-diäthyl-6-phenyl-6-aza-bicyclo[3.2.1]octen-(3)-carbonsäure-(8) [F: 145—146°] (*Sn.*, *Ha.*, *Ri.*) erhalten worden.

Cyclooctylidenanilin, Cyclooctanon-phenylimin, N-*cyclooctylidene aniline* $C_{14}H_{19}N$, Formel XI.

B. Beim Erhitzen von Cyclooctanon mit Anilin in Gegenwart von Zinkchlorid auf 165° (*Alder, Stein*, A. **501** [1933] 1, 48).

Kp_{20}: 170°.

Beim Erwärmen mit Phenylazid auf 100° ist 1-Phenyl-4.5.6.7.8.9-hexahydro-1*H*-cyclooctatriazol erhalten worden.

[3.7-Dimethyl-octen-(6)-yliden]-anilin, 2.6-Dimethyl-octen-(2)-al-(8)-phenylimin, N-(*3,7-dimethyloct-6-enylidene*)*aniline* $C_{16}H_{23}N$.

[(*R*)-3.7-Dimethyl-octen-(6)-yliden]-anilin, (*R*)-Citronellal-phenylimin, Formel XII.

Ein Präparat (Kp_2: 130—133°; D_{15}^{15}: 0,9608; n_D^{25}: 1,5447; $[\alpha]_D$: +7,3°) von ungewisser konfigurativer Einheitlichkeit ist beim Behandeln von Anilin mit (*R*)-Citronellal ($[\alpha]_D$: +9,35°; nicht einheitlich) erhalten worden (*West*, J. Soc. chem. Ind. **61** [1942] 158).

1-Methyl-1-dianilinomethyl-3-isopropyl-cyclopentan, *C*-[1-Methyl-3-isopropyl-cyclopentyl]-*N.N'*-diphenyl-methylendiamin, *1-(3-isopropyl-1-methylcyclopentyl)*-N,N'-*diphenylmethylenediamine* $C_{22}H_{30}N_2$.

(1*S*)-1-Methyl-1*r*-dianilinomethyl-3*c*-isopropyl-cyclopentan, Formel XIII.

B. Aus (1*S*)-1-Methyl-3*c*-isopropyl-*N.N'*-diphenyl-cyclopentan-carbamidin-(1*r*) beim Behandeln mit Äthanol und Natrium (*v. Braun, Manz*, B. **67** [1934] 1696, 1701).

Krystalle (aus A.); F: 216°.

Überführung in (1*S*)-1-Methyl-3*c*-isopropyl-cyclopentan-carbaldehyd-(1*r*) mit Hilfe von wss. Salzsäure: *v. Br., Manz.*

[*Urban*]

3-Anilino-propin-(1)-ol-(3), *1-anilinoprop-2-in-1-ol* C_9H_9NO, Formel I.

Die H 193 unter dieser Konstitution (als [α-Oxy-propargyl]-anilin und als Propiolaldehyd-anilin) beschriebene Verbindung (F: 122—123°) ist als Malonaldehyd-monophenylimin (S. 334) zu formulieren (*Heilbron, Jones, Julia*, Soc. **1949** 1430, 1431; *Poštowskiĭ, Matewošjan, Scheĭnker*, Ž. obšč. Chim. **26** [1956] 1443; J. gen. Chem. U.S.S.R. [Übers.] **26** [1956] 1623).

(±)-Norbornyliden-(2)-anilin, (±)-Norbornanon-(2)-phenylimin, (±)-N-(*2-norbornylidene*)*aniline* $C_{13}H_{15}N$, Formel II (R = H).

B. Beim Erhitzen von (±)-Norbornanon-(2) mit Anilin unter Zusatz von Anilinhydrochlorid auf 170° (*Alder, Stein*, A. **501** [1933] 1, 45).

Kp_{20}: 157° (*Al., St.*).

Bei mehrtägigem Erwärmen mit Phenylazid auf 100° ist eine ursprünglich als 3a-Anilino-1-phenyl-3a.4.5.6.7.7a-hexahydro-4.7-methano-1*H*-benzotriazol angesehene, nach *Fusco, Bianchetti, Pocar* (G. **91** [1961] 849, 852) aber wahrscheinlich als 7a-Anilino-1-phenyl-3a.4.5.6.7.7a-hexahydro-4.7-methano-1*H*-benzotriazol zu formulierende Verbindung (F: 238°) erhalten worden (*Al., St.*).

Bicyclo[2.2.2]octyliden-(2)-anilin, Bicyclo[2.2.2]octanon-(2)-phenylimin, N-(*bicyclo[2.2.2]oct-2-ylidene*)*aniline* $C_{14}H_{17}N$, Formel III (R = H).

B. Beim Erhitzen von Bicyclo[2.2.2]octanon-(2) mit Anilin unter Zusatz von Anilinhydrochlorid auf 170° (*Alder, Stein*, A. **501** [1933] 1, 46).

Krystalle (aus PAe.); F: 80° (*Al., St.*).

Bei 2-tägigem Erwärmen mit Phenylazid auf 100° ist eine ursprünglich als 3a-Anilino-1-phenyl-3a.4.5.6.7.7a-hexahydro-4.7-äthano-1*H*-benzotriazol angesehene, nach *Fusco, Bianchetti, Pocar* (G. **91** [1961] 849, 852) aber wahrscheinlich als 7a-Anilino-1-phenyl-3a.4.5.6.7.7a-hexahydro-4.7-äthano-1*H*-benzotriazol zu formulierende Verbindung (F: 259°) erhalten worden (*Al., St.*).

[5.5-Dimethyl-norbornyliden-(2)]-anilin, 2.2-Dimethyl-norbornanon-(5)-phenylimin, N-(*5,5-dimethyl-2-norbornylidene*)*aniline* $C_{15}H_{19}N$, Formel II (R = CH_3).

Ein Amin (Kp_{18}: 162—165°) dieser Konstitution von unbekanntem opt. Drehungsvermögen ist beim Erhitzen eines aus nicht näher bezeichnetem opt.-akt. β-Fenchen (5.5-Dimethyl-2-methylen-norbornan) mit Hilfe von Kaliumpermanganat hergestellten β-Fenchocamphoron-Präparats mit Anilin unter Zusatz von Anilin-hydrochlorid auf 165° erhalten und durch 2-wöchiges Erwärmen mit Phenylazid auf 100° in eine als 3a-Anilino-6.6-dimethyl-1-phenyl-3a.4.5.6.7.7a-hexahydro-4.7-methano-1*H*-benzotriazol angesehene Verbindung (F: 230°) übergeführt worden (*Alder, Stein*, A. **515** [1935] 165, 183).

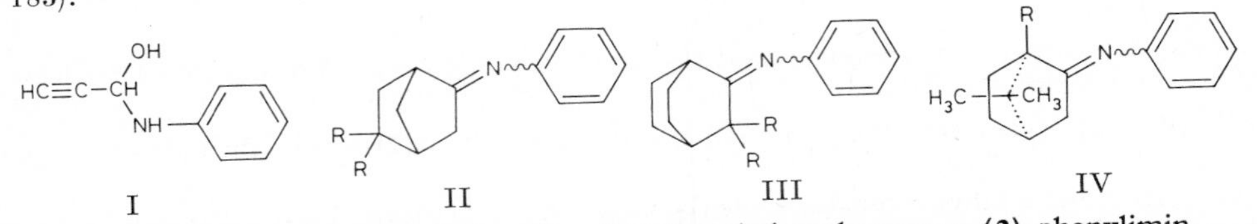

[7.7-Dimethyl-norbornyliden-(2)]-anilin, 7.7-Dimethyl-norbornanon-(2)-phenylimin, α-Fenchocamphoron-phenylimin, N-(*7,7-dimethyl-2-norbornylidene*)*aniline* $C_{15}H_{19}N$.

(1*R*)-7.7-Dimethyl-norbornanon-(2)-phenylimin, Formel IV (R = H).

B. Beim Erhitzen von (+)-α-Fenchocamphoron (E III **7** 310) mit Anilin unter Zusatz von Anilin-hydrochlorid auf 180° (*Alder, Stein*, A. **515** [1935] 165, 184).

Kp_{17}: 155–160°.

Mit Phenylazid erfolgt keine Reaktion.

[1.3.3-Trimethyl-norbornyliden-(2)]-anilin, 1.3.3-Trimethyl-norbornanon-(2)-phenyl-imin, Fenchon-phenylimin, N-(*1,3,3-trimethyl-2-norbornylidene*)*aniline* $C_{16}H_{21}N$, Formel V.

Zwei Präparate (a) Kp_{11}: 154–156°; D^{13}: 0,9958; b) F: 32°; D_4^{25}: 0,9836; Oberflächenspannung bei 35°: 34,69 dyn/cm) von unbekanntem opt. Drehungsvermögen sind beim Erhitzen von nicht näher bezeichnetem Fenchon (1.3.3-Trimethyl-norbornanon-(2)) mit Anilin in Gegenwart von Anilin-hydrochlorid auf 180° erhalten worden (*Lipp, Stutzinger*, B. **65** [1932] 241, 247; *Komschilow*, Ž. obšč. Chim. **9** [1939] 1539, 1544; C. **1941** I 31).

[1.5.5-Trimethyl-norbornyliden-(2)]-anilin, 1.3.3-Trimethyl-norbornanon-(6)-phenyl-imin, Isofenchon-phenylimin, N-(*1,5,5-trimethyl-2-norbornylidene*)*aniline* $C_{16}H_{21}N$.

(1*S*)-1.3.3-Trimethyl-norbornanon-(6)-phenylimin, Formel VI.

B. Beim Erhitzen von (−)-Isofenchon (E III **7** 397) mit Anilin unter Zusatz von Anilin-hydrochlorid bis auf 185° (*Alder, Stein*, A. **515** [1935] 165, 183).

Kp_{14}: 156–159°.

Bei 3-wöchigem Erwärmen mit Phenylazid auf 100° ist eine als 3a-Anilino-4.6.6-trimethyl-1-phenyl-3a.4.5.6.7.7a-hexahydro-4.7-methano-1*H*-benzotriazol angesehene Verbindung (F: 233°) erhalten worden.

Bornyliden-(2)-anilin, Bornanon-(2)-phenylimin, Campher-phenylimin, N-(*2-bornylidene*)*aniline* $C_{16}H_{21}N$.

(1*R*)-Bornanon-(2)-phenylimin, Formel IV (R = CH_3) (E I 168; E II 112; dort als [*d*-Campher-anil] bezeichnet).

B. Beim Erwärmen von (1*R*)-Bornanon-(2)-nitroimin mit Anilin und Natriumsulfat (*Saccardi, Latini*, Ann. Chimica applic. **22** [1932] 88).

F: 13° (*Komschilow*, Ž. obšč. Chim. **9** [1939] 1539, 1544; C. A. **1940** 2664). Kp_{65}: 225° (*Sa., La.*). D_4^{35}: 0,9824 (*Ko.*); $D^{14,5}$: 0,9962 (*Lipp, Stutzinger*, B. **65** [1932] 241, 246). $[\alpha]_D^{20}$: +9,6° [unverd.] (*Lipp, St.*). $[\alpha]_D^{25}$: +11,5° [$CHCl_3$] (*Schreiber, Shriner*, Am. Soc. **57** [1935] 1445); $[\alpha]_D^{25}$: +7,2° [Me.] (*Sch., Sh.*). Oberflächenspannung bei 35°: 34,33 dyn/cm (*Ko.*).

Mit Phenylazid erfolgt keine Reaktion (*Alder, Stein*, A. **501** [1933] 1, 46).

[3.3-Dimethyl-bicyclo[2.2.2]octyliden-(2)]-anilin, 2.2-Dimethyl-bicyclo[2.2.2]octanon-(3)-phenylimin, N-(*3,3-dimethylbicyclo*[*2.2.2*]*oct-2-ylidene*)*aniline* $C_{16}H_{21}N$, Formel III (R = CH_3).

B. Beim Erhitzen von 2.2-Dimethyl-bicyclo[2.2.2]octanon-(3) (aus Bicyclo[2.2.2]octanon-(2) mit Hilfe von Natriumamid und Methyljodid hergestellt) mit Anilin in

Gegenwart von Anilin-hydrochlorid auf 180° (*Alder, Stein*, A. **501** [1933] 1, 46).
Krystalle (aus PAe. oder Me.); F: 83°.

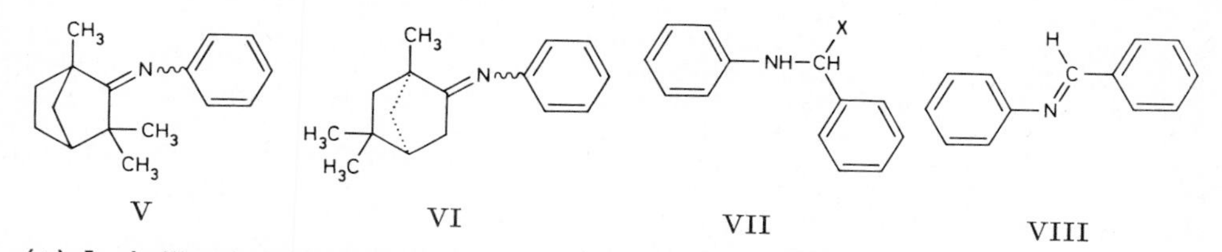

V VI VII VIII

(±)-[α-Anilino-benzyl]-phosphinsäure, (±)-(α-*anilinobenzyl*)*phosphinic acid* $C_{13}H_{14}NO_2P$, Formel VII (X = PH(O)-OH).

B. Aus Anilin-hypophosphit und Benzaldehyd in Äthanol (*Schmidt*, B. **81** [1948] 477, 483). Aus Benzylidenanilin beim Behandeln Hypophosphorigsäure in Methanol (*Sch.*).

Krystalle (aus A.), die bei ca. 150° sintern. In Wasser fast unlöslich, in warmem Äthanol löslich.

Methyl-[α-anilino-benzyl]-carbamidsäure-äthylester, (α-*anilinobenzyl*)*methylcarbamic acid ethyl ester* $C_{17}H_{20}N_2O_2$, Formel VII (X = $N(CH_3)$-CO-OC_2H_5).

B. Aus Methyl-[*N*-phenyl-benzimidoyl]-carbamidsäure-äthylester beim Erwärmen mit Natrium-Amalgam und Äther (*Ghadiali, Shah*, J. Indian chem. Soc. **26** [1949] 117, 120).

Krystalle (aus A.); F: 166°.

Beim Erwärmen mit Schwefelsäure bildet sich Benzaldehyd.

Benzylidenanilin, Benzaldehyd-phenylimin, N-*benzylideneaniline* $C_{13}H_{11}N$.

Benzaldehyd-[phenyl-*seqtrans*-imin], Formel VIII (H 195; E I 169; E II 113).

Konfiguration: *Brocklehurst*, Tetrahedron **18** [1962] 299; *Minkin et al.*, Tetrahedron **23** [1967] 3651; *Haselbach, Heilbronner*, Helv. **51** [1968] 16; *Bürgi, Dunitz*, Chem. Commun. **1969** 472.

Bildungsweisen.

Beim Behandeln von Benzaldehyd mit Anilin und äthanol. Natriumäthylat bei −10° (*Das, Dutt*, Pr. Acad. Sci. Agra Oudh **4** [1934/35] 288, 292). Beim Erwärmen von (±)-Natrium-[α-hydroxy-toluol-sulfonat-(α)] mit Anilin-hydrochlorid in Benzol (*Grammaticakis*, C. r. **224** [1947] 1568). Beim Behandeln von Benzhydrol mit Stickstoffwasserstoffsäure in Benzol und mit Thionylchlorid (*Knoll A.G.*, D.R.P. 583565 [1929]; Frdl. **20** 947).

Physikalische Eigenschaften.

F: 56° (*Grammaticakis*, C. r. **224** [1947] 1568), 54° (*Das, Dutt*, Pr. Acad. Sci. Agra Oudh **4** [1934/35] 288, 292). Über eine instabile Modifikation vom F: 28° s. *Brandstätter*, Z. physik. Chem. **192** [1943] 76, 77. Verbrennungswärme bei konstantem Volumen bei 25°: 1639 kcal/mol (*Coates, Sutton*, Soc. **1948** 1187, 1190). Dichte der Krystalle bei 23°: 1,186 (*Neuhaus*, B. **67** [1934] 1627, 1629). Brechungsindices der Krystalle: *Neu.* Raman-Spektrum (Bzl.): *Bonino, Cella*, R. A. L. [6] **15** [1932] 568, 569. UV-Spektren von Lösungen in Hexan: *Ramart-Lucas, Hoch*, Bl. [5] **3** [1936] 918, 925; in Äthanol: *v. Kiss, Auer*, Z. physik. Chem. [A] **189** [1941] 344, 352; *v. Kiss, Bácskai, Varga*, Acta Univ. Szeged **1** [1942] 155, 156; *Ferguson, Branch*, Am. Soc. **66** [1944] 1467, 1469; *Smets, Delvaux*, Bl. Soc. chim. Belg. **56** [1947] 106, 108; *v. Kiss, Pauncz*, Acta Univ. Szeged **2** [1948] 83, 84; in wss. Kalilauge: *v. Kiss, Csetneky*, Acta Univ. Szeged **2** [1948] 37, 45; in Säuren: *Smets, De.* Fluorescenz-Spektrum des Hydrochlorids: *Bertrand*, Bl. [5] **12** [1945] 1019, 1022. Dipolmoment (ε; Bzl.): 1,55 D (*Hertel, Schinzel*, Z. physik. Chem. [B] **48** [1941] 289, 306), 1,57 D (*De Gaonek, Le Fèvre*, Soc. **1938** 741, 742). Oxidationspotential: *Ritter*, Am. Soc. **69** [1947] 46, 48.

Schmelzdiagramme der binären Systeme mit Bibenzyl (Eutektikum und Mischungslücke): *Brandstätter*, Z. physik. Chem. **192** [1943] 76, 79; mit *trans*-Stilben (Eutektikum und Mischkrystalle): *Wiegand, Merkel*, A. **550** [1942] 175, 178; *Br.*, l. c. S. 77; mit Diphenylacetylen (Eutektikum), mit *N*-Benzyl-anilin (Eutektikum) und mit Hydrazobenzol (Eutektikum): *Brandstätter*, Mikroch. **33** [1947] 137, 140, 142, 143; mit *trans*-Azobenzol (Eutektikum): *Wie., Me.*; *Br.*, Z. physik. Chem. **192** 78; mit Phenanthridin (Eutektikum und Mischungslücke): *Wie., Me.*

Chemisches Verhalten.

Bildung von Benzaldehyd und Benzoldiazonium-Salz beim Behandeln mit Nitrosylchlorid in Benzol oder mit Nitrosylschwefelsäure in Äther: *Turcan*, Bl. [5] **2** [1935] 627, 630, 632. Überführung in *N*-Benzyl-anilin durch Hydrierung an Palladium oder Platin in Äthanol bei Raumtemperatur: *Strel'zowa, Zelinškiĭ*, Izv. Akad. S.S.S.R. Otd. chim. **1943** 56, 57, 63; C. A. **1944** 1214; durch an Hydrierung an Kupferoxid-Chromoxid bei 175°/ 100—150 at: *Adkins, Connor*, Am. Soc. **53** [1931] 1091, 1093; durch Behandlung mit Lithiumaluminiumhydrid in Äther: *Nystrom, Brown*, Am. Soc. **70** [1948] 3738; durch Behandlung mit Magnesium und Methanol: *Zechmeister, Truka*, B. **63** [1930] 2883; durch Erhitzen mit *p*-Thiokresol in Xylol: *Gilman, Dickey*, Am. Soc. **52** [1930] 4573, 4575; durch Erhitzen mit Triäthylamin-formiat bis auf 160° und Erwärmen des Reaktionsprodukts mit wss. Salzsäure: *Alexander, Bowman-Wildman*, Am. Soc. **70** [1948] 1187. Beim Behandeln mit Natrium und Inden (Überschuss) in Äther und anschliessend mit Wasser sind *N*-Benzyl-anilin und eine Verbindung $C_{22}H_{19}N$ (F: 248°) erhalten worden (*Ziegler, Schäfer*, A. **479** [1930] 150, 176). Über die Reaktion mit Natrium in Äther (E I 170) s. *Zie., Sch.*, l. c. S. 158, 175; s. a. *Smith, Veach*, Canad. J. Chem. **44** [1966] 2497. Überführung in α.α'-Dianilino-bibenzyl (Gemisch der Stereoisomeren) durch 2-tägiges Schütteln mit Magnesiumjodid und Magnesium in Äther und Benzol und anschliessendes Behandeln mit kalter wss. Essigsäure: *Bachmann*, Am. Soc. **53** [1931] 2672, 2673. Bildung von *N*-Phenyl-benzamidin, *N*-Benzyl-anilin, Anilin, 2.4.5-Triphenyl-imidazol und einer krystallinen Verbindung vom F: 207—208° beim Erhitzen mit Natriumamid in Toluol: *Kirssanow, Iwastchenko*, Bl. [5] **2** [1935] 2109, 2118; Ž. obšč. Chim. **5** [1935] 1494, 1501. Beim Behandeln mit *N*-Phenyl-hydroxylamin in Äther ist Benzaldehyd-[*N*-phenyl-oxim] erhalten worden (*Jolles*, G. **68** [1938] 488, 495).

Relative Geschwindigkeit der Reaktionen mit Butyllithium, Phenyllithium, Butylmagnesiumbromid und Phenylmagnesiumbromid in Äther: *Gilman, Kirby*, Am. Soc. **55** [1933] 1265, 1269. Reaktion mit Benzhydrylnatrium in Äther unter Bildung von 2-Anilino-1.1.2-triphenyl-äthan: *Bergmann, Rosenthal*, J. pr. [2] **135** [1932] 267, 280.

Beim Erwärmen mit Bromessigsäure-äthylester und Zink in Toluol und Behandeln des Reaktionsgemisches mit wss. Ammoniak ist 3-Anilino-3-phenyl-propionsäure-lactam erhalten worden (*Gilman, Speeter*, Am. Soc. **65** [1943] 2255). Reaktion mit 2-Methyl-indol in Benzol unter Bildung von 2-Methyl-3-[α-anilino-benzyl]-indol: *Passerini, Bonciani*, G. **63** [1933] 138, 141. Bildung von 2.3-Dimethyl-1-phenyl-4-[α-anilino-benzyl]-Δ^3-pyrazolinon-(5) bei 2-wöchigem Behandeln mit 2.3-Dimethyl-1-phenyl-Δ^3-pyrazolinon-(5) in Äthanol sowie Bildung von α.α-Bis-[5-oxo-3-methyl-1-phenyl-Δ^2-pyrazolinyl-(4)]-toluol (F: 166—167°) bei 10-tägigem Behandeln mit 3-Methyl-1-phenyl-Δ^2-pyrazolinon-(5) in Äthanol: *Passerini, Ragni*, G. **66** [1936] 684, 686. Reaktion mit 2-Methyl-1-äthyl-pyridinium-jodid in Piperidin enthaltendem Äthanol unter Bildung von 1-Äthyl-2-styryl-pyridinium-jodid: (F: 210°): *Crippa, Maffei*, G. **77** [1947] 416, 420.

Bildung von Phenylimino-benzyliden-bernsteinsäure-dimethylester (F: 192—193°) bei 2-tägigem Behandeln mit Butindisäure-dimethylester oder Oxalessigsäure-dimethylester in wasserhaltigem Äther: *Snyder, Cohen, Tapp*, Am. Soc. **61** [1939] 3560.

Geschwindigkeitskonstante der Reaktion mit Methyljodid in Äthanol bei 50°: *Hertel, Schinzel*, Z. physik. Chem. [B] **48** [1941] 289, 294, 304.

Bildung von 2-Phenyl-chinolin beim Erwärmen mit Paraldehyd in Äthanol unter Zusatz von wss. Salzsäure: *Koslow*, Ž. obšč. Chim. **8** [1938] 413, 415; C. A. **1938** 7916. Beim Behandeln mit Aceton unter Zusatz von wss. Wasserstoffperoxid (*Macovski, Silberg*, J. pr. [2] **137** [1933] 131, 137) oder unter Zusatz von Borfluorid in Äther (*Snyder, Kornberg, Ronig*, Am. Soc. **61** [1939] 3556) ist 1-Anilino-1-phenyl-butanon-(3) erhalten worden. Analoge Reaktionen mit weiteren Ketonen: *Sn., Ko., Ro.* Bildung von 3-Anilino-2.2-dimethyl-3-phenyl-propionaldehyd-phenylimin und einer Verbindung $C_{31}H_{38}N_2O$ (F: 110°) bei mehrtägigem Behandeln mit Isobutyraldehyd in Äthanol: *Mayer*, Bl. [5] **7** [1940] 481, 483.

Beim Behandeln mit Acetylchlorid in Äther bzw. mit Benzoylchlorid in Äther, Benzol oder Tetrachlormethan (vgl. H 197) sind Benzylidenanilin-hydrochlorid, Anilin-hydrochlorid, Benzaldehyd und Acetanilid bzw. Benzanilid erhalten worden (*Tănăsescu, Silberg*, Bl. [5] **3** [1936] 224, 225, 227, 229, 233, 234). Reaktion mit Mercaptoessigsäure in Äther unter Bildung von 2.3-Diphenyl-thiazolidinon-(4): *Erlenmeyer, Oberlin*, Helv. **30** [1947] 1329, 1332. Die bei der Reaktion mit Brenztraubensäure erhaltene, ursprünglich

(s. H 197; E II 113; *Bucherer, Russischwili*, J. pr. [2] **128** [1930] 89, 93) als 4.5-Dioxo-1.2-diphenyl-pyrrolidin angesehene Verbindung ist als 2-Anilino-4-hydroxy-4-phenyl-*cis*-crotonsäure-lacton zu formulieren (*Wasserman, Koch*, Chem. and Ind. **1957** 428). Bei 2-tägigem Behandeln mit Acetessigsäure-propylester in Gegenwart von Anilin-hydrochlorid ist 4-Methyl-1.2.3.6-tetraphenyl-1.2.3.6-tetrahydro-pyrimidin-carbonsäure-(5)-propylester (F: 146—147°), bei 2-tägigem Erwärmen mit 3-Anilino-crotonsäure-methylester sowie bei 8-tägigem Behandeln mit (±)-2-[α-Anilino-benzyl]-acetessigsäure-methylester (1 Mol), jeweils unter Zusatz von Anilin-hydrochlorid, ist 4-Methyl-1.2.3.6-tetraphenyl-1.2.3.6-tetrahydro-pyrimidin-carbonsäure-(5)-methylester (F: 191—193°) erhalten worden (*Erickson*, Am. Soc. **67** [1945] 1382, 1385).

Salze und Additionsverbindungen.

Hydrochlorid $C_{13}H_{11}N \cdot HCl$. Krystalle; F: 176° (*Tănăsescu, Silberg*, Bl. [5] **3** [1936] 224, 234). Beim Aufbewahren an der Luft sowie beim Erwärmen in Benzol bilden sich Benzanilid, Benzaldehyd und Anilin-hydrochlorid (*Tă., Si.*). — Ein Dihydrochlorid (s. H 198) ist nicht wieder erhalten worden (*Witkop, Patrick, Kissman*, B. **85** [1952] 949, 975).

Pikrat $C_{13}H_{11}N \cdot C_6H_3N_3O_7$ (vgl. H 198). F: 159° (*Râşanu*, Ann. scient. Univ. Jassy **25** [1939] 395, 421).

Verbindung mit Borfluorid $C_{13}H_{11}N \cdot BF_3$. Gelbe Krystalle; F: 135—145° [Zers.] (*Snyder, Kornberg, Romig*, Am. Soc. **61** [1939] 3556).

Verbindung mit Titan(IV)-chlorid $C_{13}H_{11}N \cdot TiCl_4$. Hellgelb (*Dermer, Fernelius*, Z. anorg. Ch. **221** [1934] 83, 91).

Verbindung mit Aceton und Schwefeldioxid $C_{13}H_{11}N \cdot C_3H_6O \cdot SO_2$. Gelbe Krystalle; F: 112—113° (*Feigl, Feigl*, Z. anorg. Ch. **203** [1932] 57, 62).

[4-Chlor-benzyliden]-anilin, 4-Chlor-benzaldehyd-phenylimin, N-(*4-chlorobenzylidene*)*aniline* $C_{13}H_{10}ClN$, Formel IX (X = H) (H 198; E I 172).

B. Beim Behandeln einer Lösung von 4-Chlor-*N*-phenyl-benzimidoylchlorid in 1.2-Dichlor-äthan mit Zinn(II)-chlorid in Chlorwasserstoff enthaltendem Äther und Einleiten von Ammoniak in eine Suspension des Reaktionsprodukts in Chloroform (*Coleman, Pyle*, Am. Soc. **68** [1946] 2007).

Krystalle (aus A.); F: 57—58° (*Co., Py.*). Raman-Spektrum (Bzl.): *Bonino, Cella*, R. A. L. [6] **15** [1932] 568, 570. Dipolmoment (ε; Bzl.): 1,77 D (*De Gaonek, Le Fèvre*, Soc. **1938** 741, 742, 744).

[2.3.4.5.6-Pentachlor-benzyliden]-anilin, Pentachlorbenzaldehyd-phenylimin, N-(*2,3,4,5,6-pentachlorobenzylidene*)*aniline* $C_{13}H_6Cl_5N$, Formel IX (X = Cl).

B. Aus Pentachlorbenzaldehyd und Anilin (*Lock*, B. **72** [1939] 300, 302).

Grünliche Krystalle (aus Bzl. + A.); F: 187,5° [korr.].

[2-Nitro-benzyliden]-anilin, 2-Nitro-benzaldehyd-phenylimin, N-(*2-nitrobenzylidene*)*aniline* $C_{13}H_{10}N_2O_2$, Formel X (X = H) (H 198; E I 172; E II 114).

Diese Konstitution kommt auch der E II **13** 136 sowie von *Cumming et al.* (J. roy. tech. Coll. **2** [1932] 596, 598) als [2-Nitro-phenyl]-bis-[4-amino-phenyl]-methan („2''-Nitro-4.4'-diamino-triphenylmethan") beschriebenen Verbindung vom F: 64° bzw. F: 60—61° zu (*Tănăsescu, Silberg*, Bl. [4] **51** [1932] 1357, 1358).

Beim Behandeln mit Benzoylchlorid in Benzol oder Äther sind Anilin-hydrochlorid, Benzanilid und [2-Nitro-benzyliden]-anilin-hydrochlorid erhalten worden (*Tănăsescu, Silberg*, Bl. [5] **3** [1936] 224, 237).

Hydrochlorid $C_{13}H_{10}N_2O_2 \cdot HCl$. Krystalle; F: 156° (*Tă., Si.*, Bl. [5] **3** 238).

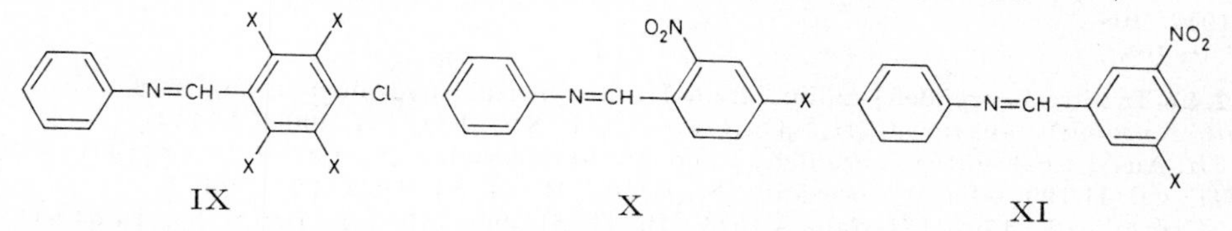

IX X XI

[3-Nitro-benzyliden]-anilin, 3-Nitro-benzaldehyd-phenylimin, N-(*3-nitrobenzylidene*)*aniline* $C_{13}H_{10}N_2O_2$, Formel XI (X = H) (H 198; E I 172; E II 114).

Krystalle; F: 69—70° [aus wss. A.] (*Smets, Delvaux*, Bl. Soc. chim. Belg. **56** [1947] 106, 132), 66° [aus A.] (*Poraĭ-Koschiz et al.*, Ž. obšč. Chim. **17** [1947] 1774, 1781; C. A. **1948**

5863). UV-Spektrum einer Lösung in Äthanol sowie von sauren und alkalischen Lösungen: *Sm.*, *De.*, l. c. S. 114.

Beim Behandeln mit Benzoylchlorid in Benzol sind [3-Nitro-benzyliden]-anilin-hydrochlorid, Benzanilid und 3-Nitro-benzaldehyd erhalten worden (*Tănăsescu, Silberg*, Bl. [5] **3** [1936] 224, 238). Reaktion mit Brenztraubensäure in Äthanol unter Bildung von 2-[3-Nitro-phenyl]-chinolin-carbonsäure-(4): *Shivers, Hauser*, Am. Soc. **70** [1948] 437. Reaktion mit Naphthol-(2) in Benzol unter Bildung von 1-[3-Nitro-α-anilino-benzyl]-naphthol-(2): *Neri*, G. **61** [1931] 815, 817. Reaktion mit 2-Methyl-indol in Benzol unter Bildung von Phenyl-bis-[2-methyl-indolyl-(3)]-methan: *Neri*, G. **64** [1934] 420, 426.

Hydrochlorid $C_{13}H_{10}N_2O_2 \cdot HCl$. Krystalle; F: 181° (*Tă.*, *Si.*).

[4-Nitro-benzyliden]-anilin, 4-Nitro-benzaldehyd-phenylimin, N-(*4-nitrobenzylidene*)*aniline* $C_{13}H_{10}N_2O_2$, Formel XII (X = H) (H 198; E I 172; E II 114).

UV-Spektrum (A.): *Hertel, Schinzel*, Z. physik. Chem. [B] **48** [1941] 289, 297. Dipolmoment (ε; Bzl.): 4,15 D (*He.*, *Sch.*, l. c. S. 306).

Geschwindigkeitskonstante der Reaktion mit Methyljodid in Äthanol bei 50°: *He.*, *Sch.*, l. c. S. 304.

Hydrochlorid $C_{13}H_{10}N_2O_2 \cdot HCl$. F: ca. 190—193° (*Tănăsescu, Silberg*, Bl. [5] **3** [1936] 224, 239).

[2.4-Dinitro-benzyliden]-anilin, 2.4-Dinitro-benzaldehyd-phenylimin, N-(*2,4-dinitrobenzylidene*)*aniline* $C_{13}H_9N_3O_4$, Formel X (X = NO_2) (H 199).

B. Aus 2.4-Dinitro-benzaldehyd und Anilin in Essigsäure (*Secareanu*, Bl. [4] **51** [1932] 591, 596).

Krystalle (aus A.); F: 133° (*Se.*).

Beim Erwärmen mit Natriumcarbonat in Äthanol sind 6-Nitro-2-phenyl-indazolinon-(3) und 6-Nitro-1-hydroxy-2-phenyl-indazolinon-(3) erhalten worden (*Secareanu, Lupas*, Bl. [5] **1** [1934] 373, 377).

[3.5-Dinitro-benzyliden]-anilin, 3.5-Dinitro-benzaldehyd-phenylimin, N-(*3,5-dinitrobenzylidene*)*aniline* $C_{13}H_9N_3O_4$, Formel XI (X = NO_2).

B. Aus 3.5-Dinitro-benzaldehyd und Anilin (*Hodgson, Smith*, Soc. **1933** 315).

Gelbbraune Krystalle (aus wss. A.); F: 123°.

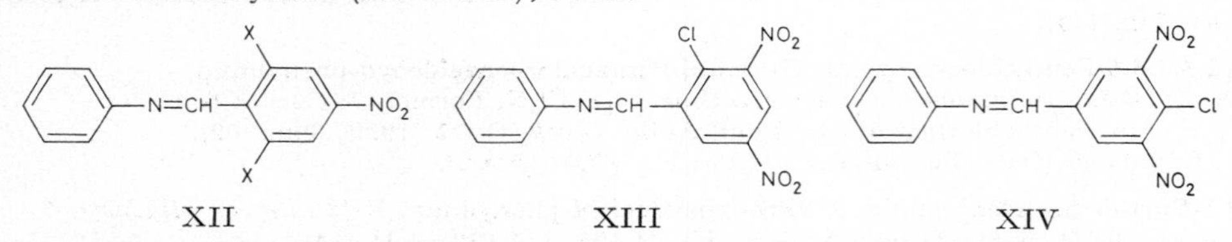

XII XIII XIV

[2-Chlor-3.5-dinitro-benzyliden]-anilin, 2-Chlor-3.5-dinitro-benzaldehyd-phenylimin, N-(*2-chloro-3,5-dinitrobenzylidene*)*aniline* $C_{13}H_8ClN_3O_4$, Formel XIII.

B. Aus 2-Chlor-3.5-dinitro-benzaldehyd und Anilin (*Mittal*, J. Indian chem. Soc. **19** [1942] 408).

F: 138°.

[4-Chlor-3.5-dinitro-benzyliden]-anilin, 4-Chlor-3.5-dinitro-benzaldehyd-phenylimin, N-(*4-chloro-3,5-dinitrobenzylidene*)*aniline* $C_{13}H_8ClN_3O_4$, Formel XIV.

B. Aus 4-Chlor-3.5-dinitro-benzaldehyd und Anilin (*Mittal*, J. Indian chem. Soc. **19** [1942] 408).

F: 108°.

[2.4.6-Trinitro-benzyliden]-anilin, 2.4.6-Trinitro-benzaldehyd-phenylimin, N-(*2,4,6-trinitrobenzylidene*)*aniline* $C_{13}H_8N_4O_6$, Formel XII (X = NO_2) (H 199; E II 114).

B. Aus 2.4.6-Trinitro-benzaldehyd und Anilin in Äthanol (*Secareanu*, B. **64** [1931] 837, 841; vgl. H 199) oder in Essigsäure (*Secareanu*, Bl. [4] **51** [1932] 591, 596).

Krystalle; F: 170—171° [aus A.] (*Se.*, Bl. [4] **51** 596), 170° [aus Bzn.] (*Se.*, B. **64** 841).

Überführung in 4.6-Dinitro-1-hydroxy-2-phenyl-indazolinon-(3) durch Erwärmen mit Natriumcarbonat in Äthanol: *Secareanu, Lupas*, Bl. [4] **53** [1933] 1436, 1440. Bei $^1/_4$-stdg. Erhitzen mit Essigsäure sind 5.7-Dinitro-3-hydroxy-1.2-diphenyl-2.3-dihydro-1*H*-benzotriazol (über die Konstitution s. *Secareanu, Lupas*, J. pr. [2] **140** [1934] 233, 235) und eine

Verbindung vom F: 257—258° (orangefarbene Krystalle [aus $CHCl_3$]), beim Erhitzen mit Anilin (Überschuss) und Essigsäure ist nur 5.7-Dinitro-3-hydroxy-1.2-diphenyl-2.3-dihydro-1*H*-benzotriazol erhalten worden (*Secareanu*, Bl. [4] **53** [1933] 1016, 1022, 1024).

Benzylidenanilin-*N*-oxid, *C.N*-Diphenyl-nitron, Benzaldehyd-[*N*-phenyl-oxim], N-*benzylideneaniline* N-*oxide* $C_{13}H_{11}NO$, Formel I (X = H) (E I 171; E II 115; dort als Benzaldoxim-*N*-phenyläther und als *N*-Phenyl-isobenzaldoxim bezeichnet).

B. Bei der Hydrierung eines Gemisches von Nitrobenzol und Benzaldehyd in Äthanol an Raney-Nickel (*Albert, Ritchie*, J. Pr. Soc. N. S. Wales **74** [1940] 74, 79). Aus *N*-Phenyl-*N*-benzyl-hydroxylamin beim Behandeln mit Kaliumpermanganat in Aceton unter Zusatz von wss. Natronlauge (*Utzinger*, A. **556** [1944] 50, 63).

Krystalle (aus A. oder aus Bzl. + PAe.); F: 112° (*Utz.*).

Bildung von Benzylidenanilin und Benzaldehyd beim Erhitzen mit Kohlenoxid unter 3000 at auf 150°: *Buckley, Ray*, Soc. **1949** 1154. Beim Behandeln mit Kaliumcyanid und Methanol sind Phenylimino-phenyl-acetonitril (*Bellavita*, G. **65** [1935] 897, 901) und *N*-Phenyl-benzimidsäure-methylester (*Bellavita*, G. **65** [1935] 889, 893) erhalten worden. Die beim Behandeln mit Diphenylketen in Benzol und Äther erhaltene Verbindung $C_{27}H_{21}NO_2$ vom F: 186—190° (s. E I 172) ist als Diphenyl-[2-benzylidenamino-phenyl]-essigsäure, die aus ihr beim Erhitzen entstehende Verbindung $C_{26}H_{21}N$ vom F: 105—106° („Triphenyl-*N*-phenyl-nitren" [E I 172]) ist als 2-Benzhydryl-*N*-benzyliden-anilin zu formulieren (*Hassall, Lippman*, Soc. **1953** 1059, 1061).

[4-Chlor-benzyliden]-anilin-*N*-oxid, 4-Chlor-benzaldehyd-[*N*-phenyl-oxim], N-(*4-chloro=benzylidene)aniline* N-*oxide* $C_{13}H_{10}ClNO$, Formel I (X = Cl).

B. Aus 4-Chlor-benzaldehyd und *N*-Phenyl-hydroxylamin in Äthanol (*Bellavita*, G. **65** [1935] 889, 894).

Krystalle (aus A.); F: 153—154°.

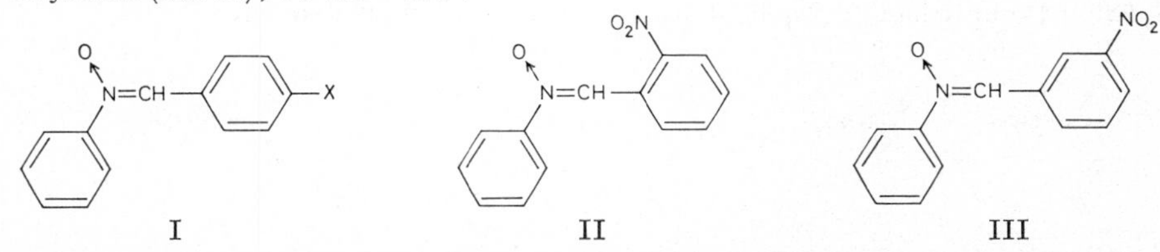

[2-Nitro-benzyliden]-anilin-*N*-oxid, 2-Nitro-benzaldehyd-[*N*-phenyl-oxim], N-(*2-nitro=benzylidene)aniline* N-*oxide* $C_{13}H_{10}N_2O_3$, Formel II (H **27** 29; dort als *N*-Phenyl-2-nitro-isobenzaldoxim bezeichnet).

B. Aus *N*-Phenyl-*N*-[2-nitro-benzyl]-hydroxylamin beim Behandeln einer Lösung in Essigsäure mit wss. Wasserstoffperoxid (*Utzinger*, A. **556** [1944] 50, 63).

Gelbe Krystalle; F: 94,5° (*Bellavita*, G. **65** [1935] 755, 760).

Hydrierung an Platin in Äther unter Bildung von [2-Hydroxyamino-benzyliden]-anilin-*N*-oxid und von [2-Amino-benzyliden]-anilin-*N*-oxid: *Gandini*, G. **72** [1942] 28, 33. Beim Erwärmen mit wasserhaltiger äthanol. Kalilauge sowie beim Erwärmen mit Acetyl=chlorid in Benzol ist 2-Nitro-benzoesäure-anilid, beim Erhitzen mit Acetanhydrid und Natriumacetat ist *N*-Acetyl-*N*-[2-nitro-benzoyl]-anilin erhalten worden (*Tănăsescu, Nanu*, B. **72** [1939] 1083, 1087).

[3-Nitro-benzyliden]-anilin-*N*-oxid, 3-Nitro-benzaldehyd-[*N*-phenyl-oxim], N-(*3-nitro=benzylidene)aniline* N-*oxide* $C_{13}H_{10}N_2O_3$, Formel III (H **27** 30; dort als *N*-Phenyl-3-nitro-isobenzaldoxim bezeichnet).

B. Aus 3-Nitro-benzaldehyd und *N*-Phenyl-hydroxylamin in Äthanol (*Bellavita*, G. **65** [1935] 755, 762; vgl. H **27** 30).

Gelbe Krystalle; F: 151° (*Tănăsescu, Nanu*, B. **72** [1939] 1083, 1088), 150° (*Be.*).

Bei der Hydrierung an Platin in Äther ist *N*-Phenyl-*N*-[3-amino-benzyl]-hydroxyl=amin erhalten worden (*Gandini*, G. **72** [1942] 28, 37).

[4-Nitro-benzyliden]-anilin-*N*-oxid, 4-Nitro-benzaldehyd-[*N*-phenyl-oxim], N-(*4-nitro=benzylidene)aniline* N-*oxide* $C_{13}H_{10}N_2O_3$, Formel I (X = NO_2) (E II 115; dort als 4-Nitro-benzaldoxim-*N*-phenyläther bezeichnet).

Gelbe Krystalle; F: 190° [Block] (*Grammaticakis*, Bl. **1951** 971), 185° [aus A. oder Bzl.]

(*Bellavita*, G. **65** [1935] 755, 763).

Hydrierung an Platin in Äther unter Bildung von [4-Hydroxyamino-benzyliden]-anilin-*N*-oxid und von [4-Amino-benzyliden]-anilin-*N*-oxid: *Gandini*, G. **72** [1942] 28, 35.

[2.4-Dinitro-benzyliden]-anilin-*N*-oxid, 2.4-Dinitro-benzaldehyd-[*N*-phenyl-oxim], N-(*2,4-dinitrobenzylidene*)*aniline* N-*oxide* $C_{13}H_9N_3O_5$, Formel IV (X = H) (E II 115; dort als 2.4-Dinitro-benzaldoxim-*N*-phenyläther bezeichnet).

B. Beim Erwärmen von 2.4-Dinitro-toluol mit Nitrosobenzol in Piperidin enthaltendem Äthanol (*Tănăsescu, Nanu*, B. **72** [1939] 1083, 1089).

Gelbe Krystalle; F: 152° [Zers.; aus E.] (*Kröhnke, Schmeiss*, B. **72** [1939] 440, 444), 151° [aus A.] (*Tă., Nanu*).

[2.4.6-Trinitro-benzyliden]-anilin-*N*-oxid, 2.4.6-Trinitro-benzaldehyd-[*N*-phenyl-oxim], N-(*2,4,6-trinitrobenzylidene*)*aniline* N-*oxide* $C_{13}H_8N_4O_7$, Formel IV (X = NO_2).

B. Aus 2.4.6-Trinitro-toluol und Nitrosobenzol beim Behandeln einer Lösung in Pyridin mit wenig Jod sowie beim Erwärmen einer äthanol. Lösung mit wss. Natrium=carbonat-Lösung oder mit wenig Piperidin (*Tănăsescu, Nanu*, B. **72** [1939] 1083, 1092).

Krystalle (aus Acn.); F: 147—148° [explosive Zers.].

[1-Phenyl-äthyliden]-anilin, Acetophenon-phenylimin, N-(*α-methylbenzylidene*)*aniline* $C_{14}H_{13}N$, Formel V (R = CH_3) (H 199; E I 173; E II 115).

B. Beim Erhitzen von Natriumanilid mit Acetophenon auf 125° (*Dow Chem. Co.*, U.S.P. 1938890 [1932]). Beim Erhitzen von Acetophenon-diäthylacetal mit Anilin bis auf 200° unter Entfernen des entstehenden Äthanols (*Hoch*, C. r. **199** [1934] 1428; vgl. H 199).

F: 41°; Kp_{17}: 175—177° (*Hoch*). $D_4^{56,3}$: 1,0255 (*v. Auwers, Wunderling*, B. **65** [1932] 70, 78). $n_{656,3}^{56,3}$: 1,59677; $n_{587,6}^{56,3}$: 1,60486; $n_{486,1}^{56,3}$: 1,62637 (*v. Au., Wu.*). UV-Spektrum von Lösungen in Hexan: *Ramart-Lucas*, Bl. [5] **3** [1936] 738, 740; *Ramart-Lucas, Hoch*, Bl. [5] **3** [1936] 918, 920, 925; in Äthanol: *Ramart-Lucas, Martynoff*, Bl. **1947** 986, 995.

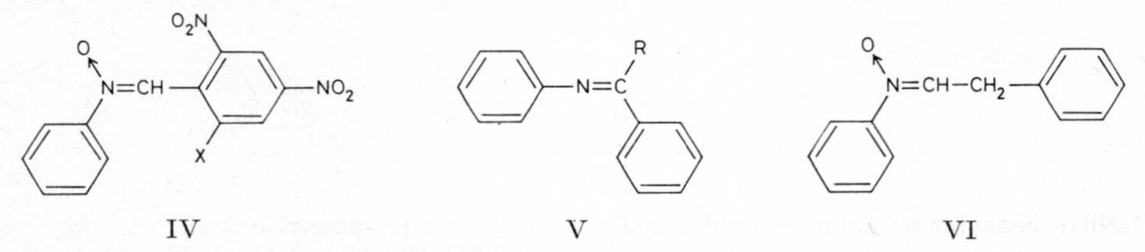

IV V VI

Phenäthylidenanilin-*N*-oxid, *N*-Phenyl-*C*-benzyl-nitron, Phenylacetaldehyd-[*N*-phenyl-oxim], N-*phenethylideneaniline* N-*oxide* $C_{14}H_{13}NO$, Formel VI.

B. Aus Phenylacetaldehyd und *N*-Phenyl-hydroxylamin in Äthanol (*Keller*, Helv. **20** [1937] 436, 446).

Krystalle (aus A.); F: 146°.

[1-Phenyl-propyliden]-anilin, Propiophenon-phenylimin, N-(*α-ethylbenzylidene*)*aniline* $C_{15}H_{15}N$, Formel V (R = C_2H_5) (E I 173; E II 116).

B. Aus (±)-1-Anilino-1-phenyl-propan beim Erhitzen mit Schwefel auf 200° (*Rosser, Ritter*, Am. Soc. **59** [1937] 2179).

F: 52° (*Ramart-Lucas, Hoch*, Bl. [5] **3** [1936] 918, 924). Kp_{10}: 170—173° (*Ro., Ri.*). UV-Spektrum (Hexan): *Ra.-L., Hoch*.

[1-Phenyl-butyliden]-anilin, Butyrophenon-phenylimin, N-(*α-propylbenzylidene*)*aniline* $C_{16}H_{17}N$, Formel V (R = CH_2-CH_2-CH_3) (E II 116).

B. Beim Erhitzen von Butyranilid mit Phenylmagnesiumbromid in Toluol (*Montagne, Rousseau*, C. r. **196** [1933] 1165).

Kp_3: 150°.

1.2.3.4-Tetrabrom-4-anilino-1-phenyl-butan, *N*-[1.2.3.4-Tetrabrom-4-phenyl-butyl]-anilin, *1,2,3,4-tetrabromo-4,*N*-diphenylbutylamine* $C_{16}H_{15}Br_4N$, Formel VII.

Ein opt.-inakt. Amin (rote Krystalle; F: 88—91°) dieser Konstitution ist beim Behandeln von opt.-inakt. 3.4-Dibrom-4-anilino-1-phenyl-buten-(1) (F: 103°) in Chloro=form mit Brom (1 Mol) in Tetrachlormethan erhalten und durch Behandlung mit Brom

(Überschuss) in Chloroform und Tetrachlormethan in eine als x.x.x-Tribrom-*N*-[1.2.3.4-tetrabrom-4-phenyl-butyl]-anilin formulierte Verbindung $C_{16}H_{12}Br_7N$ (Hydrobromid $C_{16}H_{12}Br_7N \cdot HBr$: F: 182°) übergeführt worden (*Muskat, Grimsley*, Am. Soc. **55** [1933] 3762, 3766).

[2.2-Dimethyl-1-phenyl-propyliden]-anilin, Pivalophenon-phenylimin, N-(*2,2-dimethyl-1-phenylpropylidene)aniline* $C_{17}H_{19}N$, Formel V (R = $C(CH_3)_3$).

B. Beim Erhitzen von Anilin mit Pivalophenon in Gegenwart von Anilin-hydrochlorid auf 180° (*Ramart-Lucas, Hoch*, Bl. [5] **3** [1936] 918, 928).

Gelbes Öl (*Ra.-L., Hoch*). UV-Spektrum (Hexan): *Ramart-Lucas*, Bl. [5] **3** [1936] 738, 740; *Ra.-L., Hoch*, l. c. S. 920, 927.

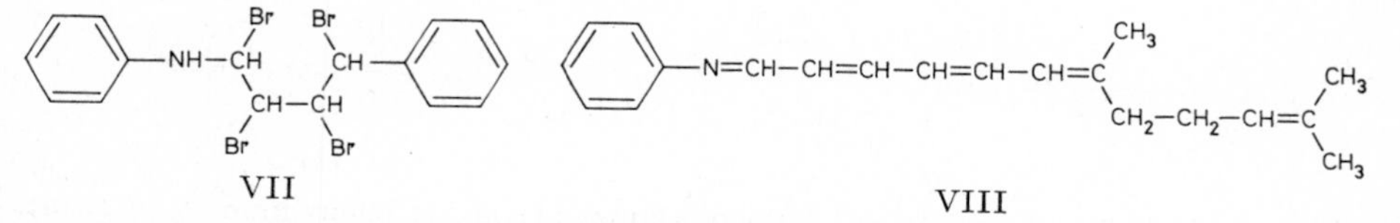

VII VIII

[7.11-Dimethyl-dodecatetraen-(2.4.6.10)-yliden]-anilin, 2.6-Dimethyl-dodecatetraen-(2.6.8.10)-al-(12)-phenylimin, N-(*7,11-dimethyldodeca-2,4,6,10-tetraenylidene)aniline* $C_{20}H_{25}N$, Formel VIII.

Ein Amin (gelbbraunes Öl; Kp_{15}: 178—182°; λ_{max} [A.]: 268 mμ) dieser Konstitution ist aus 2.6-Dimethyl-dodecatetraen-(2.6.8.10)-al-(12) ($Kp_{0,05}$: 114—118°; Semicarbazon: F: 160°) und Anilin erhalten worden (*Batty et al.*, Soc. **1937** 755, 758, 760).

[2.2-Dimethyl-1-phenyl-hexyliden]-anilin, 2.2-Dimethyl-1-phenyl-hexanon-(1)-phenylimin, N-[α-(*1,1-dimethylpentyl)benzylidene]aniline* $C_{20}H_{25}N$, Formel V (R = $C(CH_3)_2$-$[CH_2]_3$-CH_3).

B. Beim Erhitzen von 2.2-Dimethyl-1-phenyl-hexanon-(1) mit Anilin unter Zusatz von Anilin-hydrochlorid auf 180° (*Ramart-Lucas, Hoch*, Bl. [5] **3** [1936] 918, 928).

Kp_{25}: 200—202°. UV-Spektrum (Hexan): *Ra.-L., Hoch*, l. c. S. 927.

Cinnamylidenanilin, Zimtaldehyd-phenylimin, N-*cinnamylideneaniline* $C_{15}H_{13}N$.

***trans*-Zimtaldehyd-phenylimin,** Formel IX (X = H) (H 200; E I 173; E II 116).

F: 109° (*Ferguson, Branch*, Am. Soc. **66** [1944] 1467, 1468). UV-Spektrum (A.): *Hertel, Schinzel*, Z. physik. Chem. [B] **48** [1941] 289, 299; *Fe., Br.*, l. c. S. 1469; *Barany, Braude, Pianka*, Soc. **1949** 1898, 1899.

Überführung in *N*-[3-Phenyl-propyl]-anilin durch Behandlung mit Magnesium in Methanol: *Zechmeister, Truka*, B. **63** [1930] 2883. Geschwindigkeitskonstante der Reaktion mit Methyljodid in Äthanol bei 50°: *He., Sch.*, l. c. S. 305. Bildung von *trans*-Zimtaldehyd und Maleinanilsäure beim Erwärmen mit Maleinsäure-anhydrid: *Bergmann*, Am. Soc. **60** [1938] 2811. Bei 2-tägigem Erwärmen mit Butindisäure-dimethylester in Petroläther ist eine Verbindung $C_{27}H_{25}NO_8$ (gelbe Krystalle [aus Me.]; F: 166—167°), bei 14-tägigem Behandeln mit Butindisäure-dimethylester in Petroläther ist daneben eine weitere Verbindung $C_{27}H_{25}NO_8$ (gelbe Krystalle [aus Me.]; F: 309—310°) erhalten worden (*Snyder, Cohen, Tapp*, Am. Soc. **61** [1939] 3560; s. dazu *Gagan*, Soc. [C] **1966** 1121).

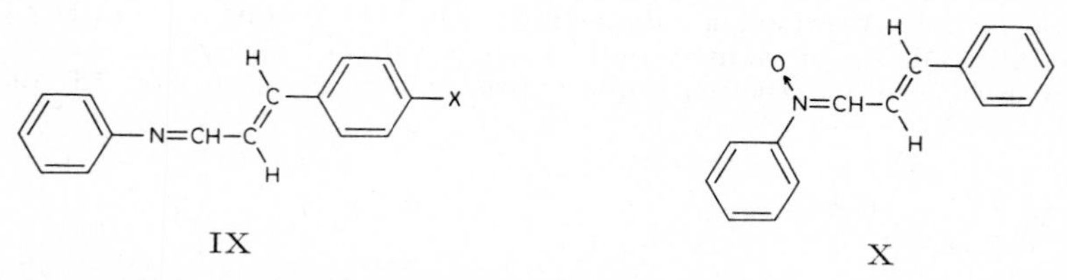

IX X

[4-Nitro-cinnamyliden]-anilin, 4-Nitro-zimtaldehyd-phenylimin, N-(*4-nitrocinnamylidene)aniline* $C_{15}H_{12}N_2O_2$.

4-Nitro-*trans*-zimtaldehyd-phenylimin, Formel IX (X = NO_2) (H 200).

Hellgelbe Krystalle (aus Ae.); F: 134° (*Hertel, Schinzel*, Z. physik. Chem. [B] **48** [1941]

289, 306). UV-Spektrum (A.): *He.*, *Sch.*, l. c. S. 299.

Geschwindigkeitskonstante der Reaktion mit Methyljodid in Äthanol bei 50°: *He.*, *Sch.*, l. c. S. 306.

Cinnamylidenanilin-*N*-oxid, *N*-Phenyl-*C*-styryl-nitron, Zimtaldehyd-[*N*-phenyl-oxim], N-*cinnamylideneaniline* N-*oxide* $C_{15}H_{13}NO$.

***trans*-Zimtaldehyd-[*N*-phenyl-oxim],** Formel X (H **27** 48; E I **12** 174; E II **12** 116 [1]); dort als *N*-Phenyl-isozimtaldoxim und als Zimtaldoxim-*N*-phenyläther bezeichnet).

Beim Behandeln dieser Verbindung mit Kaliumcyanid und Methanol sind 2-Phenylimino-4*t*-phenyl-buten-(3)-nitril und (bei längerer Versuchsdauer) *N*-Phenyl-*trans*-cinnamimidsäure-methylester erhalten worden (*Bellavita*, G. **65** [1935] 889, 895, 897, 904).

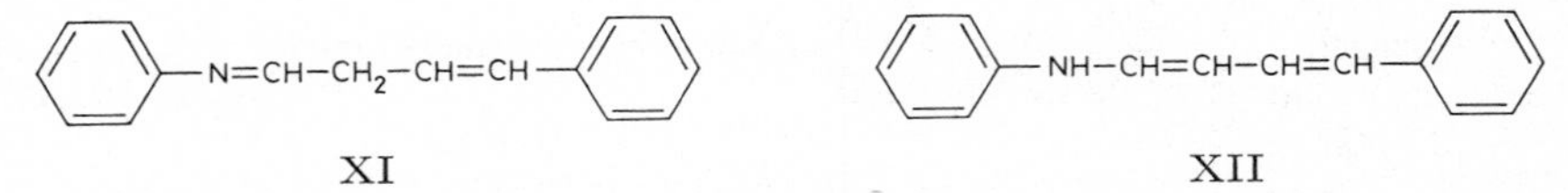

XI XII

[4-Phenyl-buten-(3)-yliden]-anilin, 1-Phenyl-buten-(1)-al-(4)-phenylimin, N-(*4-phenylbut-3-enylidene)aniline* $C_{16}H_{15}N$, Formel XI, und **4-Anilino-1-phenyl-butadien-(1.3), *N*-[4-Phenyl-butadien-(1.3)-yl]-anilin,** *4,*N-*diphenylbuta-1,3-dienylamine* $C_{16}H_{15}N$, Formel XII.

Die nachstehend beschriebene Verbindung wird als 4-Anilino-1-phenyl-butadien-(1.3) formuliert (*Muskat, Grimsley*, Am. Soc. **55** [1933] 3762, 3764, 3765).

B. Beim Behandeln von 4-Chlor-1-phenyl-butadien-(1.3) (F: 53°) oder von 4-Brom-1-phenyl-butadien-(1.3) (F: 52°) mit Anilin (*Mu.*, *Gr.*).

Dunkelrotes Öl.

Bei der Destillation unter vermindertem Druck erfolgt Umwandlung in eine möglicherweise als *N*-[4-Phenyl-butadien-(1.3)-yl]-4.*N*.*N'*-triphenyl-buten-(3)-ylidendiamin (Formel XIII) zu formulierende orangefarbene Verbindung $C_{32}H_{30}N_2$ (F: 105°; Hydrochlorid $C_{32}H_{30}N_2 \cdot HCl$: Krystalle, F: 152°). Beim Einleiten von Chlorwasserstoff in eine Lösung in Benzol ist 3-Chlor-4-anilino-1-phenyl-buten-(1)-hydrochlorid (F: 124°) erhalten worden. Beim Behandeln mit Brom (1 Mol) in Chloroform bildet sich 3.4-Dibrom-4-anilino-1-phenyl-buten-(1) (F: 103°).

Hydrochlorid $C_{16}H_{15}N \cdot HCl$. Krystalle (aus äther. Lösung); F: 104–106°. An feuchter Luft erfolgt Hydrolyse.

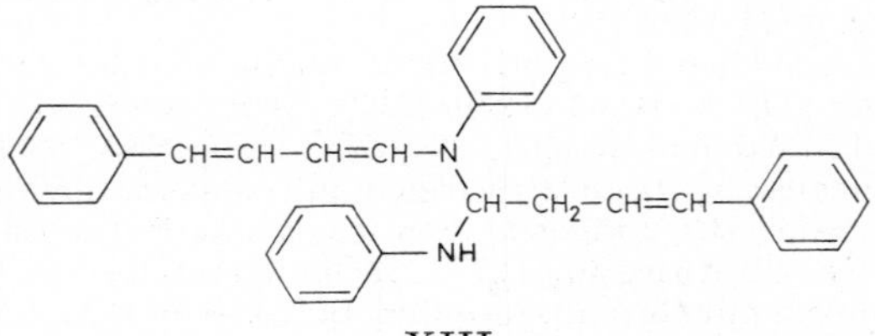

XIII

3.4-Dichlor-4-anilino-1-phenyl-buten-(1), *N*-[1.2-Dichlor-4-phenyl-buten-(3)-yl]-anilin, *1,2-dichloro-4,*N-*diphenylbut-3-enylamine* $C_{16}H_{15}Cl_2N$, Formel XIV (X = Cl).

Eine opt.-inakt. Verbindung (dunkelrotes Öl; Hydrochlorid $C_{16}H_{15}Cl_2N \cdot HCl$: Krystalle; F: 135°) dieser Konstitution ist aus 4-Anilino-1-phenyl-butadien-(1.3) (s. o.) und Chlor in Chloroform erhalten worden (*Muskat, Grimsley*, Am. Soc. **55** [1933] 3762, 3766).

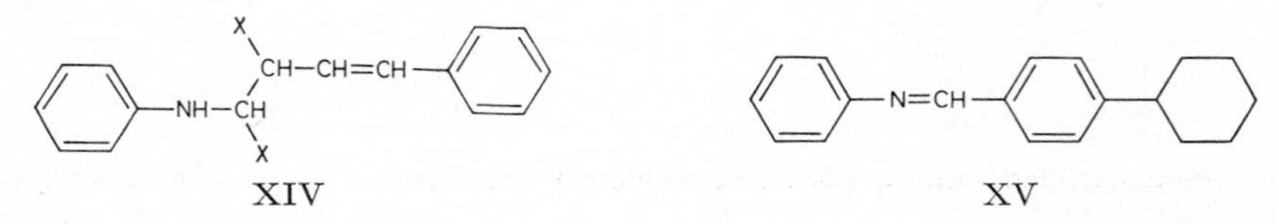

XIV XV

[1]) Berichtigung zu E II **12** 117, Zeile 1 v. o. An Stelle von „B. **57**, 1082" ist zu setzen „B. **57**, 2082".

3.4-Dibrom-4-anilino-1-phenyl-buten-(1), *N*-[1.2-Dibrom-4-phenyl-buten-(3)-yl]-anilin, *1,2-dibromo-4,*N*-diphenylbut-3-enylamine* $C_{16}H_{15}Br_2N$, Formel XIV (X = Br).

Eine opt.-inakt. Verbindung (purpurfarben; F: 103°) dieser Konstitution ist aus 4-Anilino-1-phenyl-butadien-(1.3) (S. 326) und Brom in Chloroform erhalten worden (*Muskat, Grimsley*, Am. Soc. **55** [1933] 3762, 3766).

[4-Cyclohexyl-benzyliden]-anilin, 4-Cyclohexyl-benzaldehyd-phenylimin, N-(*4-cyclohexylbenzylidene)aniline* $C_{19}H_{21}N$, Formel XV.

B. Aus 4-Cyclohexyl-benzaldehyd und Anilin (*v. Braun, Irmisch, Nelles*, B. **66** [1933] 1471, 1477; *Bodroux, Thomassin*, Bl. [5] **6** [1939] 1411, 1414). Beim Erhitzen von [4-Cyclohexyl-phenyl]-glyoxylsäure mit Anilin (*v. Br., Ir., Ne.*).

Krystalle; F: 122° (*v. Br., Ir., Ne.*), 117—118° [aus A.] (*Bo., Th.*).

[5-Phenyl-pentadien-(2.4)-yliden]-anilin, 1-Phenyl-pentadien-(1.3)-al-(5)-phenylimin, N-(*5-phenylpenta-2,4-dienylidene)aniline* $C_{17}H_{15}N$.

1*t*-Phenyl-pentadien-(1.3*t*)-al-(5)-phenylimin, Formel I (E II 117).

F: 109° (*Ferguson, Branch*, Am. Soc. **66** [1944] 1467, 1468). UV-Spektrum (A.): *Fe., Br.*, l. c. S. 1469.

[(5.8-Dichlor-naphthyl-(1))-methylen]-anilin, 5.8-Dichlor-naphthaldehyd-(1)-phenylimin, N-[*(5,8-dichloro-1-naphthyl)methylene]aniline* $C_{17}H_{11}Cl_2N$, Formel II (R = X = Cl).

B. Aus 5.8-Dichlor-naphthaldehyd-(1) und Anilin in Äthanol (*Price, Voong*, J. org. Chem. **14** [1949] 111, 116).

Krystalle (aus Hexan); F: 144,5—145°.

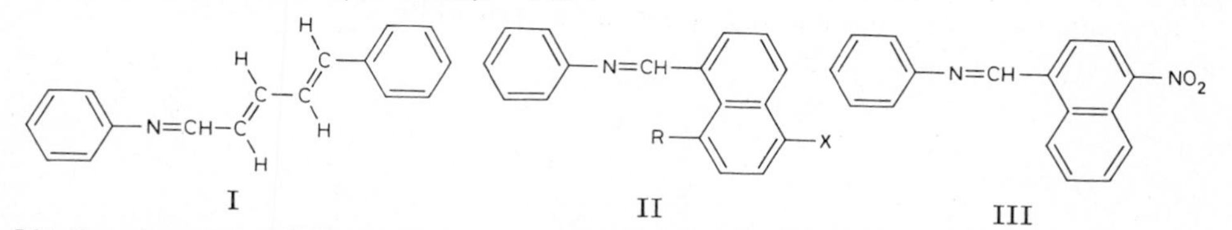

I II III

[(5-Brom-naphthyl-(1))-methylen]-anilin, 5-Brom-naphthaldehyd-(1)-phenylimin, N-[*(5-bromo-1-naphthyl)methylene]aniline* $C_{17}H_{12}BrN$, Formel II (R = H, X = Br).

B. Aus 5-Brom-naphthaldehyd-(1) und Anilin in Äthanol (*Ruggli, Preuss*, Helv. **24** [1941] 1345, 1352).

Krystalle (aus Eg.); F: 103—104°.

[(4-Nitro-naphthyl-(1))-methylen]-anilin, 4-Nitro-naphthaldehyd-(1)-phenylimin, N-[*(4-nitro-1-naphthyl)methylene]aniline* $C_{17}H_{12}N_2O_2$, Formel III.

B. Aus 4-Nitro-naphthaldehyd-(1) $C_{11}H_7NO_3$ (Krystalle [aus Me.], F: 109—109,5°; aus 3*t*-[4-Nitro-naphthyl-(1)]-acrylsäure mit Hilfe von Kaliumpermanganat erhalten) und Anilin in Äthanol (*Šergiewškaja, Elina*, Ž. obšč. Chim. **13** [1943] 868, 878; C. A. **1945** 1158).

Gelbe Krystalle (aus A.); F: 108—108,5°.

[(5-Nitro-naphthyl-(1))-methylen]-anilin, 5-Nitro-naphthaldehyd-(1)-phenylimin, N-[*(5-nitro-1-naphthyl)methylene]aniline* $C_{17}H_{12}N_2O_2$, Formel II (R = H, X = NO_2).

B. Aus 5-Nitro-naphthaldehyd-(1) und Anilin in Äthanol (*Ruggli, Burckhardt*, Helv. **23** [1940] 441, 444).

Krystalle (aus Me.); F: 83—84°.

[(8-Nitro-naphthyl-(1))-methylen]-anilin, 8-Nitro-naphthaldehyd-(1)-phenylimin, N-[*(8-nitro-1-naphthyl)methylene]aniline* $C_{17}H_{12}N_2O_2$, Formel II (R = NO_2, X = H).

B. Aus 8-Nitro-naphthaldehyd-(1) und Anilin in Äthanol (*Ruggli, Burckhardt*, Helv. **23** [1940] 441, 444).

Hellgelbe Krystalle (aus Me.); F: 114—115°.

[1-(Naphthyl-(1))-äthyliden]-anilin, 1-[Naphthyl-(1)]-äthanon-(1)-phenylimin, N-[*1-(1-naphthyl)ethylidene]aniline* $C_{18}H_{15}N$, Formel IV (R = CH_3, X = H).

B. Aus 1-[Naphthyl-(1)]-äthanon-(1) und Anilin (*Dziewoński et al.*, Roczniki Chem. **12** [1932] 925, 932; C. **1933** I 1624).

Krystalle (aus A.); F: 134°.

[(2.6-Dimethyl-naphthyl-(1))-methylen]-anilin, 2.6-Dimethyl-naphthaldehyd-(1)-phenylimin, N-[*(2,6-dimethyl-1-naphthyl)methylene*]*aniline* $C_{19}H_{17}N$, Formel IV (R = H, X = CH_3).

B. Aus 2.6-Dimethyl-naphthaldehyd-(1) und Anilin (*Hinkel, Ayling, Beynon,* Soc. **1936** 339, 343).

Gelbe Krystalle (aus PAe.); F: 78°.

***N*-[α-Anilino-benzhydryl]-acetamid, *N'*-Phenyl-*N*-acetyl-benzhydrylidendiamin,** N-*(α-anilinobenzhydryl)acetamide* $C_{21}H_{20}N_2O$, Formel V (R = H, X = CH_3).

B. Aus *N*-Benzhydryliden-acetamid und Anilin in Petroläther (*Banfield et al.,* Austral. J. scient. Res. [A] **1** [1948] 330, 335, 336).

Krystalle (aus PAe. oder aus Bzl. + PAe.); F: 159–161°.

Beim Erhitzen in Benzin auf 130° ist Benzophenon-phenylimin erhalten worden.

***N*-[α-Anilino-benzhydryl]-propionamid, *N'*-Phenyl-*N*-propionyl-benzhydrylidendiamin,** N-*(α-anilinobenzhydryl)propionamide* $C_{22}H_{22}N_2O$, Formel V (R = H, X = C_2H_5).

B. Aus *N*-Benzhydryliden-propionamid und Anilin in Petroläther (*Banfield et al.,* Austral. J. scient. Res. [A] **1** [1948] 330, 335, 339).

Krystalle (aus PAe. oder aus Bzl. + PAe.); F: 137–138°.

[α-Anilino-benzhydryl]-carbamidsäure-äthylester, *(α-anilinobenzhydryl)carbamic acid ethyl ester* $C_{22}H_{22}N_2O_2$, Formel V (R = H, X = OC_2H_5).

B. Aus Benzhydrylidencarbamidsäure-äthylester und Anilin in Petroläther (*Banfield et al.,* Austral. J. scient. Res. [A] **1** [1948] 330, 335, 341).

Krystalle (aus PAe. oder aus Bzl. + PAe.); F: 129–132°.

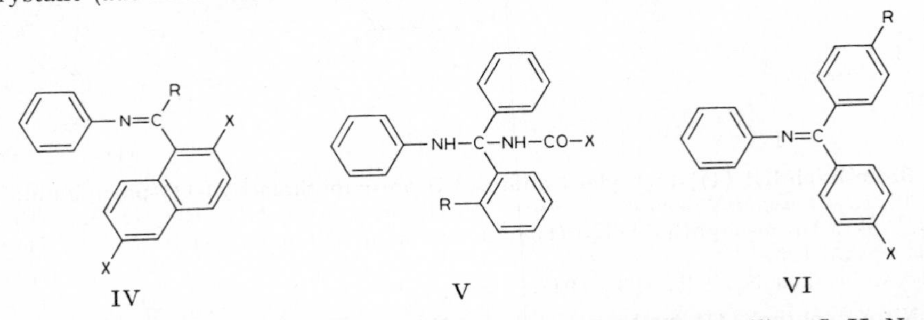

IV V VI

Benzhydrylidenanilin, Benzophenon-phenylimin, N-*benzhydrylideneaniline* $C_{19}H_{15}N$, Formel VI (R = X = H) (H 201; E I 174; E II 117).

B. Beim Erhitzen von Anilin mit Natrium und Kupfer(I)-oxid unter Wasserstoff bis auf 175° und Erhitzen des Reaktionsprodukts mit Benzophenon und Anilin auf 115° (*Dow Chem. Co.,* U.S.P. 1938890 [1932]). Beim Erhitzen von Thiobenzophenon mit Phenylazid unter Stickstoff auf 110° (*Schönberg, Urban,* Soc. **1935** 530). Beim Erhitzen von Benzophenon-imin mit Anilin (*Smith, Bergstrom,* Am. Soc. **56** [1934] 2095, 2097). Aus Benzophenon-phenylhydrazon und Äthylmagnesiumbromid (*Grammaticakis,* C. r. **204** [1937] 502). Aus *N*-[α-Anilino-benzhydryl]-acetamid beim Erhitzen in Benzin auf 130° (*Banfield et al.,* Austral. J. scient. Res. [A] **1** [1948] 330, 336).

Krystalle (aus A.); F: 116–117° (*Sch., Ur.*), 114–115° (*Rosser, Ritter,* Am. Soc. **59** [1937] 2179). UV-Spektrum von Lösungen in Hexan: *Ramart-Lucas, Hoch,* Bl. [5] **3** [1936] 918, 927; in Methanol: *Burawoy,* B. **63** [1930] 3155, 3167; in Schwefelsäure: *Hantzsch, Burawoy,* B. **63** [1930] 1760, 1768. Dipolmoment (ε; Bzl.): 1,97 D (*Bergmann, Engel, Meyer,* B. **65** [1932] 446, 453), 1,95 D (*Hampson, Marsden,* Trans. Faraday Soc. **30** [1934] Appendix Dipole Moments S. LXII), 2,03 D (*Gaouck, Le Fèvre,* Soc. **1939** 1392).

Bildung von Anilin und Thiobenzophenon beim Einleiten von Schwefelwasserstoff in Benzophenon-phenylimin bei 220°: *Ro., Ri.* Bei mehrtägigem Schütteln mit Magnesiumjodid und Magnesium in Äther und Benzol (*Bachmann,* Am. Soc. **53** [1931] 2672, 2674) sowie beim Erhitzen mit Thio-*p*-kresol in Xylol (*Gilman, Dickey,* Am. Soc. **52** [1930] 4573, 4575) sind *N*-Benzhydryl-anilin und eine Additionsverbindung von *N*-Benzhydryl-anilin mit Benzophenon-phenylimin erhalten worden. Bildung von *N*-Tri=

phenylmethyl-anilin beim Erwärmen mit Phenyllithium in Äther: *Gilman, Kirby,* Am. Soc. **55** [1933] 1265, 1270; beim Erwärmen mit Phenylcalciumjodid in Äther: *Gilman et al.*, R. **55** [1936] 79. Reaktion mit Maleinsäure-anhydrid in Toluol unter Bildung von Maleinanilsäure: *Lora Tamayo, Fontan Yanes*, An. Soc. españ. **43** [1947] 777, 784.

Verbindung mit Titan(IV)-chlorid $C_{19}H_{15}N \cdot TiCl_4$. Gelb (*Dermer, Fernelius,* Z. anorg. Ch. **221** [1935] 83, 91).

[4-Chlor-benzhydryliden]-anilin, 4-Chlor-benzophenon-phenylimin, N-(*4-chlorobenzhydrylidene*)*aniline* $C_{19}H_{14}ClN$, Formel VI (R = H, X = Cl).

B. Beim Erhitzen von Anilin mit Natrium und Kupfer(I)-oxid unter Wasserstoff auf 160° und Erhitzen des Reaktionsprodukts mit 4-Chlor-benzophenon und Anilin auf 110° (*Dow Chem. Co.*, U.S.P. 1938890 [1932]).

Gelbe Krystalle (aus A.); F: 64,2—64,5°.

[4.4'-Dichlor-benzhydryliden]-anilin, 4.4'-Dichlor-benzophenon-phenylimin, N-(*4,4'-dichlorobenzhydrylidene*)*aniline* $C_{19}H_{13}Cl_2N$, Formel VI (R = X = Cl).

Dipolmoment (ε; Bzl.): 0,97 D (*Hampson, Marsden*, Trans. Faraday Soc. **30** [1934] Appendix Dipole Moments S. LXXVII).

Benzhydrylidenanilin-*N*-oxid, *C.C.N*-Triphenyl-nitron, Benzophenon-[*N*-phenyl-oxim], N-*benzhydrylideneaniline* N-*oxide* $C_{19}H_{15}NO$, Formel VII (E I 175; E II 117; dort als Benzophenonoxim-*N*-phenyläther und als *N*-Phenyl-benzophenon-isoxim bezeichnet).

Die beim Behandeln mit Diphenylketen in Benzol erhaltene Verbindung $C_{33}H_{25}NO_2$ vom F: 181° (s. E I 175) ist als Diphenyl-[2-benzhydrylidenamino-phenyl]-essigsäure, die aus ihr beim Erhitzen entstehende, als „Tetraphenyl-*N*-phenyl-nitren" bezeichnete Verbindung $C_{32}H_{25}N$ vom F: 137° (s. E I 175) ist als 2-Benzhydryl-*N*-benzhydrylidenanilin zu formulieren (*Hassall, Lippman*, Soc. **1953** 1059, 1060, 1063).

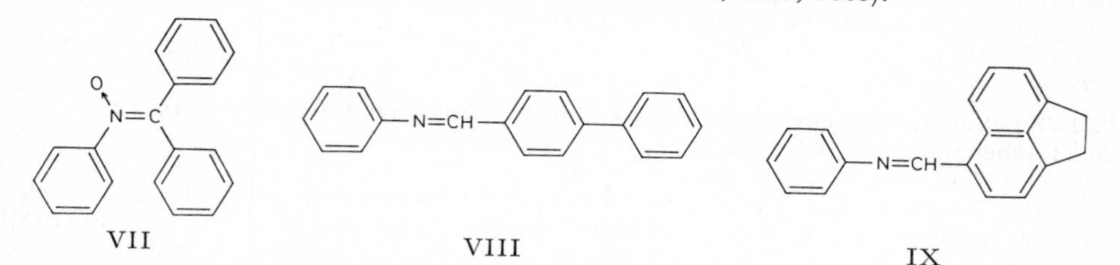

VII VIII IX

[4-Phenyl-benzyliden]-anilin, Biphenyl-carbaldehyd-(4)-phenylimin, N-(*4-phenylbenzylidene*)*aniline* $C_{19}H_{15}N$, Formel VIII (H 201).

B. Aus Biphenyl-carbaldehyd-(4) und Anilin (*Lock, Bayer*, B. **72** [1939] 1064, 1069).

Krystalle (aus A.); F: 151°.

[Acenaphthenyl-(5)-methylen]-anilin, Acenaphthen-carbaldehyd-(5)-phenylimin, N-[(*acenaphthen-5-yl*)*methylene*]*aniline* $C_{19}H_{15}N$, Formel IX.

B. Aus Acenaphthen-carbaldehyd-(5) und Anilin (*Hinkel, Ayling, Beynon*, Soc. **1936** 339, 345).

Orangefarbene Krystalle (aus Ae. + PAe.); F: 97°.

[1.2-Diphenyl-äthyliden]-anilin, Desoxybenzoin-phenylimin, N-(*α-phenylphenethylidene*)*aniline* $C_{20}H_{17}N$, Formel X.

In dem E II 118 als „niedrigerschmelzendes Desoxybenzoin-anil" beschriebenen Präparat vom F: 74° hat vermutlich ein Gemisch der beiden Desoxybenzoin-phenylimine vom F: 86° und vom F: 105° vorgelegen (*Ramart-Lucas, Hoch*, Bl. [5] **3** [1936] 918, 929).

a) **Desoxybenzoin-phenylimin vom F: 86°** (E I 176; E II 118).

B. Neben Desoxybenzoin-phenylimin vom F: 105° beim Erhitzen von Desoxybenzoindiäthylacetal mit Anilin (*Ramart-Lucas, Hoch*, Bl. [5] **3** [1936] 918, 929).

Krystalle; F: 86°. UV-Spektrum (Hexan): *Ra.-L., Hoch*, l. c. S. 923.

b) **Desoxybenzoin-phenylimin vom F: 105°.**

B. s. bei dem unter a) beschriebenen Präparat.

Gelbe Krystalle; F: 105° (*Ramart-Lucas, Hoch*, Bl. [5] **3** [1936] 918, 929). UV-Spektrum (Hexan): *Ra.-L., Hoch*, l. c. S. 923.

[α-Anilino-2-methyl-benzhydryl]-carbamidsäure-äthylester, (*α-anilino-2-methylbenzhydryl)carbamic acid ethyl ester* $C_{23}H_{24}N_2O_2$, Formel V (R = CH_3, X = OC_2H_5) auf S. 328.

B. Beim Behandeln von [2-Methyl-benzhydryliden]-carbamidsäure-äthylester mit Anilin in Petroläther (*Banfield et al.*, Austral. J. scient. Res. [A] **1** [1948] 330, 335, 341).

Krystalle (aus PAe. oder aus Bzl. + PAe.); F: 113—114°.

[4-Methyl-benzhydryliden]-anilin, 4-Methyl-benzophenon-phenylimin, N-(*4-methylbenzhydrylidene)aniline* $C_{20}H_{17}N$, Formel VI (R = CH_3, X = H) auf S. 328 (E I 176; dort als [Phenyl-*p*-tolyl-methylen]-anilin und als Phenyl-*p*-tolyl-keton-anil bezeichnet).

Beim Erhitzen im Methylamin-Strom unter Zusatz von Anilin-hydrobromid auf 200° ist 4-Methyl-benzophenon-methylimin erhalten worden (*Campbell, Campbell,* J. org. Chem. **9** [1944] 178, 182).

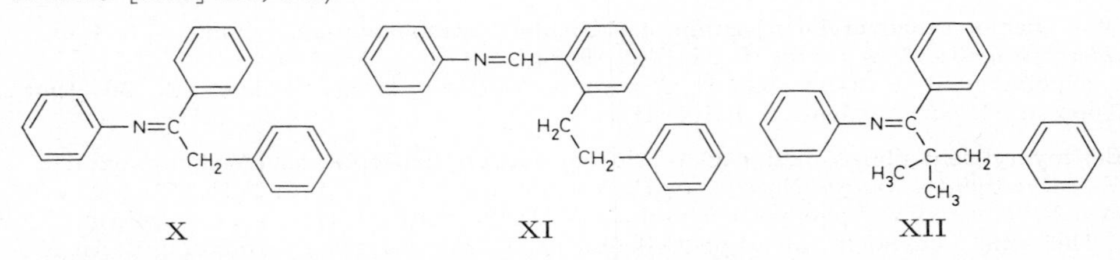

X XI XII

[2-Phenäthyl-benzyliden]-anilin, 2-Phenäthyl-benzaldehyd-phenylimin, N-(*2-phenethylbenzylidene)aniline* $C_{21}H_{19}N$, Formel XI.

B. Beim Erwärmen von Bibenzyl-carbanilid-(2) mit Phosphor(V)-chlorid und Behandeln des Reaktionsprodukts mit Zinn(II)-chlorid und Chlorwasserstoff in Äther (*Natelson, Gottfried,* Am. Soc. **58** [1936] 1432, 1436).

Als Verbindung mit Zinn(II)-chlorid $C_{21}H_{19}N \cdot SnCl_2 \cdot HCl$ (gelbe Krystalle; Zers. bei 213°) isoliert.

[2.2-Dimethyl-1.3-diphenyl-propyliden]-anilin, 2.2-Dimethyl-1.3-diphenyl-propanon-(1)-phenylimin, N-(*2,2-dimethyl-1,3-diphenylpropylidene)aniline* $C_{23}H_{23}N$, Formel XII.

B. Beim Erhitzen von 2.2-Dimethyl-1.3-diphenyl-propanon-(1) mit Anilin unter Zusatz von Anilin-hydrochlorid bis auf 180° (*Ramart-Lucas, Hoch,* Bl. [5] **3** [1936] 918, 928).

Kp_{23}: 229—230° (*Ra.-L., Hoch,* l. c. S. 926). UV-Spektrum (Hexan): *Ra.-L., Hoch,* l. c. S. 922.

***N*-[9-Anilino-fluorenyl-(9)]-acetamid, *N'*-Phenyl-*N*-acetyl-fluorendiyl-(9.9)-diamin,** N-(*9-anilinofluoren-9-yl)acetamide* $C_{21}H_{18}N_2O$, Formel I.

B. Aus *N*-[Fluorenyliden-(9)]-acetamid und Anilin in Petroläther (*Banfield et al.*, Austral. J. scient. Res. [A] **1** [1948] 330, 335, 338).

Gelbe Krystalle (aus Bzl.); F: 142—143°.

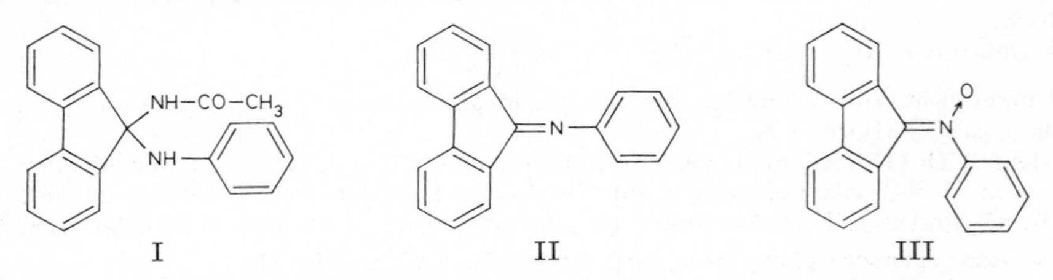

I II III

Fluorenyliden-(9)-anilin, Fluorenon-(9)-phenylimin, N-(*fluoren-9-ylidene)aniline* $C_{19}H_{13}N$, Formel II (E I 176; E II 118).

B. Beim Erhitzen von Fluorenon-(9)-imin mit Anilin auf 120° (*Pinck, Hilbert,* Am. Soc. **56** [1934] 490).

Krystalle (aus PAe.); F: 87° (*Pi., Hi.*).

Bildung von Fluorenon-(9)-imin und Anilin beim Erwärmen einer Lösung in Ammoniumchlorid enthaltenden flüssigem Ammoniak: *Pi., Hi.* Bei mehrtägigem Behandeln mit Magnesium und Magnesiumjodid in Äther und Benzol ist 9-Anilino-fluoren erhalten worden (*Bachmann*, Am. Soc. **53** [1931] 2672, 2675).

Fluorenyliden-(9)-anilin-*N*-oxid, Fluorenon-(9)-[*N*-phenyl-oxim], N-*(fluoren-9-ylidene)aniline* N-*oxide* $C_{19}H_{13}NO$, Formel III (E I 176; dort als *N*-Phenyl-fluorenonisoxim und als Fluorenonoxim-*N*-phenyläther bezeichnet).

B. Beim Erwärmen von Fluoren mit Nitrobenzol und Natrium in Xylol (*Hailwood, Robinson*, Soc. **1932** 1292).

Gelbe Krystalle (aus A.); F: 193°.

Die beim Behandeln mit Diphenylketen in Benzol erhaltene Verbindung $C_{33}H_{23}NO_2$ (s. E I 176) ist in Analogie zu Benzylidenanilin-*N*-oxid (S. 323) und Benzhydryliden-anilin-*N*-oxid (S. 329) als Diphenyl-[2-(fluorenyliden-(9)-amino)-phenyl]-essigsäure zu formulieren; in dem aus ihr beim Erwärmen in Benzol erhaltenen, als „Diphenyl-di-phenylen-*N*-phenyl-nitren" bezeichneten Präparat der Zusammensetzung $C_{32}H_{23}N$ (s. E I 176) hat dementsprechend wahrscheinlich 2-Benzhydryl-*N*-[fluorenyliden-(9)]-anilin vorgelegen.

[10*H*-Anthryliden-(9)]-anilin, Anthron-phenylimin, N-*(9(10H)-anthrylidene)aniline* $C_{20}H_{15}N$, Formel IV, und **9-Anilino-anthracen, *N*-[Anthryl-(9)]-anilin**, N-*phenyl-9-anthrylamine* $C_{20}H_{15}N$, Formel V.

Diese Verbindung hat in dem E II **12** 783 als 9-Anilino-9.10-dihydro-anthracen ($C_{20}H_{17}N$) beschriebenen Präparat vom F: 197—200° vorgelegen (*Barnett, Cook, Matthews*, R. **44** [1925] 217, 219).

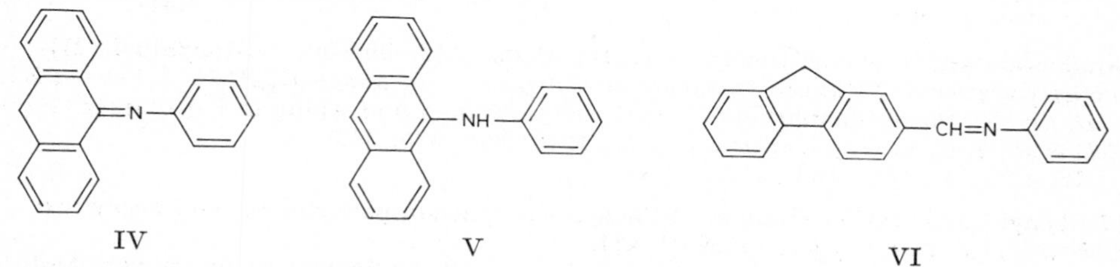

[Fluorenyl-(2)-methylen]-anilin, Fluoren-carbaldehyd-(2)-phenylimin, N-*[(fluoren-2-yl)methylene]aniline* $C_{20}H_{15}N$, Formel VI.

B. Aus Fluoren-carbaldehyd-(2) und Anilin (*Hinkel, Ayling, Beynon*, Soc. **1936** 339, 345).

Gelbliche Krystalle (aus wss. A.); F: 158°.

[(2.7-Dibrom-fluorenyl-(9))-methylen]-anilin, 2.7-Dibrom-fluoren-carbaldehyd-(9)-phenylimin, N-*[(2,7-dibromofluoren-9-yl)methylene]aniline* $C_{20}H_{13}Br_2N$, Formel VII.

B. Aus 2.7-Dibrom-fluoren-carbaldehyd-(9) und Anilin in Äthanol (*Von, Wagner*, J. org. Chem. **9** [1944] 155, 163).

Gelbe Krystalle (aus A.); F: 226—227° [korr.].

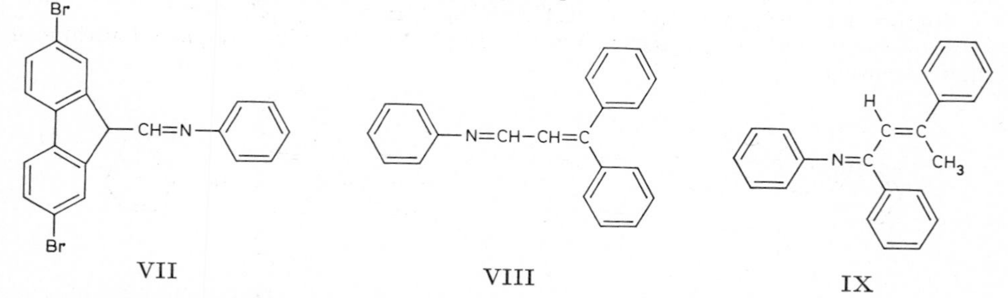

[3.3-Diphenyl-allyliden]-anilin, 3.3-Diphenyl-acrylaldehyd-phenylimin, N-*(3,3-diphenyl-allylidene)aniline* $C_{21}H_{17}N$, Formel VIII.

B. Aus 3.3-Diphenyl-acrylaldehyd und Anilin (*Wittig, Kethur*, B. **69** [1936] 2078, 2086).

Hellgelbe Krystalle (aus Me.); F: 98—98,8°.

[1.3-Diphenyl-buten-(2)-yliden]-anilin, 1.3-Diphenyl-buten-(2)-on-(1)-phenylimin, N-(*1,3-diphenylbut-2-enylidene*)*aniline* $C_{22}H_{19}N$.

1.3-Diphenyl-buten-(2c)-on-(1)-phenylimin, *trans*-Dypnon-phenylimin, Formel IX (E I 177; E II 119).

B. Aus Acetophenon-phenylimin mit Hilfe von Phenylmagnesiumbromid oder Äthylmagnesiumbromid (*Short, Watt,* Soc. **1930** 2293, 2297).

Krystalle (aus A.); F: 97°.

[Anthryl-(9)-methylen]-anilin, Anthracen-carbaldehyd-(9)-phenylimin, N-[(*9-anthryl*)*methylene*]*aniline* $C_{21}H_{15}N$, Formel X.

B. Aus Anthracen-carbaldehyd-(9) und Anilin (*Hinkel, Ayling, Beynon,* Soc. **1936** 339, 344).

Orangefarbene Krystalle (aus A.); F: 175°.

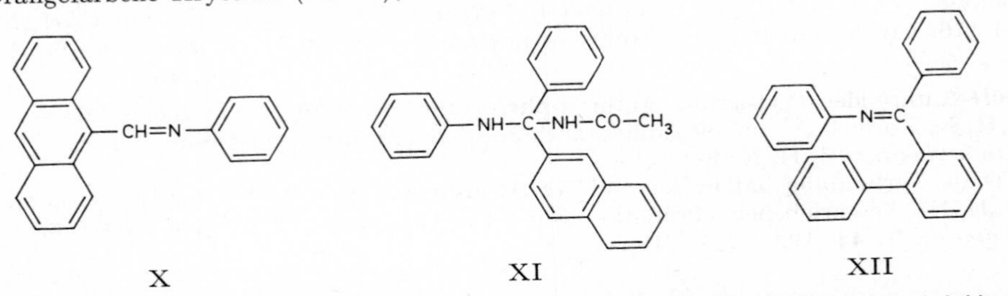

X XI XII

Anilino-acetamino-phenyl-[naphthyl-(2)]-methan, *N*-[Anilino-phenyl-(naphthyl-(2))-methyl]-acetamid, N-[*anilino*(*2-naphthyl*)*phenylmethyl*]*acetamide* $C_{25}H_{22}N_2O$, Formel XI.

B. Aus *N*-[Phenyl-(naphthyl-(2))-methylen]-acetamid und Anilin in Petroläther (*Banfield et al.,* Austral. J. scient. Res. [A] **1** [1948] 330, 335, 340).

Krystalle; F: 162–164°.

[2-Phenyl-benzhydryliden]-anilin, 2-Phenyl-benzophenon-phenylimin, N-(*2-phenylbenzhydrylidene*)*aniline* $C_{25}H_{19}N$, Formel XII.

B. Beim Erhitzen von 2-Phenyl-benzophenon mit Anilin in Gegenwart von Anilin-hydrobromid unter Kohlendioxid (*Hatt, Pilgrim, Stephenson,* Soc. **1941** 478, 480).

Gelbe Krystalle; F: 91–92°.

[10-Phenyl-10*H*-anthryliden-(9)]-anilin, 10-Phenyl-anthron-phenylimin, N-(*10-phenyl-9*(10H)*anthrylidene*)*aniline* $C_{26}H_{19}N$, Formel I (X = H), und **10-Anilino-9-phenyl-anthracen, *N*-[10-Phenyl-anthryl-(9)]-anilin,** *10,*N-*diphenyl-9-anthrylamine* $C_{26}H_{19}N$, Formel II.

Die nachstehend beschriebene Verbindung wird als 10-Anilino-9-phenyl-anthracen formuliert (*Julian, Cole, Schroeder,* Am. Soc. **71** [1949] 2368).

B. Aus 10-Phenyl-anthron und Anilin (*Ju., Cole, Sch.*). Aus 10-Chlor-10-phenyl-anthron-phenylimin beim Behandeln mit Kupfer-Pulver in Äther (*Ju., Cole, Sch.*).

Gelbgrüne Krystalle (aus Bzl.); F: 224°. UV-Spektrum: *Ju., Cole, Sch.*

Beim Behandeln mit Butylnitrit in Äther ist 10-[*N*-Nitroso-anilino]-9-phenyl-anthracen erhalten worden.

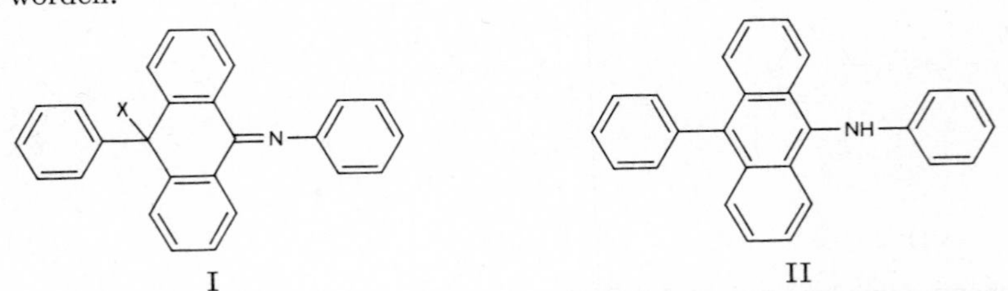

I II

[10-Chlor-10-phenyl-10*H*-anthryliden-(9)]-anilin, 10-Chlor-10-phenyl-anthron-phenylimin, N-(*10-chloro-10-phenyl-9*(10H)*anthrylidene*)*aniline* $C_{26}H_{18}ClN$, Formel I (X = Cl).

B. Beim Behandeln von 10-Hydroxy-10-phenyl-anthron-phenylimin mit Thionylchlorid, Äther und Pyridin (*Julian, Cole, Schroeder,* Am. Soc. **71** [1949] 2368).

Orangefarbenes Harz. UV-Spektrum: *Ju., Cole, Sch.*

Wenig beständig. Beim Schütteln einer äther. Lösung mit Kupfer-Pulver ist 10-Anilino-9-phenyl-anthracen (S. 332), beim Schütteln einer äther. Lösung mit Kupfer-Pulver in Gegenwart von Stickoxid ist 10-[*N*-Nitroso-anilino]-9-phenyl-anthracen erhalten worden.

[3.3-Diphenyl-1-(4-brom-phenyl)-allyliden]-anilin, 3.3-Diphenyl-1-[4-brom-phenyl]-propen-(2)-on-(1)-phenylimin, N-[*1-*(p-*bromophenyl*)*-3,3-diphenylallylidene*]*aniline* $C_{27}H_{20}BrN$, Formel III (X = Br).

B. Aus 3-Chlor-3.3-diphenyl-1-[4-brom-phenyl]-propin-(1) und Anilin (*Robin*, A. ch. [10] **16** [1931] 421, 465, 473, 503).

Gelbe Krystalle (aus Bzn.); F: 138—139°.

Hydrochlorid. Gelb. F: 143—145° [Zers.].

[3.3-Diphenyl-1-*p*-tolyl-allyliden]-anilin, 1.1-Diphenyl-3-*p*-tolyl-propen-(1)-on-(3)-phenylimin, N-(*3,3-diphenyl-1-*p*-tolylallylidene*)*aniline* $C_{28}H_{23}N$, Formel III (X = CH_3).

B. Aus 1-Chlor-1.1-diphenyl-3-*p*-tolyl-propin-(2) und Anilin (*Robin*, A. ch. [10] **16** [1931] 421, 465, 473, 499).

Gelbe Krystalle (aus Bzl.); F: 162—163°.

Hydrochlorid. Gelb. F: 120°.

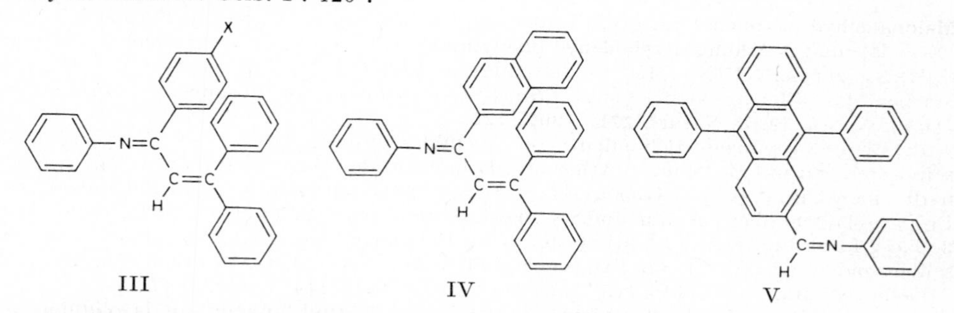

III IV V

[3.3-Diphenyl-1-(naphthyl-(2))-allyliden]-anilin, 1.1-Diphenyl-3-[naphthyl-(2)]-propen-(1)-on-(3)-phenylimin, N-[*1-(2-naphthyl)-3,3-diphenylallylidene*]*aniline* $C_{31}H_{23}N$, Formel IV.

B. Bei kurzem Erhitzen von 1-Chlor-1.1-diphenyl-3-[naphthyl-(2)]-propin-(2) mit Anilin (*Robin*, A. ch. [10] **16** [1931] 421, 501).

Gelbe Krystalle (aus Bzn.); F: 149—150°.

Hydrochlorid. Gelb. F: 156—159°.

[(9.10-Diphenyl-anthryl-(2))-methylen]-anilin, 9.10-Diphenyl-anthracen-carbaldehyd-(2)-phenylimin, N-[(*9,10-diphenyl-2-anthryl*)*methylene*]*aniline* $C_{33}H_{23}N$, Formel V.

B. Beim Erhitzen von [9.10-Diphenyl-anthryl-(2)]-glyoxylsäure mit Anilin auf 150° (*Douris*, C. r. **229** [1949] 224; A. ch. [13] **4** [1959] 479, 489).

Benzol enthaltende gelbe Krystalle (aus Bzl.); F: 214° [Block].

[*Schmidt*]

Glyoxal-bis-[*N*-phenyl-oxim], *glyoxal bis*(N-*phenyloxime*) $C_{14}H_{12}N_2O_2$, Formel VI (E I 177; E II 119).

B. Beim Erwärmen von 1.2-Dibrom-äthan mit *N*-Phenyl-hydroxylamin, Pyridin und Äthanol (*Utzinger*, A. **556** [1944] 50, 63).

Orangefarbene Krystalle (aus Bzl. + PAe.); F: 184°.

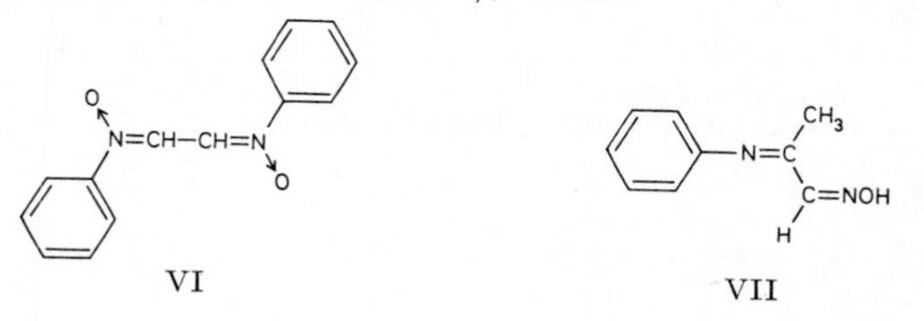

VI VII

2-Phenylimino-propionaldehyd-oxim, Brenztraubenaldehyd-2-phenylimin-1-oxim, *2-(phenylimino)propionaldehyde oxime* $C_9H_{10}N_2O$, Formel VII (H 202).

B. Aus Anilin und Hydroxyimino-aceton in Benzol (*Dey, Govindachari*, Ar. **275** [1937] 383, 392; vgl. H 202).

Krystalle (aus wss. A.); F: 174°.

3-Phenylimino-propionaldehyd, Malonaldehyd-mono-phenylimin, *3-(phenylimino)propion=aldehyde* C_9H_9NO, Formel VIII (X = H), und **3-Anilino-acrylaldehyd,** *3-anilinoacryl=aldehyde* C_9H_9NO, Formel IX (X = H).

Diese Konstitutionsformeln kommen für die H **12** 193 als 1-Anilino-propin-(1)-ol-(3) („[α-Oxy-propargyl]-anilin") beschriebene Verbindung vom F: 122—123° in Betracht (*Heilbron, Jones, Julia*, Soc. **1949** 1430, 1431; *Poštowškiĭ, Matewošjan, Scheĭnker*, Ž. obšč. Chim. **26** [1956] 1443; J. gen. Chem. U.S.S.R. [Übers.] **26** [1956] 1623).

VIII IX

Malonaldehyd-bis-phenylimin, *N,N'-propanediylidenedianiline* $C_{15}H_{14}N_2$, Formel X (X = H), und **3-Anilino-acrylaldehyd-phenylimin,** *N,N'-(propen-1-yl-3-ylidene)dianiline* $C_{15}H_{14}N_2$, Formel XI (X = H) (H 202; E I 178; E II 119).

Über das Gleichgewicht von *cis-trans*-Stereoisomeren in Lösungen s. *Feldmann, Daltrozzo, Scheibe*, Z. Naturf. **22b** [1967] 722.

B. Beim 3-wöchigen Behandeln von Acetaldehyd-diäthylacetal mit Ameisensäure-äthylester und mit Natrium in Äther und Behandeln des Reaktionsprodukts mit Anilin-hydrochlorid in Wasser (*Chromogen Inc.*, U.S.P. 2465586 [1943]). Beim Behandeln von Propargylaldehyd mit Anilin und wss. Essigsäure (*Hüttel*, B. **74** [1941] 1825, 1828). Aus 3-Oxo-2-formyl-propionsäure-äthylester beim Behandeln mit wss. Natronlauge und anschliessenden Erwärmen mit Essigsäure und Anilin (*Panizzi*, G. **76** [1946] 56, 62).

Gelbe Krystalle; F: 114—115° [aus Me.] (*Hü.*), 113—114° [aus A.] (*Pa.*).

Beim Erwärmen des Hydrochlorids mit 2-Thioxo-1-äthyl-3-phenyl-imidazolidinon-(5) (1 Mol) in Äthanol unter Zusatz von Triäthylamin (1 Mol) bildet sich 2-Thioxo-1-äthyl-3-phenyl-4-[3-anilino-allyliden]-imidazolidinon-(5) [F: 128—130°] (*Hamer, Winton*, Soc. **1949** 1126, 1129); analoge Reaktionen mit 2-Thioxo-3-äthyl-thiazolidinon-(4) und mit 2-Thioxo-3-äthyl-oxazolidinon-(4): *Ha., Wi.* Beim Erwärmen des Hydrochlorids mit 2-Thioxo-3-äthyl-thiazolidinon-(4) (Überschuss) in Äthanol unter Zusatz von Tri=äthylamin (2 Mol) ist 1-[4-Hydroxy-2-thioxo-3-äthyl-Δ^4-thiazolinyl-(5)]-3-[4-oxo-2-thi=oxo-3-äthyl-thiazolidinyliden-(5)]-propen-(1) (λ_{max} [Me.]: 610 mμ) erhalten worden (*Ha., Wi.*). Bildung von 1-Äthyl-2-[4-(*N*-acetyl-anilino)-butadien-(1.3)-yl]-chinolinium-jodid (F: 231—234°) beim Erhitzen des Hydrochlorids mit 2-Methyl-1-äthyl-chinolinium-jodid und Acetanhydrid: *Brooker et al.*, Am. Soc. **63** [1941] 3192, 3202; analoge Reaktion mit 4-Methyl-1-äthyl-chinolinium-jodid: *Brooker, Keyes, Williams*, Am. Soc. **64** [1942] 199, 207. Bildung von 3-Äthyl-2-[4-(*N*-acetyl-anilino)-butadien-(1.3)-yl]-benzothiazolium-jodid (F: 233—234°) beim Erhitzen des Hydrochlorids mit 2-Methyl-3-äthyl-benzo=thiazolium-jodid und Acetanhydrid: *Br. et al.*, l. c. S. 3201. Bildung von 4-Methyl-2-[5-(4-methyl-3-phenyl-Δ^4-thiazolinyliden-(2))-pentadien-(1.3)-yl]-3-phenyl-thiazolium-perchlorat beim Erhitzen des Hydrochlorids mit 2.4-Dimethyl-3-phenyl-thiazolium-per=chlorat (2 Mol) in Pyridin unter Zusatz von Natriumacetat und geringen Mengen Acet=anhydrid: *Kiprianow, Ašnina, Uschenko*, Ž. obšč. Chim. **18** [1948] 165, 168; C. A. **1948** 7293.

Hydrochlorid. Orangegelbe Krystalle (*Chromogen Inc.*). F: 215—216° [nach Dunkelfärbung von 210° an] (*Hü.*), 210° [aus wss. A.] (*Chromogen Inc.*).

Hydrojodid. Absorptionsspektrum (Me.; 320—440 mμ): *Br. et al.*, l. c. S. 3195.

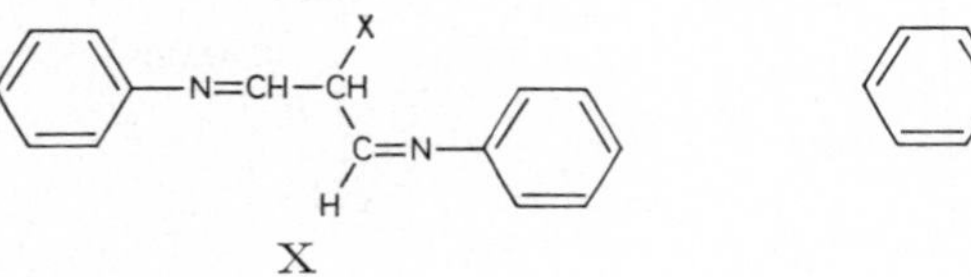

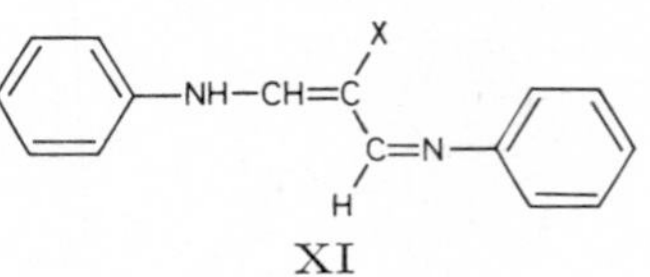

X XI

Chlormalonaldehyd-bis-phenylimin, N,N'-(*2-chloropropanediylidene*)*dianiline* $C_{15}H_{13}ClN_2$, Formel X (X = Cl), und **2-Chlor-3-anilino-acrylaldehyd-phenylimin,** N,N'-(*2-chloro-propen-1-yl-3-ylidene*)*dianiline* $C_{15}H_{13}ClN_2$, Formel XI (X = Cl) (H 202).

Beim Erhitzen mit 2-Methyl-1-äthyl-chinolinium-jodid in Pyridin unter Zusatz von Piperidin ist 1-Äthyl-2-[3-chlor-5-(1-äthyl-1*H*-chinolyliden-(2))-pentadien-(1.3)-yl]-chinolinium-jodid (F: 230°) erhalten worden (*Beattie, Heilbron, Irving,* Soc. **1932** 260, 265).

(±)-2-Brom-3-phenylimino-propionaldehyd, (±)-*2-bromo-3-(phenylimino)propionaldehyde* C_9H_8BrNO, Formel VIII (X = Br), und **2-Brom-3-anilino-acrylaldehyd,** *3-anilino-2-bromoacrylaldehyde* C_9H_8BrNO, Formel IX (X = Br) (H 203).

Krystalle; F: 164° (*Beattie, Heilbron, Irving,* Soc. **1932** 260, 264; *Eistert,* Ark. Kemi **2** [1950/51] 129, 130), 162° [aus A.] (*Heilbron, Heslop, Irving,* Soc. **1936** 781, 784).

Beim Erwärmen mit 1.2.3.3-Tetramethyl-3*H*-indolium-jodid in Äthanol unter Zusatz von Kaliumacetat ist 1.3.3-Trimethyl-2-[3-brom-5-(1.3.3-trimethyl-1.3-dihydro-indolyliden-(2))-pentadien-(1.3)-yl]-3*H*-indolium-jodid (nicht charakterisiert) erhalten worden (*Be., Hei., Ir.*).

Brommalonaldehyd-bis-phenylimin, N,N'-(*2-bromopropanediylidene*)*dianiline* $C_{15}H_{13}BrN_2$, Formel X (X = Br), und **2-Brom-3-anilino-acrylaldehyd-phenylimin,** N,N'-(*2-bromo-propen-1-yl-3-ylidene*)*dianiline* $C_{15}H_{13}BrN_2$, Formel XI (X = Br) (H 203).

Hydrobromid $C_{15}H_{13}BrN_2 \cdot HBr$ (H 203). Gelbe Krystalle (aus A.) mit 1 Mol Äthanol, F: 214—215° (*Šytnik, Schteingardt,* Ž. prikl. Chim. **9** [1936] 1842, 1846; C. **1937** I 5098). — Beim Erwärmen mit 4-Methyl-1-äthyl-chinolinium-jodid in Pyridin unter Zusatz von Piperidin ist 1-Äthyl-4-[3-brom-5-(1-äthyl-1*H*-chinolyliden-(4))-pentadien-(1.3)-yl]-chinolinium-jodid (nicht charakterisiert) erhalten worden (*Beattie, Heilbron, Irving,* Soc. **1932** 260, 267).

(±)-2-Nitro-3-phenylimino-propionaldehyd, (±)-*2-nitro-3-(phenylimino)propionaldehyde* $C_9H_8N_2O_3$, Formel VIII (X = NO_2), und **2-Nitro-3-anilino-acrylaldehyd,** *3-anilino-2-nitroacrylaldehyde* $C_9H_8N_2O_3$, Formel IX (X = NO_2) (H 203; E I 178).

Krystalle (aus A.); F: 145—147° [unkorr.] (*Morley, Simpson,* Soc. **1948** 2024, 2026).

Beim Erhitzen mit Essigsäure unter Zusatz von 1 Mol Anilin-hydrochlorid ist 3-Nitro-chinolin, beim Erhitzen mit Essigsäure unter Zusatz von 1 Mol Anilin ist hingegen die im folgenden Artikel beschriebene Verbindung erhalten worden.

Nitromalonaldehyd-bis-phenylimin, N,N'-(*2-nitropropanediylidene*)*dianiline* $C_{15}H_{13}N_3O_2$, Formel X (X = NO_2), und **2-Nitro-3-anilino-acrylaldehyd-phenylimin,** (*2-nitropropen-1-yl-3-ylidene*)*dianiline* $C_{15}H_{13}N_3O_2$, Formel XI (X = NO_2) (H 203; E I 178).

Bildungsweise s. im vorangehenden Artikel.

Gelbe Krystalle; F: 92—93° (*Morley, Simpson,* Soc. **1948** 2024, 2027).

Beim Erhitzen mit 2-Methyl-1-äthyl-chinolinium-jodid in Pyridin unter Zusatz von Piperidin ist 1-Äthyl-2-[3-nitro-5-(1-äthyl-1*H*-chinolyliden-(2))-pentadien-(1.3)-yl]-chinolinium-jodid (nicht charakterisiert) erhalten worden (*Beattie, Heilbron, Irving,* Soc. **1932** 260, 265).

(±)-3-Brom-4.4-dianilino-butanon-(2), (±)-*4,4-dianilino-3-bromobutan-2-one* $C_{16}H_{17}BrN_2O$, Formel XII.

B. Beim Behandeln von (±)-2-Brom-3-oxo-butyraldehyd mit Anilin und Zinkchlorid in Äther (*Matta, Kaushal, Deshapande,* J. Indian chem. Soc. **23** [1946] 454,457).

Krystalle (aus A.); F: 256°.

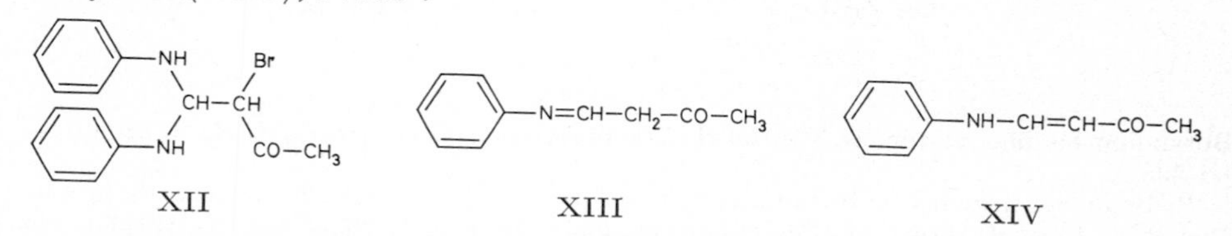

XII XIII XIV

1-Phenylimino-butanon-(3), 3-Oxo-butyraldehyd-phenylimin, *4-(phenylimino)butan-2-one* $C_{10}H_{11}NO$, Formel XIII, und **1-Anilino-buten-(1)-on-(3),** *4-anilinobut-3-en-2-one* $C_{10}H_{11}NO$, Formel XIV (vgl. E II 120).

Bezüglich der Konstitution der beiden folgenden Isomeren s. *Böhme, Berg, Schneider,*

Ar. **297** [1964] 321, 322.

Das E II 120 unter diesen Konstitutionsformeln beschriebene Präparat vom F: 91,5° ist vermutlich nicht einheitlich gewesen (*Bowden et al.*, Soc. **1946** 45, 46). Die Identität eines von *Kaushal* (J. Indian chem. Soc. **20** [1943] 53) beschriebenen, aus Acetessigaldehyd (Hydroxymethylen-aceton) und Anilin in Gegenwart von Zinkchlorid erhaltenen Präparats vom F: 247° ist ungewiss (*Bo. et al.*).

a) Isomeres vom F: 105°.

B. Neben dem unter b) beschriebenen Isomeren bei 60-stdg. Behandeln einer gekühlten Lösung von Butinon in Äther mit Anilin (*Bowden et al.*, Soc. **1946** 45, 50).

Krystalle (aus wss. Acn.); F: 104—105° (*Nešmejanow, Rybinškaja, Rybin*, Izv. Akad. S.S.S.R. Otd. chim. **1961** 2152, 2156; C. A. **57** [1962] 8485), 103—104,5° (*Bo. et al.*). UV-Absorptionsmaxima (A.): 228 mμ und 338 mμ (*Bo. et al.*, l. c. S. 46, 48).

Bei der Sublimation unter 10^{-4} Torr erfolgt Umwandlung in das unter b) beschriebene Isomere (*Bo. et al.*).

b) Isomeres vom F: 54°.

B. Beim Behandeln von Aceton mit Ameisensäure-äthylester und mit Natrium in Benzol und Behandeln des Reaktionsprodukts mit Anilin und Essigsäure (*Panizzi, Monti*, G. **77** [1947] 556, 561). Beim Behandeln des Natrium-Salzes des Acetessigaldehyds (Hydroxymethylenacetons) mit Anilin-hydrochlorid in Wasser unter Stickstoff (*Bowden et al.*, Soc. **1946** 45, 50). Weitere Bildungsweisen s. bei dem unter a) beschriebenen Isomeren.

Krystalle; F: 52—54° [aus PAe.] (*Bo. et al.*), 50—52° [aus Bzl. + Bzn.] (*Pa., Mo.*). UV-Absorptionsmaxima (A.): 228 mμ und 338 mμ (*Bo. et al.*, l. c. S. 46, 48).

Beim Erwärmen, beim Aufbewahren von Lösungen in Äthanol, Äthylacetat oder Dioxan sowie bei der Bestrahlung einer äther. Lösung mit UV-Licht erfolgt Umwandlung in das unter a) beschriebene Isomere (*Bo. et al.*, l. c. S. 46). Beim Erwärmen mit Hydroxylamin-hydrochlorid in wss. Äthanol ist 5-Methyl-isoxazol, beim Erwärmen mit Phenylhydrazin und wss.-äthanol. Salzsäure ist 5-Methyl-1-phenyl-pyrazol erhalten worden (*Pa., Mo.*, l. c. S. 562, 563). Bildung von 2-Phenylazo-1-anilino-buten-(1)-on-(3) (F: 128—130°) beim Behandeln mit Benzoldiazoniumchlorid in Äthanol unter Zusatz von Natriumacetat: *Pa., Mo.*, l. c. S. 564.

Beim Behandeln mit Eisen(III)-chlorid in äthanol. Lösung tritt eine rote Färbung auf (*Pa., Mo.*, l. c. S. 564).

3-Phenylimino-butyraldehyd-phenylimin, N,N′-(*1-methylpropanediylidene*)*dianiline* $C_{16}H_{16}N_2$, Formel I, und **1-Anilino-buten-(1)-on-(3)-phenylimin,** N,N′-(*3-methylpropen-1-yl-3-ylidene*)*dianiline* $C_{16}H_{16}N_2$, Formel II (E I 178).

Hydrochlorid $C_{16}H_{16}N_2 \cdot HCl$. *B.* Beim Behandeln von 1-Chlor-buten-(1)-on-(3) mit Anilin in Äther (*Jakubowitsch, Merkulowa*, Ž. obšč. Chim. **16** [1946] 55, 57; C. A. **1947** 91) oder in Äthanol (*Julia*, C. r. **228** [1949] 1807; A. ch. [12] **5** [1950] 595, 624, 633). — Gelbe Krystalle; F: 201—202° [Zers.; aus E. + Me.] (*Böhme, Berg, Schneider*, Ar. **297** [1964] 321, 323), 194° [aus A.] (*Ju.*), 180—180,5° [aus A. + Ae.] (*Ja., Me.*). UV-Absorptionsmaximum: 370 mμ (*Ju.*). — Beim Erhitzen mit Schwefelsäure auf 140° sind Anilin und Chinaldin erhalten worden (*Ju.*).

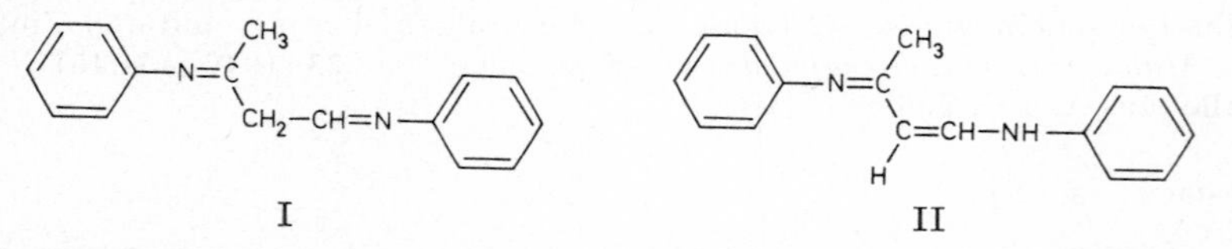

Butandion-bis-phenylimin, N,N′-(*dimethylethanediylidene*)*dianiline* $C_{16}H_{16}N_2$, Formel III (H 203).

B. Beim Erwärmen von Butandion mit Anilin in wss. Äthanol oder in wss. Essigsäure (*Ferguson, Goodwin*, Am. Soc. **71** [1949] 633, 635, 636; s. a. H 203). Beim Erwärmen von (±)-3-Diäthylamino-butin-(1) mit Anilin und Quecksilber(II)-oxid unter Zusatz von Borfluorid in Äther (*Rose, Weedon*, Soc. **1949** 782, 785).

Gelbe Krystalle; F: 139—140° (*Erlenmeyer, Lehr, Bloch*, Helv. **28** [1945] 1413), 139° (*Garry*, A. ch. [11] **17** [1942] 5, 15), 138° [aus Me.] (*Rose, Wee.*), 136—137° (*Fe., Goo.*),

136° [aus A.] (*Barany, Braude, Pianka*, Soc. **1949** 1898, 1902). UV-Spektrum (A.): *Fe., Goo.*, l. c. S. 634; *Ba., Br., Pi.*, l. c. S. 1899.

Beim Behandeln mit Methylmagnesiumjodid (Überschuss) in Äther unter Kühlung ist 2-Anilino-2-methyl-butanon-(3)-phenylimin, beim Erwärmen mit Methylmagnesiumjodid (Überschuss) in Benzol auf Siedetemperatur ist 2.3-Dianilino-2.3-dimethyl-butan erhalten worden (*Ga.*, l. c. S. 15, 26).

Butandion-phenylimin-oxim, *3-(phenylimino)butan-2-one oxime* $C_{10}H_{12}N_2O$, Formel IV.

B. Beim Erwärmen von Butandion-monooxim mit Anilin in Äthanol (*Pfeiffer*, B. **63** [1930] 1811, 1814; *Garry*, A. ch. [11] **17** [1942] 5, 30).

Krystalle; F: 118—119° [aus Bzl. + Bzn.] (*Pf.*), 118° (*Ga.*).

Beim Erwärmen mit Äthylmagnesiumjodid in Äther ist 3-Anilino-3-methyl-pentanon-(2)-oxim erhalten worden (*Ga.*).

(±)-*N*-[3.3-Dimethoxy-2-methyl-propyliden]-anilin, (±)-Methylmalonaldehyd-dimethylacetal-phenylimin, (±)-N-(*3,3-dimethoxy-2-methylpropylidene)aniline* $C_{12}H_{17}NO_2$, Formel V, und ***N*-[3.3-Dimethoxy-2-methyl-propenyl]-anilin, 3-Anilino-2-methyl-acrylaldehyd-dimethylacetal,** N-(*3,3-dimethoxy-2-methylprop-1-enyl)aniline* $C_{12}H_{17}NO_2$, Formel VI.

Hydrobromid $C_{12}H_{17}NO_2 \cdot HBr$. *B.* Beim Behandeln von 3-Brom-2-methyl-acrylaldehyd-dimethylacetal (nicht näher beschrieben) mit Anilin-hydrobromid in wss. Bromwasserstoffsäure (*Šytnik, Schteingardt*, Ž. prikl. Chim. **9** [1936] 1842, 1848; C. **1937** I 5098). — Hellgelbe Krystalle (aus A.); F: 234°.

Methylmalonaldehyd-bis-phenylimin, N,N'-(*2-methylpropanediylidene)dianiline* $C_{16}H_{16}N_2$, Formel VII, und **3-Anilino-2-methyl-acrylaldehyd-phenylimin,** N,N'-(*2-methylpropen-1-yl-3-ylidene)dianiline* $C_{16}H_{16}N_2$, Formel VIII.

B. Beim Leiten eines Gemisches von Propionaldehyd und Ameisensäure über Thoriumoxid/Bimsstein bei 430° und Behandeln des danach isolierten Reaktionsprodukts mit Anilin-hydrochlorid in Wasser unter Zusatz von Natriumacetat (*Chromogen Inc.*, U.S.P. 2465586 [1943]). Beim Erwärmen von 3-Brom-2-methyl-acrylaldehyd-diäthylacetal (Kp_{25}: 115° [E III **1** 2984]) mit Anilin in Äthanol (*Hamer, Rathbone*, Soc. **1945** 595, 597).

Hydrochlorid $C_{16}H_{16}N_2 \cdot HCl$. F: 232° [Zers.] (*Ha., Ra.*). UV-Absorptionsmaximum (Me.): 372 mμ (*Ha., Ra.*).

Perchlorat. Krystalle (aus Me.); F: 210—220° [Zers.] (*Chromogen Inc.*).

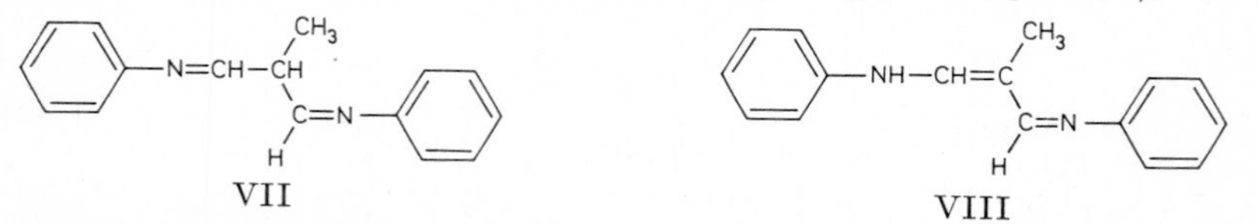

2-Phenylimino-pentanon-(4), Acetylaceton-mono-phenylimin, *4-(phenylimino)pentan-2-one* $C_{11}H_{13}NO$, Formel IX, und **2-Anilino-penten-(2)-on-(4),** *4-anilinopent-3-en-2-one* $C_{11}H_{13}NO$, Formel X (H 204).

Krystalle (aus Ae.); F: 52° (*Schwarzenbach, Lutz*, Helv. **23** [1940] 1162, 1185). D_4^{100}: 0,9853; $n_{656,3}^{100}$: 1,5694; $n_{587,6}^{100}$: 1,5809; $n_{486,2}^{100}$: 1,6150 (*v. Auwers, Susemihl*, B. **63** [1930] 1072, 1084). Absorptionsspektrum (200—375 mμ): *Woodward, Kornfeld*, Am. Soc. **70** [1948] 2508, 2509.

IX X

Acetylaceton-bis-phenylimin, N,N'-*(1,3-dimethylpropanediylidene)dianiline* $C_{17}H_{18}N_2$, Formel XI, und **2-Anilino-4-phenylimino-penten-(2),** N,N'-*(1,3-dimethylpropen-1-yl-3-ylidene)dianiline* $C_{17}H_{18}N_2$, Formel XII (E II 120).

B. Beim Erwärmen von 2-Chlor-penten-(2)-on-(4) (2.4-Dinitro-phenylhydrazon: F: 175°) mit Anilin in Äthanol (*Julia*, C. r. **228** [1949] 1807; A. ch. [12] **5** [1950] 595, 630).

Absorptionsspektrum (200—500 mμ) einer alkal. wss. Lösung: *Schwarzenbach, Lutz, Felder,* Helv. **27** [1944] 576, 582. Thermodynamischer Dissoziationsexponent pK_a (Wasser; potentiometrisch ermittelt) bei 25°: 7,22 (*Schwarzenbach, Lutz,* Helv. **23** [1940] 1162, 1185).

Beim Erhitzen des Hydrochlorids mit Schwefelsäure auf 140° sind Anilin und 2.4-Dimethyl-chinolin erhalten worden (*Ju.*).

Hydrochlorid $C_{17}H_{18}N_2 \cdot HCl$. Gelbliche Krystalle (aus A.); F: 215° (*Ju.*), 210° [Zers.] (*Sch., Lutz*).

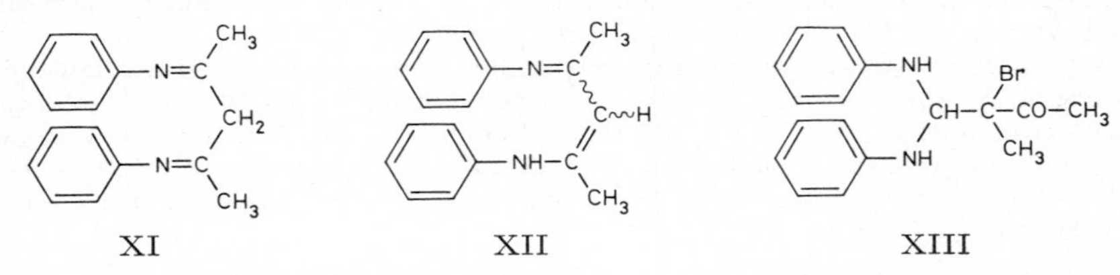

XI XII XIII

(±)-2-Brom-1.1-dianilino-2-methyl-butanon-(3), (±)-*4,4-dianilino-3-bromo-3-methylbutan-2-one* $C_{17}H_{19}BrN_2O$, Formel XIII.

B. Aus (±)-2-Brom-3-oxo-2-methyl-butyraldehyd und Anilin (*Matta, Kaushal, Deshapande,* J. Indian chem. Soc. **23** [1946] 454, 457).

Krystalle (aus Eg.); F: 260—261°.

Äthylmalonaldehyd-bis-phenylimin, N,N'-*(2-ethylpropanediylidene)dianiline* $C_{17}H_{18}N_2$, Formel I, und **3-Anilino-2-äthyl-acrylaldehyd-phenylimin,** N,N'-*(2-ethylpropen-1-yl-3-ylidene)dianiline* $C_{17}H_{18}N_2$, Formel II.

B. Beim Behandeln von Butyraldehyd mit Ameisensäure-methylester und Natriummethylat und Behandeln des vom Ameisensäure-methylester befreiten Reaktionsgemisches mit Anilin und wss. Essigsäure (*Chromogen Inc.,* U.S.P. 2465586 [1943]).

Perchlorat. Gelbe Krystalle (aus Me.); F: 224° [Zers.].

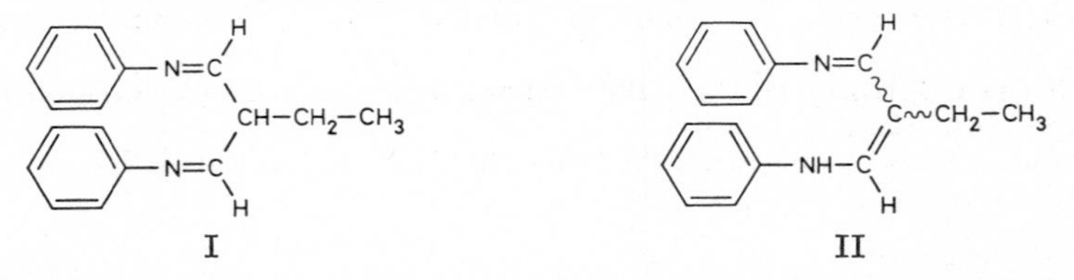

I II

1-Phenylimino-hexanon-(3), *1-(phenylimino)hexan-3-one* $C_{12}H_{15}NO$, Formel III, und **1-Anilino-hexen-(1)-on-(3),** *1-anilinohex-1-en-3-one* $C_{12}H_{15}NO$, Formel IV.

B. Beim Behandeln von Hexin-(1)-on-(3) mit Anilin in Äthanol (*Bowden et al.,* Soc. **1946** 45, 50).

Krystalle (aus PAe.); F: 87—88°. UV-Absorptionsmaxima (A.): 210 mμ und 227 mμ (*Bo. et al.,* l. c. S. 48).

N=CH—CH2—CO—CH2—CH2—CH3 NH—CH=CH—CO—CH2—CH2—CH3

III IV

5-Phenylimino-2.2-dimethyl-pentanon-(3), *4,4-dimethyl-1-(phenylimino)pentan-3-one* $C_{13}H_{17}NO$, Formel V, und **5-Anilino-2.2-dimethyl-penten-(4)-on-(3)**, *1-anilino-4,4-dimethylpent-1-en-3-one* $C_{13}H_{17}NO$, Formel VI.

B. Aus 3-Oxo-2.2-dimethyl-pentanal-(5) und Anilin (*v. Auwers, Susemihl*, B. **63** [1930] 1072, 1083).

F: 95°. Kp_{11}: 162°; $D_4^{18,2}$: 1,0098; $n_{656,3}^{18,2}$: 1,5940; $n_{587,6}^{18,2}$: 1,6072; $n_{486,2}^{18,2}$: 1,6477 [flüssiges Präparat]. Wenig beständig.

V VI

Pentendial-bis-phenylimin, Glutaconaldehyd-bis-phenylimin, N,N'-*(pent-2-enediylidene)dianiline* $C_{17}H_{16}N_2$, Formel VII, und **1-Anilino-pentadien-(1.3)-al-(5)-phenylimin**, N,N'-*(penta-1,3-dien-1-yl-5-ylidene)dianiline* $C_{17}H_{16}N_2$, Formel VIII (H 204; E I 178; E II 120).

B. Neben 1-Phenyl-pyridinium-chlorid beim Behandeln von Glutaconaldehyd (als Natrium-Salz eingesetzt) mit Anilin und wss. Salzsäure (*Schöpf, Hartmann, Koch*, B. **69** [1936] 2766, 2767; vgl. *Baumgarten*, B. **65** [1932] 1637, 1642; s. a. E II 120). Beim Behandeln von 1.1-Dimethoxy-penten-(2)-al-(5), von Glutaconaldehyd-bis-dimethylacetal oder von 1.5.5-Trimethoxy-pentadien-(1.3) (Kp_{18}: 108–112°) mit Anilin und wss.-methanol. Salzsäure (*Baumgarten, Merländer, Olshausen*, B. **66** [1933] 1802, 1806, 1807, 1808).

Braune Krystalle; F: 96° [aus Me. + W.] (*Strell et al.*, A. **587** [1954] 177, 188), 86° [aus Acn.] (*Knunjanz, Schillegodškiĭ*, Ž. obšč. Chim. **18** [1948] 184, 186; C. A. **1949** 2616). Absorptionsspektrum (250–550 mμ) einer alkal. wss. Lösung: *Schwarzenbach, Lutz, Felder*, Helv. **27** [1944] 576, 582. Thermodynamischer Dissoziationsexponent pK_a (Wasser; photometrisch ermittelt) bei 25°: 8,52 (*Schwarzenbach, Lutz*, Helv. **23** [1940] 1162, 1168, 1190).

Bei 2-tägigem Behandeln mit Acetaldehyd und Pyridin unter Zusatz von Piperidin und anschliessendem Behandeln mit Bromwasserstoff in Äthanol bei –15° ist 1-Anilino-heptatrien-(1.3.5)-al-(7)-phenylimin-hydrobromid (F: 138–143° [S. 343]) erhalten worden (*Kn., Sch.*). Bildung von [5-Anilino-pentadien-(2.4)-yliden]-malonsäure-dinitril (F: 130° bis 140°) beim Behandeln des Hydrochlorids mit Malonsäure-dinitril in Äthanol unter Zusatz von Piperidin: *Legrand*, Bl. Soc. chim. Belg. **53** [1944] 166, 175. Beim Erhitzen des Hydrochlorids mit 2-Methyl-3-äthyl-benzothiazolium-jodid und Acetanhydrid ist 3-Äthyl-2-[6-(*N*-acetyl-anilino)-hexatrien-(1.3.5)-yl]-benzothiazolium-jodid [F: 203–205°] (*Brooker et al.*, Am. Soc. **63** [1941] 3192, 3201), beim Erwärmen des Hydrochlorids mit 2-Methyl-3-äthyl-benzothiazolium-jodid und äthanol. Natriumäthylat ist 3-Äthyl-2-[7-(3-äthyl-3*H*-benzothiazolyliden-(2))-heptatrien-(1.3.5)-yl]-benzothiazolium-jodid [F: 211°] (*Fisher, Hamer*, Soc. **1933** 189, 191) erhalten worden.

Hydrochlorid $C_{17}H_{16}N_2 \cdot HCl$. Rote Krystalle; F: 156° [aus Me.; nach Trocknen unter vermindertem Druck bei 20°] (*Makin, Lichoscherstow*, Ž. org. Chim. **1** [1965] 640, 641; J. org. Chem. U.S.S.R. [Übers.] **1** [1965] 640, 641; vgl. *Lukaschewitsch, Kurdjumowa*, Ž. obšč. Chim. **18** [1948] 1963, 1975; C. A. **1949** 3800; *van Dormael, Nys*, Bl. Soc. chim. Belg. **61** [1952] 614, 620; *Hamana, Fumakoshi*, J. pharm. Soc. Japan **82** [1962] 512, 517; C. A. **58** [1963] 4512), 144° [nach 15-stdg. Erwärmen der bei 156° schmelzenden Krystalle unter 10 Torr auf 60°] (*Ma., Li.*; vgl. *Koenigs, Greiner*, B. **64** [1931] 1049, 1054; *Baumgarten, Damman*, B. **66** [1933] 1633, 1637; *Ha., Fu.*); über wasserhaltige Krystalle vom F: 176° [unkorr.] und F: 178° s. *Baumgarten*, B. **65** [1932] 1637, 1642; *Bau., Da.*; *Schöpf, Hartmann, Koch*, B. **69** [1936] 2766, 2768 Anm. 6.

Hydrojodid. Absorptionsmaximum (Me.): 485 mμ (*Brooker et al.*, Am. Soc. **63** [1941] 3192, 3194).

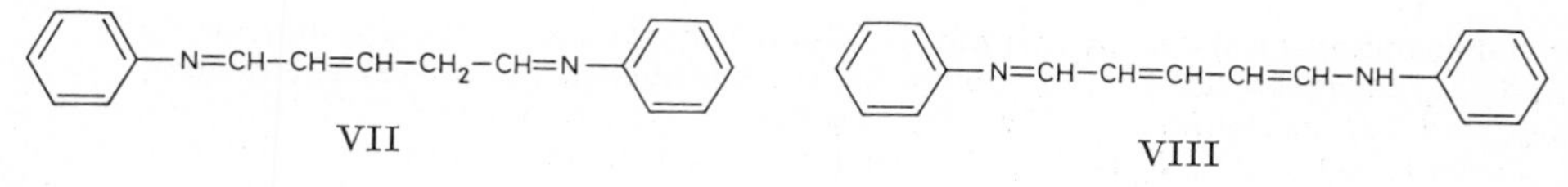

VII VIII

1-Anilino-hexadien-(1.3)-on-(5)-phenylimin, N-*phenyl-5-(phenylimino)hexa-1,3-dienyl=amine* $C_{18}H_{18}N_2$, Formel IX, und **5-Anilino-hexadien-(2.4)-al-(1)-phenylimin,** *1-methyl-*N-*phenyl-5-(phenylimino)penta-1,3-dienylamine* $C_{18}H_{18}N_2$, Formel X.

Hydrobromid $C_{18}H_{18}N_2 \cdot HBr$. *B.* Beim Behandeln von 2-Methyl-pyridin mit Brom=cyan und Anilin in Wasser und anschliessend mit wss. Bromwasserstoffsäure (*Hamer, Rathbone*, Soc. **1947** 960, 961). — Braune Krystalle; F: ca. 155° [Zers.]. Absorptions-maximum (Me.): 476 mμ.

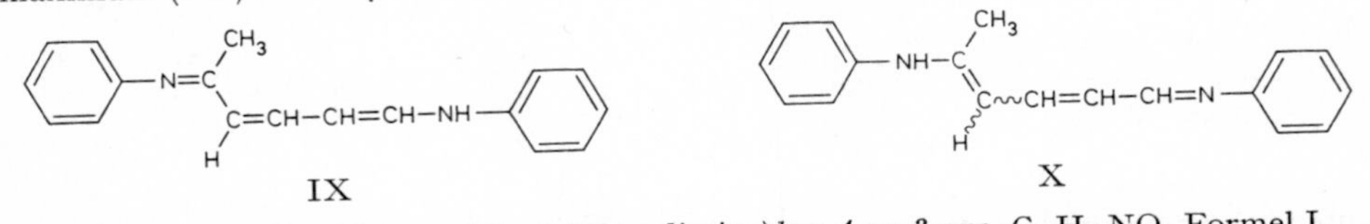

IX X

6-Phenylimino-hexen-(2)-on-(4), *1-(phenylimino)hex-4-en-3-one* $C_{12}H_{13}NO$, Formel I, und **1-Anilino-hexadien-(1.4)-on-(3),** *1-anilinohexa-1,4-dien-3-one* $C_{12}H_{13}NO$, Formel II.

Ein Präparat vom F: 117° (gelbe Krystalle [aus wss. Acn.]; λ_{max} [A.]: 240 mμ und 377 mμ) ist beim Behandeln von Hexen-(4)-in-(1)-on-(3) (n_D^{20}: 1,4770) mit Anilin in Äthanol erhalten worden (*Bowden et al.*, Soc. **1946** 45, 48, 51).

I II

1-Anilino-2-methyl-pentadien-(1.3)-al-(5)-phenylimin, *2-methyl-*N-*phenyl-5-(phenyl=imino)penta-1,3-dienylamine* $C_{18}H_{18}N_2$, Formel III, und **5-Anilino-2-methyl-penta=dien-(2.4)-al-(1)-phenylimin,** *4-methyl-*N-*phenyl-5-(phenylimino)penta-1,3-dienylamine* $C_{18}H_{18}N_2$, Formel IV.

Hydrobromid $C_{18}H_{18}N_2 \cdot HBr$. *B.* Beim Behandeln von 3-Methyl-pyridin mit Brom=cyan und Anilin in Wasser und anschliessend mit wss. Bromwasserstoffsäure [2,5 Mol] (*Hamer, Rathbone*, Soc. **1947** 960, 961). — Braune Krystalle; F: ca. 148°. Absorptions-maximum (Me.): 488 mμ.

Eine als das entsprechende Dihydrobromid angesehene Verbindung $C_{18}H_{20}Br_2N_2$ vom F: 239° [Zers.] ist beim Behandeln von 3-Methyl-pyridin mit Bromcyan und Anilin in Wasser und anschliessend mit wss. Bromwasserstoffsäure [5 Mol] erhalten worden (*Ha., Ra.*).

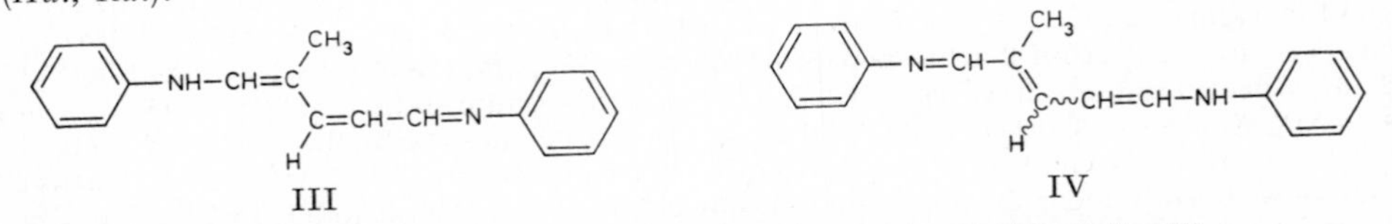

III IV

3-Methyl-pentendial-bis-phenylimin, N,N'-*(3-methylpent-2-enediylidene)dianiline* $C_{18}H_{18}N_2$, Formel V, und **1-Anilino-3-methyl-pentadien-(1.3)-al-(5)-phenylimin,** *3-methyl-*N-*phenyl-5-(phenylimino)penta-1,3-dienylamine* $C_{18}H_{18}N_2$, Formel VI.

Hydrobromid $C_{18}H_{18}N_2 \cdot HBr$. *B.* Beim Behandeln von 4-Methyl-pyridin mit Brom=cyan und Anilin in Wasser und anschliessend mit wss. Bromwasserstoffsäure (*Hamer, Rathbone*, Soc. **1947** 960, 961). — Braune Krystalle (aus Me.); F: 167° [Zers.]. Ab-sorptionsmaximum (Me.): 480,5 mμ.

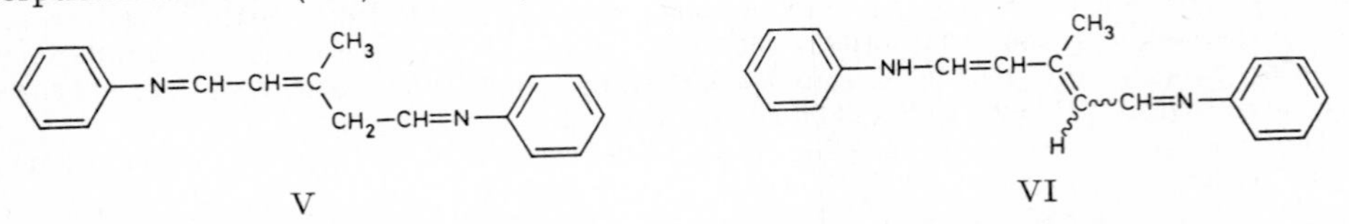

V VI

Cyclohexandion-(1.3)-bis-phenylimin, N,N'-*(cyclohexane-1,3-diylidene)dianiline* $C_{18}H_{18}N_2$, Formel VII (R = H), und **1-Anilino-cyclohexen-(1)-on-(3)-phenylimin,** N-*phenyl-3-(phenylimino)cyclohex-1-en-1-ylamine* $C_{18}H_{18}N_2$, Formel VIII (R = H).

Perchlorat $C_{18}H_{18}N_2 \cdot HClO_4$. *B.* Bei kurzem Erhitzen (5 min) von Dihydroresorcin

(E III **7** 3210) mit Anilin und Essigsäure auf 180° und anschliessendem Behandeln mit wss. Natriumperchlorat-Lösung (*Schwarzenbach, Lutz*, Helv. **23** [1940] 1139, 1145). — Krystalle (aus wss. A.); F: 218,5°.

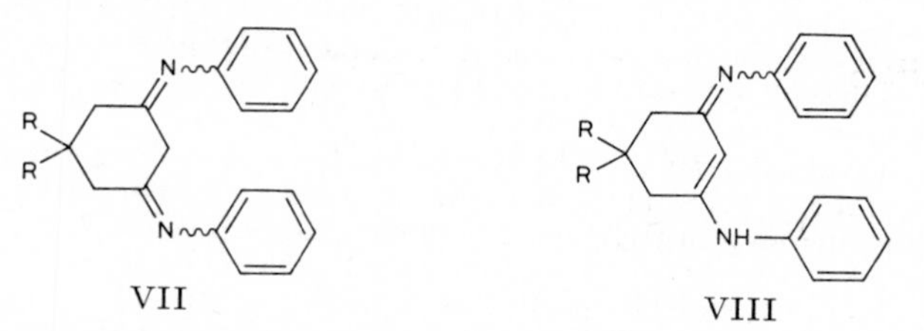

VII VIII

Hepten-(3)-dion-(2.6)-bis-phenylimin, *N,N'-(1,5-dimethylpent-2-enediylidene)dianiline* $C_{19}H_{20}N_2$, Formel IX, und **2-Anilino-heptadien-(2.4)-on-(6)-phenylimin,** *1-methyl-N-phenyl-5-(phenylimino)hexa-1,3-dienylamine* $C_{19}H_{20}N_2$, Formel X.

Hydrochlorid $C_{19}H_{20}N_2 \cdot HCl$. *B.* Beim Behandeln von 2.6-Dimethyl-pyridin mit Bromcyan und Anilin in Wasser und anschliessend mit wss. Salzsäure (*Hamer, Rathbone*, Soc. **1947** 960, 961). — Rote Krystalle; F: 150—151° [Zers.]. Absorptionsmaximum (Me.): 491,5 mμ.

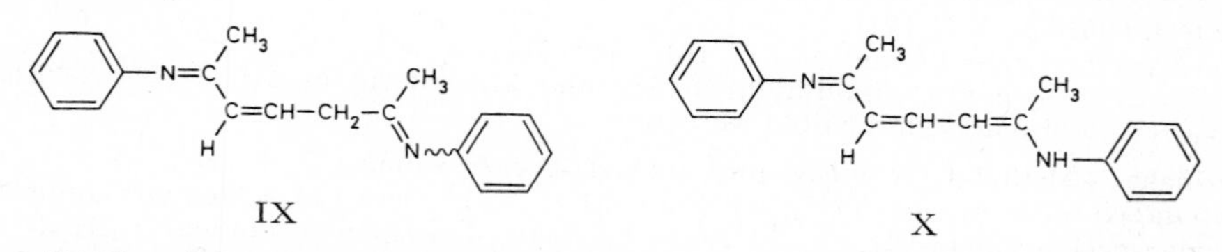

IX X

(±)-1-[*N*-Phenyl-formimidoyl]-cyclohexanon-(2), *(±)-2-(N-phenylformimidoyl)cyclohexanone* $C_{13}H_{15}NO$, Formel XI (R = H), und **1-Anilinomethylen-cyclohexanon-(2),** *2-(anilinomethylene)cyclohexanone* $C_{13}H_{15}NO$, Formel XII (R = H) (E I 179; E II 121).

B. Beim Behandeln von 2-Oxo-cyclohexan-carbaldehyd-(1) (1-Hydroxymethylen-cyclohexanon-(2)) mit Anilin in Äther (*Mehta, Kaushal, Deshapande*, J. Indian chem. Soc. **23** [1946] 43, 45; vgl. E I 179).

Gelbe Krystalle (aus A.); F: 169° (*Me., Kau., De.*).

Beim Erwärmen mit Anilin-hydrochlorid (1 Mol) und Zinkchlorid (1 Mol) in Äthanol auf Siedetemperatur ist 1.2.3.4-Tetrahydro-acridin erhalten worden (*Petrow*, Soc. **1942** 693, 695).

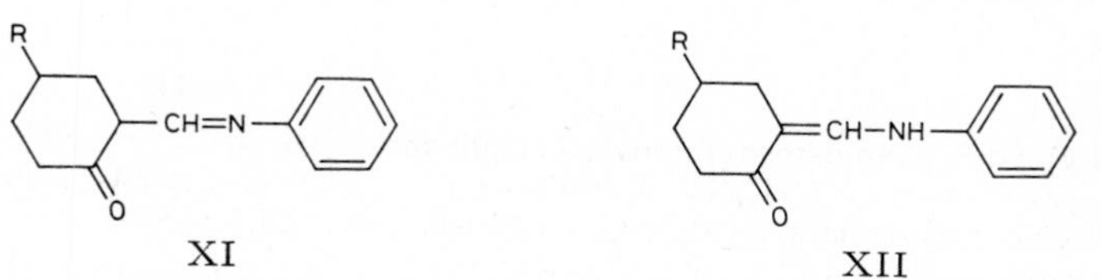

XI XII

3-Phenylimino-1.1-dimethyl-cyclohexanon-(5), *3,3-dimethyl-5-(phenylimino)cyclohexanone* $C_{14}H_{17}NO$, Formel XIII, und **3-Anilino-1.1-dimethyl-cyclohexen-(3)-on-(5),** *3-anilino-5,5-dimethylcyclohex-2-en-1-one* $C_{14}H_{17}NO$, Formel XIV; **5.5-Dimethyl-dihydroresorcin-mono-phenylimin** (H 205).

B. Beim Erwärmen von 5.5-Dimethyl-dihydroresorcin mit Anilin in Äthanol (*Schwarzenbach, Lutz*, Helv. **23** [1940] 1139, 1144; vgl. H 205).

Krystalle; F: 181°.

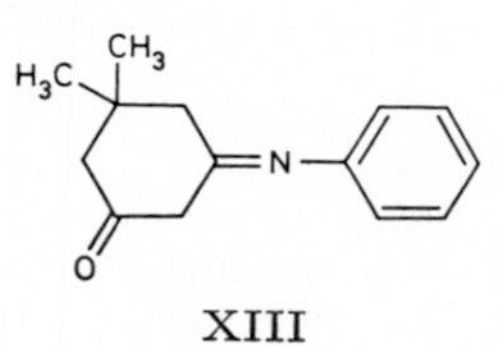

XIII

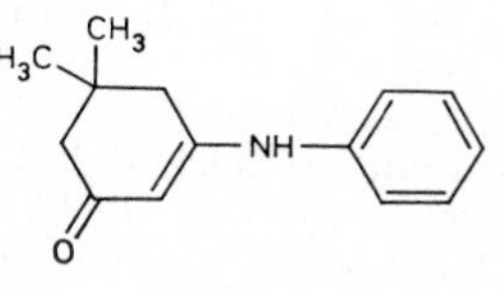

XIV

1.1-Dimethyl-cyclohexandion-(3.5)-bis-phenylimin, N,N'-*(5,5-dimethylcyclohexane-1,3-diylidene)dianiline* $C_{20}H_{22}N_2$, Formel VII (R = CH_3), und **3-Anilino-1.1-dimethyl-cyclohexen-(3)-on-(5)-phenylimin,** *5,5-dimethyl-*N*-phenyl-3-(phenylimino)cyclohex-1-en-1-ylamine* $C_{20}H_{22}N_2$, Formel VIII (R = CH_3) (H 205).

B. Beim Erhitzen der im vorangehenden Artikel beschriebenen Verbindung mit Anilin-hydrochlorid in Äthanol auf 180° unter Eindampfen (*Schwarzenbach, Lutz*, Helv. **23** [1940] 1139, 1144).

Hydrochlorid $C_{20}H_{22}N_2 \cdot HCl$. Gelbe Krystalle (aus wss. A.), die unterhalb 280° nicht schmelzen (*Sch., Lutz*, l. c. S. 1145). Thermodynamischer Dissoziationsexponent pK_a (Wasser; potentiometrisch ermittelt) bei 25°: 9,89 (*Schwarzenbach, Lutz*, Helv. **23** [1940] 1162, 1168, 1186).

Hydrojodid. Gelbe Krystalle; in Wasser schwer löslich (*Sch., Lutz*, l. c. S. 1145).

Perchlorat. In Wasser schwer löslich (*Sch., Lutz*, l. c. S. 1145).

Opt.-inakt. 3-Methyl-1-[*N*-phenyl-formimidoyl]-cyclohexanon-(6), *4-methyl-2-(*N*-phenyl-formimidoyl)cyclohexanone* $C_{14}H_{17}NO$, Formel XI (R = CH_3), und **(±)-3-Methyl-1-anilinomethylen-cyclohexanon-(6),** *(±)-2-(anilinomethylene)-4-methylcyclohexanone* $C_{14}H_{17}NO$, Formel XII (R = CH_3) (E II 121).

B. Beim Behandeln von opt.-inakt. 6-Oxo-3-methyl-cyclohexan-carbaldehyd-(1) ((±)-3-Methyl-1-hydroxymethylen-cyclohexanon-(6)) mit Anilin in Äthanol (*Petrow*, Soc. **1942** 693, 695; vgl. E II 121).

Orangegelbe Krystalle (aus A.); F: 161—162° [korr.].

Beim Erwärmen mit Anilin-hydrochlorid und Zinkchlorid in Äthanol ist 2-Methyl-1.2.3.4-tetrahydro-acridin erhalten worden.

Opt.-inakt. 4-Methyl-1-[*N*-phenyl-formimidoyl]-cyclohexanon-(2), *5-methyl-2-(*N*-phenyl-formimidoyl)cyclohexanone* $C_{14}H_{17}NO$, Formel I (R = H), und **(±)-4-Methyl-1-anilino-methylen-cyclohexanon-(2),** *(±)-2-(anilinomethylene)-5-methylcyclohexanone* $C_{14}H_{17}NO$, Formel II (R = H) (H 206).

B. Aus opt.-inakt. 2-Oxo-4-methyl-cyclohexan-carbaldehyd-(1) ((±)-4-Methyl-1-hydr-oxymethylen-cyclohexanon-(2)) und Anilin in Äthanol (*Petrow*, Soc. **1942** 693, 695; vgl. H 206).

Bildung von 3-Methyl-1.2.3.4-tetrahydro-acridin beim Erwärmen mit Anilin-hydro-chlorid und Zinkchlorid in Äthanol: *Pe.*

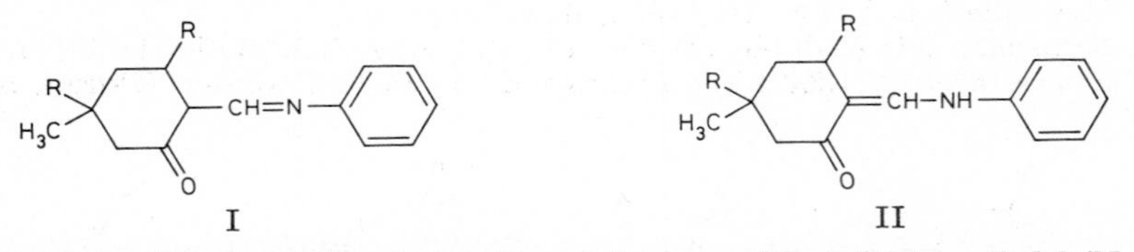

I II

2.4.4-Trimethyl-1-[*N*-phenyl-formimidoyl]-cyclohexanon-(6), *3,5,5-trimethyl-2-(*N*-phenyl-formimidoyl)cyclohexanone* $C_{16}H_{21}NO$, Formel I (R = CH_3), und **2.4.4-Trimethyl-1-anilinomethylen-cyclohexanon-(6),** *2-(anilinomethylene)-3,5,5-trimethylcyclohexanone* $C_{16}H_{21}NO$, Formel II (R = CH_3).

Diese Konstitutionsformeln kommen für die H 206 beschriebene, als Anilinomethylen-dihydroisophoron bezeichnete opt.-inakt. Verbindung in Betracht (vgl. diesbezüglich *Ruzicka, Schinz, Seidel*, Helv. **23** [1940] 935, 937, 938).

2-Methyl-5-isopropyl-1-[*N*-phenyl-formimidoyl]-cyclohexanon-(6), *2-(*N*-phenylform-imidoyl)-*p*-menthan-3-one* $C_{17}H_{23}NO$ und **2-Methyl-5-isopropyl-1-anilinomethylen-cyclo-hexanon-(6),** *2-(anilinomethylene)-6-isopropyl-3-methylcyclohexanone* $C_{17}H_{23}NO$.

(±)-2*r*-Methyl-5*t*-isopropyl-1ξ-[*N*-phenyl-formimidoyl]-cyclohexanon-(6), Formel III + Spiegelbild, und **(±)-2*r*-Methyl-5*t*-isopropyl-1-anilinomethylen-cyclohexanon-(6),** Formel IV + Spiegelbild.

Ein Präparat (gelbliche Krystalle [aus Me.]; F: 103°), in dem wahrscheinlich dieses Tautomerensystem vorgelegen hat, ist beim Erwärmen einer als (±)-6-Oxo-2*r*-methyl-5*t*-isopropyl-cyclohexan-carbaldehyd-(1ξ) ⇌ (±)-2*r*-Methyl-5*t*-isopropyl-1-hydroxy-methylen-cyclohexanon-(6) angesehenen Verbindung (E III **7** 3261) mit Anilin und wss. Essigsäure erhalten worden (*Dewar, Morrison, Read*, Soc. **1936** 1598).

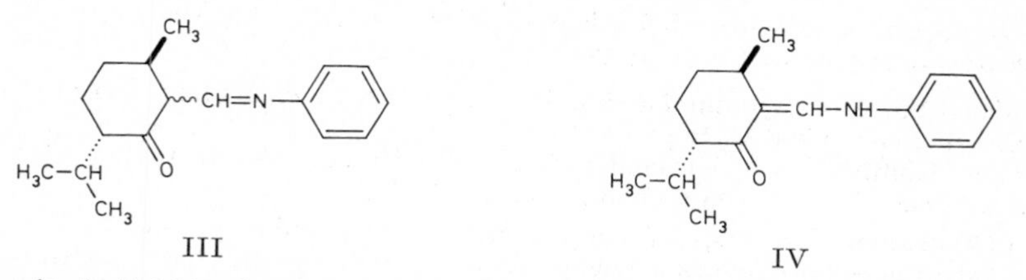

Heptadien-(2.4)-dial-bis-phenylimin, N,N'-*(hepta-2,4-dienediylidene)dianiline* $C_{19}H_{18}N_2$, Formel V, und **1-Anilino-heptatrien-(1.3.5)-al-(7)-phenylimin**, N-*phenyl-7-(phenylimino)=hepta-1,3,5-trienylamine* $C_{19}H_{18}N_2$, Formel VI.

B. Bei 2-tägigem Behandeln von 1-Anilino-pentadien-(1.3)-al-(5)-phenylimin (F: 86° [S. 339]) mit Acetaldehyd und Pyridin unter Zusatz von Piperidin (*Knunjanz, Schillegodškiĭ*, Ž. obšč. Chim. **18** [1948] 184, 186; C. A. **1949** 2616).

Beim Behandeln des Hydrobromids mit 2-Methyl-3-äthyl-benzothiazolium-jodid in Pyridin ist 3-Äthyl-2-[9-(3-äthyl-3*H*-benzothiazolyliden-(2))-nonatetraen-(1.3.5.7)-yl]-benzothiazolium-jodid (F: 164—167°) erhalten worden.

Hydrobromid $C_{19}H_{18}N_2 \cdot HBr$. Violette Krystalle (aus A. + Ae.); F: 138—143°. Absorptionsmaximum: 550 mμ.

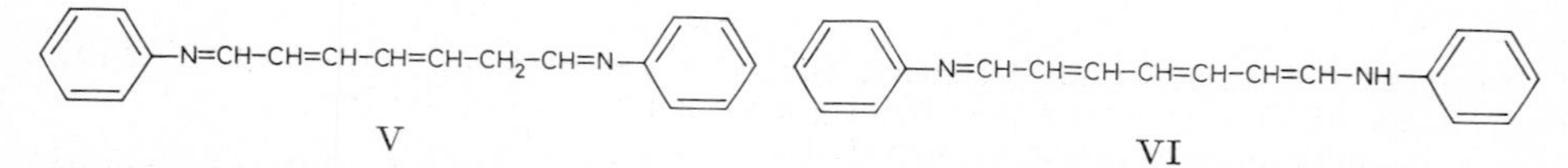

1-[*N*-Phenyl-formimidoyl]-cyclohexen-(1)-on-(6), Cyclohexen-(1)-carbaldehyd-(1)-phenylimin, *2-(*N*-phenylformimidoyl)cyclohex-2-en-1-one* $C_{13}H_{13}NO$, Formel VII.

B. Aus (±)-1-Brom-2-oxo-cyclohexan-carbaldehyd-(1) und Anilin (*Mehta, Kaushal, Deshapande*, J. Indian chem. Soc. **23** [1946] 43, 46).

Bräunliche Krystalle (aus A.); F: 142°.

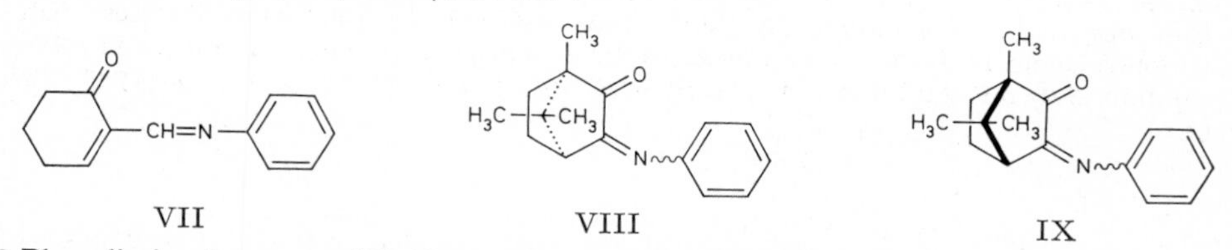

3-Phenylimino-bornanon-(2), Bornandion-(2.3)-3-phenylimin, 3-Phenylimino-campher, *3-(phenylimino)bornan-2-one* $C_{16}H_{19}NO$.

a) **(1*R*)-3-Phenylimino-bornanon-(2)**, Formel VIII (H 206; E I 179; E II 121; dort als 3-Phenylimino-*d*-campher und als [*d*-Campher]-chinon-anil-(3) bezeichnet).

Gelbe Krystalle (aus PAe.); F: 105—106° (*Yuan, Hua*, J. Chin. chem. Soc. **7** [1940] 76, 98). $[\alpha]_D^{35}$: + 673° [Bzl.; c = 0,7]; $[\alpha]_D^{35}$: + 662,7° [$CHCl_3$; c = 0,7]; $[\alpha]_D^{35}$: + 590,9° [Ae.; c = 0,7]; $[\alpha]_D^{35}$: + 606,6° [Acn.; c = 0,7]; $[\alpha]_D^{35}$: + 617,8° [A.; c = 0,7]; $[\alpha]_D^{35}$: + 595,8° [Me.; c = 0,7] (*Singh, Basu-Mallik, Bhaduri*, J. Indian chem. Soc. **8** [1931] 95, 107, 108). Optisches Drehungsvermögen von Lösungen in Benzol, Chloroform, Äther, Aceton, Äthanol und Methanol bei Wellenlängen von 546 mμ bis 589 mμ: *Si., Basu-M., Bh.*

b) **(1*S*)-3-Phenylimino-bornanon-(2)**, Formel IX.

B. Beim Erhitzen von (1*S*)-Bornandion-(2.3) mit Anilin unter Zusatz von Natriumsulfat (*Singh, Basu-Mallik, Bhaduri*, J. Indian chem. Soc. **8** [1931] 95, 106).

Gelbe Krystalle (aus A.); F: 107—108°. $[\alpha]_D^{35}$: — 672,6° [Bzl.; c = 0,7]; $[\alpha]_D^{35}$: — 659,8° [$CHCl_3$; c = 0,5]; $[\alpha]_D^{35}$: —589,2° [Ae.; c = 0,7]; $[\alpha]_D^{35}$: — 603,7° [Acn.; c = 0,7]; $[\alpha]_D^{35}$: — 619,9° [A.; c = 0,7]; $[\alpha]_D^{35}$: —598,3° [Me.; c = 0,7]. Optisches Drehungsvermögen von Lösungen in Benzol, Chloroform, Äther, Aceton, Äthanol und Methanol bei Wellenlängen von 546 mμ bis 589 mμ: *Si., Basu-M., Bh.*

c) **(±)-3-Phenylimino-bornanon-(2)**, Formel VIII + IX.

B. Beim Erhitzen von (±)-Bornandion-(2.3) mit Anilin unter Zusatz von Natriumsulfat

(*Singh*, *Basu-Mallik*, *Bhaduri*, J. Indian chem. Soc. **8** [1931] 95, 106).
Gelbe Krystalle (aus wss. A.); F: 124°.

Bornandion-(2.3)-3-phenylimin-2-oxim, 3-Phenylimino-campher-oxim, *3-(phenyl=imino)bornan-2-one oxime* $C_{16}H_{20}N_2O$.

Über die Konfiguration der beiden folgenden Stereoisomeren an der C^2,N-Doppelbindung s. *Yuan*, *Hua*, J. Chin. chem. Soc. **7** [1940] 76, 83.

a) **(1*R*)-Bornandion-(2.3)-3-[phenyl-ξ-imin]-2-*seqcis*-oxim**, Formel X (E I 180; dort als „niedrigerschmelzendes 3-Phenylimino-*d*-campher-oxim" bezeichnet).

B. Neben geringen Mengen des unter b) beschriebenen Stereoisomeren beim Erwärmen von (1*R*)-3-Phenylimino-bornanon-(2) mit Hydroxylamin-hydrochlorid und äthanol. Natronlauge (*Yuan*, *Hua*, J. Chin. chem. Soc. **7** [1940] 76, 98; vgl. E I 179).

Gelbe Krystalle (aus wss. A.); F: 111—112°. Kryoskopie in Naphthalin (Assoziation): *Yuan*, *Hua*, l. c. S. 89, 92.

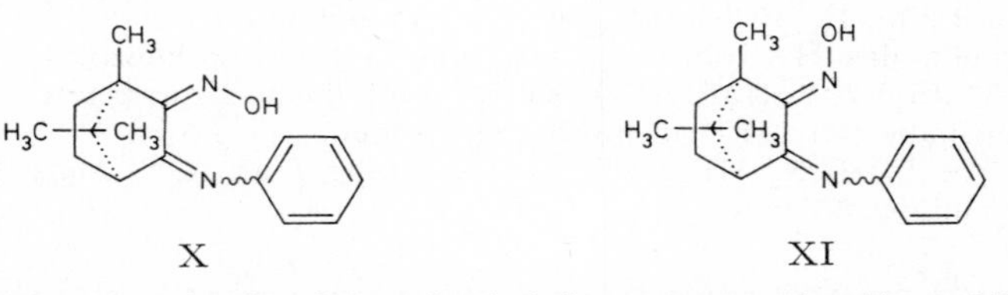

X XI

b) **(1*R*)-Bornandion-(2.3)-3-[phenyl-ξ-imin]-2-*seqtrans*-oxim**, Formel XI (E I 179; dort als „höherschmelzendes 3-Phenylimino-*d*-campher-oxim" bezeichnet).

B. s. bei dem unter a) beschriebenen Stereoisomeren.

Krystalle (aus A.); F: 168—169° (*Yuan*, *Hua*, J. Chin. chem. Soc. **7** [1940] 76, 98). Kryoskopie in Naphthalin (Assoziation): *Yuan*, *Hua*, l. c. S. 89, 92.

7-Phenylimino-2-methyl-spiro[4.5]decanon-(9), *2-methyl-9-(phenylimino)spiro[4.5]decan-7-one* $C_{17}H_{21}NO$, Formel XII, und **7-Anilino-2-methyl-spiro[4.5]decen-(7)-on-(9)**, *9-anilino-2-methylspiro[4.5]dec-8-en-7-one* $C_{17}H_{21}NO$, Formel XIII.

Eine opt.-inakt. Verbindung (Krystalle [aus wss. A.]; F: 156°), für die diese Konstitutionsformeln in Betracht kommen, ist beim Erhitzen von (±)-2-Methyl-spiro[4.5]=decandion-(7.9) mit Anilin erhalten worden (*Desai*, J. Indian chem. Soc. **10** [1933] 257, 260).

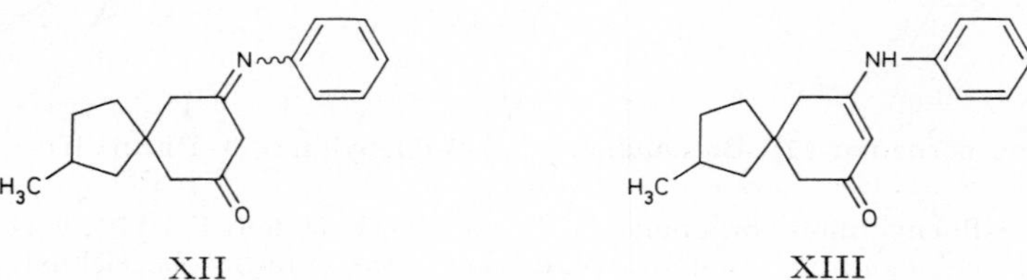

XII XIII

4.6.6-Trimethyl-2-[*N*-phenyl-formimidoyl]-norbornanon-(3), *1,5,5-trimethyl-3-(N-phenyl=formimidoyl)norbornan-2-one* $C_{17}H_{21}NO$, Formel I, und **4.6.6-Trimethyl-2-anilino=methylen-norbornanon-(3)**, *3-(anilinomethylene)-1,5,5-trimethylnorbornan-2-one* $C_{17}H_{21}NO$, Formel II.

Ein Präparat (Krystalle; F: 101—102°) von unbekanntem opt. Drehungsvermögen ist aus dem E III **7** 3324 beschriebenen 3-Oxo-4.6.6-trimethyl-norbornan-carbaldehyd-(2) (4.6.6-Trimethyl-2-hydroxymethylen-norbornanon-(3)) vom F: 103—104° und Anilin erhalten worden (*Rushenzewa*, *Kedrowa*, Doklady Akad. S.S.S.R. **29** [1940] 98; C. r. Doklady **29** [1940] 95).

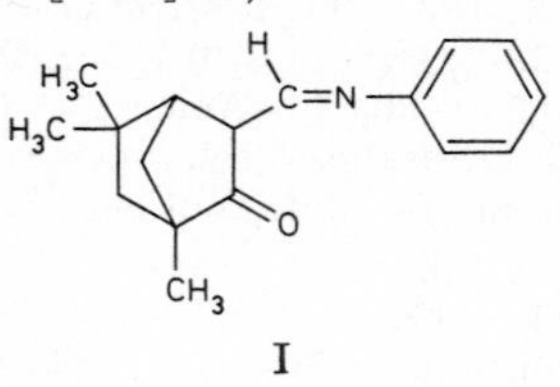

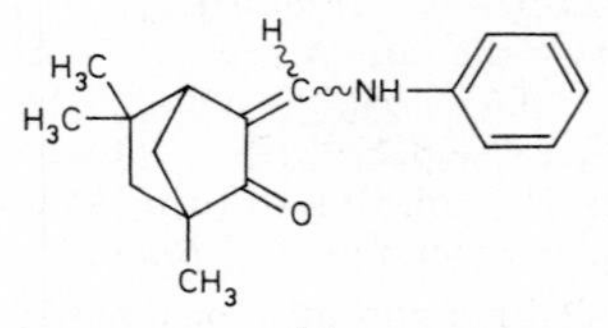

I II

4.7.7-Trimethyl-2-[N-phenyl-formimidoyl]-norbornanon-(3), *3-(N-phenylformimidoyl)bornan-2-one* $C_{17}H_{21}NO$ und **4.7.7-Trimethyl-2-anilinomethylen-norbornanon-(3)**, 3-Anilinomethylen-campher, *3-(anilinomethylene)bornan-2-one* $C_{17}H_{21}NO$.

a) **(1R)-4.7.7-Trimethyl-2ξ-[N-phenyl-formimidoyl]-norbornanon-(3)**, Formel III, und **(1S)-4.7.7-Trimethyl-2-[anilinomethylen-(ξ)]-norbornanon-(3)**, Formel IV (H 206; E II 122; dort als 3-Phenyliminomethyl-*d*-campher bzw. 3-Anilinomethylen-*d*-campher bezeichnet).

Die nachstehend beschriebene Verbindung $C_{17}H_{21}NO$ wird von *Hayashi* (Bl. Inst. phys. chem. Res. Tokyo **10** [1931] 754, 789; Scient. Pap. Inst. phys. chem. Res. **16** [1931] 200) als (1*S*)-3-Hydroxy-4.7.7-trimethyl-norbornen-(2)-carbaldehyd-(2)-phenylimin (Formel V) formuliert.

B. Beim Behandeln von (1*R*)-3-Oxo-4.7.7-trimethyl-norbornan-carbaldehyd-(2ξ) ((1*S*)-4.7.7-Trimethyl-2-hydroxymethylen-norbornanon-(3) [E III **7** 3324]) mit Anilin in Essigsäure (*Ha.*; vgl. H 206).

Gelbliche Krystalle (aus Bzl.); F: 170,5—171,5° (*Ha.*), 158—160° (*Singh, Bhaduri, Barat*, J. Indian chem. Soc. **8** [1931] 345, 351). $[\alpha]_D^{35}$: +292,2° [Bzl.; c = 0,4]; $[\alpha]_D^{35}$: +335° [$CHCl_3$; c = 0,4]; $[\alpha]_D^{35}$: +342,9° [Py.; c = 0,4]; $[\alpha]_D^{35}$: +353,5° [Acn.; c = 0,4]; $[\alpha]_D^{35}$: +353,8° [A.; c = 0,4]; $[\alpha]_D^{35}$: +376,3° [Me.; c = 0,4] (*Si., Bh., Ba.*, l. c. S. 353 bis 356). $[\alpha]_D^{19}$: +303° (Anfangswert)→ −17,7° (nach 78 Stunden) [Bzl.; c = 0,4]; $[\alpha]_D^{17}$: +440° (Anfangswert)→ +18,5° (nach 23 Stunden) [Acn.; c = 0,2]; $[\alpha]_D^{16}$: +480° [A.; c = 0,1] (*Ha.*). $[\alpha]_{578}^{35}$: +309,7° (Anfangswert) → +266° (nach 21 Stunden) [Bzl.; c = 0,4]; $[\alpha]_{546}^{35}$: +367,1° (Anfangswert) → +316° (nach 21 Stunden) [Bzl.; c = 0,4] (*Si., Bh., Ba.*, l. c. S. 353). Optisches Drehungsvermögen von Lösungen in Benzol, Chloroform, Aceton, Äthanol und Methanol bei Wellenlängen von 435 mμ bis 670 mμ sowie einer Lösung in Pyridin bei Wellenlängen von 508 mμ bis 670 mμ: *Si., Bh., Ba.*

In Lösungen in Benzol und in Aceton erfolgt allmählich Umwandlung in eine isomere Verbindung $C_{17}H_{21}NO$ [Krystalle (aus W.); F: 108—110° (Zers.)] (*Ha.*).

Beim Behandeln mit Eisen(III)-chlorid in äthanol. Lösung tritt keine Färbung auf (*Ha.*, Bl. Inst. phys. chem. Res. Tokyo **10** 791).

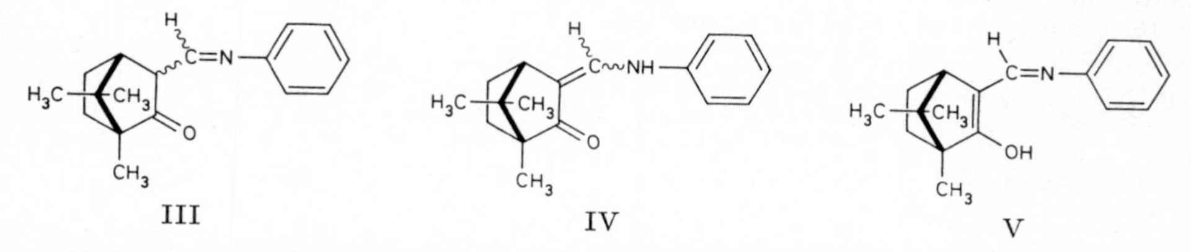

III IV V

b) **(1S)-4.7.7-Trimethyl-2ξ-[N-phenyl-formimidoyl]-norbornanon-(3)**, Formel VI, und **(1R)-4.7.7-Trimethyl-2-[anilinomethylen-(ξ)]-norbornanon-(3)**, Formel VII.

B. Beim Behandeln von (1*S*)-3-Oxo-4.7.7-trimethyl-norbornan-carbaldehyd-(2ξ) ((1*R*)-4.7.7-Trimethyl-2-hydroxymethylen-norbornanon-(3) [E III **7** 3326]) in Methanol mit Anilin und wss. Essigsäure (*Singh, Bhaduri, Barat*, J. Indian chem. Soc. **8** [1931] 345, 351).

Krystalle; F: 158—160°. $[\alpha]_D^{35}$: −292,1° [Bzl.; c = 0,4]; $[\alpha]_D^{35}$: −334,2° [$CHCl_3$; c = 0,4]; $[\alpha]_D^{35}$: −343,8° [Py.; c = 0,4]; $[\alpha]_D^{35}$: −355° [Acn.; c = 0,4]; $[\alpha]_D^{35}$: −354,1° [A.; c = 0,4]; $[\alpha]_D^{35}$: −377,8° [Me.; c = 0,4] (*Si., Bh., Ba.*, l. c. S. 353—356). Optisches Drehungsvermögen von Lösungen in Benzol, Chloroform, Aceton, Äthanol und Methanol bei Wellenlängen von 435 mμ bis 670 mμ sowie einer Lösung in Pyridin bei Wellenlängen von 508 mμ bis 670 mμ: *Si., Bh., Ba.*

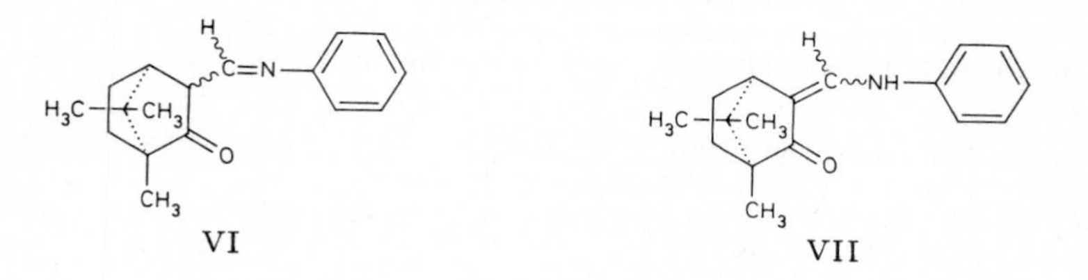

VI VII

c) **Opt.-inakt. 4.7.7-Trimethyl-2-[*N*-phenyl-formimidoyl]-norbornanon-(3)**, Formel VI + Spiegelbild, und **(±)-4.7.7-Trimethyl-2-anilinomethylen-norbornanon-(3)**, Formel VII + Spiegelbild.

B. Beim Behandeln von opt.-inakt. 3-Oxo-4.7.7-trimethyl-norbornan-carbaldehyd-(2) ((±)-4.7.7-Trimethyl-2-hydroxymethylen-norbornanon-(3) [E III **7** 3326]) in Methanol mit Anilin und wss. Essigsäure (*Singh, Bhaduri, Barat,* J. Indian chem. Soc. **8** [1931] 345, 351).

Krystalle; F: 135—136°.

Opt.-inakt. 3-[*N*-Phenyl-formimidoyl]-bicyclohexylon-(4), *3-(N-phenylformimidoyl)bicyclohexyl-4-one* $C_{19}H_{25}NO$, Formel VIII, und **(±)-3-Anilinomethylen-bicyclohexylon-(4)**, *(±)-3-(anilinomethylene)bicyclohexyl-4-one* $C_{19}H_{25}NO$, Formel IX.

Ein Präparat (hellgelbe Krystalle [aus Me.]; F: 115—117°), in dem dieses Tautomerensystem vorgelegen hat, ist beim Behandeln von opt.-inakt. 4-Oxo-bicyclohexyl-carbaldehyd-(3) ((±)-3-Hydroxymethylen-bicyclohexylon-(4) [E III **7** 3339]) mit Anilin in methanol. Lösung erhalten worden (*Shunk, Wilds,* Am. Soc. **71** [1949] 3946, 3948).

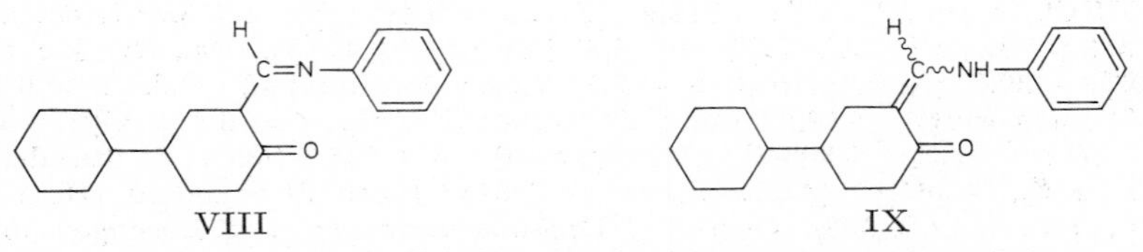

VIII IX

4-Chlor-2-nitro-*N*-[6-phenylimino-cyclohexadien-(2.4)-yliden]-benzolsulfenamid-(1), Benzochinon-(1.2)-[4-chlor-2-nitro-benzol-sulfenyl-(1)-imin]-phenylimin, *4-chloro-2-nitro-N-[6-(phenylimino)cyclohexa-2,4-dien-1-ylidene]benzenesulfenamide* $C_{18}H_{12}ClN_3O_2S$, Formel X.

B. Aus 4-Chlor-2-nitro-benzol-sulfensäure-(1)-[2-anilino-anilid] beim Behandeln mit Natriumdichromat in Essigsäure (*Riesz, Pollak, Zifferer,* M. **58** [1931] 147, 159).

Rotbraun; F: 140—142° [Zers.; aus Bzl. + PAe.].

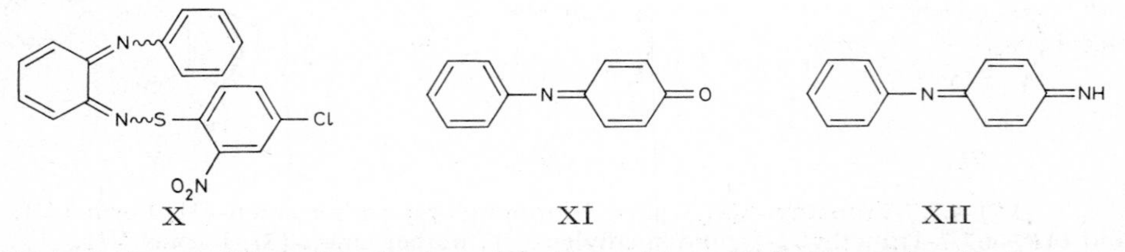

X XI XII

3-Phenylimino-cyclohexadien-(1.4)-on-(6), Benzochinon-(1.4)-mono-phenylimin, *4-(phenylimino)cyclohexa-2,5-dien-1-one* $C_{12}H_9NO$, Formel XI (H 206; E I 180; E II 122).

B. Neben Chinhydron und einer Verbindung (F: 104°) von 4-Anilino-phenol mit Benzochinon-(1.4)-mono-phenylimin beim Erwärmen von 4-Anilino-phenol mit Benzochinon-(1.4) (*Ciusa, Brüll, Ottolino,* G. **66** [1936] 209, 211).

Rote Krystalle, F: 101° [aus Bzl. oder Bzn.] (*Ciusa, Br., Ott.*; *Ciusa, Brüll,* G. **67** [1937] 392, 396), 98° [aus Bzn.] (*Uemura, Abe,* Bl. chem. Soc. Japan **12** [1937] 59, 62); orangefarbene Krystalle (aus Cyclohexan), F: 94° (*Vittum, Brown,* Am. Soc. **69** [1947] 152, 155). Absorptionsspektrum einer Lösung in Cyclohexan (200—700 mμ): *Vi., Br.*; einer Lösung in Äthanol: *Ue., Abe,* l. c. S. 62, 66.

Beim Behandeln mit *p*-Phenylendiamin in äthanol. Lösung und anschliessenden Versetzen mit wss. Bromwasserstoffsäure ist das Hydrobromid (F: 127°) einer Additionsverbindung von *p*-Phenylendiamin mit Benzochinon-(1.4)-diimin erhalten worden (*Ciusa, Br.*).

Benzochinon-(1.4)-imin-phenylimin, *p-benzoquinone imine phenylimine* $C_{12}H_{10}N_2$, Formel XII (H 207; E I 180; E II 122).

F: 88—89° (*Uemura, Abe,* Bl. chem. Soc. Japan **12** [1937] 59, 64). Absorptionsspektrum: *Ue., Abe,* l. c. S. 68.

Benzochinon-(1.4)-bis-phenylimin, p-*benzoquinone bis(phenylimine)* $C_{18}H_{14}N_2$, Formel XIII (H 207; E I 180; E II 122).

B. Aus *N.N'*-Diphenyl-*p*-phenylendiamin beim Behandeln mit einer aus 3-Amino-benzol-sulfonsäure-(1) bereiteten wss. Diazoniumsalz-Lösung (*Ioffe, Lenartowitsch,* Ž. obšč. Chim. **7** [1937] 1113, 1114, 1116; C. **1938** II 1580) sowie beim Erwärmen mit Benzochinon-(1.4) in Äthanol, in diesem Falle neben Chinhydron und einer bei 132° schmelzenden Additionsverbindung $C_{18}H_{16}N_2 \cdot C_{18}H_{14}N_2$ von *N.N'*-Diphenyl-*p*-phenylendiamin mit Benzochinon-(1.4)-bis-phenylimin (*Ciusa, Brüll, Ottolino,* G. **66** [1936] 209, 212, 213).

Rote Krystalle; F: 176—180° (*Uemura, Abe,* Bl. chem. Soc. Japan **12** [1937] 59, 64), 177° [aus Bzl.] (*Ciusa, Br., Ott.*). UV-Spektrum (A.): *Ue., Abe,* l. c. S. 68. Redoxpotential des Systems Benzochinon-(1.4)-bis-phenylimin / *N.N'*-Diphenyl-*p*-phenylendiamin: *Michaelis, Hill,* Am. Soc. **55** [1933] 1481, 1489, 1490. Schmelzdiagramm des Systems mit *N.N'*-Diphenyl-*p*-phenylendiamin: *Dilthey, Escherich,* B. **66** [1933] 782.

Reaktion mit Hydrochinon in Äthanol unter Bildung von *N.N'*-Diphenyl-*p*-phenylendiamin und Chinhydron: *Ciusa, Br., Ott.,* l. c. S. 213. Beim Behandeln mit 4-Anilino-phenol (1 Mol) in Äthanol und mit wss. Bromwasserstoffsäure ist bei Raumtemperatur das Hydrobromid (F: 168°) einer Additionsverbindung von 4-Anilino-phenol mit Benzochinon-(1.4)-bis-phenylimin, bei höherer Temperatur hingegen Phenyl-[4-anilino-phenyl]-aminylbromid (F: 195°; Syst. Nr. 1768) erhalten worden (*Ciusa, Br., Ott.,* l. c. S. 214). Bildung des Hydrobromids und des Dihydrobromids einer Additionsverbindung von *p*-Phenylendiamin mit Benzochinon-(1.4)-bis-phenylimin beim Behandeln mit *p*-Phenylendiamin in Äthanol und mit wss. Bromwasserstoffsäure: *Ciusa, Brüll,* G. **67** [1937] 392, 397.

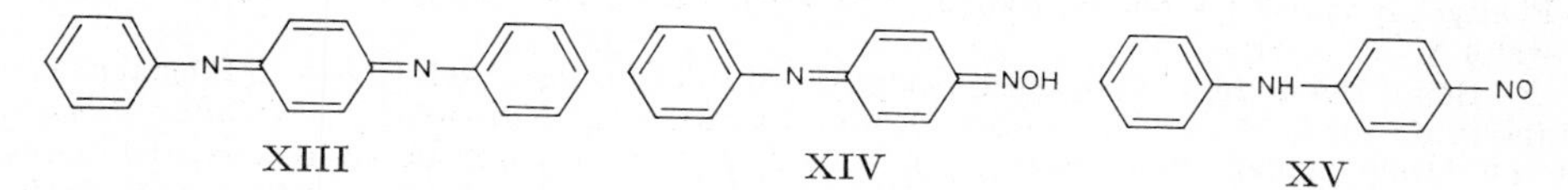

Benzochinon-(1.4)-phenylimin-oxim, *4-(phenylimino)cyclohexa-2,5-dien-1-one oxime* $C_{12}H_{10}N_2O$, Formel XIV, und **Phenyl-[4-nitroso-phenyl]-amin,** p-*nitrosodiphenylamine* $C_{12}H_{10}N_2O$, Formel XV (H 207; E II 122).

B. Beim Behandeln von Diphenylamin mit Chlorwasserstoff enthaltendem Methanol und anschliessend mit Natriumnitrit (*Imp. Chem. Ind.,* U.S.P. 2046356 [1934]). Neben anderen Verbindungen beim Behandeln einer Lösung von Diphenylamin in Äther mit Chlorwasserstoff enthaltendem Äthanol und anschliessend mit *N*-Nitroso-*N*-methyl-anilin in Äther (*Neber, Rauscher,* A. **550** [1942] 182, 189).

Grünblaue Krystalle; F: 144—148° (*Wexman,* Farm. chilena **20** [1946] 299; C. A. **1947** 405), 145,4—146,6° [korr.] (*Schroeder et al.,* Ind. eng. Chem. **41** [1949] 2818, 2824), 144° [aus A.] (*Ottolino,* G. **63** [1933] 513, 514), 143° [aus Bzl.] (*Ne., Rau.*). Absorptions-maximum (A.): 421 mμ (*Sch. et al.*). Basizität in Essigsäure: *Hall,* Am. Soc. **52** [1930] 5115, 5117, 5122.

Beim Erhitzen des Hydrochlorids mit *p*-Toluidin ist 2.5-Di-*p*-toluidino-benzochinon-(1.4)-phenylimin-*p*-tolylimin erhalten worden (*Ruggli, Buchmeier,* Helv. **28** [1945] 850, 856, 862); analoge Reaktion mit *o*-Toluidin: *Ru., Bu.*

Verbindung mit Palladium(II)-chlorid $2C_{12}H_{10}N_2O \cdot PdCl_2$. Rotbraun; amorph (*Yoe, Overholser,* Am. Soc. **61** [1939] 2058, 2059). Absorptionsspektrum (400 mμ bis 650 mμ) einer wss. Lösung vom pH 2,1: *Yoe, Ov.*; *Overholser, Yoe,* Am. Soc. **63** [1941] 3224, 3225. In Äthanol mit roter Farbe löslich; in Wasser fast unlöslich (*Yoe, Ov.,* l. c. S. 3225).

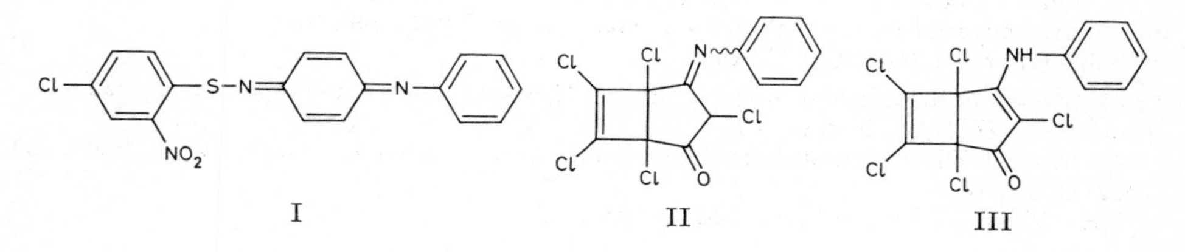

4-Chlor-2-nitro-*N*-[4-phenylimino-cyclohexadien-(2.5)-yliden]-benzolsulfenamid-(1), Benzochinon-(1.4)-[4-chlor-2-nitro-benzol-sulfenyl-(1)-imin]-phenylimin, *4-chloro-2-nitro-*N-*[4-(phenylimino)cyclohexa-2,5-dien-1-ylidene]benzenesulfenamide* $C_{18}H_{12}ClN_3O_2S$, Formel I.

B. Aus 4-Chlor-2-nitro-benzol-sulfensäure-(1)-[4-anilino-anilid] beim Behandeln mit Natriumdichromat in Essigsäure (*Riesz, Pollak, Zifferer,* M. **58** [1931] 147, 158).

Dunkelrote Krystalle (aus $CHCl_3$ + Bzn.); F: 148—150°.

(±)-1.3.5.6.7-Pentachlor-2-phenylimino-bicyclo[3.2.0]hepten-(6)-on-(4), (±)-*1,3,5,6,7-pentachloro-4-(phenylimino)bicyclo[3.2.0]hept-6-en-2-one* $C_{13}H_6Cl_5NO$, Formel II, und **(±)-1.3.5.6.7-Pentachlor-2-anilino-bicyclo[3.2.0]heptadien-(2.6)-on-(4),** (±)-*4-anilino-1,3,5,6,7-pentachlorobicyclo[3.2.0]hepta-3,6-dien-2-one* $C_{13}H_6Cl_5NO$, Formel III.

Diese Konstitutionsformeln sind für die nachstehend beschriebene, von *Newcomer, McBee* (Am. Soc. **71** [1949] 952, 955) als Chlor-[tetrachlor-cyclopentadien-(2.4)-yl=iden]-essigsäure-anilid angesehene Verbindung in Betracht zu ziehen (*Roedig, Hörnig,* A. **598** [1956] 208, 212, 214).

B. Aus (±)-1.2.3.5.6.7-Hexachlor-bicyclo[3.2.0]heptadien-(2.6)-on-(4) (?) (F: 85—85,5° [E III **7** 935]) und Anilin in Pentan (*Ne., McBee*).

F: 220° (*Ne., McBee*).

Phenylglyoxal-bis-phenylimin, N,N'-*(phenylethandiylidene)dianiline* $C_{20}H_{16}N_2$, Formel IV.

B. Beim Erwärmen von Phenylglyoxal-monohydrat mit Anilin in Äthanol (*Kröhnke, Börner,* B. **69** [1936] 2006, 2011). Bei kurzem Erwärmen von 1-Phenyl-glyoxal-2-[*N*-phenyl-oxim] mit Anilin in Äthanol (*Kr., Bö.*).

Gelbliche Krystalle (aus Bzn. + Bzl. oder aus $CHCl_3$ + PAe.) mit 1 Mol H_2O; F: 97°.

1-Phenyl-glyoxal-2-[*N*-phenyl-oxim], *2-phenylglyoxal 1-(*N*-phenyloxime)* $C_{14}H_{11}NO_2$, Formel V (X = H).

B. Beim Behandeln von 1-Phenacyl-pyridinium-bromid oder von 2-Phenacyl-iso=chinolinium-bromid mit Nitrosobenzol und wss.-äthanol. Natronlauge (*Kröhnke, Börner,* B. **69** [1936] 2006, 2009, 2012). Aus (±)-2-[*N*-Hydroxy-anilino]-2-hydroxy-1-phenyl-äthanon-(1) beim Aufbewahren über Phosphor(V)-oxid bei 37° (*Kr., Bö.,* l. c. S. 2010).

Gelbe Krystalle (aus A.); F: 109—110°.

Bildung von Phenylglyoxal und Nitrosobenzol beim Behandeln mit wss. Mineralsäure: *Kr., Bö.* Bildung von Mandelsäure beim Behandeln einer äthanol. Lösung mit wss. Natronlauge: *Kr., Bö.* Beim Erwärmen mit 1 Mol bzw. 2 Mol Hydroxylamin-hydro=chlorid in wss. Äthanol unter Zusatz von Natriumacetat ist 1-Phenyl-glyoxal-2-oxim bzw. 1-Phenyl-glyoxal-1-*seqcis*(?)-oxim-2-*seqtrans*(?)-oxim („α-Phenylglyoxaldioxim"), beim Erwärmen mit 1 Mol bzw. 2 Mol Phenylhydrazin in Äthanol bzw. Essigsäure ist 1-Phenyl-glyoxal-2-*seqcis*-phenylhydrazon und 1-Phenyl-glyoxal-2-*seqtrans*-phenylhydr=azon bzw. Phenylglyoxal-bis-phenylhydrazon vom F: 152° erhalten worden.

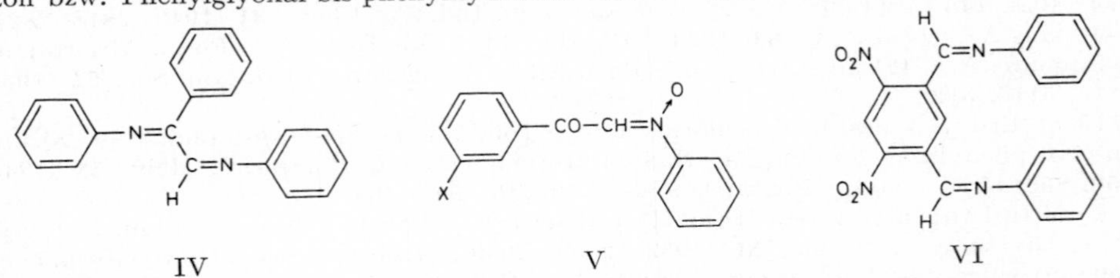

IV V VI

1-[3-Nitro-phenyl]-glyoxal-2-[*N*-phenyl-oxim], *2-(*m*-nitrophenyl)glyoxal 1-(*N*-phenyl=oxime)* $C_{14}H_{10}N_2O_4$, Formel V (X = NO_2).

B. Beim Behandeln von 1-[3-Nitro-phenacyl]-pyridinium-bromid mit Nitrosobenzol und Natriumcyanid in wss. Äthanol (*Kröhnke,* B. **80** [1947] 298, 310).

Gelbe Krystalle (aus A.); F: 160°.

4.6-Dinitro-isophthalaldehyd-bis-phenylimin, N,N'-*(4,6-dinitro-*m*-xylene-α,α'-diylidene)=dianiline* $C_{20}H_{14}N_4O_4$, Formel VI.

B. Aus 4.6-Dinitro-isophthalaldehyd und Anilin (*Ruggli, Hindermann,* Helv. **20** [1937] 272, 276).

Gelbe Krystalle (aus E.); F: 164,5—165°.

2.5-Dichlor-1.4-bis-dianilinomethyl-benzol, 2.5-Dichlor-α.α.α'.α'-tetraanilino-*p*-xylol, *2,5-dichloro-*N,N',N'',N'''*-tetraphenyl-*p*-xylene-α,α,α',α'-tetrayltetramine* $C_{32}H_{28}Cl_2N_4$, Formel VII.

Ein Präparat (hellbraunes Pulver), in dem möglicherweise diese Verbindung vorgelegen hat, ist beim Erwärmen von 2.5-Dichlor-1.4-bis-dichlormethyl-benzol mit Anilin erhalten worden (*Ruggli, Brandt,* Helv. **27** [1944] 274, 282).

Terephthalaldehyd-bis-phenylimin, N,N'-(p*-xylene-α,α'-diylidene)dianiline* $C_{20}H_{16}N_2$, Formel VIII (X = X' = H).

B. Beim Erwärmen von Terephthalaldehyd mit Anilin in Essigsäure (*Steinkopf et al.,* A. **541** [1939] 260, 270).

Gelbliche Krystalle (aus A.); F: 159°.

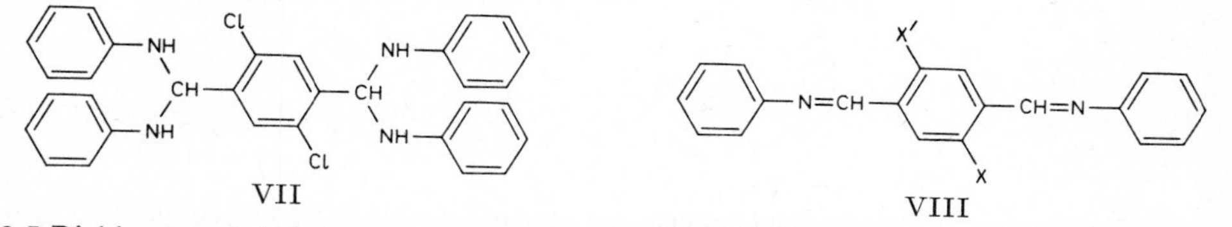

VII VIII

2.5-Dichlor-terephthalaldehyd-bis-phenylimin, N,N'-(*2,5-dichloro-*p*-xylene-α,α'-diylidene)dianiline* $C_{20}H_{14}Cl_2N_2$, Formel VIII (X = X' = Cl).

B. Aus 2.5-Dichlor-terephthalaldehyd und Anilin in Äthanol (*Ruggli, Brandt,* Helv. **27** [1944] 274, 282).

Gelbe Krystalle (aus $CHCl_3$ oder E.); F: 213–214°.

2.5-Dibrom-terephthalaldehyd-bis-phenylimin, N,N'-(*2,5-dibromo-*p*-xylene-α,α'-diylidene)dianiline* $C_{20}H_{14}Br_2N_2$, Formel VIII (X = X' = Br).

B. Aus 2.5-Dibrom-terephthalaldehyd und Anilin (*Ruggli, Brandt,* Helv. **27** [1944] 274, 285).

Gelbe Krystalle (aus $CHCl_3$); F: 234,5–235°.

Nitroterephthalaldehyd-bis-phenylimin, N,N'-(*2-nitro-*p*-xylene-α,α'-diylidene)dianiline* $C_{20}H_{15}N_3O_2$, Formel VIII (X = NO_2, X' = H).

B. Aus Nitroterephthalaldehyd und Anilin (*Ruggli, Preiswerk,* Helv. **22** [1939] 478, 485).

Orangefarbene Krystalle (aus E.); F: 133–134°.

(±)-2-Brom-3.3-dianilino-1-phenyl-propanon-(1), (±)*-3,3-dianilino-2-bromopropiophenone* $C_{21}H_{19}BrN_2O$, Formel IX.

B. Beim Behandeln von (±)-2-Brom-3-oxo-3-phenyl-propionaldehyd mit Anilin in Äther unter Zusatz von Zinkchlorid (*Matta, Kaushal, Deshapande,* J. Indian chem. Soc. **23** [1946] 454, 456).

Krystalle (aus A.); F: 266–267°.

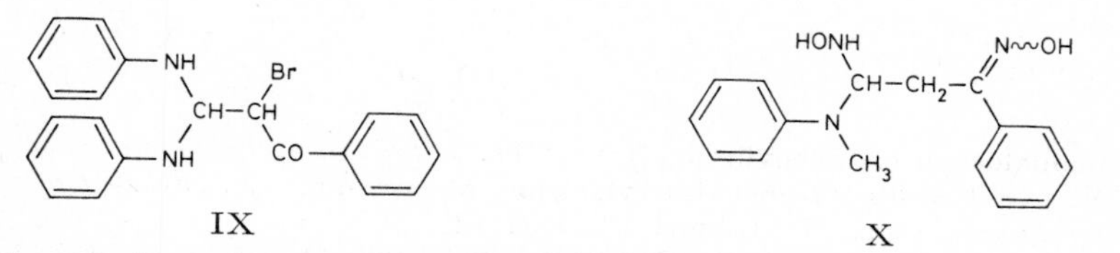

IX X

(±)-3-Hydroxyamino-3-[*N*-methyl-anilino]-1-phenyl-propanon-(1)-oxim, (±)*-3-(hydroxyamino)-3-(*N*-methylanilino)propiophenone oxime* $C_{16}H_{19}N_3O_2$, Formel X.

B. Beim Behandeln von 3-[*N*-Methyl-anilino]-1-phenyl-propen-(2)-on-(1) (F: 103°) mit Hydroxylamin-hydrochlorid und wss.-äthanol. Kalilauge (*v. Auwers, Wunderling,* B. **67** [1934] 1062, 1068, 1076).

Krystalle (aus Eg.); F: 107°.

3-Phenylimino-1-phenyl-propanon-(1), *3-(phenylimino)propiophenone* $C_{15}H_{13}NO$, Formel XI, und **3-Anilino-1-phenyl-propen-(2)-on-(1),** *3-anilinoacrylophenone* $C_{15}H_{13}NO$, Formel XII (H 208; E II 122).

B. Beim Behandeln von 1-Phenyl-propin-(2)-on-(1) mit Anilin in Methanol (*Bowden et al.*, Soc. **1946** 45, 50). Aus 3-Chlor-1-phenyl-propen-(2)-on-(1) (E III **7** 1391) und Anilin (*Panizzi*, G. **77** [1947] 549, 553).

Gelbe Krystalle; F: 141° (*Le Fèvre, Mathur*, Soc. **1930** 2236, 2240), 140—141° [aus Me., A. oder Butanol-(1)] (*Bo. et al.*; *Pa.*; *Panizzi, Monti*, G. **77** [1947] 556, 565). UV-Absorption einer Lösung in Äthanol: *Bowden, Braude, Jones*, Soc. **1946** 948, 951; *Bo. et al.*, l. c. S. 48.

Bildung von Acetophenon und Sulfanilsäure bei der Behandlung mit Schwefelsäure und anschliessenden Hydrolyse: *Montagne, Roch*, C. r. **213** [1941] 620, 621; s. dagegen *Le F., Ma.*, l. c. S. 2240. Beim Behandeln mit 4-Nitro-benzol-diazonium-(1)-chlorid in Methanol unter Zusatz von Natriumacetat ist 2-[4-Nitro-phenylazo]-3-anilino-1-phenyl-propen-(2)-on-(1) (F: 202—203°) erhalten worden (*Pa., Mo.*, l. c. S. 566). Bildung von 2-Phenyl-chinolin beim Erhitzen mit Anilin und Anilin-hydrochlorid auf 180°: *Mo., Roch.*

XI XII

(±)-3-Phenylimino-2-phenyl-propionaldehyd, *(±)-2-phenyl-3-(phenylimino)propionaldehyde* $C_{15}H_{13}NO$, Formel I, und **3-Anilino-2-phenyl-acrylaldehyd,** *3-anilino-2-phenylacrylaldehyde* $C_{15}H_{13}NO$, Formel II (E II 123).

Hellgelbe Krystalle (aus A.); F: 137° (*Keller*, Helv. **20** [1937] 436, 441).

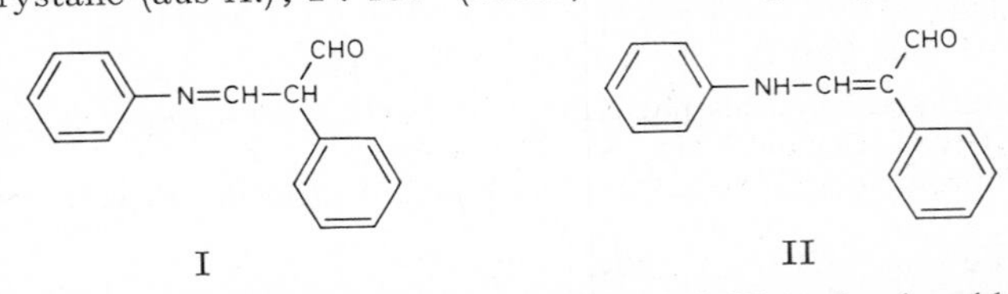

I II

(±)-*N*-[3.3-Dimethoxy-2-phenyl-propyliden]-anilin, (±)-Phenylmalonaldehyd-dimethylacetal-phenylimin, *(±)-N-(3,3-dimethoxy-2-phenylpropylidene)aniline* $C_{17}H_{19}NO_2$, Formel III, und ***N*-[3.3-Dimethoxy-2-phenyl-propenyl]-anilin, 3-Anilino-2-phenyl-acrylaldehyd-dimethylacetal,** *β-(dimethoxymethyl)-N-phenylstyrylamine* $C_{17}H_{19}NO_2$, Formel IV.

B. Beim Erhitzen von Phenylacetaldehyd-dimethylacetal mit *N.N'*-Diphenyl-formamidin auf 140° (*Chromogen Inc.*, U.S.P. 2465586 [1943]).

Gelbe Krystalle (aus A.); F: 135°.

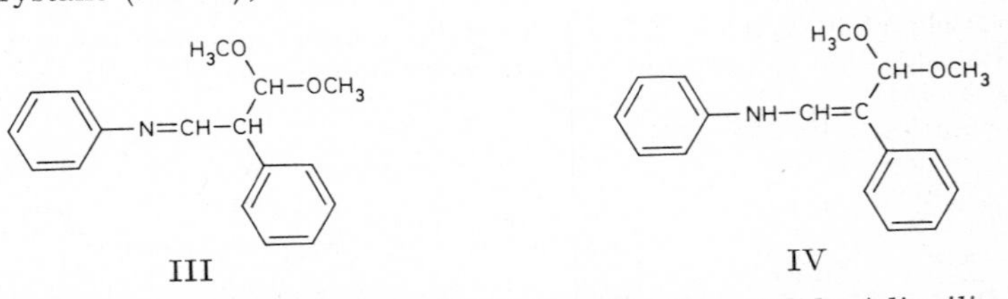

III IV

Phenylmalonaldehyd-bis-phenylimin, *N,N'-(2-phenylpropanediylidene)dianiline* $C_{21}H_{18}N_2$, Formel V, und **3-Anilino-2-phenyl-acrylaldehyd-phenylimin,** *N-phenyl-β-(phenyliminomethyl)styrylamine* $C_{21}H_{18}N_2$, Formel VI (E II 123).

Gelbe Krystalle; F: 130° (*Keller*, Helv. **20** [1937] 436, 441).

Beim Erhitzen mit wss. Salzsäure ist 3-Phenylimino-2-phenyl-propionaldehyd (3-Anilino-2-phenyl-acrylaldehyd) erhalten worden.

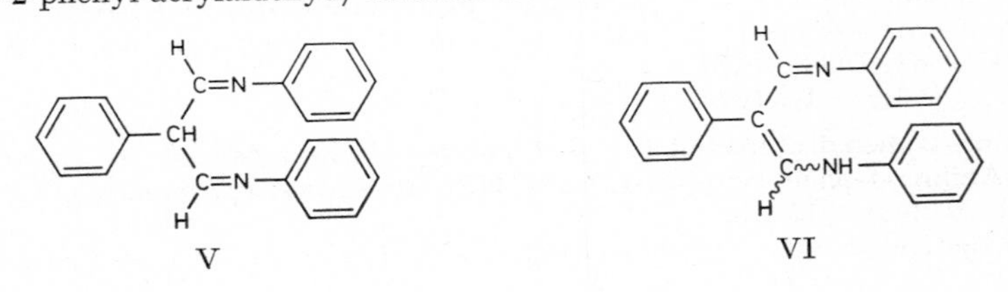

V VI

3-Phenylimino-1-phenyl-butanon-(1), *3-(phenylimino)butyrophenone* $C_{16}H_{15}NO$, Formel VII (R = H), und **3-Anilino-1-phenyl-buten-(2)-on-(1)**, *3-anilinocrotonophenone* $C_{16}H_{15}NO$, Formel VIII (R = H) (H 208; E II 123).

B. Aus 3-Methoxycarbonyloxy-1-phenyl-buten-(2)-on-(1) (F: 57° [E III **8** 816]) und Anilin in Äther (*Michael, Ross*, Am. Soc. **53** [1931] 2394, 2411).

Gelbe Krystalle; F: 110° (*Mi., Ross*).

Bei der Hydrierung an Platin in Äthylacetat bei 27°/2 at oder an Raney-Nickel in Äthanol bei 68°/60 at sind Butyrophenon und Anilin erhalten worden (*Baker, Schlesinger*, Am. Soc. **68** [1946] 2009).

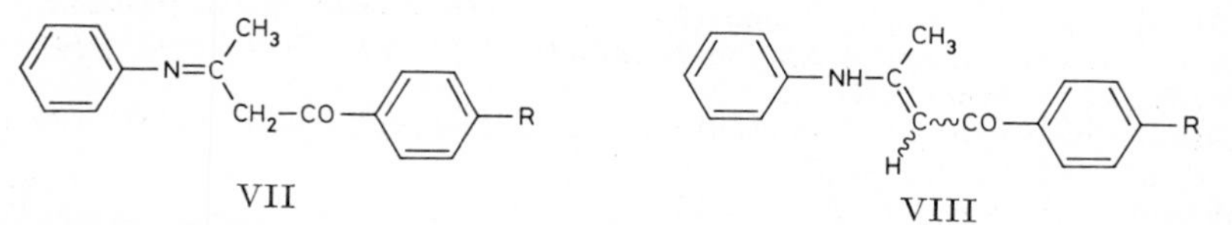

VII VIII

5-Phenylimino-1-phenyl-pentanon-(3), *1-phenyl-5-(phenylimino)pentan-3-one* $C_{17}H_{17}NO$, Formel IX, und **5-Anilino-1-phenyl-penten-(4)-on-(3)**, *1-anilino-5-phenylpent-1-en-3-one* $C_{17}H_{17}NO$, Formel X.

Diese Konstitution kommt der E II 123 als 1-Phenylimino-2-benzyl-butanon-(3) („α-Phenyliminomethyl-α-benzyl-aceton") bzw. 1-Anilino-2-benzyl-buten-(1)-on-(3) („α-Benzyl-α-anilinomethylen-aceton") beschriebenen Verbindung (F: ca. 130–134°) zu (*Montagne, Roch*, C. r. **218** [1944] 679; *Montagne*, Bol. Inst. Quim. Univ. Mexico **2** Nr. 2 [1946] 57, 62, 68; *Roch*, A. ch. [13] **6** [1961] 105, 127).

B. Beim Behandeln des Natrium-Salzes des 3-Oxo-5-phenyl-valeraldehyds (5-Hydroxy-1-phenyl-penten-(4)-ons-(3) [E III **7** 3510]) mit Anilin-hydrochorid in Wasser (*Roch*, l. c. S. 128; s. a. *Mo., Roch*). Aus 5-Anilino-1-phenyl-pentadien-(1.4)-on-(3) (F: 154°) bei der Hydrierung an Raney-Nickel in Äthanol und Benzol (*Mo., Roch*; *Mo.*; *Roch*, l. c. S. 133).

Gelbe Krystalle; F: 147–148° (*Mo.*; *Mo., Roch*).

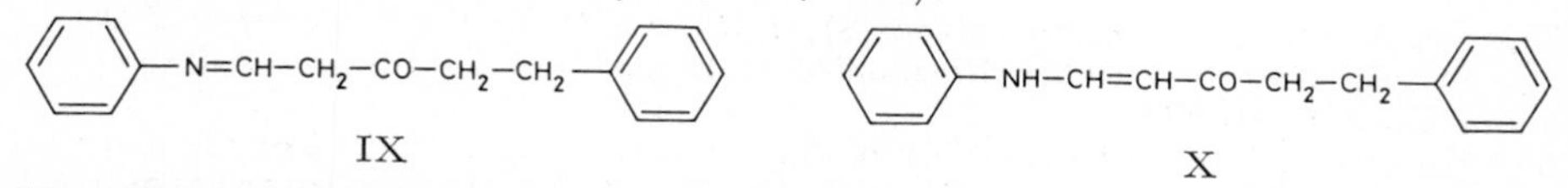

IX X

3-Phenylimino-1-p-tolyl-butanon-(1), *4′-methyl-3-(phenylimino)butyrophenone* $C_{17}H_{17}NO$, Formel VII (R = CH_3), und **3-Anilino-1-p-tolyl-buten-(2)-on-(1)**, *3-anilino-4′-methylcrotonophenone* $C_{17}H_{17}NO$, Formel VIII (R = CH_3).

B. Beim Erhitzen von 1-*p*-Tolyl-butandion-(1.3) mit Anilin in Essigsäure (*Basu*, J. Indian chem. Soc. **8** [1931] 119, 123).

Gelbe Krystalle (aus Me.); F: 136–137°.

1-Methyl-indandion-(2.3)-2-[N-phenyl-oxim], *3-methylindan-1,2-dione 2-(N-phenyloxime)* $C_{16}H_{13}NO_2$, Formel XI.

Diese Konstitution wird den beiden nachstehend beschriebenen Isomeren zugeordnet (*Pfeiffer, Jenning, Stöcker*, A. **563** [1949] 73, 76, 82).

a) Isomeres vom F: 225°.

B. Beim Erwärmen von (±)-1-Methyl-indanon-(3) mit Nitrosobenzol in Äthanol unter Zusatz von wss. Natriumcarbonat-Lösung (*Pfeiffer, Jenning, Stöcker*, A. **563** [1949] 73, 82).

Hellgelbe Krystalle (aus Toluol); F: 225°.

Beim Behandeln mit Schwefelsäure wird eine rotviolette Lösung erhalten (*Pf., Je., St.*, l. c. S. 82).

b) Isomeres vom F: 167°.

B. Beim Behandeln von (±)-1-Methyl-indanon-(3) mit Nitrosobenzol in Äther unter Zusatz von wss. Natronlauge in der Kälte (*Pfeiffer, Jenning, Stöcker*, A. **563** [1949] 73, 82).

Gelbe Krystalle (aus Me.); F: 166–167°.

Beim Behandeln mit Schwefelsäure wird eine orangefarbene Lösung erhalten (*Pf., Je., St.*, l. c. S. 82).

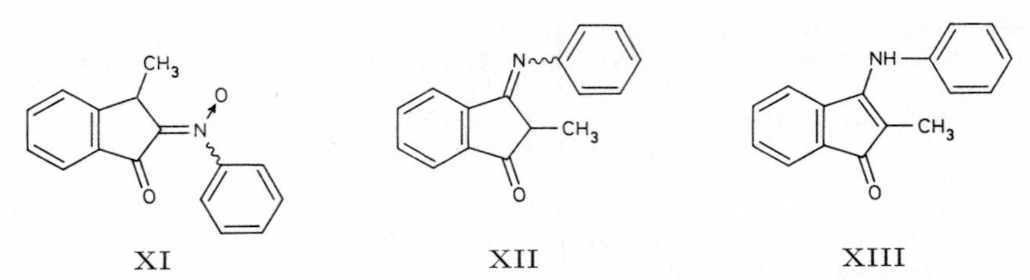

(±)-1-Phenylimino-2-methyl-indanon-(3), *(±)-2-methyl-3-(phenylimino)indan-1-one* $C_{16}H_{13}NO$, Formel XII, und **3-Anilino-2-methyl-indenon-(1),** *3-anilino-2-methylinden-1-one* $C_{16}H_{13}NO$, Formel XIII.

B. Beim Erwärmen von 2-Methyl-indandion-(1.3) mit Anilin in Äthanol (*Wanag, Walbe*, B. **69** [1936] 1054, 1057).

Dunkelrote Krystalle (aus A.); F: 153°.

(±)-2-[*N*-Phenyl-formimidoyl]-indanon-(1), *(±)-2-(N-phenylformimidoyl)indan-1-one* $C_{16}H_{13}NO$, Formel I, und **2-Anilinomethylen-indanon-(1),** *2-(anilinomethylene)indan-1-one* $C_{16}H_{13}NO$, Formel II (E I 181; E II 123; dort als 2-Phenyliminomethyl-hydrindon-(1) bzw. 2-Anilinomethylen-hydrindon-(1) bezeichnet).

B. Beim Erwärmen von (±)-1-Oxo-indan-carbaldehyd-(2) (2-Hydroxymethylen-indan-on-(1)) mit Anilin in Äthanol und Essigsäure (*Johnson, Shelberg*, Am. Soc. **67** [1945] 1754, 1757).

Gelbe Krystalle (aus A.); F: 221—222° [korr.].

5-Phenylimino-1-phenyl-penten-(1)-on-(3), *1-phenyl-5-(phenylimino)pent-1-en-3-one* $C_{17}H_{15}NO$ und **5-Anilino-1-phenyl-pentadien-(1.4)-on-(3),** *1-anilino-5-phenylpenta-1,4-dien-3-one* $C_{17}H_{15}NO$.

Die nachstehend beschriebene Verbindung ist vermutlich als 5-[Phenylimino-(ξ)]-1*t*-phenyl-penten-(1)-on-(3) (Formel III) ⇌ 5-Anilino-1*t*-phenyl-pentadi-en-(1.4ξ)-on-(3) (Formel IV) zu formulieren.

B. Beim Behandeln des Natrium-Salzes des 3-Oxo-1*t*(?)-phenyl-penten-(1)-als-(5) (5-Hydroxy-1*t*(?)-phenyl-pentadien-(1.4ξ)-ons-(3) [E III **7** 3603]) mit Anilin-acetat in Wasser (*Panizzi, Monti*, G. **77** [1947] 556, 567) oder mit Anilin-hydrochlorid in Wasser (*Montagne*, Bol. Inst. Quim. Univ. Mexico **2** Nr. 2 [1946] 57, 68; *Roch*, A. ch. [13] **6** [1961] 105, 133).

Gelbe Krystalle; F: 154° (*Montagne*), 154° [aus A. + Bzl.] (*Roch*), 150—151° [aus A.] (*Pa., Monti*).

Beim Erwärmen mit Hydroxylamin-hydrochlorid in Äthanol ist 5-Styryl-isoxazol (F: 42—43°), beim Erwärmen mit Phenylhydrazin und wss.-äthanol. Salzsäure ist 1-Phenyl-5-styryl-pyrazol (F: 127°) erhalten worden (*Pa., Monti*, l. c. S. 567, 568).

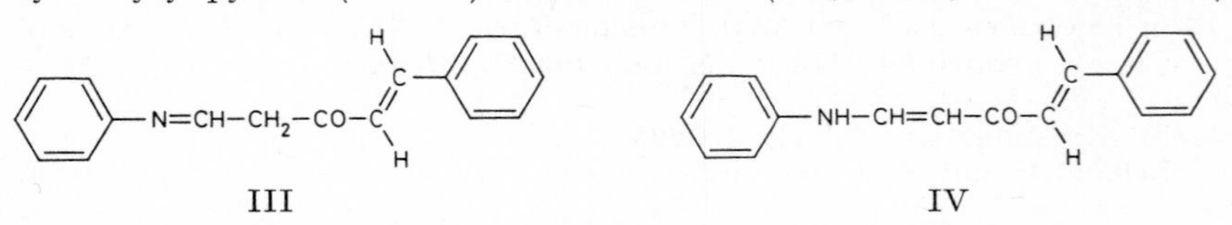

(±)-1-Oxo-1.2.3.4-tetrahydro-naphthalin-carbaldehyd-(2)-phenylimin, (±)-2-[*N*-Phenyl-formimidoyl]-3.4-dihydro-2*H*-naphthalinon-(1), *(±)-2-(N-phenylformimidoyl)-3,4-dihydronaphthalen-1(2H)-one* $C_{17}H_{15}NO$, Formel V, und **1-Oxo-2-anilinomethylen-1.2.3.4-tetrahydro-naphthalin,** 2-Anilinomethylen-3.4-di-hydro-2*H*-naphthalinon-(1), *2-(anilinomethylene)-3,4-dihydronaphthalen-1(2H)-one* $C_{17}H_{15}NO$, Formel VI.

B. Beim Erwärmen von (±)-1-Oxo-1.2.3.4-tetrahydro-naphthalin-carbaldehyd-(2)

(1-Oxo-2-hydroxymethylen-tetralin) mit Anilin (1 Mol) in Äthanol (*v. Auwers, Wiegand*, J. pr. [2] **134** [1932] 82, 91).

Gelbe Krystalle; F: 115–116° [aus Bzn.] (*v. Au., Wie.*), 115° (*Boyer, Décombe*, Bl. **1967** 281, 284).

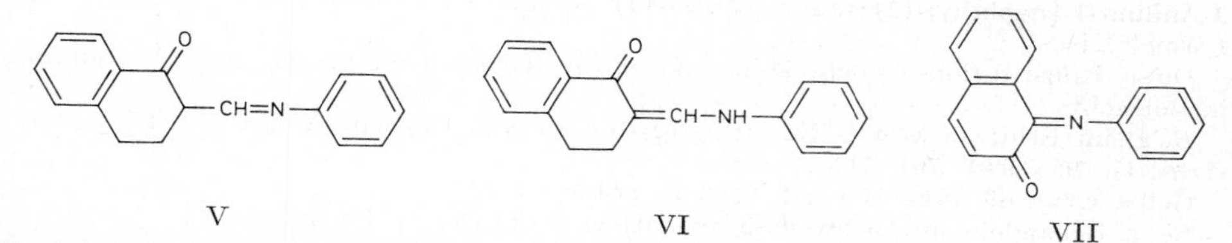

V VI VII

Naphthochinon-(1.2)-1-phenylimin, 1-Phenylimino-1*H*-naphthalinon-(2), *1-(phenylimino)naphthalen-2*(1H)*-one* $C_{16}H_{11}NO$, Formel VII (H 209; E II 124).

Überführung in 12*H*-Benzo[*a*]phenoxazin durch Erwärmen auf 70°: *Lantz, Wahl*, Bl. [5] **2** [1935] 488, 491. Beim Erwärmen mit Aceton und anschliessenden Behandeln mit wss.-äthanol. Natronlauge sind 12*H*-Benzo[*a*]phenoxazin, 1-Anilino-naphthol-(2) und eine bei ca. 320° schmelzende grüne Substanz erhalten worden (*La., Wahl*). Bildung von 2-Hydroxy-naphthochinon-(1.4)-bis-*p*-tolylimin, 1-Anilino-naphthol-(2) und Anilin beim Behandeln mit *p*-Toluidin und Aceton: *Lantz*, A. ch. [11] **2** [1934] 101, 109, 130.

Naphthochinon-(1.4)-mono-phenylimin, 4-Phenylimino-4*H*-naphthalinon-(1), *4-(phenylimino)naphthalen-1*(4H)*-one* $C_{16}H_{11}NO$, Formel VIII (H 209; E II 124).

Rote Krystalle (aus Ae.); F: 102° (*Fieser, Thompson*, Am. Soc. **61** [1939] 376, 380). Redoxpotential: *Fie., Th.*, l. c. S. 379.

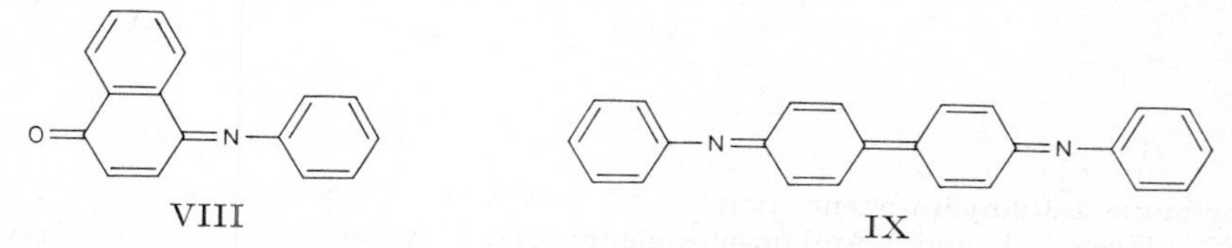

VIII IX

Bi[cyclohexadien-(2.5)-yliden]dion-(4.4')-bis-phenylimin, Diphenochinon-(4.4')-bis-phenylimin, *N,N'-(bicyclohexa-2,5-dien-1-ylidene-4,4'-diylidene)dianiline* $C_{24}H_{18}N_2$, Formel IX (E I 182; E II 124).

Über die Herstellung aus Diphenylamin oder *N.N'*-Diphenyl-benzidin mit Hilfe von Kaliumdichromat und wss. Schwefelsäure (vgl. E I 182) s. *Kolthoff, Sarver*, Am. Soc. **52** [1930] 4179–4191; *Deriaz et al.*, Soc. **1949** 1222, 1231.

Lichtabsorption von Lösungen in wss. Salzsäure und in wss. Schwefelsäure: *Ko., Sa.*, l. c. S. 4180; *De. et al.*, l. c. S. 1227, 1231. Redoxpotential: *Ko., Sa.*, l. c. S. 4183, 4188.

1-[Naphthyl-(2)]-glyoxal-2-[*N*-phenyl-oxim], *2-(2-naphthyl)glyoxal 1-(*N*-phenyloxime)* $C_{18}H_{13}NO_2$, Formel X.

B. Beim Behandeln von 1-[2-Oxo-2-(naphthyl-(2))-äthyl]-pyridinium-bromid mit Nitrosobenzol und wss.-äthanol. Natronlauge bei –4° (*Kröhnke, Börner*, B. **69** [1936] 2006, 2016).

Dunkelgelbe Krystalle (aus A.); F: 101–101,5°.

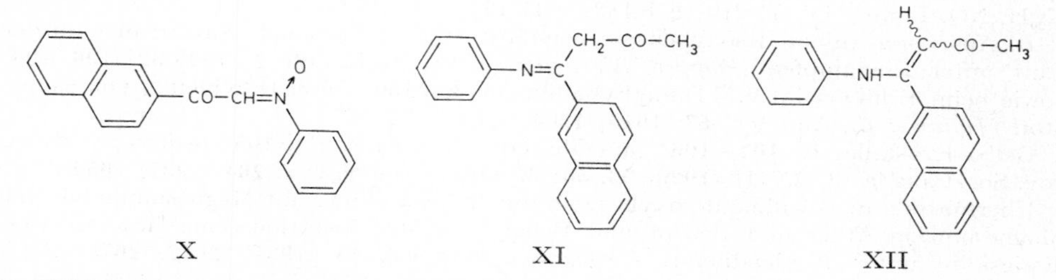

X XI XII

1-Phenylimino-1-[naphthyl-(2)]-butanon-(3), *4-(2-naphthyl)-4-(phenylimino)butan-2-one* $C_{20}H_{17}NO$, Formel XI, und **1-Anilino-1-[naphthyl-(2)]-buten-(1)-on-(3)**, *4-anilino-4-(2-naphthyl)but-3-en-2-one* $C_{20}H_{17}NO$, Formel XII, sowie **3-Phenylimino-1-[naphthyl-(2)]-butanon-(1)**, *3-(phenylimino)-2'-butyronaphthone* $C_{20}H_{17}NO$, Formel XIII, und **3-Anilino-1-[naphthyl-(2)]-buten-(2)-on-(1)**, *3-anilino-2'-crotononaphthone* $C_{20}H_{17}NO$, Formel XIV.

Diese Konstitutionsformeln kommen für die nachstehend beschriebene Verbindung in Betracht.

B. Beim Erhitzen von 1-[Naphthyl-(2)]-butandion-(1.3) mit Anilin auf 150° (*Banchetti*, G. **70** [1940] 761, 763).

Gelbe Krystalle (aus Acn.); F: 133,5—134,5°.

Beim Behandeln mit Schwefelsäure tritt eine orangerote Färbung auf.

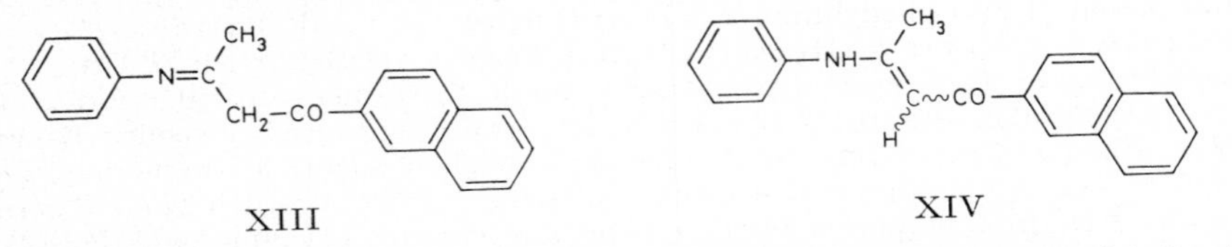

1-Phenylimino-acenaphthenon-(2), **Acenaphthenchinon-mono-phenylimin**, *2-(phenylimino)acenaphthen-1-one* $C_{18}H_{11}NO$, Formel I (E II 125).

B. Beim Erhitzen von Acenaphthenchinon mit Anilin auf 130° (*Rule*, *Thompson*, Soc. **1937** 1761).

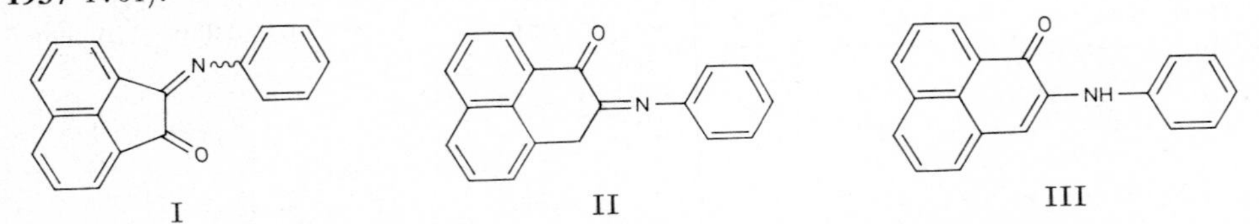

2-Phenylimino-2.3-dihydro-phenalenon-(1), *2-(phenylimino)-2,3-dihydrophenalen-1-one* $C_{19}H_{13}NO$, Formel II, und **2-Anilino-phenalenon-(1)**, *2-anilinophenalen-1-one* $C_{19}H_{13}NO$, Formel III.

B. Beim Erhitzen von 2-Brom-phenalenon-(1) mit Anilin unter Zusatz von Natriumcarbonat und Kupfer(I)-jodid auf 180° (*Gen. Aniline Works*, U.S.P. 2174751 [1937]).

Beim Behandeln mit Schwefelsäure wird eine grüne Lösung erhalten.

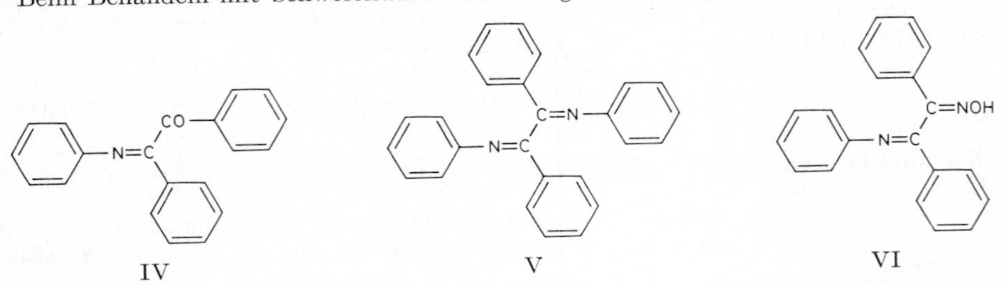

α-Phenylimino-desoxybenzoin, **Benzil-mono-phenylimin**, *α-(phenylimino)deoxybenzoin* $C_{20}H_{15}NO$, Formel IV (H 210; E I 182; E II 125).

B. Aus (±)-α-Anilino-desoxybenzoin beim Erhitzen mit äthanol. Natronlauge an der Luft unter Eindampfen (*Hopper*, *Alexander*, J. roy. tech. Coll. **2** [1929/32] 196, 199) sowie beim Erhitzen in *N.N*-Dimethyl-anilin bis auf 160° unter Durchleiten von Sauerstoff (*Julian et al.*, Am. Soc. **67** [1945] 1203, 1211).

Gelbe Krystalle; F: 103—106° [aus Me. oder A.] (*Ju. et al.*), 105° (*Cameron*, Trans. roy. Soc. Canada [3] **23** III [1929] 53, 56; *Montagne*, *Garry*, C. r. **204** [1937] 1659).

Überführung in α-Anilino-desoxybenzoin durch Behandlung mit Magnesiumjodid und Magnesium in Äther und Benzol und Behandlung des Reaktionsgemisches mit wss. Essigsäure unter Kohlendioxid: *Bachmann*, Am. Soc. **53** [1931] 2672, 2675. Beim

Erwärmen mit Methylmagnesiumjodid (4 Mol) in Äther ist von *Cameron* (l. c. S. 59) 2-Hydroxy-1.2-diphenyl-propanon-(1), von *Montagne, Garry* (l. c.) hingegen 2-Hydroxy-1.2-diphenyl-propanon-(1)-phenylimin erhalten worden. Bildung von 1-Hydroxy-1.1.2-triphenyl-äthanon-(2) und 1-Hydroxy-1.1.2-triphenyl-äthanon-(2)-phenylimin beim Erwärmen mit Phenylmagnesiumbromid (4 Mol) in Äther: *Ca.*, l. c. S. 59.

Benzil-bis-phenylimin, N,N'-*(diphenylethanediylidene)dianiline* $C_{26}H_{20}N_2$, Formel V (H 210; E I 182; E II 125).

B. Beim Erhitzen von Benzil mit Anilin unter Zusatz von Zinkchlorid auf 190° (*Garry*, A. ch. [11] **17** [1942] 5, 46). Beim Erhitzen von Benzil-mono-phenylimin mit Anilin in Gegenwart von wss. Salzsäure unter Stickstoff auf 150° sowie beim Erhitzen von (±)-α-Anilino-desoxybenzoin mit Anilin in Gegenwart von wss. Salzsäure auf 150° unter Durchleiten von Sauerstoff (*Julian et al.*, Am. Soc. **67** [1945] 1203, 1210).

Gelbe Krystalle (aus Me.); F: 145—147° (*Ju. et al.*).

Beim Erwärmen mit Methylmagnesiumjodid in Äther und Behandeln des Reaktionsgemisches mit wss. Ammoniumchlorid-Lösung sind 2-Anilino-1.2-diphenyl-propanon-(1)-phenylimin, Benzil-mono-phenylimin und *N*-Methyl-anilin erhalten worden (*Ga.*, l. c. S. 47, 51; s. a. *Montagne, Garry*, C. r. **208** [1939] 1735).

Benzil-phenylimin-oxim, α-*(phenylimino)deoxybenzoin oxime* $C_{20}H_{16}N_2O$, Formel VI (H 211).

B. Bei kurzem Erhitzen von Benzil-*seqtrans*(?)-oxim-[*N*-methyl-*seqtrans*(?)-oxim] (F: 168° [E III **7** 3814]) mit Anilin (*Brady, Muers*, Soc. **1930** 216, 225).

Benzil-mono-[*N*-phenyl-oxim], *benzil* N-*phenyloxime* $C_{20}H_{15}NO_2$, Formel VII.

B. Beim Behandeln von (±)-1-[2-Oxo-1.2-diphenyl-äthyl]-pyridinium-bromid mit Nitrosobenzol und wss.-äthanol. Natronlauge (*Kröhnke*, B. **72** [1939] 527, 534).

Gelbliche Krystalle (aus E.); F: 156°.

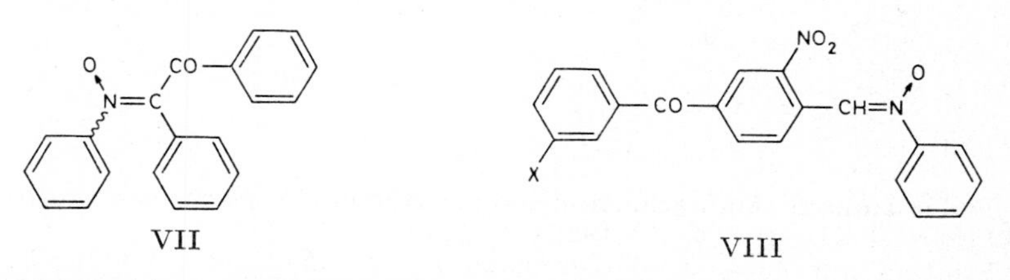

VII VIII

2-Nitro-4-benzoyl-benzaldehyd-[*N*-phenyl-oxim], *4-benzoyl-2-nitrobenzaldehyde* N-*phenyloxime* $C_{20}H_{14}N_2O_4$, Formel VIII (X = H).

B. Beim Erwärmen von 2-Nitro-4-benzoyl-benzaldehyd mit *N*-Phenyl-hydroxylamin in Äthanol (*Chardonnens, Heinrich*, Helv. **27** [1944] 321, 329).

Gelbe Krystalle (aus A.); F: 136°.

Beim Erwärmen mit Äthanol unter Zusatz von Natriumcarbonat ist 2-Nitro-4-benzoyl-benzoesäure-anilid erhalten worden.

2-Nitro-4-[3-nitro-benzoyl]-benzaldehyd-[*N*-phenyl-oxim], *2-nitro-4-(3-nitrobenzoyl)benzaldehyde* N-*phenyloxime* $C_{20}H_{13}N_3O_6$, Formel VIII (X = NO_2).

B. Beim Erwärmen von 2-Nitro-4-[3-nitro-benzoyl]-benzaldehyd mit *N*-Phenyl-hydroxylamin in Äthanol (*Chardonnens, Heinrich*, Helv. **27** [1944] 321, 330).

Gelbe Krystalle (aus A.); F: 157° [Zers.].

Beim Erwärmen mit Äthanol unter Zusatz von Natriumcarbonat ist 2-Nitro-4-[3-nitro-benzoyl]-benzoesäure-anilid erhalten worden.

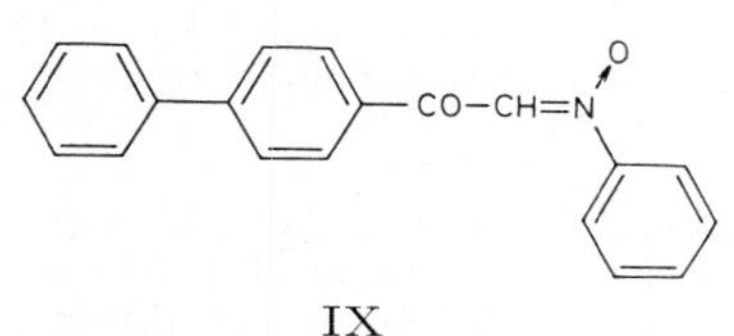

IX

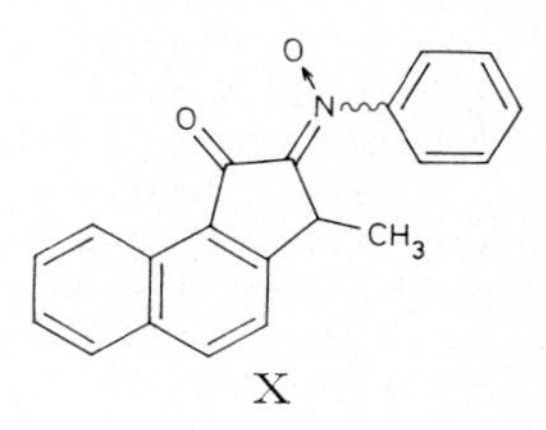

X

1-[Biphenylyl-(4)]-glyoxal-2-[*N*-phenyl-oxim], *2-(biphenyl-4-yl)glyoxal 1-(N-phenyl-oxime)* $C_{20}H_{15}NO_2$, Formel IX.

B. Beim Behandeln von 1-[4-Phenyl-phenacyl]-pyridinium-bromid mit Nitrosobenzol und wss.-äthanol. Natronlauge (*Kröhnke, Börner*, B. **69** [1936] 2006, 2015).

Gelbe Krystalle (aus $CHCl_3$ + PAe. oder aus A.); F: 144°.

(±)-1-Oxo-2-[oxy-phenyl-imino]-3-methyl-2.3-dihydro-1*H*-cyclopenta[*a*]naphthalin, (±)-3-Methyl-3*H*-cyclopenta[*a*]naphthalindion-(1.2)-2-[*N*-phenyl-oxim], *(±)-3-methyl-1H-cyclopenta[a]naphthalene-1,2(3H)-dione 2-(N-phenyloxime)* $C_{20}H_{15}NO_2$, Formel X.

B. Beim Erwärmen von (±)-1-Oxo-3-methyl-2.3-dihydro-1*H*-cyclopenta[*a*]naphthalin mit Nitrosobenzol in Methanol unter Zusatz von wss. Natronlauge (*Pfeiffer, Jenning, Stöcker*, A. **563** [1949] 73, 83).

Gelbe Krystalle (aus Toluol); F: 245°.

4-Methyl-benzil-α-phenylimin-α'-oxim, *4'-methyl-α'-(phenylimino)deoxybenzoin oxime* $C_{21}H_{18}N_2O$, Formel XI.

B. Beim Erhitzen von 4-Methyl-benzil-α'-*seqtrans*-oxim (E II **7** 698; dort als α-[4-Methyl-benzil-7'-oxim] und als 4-Methyl-benzil-$α_1$-monoxim bezeichnet) mit Anilin (*Taylor*, Soc. **1931** 2018, 2026).

Krystalle (aus A.); F: 215–216°.

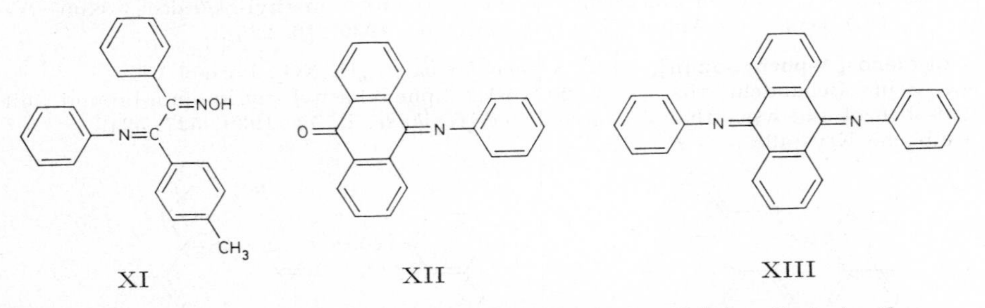

10-Phenylimino-anthron, Anthrachinon-mono-phenylimin, *10-(phenylimino)anthrone* $C_{20}H_{13}NO$, Formel XII (H 211; E I 182; E II 125).

Beim Erhitzen mit 3-Oxo-2.3-dihydro-naphtho[1.2-*b*]thiophen ist 3-Oxo-2-[10-oxo-10*H*-anthryliden-(9)]-2.3-dihydro-naphtho[1.2-*b*]thiophen erhalten worden (*Dutta*, B. **68** [1935] 1447, 1454).

Anthrachinon-bis-phenylimin, *anthraquinone bis(phenylimine)* $C_{26}H_{18}N_2$, Formel XIII (H 211; E I 182).

B. Beim Erwärmen von Anthrachinon mit Anilin unter Zusatz von Aluminiumchlorid oder von Aluminiumbromid (*I.G. Farbenind.*, D.R.P. 529484 [1929]; Frdl. **19** 1907).

Gelbe Krystalle (aus Trichlorbenzol oder Acetanhydrid); F: 200–201°.

Beim Behandeln mit wss. Schwefelsäure (60%ig) tritt eine rote Färbung auf.

(±)-2-Phenylimino-1-phenyl-indanon-(3), *(±)-3-phenyl-2-(phenylimino)indan-1-one* $C_{21}H_{15}NO$, Formel I (R = X = H), und **2-Anilino-3-phenyl-indenon-(1),** *2-anilino-3-phenylinden-1-one* $C_{21}H_{15}NO$, Formel II (R = X = H).

Konstitution: *Schönberg, Michaelis*, Soc. **1937** 109.

B. Neben einer Verbindung $C_{21}H_{15}NO_2$ (gelbe Krystalle [aus Toluol], F: 223° [rote Schmelze]; mit Schwefelsäure unter Rotviolettfärbung reagierend), für die die Formulierung als (±)-1-Phenyl-indandion-(2.3)-2-[*N*-phenyl-oxim] (Formel III [R = H]) in Betracht kommt (vgl. diesbezüglich *Pfeiffer, Jenning, Stöcker*, A. **563** [1949] 73), beim Behandeln von (±)-1-Phenyl-indanon-(3) mit Nitrosobenzol und wss.-äthanol. Natronlauge (*Pfeiffer, de Waal*, A. **520** [1935] 185, 193).

Blauviolette Krystalle (aus A.); F: 149–150° (*Pf., de W.*).

Beim Erhitzen einer Lösung in Äthanol mit wss. Wasserstoffperoxid und Erhitzen des als 3-Phenylimino-4-phenyl-isochromanon-(1) oder als 1.3-Dioxo-2.4-diphenyl-1.2.3.4-tetrahydro-isochinolin zu formulierenden Reaktionsprodukts

$C_{21}H_{15}NO_2$ (gelbe Krystalle [aus Toluol]; F: 160°) mit wss.-äthanol. Kalilauge ist eine als 2-[Phenyl-phenylcarbamoyl-methyl]-benzoesäure oder als Phenyl-[2-phenylcarb=amoyl-phenyl]-essigsäure zu formulierende Verbindung $C_{21}H_{17}NO_3$ (F: 192°) erhalten worden (*Pf.*, *de W.*, l. c. S. **194**, **195**). Bildung von 1-Phenyl-indandion-(2.3)-2-oxim und geringen Mengen 1-Phenyl-indandion-(2.3)-dioxim beim Erwärmen mit Hydroxylamin-hydrochlorid (2—3 Mol) in wss. Äthanol: *Pf.*, *de W.*, l. c. S. **192**.

Beim Behandeln mit Schwefelsäure wird eine gelborangefarbene Lösung erhalten (*Pf.*, *de W.*).

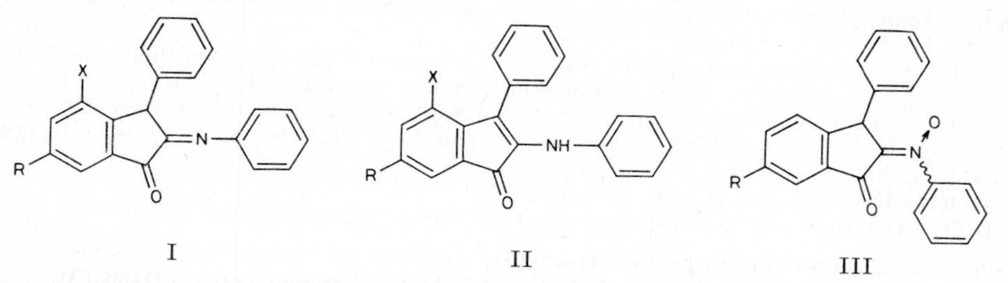

I II III

(±)-1-Phenylimino-2-phenyl-indanon-(3), *(±)-2-phenyl-3-(phenylimino)indan-1-one* $C_{21}H_{15}NO$, Formel IV, und **3-Anilino-2-phenyl-indenon-(1)**, *3-anilino-2-phenylinden-1-one* $C_{21}H_{15}NO$, Formel V.

B. Beim Erwärmen von 2-Phenyl-indandion-(1.3) mit Anilin in Äthanol (*Wanag*, *Walbe*, B. **69** [1936] 1054, 1056).

Rote Krystalle (aus $CHCl_3$); F: 212—213°.

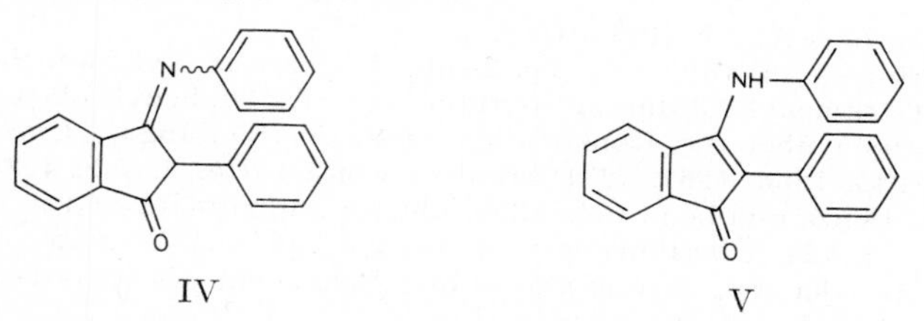

IV V

10-[*N*-Phenyl-formimidoyl]-anthron, *10-(N-phenylformimidoyl)anthrone* $C_{21}H_{15}NO$, Formel VI, **10-Anilinomethylen-anthron**, *10-(anilinomethylene)anthrone* $C_{21}H_{15}NO$, Formel VII, und **10-Hydroxy-anthracen-carbaldehyd-(9)-phenylimin**, *10-(N-phenyl=formimidoyl)-9-anthrol* $C_{21}H_{15}NO$, Formel VIII.

B. Beim Erhitzen von Anthrol-(9) mit *N*-Phenyl-formimidsäure-äthylester auf 180° (*Knott*, Soc. **1947** 976).

Rote Krystalle (aus Eg.); F: 204° [unkorr.].

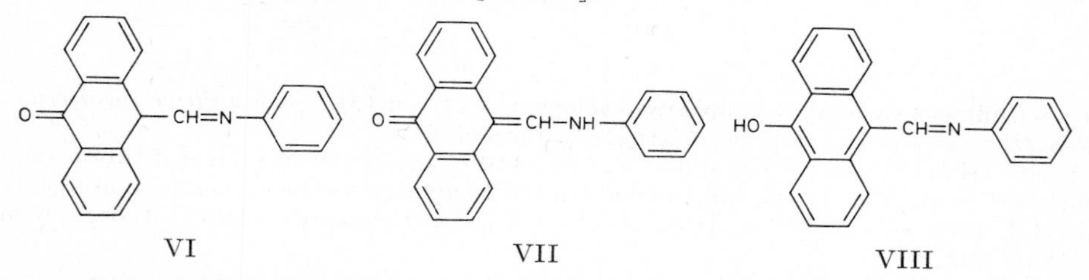

VI VII VIII

(±)-2-Phenylimino-5-methyl-1-phenyl-indanon-(3), *(±)-6-methyl-3-phenyl-2-(phenyl=imino)indan-1-one* $C_{22}H_{17}NO$, Formel I (R = CH_3, X = H), und **2-Anilino-6-methyl-3-phenyl-indenon-(1)**, *2-anilino-6-methyl-3-phenylinden-1-one* $C_{22}H_{17}NO$, Formel II (R = CH_3, X = H).

B. Neben einer Verbindung $C_{22}H_{17}NO_2$ (gelbe Krystalle [aus Chlorbenzol], F: 230° [rote Schmelze]; mit Schwefelsäure unter Rotfärbung reagierend), für die die Formulierung als (±)-5-Methyl-1-phenyl-indandion-(2.3)-2-[*N*-phenyl-oxim] (Formel III [R = CH_3]) in Betracht kommt (vgl. diesbezüglich *Pfeiffer*, *Jenning*, *Stöcker*,

A. **563** [1949] 73, 75), beim Erwärmen von (±)-5-Methyl-1-phenyl-indanon-(3) mit Nitrosobenzol in Äthanol unter Zusatz von wss. Natronlauge (*Pfeiffer, Roos*, J. pr. [2] **159** [1941] 13, 25).

Violette Krystalle (aus Bzn.); F: 155°.

Beim Behandeln mit Schwefelsäure wird eine rote Lösung erhalten.

(±)-2-Phenylimino-4.6-dimethyl-3-phenyl-indanon-(1), *(±)-4,6-dimethyl-3-phenyl-2-(phenylimino)indan-1-one* $C_{23}H_{19}NO$, Formel I (R = X = CH_3), und **2-Anilino-4.6-dimethyl-3-phenyl-indenon-(1)**, *2-anilino-4,6-dimethyl-3-phenylinden-1-one* $C_{23}H_{19}NO$, Formel II (R = X = CH_3).

B. In geringer Menge neben einer (isomeren) Verbindung $C_{23}H_{19}NO$ (hellgelbe Krystalle [aus A.], F: 138° [unter Braunfärbung]; mit Schwefelsäure unter Rotfärbung reagierend) beim Erwärmen von (±)-4.6-Dimethyl-3-phenyl-indanon-(1) mit Nitrosobenzol in Äthanol unter Zusatz von wss. Natronlauge (*Pfeiffer, Roos*, J. pr. [2] **159** [1941] 13, 30).

Violette Krystalle (aus A.); F: 95–96°.

Beim Behandeln mit Schwefelsäure wird eine rote Lösung erhalten.

5-Phenylimino-1.5-diphenyl-pentin-(1)-on-(3), *1,5-diphenyl-5-(phenylimino)pent-1-yn-3-one* $C_{23}H_{17}NO$, Formel IX, und **5-Anilino-1.5-diphenyl-penten-(4)-in-(1)-on-(3)**, *1-anilino-1,5-diphenylpent-1-en-4-yn-3-one* $C_{23}H_{17}NO$, Formel X.

Die nachstehend beschriebene Verbindung wird als 3-Hydroxy-1.5-diphenyl-penten-(3)-in-(1)-on-(5)-phenylimin (Formel XI) formuliert (*Chauvelier*, A. ch. [12] **3** [1948] 393, 399, 424).

B. Beim Erwärmen von 1.5-Diphenyl-pentadiin-(1.4)-on-(3) mit Anilin in Äthanol (*Ch.*).

Gelbe Krystalle (aus A.); F: 143° (*Ch.*).

Bei kurzem Erhitzen auf 150° sowie bei 2-stdg. Erhitzen in Xylol auf Siedetemperatur sind 4-Oxo-1.2.6-triphenyl-1.4-dihydro-pyridin und 1.2-Diphenyl-5-benzyliden-Δ^2-pyrrolinon-(4) (F: 198°; über die Konstitution dieser Verbindung s. *Lefebvre-Soubeyran*, Bl. **1966** 1242, 1243, 1266, 1267, 1271) erhalten worden (*Ch.*, l. c. S. 429). Bildung von Benzoesäure und Benzanilid beim Behandeln mit Kaliumpermanganat in wasserhaltigem Aceton: *Ch.*, l. c. S. 424. Überführung in 4-Oxo-2.6-diphenyl-4*H*-pyran durch Erhitzen mit wss. Salzsäure oder wss. Schwefelsäure und Behandeln des Reaktionsprodukts mit wss. Ammoniak: *Ch.*, l. c. S. 425.

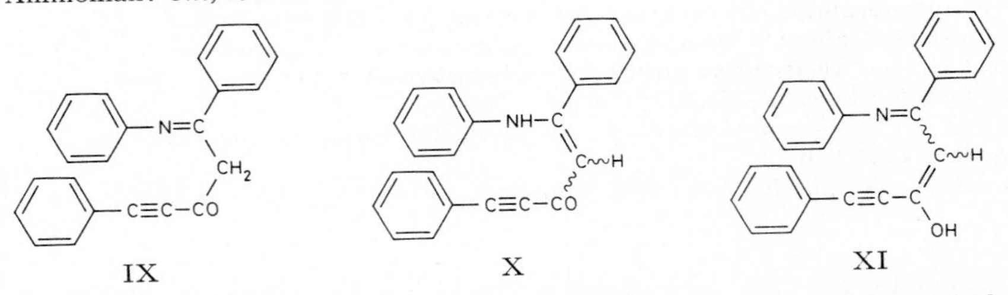

IX X XI

(±)-4-Anilino-4-hydroxy-1.2-diphenyl-cyclopenten-(1)-on-(3), *(±)-5-anilino-5-hydroxy-2,3-diphenylcyclopent-2-en-1-one* $C_{23}H_{19}NO_2$, Formel XII.

Eine Verbindung (gelbe Krystalle; F: 108–110° [Zers.]), der diese Konstitution zugeschrieben wird, ist beim Behandeln von 1.2-Diphenyl-cyclopenten-(1)-dion-(3.4) (?) (E III **7** 4216) mit Anilin in Äther erhalten worden (*Geissman, Koelsch*, J. org. Chem. **3** [1938] 489, 501).

6.11-Dichlor-naphthacen-chinon-(5.12)-bis-phenylimin, *N,N'-(6,11-dichloronaphthacene-5,12-diylidene)dianiline* $C_{30}H_{18}Cl_2N_2$, Formel XIII.

B. Aus 6.11-Dichlor-naphthacen-chinon-(5.12) und Anilin (*Marschalk, Stumm*, Bl. **1948** 418, 423).

F: 244°.

Chrysen-chinon-(5.6)-bis-phenylimin, *N,N'-(chrysene-5,6-diylidene)dianiline* $C_{30}H_{20}N_2$, Formel XIV.

B. Beim Behandeln von Chrysen-chinon-(5.6) mit Anilin in Essigsäure (*Singh, Dutt*,

Pr. Indian Acad. [A] **8** [1938] 187, 191).
Braune Krystalle (aus Nitrobenzol + A.); F: 228–229°.

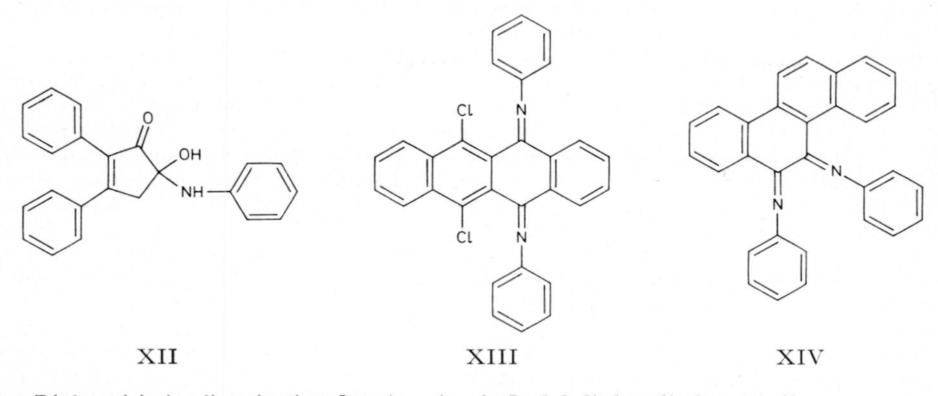

1.1-Diphenyl-indandion-(2.3)-2-[*N*-phenyl-oxim], *3,3-diphenylindan-1,2-dione 2-(N-phenyloxime)* $C_{27}H_{19}NO_2$, Formel I.

B. Beim Behandeln von 1.1-Diphenyl-indanon-(3) mit Nitrosobenzol und wss.-äthanol. Natronlauge (*Schönberg, Michaelis,* Soc. **1937** 627).

Rote Krystalle (aus A.); F: 204°.

Beim Behandeln mit Schwefelsäure wird eine orangegelbe Lösung erhalten.

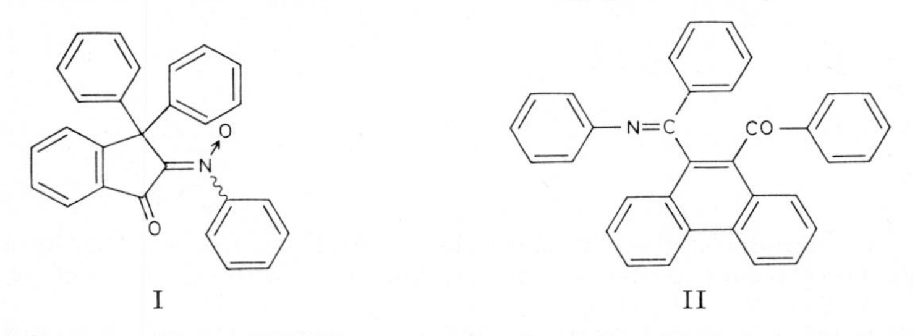

10-Benzoyl-9-[*N*-phenyl-benzimidoyl]-phenanthren, Phenyl-[10-(*N*-phenyl-benzimidoyl)-phenanthryl-(9)]-keton, *phenyl 10-(N-phenylbenzimidoyl)-9-phenanthryl ketone* $C_{34}H_{23}NO$, Formel II.

B. Neben 1.2.3-Triphenyl-2*H*-dibenz[*e.g*]isoindol beim Erhitzen von 2-Oxo-1.3-di≈phenyl-2*H*-cyclopenta[*l*]phenanthren mit Nitrosobenzol in Pyridin (*Dilthey, Hurtig, Passing,* J. pr. [2] **156** [1940] 27, 32, 34).

Krystalle (aus Butanol-(2)); F: 217–218°.

Überführung in 1.2.3-Triphenyl-2*H*-dibenz[*e.g*]isoindol durch Erhitzen mit Pyridin unter Einleiten von Schwefelwasserstoff: *Di., Hu., Pa.,* l. c. S. 34. Überführung in 9.10-Dibenzoyl-phenanthren durch Erhitzen mit Ameisensäure, mit Essigsäure oder mit Pyridin unter Zusatz von Pyridin-hydrochlorid: *Di., Hu., Pa.,* l. c. S. 34. Bildung von 1.4-Diphenyl-dibenzo[*f.h*]phthalazin beim Behandeln mit Hydrazin-hydrat in wss. Pyri≈din: *Di., Hu., Pa.,* l. c. S. 34. Beim Erwärmen mit Phenylmagnesiumbromid in Äther und Toluol und Behandeln des Reaktionsgemisches mit wss. Ammoniumchlorid-Lösung ist Phenyl-[10-(α-hydroxy-benzhydryl)-phenanthryl-(9)]-keton-phenylimin erhalten worden (*Di., Hu., Pa.,* l. c. S. 34).

Beim Behandeln mit Schwefelsäure tritt eine anfangs orangefarbene, später rotbraune Färbung auf.

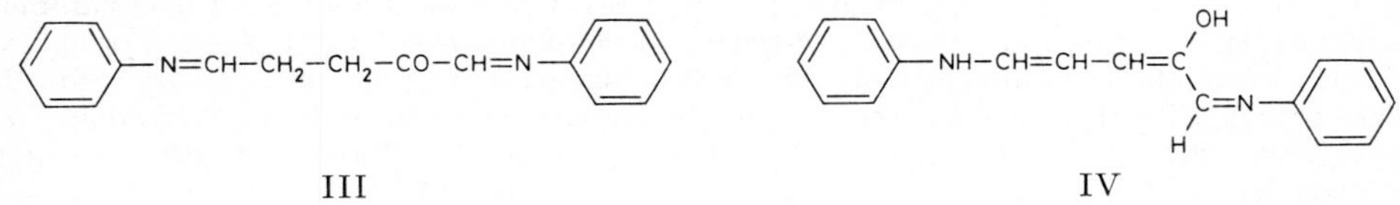

1.5-Bis-phenylimino-pentanon-(2), 2-Oxo-glutaraldehyd-bis-phenylimin, *1,5-bis(phenyl-imino)pentan-2-one* $C_{17}H_{16}N_2O$, Formel III, **1-Anilino-4-hydroxy-pentadien-(1.3)-al-(5)-phenylimin,** *5-anilino-1-(phenylimino)penta-2,4-dien-2-ol* $C_{17}H_{16}N_2O$, Formel IV, und weitere Tautomere; „Furfuranilin" (H 211; E II 125).

Hydrochlorid $C_{17}H_{16}N_2O \cdot HCl$. Über die Konstitution s. *Riegel, Hathaway*, Am. Soc. **63** [1941] 1835, 1836; *Williams, Wilson*, Soc. **1942** 506. — *B.* Beim Behandeln von Furfural mit Anilin [2 Mol] in Äthanol unter Zusatz von wss. Salzsäure [1 Mol] (*Wi., Wi.*; vgl. H 211). — Fast schwarze Krystalle (aus Eg.); F: 166—167° [Zers.] (*Wi., Wi.*). — Überführung in eine ursprünglich als 2-Anilino-5-oxo-1-phenyl-1.2.5.6-tetra-hydro-pyridin oder 6-Anilino-5-oxo-1-phenyl-1.2.5.6-tetrahydro-pyridin angesehene, nach *Lewis, Mulquiney* (Austral. J. Chem. **23** [1970] 2315, 2317) aber als 2.5-Dianilino-cyclopenten-(1)-on-(3) zu formulierende Verbindung durch Behandlung einer äther. Lösung mit wss. Natronlauge: *McGowan*, Soc. **1949** 777. Beim Behandeln mit Acet-anhydrid und Natriumacetat sind Acetanilid und 1-[*N*-Acetyl-anilino]-4-acetoxy-penta-dien-(1.3)-al-(5) (F: 174°) sowie zwei als 1-[*N*-Acetyl-anilino]-4-hydroxy-penta-dien-(1.3)-al-(5) (Formel V [R = CO-CH_3, X = H]) und 1-Anilino-4-acetoxy-pentadien-(1.3)-al-(5) (Formel V [R = H, X = CO-CH_3]) angesehene Verbindungen $C_{13}H_{13}NO_3$ vom F: 132° (Krystalle aus A.; Hydrochlorid $C_{19}H_{18}N_2O_2 \cdot HCl$ eines Phenylimins: rote Krystalle, F: 157°; Hydrochlorid $C_{20}H_{20}N_2O_2 \cdot HCl$ eines *p*-Tolylimins: purpurfarbene Krystalle [aus A. + W.], F: 157—160°) bzw. vom F: 145° (Krystalle; Hydrochlorid $C_{19}H_{18}N_2O_2 \cdot HCl$ eines Phenylimins: gelbrote Krystalle, F: ca. 157°) erhalten worden (*Ascham, Schwalbe*, B. **67** [1934] 1830, 1831; vgl. a. *McGowan*, Chem. and Ind. **1956** 523).

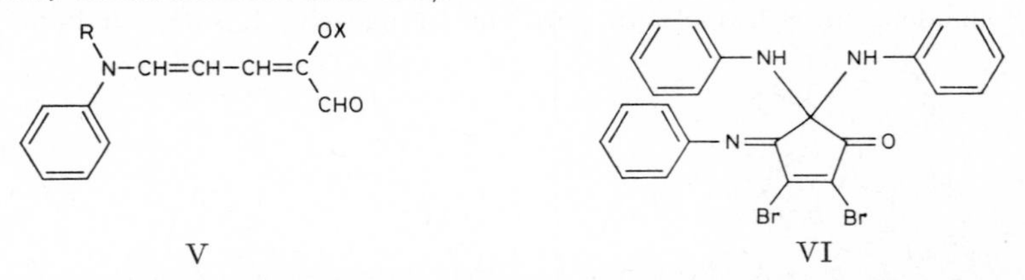

V VI

1.2-Dibrom-4.4-dianilino-3-phenylimino-cyclopenten-(1)-on-(5), 1.2-Dibrom-4.4-diani-lino-cyclopenten-(1)-dion-(3.5)-mono-phenylimin, *5,5-dianilino-2,3-dibromo-4-(phenyl-imino)cyclopent-2-en-1-one* $C_{23}H_{17}Br_2N_3O$, Formel VI.

B. Beim Behandeln von 1.2.4.4-Tetrabrom-cyclopenten-(1)-dion-(3.5) mit Anilin in Äthanol (*Heller et al.*, J. pr. [2] **129** [1931] 211, 222, 256).

Grüngelbe Krystalle (aus Eg. oder A.); F: 261° [Zers.].

3-Phenylimino-1-phenyl-2-[*N*-phenyl-formimidoyl]-propanon-(1), Benzoylmalonaldehyd-bis-phenylimin, *2-(N-phenylformimidoyl)-3-(phenylimino)propiophenone* $C_{22}H_{18}N_2O$, Formel VII, und **3-Anilino-1-phenyl-2-[*N*-phenyl-formimidoyl]-propen-(2)-on-(1),** *3-anilino-2-(N-phenylformimidoyl)acrylophenone* $C_{22}H_{18}N_2O$, Formel VIII.

B. Aus Benzoylmalonaldehyd und Anilin bei 120° (*Panizzi*, G. **77** [1947] 283, 290).

Gelbe Krystalle (aus A.); F: 160—161°.

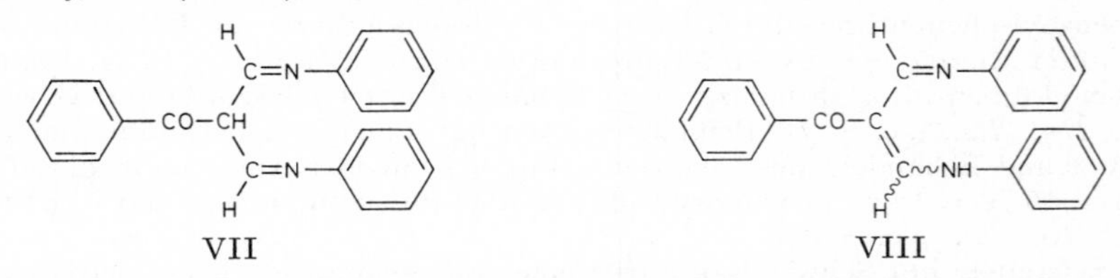

VII VIII

(±)-2-Anilino-2-hydroxy-1-phenylimino-indanon-(3), *(±)-2-anilino-2-hydroxy-3-(phenyl-imino)indan-1-one* $C_{21}H_{16}N_2O_2$, Formel IX, und **(±)-3-Anilino-3-hydroxy-2-phenylimino-indanon-(1),** *(±)-3-anilino-3-hydroxy-2-(phenylimino)indan-1-one* $C_{21}H_{16}N_2O_2$, Formel X.

Eine Verbindung (orangefarbene Krystalle [aus wss. A.]; F: 99° [Zers.]), für die diese beiden Konstitutionsformeln in Betracht gezogen werden, ist beim Behandeln von Ninhydrin (2.2-Dihydroxy-indandion-(1.3)) mit Anilin in Wasser erhalten worden (*Moubasher*, Soc. **1949** 1038).

1.3-Bis-phenylimino-indanon-(2), Indantrion-(1.2.3)-1.3-bis-phenylimin, *1,3-bis(phenyl=imino)indan-2-one* $C_{21}H_{14}N_2O$, Formel XI.

B. Neben einer öligen Substanz beim Erwärmen von Indanon-(2) mit Nitrosobenzol (2 Mol) in Äthanol unter Zusatz von äthanol. Natriumäthylat (*Pfeiffer, Hesse,* J. pr. [2] **158** [1941] 315, 318).

Grünglänzende Krystalle (aus A.); F: 204°. Lösungen in Benzol sind olivgrün, Lösungen in Chloroform, Äthanol, Aceton und Pyridin sind rot.

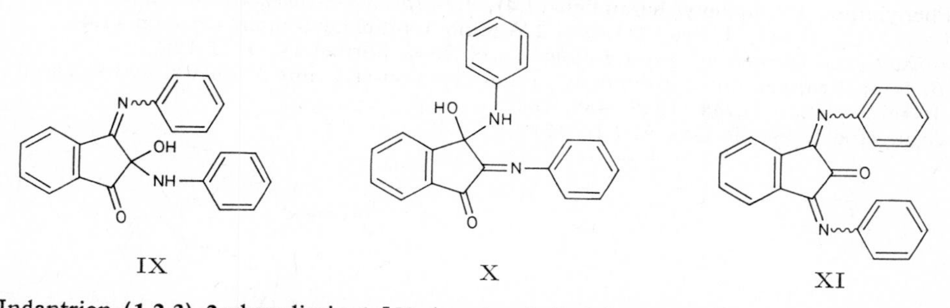

IX X XI

Indantrion-(1.2.3)-2-phenylimin-1-[*N*-phenyl-oxim], *2-(phenylimino)indan-1,3-dione N-phenyloxime* $C_{21}H_{14}N_2O_2$, Formel XII.

B. Beim Behandeln von Indanon-(1) mit Nitrosobenzol (Überschuss) in Äthanol unter Zusatz von methanol. Kalilauge in der Kälte (*Pfeiffer, Milz,* B. **71** [1938] 272, 275).

Rote Krystalle (aus Me.); F: 165° [Zers.].

Beim Behandeln einer Lösung in Essigsäure mit *o*-Phenylendiamin in Äthanol unter Zusatz von Schwefelsäure ist 11-[Oxy-phenyl-imino]-11*H*-indeno[1.2-*b*]chinoxalin erhalten worden.

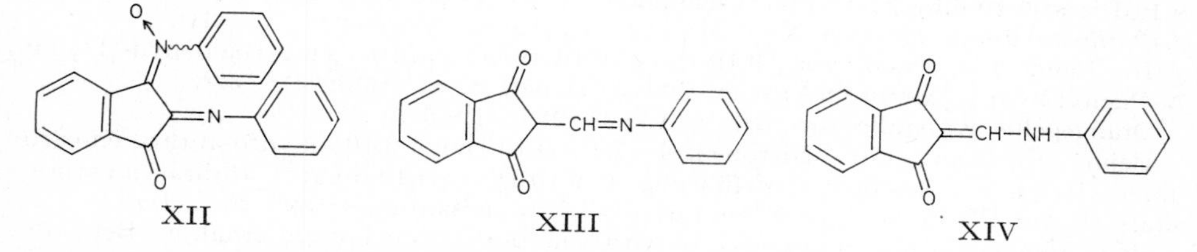

XII XIII XIV

(±)-2-[*N*-Phenyl-formimidoyl]-indandion-(1.3), *(±)-2-(N-phenylformimidoyl)indan-1,3-dione* $C_{16}H_{11}NO_2$, Formel XIII, und **2-Anilinomethylen-indandion-(1.3),** *2-(anilino=methylene)indan-1,3-dione* $C_{16}H_{11}NO_2$, Formel XIV (E I 184).

B. Beim Erhitzen von Indandion-(1.3) mit *N.N'*-Diphenyl-formamidin auf 145° (*Petrow, Saper, Sturgeon,* Soc. **1949** 2134, 2138).

Olivgrüne Krystalle (aus A.); F: 197—198° [korr.].

2-Anilino-2-hydroxy-1.3-dioxo-2.3-dihydro-phenalen, 2-Anilino-2-hydroxy-phen=alendion-(1.3), *2-anilino-2-hydroxyphenalene-1,3(2H)-dione* $C_{19}H_{13}NO_3$, Formel I (E I 184; dort als 2-Oxy-1.3-dioxo-2-anilino-perinaphthindan bezeichnet).

B. Aus 2.2-Dihydroxy-1.3-dioxo-2.3-dihydro-phenalen und Anilin in Wasser (*Moubasher, Mostafa,* Soc. **1947** 130).

Gelbe Krystalle (aus wss. A.); F: ca. 230° [Zers.].

Beim Erhitzen mit wss. Natronlauge sind Naphthalsäure und Anilin erhalten worden. Beim Behandeln mit Schwefelsäure tritt eine violette Färbung auf.

I

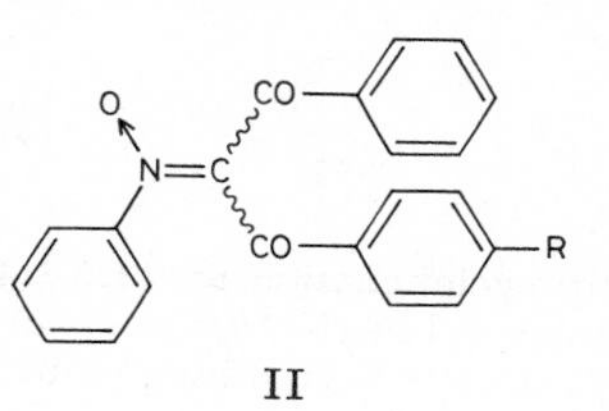

II

1.3-Diphenyl-propantrion-(1.2.3)-2-[*N*-phenyl-oxim], *1,3-diphenylpropane-1,2,3-trione 2-*(N-*phenyloxime*) $C_{21}H_{15}NO_3$, Formel II (R = H).

B. Beim Erwärmen von Dibenzoylmethan mit Nitrosobenzol in Äthanol (*Schönberg, Azzam*, Soc. **1939** 1428).

Gelbe Krystalle (aus A.); F: 144–145° [Zers.].

Beim Erhitzen mit wss. Schwefelsäure und Essigsäure ist Benzil erhalten worden.

2-Phenylimino-1.4-diphenyl-butandion-(1.4), *1,4-diphenyl-2-(phenylimino)butane-1,4-dione* $C_{22}H_{17}NO_2$, Formel III, und **2-Anilino-1.4-diphenyl-buten-(2)-dion-(1.4)**, *2-anilino-1,4-diphenylbut-2-ene-1,4-dione* $C_{22}H_{17}NO_2$, Formel IV (E II 126).

B. Beim Erhitzen von 1.4-Diphenyl-buten-(2*t*)-dion-(1.4) mit *N*-Phenyl-hydroxylamin in Pyridin (*Jolles*, G. **68** [1938] 488, 492).

Grüngelbe Krystalle (aus A.); F: 128°.

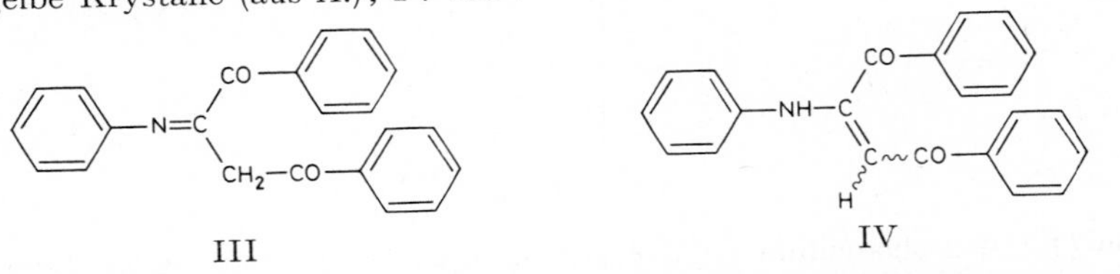

III IV

1-Phenyl-3-*p*-tolyl-propantrion-(1.2.3)-2-[*N*-phenyl-oxim], *1-phenyl-3-*p*-tolylpropane-1,2,3-trione 2-*(N-*phenyloxime*) $C_{22}H_{17}NO_3$, Formel II (R = CH_3).

Zwei Präparate (a) gelbliche Krystalle [aus Bzl.], F: 141–143°; b) gelbe Krystalle [aus Bzn.], F: 132–134°) sind beim Erwärmen von *β*-Hydroxy-4′-methyl-chalkon (F: 84–85° [E III 7 3866, 3867]) mit Nitrosobenzol in Äthanol erhalten worden (*Schönberg, Azzam*, Soc. **1939** 1428).

9.10-Dioxo-9.10-dihydro-anthracen-carbaldehyd-(1)-[*N*-phenyl-oxim], *9,10-dioxo-9,10-dihydro-1-anthraldehyde* N-*phenyloxime* $C_{21}H_{13}NO_3$, Formel V (X = H).

B. Beim Erwärmen von 9.10-Dioxo-9.10-dihydro-anthracen-carbaldehyd-(1) mit *N*-Phenyl-hydroxylamin in Äthanol (*Scholl, Donat*, B. **64** [1931] 318, 320).

Orangegelbe Krystalle (aus Bzl. + A.); F: 219–219,5°.

Beim Erhitzen mit Nitrobenzol ist 9.10-Dioxo-9.10-dihydro-anthracen-carbanilid-(1) erhalten worden. Überführung in 9.10-Dioxo-9.10-dihydro-anthracen-carbonsäure-(1) durch Erhitzen mit Essigsäure und Schwefelsäure auf 180°: *Sch., Do.*

Beim Behandeln mit Schwefelsäure wird eine orangerote Lösung erhalten. Beim Behandeln mit alkal. wss. Natriumdithionit-Lösung tritt eine grüne Färbung auf.

4-Chlor-9.10-dioxo-9.10-dihydro-anthracen-carbaldehyd-(1)-[*N*-phenyl-oxim], *4-chloro-9,10-dioxo-9,10-dihydro-1-anthraldehyde* N-*phenyloxime* $C_{21}H_{12}ClNO_3$, Formel V (X = Cl).

B. Beim Erwärmen von 4-Chlor-9.10-dioxo-9.10-dihydro-anthracen-carbaldehyd-(1) mit *N*-Phenyl-hydroxylamin in Äthanol und Benzol (*Scholl, Donat*, B. **64** [1931] 318, 321).

Orangegelbe Krystalle (aus Bzl. + A.); F: 214–215°.

Beim Behandeln mit alkal. wss. Natriumdithionit-Lösung tritt eine grüne Färbung auf.

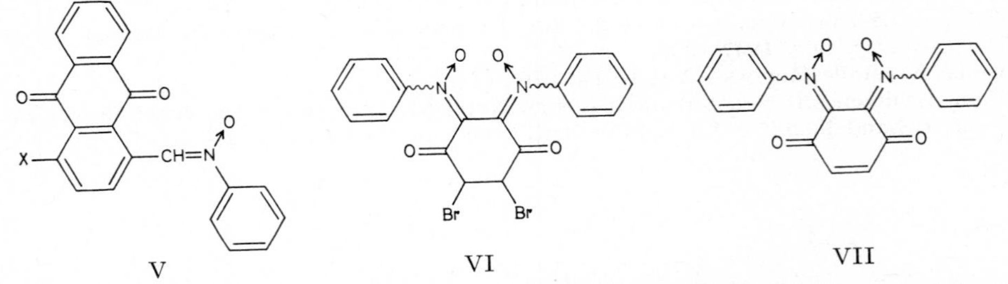

V VI VII

5.6-Dibrom-cyclohexantetron-(1.2.3.4)-2.3-bis-[*N*-phenyl-oxim], *5,6-dibromocyclohexane-1,2,3,4-tetrone 2,3-bis*(N-*phenyloxime*) $C_{18}H_{12}Br_2N_2O_4$, Formel VI.

Eine opt.-inakt. Verbindung (rote Krystalle, die beim Erhitzen verpuffen) dieser Konstitution ist beim Behandeln der im folgenden Artikel beschriebenen Verbindung mit Brom in Essigsäure erhalten worden (*Gündel, Pummerer,* A. **529** [1937] 11, 25).

Cyclohexen-(1)-tetron-(3.4.5.6)-4.5-bis-[*N*-phenyl-oxim], *cyclohex-5-ene-1,2,3,4-tetrone-2,3-bis*(N-*phenyloxime*) $C_{18}H_{12}N_2O_4$, Formel VII.

B. Neben Azoxybenzol bei mehrwöchigem Behandeln von Benzochinon-(1.4) mit Nitrosobenzol (2 Mol) in Äthanol (*Gündel, Pummerer,* A. **529** [1937] 11, 12, 24).

Braunrote Krystalle (aus A. oder Eg.); Zers. bei 179—180° [unter Verpuffung].

Bei der Hydrierung an Platin in Benzol ist je nach der Aktivität des Katalysators 2.3-Dianilino-hydrochinon oder 3-Anilino-2-[*N*-hydroxy-anilino]-hydrochinon erhalten worden (*Gü., Pu.,* l. c. S. 25, 28).

1.4-Bis-phenyliminoacetyl-benzol, p-*bis*[(*phenylimino*)*acetyl*]*benzene* $C_{22}H_{16}N_2O_2$, Formel VIII.

B. Beim Erwärmen einer Lösung von 1.4-Diglyoxyloyl-benzol in Dioxan mit Anilin in Äthanol (*Ruggli, Gassenmeier,* Helv. **22** [1939] 496, 506).

Rotbraune Krystalle (aus Dioxan oder Acetanhydrid); F: 155°.

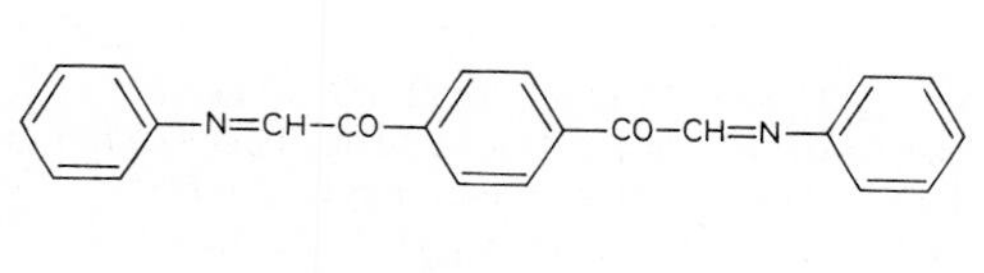

VIII

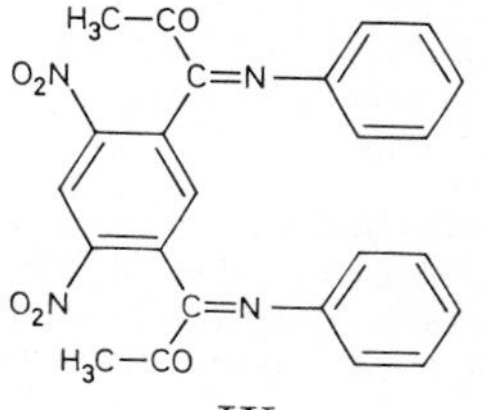

IX

4.6-Dinitro-1.3-bis-[*N*-phenyl-pyruvimidoyl]-benzol, *1,1′-bis*(*phenylimino*)*-1,1′-*(*4,6-dinitro-*m*-phenylene*)*dipropan-2-one* $C_{24}H_{18}N_4O_6$, Formel IX.

B. Beim Behandeln von 4.6-Dinitro-1.3-diacetonyl-benzol mit Nitrosobenzol in Äthanol unter Zusatz von methanol. Kalilauge (*Ruggli, Straub,* Helv. **21** [1938] 1084, 1094).

Gelbe Krystalle (aus A.); F: 174—175° [Zers.].

2.6-Bis-[*N*-phenyl-formimidoyl]-anthrachinon, 9.10-Dioxo-9.10-dihydro-anthracen-dicarbaldehyd-(2.6)-bis-phenylimin, *2,6-bis*(N-*phenylformimidoyl*)*anthraquinone* $C_{28}H_{18}N_2O_2$, Formel X.

B. Beim Erhitzen von 2.6-Dimethyl-anthrachinon mit Anilin und Nitrobenzol unter Zusatz von Kaliumcarbonat (*Mayer, Günther,* B. **63** [1930] 1455, 1461).

Gelbe Krystalle (aus Toluol); F: 247°.

Beim Behandeln mit Schwefelsäure wird eine gelbe Lösung erhalten. Beim Behandeln mit alkal. wss. Natriumdithionit-Lösung tritt eine olivgrüne Färbung auf.

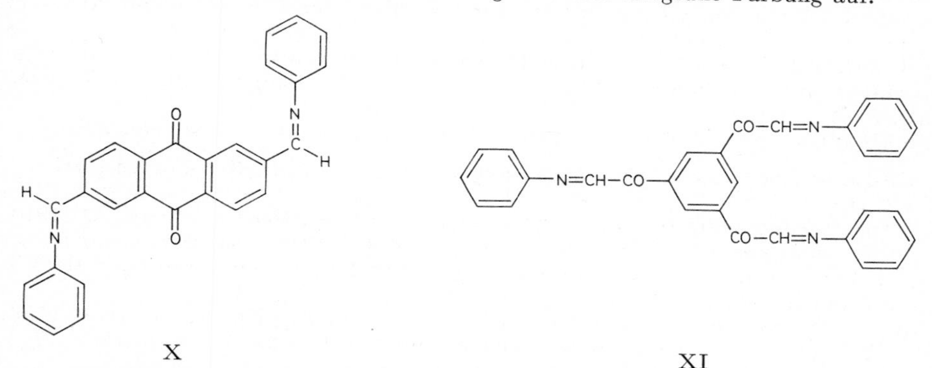

X XI

1.3.5-Tris-phenyliminoacetyl-benzol, *1,3,5-tris*[(*phenylimino*)*acetyl*]*benzene* $C_{30}H_{21}N_3O_3$, Formel XI.

B. Beim Erwärmen einer Lösung von 1.3.5-Triglyoxyloyl-benzol in Dioxan mit Anilin

in Äthanol (*Ruggli, Gassenmeier*, Helv. **22** [1939] 496, 510).
Gelbrote Krystalle (aus Dioxan); Zers. bei ca. 340°. [*Vincke*]

2-Anilino-1.1-diäthoxy-äthan, *N*-[2.2-Diäthoxy-äthyl]-anilin, Anilinoacetaldehyd-diäthylacetal, N-(*2,2-diethoxyethyl)aniline* $C_{12}H_{19}NO_2$, Formel XII (R = H) (H 213).

B. Aus Bromacetaldehyd-diäthylacetal beim Behandeln einer äther. Lösung mit Kaliumanilid in Xylol (*Janetzky, Verkade, Meerburg*, R. **66** [1947] 317, 320, 321) sowie beim Erwärmen mit Anilin in Äthanol unter Zusatz von Natriumhydrogencarbonat (*Ja., Ve., Mee.*).

Kp_{16}: 154—155°; Kp_6: 141—142° (*Ja., Ve., Mee.*); $Kp_{0,4}$: 108—110° (*Jones et al.*, Am. Soc. **71** [1949] 4000).

Beim Erhitzen mit Kaliumthiocyanat, wss. Salzsäure und Äthanol ist 1-Phenyl-imidazolthiol-(2) erhalten worden (*Jo. et al.*). Über die beim Erwärmen mit wss. Salzsäure erhaltene Substanz der Zusammensetzung $[C_8H_7N]_x$ (H 213) s. *Schorigin, Korschak*, B. **68** [1935] 838, 841.

***N*-Äthyl-*N*-[2.2-diäthoxy-äthyl]-anilin, [*N*-Äthyl-anilino]-acetaldehyd-diäthylacetal,** N-(*2,2-diethoxyethyl)*-N-*ethylaniline* $C_{14}H_{23}NO_2$, Formel XII (R = C_2H_5).

B. Beim Behandeln einer Lösung von Bromacetaldehyd-diäthylacetal in Äther mit Kalium-*N*-äthyl-anilid in Xylol (*Janetzky, Verkade, Meerburg*, R. **66** [1947] 317, 320).

Kp_{17}: 160—161°.

1-Anilino-aceton, *1-anilinopropan-2-one* $C_9H_{11}NO$, Formel XIII (R = H).

Die Identität der H 213 unter Vorbehalt als 1-Anilino-aceton beschriebenen, aus Chloraceton und Anilin erhaltenen Verbindung ist ungewiss; nach *Janetzky, Verkade, Lieste* (R. **65** [1946] 193, 199) kommt ihr die Bruttoformel $C_{18}H_{22}N_2O_2$ zu.

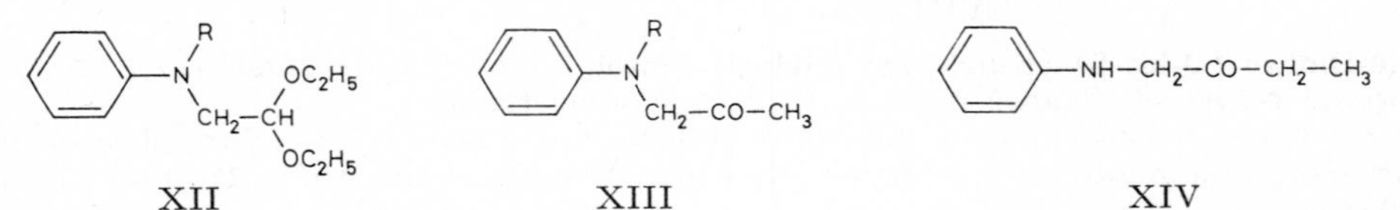

XII XIII XIV

1-[*N*-Methyl-anilino]-aceton, *1-*(N-*methylanilino)propan-2-one* $C_{10}H_{13}NO$, Formel XIII (R = CH_3) (E II 127).

B. Als Hauptprodukt beim Behandeln von *N*-Methyl-anilin mit Bromaceton in Äther (*Magee, Henze*, Am. Soc. **62** [1940] 910) sowie in Benzol oder in Äthanol unter Zusatz von Natriumhydrogencarbonat bei 50° (*Janetzky, Verkade, Lieste*, R. **65** [1946] 193, 199).

Kp_6: 127—128° (*Ja., Ve., Lie.*); Kp_3: 110,7° [korr.] (*Ma., He.*). D_4^{20}: 1,0490 (*Ma., He.*). Oberflächenspannung bei 20°: 40,21 dyn/cm (*Ma., He.*). n_D^{20}: 1,5578 (*Ma., He.*).

Überführung in 1.3-Dimethyl-indol durch Erhitzen in Gegenwart von Zinkchlorid auf 180° unter Durchleiten von Stickstoff: *Ja., Ve., Lie.*; durch Erhitzen mit Anilin in Gegenwart von Zinkchlorid auf Siedetemperatur: *Verkade, Lieste, Meerburg*, R. **65** [1946] 897, 902. Beim Erhitzen mit Anilin in Gegenwart von wss. Salzsäure auf Siedetemperatur sind 1.3-Dimethyl-indol und 2-Methyl-indol erhalten worden (*Ve., Lie., Mee.*).

Semicarbazon $C_{11}H_{16}N_4O$. Krystalle (aus wss. A.); F: 158° [korr.] (*Ma., He.*).

1-[*N*-Äthyl-anilino]-aceton, *1-*(N-*ethylanilino)propan-2-one* $C_{11}H_{15}NO$, Formel XIII (R = C_2H_5).

B. Aus *N*-Äthyl-anilin und Bromaceton in Äther (*Magee, Henze*, Am. Soc. **62** [1940] 910) oder in Benzol (*Janetzky, Verkade, Lieste*, R. **65** [1946] 193, 200; s. a. *Stevens, Cowan, MacKinnon*, Soc. **1931** 2568, 2571). Aus [*N*-Äthyl-anilino]-acetonitril und Methylmagnesiumjodid (*St., Co., MacK.*, l. c. S. 2570).

Kp_{22}: 158—159° (*Ja., Ve., Lie.*); Kp_{11}: 143° (*St., Co., MacK.*); Kp_3: 123,5° [korr.] (*Ma., He.*). D_4^{20}: 1,0275 (*Ma., He.*). Oberflächenspannung bei 20°: 38,27 dyn/cm (*Ma., He.*). n_D^{20}: 1,5488 (*Ma., He.*).

Überführung in 3-Methyl-1-äthyl-indol durch Erhitzen in Gegenwart von Zinkchlorid auf 180° unter Durchleiten von Stickstoff: *Ja., Ve., Lie.*, l. c. S. 200; durch Erhitzen mit *N*-Methyl-anilin in Gegenwart von Zinkchlorid auf Siedetemperatur sowie durch

Erhitzen mit *N*-Äthyl-anilin-hydrochlorid bis auf 180°: *Verkade, Lieste, Meerburg*, R. **65** [1946] 897, 902, 903. Beim Erhitzen mit *N*-Methyl-anilin unter Zusatz von wss. Salzsäure ist 1.2-Dimethyl-indol, beim Erhitzen mit *N*-Äthyl-anilin unter Zusatz von wss. Salzsäure ist 2-Methyl-1-äthyl-indol als Hauptprodukt erhalten worden (*Ve., Lie., Mee.*, l. c. S. 902, 903).

Phenylhydrazon (F: 96°): *St., Co., MacK.*

Semicarbazon $C_{12}H_{18}N_4O$. Krystalle (aus wss. A.); F: 140° [korr.] (*Ma., He.*).

1-Anilino-butanon-(2), *1-anilinobutan-2-one* $C_{10}H_{13}NO$, Formel XIV.

B. Beim Behandeln von Anilin mit 1-Brom-butanon-(2) in Äther (*Catch et al.*, Soc. **1948** 272, 275).

Krystalle (aus PAe.); F: 81°.

Beim Erhitzen mit Anilin und Anilin-hydrobromid ist 2-Äthyl-indol erhalten worden.

Semicarbazon $C_{11}H_{16}N_4O$. Krystalle (aus A.); F: 154°.

(±)-3-Anilino-butanon-(2), *(±)-3-anilinobutan-2-one* $C_{10}H_{13}NO$, Formel I (R = H).

B. Als Hauptprodukt beim Behandeln von Anilin mit (±)-3-Brom-butanon-(2) in Äther (*Catch et al.*, Soc. **1948** 272, 275) oder in Äthanol, auch unter Zusatz von Natriumhydrogencarbonat, bei 50° (*Janetzky, Verkade*, R. **65** [1946] 691, 697).

Krystalle (aus PAe.); F: 54—55° (*Ca. et al.*), 51—52° (*Ja., Ve.*).

Semicarbazon $C_{11}H_{16}N_4O$. Krystalle (aus A.); F: 190° (*Ca. et al.*).

(±)-3-[*N*-Methyl-anilino]-butanon-(2), *(±)-3-(N-methylanilino)butan-2-one* $C_{11}H_{15}NO$, Formel I (R = CH_3).

B. Beim Erwärmen von *N*-Methyl-anilin mit (±)-3-Brom-butanon-(2) in Äthanol, auch unter Zusatz von Natriumhydrogencarbonat (*Janetzky, Verkade*, R. **65** [1946] 691, 699).

Kp_6: 122—123°.

(±)-3-[*N*-Äthyl-anilino]-butanon-(2), *(±)-3-(N-ethylanilino)butan-2-one* $C_{12}H_{17}NO$, Formel I (R = C_2H_5).

B. Beim Erwärmen von *N*-Äthyl-anilin mit (±)-3-Brom-butanon-(2) in Äthanol (*Janetzky, Verkade*, R. **65** [1946] 691, 699).

Kp_7: 130—131°.

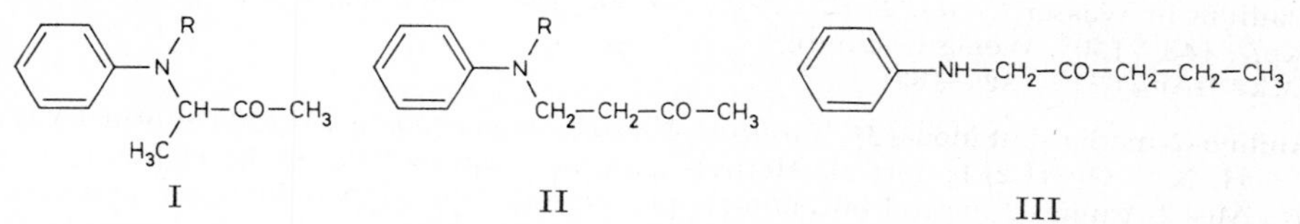

I II III

4-Anilino-butanon-(2), *4-anilinobutan-2-one* $C_{10}H_{13}NO$, Formel II (R = H) (E I 185; dort als [β-Acetyl-äthyl]-anilin bezeichnet).

B. Beim Eintragen von 3-Chlor-1-anilino-buten-(2) (Kp_8: 136—138°) in Schwefelsäure bei 45° und Leiten von Luft durch das Reaktionsgemisch (*Vavrečka*, Collect. **14** [1949] 399, 406).

Krystalle; F: 35—36°. D_4^{20}: 1,0487; $n_{656,3}^{20}$: 1,5512; n_D^{20}: 1,5615; $n_{486,1}^{20}$: 1,5721; $n_{434,0}^{20}$: 1,5867 [flüssiges Präparat].

Sulfat. F: oberhalb 230° [Zers.] (*Va.*, l. c. S. 410).

Hydrogenoxalat $C_{10}H_{13}NO \cdot C_2H_2O_4$. Krystalle (aus A.); F: 133—134°.

Pikrat. F: 213°.

Semicarbazon $C_{11}H_{16}N_4O$. F: 169—170°.

4-[*N*-(2-Hydroxy-äthyl)-anilino]-butanon-(2), *4-[N-(2-hydroxyethyl)anilino]butan-2-one* $C_{12}H_{17}NO_2$, Formel II (R = CH_2-CH_2OH).

B. Aus 2-Anilino-äthanol-(1) und Butenon in Wasser (*Eastman Kodak Co.*, U.S.P. 2351409 [1941]).

Kp_2: 166—170°.

(±)-4-[*N*-(2.3-Dihydroxy-propyl)-anilino]-butanon-(2), *(±)-4-[N-(2,3-dihydroxypropyl)anilino]butan-2-one* $C_{13}H_{19}NO_3$, Formel II (R = CH_2-CH(OH)-CH_2OH).

B. Aus (±)-3-Anilino-propandiol-(1.2) und Butenon in Wasser (*Eastman Kodak Co.*,

U.S.P. 2351409 [1941]).
$Kp_{2,5}$: 184—189°.

1-Anilino-pentanon-(2), *1-anilinopentan-2-one* $C_{11}H_{15}NO$, Formel III.
B. Bei 2-tägigem Behandeln von Anilin mit 1-Brom-pentanon-(2) in Äther (*Catch et al.*, Soc. **1948** 276).
Krystalle (aus Me.); F: 63—64°.

(±)-3-Anilino-pentanon-(2), *(±)-3-anilinopentan-2-one* $C_{11}H_{15}NO$, Formel IV (R = H).
B. Beim Erwärmen von Anilin mit (±)-3-Brom-pentanon-(2) in wss. Äthanol unter Zusatz von Natriumhydrogencarbonat (*Janetzky, Verkade*, R. **65** [1946] 905, 909).
Kp_6: 133—135°; Kp_1: 119—120°.
Bildung von 1.3-Dimethyl-2-äthyl-indol beim Erhitzen mit *N*-Methyl-anilin und wenig Zinkchlorid: *Ja., Ve.*, l. c. S. 911.

(±)-3-[*N*-Methyl-anilino]-pentanon-(2), *(±)-3-(N-methylanilino)pentan-2-one* $C_{12}H_{17}NO$, Formel IV (R = CH_3).
B. Beim Erwärmen von *N*-Methyl-anilin mit (±)-3-Brom-pentanon-(2) in wss. Äthanol unter Zusatz von Natriumhydrogencarbonat (*Janetzky, Verkade*, R. **65** [1946] 905, 909).
Kp_1: 116—117°.

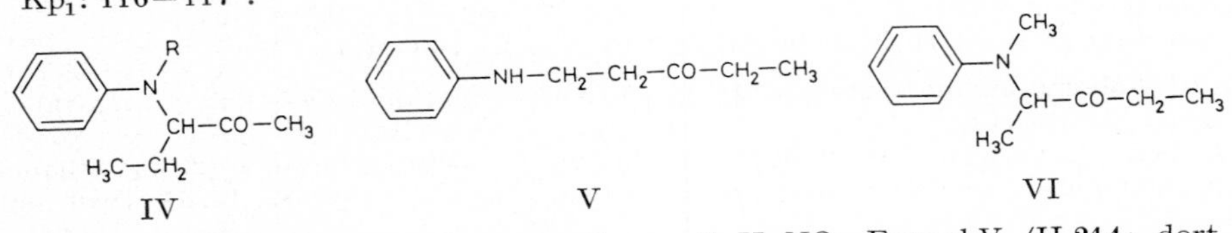

IV V VI

1-Anilino-pentanon-(3), *1-anilinopentan-3-one* $C_{11}H_{15}NO$, Formel V (H 214; dort als Äthyl-[β-anilino-äthyl]-keton bezeichnet).
Krystalle (aus A.); F: 56,5—57° (*McMahon et al.*, Am. Soc. **70** [1948] 2971, 2976).

(±)-2-[*N*-Methyl-anilino]-pentanon-(3), *(±)-2-(N-methylanilino)pentan-3-one* $C_{12}H_{17}NO$, Formel VI.
B. Bei der Hydrierung eines Gemisches von Pentandion-(2.3) und *N*-Methyl-anilin an Palladium in Wasser (*Skita, Keil, Baesler*, B. **66** [1933] 858, 862, 866).
Kp_{14}: 148—150°. Wenig beständig.
Pikrolonat. F: 182—183°.

2-Anilino-2-methyl-butanon-(3), *3-anilino-3-methylbutan-2-one* $C_{11}H_{15}NO$, Formel VII (R = H, X = O) (H 214; dort als Methyl-[α-anilino-isopropyl]-keton bezeichnet).
B. Aus 2-Anilino-2-methyl-butanon-(3)-phenylimin beim Behandeln mit kalter wss. Salzsäure (*Garry*, A. ch. [11] **17** [1942] 5, 18).
Krystalle; F: 63° (*Earl, Hazlewood*, Soc. **1937** 374), 62° [aus PAe.] (*Ga.*). UV-Spektrum: *Ga.*, l. c. S. 40.
Beim Erhitzen unter Zusatz von Zinkchlorid oder von Anilin-hydrochlorid ist 2.3.3-Trimethyl-3*H*-indol erhalten worden (*Ga.*, l. c. S. 73).
Pikrat $C_{11}H_{15}NO \cdot C_6H_3N_3O_7$. Gelbe Krystalle (aus Bzl.); F: 112° (*Ga.*, l. c. S. 20).
Semicarbazon $C_{12}H_{18}N_4O$. Krystalle (aus A.); F: 182° (*Ga.*, l. c. S. 20).

2-Anilino-2-methyl-butanon-(3)-oxim, *3-anilino-3-methylbutan-2-one oxime* $C_{11}H_{16}N_2O$, Formel VII (R = H, X = NOH) (H 214; E II 127).
B. Aus 2-Anilino-2-methyl-butanon-(3)-phenylimin beim Erwärmen mit Hydroxylamin-hydrochlorid in wss. Äthanol (*Garry*, A. ch. [11] **17** [1942] 5, 17).
Krystalle (aus A.); F: 143° (*Earl, Hazlewood*, Soc. **1937** 374), 142° (*Ga.*). UV-Spektrum: *Ga.*, l. c. S. 42.
Schleimhautreizende Wirkung: *Ga.*

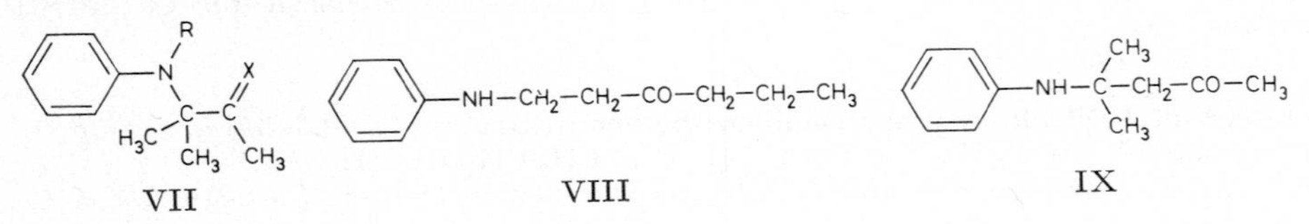

VII VIII IX

2-[*N*-Methyl-anilino]-2-methyl-butanon-(3), *3-methyl-3-*(N*-methylanilino)butan-2-one* $C_{12}H_{17}NO$, Formel VII (R = CH_3, X = O).

Hydrojodid $C_{12}H_{17}NO \cdot HI$. *B.* Aus 2-Anilino-2-methyl-butanon-(3) und Methyljodid (*Garry*, A. ch. [11] **17** [1942] 5, 21). — Krystalle (aus Me. + Ae.); F: 175° [Zers.]. — Bei Erwärmen erfolgt Umwandlung in 1.2.3.3-Tetramethyl-3*H*-indolium-jodid.

1-Anilino-hexanon-(3), *1-anilinohexan-3-one* $C_{12}H_{17}NO$, Formel VIII (H 215; dort als [*β*-Anilino-äthyl]-propyl-keton bezeichnet).

B. Bei 2-tägigem Behandeln von Anilin mit Hexen-(1)-on-(3) in Benzin (*Bowden et al.*, Soc. **1946** 39, 45). Aus 1-Anilino-hexadien-(1.4)-on-(3) (F: 117°) bei der Hydrierung an Platin in Äthylacetat (*Bowden et al.*, Soc. **1946** 45, 51).

Krystalle (aus Bzn.); F: 60—61° (*Bo. et al.*, l. c. S. 45).

2-Anilino-2-methyl-pentanon-(4), *4-anilino-4-methylpentan-2-one* $C_{12}H_{17}NO$, Formel IX.

B. Bei 5-tägigem Erwärmen von Anilin mit 2-Methyl-penten-(2)-on-(4) (*Jones, Kenner*, Soc. **1933** 363, 366).

Kp_3: 108°.

Charakterisierung durch Überführung in 2-[*N*-Nitroso-anilino]-2-methyl-pentanon-(4) (F: 59—61°): *Jo., Ke.*

(±)-3-Anilino-3-methyl-pentanon-(2), *(±)-3-anilino-3-methylpentan-2-one* $C_{12}H_{17}NO$, Formel X (X = O).

B. Aus (±)-3-Anilino-3-methyl-pentanon-(2)-phenylimin beim Behandeln mit kalter wss. Salzsäure (*Garry*, A. ch. [11] **17** [1942] 5, 29).

Krystalle; F: 45° (*Ga.*, l. c. S. 29). UV-Spektrum: *Ga.*, l. c. S. 40.

Bildung von 2.3-Dimethyl-3-äthyl-3*H*-indol beim Erhitzen mit Anilin und Anilinhydrochlorid: *Ga.*, l. c. S. 75.

Pikrat $C_{12}H_{17}NO \cdot C_6H_3N_3O_7$. Gelbe Krystalle (aus Ae.); F: 95° (*Ga.*, l. c. S. 29).

(±)-3-Anilino-3-methyl-pentanon-(2)-oxim, *(±)-3-anilino-3-methylpentan-2-one oxime* $C_{12}H_{18}N_2O$, Formel X (X = NOH) (H 215; dort als Methyl-[α-anilino-α-methyl-propyl]-ketoxim und *β*-Oximino-*γ*-anilino-*γ*-methyl-pentan bezeichnet).

B. Aus Butandion-phenylimin-oxim beim Erwärmen mit Äthylmagnesiumjodid in Äther (*Garry*, A. ch. [11] **17** [1942] 5, 30). Aus 3-Anilino-3-methyl-pentanon-(2) und Hydroxylamin (*Ga.*, l. c. S. 29).

Krystalle (aus Ae. + PAe.); F: 82°.

Hydrochlorid. Krystalle (aus A.); F: 170° [Zers.].

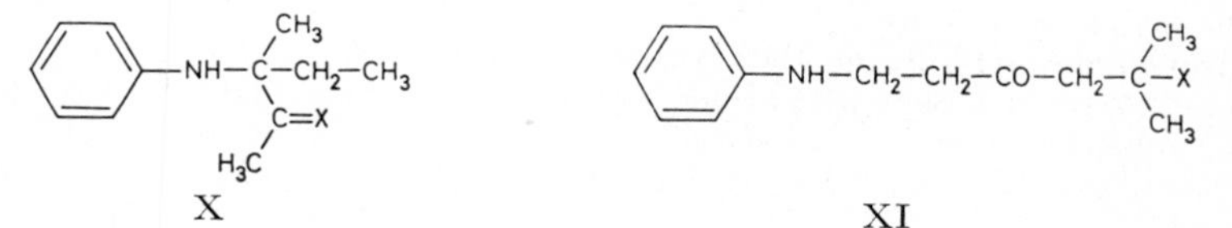

6-Anilino-2-methyl-hexanon-(4), *1-anilino-5-methylhexan-3-one* $C_{13}H_{19}NO$, Formel XI (X = H).

B. Aus 6-Anilino-2-methyl-hexen-(2)-on-(4) bei der Hydrierung an Platin in Methanol (*Nasarow, Chomenko*, Izv. Akad. S.S.S.R. Otd. chim. **1945** 504, 506; C. A. **1948** 7727).

Krystalle; F: 40°.

Hydrogenoxalat $C_{13}H_{19}NO \cdot C_2H_2O_4$. Krystalle; F: 96—97°.

2-Chlor-6-anilino-2-methyl-hexanon-(4), *1-anilino-5-chloro-5-methylhexan-3-one* $C_{13}H_{18}ClNO$, Formel XI (X = Cl).

B. Aus 6-Anilino-2-methyl-hexen-(2)-on-(4) beim Einleiten von Chlorwasserstoff in eine Lösung in Petroläther (*Nasarow, Chomenko*, Izv. Akad. S.S.S.R. Otd. chim. **1945** 504, 508; C. A. **1948** 7727).

Hydrochlorid $C_{13}H_{18}ClNO \cdot HCl$. Krystalle; F: 92°.

Hexachloroplatinat(IV) $2\,C_{13}H_{18}ClNO \cdot H_2PtCl_6$. Orangefarbene Krystalle; F: 95—96°.

(±)-3-Anilino-3-methyl-hexanon-(2)-oxim, *(±)-3-anilino-3-methylhexan-2-one oxime* $C_{13}H_{20}N_2O$, Formel XII.

B. Beim Behandeln von 3-Methyl-hexen-(2) (Kp: 95,5—97°) mit Amylnitrit, Essig=

säure und Salpetersäure und Erwärmen des Reaktionsprodukts (F: 88—92°) mit Anilin in Äthanol (*Montagne*, A. ch. [10] **13** [1930] 40, 88, 92, 95).

Krystalle (aus wss. A.); F: 120—121°.

(±)-3-Anilino-3-methyl-heptanon-(2), (±)-*3-anilino-3-methylheptan-2-one* $C_{14}H_{21}NO$, Formel XIII (X = O).

B. Aus (±)-3-Anilino-3-methyl-heptanon-(2)-phenylimin beim Behandeln mit kalter wss. Salzsäure (*Garry*, A. ch. [11] **17** [1942] 5, 33).

Krystalle (aus PAe.); F: 86° (*Ga.*, l. c. S. 33). UV-Spektrum: *Ga.*, l. c. S. 40.

Bildung von 2.3-Dimethyl-3-butyl-3*H*-indol beim Erhitzen unter Zusatz von Zink=chlorid oder Anilin-hydrochlorid: *Ga.*, l. c. S. 76.

Pikrat $C_{14}H_{21}NO \cdot C_6H_3N_3O_7$. Gelbe Krystalle (aus A.); F: 130° (*Ga.*, l. c. S. 33).

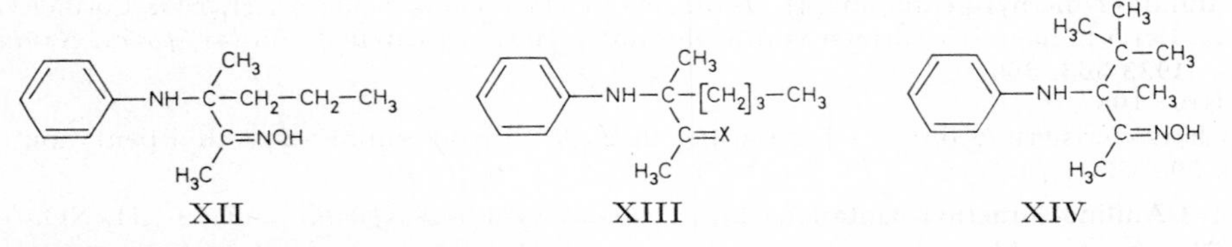

XII XIII XIV

(±)-3-Anilino-3-methyl-heptanon-(2)-oxim, (±)-*3-anilino-3-methylheptan-2-one oxime* $C_{14}H_{22}N_2O$, Formel XIII (X = NOH).

B. Aus (±)-3-Anilino-3-methyl-heptanon-(2) und Hydroxylamin (*Garry*, A. ch. [11] **17** [1942] 5, 34).

Krystalle (aus Bzl. + PAe.); F: 96°. UV-Spektrum: *Ga.*, l. c. S. 42.

(±)-3-Anilino-2.2.3-trimethyl-pentanon-(4)-oxim, (±)-*3-anilino-3,4,4-trimethylpentan-2-one oxime* $C_{14}H_{22}N_2O$, Formel XIV.

Eine Verbindung (Krystalle [aus Bzl.]; F: 166°), der wahrscheinlich diese Konstitution zukommt, ist beim Behandeln von Butandion-phenylimin-oxim mit *tert*-Butylmagnesium=chlorid in Äther erhalten worden (*Roch-Garry*, Bl. **1947** 450, 453).

6-Anilino-2-methyl-hexen-(2)-on-(4), *1-anilino-5-methylhex-4-en-3-one* $C_{13}H_{17}NO$, Formel I.

B. Aus 2-Methyl-hexadien-(2.5)-on-(4) und Anilin (*Nasarow, Chomenko*, Izv. Akad. S.S.S.R. Otd. chim. **1945** 504, 506; C. A. **1948** 7727).

Krystalle (aus PAe.); F: 61°.

Beim Erhitzen unter 7 Torr auf 160° erfolgt partielle Dissoziation in Anilin und 2-Meth=yl-hexadien-(2.5)-on-(4). Beim Erwärmen mit Kaliumpermanganat und wss. Kalilauge sind *trans*-Azobenzol, Aceton, Ameisensäure und Oxalsäure erhalten worden.

Hexachloroplatinat(IV) 2 $C_{13}H_{17}NO \cdot H_2PtCl_6$. Gelborangefarbene Krystalle; F: 128°.

Oxalat 2 $C_{13}H_{17}NO \cdot C_2H_2O_4$. F: 98°.

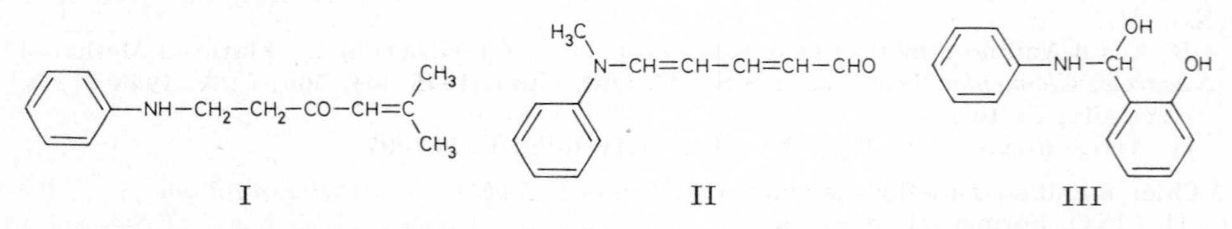

I II III

1-[*N*-Methyl-anilino]-pentadien-(1.3)-al-(5), *5-(N-methylanilino)penta-2,4-dienal* $C_{12}H_{13}NO$, Formel II (vgl. H 215; E I 185).

Beim Erwärmen eines nach dem H 215 angegebenen Verfahren hergestellten Präparats mit Dimethylamin in Äthanol unter Zusatz von Perchlorsäure ist [Dimethyl-(5-dimethyl=amino-pentadien-(2.4)-yliden)-ammonium]-perchlorat (F: 165° [E III **4** 903]) erhalten worden (*König, Regner*, B. **63** [1930] 2823, 2826).

(±)-α-Anilino-2-hydroxy-benzylalkohol, (±)-*α-anilino-2-hydroxybenzyl alcohol* $C_{13}H_{13}NO_2$, Formel III (H 216; dort als [2.α-Dioxy-benzyl]-anilin bezeichnet).

Hydrochlorid $C_{13}H_{13}NO_2 \cdot HCl$ (H 216). Grüngelbe Krystalle; F: 94° (*Garzuly-Janke*,

Magyar chem. Folyoirat **41** [1935] 4, 6; C. **1936** I 324).

Hydrobromid $C_{13}H_{13}NO_2 \cdot HBr$. Orangegelbe Krystalle; F: 114°.

Perchlorat. Gelbe Krystalle; F: 140—141°.

Nitrat $C_{13}H_{13}NO_2 \cdot HNO_3$. Gelbe Krystalle; F: 125°.

Hexachloroplatinat(IV) $C_{13}H_{13}NO_2 \cdot H_2PtCl_6$. Hellgelbe Krystalle.

Salicylidenanilin, Salicylaldehyd-phenylimin, o-(N-*phenylformimidoyl)phenol* $C_{13}H_{11}NO$, Formel IV (R = X = H) (H 217; E I 185; E II 127).

Gelbe Krystalle; F: 52° [aus wss. A.] (*Smets, Delvaux*, Bl. Soc. chim. Belg. **56** [1947] 106, 131, 132), 50,5° [aus A.] (*Jolles, Krugliakoff*, R. A. L. [6] **11** [1930] 197, 200), 50° (*Passerini, Losco*, G. **68** [1938] 485, 487). IR-Spektrum (CCl_4; 1—2,1 μ): *Hoyer*, Z. El. Ch. **47** [1941] 451, 452. Absorptionsspektrum von Lösungen in Chloroform: *v. Kiss, Bácskai, Csokán*, J. pr. [2] **160** [1942] 1, 6; in Äthanol: *v. Kiss, Auer*, Z. physik. Chem. [A] **189** [1941] 344, 351, 353; *v. K., Bá., Cs.*; *v. Kiss, Nyiri*, Z. anorg. Ch. **249** [1942] 340, 344; *v. Kiss, Bácskai, Varga*, Acta Univ. Szeged **1** [1943] 155, 157; *Ferguson, Branch*, Am. Soc. **66** [1944] 1467, 1472; *Sm., De.*, l. c. S. 108; von alkal. wss. Lösungen: *Sm., De.*; *Kiss, Csetneky*, Acta Univ. Szeged **2** [1948] 37, 43, 46; von Lösungen in wss. Salzsäure: *Sm., De.*; in wss. Perchlorsäure: *Kiss, Cs.* Dipolmoment: 2,57 D [ε; Dioxan] (*Curran, Chaput*, Am. Soc. **69** [1947] 1134, 1135), 2,45 D [ε; Bzl.] (*De Gaouck, Le Fèvre*, Soc. **1938** 741, 742), 2,40 D [ε; Bzl.] (*Cu., Ch.*).

Kupfer(II)-Salz $Cu(C_{13}H_{10}NO)_2$ (H 217; E II 127). *B.* Beim Behandeln von Anilin mit Salicylaldehyd und Kupfer(II)-acetat in Äthanol (*Pfeiffer, Krebs*, J. pr. [2] **155** [1940] 77, 91). Beim Erwärmen des Kupfer(II)-Salzes des Salicylaldehyds mit *N*-Phenylhydroxylamin und Äthanol (*Pfeiffer, Glaser*, J. pr. [2] **153** [1939] 265, 272). — Rotbraune Krystalle (aus $CHCl_3$ + Ae.), F: 234—236° (*Pf., Gl.*); schwarze Krystalle [aus Acn.] (*Pf., Kr.*; *v. Stackelberg*, Z. anorg. Ch. **253** [1947] 136, 155); Pyridin enthaltende dunkelgrüne Krystalle [aus Py.] (*Pf., Gl.*). Monoklin; Raumgruppe P $2_1/c$; aus dem Röntgen-Diagramm ermittelte Dimensionen der Elementarzelle: a = 11,90 Å; b = 7,85 Å; c = 13,2 Å; β = 56,9°; n = 2 (*v. St.*; vgl. *Wei, Stogsdill, Lingafelter*, Acta cryst. **17** [1964] 1058). Dichte: 1,39 (*v. St.*). Absorptionsspektrum (200—700 mμ) von Lösungen in Chloroform und in Äthanol: *v. Kiss, Bácskai, Csokán*, J. pr. [2] **160** [1942] 1, 6; *Bácskai*, Magyar chem. Folyoirat **46** [1940] 125, 127; in Chloroform, Tetrachlormethan, Benzol, Toluol, Xylol, Äthanol, Propanol-(1), Aceton und Pyridin: *Kiss, Szöke*, Acta Univ. Szeged **2** [1948] 155, 159. Magnetische Susceptibilität: *Calvin, Barkelew*, Am. Soc. **68** [1946] 2267. — Geschwindigkeit des Austausches von Kupfer beim Behandeln mit Kupfer-64 enthaltendem Kupfer(II)-acetat in Pyridin bei 25°: *Duffield, Calvin*, Am. Soc. **68** [1946] 557, 559. Beim Behandeln mit Methylamin in Methanol und Äthanol ist das Kupfer(II)-Salz des Salicylaldehyd-methylimins, beim Behandeln mit Äthylendiamin in wss. Äthanol ist das Kupfer(II)-Salz des *N.N'*-Disalicyliden-äthylendiamins, beim Behandeln mit *o*-Phenylendiamin in Äthanol ist das Kupfer(II)-Salz des *N.N'*-Disalicyliden-*o*-phenylendiamins erhalten worden (*Pf., Gl.*, l. c. S. 275).

Uranyl-Salz $[UO_2](C_{13}H_{10}NO)_2$. Absorptionsspektrum (A. und $CHCl_3$; 200 mμ bis 700 mμ): *v. Kiss, Nyiri*, Z. anorg. Ch. **249** [1942] 340, 344.

Eisen(III)-Salz $FeCl(C_{13}H_{10}NO)_2$. Braunrote Krystalle [aus A.] (*Thielert, Pfeiffer*, B. **71** [1938] 1399, 1402).

Kobalt(II)-Salz $Co(C_{13}H_{10}NO)_2$. Orangerote Krystalle (aus A.); F: 191° (*Endo*, J. chem. Soc. Japan **65** [1944] 428, 432; C. A. **1948** 1576).

Nickel(II)-Salz $Ni(C_{13}H_{10}NO)_2$. Grüne Krystalle; F: 248° [Zers.; korr.] (*Hunter, Marriott*, Soc. **1937** 2000, 2002). Absorptionsspektrum (200—700 mμ) von Lösungen in Chloroform, Tetrachlormethan, Benzol, Toluol, Xylol, Äthanol, Propanol-(1), Aceton und Pyridin: *Szabó*, Acta Univ. Szeged **1** [1942] 52, 57; *v. Kiss, Szabó*, Z. anorg. Ch. **252** [1943] 172, 177; *Kiss, Szöke*, Acta Univ. Szeged **2** [1948] 155, 156.

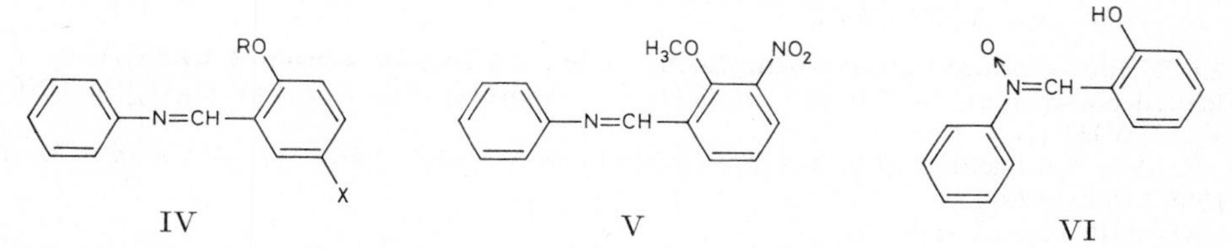

2-Deuteriooxy-benzaldehyd-phenylimin, *O-deuterio-o-(N-phenylformimidoyl)phenol* $C_{13}H_{10}DNO$, Formel IV (R = D, X = H).

B. Beim Behandeln von Salicylaldehyd-phenylimin in Benzol mit Deuteriumoxid (*Hoyer*, Z. El. Ch. **47** [1941] 451, 452).

IR-Spektrum (CCl_4): *Ho.*

[2-Methoxy-benzyliden]-anilin, 2-Methoxy-benzaldehyd-phenylimin, *N-(2-methoxybenzylidene)aniline* $C_{14}H_{13}NO$, Formel IV (R = CH_3, X = H) (H 217; E I 185, E II 127).

Krystalle; F: 44° [aus A.] (*De Gaouck, Le Fèvre*, Soc. **1938** 741, 744), 42° (*Asahina, Yosioka*, B. **69** [1936] 1367; J. pharm. Soc. Japan **57** [1937] 131, 134). Absorptionsspektrum (A.; 200–400 mμ bzw. 200–500 mμ): *De Gaouck, Le Fèvre*, Soc. **1939** 1457, 1461; *v. Kiss, Bácskai, Varga*, Acta Univ. Szeged **1** [1943] 155, 161; *Kiss, Pauncz*, Acta Univ. Szeged **2** [1948] 83, 84. Dipolmoment (ε; Bzl.): 3,02 D (*De G., Le F.*, Soc. **1938** 742).

[2-Phenoxy-benzyliden]-anilin, 2-Phenoxy-benzaldehyd-phenylimin, *N-(2-phenoxybenzylidene)aniline* $C_{19}H_{15}NO$, Formel IV (R = C_6H_5, X = H).

B. Aus 2-Phenoxy-benzaldehyd und Anilin (*Lock, Kempter*, M. **67** [1936] 24, 28).

Krystalle (aus A.); F: 66–67°.

5-Brom-2-hydroxy-benzaldehyd-phenylimin, *4-bromo-2-(N-phenylformimidoyl)phenol* $C_{13}H_{10}BrNO$, Formel IV (R = H, X = Br) (H 217).

Orangefarbene Krystalle (aus A.); F: 122,5° [korr.] (*Brewster, Millam*, Am. Soc. **55** [1933] 763, 765), 119° (*De Gaouck, Le Fèvre*, Soc. **1938** 741, 744). Dipolmoment (ε; Bzl.): 1,19 D (*De G., Le F.*).

[3-Nitro-2-methoxy-benzyliden]-anilin, 3-Nitro-2-methoxy-benzaldehyd-phenylimin, *N-(2-methoxy-3-nitrobenzylidene)aniline* $C_{14}H_{12}N_2O_3$, Formel V.

B. Aus 3-Nitro-2-methoxy-benzaldehyd und Anilin (*Asahina, Yosioka*, B. **69** [1936] 1367; J. pharm. Soc. Japan **57** [1937] 131, 134).

Hellgelbe Krystalle; F: 60–61°.

5-Nitro-2-hydroxy-benzaldehyd-phenylimin, *4-nitro-2-(N-phenylformimidoyl)phenol* $C_{13}H_{10}N_2O_3$, Formel IV (R = H, X = NO_2) (E I 185; dort als [5-Nitro-2-oxy-benzal]-anilin und 5-Nitro-salicylaldehyd-anil bezeichnet).

Absorptionsspektrum (A.; 280–450 mμ): *De Gaouck, Le Fèvre*, Soc. **1939** 1457, 1461.

Salicylidenanilin-*N*-oxid, Salicylaldehyd-[*N*-phenyl-oxim], *salicylaldehyde N-phenyloxime* $C_{13}H_{11}NO_2$, Formel VI (E I 185; E II 128; dort als *N*-Phenyl-isosalicylaldoxim und Salicylaldoxim-*N*-phenyläther bezeichnet).

Überführung in Salicylaldehyd-phenylimin durch Behandlung mit wss. Kalilauge und Eisen(II)-sulfat: *Jolles, Krugliakoff*, R.A.L. [6] **11** [1930] 197, 200. Beim Behandeln mit Kaliumcyanid in Methanol ist Phenylimino-[2-hydroxy-phenyl]-acetonitril erhalten worden (*Bellavita*, G. **65** [1935] 897, 904).

3-Hydroxy-benzaldehyd-phenylimin, *m-(N-phenylformimidoyl)phenol* $C_{13}H_{11}NO$, Formel VII (R = H) (H 217).

F: 101–102° [korr.] (*Billman, Diesing*, J. org. Chem. **22** [1957] 1068, 1069). Absorptionsspektrum (A.; 200–500 mμ): *v. Kiss, Auer*, Z. physik. Chem. [A] **189** [1941] 344, 354; *v. Kiss, Bácskai, Varga*, Acta Univ. Szeged **1** [1943] 155, 157; *Kiss, Pauncz*, Acta Univ. Szeged **2** [1948] 83, 86.

[3-Phenoxy-benzyliden]-anilin, 3-Phenoxy-benzaldehyd-phenylimin, *N-(3-phenoxybenzylidene)aniline* $C_{19}H_{15}NO$, Formel VII (R = C_6H_5).

B. Aus 3-Phenoxy-benzaldehyd und Anilin (*Lock, Kempter*, M. **67** [1936] 24, 31, 33).

Krystalle (aus A.); F: 58°.

[2.6-Dichlor-4-brom-3-äthoxy-benzyliden]-anilin, 2.6-Dichlor-4-brom-3-äthoxy-benzaldehyd-phenylimin, *N-(4-bromo-2,6-dichloro-3-ethoxybenzylidene)aniline* $C_{15}H_{12}BrCl_2NO$, Formel VIII (X = Cl).

B. Aus 2.6-Dichlor-4-brom-3-äthoxy-benzaldehyd und Anilin (*Lock, Nottes*, B. **68** [1935] 1200, 1203).

Krystalle (aus A.); F: 59°.

[2-Chlor-4.6-dibrom-3-äthoxy-benzyliden]-anilin, 2-Chlor-4.6-dibrom-3-äthoxy-benzaldehyd-phenylimin, N-(*4,6-dibromo-2-chloro-3-ethoxybenzylidene*)*aniline* $C_{15}H_{12}Br_2ClNO$, Formel VIII (X = Br).

B. Aus 2-Chlor-4.6-dibrom-3-äthoxy-benzaldehyd und Anilin (*Lock, Nottes*, B. **68** [1935] 1200, 1203).

Gelbliche Krystalle (aus A.); F: 63,5°.

4-Hydroxy-benzaldehyd-phenylimin, p-(N-*phenylformimidoyl*)*phenol* $C_{13}H_{11}NO$, Formel IX (R = X = H) (H 218; E I 186; E II 128).

Diese Verbindung hat auch in dem H 217 als α-Anilino-4-hydroxy-benzylalkohol beschriebenen, dort als [4.α-Dioxy-benzyl]-anilin und 4-Oxy-benzaldehyd-anilin bezeichneten Präparat vorgelegen (*Witkop, Patrick, Kissman*, B. **85** [1952] 949, 969).

Krystalle; F: 195—197° (*Wi., Pa., Ki.*), 195° [aus A.] (*Smets, Delvaux*, Bl. Soc. chim. Belg. **56** [1947] 106, 132). Absorptionsspektrum von Lösungen in Äthanol: *v. Kiss, Auer*, Z. physik. Chem. [A] **189** [1941] 344, 354; *v. Kiss, Bácskai, Varga*, Acta Univ. Szeged **1** [1943] 155, 157; *Ferguson, Branch*, Am. Soc. **66** [1944] 1467, 1472; *Sm., De.*, l. c. S. 110; *Kiss, Pauncz*, Acta Univ. Szeged **2** [1948] 83, 86; einer alkal. Lösung sowie einer Lösung in wss. Salzsäure: *Sm., De.*, l. c. S. 110.

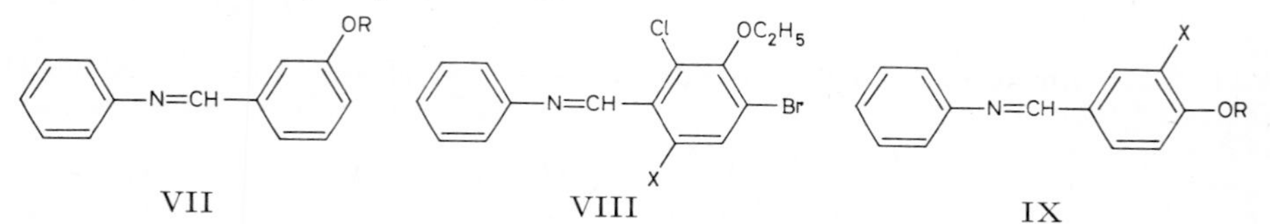

VII VIII IX

[4-Methoxy-benzyliden]-anilin, 4-Methoxy-benzaldehyd-phenylimin, N-(*4-methoxybenzylidene*)*aniline* $C_{14}H_{13}NO$, Formel IX (R = CH_3, X = H) (H 218; E I 186; E II 128; dort auch als Anisal-anilin bezeichnet).

Krystalle; F: 63° [aus wss. A.] (*Smets, Delvaux*, Bl. Soc. chim. Belg. **56** [1947] 106, 132), 61° [aus A.] (*Hertel, Schinzel*, Z. physik. Chem. [B] **48** [1941] 289, 305). $D_4^{77,8}$: 1,0672; $n_{656,3}^{77,8}$: 1,62585; $n_{587,6}^{77,8}$: 1,63803; $n_{486,1}^{77,8}$: 1,67101 (*v. Auwers, Wunderling*, B. **65** [1932] 70, 78). Absorptionsspektrum (A.; 400—600 mμ): *Kiss, Pauncz*, Acta Univ. Szeged **2** [1948] 83, 87; Absorptionsspektrum (A. und wss. Salzsäure): *Sm., De.*, l. c. S. 112.

Geschwindigkeitskonstante der Reaktion mit Methyljodid in Äthanol bei 50°: *He., Sch.* Bei 2-tägigem Erwärmen mit Aceton und Äthanol ist 5-Anilino-1.5-bis-[4-methoxy-phenyl]-penten-(1)-on-(3) (F: 142°), bei mehrtägigem Behandeln mit 1.3-Diphenyl-aceton in Äthanol ist 1-Anilino-2.4-diphenyl-1-[4-methoxy-phenyl]-butanon-(3) (F: 147°) erhalten worden (*Dilthey, Nagel*, J. pr. [2] **130** [1931] 147, 159, 162). Bildung von [4-Methoxy-phenyl]-bis-[indolyl-(3)]-methan bei mehrtägigem Behandeln mit Indol unter Zusatz von Benzol und anschliessendem Behandeln mit wss. Salzsäure: *Passerini, Albani*, G. **65** [1935] 933, 937.

[4-Phenoxy-benzyliden]-anilin, 4-Phenoxy-benzaldehyd-phenylimin, N-(*4-phenoxybenzylidene*)*aniline* $C_{19}H_{15}NO$, Formel IX (R = C_6H_5, X = H).

B. Aus 4-Phenoxy-benzaldehyd und Anilin (*Lock, Kempter*, M. **67** [1936] 24, 34).

Krystalle (aus wss. A.); F: 48—49°.

[3-Chlor-4-methoxy-benzyliden]-anilin, 3-Chlor-4-methoxy-benzaldehyd-phenylimin, N-(*3-chloro-4-methoxybenzylidene*)*aniline* $C_{14}H_{12}ClNO$, Formel IX (R = CH_3, X = Cl).

B. Aus 3-Chlor-4-methoxy-benzaldehyd und Anilin (*Naik, Wheeler*, Soc. **1938** 1780, 1781).

Krystalle (aus A.); F: 85°.

[3-Brom-4-methoxy-benzyliden]-anilin, 3-Brom-4-methoxy-benzaldehyd-phenylimin, N-(*3-bromo-4-methoxybenzylidene*)*aniline* $C_{14}H_{12}BrNO$, Formel IX (R = CH_3, X = Br).

B. Aus 3-Brom-4-methoxy-benzaldehyd und Anilin (*Naik, Wheeler*, Soc. **1938** 1780, 1781).

Krystalle (aus A.); F: 96—97°.

[4-Hydroxy-benzyliden]-anilin-*N*-oxid, 4-Hydroxy-benzaldehyd-[*N*-phenyl-oxim], p-*hydroxybenzaldehyde* N-*phenyloxime* $C_{13}H_{11}NO_2$, Formel X (R = H).

B. Beim Behandeln von 4-Hydroxy-benzaldehyd-phenylimin mit *N*-Phenyl-hydroxyl=

amin in Äther (*Jolles*, G. **68** [1938] 488, 495).
F: 210°.

[4-Methoxy-benzyliden]-anilin-*N*-oxid, 4-Methoxy-benzaldehyd-[*N*-phenyl-oxim], p-*anisaldehyde* N-*phenyloxime* $C_{14}H_{13}NO_2$, Formel X (R = CH_3) (H **27** 105; E II **12** 128; dort als *N*-Phenyl-isoanisaldoxim und als Anisaldoxim-*N*-phenyläther bezeichnet).

Beim Behandeln dieser Verbindung mit Kaliumcyanid in Methanol ist bei Raumtemperatur Phenylimino-[4-methoxy-phenyl]-acetonitril, bei 100° hingegen 4-Methoxy-*N*-phenyl-benzimidsäure-methylester erhalten worden (*Bellavita*, G. **65** [1935] 889, 894, 905).

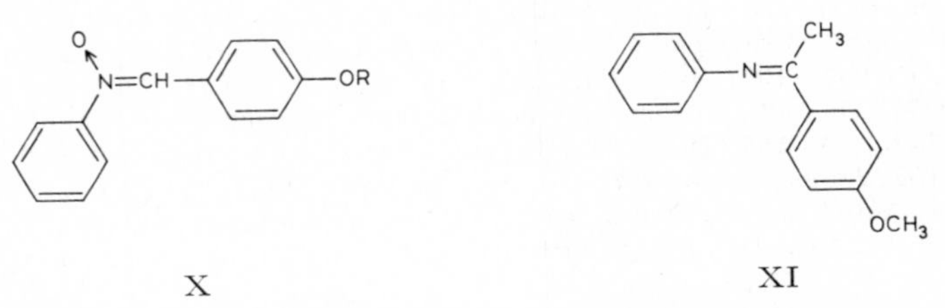

X XI

***N*-[1-(4-Methoxy-phenyl)-äthyliden]-anilin, 1-[4-Methoxy-phenyl]-äthanon-(1)-phenylimin,** 4-Methoxy-acetophenon-phenylimin, N-(*4-methoxy-α-methylbenzylidene*)*aniline* $C_{15}H_{15}NO$, Formel XI.

B. Aus 1-[4-Methoxy-phenyl]-äthanon-(1) und Anilin (*Dziewoński et al.*, Roczniki Chem. **13** [1933] 530, 535; C. **1934** II 549).

Krystalle; F: 94°. Kp_{10}: 220°.

Bis-[2-phenylimino-1-(4-chlor-phenyl)-äthyl]-äther, N,N'-{*2,2'-oxybis*[*2-*(p-*chlorophenyl*)*ethanylylidene*]}*dianiline* $C_{28}H_{22}Cl_2N_2O$, Formel XII, und **Bis-[2-anilino-1-(4-chlor-phenyl)-vinyl]-äther,** N,N'-{*2,2'-oxybis*[*2-*(p-*chlorophenyl*)*vinylene*]}*dianiline* $C_{28}H_{22}Cl_2N_2O$, Formel XIII.

Diese Konstitutionsformeln kommen für die H **14** 56 als 2-Anilino-1-[4-chlor-phenyl]-äthanon-(1) beschriebene Verbindung (F: 187—188°) in Betracht (*Crowther, Mann, Purdie*, Soc. **1943** 58, 61).

B. Bei kurzem Erwärmen von 4-Chlor-phenacylbromid mit Anilin (*Cr., Mann, Pu.*, l. c. S. 65).

Hellgelbe Krystalle (aus Eg. oder Acetanhydrid); F: 192—193°.

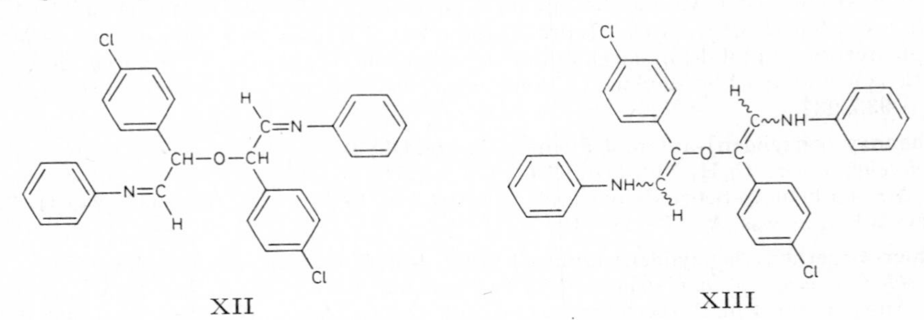

XII XIII

6-Hydroxy-2-methyl-benzaldehyd-phenylimin, *2-*(N-*phenylformimidoyl*)-m-*cresol* $C_{14}H_{13}NO$, Formel I (E I 186; dort als [6-Oxy-2-methyl-benzal]-anilin bezeichnet).

Gelbe Krystalle (aus A.); F: 51,5° (*Love*, Soc. **1934** 244).

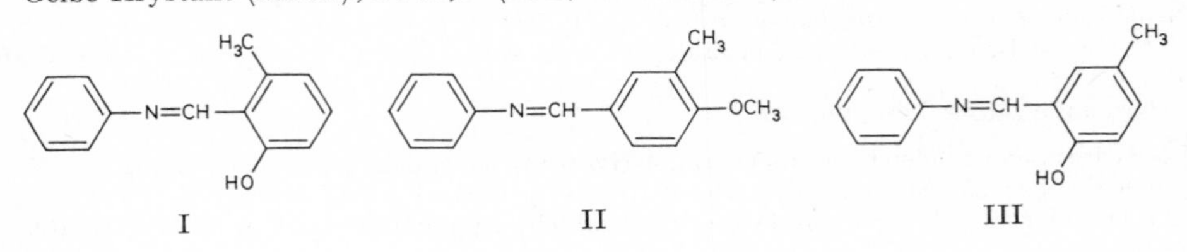

I II III

4-Methoxy-3-methyl-benzaldehyd-phenylimin, N-(*4-methoxy-3-methylbenzylidene*)*aniline* $C_{15}H_{15}NO$, Formel II.

B. Beim Erhitzen von [4-Methoxy-3-methyl-phenyl]-glyoxylsäure (aus dem entsprechenden Äthylester [E III **10** 4228] durch Erwärmen mit wss. Natronlauge hergestellt) mit Anilin auf 155° (*Kindler, Metzendorf, Kwok*, B. **76** [1943] 308, 312).

Kp_{16}: 218—219°.

6-Hydroxy-3-methyl-benzaldehyd-phenylimin, *2-*(N-*phenylformimidoyl*)-p-*cresol* $C_{14}H_{13}NO$, Formel III (H 218; E I 186; E II 128; dort als [6-Oxy-3-methyl-benzal]-anilin bezeichnet).

Dipolmoment (ε; Bzl.) der gelben Modifikation: 2,95 D; der roten Modifikation: 2,91 D (*De Gaouck, Le Fèvre*, Soc. **1939** 1392). Absorptionsspektrum (A.; 200—450 mμ) der beiden Modifikationen: *De Gaouck, Le Fèvre*, Soc. **1939** 1457, 1461.

2-Hydroxy-4-methyl-benzaldehyd-phenylimin, *6-*(N-*phenylformimidoyl*)-m-*cresol* $C_{14}H_{13}NO$, Formel IV (H 219; dort als [2-Oxy-4-methyl-benzal]-anilin bezeichnet).

Gelbe Krystalle (aus A.); F: 93° (*Love*, Soc. **1934** 244).

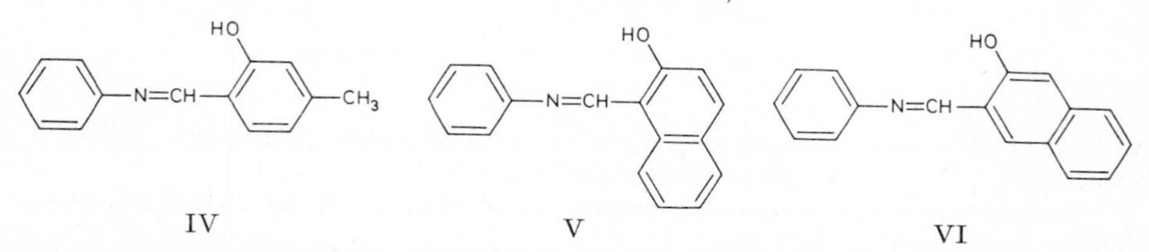

IV V VI

2-Hydroxy-naphthaldehyd-(1)-phenylimin, *1-*(N-*phenylformimidoyl*)-*2-naphthol* $C_{17}H_{13}NO$, Formel V (H 220; E I 186; E II 129).

B. Beim Erhitzen von Naphthol-(2) mit *N*-Phenyl-formimidsäure-äthylester auf 160° (*Knott*, Soc. **1947** 976). Aus 2-Hydroxy-dithionaphthoesäure-(1) beim Erwärmen mit Anilin in Äthanol (*Wingfoot Corp.*, U.S.P. 2328802 [1942]).

Krystalle; F: 95° (*Iglesias*, An. Soc. españ. **33** [1935] 119, 123), 92° [aus Me.] (*Kn.*).

Kupfer(II)-Salz $Cu(C_{17}H_{12}NO)_2$. *B.* Beim Behandeln von 2-Hydroxy-naphthaldehyd-(1) mit Kupfer(II)-acetat und Anilin in Äthanol (*Pfeiffer, Krebs*, J. pr. [2] **155** [1940] 77, 107). — Rotbraune bis schwarze Krystalle; F: 238—239° [aus $CHCl_3$ oder Acn.] (*Pf., Kr.*), 237—238° [aus A. oder Py.] (*Pfeiffer, Glaser*, J. pr. [2] **153** [1939] 265, 279). Aus dem Röntgen-Diagramm ermittelte Dimensionen der Elementarzelle: *v. Stackelberg*, Z. anorg. Ch. **253** [1947] 136, 156.

3-Hydroxy-naphthaldehyd-(2)-phenylimin, *3-*(N-*phenylformimidoyl*)-*2-naphthol* $C_{17}H_{13}NO$, Formel VI.

B. Aus 3-Hydroxy-naphthaldehyd-(2) und Anilin (*Boehm, Profft*, Ar. **269** [1931] 25, 29).

Gelbe Krystalle (aus A.); F: 158—159°.

1-[1-Hydroxy-naphthyl-(2)]-äthanon-(1)-phenylimin, *2-*(N-*phenylacetimidoyl*)-*1-naphthol* $C_{18}H_{15}NO$, Formel VII.

B. Beim Erhitzen von 1-[1-Hydroxy-naphthyl-(2)]-äthanon-(1) mit Anilin in Gegenwart von Zinkchlorid auf 160° (*Iglesias*, An. Soc. españ. **33** [1935] 119, 124).

Grünliche Krystalle (aus A.); F: 121°.

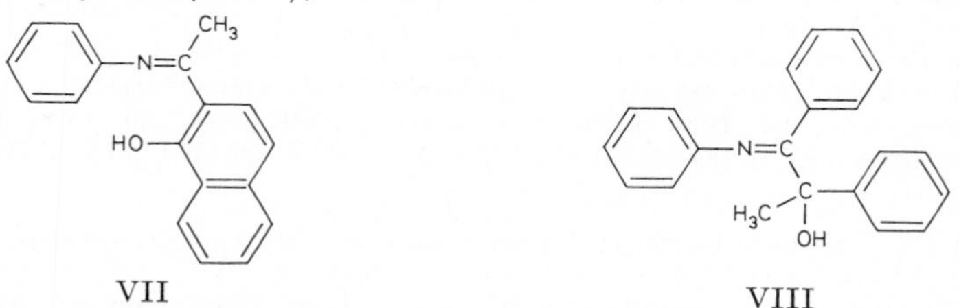

VII VIII

(±)-2-Hydroxy-1.2-diphenyl-propanon-(1)-phenylimin, (±)-*1,2-diphenyl-1-*(*phenylimino*)-*propan-2-ol* $C_{21}H_{19}NO$, Formel VIII.

B. Aus Benzil-mono-phenylimin und Methylmagnesiumjodid in Diisoamyläther

(*Montagne, Garry*, C. r. **204** [1937] 1659).
Krystalle; F: 104,5°.

10-Benzoyloxy-anthron-phenylimin, Benzoesäure-[10-phenylimino-9.10-dihydro-anthryl-(9)-ester], *9-(benzoyloxy)-10-(phenylimino)-9,10-dihydroanthracene* $C_{27}H_{19}NO_2$, Formel IX (R = H, X = CO-C_6H_5), und **10-Anilino-9-benzoyloxy-anthracen, Benzoesäure-[10-anilino-anthryl-(9)-ester]**, *9-anilino-10-(benzoyloxy)anthracene* $C_{27}H_{19}NO_2$, Formel X.

B. Aus 10-Anilino-anthron beim Behandeln mit Benzoylchlorid und Pyridin (*Meyer, Sander*, A. **396** [1913] 133, 148).

Gelbe Krystalle (aus $CHCl_3$ + Bzn.); F: 226°. Lösungen in warmem Äthanol fluorescieren grünblau.

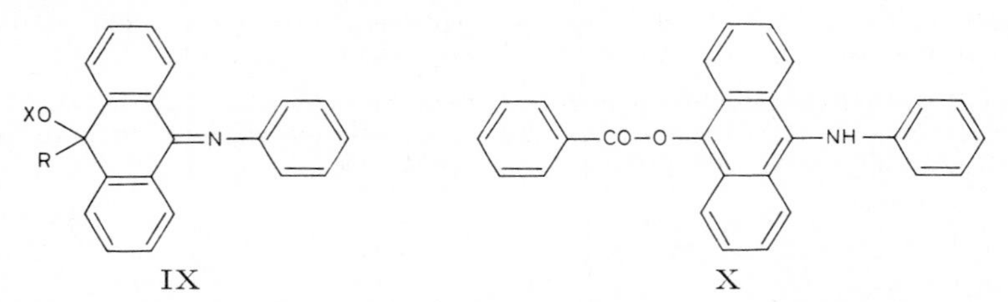

IX X

3-Phenyl-1-[2-hydroxy-phenyl]-propen-(2)-on-(1)-phenylimin, 2'-Hydroxy-chalkon-phenylimin, o-(N-*phenylcinnamimidoyl)phenol* $C_{21}H_{17}NO$.

3*t*-Phenyl-1-[2-hydroxy-phenyl]-propen-(2)-on-(1)-phenylimin, 2'-Hydroxy-*trans*-chalkon-phenylimin, Formel XI.

B. Beim Erwärmen von 2'-Hydroxy-*trans*-chalkon mit Anilin und wenig Äthanol (*Pfeiffer et al.*, A. **503** [1933] 84, 128).

Krystalle (aus A.); F: 113°.

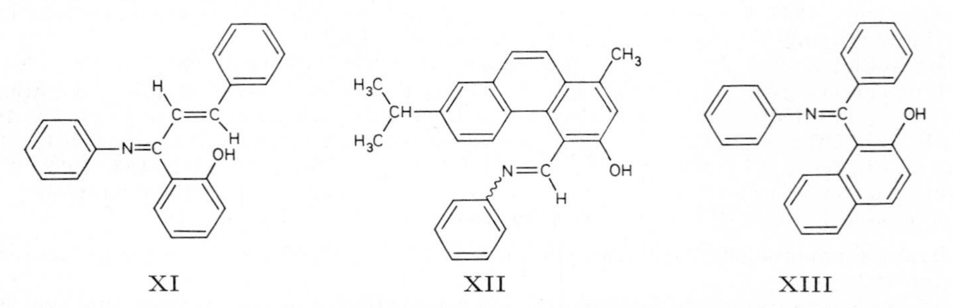

XI XII XIII

3-Hydroxy-1-methyl-7-isopropyl-phenanthren-carbaldehyd-(4)-phenylimin, *7-isopropyl-1-methyl-4-(N-phenylformimidoyl)-3-phenanthrol* $C_{25}H_{23}NO$, Formel XII.

B. Aus 3-Hydroxy-1-methyl-7-isopropyl-phenanthren-carbaldehyd-(4) [E III **8** 1592] und Anilin in Äthanol (*Karrman*, Svensk kem. Tidskr. **58** [1946] 293, 298).

Orangefarbene Krystalle; F: 116—117°.

Phenyl-[2-hydroxy-naphthyl-(1)]-keton-phenylimin, *1-(N-phenylbenzimidoyl)-2-naphthol* $C_{23}H_{17}NO$, Formel XIII.

Eine unter dieser Konstitution beschriebene Verbindung vom F: 198° (*Chauvelier*, A. ch. [12] **3** [1948] 393, 430) ist als 1.2-Diphenyl-5-benzyliden-Δ^2-pyrrolinon-(4) zu formulieren (*Chauvelier*, Bl. **1966** 1721; s. a. *Lefèbvre-Soubeyran*, Bl. **1966** 1242, 1266); Phenyl-[2-hydroxy-naphthyl-(1)]-keton-phenylimin schmilzt bei 178° (*Ch.*, Bl. **1966** 1725).

1-Hydroxy-1.1.2-triphenyl-äthanon-(2)-phenylimin, *1,1,2-triphenyl-2-(phenylimino)ethanol* $C_{26}H_{21}NO$, Formel XIV.

B. Neben 1-Hydroxy-1.1.2-triphenyl-äthanon-(2) beim Erwärmen von Benzil-mono-phenylimin mit Phenylmagnesiumbromid in Äther (*Cameron*, Trans. roy. Soc. Canada [3] **23** III [1929] 53, 59).

Krystalle (aus A.); F: 168°.

10-Hydroxy-10-phenyl-anthron-phenylimin, *10-(phenylimino)-9-phenyl-9-anthrol* $C_{26}H_{19}NO$, Formel IX ($R = C_6H_5$, $X = H$).

B. Beim Behandeln von 10-Phenylimino-anthron mit Phenylmagnesiumbromid in Äther und Benzol (*Julian, Cole, Schroeder*, Am. Soc. **71** [1949] 2368).

Krystalle (aus Ae. + PAe.); F: 165°.

Hydrochlorid. Gelbe Krystalle; F: 135° [Zers.]. Wenig beständig.

10-Methoxy-10-phenyl-anthron-phenylimin, N-(*10-methoxy-10-phenyl-9*(10H)-*anthryl*=*idene)aniline* $C_{27}H_{21}NO$, Formel IX ($R = C_6H_5$, $X = CH_3$).

B. Beim Behandeln einer Lösung von 10-Chlor-10-phenyl-anthron-phenylimin in Äther mit Natriummethylat in Benzol (*Julian, Cole, Schroeder*, Am. Soc. **71** [1949] 2368).

Orangefarbene Krystalle; F: 132—134°.

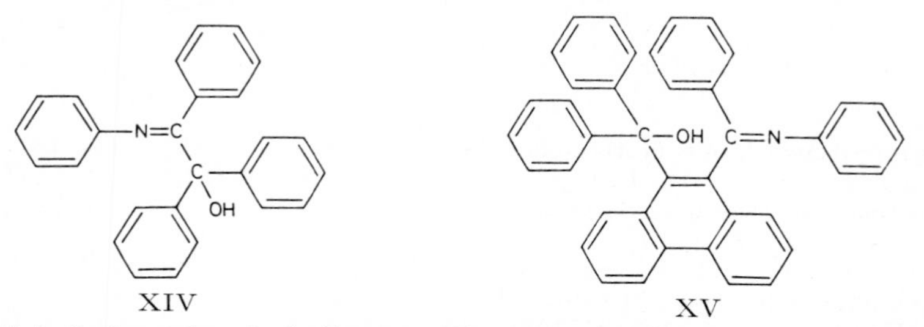

XIV XV

Phenyl-[10-(α-hydroxy-benzhydryl)-phenanthryl-(9)]-keton-phenylimin, *diphenyl*=*[10-(N-phenylbenzimidoyl)-9-phenanthryl]methanol* $C_{40}H_{29}NO$, Formel XV.

B. Beim Erwärmen von Phenyl-[10-(*N*-phenyl-benzimidoyl)-phenanthryl-(9)]-keton mit Phenylmagnesiumbromid in Äther und Toluol (*Dilthey, Hurtig, Passing*, J. pr. [2] **156** [1940] 27, 35).

Krystalle (aus Bzl. + Me.); F: 279—280° [korr.; Zers.].

Beim Behandeln mit Schwefelsäure wird eine gelbe, schwach grün fluorescierende Lösung erhalten.

Perchlorat $C_{40}H_{29}NO \cdot HClO_4$. Gelbe Krystalle; F: 342° [Zers.].

Pikrat $C_{40}H_{29}NO \cdot C_6H_3N_3O_7$. Gelbe Krystalle; F: 233—234° [Zers.]. [*Kowol*]

(±)-2-Anilino-3-hydroxy-2-methyl-pentanon-(4), *(±)-4-anilino-3-hydroxy-4-methyl*=*pentan-2-one* $C_{12}H_{17}NO_2$, Formel I.

B. Aus (±)-2-Chlor-3-hydroxy-2-methyl-pentanon-(4) und Anilin in Äther (*Gallas, González*, An. Soc. españ. **30** [1932] 645, 654).

Hydrochlorid. Krystalle; F: 189°. In Methanol und Aceton schwer löslich.

Oxim $C_{12}H_{18}N_2O_2$. Zers. oberhalb 250°.

Benzoyl-Derivat. F: 155°.

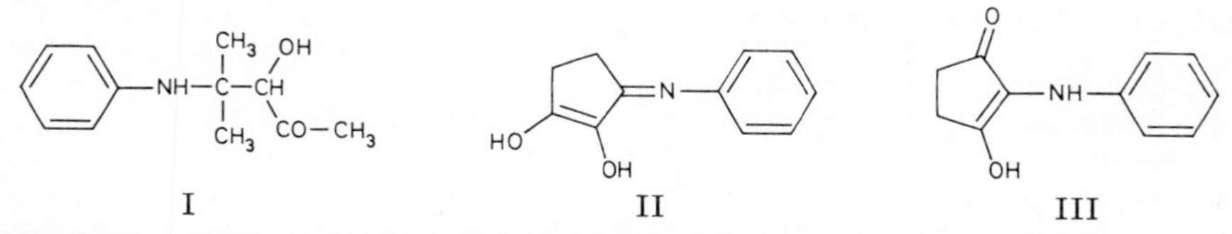

I II III

1.2-Dihydroxy-cyclopenten-(1)-on-(3)-phenylimin, *3-(phenylimino)cyclopent-1-ene-1,2-diol* $C_{11}H_{11}NO_2$, Formel II, und **2-Anilino-1-hydroxy-cyclopenten-(1)-on-(3),** *2-anilino-3-hydroxycyclopent-2-en-1-one* $C_{11}H_{11}NO_2$, Formel III, sowie Tautomere.

Eine als Reduktinsäure-anilid bezeichnete Verbindung (gelbe Krystalle [aus A.]; F: 197° [Zers.]), für die diese Konstitutionsformeln in Betracht kommen, ist beim Erwärmen von Reduktinsäure (E III **8** 1942) mit Anilin erhalten worden (*Aso*, J. agric. chem. Soc. Japan **15** [1939] 161, 166; C. A. **1940** 379).

2-Methoxy-benzochinon-(1.4)-4-phenylimin-1-oxim, *2-methoxy-4-(phenylimino)cyclo*=*hexa-2,5-dien-1-one oxime* $C_{13}H_{12}N_2O_2$, Formel IV ($R = CH_3$), und **Phenyl-[4-nitroso-3-methoxy-phenyl]-amin,** *3-methoxy-4-nitrosodiphenylamine* $C_{13}H_{12}N_2O_2$, Formel V ($R = CH_3$).

B. Aus Phenyl-[3-methoxy-phenyl]-amin beim Behandeln mit Nitrosylhydrogensulfat

und Schwefelsäure (*I. G. Farbenind.*, D.R.P. 608669 [1933]; Frdl. **21** 279).
Braune Krystalle; F: 153—154° [unkorr.].

2-Äthoxy-benzochinon-(1.4)-4-phenylimin-1-oxim, *2-ethoxy-4-(phenylimino)cyclohexa-2,5-dien-1-one oxime* $C_{14}H_{14}N_2O_2$, Formel IV (R = C_2H_5), und **Phenyl-[4-nitroso-3-äthoxy-phenyl]-amin,** *3-ethoxy-4-nitrosodiphenylamine* $C_{14}H_{14}N_2O_2$, Formel V (R = C_2H_5).

B. Aus Phenyl-[3-äthoxy-phenyl]-amin beim Behandeln mit Natriumnitrit und wasserhaltiger Schwefelsäure (*I. G. Farbenind.*, D.R.P. 608669 [1933]; Frdl. **21** 279).
Braune Krystalle (aus Me.); F: 126—127° [unkorr.].

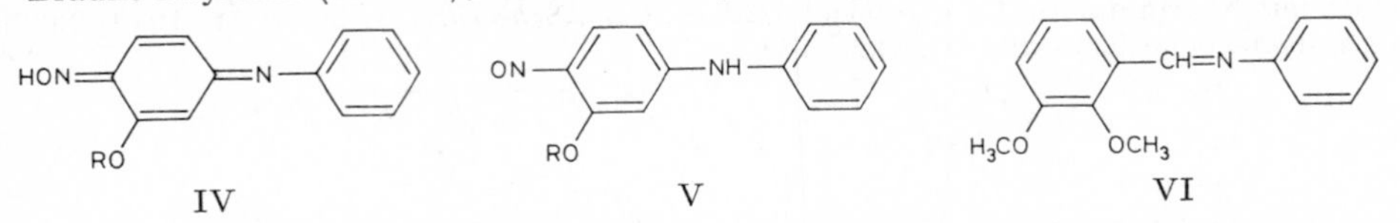

2-Isopropyloxy-benzochinon-(1.4)-4-phenylimin-1-oxim, *2-isopropoxy-4-(phenylimino)cyclohexa-2,5-dien-1-one oxime* $C_{15}H_{16}N_2O_2$, Formel IV (R = $CH(CH_3)_2$), und **Phenyl-[4-nitroso-3-isopropyloxy-phenyl]-amin,** *3-isopropoxy-4-nitrosodiphenylamine* $C_{15}H_{16}N_2O_2$, Formel V (R = $CH(CH_3)_2$).

B. Analog der im vorangehenden Artikel beschriebenen Verbindung (*I. G. Farbenind.*, D.R.P. 608669 [1933]; Frdl. **21** 279).
Braune Krystalle (aus Xylol); F: 145—146° [unkorr.].

2-Cyclohexyloxy-benzochinon-(1.4)-4-phenylimin-1-oxim, *2-(cyclohexyloxy)-4-(phenylimino)cyclohexa-2,5-dien-1-one oxime* $C_{18}H_{20}N_2O_2$, Formel IV (R = C_6H_{11}), und **Phenyl-[4-nitroso-3-cyclohexyloxy-phenyl]-amin,** *3-(cyclohexyloxy)-4-nitrosodiphenylamine* $C_{18}H_{20}N_2O_2$, Formel V (R = C_6H_{11}).

B. Aus Phenyl-[3-cyclohexyloxy-phenyl]-amin (nicht näher beschrieben) beim Behandeln mit Natriumnitrit und wasserhaltiger Schwefelsäure (*I. G. Farbenind.*, D.R.P. 608669 [1933]; Frdl. **21** 279).
Braune Krystalle (aus Cyclohexan); F: 140—141° [unkorr.].

[2.3-Dimethoxy-benzyliden]-anilin, 2.3-Dimethoxy-benzaldehyd-phenylimin, N-*(2,3-dimethoxybenzylidene)aniline* $C_{15}H_{15}NO_2$, Formel VI (E I 188).

B. Aus 2.3-Dimethoxy-benzaldehyd und Anilin in Äthanol (*Richtzenhain, Nippus*, B. **82** [1949] 408, 415; vgl. E I 188).
Gelbliche Krystalle; F: 90°.
Beim Erwärmen mit Äthylmagnesiumbromid in Äther und Behandeln des Reaktionsgemisches mit wss. Ammoniumchlorid-Lösung ist 2.3-Dimethoxy-1-[1-anilino-propyl]-benzol erhalten worden.

2.4-Dihydroxy-benzaldehyd-phenylimin, *4-(*N*-phenylformimidoyl)resorcinol* $C_{13}H_{11}NO_2$, Formel VII (R = X = H) (H 222; E I 188; E II 129; dort als [2.4-Dioxy-benzal]-anilin und als Resorcylaldehyd-anil bezeichnet).
Gelbe Krystalle; F: 131° (*Pfeiffer et al.*, J. pr. [2] **149** [1937] 217, 247).
Kupfer(II)-Salz $Cu(C_{13}H_{10}NO_2)_2$. Braunviolette Krystalle (aus Bzl.) mit 1 Mol Benzol; F: ca. 200° (*Pf. et al.*, l. c. S. 250). In Chloroform und Äthanol leicht löslich.

2-Hydroxy-4-methoxy-benzaldehyd-phenylimin, *5-methoxy-2-(*N*-phenylformimidoyl)phenol* $C_{14}H_{13}NO_2$, Formel VII (R = H, X = CH_3).

B. Aus 2-Hydroxy-4-methoxy-benzaldehyd und Anilin in Äthanol (*Solacolu, Mavrodin, Herrmann*, J. Pharm. Chim. [8] **22** [1935] 548, 555).
Krystalle (aus wss. A.); F: 68—69°.

(±)-2-Methoxy-4-[chlor-anilino-methyl]-phenol, *(±)-α-anilino-α-chloro-2-methoxy-*p-*cresol* $C_{14}H_{14}ClNO_2$, Formel VIII.

B. Aus Vanillin-phenylimin beim Behandeln einer warmen äthanol. Lösung mit wss. Salzsäure oder mit Chlorwasserstoff (*Challis, Clemo*, Soc. **1947** 613, 617).
Grüne Krystalle vom F: 206° [unkorr.] und gelbe Krystalle vom F: 132° [unkorr.]. Die grüne Modifikation ist oberhalb 130°, die gelbe Modifikation ist unterhalb 130° stabiler.

Beim Erwärmen mit der Natrium-Verbindung des Cyanessigsäure-äthylesters in Benzol ist 3-Anilino-3-[4-hydroxy-3-methoxy-phenyl]-2-cyan-propionsäure-äthylester (F: 101°) erhalten worden.

3.4-Dihydroxy-benzaldehyd-phenylimin, Protocatechualdehyd-phenylimin, *4-(N-phenyl=formimidoyl)pyrocatechol* $C_{13}H_{11}NO_2$, Formel IX (R = X = H) (E I 188).

Absorptionsspektrum (Butanol-(1); 280—550 mμ): *Lyman, Holland, Hale*, Ind. eng. Chem. Anal. **15** [1943] 489.

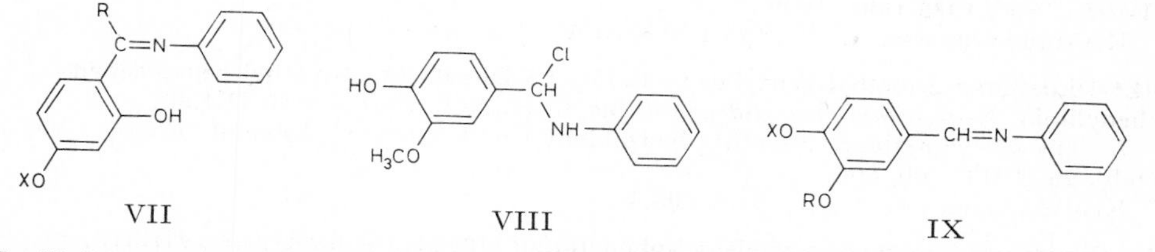

VII VIII IX

Vanillylidenanilin, Vanillin-phenylimin, *2-methoxy-4-(N-phenylformimidoyl)phenol* $C_{14}H_{13}NO_2$, Formel IX (R = CH_3, X = H) (H 223; E I 188; E II 130).

Absorptionsspektrum (A.; 200—500 mμ): *v. Kiss, Bácskai, Varga*, Acta Univ. Szeged **1** [1943] 155, 160. Oxydationspotential: *Ritter*, Am. Soc. **69** [1947] 46, 47.

Veratrylidenanilin, Veratrumaldehyd-phenylimin, *N-veratrylideneaniline* $C_{15}H_{15}NO_2$, Formel IX (R = X = CH_3) (E I 188).

B. Aus 5.6-Dimethoxy-2-[*N*-phenyl-formimidoyl]-benzoesäure beim Erhitzen mit Kupfer-Pulver auf 200° (*Weijlard, Tashjian, Tishler*, Am. Soc. **69** [1947] 2070).

F: 80—81° (*Karrer, Schick*, Helv. **26** [1943] 800, 805).

3-Methoxy-4-acetoxy-benzaldehyd-phenylimin, *1-acetoxy-2-methoxy-4-(N-phenylform=imidoyl)benzene* $C_{16}H_{15}NO_3$, Formel IX (R = CH_3, X = CO-CH_3).

B. Beim Erwärmen von 3-Methoxy-4-acetoxy-benzaldehyd mit Anilin in Äthanol unter Zusatz von Piperidin (*Challis, Clemo*, Soc. **1947** 613, 616).

Krystalle (aus wss. A.); F: 85—86°.

Bei 3-tägigem Behandeln mit Natrium in flüssigem Ammoniak sowie beim Erwärmen mit Natriumamid in Benzol sind geringe Mengen 3-Methoxy-4-acetoxy-*N*-phenyl-benzamidin erhalten worden.

3-Methoxy-4-benzoyloxy-benzaldehyd-phenylimin, *1-(benzoyloxy)-2-methoxy-4-(N-phenyl=formimidoyl)benzene* $C_{21}H_{17}NO_3$, Formel IX (R = CH_3, X = CO-C_6H_5).

B. Beim Erwärmen von 3-Methoxy-4-benzoyloxy-benzaldehyd mit Anilin in Äthanol unter Zusatz von Piperidin sowie beim Behandeln von Vanillin-phenylimin mit Benzoyl=chlorid und wss. Natronlauge (*Challis, Clemo*, Soc. **1947** 613, 616).

Krystalle (aus wss. A.); F: 157—158° [unkorr.].

[6-Nitro-3-methoxy-4-(2-nitro-benzyloxy)-benzyliden]-anilin, 6-Nitro-3-methoxy-4-[2-nitro-benzyloxy]-benzaldehyd-phenylimin, *N-[5-methoxy-2-nitro-4-(2-nitrobenzyl=oxy)benzylidene]aniline* $C_{21}H_{17}N_3O_6$, Formel X.

B. Aus 6-Nitro-3-methoxy-4-[2-nitro-benzyloxy]-benzaldehyd und Anilin (*Nair, Robinson*, Soc. **1932** 1236, 1238).

Gelbe Krystalle (aus A.); F: 138—140°. Am Licht erfolgt Orangefärbung.

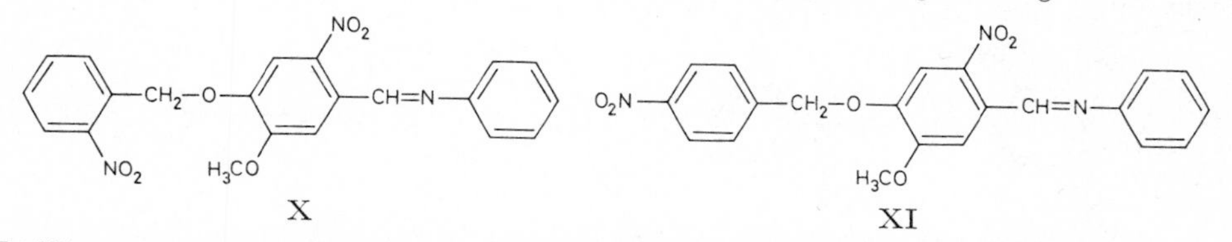

X XI

[6-Nitro-3-methoxy-4-(4-nitro-benzyloxy)-benzyliden]-anilin, 6-Nitro-3-methoxy-4-[4-nitro-benzyloxy]-benzaldehyd-phenylimin, *N-[5-methoxy-2-nitro-4-(4-nitrobenzyloxy)=benzylidene]aniline* $C_{21}H_{17}N_3O_6$, Formel XI.

B. Aus 6-Nitro-3-methoxy-4-[4-nitro-benzyloxy]-benzaldehyd und Anilin (*Nair,*

Robinson, Soc. **1932** 1236, 1237).
Gelbe Krystalle (aus A.); F: 192—193°.
Am Licht erfolgt Orangefärbung.

1-[2-Hydroxy-4-(2-hydroxy-äthoxy)-phenyl]-äthanon-(1)-phenylimin, *2-[3-hydroxy-4-(*N*-phenylacetimidoyl)phenoxy]ethanol* $C_{16}H_{17}NO_3$, Formel VII (R = CH_3, X = CH_2-CH_2OH).
B. Aus 1-[2-Hydroxy-4-(2-hydroxy-äthoxy)-phenyl]-äthanon-(1) und Anilin (*Motwani, Wheeler*, Soc. **1935** 1098, 1099).
Krystalle (aus wss. A.); F: 173°. In wss. Alkalilaugen fast unlöslich.

[4.5-Dimethoxy-2-methyl-benzyliden]-anilin, 4.5-Dimethoxy-2-methyl-benzaldehyd-phenylimin, N-*(6-methylveratrylidene)aniline* $C_{16}H_{17}NO_2$, Formel I (E II 130).
B. Aus 4.5-Dimethoxy-2-methyl-benzaldehyd und Anilin in Äthanol (*Karrer, Schick*, Helv. **26** [1943] 800, 806).
Krystalle (aus wss. A.); F: 92,5—93,5°.

4.6-Dihydroxy-2-methyl-benzaldehyd-phenylimin, Orcylaldehyd-phenylimin, *5-methyl-4-(*N*-phenylformimidoyl)resorcinol* $C_{14}H_{13}NO_2$, Formel II (R = H) (H 223).
F: 130—132° (*Karrer, Schick*, Helv. **26** [1943] 800, 803).

2.6-Dihydroxy-4-methyl-benzaldehyd-phenylimin, Atranol-phenylimin, *5-methyl-2-(*N*-phenylformimidoyl)resorcinol* $C_{14}H_{13}NO_2$, Formel III (R = H) (E II 130).
Rote Krystalle (aus wss. A.); Zers. bei 206° [evakuierte Kapillare] (*Koller, Passler*, M. **56** [1930] 212, 226).

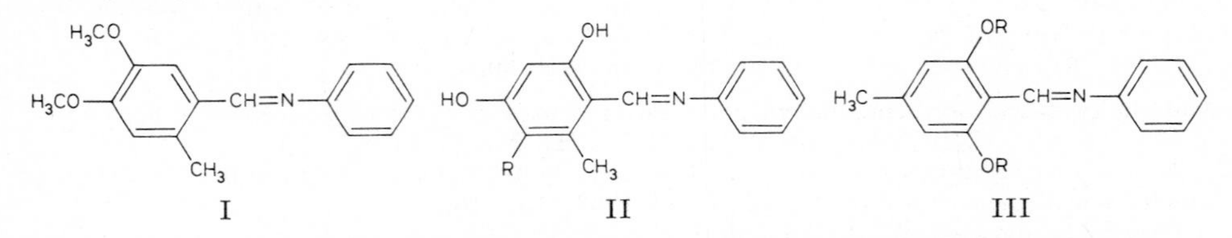

[2.6-Dimethoxy-4-methyl-benzyliden]-anilin, 2.6-Dimethoxy-4-methyl-benzaldehyd-phenylimin, N-*(2,6-dimethoxy-4-methylbenzylidene)aniline* $C_{16}H_{17}NO_2$, Formel III (R = CH_3).
B. Aus 2.6-Dimethoxy-4-methyl-benzaldehyd und Anilin (*Asahina, Yosioka*, B. **69** [1936] 1367; J. pharm. Soc. Japan **57** [1937] 131, 133).
Krystalle (aus PAe.); F: 102—103°.
Beim Erwärmen mit Anilin-hydrojodid in Chloroform ist 6-Hydroxy-2-methoxy-4-methyl-benzaldehyd erhalten worden.

[6-Hydroxy-5-methoxy-3-methyl-phenyl]-acetaldehyd-phenylimin, *2-methoxy-6-[2-(phenylimino)ethyl]-*p*-cresol* $C_{16}H_{17}NO_2$, Formel IV, und **6-Methoxy-4-methyl-2-[2-anilino-vinyl]-phenol,** *2-methoxy-6-(2-anilinovinyl)-*p*-cresol* $C_{16}H_{17}NO_2$, Formel V.
B. Aus [6-Hydroxy-5-methoxy-3-methyl-phenyl]-acetaldehyd und Anilin in Äthanol (*Kawai, Sugiyama*, B. **72** [1939] 367, 376).
Krystalle (aus Bzl.); F: 137°.
Beim Behandeln mit Eisen(III)-chlorid in äthanol. Lösung tritt eine grüngelbe Färbung auf.

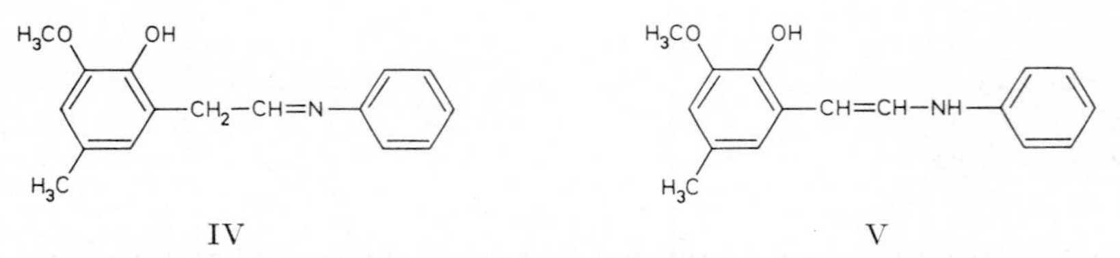

4.6-Dihydroxy-2.3-dimethyl-benzaldehyd-phenylimin, *4,5-dimethyl-6-(*N*-phenylformimidoyl)resorcinol* $C_{15}H_{15}NO_2$, Formel II (R = CH_3).
B. Aus 4.6-Dihydroxy-2.3-dimethyl-benzaldehyd und Anilin in Äthanol (*Karrer*,

Schick, Helv. **26** [1943] 800, 804).
Krystalle (aus wss. A.); F: 188°.

(±)-3-Phenylimino-2-*p*-tolylsulfon-1-phenyl-propanon-(1), *(±)-3-(phenylimino)-2-(*p*-tolylsulfonyl)propiophenone* $C_{22}H_{19}NO_3S$, Formel VI, und **3-Anilino-2-*p*-tolylsulfon-1-phenyl-propen-(2)-on-(1)**, *3-anilino-2-(*p*-tolylsulfonyl)acrylophenone* $C_{22}H_{19}NO_3S$, Formel VII.

B. Beim Erhitzen von 2-*p*-Tolylsulfon-1-phenyl-äthanon-(1) mit *N.N'*-Diphenyl-formamidin in Xylol bis auf 190° (*Grothaus, Dains*, Am. Soc. **58** [1936] 1334).

Krystalle (aus Dioxan); F: 208°.

Beim Erwärmen mit Phenylhydrazin in Äthanol sind geringe Mengen 4-*p*-Tolylsulfon-1.5-diphenyl-pyrazol erhalten worden.

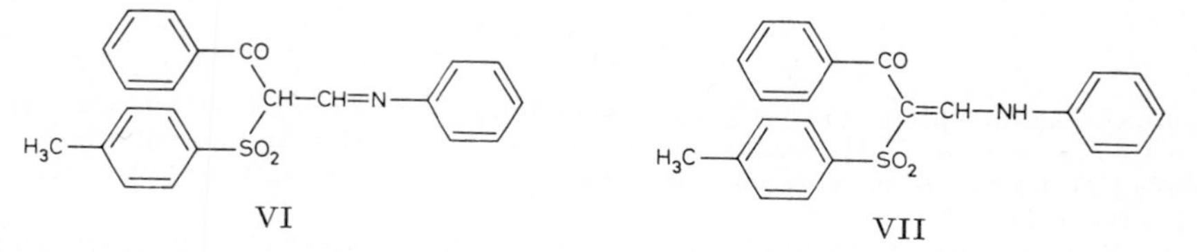

VI VII

2-Hydroxy-5-methyl-isophthalaldehyd-bis-phenylimin, *2,6-bis(*N*-phenylformimidoyl)-*p*-cresol* $C_{21}H_{18}N_2O$, Formel VIII.

B. Aus 2-Hydroxy-5-methyl-isophthalaldehyd und Anilin in Äthanol (*Zipplies*, Diss. [Tübingen 1939] S. 5, 17).

Hellgelbe Krystalle (aus Bzn.); F: 118°.

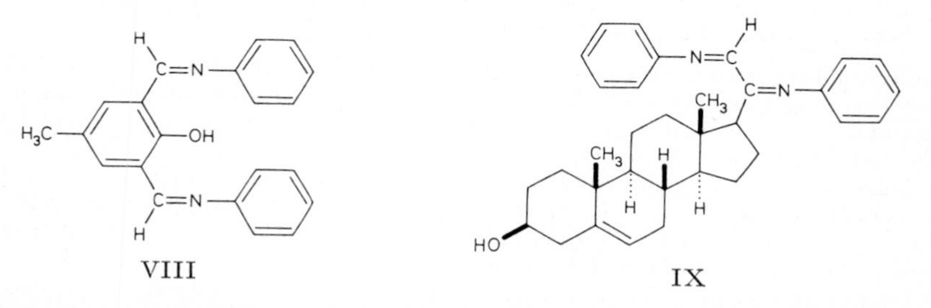

VIII IX

[3-Hydroxy-10.13-dimethyl-Δ^5-tetradecahydro-1*H*-cyclopenta[*a*]phenanthrenyl-(17)]-glyoxal-bis-phenylimin $C_{33}H_{40}N_2O$.

3β-Hydroxy-20-phenylimino-pregnen-(5)-al-(21)-phenylimin, *20,21-bis(phenylimino)pregn-5-en-3-ol* $C_{33}H_{40}N_2O$, Formel IX.

Eine Verbindung (Krystalle [aus A. + Bzl. oder aus Ae. + Pentan]; F: 85—90°), für die diese Konstitution in Betracht kommt, ist beim Erwärmen von 3β-Hydroxy-20-oxo-pregnen-(5)-al-(21) (E III **8** 2515) mit Anilin in Äthanol erhalten worden (*Reich, Reichstein*, Helv. **22** [1939] 1124, 1132).

2-Hydroxy-naphthochinon-(1.4)-4-phenylimin, *2-hydroxy-4-(phenylimino)naphthalen-1(4H)-one* $C_{16}H_{11}NO_2$, Formel X (X = O), und **4-Anilino-naphthochinon-(1.2)**, *4-anilino-1,2-naphthoquinone* $C_{16}H_{11}NO_2$, Formel XI (X = O) (H 223; E I 188; E II 131).

B. Aus 4-Brom-naphthochinon-(1.2) und Anilin in Äthanol (*Fries, Schimmelschmidt*, A. **484** [1930] 245, 270). Beim Erwärmen von 4-Amino-3-hydroxy-naphthalin-sulfonsäure-(1) mit wss. Salpetersäure und Behandeln des Kalium-Salzes der erhaltenen Säure mit Anilin in Wasser (*Fierz-David, Mannhart*, Helv. **20** [1937] 1024, 1039). Aus 4-Anilino-1.2-diacetoxy-naphthalin beim Behandeln mit wss.-äthanol. Natronlauge (*Goldstein, Genton*, Helv. **20** [1937] 1413, 1417). Neben 2-Anilino-naphthochinon-(1.4)-4-phenylimin beim Erwärmen von 3-Hydroxy-4-oxo-1-benzyliden-1.4-dihydro-naphthalin (F: 182,5° bis 182,8°) mit Anilin in Äthanol (*Fieser, Fieser*, Am. Soc. **61** [1939] 596, 605).

Rote Krystalle; F: 265—266° [korr.; aus Me.] (*Fie., Fie.*), 265° [aus Eg.] (*Fr., Sch.*), 264,5—265° [aus A.] (*Fierz-D., Ma.*), 262—265° [Zers.; aus Eg.] (*Carrara, Bonacci*, Chimica e Ind. **26** [1944] 75), 258—261° [Zers.; aus A.] (*Rubzow*, Ž. obšč. Chim. **16** [1946]

221, 228; C. A. **1947** 430), 257—258° [Zers.; aus A.] (*Bogdanow*, Ž. obšč. Chim. **2** [1932] 9, 20; C. **1933** I 2247), 244° [aus A. oder Bzl.] (*Fr.*, *Sch.*).

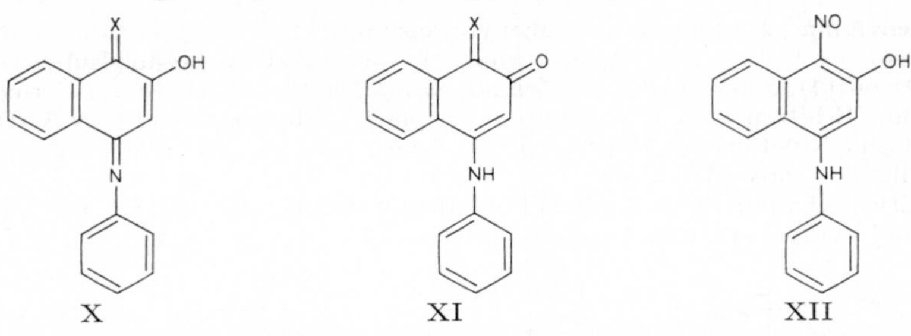

X XI XII

2-Hydroxy-naphthochinon-(1.4)-1-imin-4-phenylimin, *2-hydroxy-1,4-naphthoquinone 1-imine 4-phenylimine* $C_{16}H_{12}N_2O$, Formel X (X = NH), und **4-Anilino-naphthochinon-(1.2)-1-imin,** *4-anilino-1-iminonaphthalen-2*(1H)*-one* $C_{16}H_{12}N_2O$, Formel XI (X = NH) (E II 132).

Beim Erhitzen mit Naphthyl-(1)-amin bzw. Naphthyl-(2)-amin und Zinkchlorid in Nitrobenzol auf 145° unter Durchleiten von Luft ist 5-Phenylimino-5*H*-dibenzo[*a.j*]phenoxazin bzw. 5-Phenylimino-5*H*-dibenzo[*a.h*]phenoxazin erhalten worden (*Lantz*, A. ch. [11] **2** [1934] 101, 158, 160). Reaktion mit *N*-Phenyl-*p*-phenylendiamin in Xylol unter Bildung von 2-Hydroxy-naphthochinon-(1.4)-4-phenylimin-1-[4-anilino-phenylimin]: *La.*, l. c. S. 136. Reaktion mit 1-Amino-4-anilino-naphthol-(2) in Äthanol unter Bildung von 9-Anilino-5-phenylimino-5*H*-dibenzo[*a.j*]phenoxazin: *Soc. An. Mat. Col. Saint-Denis*, D.R.P. 535148 [1926]; Frdl. **18** 877, 883.

2-Hydroxy-naphthochinon-(1.4)-bis-phenylimin, *2-hydroxy-1,4-naphthoquinone bis(phenylimine)* $C_{22}H_{16}N_2O$, Formel X (X = N-C_6H_5), und **4-Anilino-naphthochinon-(1.2)-1-phenylimin,** *4-anilino-1-(phenylimino)naphthalen-2*(1H)*-one* $C_{22}H_{16}N_2O$, Formel XI (X = N-C_6H_5) (E II 132).

Überführung in 5-Phenylimino-5*H*-benzo[*a*]phenoxazin durch Erhitzen einer Lösung in Nitrobenzol oder einer mit Ammoniumchlorid versetzten Lösung des Kupfer(II)-Salzes (s. u.) in Nitrobenzol, jeweils unter Durchleiten von Luft: *Lantz*, A. ch. [11] **2** [1934] 101, 153. Reaktion mit *p*-Toluidin (1 Mol) in Chloroform unter Bildung von 2-Hydroxy-naphthochinon-(1.4)-4-phenylimin-1-*p*-tolylimin: *La.*, l. c. S. 132. Beim Erhitzen mit Naphthyl-(1)-amin in Xylol unter Durchleiten von Luft sowie beim Erhitzen mit 1-Amino-naphthol-(2) in Nitrobenzol ist 5-Phenylimino-5*H*-dibenzo[*a.j*]phenoxazin erhalten worden (*La.*, l. c. S. 159); analoge Reaktion mit Naphthyl-(2)-amin unter Bildung von 5-Phenylimino-5*H*-dibenzo[*a.h*]phenoxazin: *La.*, l. c. S. 157.

Kupfer(II)-Salz $Cu(C_{22}H_{15}N_2O)_2$ (E II 132). *B.* Beim Behandeln von 1-*p*-Toluidino-naphthol-(2) mit Anilin und Kupfer(II)-hydroxid unter Durchleiten von Luft (*La.*, l. c. S. 127). — Braune Krystalle [aus Nitrobenzol] (*La.*, l. c. S. 127).

2-Hydroxy-naphthochinon-(1.4)-4-phenylimin-1-oxim, *2-hydroxy-4-(phenylimino)naphthalen-1*(4H)*-one oxime* $C_{16}H_{12}N_2O_2$, Formel X (X = NOH), **4-Anilino-naphthochinon-(1.2)-1-oxim,** *4-anilino-1,2-naphthoquinone 1-oxime* $C_{16}H_{12}N_2O_2$, Formel XI (X = NOH), und **1-Nitroso-4-anilino-naphthol-(2),** *4-anilino-1-nitroso-2-naphthol* $C_{16}H_{12}N_2O_2$, Formel XII (E II 132).

B. Beim Behandeln von Natrium-[4-nitroso-3-hydroxy-naphthalin-sulfonat-(1)] (E III **11** 620) mit Anilin in Wasser (*Bogdanow*, *Migatschewa*, Ž. obšč. Chim. **19** [1949] 1490; C. A. **1950** 1082).

Orangefarbene Krystalle (aus A.); F: 218°.

3-Brom-2-hydroxy-naphthochinon-(1.4)-4-phenylimin, *3-bromo-2-hydroxy-4-(phenylimino)naphthalen-1*(4H)*-one* $C_{16}H_{10}BrNO_2$, Formel XIII (R = H, X = Br), und **3-Brom-4-anilino-naphthochinon-(1.2),** *4-anilino-3-bromo-1,2-naphthoquinone* $C_{16}H_{10}BrNO_2$, Formel XIV (R = H, X = Br).

B. Aus 3.4-Dibrom-naphthochinon-(1.2) und Anilin (*Fries*, *Schimmelschmidt*, A. **484** [1930] 245, 266).

Dunkelbraune Krystalle (aus Eg.); F: 233°. In wss. Alkalilaugen löslich.

Beim Erwärmen mit Anilin (Überschuss) in Äthanol ist 2-Anilino-naphthochinon-(1.4)-4-phenylimin erhalten worden.

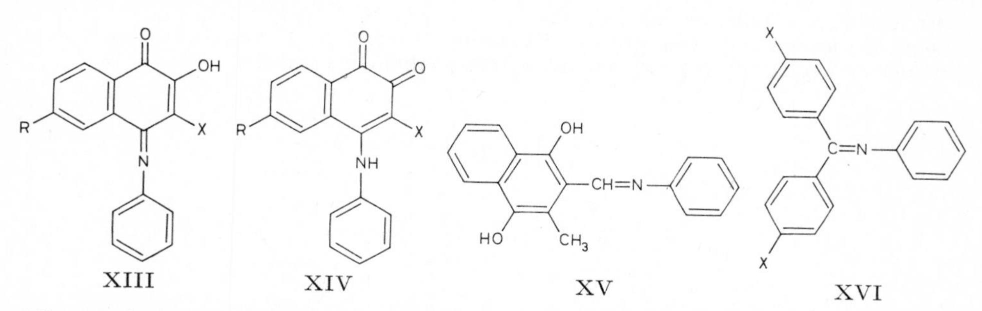

XIII XIV XV XVI

6-Brom-2-hydroxy-naphthochinon-(1.4)-4-phenylimin, *6-bromo-2-hydroxy-4-(phenylimino)naphthalen-1*(4H)*-one* $C_{16}H_{10}BrNO_2$, Formel XIII (R = Br, X = H), und **6-Brom-4-anilino-naphthochinon-(1.2),** *4-anilino-6-bromo-1,2-naphthoquinone* $C_{16}H_{10}BrNO_2$, Formel XIV (R = Br, X = H).

B. Beim Erwärmen von 6-Brom-naphthochinon-(1.2) mit Anilin (1 Mol) in Äthanol sowie beim Erwärmen von 4.6-Dibrom-naphthochinon-(1.2) mit Anilin (2 Mol) in Äthanol (*Fries, Schimmelschmidt,* A. **484** [1930] 245, 271, 275).

Rote Krystalle (aus Xylol oder Eg.); F: 276°.

Beim Erwärmen mit Anilin (Überschuss) in Äthanol ist 6-Brom-2-anilino-naphthochinon-(1.4)-4-phenylimin erhalten worden.

3.6-Dibrom-2-hydroxy-naphthochinon-(1.4)-4-phenylimin, *3,6-dibromo-2-hydroxy-4-(phenylimino)naphthalen-1*(4H)*-one* $C_{16}H_9Br_2NO_2$, Formel XIII (R = X = Br), und **3.6-Dibrom-4-anilino-naphthochinon-(1.2),** *4-anilino-3,6-dibromo-1,2-naphthoquinone* $C_{16}H_9Br_2NO_2$, Formel XIV (R = X = Br).

B. Bei kurzem Erwärmen von 3.6-Dibrom-naphthochinon-(1.2) oder von 3.4.6-Tribrom-naphthochinon-(1.2) mit Anilin (2 Mol) in Äthanol (*Fries, Schimmelschmidt,* A. **484** [1930] 245, 274, 278).

Dunkelrote Krystalle (aus Eg. oder Toluol); F: 185°.

Bei $^1/_2$-stdg. Erwärmen mit Anilin (5 Mol) in Äthanol sind 6-Brom-2-hydroxy-naphthochinon-(1.4)-4-phenylimin und 6-Brom-2-anilino-naphthochinon-(1.4)-4-phenylimin, bei 1-stdg. Erwärmen mit Anilin (8 Mol) in Äthanol ist nur die zuletzt genannte Verbindung erhalten worden.

1.4-Dihydroxy-3-methyl-naphthaldehyd-(2)-phenylimin, *2-methyl-3-(*N*-phenylformimidoyl)naphthalene-1,4-diol* $C_{18}H_{15}NO_2$, Formel XV.

B. Aus 1.4-Dihydroxy-3-methyl-naphthaldehyd-(2) und Anilin in Äthanol (*Carrara, Bonacci,* G. **73** [1943] 276, 283, 284).

Rote Krystalle; F: 206—207°.

[4.4′-Dimethoxy-benzhydryliden]-anilin, 4.4′-Dimethoxy-benzophenon-phenylimin, N-*(4,4′-dimethoxybenzhydrylidene)aniline* $C_{21}H_{19}NO_2$, Formel XVI (X = OCH_3).

B. Beim Erhitzen von 4.4′-Dimethoxy-thiobenzophenon mit Phenylazid unter Stickstoff auf 110° (*Schönberg, Urban,* Soc. **1935** 530).

Gelbe Krystalle (aus Bzn.); F: 95°.

[4.4′-Dimethylmercapto-benzhydryliden]-anilin, 4.4′-Dimethylmercapto-benzophenon-phenylimin, N-*[4,4′-bis(methylthio)benzhydrylidene]aniline* $C_{21}H_{19}NS_2$, Formel XVI (X = SCH_3) (E II 134).

B. Beim Erwärmen von 4.4′-Dimethylmercapto-benzophenon mit Thionylchlorid und Behandeln des Reaktionsprodukts mit Anilin (*Mustafa,* Soc. **1949** 352, 353, 354).

Gelbe Krystalle (aus A.); F: 135°.

4′-Nitro-4-hydroxy-benzil-bis-phenylimin, p-*[4-nitro-α,β-bis(phenylimino)phenethyl]phenol* $C_{26}H_{19}N_3O_3$, Formel I.

Diese Konstitution wird der nachstehend beschriebenen Verbindung zugeordnet.

B. Aus *N*-[4-Nitro-benzyl]-anilin beim Erwärmen einer Lösung in Essigsäure mit wss. Wasserstoffperoxid (*Gallas, Martin Vivaldi, Moreno*, An. Soc. españ. **29** [1931] 458, 460).

Orangerote Krystalle (aus A.); F: 225°.

Beim Erwärmen mit wss.-äthanol. Salzsäure ist eine als 4'-Nitro-4-hydroxy-benzil formulierte Verbindung (F: 172° [E III **8** 2797]) erhalten worden.

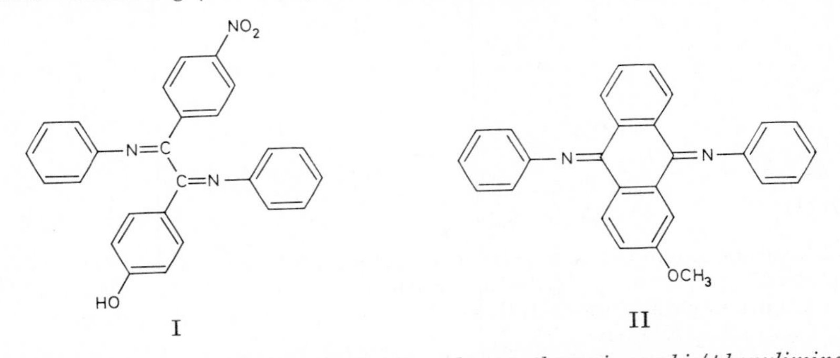

I II

2-Methoxy-anthrachinon-bis-phenylimin, *2-methoxyanthraquinone bis(phenylimine)* $C_{27}H_{20}N_2O$, Formel II.

B. Beim Erwärmen von 2-Methoxy-anthrachinon mit Anilin und Aluminiumchlorid (*I.G. Farbenind.*, D.R.P. 529484 [1929]; Frdl. **19** 1907).

Rot. In 60%ig. wss. Schwefelsäure mit roter Farbe löslich.

(±)-2-Phenylimino-1-[4-methoxy-phenyl]-indanon-(3), (±)-1-[4-Methoxy-phenyl]-indandion-(2.3)-2-phenylimin, (±)-*3-(*p*-methoxyphenyl)-2-(phenylimino)indan-1-one* $C_{22}H_{17}NO_2$, Formel III, und Tautomeres.

Diese Konstitution ist für die nachstehend beschriebene, von *Pfeiffer, Roos* (J. pr. [2] **159** [1941] 13, 19, 33) als (±)-5-Methoxy-2-phenylimino-1-phenyl-indan=on-(3) (Formel IV [und Tautomeres]) formulierte Verbindung $C_{22}H_{17}NO_2$ in Betracht zu ziehen (vgl. diesbezüglich *Barltrop et al.*, Soc. **1956** 2928, 2931).

B. Beim Behandeln von (±)-1-[4-Methoxy-phenyl]-indanon-(3) [E III **8** 1483] mit Nitrosobenzol in Äthanol unter Zusatz von wss. Natronlauge (*Pf., Roos*).

Violette bis blaue Krystalle (aus A.); F: 130° (*Pf., Roos*).

Beim Behandeln mit Schwefelsäure wird eine orangerote Lösung erhalten (*Pf., Roos*).

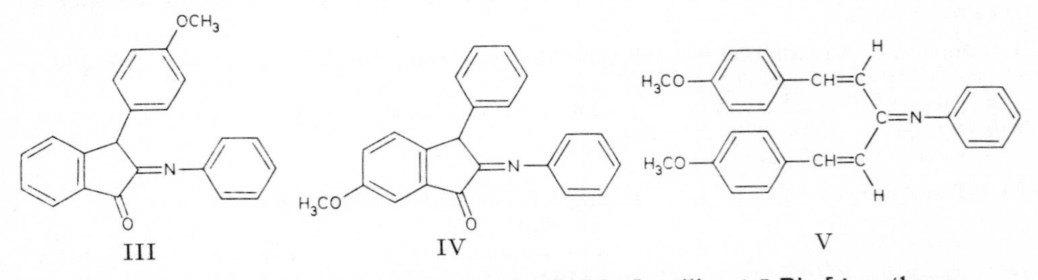

III IV V

[3-(4-Methoxy-phenyl)-1-(4-methoxy-styryl)-allyliden]-anilin, 1.5-Bis-[4-methoxy-phenyl]-pentadien-(1.4)-on-(3)-phenylimin, N-*[4-methoxy-α-(4-methoxystyryl)cinnamyl=idene]aniline* $C_{25}H_{23}NO_2$, Formel V.

Eine Verbindung (gelbe Krystalle; F: 177—178°) dieser Konstitution ist aus opt.-inakt. 4-Phenylimino-1-phenyl-2.6-bis-[4-methoxy-phenyl]-piperidin-carbonsäure-(3) (F: 149—150°) beim Erwärmen mit Äthylacetat (oder Chloroform) und Äthanol erhalten worden (*Boehm, Stöcker*, Ar. **281** [1943] 62, 74).

2-Hydroxy-3.4-dimethoxy-benzaldehyd-phenylimin, *2,3-dimethoxy-6-(*N*-phenylform=imidoyl)phenol* $C_{15}H_{15}NO_3$, Formel VI (R = H).

B. Beim Erwärmen von 2.3.4-Trimethoxy-benzaldehyd-phenylimin mit Anilin-hydro=jodid (*Asahina, Yosioka*, B. **69** [1936] 1367; J. pharm. Soc. Japan **57** [1937] 131, 132).

Gelbe Krystalle (aus Bzl.); F: 153—154°.

[2.3.4-Trimethoxy-benzyliden]-anilin, 2.3.4-Trimethoxy-benzaldehyd-phenylimin, N-*(2,3,4-trimethoxybenzylidene)aniline* $C_{16}H_{17}NO_3$, Formel VI (R = CH_3).

B. Aus 2.3.4-Trimethoxy-benzaldehyd und Anilin (*Asahina, Yosioka*, B. **69** [1936] 1367; J. pharm. Soc. Japan **57** [1937] 131, 132). Beim Erhitzen einer Suspension des Anilin-Salzes der [2.3.4-Trimethoxy-phenyl]-glyoxylsäure in Xylol auf 140° (*Kuroda, Nakamura*, Scient. Pap. Inst. phys. chem. Res. **18** [1932] 61, 72).

Krystalle (aus PAe.); F: 76° (*Ku., Na.*), 75° (*Asa., Yo.*).

Beim Erwärmen mit Anilin-hydrojodid ist 2-Hydroxy-3.4-dimethoxy-benzaldehyd-phenylimin erhalten worden (*Asa., Yo.*).

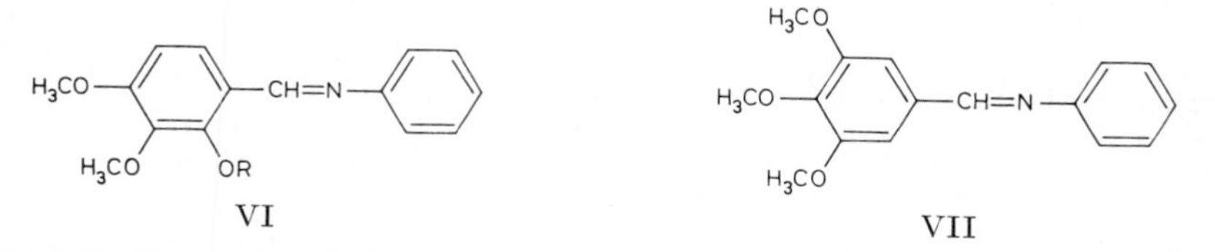

VI VII

[3.4.5-Trimethoxy-benzyliden]-anilin, 3.4.5-Trimethoxy-benzaldehyd-phenylimin, N-*(3,4,5-trimethoxybenzylidene)aniline* $C_{16}H_{17}NO_3$, Formel VII.

B. Aus 3.4.5-Trimethoxy-benzaldehyd und Anilin (*Cook, Engel*, Soc. **1940** 198).

Krystalle (aus wss. Me.); F: 89–90°.

6-Hydroxy-4-methoxy-5-[4-chlor-3-methoxy-2.5-dimethyl-phenoxy]-2-methyl-benz= aldehyd-phenylimin, *6-(4-chloro-3-methoxy-2,5-xylyloxy)-5-methoxy-2-*(N-*phenylform= imidoyl)-*m-*cresol* $C_{24}H_{24}ClNO_4$, Formel VIII (R = CH_3, X = H), und **4-Hydroxy-6-methoxy-5-[4-chlor-3-methoxy-2.5-dimethyl-phenoxy]-2-methyl-benzaldehyd-phenyl= imin,** *6-(4-chloro-3-methoxy-2,5-xylyloxy)-5-methoxy-4-*(N-*phenylformimidoyl)-*m-*cresol* $C_{24}H_{24}ClNO_4$, Formel VIII (R = H, X = CH_3).

Diese Konstitutionsformeln kommen für die nachstehend beschriebene Verbindung in Betracht.

B. Beim Behandeln von Pannaritol (4.6-Dihydroxy-5-[4-chlor-3-methoxy-2.5-dimethyl-phenoxy]-2-methyl-benzaldehyd) mit Dimethylsulfat und wss.-methanol. Natronlauge und Erwärmen des Reaktionsprodukts mit Anilin in Äthanol (*Yoshioka*, J. pharm. Soc. Japan **61** [1941] 332, 338).

Orangegelbe Krystalle (aus Acn.); F: 217–218°.

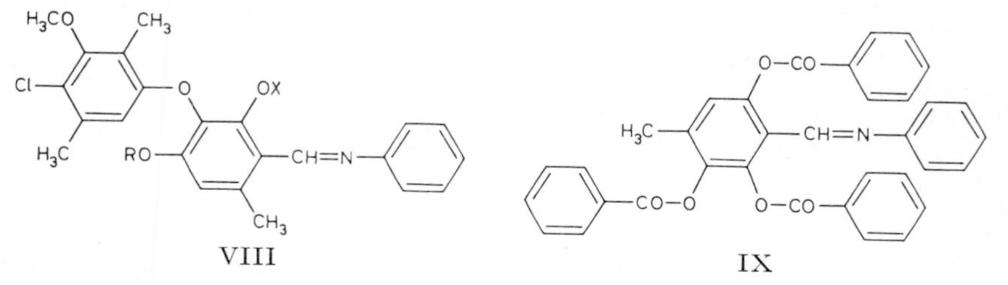

VIII IX

[2.3.6-Tribenzoyloxy-4-methyl-benzyliden]-anilin, 2.3.6-Tribenzoyloxy-4-methyl-benz= aldehyd-phenylimin, *2,3,5-tris(benzoyloxy)-4-*(N-*phenylformimidoyl)toluene* $C_{35}H_{25}NO_6$, Formel IX.

B. Aus 2.3.6-Tribenzoyloxy-4-methyl-benzaldehyd und Anilin (*Asahina, Ihara*, B. **65** [1932] 55; J. pharm. Soc. Japan **52** [1932] 109, 113).

Hellgelbe Krystalle; F: 135–138°.

2-Hydroxy-6-methoxy-4-methyl-isophthalsäure-3-[2.4-dihydroxy-6-methyl-3-(*N*-phenyl-formimidoyl)-phenylester], Decarboxythamnolsäure-phenylimin, *2-hydroxy-4-methoxy-6-methylisophthalic acid 1-[4,6-dihydroxy-5-*(N-*phenylformimidoyl)-*o-*tolyl] ester* $C_{24}H_{21}NO_8$, Formel X.

B. Beim Erwärmen einer Suspension von Thamnolsäure (2-Hydroxy-6-methoxy-4-methyl-isophthalsäure-3-[4.6-dihydroxy-2-methyl-5-formyl-3-carboxy-phenylester]) mit Anilin in Äthanol und Glycerin (*Asahina, Hiraiwa*, B. **72** [1939] 1402).

Orangegelbe Krystalle (aus A.); F: 216° [Zers.].

Beim Behandeln mit Eisen(III)-chlorid in äthanol. Lösung tritt eine braunviolette Färbung auf.

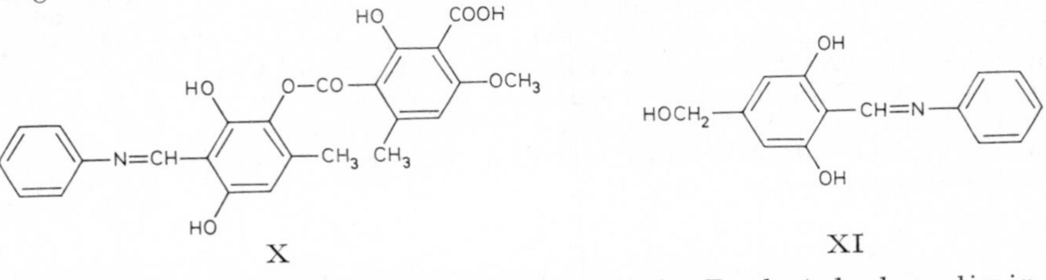

X XI

2.6-Dihydroxy-4-hydroxymethyl-benzaldehyd-phenylimin, Barbatol-phenylimin, *3,5-dihydroxy-4-*(N-*phenylformimidoyl)benzyl alcohol* $C_{14}H_{13}NO_3$, Formel XI.

B. Aus Barbatol (2.6-Dihydroxy-4-hydroxymethyl-benzaldehyd) und Anilin (*Schöpf, Heuck, Duntze,* A. **491** [1931] 220, 241).

Orangefarbene Krystalle (aus wss. A.); F: 184—185° [Zers.].

Beim Behandeln mit Eisen(III)-chlorid in äthanol. Lösung tritt eine olivbraune Färbung auf.

6-Anilino-3-hydroxy-2.5-dimethyl-benzochinon-(1.4), *2-anilino-5-hydroxy-3,6-dimethyl-*p-*benzoquinone* $C_{14}H_{13}NO_3$, Formel XII, und Tautomere.

B. Aus 3-Hydroxy-2.5-dimethyl-benzochinon-(1.4) und Anilin in Äthanol (*Kusaka,* J. pharm. Soc. Japan **62** [1942] 490; C. A. **1951** 5124).

Blauviolette Krystalle (aus A.); F: 235—236°.

5.6-Dihydroxy-4-methoxy-2-propyl-benzaldehyd-phenylimin, *6-methoxy-3-*(N-*phenylformimidoyl)-4-propylpyrocatechol* $C_{17}H_{19}NO_3$, Formel XIII (R = CH_2-CH_2-CH_3, X = H).

B. Aus 5-Hydroxy-4.6-dimethoxy-2-propyl-benzaldehyd-phenylimin beim Erwärmen mit Anilin-hydrojodid [0,3 Mol] (*Asahina, Yasue,* B. **68** [1935] 1133, 1135; J. pharm. Soc. Japan **55** [1935] 952, 955).

Rote Krystalle (aus Bzl.); F: 135—136°.

5-Hydroxy-4.6-dimethoxy-2-propyl-benzaldehyd-phenylimin, *2,6-dimethoxy-3-*(N-*phenylformimidoyl)-4-propylphenol* $C_{18}H_{21}NO_3$, Formel XIII (R = CH_2-CH_2-CH_3, X = CH_3).

B. Aus 5-Hydroxy-4.6-dimethoxy-2-propyl-benzaldehyd und Anilin (*Asahina, Yasue,* B. **68** [1935] 1133, 1134; J. pharm. Soc. Japan **55** [1935] 952, 954).

Gelbe Krystalle (aus wss. A.); F: 86—87°.

Beim Erwärmen mit Anilin-hydrojodid ist 5.6-Dihydroxy-4-methoxy-2-propyl-benzaldehyd-phenylimin, beim Erwärmen mit Methyljodid ist daneben das im folgenden Artikel beschriebene Jodid erhalten worden.

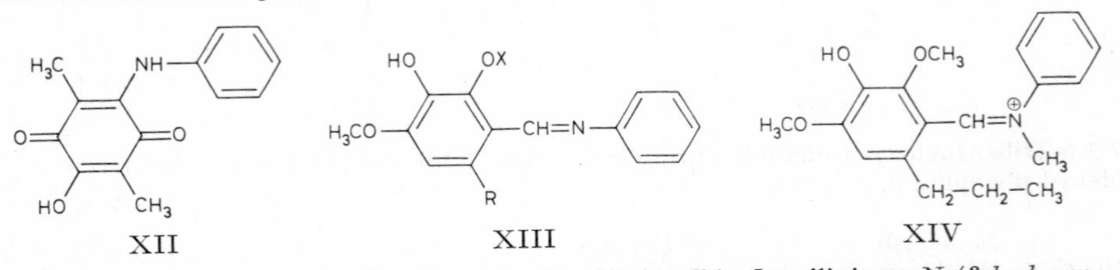

XII XIII XIV

***N*-Methyl-*N*-[5-hydroxy-4.6-dimethoxy-2-propyl-benzyliden]-anilinium,** N-(*3-hydroxy-2,4-dimethoxy-6-propylbenzylidene*)-N-*methylanilinium* $[C_{19}H_{24}NO_3]^{\oplus}$, Formel XIV.

Jodid $[C_{19}H_{24}NO_3]I$. *B.* Neben 5.6-Dihydroxy-4-methoxy-2-propyl-benzaldehyd-phenylimin beim Erwärmen von 5-Hydroxy-4.6-dimethoxy-2-propyl-benzaldehyd-phenylimin mit Methyljodid (*Asahina, Yasue,* B. **68** [1935] 1133, 1134; J. pharm. Soc. Japan **55** [1935] 952, 954). — Gelbe Krystalle; F: 163—165° [Zers.].

5.6-Dihydroxy-4-methoxy-2-pentyl-benzaldehyd-phenylimin, *6-methoxy-4-pentyl-3-*(N-*phenylformimidoyl)pyrocatechol* $C_{19}H_{23}NO_3$, Formel XIII (R = $[CH_2]_4$-CH_3, X = H).

B. Aus 5-Hydroxy-4.6-dimethoxy-2-pentyl-benzaldehyd beim aufeinanderfolgenden

Erwärmen mit Anilin und mit Anilin-hydrojodid (*Asahina, Kusaka*, B. **70** [1937] 1815, 1818).
Rote Krystalle (aus A.); F: 101°.

3.6-Dihydroxy-2-undecyl-benzochinon-(1.4)-bis-phenylimin, *3,6-bis*(N-*phenylimino*)-*2-undecylcyclohexa-1,4-diene-1,4-diol* $C_{29}H_{36}N_2O_2$, Formel I, und Tautomere; **Embelin-bis-phenylimin** (E II 134).

F: 169—170° (*Aiyar, Krishnamurti, Seshadri*, Bl. nation. Inst. Sci. India Nr. 28 [1965] 8, 13); über ein unter der gleichen Konstitution beschriebenes, aus Embelin (E III **8** 3457) und Anilin (vgl. E II 134) erhaltenes Präparat (grüne Krystalle [aus E. + PAe.]) vom F: 203—204° s. *Rao, Venkateswarlu*, Tetrahedron **20** [1964] 969.

In einem von *Kaul, Ray, Dutt* (J. Indian chem. Soc. **8** [1931] 231, 234) unter dieser Konstitution beschriebenen, aus Embelin und Nitrosobenzol erhaltenen Präparat vom F: 195° [Zers.] hat vermutlich 2.8-Dihydroxy-3.7-diundecyl-10-phenyl-phenoxazin-dichinon-(1.4.6.9) vorgelegen (vgl. *Rao, Venkateswarlu*, Tetrahedron **20** [1964] 2963).

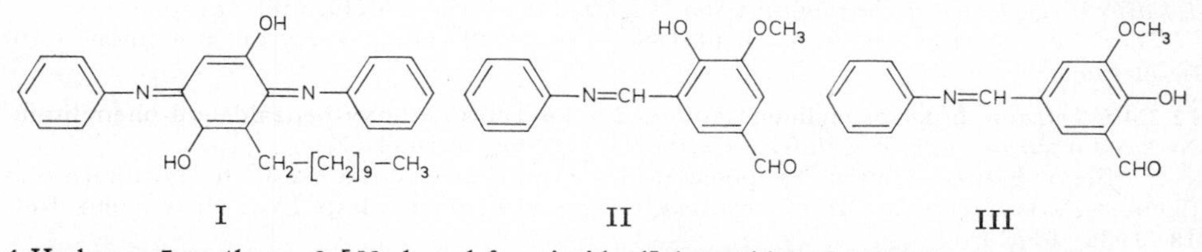

I II III

4-Hydroxy-5-methoxy-3-[*N*-phenyl-formimidoyl]-benzaldehyd, 4-Hydroxy-5-methoxy-isophthalaldehyd-3-phenylimin, *4-hydroxy-3-methoxy-5-*(N-*phenylformimidoyl*)*benzaldehyde* $C_{15}H_{13}NO_3$, Formel II.

Eine Verbindung (rote Krystalle [aus A.]; F: 132°), der diese Konstitution zugeschrieben wird, für die aber auch die Formulierung als 4-Hydroxy-5-methoxy-isophthalaldehyd-1-phenylimin (Formel III) in Betracht kommt, ist beim Behandeln von 4-Hydroxy-5-methoxy-isophthalaldehyd mit Anilin (0,7 Mol) in Äthanol erhalten worden (*Merz, Hotzel*, Ar. **274** [1936] 292, 303).

5-Methoxy-6-acetoxy-3-diacetoxymethyl-benzaldehyd-phenylimin, *4,α,α-triacetoxy-3-methoxy-5-*(N-*phenylformimidoyl*)*toluene* $C_{21}H_{21}NO_7$, Formel IV (R = CO-CH_3).

Eine Verbindung (Krystalle [aus A.]; F: 170°), der diese Konstitution zugeschrieben wird, für die aber auch die Formulierung als 5-Methoxy-4-acetoxy-3-diacetoxymethyl-benzaldehyd-phenylimin (Formel V [R = CO-CH_3]) in Betracht kommt, ist beim Behandeln der im vorangehenden Artikel beschriebenen Verbindung mit Acetanhydrid und Pyridin erhalten und durch Behandeln mit wss. Äthanol in 4-Hydroxy-5-methoxy-isophthalaldehyd übergeführt worden (*Merz, Hotzel*, Ar. **274** [1936] 272, 304).

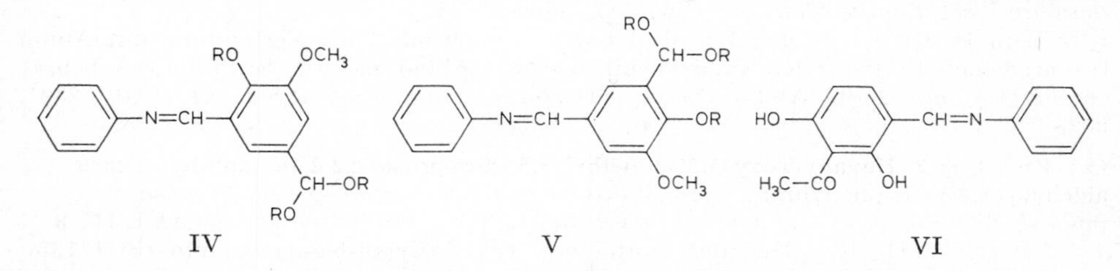

IV V VI

1-[2.6-Dihydroxy-3-(*N*-phenyl-formimidoyl)-phenyl]-äthanon-(1), 2.4-Dihydroxy-3-acetyl-benzaldehyd-phenylimin, *2′,6′-dihydroxy-3′-*(N-*phenylformimidoyl*)*acetophenone* $C_{15}H_{13}NO_3$, Formel VI.

B. Aus 2.4-Dihydroxy-3-acetyl-benzaldehyd und Anilin (*Shah, Shah*, Soc. **1939** 949).
Gelbe Krystalle (aus wss. A.); F: 185°.

4.4′-Dihydroxy-biphenyl-dicarbaldehyd-(3.3′)-bis-phenylimin, *3,3′-bis*(*N-phenylformimidoyl*)*biphenyl-4,4′-diol* $C_{26}H_{20}N_2O_2$, Formel VII.

B. Beim Erwärmen von 4.4′-Dihydroxy-biphenyl-dicarbaldehyd-(3.3′) (E III **8** 3702) mit Anilin in Äthanol unter Zusatz von Natriumacetat (*Sen, Dutt*, J. Indian chem. Soc.

8 [1931] 223, 228).

Rotbraune Krystalle (aus Amylalkohol), die unterhalb 300° nicht schmelzen.

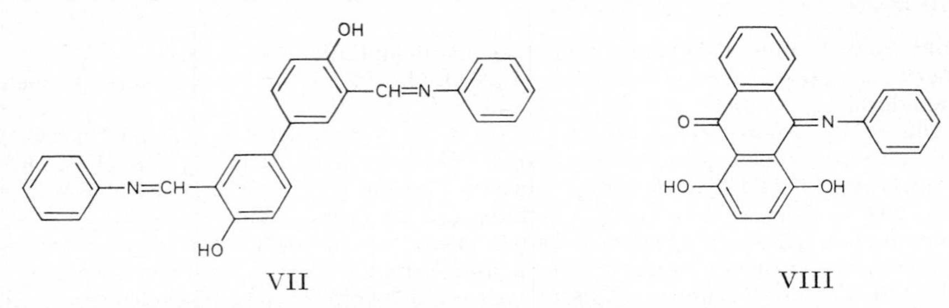

VII VIII

1.4-Dihydroxy-10-phenylimino-anthron, 1.4-Dihydroxy-anthrachinon-mono-phenylimin, *1,4-dihydroxy-10-(phenylimino)anthrone* $C_{20}H_{13}NO_3$, Formel VIII, und Tautomere.

Über diese Verbindung s. E II **14** 166 (dort als 9-Anilino-4-oxy-anthrachinon-(1.10) bezeichnet).

[2.3.4.6-Tetramethoxy-benzyliden]-anilin, 2.3.4.6-Tetramethoxy-benzaldehyd-phenylimin, N-*(2,3,4,6-tetramethoxybenzylidene)aniline* $C_{17}H_{19}NO_4$, Formel IX.

B. Beim Erhitzen einer Suspension des Anilin-Salzes der [2.3.4.6-Tetramethoxy-phenyl]-glyoxylsäure in Xylol (*Kuroda, Nakamura,* Scient. Pap. Inst. phys. chem. Res. **18** [1932] 61, 71).

Krystalle (aus PAe.); F: 86°.

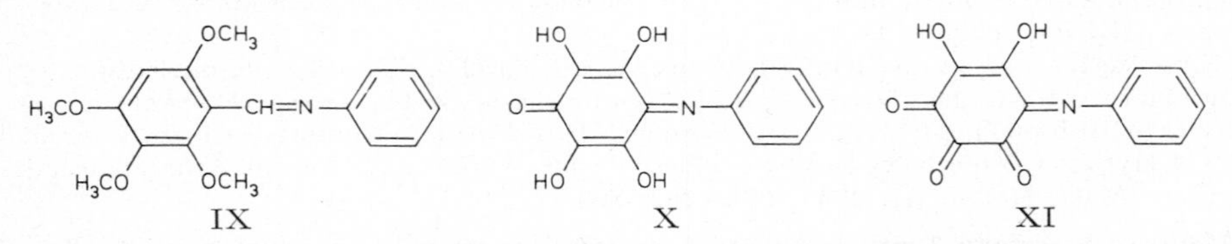

IX X XI

1.2.4.5-Tetrahydroxy-6-phenylimino-cyclohexadien-(1.4)-on-(3), Tetrahydroxy-benzochinon-(1.4)-mono-phenylimin, *2,3,5,6-tetrahydroxy-4-(phenylimino)cyclohexa-2,5-dien-1-one* $C_{12}H_9NO_5$, Formel X.

In dem H 230 unter dieser Konstitution beschriebenen, dort als Tetraoxychinon-monoanil bezeichneten Präparat hat wahrscheinlich eine Verbindung von Hexahydroxybenzol mit 2 Mol Anilin vorgelegen (*Neifert, Bartow,* Am. Soc. **65** [1943] 1770).

1.2-Dihydroxy-6-phenylimino-cyclohexen-(1)-trion-(3.4.5), *4,5-dihydroxy-6-(phenylimino)cyclohex-4-ene-1,2,3-trione* $C_{12}H_7NO_5$, Formel XI.

In dem H 230 im Artikel Rhodizonsäure-monoanil als Verbindung mit Anilin beschriebenen Präparat hat wahrscheinlich eine Verbindung von Tetrahydroxy-benzochinon-(1.4) mit 2 Mol Anilin vorgelegen (*Hoglan, Bartow,* Am. Soc. **62** [1940] 2397, 2398).

(±)-1.6.7.1′.6′.7′-Hexahydroxy-3.3′-dimethyl-5.5′-diisopropyl-[2.2′]binaphthyl-dicarbaldehyd-(8.8′)-bis-phenylimin, *(±)-5,5′-diisopropyl-3,3′-dimethyl-8,8′-bis(*N*-phenylformimidoyl)-2,2′-binaphthyl-1,1′,6,6′,7,7′-hexol* $C_{42}H_{40}N_2O_6$ (Formel entsprechend E III **8** 4410, Formel VII [R = H]) und Tautomere; **(±)-Gossypol-bis-phenylimin** (E II 135).

Gelbe bis orangegelbe Krystalle (aus Bzl.); F: 303° [Zers.] (*Murty, Murty, Seshadri,* Pr. Indian Acad. [A] **16** [1942] 54, 59; *Murty, Seshadri,* Pr. Indian Acad. [A] **16** [1942] 141, 144). IR-Spektrum: *Samyschljaewa, Kriwitsch,* Ž. obšč. Chim. **8** [1938] 319, 321; C. **1939** I 626. Absorptionsspektrum ($CHCl_3$; 200—500 mμ): *Boatner et al.,* Am. Soc. **69** [1947] 1268, 1270; Absorptionsspektrum (Ae. + Butanol-(1); 360—550 mμ): *Lyman, Holland, Hale,* Ind. eng. Chem. Anal. **15** [1943] 489.

Beim Erwärmen mit Hydroxylamin-hydrochlorid in Pyridin und Äthanol ist eine Verbindung $C_{30}H_{32}N_2O_8$ vom F: 221—221,5° [korr.] erhalten worden (*Boa. et al.,* l. c. S. 1272; vgl. *Adams, Geissman, Edwards,* Chem. Reviews **60** [1960] 555, 569, 570). Überführung in eine als „Gossypolhexamethyläther" bezeichnete Verbindung

$C_{36}H_{42}O_8$ (bräunliche Krystalle [aus Acn. + Me.]; F: 130°) mit Hilfe von Dimethylsulfat und äthanol. Alkalilauge: *Mu.*, *Se.*, l. c. S. 145. Bei mehrstündigem Erwärmen mit Dimethylsulfat in Chloroform unter Zusatz von Pyridin ist eine Verbindung $C_{44}H_{42}N_2O_6$ (rote Krystalle [aus Bzl.]; F: 253—258°), bei mehrtägigem Behandeln mit Dimethylsulfat in Chloroform unter Zusatz von Pyridin ist hingegen eine Verbindung $C_{44}H_{42}N_2O_7$ (rote Krystalle [aus Bzl.]; F: 275—280°) erhalten worden (*Adams, Price, Dial*, Am. Soc. **60** [1938] 2158). Überführung in eine als „Hexaacetylgossypol" bezeichnete Verbindung $C_{42}H_{42}O_{14}$ (gelbe Krystalle [aus Me.]; F: 185° [Zers.]) durch Erwärmen mit Acetanhydrid und Pyridin: *Mu.*, *Se.*, l. c. S. 144; *Ad.*, *Pr.*, *Dial*; s. a. *Ad.*, *Gei.*, *Ed.*, l. c. S. 560, 569.

(±)-1.7.1′.7′-Tetrahydroxy-6.6′-dimethoxy-3.3′-dimethyl-5.5′-diisopropyl-[2.2′]binaphthyl-dicarbaldehyd-(8.8′)-bis-phenylimin, (±)-*5,5′-diisopropyl-6,6′-dimethoxy-3,3′-dimethyl-8,8′-bis*(N-*phenylformimidoyl*)-*2,2′-binaphthyl-1,1′,7,7′-tetrol* $C_{44}H_{44}N_2O_6$ (Formel entsprechend E III **8** 4410, Formel VII [R = CH_3]) und Tautomere.

B. Aus (±)-1.7.1′.7′-Tetrahydroxy-6.6′-dimethoxy-3.3′-dimethyl-5.5′-diisopropyl-[2.2′]binaphthyl-dicarbaldehyd-(8.8′) (E III **8** 4410) und Anilin in Benzol (*Adams, Geissman*, Am. Soc. **60** [1938] 2163, 2164).

Orangefarbene Krystalle (aus $CHCl_3$ + PAe.); F: 268—270° [korr.; Zers.].

5.5′-Dinitro-6.7.6′.7′-tetramethoxy-3.3′-dimethyl-8.8′-bis-[*N*-phenyl-formimidoyl]-[2.2′]binaphthyl-dichinon-(1.4:1′.4′), 5.5′-Dinitro-6.7.6′.7′-tetramethoxy-1.4.1′.4′-tetraoxo-3.3′-dimethyl-1.4.1′.4′-tetrahydro-[2.2′]binaphthyl-dicarbaldehyd-(8.8′)-bis-phenylimin, *6,6′,7,7′-tetramethoxy-3,3′-dimethyl-5,5′-dinitro-8,8′-bis*(N-*phenylformimidoyl*)-*2,2′-binaphthyl-1,1′,4,4′-tetrone* $C_{40}H_{30}N_4O_{12}$ (Formel entsprechend E III **8** 4431, Formel II).

B. Aus 5.5′-Dinitro-6.7.6′.7′-tetramethoxy-1.4.1′.4′-tetraoxo-3.3′-dimethyl-1.4.1′.4′-tetrahydro-[2.2′]binaphthyl-dicarbaldehyd-(8.8′) (E III **8** 4431) und Anilin in Benzol (*Adams, Geissman, Morris*, Am. Soc. **60** [1938] 2970).

Braunorangefarbene Krystalle (aus Bzl. + Bzn.), Zers. bei ca. 260°.

Beim Behandeln mit Schwefelsäure tritt eine orangegelbe Färbung auf.

6.7.6′.7′-Tetramethoxy-3.3′-dimethyl-5.5′-diisopropyl-8.8′-bis-[*N*-phenyl-formimidoyl]-[2.2′]binaphthyl-dichinon-(1.4:1′.4′), 6.7.6′.7′-Tetramethoxy-1.4.1′.4′-tetraoxo-3.3′-dimethyl-5.5′-diisopropyl-1.4.1′.4′-tetrahydro-[2.2′]binaphthyl-dicarbaldehyd-(8.8′)-bis-phenylimin, *5,5′-diisopropyl-6,6′,7,7′-tetramethoxy-3,3′-dimethyl-8,8′-bis*(N-*phenylformimidoyl*)-*2,2′-binaphthyl-1,1′,4,4′-tetrone* $C_{46}H_{44}N_2O_8$ (Formel entsprechend E III **8** 4432, Formel III [R = CH_3]).

B. Aus 6.7.6′.7′-Tetramethoxy-1.4.1′.4′-tetraoxo-3.3′-dimethyl-5.5′-diisopropyl-1.4.1′.4′-tetrahydro-[2.2′]binaphthyl-dicarbaldehyd-(8.8′) (E III **8** 4432) und Anilin in Methanol (*Adams, Morris, Kirkpatrick*, Am. Soc. **60** [1938] 2170, 2174).

Gelbe Krystalle (aus Acn.); F: 213—215°.

[*Vincke*]

Sachregister

Das Register enthält die Namen der in diesem Band abgehandelten Verbindungen mit Ausnahme von Salzen, deren Kationen aus Metallionen oder protonierten Basen bestehen, und von Additionsverbindungen.

Die im Register aufgeführten Namen („Registernamen") unterscheiden sich von den im Text verwendeten Namen im allgemeinen dadurch, daß Substitutionspräfixe und Hydrierungsgradpräfixe hinter den Stammnamen gesetzt („invertiert") sind, und dass alle Stellungsbezeichnungen (Zahlen oder Buchstaben), die zu Substitutionspräfixen, Hydrierungsgradpräfixen, systematischen Endungen und zum Funktionssuffix gehören, sowie alle zur Konfigurationskennzeichnung dienenden genormten Präfixe und Symbole (s. „Stereochemische Bezeichnungsweisen"; S. IX) weggelassen sind.

Der Registername enthält demnach die folgenden Bestandteile in der angegebenen Reihenfolge:

1. den Register-Stammnamen (in Fettdruck); dieser setzt sich zusammen aus
   a) dem (mit Stellungsbezeichnung versehenen) Stammvervielfachungsaffix (z. B. Bi in [1.2′]Binaphthyl),
   b) stammabwandelnden Präfixen [1]),
   c) dem Namensstamm (z. B. Hex in Hexan; Pyrr in Pyrrol),
   d) Endungen (z. B. -an, -en, -in zur Kennzeichnung des Sättigungszustandes von Kohlenstoff-Gerüsten; -ol, -in, -olin, -olidin usw. zur Kennzeichnung von Ringgrösse und Sättigungszustand bei Heterocyclen),
   e) dem Funktionssuffix zur Kennzeichnung der Hauptfunktion (z. B. -ol, -dion, -säure, -tricarbonsäure),
   f) Additionssuffixen (z. B. oxid in Äthylenoxid).
2. Substitutionspräfixe, d. h. Präfixe, die den Ersatz von Wasserstoff-Atomen durch andere Substituenten kennzeichnen (z. B. Chlor-äthyl in 2-Chlor-1-äthyl-naphthalin).
3. Hydrierungsgradpräfixe (z. B. Tetrahydro in 1.2.3.4-Tetrahydro-naphthalin; Didehydro in 4.4′-Didehydro-*β*-carotindion-(3.3′).
4. Funktionsabwandlungssuffixe (z. B. oxim in Aceton-oxim; dimethylester in Bernsteinsäure-dimethylester).

---

[1]) Zu den stammabwandelnden Präfixen (die mit Stellungsbezeichnungen versehen sein können) gehören:

Austauschpräfixe (z. B. Dioxa in 3.9-Dioxa-undecan; Thio in Thioessigsäure,

Gerüstabwandlungspräfixe (z. B. Bicyclo in Bicyclo[2.2.2]octan; Spiro in Spiro[4.5]octan; Seco in 5.6-Seco-cholestanon-(5)),

Brückenpräfixe (z. B. Methano in 1.4-Methano-naphthalin; Cyclo in 2.5-Cyclo-benzocyclohepten; Epoxy in 4.7-Epoxy-inden),

Anellierungspräfixe (z. B. Benzo in Benzocyclohepten; Cyclopenta in Cyclopenta[*a*]phenanthren),

Erweiterungspräfixe (z. B. Homo in *D*-Homo-androsten-(5)),

Subtraktionspräfixe (z. B. Nor in *A*-Nor-cholestan; Desoxy in 2-Desoxyglucose).

Beispiele:

meso-1.6-Diphenyl-hexin-(3)-diol-(2.5) wird registriert als **Hexindiol,** Diphenyl-;
4a.8a-Dimethyl-octahydro-1*H*-naphthalinon-(2)-semicarbazon wird registriert als **Naphthalinon,** Dimethyl-octahydro-, semicarbazon;
8-Hydroxy-4.5.6.7-tetramethyl-3a.4.7.7a-tetrahydro-4.7-äthano-indenon-(9) wird registriert als **4.7-Äthano-indenon,** Hydroxy-tetramethyl-tetrahydro-.

Besondere Regelungen gelten für Radikofunktionalnamen, d. h. Namen, die aus einer oder mehreren Radikalbezeichnungen und der Bezeichnung einer Funktionsklasse oder eines Ions zusammengesetzt sind:

Bei Radikofunktionalnamen von Verbindungen, deren Funktionsgruppe (oder ional bezeichnete Gruppe) mit nur einem Radikal unmittelbar verknüpft ist, umfasst der (in Fettdruck gesetzte) Register-Stammname die Bezeichnung dieses Radikals und die Funktionsklassenbezeichnung (oder Ionenbezeichnung) in unveränderter Reihenfolge; Präfixe, die eine Veränderung des Radikals ausdrücken, werden hinter den Stammnamen gesetzt.

Beispiele:

Äthylbromid, Phenylbenzoat, Phenyllithium und Butylamin werden unverändert registriert;
3-Chlor-4-brom-benzhydrylchlorid wird registriert als **Benzhydrylchlorid,** Chlor-brom-;
1-Methyl-butylamin wird registriert als **Butylamin,** Methyl-.

Bei Radikofunktionalnamen von Verbindungen mit einem mehrwertigen Radikal, das unmittelbar mit den Funktionsgruppen (oder ional bezeichneten Gruppen) verknüpft ist, umfasst der Register-Stammname die Bezeichnung dieses Radikals und die (gegebenenfalls mit einem Vervielfachungsaffix versehene) Funktionsklassenbezeichnung (oder Ionenbezeichnung), nicht aber weitere im Namen enthaltene Radikalbezeichnungen, auch wenn sie sich auf unmittelbar mit einer der Funktionsgruppen verknüpfte Radikale beziehen.

Beispiele:

Benzylidendiacetat, Äthylendiamin und Äthylenchloridbromid werden unverändert registriert;
1.2.3.4-Tetrahydro-naphthalindiyl-(1.4)-diamin wird registriert als **Naphthalindiyldiamin,** Tetrahydro-;
N.N-Diäthyl-äthylendiamin wird registriert als **Äthylendiamin,** Diäthyl-.

Bei Radikofunktionalnamen, deren (einzige) Funktionsgruppe mit mehreren Radikalen unmittelbar verknüpft ist, besteht hingegen der Register-Stammname nur aus der Funktionsklassenbezeichnung (oder Ionenbezeichnung); die Radikalbezeichnungen werden sämtlich hinter dieser angeordnet.

Beispiele:

Methyl-benzyl-amin wird registriert als **Amin,** Methyl-benzyl-;
Trimethyl-äthyl-ammonium wird registriert als **Ammonium,** Trimethyl-äthyl-;
Diphenyläther wird registriert als **Äther,** Diphenyl-;
Phenyl-[2-äthyl-naphthyl-(1)]-keton-oxim wird registriert als **Keton,** Phenyl-[äthyl-naphthyl]-, oxim.

Massgebend für die alphabetische Anordnung von Verbindungsnamen sind in erster Linie der Register-Stammname (wobei die durch Kursivbuchstaben oder

Ziffern repräsentierten Differenzierungsmarken in erster Näherung unberücksichtigt bleiben), in zweiter Linie die nachgestellten Präfixe, in dritter Linie die Funktionsabwandlungssuffixe.

Beispiele:

sec-Butylalkohol erscheint unter dem Buchstaben B;
Cyclopenta[*a*]naphthalin, Methyl- erscheint nach Cyclopentan;
Cyclopenta[*b*]naphthalin, Brom- erscheint nach Cyclopenta[*a*]naphthalin, Methyl-.

Von griechischen Zahlwörtern abgeleitete Namen oder Namensteile sind einheitlich mit c (nicht mit k) geschrieben.

Die Buchstaben i und j werden unterschieden.

Die Umlaute ä, ö und ü gelten hinsichtlich ihrer alphabetischen Einordnung als ae, oe bzw. ue.

A

B

C

D

E

F

G

H

I

K

L

M

N

O

P

R

S

T

U

V

X

Z

Formelregister

Im Formelregister sind die Verbindungen entsprechend dem System von *Hill* (Am. Soc. **22** [1900] 478—949)

1. nach der Zahl der C-Atome,
2. nach der Zahl der H-Atome,
3. nach der alphabetischen Reihenfolge der übrigen Elemente (einschliesslich D)

angeordnet. Isomere sind nach steigender Seitenzahl aufgeführt. Verbindungen unbekannter Konstitution finden sich am Schluss der jeweiligen Isomeren-Reihe.

C_3-Gruppe

C_4-Gruppe

C_5-Gruppe

C_6-Gruppe

C_7-Gruppe

C_8-Gruppe

C_9-Gruppe

C_{10}-Gruppe

C_{11}-Gruppe

C_{12}-Gruppe

C_{13}-Gruppe

C_{14}-Gruppe

C_{15}-Gruppe

C_{16}-Gruppe

C_{17}-Gruppe

C_{18}-Gruppe

C_{19}-Gruppe

C_{20}-Gruppe

C_{21}-Gruppe

C_{22}-Gruppe

C_{23}-Gruppe

C_{24}-Gruppe

C_{25}-Gruppe

C_{26}-Gruppe

C_{27}-Gruppe

C_{33}-Gruppe

C_{34}-Gruppe

C_{35}-Gruppe

C_{36}-Gruppe

C_{38}-Gruppe

C_{39}-Gruppe

C_{40}-Gruppe

C_{42}-Gruppe

C_{44}-Gruppe

C_{46}-Gruppe

C_{28}-Gruppe

C_{29}-Gruppe

C_{30}-Gruppe

C_{31}-Gruppe

C_{32}-Gruppe

C_{33}-Gruppe

C_{34}-Gruppe

C_{35}-Gruppe

C_{36}-Gruppe

C_{38}-Gruppe

C_{39}-Gruppe

C_{40}-Gruppe

C_{42}-Gruppe

C_{44}-Gruppe

C_{46}-Gruppe